中国安全生产志

事 故 志

（1949.10—2018.12）

《中国安全生产志》编纂委员会　编

应急管理出版社

·北　京·

内 容 提 要

本《事故志》是在中华人民共和国应急管理部指导下，由中国安全生产协会史志委员会组织编写的，为《中国安全生产志》系列丛书之一。简要记载了中华人民共和国成立以来直到 2018 年底，中华人民共和国（不含港、澳、台地区）境内发生的生产安全事故（工矿商贸企业事故和交通事故），以及一些非生产经营活动、自然灾害等引发的人身伤害事故（如踩踏、火灾、水库堤坝溃决等），并对那些生命财产损失严重、社会影响恶劣，以及对于某些行业领域具有特殊借鉴意义和作用的典型事故案例，进行了较为深入细致的剖析。本书既是应急管理系统和安全生产工作战线各级领导、广大监管人员必备的工具资料书，也可作为安全生产和应急管理宣教培训书籍，以及大众安全读物。

《中国安全生产志》编纂委员会

主　任　赵铁锤

副主任（总纂）　朱义长

《事故志》编写组

主　编　杨国顺

副主编　朱义长　滕　飞

成　员　周寅生　吴晓煜　田玉章　柏　然

　　　　蔡燕莉　吕海燕　黄盛初　张宝文

　　　　徐晓航　李德才　尹忠昌　詹瑜璞

　　　　朱安愚　陈　宁

序　言

　　重视研究历史，善于概括和总结历史经验教训，发挥历史事件对于现实社会生活所应有的镜鉴和警示作用，是中华民族的优良文化传统，也是习近平新时代中国特色社会主义思想的组成部分。在学习贯彻党的十九大精神研讨班开班式上，习近平总书记曾经指出，"以史为鉴可以知兴替"，要求广大党员干部树立历史眼光，始终保持清醒的头脑，增强忧患意识，自觉做到防范风险挑战一以贯之。2018 年 11 月，习近平总书记在出席 APEC 工商领导人峰会时指出，"明镜所以照形，古事所以知今"，我们回顾历史是要以史为鉴，不让历史悲剧重演。总书记的重要论述，为我们研究安全生产历史，运用经验教训推动安全生产工作指明了方向。

　　中华人民共和国成立之前，我国经济落后、民生凋零，统治阶级只关心自身利益，根本不在乎人民群众的生命安全权益。各级官员对老百姓生死存亡麻木不仁，各级政府对于安全生产的监督管理几近于无，各类企业安全生产环境和条件极其恶劣，伤亡事故频频发生。尤其令人愤慨、不能容忍的是，对于各地发生的一些重大伤亡事故，执政当局往往敷衍塞责、马虎了事，既不认真追究责任，也不切实探究原因，导致同类事故接连发生，人民生命财产因此蒙受重大损失。

　　以全心全意为人民服务为根本宗旨的中国共产党，始终把人民群众的生命安全摆在首位。中华人民共和国成立后，面对接踵而至、不断发生的伤亡事故，以及遗留下来的忽视劳动者安全健康权益的落后思想，还有战争时期养成的目标任务第一，不讲客观条件和客观规律，甚至不计生命代价、不顾安全状况的简单粗暴作风和陈规陋习，党和政府以言出法随、雷厉风行的作风，采取重罚严惩铁腕手段，迅速予以纠正和遏制。随后又提出和确立了安全第一方针，针对事故所暴露出来的薄弱环节和突出问题，从国情和实际出发，多方面着手实施综合治理，力求从根本上扭转我国安全生产落后状况。中华人民共和国成立70年来，在党和政府的坚强正确领导下，我国安全生产工作不断得到加强和改进，重点行业领域安全基础条件持续改善，全国安全生产状况逐步趋稳向好。成就来之不易，建立在用鲜血和生命换来的经验教训基础上，经历了艰难曲折的奋斗过程。从中华人民共和国成立到"大跃进""文化大革命"，再到改革开放初期，到工业化、城镇化快速发展阶段，我国经历了数个事故高发期。由于经济建设指导思想出现偏差，受粗放型经济增长方式的影响，一些基层领导摆不正安全生产与发展经济的关系，放松安全管理，安全责任不落实；加之企业、行业安全基础普遍薄弱，技术装备落后，管理者和员工安全素质相对低下等因素，导致这些时期里伤亡事故频发，人民生命财产损失惨重。而随着事故暴露出的各类问题得到纠正，经验教训被认真吸取，事故高峰期也随之终结，全国安全生产则步入又一个相对稳定、趋向好转的发展阶段。因此，纵观我国安全生产的发展史，就是一部全国上下在党和政府坚强正确领导下，与各类事故灾害作坚决斗争的历史；一部不断总结和吸取事故的经验教训，举一反三、堵塞漏洞，健全制度、改进监管，用事故经验教训推动安全生产工作的历史；一部持续实践、深入探究事故发生的规律特点，努力把握事故预防和安全生产的主动权，最终实现由事故多发的"必然王国"向重特大事故基本得到遏制、全国安全生产状况根本好转的"自由王国"迈进的历史。

中国安全生产协会史志委员会、《中国安全生产志》编纂委员会整理编写的《事故志》，正是从这样一个特殊的角度，记载了中华人民共和国成立以来安全生产所走过的艰难历程。通过客观记叙70年来全国发生的各类生产安全事故及其他一些人身伤害事故，并对那些生命财产损失严重、社会影响恶劣的典型事故案例作出较为详尽的阐述，对各个年度和时期生产安全等事故的阶段性特点、周期性规律进行概括和分析，用翔实的数据和事例，反映了我国安全生产逐步加强的历史进步过程和各类事故逐年下降的历史事实。既有助于我们牢记以往发生的事故，珍惜用生命和鲜血换来的经验教训，进一步强化责任意识、忧患意识和防范风险挑战意识；也有助于我们认清我国经济社会安全发展的必然趋势，进一步坚定信念、增强信心，更加扎实认真、富有成效地做好新时期、新形势下的安全生产工作。

中国安全生产协会史志委员会
《中国安全生产志》编纂委员会

2019 年 6 月 6 日

编 撰 说 明

 本书以时间为序，全面收集整理、系统记载和反映了中华人民共和国成立 70 年来我国各个行业领域事故发生情况。针对各个不同历史时期，设置了中华人民共和国成立初期和社会主义改造时期、"大跃进"和国民经济调整时期、"文化大革命"时期、拨乱反正和改革开放初期、向社会主义市场经济体制转变时期、工业化快速发展和经济增长方式加快转变阶段和中共十八大后的新阶段新时代 7 个章目。

 各章之内分别包涵了概况、重点行业领域事故简述、典型事故案例。

 概况部分，简要叙述了各个历史阶段事故发生的情况及特点，以及各个年度的事故总量、主要指标。各年度的事故总量、主要指标以能够查阅到的数据资料为限。1950 年仅有煤矿事故数据。1951 年始有道路交通事故数据。1953 年至 1983 年，有工矿企业事故死亡人数、煤矿事故死亡人数（百万吨死亡率）、道路交通事故死亡人数（万车死亡率）数据。1984 年至 1989 年，有关部门对县以上工业企业（后期也包括集体企业）职工因事故而死亡的数据进行统计，并对事故类别（不同行业领域、不同伤害类型）、同比增减等情况进行简要分析。1990 年始有"全国各类事故死亡人数"的概念。2001 年国家安全生产监管体制改革之后，事故统计制度逐步健全完善。2006 年之后，国家统计局把亿元国内生产总值生产安全事故死亡人数（率）、工矿商贸就业人员 10 万人生产安全事故死亡人数（率）、道路交通万车死亡人数（率）和煤矿百万吨死亡人数（率）列入年度国民经济和社会发展公报。在此之前，由于统计项、统计口径不断变化，数据来源渠道不一，难免出现一些不相符、不一致的地方。当安全生产监管部门数据与行业主管部门数据不相符时，采信安全生产监管部门的数据；当国家相关部门数据与地方数据不相符时，采信国家相关部门的数据。必要时则在页面上作出注释。

重点行业领域事故简述部分，概要记载了中华人民共和国成立以来矿山（煤矿和金属非金属矿）发生的所有重大（一次死亡10～29人，下同）、特别重大事故（一次死亡30人以上，下同）；化工、民用爆炸物品及烟花爆竹领域发生的所有重大事故、特别重大事故和部分较大事故（一次死亡3～9人，下同）；建筑施工领域发生的所有重大事故、特别重大事故和部分较大事故；其他工贸企业（纺织、机械、建材、冶金等）发生的所有重大事故、特别重大事故和部分较大事故；火灾包括了所有的特别重大事故和部分重大事故，以及一些经济损失严重、受灾范围较大的火灾事故；交通运输领域（包括道路、铁路、水上交通、民航）发生的所有特别重大事故，道路、铁路、水上交通大部分重大事故，民航所有重大事故和个别较大事故；渔业船舶所有特别重大事故和重大事故；其他方面发生的一些生命财产损失比较严重的事故，包括踩踏、意外爆炸等。一些事故虽然死亡人数不多，但受伤尤其重伤人数过多，也理应视为重大事故，列入本志之中。一些事故由于发生年代较久远，当时及事后记载甚少，其发生的具体时间、伤亡人数等已难以考证，不得已用月份、季节、年度、"伤亡数字不详"等来表述。以往对于泥石流袭击建设工地、职工宿舍和学校、民居等，洪水淹没矿井，轮船遭遇飓风袭击而翻沉，水库大坝和堤堰受暴风雨袭击垮坝溃决等事故，有的纳入生产安全事故统计，有的没有纳入。考虑到这类事故灾难的发生，既有自然灾害客观因素，也有安全意识淡漠、安全管理松弛、防范措施缺失、应急处置不当等主观因素，因此本志将这类由自然灾害所引发的事故灾难全部纳入，尽可能地进行收集、予以记载。伤亡比较严重的事故（矿山一次死亡30人以上，其他行业领域一次死亡20人以上），须就其原因等作简要说明。具有典型意义的，则纳入事故案例详加叙述。对事故发生时间、伤亡人数等存在差异的，则尽可能地作出考究求证，在综合分析的基础上作出判断。一般来说，当国家相关部门的记叙与地方志不一致时，采信地方志的记叙；当地方综合志的记叙与专业志（劳动志、公安志、水利志、交通志等）不一致时，采信专业志的记载。对行业领域及事故类别的相互重叠问题，也尽可能地作出区分和处理。以火灾为例：化工企业发生的火灾，纳入危化品和烟花爆竹事故；煤矿、金属非金属矿井下火灾纳入矿山事故；客运汽车、列车火灾纳入交通运输事故；其他方面（包括森工企业和森林、草原）发生的火灾，则纳入一般意义上火灾事故。

典型事故案例部分，对中华人民共和国成立以来各个时期里发生的涉难人数多、社会影响大，以及对于相关行业领域具有特殊意义的348起事故，就其所造成的生命财产损失和大致过程、导致事故发生的直接原因和间接原因、责任追究，以及吸取事故教训、改进安全生产的措施等，作出概要性叙述。为节省篇幅，目录中典型事故案例的题目以不引起歧义为前提，尽可能地予以简化。相关叙述以政府部门正式下发的事故通报、事故调查报告等权威性、规范性文件为依据，有的也参阅了当时新华社、《人民日报》等主流媒体的公开报道。在官方的公开的资料比较缺乏的情况下，一些典型事故的记载取自原劳动、煤炭等部门的档案资料和中央档案馆等馆藏资料，个别的还参考了一些老职工的笔记资料、回忆录音等。由于我国历史上曾将事故列入保密范围，加之"极左思潮"影响等因素，造成以往的事故记载极其简略。特别是"大跃进"期间和"文化大革命"时期发生的一些重特大事故，不仅报刊、方志等当中记叙寥寥，而且在各级、各类档案资料中也难以寻觅。列入案例的典型事故中，有13起记叙过于简单，实则不得已而为之。如"大跃进"期间发生的四川涪陵大溪河水电工程处女民工简易宿舍火灾事故（1959年1月31日，死亡101人、重伤4人），湖北省荆门县漳河水库工地桥梁坍塌事故（1959年3月，死亡159人、重伤44人）；"文化大革命"期间发生的陕西华阴县庆祝县革委会成立文艺演出会场火灾坍塌事故（1968年9月，死亡135人、重伤52人），四川省泸州航运局"201轮"拖带驳船翻沉事故（1969年8月，死亡273人），广西柳州"桂民204"客船翻沉事故

（1973 年 9 月，死亡 71 人）、湖南浏阳牛石花炮厂爆炸事故（1973 年 11 月，死亡 53 人、重伤 32 人）等。由于这类事故造成的伤亡巨大，因此尽管其可记载、可介绍的文字极少，也须列入典型事故案例，以彰显其覆车之鉴，牢记鲜血和生命换来的沉痛教训。

　　本《事故志》所秉持之"事故"概念，其内涵与法律意义上的"生产安全事故"（规范性文件也称"安全生产事故"或"安全事故"）既有同一性，又有一些差异，其涵盖范围要宽阔广泛一些。不仅包括了企业和公民在生产经营过程中发生的事故，也包括了社会建设、人民生活领域发生的一些造成生命财产损失的事故（事件），如非生产经营活动导致的交通事故、民房火灾和意外倒塌事故、烟花爆竹燃放事故、群众集会娱乐等活动中发生的踩踏事故、造成群死群伤的校园事故、自然灾害和人为因素共同导致的伤亡事故等。事实上对这些事故的调查处理和统计上报，也一向属于政府安全生产管理（应急管理）部门的职责。此外，鉴于政府机构改革和职业卫生监管职能调整，除了职业中毒之外，一般的职业病伤害不再纳入生产安全监管范围，因此本书也不予载入。

　　本书登载的所有事故及相关内容，在以往各机构和各类记载相对一致、没有歧义的前提下，不再标明其出处和依据。当记载不一致、歧义明显时，则在页面上注明。必要时标明其来源，及其所采信的典籍和资料。

编　者

2019 年 5 月 25 日

目　　　　录

第七章　中共十八大后的新阶段新时代（2013—2018）

第一章　中华人民共和国成立初期和社会主义改造时期（1950—1957）

一、概况

建立在战争废墟和旧社会遗址上的中华人民共和国，矿山、化工、纺织等工业企业和交通运输基础薄弱，安全隐患严重。从严酷战争时期走过来的基层干部和广大群众，怀抱着冲动和巨大热情投向社会主义建设事业。他们当中的不少人是工业生产的外行，需要一个学习和转变的过程。可是一些人既不懂经济建设、安全生产客观规律，也不屑于学习和掌握安全管理知识。许多地方和单位仍习惯于沿用战争时期和对敌斗争的方式，用"敢于拼命""不怕牺牲"等口号来动员号召、组织开展生产建设活动。加之煤矿等企业的安全管理极其粗糙和薄弱，造成先期建立人民民主政权的一些地方（解放区），屡屡发生重大事故①。中华人民共和国成立初期全国范围内各类事故多发、伤亡惨重。为扭转这种状况，中央政府严肃查处了河南、北京等地发生的一些重特大事故，颁布实施了一系列安全生产政策法令，使安全生产开始得到各级干部和企业的重视。在1953年到1957年的社会主义改造时期，全国事故总量得到了有效控制，重特大事故明显减少。

这一时期全国事故统计数据很不完整，1950—1952年，仅有煤矿事故伤亡数据。1953年之后，始有全国工矿企业事故死亡数据。

1950 年　全国煤炭产量 4292 万吨，事故死亡 634 人，百万吨死亡率 14.772。据对大同、井陉、峰峰、焦作、潞安、阳泉 6 个矿务局的统计，当年事故死亡 48 人，比 1949 年的 84 人下降 42.86%。

---

① 解放区典型事故如：（1）1949 年 6 月 16 日，山东省济南煤炭运销公司发生炸药爆炸事故，死亡 30 人，受伤 169 人。（2）1949 年 8 月 1 日，山东省淄博市洪山煤矿车七坑发生淹井事故，死亡 211 人（也有文献把这次事故纳入"解放后"全国煤矿百人以上事故当中）。

— 1 —

本年度发生一次死亡 30 人以上特别重大事故 11 起，死亡 675 人，受伤 508 人[①]。其中，包括死亡百人以上事故 2 起：①河南宜洛煤矿老李沟井瓦斯爆炸死亡 189 人，受伤 53 人（其中重伤 29 人）；②重庆民生公司"民勤"号轮船爆炸死亡 143 人，受伤人数不详。伤亡惨重、社会影响很大的事故 1 起，即北京辅华矿药（矿山开采及民用炸药）制造厂爆炸燃烧事故，造成 42 人死亡，366 人受伤（其中重伤 166 人）。

1951 年 全国煤炭产量 5308 万吨，事故死亡 242 人，百万吨死亡率 4.559。发生道路交通事故 5922 起，死亡 852 人，万车死亡率 137.64。

本年度发生一次死亡 30 人以上特别重大事故 2 起，死亡 69 人，受伤 27 人。

1952 年 全国煤炭产量 6649 万吨，事故死亡 513 人，百万吨死亡率 7.715。发生道路交通事故 4702 起，死亡 675 人，万车死亡率 101.81。

本年度发生一次死亡 30 人以上特别重大事故 4 起，死亡 198 人，受伤 28 人。

1953 年 全国工矿企业工伤事故死亡 3282 人。其中煤矿事故死亡 671 人，百万吨死亡率 9.630。发生道路交通事故 8744 起，死亡 1200 人，万车死亡率 153.65。

本年度发生一次死亡 30 人以上特别重大事故 3 起，死亡 119 人，受伤 29 人。

1954 年 全国工矿企业工伤事故死亡 3200 人。其中煤矿事故死亡 794 人，百万吨死亡率 9.491。发生道路交通事故 8467 起，死亡 917 人，万车死亡率 146.46。

本年度发生一次死亡 30 人以上特别重大事故 3 起，死亡 177 人，受伤 156 人。其中死亡百人以上事故 1 起，即内蒙古包头大发窑煤矿瓦斯爆炸事故，死亡 104 人，重伤 2 人。

1955 年 全国工矿企业工伤事故死亡 3004 人。其中煤矿事故死亡 677 人，百万吨死亡率 6.887。发生道路交通事故 9249 起，死亡 955 人，万车死亡率 94.18。

本年度发生一次死亡 30 人以上特别重大事故 4 起，死亡 195 人，受伤人数不详。最严重的事故为山西太原万柏林区 734 工厂遭受洪水袭击，死亡 83 人。

[①] 年度受伤人数为不确切数据，下同。原因在于以往的事故统计和上报不规范，有时含有受伤人数，有时则不含；判定是否受伤以及伤情轻重的标准也不尽一致。本书年度受伤人数，以能够收集到的数据资料为依据，仅可作为参考。

1956 年 全国工矿企业工伤事故死亡 3422 人。其中煤矿事故死亡 622 人，百万吨死亡率 5.636。发生道路交通事故 11332 起，死亡 1126 人，万车死亡率 95.91。

本年度发生一次死亡 30 人以上特别重大事故 4 起，死亡 158 人，受伤人数不详。

1957 年 全国工矿企业工伤事故死亡 3702 人。其中煤矿事故死亡 738 人，百万吨死亡率 5.645。发生道路交通事故 14980 起，死亡 1219 人，万车死亡率 96.75。

本年度发生一次死亡 30 人以上特别重大事故 8 起，死亡 470 人，受伤 249 人。其中死亡百人以上事故 2 起，即湖北内河航运局"蕲州"轮翻沉事故，死亡 128 人；湖北鄂州长江轮船公司客轮爆炸翻沉事故，死亡 100 余人。

二、重点行业领域事故简述

（一）矿山事故

1. 1950 年 2 月 3 日，辽东省抚顺矿务局龙凤矿搭连坑因工人在井下拆灯吸烟引发瓦斯爆炸事故，死亡 15 人，受伤 13 人。

2. 1950 年 2 月 17 日，辽西省锦西县南票镇赵家屯河西煤矿发生透水事故，死亡 17 人。

3. 1950 年 2 月 25 日，河北省保定地区曲阳县灵山镇红土岭煤矿因井下电线短路引发瓦斯爆炸事故，死亡 33 人①。

★②4. 1950 年 2 月 27 日，河南省洛阳地区新豫煤矿公司宜洛煤矿老李沟井发生瓦斯爆炸事故，造成 176 人死亡，另有 27 人重伤，24 人轻伤。抢险救灾过程中又因中毒窒息等死亡 13 人。事故累计死亡 189 人。

5. 1950 年 3 月 27 日，辽东省黑山县八道壕煤矿新一井斜井施工中遇到流砂层，发生透水事故，死亡 25 人。

6. 1950 年 6 月 15 日，四川省万县地区奉节县第二煤矿（福泰煤矿）发生瓦斯爆炸事故，死亡 35 人，重伤 1 人，轻伤 8 人。事故因井下通风不良、瓦斯聚集和明火照明引起。

7. 1950 年 7 月 7 日，辽东省抚顺矿务局自营铁路 1124 号货运机车与 9 号客

---

① 河北公安志记载，此次事故发生时间为 1950 年 2 月 5 日，死亡 27 人，受伤 28 人。

② ★为典型事故标示，详见"典型事故案例"有关内容。下同。

车相撞，造成 31 人死亡。

8. 1950 年 7 月 13 日，江西省萍乡矿务局高坑矿立井二井发生水灾，造成 19 人死亡。

9. 1950 年 11 月 26 日，黑龙江省鸡西市滴道煤矿四井发生火灾，死亡 31 人，伤 32 人。事故因用明火烤绞车道冰冻的暖风管引起。

10. 1951 年 2 月 17 日，湖南省安江纱厂开办的黔阳煤矿发生采空区透水事故，造成 17 人死亡。

11. 1951 年 7 月 12 日①，四川省珙县地方国营芙蓉山煤矿发生瓦斯爆炸事故，死亡 11 人，受伤 10 余人。

12. 1951 年 11 月 30 日，察哈尔省下花园煤矿一井局部通风机着火引起瓦斯爆炸，造成 10 人死亡。

13. 1952 年 1 月 8 日，山西省阳泉矿务局四矿丈八煤层一井东北大巷发生瓦斯爆炸事故，造成 14 人死亡，18 人重伤，22 人轻伤。

14. 1952 年 1 月 30 日，河南省登封县利民煤矿（私营）发生透水事故，死亡 10 人，受伤 6 人。

15. 1952 年 2 月 22 日，四川省重庆市国营 401 煤矿（南桐煤矿）一井发生透水事故，死亡 12 人。

16. 1952 年 5 月 7 日，河南省开封市荥丰煤矿（私营）因安全管理不善导致瓦斯窒息事故发生，随后又发生透水事故，两起事故造成 33 人死亡。

17. 1952 年 5 月，河南省临汝县大峪崖煤矿（私营）发生瓦斯爆炸事故和透水事故，死亡 10 人，伤 17 人。

18. 1952 年 8 月 29 日，吉林省通化矿务局砟子坑因通风不良，明火爆破，引起瓦斯煤尘爆炸，死亡 19 人，重伤 2 人。

19. 1953 年 5 月 29 日，湖北省黄石矿务局源华煤矿发生矿井火灾，造成 15 人死亡，6 人轻伤。

20. 1953 年 6 月 7 日，河北省石家庄市井陉矿务局二矿发生透水事故，造成 10 人死亡。事故因过断层巷道，掘透老窑积水所致。

21. 1953 年 7 月 10 日，四川省乐山市沫江煤矿一坑掘进工作面爆破引起瓦斯煤尘爆炸，造成 26 人死亡，3 人重伤，12 人轻伤②。

22. 1953 年 8 月 4 日，辽宁省抚顺矿务局老虎台煤矿旧坑发生塌陷透水事

---

① 有资料记载这次事故发生时间为 1952 年 2 月 17 日。

② 四川乐山地方志记载，此次事故发生时间为 1953 年 7 月 1 日。

故，造成52人死亡。

23.1953年11月17日，湖南省邵阳地区牛马司煤矿宁家垄井发生瓦斯爆炸事故，造成18人死亡，3人重伤，2人轻伤①。

24.1954年2月13日，宁夏回族自治区汝箕沟煤矿阳坡坑六道巷工作面发生瓦斯爆炸事故，造成13人死亡，1人重伤，1人轻伤。

25.1954年4月29日，四川省江津地区广元县曾家山煤矿在斜井改造施工中发生瓦斯爆炸事故，造成28人死亡（其中1人在抢险过程中中毒身亡），1人重伤，63人轻伤。

26.1954年6月16日，河南省焦作矿区焦作矿（后改焦西矿）常口二井施工中发生瓦斯爆炸事故，造成12人死亡，7人重伤，6人轻伤。

27.1954年7月16日，湖南省永兴县马田煤矿桐子山工区发生瓦斯爆炸事故，造成10人死亡，4人重伤，30人轻伤。

28.1954年7月28日，河北省张家口市下花园煤矿一矿402丁字巷工作面发生瓦斯爆炸事故，死亡38人，重伤8人，轻伤148人。

29.1954年10月31日，江西省吉安地区天河煤矿双山大井发生透水事故，涌水量达4000多立方米，死亡10人。

★30.1954年12月6日，内蒙古自治区包头市大发窑煤矿（石拐沟煤矿，公私合营）发生瓦斯煤尘爆炸事故，造成104人死亡，2人重伤，直接经济损失44亿元（旧币）。

31.1955年1月19日，湖北省华源煤矿公司袁厂（袁仓煤矿）发生瓦斯爆炸事故，死亡14人。

32.1955年11月14日②，山西省大同矿务局四老沟煤矿11层301盘区813回采工作面发生冒顶事故，造成12人死亡，2人重伤，8人轻伤。

33.1955年12月28日，江西省衢州地区婺源县董家山煤矿发生瓦斯爆炸事故，死亡15人。

34.1955年12月29日，辽宁省抚顺矿务局大山坑和东乡坑（今胜利煤矿）的采空区，遗（碎）煤自燃引起瓦斯爆炸。爆炸的高温、高压气体冲塌煤柱，致使西露天煤矿下盘区山岩崩落，造成10人死亡，4人重伤，16人轻伤。

35.1956年4月8日，辽宁省抚顺矿务局龙凤矿搭连坑三下山管子道工作面

---

① 湖南劳动志记载，这次事故发生时间为1953年11月7日。
② 大同市志记载，此次事故发生时间为1954年11月19日，事故造成12人死亡，1人重伤，5人轻伤。本书采信山西煤炭志记载。

发生瓦斯爆炸事故，死亡 15 人，受伤 13 人。

★36. 1956 年 6 月 20 日，河南省鹤壁矿务局一矿（基建矿）南翼采区风井上山发生透水事故，造成 34 人死亡。

37. 1956 年 8 月 20 日，山西省西山矿务局西铭煤矿胡沙帽坑发生瓦斯爆炸事故，造成 23 人死亡，1 人重伤，2 人轻伤。

38. 1956 年 10 月 24 日，山西省阳泉市汉河沟煤矿丈八坑采煤七组西顺工作面发生透水事故，造成 18 人死亡，2 人重伤。

39. 1957 年 1 月 8 日，陕西省宜君县焦坪煤矿东大巷全部停产，井壁结冰。矿部工作人员因生火化冰引起火灾，造成 14 人遇难。扑救中有 19 人因巷内的毒气浓度高而中毒昏倒。

40. 1957 年 6 月 3 日，内蒙古自治区杨圪楞煤矿四井副巷发生瓦斯爆炸事故，死亡 32 人。事故由电钻火花引起。

（二）化工、民用爆炸物品及烟花爆竹事故

1. 1950 年 2 月，江苏省南京市程祥太火药店发生火药爆炸事故，造成 11 名工人死亡，重伤 4 人。

2. 1950 年 4 月 3 日，辽东省沈阳市瓦斯厂发生瓦斯大罐爆炸事故，经济损失近百亿元（东北币），伤亡不详。

★3. 1950 年 6 月 14 日，北京辅华矿药制造厂发生爆炸、燃烧事故，造成企业人员和城市居民死亡 42 人，重伤 166 人，轻伤 200 多人，房屋烧毁倒塌 2339 间，受灾市民 4053 人①。

4. 1950 年 7 月 16 日，安徽省淮南市火药库因库内温度高发生自燃、爆炸，炸毁附近的机关学校、职工宿舍及街道民房 300 余间，炸伤 11 人。

★5. 1950 年 7 月 23 日，广西壮族自治区南宁市至镇南关段铁路工程处材料厂炸药仓库发生爆炸，造成 24 人死亡（包括失踪 2 人），281 人重伤，283 人轻伤。

6. 1950 年 8 月 15 日，山东省文登县人民武装部军火库爆炸，炸塌房屋 383 间，死亡 8 人，受伤 18 人。

7. 1950 年 8 月 25 日，湖北省武汉市汉口任冬街 15 住户在拆卸废旧铁质筒状物（疑为鱼雷）时发生爆炸，当场死亡 32 人，炸伤 25 人，炸毁房屋 32 栋，受

---

① 辅华矿药制造厂爆炸燃烧事故。北京劳动志记载：这次事故死亡 39 人，炸伤 406 人，受灾市民 3121 人，毁坏房屋 2425 间。本书采信北京公安志的记载。

灾居民 62 户。

8. 1950 年 8 月 28 日，黑龙江省鹤岗矿务局东山火药库发生爆炸事故，死亡 5 人，受伤 178 人。

9. 1950 年 9 月，江苏省南京市军械总厂火工所火药爆炸，死亡 10 人，重伤 12 人。

10. 1951 年 4 月 21 日，上海市龙华天钥桥路 1187 大中染料厂的苦味酸爆炸，当场死亡 10 人，重伤 5 人，轻伤 2 人。经济损失 13 亿元（旧币）。

11. 1951 年 10 月 5 日，四川省重庆市二岩乡清山矿药厂发生爆炸，死亡 7 人。

12. 1951 年 12 月 1 日，上海市嘉定县马陆区石冈乡私营硝化作坊发生火灾，烧毁瓦房 20 多间，电影胶片 1200 多磅，13 名工人死亡，经济损失 2 万元。

13. 1953 年 1 月 3 日，河北省通县地区昌平县龙山制药厂发生甘油爆炸事故，10 月 23 日和 11 月 17 日又相继发生甘油爆炸事故。该厂连续发生的三次事故累计死伤 16 人，被政府责令关闭。

★14. 1954 年 2 月 25 日，长江航运管理局重庆港务局所属的"江岳"轮（亦称"江汉"轮），因违反危险品包装及装舱的有关规定，电线接火引发汽油爆炸事故，造成 26 人死亡（失踪），38 人受伤[①]。

15. 1954 年 5 月 7 日，湖南省浏阳县城关鞭炮厂由于工人违章操作导致火药爆炸，造成 35 人死亡。

16. 1954 年 5 月 14 日和 17 日，吉林省延边自治州敦化县 623 厂第五车间倒药工段和第四车间榴霰弹回收组连续发生两次弹药爆炸事故。第二次事故引起厂区所存弹药严重爆炸，爆炸燃烧持续 50 小时之久。造成该厂职工死亡 17 人，重伤 9 人，轻伤 29 人。炸毁厂区绝大部分建筑和主要生产设备。厂房直接经济损失 268 亿元（旧币），地方政府和群众损失 5.5 亿元。

17. 1954 年 9 月 24 日，江西省航运管理局抚州管理处发生炸药爆炸事故，死亡 4 人，重伤 4 人。

18. 1955 年 7 月，中国煤业建筑器材公司上海高桥仓库发生沥青中毒事故，120 余人中毒。

19. 1956 年 3 月 15 日，江苏省盐城地区建湖县上岗镇鞭炮生产合作社发生爆炸事故，死亡 9 人，炸伤 12 人，炸毁大小房屋 15 间。

---

① 重庆劳动志记载，此次事故发生时间为 1954 年 4 月 25 日，死亡 17 人，重伤 8 人，轻伤 20 人。本书采信重庆区县志、交通部长江航运志的记载。

20. 1956 年 10 月 9 日，兰州铁路局天水火车站货场发令纸燃烧爆炸，造成 147 人伤亡。其中死亡 10 人，重伤 19 人，轻伤 118 人。事故的原因：天水火车站装卸货物没有严格按照安全规程存放发令纸箱，没有粘贴危险货物专用标签，到站后既没有将发令纸与一般货物分开保管，也没按规定在 8 小时内将货物搬出车站，竟在货场存放 119 个小时之久；发令纸燃烧后采取的消防方法不正确，现场缺乏组织和统一指挥，采取了用脚踢、砖砸、投掷灭火器和用火钩拉等错误方法，扩大了事故伤害。

21. 1956 年 10 月 21 日，广东省潮州地区饶平县洪南乡渔业社储藏的 463 千克炸药和 6800 只雷管，因社员林某之妻烧饭时火灰飞落引起爆炸，当场死亡 19 人，重伤 17 人，轻伤 22 人。房屋炸塌 39 间，震坏 221 间。

22. 1956 年 11 月 3 日，湖南省怀化地区溆浦县城关镇供销社生产资料门市部发生火药爆炸事故，死亡 19 人，受伤 57 人。

23. 1957 年 1 月 25 日，陕西省西安市东关洪福寺 9 号靳火印家庭纸炮作坊爆炸燃烧，死亡 4 人，受伤 8 人。

24. 1957 年 2 月 25 日，山东省沂水县沂城区公家町村仓库火灾，引起与一般物资混存的黑火药爆炸起火。受灾 84 户，死亡 15 人，重伤 2 人，轻伤 17 人；烧毁房屋 147 间。损失折款 2 万余元。

25. 1957 年 8 月 18 日，浙江省金华地区义乌县张宅铁业小组组员张某在敲开炮弹从中取锡时发生爆炸，当场死亡 4 人，重伤 3 人，轻伤 6 人。

26. 1957 年 9 月 11 日，吉林省吉林化学工业公司化肥厂空分车间 682 氧气装瓶站休息室因工人违章吸烟发生燃烧，致使 3 人被烧身亡，3 人受伤（其中重伤 1 人）。

27. 1957 年 12 月 19 日，广西壮族自治区南宁化工厂雅里炮竹工场配药和制硫车间因临时工配药违反操作规程发生爆炸，炸毁车间和仓库各一座，死亡 8 人，受伤 6 人（其中 3 人重伤）。

（三）建筑施工事故

1. 1952 年 2 月 9 日，四川省泸州地区古蔺县南太公路工地麻柳滩材料室发生爆炸事故，死亡 7 人，重伤 10 人，轻伤 16 人。

2. 1952 年 5 月 2 日，四川省成都地区灌县（今都江堰市）玉皇观公路工程材料厂发生炸药爆炸事故，死亡 13 人，重伤 1 人。

★3. 1952 年 7 月 17 日，青海省西宁市大通回族土族自治县北川渠水利工程小寨沟涵洞工地发生塌方事故，造成 21 人死亡。

4.1953 年 1 月 11 日，安徽省霍山县佛子岭水电站工地民工挖土触发哑炮，造成 4 人死亡，8 人重伤，11 人轻伤。

5.1953 年 2 月 3 日，湖北省华中钢铁公司工程公司八卦嘴工地发生工棚倒塌事故，造成工人死亡 5 人，重伤 7 人，轻伤 69 人。

6.1953 年 11 月 12 日，山东省青岛市建筑工程公司橡胶二厂礼堂地梁架倒塌，造成 3 人死亡，7 人重伤，3 人轻伤。

7.1954 年 7 月 6 日，铁道部铁路工程总局第四工程局在京西矿务局修建涵洞时，一艘渡河的木船被洪水打翻，造成 28 人溺亡。造成沉船的原因是因为平板木船系载渡材料用的，没有船舱，不适于载人，乘员又多重心分散，船体遇到急流发生摇摆不稳。再者，船用钢丝绳支架被水冲倒未予支撑，致使钢丝绳松弛，浸入水中接触船面，急流冲击钢丝绳，加重了对船的压力，造成头动尾不动，急流冲击，桥墩形成漩涡，反击船的尾部，使船的后部撬起南帮下倾，北帮上压力增大，导致船体向南倾翻入水中。

8.1955 年 3 月 14 日，铁道部铁路工程总局隧道工程公司第一工程处在陕西宝略段铁路枣园沟便道的施工中发生坍塌事故，13 人被掩埋，其中 10 人死亡，3 人受伤。

9.1955 年 11 月 14 日，铁道部宝鸡指挥所第六工程局在宝成铁路北段土关铺第 50 号隧道明堑边坡施工中发生坍塌事故，坍塌土方约 1800 余立方米，造成 16 人伤亡，其中死亡 9 人，受伤 7 人。

10.1956 年 10 月 26 日，江西省上饶地区贵溪县上清乡鹰厦铁路斗笠山路段隧道塌方，死亡 30 余人（具体人数不详）。

11.1956 年 11 月 2 日，北京市房山县建筑社在京西矿区供销社城子百货商店仓库施工工地因违反操作规程造成建筑倒塌事故，造成 26 人死亡，砸伤 16 人。

12.1956 年 11 月 17 日，铁道部新建铁路工程总局川黔线赶水至松坎段的轻便铁路运输便道银子沱半隧道，发生坍塌事故，死亡 14 人。

13.1956 年 12 月 23 日，广西壮族自治区珠江航运管理局巷道工程处在红水河湾滩进行炸礁作业时因操作不当，造成 9 人死亡，4 人被炸伤。

14.1957 年 9 月 6 日，四川省西昌地区邵觉县城西乡尔洛脚村一处岩洞垮塌，9 人死亡，压伤 1 人。

（四）其他工贸企业事故

1.1950 年 7 月 16 日，江苏省南京市电瓷厂一台洗澡用热水锅炉在试烧验收时发生爆炸，造成 8 人死亡，5 人轻伤。

2. 1951 年 11 月 17 日，江苏省武进县牛塘桥镇恒兴仁记油厂购买的一台旧锅炉不经检验即投入使用，在使用过程中发生爆炸事故，死亡 2 人，重伤 10 人，轻伤 7 人。

3. 1953 年 3 月 11 日，鞍山钢铁公司燃气厂第二煤气管理室发生煤气泄漏事故，造成 11 人死亡，13 人重伤，6 人轻伤。

★ 4. 1955 年 4 月 25 日，国营天津第一棉纺厂的一台锅炉在运行中发生爆炸事故，造成该厂职工和市民 8 人死亡，17 人重伤，52 人轻伤。

5. 1955 年 8 月 8 日，山西省太原市万柏林区 734 工厂遭受洪水袭击，83 人溺亡。

6. 1956 年 7 月 1 日，广东省江门地区恩平县二区洪滔乡下逯村的一处石灰窑因洪水流入发生爆炸，7 名窑工死亡。

（五）火灾事故

1. 1950 年 2 月 14 日，甘肃省兰州市西北大厦发生火灾，经济损失 13.5 亿元（旧币）。

2. 1950 年 9 月 9 日，江西省南昌市嫁妆街 49 号失火，大火蔓延，烧毁房屋 166 栋，243 户 863 人受灾，60 人受伤。

3. 1950 年 10 月 30 日，广西壮族自治区梧州市大南码头一艘渡船突然起火，延烧至附近船舶和街上，烧毁电船 2 艘、民船 69 艘、货舱筏 2 座、房屋 78 间、军用棉花 500 余公斤、炸药 200 千克、步枪 79 支、子弹 2.7 万发、手榴弹 500 枚，物资损失约 100 亿元（旧币）；受灾居民 1189 户、4142 人，死亡、烧伤各 3 人。

4. 1950 年 12 月 1 日，北京市西安门发生火灾，城门被烧毁。

5. 1951 年 1 月 8 日，青海省图书馆发生火灾，烧毁全部馆藏，包括罕见的用金粉写成的《甘珠尔大藏经》108 部和宋朝壁画 36 幅。

6. 1951 年 1 月 9 日，江西省抚州地区临川县大队新兵二连宿舍因一位班长吸烟，引发炸药爆炸和火灾事故，新兵连战士死亡 21 名，炸伤 94 名（其中 40 人重伤）。炸塌县城房屋 145 间，5 名群众死亡，炸伤 11 名。

7. 1951 年 5 月 21 日，上海市北站区中华新路劳动新村发生火灾，死亡 4 人，烧毁房屋 158 幢，受灾 430 户、1700 多人。

8. 1951 年 5 月 26 日，湖北省武汉市汉口大兴路发生火灾，延烧 25 条街道，造成 17 人死亡，59 人烧伤，烧毁房屋 2900 栋，受灾居民 3340 户、1.4 万余人，经济损失约 149 亿元（旧币）。

9. 1951 年 10 月 21 日，全国重点文物保护单位沈阳故宫大清门因电气短路发生火灾，致使大清门及门厅陈展文物全部被毁。

10. 1952 年 6 月 2 日，湖北省武汉市合作路物资仓库失火，烧毁油脂 25000 担，茶叶 30 多万斤。

11. 1952 年 6 月 16 日，四川省江津县白沙镇发生火灾，死亡 2 人，重伤 38 人。烧毁房屋 1507 间，直接经济损失 200 余万元。

12. 1952 年 6 月 29 日，湖北省武汉市汉口区满春街横巷三号失火引起火灾，延烧 18 条街巷，烧伤 110 人，烧毁房屋 670 栋，受灾 1800 余户、6000 余人，经济损失 300 亿元（旧币）。

13. 1952 年 11 月 7 日，黑龙江省工程公司城高子工地工人宿舍发生火灾，死亡 17 人，重伤 11 人，轻伤 12 人。

14. 1952 年 11 月 28 日，河北省石家庄植物油总厂榨油车间发生重大火灾，损失约 210190 万元（折新币 20 万余元）。

15. 1953 年 1 月 16 日，天津植物油总厂发生火灾，烧毁厂房、机器和油料，损失折款 17.8 亿元（旧币）。

16. 1953 年 4 月 24 日，上海市中华路 188 号封大竹器店因使用炉火不慎引起火灾，造成 3 人死亡，8 人重伤，焚毁瓦房 19 幢、棚屋 630 间，受灾 5061 人，经济损失 55 亿元（旧币）。

17. 1953 年 6 月 15 日，华北军区后勤部天津混合仓库发生大火，烧毁大批柴油机、电缆和通信器材，损失 186.7 亿元（旧币）。

18. 1953 年 10 月 19 日，广西壮族自治区南宁市华东路一里邕剧团驻地发生火灾，团址烧为灰烬，殃及附近居民 185 户，受伤 99 人（其中重伤 29 人）。

19. 1954 年 1 月 3 日，西康省冕宁县大桥乡一村老寨子发生火灾。受灾 13 户、49 人，死亡 4 人，重伤 3 人，烧死牛马 7 头，毁房 21 间。

20. 1954 年 2 月 28 日，广西壮族自治区河池县金城江镇发生火灾，烧毁机关和企事业单位 26 个、仓库 13 座、民房 606 间（幢），造成 1 人死亡，受伤 368 人（其中重伤 17 人，轻伤 351 人）。

21. 1954 年 10 月 12 日，陕西省礼泉县赵镇供销社棉花收购站发生火灾，烧掉棉花 6000 斤、瓦房 18 间、牛毛毡简易仓库 9 间。灭火过程中 20 人被烧伤。

22. 1954 年 11 月 5 日，安徽省安庆市大棚子粮食仓库因居民房屋失火蔓延烧毁库房 7 幢，损失粮食 795 吨。

23. 1954 年 12 月 12 日，建设部直属华北第一建筑工程公司承建的北京中央体育馆工地发生火灾，将即将竣工的练习馆全部烧毁，经济损失约 50 万元。

24. 1955 年 1 月 16 日，上海市华山路华成补胎商的烛台倾翻引发火灾，造成 8 人死亡，烧毁房屋 30 余间。

25. 1955 年 2 月 19 日，四川省资中县回湾乡一农民用火不慎导致火灾，烧毁房屋 25 间，死亡 10 人，受伤 22 人。

26. 1955 年 3 月 26 日，山东省微山县九区侯楼乡李庄村发生大火，全村 52 户村民房屋几乎被烧光，受灾群众 49 户，烧毁房屋 92 间，死亡 1 人，烧伤 11 人，烧死耕牛 2 头，烧毁粮食千余斤。

27. 1955 年 4 月 25 日，广西壮族自治区百色县太平街发生火灾，死亡 9 人，烧毁民房 592 间，989 户、3449 人受灾，经济损失 121.3 万元。

28. 1955 年 5 月 15 日，内蒙古自治区兴安盟扎赉特旗吉日根施业区发生火灾，过火面积 110 平方千米，烧毁幼树 1300 万株，造成 13 人死亡，重伤 4 人，轻伤 22 人。

29. 1955 年 7 月 17 日，陕西省西安市北郊大兴路省供销社仓库发生火灾，整个库房建筑和全部物资被烧掉，损失折款人民币 221 万元。

30. 1955 年 8 月 9 日，福建省福安地区福鼎县秦屿康湖街一家杂货店失火，引起火灾，造成 4 人死亡，烧伤 124 人，烧毁房屋 239 间①。

31. 1955 年 12 月 4 日，江西省新淦县溧江区因烧火开荒发生山林火灾事故，造成 23 名参加灭火的干部和群众死亡，重伤 3 人。燃烧达 5 天 4 夜之久，过火面积达 11000 多亩，烧毁杉树、松树、油茶树甚多。

32. 1956 年 3 月 15 日，四川省雅安地区石棉县石棉厂海子场山坡起火，矿党总支副书记李成友等 4 人在灭火中牺牲。

33. 1956 年 4 月 13 日，内蒙古自治区哲里木盟扎鲁特旗一天内发生了 3 起森林草原火灾。第一起是蒙古包的烟筒起火引起的；第二起是牧民上山吸烟引起的，4 人在扑救大火时遇难；在第二起大火尚未扑灭的时候，一农民在山上劳动休息时点燃牛粪取暖引发第三起火灾，第二起火与第三起火在不到两天时间里，连成一片火海，经过 7 个昼夜才将大火扑灭。此次火灾共造成 26 人死亡，19 人重伤。烧死牲畜 1348 头，烧毁民房 903 间、蒙古包 17 座，大小车辆 51 台。损失折款 4798 万元。

34. 1956 年 7 月 26 日，江西省南昌市子固路、民德路、官巷发生火灾，烧毁房屋 191 栋，1872 人受灾，直接经济损失 62 万余元。

35. 1956 年 9 月 10 日，江西省赣南地区安远县松香厂生产车间发生火灾，

---

① 福建省福鼎县志记载，此次事故发生时间为 1955 年 10 月 28 日。

烧伤 135 人。

36. 1956 年 9 月 30 日，福建省永安县松香厂一锅炉失火殃及临近的造纸厂，大火损毁工厂 2 座、仓库 3 处，灭火过程中重伤 7 人，轻伤 27 人。

37. 1956 年 11 月 5 日，甘肃省敦煌月牙泉天王殿、药王殿被纵火点燃，大火燃烧两昼夜，珍贵古迹被烧毁。

38. 1956 年 12 月 5 日，江西省清江县芗溪乡杨公田村昆泽小学发生火灾，正在上课的 8 名小学生和 1 名教师从窗子被救出，其余 20 多名学生均遇难。

39. 1956 年 12 月 13 日，安徽省芜湖市笆斗街食品公司腌腊加工组发生火灾，造成 13 人死亡，烧伤 7 人，烧毁房屋 6 间。

40. 1957 年 1 月 8 日，广西壮族自治区三江侗族自治县苗江区高武屯村民曹某从山上挑回家中的草木灰复燃引起火灾，受灾 117 户、522 人；烧死耕牛 17 头，生猪 44 头；烧毁棉被 195 床，衣服 1647 件和粮食 94.6 万公斤。损失折款 5.6 万元[①]。

41. 1957 年 1 月 20 日，广东省韶关地区乐昌县云岩水库职工宿舍发生火灾，死亡 12 人，重伤 23 人。

42. 1957 年 3 月 16 日，四川省涪陵县城官码头棕绳厂发生火灾，扑救过程中造成重伤 15 人，轻伤 301 人。

43. 1957 年 4 月 4 日，安徽省蚌埠市门台子烤烟厂发生火灾，烧毁主厂房和机器设备，损失 88 万元，停产 5 个月。

44. 1957 年 4 月 4 日，浙江省杭州市拱野区永宁街永兴里邵某家中因灶灰复燃，引燃周围可燃物。由于火灾发生在深夜，居民来不及逃生，21 人在火灾中丧生（大人 10 人，小孩 11 人），重伤 3 人，轻伤 1 人。死者中年龄最大的 65 岁，最小的出生才 45 天。

45. 1957 年 4 月 22 日，江西省宁都县固村乡万寿宫因社员设在庙里的灰窑经风吹复燃导致火灾，3 名公社干部和 1 名男教师在帮助学生脱险时遇难，事故共造成 9 人死亡，7 人烧伤。

46. 1957 年 10 月 16 日，湖北省公安县杨家厂乡发生火灾，殃及 170 户村民，死亡 22 人，783 人无家可归；烧毁房屋 504 间。损失折款 15 万多元。

47. 1957 年 11 月 2 日，四川省德阳火车站棉麻仓库失火，造成 1 人死亡，烧伤 12 人，烧毁棉花、麻布、麻绳以及房屋等，直接经济损失 203 万元。

---

① 国务院总理周恩来对这次火灾十分关注。1957 年 9 月 11 日签发的国务院《关于加强消防工作的指示》中指出：高武屯火灾是由于"防范不严，制度松懈"的原因所致。

48. 1957年12月6日，北京市修造厂发生火灾，烧毁厂房1200平方米和多台机器设备。

49. 1957年12月24日，福建省南平市发生火灾，死亡16人，烧伤3人，烧毁商店56家、民房440多间，受灾251户、641人。

（六）交通运输事故

1. 1950年1月7日，安徽省皖南轮船运输公司"协明"轮船在无为县十三湾水域，因超载而沉没，造成27人死亡。

2. 1950年1月23日，在津浦铁路花旗营车站（江苏省江浦县境内），第2404次军用列车与第311次旅客列车发生正面冲撞事故，造成6节客车车厢倾覆，62人伤亡（伤、亡各为多少不详）。

★3. 1950年3月6日，四川省重庆市民生公司"民勤"轮船行驶到丰都附近时，船上装载的640桶汽油爆炸，造成143人死亡。

4. 1950年3月19日，河北省天津地区固安县永定河十里铺渡口的一艘渡船沉没，造成11人死亡。

5. 1950年3月23日，粤汉铁路汨罗车站南段道岔发生列车相撞事故，死伤解放军战士、商人27人（具体不详）。

★6. 1950年4月20日，辽东省大连兴隆轮船公司"新安"客货轮在由大连开往烟台途中与美籍"加利福尼亚金熊"轮船相撞而沉没，造成"新安"船员、乘客70人溺亡。

7. 1950年5月24日，广东省汕头市"新亚"轮在汕头港外赤屿附近触雷沉没，乘客和海员死亡7人，受伤5人。

8. 1950年6月16日，广东省汕头市"安徽"轮在妈屿口触雷，乘客和船员死亡22人，受伤13人。

9. 1950年6月16日，福建省永安联营处的一辆载乘着省防疫专家的汽车，在沙县洋口仔附近坠入沙溪河，死亡10人。

10. 1950年8月7日，辽东省抚顺市新屯电车站发生撞车事故，死亡31人，重伤36人，轻伤19人，直接经济损失46.38亿元（东北地方流通券）。

11. 1950年9月5日，四川省资中县城关镇南关居民邓某驾驶的一艘渡船因严重违章超载，在苏家湾水域翻沉，死亡38人。

12. 1950年10月20日，四川省广元地区旺苍县双汇渡口的一艘渡船沉没，死亡27人，其中解放军战士14人，教师1人。

13. 1951年3月10日，四川省重庆市公共汽车公司第603号天然气公共汽车在市区七星岗起火燃烧，造成乘客 13 人死亡，9 人重伤，12 人轻伤。车辆全部烧毁。

14. 1951 年 4 月 23 日，福建省泉州地区安溪县驻军官兵 36 人（其中女 17 人）搭乘谢某撑渡的渡船返回驻地，中途翻沉，船上 37 人全部罹难。

15. 1951 年 4 月，四川省武隆县第三区（长坝镇）农民积极分子在县城土改培训班学习结束返乡，乘坐的木船在峡口附近翻沉，溺亡 11 人（其中船工 3 人）。

16. 1951 年 6 月 5 日，广东省江门地区恩平县一艘由洪滘开往小江的渡船，因超载兼遇大风造成翻沉事故，溺亡 10 多人。

17. 1951 年 9 月 4 日，广西壮族自治区柳州市开往运江的一艘航船，在导江下碧寮沉没，21 名旅客溺亡。

18. 1951 年 10 月 19 日，四川省宜宾地区庆符县（1953 年并入高县）船工张某驾驶木船横渡南广河石饼滩，因严重超载造成翻船事故，88 人落水，其中 27 人溺亡，船载的 4 吨公粮丢失。

19. 1951 年 11 月 29 日，江西省南昌地区青云谱火车站一列 16 节车厢的货运列车颠覆，伤亡不详。

★20. 1952 年 1 月 25 日，辽东省沈阳火车站发生候车人员摔落和踩踏事故，造成 43 人死亡，28 人重伤。

21. 1952 年 2 月 5 日，四川省民生轮船公司所属川江运输主力轮船"民铎"号在猪伢子水域发生触礁沉没事故，伤亡不详①。

22. 1952 年 3 月 21 日，河北省天津地区宁河县江洼口发生大批船只翻沉事故，共造成 116 艘运输船翻沉，71 人落水受伤或得病，7 人死亡。

23. 1952 年 3 月 22 日，安徽省六安县花庵乡周家渡口渡船因风大、超载沉没，溺亡 30 人。

24. 1952 年 8 月 13 日，福建省龙岩地区上杭县来苏区联河乡农民 26 人赶集卖粮，凌晨在渡过南蛇河时翻船沉没，溺亡 23 人。

25. 1952 年 9 月 15 日，四川省垫江县董砚乡冷家堰渡口的一艘渡船因超载而翻沉，溺亡 26 人。

---

① 《新华日报》（重庆版）1952 年 2 月 6 日刊登消息称："民铎"号轮船因被特务破坏而沉没。因为这次沉船事故责任追究中存在"左"的偏差，加之受"五反"（反行贿、反偷税漏税、反盗骗国家财产、反偷工减料、反盗窃国家经济情报）运动冲击，民生公司总经理、民族资本家卢作孚当年 2 月 8 日在家中服大量安眠药自杀。

26.1952 年 9 月，四川省绵阳县任和义渡口（今丰谷渡口）的一艘渡船翻沉，造成 48 人溺亡。

27.1952 年 10 月 11 日，四川省乐山地区峨边县共和乡万漩渡口的一艘渡船翻沉，当时船上载 100 人，死亡 77 人。

28.1952 年 10 月 17 日，湖南省黔阳地区芷江县一艘船舶因超载在浇水螺丝滩处翻沉，11 人溺亡。

29.1952 年 11 月 18 日，河南省洛阳地区偃师县寺里碑村村民举行舞狮活动欢迎志愿军战士归来，围观者千余人，不少人站在铁路桥上观望，火车开来时围观者躲避不及，造成 9 人死亡，13 人受伤。

30.1952 年 11 月 20 日，安徽省东至县檀村区民主乡朱家嘴湖边发生翻船事件，船载 14 人，死亡 10 人。

31.1953 年 3 月 29 日，辽东省丹东市凤上铁路线（凤凰城至上河口）上行 652 次混合列车，在灌水二道河脱轨翻车，造成 37 人死亡，18 人重伤，11 人轻伤，中断行车 48 小时。

32.1953 年 3 月 29 日，四川省涪陵县搬运公司乌江驳运队在崩土坎渡口的一艘渡船发生翻沉事故，造成 30 人死亡。

33.1953 年 8 月 4 日，陕西省汉中地区西乡县庙滩乡径洋河一艘由镇巴县驶来的木质船舶触礁沉没，船上 5 名地县级干部及 2 名家属溺亡。

34.1953 年 11 月 14 日，一架军用飞机在四川省什邡县石门洞王家岩撞毁，机上 9 人全部罹难。

35.1954 年 1 月 1 日，江西省运输局司机龚某驾驶的一辆大客车途经遂川县境内时发生翻车事故，乘客死亡 12 人，重伤 5 人。

36.1954 年 1 月 9 日，陕西省安康地区紫阳县洞河以西汉江江面发生沉船事故，死亡 13 人。

37.1954 年 4 月 16 日，四川省泸县龙溪河渡口一艘渡船因超载翻沉，10 名小学生溺亡。

38.1954 年 6 月，贵州省毕节地区大定县（后改称大方县）马场区螺丝乡木空河渡口发生渡船倾覆事故，溺亡 13 人。

39.1954 年 7 月 5 日，安徽省长江下游工程局"建江三"轮船奉命开往安庆参加防汛，行至东流县广丰圩杨套破口处时发生翻船事故，船上人员落水，死亡 12 人，受伤 19 人。

40.1954 年 8 月 4 日，天兰铁路甘草店、许家台区间 289 千米+858 米处路堤因基础浸水而塌陷，致使郑州铁路局西安至兰州第 191 次客车颠覆，乘务员宿营车坠落到 17 米的深沟，行李车、机车水柜被牵动坠落，客车 1 节倾斜沟沿，事故造成 11 人死亡，33 人受伤（其中 13 人重伤），直接经济损失约百亿元（旧币）以上。

41. 1954 年 8 月 18 日，江苏省徐州地区睢宁县的 6 名中学生在赴徐州考试后，于凌晨 3 时 39 分步行至陇海铁路黄集站西头 196 千米+428 米处，由于过度疲劳，躺在铁道当中睡着，不幸被驶过的第 2327 次货车碾轧身亡。

42. 1954 年 9 月 24 日，四川省县邻水县子中乡三角滩渡口的一艘渡船翻沉，10 人溺亡。

43. 1954 年 10 月 5 日，四川省重庆市渝碚公路巴蕉弯隧道出口处，一辆公共汽车坠下悬崖、沉入江中，造成 26 人死亡，13 人受伤①。

44. 1954 年 12 月 21 日，辽宁省沈阳市铁西区励工街铁道口发生火车机车与汽车相撞事故，伤亡 16 人（死、伤各为多少不详）。

45. 1955 年 1 月 14 日，长江航运局"镒源"客货班轮，在承担九江与汉口之间航运任务时，于黄石港附近，因与抗日战争时期的一艘沉船（黄浦轮）触撞而沉没，船上 100 余人落水，24 人溺亡，轮船装载的 47 吨货物也顺江流失。

46. 1955 年 1 月 16 日，长江航运局口岸办事处驻常阴沙代办站的渡船"大庆"（木质），在常熟县十一圩港运送旅客，至江心时遇 6~7 级大风，船工动作迟缓，落帆不及，渡船翻沉。船上 40 人落水，其中 32 人死亡。

47. 1955 年 4 月 17 日，上海港务局"民主三"号轮船载客 1308 人，在由上海驶往宁波的途中触礁沉没。触礁后发出 SOS 求救信，海军"英雄"舰艇、上海港务局"和平十"号轮船等 20 多艘舰船（包括一艘荷兰籍商船）及时赶赴救援。船上的 300 余名海军官兵积极参与、有效组织抢险救援。所有乘客和船员等全部得救，避免了人员伤亡。

★48. 1955 年 7 月 6 日，江西省上饶地区乐平县镇泽桥区杨家乡的一艘渡船沉没，造成 46 人死亡。

49. 1955 年 7 月 18 日，广西壮族自治区柳州市"金山"客轮在柳江下游碧廖滩发生翻船事故，造成 34 名旅客溺亡。

50. 1955 年 12 月 12 日，长江航运管理局重庆分局"人民 15"客轮从重庆开往宜昌，航行到云阳巴阳峡时，碰撞在岸边的岩石上，随后沉没。事故造成 3 名船员、7 位旅客死亡，经济损失 47 亿元（旧币）。船上报务员李少亭在轮船已开

---

① 重庆北碚区志记载：这次事故发生时间为 1954 年 10 月 15 日，原因为"公共汽车司机尚古杰反革命报复，自杀杀人"，故意将汽车坠下山崖。

始进水的危急情况下，坚持拍发呼救电码，以身殉职。

51. 1956 年 6 月 2 日，福建省永安地区沙县沙溪河文昌门渡口的一艘渡船因超载倾覆，造成 16 人死亡。

52. 1956 年 6 月 5 日，福建省龙岩地区上杭县庐丰乡凉坪水库民工开采砂石料，在大沽滩渡口因超载翻船，溺亡 15 人。

53. 1956 年 8 月 22 日，陕西省汉中地区沔县（1964 年改称勉县）马营渡口的一艘渡船因超载加之风大浪急，发生翻船事故，123 人落水，其中 54 人溺亡。

54. 1956 年 9 月 18 日，四川省西昌地区米易县草场乡转马路渡口一艘渡船翻沉，死亡 40 人，受伤 17 人。

55. 1956 年 11 月 24 日，中华人民共和国访南美艺术团在结束访问演出的归途中，其乘坐的飞机于瑞士苏黎世上空失事，10 人罹难。

56. 1957 年 2 月 4 日，湖北省武汉市汉口车站待发的 64 次直快列车第 6 节车厢里一旅客携带的发令纸因摩擦起火，火焰蔓延至第 5 节车厢，造成 30 人死亡，17 人受伤。

★57. 1957 年 4 月 26 日，湖北省内河航运局所属的"蕲州"号轮船在由汉口开往黄石市途中，因船员操作不当，在黄冈县西河铺附近江面起火沉没，造成 128 名乘客及船员死亡，26 人重伤，30 多人轻伤。

58. 1957 年 5 月 25 日，甘肃省酒泉地区客运公司 60700 客车在开往敦煌途中，因乘客违章携带氯酸钾、硫黄等物自燃，引起火灾，死亡 8 人，烧伤 18 人。

59. 1957 年 6 月 26 日，河北省天津地区武清县黄庄村的一些村民乘船去永定河南岸拾麦子，渡船中途沉没，船上 79 人全部落水，其中 47 人自救脱险，32 人溺水身亡。

60. 1957 年夏季，贵州省铜仁县锂矿的一辆大货车从铜仁开往大铜喇，途中发生翻车事故，死亡 31 人（包括驾驶员张某）。

61. 1957 年 10 月 28 日，湖北省鄂州市长江轮船公司的一艘从汉口开往黄石的客轮，行至鄂州市华容区临江乡三江口西河地带时，因船员操作不慎引起燃烧、爆炸以致翻沉。由于客轮的柴油流出，江面也在燃烧，无法靠近客轮进行有效扑救，火灾造成 100 余人丧生，幸存的 100 余人均受伤。损失折款 50 余万元。

（七）渔业船舶事故

1. 1956 年 2 月 27—28 日，辽宁省旅大市在山东沿海作业的一些渔船遇暴风雪倾覆，21 人遇难身亡。

2. 1956 年 7 月 11 日，江苏省洪泽湖上 233 艘渔船被突发的暴风雨颠覆、损坏，渔民数十人溺亡（具体人数不详）。

（八）其他事故

1. 1951 年 2 月 20 日，河北省唐山市为庆祝元宵节，在解放路天桥上搭建灯塔。市抗美爱国宣传委员会同时组织提灯大游行。由于安全意识缺失，观灯和游行活动缺乏统一指挥，秩序紊乱，当晚 18 时在天桥上发生踩踏事故，造成 32 人死亡，27 人受伤。

2. 1952 年 3 月初，贵州省毕节地区金沙县沙土区石水乡政府在焚烧没收的鸦片、烟具时发生爆炸事故，炸伤 14 人。

3. 1952 年 4 月，安徽省宣城地区绩溪县丁家店村民烧石灰，把工棚搭在山岩下面，深夜山岩崩塌，工棚中的 10 名村民全部死亡。

4. 1952 年 6 月 4 日，天津市第十一区区委和区工会在南开中学操场召开万人大会，散会时由于严重拥挤导致发生踩踏事故，当场死亡 4 人，重伤 5 人，轻伤 34 人。

5. 1952 年 11 月 14 日，山东省济南地区章历县龙山区南洼小学因连续阴雨楼房倒坍，正在楼下吃饭的 50 多名学生当中，有 7 人被砸身亡，32 人被砸伤。

6. 1954 年 6 月 26 日，四川省雅安县对岩乡供销社遭遇山岩崩塌，造成 10 人死亡，2 人重伤，9 人轻伤，直接经济损失 2.9 亿元（旧币）。

7. 1954 年 6 月 29 日，山东省青岛港务局第二码头第七堆栈熏蒸粮食时发生氰酸气中毒事故，51 名搬运工中毒，幸无造成死亡。

8. 1955 年 7 月 5 日①，四川省内江地区资中县龙岳乡在露天广场放电影，因骤降大雨，人们抢着离开而发生踩踏事故，死亡 18 人，重伤 3 人，轻伤 7 人。

9. 1955 年 8 月 18 日，四川省德阳地区广汉县人民法院在县城公园广场召开数万人参加的公开审判大会，散会时人群拥挤推搡，引发踩踏事故，死亡 4 人，重伤 2 人，轻伤 16 人。

10. 1955 年 10 月 1 日，广东省潮州市人民公园举行国庆游园晚会，因游人十分拥挤，在市区通往公园的主要桥梁——虹桥上出入受阻，造成踩踏事故，游人死亡 23 人，受伤 120 余人。

11. 1956 年 2 月 18 日，江苏省苏州市妇联在狮子林举行春节园艺会时，大厅的大梁突然断裂，楼板塌下，造成 2 人死亡，66 人受伤。

12. 1956 年 3 月 10 日，四川省绵阳地区梓潼县复兴乡召开庆祝对私营经济

---

① 资中县志记载此次事故发生时间为 1954 年 7 月 5 日。本书采信内江市志记载。

改造胜利大会后放焰火，秩序混乱造成踩踏事故，死亡6人，受伤15人。

13.1957年1月15日，江西省兴国县古龙岗区油桐乡冷水村村办夜校，因学生用火把照明入校时，火星掉入楼梯下的草堆中引起火灾。除一名教师跳楼逃生外，楼上11名学生全被熏烤而死。因校舍位置偏僻，火灾又发生在夜晚，无人发现扑救。大火将全部建筑烧毁后自行熄灭。事后，跳楼逃生的教师被公安机关依法拘留。

14.1957年6月29日，四川省冕宁县桃源乡政府及其所在村子胜利村遭到山洪袭击，死亡84人，受伤27人。

15.1957年10月1日，上海市人民广场国庆焰火晚会发生踩踏事故，造成7人死亡，20人受伤。

16.1957年11月7日，当天晚上，广东省广州市在越秀山体育场内举行盛大烟花文艺晚会。在晚会开幕前的半小时，五门附近大批观众要求进场，被民警制止。这些观众情绪激动，强行冲破民警设置的防线进入场内。前面有人跌倒之后，后面的人仍然向前涌去。人潮乘着下坡地势，一层一层地往前推倒。事故造成33人死亡，16人重伤，41人轻伤。

三、典型事故案例

（一）河南省新豫煤矿公司宜洛煤矿老李沟井瓦斯爆炸事故

1950年2月27日，河南省新豫煤矿公司宜洛煤矿老李沟井发生瓦斯爆炸事故，造成176人死亡，27人重伤，24人轻伤。抢救过程中又死亡13人，总计死亡189人，经济损失19.848亿元（旧币）。

宜洛煤矿老李沟井位于河南省洛阳市宜阳县境内，是国营新豫煤矿公司所属的一座接收当地解放前开办的小煤窑，开采二叠系二一煤层，煤层厚20米左右，倾角35度，由两个立井和一个斜井构成提升与通风系统。1立井（提升用）深120米，2立井深140米。采用自然通风方式，1立井进风，2立井和斜井回风。井下以上、中、下三条大巷（均为煤巷）为骨干，以平巷→下山→平巷构成10米方格，即为回采巷道，方木支护，巷柱高落式采煤法，用土电池及电筒照明。开采无设计，生产无计划，工程质量低劣，无安全检查制度，无瓦斯检查，井下吸烟司空见惯。此次事故发生前，该矿曾发生过两次重大瓦斯爆炸事故，第一次发生于1945年，死亡108人；第二次发生于1947年7月4日，死亡100多人（有资料记载死亡169人）。

此次瓦斯爆炸事故发生于1950年2月27日8时45分，当时矿井地面人员看见一股黑烟从 2 立井冲出，在井下作业的幸存者陆续从斜井逃出，当时矿主要领导都在洛阳开会，只有工务科长在矿上。事故发生后，该矿立即组织人员下井抢救；洛阳专署、宜阳县政府及当地驻军均派医务人员赶往救治。河南省政府、河南省工会、中南军政委员会重工业部、中央政府燃料工业部和劳动部、全国总工会、全国煤矿工会筹委会、中央人民监察委员会等机关均曾派员先后赴该矿慰问，协助抢修工程与善后工作，并会同有关部门对事故发生原因和责任进行了调查。

事故直接原因：该矿土法开采，井下采用自然通风方式，但是三个井口标高基本相同，通风压差极小，通风不良，导致井下瓦斯积聚；工人在井下擦火吸烟引起瓦斯爆炸。

事故间接原因：超能力、超强度突击生产。该矿实际日产能力只有百吨左右，但在生产竞赛中，日产量最高曾达到 302 吨，致使井下巷道密布，冒顶严重，中、下大巷之间基本没有形成通风回路，而且到处漏风短路，造成风流紊乱，瓦斯聚集。加之现场管理松弛，没有禁止使用明火等规定，采用土造蓄电池和手电筒照明，工人下井经常揣带纸烟和火柴。该矿领导在生产工作中有严重的官僚主义作风，错误地任用旧社会封建把头为煤师、工务科长等管理工程质量，他们对井下事故隐患知情不报，甚至故意破坏井下工程和设备，以致酿成事故。

责任追究：1950 年 6 月 21 日，政务院人民监察委员会发出《处理河南新豫煤矿公司宜洛煤矿"二·二七"沼气爆炸灾变事件通报》，对事故责任人员分别给予了处分：给予河南省政府主席吴芝圃、副主席牛佩琮以警告处分；河南省工业指导委员会负责人、河南新豫煤矿公司和宜洛煤矿相关负责人分别受到记大过、降级、撤职、开除等处分。随后中华全国总工会作出决定，给予河南省总工会筹备委员会副主任王志浩记大过一次。对此次事故负有直接责任的老李沟井的两名现场管理人员，被判处死刑立即执行。

吸取事故教训，改进煤矿安全措施：1950 年 2 月 28 日，中南军政委员会副主席邓子恢主持召开行政例会，决定深刻吸取宜洛煤矿瓦斯爆炸事故教训，通令中南各地工矿企业切实检查安全设备，不合安全标准者要立即改进甚至停工停产，确保不再发生类似事故。1950 年 6 月 2 日，政务院总理周恩来主持召开第三十五次政务会议，专题听取关于宜洛煤矿瓦斯爆炸事故情况的汇报，并研究如何加强工矿企业安全生产问题。周恩来在会上指出：之所以把宜洛煤矿事故提到政务会议上讨论，因为这不只是一省一地的事，也不只是煤矿的事，而是带有全国性的问题；今后对矿区的事故，不能只是消极地对失职人员给予处罚，同时还应积极地想出改进办法，改善其行政工作，要和官僚主义作斗争，和一切坏的作风作斗争，加强宣传教育工作。

（二）四川省重庆民生公司"民勤"轮爆炸事故

1950年3月6日，四川省重庆民生轮船公司所属的"民勤"号客轮在行驶到丰都附近水域时，轮船上装载的640桶汽油发生爆炸，造成143人死亡，受伤人数不详。

"民勤"号轮船抗日战争期间曾为国民政府运输兵员和物资，于1943年8月24日在巴东县台子湾被日本飞机炸毁，随后进行了修复。重庆解放后，民生轮船公司响应政府号召，积极组织开展长江客运和物资运输业务。"民勤"轮在承担汽油等重要物资运输任务过程中，由于某种不明原因，引起船上装载的640桶汽油爆炸。押运物资的70余名解放军战士当场被炸身亡，9名旅客和民生公司正在该船上的64名船员也遇难身亡。

（三）辽东省大连兴隆轮船公司"新安"客货轮船与美籍"加利福尼亚金熊"轮船相撞沉没事故

1950年4月20日，辽东省大连兴隆轮船公司所属的"新安"客货轮船（由天津华孚有限公司代理经营），在由大连开往烟台途中，因与美籍"加利福尼亚金熊"轮船相撞而沉没。

当晚，美国籍货轮"加利福尼亚金熊"（属太平洋远东轮船运输公司，由天津运通船务行代理）由新加坡开往大沽口至渤海口外途中遇雾，在已发现距离其14海里有船时并未减速，听到对方船舶信声音时亦未停车。当两船距离仅4海里时，"加利福尼亚金熊"轮船已发现对方船舶与其交叉前进有碰撞危险，却并未按航海规则停车或改变航向避免碰撞，反而抢道前进。22时20分，与"新安轮"相撞。肇事后，"加利福尼亚金熊"轮船负责人又拖延塞责，营救不力，酿成"新安轮"所载旅客、船员70人（包括船长、大副、三副）溺水身亡的严重事故。

4月21日16时，天津航政局得知报告后，急电大连、烟台两港水上公安局火速派船至出事海域进行营救，同时通知航政局塘沽办事处即刻追回"加利福尼亚金熊"轮船的出口许可证，并通知该轮船长威廉·茂莱立即来津说明事件经过。

事件发生后，天津华孚公司于4月22日向天津市人民法院提出控诉，要求"加利福尼亚金熊"负责赔偿"新安轮"全部生命、船只、货物、资财等一切损失，并追究其救援不力等责任。天津市政府责成华北航务局、天津航政局与有关方面组成调查团，于23日前往"加利福尼亚金熊"（该轮于22日驶抵大沽口）

进行调查。4 月 25 日，天津市政府组成了以天津航务局局长靖任秋为主任，以天津航政局局长马涤源、市政府外事处处长章文晋、市公安局局长许建国、市海员工会主席曾寿隆、法律专家魏文瀚、海事专家徐祖藩、海关总署海务处副处长董鸣岐、市轮船业公会主任委员李厚甫等 9 人为成员的海事处理委员会，着手调查处理美国轮船"加利福尼亚金熊"撞沉中国"新安轮"事件。4 月 27 日，天津市人民法院组成的审判庭开始审理此案，由市人民法院副院长边伴山任审判长。首先传讯了美轮船长威廉·茂莱，接着又讯问了美轮大副、二副等有关人员，询问了中国"新安轮"有关人员和证人。

这是中华人民共和国成立后首起涉外海事案件，中央政府十分重视。1950 年 5 月 4 日，政务院总理周恩来就美国轮船撞沉中国轮船一事，专门致信天津市委书记兼市长黄敬，指出"关于'新安轮'被撞一事的处理应实事求是，按海事法一般惯例办事。'新安轮'本身过失，我们应主动写上，肯定美轮负八成以上责任，对我是有利的。如此，方能取得广泛国际同情，便于我海上运输，亦利于打击美帝的骄横。我提出赔偿数额不应超过合理要求，保证金亦然。"

责任追究：1950 年 5 月 19 日，天津航政局正式公布天津海事处理委员会《关于"加利福尼亚金熊"与"新安轮"碰撞案海事处理书》。经过 10 天左右的调查讯问，最后审判庭坚持以国际法为准绳、以事实为依据，判决由美轮承担主要责任，并赔偿中国船舶、遇难人员的损失。法庭上，审判长边伴山宣读了天津市人民法院刑字第 3826 判决书，美轮船长威廉·茂莱因过失发生船舶碰撞及救助不力致人死亡被判处有期徒刑一年，缓刑二年。威廉·茂莱在判决书和海事处理委员会关于赔偿的裁定书上签了名。根据海事处理委员会关于赔偿的裁定书，"新安轮"船舶、货物损失以及死难船员、旅客赔偿和"加利福尼亚金熊"修船三项费用共计 37.01 万美元，"加利福尼亚金熊"应负 85% 的责任赔偿 31.34 万美元，"新安轮"负 15% 的责任赔偿 5.53 万美元，从而维护了国家主权，保护了中国人民的合法权益。

（四）北京辅华矿药制造厂火药爆炸事故

1950 年 6 月 14 日，北京辅华矿药制造厂发生火药爆炸、燃烧事故，造成 42 人死亡，166 人重伤，200 多人轻伤，烧毁房屋 2339 间，受灾市民多达 4053 人。

北京辅华矿药制造厂全名为北京辅华合记矿药厂，是 1947 年 7 月由王念维私人创办，厂址位于朝阳门外大街 117 号。开办初期规模较小，主要制造黑火药、药捻等。该厂安全设施简陋，仅有一眼水井和少量灭火器。1950 年 2 月 1 日，火药厂与解放军华北军区 208 师生产委员会合股经营，即改称为辅华合记矿药厂。厂址未变更，也没有更新设备，但扩大了生产规模，职工增加到 19 人。

1950 年 6 月 11 日，该厂从河北省保定市运来一批中、日、美式 3 种地雷共 97 枚，其中美式地雷威力最大，且效能尚好。14 日下午，技师邵育民、杂工于荣本在存有大量雷管、炸药的仓库旁，拆雷取药，有的工人提议到河边拆雷，但他们没有理睬。17 时许，他们在拆雷时，撞击出的火花引起火药燃烧爆炸，进而形成火灾，并殃及附近民宅。

事故发生后，北京市政府调集朝阳门、公安街、养蜂夹道、梁家园等 4 个消防中队的 144 名指战员和 10 部消防车，经十数个小时的奋力扑救，才将大火扑灭。事故造成企业人员和城市居民死亡 42 人，重伤 166 人，轻伤 240 人，房屋烧毁倒塌 2339 间，受灾市民 4053 人。

事故直接原因：在存放着大量炸药、雷管的仓库前拆卸地雷取药时，由于操作不慎引起火药燃烧爆炸。

责任追究：事后北京市政府向中央人民政府作出检讨并请求处分。《人民日报》全文刊登了北京市公安局局长罗瑞卿代表公安局所作的深刻检讨。经中央政府政务院和中央革命军事委员会批准，对负有联合办厂领导责任的军队有关人员分别予以撤职、交由军法制裁和通令警告等处分；对负有直接管理责任的辅华矿药厂经理、副经理、总技师等人依法追究刑事责任；对负有爆炸物品监管责任的北京市公安系统人员分别予以撤职、记大过、严重警告、警告处分；对负有政府监管责任的北京市第十三区区长予以记过处分。

吸取事故教训，改进安全生产措施：事后总理周恩来签发了《中央政府政务院关于北京辅华火药厂爆炸事件的通报》，要求各地接受这一惨痛事故的经验教训，对位于城市居民集中地的公私工厂、作坊、仓库进行一次检查。凡属制造或存放危险物品之工厂、作坊及仓库，速令其移至郊外，远离居民稠密地区。

（五）广西壮族自治区镇南关铁路工程炸药仓库爆炸事故①

1950 年 7 月 23 日 23 时 50 分，广西壮族自治区南宁市至镇南关段铁路工程处材料厂炸药仓库突然起火，10 分钟后，存储库内的 9.5 吨炸药（其中黑色炸

---

① 广西镇南关铁路工程处材料厂炸药仓库爆炸事故，记载不同。(1) 广西劳动志记载：该工程处材料厂炸药仓库分别于 1950 年 7 月 13 日、7 月 23 日两次发生爆炸。7 月 13 日爆炸造成死亡 17 人，重伤 103 人，轻伤 359 人；7 月 23 日爆炸造成死亡 13 人，重伤 71 人，轻伤 153 人。两次事故共造成 30 人死亡，174 人重伤，512 人轻伤。(2) 广西地方志大事记记载：这次事故死亡 13 人，重伤 71 人，轻伤 153 人，毁坏房屋 60 间，受灾 429 户、1781 人，经济损失近 8 万元。本书在爆炸时间上采信广西地方志大事记的说法，即仅于 7 月 23 日发生一次；在事故死亡，重伤和轻伤人数上采信广西公安志的记载。

药 2.7 吨、黄色炸药 6.3 吨）发生爆炸。仓库以及附近房屋大部分被震塌或被烧毁。累计炸（震）塌房屋 464 间，烧毁房屋 30 间，受灾铁路职工和街道居民 867 户、2119 人。死亡 24 人（包括失踪 2 人），重伤 281 人，轻伤 283 人。经济损失约 8 万元。

事故原因：爆炸事故发生后，中央政府监察委员会随即派员赶赴现场调查了解情况。广西壮族自治区委、自治区政府有关部门也派出干部前往进行救灾和善后，安置受害职工和居民。经调查，这次事故被认定"敌特纵火"所造成。但工程处领导存在严重的官僚主义，管理制度不健全，"对本单位反革命分子打击不狠"，也是造成事故的重要原因。

吸取事故教训，改进工作措施：在随后召开的广西壮族自治区干部会议上，广西壮族自治区委副书记何伟要求全省军民深刻接受这次事故（事件）的教训，提高警惕；组织开展安全技术普查，健全管理制度。1951 年 9 月，中南军政委员会劳动部通报了这一爆炸事故，严肃批评了铁路工程处将炸药库设于城镇人口密集之处、管理松弛、对敌特破坏防范不严的错误行为，以及南宁市劳动局事故报告不及时的行为；要求各地吸取爆炸事故教训，严加警惕，做好安全防范工作。

（六）辽东省沈阳火车站候车室摔落、踩踏事故

1952 年 1 月 25 日，辽东省沈阳火车站发生摔落、踩踏事故，造成 43 人死亡，28 人受重伤。

事故发生当日，因春节将临，铁路客流量大增，众多旅客携带行李等涌入沈阳火车站内的"高架"[①]候车室。由于安全意识薄弱，缺乏必要的现场管理和人流疏导，致使候车秩序混乱，人员拥挤严重，以致将候车室的栏杆挤垮，许多候车人员从高处摔下。候车室外面的人不知道里面的情况，仍然继续往里面涌入。摔下的人相互叠压踩踏，导致重大伤亡。

（七）青海省北川渠小寨沟水利工程坍塌事故

1952 年 7 月 17 日 2 时，青海省北川渠小寨沟水利工程发生土方坍塌，坍塌土方量约 2000 立方米，21 名民工被压身亡。

事故原因：北川渠小塞沟涵洞水利工程的土质松软而且潮湿，渠道设计深16 米、上口宽 10 米、下底宽 4.2 米。渠道横跨涵洞而过。原测量设计，拟砌成

---

① 候车室高度不详。

— 25 —

一个马蹄形的涵洞，宽 2.3 米，长 57 米，上面为高填土。由于设计涵洞与渠道成 90 度正交，经计算，施工时正交挖土方量较大。但有关单位在施工时，没有按照基本建设程序办事，将设计改为 77 度。因为只注意了避免多挖土方，而对开劈边坡以及安全措施问题没有注意。在沟崖岸险坡未开劈边坡的情况下就挖基础，加以砌筑和打夯，震动造成大坍塌。

事故发生后，青海省农林厅、水利局、省法院和省政府等有关部门组成"小寨沟涵洞工程事故调查委员会"。调查委员会对事故现场做了及时处理。经过认真调查分析，确认发生坍塌的主要原因是由于"违反基本建设程序，擅自改变设计方案，只图少取土方减少工作量，而忽视安全施工"，结果导致大面积的土方坍塌，造成了多人死亡。

责任追究：为吸取事故教训，青海省政府主席赵寿山，将事故调查报告呈报西北军政委员会主席彭德怀核示，并抄致西北军政委员会农林部部长、劳动部部长、水利部部长："对北川渠小寨沟涵洞工程处应负事故直接责任者魏段长、惠监工员予以逮捕法办；对工程处杨处长工作不负责任，没有认真检查工地和处理存在的危险问题，导致事故发生撤职查办"；同时责令青海省农林厅赵厅长、省水利局马局长做出书面检查，等候进一步处理。

（八）重庆港务局"江岳"轮汽油爆炸事故

1954 年 2 月 25 日 20 时 40 分，长江航运管理局重庆港务局所属的"江岳"号轮船发生汽油爆炸事故，造成 26 人死亡，38 人受伤。直接经济损失 20 万元。

"江岳"轮是 1946 年出厂的柴油轮，长 128.6 米，宽 22 米，吃水深 7 米，容积 309.81 立方米，载重量可载 180~190 吨。有船员 38 人，事故发生时在船上的职工有 32 人。1954 年 2 月 21 日晚，"江岳"轮在湖北宜昌港装载中南石油公司运往西南区石油公司的 A65 号汽油 951 桶（合 159.6 吨），于 22 日起航。25 日晚，"江岳"轮抵达重庆港，停泊在大佛寺码头锚地卸载。因船内汽油味极浓，工人不能持久从事搬运工作，搬运工都感到头痛晕闷，强烈要求在舱内安装电风扇排放油气。经得船长刘某的同意，在没有对相关人员做出安全提醒、采取安全防范措施的情况下，草率通知电工安装。电工安装好右油舱的电扇后，又安装左油舱电扇，在电线接火时，引起气体燃烧爆炸。将 105 毫米厚的船舱壁的钢板电焊缝炸裂，顷刻间一片火海。前舱先着火，船员、装卸工惊慌呼救，部分人员跳水避难，造成重大伤亡。

事故原因：（1）"江岳"轮在宜昌港时，理货组违反危险品包装及装舱规定，将 30 桶破漏的汽油装入船舱，又未将汽油桶口全部朝上排列，其中有的横放倒置。在装载时不按易燃易爆物品堆码，没有注意通风，却把舱盖紧闭。上船后无人检查，也无人提出补救措施或拒绝装运，因而造成漏油严重，汽油气体与空气混合，形成爆炸性气体达到了爆炸极限，遇到电火花导致爆炸。（2）"江岳"轮船长刘某毫不考虑在汽油气体严重的情况下安装电风扇的危险性，盲目同意安装电风扇，是事故发生的直接原因，应负主要领导责任。二副徐某借报关名义，骗取船长同意，擅自回家去了，回船后草率看看舱单，没有检查破漏油桶的装舱情况，也未向船长汇报，工作严重不负责任，致使油气越来越浓，对事故的发生负有直接责任。

责任追究：根据事故调查组的调查结论，中国海员工会长江区重庆工作委员会对事故主要责任者进行了严肃处理，并要求各单位深刻吸取教训，改进安全工作，有效防范这类事故的再次发生。

（九）内蒙古包头大发窑煤矿瓦斯煤尘爆炸事故

1954年12月6日，内蒙古自治区包头市大发窑煤矿（石拐沟煤矿，公私合营）发生瓦斯煤尘爆炸事故，造成104人死亡，2人重伤，直接经济损失44亿元（旧币）。

大发煤矿原为私人资本与前民国政府官方资本合股经营企业。1949年和平解放后，先改为公私合营，后清理私股改为地方国营，到1953年底，年产量达35695吨，有职工538人。

该矿为一级瓦斯矿井，有一个立井，3个斜井（其中1个已封闭）。矿井通风采用串联式自然通风，利用立井和1个斜井进风，另一斜井出风。巷道总长约2100米，断面小，曲折多，密闭不严，漏风顶风现象严重。采用残柱前进式开采方法采煤，工作面用钎子锤子打眼，爆破用黑色炸药，随采随垒石垛，以支撑顶板，用木料极少，除运输巷道架棚及临时支柱外，均不用木料。井下运输是将钢轨卧倒，车轮在槽内行驶，用荆柳筐盛煤，放在车架上，由2~3人合力运输，每次运煤不过400~500斤。运输巷道中煤尘积存约1寸厚。井下照明使用电石灯。全矿只有1名瓦斯检查员，一个瓦斯检定灯。井下分采煤、运输和管理顶板三个班作业，每班7个组，约140人在井下作业，日产煤炭220吨。

事故发生当日第二班，拉拖运输的工人还未升井，支护及维修的工人已下井，两个班的122名工人在井下。9时30分左右，矿井地面人员听到两次爆炸声（先小后大）后，看到新井口先出暴风，后出火焰，继之出现黑烟。旧井口和立井先出大风后出黑烟。矿工和当地有关部门人员听到爆炸声后，立即奔向井口投入抢救。先后组织5批工人下井抢救，但因井下巷道及通风设施破坏严重，瓦斯煤尘爆炸后井下着火，井下烟雾和有毒气体浓度大，加上矿上没有任何救护装备，抢救工作异常艰难，除11人脱险自行出井外，只救出7人（其中2人重伤），其余104人不幸遇难。5次抢救中，入井抢救的职工有70多人，相继晕倒40多人。

事故直接原因：运输巷与回风巷之间的第一道联络密闭漏风严重，致使自然风流短路，井下作业的4个组处于无风状态，大量瓦斯扩散（当班瓦斯检查员未下井）；明火照明或爆破引起局部瓦斯爆炸，继而引起煤尘爆炸。

事故间接原因：（1）井下风量不足，根据该矿自然通风情况估算有效风量只有200立方米，以每人3立方米风量计算，不足400立方米。（2）瓦斯积聚地点多，该矿系一级瓦斯矿井，事故前井下瓦斯浓度超过3%的地点多，在1—10月的瓦斯检查记录（共检查451点次）中，瓦斯浓度超过3%的竟有328点次。（3）煤尘多，300米长的主要巷道中，由于人力推车使煤尘很多，事故前，巷道棚梁上的积尘约3厘米厚。（4）明火照明，该矿井下使用电石灯，在此次事故发生前，由于明火照明引起的局部瓦斯燃烧已发生过多起。（5）使用黑色炸药，违反煤矿保安规程有关规定。（6）采用不正规的采煤方法，致使顶板下沉，瓦斯积聚。

（十）天津第一棉纺厂锅炉爆炸事故

1955年4月25日，天津市第一棉纺厂发生锅炉爆炸事故，造成8人死亡，17人重伤，52人轻伤，直接经济损失约37万元。

发生爆炸的锅炉是日本制造的田熊式锅炉，汽包的纵、环缝采用铆接连接；最高许用压力2.5兆帕，蒸发量20吨/小时。该锅炉从当年2月始漏水而且日趋严重，到3月底，下锅筒接缝处的裂纹深达33毫米，漏水的长度已达2米多，到4月份，锅炉漏水量已达1.5吨/小时以上。4月25日，该锅炉在运行中发生了爆炸，爆炸部位位于下锅筒纵向铆接连接处，上下锅筒间的连接管飞出75米，烟囱严重破坏。锅炉爆炸造成的人员伤亡，既有该厂职工，也有市民。

事故直接原因：该厂对锅炉设备缺乏认真的检查和忽视日常维护检修工作。经技术鉴定，锅炉爆炸系下锅筒钢板苛性脆化所致。造成脆化的原因是：厂动力部门对锅炉长期渗漏不及时修理，再三拖延，以致使锅炉钢板的裂缝占爆破断口的79%；锅炉给水质量十分低劣，渗漏处碱垢极其严重，为钢板苛性脆化的形成和发展提供了必要条件（高应力、高浓度，介质有侵蚀性），最终使锅炉钢板强度下降不足以承受正常工作压力而发生爆炸。

事故间接原因：此次事故的发生与该厂的领导干部存在严重忽视安全的错误

思想和官僚主义工作作风分不开的。该厂对动力部门的管理混乱和锅炉的严重渗漏情况，从未检查，毫无所知，更为严重的是当厂安全部门提出要审查动力部门人员，进行安全知识测验，鉴定动力设备的具体建议时，厂领导却把它搁在一边，没有采纳。该锅炉发生漏水现象已近三个月，而且漏水情况日趋严重，下锅筒接缝处也出现了深达33毫米的裂纹，但该厂对此严重缺陷未及时修理；锅炉运行管理水平低，锅炉水质低劣，锅水相对碱度过高，使锅筒钢板产生苛性脆化。

吸取事故教训，改进锅炉安全工作措施：此次事故是中华人民共和国成立后首起重大锅炉爆炸事故。国务院于1955年7月21日发出《关于国营天津第一棉纺织厂二锅炉爆炸事故的通报》，指出各工业交通部门应立即组织对动力设备进行一次检查和鉴定，及时解决存在的问题，凡设备损坏已威胁安全的，应立即停止使用。随后各地各部门认真组织了锅炉安全大检查。重工业部将检查情况向国务院写出报告，国务院以"（56）国秘齐字第190"文转发了这个报告，国务院批示中强调：目前各工业部所属企业、事业单位的蒸汽锅炉普遍存在着锅炉老旧，设计制造落后，锅炉给水不良以及司炉工缺乏基本操作常识等问题，希望参照报告中提出的方法和措施，对所属企业、事业单位的锅炉进行检查，并设法改善。

（十一）江西省乐平县镇泽桥区杨家乡渡船沉没事故

1955年7月6日，江西省乐平县镇泽桥区杨家乡的一只渡船，由于船工玩忽职守而发生沉没事故，全部乘客落水，其中46人死亡。

事故发生当日，渡船工杨某早晨把渡船停靠在乐安河蒋湾渡口，然后擅自离开渡船2小时。直到聚集在渡口待渡乘客有59人，船上已有20余人，杨某才出现，并说"人忙路不忙"。等待乘客59人全部登船后，超过载重量的40%，才开船过渡。但开船后杨某不亲自撑船，而让一位姓徐的妇女和另一位妇女撑船。船离开岸边不远，乘客中有10余名妇女发现该船漏水，感到有危险，哭啼着要求下船。杨某竟说："你们真怕死，有事我保险"，而拒绝让人下船。因为漏水过多，乘船的人们要求排水。杨某不但不接受意见，反而指责人们说："上了船又怕死"。当船头开始有些下沉时，渡船还未到达正河，尚处在洪水淹没的草洲上，这里的水深只有1米左右，若此时立即停止前进，尚能够脱险。但杨某麻痹大意，没有采取果断措施，致使渡船沉没于草洲当中一条水深2米多、宽达3米多的沟内，乘客全部落水，造成严重伤亡。渡船沉没之际，杨某用撑杆跳下船自己逃命，随后也未对落水人员做出任何急救。事故后杨某也没有向打捞人员告知肇事地点。

事故原因及责任追究：渡船工杨某视人民的生命为儿戏，工作极端不负责任，擅离职守、玩忽职守、违章严重超载；发现船有漏水隐患不但不听取意见，反而讽刺乘客胆小怕死；船即将沉没也没有采取正确、果断措施；事故发生后只顾自己逃命。这些都是严重的失职犯罪，对事故理应负主要责任。经乐平县政府和江西省人民委员会批准，将渡船工杨某由司法机关逮捕法办。

（十二）河南省鹤壁煤矿一矿透水事故

1956年6月20日15时15分，河南省鹤壁煤矿一矿（基建矿）南翼采区反井上山发生老空区透水事故，造成34人死亡，矿井被淹没，推迟移交生产5个月。

事故经过和大致原因：鹤壁一矿井田内老空区较多。1956年4月17日在南翼采区底板煤巷垂直向上掘进的反井上山，逐渐接近老空水危险区。4月23日进行第一次探水，到5月26日共掘进55米后，进行第二次探水，打探水钻眼3个，正前方和右侧两个钻眼各深80米，而左上方有老空区的钻眼只打了36米，经工程处主管技师赵某同意后撤钻。6月12日掘进超过左探水钻眼后，安全检查人员和工人多次向工程处主管技师等相关负责人提出"停止掘进，马上进行探水"的要求，但均未被采纳。6月17日上午发现工作面左上方发汗，19日发汗面扩大，钻出的煤面发潮，打好的炮眼开始往外流水，技术员舒仁安将情况向工区主任汇报，并提出应采取积极措施，亦未被采纳。6月20日8时，打炮眼时水顺钻杆外流，工人向工区报告后，仍不让停止掘进。20日15时，爆破员在反井上山爆破，老空水从反井突出。反井上山以里作业的人员除5人被水冲出外其余34人均遇难。

责任追究：事故发生后郑州煤矿基本建设局（鹤壁一矿由该局负责施工）、煤炭部武汉管理局等共同组成"鹤壁煤矿事故调查处理委员会"，对事故发生的原因和责任进行了调查分析，并经有关部门批准，对事故责任者分别追究刑事责任和给予行政、党纪处分。

事故教训：这起事故充分暴露了矿井建设施工单位现场管理人员严重忽视安全生产，在接近老空水危险区掘进，不按安全规程规定认真探放水，而且在透水事故征兆非常明显的情况下，不顾工人的建议和要求，仍然冒险蛮干，是典型的不讲科学、违章指挥、强令工人冒险作业所造成的伤亡事故。

（十三）湖北省内河航运管理局"蕲州"号客轮起火沉没事故

1957年4月26日3时35分，湖北省内河航运管理局的"蕲州"（也称"圻州"）号客轮在由汉口开往黄石市途中，在黄冈县西河铺（镇）附近江面起火沉没，造成 128 名乘客及船员死亡，26 人重伤，30 多人轻伤。这是中华人民共和国成立 8 年来内河航运史上人员伤亡最严重的一起火灾。

"蕲州"号原名"汉蕲"号，为民族资本家董青云等投资建造的小型客轮，于 1929 年 8 月首航长江汉蕲（汉口经黄石至蕲州）航线。中华人民共和国成立后，"汉蕲"轮改名为"蕲州"轮，隶属湖北省内河管理局，继续在武汉、九江航线运营。1957 年 4 月 26 日，"蕲州"号客轮执行正常航运任务，在行至黄冈县西河铺（镇）附近江面上时，因值班轮机长余志远和值班加油的陈如意违章操作，引起着火，又由于扑救不力，导致火势蔓延成灾。轮船上船员和旅客 300 多人当中，有 128 人遇难身亡。得知灾情，长江航运管理局就近派出"长江302"拖轮赶往救援。危及情况下，水手周久材沉着应对；还有两位军人旅客临危不惧，奋不顾身，挽救了许多人的生命，而他们却光荣牺牲了。

事故原因：首先是在冲车时未将离合器退出，两次冲车没有启动，接着又误将烧火花塞的喷灯弄灭，造成汽油在机舱内挥发，很快达到爆炸极限浓度。在这一遇明火就要爆炸的时刻，他们又点喷灯烧火花塞，于是立即发生了爆炸。加之操作前未关机器的风门、油门，致使火灾发生后扩大蔓延异常迅猛。此时，船上根本没有采取任何灭火和救生措施。船长汤贤刚（值班驾驶）既未发出报警，也未组织船员进行灭火和救生，更未设法使船接近北岸下锚固定船位，为救生创造条件。仅仅 15 分钟，全船便陷入大火。

事故间接原因："蕲州"轮火灾是多种因素促成的：（1）省内河航运管理局对船员，特别是高级船员、调查员调配使用不当，调动频繁，航线多变，机务管理松弛。不少港口缺乏设备，有些岗连趸船都没有，靠木划子中转客、货。"蕲州"轮 1—4 月就先后调动船员 39 人次，轮机长余志远就是火灾前不久才调上"蕲州"轮的，由于尚未掌握该轮机器的性能，以致因操作不当而造成火灾。（2）该局对轮船的防火安全工作重视不够，抓得不紧，对航运安全规章制度执行不认真。"蕲州"轮是 1954 年造的木质船壳的客轮，其机器是 1938 年日本造的 105 匹马力的三缸冲灯式旧柴油机，燃用重柴油，启动前用喷灯烧火花塞冲车。船员们曾因烧火花塞多次将回气引燃的情况向上级部门反映，但答复是：没有关系，以后注意就行了。（3）该船船长汤贤刚没有学习过航行规章和航标规范。平时很少组织救生演习，对新船员也未编入应变组织；船长和大副既未向船员们交代灭火救生应变的岗位和具体任务，也没有按规定发给船员应变演习备忘卡。该船未向乘客进行过救生和灭火设备使用方法的宣传教育，甚至有些船员也不会使用。尤其是这次火灾发生后，船长没有发出警报，又未使船接近岸边。

事故发生后，国务院交通部、湖北省人民委员会及时组织力量，认真做好事故调查和打捞、医治、赔偿和安葬、抚恤等善后工作。湖北省人民委员会成立了事故善后委员会，调查分析事故原因，对犯有玩忽职守错误和罪行的有关人员作出处理。并对长江航运管理局"长江302"拖轮全体人员的积极抢救，以及"蕲州"轮水手周久材沉着应付事故，两位军人旅客舍己救人英勇牺牲的事迹，予以通报表扬。

责任追究：1957年7月29日，国务院批准了湖北省人民委员会关于处理省内河航运管理局"蕲州"轮事故的批示报告和对有关人员处分的决定。给予湖北省内河管理局局长陈英、"蕲州"轮船船长汤贤刚和大副陈玉福以撤职处分，并由检察院对汤贤刚提起公诉，依法惩办。鉴于事故的直接责任者——"蕲州"轮值班轮机长余志远和值班加油工陈如意已经在事故中死亡，决定免于追究。省长张体学和副省长刘苏对内河航运安全生产上疏于领导，责任重大，呈请国务院给予应有的处分。

第二章 "大跃进"和国民经济调整时期 （1958—1965）

一、概况

1958 年在全国范围内掀起的"大跃进"运动，导致了中华人民共和国成立后第一个事故高峰的来临。这一时期里，由于我们急于改变一穷二白的落后面貌，在经济建设指导思想上出现了不顾客观现实、盲目冒进的错误倾向。全国上下主观唯心主义和浮夸风盛行。各级领导严重违背经济发展客观规律，不切实际地追求高指标、高产量和高速度。为迅速实现从农业国向工业国的跨越，国家确定了不切实际的工业发展指标，各地纷纷组织开展"大兵团"作战，用大轰大嗡、大干快上的方式进行煤炭、钢铁、化工等生产建设。不仅没能获得好的经济效益和预期的发展速度，而且造成经济建设和安全生产秩序混乱，各类事故频频发生。从 1958 年到 1960 年，全国事故总量急剧、持续上升，重特大事故接连不断。据国家劳动部门公开发布的数据："大跃进"期间，国营及县属以上集体企业年均死亡人数 16190 人，比"一五"时期增长了 3.9 倍。"大跃进"三年间，全国发生一次死亡百人以上事故 10 起（其中矿难 6 起、建设工地民工宿舍火灾 2 起、工地桥梁垮塌 1 起、炸药制造发生爆炸 1 起）。中华人民共和国成立以来伤亡最惨重的煤矿事故——山西省大同矿务局老白洞煤矿煤尘爆炸事故，就发生在这一时期。教训极其惨痛。1960 年 9 月中共中央决定对国民经济采取"调整、巩固、充实、提高"的八字方针，随后国民经济进入调整时期，盲目追求发展速度的错误倾向得到遏制，安全生产秩序有所恢复，重特大事故尤其是涉难百人左右事故接连发生的势头有所遏制。但"大跃进"罔顾经济发展规律、违背安全生产内在要求所造成的危害仍然存在，各类事故仍然较多。

这一时期各年度事故统计数据如下：

1958 年 全国工矿企业工伤事故死亡 12850 人。其中煤矿事故死亡 2662 人，百万吨死亡率 9.859。有资料显示，发生道路交通事故 26938 起，死亡

3009 人，万车死亡率 174.33①。

本年度发生一次死亡 30 人以上特别重大事故 12 起，死亡 576 人，受伤 514 人。其中死亡百人以上事故 1 起，即云南蒙自县供销社火药工厂爆炸死亡 101 人，受伤 252 人（其中重伤 88 人）。

1959 年 全国工矿企业工伤事故死亡 17946 人。其中煤矿事故死亡 5098 人，百万吨死亡率 13.824。发生道路交通事故 37126 起，死亡 4901 人，万车死亡率 232.61。

本年度发生一次死亡 30 人以上特别重大事故 23 起，死亡 1679 人，受伤 560 人。其中死亡百人以上事故 4 起：①四川涪陵市大溪河水电处女民工宿舍火灾死亡 101 人，受伤 15 人（其中重伤 4 人）；②四川盐源县龙塘水库工地火灾死亡 198 人，受伤 90 人；③湖北荆门漳河水库工地桥梁垮塌死亡 159 人，受伤 62 人（其中重伤 44 人）；④广东乐昌县龙胫钨矿遭受山体滑坡掩埋，死亡 169 人，受伤人数不详。

本年度发生死亡 30 人以上水库溃坝事故 4 起：①河南信阳地区固始县白果冲水库溃坝死亡 616 人，受伤 12 人；②河南信阳地区商城县铁佛寺水库溃坝死亡 1092 人，受伤人数不详；③广西选金厂桃花山水库溃坝死亡 67 人，受伤人数不详；④辽宁葫芦岛地区绥中县大风口水库、共青团水库、龙屯水库、八一水库在同一日溃坝死亡 707 人，受伤人数不详。

1960 年 全国工矿企业工伤事故死亡 21938 人。其中煤矿事故死亡 6036 人，百万吨死亡率 15.196。发生道路交通事故 33634 起，死亡 5762 人，万车死亡率 257.46。铁路行车事故大幅度上升②：1960 年全年的行车事故比 1957 年增加 212 倍，其中重大行车事故增加 2 倍，经济损失增加 6 倍。

本年度发生一次死亡 30 人以上特别重大事故 33 起，死亡 2610 人，受伤 924 人。其中死亡百人以上事故 6 起：①山西大同矿务局老白洞煤矿瓦斯煤尘爆炸死亡 684 人，受伤 228 人（均为重伤）；②贵州铜仁县大兴机场工地火灾死亡 173 人，受伤 42 人；③四川江津地区同华煤矿瓦斯爆炸死亡 125 人，受伤 16 人；④江西景德镇盲流人员安置房火灾死亡 146 人，受伤 61 人；⑤河南平顶山矿务局五矿瓦斯爆炸死亡 187 人，受伤 36 人；⑥四川中梁山煤矿南井瓦斯爆炸死亡 124 人，受伤 50 人（其中重伤 2 人）。

---

① 据《人口研究》2001 年第五期李若建转引李锐《庐山会议实录》："1958 年全国工伤死亡人数高达 5 万人，同年因工受伤的有 10 万人"。

② 1960 年铁路事故数据出自《当代中国的铁道事业》，中国社会科学出版社 1990 年版。

本年度发生死亡 30 人以上水库溃坝事故 2 起：①山西晋中地区文水县文峪河水库溃坝死亡 100 人，受伤人数不详；②安徽铜陵县圣冲水库临时溢流坝因暴雨洪水发生垮坝，32 人溺亡。

1961 年 全国工矿企业工伤事故死亡 12024 人。其中煤矿事故死亡 4304 人，百万吨死亡率 15.503。发生道路交通事故 22358 起，死亡 4436 人，万车死亡率 184.83。

本年度发生一次死亡 30 人以上特别重大事故 15 起，死亡 880 人，受伤 134 人。其中死亡百人以上事故 2 起：①辽宁抚顺矿务局胜利煤矿矿井火灾死亡 110 人，受伤 31 人（其中重伤 6 人）；②重庆水上交运公司"411"客轮翻沉死亡 122 人，受伤 5 人。

1962 年 全国工矿企业工伤事故死亡 5859 人。其中煤矿事故死亡 2498 人，百万吨死亡率 11.378。发生道路交通事故 21238 起，死亡 3908 人，万车死亡率 157.58。

本年度发生一次死亡 30 人以上特别重大事故 11 起，死亡 601 人，受伤 319 人。其中死亡百人以上事故 1 起，即云南云锡公司新冠选矿厂火谷都尾矿库溃坝事故死亡 171 人，受伤 92 人。

1963 年 全国工矿企业工伤事故死亡 5962 人。其中煤矿事故死亡 1583 人，百万吨死亡率 7.262。发生道路交通事故 19212 起，死亡 2648 人，万车死亡率 101.34。

本年度发生一次死亡 30 人以上特别重大事故 3 起，死亡 124 人，受伤 60 人。

本年度发生死亡 30 人以上水库溃坝事故 1 起，即河北邢台地区的东川口水库溃坝死亡 500 人，受伤 400 人。

1964 年 全国工矿企业工伤事故死亡 3566 人。其中煤矿事故死亡 1173 人，百万吨死亡率 5.467。发生道路交通事故 18157 起，死亡 2253 人，万车死亡率 81.60。

本年度发生一次死亡 30 人以上特别重大事故 5 起，死亡 277 人，受伤人数不详。其中死亡百人以上事故 1 起，即浙江省黄岩县长潭水库游船翻沉事故，死亡 116 人。

1965 年 全国工矿企业工伤事故死亡 4147 人。其中煤矿事故死亡 1026 人，百万吨死亡率 4.426。发生道路交通事故 20967 起，死亡 3466 人，万车死亡率 79.53。

本年度发生一次死亡 30 人以上特别重大事故 3 起，死亡 289 人，受伤 355

人。其中死亡百人以上事故 1 起，即新疆兵团农二师塔里木二场火灾事故死亡 172 人，受伤 10 人。

二、重点行业领域事故简述

（一）矿山事故

1. 1958 年 2 月 24 日，四川省中梁山煤矿工程公司南工区在南平硐车场掘进爆破掘穿 K10 煤层时，发生煤与瓦斯突出事故①，作业现场的 33 人全部死亡。施工指挥人员错误判定所穿越煤层没有突出危险，指挥工人违章作业，是导致事故发生的主要原因。

2. 1958 年 4 月 19 日，江西省萍乡县大田煤矿发生瓦斯爆炸事故，造成 15 人死亡，重伤 1 人，轻伤 2 人。

3. 1958 年 5 月 21 日，辽宁省阜新矿务局新平安煤矿（现五龙煤矿）四采区变电所电缆接头着火，引燃附近的黄甘油，窒息死亡 18 人。

4. 1958 年 6 月 3 日，四川省煤炭第一建井工程公司承建的鱼田堡煤矿一立井发生煤与瓦斯突出事故，造成 7 人死亡，23 人重伤，32 人受轻伤。

5. 1958 年 7 月 17 日，山东省新汶矿务局孙村煤矿 2903 采煤工作面发生电器着火事故，死亡 13 人。

6. 1958 年 8 月 1 日，广东省湛江地区遂溪县四九云母矿龟岭工地发生塌方事故，死亡 8 人（其中遂溪县第四中学学生 4 人）。

7. 1958 年 8 月 3 日，四川省雅安地区荥经县钢铁厂马家沟矿区因职工在火药箱上吸烟引起燃烧爆炸，造成 24 人受伤，其中重伤 8 人。9 月 8 日、18 日，该矿又接连发生类似事故，造成 28 人受伤，其中重伤 10 人。

8. 1958 年 9 月 19 日，安徽省六安地区霍山县大化坪区扫帚河乡隆兴社矾石矿因工人抽烟不慎，引起 30 千克炸药爆炸，炸伤 27 人。

9. 1958 年 9 月 27 日，湖南省斗笠山煤矿香花台工区老井发生瓦斯爆炸事故，死亡 11 人。

10. 1958 年 10 月 11 日，河南省许昌地区韩庄煤矿发生透水事故，全矿井被淹，井下 37 人当中有 21 人死亡。

---

① 煤与瓦斯突出事故：煤矿事故种类之一，早期也称"岩石与二氧化碳突出"，是指在地应力和煤层内蕴藏瓦斯的共同作用下，破碎的煤、岩和瓦斯由煤体或岩体内突然向外抛出的异常动力现象，常常造成作业现场人员伤亡。

11. 1958 年 10 月 23 日，湖南省双峰县洲上煤矿一窿发生瓦斯爆炸事故，死亡 30 人，重伤 22 人，轻伤 14 人。

12. 1958 年 10 月 25 日，黑龙江省鸡西矿务局滴道矿七井采煤工作面，风流短路致使瓦斯聚集，采面爆破作业引起瓦斯爆炸，死亡 12 人。

13. 1958 年 10 月，山东省沂源县曹埠煤矿十二井发生透水事故，死亡 19 人。

14. 1958 年 11 月 4 日，河北省峰峰矿务局四矿发生瓦斯爆炸事故，造成 14 人死亡。

15. 1958 年 11 月 6 日，贵州省盘县羊场公社煤矿发生瓦斯突出事故，死亡 27 人。

16. 1958 年 11 月 7 日，江苏省徐州矿务局大黄山矿一井发生瓦斯爆炸事故，死亡 43 人，重伤 26 人。爆炸点为一井西翼采区 104 采煤工作面 5 眼以东 7 米处溜煤上山掘进头。因这里扩散通风不良，曾停止掘进 2 个班，造成瓦斯聚集。11 月 7 日，在掘进头无风也没有进行瓦斯检查的情况下恢复掘进，并开始打眼爆破。电煤钻不防爆，接线盒滋火，引起瓦斯爆炸。

17. 1958 年 11 月 7 日，云南省师宗县葵山公社炼焦厂所开办的秧田边煤矿发生瓦斯爆炸事故，死亡 22 人，重伤 3 人。

18. 1958 年 11 月 17 日，河南省渑池县半道沟煤矿因地面山崖塌落，造成 26 人死亡，32 人受伤。

19. 1958 年 12 月 9 日，辽宁省锦西市南票镇沙锅屯煤矿发生透水、塌方事故，死亡 20 人。

20. 1958 年 12 月 25 日，吉林辽源矿务局西安煤矿东三采区采煤工作面因采空区自然发火引起瓦斯爆炸事故，死亡 11 人，重伤 39 人，轻伤 14 人。该井东翼一采区 1033 采煤工作面，工人在送顺水道时，与充满大量瓦斯的顺水小川贯通，未检查瓦斯就关闭风机，从贯通口上去用风镐开帮，因风镐打在硫黄石上，冒出火花，引起爆炸。

21. 1958 年 12 月 30 日，山东省淄博矿务局夏庄煤矿二井发生透水事故，死亡 15 人。

22. 1958 年 12 月 30 日，河南省安阳地区安阳县铜冶煤矿发生透水事故，死亡 13 人。

23. 1958 年 12 月，河南省开封地区新中煤矿发生瓦斯爆炸事故，死亡 18 人。

24. 1958 年 12 月，湖南省邵阳地区隆回县周旺煤矿发生瓦斯爆炸事故，死亡 12 人。

25. 1959 年 1 月 11 日，四川省重庆市北培区二岩乡白石厂因工人坐在火药箱上吸烟引发火灾，死亡 6 人，重伤 8 人。

26. 1959 年 1 月 13 日，四川省江津地区观音店煤矿井上保管室发生炸药爆炸事故，死亡 12 人，轻伤 4 人。

27. 1959 年 1 月 24 日，新疆维吾尔自治区库车县阿艾（阿黑）煤矿发生冒顶片帮事故，死亡 25 人，重伤 3 人。

28. 1959 年 1 月 25 日，安徽省淮南矿务局李一煤矿 11 风井 13 槽掩护支架工作面发生电缆着火事故，造成 7 人死亡。

29. 1959 年 2 月 12 日，广东省梅县明山嶂煤矿井下发生火灾，造成 73 人一氧化碳中毒，其中死亡 8 人，重伤 19 人。

30. 1959 年 3 月 5 日，湖南省怀化地区芷江县公平煤矿发生透水事故，造成 19 人死亡。

31. 1959 年 3 月 16 日，安徽省安庆市集贤关煤矿一井发生透水事故，造成 26 人死亡。

32. 1959 年 3 月 18 日，河南省临汝县庇山公社煤矿发生瓦斯爆炸事故，造成 18 人死亡。

33. 1959 年 3 月 20 日，山西省垣曲县中条山有色金属公司铜矿峪矿大竖井的电源线起火，矿下作业的 15 名工人被烧身亡。

34. 1959 年 3 月 30 日，辽宁抚顺矿务局胜利煤矿发生瓦斯爆炸事故，死亡 24 人。

35. 1959 年 4 月 1 日，湖北省燃料厅所属的韩梁矿务局马道煤矿（位于河南省宝丰县西部山区）发生透水事故，死亡 14 人。

★36. 1959 年 4 月 10 日，四川省重庆市东林煤矿发生煤与瓦斯突出事故，死亡 82 人，重伤 3 人，轻伤 3 人。

37. 1959 年 4 月 17 日，河南省新安县下巩峪煤矿（劳改煤矿）井下发生透水事故，死亡 22 人。

38. 1959 年 4 月 19 日，河南省洛阳市龙嘴煤矿发生透水事故，死亡 21 人。

39. 1959 年 4 月 24 日，甘肃省陇南地区两当县西坡煤矿一井掘进放水巷时，积水中的大量硫化氢涌出，造成井下 14 人中毒窒息。在抢救中又中毒死亡 15 人，重伤 3 人。

40. 1959 年 4 月 26 日，安徽省芜湖地区南陵县板桥煤矿发生瓦斯爆炸事故，造成 17 人死亡，3 人重伤。

41. 1959 年 5 月 21 日，辽宁省阜新矿务局五龙矿井下四区变电所因电线短路造成火灾，死亡 18 人。

42. 1959 年 5 月 25 日，四川省江津地区綦江县青年煤矿因工人在井下抽烟发生瓦斯爆炸事故，死亡 20 人，重伤 4 人，轻伤 1 人。

43. 1959 年 5 月 31 日，四川省乐山地区忠县煤矿第二井（吉祥矿）发生瓦斯爆炸事故，死亡 66 人，轻伤 8 人。矿井停产一个月。事故原因、责任追究等情况不详①。

44. 1959 年 5 月 31 日，四川省万县地区忠县第一煤矿发生瓦斯爆炸事故，造成 42 人死亡，1 人重伤，2 人轻伤。事故原因、责任追究等情况不详。

★45. 1959 年 6 月 2 日，河南省义马矿务局义马煤矿义丰井井下煤层自燃引起火灾，造成 82 人死亡，52 人严重中毒。

46. 1959 年 6 月 12 日，广东省韶关地区乐昌县龙胫钨矿矿区被山体滑坡冲毁、掩埋，造成 169 人死亡。

47. 1959 年 6 月 17 日，河南省安阳县铜冶煤矿发生瓦斯爆炸事故，死亡 15 人，轻伤 14 人。

48. 1959 年 6 月 19 日，甘肃省靖远县磁窑煤矿第一采区下黑石砚子第四井二十工作面发生瓦斯煤尘爆炸事故，死亡 37 人，重伤 6 人，轻伤 4 人。事故因通风不良，明火照明引起。该矿顶板上部是自然火区，周围温度高达 39 摄氏度，工人曾多次向领导反映，但未引起足够重视，也未采取有效措施，加之巷道利用自然通风，工作面进采深，风量不足，瓦斯积聚，又使用明火灯照明，引起瓦斯爆炸，又引起其他 5 个井的煤尘爆炸。

49. 1959 年 7 月 1 日，云南省一平浪煤炭矿务局清水塘煤矿棵子井发生洪水淹井事故，死亡 28 人（其中女工 5 人）。

50. 1959 年 7 月 22 日，四川省南充地区广安县高顶山煤矿一井（黑塘井）中班工人在井口平硐躲雨时，因遇雷击、电线漏电，引起平硐内积存的瓦斯爆炸，造成 57 人死亡，3 人重伤。

★51. 1959 年 7 月 23 日，贵州省黔南建井工程处负责施工的都匀县陆家寨煤矿（地方国有矿）发生瓦斯爆炸事故，死亡 51 人，受伤 12 人（其中重伤 4 人）②。

---

① 四川忠县县志记载，这次事故死亡 42 人，矿井停产半年。本书关于煤矿事故，一般采信国家和地方煤炭工业相关史料的著述当中的记载，下同。

② 贵州劳动志记载这次事故发生时间为 1959 年 7 月 13 日。

★52. 1959 年 8 月 4 日，河南省洛阳地区梨园煤矿胡沟井发生瓦斯煤尘爆炸事故，死亡 91 人，受伤 25 人（其中重伤 9 人）①。

53. 1959 年 8 月 23 日，山西省大同矿务局忻州窑煤矿发生瓦斯爆炸事故，造成 18 人死亡，120 人受伤。

54. 1959 年 8 月 31 日，安徽省铜陵县五峰山煤矿发生瓦斯煤尘爆炸事故，造成 16 人死亡，9 人轻伤。

55. 1959 年 9 月 9 日，山东省枣庄矿务局山家林煤矿二号风井主井西 1009 平巷掘进迎头因未执行探水掘进的制度，在爆破时崩出采空区积水约 3700 立方米，仅 1 个小时将矿井全部淹没，同时溢出大量硫化氢有毒气体，井下矿工溺亡、45 人中毒身亡。

56. 1959 年 9 月 16 日，安徽省泾县晏公煤矿五井发生瓦斯爆炸事故，造成 18 人死亡，13 人受伤。

57. 1959 年 9 月 16 日，吉林省辽源矿务局富国煤矿小西二井发生瓦斯爆炸事故，死亡 24 人。

58. 1959 年 9 月 19 日，新疆生产建设兵团农六师西山焦炭厂一井北大槽掘进工作面发生采空区突水，造成 13 人死亡。

59. 1959 年 10 月 8 日，新疆维吾尔自治区阜康县小龙口煤矿九井发生煤尘爆炸，死亡 18 人，重伤 2 人。

60. 1959 年 10 月 10 日，内蒙古自治区包头矿务局白狐沟煤矿 1220 回风巷发生瓦斯爆炸事故，造成 46 人死亡，8 人受伤。

61. 1959 年 10 月 15 日，宁夏回族自治区石嘴山矿务局一立井的斜风井（三斜井）水平大巷掘进过程中发生透水事故，死亡 25 人。

62. 1959 年 10 月 18 日，宁夏回族自治区汝箕沟煤矿阴坡井发生瓦斯爆炸事故，死亡 18 人（其中 3 人为盲目施救中毒死亡）。

63. 1959 年 10 月 27 日，河北省开滦矿务局唐山煤矿瓦斯和有害气体涌出，致使该矿 7967 工作面的 5 名工人和 7964 工作面 10 多名工人被熏倒，抢救过程中采空区二次涌出瓦斯和有害气体，多人被熏倒。事故共造成 14 人死亡，64 人受伤。

64. 1959 年 10 月，云南省一平浪煤矿因天降大雨，炼焦窑水灌入抗美山井抗三平硐，烫伤井下 15 名工人。

65. 1959 年 11 月 2 日，四川省泸县前程煤矿新三岔子井发生透水事故，14

---

① 这次事故发生时间有 8 月 4 日、6 月 22 日两种说法，本书采信河南劳动志的记载。

人死亡，受伤 7 人，矿井停产两个月。

66. 1959 年 11 月 22—25 日，吉林省辽源矿务局西安矿东翼因煤层自然发火引起两次瓦斯爆炸，死亡 17 人。

67. 1959 年 12 月 5 日，江苏省徐州矿务局韩桥煤矿北翼二下山变压器房起火爆炸，死亡 15 人，重伤 6 人，轻伤 22 人。

68. 1959 年 12 月 8 日，北京市门头沟煤矿西山采区发生透水事故，死亡 24 人。

69. 1959 年 12 月 8 日，四川省内江地区隆昌煤矿黎家湾三井发生透水事故，死亡 10 人。

70. 1959 年 12 月 19 日，四川省曾家山煤矿一井三水平发生瓦斯爆炸事故，死亡 15 人，重伤 2 人，轻伤 48 人。

★71. 1959 年 12 月 23 日，四川省温江地区崇庆县万家煤矿方店子井发生瓦斯爆炸事故，造成 89 人死亡，9 人重伤，59 人轻伤。

72. 1959 年 12 月 25 日，吉林省辽源矿务局西安煤矿发生瓦斯爆炸事故，死亡 11 人。

73. 1959 年（具体时间不详），湖南省邵阳地区隆回县观音堂煤矿发生瓦斯爆炸事故，死亡 11 人。

74. 1959 年（具体时间不详），新疆生产建设兵团农五师红星煤矿发生一氧化碳中毒事故，造成 10 人死亡。

75. 1960 年 1 月 9 日，河南省洛阳地区宜洛煤矿李沟井发生透水事故，死亡 16 人。

★76. 1960 年 1 月 17 日，江西省丰城矿务局坪湖煤矿发生瓦斯爆炸事故，死亡 47 人，受伤 27 人①。

77. 1960 年 1 月 17 日，河北省峰峰矿务局孙庄煤矿发生透水事故，死亡 11 人。

78. 1960 年 1 月 19 日，陕西省铜川矿务局第三煤矿掘进一区 277 皮带上山工作面发生透水事故，死亡 14 人。

79. 1960 年 1 月 28 日，湖南邵阳市新东煤矿发生瓦斯爆炸事故，死亡 44 人。

80. 1960 年 2 月 19 日，四川省雅安地区荥经县斑鸠井煤矿瓦斯爆炸，死亡 11 人。

81. 1960 年 2 月 21 日，湖南省辰溪县煤矿煤炭湾老井南二斜副平巷上山采

---

① 江西地方志记载这次事故发生于 1960 年 1 月 7 日。

区发生透水事故，死亡 10 人。

82.1960 年 2 月，吉林省长白县沿江煤矿发生火灾，死亡 10 人。

83.1960 年 3 月 8 日，云南省曲靖地区恩洪煤炭矿务局牙比克煤矿因工人在井下违章拆卸修理矿灯引发瓦斯爆炸事故，死亡 24 人，受伤 7 人。

84.1960 年 3 月 25 日，山西省阳泉市荫营煤矿四尺坑 417 回采工作面发生瓦斯爆炸事故，死亡 10 人，伤 37 人。

85.1960 年 3 月 27 日，广东省台山县白沙煤矿三副井大巷发生透水事故，死亡 10 人。

86.1960 年 4 月 7 日，江西省宜春县寨下公社煤矿发生瓦斯爆炸事故，死亡 12 人。

87.1960 年 4 月 10 日，甘肃靖远矿务局大水头煤矿（基建矿井）第四建井队在施工中发生瓦斯爆炸事故，死亡 16 人，重伤 5 人。

88.1960 年 4 月 11 日，辽宁省朝阳县罗锅杖子煤矿发生瓦斯爆炸事故，死亡 26 人，重伤 4 人，轻伤 19 人。

89.1960 年 4 月 17 日，贵州省六枝煤矿发生瓦斯爆炸事故，死亡 38 人。

90.1960 年 4 月 22 日，甘肃省永昌县马营沟煤矿发生水灾事故，死亡 12 人。

91.1960 年 4 月 30 日，辽宁省抚顺矿务局胜利矿发生瓦斯燃烧事故，死亡 15 人。

92.1960 年 5 月 2 日，山东省临沂地区平邑县煤矿（临沂矿务局岐山煤矿）二井发生火灾，死亡 32 人。

93.1960 年 5 月 7 日，内蒙古自治区包头矿务局五当沟煤矿发生瓦斯爆炸事故，引起局部煤尘爆炸，造成 33 人死亡，重伤 24 人，轻伤 51 人。

★94.1960 年 5 月 9 日，山西省大同矿务局老白洞煤矿发生煤尘爆炸事故。事故发生时井下共有职工 912 人，其中 684 人死亡（包括 3 名矿级干部、16 名科段级干部、16 名一般干部和 649 名工人），228 人重伤。

95.1960 年 5 月 13 日，浙江省长广煤矿公司牛头山三井因违章使用普通照明灯作为爆破电源，引发瓦斯爆炸，死亡 13 人。

★96.1960 年 5 月 14 日，四川省江津地区同华煤矿石门矿（后称重庆市松藻矿务局松藻二井）发生煤与瓦斯突出事故，造成 125 人窒息死亡，16 人轻伤。

97.1960 年 5 月 14 日，新疆维吾尔自治区乌鲁木齐矿务局四道岔建井工程处建设中的大甫沟煤矿竖井发生瓦斯爆炸事故，死亡 21 人。

98.1960 年 5 月 24 日，四川省内江地区资中煤矿一小井发生瓦斯爆炸事故，死亡 47 人，重伤 4 人①。

99. 1960 年 5 月 27 日，山东省临沂矿务局大芦湖煤矿一井发生透水事故，死亡 19 人。

100. 1960 年 6 月 16 日，山西省汾西矿务局两渡煤矿河溪沟井发生瓦斯爆炸事故，死亡 38 人，重伤 2 人，轻伤 1 人，毁坏巷道 700 米以上。

101. 1960 年 6 月 21 日，陕西省韩城矿务局南沟煤矿桑树坪平硐发生瓦斯爆炸事故，死亡 29 人，重伤 4 人，轻伤 23 人。

102. 1960 年 6 月 21 日，江西省宜春地区高安县枧溪公社杉林煤矿发生瓦斯爆炸事故，死亡 10 人。

103. 1960 年 6 月 25 日，广东省煤矿建井安装工程公司第二工程处在曲江煤矿格项立井（曲仁矿务局格顶矿）东大巷施工掘进过程中发生瓦斯爆炸事故，死亡 36 人。

104. 1960 年 6 月 28 日，广西壮族自治区柳州市鹧鸪江煤矿 101 矿井发生瓦斯爆炸事故，造成 21 人死亡②，28 人受伤（包括抢救过程中中毒 25 人）。

105. 1960 年 7 月 12 日，新疆维吾尔自治区西山煤矿大泉采区南大槽斜井二台顺槽因采空区与采空区冒通而发生透水事故，死亡 14 人。

106. 1960 年 7 月 14 日，山东省牛邑县峻山煤矿武岩区 24 新井下，由于工人使用灯火不慎引起火灾，死亡 31 人。

107. 1960 年 7 月 17 日，四川省天府煤矿一井因管理混乱造成瓦斯聚集，又因通风工违反保安规程、修配土电瓶产生火花引发瓦斯爆炸事故，造成 32 人死亡，11 人轻伤。

108. 1960 年 7 月 19 日，黑龙江省鹤岗矿务局南山煤矿一坑发生瓦斯爆炸事故，死亡 23 人。

109. 1960 年 7 月 25 日，吉林省舒兰矿务局吉舒煤矿三井发生透水事故，造成 10 人死亡。

110. 1960 年 8 月 5 日，河南省宜洛煤矿沈沟井发生采空区透水事故，死亡 15 人。

111. 1960 年 8 月 10 日，江苏省煤炭基建局第四建井处 403 工区发生瓦斯爆炸事故，死亡 13 人，受伤 13 人。

---

① 内江市志记载这次事故死亡 34 人；四川劳动志记载这次事故死亡 29 人，重伤 22 人。本书采信资中县志的记载。

② 广西壮族自治区地方志记载这次事故死亡 231 人，应为误载。

112. 1960 年 8 月 15 日，四川省重庆市鱼田堡煤矿三井 4301 工作面新大巷电缆接头产生火花，引燃风筒和煤尘，致使 10 人死亡，2 人受伤。

113. 1960 年 8 月 19 日，辽宁省抚顺矿务局龙凤矿搭连坑发生瓦斯爆炸事故，死亡 14 人。

114. 1960 年 8 月 20 日，广东省广州市石井建井工程处加禾煤矿二斜井（基建井）发生透水和瓦斯爆炸事故，死亡 34 人。事故主要原因：地质资料中明确说明了在第 150 米标高左右有老窿存在，省地质局领导曾于 7 月 28 日写信给市煤炭局负责人，指出了该井有老窿水，已经见有水的征兆。但煤炭局和有关领导思想麻痹，官僚主义作风严重，没有引起重视，也没有打探水钻。违章爆破打透老窿水，引起老窿出水。老窿水透出后将巷道中的瓦斯压到三槽南转弯处，附近的电器设备受猛烈撞击后产生电火，引起了瓦斯爆炸。

115. 1960 年 8 月 26 日，四川省重庆市丛林煤矿发生煤与瓦斯突出事故，造成 20 人死亡，5 人重伤，7 人轻伤。

116. 1960 年 8 月 29 日，河南省许昌地区禹县方山煤矿发生透水事故，造成 11 人死亡。

117. 1960 年 9 月 5 日，湖南省衡阳地区常宁县柏坊煤矿八斗丘工区卫星井发生瓦斯爆炸事故，死亡 29 人，重伤 8 人，轻伤 10 人。

118. 1960 年 9 月 17 日，江西省高安县枧溪煤矿，外线工曹某违章带电接线时，冒出的火花引起瓦斯爆炸，造成 24 人死亡，5 人重伤，23 人轻伤。

119. 1960 年 10 月 6 日，安徽省淮南矿务局李一煤矿六井西翼八槽水采工作面发生透水事故，死亡 11 人。

120. 1960 年 10 月 27 日，吉林省通化矿务局砟子矿发生瓦斯爆炸事故，死亡 11 人。

121. 1960 年 10 月 30 日，安徽省淮南矿务局谢二矿发生瓦斯爆炸事故，造成 20 人死亡。

122. 1960 年 11 月 8 日，陕西铜川矿务局第三煤矿（李家塔煤矿）101 运输巷电缆短路起火，发生火灾，死亡 31 人①。

★123. 1960 年 11 月 28 日，河南省平顶山务局五矿（龙山庙煤矿）发生瓦斯煤尘爆炸事故，造成 187 人死亡，36 人受伤（其中 9 人重伤）。

124. 1960 年 11 月 28 日，黑龙江省鸡西矿务局城子河煤矿六井因绞车道电缆被击穿，引起煤尘爆炸，死亡 33 人。

---

① 陕西省劳动志记载这次事故发生于 11 月 18 日，死亡 32 人，重伤 42 人。

125. 1960 年 11 月 30 日，安徽省淮南矿务局谢家集二矿六采区 13 槽 6 眼因爆破作业引起瓦斯爆炸，造成 20 人死亡，11 人受伤。

126. 1960 年 11 月，辽宁省朝阳县友谊煤矿因通风管路短路和井下工人吸烟，引起瓦斯爆炸，死亡 26 人，重伤 4 人，轻伤 19 人。

★127. 1960 年 12 月 15 日[①]，四川省重庆市中梁山煤矿发生瓦斯爆炸事故，造成 124 人死亡，2 人重伤，48 人轻伤。

128. 1961 年 1 月 9 日，河北省下花园煤矿鸡鸣山矿七井，在回采三偏岔 702 上平巷口内第一漏煤眼的煤柱时，冲积层塌落，积水和泥沙涌入巷道内，造成 21 人死亡，2 人轻伤。

129. 1961 年 2 月 2 日，辽宁省阜新矿务局平安煤矿四坑西绞车道十三路发生井下人车跑车事故，造成 15 人死亡，25 人受轻伤。

130. 1961 年 2 月 13 日，河北省承德钢铁公司所属大庙铁矿主要采区 26 号矿体发生火灾，48 人遇难，2 人脱险。采区设备大部被烧毁。

131. 1961 年 2 月 13 日，吉林省长白县沿江煤矿，因工人在井下用火，炉子过热将附近油桶烤着发生火灾，因火势凶猛加之瓦斯中毒，死亡 10 人。

132. 1961 年 3 月 1 日，新疆维吾尔自治区乌鲁木齐县三坪农场煤矿和八一钢铁厂硫磺沟煤矿发生瓦斯煤尘爆炸事故，死亡 16 人（其中三坪农场煤矿 8 人，八一钢铁厂硫磺沟煤矿 8 人）。这两个矿井界不清，在同一煤层采煤，井巷贯通，通风混乱，瓦斯煤尘集聚；三坪农场煤矿使用明火照明，引起瓦斯煤尘爆炸。

133. 1961 年 3 月 4 日，辽宁省北票矿务局台吉二坑-300 米水平四槽工作面爆破引发瓦斯爆炸事故，死亡 35 人，受伤 15 人（其中重伤 2 人），摧毁巷道 1500 多米。事故发生的直接原因是：在事故发生地的三采区工作面风动局部通风机和风锤共用一条压风管路，工人为使用风锤而关停了局部通风机，工作面停风造成了瓦斯积聚，达到爆炸浓度；炮眼的角度打的直，装药量大，炮泥充填量少；爆破前未检查瓦斯浓度，违章作业。

★134. 1961 年 3 月 16 日，辽宁省抚顺矿务局胜利煤矿井下高压配电室电容爆炸，酿成大火，造成采区内作业人员 110 人窒息死亡，6 人重伤，25 人轻伤。

135. 1961 年 3 月，湖南省娄底地区双峰县泥溪煤矿发生瓦斯爆炸事故，死亡 26 人。

★136. 1961 年 4 月 18 日，四川省南充地区西充县广安高顶山煤矿三井井

---

① 重庆市地方志记载此次事故发生时间为 1960 年 11 月 15 日，系误载。

口右侧发生危岩垮塌事故，垮落岩石 20 多万立方米，造成 82 人死亡，3 人重伤。

137. 1961 年 4 月 24 日，四川省宜宾地区后山煤矿二井发生瓦斯爆炸事故，死亡 21 人。

138. 1961 年 4 月 24 日，河北省峰峰矿务局北大峪煤矿发生透水事故，死亡 13 人。

139. 1961 年 5 月 4 日，新疆维吾尔自治区乌鲁木齐市西山大蒲沟煤矿发生煤尘爆炸事故，死亡 21 人。

140. 1961 年 5 月 12 日，山西省大同矿务局忻州窑煤矿大北沟区（E 层辅助水平）由于擅自停风造成瓦斯聚集；非防爆绞车启动产生火花，引发瓦斯爆炸事故，造成 28 人死亡，42 人受伤。

141. 1961 年 5 月 29 日，新疆维吾尔自治区苇湖梁煤矿发生一氧化碳中毒事故，死亡 18 人，受伤 7 人。

142. 1961 年 5 月 29 日，四川省永荣矿务局曾家山煤矿二井 1202 工作面因通风不良，造成瓦斯集聚，爆破引起瓦斯爆炸事故，死亡 18 人，重伤 2 人，轻伤 1 人。

143. 1961 年 6 月 7 日，内蒙古自治区包头矿务局露天工程处作业时遇到大雨，工人进入一废旧火药库避雨，因工人吸烟引燃残落在库房地面的火药导致火灾，造成 13 人死亡，25 人受伤。

144. 1961 年 6 月 16 日，四川省宜宾地区南溪县唐家坡煤矿、水井湾煤矿发生透水事故，造成 11 人死亡。

145. 1961 年 6 月 30 日，四川省永荣矿务局荣昌煤矿四井 1109 下山顺槽发生瓦斯爆炸事故，死亡 13 人，重伤 1 人，轻伤 1 人。

146. 1961 年 7 月 20 日，新疆生产建设兵团农六师大黄山煤矿发生瓦斯爆炸事故，死亡 11 人。

147. 1961 年 7 月 21 日，四川省乐山市吉祥煤矿龙洞湾井西大巷发生透水事故，死亡 13 人。

148. 1961 年 7 月，青海省西宁市平安区东沟煤矿的办公楼、职工宿舍被暴雨和洪水冲毁，死亡 40 余人。

149. 1961 年 8 月 8 日，江西省新华煤矿发生瓦斯爆炸事故，死亡 11 人。

150. 1961 年 8 月 13 日，四川省自贡地区荣县顺河煤矿因山洪暴发和防范不周，导致发生淹井事故，死亡 43 人。

★151. 1961 年 9 月 20 日，黑龙江省鸡西矿务局滴道煤矿三井二斜发生煤尘爆炸事故，死亡53人。事故由绞车道跑车撞击电缆，电缆短路产生火花引起。

152. 1961年9月23日，山东省坊子煤矿四区因决策失误、乱采乱掘、技术管理薄弱、探放水措施执行不严、现场管理混乱等引发透水事故，死亡16人。

153. 1961年9月23日，山东省新汶矿务局禹村煤矿发生电缆着火，死亡16人。

154. 1961年10月10日①，新疆维吾尔自治区公安厅所属的后峡煤矿发生瓦斯爆炸事故，死亡20人，重伤2人。

155. 1961年10月17日，河北省开滦矿务局赵各庄矿金庄七井发生瓦斯爆炸事故，井下34人全部死亡。

156. 1961年10月22日，山西省大同矿务局挖金湾煤矿清洋湾井14煤层832盘区发生大面积冒顶事故，造成18人死亡，1人重伤，18人轻伤。

157. 1961年10月29日，湖南省涟邵矿务局洪山殿煤矿鲤鱼塘井125大巷发生瓦斯爆炸事故，死亡18人。

158. 1961年11月15日，四川省荣山煤矿发生炸药燃烧事故，死亡37人，伤13人。事故因一位工人吸烟时，划燃的火柴掉进火药箱内引起。

159. 1961年11月21日，云南省陆东煤矿牙比克一井（原属云南省恩洪煤炭矿务局）发生瓦斯爆炸事故，死亡14人。

160. 1961年11月28日，吉林省杉松岗煤矿一井402队工作面发生瓦斯爆炸事故，死亡17人。

161. 1961年12月5日，河南省义马矿务局常村矿发生透水事故，死亡16人。

162. 1961年12月22日，四川省峨眉县龙门洞煤矿瓦斯爆炸，死亡11人，重伤1人，轻伤4人。

163. 1962年1月22日，河北省井陉矿务局三矿东区4251工作面发生瓦斯煤尘爆炸事故，死亡11人，重伤3人。

164. 1962年2月5日，安徽省淮南市李嘴孜煤矿简易工房因电线短路造成火灾，死亡5人，烧伤12人，受灾86户。

165. 1962年2月9日，河南省鹤壁矿务局四矿（梁峪煤矿）107工作面在掘进爆破贯通时发生瓦斯爆炸事故，死亡49人，受伤42人。

166. 1962年2月26日，陕西省铜川矿务局第一煤矿（史家河煤矿）610大

---

① 新疆地方志记载这次事故发生时间为1961年10月1日。

巷压风机房油料着火引发火灾，死亡 31 人。

★167. 1962 年 3 月 14 日，吉林省通化矿务局八道江煤矿三区主井发生瓦斯与煤尘爆炸，死亡 70 人，受伤 13 人（其中重伤 11 人）。

168. 1962 年 3 月 24 日，江苏省徐州权台煤矿−150 米水平南翼大巷 24 横巷掘进工作面发生瓦斯爆炸事故，死亡 12 人，重伤 6 人，轻伤 9 人。

169. 1962 年 4 月 13 日，四川省松藻煤矿一井+335 米水平 K1 集中运输通风巷掘进工作面发生煤与瓦斯突出；因矿灯不防爆，引起瓦斯爆炸，造成 38 人死亡，18 人重伤，84 人轻伤。

170. 1962 年 5 月 22 日，安徽省淮北濉溪袁庄煤矿北翼六槽十五眼与配风巷交叉处电缆着火导致火灾事故，造成多人中毒，其中 13 人死亡。

171. 1962 年 5 月 28 日，新疆维吾尔自治区克孜勒苏柯尔克孜自治州康苏钢铁厂煤矿井下运输大巷发生透水事故，死亡 26 人。

172. 1962 年 6 月 21 日，辽宁省抚顺矿务局龙凤矿发生瓦斯爆炸事故，死亡 40 人，重伤 3 人，轻伤 9 人。

173. 1962 年 7 月 18 日，河北省保定地区曲阳县灵山煤矿二井 2321 掘进工作面，用电钻电缆代替发爆器爆破，引起瓦斯爆炸燃烧，造成 20 人死亡，8 人受伤（其中 1 人重伤）。

174. 1962 年 7 月 22 日，江西省上饶县吕江煤矿发生透水事故，死亡 11 人。

175. 1962 年 8 月 1 日，黑龙江省双鸭山矿务局岭东煤矿三井发生瓦斯爆炸事故，死亡 34 人，轻伤 4 人。

★176. 1962 年 9 月 26 日，云南省云锡公司新冠选矿厂火谷都尾矿库发生溃坝事故，死亡 171 人，受伤 92 人。涌出尾矿 330 万立方米，冲毁耕地 8112 亩，11 个村寨及 1 座农场被毁，受灾人口 13970 人。

177. 1962 年 11 月 7 日，辽宁省抚顺矿务局老虎台矿发生瓦斯爆炸事故，死亡 11 人。

178. 1963 年 1 月 2 日，贵州省林东矿务局蔡冲矿井下变电硐室电缆起火，造成 17 名工人窒息死亡。

179. 1963 年 1 月 6 日，安徽省阜阳地区山金家煤矿由于安全检查员擅自恢复井下通风，造成风流紊乱，一氧化碳扩散全井，导致 64 名工人中毒送医院救治。

★180. 1963 年 2 月 5 日，四川石油管理局蓬莱钻井大队"蓬 45"井（位于蓬溪县境内）发生天然气燃烧爆炸事故，在井口烤火、哄抢原油的当地群众伤亡 42 人，其中死亡 21 人，受伤 21 人。

181. 1963 年 2 月 20 日，辽宁省阜新矿务局平安矿二坑采煤工作面发生冒顶事故，造成 10 人死亡。

182. 1963 年 4 月 9 日，辽宁省南票矿务局邱皮沟煤矿斜井三路两翼零上山至一上山处发生黄泥浆溃决事故，死亡 10 人。

183. 1963 年 5 月 1 日，陕西省永寿县平遥煤矿采煤工作面自然发火，3 人中毒死亡，37 人中毒住院治疗。

184. 1963 年 6 月 4 日，四川省永荣矿务局双河煤矿一井发生瓦斯爆炸事故，死亡 28 人，重伤 6 人，轻伤 5 人。事故因矿井的主要通风机停止送风、瓦斯聚集所导致。

185. 1963 年 8 月 6 日，江西省广丰县双山煤矿因采煤工作面爆破工移动电缆时，电缆明接头产生电弧火花引发瓦斯爆炸，死亡 25 人。

186. 1963 年 10 月 26 日，云南省曲靖县恩洪乡石板井煤矿因使用手电筒在井下照明引发瓦斯爆炸，死亡 27 人，矿井炸毁。

187. 1964 年 5 月 8 日，河北省承德地区平泉县松树台煤矿通风管理混乱造成瓦斯聚集，巷道维修工人吸烟引起瓦斯爆炸，井下 37 人全部死亡。

188. 1964 年 7 月 15 日，湖南省嘉禾县肖家公社乐塘、滑乐、山垛、山口岔大队联办的萝卜安煤矿发生瓦斯爆炸事故，25 名伤者被送到医院进行救治，其中 21 人生还，4 人不治身亡。

189. 1964 年 8 月 30 日，吉林省辽源矿务局平岗煤矿六井因地面洪水灌入矿井，造成 12 人死亡，1 人受伤。

190. 1964 年 9 月 25 日，山西省西山矿务局杜儿坪矿南翼十八尺大巷开拓工作面发生冒顶事故，死亡 5 人，重伤 1 人。

191. 1965 年 3 月 14 日，山西省轩岗矿务局六亩地矿 2302 采煤工作面发生冒顶事故，死亡 6 人，轻伤 2 人。

192. 1965 年 3 月 21 日，四川省南桐煤矿二井因通风系统混乱、通信电缆明接头产生电火花。引起瓦斯煤尘爆炸，造成 23 人死亡，7 人轻伤。

193. 1965 年 4 月 17 日，黑龙江省鸡西矿务局滴道煤矿四井因水文地质情况不清，防范措施不到位，发生老空区透水事故，死亡 16 人。

194. 1965 年 5 月，山西省太原市柳子沟村大炭窑煤矿发生瓦斯爆炸事故，死亡 14 人。

195. 1965 年 7 月 31 日，江苏省徐州矿务局新河矿一井南翼发生地表水及冲积层黄泥溃入井下事故，累计溃入黄泥 5788 立方米，淤塞巷道 1200 米，造成 3 人死亡，停产 58 天。

196. 1965 年 8 月 29 日，四川省江津地区永和煤矿被洪水淹井，死亡 12 人。

197. 1965 年 10 月 10 日，江西省上饶地区广丰县双山煤矿发生瓦斯爆炸事故，死亡 10 人。

（二）化工、民用爆炸物品及烟花爆竹事故

1. 1958 年 1 月 18 日，陕西省延安地区宜川县石磕公社在召开森林防护工作会议时发生火药爆炸事故，死亡 3 人，受伤 16 人。

2. 1958 年 1 月 20 日，四川省乐山县杨湾乡火药加工房发生爆炸，死亡 3 人，重伤 6 人，轻伤 9 人。

3. 1958 年 2 月 5 日，四川省永川县地方合营硝厂火药加工车间发生燃烧爆炸事故，造成 12 人伤亡，其中 7 人死亡，5 人重伤。

4. 1958 年 2 月 7 日，甘肃省陇南地区西礼县洮坪公社苏其大队的队干部在开会时，烟头引起室内放置的炸药爆炸，在场 16 人中有 14 人被炸伤。

5. 1958 年 3 月 7 日，四川省温江地区崇庆县白头乡供销社发生火药爆炸事故，死亡 5 人，受伤 11 人，摧毁房屋 67 间。

6. 1958 年 3 月 13 日，安徽省佛子岭水库管理处材料科职工在拌和粉末状炸药时发生爆炸，造成 3 人死亡，1 人重伤，3 人轻伤。

★7. 1958 年 3 月 20 日，云南省红河州蒙自县供销合作社火药加工厂发生爆炸事故，造成 101 人死亡，252 人受伤（其中 88 人重伤）。

8. 1958 年 3 月 22 日，四川省重庆市南岸区第一化工综合小组生产火药过程中发生爆炸燃烧事故，死亡 12 人，受伤 7 人。

9. 1958 年 3 月 23 日，贵州省遵义县尚稽供销社农具门市部因有人吸烟不慎引爆了存放在门市部内的炸药造成火灾，造成 7 人死亡，109 人受伤，其中重伤 53 人，轻伤 56 人。

10. 1958 年 4 月 4 日，交通部川江航道整治工程处第一工区在清理航道爆破时发生炸药意外爆炸事故，死亡 5 人，受伤 4 人，炸毁木船一只。

11. 1958 年 4 月 16 日，安徽省安庆市大土鹿村一户居民收购的废旧炮弹因其任意敲打发生爆炸事故，死亡 3 人。

12. 1958 年 4 月 17 日，河南省信阳地区商城县城关镇土硝生产合作社发生爆炸起火，死亡 17 人，受伤 3 人。

13. 1958 年 4 月 28 日，江西省南昌市化工原料厂二车间碳化塔在清理过程中发生中毒窒息事故，造成 3 人死亡（其中 2 人因盲目施救而死亡）。

14. 1958 年 5 月 7 日，贵州省紫云县松山镇的一处炸药加工点（受县第二商

业局的委托生产加工）发生火灾，临近的机关干部、小学师生、群众等闻讯纷纷赶去灭火，灭火过程中炸药爆炸，造成 20 人死亡（其中 15 人当场死亡，另外 5 人伤势过重抢救无效死亡），27 人受重伤，39 人受轻伤。

15. 1958 年 5 月 17 日，四川省冕宁县沙坝街发生火灾，受灾 129 户、461 人，烧伤 14 人，烧毁房屋 427 间，拆毁 65 间，损失粮食 5000 斤，农具 232 件，家具 2496 件，现金和公债 858 元，牲畜 42 头。供销社生资门市部、合作食堂、百货商店、银行营业所住房全部烧毁。直接经济损失 100 万元。

★16. 1958 年 6 月 3 日，甘肃省陇南地区文县运输站一辆运送炸药的解放牌汽车在由武都驶往文县临江天池渠水利工地的途中，停车卸货后再次装车时，发生爆炸事故，造成 63 人死亡。

17. 1958 年 6 月 16 日，河南省信阳地区罗山县定远乡生产资料供应门市部营业员吸烟引发炸药爆炸，伤亡 19 人（伤、亡各为多少不详）。

18. 1958 年 6 月 18 日，四川省宜宾地区屏山县新政公社铁厂厂长办公室内放置的 180 多千克炸药燃烧爆炸，死亡 8 人，重伤 3 人。

19. 1958 年 6 月 27 日，甘肃省兰州市卫生学校生产 "666" 杀虫粉时发生爆炸事故，死亡 5 人，受伤 14 人。

20. 1958 年 7 月 9 日，安徽省徽州地区休宁县农工部炸药厂因工人搬运炸药不慎，引起爆炸，死亡 3 人。

21. 1958 年 7 月 25 日，四川省邻水县商业局火药厂因违章操作发生炸药爆炸事故，造成 15 人死亡，5 人重伤，34 人轻伤，厂房 10 间被摧毁，民房 107 间受到损害。

22. 1958 年 7 月，云南省曲靖地区寻甸县炸药厂在木楼上生产黑色炸药发生爆炸，7 名民工在事故中死亡，炸毁厂房 34 间。

23. 1958 年 8 月 5 日，广东省茂名地区信宜县松香厂试炼人造石油发生火灾，烧伤致死 4 人，重伤 1 人。

24. 1958 年 8 月 23 日，福建省福州市仓山区临江街前街，一名清洁工人在清洁工作中拾回很多杂物堆放在家中，其中有一枚废手榴弹被引爆并引发大火，事故造成 30 多家房屋被烧毁，8 人死亡（其中孕妇 1 人）。

25. 1958 年 10 月 21 日，四川省泸县石桥公社猴子山炼钢工地因工人吸烟将工棚内放置的炸药引爆，造成 22 人死亡，受伤人数不详。

26. 1958 年 11 月 3 日，四川省绵阳地区蓬溪县康家电站用人力车运送炸药，途经桂花镇铁器社门前，铁器制作飞溅火花引燃人力车上的炸药，当场死亡 8 人，烧伤 12 人。

27. 1958 年 12 月 7 日，贵州省铜仁地区印江县火药厂违章操作引发火灾，死亡 9 人，重伤 4 人，烧毁房屋 16 间。

28. 1958 年 12 月 31 日，云南省曲靖地区陆良县化工厂炸药车间仓库发生爆炸，死亡 5 人，重伤 1 人。

29. 1959 年 1 月 14 日，四川省江津县永安公社观音店煤矿在六合场召开干部会，参加会议的人员不慎将烟头丢在床下的火药上引起爆炸，造成 12 人死亡，1 人炸伤。

30. 1959 年 2 月 2 日，山西省太原市江阳化工厂六车间，由于机械摩擦发热引起火灾，造成 11 人死亡，22 人轻伤，车间设备大部被烧毁。损失折款 10.88 万元。

31. 1959 年 3 月 13 日，上海市长宁区万里造漆厂苯乙烯车间反应锅发生爆炸，死亡 3 人，受伤 17 人。

32. 1959 年 3 月 22 日，贵州省都匀市墨冲火车站起火发生燃烧爆炸事故，造成 26 人死亡，40 人重伤，76 人轻伤。大火起于临时堆放炸药的仓库，由于火势蔓延，相继引爆了存放在仓库外的 217 吨炸药、180 箱雷管、110 箱导火索。

33. 1959 年 6 月 1 日，甘肃省天水市北关上安炸药厂发生燃烧、爆炸事故，造成 13 人死亡，5 人重伤，19 人轻伤。四周近百尺内的民房倒塌 13 间、倾斜裂缝 60 间，厂区全部被毁。炸药爆炸的起因：由于管理不严，清扫冲洗不净，致使第四车间东面砂质花岗岩的石碾盘上残存了一些氯酸钾，随后在用石碾盘碾制炸药引起燃烧和爆炸。

34. 1959 年 6 月 6 日，山西省太原化工厂在停蒸汽作业时发生一氧化碳中毒事故，造成 7 人中毒，其中 3 人死亡。

35. 1959 年 6 月 30 日，云南省大理市大理州商业局医药仓库存放的"滴滴涕"烟雾剂发生自燃并引起爆炸，造成 11 人死亡，11 人重伤，4 人轻伤。炸毁两个仓库和 60 多种商品。损失折款 5.1 万元。

36. 1959 年 7 月 6 日，陕西省三原县西巷子火药厂因碾药发生意外爆炸，引爆火药 9169 千克，硫黄 2748 千克，火硝 3426.5 千克。当场死亡 3 人，炸伤 41 人，炸毁房屋 146 间。

37. 1959 年 8 月 7 日，辽宁省阜新矿务局十二厂一车间 103 工段发生炸药爆炸事故，造成 20 人死亡，6 人重伤，78 人轻伤，设备损失价值 35 万元。

38. 1959 年 8 月 16 日，四川省重庆市沙坪坝区化龙桥码头发生液氨爆炸事故，51 人中毒。

39. 1959 年 8 月 23 日，浙江省安吉县公路指挥部将 3400 千克炸药、1100 支雷管和 500 千克导火线存放在青山公社山湖大队社员徐某家中，因徐某用火不慎引起爆炸，13 人当场被炸身亡，重伤 9 人，轻伤 14 人。受灾 55 户，炸毁民房 54 间，炸坏民房 101 间。

40. 1959 年 9 月 2 日，陕西省商洛地区柞水县红岩寺管理区召开干部会议研究秋季分配工作，杜家沟大队会计芦某把烟头扔进装有 25 千克褐色炸药的木箱里，引起爆炸，死亡 2 人，炸伤 18 人。

41. 1959 年 9 月 29 日，江苏省扬州市姜家桥石油转运站发生燃烧爆炸事故，死亡 12 人，受伤 7 人，烧毁各种油料 1278 吨，损失 170 万元。

42. 1959 年 9 月 30 日，四川省成都地区灌县（今都江堰市）火药厂发生爆炸事故，死亡 5 人，重伤 3 人。

43. 1959 年 10 月 19 日，河南省嵩县商业局一辆运炸药的汽车，在经过洛阳市东闸口隧道时爆炸，死亡 21 人，受伤 2 人。

44. 1959 年 11 月 5 日，上海市化工局化工站新村路液氨灌装仓库发生蒸发泄漏事故，被蒸发液氨 9 吨，2 千米内大气被污染，13 人中毒，约 2 万居民生活受到影响。

45. 1959 年 11 月 17 日，湖南省耒阳市竹市公社，有人将烟头丢在火药堆上引起爆炸起火，死亡 11 人，烧伤 1 人。

46. 1960 年 1 月 13 日，武汉铁路局第一工程处晋城化工厂发生火灾，造成 14 人死亡，烧伤 12 人。

47. 1960 年 7 月 21 日，浙江省温州市郊瓯浦墙西山公社化工厂皂素车间，皂素石油醚抽提锅发生剧烈爆炸和起火，造成 10 人死亡，14 人受伤。

48. 1960 年 8 月 1 日，江苏省徐州地区新海连市（今连云港市）雕塑工艺厂（前海州鞭炮厂）发生鞭炮爆炸事故，9 人死亡，1 人重伤，3 人轻伤。

49. 1960 年 8 月 2 日，湖北省建始县仅家坪硫黄厂炸药仓库起火爆炸，死亡 29 人，炸伤 63 人。

50. 1960 年 10 月 9 日，四川省重庆市煤管局化工厂（854 厂）发生炸药爆炸事故，死亡 15 人，受伤 53 人。事故因轮碾机违章操作引起。

51. 1961 年 2 月，四川省宜宾地区南溪县阜鸣乡平华寺内存放的数吨炸药因春节耍龙灯而爆燃，死亡 7 人（受伤人数不详）。

52. 1962 年 1 月 21 日，辽宁省锦西县老官堡公社西堡子大队在召开社员大会时，因有人吸烟引起炸药燃烧，造成 11 人死亡，烧伤 24 人。

53. 1962 年 2 月 27 日，安徽省滁县丰山水泥厂、铁路采石工地、淮河水泥厂等单位联合仓库所存放的 50 多万发雷管爆炸，仓库被炸毁，保管员被炸身亡。

54. 1962年6月24日，四川省重庆市染料厂发生酒精中毒事故，中毒者共34人，其中16人死亡，6人受伤。6月23日重庆下大雨，染料厂组织职工抢运江边堆放物资，完工后工人被淋湿，要求饮酒。经厂领导同意，供销科拿出3千克工业酒精按1:6的比例兑水作为饮用酒，以致集体中毒。

55. 1962年6月25日，江苏省南京市化学工业公司磷肥厂黄磷电炉爆炸，死亡5人，轻伤1人。

56. 1962年11月6日，安徽省来安县手工业局火药厂因职工吸烟引发火药爆炸事故，造成9人死亡，1人受伤，厂房被毁。

57. 1962年12月31日，四川省屏山县鸭池公社小塘大队开会时，室内放置的火药燃烧，死亡2人，重伤19人。

58. 1963年3月6日，安徽省南陵县麻桥公社石峰大队部存放的硝药发生爆炸事故，死亡6人，炸伤12人，摧毁房屋5间。

59. 1963年4月5日，四川省巴县木洞乡采石场存放的炸药因雷击而爆炸，死亡2人，重伤11人，轻伤24人。

★60. 1963年4月16日，山东省临朐县七贤公社，在存放黑火药的旧厂房内召开人民代表大会，因代表吸烟不慎引起火药爆炸，在与会的168名代表中，有55人当场被炸身亡，49人被炸伤，后因抢救无效又死亡6人。

61. 1963年5月7日，湖南省浏阳县城关出口鞭炮厂发生火药爆炸事故，死亡23人，受伤28人。

62. 1963年7月18日，四川省万县曾家公社柏林大队发生火药爆炸事故，死亡7人，重伤12人。

63. 1963年11月1日，新疆石油治理局克拉玛依油田采油二厂在职工宿舍开会时，因宿舍附近的瓦斯管道腐蚀漏气，有人点火吸烟，引发瓦斯燃烧爆炸事故，造成9人死亡，33人受伤。

64. 1964年1月25日，福建省周宁县福利厂生产鞭炮因操作不慎，发生爆炸，死亡3人，重伤3人，炸毁厂房一座。

65. 1964年4月18日，安徽省休宁县屯溪花炮生产合作社将含有泥沙的氯酸钾和雄黄放在一起调拌引发爆炸，死亡2人，重伤4人，轻伤6人。

66. 1964年6月8日，安徽凤台开往阜阳的客车，因两个商贩携带1998张火炮纸被颠磨爆炸起火，造成39名乘客伤亡，其中死亡7人、重伤15人、轻伤17人；车厢的帆布顶篷被烧毁，乘客随身携带的物品全被烧光。

67. 1965年1月12日，山东省临沂地区平邑县保太区在大三阳大队保管室召开区、公社、大队三级干部会议，因有人抽烟不慎，引爆保管室内存放的25

千克黑火药，死亡 4 人，炸伤烧伤 172 人，其中重伤 31 人。

68. 1965 年 5 月 2 日，陕西省汉中地区城固县毕家河公社朝溪河大队在堆放火药的仓库内召开群众大会，因有人吸烟引起爆炸，死亡 13 人，受伤 17 人。

69. 1965 年 6 月 21 日，安徽省蚌埠市第三中学三年级学生将从垃圾堆上捡的一枚 120 炮弹引信放在教室，敲打玩弄时，发生爆炸，死 2 人，伤 7 人。

（三）建筑施工事故

1. 1958 年 1 月 12 日，山东省青岛市崂山区下河乡上升农业社在农田水利建设中发生土壁倒塌事故，死亡 10 人，重伤 2 人。

★2. 1958 年 5 月 29 日，贵州省贵阳市建筑工程局第一公司在实施爆破作业时，因严重违反安全规程和现场判断失误，导致 10 人被炸身亡，重伤 19 人，轻伤 212 人。

3. 1958 年 7 月 1 日，甘肃省定西地区岷县西川大渠工地因为一些工人围在装有 150 千克炸药的箱子旁打扑克，吸烟将火落在箱子上引起爆炸，当场死亡 6 人，炸伤 8 人。

4. 1958 年 7 月 10 日，贵州省黔东南地区镇远县清浪镇 20 名社员在土坳上挖泥建造炼钢炉时发生塌方事故，死亡 5 人，受伤 1 人。7 月 27 日，该县涌溪乡在建造炼钢炉时又发生垮塌事故，重伤 6 人，轻伤 4 人。

5. 1958 年 7 月 12 日，四川省第四建筑工程公司第一工程段西南制药厂工程施工工地工棚遭遇暴风雨倒塌，压死压伤 49 人，其中死亡 10 人，伤 39 人。

★6. 1958 年 8 月 3 日，贵州省贵阳市建筑工程局一公司承建的贵阳飞机场广播电台工程工地工棚因建设时偷工减料、施工质量差等原因发生倒塌事故，压死压伤 191 人，其中死亡 15 人，受伤 176 人。

7. 1958 年 8 月 19 日，四川省丰都县县城至龙河公路王沱岩路段施工中发生塌方事故，死亡 14 人，受伤 5 人。

8. 1958 年 9 月 8 日，安徽省马鞍山钢铁公司施工机械处在新建 6 吨转炉时发生梁架脱焊塌落事故，死亡 6 人，重伤 3 人。

9. 1958 年 11 月 13 日，四川省达县地区达县大学新建食堂发生坍塌事故，正在吃饭的学生死亡 1 人，受伤 13 人（其中 2 人重伤）。

10. 1958 年 12 月 13 日，陕西省安康县吉公公社安兰公路修路民工住的工棚失火，引起火药爆炸，死亡 31 人，受伤 4 人。

★11. 1959 年 1 月 27 日，滇黔线贵阳六枝段岩脚寨隧道（铁道兵负责施工）接连发生瓦斯爆炸事故，2 月 1 日平行道洞再次发生瓦斯爆炸事故，总共造成 99

人伤亡，其中死亡 34 人，受伤 65 人。

12. 1959 年 3 月 14 日，四川省长寿县大红河治理工程处理哑炮引发意外爆炸，死亡 10 人，重伤 7 人，轻伤 93 人。

★13. 1959 年 3 月 29 日，湖北省荆门县漳河水库工地民工劳动结束返回驻地宿舍，途中过桥时，桥梁垮塌，造成 159 人死亡，44 人重伤，18 人轻伤。

14. 1959 年 3 月 30 日，湖北省建筑工程局第二工程公司第五工程处发生建筑倒塌事故，造成 43 人死亡，13 人受伤。

15. 1959 年 5 月 6 日，河南省郑州铁路局第一工程队郸城县"兵团"① 在修筑回兴至三门峡铁路施工中，违反施工规定造成塌方事故，12 人死亡。

16. 1959 年 5 月 31 日，福建省福安地区建筑公司第三工段三沙 801 工地洋坪里炸药仓库失火爆炸，死亡 5 人，炸伤 11 人。

17. 1959 年 6 月 4 日，广东省新生联合化工厂砖瓦队发生房屋倒塌事故，压死压伤 65 人，其中 19 人死亡。砖瓦队除办公室、干部宿舍和伙房是砖房外，其他建筑都是草顶、砖柱、泥墙结构。经不起强暴风雨袭击而倒塌。

18. 1959 年 6 月 9 日，四川省平江筑路指挥部设置在平武县草坪公社的炸药库爆炸，死亡 18 人，受伤 1 人。

19. 1959 年 6 月 22 日，福建省闽江水力发电工程局龙亭工程处一支洞工程队，因在隧洞内用汽油点灯失火，引起一氧化碳中毒事故，造成职工中毒死亡 11 人，重度、轻度中毒 58 人。

20. 1959 年 7 月 16 日，湖南省娄底地区双丰县牛皮水库工地发生爆炸事故，死亡 25 人，重伤 28 人，轻伤 17 人。

21. 1959 年 7 月 22 日，四川省南充地区西充县晋城公社东门公路道班的火药库发生爆炸，死亡 5 人，受伤 8 人。

22. 1959 年 12 月 5 日，河北省修建岳城水库的磁县民工团高叟营第二、第五和第六连的 200 多名民工在上工途中经过"民有桥"时，因超过桥梁负载能力，造成桥梁塌落，死亡 7 人，受伤 106 人。

23. 1960 年 1 月 14 日，陕西省咸阳地区乾县小何水库溢洪道工程发生塌方事故，死亡 40 人，重伤 4 人，轻伤 9 人。塌方事故发生的基本原因主要是：边坡太陡，按土质情况，边坡设计不应采取 4∶1 的坡度；施工质量很差，四周留有挡风墙，造成雨季严重积水下渗；开挖施工曾经使用 1 吨多炸药，破坏了原来地层结构的稳定。

---

① "兵团"：当年在大型工程建设中，由县乡地方政府组织的民工准军事化单位名称。

24. 1960 年 1 月 30 日，四川省资中县亢溪公社四大队第七生产队幼儿园房屋倒塌，死亡 7 人，受伤 6 人。

25. 1960 年 2 月 4 日，河南省安阳地区浚县共产主义渠屯子工地发生沉船事故，死亡 13 人，重伤 2 人。

26. 1960 年 2 月 5 日，云南省红河州蒙自县跨流域饮水工程"工农大渠"建成通水。该工程建设历时两年，伤亡事故多发，共有 99 人死于塌方等事故，246 人受伤。

27. 1960 年 4 月 22 日，四川省泸州地区正在修建中的沱江大桥第五孔拱圈坍塌，伤亡 18 人（伤、亡各为多少不详）。

28. 1960 年 4 月 30 日，四川省高县川云中路二夹河石拱桥在施工中垮塌，死亡 11 人。

29. 1960 年 5 月 3 日，铁道部大桥工程局第四桥梁工程处机电队 500 多名职工集中在食堂听队党总支部副书记作学习报告，19 时 40 分突然狂风暴雨雷电交加，食堂餐厅部分屋顶与砖柱突然向东南倒塌，砸死砸伤职工 144 人，其中死亡 9 人，重伤 20 人，轻伤 115 人。

30. 1960 年 6 月 17 日，广东省海口市火柴厂派到徐闻县支援水利建设的 18 名青年男女，在大水桥水库工地配制炸药时因不慎引起爆炸，当场死亡 7 人，受伤 6 人。

31. 1960 年 7 月 2 日，安徽省安庆市钢铁厂正在施工的烟囱倒塌，造成 16 名工人死亡，13 名工人重伤。

32. 1960 年 7 月，山西省晋中地区文水县文峪河水库由于在施工时坝坡变形，加上缺乏基本的安全监测和日常检查，导致发生滑坡、垮坝事故，造成 100 多人死亡①。

33. 1960 年 8 月 3 日，安徽省铜陵县圣冲水库临时溢流坝因暴雨洪水发生垮坝事故，淹没农田 3000 余亩，32 人溺亡。

34. 1960 年 9 月 4 日，四川省开县"一煤厂"② 工房倒塌，死亡 13 人，受伤 69 人。

35. 1960 年 9 月 27 日，郑州铁路局第二工程处在吊装洛河大桥桥孔片梁时，发生架桥起重机翻机事故，造成 10 人死亡，6 人重伤，28 人轻伤。

★36. 1961 年 3 月 6 日，湖南省水力发电工程局柘溪水力发电站水库发生滑

---

① 缺乏具体数据。

② 《开县志》原表述如此。

坡塌方，造成 64 人死亡，24 人受伤。

37. 1962 年 4 月 24 日，四川省水利电力厅第一工程局工地的一座木质便桥垮塌，造成 26 人死亡。

38. 1964 年 1 月 17 日，江苏省江都西闸工程在浇筑公路桥大梁混凝土过程中，六孔大梁与脚手支撑倒塌，30 名操作工人从高空坠落，其中 9 人死亡，21 人受伤。

39. 1964 年 4 月 5 日，山东省黄河工程局流长河拽水闸上游开挖工地梁山县民工宿舍工棚遭河水漫入，导致百余名民工被冻伤，其中 9 人被冻死。

40. 1964 年 6 月 30 日，四川省川西森工局 306 林场发生建筑倒塌事故，死亡 12 人。

41. 1965 年 2 月 16 日，四川省阿坝藏族自治州龙尔甲森工局沙龙公路施工工地，由于违章作业发生塌方事故，造成 26 人死亡，3 人重伤，4 人轻伤。

42. 1965 年 11 月 8 日，水电部贵州水利发电建设公司在隧洞施工时发生坍塌事故，死亡 6 人，受伤 6 人。

（四）其他工贸企业事故

1. 1958 年 7 月 10 日，贵州省黔东南自治州镇远县清浪人民公社组织社员在土坳挖泥修造炼铁炉，发生塌方事故，死亡 5 人，受伤 1 人。

2. 1958 年 7 月，陕西省汉中市西乡县在建设炼钢炉和开采矿石过程中死亡 11 人，重伤 10 人。

3. 1958 年 8 月 30 日，四川省重庆市北碚钢铁厂 11 个氧气瓶同时爆炸，死亡 9 人，重伤 8 人，轻伤 13 人。

4. 1958 年 9 月 23 日，上海市造纸机械厂一台淋浴用的立式热水锅炉发生爆炸，锅炉房、淋浴室和临时宿舍共 233 平方米建筑被炸毁，死亡 5 人，重伤 2 人，轻伤 6 人。

5. 1958 年 9 月 26 日，江苏省徐州农业机械厂三吨炼钢转炉吹炼铁水发生爆炸事故，造成 8 人死亡，16 人受伤。

6. 1958 年 10 月 14 日，安徽省蚌埠市机械厂在炼铁时发生一氧化碳中毒事故，造成 19 人中毒（伤亡不详）。

7. 1958 年 10 月 22 日，贵州省盘县西冲乡团山包铁厂发生火药爆炸事故，造成 4 人死亡，24 人重伤。

8. 1958 年 11 月 13 日，杭州半山钢铁厂合金钢车间发生倒塌事故，造成 18 人死亡，19 人受伤。

★9. 1958 年 11 月 15 日，辽宁省本溪钢铁工业学院发生铁水爆炸事故，造成工人、教员和学生共 26 人伤亡，其中 8 人死亡。

10. 1958 年 11 月 15 日，陕西省安康地区汉阴县双乳公社的炼钢炉发生爆炸事故，死伤 44 人（死、伤各为多少不详）。

11. 1958 年 11 月 30 日，广东省广州市长堤街 53 南区竹木业联合第二钢厂发生旧炮弹爆炸事故，死亡 2 人，重伤 4 人，轻伤 9 人。

12. 1958 年 12 月 4 日，上海第一钢铁厂第二转炉车间二化铁炉因为出铁坑潮湿引发铁水爆炸事故，死亡 5 人，受伤 29 人。

13. 1959 年 2 月 11 日，四川省简阳县越溪钢铁厂修配车间，职工彭某在给火轮机灌注汽油时，不慎将汽油喷溅在动力机火花上引起火灾，造成 12 名职工死亡，12 人烧伤。

14. 1959 年 3 月 5 日，上海市中华冷气机厂第二车间氯化钾烷（冷气药水）储桶爆炸燃烧，造成 3 人死亡，19 人重伤，8 人轻伤。

★15. 1959 年 3 月 5 日，河南省洛阳第一拖拉机制造厂炼钢车间转炉发生爆炸，死亡 4 人，重伤 17 人，轻伤 69 人。

16. 1959 年 3 月 8 日，河南省三门峡市陕县钢铁厂因工人吸烟引起厂内存放的炸药爆炸，造成 17 人死亡。

17. 1959 年 3 月 19 日，上海市培德袜厂机修车间工人不慎将战争留下的一枚日式毒气弹投入炉中，引起爆炸，毒气四溢，253 人中毒。

18. 1959 年 4 月 7 日，甘肃省兰州市东风炼钢厂锻工车间工人在车间开会时，因大风导致屋顶连同土墙坍塌，11 人死亡，重伤 3 人，轻伤 55 人。

19. 1959 年 4 月 21 日，黑龙江省佳木斯市木材加工厂开办的钢铁厂在检修高炉时发生煤气中毒事故，中毒的 16 名工人当中，有 5 人抢救无效死亡。

20. 1959 年 6 月 2 日，北京钢厂转炉炼钢车间六冲天炉发生爆炸事故，死亡 7 人，重伤 9 人，轻伤 12 人。

21. 1959 年 6 月 21 日，天津市造纸总厂第二抄纸车间发生硫化氢中毒事故，造成 4 人死亡，3 人受伤。

22. 1959 年 6 月，北京市西城区燕京造纸一厂二蒸球发生球盖崩落事故，死亡 4 人，受伤 6 人。

23. 1959 年 7 月 2 日，陕西省西安市镐京力车胎制造厂橡胶制品车间发生汽油桶爆炸事故，死亡 6 人，重伤 6 人，直接经济损失 2 万多元。

24. 1960 年 7 月 11 日，江西省上饶地区乐平县县城民兵食堂蒸气锅炉爆炸，死亡 3 人，炸伤 9 人。

25. 1960 年 8 月 7 日，内蒙古自治区包头第一热电厂二、三炉过热器相继爆炸，导致呼和浩特、包头两市大面积停电，包头钢铁公司近 4 万人停工，包头铝厂停产，包头航空站点与机场联系中断 10 分钟。

26. 1960 年 8 月 9 日，四川省绵阳市新华机械厂铸工车间发生铁水爆炸事故，造成 11 人死亡，5 人受伤。

27. 1960 年 10 月 7 日，山西省长治地区壶关县杜家河铁厂发生锅炉爆炸事故，死亡 6 人，受伤 1 人。

28. 1960 年 10 月 21 日，四川省重庆钢铁公司中山堂钢铁厂四号化铁炉因出铁孔堵死，铁水从渣子眼漏出，流入积水炉坑，发生爆炸，造成 11 人死亡，8 人重伤，13 人轻伤。

29. 1960 年 11 月 6 日，长江航运局青山船厂发生船台生活间倒塌事故，造成 9 人死亡，31 人受伤。

30. 1961 年 1 月 23 日，四川省宜宾地区珙县白皎钢铁厂发生高炉爆炸事故，当场死亡 15 人，受伤人数不详。

31. 1961 年 4 月 10 日，内蒙古自治区乌兰浩特市云母厂沾片车间发生火灾，造成 21 名女工被烧身亡，烧伤女工 12 人；烧毁厂房 4 间。损失折款 117 万余元。

32. 1962 年 1 月 3 日，内蒙古自治区二机厂煤气站一炉套因缺水造成爆炸事故，厂房南北墙炸裂部分倒塌，死亡 3 人，受伤 3 人。

33. 1962 年 5 月 23 日，云南省昆明钢铁公司炼钢厂发生电炉钢水包坠落事故，导致钢水爆炸，伤亡 23 人，其中 7 人死亡。

34. 1962 年 5 月 27 日，广东省佛山市白云冰室发生氨气瓶爆炸，继而引发氨气爆炸，造成 15 人死亡，2 人重伤，23 人轻伤。

35. 1963 年 2 月 14 日，广东省韶关地区始兴县马卵坑石灰窑在开窑出石灰时，灰窑突然崩塌，造成 9 人死亡，灼伤 10 人。

★36. 1963 年 6 月 16 日，天津铝制品制造厂磨光车间吸尘管道发生铝粉爆炸事故，造成 19 人死亡，24 人受伤。

37. 1963 年 12 月 24 日，山西省太原钢铁公司第一炼钢厂 2 号平炉煤气喷出口水箱爆炸，造成在场工人 3 人死亡，9 人受伤。

（五）火灾事故

1. 1958 年 1 月 21 日，江苏省滨海县因欢送新兵应征入伍放鞭炮引发火灾，烧伤 50 多人，烧毁房屋 28 间。

2. 1958 年 1 月，江苏省镇江地区丹阳县胡桥乡王家村因村民烤火不慎引发火灾，造成 10 人死亡，烧伤 4 人。

3. 1958 年 3 月 11 日，云南省勐腊县勐远乡曼劫寨失火。全寨被烧 56 户，受灾 444 人，死亡 13 人，重伤 18 人，轻伤 4 人。

4. 1958 年 4 月 1 日，云南省丘北县腻脚区新店原始森林，同时被人多处纵火。烧毁森林 100 万亩；12 名救火群众被烧身亡，烧伤 22 人。

5. 1958 年 5 月 9 日，云南省曲靖地区沾益火车站百货转运仓库因装货撞击摩擦起火，酿成火灾，250 多万元的货物被烧毁，40 多人受伤。

6. 1958 年 6 月 27 日，江西省南昌市煤炭街五号失火，烧毁柴横街、浮桥头、沿江路房屋 18 栋，186 户、654 人受灾。灭火过程中消防人员重伤 3 人，轻伤 17 人。

7. 1958 年 10 月 22 日，吉林省长春地区农安县小城乡王家屯从事秋季翻地作业、临时搭建的女宿舍（工棚）发生火灾，造成 8 人死亡，烧伤 3 人。

8. 1958 年 11 月 1 日，黑龙江省龙凤山水库工地由于取暖不慎造成工棚失火，8 名民工死亡，受轻、重伤者 22 名。

9. 1958 年 11 月 12 日，山东省潍坊地区安丘县丰台岭大窑炼铁工地发生火灾，死亡 15 人，受伤 14 人。

10. 1958 年 11 月 17 日，江苏省江阴县中兴公社九工区河工工地工棚因使用汽灯不慎引起火灾，6 个工棚全部烧光，造成 10 名妇女、儿童当场死亡，8 人被烧伤。

11. 1958 年 11 月 23 日，贵州省遵义地区仁怀县桑木区清风小学发生火灾，死亡 17 人，受伤 19 人。

12. 1958 年 11 月 29 日，安徽省庐江县盘树岭矿因工人将灯笼挂在工棚梁上引起火灾，烧毁工棚 5 间，死亡 20 人，烧伤 12 人。

13. 1958 年 12 月 2 日，湖南省长沙市西长街社会福利制粉厂因烘房当班工人夜晚脱岗，烘房火力过大引起火灾，烧毁房屋 21 间，死亡居民 7 人，烧伤 2 人。

14. 1958 年 12 月 4 日，黑龙江省勃利县勃利镇九龙库民工宿舍（利用山坡挖的地窖子），因民工用火过量将炕上可燃物烤燃成灾，造成 26 人死亡，烧伤 1 人。

15. 1958 年 12 月 7 日，贵州省铜仁地区印江县火药厂违章操作引发火灾，死亡 9 人，重伤 4 人，烧毁房屋 16 间。

16. 1958 年 12 月 9 日，安徽省合肥市花良亭工程局发生工棚失火事故，烧毁工棚 21 座 154 间，50 名工人死亡，重伤 7 名，轻伤 37 人。

17. 1958 年 12 月 10 日，安徽省凤阳县在临淮关南岗大炼钢铁的民工工棚因低矮，女工点灯引燃工棚上的茅草，失火造成 8 名女工死亡，烧伤 12 人。

18. 1958 年 12 月 12 日，陕西省安康县修筑康岚公路的民工棚，因炮工寇某在工棚内吸烟起火，引起存放在工棚内的炸药爆炸，造成在工棚内休息的 32 名职工死亡，炸伤 6 人。

19. 1958 年 12 月 13 日，湖北省荆门市漳河水库鸡公尖大坝五里民工团，一民工在工棚内点无罩煤油灯时，不幸引燃被褥成灾，死亡 28 人，烧伤 20 人；烧毁工棚 16 间。损失折款 4 万余元。

20. 1958 年 12 月 18 日，黑龙江省嫩江县嘎啦山齐齐哈尔采矿队的临时工棚，因烟囱滋火，引燃可燃物成灾，造成 15 名工人死亡，2 人烧伤；烧毁全部工棚。

21. 1958 年 12 月 22 日，四川省盐源县盐海公社 3 名社员在矿上用木柴生火引燃房顶茅草，造成 12 名妇女死亡，4 人重伤，11 人轻伤。

22. 1958 年 12 月 23 日，湖北省荆门市粟溪镇铁坪钢铁厂粟南分厂，一名工人在工棚内点无罩敞灯时不慎引燃工棚芦席，造成 14 人死亡，22 人烧伤；烧毁工棚 41 间。

23. 1958 年 12 月 27 日，四川省石柱县大风门矿区筑路工段，因职工用火不慎引起火灾，造成 14 名民工死亡，4 人烧伤。

24. 1958 年，新疆维吾尔自治区哈密地区哈密县钢铁团南湖钢铁营千余人进驻南湖煤田，在煤田裸露矿体上掘窖建土平炉炼铁，引起煤层燃烧，形成煤田大火。随后自治区成立灭火指挥部，投入大量人力、物力和财力，移沙填火坑，20 多天后才将火扑灭。

25. 1959 年 1 月 12 日，山东省烟台市第一炼铁厂民工宿舍用火不慎起火，造成 48 人死亡，烧伤 9 人。

26. 1959 年 1 月 13 日，四川省西昌市河西人民公社金河煤矿，女工刘某点煤油灯在工棚内的床下找草鞋时不慎引燃床草，造成 11 人死亡，1 人重伤，5 人轻伤；工棚被烧毁，并烧毁步枪 4 支，子弹 50 发和桐油 30 千克。损失折款 3000 余元。

27. 1959 年 1 月 13 日，四川省江津县和平公社栗子湾重晶石厂临时工棚发生火灾，死亡 40 人，受伤 13 人。火灾起因于工人把煤油灯挂在枝条扎成的工棚墙上，引起工棚燃烧。

★28. 1959 年 1 月 17 日①，四川省西昌地区热水河硫磺厂响水河工区发生火

---

① 有材料称这次火灾发生时间为 1959 年 1 月 7 日，应为 17 日之误。

灾，造成 55 人死亡，15 人重伤，6 人轻伤。

29. 1959 年 1 月 20 日，湖北省丹江口市姚沟镇的丹江口水利工程工地工棚发生火灾，造成 34 名民工丧生。

★30. 1959 年 1 月 31 日[1]，四川省涪陵市大溪河水电站工程处女民工简易宿舍因用竹筒煤油电灯照明引发火灾，造成 101 人死亡，重伤 4 人，轻伤 11 人[2]。

31. 1959 年 2 月 11 日，云南省永胜县野猫坪水库工地发生火灾，死亡 16 人，烧伤 7 人。

★32. 1959 年 2 月 15 日，四川省盐源县龙塘水库工地发生火灾，造成 198 人死亡，55 人重伤，35 人轻伤。

33. 1959 年 2 月 26 日，安徽省安庆地区华阳河农场派往松县孤山大队参加施工的民工工棚发生火灾，伤亡 47 人。伤、亡各为多少不详。

34. 1959 年 3 月 6 日，浙江省上虞县娥江水泥厂工地工棚遭雷击起火，造成 16 人死亡，5 人被烧伤；烧毁工棚 3 栋。

35. 1959 年 3 月 15 日，四川省开县陈开铁厂发生火灾，造成 18 人死亡，37 人烧伤。

36. 1959 年 4 月 13 日，甘肃省天水市建筑公司武都两水水电站两河口工地工棚发生火灾，造成 18 人死亡，6 人重伤。事故是因一位民工划着火柴点燃煤油灯后，把未灭的火柴扔到铺在床板上的麦草而引起。

37. 1959 年 4 月 21 日，河南省平顶山市白龟山水库工地，商水县雾台营三连工棚，因民工吸烟不慎引起火灾，造成 16 人死亡（女性 2 人），重伤 4 人，轻伤 2 人。

38. 1959 年 5 月 16 日，云南省昆明市畜牧场职工杨某在楼上将点着的明子柴放在瓦罐上照明，明子柴淌火从楼板洞掉入楼下松毛柴堆上引起火灾，造成包括杨某在内的 13 人死亡，烧毁房屋 40 间。

39. 1959 年 6 月 1 日，安徽省休宁县回溪村木材砍伐队在烧饭时不慎失火，烧毁楼房 1 幢，死亡 10 人，受伤 9 人。

40. 1959 年 6 月 13 日，黑龙江省大兴安岭塔河县呼玛河塔河流域发生森林火灾。到 6 月 25 日最后一个火点扑灭，过火面积为 45 万亩。扑火过程中，苏联红军远东部队派出以空军少将伊万诺夫·维德巴夫洛维为首的 85 名飞行员，运

---

[1] 有媒体登载的文章称：1959 年 1 月四川省广安地区武胜水库工地发生火灾事故，死亡 92 人。但在四川省、市、县地方志及专业志书和相关资料中均无记载。疑与本条目所列举为同一起事故。

[2] 武隆县志记载，这次事故死亡 98 人，烧伤 19 人。

输机 6 架，帮助运送粮食和扑火人员。

41. 1959 年 7 月 14 日，四川省梁平县七星公社粮食仓库因烧麦秆积肥引起火灾，15 人死亡。

42. 1959 年 9 月 4 日，广东省梅县"韩运 04 号"船在松口港务所保养场，因船工提油灯进入油库照明，领油时汽油外溢遇油灯明火引起火灾。死亡 11 人，烧伤 8 人。

43. 1959 年 10 月 2 日，河南省商丘火车站货场因滴滴涕燃烧引发火灾，烧毁土产品 30 余包，88 人中毒。

44. 1959 年 12 月 11 日，四川省垫江县红旗公社武（安）田（坝）公路工地临时工棚发生火灾，死亡 24 人，受伤 8 人。

45. 1959 年 12 月 20 日，湖南省衡阳县碧岩乡牛形山水库工地工棚，因民工不慎碰倒煤油灯起火，造成 15 名民工被烧身亡，48 人烧伤。

46. 1959 年 12 月 25 日，江西省永修县柘林电站三工区二、三营民工工棚，因民工用火不慎引起火灾，死亡 39 人，烧伤 124 人，其中重伤 37 人，受灾 719 人。

47. 1959 年 12 月 25 日，江西省高安县东方红公社升山大队长乐小学，女教师程某烘烤衣服无人照看，引燃蚊帐酿成火灾，17 名小学生被烧死，烧伤 2 人。

48. 1959 年 12 月 26 日，河南省信阳地区罗山县彭新公社水库工地发生火灾，死亡 23 人，受伤 23 人。次年 1 月 4 日，该工地再次发生火灾，死亡 21 人，受伤 14 人。

49. 1959 年 12 月 28 日，湖北省蒲圻县正在建设中的国家重点水利工程陆水水库工地发生火灾，烧毁工棚 3 栋，熟睡中的 58 名民工（男 35 人，女 23 人）被烧身亡，烧伤 18 人，1 人失踪。火灾是由于民工郑某低头找东西时，手里端着的无罩煤油灯引燃挂在墙上的蓑衣引起的，肇事者在火灾中死亡。

50. 1959 年冬季，陕西省汉中地区略阳县塔坡寺农场因烤火不慎引发火灾，死亡 16 人，烧伤 7 人。

51. 1960 年 1 月 2 日，吉林省汪清县森林工业局小保作业所宿舍，因取暖炉烤着炉旁的可燃物发生火灾，死亡 10 人，19 人被烧伤。

52. 1960 年 1 月 2 日，黑龙江省嫩江县七星泡劳改农场十二分场第一中队因烧火炕用火过量，烤着柱角引起火灾，12 人死亡，33 人烧伤。

53. 1960 年 1 月 2 日，河南省卢氏县洪建乡齐河大队的省十二劳改队第五中队失火，死亡 77 人，重伤 15 人，轻伤 26 人。烧毁房屋 20 间。

54. 1960 年 1 月 4 日，湖南省桃源县黄石水库工地工棚，因民工胡某半夜起床吸烟点火时，不慎引起火灾，44 名民工被烧身亡，烧伤 34 人，其中重伤 15 人。

55. 1960 年 1 月 5 日，四川省广元县嘉陵钢铁厂凡家岩煤矿，民工胡某挂在职工宿舍墙壁上的油灯引燃茅草成灾，死亡 28 人，烧伤 16 人。

★56. 1960 年 1 月 5 日，贵州省铜仁县大兴飞机场施工工地因民工在工棚内用干树枝烧火做饭引发火灾，烧毁工棚 3916 平方米，造成 173 人死亡，42 人受伤（其中 8 人重伤）。

57. 1960 年 1 月 8 日，湖南省南县北洲子农场水利工地，民工刘某烧火烤袜子引起工棚起火，烧毁工棚 1 栋，19 名民工死亡，受伤 29 人。

58. 1960 年 1 月 11 日，河南省南召县四棵树公社水库工地工棚发生火灾，死亡 49 人，烧伤 23 人。

59. 1960 年 1 月 12 日，湖北省黄冈地区富水工程工地工棚发生火灾，死亡 63 人（其中 5 人送医院抢救无效死亡）。

60. 1960 年 1 月 16 日，福建省长汀县英雄水库工房发生火灾，28 名民工死亡，重伤 5 人，轻伤 3 人。

61. 1960 年 2 月 4 日，安徽省滁州地区来安县屯仓水库工地雷官公社黄桥大队民工工棚因烤火引起火灾，造成 20 人死亡，5 人被烧伤。

62. 1960 年 2 月 5 日，湖北省宜昌县白河水库工地，因民工使用无罩油灯时不慎引起火灾，造成 4 人死亡，9 人重伤。

63. 1960 年 2 月 7 日，湖南省城步苗族自治县金紫江水库工地，工棚内临时安装的电灯落在床铺草上引起火灾，造成 64 名民工死亡，烧伤 33 人。

64. 1960 年 2 月 9 日，浙江省椒江市长潭水电站下茅坦工地宿舍，因民工上厕所时用火柴照明，不慎点燃蓑衣并延烧草棚，造成 21 人被烧身亡，烧伤 4 人。烧毁草棚 3 座 75 间。

65. 1960 年 2 月 9 日，北京市第九十二中学的学生在北京火柴厂参加劳动时，某个学生因不懂安全操作知识，将引火棒与磷板划擦，引燃后不知所措，扔在了引火棒半成品上，引起爆炸起火，造成正在引火棒车间工作的技术员和临时工等 7 人死亡，2 人烧伤。

66. 1960 年 2 月 14 日，湖北省荆门市团林镇养猪场，饲养员徐某煮猪食不慎引起火灾，大火蔓延至漳河水库三千渠工地工棚，造成 14 人死亡，烧伤 12 人。

67. 1960 年 2 月 26 日，广东省清远地区英德县造纸厂发生火灾，导致柴油桶突然爆炸，造成 12 人死亡，29 人负伤。

68. 1960 年 2 月 27 日，广西壮族自治区合山煤矿里兰矿场发生火灾，10 多间职工住宅（草房）被烧毁，死亡 4 人，直接经济损失 4 万多元。

69. 1960 年 3 月 21 日，云南省大理市修筑公路的民工杨某，在工棚内用松毛作燃料煮茶，突然旋风卷入，火舌烤着床铺垫草成灾，烧毁 3 个工棚，137 人受灾，25 人死亡，5 人重伤，16 人轻伤。

70. 1960 年 4 月 1 日，北京市西城区二龙路的喷漆厂发生火灾，燃烧产生的毒气造成上千人中毒。

★71. 1960 年 4 月 10 日，内蒙古自治区乌兰浩特市文教用品厂发生火灾，21 名女工被烧身亡，烧伤 12 人，厂房全部烧毁。

72. 1960 年 4 月 17 日，北京铁路局天津南站货场在装卸氯酸钠时摩擦碰撞起火，引燃两旁仓库，燃毁出口物资和建筑材料 4000 余吨，2000 多人中毒，灭火中 238 人受伤，直接经济损失 3000 余万元。

73. 1960 年 5 月 2 日，内蒙古自治区磴口县黄河工程局第四指挥部十二连工棚发生火灾，25 名民工死亡，14 人烧伤。

74. 1960 年 5 月 6 日，黑龙江省哈尔滨市平房人民公社东安机械厂职工食堂发生火灾，造成 13 人死亡，51 人被烧伤。

75. 1960 年 6 月 5 日，四川省绵阳地区蓬溪县所属的广元嘉陵钢铁厂民工宿舍发生火灾，造成 3 名民工死亡，烧伤 25 人。

76. 1960 年 7 月 20 日，陕西省长安县大兆中心商店门市部发生火灾，烧毁楼房 11 间及综合门市部、百货用品仓库全部物资，死亡、烧伤职工各 6 人。

77. 1960 年 7 月 24 日，福建省永安火车站货运仓库存放的"六六六"杀虫烟雾剂自燃引发火灾，烧毁库房一座，物资 30 多万种（件）。在灭火过程中 1 人死亡，22 人受伤。

78. 1960 年 8 月 11 日，云南省东川市龙头山第二民工大队第七连，因侯某擦火柴烧蚊帐上的臭虫时引燃蚊帐导致大火，造成 16 名民工死亡，轻、重伤各 1 人。

★79. 1960 年 10 月 1 日，江西省景德镇市河西盲流（自流）人口临时安置宿舍发生火灾，死亡 146 人，烧伤 61 人。

80. 1960 年 10 月 1 日，四川省蓬溪县隆盛区供销社因硫酸铵与硫黄混合堆放引发火灾，灭火过程中 68 人中毒，其中 3 人死亡。

81. 1960 年 11 月 28 日，辽宁省南票矿务局铁道工程队第二工区大窝铺一栋临时工棚发生火灾，死亡 11 人，受伤 15 人。

82. 1960 年 11 月 30 日，江西省九江地区星子县文化馆失火，烧毁乾隆御赐袈裟如意玉带、金刚经及舍利子、佛珠 104 粒，以及《南康府志》《星子县志》等珍贵文物。

83. 1960 年 12 月 11 日，四川省垫江县五泉公路工棚发生火灾，死亡 24 人，烧伤 17 人。

84. 1960 年 12 月 12 日，贵州省湘黔铁路第三工程处驻地工棚，因民工用火不慎发生火灾，造成 18 人死亡，21 人被烧伤。

85. 1960 年 12 月 17 日，山东省造纸总厂所属黄台纸浆厂一工人用火烘烤启动电机引起火灾，烧毁原料约 3000 吨及一座基建仓库，直接经济损失 80 万元。

86. 1960 年 12 月 19 日，湖南省衡阳县刘邢山水库工地因有人使用灯火不慎引起火灾，造成 14 人死亡，49 人被烧伤。

87. 1960 年 12 月 24 日，黑龙江省双城市龙凤乡中学学生宿舍，因烟囱滋火发生火灾，死亡 17 人，烧伤 5 人。

88. 1960 年 12 月 28 日，湖北省蒲圻县陆水水库工地横沟营工棚，因民工使用灯火不慎引起火灾，死亡 57 人。

89. 1960 年 12 月 29 日，河南省洛阳地区灵宝县面粉加工厂发生火灾，死亡 10 人，受伤 18 人。烧毁面粉机 10 台。

90. 1960 年，山东省潍坊地区安丘县大窑陶瓷厂职工宿舍工棚因漏电导致火灾，死亡 14 人，烧伤 80 余人。

91. 1961 年 1 月 3 日，湖北省长沙市民政局基建组厨房烟囱冒火引起社会福利院原草房着火，烧毁房舍 5 排 55 间，死亡 7 人，受伤 3 人，受灾 235 人。

92. 1961 年 1 月 5 日，辽宁省沈阳市市政工程公司职工宿舍因炉子烤燃宿舍顶棚发生火灾事故，死亡 10 人，烧伤 7 人。烧毁工棚及 68 名职工的行李、衣物等财物。

93. 1961 年 1 月 7 日，安徽省徽州地区歙县新生石灰厂宋村医院发生特大火灾，当场死亡 5 人，烧伤 24 人，后因抢救无效又死亡 12 人。烧毁草房 59 间以及衣、被等物，损失折款 2.1 万元。

94. 1961 年 1 月 15 日，广西壮族自治区融水苗族自治县安太公社一老妇将猪毛和禾草烧成灰放在楼下，因死灰复燃引起火灾，造成 13 人死亡，烧毁房屋 245 间和粮食 10 万公斤；烧死牲畜 35 头。损失折款 6 万余元。

95. 1961 年 1 月 18 日，江西省吉安县东固小学 4 名寄宿女生用火炉取暖不慎引起火灾，造成 14 名 10~14 岁女学生死亡，烧伤师生 2 人；6 间宿舍被烧毁。

96. 1961 年 1 月 19 日，黑龙江省鸡西市定达山伐木场一幢房屋发生火灾，11 人死亡，9 人受伤。

97. 1961 年 1 月，河南省南阳地区唐河县丁岗棉花库失火，大火延烧 3 天，烧毁皮棉、籽棉 40 万公斤。

98. 1961 年 2 月 20 日，河南省国营郑州第四棉纺织厂 380 伏裸体电线相碰引发火灾，烧毁皮棉 200 万公斤，野生纤维 10 万公斤，价值 430 多万元。2 万多名职工、战士参加灭火。灭火过程中 5 人牺牲，268 人受伤（其中 11 人重伤）。

★99. 1961 年 4 月 3 日，四川省广元地区竹园坝钢铁厂焦化车间职工宿舍发生火灾，造成 94 人死亡，31 人重伤，14 人轻伤，失踪 1 人。

100. 1961 年 4 月 20 日，河南省信阳地区息县淮滨镇发生火灾。大火肆虐 5 个小时，8 家工厂、5 个物资仓库、18 个商业门市部和镇上 59.5% 的居民户受灾。烧毁房屋 2518 间，机器 213 台和大批物资，经济损失 316 万元。1 人死亡，7 人受伤。

101. 1961 年 4 月 29 日，陕西省汉中市略阳矿山公司道路工程处塔坡寺农场因 3 名职工在宿舍烤火引起火灾，死亡 15 人，重伤 8 人。

102. 1961 年 5 月 3 日，湖北省石首县藕池镇发生火灾。当时正刮大风，风助火势，不到半小时，就延烧到与该镇一街之隔的公安县倪家塔镇，造成两镇的大灾难，死亡 18 人，烧伤 144 人，其中重伤 38 人，轻伤 106 人。火灾是由于藕池镇周某爬上自家房顶压盖被风掀起的草屋顶时，嘴里叼着的香烟掉进了茅草中引燃的。

103. 1961 年 5 月 11 日，浙江省萧山县临浦公社所前大队顾家湾生产队，顾某家灶间的余火复燃成灾，造成 10 人死亡。

104. 1961 年 8 月 27 日，湖北省武汉机械模型厂烟囱喷出的火星飘落在一户居民的房子上引起火灾，大火烧毁多条街巷的 598 栋房屋，死亡 5 人，受灾 1256 户、5132 人。

105. 1961 年 10 月 23 日，江苏省江阴市华康纱厂发生火灾，烧毁厂房 132 间，设备、原料、半成品所剩无几，损失 90 余万元，工厂全毁。

106. 1962 年 1 月 25 日，安徽省全椒县运输社三岔河农场煤油灯起火，造成 14 人死亡，烧伤 10 人，经济损失 7 万余元。

107. 1962 年 3 月 12 日，黑龙江省松花江地区安达县第一砖厂工人宿舍因烧炕过热引发火灾，造成 12 人死亡。

108. 1962 年 7 月 13 日，贵州省金沙县城关镇和平街、民主街发生火灾，烧毁居民房屋 147 栋，还烧毁合作商店 6 家、公私合营商店 2 家，直接经济损失 56 万多元。

109. 1962 年 8 月 19 日，福建省永定县石竹公社田洋大队南镇楼，因住户用火不慎发生火灾，全楼 46 间房屋全部烧毁，34 人死亡（男 12 人，女 22 人），4 人重伤，2 人轻伤。

110. 1962 年 11 月 13 日，安徽省芜湖棉花仓库因管理人员玩忽职守而失火，烧毁棉花 750 多吨，经济损失折款 200 余万元。在扑救过程中 62 人受伤，其中解放军战士 53 人，消防战士 9 人。

111. 1963 年 1 月 1 日，四川省甘洛县海棠区粮站保管员在寝室烤火后，将烧过的木炭装入竹筐，木炭复燃并引燃隔壁贮存的桐油，大火造成 11 人死亡，32 人被烧伤。

112. 1963 年 1 月 8 日，江苏省武进县南夏墅民办中学学生宿舍因学生碰倒油灯失火，造成 11 名学生死亡，受伤 12 人，烧毁楼房 6 间。

113. 1963 年 1 月 14 日，江西省九江地区永修县白镇因居民用火不慎引起火灾，烧毁 25 个机关单位的办公用房，572 幢民房，死亡 1 人，受伤 13 人，受灾 447 户、1749 人，经济损失约 200 万元。

114. 1963 年 1 月 28 日，广东省汕头市同济二马路木屋区发生火灾，大火燃烧 4 个多小时，死伤 11 人①，受灾居民 316 户，烧毁民房 300 间，受灾人数 1600 多人。直接经济损失 60 多万元。

115. 1963 年 2 月 8 日，位于江西省南昌市郊的朱港劳改农场因有人误将烟头掉入顶棚稻草内起火，造成 31 人死亡，17 人重伤，因伤势过重抢救无效又死亡 7 人。

116. 1963 年 2 月 15 日，湖北省荆州地区天门县张家港发生火灾，死亡 1 人，受伤 27 人，烧毁房屋 206 栋。

117. 1963 年 2 月 22 日，安徽省马鞍山市五金交电器材仓库发生特大火灾（火因不明），经济损失折款 270 余万元。

118. 1963 年 2 月 28 日，黑龙江省勃利县七台河市国营勃利县种马场木材运输队工棚发生火灾，10 人死亡，2 人烧伤。火灾系做饭的灶具不符合安全要求，滋火引燃木材所致。

119. 1963 年 3 月 23 日，上海市宛平南路上海皮鞋厂发生火灾，缝纫车间被烧毁，51 人受伤。

120. 1963 年 10 月 22 日，上海市川沙县张家浜汶山呑码头发生火灾，死亡 7 人，烧伤 8 人，烧毁民船 8 艘和部分堆栈。

121. 1964 年 1 月 7 日，安徽省六安县新安集植物油厂因烟囱漏火成灾，大

---

① 地方志记载中关于这次火灾死、伤各为多少不详。

火延烧 6 个多小时，银行营业所、邮电支局等 9 个企事业单位和 348 户居民受灾，烧毁房屋 1134 间，经济损失折款 114 万元。新安集镇几乎全部被烧光，并烧掉周围 4 个生产队的房屋。

122. 1964 年 1 月 8 日 6 时 20 分，从安徽省凤台开往阜阳的代客车行至凤台县阚町集西 8 千米时，一旅客携带 1998 张火炮纸摩擦爆炸起火，在 15 分钟内有 7 人被烧身亡，重伤 15 人，轻伤 17 人，旅客的行李包裹全部烧毁，汽车烧毁严重。

123. 1964 年 5 月 12 日，甘肃省酒泉专员公署大楼（建筑面积 3700 平方米）失火烧毁，经济损失 65 万元，楼内 37 个单位的档案付之一炬。

124. 1964 年 7 月 30 日，广西壮族自治区梧州市冰泉冲（街区名）发生火灾，波及冰泉东路、西路及广仁路三条街道，共烧毁房屋 210 幢，受灾群众 327 户，死伤 88 人（伤、亡各为多少不详）。

125. 1964 年 11 月 19 日，福建省宁德地区福鼎县县城中山路因新华书店一职工的小孩玩火引起火灾，烧毁房屋 652 间，受灾 167 户、844 人，受伤 43 人，经济损失 87 万元。灭火过程中牺牲 1 人。

126. 1964 年 11 月 26 日，福建省闽侯地区连江县浦口街发生火灾，烧毁房屋 1175 间，拆房 135 间，死亡 3 人，受伤 7 人。灾后有 49 户、241 名灾民异乡安置。

127. 1964 年 12 月 6 日，安徽省休宁县屯溪镇河街发生特大火灾，受灾 163 户、653 人。

★128. 1965 年 1 月 8 日，新疆生产建设兵团农二师塔里木二场基建二队在地窝子开会时发生火灾，造成 172 人死亡，10 人受伤。

129. 1965 年 1 月 10 日，上海市武夷路 490 市日用杂品公司堆栈发生火灾，经济损失约百万元，灭火过程中 48 人受伤（其中 18 人重伤）。

130. 1965 年 1 月 28 日，内蒙古自治区呼伦贝尔双城乡一个副业队工棚发生火灾，18 人死亡，3 人被烧伤。

131. 1965 年 3 月 10 日，黑龙江省鹤岗市宝泉岭农垦局公路队女工宿舍，因油灯倾倒引燃行李发生火灾，当场死亡 21 人，烧伤 18 人，后因抢救无效又死亡 2 人。

132. 1965 年 9 月 20 日，新疆维吾尔自治区博尔塔拉自治州博乐县前进牧场一、二队伙房起火，死亡 5 人，烧伤 5 人，烧毁房屋 51 间。

133. 1965 年 10 月 22 日，湖南省宜章县莽山林场在烧垦整地造林时发生火灾，死亡 9 人，烧伤 13 人。

134. 1965 年 12 月 19 日，新疆生产建设兵团供销部红专被服厂被服车间拣花女工艺某肩托半成品棉裤片，在送往缝纫工序行程中，棉裤片触动悬挂着的灯头发生连电而喷溅出电金属微粒火花，引起车间棉花和棉衣半成品及机油爆燃造成火灾。火势殃及紧连的八一云母厂三、四车间。事故造成 19 人死亡，76 人重伤，直接经济损失 116 万余元。

（六）交通运输事故

★1. 1958 年 1 月 5 日，辽宁省本溪钢铁公司的下放干部集体乘车前往农村，在过太子河时冰层破裂，汽车沉入水中，死亡 43 人（其中 39 人为下放干部，4 人为送行的家属）。

2. 1958 年 4 月 5 日，民航成都管理处一架伊尔-14 型 632 飞机在从成都飞往北京途中，在西安西南 70 千米处的佛坪县四方台山撞山坠毁，机上旅客 9 人、机组 5 人全部罹难。

3. 1958 年 8 月 19 日，江苏省淮阴地区轮船公司江苏（拖）014 轮拖带 18 艘木驳，由邳县装运煤炭和料石沿大运河南下，行驶至刘老涧船闸时，5 艘木驳被急流卷入节制闸，造成 16 人死亡，12 人受伤。

4. 1958 年 8 月 20 日，民航上海管理处一架革新型 106 飞机，执行北京—济南—南京—上海航班任务，从济南飞往南京途中，在南京指挥区域内安徽省来安县上空因误入雷雨区坠毁，机上 13 人（其中机组 4 人、旅客 9 人）全部遇难。

5. 1958 年 8 月 24 日，陕西省汉中地区城固县双溪区高洞河渡口发生沉船事故，造成 21 人死亡。

6. 1958 年 8 月 26 日，兰州开往新疆的 1106 次货运列车在兰新线武威境内 330 千米+391 米处颠覆、起火，烧毁油槽车 25 节、原油 985 吨、沥青 40 吨，致使该线停运 46 小时，直接经济损失 100 多万元。

7. 1958 年 8 月 27 日，四川省林业厅岷江水运处在理县米亚罗乾海子的磨子沟河滩流送木材折垛时发生淹溺事故，造成 8 人死亡。

8. 1958 年 8 月，陕西省汉中地区洋县智果村农民 93 人从汉江南岸做工返回时，因超载翻船，42 人溺亡。

9. 1958 年 9 月 6 日，湖南省岳阳县木帆社三机帆船在九里山风水域因超载翻沉，47 人溺亡。

10. 1958 年秋季，四川省宜宾市思坡场一艘渡岷江的客船翻沉，死亡 22 人。

11. 1958 年 10 月 17 日，中国文化代表团在由北京去莫斯科途中飞机失事，团长郑振铎等 16 人罹难。

12. 1958 年 11 月 25 日，福建省泉州地区南安县丰州公社杏埔村 14 名女青年搭乘村民洪某的渡船到观音亭水库做工，因船体破裂进水导致沉船事故，溺死 13 人。

13. 1958 年 12 月，黑龙江省哈尔滨地区五常县红旗公社薛家店和曹家窝堡两屯的 14 名妇女在乘船过河时，因超载发生倾覆事故，其中 12 人溺亡。

14. 1959 年 2 月 28 日，江西省洛口龙化钢铁厂的一艘渡船翻沉，导致 41 人落水，其中 28 人经抢救脱险，13 人不幸溺亡。

15. 1959 年 4 月，广东省江门地区台山县那扶公社泗门大队社员 60 多人，乘坐一艘木船到本县沿海的山坑采集野生植物充饥，途中木船翻沉，13 人死亡。

16. 1959 年 5 月 23 日，广东省汕头地区澄海县隆都公社后沟村 28 名社员在该村渡口乘船前往对岸劳动，因超载沉没，死亡 11 人。

17. 1959 年 5 月，湖北省黄冈地区广济县的龙坪公社、田镇公社各发生渡船沉没事故，分别死亡 29 人、27 人。

18. 1959 年 6 月 3 日，安徽省郎溪县幸福公社百车口渡船因超载发生沉船事故，10 人溺亡。

19. 1959 年 6 月 6 日，四川省綦江县木船站的一艘木船因洪水猛涨、机器失灵，轮叶被水草缠绞住，造成翻沉事故，死亡 22 人。

20. 1959 年 6 月 6 日，四川省巴县鱼洞运输站的一艘因超载加之行驶路线错误导致翻沉，死亡 23 人。

21. 1959 年 6 月 10 日，四川省綦江县交通运输公司的一艘拖轮，由一位不具驾驶资格的人驾驶，被洪水冲下大常闸坝沉没，造成 20 人死亡。

22. 1959 年 6 月 16 日，四川省江北县鱼嘴沱渡口的一艘木质渡船翻沉，造成 20 人溺亡。

23. 1959 年 7 月 2 日，湖南省黔阳公路运输局的一辆公共汽车，在驶上安红公路线寨头渡口的渡船后，因乘客没有按规定下车，司机没有拉紧手闸，出现紧急情况后慌乱失措等原因，滑入河流当中，造成 23 人死亡。

24. 1959 年 7 月 17 日，安徽省六安地区金寨县梅山镇老鸹窝渡口的一艘木船因超载翻沉，16 人溺亡。

25. 1959 年 8 月 1 日，广东省海南行政区儋县白马井公社等地 22 名灾民乘船逃荒（打算去往雷南县乌石公社），途中被暴风巨浪击沉，19 人溺亡。

26. 1959 年 8 月 8 日，山东省青岛市沧口火车站装车时发生乙炔气爆炸，致使装车工 5 人死亡，2 人重伤，3 人轻伤。

27. 1959 年 8 月 13 日，四川省重庆市水运公司 3 号拖轮由重庆往北碚行驶，因在急水（激流）中违章操作，在施家梁附近的鱼家沱水域翻沉，死亡 21 人。

28. 1959 年 9 月 15 日，四川省乐山县的一艘运粮船翻沉，死亡 28 人。

29. 1959 年 10 月 16 日，四川省大足县上游水库发生翻船事故，死亡 12 人。

30. 1959 年 10 月 31 日，云南省普洱地区景东县文井公社文华完小的学生放学后急于回家，蜂拥挤乘那允渡口的一艘渡船，过渡途中发生翻船事故，造成 16 人死亡。

31. 1959 年 11 月 28 日，四川省自贡市供销社驾驶员酒后驾驶高速行车，将汽车翻入水田，窒息死亡 10 人，轻、重伤 10 人。

32. 1959 年 12 月 22 日，广东省江门市汽车总站的一辆从罗定开往肇庆的大客车，在肇庆南岸渡口过渡时，司机未让乘客下车就开车上渡排（船），客车坠入西江，全车旅客和司乘人员 38 人除 16 人获救外，其余 22 人遇难。事后司机被判处死刑。

33. 1960 年 1 月 21 日，北京至上海第 21 次旅客列车在津浦铁路山东省长清县境内的崮山车站附近发生火灾，邮政车厢及旅客车厢被烧毁。旅客死亡 42 人，受伤 78 人，烧毁客车车厢 2 节，邮政车厢 1 节，经济损失约 20 万元。

34. 1960 年 2 月 21 日，江苏省徐州地区汽车运输公司的 1 辆客车在邳县火车站道口与火车相撞，死亡 23 人，受伤 26 人。

35. 1960 年 4 月 3 日，广东省汕头地区潮阳县贵屿公社凤岗大队的一艘渡船因超载抢渡而翻沉，造成 21 人死亡（其中 3 名孕妇），3 人重伤，26 人轻伤。

36. 1960 年 4 月 7 日，黑龙江省牡丹江市牡佳线 203 次旅客列车上，因旅客违法携带过氧化钠与福尔马林危险物品被碰倒引起火灾，造成 45 人死亡，10 人被烧伤。

37. 1960 年 4 月 15 日，安徽省阜阳地区阜南县许崔集邢郢渡口的一艘渡船沉没，18 人溺亡。

38. 1960 年 5 月 15 日，第 2494 次货物列车在运行至河南新乡区段时，因搭乘民工吸烟，使位于守车前一列的火药车燃烧爆炸；又使当面驶来、在此会车的 1363 次货物列车 6 辆车厢颠覆，1 辆脱线。事故造成 20 人死亡，15 人受伤，正线中断行车 14 小时 50 分。

39. 1960 年 6 月 9 日，四川省成都铁路工程局第一工程处职工搭乘的一艘渡船在四川省乐山县钓鱼沙坝大渡河的右岸靠岸时不慎撞岩，船上 15 人落水，其中溺亡 12 人，受伤 3 人。

40. 1960 年 6 月 13 日，四川省西昌钢铁公司负责修建的安宁河太和大桥工程夜班工人 71 名，乘木船渡河前往施工现场，途中木船碰撞桥墩翻沉，16 名职工溺亡。

41. 1960年6月26日，四川省云阳县牛湾砣铁厂工人在彭沱河拉纤运输煤炭时，由于上游下暴雨、河水突涨，加之应急措施不当，造成34人溺亡。

42. 1960年6月29日，四川省江津地区江北县统景公社临江村桥头渡口的一艘渡船翻沉，溺亡24人。

43. 1960年7月1日，辽宁省沈阳铁路局苏家屯车站北部调车场一辆满载过氧化钠等氧化剂的棚车起火，迅速蔓延到站台上存放的教练枪弹和雷管等危险品，引起爆炸，燃及邻近车辆和仓库，烧毁工业器材、日用百货、化学品等物资1258吨和仓库一座，烧坏货车67辆，烧伤和中毒24人，直接损失约658万元。

44. 1960年7月29日，民航18224飞机在成都凤凰山机场训练时，因操纵失误而坠地，机上教员与2名学员遇难。

45. 1960年8月8日，山东省青岛市棉纺织三厂下乡除草种菜的职工乘坐的一辆汽车，行驶到墨城南7千米青烟公路的丁字路口时，被从干路左侧的支线上开来的海军后勤部门的一辆卡车撞上。棉纺织三厂职工乘坐汽车油箱起火，造成21人死亡，24人受伤（其中20人重伤）。这次汽车相撞事故的原因，主要是由于海军后勤部的汽车在由支线开往干线公路时，司机违章行驶造成的，没有执行支线公路汽车要礼让干线公路汽车先行的规定，车速快导致两车相撞。

46. 1960年8月17日，山东省临沂地区客运公司的一辆客车，在行驶到沂河的一处漫水桥时被洪水冲入河流中，乘客和驾驶员落水，其中9人生还，38人死亡。

47. 1960年8月19日，四川省绵阳县北河汽车渡口的一艘拖轮翻沉，20人溺亡。

48. 1960年8月20日，四川省宜宾地区高县符江镇渡口的一艘渡船严重超载，至江中流翻船，90人落水，其中43人溺亡。

49. 1960年10月4日，江西省九江地区汽车运输公司的一辆柴油货车（载客47人），由瑞昌县城开往九江途中翻入河中，当场死12人，受伤22人。

50. 1960年11月4日，江苏省淮安地区洪泽县运输公司202船队从盱眙港装运石料过湖时，突遭大风袭击，沉船4艘，23人溺亡。

51. 1960年12月30日，由上海开往南京的232次旅客列车在江苏常州湾城站以东发生火灾，死亡35人，受伤31人，烧毁车辆2节。

52. 1961年2月21日，江苏省邳县火车站附近的一处铁路、公路交叉道口，发生货运列车与公共汽车相撞事故，造成23人伤亡，24人受伤（其中10人重伤）。

53.1961 年 2 月，陕西省榆林地区清涧县贺家畔公社一艘渡船翻沉，100 人落水，其中 14 人死亡。

54.1961 年 3 月 14 日，安徽省芜湖市汽车站开往歙县的 409 次客车，在行驶至芜湖县易太公社李家生产队时，因轮胎爆破，车身失去平衡翻倒于路旁水塘，当场死亡 9 人，受伤 6 人，其中重伤 2 人。

55.1961 年 3 月 23 日，江西省九江地区武宁县水上公社客轮"武鹰"号在张家滩翻沉，40 人溺亡（其中旅客 37 人、客轮驾驶 3 人）。

56.1961 年 4 月 3 日，福建省宁德地区霞浦县间峡水产站的一艘运输船在笔架山岐头鼻海域沉没，落水 36 人，其中 21 人死亡。

57.1961 年 4 月 5 日，四川省重庆市市中区炼油厂与江北炼油厂召开合并大会，会后部分职工乘木船渡江返回，中途船被江浪打翻，溺亡 12 人。

58.1961 年 4 月 23 日，安徽省阜阳地区阜南县安岗公社陈郢大队一艘渡船因超载翻沉，13 人溺亡。

59.1961 年 5 月 30 日，长江航运公司重庆分公司 2006 号轮拖带的 3 号驳船，在重庆市险石一带江面触礁沉没，死亡 11 人，受伤 2 人（其中 1 人重伤）。

60.1961 年 6 月 30 日，长江航运局"长江 2006"拖轮在拖着"抓扬 3"挖泥船上水行驶至黄蜡背（宜昌以上 144.8 千米）时，挖泥船沉没，船员 11 人落水死亡。

61.1961 年 6 月，江西省抚州地区南丰县城东门渡口行人自行乘船过渡，造成翻船事故，死亡 10 人。

62.1961 年 7 月 1 日，四川省盐边县健康公社杉木湾生产队的 10 多名[①]社员从团山背粮归途中，在鳡鱼公社船房河沟渡口过渡时，所乘木船因"水大"和超载而翻沉，这 10 多名社员全部溺亡。

★63.1961 年 7 月 13 日，四川省重庆市水上交通运输公司"411 号"客轮在被"507 号"轮施援时翻沉，造成 122 人死亡，5 人受伤。

64.1961 年 7 月 16 日，四川省宜宾市由于岷江水位上涨，渡口封渡，行人从岷江铁路大桥通过，适逢一货运列车从桥上通过，造成 48 人死伤（伤、亡各多少不详）。

65.1961 年 7 月 21 日，四川省成都地区温江县柳江公社川心店渡口一艘渡船因超载而沉没，渡工及乘客 14 人死亡。

66.1961 年 8 月 18 日，四川省乐山地区马边县运输公司的一支船队遭遇江

---

① 盐边县志记载如此。

岸垮塌下来的山石袭击，三只木船被突如其来的山石击烂，22 名船员溺亡，受伤 7 人（其中重伤 3 人）。

67. 1961 年 8 月 20 日，四川省宜宾地区高县符江渡口的一艘渡船违规超载 90 人，行至江中翻沉，死亡 43 人。

68. 1961 年 8 月 22 日，四川省阆中县马哮溪渡口一艘渡船超载翻沉，死亡 27 人。

69. 1961 年 9 月 1 日，四川省西昌地区米易县挂榜公社五大队四小队一艘运送征购粮的木船触礁沉没，造成 20 人死亡。

70. 1961 年 9 月 11 日，江西省上饶地区贵溪县潭湾乡一艘渡船因严重超载造成翻船事故，死亡 35 人。

71. 1961 年 9 月 11 日，江西省南昌县幽兰区少城公社南湖大队 23 名社员乘帆船去进贤前坊街赶集，回来时因超载又遇狂风，帆船翻沉，死亡 16 人。

72. 1961 年 9 月 26 日，河南省郑州民航局一架"安二"型飞机（18188 航班），在由南阳飞往郑州途中，于禹县青龙山撞山坠毁，旅客 10 人、机组 3 人全部罹难。

73. 1961 年 10 月 19 日，广东省韶关地区始兴县顿岗公社周所小学组织学生上山砍柴，在松树坝渡河时，渡船因超载而沉没，死亡 24 人，其中学生 22 人、教师 1 人、群众 1。

74. 1961 年 11 月 6 日，江苏省东海县汽车一队的一辆客车在该县西丰墩附近起火，造成 7 名乘客死亡，烧伤 20 余人。

75. 1962 年 2 月，江西省南昌县黄马乡罗渡渡口一艘渡船翻沉，16 人溺亡。

76. 1962 年 3 月 3 日①，湖北省武汉市东西湖慈惠农场龙家渡口的一艘渡船由于陈旧腐朽而沉没，造成 26 人死亡。

77. 1962 年 3 月 8 日，四川省会东县野牛坪乡船工赵某摆渡木船过金沙江，因严重超载，驶至江心翻沉，12 名乘客溺亡。

78. 1962 年 4 月 26 日，浙江省温州市麻行码头至江北浦西的渡轮"永机 8 号"航行至江心屿时发生了强烈爆炸起火，当场烧死、淹死 56 人，伤 16 人，下落不明 4 人。爆炸起火是船上乘客吸烟不慎将烟蒂丢入分装废火药的竹箩引起的。

79. 1962 年 5 月 4 日，四川省新津县花桥乡广滩渡口的一艘渡船因超载沉没，死亡 34 人（其中 6 位孕妇）。

---

① 有资料记载，这次事故发生时间为 1962 年 3 月 11 日。

80. 1962 年 6 月 22 日，四川省重庆市轮船公司发生沉船事故，死亡 13 人。

81. 1962 年 7 月 9 日，江西省南昌县八一公社八一大队一艘渡船超载翻沉，10 人溺亡。

82. 1962 年 7 月 13 日[①]，四川省重庆市巴县"广阳 21"木渡船（核定载员 40 人，而实际载客 85 人；船长右眼失明、无照驾驶）在"门堆子"水域发生触礁沉没事故，船上人全部落水，其中 67 人获救，16 人溺亡[②]。

83. 1962 年 8 月 1 日，安徽省芜湖地区繁昌县保定公社窑头渡口沉船一艘，18 人溺亡。

84. 1962 年 10 月 8 日，四川省江津地区江北县鱼嘴公社运输站的一艘渡船翻沉，溺亡 15 人。

85. 1962 年 11 月 14 日，福建省平潭县驻岛部队登陆艇由福清县北坑开往娘宫，因严重超载而翻沉，艇上部队及其家属、公安民警 57 人全部落水，29 人死亡。

86. 1962 年 12 月 7 日，福建省闽侯地区连江县潘渡大队的一艘渡船因超载翻沉，30 人落水，其中 12 人死亡。

87. 1962 年 12 月 8 日，江苏省南通市汽车运输公司的一辆客车，在由狼山开往和平桥的途中，因驾驶员违章加油，发生爆炸，当场死亡 44 人，烧伤 32 人。事后肇事人被依法判处死刑。

88. 1962 年 12 月 22 日，江苏省无锡航运局苏州营业站的"江苏（客）449"轮从西华开往苏州，行驶至吴县东渚公社境内沉没，死亡 19 人。

89. 1962 年 12 月 30 日，广东省海南行政区崖县第 080 运输船在台山县海面遭受阵风袭击沉船，死亡 10 人，损失物资一批。

90. 1963 年 1 月 7 日，福建省福州市福州航运公司 12 号客船行驶到闽江上游闽侯县高洲江面时发生爆炸事故，客船烧毁，20 名乘客遇难，烧伤 16 人。爆炸起火原因为两名乘客携带的 3000 多张发令纸因受碰撞爆炸，继而引起大火。

91. 1963 年 2 月 22 日，广东省海南行政区琼山县灵山公社东头大队一艘开往海口的渡船因超载沉没，死亡 10 人。

92. 1963 年 5 月 1 日，我国第一艘万吨轮"跃进"号在黄海苏岩礁海域（韩国济州岛附近）触礁沉没。59 名船员被日本"壹歧丸"渔船救起。

93. 1963 年 6 月 6 日，山东省滨州地区滨县张肖堂黄河渡口因船工违章操作

---

① 重庆劳动志记载此次事故发生时间为 1962 年 8 月 17 日。本书采信巴县志记载。

② 重庆志记载此次事故 85 人落水，其中 20 人溺亡。本书采信巴县志的记载。

造成翻船事故，13人溺亡。

94. 1963年6月22日，四川省乐山地区夹江县甘露乡土主庙渡口的一艘渡船沉没，死亡21人。

95. 1963年6月22日，江苏省连云港地区灌南县堆沟公社毛渡口载客渡船因超载沉没，船上33人全部落水，其中13人死亡。

96. 1963年7月27日，江西冶金学院选矿系的37名三年级学生乘车前往浒坑钨矿实习，在吉安地区安福县城西的一座桥上翻入河中，造成11人死亡，12人重伤，14人轻伤。

97. 1963年8月29日，福建省建西林业局森林铁路管理处101次客货混合列车发生颠覆事故，造成15人死亡，26人受伤。钢轨车、载人车、守车9台车脱轨，客货车串叠成堆、严重损毁。

98. 1963年10月13日，四川省五通桥市（今乐山市五通桥区）解放公社长江大队附近江面发生沉船事故，造成50人落水，其中32人死亡。

99. 1963年11月24日，兰州铁路局由北京开往兰州的35次旅客列车，在陇海铁路窑村车站东无人看守道口处，与陕西省八零四厂一辆满载雷管的汽车相撞爆炸，汽车被炸毁，机车大破，死亡8人，受伤165人，中断行车10小时45分①。

100. 1963年②，四川省遂宁县大安公社一些社员上街看戏，在琼江渡口与人争渡，导致发生翻船事故，造成14人溺亡。

101. 1964年1月24日，福建省三明地区尤溪县坂面公社一艘渡船因超载倾覆，36人落水。其中23人死亡。

102. 1964年2月16日，湖北省黄陂县青山造船厂接运春节后返厂职工的一辆汽车，因路面冰冻和司机张某操作不当、车速太快、严重超载等原因，行至横店附近时翻车，死亡16人，受伤26人。

103. 1964年2月28日，湖北省黄陂县夏家寺水库发生翻船事故，造成13人死亡。

104. 1964年4月3日，江苏省吴县西山建设公社阴山大队一艘农船在太湖中被风浪掀翻，船上乘坐30人，溺死18人。

105. 1964年4月4日，四川省江安县长江航运社的一艘载人木船，行驶至铜鼓子水域时翻沉，造成10人溺亡。

---

① 西安市地方志记载，这次事故死亡8人，重伤10人，轻伤55人。
② 具体日期不详。相关记载源自《遂宁县志·大事记》。

★106. 1964 年 4 月 5 日，浙江省黄岩县（现台州市黄岩区）长潭水库发生翻船事故，造成 116 人死亡（其中学生 99 人）。

107. 1964 年 4 月 6 日，四川省南充地区武胜县中心镇南门渡口的一艘渡船因超载沉没，死亡 10 人，受伤 21 人。

108. 1964 年 4 月 20 日，山东省青岛市崂山县河套公社山角大队的一些社员乘船去沽河西岸，由于船小人多、超载抢渡，导致翻船，24 人落水，其中 9 人死亡。

109. 1964 年 7 月 8 日，四川省长寿县万顺公社猫头滩一艘渡船触礁沉没，死亡 18 人，受伤 32 人。

110. 1964 年 7 月，云南省曲靖地区宣威县乐丰火车站一节车厢脱钩后沿铁路线往下冲，将一火车头和架桥机撞入深沟，造成 10 名工程技术人员死亡。

111. 1964 年 8 月 10 日，四川省重庆市交通局长寿渡管站所属的一艘渡船因严重超载而翻沉，造成 17 人溺亡。

112. 1964 年 8 月 27 日，辽宁省铁岭地区开原县八宝公社民工在清河修渠护堤施工后乘汽船回渡途中，由于汽船严重超载和急转舵，造成翻船事故，船上 139 人全部落水，其中 36 人死亡。

113. 1964 年 9 月 2 日，沈阳铁路局 024 次油罐列车，在行至长大线大石桥至分水间发生列车颠覆事故，罐车报废 13 辆，破损 4 辆，破坏线路 250 米，损失原油 800 余吨，中断行车 34 小时 30 分。

114. 1964 年 9 月 7 日，安徽省合肥港 2031、2063 轮拽拖 31 艘载着黄沙的木帆船，在巢湖忠庙境内遇到大风，16 艘帆船翻沉，伤亡人数不详。

115. 1964 年 9 月 13 日，山东省青岛境内胶济铁路 309 千米处，由于连日暴雨造成路基坍塌，造成第 702 次货物列车颠覆，3 名机车乘务人员死亡，中断行车 12 小时。

116. 1964 年 9 月 14 日，云南省曲靖地区师宗县竹基他谷渡口的一艘渡船翻沉，16 人溺亡。

117. 1964 年 9 月 26 日，陕西省绥德县河底公社界首村一艘渡船因超载在黄河沉没，86 人落水，其中 35 人死亡。

118. 1964 年 12 月 26 日，交通部长江航运管理局青山修造船厂发生汽车翻车事故，造成 16 人死亡，26 人受伤。

119. 1965 年 1 月 8 日，从山西省临汾机场起飞的一架运输机在介休县西南海拔 2400 米的老爷坪山坠毁，机上 6 人当中 5 人死亡，1 人重伤。

120. 1965 年 3 月 28 日，河南省洛阳地区渑池县南村公社仁村黄河渡口的一艘船翻沉，36 人落水，10 人丧生。

121. 1965 年 4 月 17 日，江西省上饶地区余江县白塔新渠工地渡口一艘渡船翻沉，死亡 13 人。

122. 1965 年 5 月 2 日，河南省南阳地区淅川县土集区镇河口一艘渡船翻沉，船上 74 人落水，其中 33 人死亡。

123. 1965 年 8 月 15 日，陕西省榆林地区吴堡县乔家沟一艘木船在黄河沉没，13 人死亡。

124. 1965 年 8 月 21 日，四川省巴县鱼洞镇黄溪口渡口的一艘载着巴县第三中学 50 多名学生的渡船翻沉，造成 8 名学生溺亡。

125. 1965 年 9 月 3 日，云南省曲靖地区沾益县邓家村一队一艘运输农药的木船在急湾处碰岸，装载的农药瓶子破碎，船上 14 人中毒，其中 8 人死亡。

126. 1965 年 10 月 30 日，辽宁省沈阳市大东区顺城路小津桥转弯处，一辆军队牌照的卡车由于速度过快、转弯过急而翻车，砸在正行驶的有轨电车上，造成军车乘员、有轨电车乘客 10 人死亡，36 人受伤。

127. 1965 年 11 月 2 日，云南省曲靖地区会泽县梨园区一些群众乘船渡牛栏江，途中船只翻沉，死亡 17 人。

128. 1965 年 11 月 26 日，山东省昌潍地区五莲县龙湾头大队一艘渡船在户部岭水库翻沉，造成 22 人落水，其中 7 人死亡。

（七）渔业船舶事故

1. 1960 年 3 月 31 日，广东省潮阳县田心公社华林渔业大队浅海作业小船被突发性风暴打沉 12 艘，死亡 64 人，重伤 34 人，轻伤 74 人。

2. 1960 年 7 月 28 日，山东省烟台水产公司"64 号"渔轮，在龙须岛茶山嘴海域因遭狂风巨浪沉没，全体船员 11 人死亡。

3. 1961 年 2 月，陕西省清涧县贺家畔乡一艘运载柴草的船翻沉，100 人落水，救出 86 人，死亡 14 人。

4. 1961 年 4 月，上海市奉贤县钱桥公社海洋渔业队 207 渔船在吕泗洋面遇大风，船只倾覆，死亡 11 人。

5. 1963 年 8 月 16 日，广东省海南行政区崖县南海公社"崖三 0018"渔船与海军 230 军舰相撞，渔船翻沉，渔民死亡 10 人。

6. 1963 年 9 月 24 日，四川省江安县井口公社复元大队斑竹生产队一艘 3 吨木船翻沉，死亡 10 人。

7. 1965 年 11 月 7 日，山东省青岛市水产捕捞公司"青岛 8""青岛 69"渔船在海上作业时突遇大风浪，因公司领导指挥失误造成翻沉事故，24 名船员和 1 名烟台水产学校实习生全部遇难。

（八）其他事故

1. 1958 年 2 月 20 日，陕西省汉中专区、汉中市在人民广场联合举行有 5 万人参加的农业生产"大跃进"誓师大会，会后放焰火，发生踩踏事故，死亡 6 人，受伤 24 人。

2. 1958 年 3 月，四川省自贡市东垣小学师生在龙井街双白果村积肥过程中，发生土崩（塌方），造成 4 人死亡，5 人受伤。

3. 1958 年 5 月 5 日，陕西省绥德地区子洲县老君殿小学的一孔教学窑洞坍塌，30 名小学生被压身亡。

4. 1958 年 6 月 17 日，山东省泰安县刘庄水库工地 2000 多名民工居住的宿舍遭山洪冲击，造成 62 人死亡，150 余人受伤。

5. 1958 年 11 月，四川省营山县卫生部门和医院使用硫黄锭治疗头癣病，造成 79 人中毒受伤，其中 23 人死亡。

6. 1959 年 1 月 11 日，四川省雅安地区荥经县花滩公社一些民工、学生和农民在大旋口讨论桥上观看捕鱼，桥梁突然断裂，105 人落水，其中 14 人死亡，5 人重伤。

7. 1959 年 5 月 17 日，河南省信阳地区固始县白果冲水库发生溃坝事故，造成 616 人死亡（其中 15 人下落不明），12 人受伤。

8. 1959 年 5 月 18 日，河南省信阳地区商城县铁佛寺水库发生溃坝事故，县城被淹，死亡 1092 人，受伤 570 人，冲毁房屋 7102 间。

★9. 1959 年 5 月 21 日，广西壮族自治区选金厂遭到桃花山水库溃水冲击，冲走 75 人，其中 67 人死亡。

10. 1959 年 5 月 31 日，四川省绵阳地区平武县高村公社小学 60 名师生及当地 4 名群众在过高村场口的铁索桥时，因铁索意外折断而跌落河中，其中 3 人死亡，23 人重伤，26 人轻伤。

11. 1959 年 6 月 1 日，四川省泸州市文化宫庆祝儿童节活动时发生踩踏事故，造成 3 名儿童死亡，踩伤 8 人。

12. 1959 年 6 月 10 日，四川省江津地区江北县政府机关一些干部和水土镇一些职工乘坐比赛用的龙舟去北碚游玩，返回途中龙舟翻沉，5 人溺亡。

13. 1959 年 7 月 22 日，辽宁省葫芦岛地区绥中县大风口水库、共青团水库（猴山水库）、龙屯水库、八一水库（平台子水库）遇洪水溃坝、垮坝。下游

194 个自然屯 35428 人受灾,其中 707 人死亡。淹地 123 万亩,损失房屋 25942 间,冲走牲畜 5125 头。绥中县部分工厂、企业、仓库被淹,沈山铁路停运一星期。

14. 1960 年 3 月 30 日,四川省内江地区资中县亢溪公社四大队第七生产队幼儿园房屋倒塌,死亡 7 人,受伤 6 人。

15. 1960 年 5 月 6 日,山东省烟台地区文登县兵役局聘用临时工销毁过期手榴弹,因违章作业致手榴弹爆炸,造成 3 人死亡,11 人受伤。

16. 1960 年 6 月 10 日,广东省潮州市正在施工中的凤凰水库漫顶垮坝,伤亡不详。

17. 1960 年 8 月 17 日,黑龙江省绥棱林业局八一林场职工宿舍遭到洪水冲击,造成 14 人死亡。

18. 1960 年 9 月 8 日,广东省汕头地区潮阳县关门水库的土坝溃决,造成 17 人死亡,23 人受伤,冲坏房屋 200 余间,受浸农田 2000 亩,遭灾群众 1 万多人。

19. 1960 年 11 月 20 日,四川省绵阳地区平武县阔达公社关坝生产队使用的过河溜锁"滑头"(近似于脱落),造成 7 人死亡。

20. 1960 年 11 月,新疆维吾尔自治区哈密县商业局饮服公司天山旅社连续发生煤气中毒事故,死亡 11 人。

21. 1961 年 2 月 8 日,内蒙古自治区伊克昭盟准格尔旗 11 名参加黄河南干渠施工的民工在返乡途中饿死。

22. 1961 年 4 月 24 日,四川省水电厅第一工程局一座供本单位职工通行的桥梁年久失修,在工人下班时突然断裂,造成 30 人落水,其中 26 人死亡。

23. 1961 年 5 月 30 日,广东省海南行政区儋县那大中学、那大鱼苗场遭受雷击,死亡 4 人(其中 1 名职工),受伤 48 人。

24. 1961 年 6 月 14 日,四川省万县地区城口县公安局干部段某、郑某为炸鱼擅自拆卸迫击炮弹引发意外爆炸,造成县公安局和检察院 6 名干部死亡,1 人重伤。

25. 1961 年 6 月 22 日,四川省广元地区旺苍县解放公社大地大队社员收工回家,途经吊马崖时发生山崩,死亡 12 人,受伤 27 人。

26. 1961 年 8 月,四川省雅安地区芦山县宝盛公社斑鸠井生产队社员集体涉水过河到对岸种晚秋作物,11 人被河水冲走、溺亡。

27. 1961 年 10 月 4 日,浙江省宁波地区鄞县龙潭水库大坝被洪水冲毁。冲毁堰坝、渠道水利设施 10 余处。水库下游横街村 146 户居民遭灾,冲毁房屋 220 间,死亡 48 人,重伤 10 人。

28. 1962 年 3 月 5 日，四川省五通桥市（今乐山市五通桥区）四望关浮桥船闸突然断裂，桥上 80 人落水，其中 8 人死亡。

29. 1962 年 7 月 26 日，辽宁省朝阳县德利吉水库坝体渗漏、溃决事故，死 19 人，冲毁房屋 6598 间，淹地 23562 亩。

30. 1962 年 8 月 30 日，山西省运城县解州小学组织学生在旧城墙根部掘土时，因学校领导在布置劳动任务时考虑不周、现场组织不严密等原因发生塌落事故，1 名女教师和 12 名小学生被塌落的土石掩埋，女教师和 7 名小学生死亡。

31. 1963 年 1 月 11 日，安徽农学院试验农场用于照射农作物的 18.3 克镭当量钴 60 源被附近居民取走，到 20 日被查出取回，共有 73 人受到不同剂量的射线照射，其中 2 人死亡。

32. 1963 年 3 月 12 日，贵州省毕节地区威宁县羊街区兴隆公社办公楼坍塌，正在楼上进行选举的牛角井大队社员受伤 83 人，其中重伤 16 人。

33. 1963 年 5 月 17 日，四川省巴县第一电影队在福寿公社放电影，入场时发生踩踏事故，死亡 4 人，重伤 4 人，轻伤 12 人。

34. 1963 年 6 月 5 日，广东省梅县地区丰顺县丰良公社九龙小学的一堵危墙倒塌，5 名学生被压身亡，压伤 12 人。

35. 1963 年 8 月 3 日，河北省邢台地区的东川口水库发生溃坝事故，造成 500 多人死亡，400 多人受伤，直接经济损失 60 亿元。海河流域计有 300 余座水库被洪水摧毁。

36. 1963 年 9 月 5 日，天津市在马场减河北堤爆破泄洪时，因技术原因发生重大爆炸事故，死亡 16 人，受伤 15 人。

37. 1964 年 7 月 20 日，甘肃省兰州炼油厂 21 栋家属宿舍被泥石流冲垮，其中 7 栋全部被淤泥淹没，死亡 53 人（其中 10 人失踪）。

38. 1964 年 8 月 28 日，四川省广安地区华蓥县永兴公社中学楼房坍塌，压伤 90 名学生。

39. 1964 年 10 月 1 日，上海市人民广场发生群众观看焰火踩踏事故，死亡 16 人，踩伤 63 人。

40. 1965 年 6 月 21 日，安徽省蚌埠市第三中学三年级学生将从垃圾堆上捡的一枚 120 炮弹引信放在教室敲打玩弄时发生爆炸，死亡 2 人，炸伤 7 人。

41. 1965 年 7 月 7 日，四川省盐边县城关镇西郊小学一些师生下河洗澡，4 名学生和 1 名教师溺亡。

★42. 1965 年 8 月 1 日，江苏省常州市戚墅堰区运河上一座拱形桥梁断坍，致使桥上观看民兵水上爆破演习的群众落水，造成 84 人死亡，345 人受伤。

— 83 —

三、典型事故案例

（一）辽宁省本溪钢铁公司载人车辆因冰层破裂坠河事故

1958 年 1 月 5 日 12 时 10 分，辽宁省本溪钢铁公司的运送下放干部的两辆汽车（一辆大客车、一辆行李车）在渡过太子河时，因冰层破裂坠入水中，43 人溺亡①。

事故发生当日上午，本溪钢铁公司下放干部 300 余人参加过本溪市组织召开的欢送会之后，即启程赶往农村。其中下放到本溪市偏岭区卫国农业合作社等 4 个农业社的干部 69 名，以及陪送人员、家属等 37 名人员，分乘 7 辆汽车前往。车队的第一辆车为吉普车，第二、三辆为备用的空卡车，第四辆为大客车，第五辆为行李车，第六辆为大客车，第七辆为行李卡车。当车队行抵白碰子交通道口的太子河冰面时，前面的吉普车和空卡车都已安全渡过。第四辆车沿着前面车辆走过的路线继续开行，行至河中途时，大客车司机看到前面有河水漏出，担心发生事故，即将车子停置于冰上，下车前往观察河冰情况。此时第五辆（行李车）、第六辆（大客车）也相继开上冰面。行李汽车的司机见前面停车，便也下车察看；他听到冻冰的破裂声后，马上返回驾驶室，打算全速冲到对岸。当行李车前进到与第四辆大客车并列时，河冰破裂。行李车先坠入河中，第四辆大客车也随之坠入河中。由于行李车上只乘 7 人，又无棚顶，经抢救都脱险。第四辆大客车载乘 45 人，有 2 人站在车门附近，见势不妙冲出而被救起，其余 43 人淹溺死亡。

事故原因和教训：本运送下放干部的车队在渡太子河之前，没有调查了解河水冰冻情况，没有考虑和采取安全防护措施，对多辆乘人、载货汽车驶过河面冰层。没有考虑载荷重量的均匀分布。在第二辆、第三辆空卡车已经安全通过，而第四辆大客车已开到冰面上，发现了险情观察时，又驶过来第五辆行李卡车，第六辆乘人客车。这使行李和人员都非常集中，在冰层有溶化险情的情况下，恰巧两辆载重车并行，冰面负重过大造成冰层破裂，致使两辆汽车坠入水中，人员和财物遭到巨大伤亡和损失。

事故查处：事故发生后，本溪市委决定由市委书记等 8 人组成工作组，冶金工业部派监察局副局长率领工作组前往协助处理。

---

① 有资料称这次事故"50 多人被溺毙"。

（二）云南省红河州蒙自县供销合作社火药加工厂火药爆炸事故

1958年3月20日，云南省红河州蒙自县供销合作社火药加工厂发生火药爆炸事故，造成101人死亡，88人重伤，164人轻伤，直接经济损失203370元。

蒙自县供销合作社火药加工厂建于1958年2月，有职工146人。因建于"大跃进"时期，工厂仓促上马，生产设施简陋，边建厂边生产。

1958年3月20日15时36分，一名工人用12千克重的铁制撬杆在石碓内撬药时发生火药爆炸。爆炸波及范围2000平方米，摧毁工房、民房168间，当场23人被炸身亡，抢救无效又死亡78人，重伤88人，轻伤164人。经济损失203370元，善后支付安葬费、抚恤费、救济费12165元。

事故原因：（1）生产设施不具备安全生产条件，所使用的工具不防爆，铁撬杆和石碓摩擦产生火花引起火药爆炸。（2）安全管理不到位，工人未经培训就上岗作业，缺乏火药制造安全生产知识，违反安全操作规程。（3）火药加工厂的建设不符合安全要求，工房与工房之间的距离不符合安全要求，而且没有防爆设施，工厂200平方米范围还有民房。（4）边建设边生产，严重违反火药生产的客观规律和有关安全管理要求，建厂一个多月就发生事故。

（三）贵州省贵阳市建工局一公司工程爆破事故

1958年5月29日19时45分，贵州省贵阳市建筑工程局第一公司实施爆破工程时发生误爆，伤亡241人，其中死亡10人，重伤19人，轻伤212人。

贵阳市第一建筑公司六队承建交通修配厂橡胶分厂时，施工现场有一座高6.2米、宽19米、长18米的小石山，影响主厂房施工，该队用"中型硐室药包法"要把山炸掉。确定爆破时人员须撤离500米以内的警戒区、以升红旗为起爆，以降旗为撤除警戒。此次爆破装硝铵炸药200千克，黑火药150千克，装炮时用手电照明，设置三个爆破点，采用导火索经左、右道和主硐室右下方合并拉出洞口，共合并为15根导火索，但由于施放的三个药包的位置与洞口距离各异，使导火索露出洞口的长短不一样长，导致炸药包不能同时爆炸。

5月29日18时59分，由工长唐某点燃导火索，19时17分第一炮响。经约5分钟，爆破工和工地领导干部误认为三个爆炸点已同时爆炸，即进入爆破现场观察爆破效果。但对三个药包是否全部爆炸未作检查，观看爆炸的工人、农民及家属，见爆破人员已进入现场，就陆续拥入现场，部分工人准备清理现场，在距第一炮响16分钟时，突然响了第二炮，造成当场伤亡241人的惨祸。

事故原因：（1）这次爆破明显违反国务院颁发的《建筑安装工程安全技术

规程》关于"爆破后要经过20分钟后，才可以进入现场检查"的规定。这次炮仅响5分钟，警戒红旗还没降下来，爆破人员就违章进入了现场。（2）这次爆破准备工作十分不认真，现场没有组织指挥，响了第一炮后仅7分钟就降下红旗，撤了警戒，这是造成事故扩大伤亡的主要原因。（3）从技术方面分析，由于黑火药和硝铵炸药性质不同，不应混装，且在起爆方法上未采用电起爆也是错误的。同时使用爆破器材缺乏试验制度，如对引线的燃速和引线并连一起是否产生短路，三个药包能否同时爆炸，均作了错误的判断，导致"炮声一响就万事大吉"的麻痹思想，使安全措施处于毫无准备的状态，实属盲目瞎干。

（四）甘肃省文县运送炸药车辆中途装卸爆炸事故

1958年6月3日，甘肃省陇南地区文县运输站一辆解放牌汽车，装有4.8吨黑色火药，由武都方向驶往文县临江天池渠水利工地。当日18时30分车行至文县桥头乡附近陷入泥坑。该乡党委书记侯宗元、文县检察院副检察长张新民发动乡干部、社员、完小师生共百余人，帮助卸下炸药，推车出坑。在重新装车时，一位教员不慎将炸药箱跌落石头上，引起爆炸，在场63人全部死亡，内有侯宗元、张新民等干部12人，社员2人，教员4人，学生32人，围观的小孩8人、成人5人。

公安部为此发出通报，指出"文县发生的爆炸事故，主要是火药包装粗糙，箱子木缝很大，有六七箱火药几乎全部漏在车内和地上；装载火药的汽车事先也未认真检查，以致中途发生故障又临时调换；汽车陷入泥坑后，也没有向搬运的群众说明注意事项，特别是让学生装卸火药，更欠妥当"。

（五）贵州省贵阳市建筑工程局一公司工棚垮塌事故

1958年8月3日21时30分，贵阳市建筑工程局一公司所承建的贵阳飞机场广播电台工程工地的两幢工棚垮塌，压死压伤191人，其中死亡15人，受伤176人。

贵阳市建筑工程局一公司第二队进驻贵阳飞机场广播电台工程工地后，新工人急剧增加。为解决新工人的住宿问题，向所属单位做出安排布置，要求尽快完成1500人的住房架搭任务。7月15日，开始修建工地工棚。按原来工棚设计要求，为青瓦屋面的工棚，檐高2.5米、跨度5.5米，三支点承受荷重，室内床铺系独立支柱，不压在屋架上。但在工棚实际施工中采用了钉木结构，与原工棚设计不相符，建成后檐高3.7米、跨度7~15米，屋架19米，全长68.4米。由于施工前没有进行技术交底，修建工人在操作上心中无数，施工极为混乱，构件接头处钉不牢。限额领料单上规定四幢房子应用扒钉500千克，实际只用去扒钉

24千克。而且床铺又钉在屋架的横方上面，使工棚的支柱超过设计负荷，存在着负荷过重和倒塌的危险。工棚于7月31日基本竣工。一公司二队未进行检查验收，便安排320余名新工人陆续迁入工棚。8月3日21时30分，300多新工人正在工棚内睡觉和休息，有的工人蹦蹦跳跳，而工棚承载不住，造成两幢工棚垮塌，压死压伤者竟达近200人。

事故原因：主要是贵阳市建筑工程局一公司工程工地的管理混乱，该公司二队擅自改变工棚原设计方案，盲目施工，偷工减料，工棚质量差，实际建成的工棚纯系不合格的建筑物，明显违反国家的《建筑安装工程安全技术规程》的有关规定。工棚建成后又不经检查验收，就仓促进住好几百名人员，工棚承载不住，终于坍塌。教训十分惨痛。

（六）辽宁省本溪钢铁工业学院铁水爆炸事故

1958年11月15日10时50分，本溪钢铁公司本溪钢铁工业学院铁301班实习学生从炉后工作与炉前工作的铁302班实习生调换不久，在自建的6.88立方米高炉的铸铁场砂型处发生了铁水与铁管爆炸事故，造成26名师生伤亡，其中死亡8人，伤18人。

1958年11月15日10时30分，由生铁301班实习生孙某等三人开始打开出铁口，但是没有打开，他们为了及时出铁就请来工人孙某将铁口打开了，火龙般的铁水从炉内一跃涌出。当铁水流淌到砂型上时，在现场观看的人员都看到铁水往上冒泡，特别是铁水淌到砂衔模型时，在铁管周围冒的泡较大，在铁水快要流完的时候，砂型的铁水表面已发暗红色，稍有凝固状态。这时教员陈某、职员程某、学生李某等人看到带有铁管模型的铁水向四周喷溅，而且还上下鼓动着，大家都往后退。当时陈某喊一声："可能要爆炸！快跑开"！职员程某也喊了一声："要爆炸！"随着大家转身后退的顷刻之间，即在10时50分许发生了强烈的爆炸，铁管和将凝固的铸砂衔已被全部崩碎。

经对事故现场检查，发生铁水爆炸地点是在砂型流铁沟西侧，钢302班学生姜某与职员程某合作的8个砂衔中靠近炉体方向的第三、第四砂衔段。爆炸点地形低洼潮湿，地表面上有约10厘米深的砂子，砂土底下有石头和红砖，地表面无爆炸痕迹，爆炸的铁水面积直径约70厘米，8个砂衔铸件只剩下4个。距爆炸地点5米远有一个汽油桶，双层被穿透。距爆炸点12米远的热风炉和煤气管道约有一分厚的钢板也被击穿，飞片从爆炸点击穿距离26米远的机械厂窗玻璃后进入屋内，又击中11米多远的墙壁上，造成工人、教员、学生共26人伤亡，死亡者和受伤者的伤害部位多数是胸部、头部和四肢，惨不忍睹。当时死亡和受伤的人员相距爆炸点最近的 3 米远，最远的 8 米远，可见其杀伤面积之广，爆炸威力之巨大。

事故原因：这次铁水爆炸事故的发生，与炼铁无关系，而是搞土转炉炼钢的 302 班学生以及教职员炼钢组，他们为了捣固土转炉、炉体，缺少工具，就利用高炉铁水铸造砂衔（工具），并且是没有组织领导的进行铸造砂衔，谁用工具谁就自己去铸造，这就形成了盲目乱干和铸型处砂子水分过多，以及麻痹大意思想。铸造砂衔两根湾型铁管用木棒将两根铁管上端堵塞，并连接在一起。当赤红的铁水流到潮湿的砂子上，便产生大量的气体，当铁水在液体状态时发生冒泡，气体还可以跑出来，当铁水快要凝固时气体就跑不出来了，因而大量的气进入铁管内，气体越来越多，压力越来越大，当气体压力超过铁管的耐压力时，铁水与铁管同时发生了强烈的爆炸，导致了重大伤亡。

（七）四川省西昌地区热水河硫磺厂响水河工区工棚火灾事故

1959 年 1 月 17 日 19 时，四川省西昌地区热水河硫磺厂响水河工区发生工棚火灾事故，死亡 55 人，受伤 21 人。烧毁工棚、厨房、保管室等建筑物。

事故发生当晚，硫磺厂响水河工区全体职工聚集在男工棚召开"跃进大会"。会议刚开始不久，由于工人王某在悬挂亮壶（煤油）灯时，不慎使灯头引燃了工棚草壁。王某欲将火扑灭，又吹又抓，高度紧张之下不仅没能起到灭火作用，反而将茅草抓松，使火苗更旺。当天约有五六级的大风，气候干燥，火势迅速蔓延开来。工人们纷纷往外奔跑逃命，乱成一团。火势越烧越凶，随即封住了工棚的东门。人多门窄小，房外边又是近 2 米高的土坎。有的人身上烧着了，昏迷跌倒。后面的人接着往外跑，人压在人身上。随后，工棚出口处的一堆草和女工宿舍棚也被引燃，同样是一团混乱，人压人，上下压了几层人。当场死亡 48 人，冲出去的人中有的也因烧伤过重而死。

事故原因：该工棚 1958 年 12 月 6 日建成，尚未投入使用。工区没有对职工进行安全知识教育，更没有对工棚防火采取任何措施。而火灾发生的直接原因，则是因为工人王某挂灯不慎引燃工棚，火灾发生后现场混乱、扑救十分不力。工棚选址不当，出入门口设置太小太少，其结构又是草棚建筑物，一旦发生火灾很难扑救，也是导致事故发生的重要原因。加之人员慌张，秩序混乱，拥挤争逃，结果谁也难逃被烧死烧伤之命运。

（八）滇黔铁路贵阳至六枝段岩脚寨隧道掘进工作面瓦斯爆炸事故

1959 年 1 月 27 日和 2 月 1 日，中国人民解放军铁道兵 27 团在滇黔线贵阳至六枝段岩脚寨隧道施工过程中连续发生多次瓦斯爆炸事故，造成99人伤亡，其中死亡34人，受伤65人。

岩脚寨隧道正硐全长2711米，位于9.6‰坡度的上坡段，平行导硐全长2733米。隧道地质水文情况复杂，进口220~260米地段岩石破碎松软，裂隙水甚多，且夹有煤层，为瓦斯严重渗出地段。该工程系由铁道兵27团1连、2连和1230名民工负责施工。

1月27日19时45分，正硐下导坑工作面正准备爆破，在距硐口228~261米地段突然发生瓦斯爆炸事故，顿时蓝色火焰弥漫，热风冲出硐口，使电灯熄灭，爆炸地点发生塌方，支架坍倒。硐外部队及民工发现后组织进硐抢救，并继续送风进硐和恢复照明。20时30分，在抢救过程中又发生了第二次爆炸，随即再组织抢救，不到10分钟又发生第三次爆炸，当时把受轻伤人员运出硐外后，即停止抢救，嗣后每隔10分钟又听到硐内发生第四次和第五次爆炸，一连杨连长怀疑硐内电线漏电引起瓦斯爆炸，把电线剪断后未再发生爆炸，当即向硐内大量送风，当时考虑留在硐内的人员经几次爆炸，估计已牺牲，且怕再发生爆炸增加伤亡，未再组织抢救，直到28日3时开始组织人员清理现场，到24时全部结束。这五次爆炸造成33人死亡，62人受伤。

1月31日，进口平行导硐继续进行开挖。2月1日14时，检查瓦斯浓度为0.9%，16时5分接好电线，命令民工撤出硐外，爆破军工7人撤至距工作面130米的电闸附近避险后开始爆破，轰然一声，全部人员扑倒，牺牲1人、重伤3人。

事故直接原因：经过多次现场调查和对受伤人员的了解，发生瓦斯爆炸事故的地点在有煤层的两侧，瓦斯浓度一般为4%~17%，硐内通风设备不足，此次连续爆炸前曾发现几次局部瓦斯燃烧和爆炸，并从爆炸当时的火焰及声响、受伤害人员的现象分析，认定瓦斯爆炸无疑，因为具备了瓦斯爆炸的浓度，而爆炸火源可从多方面查找分析：一个是硐内电灯是非防爆型，27日第一次爆炸点就有一只100瓦电灯泡玻璃破碎，可能是由于灯泡破裂引起爆炸，另一个是事故前硐内抽烟划火柴是常有的事，火雷管引线常用烟头点火，这些都是隐患，经认真分析，结论是：第一次瓦斯爆炸是由于电灯泡破碎而引起的。第二次至第五次连续发生的四次瓦斯爆炸的原因是由于硐内瓦斯继续渗出或突出，遇到电线漏电产生火花引起的瓦斯爆炸（当时人们均在紧张地进行抢救，不会有人抽烟划火柴，政治性破坏也无可能，这些均可以排除）。平行导硐内爆炸是由于工作面爆破时高温引起的瓦斯爆炸。

通风能力不足是造成事故的另一原因。经检查硐内瓦斯含量，正硐内为

— 89 —

4.4%~9.2%，平行导硐内为 4.5%~16.7%，瓦斯大量渗出地点达到 42.6%，根据计算，正硐每小时瓦斯渗出量为 110 立方米，平行导硐瓦斯渗出量为每小时 30.5 立方米，因此瓦斯爆炸浓度条件具备，只要有火源，随时都有发生爆炸的可能。当时隧道现场配有 10 千瓦通风机两台，通风量不够。主观上是师团领导严重思想麻痹，对瓦斯危害认识不足，施工追求进度，忽视安全，下级几次反映通风不良，人员晕倒，而领导官僚主义没有采取有效防范措施。

（九）四川省涪陵地区大溪河水电站女民工简易宿舍火灾事故

1959 年 1 月 31 日，四川省涪陵地区大溪河水电站工程处女民工简易宿舍因用竹筒煤油灯照明引发火灾，造成 101 人死亡，重伤 4 人，轻伤 11 人。其中丰都县参加水库建设的女民工 40 多人。（待深入调查和充实）

（十）四川省盐源县龙塘水库工地火灾事故

1959 年 2 月 15 日，四川省盐源县龙塘水库工地一座用稻草松树枝搭建的工棚发生火灾，造成 198 人死亡，55 人重伤，35 人轻伤。

事故发生当日 20 时 20 分，盐源县龙塘水库工程处，在 1 座用稻草和松毛搭建的工棚内召开 700 余人参加的职工大会。棚中柱子上挂有两盏油气灯，距房顶约 11 厘米。会议开始 20 分钟后，成都水电设计院下放干部杨福春去扭气灯开关，火舌顿时引燃了房顶稻草。由于风助火势，火焰瞬间蔓延全工棚，会场秩序立刻大乱。几百人争相从门道和缺口涌出，慌乱的逃生者互相拥挤，竟将通道堵塞，导致 198 人烧死，55 人重伤，35 人轻伤；1 座工棚烧毁。

当地县政府接到灾情报告后，组织机关干部 30 人、民工 200 人、县医院医务人员和 3828 部队卫生连官兵 22 人赴现场急救，西昌专区地委、行署领导带领 25 人赶到盐源县指挥救灾工作。四川省委增派医疗队，并用飞机送去大批急救药品、医疗器械和食物。中央、省委、地委派员成立了慰问团到龙塘水库慰问伤员，对死难人员作善后处理。2 月 16 日，成立了龙塘事件善后工作委员会，由盐源县委第一书记、县长和 3828 部队副政委负责。县级机关抽调 85 人，协助 77 名医务人员对伤员进行治疗护理。

事故发生后，公安部、四川省检察院和民政厅，西昌公安处等有关部门在盐源召开专门会议，责成县委书记、县长作检查汇报。会后县委召开 3 次紧急扩大会和电话会，布置全县防火安全检查工作。抽调 277 人分成 22 个检查组，分别到工矿、财贸企业和公社普遍进行防火安全检查，订立整改措施。

责任追究：火灾直接责任者杨福春和龙塘水工程处代理处长魏光德，副处长余芳柏被逮捕法办。

（十一）河南省洛阳第一拖拉机制造厂转炉爆炸事故

1959 年 3 月 5 日 11 时 45 分，河南省洛阳第一拖拉机制造厂炼钢车间 3 吨直筒式转炉发生爆炸，造成 90 人伤亡，其中死亡 4 人，重伤 17 人，轻伤 69 人。

洛阳第一拖拉机制造厂炼钢车间 3 吨直筒式转炉，是酸性炉衬采用罗氏 10 鼓风机 2 台并联吹风。在 3 月 4 日开炉后，当吹炼第二炉钢水时发生了爆炸事故，将转炉炉帽崩开，并打落炉上的冷却水箱，炉内钢水和渣液以很高的速度喷溅到整个厂房内，造成了近 90 人伤亡的重大事故。

事故原因：（1）由于违反了正常的安全生产操作规程所致。因为在风眼损坏，风压低，铁水温度低的情况下，加上大风量吹炼，结果形成含大量氧化铁的泡沫炉渣，再加入大量硅、铝之后炉的温度突然升高，炉渣中的氧化铁激剧与铁水中的碳作用，产生过多的一氧化碳，而一氧化碳加二氧化碳，在一定条件下与空气剧烈化合而发生了爆炸。这是该直筒式转炉发生爆炸的直接原因。（2）违反了正常的工艺规程。该厂炼钢技术人员曾根据外厂的经验制订过一个工艺规程与安全须知，但是这个工艺规程是适合于碱性转炉的，而该直筒式转炉是酸性炉，对酸性转炉的工艺规程则没有制订。炼钢车间将碱性转炉衬改为酸性炉衬之后没有向工人交代清楚，说明酸性炉与碱性炉炼钢有何不同，只说了不用抓渣，就是碱性炉的操作规程制订的也不够完整，不够切合实际，如缺少烘炉制度，关键问题是没有说明风眼应和铁水面保持什么样的距离才合适，否则会出现什么问题。又如，风压规定在任何条件下不能少于 180 厘米水银柱。但是，这次吹炼一开始风压就只有 115 厘米水银柱，工长找不出风压降低的原因，没有停吹，技术员知道这不符合要求也没有干涉。就是这种没有操作规程或有了操作规程但不执行的工作不负责任，生产管理负责人的严重过失导致了爆炸事故的发生。

（十二）湖北省荆门县漳河水库工地桥梁坍塌事故

1959 年 3 月 29 日，湖北省荆门县漳河水库工地民工劳动结束返回驻地宿舍，途中过桥时，不听干部指挥，1000 多人蜂拥上桥，导致桥梁不堪重负而垮塌，造成 554 人落水，其中 159 人死亡，44 人重伤，18 人轻伤。（待深入调查和充实）

（十三）四川省重庆市东林煤矿煤与瓦斯突出事故

1959 年 4 月 10 日 15 时 20 分，四川省东林煤矿发生煤与瓦斯突出事故，造成 82 人死亡，3 人重伤，3 人轻伤。

东林煤矿位于原四川省南桐矿区（现为重庆市万盛区），始建于 1939 年，属于煤与瓦斯突出矿井。事故当日，该矿正进行 +220 米水平南翼 5 号石门 K3 煤层平巷掘进，15 时 20 分，掘进工作面突然发生煤与瓦斯突出，涌出的瓦斯随风流扩散到 6 号层 4 顺槽，此时有电工正在 6 号层 4 顺槽检修 1344 开关，由于电工带电作业，产生电弧火花，引起瓦斯爆炸，造成严重伤亡，南翼 5、6 号层两条长 1400 米的采区运输大巷全部遭到破坏。

事故原因：（1）在未受到保护的区域进行掘进作业，没有采取必要的防突措施，以致掘进巷道底部发生煤与瓦斯突出现象。（2）通风系统不合理，采掘工作面采用大串联通风，造成瓦斯聚集。（3）机电设备管理混乱，电工违章带电修理磁力开关，产生火花引起瓦斯爆炸。

（十四）广西壮族自治区选金厂遭水库溃水冲击事故

1959 年 5 月 21 日，广西壮族自治区桃花山水库因暴雨引起水位上涨，造成坝体崩塌。位于水库下方的选金厂工人宿舍等被大水冲毁，造成 67 人死亡（包括工人 24 人、民警 15 人、工人家属 10 人，小孩及小学生 16 人、干部 2 人）。

桃花山水库主要是为了保证选金厂生产用水而建筑的，位于高山深谷之中，可以蓄水 9.7 万立方米，坝址建筑在二峡谷中段的冲积层上，坝是土质结构，坝高 12 米、宽 41.9 米、长 50 米。5 月 21 日 17 时，桃花山附近地区降暴风雨，风力 6 级以上，降雨量为 51 厘米以上，历时约 1 小时。暴风雨过后，四面的山水一齐向水库涌来，水库的水位迅速上涨，18 时 20 分，水库的水位已高出中央靠右边坝顶下沉部分。看鱼工何某就将排洪沟上的竹帘拿掉，以使水畅流。同时何某即往回跑，准备叫下游选金厂的工人躲开，但因山水来势凶猛、流量大，水库的排洪沟不能把水排出，何某只走到半路，坝顶中央已被水冲破一个缺口，坝顶中央下沉部分全部崩开，近 10 米高的巨浪，从狭小而倾斜的山沟倾泻而下，把山沟两旁的表土及灌木冲刷得干干净净，连 10 多万千克的大石头也都冲了下来。这时位于水坝下游狭谷中的选金厂工人及家属、民警等人，因洪水来到，水急浪高，无法躲开，除个别人靠本能爬上山坡没有死亡外，其余人员全部被水卷走。选金厂附近的工人宿舍、民警营房、理发室、电厂的一部分，氰化车间的还原池等全部被水冲走，时间不过几分钟，冲走 75 人。冲走厂房及宿舍 2000 多平方米，黄金 440 两及机械设备等，损失国家财产约 45 万余元。另外冲走冲锋枪 21 支、子弹 1600 发；步枪 21 支，子弹 3 箱；冲坏稻田 30 亩以上。工人有 114 户受灾，其中受灾最严重的谢某全家四口人、梁某一家三口人全部死亡，尚有三户夫妻两口也溺亡。

导致溃坝的主要原因：水库设计不合理。在设计时只考虑了需要用水量，在向当地群众进行调查了解情况时，轻率听信"过去最大的洪水也淹不过选金厂""下雨延续时间不过1小时"等说法，在未经科学论证和有关部门审查批准的情况下，草率设计、施工。当遇到大暴风雨时，3万多立方米水无法排泄，只能从水库坝顶流过，导致水坝崩塌。处于水库下游的选金厂，安全防范意识淡漠，预警和应急措施缺失，造成特别重大伤亡事故。

（十五）河南省义马矿务局义马煤矿义丰井火灾事故

1959年6月2日，河南省义马矿务局义马煤矿义丰井井下煤层自燃引起火灾，造成82人死亡，52人严重中毒。

义马煤矿属侏罗纪地层煤田，煤质松，挥发物大，含氧多，自然条件极其不好，煤层容易自燃，火灾比较严重。义丰井属于老矿井，井下老空区很多，且工程设计不合理，巷道也不合规格。1959年3月，该井曾发生过一次煤层自然发火导致的火灾，被迫停产，但到4月中旬井下还有3处明火没有扑灭就部分恢复了生产。5月明火增至8处，这时井下一氧化碳等有害气体已大量积聚，工人常有头晕腿软等中毒现象。由于这种情况越来越严重，矿领导决定在两处巷道砌碹封火。但因矿领导强调砌碹不能影响生产，所以施工人员不足，材料供应也不及时，砌碹工程拖了20多天还没有结束，到5月27日，火势发展更为严重。这时矿通风科副科长何某提出停止两班生产，加速砌碹救火，但未被矿领导采纳。5月28日，矿务局副局长刘某又电话指示该矿停产救火，矿领导也不执行，仍坚持边生产边救火。从5月28日至30日均有工人中毒，运输工被掉下的明火烧伤，砌碹工中毒晕倒；6月1日，井下一氧化碳浓度已达0.02%，当日第一大队下井生产的100多人普遍中毒，上井后多数进行了治疗。事故前11小时，矿长和矿党委书记曾下井检查，也感到头晕头痛，但对这些明显事故征兆没有采取任何措施，至当夜0时20分，因砌碹拆除顶棚横梁时引起大量火煤冒落，浓烟四起，大量一氧化碳气体随风流飘到各个工作面，当时井下有168名作业人员，除离井口较近、行动较迅速的30多人安全撤出外，其余130多人全部被火封住，造成80人死亡，52人严重中毒。

事故发生后，义马矿务局立即组织救护队实施抢救，并电告中央、省、地、县领导机关请求援助。当日9时，中央和省有关机关派直升机运送焦作、开滦两支矿山救护队和大批救护药品、器材到达现场，次日又有平顶山、宜洛、观音堂三个矿山救护队到达现场参加抢救。3日7时将火扑灭。

— 93 —

事故原因：该矿当年3月发生大火，被迫停产月余后，在井下明火未完全扑灭的情况下即恢复生产，违反"先灭火，后生产"的安全生产原则，采取边砌碹边灭火边生产的错误做法，以致火势发展严重，于6月2日0时20分在砌碹拆除顶棚横梁时，引起大量火煤冒顶，一氧化碳随风波及井下各个工作面，造成重大人员伤亡和经济损失。

（十六）贵州省黔南建井工程处陆家寨工区煤矿瓦斯爆炸事故

1959年7月23日，贵州省黔南建井工程处负责建设施工的都匀县陆家寨煤矿（地方国有矿）发生瓦斯爆炸事故，造成51人死亡，12人受伤。

贵州省黔南建井工程处陆家寨工区煤矿，原为地方煤矿，平均日产煤100吨左右，有48千瓦涡轮发电机1台，22千瓦扇风机1台，11千瓦局部通风机一台，5.5千瓦局部通风机2台，有职工670人，工龄不足2~3个月的新工人占80%以上。

事故发生当日，副井长辛某某指示搬迁18号上山巷道的风机。9时25分，因搬迁风机而停机停风。10时，辛某某下井检查工作，从17上山进入，18上山出来，12时出井口。其间瓦检员在18上山工作面进行了两次瓦斯检查，第一次检测得瓦斯浓度为0.6%，第二次检测得6.6%；在顺槽巷道内也进行了两次瓦斯检查，第一次检测得瓦斯浓度9.5%，第二次检测得10%。12时30分发生了瓦斯爆炸事故，爆炸波及面积达6000平方米，14处冒顶，共造成51人死亡，12人受伤。

事故直接原因：工程处领导官僚主义严重，思想麻痹，安全管理工作薄弱；规章制度不全，管理混乱，瓦斯严重超限，违章指挥，冒险蛮干；矿井采掘系统混乱、通风不成系统，事故隐患多。

责任追究：1959年8月11日，黔南自治州人民法院判决：井长刘某某有期徒刑5年；副井长辛某某有期徒刑4年；期间，黔南自治州委员会和省煤管局作出了处理决定如下：工区党总支书记兼主任刘某某，给予撤销党内一切职务，行政撤销县级干部职务，由行政17级降为18级；工程处副处长雷某某，给予党内警告，行政记大过处分；工区副主任王某某，给予撤销党总支委员，行政记大过处分。

吸取事故教训，改进煤矿安全措施：（1）配备懂业务的专业领导干部，建立与健全安全组织机构，转变领导工作作风。（2）组织技术人员对原矿井整改，建立完善的通风系统和监测报告瓦斯制度。（3）加强人员的培训考核工作，提高干部和职工的安全意识。

（十七）河南省洛阳地区梨园煤矿胡沟井瓦斯爆炸事故

1959年8月4日，河南省洛阳地区临汝县梨园煤矿胡沟井（年产6万吨）因使用明电照明，引起瓦斯煤尘爆炸，死亡91人，受伤25人（其中重伤9人）。（待深入调查和充实）

（十八）四川省崇庆县万家煤矿方店子井瓦斯爆炸事故

1959年12月23日，四川省温江地区郫县万家煤矿方店子井发生瓦斯爆炸事故，造成89人死亡，9人重伤，59人轻伤。（待深入调查和充实）

（十九）贵州省铜仁县大兴飞机场工地工棚火灾事故

1960年1月5日，当日20时左右，贵州省铜仁县大兴飞机场施工工地松桃县民工营工棚因用干树枝烧火做饭，不幸发生火灾，烧毁工棚3916平方米，造成173人死亡，42人受伤（其中8人重伤）。

根据亲历者回忆：民工工棚建在野外，是用两排长木条搭成的"八"字形工棚，用山上的黄茅草扎成茅苫从屋脚到屋顶覆盖。为了防止被大风吹翻，全部用竹篾条紧紧地绑着。"工棚搭得很长，只有两头各留一个出口，几百人住在里面，只能从前后两个门进出"。松桃县民工营500多人住在一个工棚里。事故当日风很大，天气很冷，民工们收工回营房吃晚饭。有的民工从伙房端了饭回来，在工棚里烧火取暖。不小心，火烧到了工棚上的茅草。一时浓烟滚滚，弥漫了整个工棚，"呼呼的大风，吹得火苗腾起好几丈高的火舌"。人们大声呼唤"着火了"，争相往外逃命。几百个人在火和浓烟中乱窜，相互碰撞、踩踏，一个人倒下接着就是一大片人倒下。"风助火势，火借风威，熊熊的烈火贴着地面吞噬这被浓烟熏倒在工棚内的数百民工。里面的人们挤压着，重叠地倒成一堆，任凭烈火燃烧，倒在上面的人全部烧成木炭一般"。

（二十）江西省丰城矿务局坪湖煤矿瓦斯爆炸事故

1960年1月17日，江西省丰城矿务局坪湖煤矿发生瓦斯爆炸事故，死亡47人，受伤27人。

该矿位于江西省丰城县曲江镇，为江西省煤炭工业管理局管辖的国有煤矿。事故地点在矿大井西甩车道。当时井巷工程由于西边大巷盲巷过长，甩车道上下没有贯通，又新开掘上山，以致通风不良。事故前，井下四台局部通风机已先后停止运转，主副井之间5个穿风眼都漏风，特别是第五穿风眼一无风门，二无密闭，局部通风机停风后，总进风流部分由第五穿风眼短路，井下温度升高，西大巷盲巷瓦斯积聚严重超限。

事故当日 16 时 30 分，矿值班安全员杨某某和区长易某某都发现了事故隐情，但两人均没有采取有效措施，也不向上级报告。在此极危险的情况下，工人们仍在井下继续作业，不检查瓦斯反而装药爆破，使煤、岩层受到极大的震动，瓦斯涌出量进一步增大。17 时 30 分，有位工人拆卸矿灯产生电火花，引发了瓦斯爆炸事故。

事故原因：（1）制度不全，各级领导岗位责任制不清，管理混乱。（2）矿井采、掘和通风系统不合理，风流短路，工作面风量不足，瓦斯检查不严，瓦斯浓度时常超限。机电管理差、设备检修完好率低。（3）安全培训教育不够，工人安全意识不强，违章作业时有发生。

责任追究：副矿长刘某，负责基建和通风区工作，对采掘系统不合理，通风管理混乱，负有重大责任，给予党内严重警告，行政降一级的处分。矿长李某，对党的安全生产的方针贯彻不力，对通风区的 4 个报告，全矿安全大检查中提出的 129 条意见没有认真处理，对这起事故负有一定的责任，给予党内警告处分。矿党总支书记曹某，平时对职工安全教育抓得不紧，对上级安全生产的指示贯彻不力，对这起事故负有一定的责任，给予党内警告处分。生产科长兼主任技术员郑某，平时工作不踏实，对安全生产中的问题没有提出技术上处理的任何有效措施，有失职行为，给予行政降一级的处分。

吸取事故教训，改进煤矿安全措施：（1）认真组织开展安全生产的宣传教育。（2）建立健全各项规章制度和领导岗位责任制。（3）改善采掘不合理状况，加强通风系统改造，严格瓦斯检查和管理，做好机电设备的管理工作。

（二十一）内蒙古自治区乌兰浩特市文教用品厂火灾事故

1960 年 4 月 10 日 13 时，内蒙古乌兰浩特文教用品厂发生火灾事故，造成 21 人死亡，烧伤 12 人，直接经济损失数万元。

乌兰浩特文教用品厂设有电水、薄片、沾片等三个车间。4 月 10 日上午因天气寒冷，沾片车间沾片用的环氧树脂漆出现凝结，打不开刷子。经车间主任同意，打算对其进行油化溶化使用。车间副主任李某用洗脸盆装环氧树脂漆放在火炉子上熔化。当放在炉子上的油盆化好，从炉子上端起时，炉子火苗上起，燃着盆边上沾的油，接着烧着了盆里的油。火苗瞬间烧着了挂在铁丝上的云母沾片，由于沾片上涂有环氧树脂漆，燃烧性很强，加之车间挂满了云母沾片油纸，起火瞬间火势已烧及整个车间，火势凶猛，致使在车间工作的 21 名女工被烧身亡，

12 名女工被不同程度烧伤。

事故原因：（1）违反操作规程。环氧树脂漆是易燃物质，在使用中应有安全操作规程，并严格遵守。实际把环氧树脂漆装在瓷盆里，采用火炉子烤溶化的方法是错误的，特别是在沾片车间使用，云母片也是易燃物质，遇到火源易被引燃。（2）忽视安全生产。该厂厂长孙某一贯忽视安全生产，不关心工人安全健康。尤其是在这次火灾事故中，表现得极为消极，竟然主张先抢救物资，不抢救人，故使人员伤亡后果严重。

责任追究：经乌兰浩特市委批准，对严重忽视安全生产的厂长孙某，给予开除党籍处分，交司法机关依法处理。乌兰浩特市市长韩某担任市防火领导小组组长，在获悉火灾发生时，没有组织干部救火，更没有去现场指挥，而是领着部分干部在工厂门口观望，致使火灾造成十分严重的后果，群众影响极坏，完全丧失了党员领导干部的应有品德，经批准开除韩某党籍，撤销行政一切职务，工资降三级。

（二十二）山西省大同矿务局老白洞煤矿煤尘爆炸事故

1960 年 5 月 9 日，山西省大同矿务局老白洞煤矿发生煤尘爆炸事故，造成 684 人死亡，228 人重伤。

老白洞煤矿位于大同市西南、口泉沟中部，距大同市区 27 千米，是当时大同矿务局八大矿之一。该矿原是日伪时期遗留下来的旧矿井，1955 年开始排水恢复生产，矿井设计生产能力年产 90 万吨，共有 5 个井筒，在工业广场内有 3 个斜井，其中 14 井、15 井为主提升井，16 井为副井；6 井为风井，位于口泉河对岸，在距工业广场 1.2 千米的郑家沟内还有一斜井风井，称之为郑家沟风井。矿井通风方式为中央对角混合式通风。中央式通风是从 16 井进风，由 6 井回风；对角式通风是从 16 井进风，由郑家沟井回风。当时所采煤层为 C、D、E 三个煤层，其中 C、D 两层煤已基本采完，共 10 个生产盘区（工作面），3 个准备盘区，12 个掘进队，11 个采煤队，2 个工程队。矿井瓦斯涌出量较低，属低沼气矿井。所采煤为 2 弱黏煤，挥发分大，自然发火期短，爆炸指数为 34.34%，具有易爆炸性。主要运输大巷在 E 层，采用架线式电机车运输，井底车场在 E 层煤层内，C、D 两层煤从溜煤眼放至 E 层装车。

事故发生当天是高产日，计划出煤 10000 吨。这天 13 时多，正值井下人员作业交接班和工作高峰时段，既有"三八"作业的早班职工，又有"四八"交叉作业的早、二班职工，还有大批参加高产日活动的科室人员，近千人。13 时 45 分，突然一声巨响，15 井口喷出强烈的火焰和浓烟，高高耸立在井架上的打

— 97 —

钟房（信号房）顷刻间起火燃烧，巨大的气浪把打钟员吹起重重地摔倒在地上，地面变电所全部掉闸，井上下供电中断，16 井口准备乘车下井的工人大部分被喷出的气浪冲倒。大巷顶板冒落，支架倒塌，多处起火，浓烟滚滚，巷道里、矿车上、水沟旁到处都是遇难者的尸体，有的甚至被嵌入棚子顶梁的缝隙里；14 井底车场翻笼附近为爆炸中心，四周 100 米内的人员无一幸免；D 层 2 暗斜井车场巷道顶板严重塌落，11 人被砸致死；E 层 301 上山至西二下上口的电车道棚子倒塌，5 人被烧身亡，4 人坠亡；E 层西二下山绕道严重冒顶，绕道与电车道交叉处的风桥塌落，爆炸冲击波致 9 名工人全部死亡；E 层 859 回采工作面因井底爆炸引起二次爆炸，35 名工人全部遇难。

事故发生当天，主席毛泽东便听取了汇报。23 时许，总理周恩来又进一步了解情况，对事故救援工作作了指示。煤炭部部长张霖之、副部长李建平、国家劳动部部长马文瑞等领导同公安部、卫生部等负责人迅速赶到事故现场。全国主要煤矿的救护队（包括京西、开滦、包头、淮南等 19 个矿务局的 414 名救护队员）和解放军防化兵部队（10 支部队，1096 名战士）于当日先后赶到事故现场（空运到大同），组成抢救队伍；31 个医院和医疗单位的 376 名医护人员参加了抢救；空军和民航派出了飞机 60 多架次支援抢救；铁道部派出专列运送抢救人员和物资；卫生部门供应了 21 吨药品，商业部也运去了大批食品。

事故救援工作碰到了意想不到的困难。一开始，抢险指挥部决定恢复 6 井主要通风机抽风，企图解救井底车场作业人员的生命，保护井筒免遭破坏。于是在 9 日 17 时 15 分启动风机，并于 17 时 25 分派出 200 名救护队员进入 16 井井底建立井下抢救基地，但井下火势越来越凶猛，浓烟滚滚，当时虽然采取了封闭 14 井、15 井两个井口，加大 16 井风速风量的措施，仍阻止不住火势的迅速蔓延。救护队伍被迫于 23 时 15 分全部撤出地面。后来抢险指挥部重新研究了抢救方案，决定关掉 6 风井风机，在郑家沟风井实施主要通风机反风。此时事故已发生了 10 小时 30 分钟。郑家沟风井的反风，立即给 E 层西部提供了新鲜空气，所有抢救人员都转移到了郑家沟风井，开始了紧张搜救工作。10 日 0 时，从郑家沟风井共抢救出 104 名矿工；10 日上午，C 层和 D 层两个回采工作面的人员全部救出；13 日，救出 E 层东部 807 工作面的最后一批 36 名幸存者；14 日，抢险救援指挥部组织救护人员进行反复搜索，在能够到达的每一处，都要查 3~5 次；15 日，在 D 层 808 运输巷找到了最后一批死难者尸体。16 日，指挥部经再三研究，认为井下能够搜寻的地方已全部搜寻完毕，遇难人员已无生还的可能，便决定对井下火药库等进行永久性封闭。至此，井下 912 名职工，除 228 名职工脱险外，共遇难 684 人，寻到遇难尸体 574 具，还有 110 名遇难者的尸体未找到，估计在井底车场爆炸着火后被焚毁。

事故原因：老白洞煤矿事故调查追查组经过 10 个月的反复调查分析以及对事故前一二天在井底车场及其附近工作的职工 100 多人次的调查和询问，详细地查清了各个环节的细节，整理出了井下灾害的详细情况，并且到北京煤炭科学院做了煤尘爆炸指数测定和有关瓦斯、煤尘爆炸模拟试验，参阅了大量国内外有关瓦斯、煤尘爆炸的书刊和案例，确定这次事故是煤尘爆炸，爆炸地点在井底车场 14 翻罐笼以西，井底调度室以东 110 米的范围内。根据调查：第一，14 井底车场翻罐笼没有洒水喷雾装置，附近煤尘飞扬非常严重，翻煤时 3 米外看不见人，100 瓦电灯光只见一个小红点。根据测量，这种飞扬煤尘已超过 1000 毫克/立方米以上，这就是 14 井翻罐笼附近发生爆炸的根本原因。第二，明火严重。根据调查，引起煤尘爆炸的火源有两种可能（因井底车场开在煤层内，并且采用木支架，现场爆炸后引起大火，无法进行勘查）：①架线式电机车经过 14 井翻罐笼时，由于轨道不平，发生强烈的电火花引起的。②14 井翻罐笼防爆开关没有盖子，没有消弧罩，翻罐笼启动时产生电火花引起的。电机车火花温度可达2000 摄氏度左右，防爆开关的火花在 1000 摄氏度以上，煤尘爆炸需要温度是700~800 摄氏度。所以，这两种火源都能引起煤尘爆炸。但电机车火花可能性最大，因为电机车火花发生在上空，是煤尘飞扬最严重处；防爆开关处于低处，可能性较小。而且事故当时全井运行的电机车共 7 台，有 6 台已经找到，唯有 6 号电机车没有找到。这台电机车肯定是在井底翻罐笼附近运行，所以这次事故是 6号电机车火花引起的可能性最大。14 井底爆炸产生的高温和冲击波波及全矿井各处巷道，又引起许多有煤尘地方的连锁爆炸，造成全矿井受灾。各个巷道缺乏预防和处理灾害的各种安全设施（如防火门、避难硐室、自救用具和安全出口），多数职工没有预防和躲避灾害的基本知识，在事故发生后没有及时采取反风措施。井底车场爆炸时的大量有毒气体扩散至各巷道各采掘工作面，导致了全井受灾。

超能力、超强度组织生产，矿井通风能力不足，现场管理混乱，也是导致这次事故众多人员伤亡的重要原因。该矿设计能力年产 90 万吨，1957 年产量 50万吨，1959 年增至 120 万吨。1960 年产量指标定为 152 万吨。第一季度超额完成任务，第二季度组织开展以攻克 6 米厚煤层一次采全高为重点的"大面积高产红旗竞赛"。5 月 1—8 日平均日产 4396 吨。事故发生前一天晚上，即 5 月 8日 19 时 30 分，矿务局召开电话会议部署 5 月 9 日全局开展"淮海战役"（即决战性高产）。老白洞矿党委连夜召开紧急动员会，决定矿机关关门，所有机关干部以及基建、通风、开拓工区等人员都去搞采煤生产。该矿"大跃进"以来实行"大破大立",安全生产等规章制度被废除,现场管理混乱。井下进行电焊作业,明开关、明火信、明火爆破等违规现象严重,机电设备失爆严重。对煤尘危害认识不足,防尘规章缺失。从工作面打眼、装载、大巷装车翻煤,到原煤系统筛选,都没有防降尘措施,也没有设置防爆岩粉棚。

责任追究:事故发生后,大同矿务局自下而上广泛开展了"反事故、抓敌人"群众运动。有关方面总结归纳出这次事故的主要教训是"没有政治挂帅,这是当前工作的主要危险,也是事故发生的根本原因。这个矿当年发生的48起事故都按责任事故处理,有的很大程度是敌人破坏的,便也按责任事故处理。这就麻痹了自己,掩盖了敌人的破坏活动,使革命事业遭受损失,实际上这是取消阶级斗争的反映"。该矿因此被批判和斗争的人员达709名,撤换干部398人,调离"不纯"人员462人。

(二十三)四川省同华煤矿煤与瓦斯突出事故

1960年5月14日,四川省江津地区同华煤矿(后改名为重庆市松藻矿务局松藻二井)在+352米标高石门揭穿K₃煤层时,发生煤与瓦斯突出事故,突出煤量约1000吨,堵塞巷道250余米,全井充满瓦斯,瓦斯和煤炭逆风流900多米冲出平硐口,造成125人死亡,16人轻伤。

同华煤矿设计生产能力为年产10万吨煤,采用平硐开拓、前进式开采方式,开采K_1、K_2、K_3和K_4四层煤。平硐标高为+352米,由煤系地层顶部进入至煤层底部K_1煤层后,沿K_1层开掘煤层走向大巷630米,在大巷的420米和620米处,有两个石门沟通K_2煤层,布置K_2工作面与总回风巷贯通。总回风设在标高+435米的K_2煤层及+420米的K_1煤层大巷。K_2回风巷出口安装有40千瓦和15千瓦离心式风机各1台,K_1回风巷出口安装有7.5千瓦轴流式风机1台,构成全负压通风,总风量为1700立方米/分钟。K_3煤层单独布置煤层运输巷及回采工作面,与+420米K_6煤层风巷贯通,未安装风机,采取独立自然通风系统,除K_4层为独立通风系统外,其余均为大串联方式。石门采用人工隔离全负压通风,煤巷采取双巷掘进扩散通风,全井没有一台局部通风机。井田范围内煤层厚度变化复杂,开采顺序混乱,采面时断时续,多次换层开采。回采工作面瓦斯涌出量大,经常超限,K_1回采工作面瓦斯涌出量为7.6~13.8立方米/分钟,K_2回采工作面瓦斯涌出量为3~7.5立方米/分钟,K_3回采工作面瓦斯涌出量为6.4立方米/分钟,由于全井没有一台局部通风机,煤巷掘进工作面也经常瓦斯超限。该矿为小窑生产管理方式,设备简陋,作业没有规范。

事故发生在+352米水平二石门揭开K_3煤层的掘进过程中。当时二石门K_2煤层已布置回采工作面，形成了全负压通风，为了布置 K_3 工作面，二石门向 K_3 煤层掘进。1959 年 12 月开始施工，由于人工打眼爆破，施工进度缓慢，半年时间才掘进了 47 米，1960 年 5 月 10 日在二石门顶部见到 K_3 煤层，由于石门全为裸巷，没有支护，发生了一次倾出，冒落煤矸共计 10 吨左右，检查风流瓦斯高达 4%。经领导检查，决定停止掘进，打隔风墙，5 月 14 日完成隔风墙施工，工作面瓦斯降低到 0.6%，石门顶部瓦斯浓度仍很高，达 10%，但未引起重视，仍然继续掘进。5 月 14 日 14 时 55 分爆破，爆破后 5 分钟发生了煤与瓦斯突出。突出以后二石门及其附近的 K_2 煤巷和 K_1 煤巷被煤堵塞，总长计 250 米；部分瓦斯和煤尘逆风流 900 多米冲出平硐口；由于通风大串联，部分瓦斯和煤尘充满 K_1、K_2 煤层运输大巷，沿 K_2 回采工作面，波及 +435 米总回风，使全矿井充满了高浓度瓦斯。此间正值早中班交接，造成了 125 人丧生、16 人轻伤的严重恶果。事故发生后，领导慌作一团，束手无策，不清楚井下发生了什么，曾错误地指挥将 40 千瓦风机停运 17 分钟，直至 45 分钟后松藻矿救护队赶到，才开始抢救。

事故原因：（1）同华煤矿 K_3 煤层本应划为严重突出危险煤层管理，但由于事故前该矿从未发生过突出，对突出危险性和可能性毫无认识，虽发生过 10 吨倾出现象，仍没有引起应有的重视，在揭穿 K_3 煤层时没有专门防突设计，没有任何防范措施，致使一次大型突出酿成重大伤亡的恶性事故，这是事故发生的根本原因。（2）同华煤矿为小窑生产管理方式，开拓开采布置极不合理，采掘挤成一团，这种方式如不加以改造，很难避免串联通风。大突出以后，风流切断，瓦斯波及整个矿井，破坏了全井通风系统，这是重大伤亡事故的主要原因。（3）设备简陋，全井没有压风设备，没一台局部通风机，工作面吸入掘进的乏风，瓦斯逐段增大，经常超限，安全环境十分恶劣，石门不支护，扩散通风，人工打眼，瓦斯积聚无人过问，违章作业，事故隐患比比皆是，这种生产方式如不加以改造，事故迟早要发生。

事故教训：（1）同华煤矿为近距煤层群，高瓦斯矿井，又具有严重的煤与瓦斯突出危险，对于这样的矿井采取平硐煤层走向大巷的开拓方式本身就不合理，给安全生产带来被动局面和事故隐患，首先串联通风难以解决，而且安全设施如防爆门、防火门、反向风门等难以布置，回采工作面及总回风系统作业均为乏风，瓦斯超限得不到解决，发生灾变或一旦通风系统瘫痪，无法应变，如这次大型突出，突出煤切断风路，并涌出大量瓦斯，直接串入回采工作面、各煤层大巷掘进及总回风，瓦斯波及全井，造成特大伤亡事故。同时煤层厚薄不均，采面时断时续，开采解放层也得不到保证，更导致了煤与瓦斯突出的可能性。这是一条重要教训，类似这种矿井开拓设计必须严加审查，加以改造，才能保障安全生产，杜绝类似事故的发生。（2）同华煤矿特大伤亡事故的发生，有其历史原因。该地解放前该矿为私人开办的小矿，解放后改为公私合营，地方政府接管以后又没有获得改造，仍然保留解放前那种陈旧落后的原始生产方式：开拓开采布置不合理，不能适应高沼气兼突出矿井，高沼气矿井仍采用串联通风、扩散通风和自然通风，没有起码的局部通风机供风，瓦斯超限无人过问，岩巷不支护，没有压风设备，仍保留危险的人工打眼爆破。加之该矿领导及工人不懂得瓦斯管理基本知识，更不懂得防范煤与瓦斯突出的知识，不讲煤矿安全生产，完全处于违章作业和盲目蛮干之中，事故隐患比比皆是，这样的生产管理局面，事故难以避免，即使不发生这次突出事故，其后也将发生瓦斯爆炸事故。

（二十四）江西省景德镇市"盲流"人口临时安置站火灾事故

1960 年 10 月 1 日，江西省景德镇市河西"自流"人口（或称"盲流""外流"，指未经基层政府批准而在城乡、异地盲目和自发流动的人员）临时安置站的宿舍发生火灾。当场烧死 146 人、烧伤 61 人。

事故发生当日 20 时许，景德镇市安置站内收留的外流人员吴志德将煤油灯移位时，不慎将带火的油泼洒在地面的稻草上，引起稻草燃烧。经风一吹，很快燃着茅草棚引起火灾。消防队于 20 时 20 分接到报警后，立即出动 6 辆消防车、72 名干警赶到现场，此时四幢毗连的茅棚已是一片火海。该安置站面积为 300余平方米的茅草棚内，硬挤进了 537 人，且有不少病号，没有人行通道，致使发生火灾后，人挤人、人踩人，秩序一片混乱，造成重大伤亡。

灾后第二天，江西省民政厅、公安厅派专人，携带药品，乘飞机到景德镇抢救伤员，调查火灾原因。10 月 5 日，公安部等六部委又派人到景德镇检查指导工作，协助总结经验教训。

责任追究：为吸取教训，中共景德镇市监察委员会，于 11 月 17 日对这起火灾事故的有关责任者作了严肃处理：肇事者吴志德被依法逮捕；安置站主要负责人被判处有期徒刑 5 年；主管安置站工作的市民政局副局长被撤销行政职务；市公安局有关领导亦分别受到行政记过处分。

（二十五）河南省平顶山矿务局龙山庙煤矿瓦斯煤尘爆炸事故

1960 年 11 月 28 日 17 时 55 分，平顶山矿务局龙山庙煤矿（五矿）西翼盘区口配风巷发生瓦斯煤尘爆炸事故，造成 187 人死亡，36 人受伤（其中 9 人重伤）。摧毁 2 个采面、6 个掘进头，损坏巷道 2800 米。

龙山庙煤矿设计年生产能力为 120 万吨，于 1956 年 12 月 25 日动工兴建，

1958 年 12 月 30 日建成投产。发生事故的 E 组西翼第二盘区上山以西有一个长壁后退回采工作面（即 1412 工作面）和 7 个掘进工作面。其中西翼岩石大巷（即 120 大巷）因料石供应不上及顶板破碎，于 1960 年 3 月 17 日停止掘进，3 月 23—27 日进行砌碹，到 11 月 22 日才开始复工，停工时间达 8 个月零 5 天之久。在西翼大巷停工期间，120 配风巷（煤巷）实行单孔掘进，比大巷超前 165 米，形成无法用小川与大巷贯通，严重违反了保安规程的规定。此外，还在 120 配风巷中开掘了 6 个矸子窑，1418 轨道巷也掘了 9 个矸子窑，不仅造成了这两个工作面通风困难，同时也形成了人为的瓦斯、煤尘聚集空间。这样就使 120 配风巷因通风不良、顶板破碎及瓦斯、煤尘过大，不得不于 1960 年 11 月 18 日停止掘进。停工后又不适当的安排掘进工人掘第三、第四横川，在停工的 120 配风巷前面形成了长达 60 米的瓦斯聚集空间。在通风方面，西翼第二盘区有两个回采工作面和四个掘进工作面，所有这些掘进工作面是采用一条龙的大串联通风，加上全矿井通风管理混乱，因而漏风现象是相当严重的。如实测竖副井总入风量为 5984 立方米/分钟，其中，仅主井就漏掉了 1232 立方米/分钟。西翼总入风量为 1420 立方米/分钟，而西大巷与 120 配风巷的第一小川就漏掉 79 立方米/分钟。全矿井有效风量通常只有 55% 左右。

配风巷停止掘进后，切断了风筒，停止了向配风巷正前方供风，把局部通风机风筒转向第四横贯送风，因此在配风巷正前 60 米就形成了一段无风的盲巷，聚集了大量的瓦斯。事故发生当日（11 月 28 日）14 时多，八点班作业人员在进行 120 配风巷第四小川掘进时电钻坏了，打不了眼。组长李新昌叫工人王新起到配风巷正头栅栏内取铁板准备出煤，王新起当即回答说："栅栏内十多天未通风啦。"表示不去。后又叫工人季脉圈去取，季脉圈也不愿去，这时组长把风筒从第四小川调向 120 配风巷正前方（栅栏内）吹，以稀释里边的瓦斯，并继续叫工人去取铁板，当季脉圈向栅栏内走了 4~5 米时就立即出来向组长建议"里边有味道，不能进入"，不得已又把风筒调回继续吹向第四小川，这样乱吹的结果是将 120 配风巷正前方浓度高达 10% 以上的瓦斯吹动，从栅栏内呈旋涡状向栅栏外流动，并聚集在该巷的回风风流中，为这次事故埋下了隐患。加上该矿未认真落实防尘措施，120 配风巷等处积尘十分严重，机电管理也不善，井下电缆"鸡爪子"接头很多，还存在电钻接线盒、发爆器失爆等现象，这也给这次事故的发生埋下了隐患。

事故直接原因：该矿西翼 120 配风巷停止掘进，退回 60 米掘进第四小川，风筒断开形成 60 米长的一段无风的盲巷（按规定应该打密闭而没有打，只设一栏杆），积聚了大量瓦斯（瓦斯浓度超过 10%），掘进第四小川的作业人员把风筒吹向盲巷，瓦斯被吹出，致使风流中瓦斯超限，电煤钻电缆"鸡爪子"接头产生电气火花引起瓦斯爆炸，瓦斯爆炸的冲击波吹起沉积的煤尘，又引起煤尘爆炸。

事故间接原因：（1）通风管理混乱，通风系统不合理造成瓦斯大量积聚。西翼二盘区采用大串联通风方式，包括四个主要掘进头和两个回采工作面是极不合理的。煤巷独头掘进过长，在西大巷正前方已停工的情况下，120配风巷独头掘进了165米，这在生产技术管理规定中是不允许的。煤矿保安规程规定：在工作面进风流和出风流中瓦斯不得超过0.5%，而实际情况是各个掘进工作面的瓦斯浓度经常超过此限值，爆破后3分钟内瓦斯浓度一般都在10%以上，爆破后5分钟内，瓦斯浓度在5%以上，常常吹风40~50分钟后才能恢复工作。有的风门管理不善，工人过风门后往往忘了关上，起不到调节风流的作用。（2）瓦斯煤尘管理混乱，爆破前后不检查瓦斯，有时7~10天才检查一次。检查瓦斯不周密，光检查工作面，日常检查瓦斯只用汽油检定灯，而且检查时只检查棚梁下边的瓦斯，对瓦斯库如冒顶处、独头掘进风筒附近、开停局部通风机前后，均没有经常检查和采取必要措施。全矿有28台瓦斯检定器，其中坏了24台。在煤尘管理方面，没有防尘制度，没有测过煤尘，没有防尘措施，如120配风巷、1418轨道口等处煤尘飞扬，积尘也很多。（3）机电设备管理不善。大部分开关或防爆开关由于检查维护不及时而失去防爆性能，电缆接头"鸡爪子"现象很多，矿灯大部分失去防爆性能，如灯锁扣不上，拿到井下不长时间就不亮了；在井下敲和维修矿灯、换灯泡现象非常普遍，漏电、产生电弧、发生火花的情况很多，这次瓦斯煤尘爆炸事故都与这些有着密切关系。（4）对上级政府有关部门的安全生产指令没有认真贯彻执行。如大同会议后，上级政府煤炭管理部门一再要求必须彻底解决五大灾害存在的问题，但矿上不认真落实，对瓦斯、煤尘、通风、电气设备、爆破等管理制度的重要性认识不足。干部存在着严重的官僚主义作风，有的领导对井下瓦斯、煤尘的严重程度不知道，瓦斯报表也不看，工人多次提出瓦斯、煤尘很大，爆破不安全，电气设备失爆等问题，并没有引起矿领导的重视。

（二十六）四川省重庆中梁山煤矿南井瓦斯煤尘爆炸事故

1960年12月15日12时40分，四川省重庆中梁山煤矿南井在启封5412工作面过程中发生瓦斯煤尘爆炸事故，造成124人死亡，2人重伤，48人轻伤[1]，直接经济损失220万元。

---

[1] 重庆市劳动志记载这次事故死亡124人，重伤16人，轻伤34人。

中梁山煤矿南井位于重庆市九龙坡区，距市区 20 千米。该井于 1955 年 9 月动工兴建，1958 年 1 月简易投产，原设计生产能力为 90 万吨/年，因矿井地质条件复杂，自然灾害极为严重，矿井实际生产能力始终未达到设计能力，最终经煤炭部核定生产能力为 40 万吨/年。矿井采用一对中央立井及一平硐综合开拓，集中运输大巷布置在煤系底板的茅口灰岩或 K_7 煤层中，每 300 米左右利用采区石门贯穿所有煤层，采区走向长度为 300 米，水平高度为 100~150 米，各采区开掘集中上山及中间、回风石门。采煤方法主要采用柔性掩护支架、倒台阶、伪斜短壁、钢丝绳落煤、柱式地压落煤等方法。采用自然垮落、矸石充填等方式控制顶板。所采煤层综合瓦斯含量为 38 立方米/吨，10 层煤中除 K_2 层未发生过煤与瓦斯突出外，其余各层均有煤与瓦斯突出危险，其中 K_1、K_9、K_{10} 为突出煤层，K_3、K_4、K_5、K_7、k_8 为弱突出煤层。+390 米水平各煤层煤尘爆炸指数在 22%~26% 之间，具有爆炸危险性。10 层煤都有自然发火倾向，尤以 K_1、K_5、K_{10} 煤层自然发火最为严重。矿井通风方式为中央并列抽出式，副井及平硐进风，主井回风，主井在地面安装两台轴流式通风机（一台工作，一台备用），主要通风机电机功率为 950 千瓦。

事故发生时，该井有两个生产水平即+500 米水平、+390 米水平，共有三个回采工作面，由于采用前进式采煤法出煤多，并且大量风流通过采空区，仅 1960 年 1 月至 12 月 15 日，就发生自然发火 12 次，共有 4 个火区，采用的对策是随采随封、筑防火门、留设隔离煤柱、灌注黄泥浆等方法。

1960 年 11 月 25 日 9 时 40 分，该井 5412 工作面发生自然发火，11 月 28 日中班将+390 米水平 K_2 大巷及 K_2 至 K_5 段石门封堵。11 月 30 日整个采区封闭完毕。12 月 7 日中班打钻孔一个，12 月 8 日早班开始注浆，12 月 13 日化验一氧化碳浓度为 0.008%，12 月 14 日在井下用一氧化碳检定管检测一氧化碳浓度为零。因年关将至，南井急于完成年度原煤生产任务。为此召开了专门会议，作出争取启封 5412 火区采煤的意向性决定，并将启封 5412 火区的有关措施由中梁山煤矿报送重庆市煤炭管理局审批，12 月 14 日上午，重庆市煤炭管理局局长、总工程师口头表示原则同意。当天中午得到回复后，中梁山煤矿及时下达南井准备启封 5412 火区的指示。按照启封方案和措施，两个救护小队入井，于 12 月 14 日 17 时 20 分启封了+500 米水平采区大巷密闭和+390 米水平 K_5 密闭，进行瓦斯排放工作。由于通风巷道堵塞，风量不足，瓦斯排放速度缓慢，火区内排出的瓦斯大量滞留在附近巷道中。12 月 15 日早班，临近火区的 5 个采掘工作面仍正常生产。12 时 40 分，+500 米水平轰隆一声，便发生了瓦斯煤尘爆炸事故，随着爆炸冲击波的传播，导致 2~5 石门的支架全部被冲垮，顶板大量垮塌，4 石门变电站被摧毁，180千伏安变压器冲离原地5米之远，致使变电站遭破坏，电线被切断，波及地面变电所2号变压器油开关和1号、2号变压器联络线开关同时跳闸，影响2号抽风机和1号、2号压风机停止运转，使井下停风32分钟，扩大了事故灾情，当时在井下作业的227名职工有124人死亡，重伤2人，轻伤48人。

事故原因：（1）没有认真贯彻安全生产方针，存在着严重的轻安全生产的思想和行为。在火区尚未熄灭的情况下，作出了提前启封火区的错误决定，在不具备启封条件的情况下启封5412火区，面积达3.72万平方米，有瓦斯量约9125立方米之多，而启封时又无具体措施，无人统一指挥，启封后瓦斯排放不良，为瓦斯爆炸埋下了隐患。（2）对火区熄灭判断失误。5412火区封闭才14天，仅布置一个注浆钻孔，泥浆质量和数量均不符合要求，泥水比为1:30，注浆量又无具体数据。火区封闭后，区内各种气体变化异常，而启封火区的依据仅是12月12日、13日化验结果和14日用一氧化碳检定管现场检测结果，依此作出了错误判断。（3）制度不健全，无严格的排放瓦斯措施，管理混乱，职责不清，瞎指挥严重。由于启封时间过早，大量瓦斯涌出，而在排放瓦斯过程中，因通风巷道堵塞，风量不足，瓦斯排放速度缓慢，火区内排出的瓦斯大量滞留在附近巷道中，致使总回风巷道瓦斯超限。在这种情况下，不仅未能进一步实施排放瓦斯降低瓦斯浓度的措施，反而组织创"高产"活动，这是造成众多人员伤亡的重要因素。事故发生后，1号、2号变压器联络线开关同时跳闸，2号抽风机和1号、2号压风机停止运转送风，风井支部书记又命令将正在运转的3号、7号、8号三台压风机停止压风，而2号抽风机经过10分钟才修好，使井下停风32分钟之久，扩大了人员伤亡。（4）对严重的自然灾害认识不足，对策不力，没有掌握其客观规律；加上采掘部署不当，没有开采解放层，采用前进式采煤，开采自然发火极为严重的K_1煤层时，通风管理不善，漏风严重，导致自然发火频繁，增加了防治火灾的难度。

（二十七）湖南省水力发电工程局柘溪电站水库滑坡塌方事故

1961年3月6日，湖南省水力发电工程局柘溪水力发电站水库发生滑坡塌方，土石冲入水库内掀起巨浪，仅几分钟使坝前水位由148.9米迅速涨至152.6米，巨浪通过坝顶，冲毁坝顶上临时挡水建筑物和左右岸施工现场，当时正在现场施工的人员遭水浪袭击落水，造成64人死亡，24人受伤。

柘溪水电站位于资水干流上，距安化县东坪镇12.5千米。该电站水库大坝为混凝土单支墩大头坝，最大坝高104米，装机容量44.7万千瓦，保证出力

11.27万千瓦，多年平均发电量21.74亿千瓦时。工程以发电为主，兼有防洪、航运等效益。1958年7月开工建设。坝址呈"V"形河谷，两岸陡峭，水面宽90~110米，岩层走向与河流近于垂直，倾向河谷下游，倾角60~65度。基岩为微变质的前震旦系细砂岩与长石石英砂岩，并夹有板岩。岩性致密坚硬，渗漏性微弱。坝址区地震基本烈度小于6度。由于水泥供应不及时和缺乏有效的温度控制措施，施工期间单支墩大头坝迎水面出现不少表面裂缝，虽经凿槽喷浆处理，但不能防止渗水。在渗水压力作用下，1支墩和2支墩中心附近各有一条裂缝发展成大面积的劈头裂缝，漏水量分别达8.2升/秒和8.8升/秒，其他裂缝也有不同程度的发展，严重威胁到大坝安全。1961年2月水库开始蓄水，3月6日水库水位达148.9米时，在坝址上游1500米处右岸山坡（"塘岩光"地段）发生滑坡。大约165万立方米的土石塌入水库、掀起巨浪，坝前水位瞬时上升3.6米，由149米涨至152.6米，巨浪漫过正在施工的溢流段坝顶，致使当时在坝顶作业的施工人员和机械被大水冲走，坝顶临时防洪设施被摧毁。

事故原因及教训：这次事故是由于电站水库区"塘岩光"地段岩石地形构造复杂，由于水文地质条件的改变、天下大雨等综合因素引起突发性滑坡，导致库水暴涨造成的；同时"也是由于当时缺乏经验所致，水电工程局和有关单位的领导、设计人员，应认真总结经验、吸取教训，改进设计，提高安全防范措施，以避免类似事故重复发生"。从实际情况分析，对水库地质构造及其规律特点缺乏清晰把握，施工时间紧迫、质量低劣，安全意识薄弱，没有针对滑坡等事故的防范措施和预案，应是导致事故发生的主要原因。

（二十八）辽宁省抚顺矿务局胜利煤矿火灾事故

1961年3月16日，辽宁省抚顺矿务局胜利煤矿西部-280米水泵房，因高压配电室2号电容爆炸，酿成大火，可燃物猛烈燃烧产生大量的烟、杂物、有害气体。由于烟流失控，高温烟流蔓延窜到入风井及配电室及附近区域及相邻采区，致使正在采区内作业的人员被突然窜入的烟流熏倒、窒息和一氧化碳中毒，造成110人死亡，6人重伤，25人轻伤。

胜利煤矿为竖井、斜井混合阶段石门轨道上下山开拓方式，采用倾斜分层上行V型长臂工作面水砂充填采煤法开采。煤层属高瓦斯煤层，每日吨煤瓦斯涌出量为21.7立方米，且有煤与瓦斯突出危险和冲击地压现象。煤尘爆炸指数为75.34%，具有煤尘爆炸危险性。煤层自然发火期为25~30天。矿井通风系统为中央对角式，由中央竖井和一、二、三斜井入风，经-280米水平运输大巷再经各下山至采区，通过需风点后，由各采区回风上山至总回风道经排风斜井排出。

发生火灾的水泵房在胜利煤矿西部-280米水平，担负着矿井-280米水平以上的排水任务。泵房配有高压配电室，距其48米处与火药库相邻，火药库内存有3吨火药、10万余发雷管，泵房采用独立风流通风（矿资料如是说，但从事故分析来看，很难说是独立通风），由-280米水平运输大巷入风，从其他排风斜井回风。泵房下部-425米水平有西一、西二两条下山，各有一个生产采区。采区入风由-280米水平大巷经西一、西二两条下山进入-425米水平上的生产采区，回风至西一排风斜井。

1961年3月16日14时47分，矿区域变电所发现2.2千瓦电力系统A相接地，经选线检查于15时30分查明是10线路接地，即将其电源切断，A相接地故障消除。矿调度通知电气工程师和一名电工在寻找、处理故障的时候又发现A相接地。因此给调度和查找故障的人员造成错觉，误以为不是10线路，于是矿调度下令10线路合闸送电，送电时间长达131分钟，使水泵房高压配电2号电容于16时58分爆炸起火。爆炸起火后，当班两名工人出于惊恐或其他原因，没有及时采取有效措施直接灭火，而是擅自离开工作岗位，致使火灾在一段时间内无人处理。由于泵房临近主要入风巷道，风借火势，燃烧猛烈，当时水泵房亦没有安设防火门，火种很快窜出水泵房进入入风大巷。该巷内有大量木棚和胶质电缆（非不燃烧类），窜入的大火很快引燃了这些可燃物，十几分钟内火头即窜至水泵房48米处的火药库的右门，并继续高速向西发展，经30分钟后，火药库前门即被大火包围，对火药库构成巨大威胁，同时高温流逆着风流沿风道流动。进入为采区送风的两条巷道从而进入采区。采区内的人员在突然灾变毫无思想准备和缺乏自救知识的情况下，绝大多数因为一氧化碳中毒而伤亡，总数达141人。在这次救灾过程中，由于火灾发生的区域离火药库很近，一旦火灾引发雷管、火药爆炸，不仅会摧毁矿井，而且也会使抢救人员蒙受巨大伤亡，可能比现状更惨。只因后来电缆、木支架、木板燃尽火焰发展至水泥土碹受阻，火势减弱，救护队得以完成灭火任务，但大量的有毒有害气体使110名工人送命，31人致伤。这次事故除造成众多人员伤亡外，还烧毁电缆10000米、机电设备170台，封闭回采工作面420米，绞车道2条，经济损失448万元。

有关方面在事故调查文件中指出："这场特大矿井火灾事故的原因，应分为两个问题分析，不能笼统的简单化。一要分析导致火灾发生的原因，二要着重分析141人伤亡的惨重事故的原因。深刻总结和吸取教训。唯有如此加以分析始能正确的得出结论而不掩盖事实。"

发生电气火灾事故的原因：这场火灾是供电系统混乱，导致电器设备部件爆炸、引燃可燃物与木支架造成。其过程：（1）当10线发现接地，在拉闸后检查故障时，一名矿建技术人员急于生产，擅自将 12 与 10 线的联络开关合闸送电，造成二次系统接地，矿调度认为 10 线路拉闸，又发现接地，错误的判断接地不是 10 线的问题，便盲目二次送电长达 131 分钟，导致电容器运作。（2）10 线电缆头（接线盒）是 7 月冒雨制作的，质量低劣，绝缘程度低，又没有做耐压试验，致使 A 相接地使 B、C 两相温度急剧升高，同时 2 号电容器自安装以来长达 3 年没有检查维护，造成瓷瓶放电产生电弧，相间短路爆炸。前述情况表明，发生这次电气火灾的原因归根结底是矿井机电设备管理混乱，机电设备严重失修和缺乏维护，而且又缺乏严格的送、断电管理制度以及相关的人员失职。

造成特大伤亡的原因：在这次事故中没有任何人员因直接救火而被烧伤或者致死，同时救灾期间也没有发生瓦斯爆炸事故之类的事故。事故伤亡 141 人都是由于一氧化碳中毒和窒息死亡的，因此可以认为，在这次重大火灾事故中根本原因在于缺乏经验，对通风控制不利，矿井通风系统不尽合理和通风设施布局欠妥以及缺乏有远见的火灾时期通风控制措施计划所致。

综上所述，这次事故的根本原因在于：（1）机电管理混乱，导致电容爆炸引燃可燃物；违章作业，非电工操作，电管人员不知不晓，盲目送电；电缆接头和电容器的制作、安装质量低劣，长期不检查、维护；接地无保护等。（2）机电硐室（水泵房）缺乏应有的安全保护，没有严格按照《煤矿安全规程》的有关规定设置防火门，也无消防器材，在岗人员失职，临危脱逃，致使火灾发生后未得到及时控制，导致烟流逆向蔓延。（3）发火泵房区域通风系统布局欠妥，通风控制设施布置不全不妥，是矿井通风设计和管理上的失误。（4）矿井未编制灾害预防议案，从矿领导到工人缺乏应对灾害的知识和能力，灾害来临束手无策是未能限制和减少灾害后果的主要因素。

（二十九）四川省竹园坝钢铁厂焦化车间职工宿舍火灾事故

1961 年 4 月 3 日，四川省竹园坝钢铁厂焦化车间职工宿舍发生特大火灾事故，造成 94 人死亡，重伤 31 人，轻伤 14 人，1 人失踪，受灾者共 370 余人。烧毁简易楼房两栋共 32 间，公物 600 余件及全部伤亡和受灾者的被服、现金和生活用品等。

事故当日 20 时 40 分，竹园坝钢铁厂焦化车间职工宿舍内，除 140 余名工人突击任务在车间值班外，早、中两班的绝大部分工人正在楼上熟睡。这时住在右栋一楼的洗碎工段工人江某手持煤油灯观察胶水泡制情况时，不慎将煤油灯与汽油接触着了火。慌张中油灯和容器落地打碎，火星飞溅，引燃江某的棉被。江某怕火势蔓延，便拖着燃烧的棉被从房间右侧向左侧门外猛跑。由于工人床铺门窗遮挡的都是茅草，一接触火随即燃烧。当时一楼有 5 名工人，发现火警立即向门外逃命，并喊叫"着火了，着火了!"待逃出房门后，这 5 名工人都已烧伤倒地。楼上熟睡的工人被惊醒后，猛火已临床，措手不及。现场一片混乱，起火后不到 20 分钟，楼顶垮塌，百余人伤亡。

事故原因：（1）职工宿舍设计严重忽视安全，无任何防火措施，楼房只有一个门口出入是导致扩大伤亡的重要原因。（2）火灾发生后没有人指挥进行抢救，加之当晚有 4 级风，下小雨，且停电无光亮。当职工一齐拥向全楼仅有的一个楼门时，由于楼门狭窄，有的人还拿着沉重包裹，致使大部分人不能从容脱险。整个房门和楼门完全被人堵塞，进出不得，秩序十分混乱。（3）对工人缺乏安全防火的知识教育和应急措施。工人手持煤油灯不慎与汽油接触是火灾发生的直接原因。

（三十）四川省南充地区西充县高顶山煤矿岩石垮塌事故

1961 年 4 月 18 日，四川省南充地区西充县广安高顶山煤矿三井井口右侧发生危岩垮塌事故，垮落岩石 20 多万立方米，造成 82 人死亡，3 人重伤。

高顶山煤矿地处四川省广安华蓥山脉中段西侧，位于由南向北倾斜的鞍形上升的高点部位，山脉走向大致与构造方向一致，呈北东方向延伸。矿区内最低海拔为+310 米，最高海拔为+1526.3 米，相对高差达 1216.3 米。该矿 3 号井井口右侧上方地势陡峭，且有大量危岩。1959 年就出现危岩垮落险情，当年 6 月 16 日，三井下游副井对岸曾发生岩石垮塌，3 名工人被砸身亡，另外还发生两次岩石垮落打坏厕所和煤仓卸煤架事故。为此，从 1959 年下半年至 1961 年 1 月，三井领导曾 3 次书面报告高顶煤矿，陈述陡岩各部位的变化情况，要求将职工宿舍及生活设施等迁到井口对岸杨家河上游另建。但没有引起矿领导的重视。

1961 年 4 月 15 日，三井发现上部岩石出现多处 20~50 厘米宽的裂缝，及时给矿领导提出了书面报告，要求给予高度重视，采取必要的安全措施。但仍然没有得到矿领导的重视，有的矿领导竟说："莫大惊小怪，热则膨胀，冷则收缩嘛，哪就垮了! 垮点小石头，这么高的大山有啥奇怪! 经常都在喊垮石头，我看是右倾思想作怪!"但残酷的现实彻底粉碎了矿领导的天真，3 天后，即 4 月 18 日 2 时许，三井井口右侧的危岩垮了下来，垮落的岩石有 20 多万立方米，压埋了职工宿舍及生活设施，造成 82 人死亡，3 人重伤。

事故原因：（1）矿井工业广场和生活设施选址不当，特别是将职工宿舍建在危岩下面，是设计和建设的重大失误。（2）矿领导官僚主义和临时观点严重，对职工的生命安全完全熟视无睹，在井口领导报告险情加重的情况下，仍然麻木不仁，不采取防范措施，不下令撤离人员。（3）三井管理人员现场处置险情不当，在明知危岩出现很多裂缝的情况下，麻痹大意，不自行撤离人员避险保命，还指望矿领导采取安全保护措施。

（三十一） 四川省重庆市水上交通运输公司 411 客轮翻沉事故

1961 年 7 月 13 日，四川省重庆市水上交通运输公司第 411 号客轮，从市中区朝天门码头开往弹子石码头行驶途中左机熄火，违规"带病"单机航行，同时鸣笛求救。到达重庆港斜石处，客轮靠不拢囤船；水上交通运输公司第 507 轮在施救时，违反操作规程，冒险"钻档"，不慎撞向 411 客轮的左舷尾部。客轮随即翻沉。船上人员全部落水，其中 122 人死亡，5 人受伤。直接经济损失 12 万余元。

（三十二） 黑龙江省鸡西矿务局滴道煤矿煤尘爆炸事故

1961 年 9 月 20 日 1 时 57 分，黑龙江省鸡西矿务局滴道煤矿三井二斜发生煤尘爆炸事故，造成 53 人死亡。

事故当日 1 时 40 分左右，该斜井一段 300 绞车拉第三趟 6 个煤车时，勾头车在一段 7 路掉道，把钩工发出慢拉、慢放信号 10 余次，约经 15 分钟煤车复轨，发出提升信号，起车后又发出"催点"（催促提升的信号），绞车司机根据信号给满速提升，1 时 57 分，煤车刚到井口门，上把钩工看见勾头车在井口门的横水沟处掉道，瞬间，勾头车联结第二辆煤车连接杆由于掉道的猛烈震动，5 个车全部跑下，把钩工看见掉道就拉了一个长点。跑下的 5 个车作不规则运动，在距井口门 165 米处撞坏悬挂右帮腿上的 3300 伏电缆 3 处，距井口 170 米处撞坏 1 个车，194 米处堆阻 3 个受撞坏车。高压电缆由于受到强力撞击，瞬间短路，产生高温电弧将跑车带起来的煤尘引着，引起爆炸。爆炸后强烈的炽热气浪顺风迅猛而下，又引起二次爆炸，将井下设施风门、永久密闭及支护、坑口门全部摧毁，造成当时在井下作业的 52 人全部死亡，井上 1 名挂链工被飞石撞击死亡，共死亡 53 人。

事故原因：主要是勾头车前轴弯曲 9 毫米，线路有三处不合规格要求；车掉道两次，联结杆未插到，无保险钩，造成串销跑车；绞车道煤尘大，有些棚子上煤尘厚度达 15~20 厘米，绞车道敷设电缆没有可靠的保护装置。

（三十三） 吉林省通化矿务局八道江煤矿三区立井瓦斯煤尘爆炸事故

1962 年 3 月 14 日，吉林省通化矿务局八道江煤矿三区立井一采区发生瓦斯煤尘爆炸事故，造成 70 人死亡，11 人重伤，2 人轻伤。

八道江煤矿三区立井是一座正在建设的矿井，设计生产能力为年产 45 万吨，原设计定为三级瓦斯矿。于 1961 年 6 月局部提前移交生产，其他仍在建设施工中。为了避免互相干扰，生产、建设各有独立的通风、提升系统。生产系统安装 40 千瓦主要通风机一台，采用吸入式通风，主井入风、副井排风，每分钟总入风量为 640 立方米，排风量为 760 立方米。一采区工作面斜长 100 米，走向长 300 米，设计为单一长壁式采煤法，日产煤 200 吨左右。因没按设计施工，实际采用了"残柱式"采煤法，将采区掘成五条上山，一条中间巷道，造成废巷 391 米，独头巷道 9 处，其中积存瓦斯 7% 以上的有 7 处，2% 以上有 2 处，作业环境非常恶劣。

事故原因：掘进掌子局部通风机停止运转，瓦斯积聚超限；电工徐某某在局部通风机停风后进入掌子带电修理电钻，产生火花引起瓦斯煤尘爆炸事故；生产秩序混乱，乱采乱挖，不按规程办事；井下通风时停时开，停风停电也不通知；机电设备无人专管、专修；规章制度不全，安全工作不落实，责任不清，违章指挥时有发生。

责任追究：矿总工程师韩某某，担任抢救事故总指挥不采取有效措施，违章指挥，耽误了抢救时间，扩大了井下人员的伤亡，对日常技术管理工作混乱负有技术领导责任，由司法机关追究刑事责任；三井党总支书记关某某，违章指挥，擅自决定关闭主要通风机，造成瓦斯浓度超限，事故后不及时汇报，给抢救事故造成了困难，扩大了井下职工的伤亡，由司法机关追究刑事责任；矿党委书记王某某，单纯追求经济效益，忽视了安全生产和职工的思想教育，违章指挥，负有领导责任，给予撤销党内职务处分；矿长姚某某，未能认真执行党委领导下的矿长负责制，对全矿的技术和生产管理负有重大责任，给予撤销党内外职务处分；井长姚某某，没有按作业规程办事，管理工作不力，对长期乱采乱挖熟视无睹，冒险蛮干，给予撤销党内外职务处分；副井长张某某，分管三井安全工作，对三井生产和技术管理混乱，事故隐患长期存在没有采取措施加以解决，对新工人避灾路线、安全培训不力，工作失职，给予撤职处分；矿务局安监局副局长兼局救护大队长许某某，抢救工作不力，扩大了人员伤亡，负有一定指挥不当责任，对全矿的安全生产监督检查工作没有切实履行好职责，负有监督检查责任，给予行政记大过处分。

（三十四）云南省云锡公司新冠选矿厂火谷都尾矿库溃坝事故

1962 年 9 月 26 日，云南省云锡公司新冠选矿厂火谷都尾矿库发生溃坝事故，死亡 171 人，受伤 92 人。涌出尾矿和澄清水 368 万立方米，冲毁耕地 8112 亩，11 个村寨及 1 个农场被毁，受灾人口 13970 人。

火谷都尾矿库位于红河州个旧市城区以北 6 千米，为一个自然封闭地形。该库西南与火谷都车站相邻；东部距个旧—开远公路 160 米，高于个开公路约 100 米；北邻松树脑村，再向北即为乍甸泉出水口，高于乍甸泉 300 米。尾矿库周围山峦起伏，地形陡峻。库区北面和东面各有一个垭口，北面垭口底部标高 1625 米，东面垭口底部标高 1615 米。该尾矿库设计最终坝顶标高 1650 米，东部垭口建主坝，尾矿升高后，再以副坝封闭北部垭口。库区位于溶岩不甚发育地区，周边有少许溶洞。

原设计主坝为土石混合坝，因工程量大分两期施工。第一期工程为土坝，坝高 18 米，坝底标高 1615 米，坝顶标高 1633 米，内坡比为 1：2.5~1：2，外坡比为 1：2，相应库容 475 万立方米，土方量为 12 万立方米；第二期工程为土石混合坝，坝高 35 米，坝顶标高 1650 米，相应库容 1270 万立方米，土方量为 32 万立方米，石方量为 18 万立方米。

第一期土坝工程施工质量良好，实际施工坝高降低了 5.5 米，坝顶标高 1627.5 米，相应土方量 9 万立方米，相应库容量为 325 万立方米。一期工程土坝完工后，尾矿库于 1958 年 8 月投入运行，生产运行中，坝体情况良好，未发现异常现象。

按原设计意图，在第一期工程投入运行后，即应着手进行尾矿堆筑坝体试验工作，若不能实现利用尾矿堆筑坝体，则应按原设计进行二期工程建设。但到 1959 年底，库内水位已达 1624.3 米，距坝顶相差 3.2 米，库容将近满库，仍未进行第二期工程施工。为了维持生产，1960 年生产单位组织人员在坝内坡上分 5 层填筑了一座临时小坝，共加高了 6.7 米，坝顶标高 1634.2 米。筑坝与生产放矿同时进行，大部分填土没有很好夯实，筑坝质量很差。1960 年 12 月，临时小坝外坡发生漏水，在降低水位进行抢险时又发生了滑坡事故。

1961 年初开始着手进行二期工程施工。经研究，将原设计的二期工程土石混合坝改为土坝，坝顶标高 1639 米，并将坝体边坡改陡，改后内坡 1：1.5，外坡 1：（1.5~1.75）。1961 年 3 月，第二期工程坝体已施工至 1625 米标高，但筑坝速度（坝体增高）落后于库内水位上升速度。为了维持正常放矿并减少筑坝工程量，在没有进行工程地质勘查的情况下，即决定将第二期工程部分坝体压在临时小坝上，同时提出进一步查明工程地质情况和尾矿沉积情况后，再决定第二期工程坝体采取前进（全部压在临时小坝上）方案或后退（只压临时小坝三分之一）方案。1961 年 5 月，在未进行工程地质勘查的情况下，决定将第二期工程坝体全部压在临时小坝上，且坝体增高4.5米，即坝顶标高为1644米，土坝内坡为1：1.6、1：1.75。按原设计要求，施工时每层铺土厚度15~20厘米，土料控制含水率20%时，相应干密度不小于1.85吨/立方米，但从1961年2月开工到1962年2月完工，施工中压实后的坝体干密度降低为1.7吨/立方米，没有规定土料上坝的含水率，并且施工与生产运行齐头并进，甚至有4~5个月时间，由于库内水位上升很快，不得不先堆筑土坝来维持生产，因此施工中坝体的结合面较多（较大的结合面有6处）。坝体的结合部位没有采取必要的处理措施，施工质量差，施工中经试验后规定每层铺土厚50厘米，实际铺土厚度大部分为40~60米，个别地方达80厘米，施工中质检大部分坝体湿密度为1.7吨/立方米以上。在施工期间，已发现临时小坝后坡有漏水现象，有一段100米×1米×1米的坝体（为后来的决口部位）含水较高，没有压实，在临时小坝内还存在抢险时遗留的钢轨、木杆、草席等杂物，以及临时小坝外坡长约43米，高5~9米的毛石挡土墙。第二期工程完工后不久，1962年3月曾发现坝顶有长84米、宽2~3厘米的纵向裂缝，经过一个多月的观测，裂缝仍在发展，于5月将裂缝进行了开挖回填处理。由于施工期间生产与施工作业同时进行，未进行坝前排放尾矿，坝前水位较高，加之事故前3天下了中雨，致库内水位上涨，已达1641.66米；1962年9月20日曾发现南端及后来溃决口处的坝顶上有宽2~3毫米的裂缝两条，长度约为12米；另外，在外坡距坝顶0.8米处（事故决口部位上）亦发现同样裂缝一条。

1962年9月26日，在坝体中部（坝长441米）发生溃坝，决口顶宽113米，底宽45米，深约14米，流失尾矿330万立方米、澄清水38万立方米，造成171人死亡，92人受伤，11个村寨及一个农场被毁，8112亩农田被冲毁及淹没，冲毁房屋575间，受灾人员达13970人，同时还冲毁和淹没公路4.5千米。

事故原因：坝体边坡设计过陡，施工质量差，且临时小坝基础为尾矿和泥浆，自身不稳，而二期坝体又筑在临时小坝之上；坝前又未排放尾矿，坝体完全处于饱和状态；对事故前已有滑坡迹象，但未引起足够重视，最终使坝内临时小坝失稳向库内滑动，从而导致溃坝事故发生。

（三十五）四川石油管理局蓬莱钻井大队"蓬45"井天然气燃烧爆炸事故

1963年2月5日4时，四川石油管理局蓬莱钻井大队"蓬45"井，发生天然气燃烧爆炸，伤亡42人，其中死亡21人，受伤21人。

"蓬45"井位于蓬溪县，于1960年4月27日开始试油，曾经发生坠落油管事故，由于新建井多，试油任务繁忙，该井事故处理工作暂停，并留有3名工人看守。1962 年起，由于工业调整，再次精减人员，未再派专人看井。井里溢出的微量天然气，被附近群众用石头堆起 3 个炉灶，利用来做饭、煮饲料等。该井曾多次喷油，所喷出的原油被附近群众捞去作燃料。

1963 年 2 月 4 日 23 时，当地群众肖某等人路过"蓬 45"井，听到井里发出响声，根据以往情况估计可能要喷油，他们即叫来群众 30 多人，把第一次井里喷出的原油约 600 千克捞走，接着又来 118 人到井场等待捞油，不幸发生了天然气燃烧爆炸重大伤亡事故。

事故原因：二月初因夜深天冷，群众李某向罗某要了火柴，点燃了放喷管线的天然气，大家争先恐后烤火取暖。由于人多火小，烤不上火的人便用稻草粘上原油在井口周围先后点燃 10 堆明火，最近的火堆距井口 4.7 米，最远的距井口 15.2 米。2 月 5 日 4 时许，井内又喷出原油，百余名人员拥挤到井口周围，争捞原油，没有将明火熄灭。群众熊某将放喷管线拆掉，用桶对准井口四通出口，抢接原油两桶递走后，当他接第三桶油时，由于井场天然气浓度增大，火源又近，天然气接触了明火，当即引起燃烧爆炸，井口附近地面和人员身上均是原油，瞬间形成一片火海。100 余人在井口周围，你推我挤，逃脱不及，造成严重伤亡。

（三十六）山东省临朐县七贤公社黑火药爆炸事故

1963 年 4 月 16 日，山东省临朐县七贤公社，在存放黑火药的旧厂房内召开人民代表大会，因代表吸烟不慎引起火药爆炸，在与会的 168 名代表中，有 55 人当场被炸身亡，49 人被炸伤，后因抢救无效又死亡 6 人。（待深入调查和充实）

（三十七）天津铝制品制造厂铝粉爆炸事故

1963 年 6 月 16 日 8 时 10 分，天津铝制品制造厂磨光车间吸尘管道发生铝粉爆炸事故，造成 43 人伤亡，其中死亡 19 人，伤 24 人，炸毁厂房 678 平方米，各种设备 21 台，经济损失近 100 万元。

天津铝制品厂磨光车间共安装抛光机 10 台，吸尘器管道位于抛光机机身地下。6 月 16 日 6 时工人上班，7 时左右发现通风机的声音不正常，工人即关掉了通风机，找车间主任修理，车间主任与检修工来到现场后，为了寻找原因又开动风机（中间约停风机 40 分钟），此时吸尘器管道内的铝粉发生了爆炸。爆炸气浪将厂房东西两侧墙壁摧毁，水泥房顶迅速塌下，同时车间东侧包装工段木质天棚也迅速塌下，造成伤亡职工 43 人，炸毁厂房 678 平方米，各种机器设备 21 台，经济损失近 100 万元。

事故原因：（1）天津铝制品厂的厂房建筑和通风吸尘设备不符合安全要求。

该磨光车间是经过 1961 年底火灾后，于 1963 年 5 月重新建造起来的，新建的厂房很低，风流不畅通，容易增加粉尘浓度，厂房墙薄顶厚，钢骨水泥屋顶在爆炸后塌了下来，加重了人员伤亡，车间内的通风除尘设备未经验收就投入生产，以致投产后 10 多天，即叶轮不平衡发生摆动，叶轮上螺母与加工粗糙的进风管口发生摩擦而起火爆炸。（2）天津铝制品厂的领导和职工对铝粉的爆炸性能缺乏认识，没有采取防止铝粉爆炸的安全措施。（3）该厂领导存在重生产、轻安全的片面观点，没有认真吸取 1961 年该厂磨光车间发生火灾事故的教训。

责任追究：（1）给予副厂长、党总支委员李某留党察看两年，并交由司法部门依法处理。（2）给予厂长、党总支副书记李某，留党察看一年，行政撤职处分。（3）给予党总支书记刘某和副厂长韩某党内严重警告处分。（4）给予私方副厂长穆某，行政降职处分。（5）给予市日用机械工业公司副经理宋某，行政警告处分。

（三十八）浙江省黄岩县长潭水库翻船事故

1964 年 4 月 5 日，浙江省黄岩县（现台州市黄岩区）长潭水库发生翻船事故，造成 116 人死亡（其中学生 99 人）。

事故发生当日为清明节，黄岩县路桥中学组织 485 名学生和教师（其中学生 462 名），从当地驻军借 8 辆军车，由一位副校长带领，去长潭水库春游。上午看水库大坝。下午借长潭水库管理委员会的一艘游艇，准备分三批在水库内环湖参观。12 时 30 分许，第一批 144 人登上游艇出发。当船驶至水库中心时，遇上 7~8 级西南大风。驾驶员见情况危险，便将船转向山边靠拢。当船驶到木鱼山以南水面，用大舵角全速转向，使船体产生急剧横倾。由于学生惊慌地在舱面移动，加剧船体横倾，造成单边倾侧而翻沉，人员全部落水并闷在船舱里。仅少数人逃生。

事故原因：组织这次参观游览的负责人员对人的生命安全采取极不负责任的态度，乘船不根据船的载客定额，严重超载，没有驾驶员，随便找人替代所造成；路桥中学组织大批师生春游，事先缺乏严密组织安排，驻军、水库都开绿灯借车、借船；临时驾船的李昌顺是簿民（筏工）出身，不是机动船正式驾驶员，更无熟练的驾驶技术；游艇载重量 18.5 吨、排水量 28.5 吨，舱内客位只有 24 座，最多只能乘 74 人，而竟挤上 144 人，超过近一倍，又碰上大风，导致这次惨痛事故。

事故发生后，国务院总理周恩来指示公安部迅速通报此事，并要求有关部门作出规定，防止和避免类似事故的发生。

（三十九）新疆生产建设兵团农二师塔里木二场基建二队火灾事故

1965年1月8日，新疆生产建设兵团农二师塔里木二场基建二队发生火灾，造成172人死亡，10人受伤。

事故发生当日19时，兵团农二师塔里木二场基建二队在芦苇搭成的地窝子里，召开有211人参加的全队职工大会。会议进行当中，该队职工肖华英等人嬉笑打闹，无意之中将煤油灯碰倒，点燃芦苇顶棚。又由于地窝子出口狭窄，逃生通道不畅通，混乱之中人们相互踩踏、跌倒，许多人因窒息死亡。（待深入调查和充实）

（四十）江苏常州戚墅堰区运河桥梁断坍事故

1965年8月1日，江苏省常州市戚墅堰机车车辆厂在戚墅堰区运河上自建的一座桥梁（名"工农桥"）断坍，致使在桥梁上观看水上爆破演习的群众落水，造成84人死亡，345人受伤。

7月31日下午，当地下倾盆大雨，运河水位猛涨。8月1日，常州戚墅堰机车厂在工厂火车头体育场举行庆祝"八一"建军节暨民兵师成立大会。大会之后，准备在古运河南侧的乡村内河里，进行民兵水雷爆破表演。周围村庄的人得知消息，纷纷前往观看。运河上有机车车辆厂自建的一座简易桥梁。当地群众争先恐后，从北面桥头蜂拥而上。为防止爆炸造成意外伤亡，机车厂派人在桥的另一端拦着，不许群众下桥，严禁其靠近河边。由于只能上、不能下，造成桥面人数越来越多。桥梁重量超载，不堪重负，突然坍塌，桥上数百人滚落运河，造成重大伤亡。对民兵军事演习和群众集会的安全隐患认识不足，缺乏防范群死群伤事故的意识，现场组织指挥不够科学严密，是导致这次发生的主要原因。

第三章 "文化大革命"时期
(1966—1976)

一、概况

"文化大革命"带来了中国历史上第二个事故高峰期。由于"左"倾思潮和无政府主义严重泛滥,党和国家安全生产方针政策受到怀疑、抵制、否定甚至批判,安全第一被攻击为修正主义的"活命哲学",安全生产法规标准、规章制度被攻击为"走资派"的"管、卡、压"和束缚广大革命群众的"条条框框",把冒险蛮干、违规违章甚至非法违法行为奉为革命造反精神。全国工业生产、交通运输等陷入无序和混乱,由于各级政府濒于瘫痪,劳动保护、安全生产监管机构被撤销或者被迫停止运转,导致事故上报统计制度事实上废弛。各地、各单位发生的伤亡事故大量的被忽略、漏报或者被故意隐匿。一些事故发生后,不认真查找原因,甚至故意隐瞒真相,把事故发生的原因引导到"阶级敌人要阴谋搞破坏"上来,有的还借机开展了"查事故原因、挖阶级敌人"活动。一些地方和单位把丧事当喜事办,事故发生后大力宣传遇难、受困人员临危不惧的"革命大无畏"精神,发生事故,选树和表彰一批英雄模范。"事故出英雄"成为常态,煤矿瓦斯煤尘爆炸和冒顶透水、火药厂爆炸、轮船碰撞沉没、旅客列车颠覆、车间仓库火灾等重特大事故频频发生,与1965年相比,1970年全国县属以上企业事故死亡人数为其2.85倍,1971年为其4.24倍,1972年为其4.31倍。

1966年 全国工矿企业工伤事故死亡3867人。其中煤矿事故死亡1478人,百万吨死亡率5.877。发生道路交通事故27367起,死亡3466人,万车死亡率102.18。

本年度发生一次死亡30人以上特别重大事故3起,死亡157人,受伤119人。

1967年 全国工矿企业工伤事故死亡2578人。其中煤矿事故死亡1238人,百万吨死亡率6.018。发生道路交通事故29264起,死亡5728人,万车死亡率172.48。

本年度发生一次死亡 30 人以上特别重大事故 6 起，死亡 379 人，受伤 150 人。其中死亡百人以上事故 1 起，即重庆公用轮渡公司 108 号轮翻沉死亡 131 人。

1968 年 全国工矿企业工伤事故死亡 4490 人。其中煤矿事故死亡 1651 人，百万吨死亡率 7.519。道路交通事故统计中断。

本年度发生一次死亡 30 人以上特别重大事故 9 起，死亡 571 人，受伤 138 人。其中死亡百人以上事故 2 起：①陕西华阴县岳庙剧院庆祝县革委成立文艺演出剧场失火坍塌死亡 135 人，受伤 52 人；②山东新汶矿务局华丰煤矿煤尘爆炸死亡 108 人，受伤 72 人。

1969 年 全国工矿企业工伤事故死亡 6402 人。其中煤矿事故死亡 1972 人，百万吨死亡率 7.415。道路交通事故统计中断。

本年度发生一次死亡 30 人以上特别重大事故 10 起，死亡 834 人，受伤 286 人。其中死亡百人以上事故 2 起：①山东新汶矿务局潘西矿煤尘爆炸死亡 115 人，受伤 108 人；②四川泸洲 201 号轮所拖带的两艘驳船翻沉死亡 273 人。

本年度发生了广东汕头港牛田洋围垦区堤堰因台风导致的溃决事故，死亡 894 人，受伤人数不详。

1970 年 全国工矿企业工伤事故死亡 11848 人。其中煤矿事故死亡 2903 人，百万吨死亡率 8.201。发生道路交通事故 55437 起，死亡 5728 人，万车死亡率 227.63。

本年度发生一次死亡 30 人以上特别重大事故 12 起，死亡 547 人，受伤 437 人。其中死亡百人以上事故 1 起，即中铁二局在四川凉山盐井沟工地遭受泥石流袭击，死亡 104 人。

本年度发生了广东惠州地区揭西县横江水库溃坝事故，死亡 779 人，受伤人数不详。

1971 年 全国工矿企业工伤事故死亡 17610 人。其中煤矿事故死亡 3585 人，百万吨死亡率 9.138。发生道路交通事故 69975 起，死亡 11331 人，万车死亡率 229.19。

本年度发生一次死亡 30 人以上特别重大事故 6 起，死亡 271 人，受伤 377 人。其中伤亡最严重事故为贵州湘黔铁路线贵州黔东南地区清溪工段爆炸事故伤亡 81 人，受伤 256 人（其中重伤 130 人）。

本年度发生伤亡 30 人以上水库溃坝事故 2 起：①浙江宁波地区宁海县紫溪公社洞口庙水库溃决死亡 188 人，受伤人数不详；②辽宁抚顺县救兵公社虎台水库垮坝死亡 512 人，受伤人数不详。

1972 年　全国工矿企业工伤事故死亡 17901 人。其中煤矿事故死亡 3453 人，百万吨死亡率 8.412。发生道路交通事故 77465 起，死亡 11849 人，万车死亡率 205.21。

本年度发生一次死亡 30 人以上特别重大事故 10 起，死亡 500 人，受伤 218 人。

1973 年　全国工矿企业工伤事故死亡 12847 人。其中煤矿事故死亡 3981 人，百万吨死亡率 9.547。发生道路交通事故 71192 起，死亡 13215 人，万车死亡率 196.45。

本年度发生一次死亡 30 人以上特别重大事故 9 起，死亡 443 人，受伤 164 人。

本年度发生伤亡 30 人以上水库溃坝事故 4 起：①甘肃平凉地区庄浪县李家咀水库垮坝死亡 580 人，受伤人数不详；②广东河源地区龙川县罗田水库垮坝死亡 55 人，受伤 3 人（均为重伤）；③山东烟台地区海阳县丁家夼水库垮坝死亡 30 人，受伤 16 人（均为重伤）；④甘肃平凉地区庄浪县史家沟水库滑坡坍塌死亡 81 人，受伤 65 人。

1974 年　全国工矿企业工伤事故死亡 10062 人。其中煤矿事故死亡 3636 人，百万吨死亡率 8.800。发生道路交通事故 81672 起，死亡 15599 人，万车死亡率 198.54。

本年度发生一次死亡 30 人以上特别重大事故 3 起，死亡 160 人，受伤人数不详。

1975 年　全国工矿企业工伤事故死亡 11707 人。其中煤矿事故死亡 4526 人，百万吨死亡率 9.385。发生道路交通事故 91606 起，死亡 16862 人，万车死亡率 183.86。

本年度发生一次死亡 30 人以上特别重大事故 10 起，死亡 909 人，受伤 193 人。其中死亡百人以上事故 3 起：①陕西铜川焦坪煤矿前卫斜井瓦斯爆炸死亡 101 人，受伤 15 人；②广东航运局两艘客轮相撞翻沉死亡 437 人；③辽宁辽阳兰家区安平公社姑嫂城大队俱乐部发生火灾死亡 126 人，受伤 75 人（均为重伤）。

本年度发生了河南驻马店地区板桥等水库溃决事故，死亡 22564 人，受伤 92096 人。

1976 年　全国工矿企业工伤事故死亡 12488 人。其中煤矿事故死亡 4826 人，百万吨死亡率 9.982。发生道路交通事故 101878 起，死亡 19441 人，万车死亡率 156.62。

本年度发生一次死亡 30 人以上特别重大事故 14 起，死亡 838 人，受伤 193 人。其中死亡百人以上事故 1 起，即四川什邡红星煤矿遭泥石流袭击，死亡 110 人。

二、重点行业领域事故简述

（一）矿山事故

1. 1966 年 1 月 10 日，云南省昭通地区鲍家地煤矿发生瓦斯爆炸事故，死亡 27 人。

2. 1966 年 6 月 22 日，位于四川省合江县和江津县交界的泸州气矿塘河 1 号井在进行钻井试压过程中发生井喷、火灾事故，6 人被烧身亡，21 人被烧伤。

3. 1966 年 8 月 15 日，四川省荥经县斑鸠井煤矿 2 号井发生瓦斯爆炸事故，死亡 4 人，受伤 36 人（其中 10 人致残）。

4. 1966 年 11 月 28 日，黑龙江省鸡西矿务局滴道矿二井发生瓦斯爆炸事故，死亡 14 人，烧伤 3 人。

5. 1966 年 12 月 7 日，山西省交城县火山煤矿三坑发生瓦斯爆炸事故，死亡 36 人。

★6. 1967 年 1 月 12 日，贵州省六枝特区大用煤矿平硐（建设矿）发生瓦斯突出事故，死亡 98 人。

7. 1967 年 1 月 21 日，云南省曲靖地区师宗县大舍煤矿顾家坟斜井瓦斯爆炸，死亡 12 人，矿井坍塌堵塞。

8. 1967 年 2 月 3 日，湖南省黔阳县双溪煤矿发生透水事故，死亡 15 人。

9. 1967 年 3 月 7 日，辽宁省阜新矿务局五龙矿发生瓦斯爆炸事故，死亡 14 人。

10. 1967 年 4 月 7 日，四川省东风矿区建设指挥部（芙蓉矿务局的前身）正在建设中的珙县白皎煤矿（红光煤矿）二水平二层煤总回风巷下山发生瓦斯爆炸事故，死亡 22 人，重伤 13 人，轻伤 13 人。

11. 1967 年 5 月 10 日，新疆维吾尔自治区昌吉州农垦局大黄山煤矿发生瓦斯爆炸事故，死亡 17 人。

12. 1967 年 5 月 28 日，甘肃省兰州市阿干镇煤矿职工住宅遭到洪水袭击，死亡 38 人。

13. 1967 年 6 月 14 日，四川省南桐煤矿一井 0507 采区在掘进二、三上山时，发生瓦斯爆炸事故，造成 23 人死亡，4 人重伤，15 人轻伤。

14. 1967 年 9 月 12 日，新疆维吾尔自治区阿勒泰地区库仑铁布克煤矿井下发生火灾，死亡 12 人。

15. 1967 年 9 月 30 日，新疆维吾尔自治区重工业厅苇湖梁煤矿发生煤尘瓦斯爆炸，死亡 15 人。

16. 1967 年 11 月 6 日，山西省晋城县巴公公社一处无证开采的小煤窑发生透水事故，死亡 16 人。

17. 1967 年 11 月 30 日，河南省鹤壁矿务局张庄矿斜井人车钢丝绳脱卡，造成 7 人死亡，23 人受伤。

18. 1967 年 12 月 15 日，吉林省辽源矿务局太信煤矿东二井发生瓦斯煤尘爆炸事故，死亡 32 人，伤 12 人。

19. 1968 年 1 月 20 日，四川省重庆市南桐矿务局鱼田堡煤矿发生煤与瓦斯突出事故，造成 27 人死亡，32 人重伤，172 人轻伤。突出地点为该矿的一井西翼 1406 采区，其地质构造为瓦斯突出地带，开采使地质应力集中，加之警惕性不够，防范措施不力，导致事故发生。

20. 1968 年 2 月 19 日，云南省曲靖地区师宗县大舍煤矿瓦斯爆炸，死亡 12 人。

21. 1968 年 2 月 23 日，湖南省涟邵矿务局洪山殿煤矿彭家冲井因爆破作业未采取防突措施，引发瓦斯突出事故，死亡 31 人。

22. 1968 年 3 月 4 日，新疆生产建设兵团农二师艾维尔沟煤矿五井平硐发生煤尘爆炸事故，死亡 18 人。

23. 1968 年 5 月 10 日，新疆维吾尔自治区哈密地区巴里坤县煤矿 19 号井发生瓦斯煤尘爆炸事故，死亡 14 人，重伤 4 人。

24. 1968 年 6 月 25 日，江西省上饶地区乐平县涌山垦殖场峡山煤矿发生透水事故，死亡 10 人。

25. 1968 年 7 月 1 日，宁夏回族自治区石炭井矿务局三矿四井发生煤尘爆炸事故，死亡 27 人，重伤 2 人，轻伤 1 人。

★26. 1968 年 7 月 12 日，河北省峰峰矿务局羊渠河二坑一水平 3232 大巷区爆破引起瓦斯煤尘爆炸，波及其他几处连续发生爆炸。事故造成 51 人死亡，5 人重伤。

27. 1968 年 8 月 15 日，山西省清徐县红旗煤矿 301 运输大巷发生瓦斯爆炸事故，造成 11 人死亡，4 人重伤。

28. 1968 年 8 月 20 日，湖南省邵阳地区隆回县文革煤矿（大园煤矿）发生瓦斯突出事故，现场作业 47 人，其中 31 人死亡，9 人重伤。

29. 1968 年 9 月 6 日，江苏省无锡硚山煤矿第二轨道上山 2427 运输道掘进工作面发生瓦斯爆炸事故，死亡 12 人。

★30. 1968 年 10 月 24 日，山东省新汶矿务局华丰煤矿一井发生煤尘爆炸事故，死亡 108 人，受伤 72 人。

31. 1968 年 11 月 26 日，河北省张家口地区八宝山煤矿七一井发生透水和硫化氢气体中毒事故，死亡 11 人。

★32. 1968 年 12 月 25 日，山西省忻州地区阳方口煤矿南坑发生瓦斯煤尘爆炸事故，死亡 66 人。

33. 1968 年 12 月 27 日①，新疆维吾尔自治区农垦局阜北农场煤矿发生瓦斯煤尘爆炸事故，死亡 31 人。

34. 1969 年 2 月 15 日，辽宁省鞍山钢铁厂齐大山铁矿露天开采大会战现场南山采区发生炸药爆炸事故，造成 22 人死亡，30 人重伤。

35. 1969 年 3 月 25 日，河北省张家口地区下花园煤矿一井 2101 工作面发生冒顶事故，造成 17 人死亡（其中 7 人为省地质综合大队参加劳动锻炼的工程技术人员）。

★36. 1969 年 4 月 4 日，山东省新汶矿务局潘西矿±0 米水平二井东翼三采区以东第三、四贯眼之间发生煤尘爆炸，死亡 115 人（其中抢救中死亡 2 人），一氧化碳中毒受伤 108 人。

37. 1969 年 4 月 25 日，四川省重庆市南桐煤矿一井三半石门违章爆破，引发瓦斯突出事故，死亡 13 人，轻伤 84 人。

38. 1969 年 5 月 12 日，四川省珙县铁厂所属煤矿发生瓦斯爆炸事故，死亡 7 人，受伤（中毒）85 人。

39. 1969 年 6 月 6 日，江西省英岗岭煤矿建山井（由第三十二工程处施工）发生煤与瓦斯突出事故，死亡 26 人，重伤 8 人。

40. 1969 年 6 月 14 日，山西省长治县南掌煤矿发生透水事故，死亡 26 人。

41. 1969 年 6 月 19 日，河北省唐山市狼尾沟煤矿发生火灾，死亡 62 人。事故由电缆着火引起，死者为一氧化碳中毒身亡。

★42. 1969 年 7 月 23 日，河北省唐山地区新兴煤矿 945 井发生火灾事故，造成 64 人死亡（包括抢救过程中死亡的 1 名救护队员）。

43. 1969 年 9 月 15 日，吉林省辽源矿务局太信煤矿一井 1504 区发生瓦斯煤尘爆炸事故，死亡 20 人。

---

① 新疆煤炭志记载，此次事故发生时间为 1968 年 4 月，应为误载。

44. 1969 年 10 月 16 日，新疆维吾尔自治区库车县卡其布拉克煤矿发生瓦斯爆炸事故，死亡 12 人，重伤 1 人，轻伤 4 人。事故由爆破引起。

45. 1969 年 12 月 11 日，湖南省湘西自治州洛塔煤矿井口澡堂发生山崖崩塌（滑坡）事故，造成 14 人死亡。

46. 1969 年 12 月 19 日，江西省英岗岭煤矿建山井发生瓦斯突出爆炸事故，第一次爆炸发生后未造成人员伤亡，矿领导错误指挥 10 名矿山救护队员进入井下检查和处理险情，再次发生爆炸，10 名救护队员全部牺牲。

47. 1970 年 1 月 7 日，山西省浑源县大磁窑公社下盘铺煤矿打通采空区，引发透水事故，21 人溺亡。

48. 1970 年 2 月 2 日，山西省左权县松树坑煤矿发生透水事故，22 名矿工被困井下。经抢救 11 人脱险，另外 11 人死亡。

49. 1970 年 2 月 21 日，山西省大同矿务局同家梁煤矿 404 盘区 8401 回采工作面发生冒顶事故，造成 8 人死亡，2 人重伤，7 人轻伤。

50. 1970 年 3 月 10 日，四川省重庆市天府煤矿磨心坡矿井+110 米水平北茅口开拓 6 石门揭穿 K2 煤层时，发生煤与瓦斯突出事故，造成 23 人死亡，17 人受伤[①]。

51. 1970 年 3 月 16 日，四川省富顺县童寺区芝溪公社白洋湾煤矿发生透水事故，造成 19 名矿工溺亡。

52. 1970 年 3 月 28 日，江西省花鼓山煤矿东风井发生冒顶事故，死亡 10 人。

53. 1970 年 4 月 19 日，辽宁省阜新矿务局平安矿五井发生瓦斯爆炸事故，死亡 21 人，重伤 5 人。

54. 1970 年 4 月 25 日，新疆维吾尔自治区阿克陶县东风煤矿发生瓦斯爆炸事故，死亡 15 人。

55. 1970 年 5 月 6 日，湖南省金竹山煤矿一平硐东二大巷爆破引起瓦斯突出事故，死亡 11 人。

56. 1970 年 5 月 29 日，湖南省马田煤矿高泉塘井发生透水事故，死亡 14 人。

57. 1970 年 6 月 3 日，辽宁省红透山铜矿红坑口的一处临时火药库发生爆炸事故，造成 47 人死亡，76 人受伤。

58. 1970 年 6 月 15 日，甘肃省窑街矿务局一矿三采区绞车道发生跑车事故，死亡 17 人，重伤 2 人。

59. 1970 年 7 月 1 日，辽宁省抚顺矿务局胜利煤矿因井下爆破引起电缆着

---

① 重庆劳动志记载，此次事故死亡 12 人，受伤 17 人。其死亡人数应为误载。

火，导致火灾事故，死亡 14 人。

★60. 1970 年 8 月 25 日，湖南省邵东县檀山铺公社张林风大队古林峰煤矿发生瓦斯爆炸事故，死亡 66 人，受伤 6 人。

61. 1970 年 8 月 31 日，河南省开封地区新中煤矿发生瓦斯爆炸事故，死亡 22 人，受伤 16 人。

62. 1970 年 9 月 22 日，云南省曲靖地区羊场煤矿杨家井因电机车架线电弧火花引起瓦斯爆炸，死亡 2 人；10 分钟后，主要通风机突然启动，有毒气体随风流进入采掘工作面，沿途 27 人中毒窒息死亡；在错误的指挥下，救灾人员从回风巷进入灾区，又有 1 人中毒死亡，25 人受伤。事故共造成 32 人死亡，3 人重伤，49 人轻伤。

63. 1970 年 9 月 30 日，河南省许昌地区新锋煤矿五井发生瓦斯爆炸事故，死亡 10 人，伤 11 人。

64. 1970 年 10 月 17 日，河南省洛阳地区临汝县庇山煤矿发生瓦斯爆炸事故，死亡 16 人，伤 22 人。

65. 1970 年 10 月 17 日，湖南省红卫煤矿里王庙井发生瓦斯突出事故，死亡 11 人。

66. 1970 年 10 月 23 日，安徽省淮北岱庄河煤矿（跃进六矿）347 机巷发生瓦斯爆炸事故，造成 12 人死亡，21 人受伤。

67. 1970 年 11 月 2 日，江西省宜春县金水公社煤矿井下发生透水事故，造成 11 人死亡。

68. 1970 年 11 月 29 日，江西省花鼓山煤矿红旗井发生瓦斯爆炸事故，死亡 12 人，重伤 7 人。

69. 1970 年 12 月 26 日，河北省峰峰矿务局牛儿庄煤矿 52200 回采工作面发生冒顶事故，死亡 12 人。

70. 1970 年 12 月，河南省义马矿务局常村矿发生透水事故，死亡 16 人。

71. 1971 年 1 月 6 日，陕西省安康市田坝公社煤窑发生冒顶事故，死亡 19 人，伤 5 人。

72. 1971 年 1 月 10 日，安徽省濉溪市（淮北市）烈山小煤窑掘进头发生透水事故，造成 13 人死亡（其中 1 人在排水救灾时意外坠井溺亡）。

73. 1971 年 2 月 10 日，云南省富源县富村公社托田生产队煤矿因井下明火照明引发瓦斯爆炸事故，死亡 12 人。

74. 1971 年 2 月 16 日，陕西省延安地区黄陵县上畛子劳改农场煤矿在碾药房内违章设置火炉，引发爆炸事故，造成 21 人死亡，17 人重伤，33 人轻伤。

75. 1971 年 2 月 17 日，江苏省南京市云台山硫铁矿井下炸药库因违章吸烟引燃炸药，死亡 7 人，重度中毒 2 人，轻度中毒 66 人。

76. 1971 年 2 月 27 日，贵州省桐梓县新华生产队小煤窑发生瓦斯爆炸事故，死亡 20 人，受伤 3 人。

77. 1971 年 3 月 4 日，辽宁省金厂沟梁金矿发生透水事故，死亡 11 人。

78. 1971 年 3 月 17 日，云南省罗平县富乐公社下寨生产队小煤窑因工人在井下吸烟引发瓦斯爆炸事故，死亡 17 人，受伤 51 人（其中重伤 2 人）。

79. 1971 年 3 月 31 日，辽宁省辽阳市烟台煤矿东六坑发生瓦斯爆炸事故，死亡 27 人，重伤 5 人，轻伤 12 人。

80. 1971 年 4 月 13 日，湖南省邵阳市新东煤矿在盲巷中使用局部通风机排放瓦斯，回风道煤层自燃，引发瓦斯爆炸，死亡 29 人，伤 9 人。

81. 1971 年 4 月 21 日，辽宁省本溪矿务局黄根裕大队农场煤矿发生矿井火灾事故，死亡 10 人，伤 6 人。

82. 1971 年 4 月，四川石油管理局地质勘探第七普查大队 3210 钻井队在岳池县白庙公社四大队钻井时发生井喷、燃烧事故，42 名工人严重烧伤。

83. 1971 年 5 月 2 日，四川省地方国营新源煤矿发生瓦斯爆炸事故，死亡 10 人，重伤 1 人，轻伤 17 人。

84. 1971 年 5 月 18 日，河南省安阳县铜冶公社王槐地煤矿发生透水事故，死亡 11 人，伤 3 人。

85. 1971 年 5 月 21 日，北京市房山县南窑公社小煤窑发生透水事故，死亡 10 人。

86. 1971 年 6 月 6 日，陕西省南郑地区镇巴县田坝公社向阳大队和更生大队的 26 名社员在李万洞小煤窑挖煤时发生冒顶事故，死亡 19 人，重伤 7 人。

87. 1971 年 6 月 9 日，湖北省蒲圻矿务局麻土坡煤矿发生透水事故，死亡 12 人，重伤 2 人。

88. 1971 年 6 月 9 日，河南省平顶山矿务局马道煤矿发生透水事故，主、副井被淹，死亡 6 人，13 人被困井下 98 小时获救。

89. 1971 年 6 月 21 日，新疆维吾尔自治区阜康县西沟煤矿发生瓦斯爆炸事故，死亡 11 人，重伤 2 人，轻伤 1 人。

90. 1971 年 6 月 26 日，广东省曲江县石塘镇老虎冲小煤窑发生瓦斯爆炸事故，死亡 13 人，重伤 3 人，轻伤 2 人。

91. 1971 年 8 月 10 日，安徽省宁国港口煤矿三号井突发透水，造成 23 人死亡，淹没巷道 811 米，积水量达 5500 多吨。这起事故的直接原因是有关人员明知有水患，不采取积极有效的措施，因井下掘进接触老窿而引起的重大责任事故。

92. 1971年8月11日，江西省岗安煤矿发生矿井火灾事故，死亡29人（其中1名救护队员）。事故发生前该矿采空区余煤自燃，曾有大批工人中毒晕倒。当日早班工人因隐患未排除拒绝下井。但矿领导强令工人下井，酿成大祸。

93. 1971年8月11日，安徽省徽州地区港口二矿（煤矿）发生透水事故，造成23人死亡。

94. 1971年8月23日，江苏省徐州矿务局夹河煤矿采煤二区发生冒顶事故，死亡12人，重伤1人，轻伤1人。

95. 1971年8月26日，广东省连南县寨岗公社官坑大队田冲小煤窑发生瓦斯爆炸事故，死亡30人，重伤2人，轻伤14人。

96. 1971年10月1日，黑龙江省鹤岗矿务局反修煤矿（也称新一矿、新一井）二水平北三层二分段二采区212掘进工作面发生瓦斯爆炸事故，死亡15人，受伤23人。

97. 1971年10月28日，辽宁省铁法矿务局晓明矿南二采区北三段发生瓦斯爆炸事故，造成8人死亡。

98. 1971年10月30日，安徽省淮南矿务局新庄孜煤矿四水平3采区13槽南翼发生冒顶事故，死亡17人（其中女工3人），轻伤3人。

99. 1971年11月13日，北京市首都钢铁公司迁安铁矿发生车辆伤害事故，死亡1人，重伤46人，轻伤19人。

100. 1971年12月5日，湖南省邵阳县新平煤矿发生瓦斯突出事故，死亡14人，重伤6人。

101. 1971年12月6日，新疆维吾尔自治区昌吉回族自治州五官煤矿发生瓦斯爆炸事故，死亡25人，重伤1人。

102. 1971年12月9日，河南省安阳矿务局东方红煤矿（也称岗子窑煤矿）发生冒顶事故，死亡11人，轻伤3人。

103. 1971年12月17日，贵州省桐梓县罗平公社小煤窑发生瓦斯燃烧事故，死亡15人，重伤10人，轻伤4人。

104. 1972年2月17日，江苏省苏州市潭山硫铁矿因硫矿石自燃引起井下坑木燃烧，产生大量一氧化碳等有毒有害气体，造成6人窒息中毒死亡。

105. 1972年3月17日，青海省海北州铁迈煤矿发生瓦斯爆炸事故，死亡16人，重伤9人，轻伤4人。

106. 1972 年 3 月 20 日，四川省渡口市（攀枝花市）太平煤矿南一采区发生煤尘爆炸事故，死亡 13 人，重伤 5 人，轻伤 29 人。

107. 1972 年 3 月 30 日，基建工程兵 02 部队在甘肃省矿山建设施工中发生高空坠落事故，死亡 11 人。

108. 1972 年 3 月 30 日，甘肃省嘉峪关市镜铁山矿发生提人罐笼过卷事故，死亡 11 人。

109. 1972 年 4 月 25 日，江西省宜春县西村公社茅竹塘煤矿发生瓦斯爆炸事故，死亡 21 人，重伤 1 人。

110. 1972 年 4 月 27 日，黑龙江省鸡西矿务局滴道煤矿河子竖井发生瓦斯爆炸事故，死亡 17 人，重伤 7 人。

111. 1972 年 5 月 13 日，山东省临沂矿务局大芦湖煤矿发生冒顶事故，死亡 15 人，轻伤 3 人。

112. 1972 年 5 月 16 日，黑龙江省鸡东县永锋煤矿存放在地面旧绞车房的废火药发生爆炸，死亡 11 人，重伤 4 人，轻伤 5 人。

113. 1972 年 5 月 24 日，辽宁省阜新矿务局兴隆煤矿发生瓦斯爆炸事故，死亡 18 人，伤 2 人。

114. 1972 年 6 月 18 日，新疆生产建设兵团农六师第一煤矿（小红沟煤矿）采空区塌陷，正在抢修排洪渠道的 300 多名职工中，有 25 人撤退不及溺亡。

115. 1972 年 7 月 3 日，湖北省恩施县太阳河煤矿发生瓦斯爆炸事故，死亡 5 人，重伤 9 人，轻伤 80 人。

116. 1972 年 7 月 29 日，云南省东川矿务局因民铜矿一坑炸药燃烧，燃烧产生大量有毒气体，致使 41 人死亡，118 人受伤。

117. 1972 年 7 月 31 日，四川省南桐煤矿一井三煤层（保护层）0307 一段回采工作面发生底鼓瓦斯喷出事故，造成 12 人死亡，6 人受伤。

118. 1972 年 10 月 3 日，贵州省劳改局所属的翁安煤矿夹山井发生瓦斯爆炸事故，死亡 45 人。

119. 1972 年 11 月 28 日，湖南省大庸县茅岗煤矿发生瓦斯爆炸事故，死亡 10 人，重伤 4 人，轻伤 1 人。

120. 1972 年 11 月 30 日，甘肃省天祝煤矿一平硐发生瓦斯爆炸事故，死亡 42 人，重伤 6 人，轻伤 50 人。

121. 1972 年 11 月，河南省安阳地区范县煤矿发生瓦斯爆炸事故，死亡 10 人，重伤 5 人。

122. 1972 年 12 月 4 日，贵州省盘江矿务局火烧铺矿（建设矿井）斜井发生煤与瓦斯突出事故，正在施工的基建工程兵四十一支队的 15 名战士牺牲①。

123. 1973 年 1 月 29 日，贵州省从江县贯洞煤矿发生瓦斯爆炸事故，死亡 14 人，重伤 6 人。

124. 1973 年 2 月 5 日，湖北省荆襄磷矿发生车辆伤害事故，死亡 14 人。

125. 1973 年 2 月 11 日，广东省英德硫铁矿锦潭分矿 131 中段 5 号矿柱 143 北帮平巷因井下通风不良，致使 3 名工人一氧化碳中毒死亡。

126. 1973 年 2 月 27 日，云南省曲靖县东山公社卡奇小煤窑发生瓦斯爆炸事故，死亡 16 人，重伤 2 人，轻伤 6 人。

★127. 1973 年 3 月 4 日，甘肃省靖远矿务局大水头煤矿发生瓦斯爆炸事故，死亡 47 人②。

128. 1973 年 3 月 8 日，河南省许昌地区临汝县程湾煤矿发生透水事故，死亡 28 人。

★129. 1973 年 3 月 19 日，吉林省辽源矿务局太信煤矿四井发生瓦斯和煤尘爆炸事故，死亡 53 人，受伤 32 人（其中重伤 4 人)③。

130. 1973 年 3 月 19 日，四川省乐山地区龙池煤矿苗圃井 K4 煤层工作面发生瓦斯爆炸事故，造成 29 人死亡，5 人重伤，69 人轻伤。事故因井下通风管理混乱、大串联通风和土电瓶产生火花引起。

131. 1973 年 4 月 25 日，江西省宜春地区高安县均山煤矿发生透水事故，死亡 12 人，重伤 2 人，轻伤 4 人。

★132. 1973 年 6 月 23 日，江苏省徐州矿务局夹河矿发生煤尘爆炸事故，死亡 50 人，伤 17 人（其中重伤 10 人）。

133. 1973 年 6 月 28 日，安徽省淮北市沈庄煤矿的一辆汽车从炸药库拉 32 箱、32 万发雷管回矿，行至萧县城南 8 千米处时突然发生爆炸，死亡 4 人，炸伤 2 人。

134. 1973 年 6 月 29 日，辽宁省北票矿务局三宝煤矿发生瓦斯突出事故，死亡 21 人，矿井停产 7 天。

135. 1973 年 6 月，青海省平安县东沟煤矿发生瓦斯爆炸事故，死亡 15 人。

136. 1973 年 7 月 9 日，湖南省白沙矿务局红卫煤矿坦家冲井发生瓦斯突出事故，死亡 16 人，伤 1 人。

---

① 盘县地方志记载，这次事故发生时间为 1972 年 12 月 14 日。
② 甘肃省志记载这次事故发生于 1983 年 3 月 4 日。
③ 吉林省志记载这次事故发生于 1973 年 3 月 9 日，死亡 53 人，受伤 55 人。

137. 1973 年 7 月 9 日，四川省达州地区渠县会莱煤矿因山洪暴发造成淹井事故，死亡 12 人。

138. 1973 年 7 月 17 日，甘肃省平凉地区华亭县东华煤矿发生洪水淹井事故，死亡 10 人。

139. 1973 年 8 月 13 日，新疆生产建设兵团农六师第一煤矿二分厂四队三井发生冒顶事故，死亡 12 人，重伤 2 人。

140. 1973 年 8 月 14 日，黑龙江省鹤岗矿务局新一矿二采区发生冒顶事故，死亡 10 人，重伤 1 人，轻伤 3 人。

141. 1973 年 9 月 8 日，四川省重庆市南桐矿务局一矿+150 米水平 7 石门 K3 煤层 1412 采区二段工作面发生煤与瓦斯突出事故，造成 11 人死亡，16 人重伤。

142. 1973 年 9 月 9 日，贵州省盘县特区威箐公社小煤窑发生瓦斯爆炸事故，死亡 12 人，重伤 2 人，轻伤 14 人。

143. 1973 年 10 月 6 日，山西省忻州矿务局四老沟矿采煤六队 810004 工作面发生"大漏网"（冒顶）事故，死亡 9 人，受伤 2 人。

144. 1973 年 10 月 15 日，湖北省建始县红灯煤矿发生瓦斯爆炸事故，死亡 8 人，重伤 5 人。

145. 1973 年 11 月 13 日，陕西省子长县南家嘴煤矿因两名掘进工人违规在停风已 11 天的掘进头使用电钻打眼，产生火花引起瓦斯燃烧，再引起回采工作面瓦斯爆炸，49 人遇难。矿上组织 400 余人下井抢救，因缺乏安全防护措施，造成 23 人中毒，其中 1 人救治无效死亡。这起事故共造成 50 人死亡，30 人受伤（其中重伤 1 人）。

146. 1973 年 12 月 9 日，河南省南阳地区淅川县大理石矿区发生炸药爆炸事故，死亡 14 人，伤 1 人。

147. 1974 年 1 月 6 日，河北省保定地区曲阳县党城公社东风二井因井下有人抽烟引发瓦斯爆炸事故，死亡 37 人。

148. 1974 年 1 月 26 日，四川省绵阳地区三台县旺苍镇小溪汤（小西沟）煤矿发生瓦斯爆炸事故，死亡 16 人，重伤 12 人，轻伤 28 人。

149. 1974 年 2 月 14 日，四川省芙蓉矿务局白皎煤矿西盘区 1224 运输机巷发生瓦斯爆炸事故，死亡 10 人。

150. 1974 年 3 月 10 日，山东省潍坊地区昌乐县朱刘煤矿发生煤尘爆炸事故，当班 113 人遇险，经抢救无效死亡 18 人，重伤 1 人，轻伤 50 人。

151. 1974 年 3 月 12 日，辽宁省铁法矿务局大隆煤矿发生瓦斯爆炸事故，死亡 10 人，伤 18 人。

152. 1974 年 3 月 20 日，内蒙古自治区巴音淖尔盟营盘湾煤矿四分矿发生瓦斯爆炸事故，死亡 22 人，重伤 2 人，轻伤 27 人。事故由电钻产生火花引起。

153. 1974 年 5 月 20 日，位于北京市门头沟区斋堂公社，由解放军 437 部队开办的井窝煤矿发生瓦斯爆炸事故，死亡 10 人。

154. 1974 年 6 月 25 日，江西省高安县煤矿发生瓦斯爆炸事故，死亡 20 人。

155. 1974 年 6 月 28 日，内蒙古自治区千里山钢铁厂查干铁矿在深孔爆破开凿风井爆破之后发生一氧化碳中毒事故，死亡 7 人，重伤 7 人，轻伤 58 人。

156. 1974 年 7 月 9 日，贵州省贵阳市朱昌公社沙天煤矿发生瓦斯爆炸事故，死亡 12 人。

157. 1974 年 7 月 17 日，山东省新汶矿务局协庄煤矿发生冒顶事故，死亡 10 人。

158. 1974 年 8 月 13 日，内蒙古自治区固阳县下湿壕公社小煤窑发生瓦斯爆炸事故，死亡 24 人。

159. 1974 年 8 月 15 日，云南省镇雄县牛场公社田坝大队米罗寨煤窑发生瓦斯爆炸事故，死亡 13 人，重伤 4 人。

160. 1974 年 8 月 25 日，湖南省白沙矿务局马田煤矿高仓井发生瓦斯爆炸事故，死亡 29 人，重伤 4 人，轻伤 14 人。

★161. 1974 年 10 月 25 日，北京市京西矿务局城子矿发生冲击地压事故，死亡 29 人，重伤 5 人，轻伤 3 人。

162. 1974 年 11 月 2 日，北京市房山县黄店煤矿塌方事故发生后，被困在井下长达 9 天的 10 名矿工获救升井。

163. 1974 年 12 月 7 日，云南省曲靖地区师宗县下鸭子塘大队开办的小煤窑发生瓦斯爆炸事故，死亡 17 人，重伤 3 人，轻伤 14 人。

164. 1974 年 12 月 11 日，湖南省新化县宴泉铺公社向东煤矿发生透水事故，死亡 24 人，轻伤 8 人。

165. 1974 年 12 月 14 日，辽宁省抚顺矿务局胜利煤矿发生瓦斯爆炸事故，死亡 16 人，轻伤 20 人。

166. 1974 年 12 月 14 日，江西省九江地区修水县煤矿发生瓦斯爆炸事故，死亡 11 人。

167. 1974 年 12 月 27 日，河南省许昌地区禹县鸠山公社官山煤矿发生瓦斯爆炸事故，死亡17人，重伤3人，轻伤4人[①]。

168.1975年1月4日，甘肃省窑街矿务局二矿10名工人因井下迷路误入火灾禁区（1955联络巷），导致一氧化碳中毒，全部死亡。

169.1975年1月22日，广东省韶关市大宝山铁矿凡洞矿发生炸药爆炸事故，死亡10人，轻伤4人。

170.1975年1月28日，云南省泸西县红山煤矿因工人在井下吸烟引起瓦斯爆炸，造成11人死亡，6人重伤，4人轻伤。

171.1975年2月7日，江西省新余地区分宜县杨桥公社网川煤矿发生瓦斯爆炸事故，死亡20人，重伤1人。

172.1975年2月14日，四川省渡口煤炭建设指挥部发生车辆伤害事故，死亡10人，重伤16人，轻伤20人。

173.1975年2月17日，山西省沁水县永红煤矿发生瓦斯爆炸事故，死亡10人，重伤1人，轻伤2人。

174.1975年2月19日，江西省宜春县塞下公社石港井煤矿发生瓦斯爆炸事故，死亡12人。

175.1975年2月24日，河北省涿鹿县磁炮窑大队煤矿发生透水事故，死亡10人。

176.1975年3月6日，吉林省辽源市立新煤矿二井发生火灾，死亡31人，重伤1人。该矿井原为两次复采后报废的矿井。1969年重新开采。1975年3月以后，井下旧区连续自然发火，有时一氧化碳含量超限20多倍。事故发生当日12时40分，工人发现火点有烟，瓦斯观测员先后两次报告，均无人管；致使火势蔓延，烟充满巷道，造成多人中毒窒息身亡。

177.1975年3月10日，山东省昌潍地区朱留店煤矿发生煤尘爆炸事故，死亡18人，重伤11人，轻伤50人。

178.1975年3月27日，新疆维吾尔自治区于田县普鲁煤矿一井发生瓦斯爆炸事故，死亡21人，重伤5人。

179.1975年4月10日，贵州省盘县特区土城小煤窑发生瓦斯爆炸事故，死亡14人，重伤4人，轻伤8人。

180.1975年4月19日，河南省洛阳地区龙门煤矿康坪井发生采空区透水事故，死亡12人，受伤6人。

181.1975年4月27日，湖北省马鞍山煤矿竖井发生火灾，死亡35人，重伤

---

① 许昌市志记载：1974年12月27日，禹县官山煤矿井下发生瓦斯爆炸事故，重伤7人，死亡70人。

12 人。

★182. 1975 年 5 月 11 日，陕西省铜川矿务局焦坪煤矿前卫斜井井下发生瓦斯煤尘爆炸事故，死亡 101 人，受伤 15 人。

183. 1975 年 5 月 13 日，河北省承德地区滦平县涝洼公社红旗煤矿二井发生瓦斯爆炸事故，死亡 19 人，一氧化碳中毒 157 人（其中重度中毒 15 人）。

184. 1975 年 5 月 26 日，河南省安阳矿务局岗子窑煤矿发生瓦斯爆炸事故，死亡 37 人，重伤 17 人，轻伤 12 人。

185. 1975 年 5 月 29 日，山西省西山矿务局官地煤矿发生透水事故，死亡 11 人。

186. 1975 年 6 月 9 日，山东省枣庄矿务局陶庄煤矿北井采一区发生瓦斯煤尘爆炸事故，死亡 12 人，重伤 1 人，轻伤 1 人。

187. 1975 年 6 月 12 日，甘肃省窑街矿务局二、三矿排矸场发生坍塌，死亡 23 人。

188. 1975 年 6 月 13 日，吉林省营城煤矿五井发生岩石与二氧化碳突出事故，死亡 14 人，轻伤 9 人。

189. 1975 年 6 月 13 日，山东省济宁地区宁阳县石纯煤矿发生矿车跑车事故，死亡 10 人，重伤 3 人，轻伤 3 人。

190. 1975 年 6 月 19 日，贵州省毕节县长春公社煤矿发生瓦斯爆炸事故，死亡 11 人。

191. 1975 年 7 月 29 日，贵州省水城矿务局大河边煤矿发生瓦斯爆炸事故，死亡 20 人，重伤 3 人。

★192. 1975 年 8 月 4 日，河南省焦作矿务局演马庄煤矿发生瓦斯爆炸事故，死亡 43 人，重伤 11 人，轻伤 44 人。

193. 1975 年 8 月 9 日，湖北省秭归县两处小煤矿发生淹井事故，死亡 30 人。

194. 1975 年 9 月 11 日，贵州省赤水县岔角煤矿发生瓦斯燃烧事故，造成重大伤亡（具体情况不详）。

195. 1975 年 9 月 18 日，内蒙古自治区包头矿务局阿刀亥煤矿因拉断电钻电线接头短路产生火花引起瓦斯爆炸，死亡 17 人，受伤 2 人。

196. 1975 年 9 月 19 日，内蒙古自治区乌兰察布盟察右中旗二地煤矿因手镐刨岩产生火花引起瓦斯爆炸事故，死亡 22 人，轻伤 6 人。

197. 1975 年 11 月 8 日，四川省泸县大坝公社天堂湾煤矿发生瓦斯爆炸事故，造成 18 人死亡。

198. 1975 年 11 月 27 日，湖南省衡阳地区常宁县大堡煤矿发生透水事故，死亡 10 人。

199. 1976 年 1 月 7 日，新疆维吾尔自治区重工业局一立井（煤矿）发生瓦斯煤尘爆炸事故，死亡 10 人，重伤 11 人，轻伤 1 人。

200. 1976 年 2 月 5 日，四川省石油管理局泸州地区纳溪县沈公山第 15 号井发生井喷、起火事故，烧伤 33 人。

★201. 1976 年 2 月 22 日，新疆生产建设兵团农六师石河子南山煤矿小沟分矿二、四井发生瓦斯爆炸事故，死亡 65 人，重伤 19 人。先是四井爆破产生明火引起瓦斯爆炸，使 34 名作业人员死亡；爆炸后产生的一氧化碳串进二井，又使二井作业的 31 人中毒死亡。

202. 1976 年 3 月 3 日，内蒙古自治区包头矿务局长汉沟煤矿发生瓦斯爆炸事故，死亡 14 人。

203. 1976 年 3 月 14 日，辽宁省北票矿务局冠山煤矿发生瓦斯爆炸事故，死亡 24 人。

204. 1976 年 3 月 18 日，江西省宜春县金瑞公社杉窝煤矿发生瓦斯爆炸事故，死亡 18 人。

205. 1976 年 3 月 27 日，云南省富源县营上公社乐乌煤矿色水井发生瓦斯爆炸事故，死亡 14 人，重伤 2 人，轻伤 3 人。

206. 1976 年 5 月 10 日，新疆维吾尔自治区喀什市煤矿发生火灾，死亡 16 人。

207. 1976 年 5 月 26 日，江西省丰城县泉港公社煤矿发生瓦斯爆炸事故，死亡 11 人，重伤 3 人，轻伤 2 人。

208. 1976 年 6 月 10 日，山西省乡宁县安水公社煤矿发生冒顶事故，死亡 13 人，重伤 2 人。

209. 1976 年 6 月 15 日，湖南省青烟煤矿发生瓦斯爆炸事故，死亡 13 人，重伤 5 人，轻伤 5 人。

210. 1976 年 6 月 17 日，内蒙古自治区乌海市木耳沟煤矿发生瓦斯爆炸事故，死亡 15 人。

211. 1976 年 7 月 17 日，甘肃省定西地区红旗山煤矿发生洪水淹井事故，死亡 22 人。

212. 1976 年 7 月 28 日，山东省临沂地区平邑县仲村煤矿发生透水事故，死亡 10 人。

213. 1976 年 8 月 1 日，湖南省石门县黄阳公社煤矿发生瓦斯爆炸事故，死亡 12 人，重伤 1 人。

★214. 1976 年 8 月 11 日，吉林省通化矿务局苇塘煤矿一井发生瓦斯煤尘爆炸事故，死亡 50 人，重伤 6 人，轻伤 20 人。毁坏巷道 1705 米①。

215. 1976 年 8 月 11 日，新疆维吾尔自治区米泉县煤矿发生坍塌事故，死亡 14 人。

★216. 1976 年 8 月 13 日，河南省郑州市新密矿务局王庄煤矿发生井下火灾事故，造成 93 人死亡，33 人受伤。

217. 1976 年 8 月 15 日，吉林省辽源矿务局西安煤矿立井发生透水事故，死亡 19 人，重伤 7 人，轻伤 7 人。

218. 1976 年 8 月 17 日，河南省郑州市密县牛店公社煤矿发生洪水淹井事故，死亡 13 人。

219. 1976 年 8 月 20 日，四川省什邡县红星煤矿遭受泥石流袭击，煤矿筛煤组宿舍和矿区小食店被卷走，造成 110 人死亡。直接经济损失 75 万元。

220. 1976 年 8 月 31 日，湖南省祁东县井子冲煤矿发生透水事故，死亡 12 人。

221. 1976 年 9 月 4 日，甘肃省靖远县碱水煤矿发生瓦斯爆炸事故，死亡 43 人。

222. 1976 年 9 月 4 日，甘肃省庆阳地区净石沟煤矿发生一氧化碳中毒事故，矿领导带领工人下井抢救，造成 74 人中毒，15 人经抢救无效死亡。

223. 1976 年 9 月，四川省江津地区江北县江北煤矿发生瓦斯爆炸，死亡 16 人，受伤 35 人。

224. 1976 年 10 月 6 日，湖南省涟邵矿务局牛马司煤矿水头井发生瓦斯爆炸事故，死亡 15 人，重伤 4 人，轻伤 50 人。

225. 1976 年 11 月 1 日，山西省大同矿务局挖金湾矿金湾井 301 盘区带式输送机开关产生弧光引起火灾，在处理火灾过程中又引发煤尘爆炸事故，造成 23 人死亡（其中救护队员 10 人），13 人受伤（其中 3 人重伤）。

★226. 1976 年 11 月 13 日，河南省平顶山矿务局六矿发生瓦斯煤尘爆炸事故，死亡 75 人，伤 14 人（其中重伤 4 人），直接经济损失 400 多万元。

227. 1976 年 11 月 26 日，辽宁省杨家杖子矿务局（钼矿）岭前矿在井下爆破中，电石灯火引燃 7 吨火药，造成 44 名矿工死亡。

228. 1976 年 12 月 13 日，云南省富源矿厂煤矿一井发生透水事故，死亡

---

① 中国煤矿安全生产网、安全生产管理网等登载，这次事故发生时间为 1976 年 8 月 1 日，死亡 50 人，重伤 6 人，轻伤 20 人。本书采信吉林省劳动志的记载。

11 人。

229. 1976 年 12 月 27 日，山西省垣曲县窑头公社煤矿发生瓦斯爆炸事故，死亡 11 人，重伤 5 人，轻伤 4 人。

230. 1976 年，甘肃省定西地区红旗山煤矿因山洪暴发，洪水泥沙灌入矿井，造成 22 名矿工死亡。

（二）化工、民用爆炸物品及烟花爆竹事故

1. 1966 年 5 月 14 日，辽宁省大连市化工七厂热裂化车间发生闪爆事故，死亡 3 人。

2. 1966 年 7 月 1 日，上海市天原化工厂液氯钢瓶爆炸，造成 217 人中毒，其中 3 人死亡，1 人重伤。天原一村、二村、龚家宅、杜家宅、小金更等区域以及 200 余亩农田受污染。

3. 1966 年 7 月 13 日，山东省济南市清河化工厂发生氯化苯气体燃烧爆炸事故，伤亡 27 人（伤、亡各为多少人不详）。

4. 1966 年 7 月 24 日，吉林省临江林业局物资供应科仓库自制的硝铵炸药因冷却处理时间不够装箱入库造成自燃起火，引起库内铁柜贮存的 3 万多个雷管爆炸，当场死亡 5 人，受伤 51 人（轻、重伤各为多少不详）。

5. 1966 年 8 月 8 日，浙江省衢州市衢州化学工业公司电化厂氯化车间因换热器数月没有排污，三氯化氮积累，导致发生液氯热交换器爆炸事故，死亡 8 人，中毒 100 余人，经济损失 140 万元。

6. 1966 年 11 月 10 日，江西省萍乡市芦溪花炮厂成品车间，因职工违反操作规程引起爆炸燃烧，86 人（男 4 人，女 82 人）在大火中丧生，3 人重伤，5 人轻伤。

7. 1966 年 11 月 29 日，北京市煤气公司朝阳区老虎洞高中压煤气调压站进行试验过程中发生爆炸事故，死亡 2 人，重伤 3 人，轻伤 1 人，经济损失 10 万余元。

8. 1966 年 12 月 14 日，湖南省益阳市城区炼硝化工社雷管生产车间烘房发生爆炸引起火灾，15 人死亡，烧伤 12 人。

9. 1967 年 3 月 10 日，四川省武隆县火炉公社六合大队熬制硝酸铵炸药发生爆炸事故，死亡 4 人，重伤 1 人。

10. 1967 年 8 月 28 日，四川省剑阁县群众组织"红革"的一些成员在县委办公楼自行制造炸弹时发生爆炸，当场死亡 3 人，炸伤 1 人，炸毁房屋 20 多间和大批档案资料。

11. 1967 年 9 月 9 日，黑龙江省大庆市龙凤炼油厂加氢车间第 401 号高压泵爆炸起火，死亡 46 人，受伤 58 人。

12. 1968 年 1 月 14 日，福建省宁德地区屏南县寿山村的"红卫兵"在试制土炸药时引起爆炸，造成 5 人死亡，9 人伤残。

13. 1968 年 1 月 21 日，陕西省咸阳地区三原县机械厂的"造反派"指派人员在制造武器时，发生雷管爆炸，死亡 11 人，炸伤数十人。

14. 1968 年 4 月 5 日，陕西省汉中地区城固县的帮派武斗人员在自制武器时不慎引起雷管、炸药爆炸，造成 17 人死亡，40 多人受伤。

15. 1968 年 6 月，四川省凉山州雅砻江木材水运局炸药库因两派武斗引致炸药爆炸，死亡 14 人，损失公私财物 200 余万元。

16. 1968 年 7 月 24 日，湖北省荆州地区天门县渔薪公社王家湾王某私藏的炸药、雷管发生爆炸，死亡 7 人，受伤 30 人，炸毁房屋 30 栋。

17. 1968 年 8 月 1 日，湖南省湘潭地区浏阳县大瑶公社出口鞭炮厂白药车间发生爆炸事故，死亡 21 人，受伤 5 人。

18. 1968 年 9 月 1 日，山东省青岛石油化工厂炼油车间发生火灾，厂房全部烧毁，设备及物资遭到严重损失。

19. 1968 年 9 月 27 日，上海焦化厂发生火灾，15 名船民被烧身亡，烧伤 50 余人。烧毁木船 9 条、水泥船 10 条。

20. 1969 年 2 月 3 日，湖北省武汉市葛店化工厂发生氯气爆炸事故，造成 8 人死亡，179 人中毒。

21. 1969 年 2 月 17 日，安徽省蚌埠市新兴化工厂工人赵某等人推一辆板车，载着该厂生产的摔炮，在东风三街南头出售，因摩擦撞击造成摔炮爆炸，当场炸伤 20 余人，经抢救无效死亡 3 人。

22. 1969 年 2 月，四川省泸州地区古蔺县水落公社群众组织"红旗指挥部文攻武卫司令部"在制造手榴弹时发生爆炸事故，5 人死亡。

23. 1969 年 4 月 3 日，江苏省苏州化工厂农药仓库起火，数千名群众、解放军指战员奋力灭火，180 人中毒。

24. 1969 年 4 月 17 日，黑龙江省哈尔滨龙江电工厂火工车间底火分选包装小组发生爆炸事故，造成 11 人死亡，7 人被炸伤。

★25. 1969 年 4 月 28 日，辽宁省向东化工厂机械混同工房因工艺不完善、生产管理混乱，导致 33.55 吨的发射药爆炸，死亡 27 人，重伤 35 人，轻伤 200 余人。

26. 1969 年 11 月 25 日，安徽省徽州地区屯溪市印刻纸品厂花炮车间配药房发生爆炸事故，死亡 4 人，炸伤 10 人，毁房 7 间。

★27. 1969 年 11 月 27 日，河南省洛阳地区宜阳机械厂（兵工厂）地雷车间发生 TNT 炸药爆炸事故，造成 59 人死亡，4 人重伤，39 人轻伤。

28. 1969 年 12 月 11 日，广东省湛江地区吴川县黄坡公社坡尾大队红旗炮竹厂发生爆炸事故，死亡 9 人，重伤致残 1 人。

29. 1969 年 12 月 11 日，安徽省宣城县城关综合社设于宣城师范后门西北处的花爆作坊，因集放的大力硝突然爆炸，作坊被炸毁，当班职工 6 人被炸身亡，炸伤 5 人。

30. 1970 年 1 月 30 日，河北省张家口地区沽源县农机修造厂试制遥控地雷发生爆炸事故，死亡 3 人，重伤 1 人。

31. 1970 年 5 月 8 日，江西省抚州市红旗油库在清洗油罐作业中发生爆炸，作业人员 3 人死亡，1 人受伤。

32. 1970 年 5 月 12 日，内蒙古自治区兴安盟科右前旗乌兰哈达原种场在会议室召开忆苦思甜大会，有人将吸烟时未熄灭的火柴随手扔到散落在墙角下的炸药上，引起火灾，烧伤 60 人，其中重伤 5 人。

33. 1970 年 7 月 21 日，辽宁省锦州市锦州石油六厂合成车间聚异丁烯装置 6、7 号釜，在进行试生产投料运转过程中发生爆炸起火，造成 14 人死亡，39 人烧伤。

34. 1970 年 8 月 26 日，安徽省淮南市淮南化肥厂多晶硅生产岗位硅烷气分离器爆炸，造成 8 人死亡，5 人重伤。

35. 1971 年 1 月 15 日，陕西省宝鸡市颜料厂发生火灾，灭火过程中有 94 人因吸入烟雾而中毒。

36. 1971 年 1 月，湘渝铁路工地四川省秀山县民工团 11 连发生炸药意外爆炸事故，死亡 11 人，重伤 8 人。

37. 1971 年 2 月 7 日，广西壮族自治区百色地区乐业县甘田公社供销社存放于四合大队五四生产队离民房 30 米远的一岩洞里的 4 吨多火药、硫黄，因小孩烧火取暖引起爆炸燃烧，死亡 15 人，重伤 4 人。

38. 1971 年 2 月 10 日，北京市农药一厂除草醚合成工段因反应失控，致使合成釜喷料着火，造成 3 人死亡，1 人重伤。

39. 1971 年 4 月 14 日，广东省江门市农药厂发生锅炉爆炸事故，引燃炸药 6 吨，损毁厂房 1 座，死亡 1 人。

40. 1971 年 4 月 21 日，天津市河北制药厂的一座油罐爆炸，造成 3 人死亡，7 人受伤。

41. 1971 年 7 月 5 日，河北省张家口市下花园电石厂因电炉违章压放电极，造成 4 人灼烫死亡，5 人重伤。

42. 1971 年 7 月 17 日，吉林省敦化县生产资料公司仓库火药爆炸，邻近 7 栋仓库及 56 户居民住宅受到不同程度的破坏。重伤 13 人，轻伤 127 人。该公司在同一仓库中长期存放炸药、纸炮。因仓库漏雨，保管工往外抢运纸炮时踩响纸炮，引起炸药爆炸。

43. 1971 年 8 月 1 日，西藏自治区交通局司机曾某驾驶的运货汽车行至甘肃省安西县城南 6 千米时，车上货物起火。在当地驻军及群众奋力扑救过程中油桶爆炸，烧伤 89 人，其中 6 人医治无效死亡。

44. 1971 年 8 月 23 日，河南省新乡造纸厂的一辆汽车运送的液化氯钢瓶爆裂泄露，车上乘员及抢救人员 179 人严重中毒，300 余人轻微中毒，经抢救 176 人脱险，3 人死亡，61 万平方米的庄稼受到损害。

★45. 1971 年 11 月 23 日，福建省三明市农药厂乐果车间发生硫化工段因操作工违反操作规程，滴加甲醇速度过快，引致锅内反应剧烈，温度迅速上升，引发反应锅冲料着火事故，造成 152 人中毒，6 人死亡。

46. 1972 年 3 月 30 日，陕西省商洛地区洛南县巡检公社新民大队在（物资）保管室召开社员大会，因有人吸烟引起室内存放的炸药爆炸，当场死亡 11 人，炸伤 15 人。

★47. 1972 年 4 月 15 日，河北省藁城县化肥厂一辆液氨罐车在山西省祁县城赵供销社饭店门前发生爆炸，死亡 21 人，重伤 56 人，轻伤 99 人。

48. 1972 年 7 月 19 日，上海市燎原化工厂发生重大氯气泄漏事故，246 人氯气中毒。

49. 1972 年 11 月，内蒙古自治区赤峰地区林西县雷管厂发生爆炸事故，死亡 5 人，重伤 6 人。

50. 1972 年 12 月 4 日，辽宁省开远县制油厂因爆炸危险场所电气不防爆、工人违反操作规程，引发爆炸、火灾事故，造成 23 人死亡，31 人受伤，摧毁厂房 500 平方米，毁坏设备 60 台，直接经济损失 19.7 万元。

51. 1972 年 12 月 17 日，黑龙江省大兴安岭林区塔河县塔林公社西戈养路连因违章取暖，烘烤生产用炸药引起火灾，烧毁 56 式半自动步枪 30 支。

52. 1973 年 1 月 10 日，河南省泌阳县官庄公社手工业综合厂炮竹车间发生火药爆炸事故，造成 28 人死亡，29 人重伤，炸毁房屋 30 余间。

53. 1973 年 1 月 25 日，安徽省滁县珠龙公社供销社仓库因有人吸烟引起土炸药爆炸，死亡 2 人，受伤 6 人。

54. 1973 年 4 月 2 日，四川省凉山自治州冕宁县巨龙供销社派人从县化工厂取回消雹用纸炮 1000 张（5 万颗），违反易燃爆炸物品运输规定，搭乘由县城开往泸沽的公共汽车，行至东河公社卫星大队境内时发生爆炸。全车乘客 70 余人当中有 50 人烧伤，其中 32 人重伤。

55. 1973 年 4 月 9 日，广东省茂名地区高州县生产资料公司胡敏酸氨厂发生硫化氢中毒事故，造成 7 人死亡，12 人轻度中毒。

56. 1973 年 5 月 5 日，山西省忻州地区原平县化工一厂石灰窑 154 工段因违章下窑，致使 3 人因一氧化碳中毒死亡，2 人受轻伤。

57. 1973 年 5 月 31 日，四川省容县城关镇土硝生产合作社发生爆炸事故，死亡 7 人，重伤 2 人，厂房全部被毁。

58. 1973 年 6 月 20 日，四川省广安地区岳池县炭肥厂蓄水池崩塌，冲毁锅炉房和机修车间，造成 6 人死亡，2 人重伤。

59. 1973 年 7 月 19 日，四川省合江地区地震局 201 队发生炸药爆炸事故，死亡 13 人。

60. 1973 年 7 月 31 日，浙江省衢州市化学工业公司合成氨厂造气车间脱硫 1 号循环槽发生爆炸，死亡 3 人，重伤 1 人，轻伤 2 人。

61. 1973 年 10 月 23 日，江苏省武进县化肥厂造气车间发生锅炉爆炸事故，当场死亡 3 人。

62. 1973 年 10 月 29 日，广东省江门地区恩平县良西公社火药厂因电动开关走火引起爆炸，死亡 4 人，炸伤 2 人，炸毁厂房 3 间。

★63. 1973 年 11 月 23 日，湖南省浏阳县牛石公社出口花炮厂发生爆炸事故，当场死亡 53 人，重伤 32 人，轻伤 5 人。

64. 1973 年 11 月 24 日①，广西壮族自治区桂林地区兴安县炸药厂发生爆炸事故，死亡 23 人，受伤 42 人。

65. 1974 年 4 月 12 日，四川省泸州化工厂无烟药和硝铵炸药车间爆炸，死亡 7 人，受伤 26 人，直接经济损失 580 多万元。

66. 1974 年 6 月 24 日，湖北省襄樊市氮肥厂硝酸铵成品包装库起火，在灭火过程中 193 人中毒，其中 90 人住院治疗，1 人医治无效死亡。

67. 1974 年 8 月 10 日，北京市农药二厂污水处理站在河北安次县（今廊坊市安次区）一些农民来站里挖取除油池（原为处理乐果、敌敌畏废水所用）的池渣（用作肥料）时，因安全管理不善和违章操作、盲目施救，14 人陆续中毒，

---

① 广西劳动志记载，此次事故发生时间为 1973 年 11 月 13 日。

其中 5 人经抢救无效死亡。

68. 1974 年 8 月 11 日，福建省永安县雨伞鞭炮社发生爆炸火灾，死亡 6 人，受伤 29 人，受灾 14 户 70 人，经济损失 6 万多元。事故因该社职工王某违反操作规程，引起乌硝爆炸酿成火灾，烧毁该社厂房和邻近纸箱社厂房、铁器社职工宿舍共 1390 平方米。

69. 1974 年 8 月 21 日，北京石油化工总厂（燕化公司）所属的向阳化工总厂苯酚丙酮车间贮罐发生爆炸事故，造成 13 人死亡，23 人受伤，炸毁厂房和多台机器设备。

70. 1974 年 9 月 26 日，广东省佛山地区东莞县炮竹厂发生爆炸事故，正在厂里参观的湖南、江西烟花爆竹行业人员 1 人被炸身亡，炸伤 11 人。

71. 1974 年 10 月 26 日，广东省江门市郊区公社基干民兵在自制地雷时发生爆炸事故，造成 5 人死亡，1 人重伤。

72. 1975 年 1 月 14 日，黑龙江省哈尔滨市化工四厂树脂工段苯罐发生爆炸，造成 6 人死亡，8 人轻伤。

73. 1975 年 6 月 17 日，河北省丰宁县凤山公社石桥大队鞭炮厂发生爆炸燃烧，14 人死亡，15 人受伤；该厂车间及设备全被烧毁。

74. 1975 年 6 月 30 日，内蒙古自治区赤峰县八坎中公社八坎中大队的防雹队员（知识青年）在运送防雹炸药途中发生爆炸事故，死亡 8 人，受伤 7 人。

75. 1975 年 7 月 10 日，广东省茂名市高州镇王新华炮竹厂发生爆炸事故，死亡 5 人，受伤 11 人。

76. 1975 年 8 月 20 日，四川省成都地区灌县（今都江堰市）火药厂发生爆炸事故，死亡 9 人，受伤 32 人，厂房全部炸毁，周围 79 户民房受损。

77. 1975 年 12 月 22 日，甘肃省靖远县氮肥厂合成车间消防井发生阀门漏气事故，在检修、救援过程中先后 12 人中毒晕倒在消防井内，其中 4 人死亡。

★78. 1976 年 2 月 7 日，陕西省咸阳地区三原县俱乐部舞台上放置的火药被引爆起火，死亡 88 人，烧伤 60 人。

79. 1976 年 3 月 26 日，黑龙江省宁安县化肥厂发生一氧化碳中毒事故，死亡 3 人。

80. 1976 年 4 月 1 日，江苏省镇江农药厂与青海省化工研究所联合研制新型除草剂"镇草宁"，在镇江染料厂士林蓝车间试样时反应釜爆炸，造成 4 人死亡，7 人重伤，车间被炸毁。

81. 1976 年 4 月 16 日，安徽省合肥市江淮化肥厂碳化车间气柜水封池内发生中毒事故，由于施救不当，先后多人中毒晕倒在池内，其中 5 人死亡。

★82. 1976年4月20日，河北省大城县化肥厂合成车间发生爆炸，造成17人死亡，9人重伤，16人轻伤，经济损失70万元。

83. 1976年4月20日，吉林市吉化公司电石厂聚氯乙烯车间聚合工段氯乙烯气体爆炸，死亡3人，重伤2人，轻伤16人，经济损失153.3万元。

84. 1976年5月25日，湖北省武汉市在距市区90千米的长江下游水下爆炸销毁废火工品时发生意外爆炸，船上8人当中有7人（3名船工、2名技安员、1名销毁工、1名公安局副科长）当场被炸身亡，在船尾掌舵的船工受轻伤。

85. 1976年6月4日，四川省蓬溪县三合公社在土法炼油过程中发生爆炸事故，造成6人死亡，13人受伤。

86. 1976年8月16日，山东省新华制药厂烃化罐防爆膜爆破泄漏，造成349人中毒。

87. 1976年8月28日，解放军37283、38521部队派直升机协助北京石油化工总厂吊装乙烯装置新火炬喷头，发生飞机意外坠毁事故，造成4名机组人员和1名工人死亡。

88. 1976年11月26日，湖北省巴东县茶店子公社林业站，民工搬运炸药时吸烟引起炸药起火燃烧，当场死亡13人，重伤4人，轻伤12人。烧毁炸药4500千克。

89. 1976年11月27日，湖北省郧西县马安公社同德大队第四生产小队在存放炸药、雷管的会议室内召开社员代表大会时，因有人磕烟袋锅引燃撒在地上的炸药，导致爆炸起火，当场死亡28人。

90. 1976年12月8日，安徽省淮南市高皇公社龙窝大队爆竹厂因生产人员用铝勺舀药用力过大，造成火药爆炸，死亡7人，重伤5人，轻伤6人。因爆炸起火烧毁房屋7间、步枪30支、机枪1挺等物资。

（三）建筑施工事故

1. 1966年5月23日，湖北省郧阳地区房县铁厂河公路段违章对1500千克炸药进行试验时引发爆炸事故，死亡7人，重伤1人，轻伤多人。

2. 1966年5月24日，山东省济南地区章丘县普集公社万山小学33名六年级学生到万山水库工地参加义务劳动，发生塌方事故，5名学生死亡，重伤7人。

3. 1966年6月8日，北京市市政工程三公司一工区三队在前门地区打磨厂街道细米巷进行地下新旧沟接通工程时发生中毒窒息事故，前后7人中毒晕倒，其中3人死亡。

4. 1966年9月4日，广西壮族自治区交通厅工程局第一工程队承建的南宁至蒲庙新建的水塘江公路拱桥在拆除桥架时发生倒塌事故，死亡 13 人，重伤 3 人，轻伤 33 人。

5. 1966 年 9 月 13 日，湖北省林业厅开发神农架林区在公路施工爆破中发生爆破事故，死亡 6 人，受伤 12 人。

6. 1967 年 3 月 26 日，四川省开县太平公社同乐水库的一座渡槽垮塌，14 名民工被压身亡，重伤 13 人。

7. 1968 年 8 月，由西南铁路工程局第五工程处负责施工的成昆铁路沙木拉打隧道（又称沙玛拉达隧道、东方红铁路隧道，位于四川省凉山彝族自治州喜德县境内，海拔 2244 米，长 6383 米，是成昆铁路线上海拔最高、距离最长的隧道）因泥石流致使隧道顶部坍塌，造成现场 87 名作业人员死亡。该隧道修建过程中，共有 352 人在事故中死亡。

8. 1969 年 11 月 8 日，河南省郑州市建筑公司防空洞塌方，7 人死亡，7 人受伤。

9. 1970 年 1 月 9 日，河南省鹤壁市郊区上庄水利工地炸药库，民工李某违反安全规定引燃火药，造成 1500 余斤炸药、2000 支雷管爆炸，死亡 3 人，受伤 2 人。

10. 1970 年 5 月 25 日，广东省海南行政区崖县梅山公社梅东大队挖井时发生塌方事故，死亡 3 人，重伤 3 人，轻伤 3 人。

11. 1970 年 5 月 26 日，中铁二局在四川省凉山自治州冕宁县泸沽镇盐井沟工地遭受泥石流袭击。泥石流冲毁公路，堵断孙水河。工程队工棚和施工设施被掩埋，死亡 104 人（其中铁路职工 62 人，家属 13 人，小孩 29 人）。

12. 1970 年 5 月 26 日，北京市怀柔县八道河公路柏崖厂路段工地采石施工违章爆破，死亡 6 人，炸伤 11 人。

13. 1970 年 6 月 25 日，陕西省安康地区紫阳县凉水井公路毛坝关北约 1.5 千米处发生塌方事故，造成保坪公社修路民工 31 人死亡。

14. 1970 年 6 月 27 日，四川省米易县国营第一旅社水池子垮塌，盐边县赴西昌参加成昆铁路开工典礼的代表（住店客人）有 4 人被压身亡，重伤 1 人。

15. 1970 年 6 月，陕西省绥德地区在吴（堡）定（边）公路绥德至石湾段施工中，因土石山崩塌，致使民工 19 人死亡，11 人重伤。

16. 1970 年 7 月 6 日，四川省绵阳地区射洪县东风电站闸门受压变形，涪江洪水涌入机坑，正在机坑防洪抢险的 15 名工人、技术人员和民工全部遇难身亡。

17. 1970 年 7 月 23 日，江苏省沙洲县（张家港市）双山码头发生坍塌事故，死亡 13 人。

18. 1970 年 8 月 11 日，广东省潮州地区饶平县澄饶联围工程高沙水闸清基时，因地基松软及不遵守操作规程，致使发生地壁滑坡事故，9 名民工被压身亡，压伤 10 人。

19. 1970 年 8 月 25 日，陕西省铜川市公路管理站柳林沟工区在职工宿舍存放炸药，发生爆炸事故，死亡 11 人。

20. 1970 年 12 月 25 日，湖南省黔江地区凤滩水电站水坝大桥工程脚手架发生坍塌事故，19 人遇难，重伤 8 人。

21. 1970 年 12 月 31 日，福建省莆田地区仙游县石苍公社青龙溪石拱桥合龙时，发生整体坍塌事故，死亡 15 人，重伤 15 人，轻伤 8 人。

22. 1971 年 2 月 15 日，陕西省安康地区镇坪县石大公路板壁岩发生塌方，造成 7 人死亡，4 人重伤，9 人轻伤。

23. 1971 年 2 月 19 日，四川省绵阳地区三台县人民渠七期工程三台施工段白马关工地发生土炸药燃烧爆炸事故，37 名民工及当地社员被炸身亡，受伤 74 人。

24. 1971 年 5 月 5 日，陕西省宝鸡市陈仓公社水利工程发生滑坡事故，滑塌土方约 100 万立方米，压埋陈仓公社南坡大队 4 户人家和河北保定放蜂农民 2 人，共死亡 27 人。

25. 1971 年 5 月 16 日，广西壮族自治区水电局洛东水电站工程处的一只竹排被洪水掀翻，死亡 10 人。

26. 1971 年 5 月 29 日，江西省吉安地区白云山水库大坝发生边基坍塌事故，24 名民工死亡，重伤 1 人。

27. 1971 年 6 月 24 日，山东省枣庄市马河水库灌区唐楼渡槽在施工中发生塌拱事故，造成 16 人死亡，10 人受伤。

★28. 1971 年 7 月 16 日，贵州省黔东南地区湘黔线清溪工段江（口）万（山）民工团驻地的炸药库爆炸，造成 81 人死亡，130 人重伤，126 人轻伤。

29. 1971 年 7 月 31 日，辽宁省抚顺县救兵公社虎台水库在不具备合龙拦洪的条件下急于合龙蓄水，造成溃坝事故，致使 512 人死亡，沿河 5 个生产大队受灾，冲毁房屋 971 间，淹地 15000 亩。

30. 1971 年 11 月 23 日，湖南省冶金建设公司一公司第一工程处承建的涟钢工地焦化锅炉房 45 米高烟囱发生金属架倒塌事故，死亡 11 人，重伤 2 人。

31. 1971 年 12 月 4 日，浙江省宁波港务局第二作业区码头等沿江场地坍塌，翻沉 28 艘停靠船只，死亡 3 人，重伤 4 人。

32. 1972 年 1 月 10 日，湖北省咸宁地区鄂城县一座在建的四层百货大楼

（1971 年 2 月动工，建筑面积 1800 平方米）由于擅自修改设计方案，在主体工程完工、进行装修粉刷时发生倒塌事故，当场 13 名工人被压身亡，压伤 14 人。

33. 1972 年 3 月 24 日，四川省潼南县正在修建的青云水库交通桥垮塌，造成 12 人死亡，17 人受伤。

34. 1972 年 4 月 3 日，四川省乐山地区黑龙滩水库东干渠桥墩河渡槽施工浇筑过程中排架垮塌，造成 22 人死亡。

35. 1972 年 4 月 13 日，四川省自贡市郊区卫坪公社引水渠道二渡槽垮塌，死亡 7 人，受伤 20 人。

★36. 1972 年 6 月 27 日，由广东省交通厅工程处第二工程队承建的龙川县彭坑大桥发生倒塌事故，导致 64 人死亡，20 人受伤。

★37. 1972 年 7 月 1 日，湖北省襄樊市引丹工程清泉沟隧洞因骤降暴雨，洪水灌入，将正在施工的 788 名民工困在隧洞当中，其中 62 人溺亡。

38. 1972 年 10 月 7 日，吉林省吉林市毛织厂毛条车间坍塌，死亡 4 人，重伤 12 人，轻伤 18 人。

39. 1972 年 12 月 30 日，江西省丰城县黄金水库施工工地发生塌方事故，造成 29 人死亡。

40. 1973 年 1 月 9 日，天津市杨柳青发电厂建设工程指挥部一工人违章焊接管道致使贮油罐爆炸起火，死亡 7 人，受伤 26 人，直接经济损失 190 万元。

41. 1973 年 5 月 16 日，交通部二局二处在广西壮族自治区焦柳线施工工地上的工棚遭山洪袭击，死亡 22 人。

42. 1973 年 7 月 14 日，四川省犍为县石溪区政府礼堂坍塌，死亡 1 人，重伤 18 人，轻伤 25 人。

43. 1974 年 7 月 20 日，上海市玻璃器皿一厂在加工车间建造施工（市建五公司承建）过程中发生 5 层楼板全部倒塌事故，造成 15 人死亡，12 人重伤，19 人轻伤。

44. 1974 年 9 月 15 日，河北省石家庄市行唐县正在施工的口头水库引水渠黄掌头村西隧道工程发生塌方事故，造成 13 人死亡，4 人受伤。

45. 1974 年 9 月 24 日，辽宁省旅大市新金县刘大灌区莲山渡槽施工中由于忽视质量、盲目赶进度引发垮塌事故，死亡 9 人，受伤 32 人。

46. 1974 年 12 月 30 日，陕西省延安地区延川县在修建干渠工程张家沟门段施工中发生滑塌事故，死亡民工 12 人。

47. 1975 年 4 月 25 日，广东省海南水电局金屯线路工地屯昌施工点用货车载运氧气，途中发生漏气，造成 2 人死亡，1 人重伤。

48. 1975 年 6 月 5 日，山东省潍坊地区宜都县（现青州市）夹涧人民公社夏庄水库因设计不当，高达 16 米的堤坝发生塌方，造成 11 人死亡，3 人重伤。

49. 1975 年 7 月 28 日，陕西省延安地区子长公路总段工地民工宿舍深夜遭到山洪和泥石流袭击，死亡 14 人，直接经济损失共 186 万元。

★50. 1976 年 2 月 11 日，广东省肇庆地区广宁县建材厂在开挖土方过程中，由于光线不足，违章蛮干，偷取岩土使 8 米高的泥墙下塌，当即有 8 人被泥土压住；抢救过程中发生了第二次大塌方，在场的人员全部被埋在深达 2.3 米处的泥层下。事故造成 25 人死亡，3 人重伤，9 人轻伤。

51. 1976 年 2 月 16 日，山东省临沂地区费县石桥公社水利专业队将炸药、雷管、导火索等混合存放，引起爆炸，造成 8 人死亡，15 人受伤。

★52. 1976 年 5 月 24 日，江苏省泗阳县条堆河退水闸工程发生触电事故，死亡 28 人，受伤 38 人。

53. 1976 年 5 月 30 日，吉林省敦化县商业服务大楼坍塌，死亡 6 人，重伤 3 人，轻伤 11 人。

54. 1976 年 7 月 3 日，四川省广元地区苍溪县两河公社电站建设工地在爆破时违反操作规程，7 名民工被炸身亡。

55. 1976 年 7 月 20 日，安徽省宣城地区广德县下寺公社施村大队草鞋岭水库发生晴天倒坝事件，冲毁房屋 291 间，6 人死亡，5 人受伤，损失粮食 10 万余斤，牲畜 80 头。

56. 1976 年 7 月 29 日，安徽省淮南市上窑公社河边的一堵墙壁倒塌，造成群众 10 人死亡，10 人受伤。

57. 1976 年 10 月 22 日，广西壮族自治区南宁市棉纺厂建筑工地打井时发生二氧化碳泄漏中毒事故，造成 9 名工人死亡。

58. 1976 年 12 月 25 日，山东省潍坊地区宜都县（现青州市）王孔公社月山大队东沟拦河坝工程的民工违章作业，引起塌方，造成 6 人死亡，4 人受伤。

59. 1976 年 12 月，湖北省恩施地区巴东县在修建茶（店子）南（坪）公路时，民工搬运炸药时吸烟引发爆炸事故，造成 14 人死亡，30 人受伤。

（四）其他工贸企业事故

1. 1966 年 11 月 29 日，广东省江门市造纸厂发生硫化氢气体中毒事故，死亡 5 人，受伤 22 人。

2. 1967 年 4 月 24 日，北京冶炼厂铝粉车间由于自制的滚筒筛机制造质量不合格，在筛铝粉的生产过程中发生爆炸，又引起铝尘管道爆炸。当即造成 3 名筛粉操作工死亡；火焰从厂房内喷出，又伤及路人 3 人。

3. 1969 年 2 月 7 日，陕西省南郑地区镇巴县碾子公社中坪大队箩筐岩石灰窑崩塌，死亡 13 人，受伤 4 人。

4. 1970 年 9 月 29 日，湖北省武汉市重型机械厂在浇铸机床车身时造型砂箱爆炸，造成 7 人死亡，4 人受伤。

5. 1971 年 10 月 6 日，安徽省徽州地区黟县石灰厂二轮窑发生煤气中毒事故，死亡 6 人（其中解放军战士 3 人，工人 3 人），受伤 3 人。

6. 1971 年 10 月 27 日，江苏省南京金陵橡胶厂成型车间发生爆炸，造成 6 人死亡，4 人重伤，37 人轻伤。

7. 1971 年 11 月 20 日，湖北省汉阳钢厂 1 号高炉积水爆炸，铁水外喷，当场死亡 2 人，烧伤 11 人。

8. 1972 年 9 月 15 日，陕西省西安市国防工办 542 厂在对硫化罐做压力实验时发生爆炸，死亡 10 人，重伤 4 人，轻伤 8 人。

9. 1972 年 10 月 14 日，四川省攀枝花市青弄坪 40-6 信箱化验大楼，因炼铁厂倾倒的钢渣遇水爆炸，炽热铁渣飞溅到化验大楼屋顶引起火灾，16 人死亡，烧毁房屋 16 间。

10. 1972 年 10 月 15 日，四川省内江市酒厂一号蒸煮罐爆炸，死亡 9 人，受伤 15 人。

11. 1972 年 11 月 8 日，广东省广州市拖拉机厂铸钢车间工人焊割操作不慎，引起废旧炮弹爆炸，死亡 3 人，重伤 3 人。

12. 1972 年 11 月 16 日，河南省南阳地区水泥厂茶炉改装蒸汽锅炉试烧过程中发生爆炸，死亡 5 人，受伤 2 人。

13. 1972 年 12 月，湖北省武汉市第一医院钴 60 治疗机发生故障，造成 3 人死亡。

14. 1973 年 8 月 2 日，上海第三钢铁厂发生钢水钢渣爆炸事故，死亡 4 人，受伤 11 人。

15. 1973 年 9 月 11 日，浙江省舟山地区岱山电厂在进行新建油库库内涂脂过程中引起丙酮、酒精、乙二氨等物燃烧。库内 12 人全被烧伤，其中 6 人死亡，6 人重伤致残。

16. 1974 年 5 月 1 日，安徽省马鞍山钢铁公司二铁厂 2 号高炉在停炉处理时，因水进入炉体而发生爆炸。炉体被炸坏，死亡 3 人，受伤 3 人，直接经济损失 227 万元。

17. 1975 年 5 月 19 日，山东省益都县（现青州市）火柴厂因管理混乱导致散装火柴仓库发生起火爆炸事故，死亡 16 人，烧伤 6 人。

18. 1976 年 2 月 23 日，上海第一钢铁厂发生煤气中毒事故，15 人中毒，其中 5 人死亡。

★19. 1976 年 6 月 19 日，河北省唐山钢铁公司中型轧钢厂在进行地下油池改造过程中发生爆炸事故，造成 24 人死亡，23 人受伤（其中 2 人重伤）。

20. 1976 年 8 月 18 日，四川省资阳地区安岳县龙台公社二大队代购代销点的一个酒坛子爆炸引起火灾，造成 5 人死亡，8 人受伤。

21. 1976 年 9 月 6 日，吉林省四平地区怀德县（今公主岭市）范家屯糖厂储油罐爆炸，死亡 8 人，受伤 6 人。

22. 1976 年 12 月 4 日，贵州省黔东南地区镇远县高挂河电站高压线受冰冻下沉，与照明线接触，造成 3 人死亡，15 人受伤。

（五）火灾事故

1. 1966 年 1 月 9 日，福建省古田县新城西大街发生火灾，从县五金社和鞋革社之间烧起，蔓延房屋 87 间，烧毁 2 个仓库、2 个工场、3 个集市场、6 个门市部，死亡 4 人，受伤 6 人。

2. 1966 年 10 月 21 日，安徽省蚌埠市长淮供销社值夜班人员因用火不慎引起火灾，烧毁库房 14 间，民房 6 间，烧掉麻和麻绳 3.5 万千克。

3. 1967 年 1 月 13 日，湖北省沙市解放路 257 号因电线短路引起火灾，8 人死亡。

4. 1967 年 8 月 2 日，四川省重庆市建设机械厂因遭受武斗枪弹攻击而引发火灾，造成 25 人死亡，数十人受伤。

5. 1967 年 12 月 3 日，黑龙江省哈尔滨市五常县消防队车库发生火灾，烧毁消防车 2 台，车库一栋。

6. 1967 年 12 月 24 日，四川省重庆市江陵机械厂发生火灾，3 个车间的 8000 平方米建筑和 315 台主要设备付之一炬。

7. 1968 年 4 月 28 日，四川省重庆市长安机器厂发生火灾，市消防大队在前往扑救途中遭到群众武斗组织的枪弹袭击，消防战士死亡 9 人，重伤 17 人，损毁消防车 3 辆。

8. 1968 年 6 月 24 日，广东省海南行政区三亚港码头因两派群众组织武斗引发火灾，靠近码头的南海公社、水上运输公社及三亚街道居民房屋 216 间被烧毁，195 户、969 人无家可归。

★9. 1968 年 9 月 2 日，陕西省渭南地区华阴县为庆祝县革命委员会成立，在岳庙剧院举行文艺演出，剧院起火、坍塌，造成135人死亡，52人重伤。

10. 1968年10月15日，北京市火柴厂发生火灾，烧毁厂房面积8200平方米，机器设备107台和其他大量物资。

11. 1969年2月12日，北京市通县粮食局直属仓库烘干塔失火，烧毁粮食7500公斤和塔内设备。

12. 1969年5月6日，上海市徐汇区中国钟厂发生火灾，39人受伤。

13. 1969年5月10日，内蒙古自治区兴安盟扎赉特旗小神山地区发生火灾，在扑火中死亡18人（其中社员12人，知识青年6人），重伤2人。

14. 1969年6月8日，郑州北站发生火车事故①，造成49人伤亡，其中死亡10人，重伤6人。

15. 1969年8月29日，上海市粮食局第十仓库发生火灾，烧毁二零六库房及粮食68万斤，4名解放军战士在救火中牺牲。

16. 1969年11月13日，位于安徽省马鞍山市的冶金部第十七冶金建设公司会堂因电器故障发生火灾，烧毁建筑面积1226平方米。

17. 1969年12月11日，河南省洛阳耐火材料厂二矽车间车间成品库发生火灾，烧毁库房3500平方米，烧伤85人。

18. 1969年12月19日，上海市文化广场在修葺过程中因电焊工违章操作引发火灾，烧毁观众厅8600平方米，直接经济损失500万余元。在灭火过程中13人牺牲，33人重伤，500多人轻伤。

19. 1970年4月18日，黑龙江生产建设兵团39团所在地黑龙江虎林县发生火灾，在救火过程中26位知青死亡。

★20. 1970年8月31日，上海造船厂建造的"风雷"万吨巨轮在试航前夕发生火灾。造成18人死亡，250人受伤（其中60人重伤），经济损失150万元以上。

21. 1970年10月8日，北京手表厂发生火灾，烧毁手表1万多只、厂房2100平方米，经济损失约210万元。

22. 1970年11月7日，黑龙江省云山农场发生火灾，14位知青在灭火中罹难。

23. 1971年1月15日，陕西省宝鸡市颜料厂发生火灾，扑救过程中共有94人中毒。

24. 1971年2月4日，北京市德胜门内大街庆王府戏楼发生火灾，当晚演出

---

① 郑州市志原文如此。事故具体情形不详。

京剧《红灯记》的剧务人员在后台吸烟不慎，引起幕布等可燃物，建筑面积1300平方米的古代戏楼被烧毁。

25. 1971年2月26日，四川省会东县岩坝公社三大队二队一位社员夜宿黄草坪修水沟一处羊圈，煮饭余火未烬引起火灾，死亡8人，烧死104只羊。

26. 1971年3月2日，上海市纺织原料公司高阳路仓库发生火灾，烧毁进口化纤原料180吨。在灭火中1100多人因化纤原料燃烧而中毒，其中50余人重伤。火灾造成经济损失250余万元。

27. 1971年3月19日，黑龙江省伊春市木材综合加工厂发生火灾，在救火过程中因建筑物倒塌，造成11人死亡，其中2名解放军战士。

28. 1971年3月24日，云南生产建设兵团三师十三团二营四连驻地发生火灾，10名女知青被烧身亡，2名女知青受伤。事故因一名男知青使用小玻璃瓶自制的煤油灯，不小心碰翻，火苗顺着煤油向四方蔓延，点燃知青所住宿的草棚。

29. 1971年5月15日，陕西省安永襄渝线隧道工地发生火灾，造成22人死亡，100多人中毒受伤。

30. 1971年7月19日，北京市昌平县流村公社黑寨大队因高压线段落在低压线上，将306户的广播喇叭烧毁，并引起6户人家失火，死亡8人，烧伤29人。

31. 1971年10月24日，江西省吉水县白水垦殖场化工厂，司炉工擅自离岗导致松节油着火，灭火中油桶爆炸，致使10人死亡，12人被烧伤。

32. 1971年11月21日，江西省上饶市东方红电站工棚发生火灾，死亡20人，伤127人；烧毁工棚35栋。

33. 1972年1月1日，陕西省宁陕县新矿林场二连发生火灾，造成工人李朝顺等7人死亡，重伤2人。

34. 1972年1月3日，贵州省贵阳市制箱厂职工在厂房内烧火取暖引发火灾，烧毁厂房、职工宿舍和附近民居78户。

35. 1972年1月10日，黑龙江省宁安县江东公社临江大队民工居住的用苞米秸搭盖的地窖失火，造成11人死亡，19人受伤。起火原因是烟囱滋火，将苞米秸引燃所致。

36. 1972年1月20日，广东省佛山地区中山县坦背公社东风大队一些青年在五桂山进行烧山育林时，造成10人被烧身亡。

37. 1972年3月4日，福建省南平市四贤街发生火灾，焚毁民宅197户、295间及工厂车间21间，死亡16人，受伤11人。

38. 1972年3月13日，新疆维吾尔自治区吉昌自治州呼图壁县红山水库工地发生火灾，造成25名民工死亡。

39. 1972 年 4 月 8 日，四川省峨眉山金顶电视转播台因动力机房职工何某违反机房安全规定，擅自在机房用电炉取暖而引发火灾，烧毁金顶、华藏寺两座庙宇和 2400 余件文物（包括极珍贵的北龙藏经）以及转播台的全部机器设备，直接经济损失 690 多万元。

40. 1972 年 5 月 5 日，内蒙古生产建设兵团四十三团二连驻地草原发生火灾，在扑火过程中有 69 名知青死亡，13 名知青重伤，11 名知青轻伤。年龄最大的 27 岁，最小的 15 岁。

41. 1972 年 6 月 19 日，湖南省衡阳市棉纺厂二原棉仓库失火，蔓延 3 个小时，烧毁仓库 700 平方米、棉花 4210 担。灭火过程中 144 人负伤，其中 47 人重伤。

42. 1972 年 7 月 15 日，黑龙江省哈尔滨市呼兰县亚麻厂发生火灾，烧毁亚麻原料 2373 吨，亚麻干茎 159 吨，亚麻纤维 330 吨，红、黄麻 336 吨，仓库 3 栋共 3072 平方米，坑木 1100 多米，纺织设备 12 台等。在灭火中有 15 人受伤。

43. 1972 年 10 月 8 日，河南省长垣县城关乡眼镜社发生火灾，当场死亡 26 人，重伤 5 人，轻伤 6 人，后经抢救无效又死亡 1 人。

44. 1972 年 12 月 12 日，安徽省宣城地区泾县苏红公社二龙坑山林发生火灾。大火延烧一昼夜。救火过程中 2 名解放军战士和 5 名民兵（其中女 2 人）英勇献身，33 人受伤。1974 年，省革委会、省军区政治部追认牺牲者为烈士，并追记一等功。

45. 1973 年 5 月 5 日，天津市体育馆发生火灾，主馆全部烧毁，烧伤 11 人。

46. 1973 年 6 月 25 日 22 时，安徽省界首县葡萄酒厂因一女工不慎将水冲到灯泡上，灯泡爆炸引起发酵池酒精爆燃，死亡 1 人，重伤 1 人，烧毁房子 20 间，山芋片 50 万公斤，麻袋 1.2 万条，酒精 15 吨以及其他设备，直接经济损失折款 30 余万元。灭火中，116 人受伤。

47. 1973 年 6 月 26 日，黑龙江省哈尔滨市工商局所属废旧物资回收公司的纤维经营部仓库发生火灾，烧毁库房等建筑和橡胶等大量物资，烧毁 2 万 2 千伏高压输电铁塔一座，使道里区大部分地区和道外区部分地区停电、停产，全市有轨电车停运 13 个小时，烧毁电话线 100 多米，直接经济损失 260 余万元。

48. 1973 年 11 月 25 日，贵州省剑河县原南加公社培荣大队，因社员挑回家的草木灰复燃引发火灾，死亡 11 人；受灾 86 户、417 人。

49. 1973 年 12 月 12 日，安徽省宣城地区泾县苏红公社二龙坑山林发生火灾。大火延烧一昼夜。救火过程中 2 名解放军战士和 5 名民兵牺牲，33 人受伤。

50. 1974 年 1 月 23 日，陕西省宝鸡县益门公社安沟大队第二生产队发生火灾，烧死耕牛 17 头，烧毁房屋 5 间。

51. 1974 年 2 月 2 日，黑龙江省松花江地区安达县火石山公社良种二队马棚因漏电发生火灾，60 匹马被烧死。

52. 1974 年 2 月 18 日，贵州省望谟县城关区大观公社发生山火，受灾 142 户、793 人；死亡 10 人，其中孕妇 1 人，重伤 7 人，轻伤 15 人。

53. 1974 年 2 月 24 日，广西壮族自治区柳州地区融安县长安镇发生火灾。大火烧毁新华、灭资、建设三条街 2345 间房屋、13 座粮食棉花棉布等仓库，物资损失折款 337 万元，受灾 709 户 2955 人，死亡 2 人（含肇事者），重伤 8 人。

54. 1974 年 3 月 22 日，北京市崇文区广渠门小学学生在校办工厂劳动时发生火灾，4 名小学生严重烧伤，其中 2 人经抢救无效死亡。

55. 1974 年 4 月 3 日，安徽省六安地区发生两场火灾。上午，六安县凤凰台镇居民刘某在烧火做饭时烟囱冒烟引起火灾，因大风，仅一小时就烧毁整个街道。商业站、税务所、学校、医院等 10 余个单位和 328 户居民共 1500 多间房子被烧毁，直接经济损失 120 余万元。下午，舒城县千人桥区粮站因电线漏电发生火灾，大火烧毁粮站等 12 个国营和集体单位、40 户居民，共 274 间房屋被焚烧。

56. 1974 年 12 月 20 日，哈尔滨市第五面粉厂一车间发生火灾，烧毁一座日产 230 吨的面粉车间和成品库，损失粮食 83850 斤。在灭火过程中 8 人牺牲，5 人重伤。

57. 1974 年 12 月 24 日，天津市纺织局第二棉纺织厂五原棉仓库在原棉进库码垛时，棉包脱钩落地，将吊车电源线切断，引起短路产生火花，将棉包烧着，引发大火。烧毁原棉 7327 担，棉布 2500 件，棉纱 65 件；同时烧毁库房 2000 多平方米，损失约达 170 余万元。在救火过程中 5 人受伤。

58. 1975 年 3 月 28 日，上海市上棉二十一厂七仓库失火，28 人受伤，烧毁库房 781 平方米、原棉 2303 包。

59. 1975 年 4 月 2 日，广东省梅县地区蕉岭县三圳公社台塘小学师生在"老虎窝"开荒造地时发生火灾，造成 6 名学生死亡，重伤 1 人，轻伤 4 人。

★60. 1975 年 11 月 25 日，辽宁省辽阳市兰家区安平公社姑嫂城大队俱乐部发生火灾，造成 126 人死亡，75 人受重伤。

61. 1976 年 2 月 13 日，广西壮族自治区河池地区环江自治县洛阳公社发生火灾（伤亡等具体情况不详）。韦重辉、欧拉布、金秀、莫组桥、潘坚根 5 位教师在灭火中牺牲。事后广西壮族自治区革委会授予其革命烈士称号。

62. 1976 年 6 月 12 日，广东省广州市第二商业局大楼发生火灾，扑救过程中大楼倒塌，造成 24 人死亡，28 人受伤，直接经济损失 272.5 万多元。

63. 1976 年 12 月 27 日，湖北省黄冈地区红安县龙潭寺改河工地工棚失火，死亡 9 人。

（六）交通运输事故

1. 1966 年 2 月 17 日，广西壮族自治区鹿寨县猪古水库一艘船翻沉，溺亡 13 人。

2. 1966 年 2 月 27 日，广西壮族自治区柳州地区鹿寨县猪古水库发生沉船事故，死亡 13 人。

3. 1966 年 6 月 26 日，内蒙古自治区设计院 101 队在完成大兴安岭塔河施业区勘察设计任务回牙克石途中，在渡呼玛河时，与上游冲来的漂流木相撞，船头牵引绳崩断，船体下沉，船上 21 人全部落水，其中 8 人遇难。

4. 1966 年 8 月 2 日，四川省乐山地区彭山县复兴公社一艘从事副业生产的船舶，违章超载 48 人，在青龙场江段沉毁，死亡 27 人。

5. 1966 年 8 月 11 日，四川省乐山地区马边自治县赶场坝码头发生渡船沉没事故，死亡 10 人。

6. 1966 年 9 月 6 日晚，安徽省铜陵特区有色金属公司汽车大队一驾驶员驾驶解放牌代客车，送 40 名职工上夜班。车行至铜兴路大下坡时，关闭电门，脱挡滑行，车速每小时 40 千米左右。至坡底转弯时，未控制行车速度，方向盘使用过猛，并错误地使用制动，以致车辆重心提高，离心力加大，造成平地翻车，死亡 4 人，重伤 9 人，轻伤 23 人，车被摔坏。

7. 1966 年 11 月 11 日，由合肥开往蚌埠的 328 次列车，当日 0 时到达蚌埠车站后，上下车人多拥挤，造成踩踏事故，死亡 12 人，受伤 29 人，伤亡者均为由合肥来蚌埠进行"革命大串联"的"红卫兵"。

8. 1966 年 11 月 26 日，从上海开往济南的 702 次客运列车（载有去北京进行"革命大串联"的"红卫兵"1500 多人），在济南白马山站让道错车时，因扳道工误操作，致使 702 次客车与 2574 次货运列车发生追尾冲撞，造成 10 人死亡，8 人重伤，85 人轻伤。损坏机车、车辆多台。

9. 1967 年 2 月 20 日，广东省广州市第三油库码头附近的江面发生火灾，34 名船民被烧身亡，烧伤 80 人；烧掉汽油数十吨，木船 9 条。起火原因为油库操作工向油罐输油时大量油品流到江面，船民生火做饭引燃水面的汽油。

10. 1967 年 3 月 20 日，民航陕西省局"运 5"型 8205 号机在户县机场进行超低空训练飞行时撞高压电线失事，造成一等事故，机组 3 人死亡，飞机报废。

11. 1967 年 4 月，云南省曲靖地区宣威县歌乐大队第八生产队的社员在为火车皮装货时，车厢突然滑动，9 人身亡。

★12. 1967 年 5 月 6 日，四川省重庆公用轮渡公司 108 轮在重庆港内呼归石附近与长江航运公司一轮碰撞，108 轮翻沉，死亡 131 人。

13. 1967 年 6 月 21 日，福建省南平地区建阳县麻沙镇杜潭村一艘渡船翻船，船上 14 人除 1 人得救外，其他人均溺死。

14. 1967 年 7 月 25 日，福建省闽侯地区连江县壶江公社 100 多名群众乘船到琯头公社参加上级组织的游行示威活动，途中翻船，死亡 14 人。

15. 1967 年 8 月 2 日，安徽省巢湖地区和县绰庙公社新井大队的近百名社员看戏回家，所乘渡船超载沉没，14 人溺亡。

16. 1967 年 8 月 19 日，江西省南昌市蒋巷乡叶楼渡口的一艘渡船由于风大浪急，在行至赣江中流时遇险翻沉，船上 78 人全部落水，22 人溺亡（其中有南昌市第十五中学"红卫兵" 9 人）。随船过渡的解放军某部四排排长李文忠和战士李从全、陈佃奎牺牲。

17. 1967 年 9 月 6 日，河南省开封地区公路运输公司的一辆载有 61 人的公共汽车，在中牟县小孙村公铁立交路口（公路与铁路相互交叉路口）与火车相撞，死亡 24 人，重伤 37 人。

18. 1967 年 9 月 18 日，四川省重庆市市中区新华粮店前路段发生交通事故，死亡 9 人，受伤 20 人。

19. 1967 年 11 月上旬，四川省绵阳地区平武县木座公社境内发生坠机事故，一架从西安飞往成都进行地质勘探的飞机坠毁，机内 8 人全部罹难。

20. 1967 年 11 月 23 日，辽宁省沈阳火车站第 308 次机车与 59 次旅客快车拦腰相撞，造成 29 人死亡，98 人受伤（其中 17 人重伤）。中断长大线行车上行 11 小时 22 分，下行 9 小时 15 分①。

21. 1968 年 2 月 4 日，新疆维吾尔自治区哈密地区红光车站发生汽车与火车相撞事故，死亡 6 人，重伤 4 人。

22. 1968 年 4 月 1 日，江西省汽车运输局驻景德镇办事处 701 车队一辆货车起火燃烧，死亡 10 人，重伤 8 人，轻伤 17 人。

23. 1968 年 4 月 14 日，浙江省上虞县四阜公社幸福大队的一艘海船翻沉，27 名船员全部丧生。

---

① 辽宁地方志记载，这次事故发生于 1967 年 1 月 23 日。

24. 1968年5月16日，内蒙古自治区大兴安岭林区塔河县呼玛河塔南公路大桥执行修筑任务的铁道兵3336部队36分队15名官兵乘船返回，行至河中翻船落水，造成15人牺牲。

25. 1968年5月30日，辽宁省沈阳铁路局管内2302次货车在行至长大线昌图—马仲间524千米处时，与停留的008次油罐列车发生追尾，造成撞车、火灾事故，机车报废1台，货车报废18辆，大破10辆，中断行车35小时。

26. 1968年6月23日，北京市京西矿务局木城涧煤矿千军台坑一辆载人卡车，行驶途中翻入深沟，死亡18人，重伤3人。

27. 1968年8月上旬，英国"茶福"货轮在福建省平潭县东甲岛触礁下沉。福州军区组织海、陆军船运大队，以及平潭的一些民船进行抢救，先后救出船员43名，打捞贵重物资1600吨。在打捞物资过程中发生意外事故，参加打捞的"群众死亡10余人"①。

28. 1968年9月14日，四川省宜宾地区屏山县木船社的一艘木船横渡金沙江时沉没，10人死亡。

29. 1968年9月中旬，山西省晋中地区左权县石头闸水库一艘渡船因超载倾覆，船上51人落水，其中31人死亡。

30. 1968年11月9日，广东省海南行政区崖县境内马岭红塘铁路道口，第822次列车与海南行政区706车队的一辆拉货卡车相撞。卡车上乘员死亡1人，重伤1人，轻伤3人，车辆报废。822次列车严重损坏，铁路路基毁坏50米。

31. 1968年11月9日，安徽省芜湖县搬运公司"6号门"革命大批判队46人，乘车由石硊返芜，途经八里湾，横穿铁路时与火车相撞，造成12人死亡，30人重伤，4人轻伤。

32. 1969年1月10日10时许，吉林省吉林市交通公司105无轨电车高速行驶至松花江北大桥，在躲避一辆迎面驶来的自行车时，冲破大桥护栏翻落江中，死亡40人，重伤17人，轻伤69人。参加抢救的群众因冻致伤，有411人被送进医院。

33. 1969年1月28日，辽宁省旅大市铁路北站油槽车颠覆7辆、脱轨4辆、大破4辆、中破3辆，机车及煤水车大破。

34. 1969年1月25日，湖南省轻化厅一辆汽车从株洲化工厂运液化气返回邵阳途中发生液化气外流，造成中毒事故，死亡23人，239人中毒住院。

35. 1969年3月10日，江西省萍乡市汽车客运公司一辆大客车在大安里公

---

① 地方志记载原文如此。

社竹山背村翻车，死亡19人，受伤17人。

36.1969年3月26日，四川省泸州地区运输公司33队的一辆载货汽车，在古蔺县城郊陈家沟因机械失控冲入送葬人群，造成9人死亡，14人重伤。

37.1969年3月，江西省赣州地区定南县新城公社修建大队汶岭生产队社员到礼亨水库运肥料的木船沉没，9人溺亡。

38.1969年5月29日，北京站发生两列客车相撞事故。由兰州开往北京的44次旅客快车，与从北京站开往太原的87次旅客快车正面相撞，造成2人死亡，467人受伤，直接经济损失约145万元。

39.1969年6月28日，广东省海南行政区琼山县海南中学、琼山中学的57名学生搭乘一渡船过河，船在江心漩涡处沉没，死亡16人，受伤1人。

40.1969年6月，四川省夹江县芦溪渡口一艘渡船沉没，11人溺亡。

41.1969年7月14日，福建省厦门地区同安县马巷公社琼头村的一艘舢板翻沉，舢板上的31名妇女落水，其中24人死亡。

★42.1969年8月16日，四川省泸州201轮船所带的两只驳船在航行至油溪镇五台山附近江面时翻沉，驳船上乘坐的600余名群众落水，其中273人死亡。

43.1969年8月19日，黑龙江省梧桐河农场一艘满载农场女知青的木船在松花江沉没，船上16人当中有11人溺水身亡。

44.1969年10月1日，广东省湛江地区吴川县黄坡公社那罗、马兆、新屋等大队群众为参加在黄坡召开的国庆大会，争相过南官渡，渡船因超载翻沉，溺亡29人。

45.1969年10月22日，湖南省邵阳地区新邵县运输公司五机帆客船，因违章超载，在资水贺家码头河道上翻沉，111人落水，其中37人死亡。

46.1969年11月11日，北京市地铁一号线在万寿路车站至五棵松车站区间发生机车火灾事故，死亡6人（其中1名消防战士），中毒200多人。

47.1969年11月27日，四川省自贡市公路养护段一辆载有28名职工的汽车，在沿滩公社宜民大队十里坡处翻车，当场死亡15人，受伤11人。

48.1969年12月30日，浙江省金华地区义乌县上溪公社余车村村民10人，乘坐两艘打鱼船，横渡岩口水库去宅山村看电影，船驶至库中遇大风翻沉，无一生还。

49.1969年12月，安徽省萧县符夹铁路萧县段列车发生火灾，去砀山县开挖新汴河的57名泗县民工被烧身亡。

50.1970年1月12日，河南省新乡地区汲县（今卫辉市）一辆满载修建焦枝铁路（河南焦作至湖北枝城）民工的汽车，在行至沁阳县城西南山铁路与沁济公路（沁阳至济源）交叉处，与铁路上驶来的小火车相撞，造成民工 26 人死亡，19 人受伤。

51. 1970 年 2 月 23 日，福建省南平地区建瓯县川石公社川石大队 56 名村民在乘船过渡到溪口时，因超载而翻船，32 人溺亡。

52. 1970 年 3 月 8 日，江西省南昌火车站江边新货场八道交通口因汽车抢道发生火车与汽车相撞事故，汽车被压碎，机车脱轨，死亡 4 人，重伤 1 人。

53. 1970 年 3 月 28 日，河南省开封市火车站东闸口发生列车与调机车正面相撞事故，伤亡人数不详。

54. 1970 年 4 月 11 日，浙江省临海县大石区发生沉船事故，死亡 47 人。

55. 1970 年 4 月 12 日，陕西省安康地区紫阳县任河芭蕉渡口发生沉船事故，20 人溺亡。

56. 1970 年 4 月 14 日，宁夏回族自治区银川市服务公司职工乘坐汽车到新市区参观"打倒新沙皇"展览，在返回老城途中与 8137 部队的一辆汽车交会时，军车上载的框架将服务公司 4 名职工头部刷伤导致死亡，另有 3 人受重伤。

57. 1970 年 4 月 15 日，长江航运管理局建造的"东方红 102"轮在重庆市巴东县娘娘滩下水时，"浪沉"（掀起的水浪翻沉）巴东县一艘副业船，造成 10 人死亡。

58. 1970 年 4 月 23 日，四川省云阳县黄石公社新华大队的一艘副业船，因严重超载翻沉，造成 38 人溺亡。

59. 1970 年 5 月 17 日，福建省三明市城关渡口高空钢索牵引渡船因严重超载，行至中流时翻沉，造成 22 人死亡。

60. 1970 年 5 月 19 日，湖北省恩施地区清江县拖泥溪渡口发生沉船事故，死亡 21 人。

61. 1970 年 8 月 19 日，陕西民航局"运 5"型 8201 飞机去蒲城执行灭蝗调机任务，在距蒲城专业机场 23 千米的敬母山坠毁，死亡 2 人，受伤 6 人。

62. 1970 年 8 月，河南省郑州市荥阳县乔楼公社楚楼水库史沟渡口发生翻船事故，死亡 17 人。

63. 1970 年 9 月 5 日，广州铁路局海南三黄线（三亚至黄流）第 413 客货列车，在行驶至崖县（今三亚市）梅山长园地区时发生脱轨翻车事故，死亡 39 人，受伤 36 人（其中重伤 20 人），报废机车一台，中断行车 85 小时。

64. 1970 年 9 月 6 日，江苏省如皋县桃园公社第十五大队的渡口发生渡船沉没事故，死亡 11 人。

65. 1970 年 9 月 7 日，上海铁路局由上海开往重庆的第 23 次旅客列车，在行至黔桂线至老罗堡区间大修地段水河桥处发生颠覆事故，3 节硬卧车厢翻落桥下，机车全线脱线，死亡 37 人，受伤 132 人（其中重伤 29 人）。造成机车小破，三个硬卧车厢报废，一个软卧车厢小破；铁路线路毁坏 260 米，报废钢轨 14 根，枕木 308 根；中断正线行车 26 小时 32 分钟，经济损失 53 万元。列车颠覆原因，主要是司机工作不负责任。只进行间断瞭望。线路状况有了变化而没有及时采取相应的措施。弯道应慢行而未确认时，司机许某加速行驶。机车处于下坡道开气加速。当机车发生摇晃，引导线脱线时，没有立即停车，致使车毁人亡。铁路线路质量低劣也是事故发生的原因之一。

66. 1970 年 9 月 8 日，江西省赣州市章江水泵站黄金渡口的一艘渡船因超载翻沉，37 人溺亡。

67. 1970 年 10 月 10 日，上海市公交三场驾驶员胡某驾驶公共汽车出场，沿曹杨路至共和新路，冲撞沿途候车乘客、行人等，造成 21 人死亡，33 人受伤。

68. 1970 年 10 月 28 日，山东省青岛市胶南县陡崖子水库南岸横河大队第八生产队和林业队 54 名社员，乘船渡库时因载重过大造成翻船事故，14 人溺亡。

69. 1970 年 11 月 9 日，陕西省安康地区轮驳船队"红卫五号"客轮，从白河起航返安康，行至旬阳县耍滩子时发生翻船事故，船上 79 人全部落水，其中 21 人溺亡。

70. 1970 年 11 月 14 日，民航广州管理局第六飞行大队使用伊尔-14 型 616 飞机执行成都—重庆—贵阳—桂林—广州航班任务，飞机在贵阳磊庄机场下降时撞山失事，机组 6 人遇难，1 人受伤。

71. 1970 年 11 月 29 日，广东省海南行政区琼山县南渡江公社麻儒渡口一艘渡船沉没，全船 32 人落水，其中 11 人死亡。

72. 1970 年 11 月 29 日，哈尔滨铁路局绥化机务段第 470 机车发生锅炉爆炸事故，伤亡不详。

73. 1970 年 11 月 29 日，长江航运局"东方红三"轮因不停航改炉，发生火灾，造成 17 名旅客、船员伤亡。

74. 1971 年 2 月 7 日，四川省德阳县罗江公社组织大队和生产队干部 105 人去剑阁县化林大队参观学习，次日返回途经剑阁县城 2 千米处，所乘客车翻于岩下，受伤 53 人，其中致残 8 人。

75. 1971 年 4 月 24 日，山东省日照市青峰岭水库谢家庄渡口发生沉船事故，61 人落水，40 人溺亡。

76. 1971 年 4 月 28 日，成都铁路局下普雄站、铁西站之间，发生 4302 次路用列车与 9013 次货物列车相撞事故，造成 26 人死亡，105 人受伤。机车报废 3

台，货车报废 14 辆，中断行车 80 小时 30 分钟。

77. 1971 年 4 月 28 日，河南省洛阳地区渑池县白浪大队的一艘渡船在黄河上被风浪掀翻，造成 15 人死亡。

78. 1971 年 5 月 15 日，山东省潍坊地区高密县民工乘数十辆载货汽车赴黄河修筑防水大坝，途中一辆汽车翻车，车上所载周戈庄公社民工死亡 4 人，重伤 19 人。

79. 1971 年 6 月 3 日，湖北省孝感地区汉川县南河公社双马大队第三、第五两个生产队的社员收工回家，有 23 人为省路，挤上一艘靠竹篙撑行的破旧木划子，途中发生翻船事故，造成 8 人死亡。

80. 1971 年 6 月 5 日，辽宁省沈阳市三七五厂（向东化工厂）的一辆解放牌汽车，在一处铁路道口与火车相撞，造成 22 人死亡，27 人受伤（其中 19 人重伤）。造成事故的原因：汽车驾驶员夜间违章高速行车，在汽车通过铁路道口时麻痹大意，忽视安全，没有瞭望确实就冒险违章通过；铁路道口值班人员失职，火车来到时，只放下道口一侧的栏杆，而另一侧（汽车来向一侧）未放，火车通过道口时又未鸣笛。

81. 1971 年 7 月 1 日，湖北省孝感县小河区联西公社林落大队的一些社员乘船到公社参加群众大会，因严重超载（规定可载 39 人，实际承载 95 人），船离岸 3 米即翻沉，死亡 10 人。

82. 1971 年 7 月 6 日，山东省济南市济阳县崔寨公社周孟黄河渡口一渡船翻沉，40 人落水，14 人溺亡。

83. 1971 年 7 月初，贵州省黔东南州镇远县潕阳河渡口一艘渡船因严重超员而翻沉，参加修建湘黔铁路的仁怀县民工团民兵 26 人溺亡。

84. 1971 年 7 月 14 日，吉林省敦化县官地公社七一水电工程工地发生沉船事故，死亡 11 人。该工地民工上下班渡江，秩序混乱。定员 15 人的摆渡船装载 24 人，严重超载导致沉没。

85. 1971 年 8 月 2 日，四川省璧山县城南公社第十一大队第四生产队发生沉船事故，23 人落水，其中 9 人溺亡。

86. 1971 年 8 月 5 日，四川省重庆市巴县广阳坝大队的一艘渡船严重超载、擅自改变过渡航线，造成翻沉事故，溺亡 13 人。

87. 1971 年 8 月 7 日，广西壮族自治区玉林地区博白县南流江新码头发生沉船事故，溺亡 26 人。

88. 1971 年 8 月 20 日，四川省绵阳地区平武县南坝公社旧州渡口的一艘渡船翻沉，死亡 37 人。

89. 1971年8月23日，河南省新乡造纸厂一辆汽车运送的液化氯钢瓶爆裂，造成3人死亡，176人严重中毒，300多人轻度中毒，61万平方米内庄稼受到损害。

90. 1971年9月5日，广州铁路局海南铁路办事处三（亚）黄（流）线第413次混合列车发生翻车事故，死亡39人，伤32人，直接经济损失40多万元。

91. 1971年10月24日，湖北省恩施市屯堡公社中渡口的一艘渡船沉没，死亡27人。

92. 1971年10月26日，陕西省安康地区旬阳县间河渡口一艘渡船超载翻沉，死亡20人。

93. 1971年10月29日，安徽省池州地区东至县卫东公社长河渡口发生沉船事故，死亡15人。

94. 1971年10月29日，长江航运重庆分公司"东方红104轮"触礁翻沉，7人溺亡。

95. 1971年11月29日，广东省海南行政区海口市航运公司管辖的红星渡口发生渡船超载翻船事故，死亡9人。

96. 1971年12月7日，京广线琉璃河站发生第451次旅客列车与839次货车追尾相撞事故，造成铁路职工和旅客死亡14人，受伤22人，中断行车1小时40分钟。

97. 1971年12月30日，长江航运公司重庆分公司"东方红104"客轮从宜昌上行，夜航至云阳故陵庙基子滩时触礁沉没，溺亡10人。

98. 1972年2月7日，山东省临沂地区沂南县高潮水库东岸的新革、长岭大队社员散集回家途中，乘坐的渡船因破旧、超载而翻沉，26人溺亡。

99. 1972年4月30日，山东省兖州火车站发生货运列车与客车相撞事故，大破机车1辆、客车1节，报废货车6节，重伤2人，轻伤2人。

100. 1972年5月14日，安徽省电信局所属工程队两名驾驶员酒后开车，运送工人和器材到舒城县，途中汽车坠入59米深的山沟，车上14人全部死亡。

101. 1972年7月25日，甘肃省第十一冶金建设公司发生汽车爆炸事故，死亡12人，重伤16人，轻伤9人。

102. 1972年7月25日，葛洲坝工程局一分部四团"丹江6"拖轮，在三江出口处与长江航运管理局重庆分局"长江2015"拖轮相撞，"丹江6"拖轮沉没，18人落水，其中10人溺亡。

103. 1972年7月30日，四川省轮船公司"红卫15号"客轮在屏山县湾湾滩发生严重倾斜，造成多人落水，其中17人溺亡。

104. 1972 年 8 月 22 日，四川省成都地区邛崃县白鹤公社为庆祝县妇代会成立举行文艺晚会，晚会后许多群众在华瓦厂渡口抢乘渡船，渡船超载而翻沉，造成 18 人溺亡。

105. 1972 年 9 月 9 日，四川省会东县日鲁吉区大崇渡口船工陈某、李某二人驾驶木船，载粮食、物资及乘客 36 人由雀衣渡口驶向对岸，因超载，船离岸 80 米后翻沉，24 人溺亡。

106. 1972 年 9 月 12 日，冶金部第十九冶金建设公司（参加四川省攀枝花特区建设）五公司的一辆汽车，在载人集体参观展览返回途中发生翻车事故，造成 4 人死亡，12 人重伤，22 人轻伤。

107. 1972 年 10 月 15 日，安徽省阜阳地区颍上县杨湖公社祇林寺渡口发生翻船事故，29 人落水，11 名女青年溺亡。

108. 1972 年 11 月 5 日，福建省漳州地区漳浦县佛昙公社岱嵩大队的一艘渡船因超载翻沉，32 人溺亡。

109. 1972 年 11 月 6 日，湖南省临湘县陆城港内停泊的，长岭炼油厂长江航运公司的载重 3000 吨的邮轮起火爆炸，死亡 19 人。起火原因是焊补甲板时因油舱未洗净，引起舱内油蒸气爆炸。

110. 1972 年 11 月 8 日，广西壮族自治区钦州市一辆客车与一辆货车，在广海北线公路 478.4 千米处相撞，伤亡 30 余人（伤、亡各为多少不详）。

111. 1972 年 11 月 9 日，长江航运管理局 3033 油驳（载重 3660 吨）在长岭炼油厂码头使用电焊修理系缆桩和裂口时舱内爆炸，当场炸死 19 人，受伤 3 人。

112. 1972 年 11 月 26 日，安徽省利辛县王市公社拖拉机运面粉时，挂上两节拖车，带民工 30 余人去茨淮新河工地，途中拖车与主车脱钩翻车，死 4 人，伤 11 人。

113. 1972 年 12 月 27 日，黑龙江省哈尔滨市细纺机械修造厂职工通勤车在横过新香坊火车站南铁路交叉道口时与火车相撞，死亡 11 人，重伤 44 人，轻伤 3 人。

114. 1973 年 1 月 9 日，宝成铁路观音山车站第 83 次旅客列车与 804 次货运列车正面冲突，造成 22 人死亡，44 人重伤，3 台电力机车、2 辆客车报废。中断行车 32 小时 48 分，直接经济损失 633 万元。

115. 1973 年 1 月 12 日，北京市长途汽车六场怀柔汽车站的一辆公共汽车在行驶至八道河公社粉坨梁村盘山下坡时翻车，造成乘客 15 人死亡，18 人受伤。

116. 1973 年 1 月 14 日，民航成都管理局伊尔 14 型 644 飞机在执行成都到广州航班任务的途中坠毁，机组 7 人和旅客 22 人全部遇难。

117. 1973 年 1 月 26 日，福建省古田县羡洋公社谷口大队的一艘渡船因超载翻沉，溺死 12 人。

118. 1973 年 2 月 3 日，云南省普洱地区景东县生产检查组 21 人乘车前往太忠区检查生产途中汽车颠覆，死亡 7 人，重伤 6 人，轻伤 8 人。

119. 1973 年 2 月 6 日，四川省重庆市公共交通公司二总站 17 路 "20-28769" 号大型客车在运行途中翻下山崖，造成 14 人死亡。

120. 1973 年 4 月 21 日，江西省九江市汽车运输公司一辆改装的客车，在运送参加登山比赛的运动员和部分职工家属途中，坠入 64 米深谷，死亡 39 人，重伤 46 人，轻伤 2 人。

121. 1973 年 4 月 22 日，四川省宜宾地区南溪县登高公社新塔二队的一艘木船违章超载，载客 45 人、货物 2.5 吨，航行至九龙滩时与重庆轮船公司 10 客轮相撞，木船沉没，死亡 22 人，重伤 3 人。

122. 1973 年 4 月 28 日，湖北省鄂城县花湖公社华山大队 14 名在湖中打草的妇女，收工回家时不听劝阻，蜂拥挤上一艘破旧漏水的小木船，中途翻沉，其中 10 人溺亡。

123. 1973 年 5 月 5 日，江苏省丹阳县组织干部去无锡县参观，租用一辆大客车，载客 85 人，在无锡县境内因刹车不灵翻入路边河内，死亡 7 人，重伤 10 人。

124. 1973 年 5 月 20 日，浙江省温州地区平阳县桥墩区驾驶员陈某驾驶一辆大型拖拉机，载 74 人，到福建省宁德地区福鼎县城关镇观看朝鲜故事片《卖花姑娘》，在行至福鼎县万古亭下侧 100 米处时发生车祸，造成 23 人死亡，51 人受伤。

125. 1973 年 6 月 4 日，湖北省鄂城县碧石公社的 28 名社员从围湖工地返家途中，所乘坐的小木船翻沉，其中 20 人溺亡。

126. 1973 年 6 月 18 日，山东省济南市章丘县垛庄公社邵庄大队社员在垛庄水库撑船运麦，发生翻船事故，10 人溺亡。

127. 1973 年 6 月 27 日，安徽省安庆地区枞阳县麒麟公社团结圩兴修工地，发生沉船事故，14 人溺亡。

128. 1973 年 6 月，江西省南昌市渡头公社涂洲村的群众乘船过渡，因桅杆与高压电线相碰，死亡 9 人。

129. 1973 年 7 月 9 日，四川省涪陵地区黔江县舟白公社的一艘渡船翻沉，19 人溺亡。

130. 1973 年 7 月 25 日，四川省德阳地区中江县凯江公社和平渡口农民过河看电影乘载的一艘渡船，因超载和操作不当而翻沉，死亡43人。

131. 1973年7月，安徽省芜湖地区繁昌县小洲野鸭套（地名）的一艘渡船因超载而沉没，7名小学生溺亡。

132. 1973年7月，山西省忻县地区河曲县铁果门渡口的一艘渡船在驶往陕西境内的墙头村途中翻沉，溺亡37人。

133. 1973年8月6日，长江航运管理局"长江2010"轮在施救"人民30"轮和"货字817"驳船时，行驶至牛口滩，缆断船翻，造成14人死亡，2人受伤。

134. 1973年8月13日，北京市怀柔县喇叭沟门公社大甸子大队的17名学生，乘铁索小渡船行至汤河中心时翻船，溺亡5人。

135. 1973年8月23日，当日15时，陕西省安康地区旬阳县金洞公社花果大队的一艘渡船在上渡口由北岸向南岸过渡时，因船体破旧和超载（载重量为3吨，限乘14人；实际载43人，另有大粪9担、煤油1桶等）翻沉，造成18人死亡。

★136. 1973年9月6日，广西壮族自治区柳州航运分局所属"桂民204"客货班期航船由梧州上航柳州，行至象州县的岩村金滩时发生沉船事故，旅客及船务人员222人全部落水，其中71人溺亡（旅客68人、船员3人）。

137. 1973年9月28日，湖南省黔阳地区会同县漠滨公社沙滩大队渡口，因群众抢渡和超载，造成渡船沉没，16人溺亡。

138. 1973年9月30日，中国民航第十三大队8079飞机在山东烟台莱山执行林业任务时坠毁，机组人员伤亡（具体人数不详）。

139. 1973年10月9日，甘肃省兰州市城关饮食店职工乘车去农村参加劳动途中，发生翻车事故，造成21人死亡①。

140. 1973年10月29日，四川省雅安地区芦山县凤禾公社禾茂大队22名儿童放学回家途中自行撑开渡船，至中流翻沉、全部落水，其中10名儿童溺亡。

141. 1973年12月3日，四川省泸州市蓝田坝渡口一艘汽车轮渡船撞沉"红卫10"客轮，9名乘客溺亡。

142. 1974年1月，江西省九江地区武宁县的一辆大货车运送民工去拓林修

---

① 甘肃省公安志对这次事故的记载有较大差异：1973年10月9日，兰州市城关区汽车修理厂采购员吴某无证驾驶车9-0119解放牌大客车到皋兰山顶接合作商店劳动的34名职工回家，下山危险路段转弯时车速快，吴某看到危险急忙跳车，致使客车翻入330米深的坡下，造成23人死亡，8人重伤，3人轻伤。事后吴某被判处死刑。兰州市志记载这次事故死亡死亡23人，重伤9人。本书采信甘肃省志记载。

水库，由于油箱脱落起火，造成26名民工死亡。

143. 1974年3月12日，安徽省滁县汽车运输公司第三车队（驻定远）驾驶员俞跃年驾驶"71"型大客车从合肥返回定远，行至肥东县八斗岭时违章直供汽油致使车厢起火，造成9名旅客死亡，烧伤22人，客车报废，直接经济损失达10万多元。

144. 1974年4月5日，四川省资阳地区安岳县偏岩公社一大队许家桥渡口的一艘渡船翻沉，死亡12人。

145. 1974年4月14日，广东省湛江地区徐闻县附城公社一辆大货车，载运附城公社槟榔大队干水利工程的女民工55人，在大水桥水库曲界公路堤坝上落入水库，17名女民工和司机当场死亡，其他人受伤。

146. 1974年5月18日，浍河水上涨，安徽省濉溪县孙疃渡口一只渡船超载，翻于河中，13人溺亡，其中中小学生11人。

147. 1974年5月18日，新疆维吾尔自治区乌鲁木齐铁路局客运段71次旅客列车运行至吐鲁番附近时发生火灾，25名旅客死亡，重伤24人，轻伤15人。一辆硬座客车车厢全部烧毁，中断正线行车3小时26分钟。

148. 1974年6月3日，四川省宜宾地区珙县孝儿下渡口发生沉船事故，死亡17人。

149. 1974年6月22日，福建省福州市福清县江阴公社屿礁、大厝两大队17名社员乘一小船至海中遇狂风翻船，13名女社员溺亡。

★150. 1974年6月29日，江西省交通局"赣忠"客轮从万安航行至湖江街坪，途中翻沉，造成93人溺亡（其中男68人、女25人）。

151. 1974年7月16日，浙江省三门盐场一艘机动船开往黄岩、海门买菜，在途中翻沉，62人全部落水，溺亡30人（其中盐场职工7人，家属23人）。

152. 1974年7月22日，西安铁路局1804次货运列车在陇海线坪头站至颜家河站之间颠覆，死亡4人，重伤2人，货车报废15辆，中断行车158小时。

153. 1974年7月27日，陕西省汉中地区宁强县巴山区养路队一辆拖拉机在大竹坝附近坠入深潭，死亡5人。司机崔某见酿成大祸，亦跳潭身亡。

154. 1974年8月15日，陕西省安康地区岚皋县花里渡口一艘渡船沉没，13人溺亡。

155. 1974年8月15日，上海市青浦县金泽公社杨舍青年突击队乘坐的拖船发生倾覆事故，12人落水，5名女青年死亡。

156. 1974年8月19日，广东省汕头地区澄海县坝头公社北港渡口因轮渡超载、牵引农船断缆，导致发生翻船事故，溺亡11人。

157. 1974 年 8 月 27 日，山东省昌潍地区五莲县山后大队一条渡船因超载在大渌汪水库翻沉，54 人落水，其中 29 人溺亡。

158. 1974 年 9 月 12 日，兰州铁路局包兰线红果子车站，发生 1407 次与 1412 次两列货车正面相撞事故，造成 9 人死亡，4 人受伤，8 辆装载汽油的车辆起火，损坏机车 2 台，货车 33 辆，中断正线行车 15 小时。

159. 1974 年 9 月 23 日，江西省九江地区修水县汽车队的一辆卡车，在运送民工去水利工地修水渠的途中，由于副油箱支架脱落引发汽油燃烧事故，造成 23 人死亡。

160. 1974 年 9 月 29 日，四川省开县白鹤公社王爷庙渡口一艘渡船翻沉，溺亡 16 人。

161. 1974 年 10 月 16 日，广西壮族自治区南宁市南湖公园一艘游船倾覆，船上承载的市第十中学 38 名学生落水，其中 10 人溺亡。

162. 1974 年 10 月 20 日，第 2043 次货物列车运行至京山铁路线廊坊至落贷区间，因列车上装有安阳钢铁厂的钢锭，在列车行驶中掉下钢锭，将 19 辆货车垫脱线、颠覆，使正在从上行线通过廊坊至落贷区间该处的 094 次货物列车与脱轨车辆发生相撞，造成损坏机车 1 台，货车 41 辆，中断京山铁路线上下行正线行车 62 小时，导致煤和油的运输停顿。

163. 1974 年 12 月 26 日，长江航运管理局"长江 1201"轮顶推 6 只驳船、重载航行至镇江五峰山水域时触礁沉没，直接经济损失 60 万元。

164. 1975 年 1 月 14 日，呼和浩特铁路局包兰线五原至景阳林区间，发生 65 次旅客列车与 202 次旅客列车正面相撞事故，死亡 8 人，受伤 108 人。报废机车两台，客车 4 辆，中断铁路正线行车 22 小时。

165. 1975 年 1 月 28 日，福建省漳州地区龙海县紫泥公社友谊农场的一艘渡船因超载翻沉，死亡 10 人。

166. 1975 年 2 月 11 日，广西壮族自治区都安地区瑶族自治县木帆船社"都安 101"帆船因严重超载、人货混装，加之驾驶员处置不当，发生翻船事故，死亡 9 人。

167. 1975 年 4 月 13 日，黑龙江省哈尔滨热电厂一辆大客车在黎明公社荣进大队穆家沟铁道口与行驶而来的火车相撞，死亡 8 人，重伤 5 人，轻伤 13 人。

168. 1975 年 5 月 16 日，广西壮族自治区柳江县水电局的一艘工作船翻沉，10 人溺亡。

169. 1975 年 5 月 19 日，江西省上饶地区德兴县县城南门渡口一艘渡船因严重超载发生翻沉事故，62 人落水，其中 15 人溺亡。

170. 1975 年 5 月 27 日，湖北省武汉市汉口区大智路铁路与公路交叉道口发生货运列车与公共汽车相撞事故，死亡 16 人，受伤 36 人。

171. 1975 年 5 月 30 日，福建省龙岩地区上杭县旧县公社梅溪笛子岗渡船因严重超载翻船，溺亡 22 人（其中 2 名孕妇）。

172. 1975 年 7 月 14 日，安徽省滁州地区来安县水口公社汪郢渡口一艘渡船沉没，船上 48 人全部落水，其中 9 人死亡。

173. 1975 年 7 月 16 日，黑龙江省大兴安岭塔河铁路工务段长江 750 型轨道车违章行驶到蒙克山—瓦拉干间 508 千米+322.9 米处时，与加北工程段轨道车正面相撞，死亡 11 人，重伤 11 人，轻伤 11 人。

174. 1975 年 7 月 21 日，江西省汽车运输公司直属分局客车保修厂发生火灾，烧毁客车 15 辆、机床 15 台及面积 2400 平方米车间。

175. 1975 年 7 月 25 日，民航第十七飞行大队的一架运五 8265 飞机在从成都飞往重庆途中坠入简阳县塘坝公社水库，机上 3 人罹难。

★176. 1975 年 8 月 4 日，广东省航运局珠江船运公司第二船队的"红星240"客轮与"红星245"客轮在广州至肇庆之间的航线、珠江容桂水道蛇头湾水面相撞，两艘轮船沉没。事故共造成 437 人死亡。

177. 1975 年 9 月 21 日，江苏省连云港市外贸公司一司机驾驶汽车，行至市郊墟沟公社附近的铁路道路口时与火车相撞，死亡 7 人，重伤 5 人。

178. 1975 年 10 月 2 日，湖北省黄冈地区罗田县天堂水库一艘渡船沉没，死亡 11 人。

179. 1975 年 10 月 11 日，陕西省安康地区汉阴县汉阳坪渡口一艘渡船载 48 人过江，行至江心，恰逢石泉河水电站开闸放水，浪涌船翻，船上的人全部落水，其中 18 人获救，30 人溺亡。

180. 1975 年 10 月 17 日，四川省绵阳地区射洪县新民乡（柳树镇）的一艘渡船在文家渡渡口沉没，船上 81 人落水，其中 33 人溺亡。

181. 1975 年 12 月 11 日，长江航运管理局"江峡"轮下水行至沙市附近，厨房失火，造成 6 名旅客死亡，1 人溺亡。

182. 1976 年 1 月 20 日，民航广州管理局第六飞行大队安–24 型 492 飞机，执行广州—长沙—杭州—上海航班任务，在距长沙机场 10 千米的九华乡兴隆大队坠地失事，机组 8 人和旅客 34 人罹难。

183. 1976 年 2 月 17 日，广东省普宁县下架公社的双丰、南湖大队 76 名社员从汤坑水库乘船上山挑松柏枝，因严重超载，途中沉没，33 人溺亡。

184. 1976 年 4 月 25 日，安徽省巢湖地区无为县新沟公社新沟大队一艘渡船由新沟小南江码头驶往铜陵县坝埂头，至江心，遇大风翻船，36 人死亡。

185. 1976 年 5 月 1 日，新疆维吾尔自治区劳改局东戈壁农场一辆载人卡车翻车，死亡 18 人，重伤 35 人。

186. 1976 年 5 月 27 日，江西兴国园岭林场"园岭二"护林巡逻船发生翻船事故，80 多人落水，其中溺亡 51 人。

187. 1976 年 6 月 2 日，四川省重庆市建工局木材加工厂的一辆载人货车从嘉陵江桥上放坠入江中，死亡 10 人。

188. 1976 年 6 月 17 日，新疆维吾尔自治区乌鲁木齐市劳改农场汽车大修厂，副中队长驾驶车辆行至轻便铁路与公路平交路口停车时，因路旁土基松软车翻入深坑内起火，19 人死亡，22 人受伤者中 14 人终身残疾；汽车焚毁。

189. 1976 年 7 月 12 日，北京市房山县交道公社拖拉机站司机魏某驾车从首钢返回时违规将车辆交与非司机徐某驾驶，行至长阳化工厂道口，与一辆大型拖拉机相撞，造成车内搭乘人员 7 人死亡，19 人受伤。

190. 1976 年 7 月 27 日，安徽省肥东县石塘区召开"反击右倾翻案风"万人誓师大会。中午 11 时许，大会结束，群众为急赶回家，分头从沿河卞、小河沿两渡口过渡。沿河卞渡船系 2 吨水泥货驳，限载 16~20 人。当上满 20 人正拟开船时，忽赶来 20 多名小青年蜂拥跳上，船工连声制止，他们置若罔闻。渡船勉强驶至对岸，刚停靠时，一青年争先上岸，用扁担猛撑船头，借弹力上跳；不料船缆绳挣断，船迅猛倒回河心。顿时乘客大乱，船失重心，翻于水中。虽经各方抢救，仍有 19 名妇女溺亡。

191. 1976 年 7 月，四川省涪陵地区黔江县犁湾公社石牛大队的一艘渡船因超载翻沉，死亡 19 人。

192. 1976 年 9 月 9 日，四川省营山县带河公社白岩渡口的一艘渡船违章超载，发生翻沉事故，10 人溺亡。

193. 1976 年 9 月 12 日，四川省重庆市九龙坡区李九车渡口一艘编号为 120 的轮船在行驶中船体倾斜，3 辆货车坠入江中，11 人溺亡（下落不明）。

★194. 1976 年 10 月 18 日，西安铁路局宝鸡分局 111 次货运列车，行至白水江至红卫坝区间 140 隧道内发生脱轨、爆炸事故，造成 75 人死亡（其中扒乘货车人员 41 人），14 人受伤（其中 9 人重伤）①。中断铁路运输 382 小时。

195. 1976 年 11 月 3 日，广东省茂名市袂花公社蕴陂大队的一艘渡船沉没，死亡 18 人，其中小学生 17 人。

---

① 陕西铁路志记载这次事故死亡 34 人，重伤 9 人。

196. 1976 年 11 月 25 日，四川省重庆市长寿县石回渡口的一艘渡船在船工不在、乘船人自行驾船的情况下翻沉，造成 12 人溺亡。

197. 1976 年 12 月 8 日，天津市公共汽车公司一队的一辆大客车从蓟县返回天津途中车厢起火，20 名乘客及 1 名售票员被烧身亡，烧伤乘客 9 人。

198. 1976 年 12 月 27 日，内蒙古自治区乌兰察布盟凉城县石油公司一辆拉木材的卡车，在行驶途中木头斜转、伸出车厢，撞死撞伤沿途 18 名行人，其中 10 人死亡，7 人重伤，1 人轻伤。

（七）渔业船舶事故

1. 1967 年 3 月 8 日，广东省海南行政区昌江县新港公社海尾渔业大队发生渔船相撞事故，造成 15 人死亡，8 人受伤。

2. 1969 年 6 月 10 日，山东省青岛市崂山县王哥庄公社仰口海湾养殖场遭暴风袭击，作业船被巨浪打翻，船上 13 名民兵落水，其中 7 人死亡。

3. 1971 年 3 月 13 日，辽宁省旅大市水产局海洋渔业公司 502 渔船返航途中在成山头附近因船体焊缝破裂而沉没，25 名船员全部死亡。

4. 1971 年 3 月 31 日，广东省三亚港西南约 60 海里的海面上，苏联"德尔曼"内燃机船违反船舶避碰规则，撞沉儋县新英公社南岸大队所属 031035 木壳机帆两用渔船，造成我渔民 11 人受伤，11 人死亡，经济损失 242270 元。

5. 1971 年 8 月 16 日，广东省海丰县汕尾镇 30 艘渔船在返汕尾港避风途中，于龟灵岛东北附近海面遭突发性大海潮袭击，有 27 艘渔船和 320 人遇险，其中沉毁 9 艘，严重损坏 18 艘，渔民溺亡 25 人。

6. 1971 年 10 月 29 日，安徽省池州地区东至县卫东公社长河渡口发生沉船事故，死亡 15 人。

7. 1972 年 9 月 16 日，福建省福州市长乐县梅花公社阜花大队草圹村一艘出海渔船翻沉，死亡 15 人。

8. 1975 年 8 月 12 日，广东省海南行政区崖县南海公社西岛大队第六船队第 140 渔船在三亚港口二浮标附近处，遭风浪袭击翻沉，13 人溺亡。

（八）其他事故

1. 1966 年 4 月 12 日，安徽省宣城地区宁国县虹龙公社虹龙小学一学生拾到一枚日制地雷式小炸弹，因玩弄发生爆炸，1 人被炸身亡，炸伤 10 人。

2. 1966 年 6 月 28 日，四川省内江县白合中心小学一位炊事员下井清污中毒，下井抢救的 3 名教师和 1 名社员也相继中毒，事故造成 5 人死亡。

3. 1966 年 6 月 30 日，山西省太谷县东南街小学幼儿园发生房屋倒塌事故，造成 8 名幼儿和 1 名幼师死亡。

4. 1966 年 8 月 14 日，黑龙江省哈尔滨市五常县第一中学在"畅游长江"纪念活动中发生事故，9 名女生溺亡。

5. 1966 年 11 月 22 日，四川省资阳地区安岳县元坝公社六大队的小学楼坍塌，小学生死亡 35 人，受伤 111 人。

6. 1966 年 12 月 1 日，安徽省亳州地区利辛县农机站一辆拖拉机在邵庙公社曹店大队作业时，发生油箱燃烧爆炸事故，死亡 5 人，烧伤 2 人。

7. 1967 年 1 月 16 日，山东省日照县"红卫兵"总部在人民广场召开声讨县委执行"资产阶级反动路线"大会，散会时由于拥挤混乱，引发踩踏事故，当场死亡 3 人，踩伤多人。

8. 1967 年 4 月 19 日，四川省绵阳县防疫站在城关人民路第一小学放幻灯发生踩踏事故，死亡 3 人，踩伤 18 人。

9. 1967 年 6 月 1 日，四川省重庆市动物园因讹传"老虎出来了"而在公园大门口发生踩踏事故，造成 11 名儿童死亡，50 余人受伤。

10. 1968 年 2 月 2 日，山西省长治市淮海机械厂一些工人，用平板车拉着一些从武斗现场捡得的炮弹等物品，打算请驻厂部队察看，中途发生爆炸，伤亡各 40 多人。

11. 1968 年 2 月 27 日，四川省内江市红卫照相馆门口因交换领袖纪念章而发生争执，其中一人拉响手榴弹，导致 2 人死亡，49 人受伤。

12. 1968 年 9 月 30 日，四川省德阳地区绵竹县为庆祝县革命委员会成立在公园广场燃放焰火发生踩踏事故，当场死亡 3 人，受重伤 5 人。

13. 1968 年 11 月 25 日，陕西省榆林地区府谷县三道沟公社学校发生煤气中毒事故，10 名学生死亡。

14. 1969 年 1 月 12 日，广东省海南行政区琼山县灵山公社社员杨某随意敲打一枚从山林里捡来的一颗炸弹，引起爆炸，当场 8 名儿童被炸身亡，炸伤 2 名。

15. 1969 年 1 月 27 日，浙江省桐乡县乌镇"造反派"之间开展争斗，围观者拥至中市北花桥上，致使桥面混凝土实心板及钢梁倾翻，造成 100 多人落水，其中 13 人溺亡。

16. 1969 年 2 月 14 日，云南省曲靖地区沾益县礼堂放置的一枚炸弹被小孩摆弄爆炸，造成 6 人死亡，炸伤 11 人。

17. 1969 年 4 月 7 日，山东省青岛市崂山县王哥庄公社仰口湾海带养殖场遭到特大狂风袭击，港西、闽山大队的 7 民兵为抢救集体财产而身亡。

18. 1969 年 4 月 25 日，四川省德阳地区广汉县革命委员会在县城公园广场举办庆祝党的"九大"焰火晚会时发生踩踏事故，死亡 47 人，重伤 6 人，轻伤 43 人。当晚有 6 万~7 万群众聚集。散场时出口拥挤，导致事故发生。

19. 1969 年 5 月 19 日，广东省汕头市跃进小学师生到市郊龙眼大队开展活动，回校途经新开沟时，在事先未勘查游泳场地的情况下，组织学生下水游泳，5 名学生溺亡。

20. 1969 年 7 月 22 日，中铁二局十二处驻四川省凉山自治州喜德县夯得洛村的工程队和汽车修配厂遭受泥石流袭击，铁路职工、民工和农村社员共 80 人遇难身亡。

★21. 1969 年 7 月 28 日，广东省汕头港牛田洋围垦区堤堰溃决，造成 894 人死亡。

22. 1969 年 8 月 22 日，四川省绵竹县广济公社十大队第六生产队王某在拆卸一枚捡来的炸弹时发生爆炸，造成 4 人当场被炸身亡。

23. 1970 年 1 月 1 日，江西省赣州地区赣县在章江水轮泵站召开万人庆祝大会。散会时人众拥挤，南河浮桥桥板折断，浮桥折断，181 人落水，其中 22 人溺亡。

24. 1970 年 5 月 16 日，浙江省温州市召开欢送知识青年赴黑龙江生产建设兵团大会，在市人民广场的出口处发生踩踏事故，死亡 16 人，受伤 60 人。

25. 1970 年 6 月 3 日，山西省晋中地区榆次县城关镇多所小学师生汇集在地区体育场举行文艺晚会，因突降暴雨，引起混乱，造成踩踏事故，造成 11 名小学死亡。

26. 1970 年 6 月 15 日，广东省江门地区荷塘公社在篁湾大队礼堂召开党员代表大会时，礼堂倒塌，压伤 69 人（其中重伤 36 人）。

★27. 1970 年 9 月 15 日，广东省惠州地区揭西县横江水库垮坝，造成 779 人死亡。

28. 1970 年 9 月 17 日，山东省青岛市第一体育场在国家田径队和山东省田径队进行体育表演时，发生踩踏事故，造成 37 人死亡，135 人受伤。

29. 1970 年 9 月 28 日，四川省泸州地区泸县公检法军管会、县革委人保组在福集公社泸县二中召开公开审判大会，大会结束时发生踩踏事故，死亡 18 人，受伤 38 人（其中重伤 33 人）。

30. 1970 年 10 月 17 日，广州军区生产建设兵团六师二团（海南晨星农场）三连养猪场的 28 名职工被台风带来的洪水围困，其中 22 人溺亡。

31. 1971 年 1 月，四川省璧山县璧师广场放电影，进场时发生踩踏事故，造成 18 名儿童死亡，儿童和成人轻、重伤者 17 人。

32. 1971 年 3 月 28 日，四川省德阳地区绵竹县玉泉公社放映晚场电影发生踩踏事故，死亡 4 人，重伤 3 人，轻伤 10 余人。

33. 1971 年 5 月 1 日，湖南省株洲市中心广场庆祝国际劳动节游园晚会发生踩踏事故，死亡 24 人，受伤 90 人（其中重伤 3 人）。

34. 1971 年 6 月 2 日，浙江省宁波地区宁海县紫溪公社洞口庙水库坍塌溃坝，下游 6 个大队被淹，死亡 188 人。

35. 1971 年 6 月 9 日，陕西省绥德地区靖边县气象局试制打冰雹用的"土火箭"，因操作失误造成火药爆炸，死亡 9 人。

36. 1971 年 6 月 18 日，上海市普陀区光新体育场在召开大会时遇到暴雨，在疏散过程中发生踩踏事故，死亡 7 人，重伤 3 人，轻伤 96 人。

37. 1971 年 7 月 22 日，四川省重庆市长寿县黄葛公社狮子湾生产队在抢收晒场上的玉米时遭受雷击，当场死亡 10 人，轻重伤 39 人。保管室存放的 80 吨粮食和农具被焚毁①。

38. 1971 年 9 月 27 日，河南省安阳地区参加农田水利基本建设的济源民工团一连住宿的窑洞坍塌，正在窑洞内睡觉的妇女 21 人死亡，39 人受伤。

39. 1971 年 9 月，四川省涪陵地区黔江县官庄公社响水河水电站发生触电事故，死亡 4 人。

40. 1971 年 10 月 13 日，陕西省铜川矿务局第二机电修配厂五七学校组织防空演习，让 400 多名小学生摸黑进入防空洞，致使学生在陡坡前互相拥挤、踩压，造成 12 人死亡，25 人受伤。

41. 1971 年 10 月 30 日，陕西省渭南地区富平县剧团在美原镇露天剧场演出《槐树庄》，观众入场时发生踩踏事故，死亡 37 人，受伤 15 人。

42. 1972 年 3 月 1 日，河南省新乡地区博爱县在县城南广场燃放焰火，散场时发生踩踏事故，死亡 26 人，踩伤 19 人。

43. 1972 年 3 月 8 日，天津市汉沽区东方红一中为庆祝"三八"妇女节，举办篮球赛并在礼堂放电影，在篮球赛快结束时人群涌出操场赶往礼堂，造成踩踏事故，死亡 9 人，踩伤 11 人。

44. 1972 年 5 月 7 日，陕西省渭南地区耀县教场坪村民兵在涵洞躲避暴雨被

---

① 据重庆市长寿县志记载：黄葛乡 1954—1981 年先后 9 次雷击伤人，累计死亡 17 人，重伤 16 人，轻伤 37 人。

洪水冲走，溺亡 12 人。

45. 1972 年 6 月 6 日，福建省福州市闽清县坂东公社宝溪大队乌山水库垮坝，死亡 20 人。

46. 1972 年 8 月 11 日，四川省南溪县月阜鸣公社白花大队广播线断裂落在高压输电线上，死亡 2 人，受伤 31 人。

47. 1972 年 8 月 23 日，四川省德阳地区广汉县西高公社十一大队正在河坝挖花生的社员被洪水冲走，18 人溺亡。

48. 1972 年 9 月 9 日，陕西省绥德县韮园沟公社石家沟小学因山体滑坡冲毁教室，造成 51 人死亡。

49. 1972 年 9 月 29 日，广东省海南行政区澄迈县福山公社花场大队围海造田人员在收工返归途中遭雷击，死亡 3 人，重伤 3 人。

50. 1972 年 11 月 7 日，广东省茂名市高州县马贵公社厚元小学遭山洪冲击，造成 64 名师生死亡。

51. 1972 年 11 月 20 日，四川省酉阳县龚滩镇三教寺"老岩"垮塌，"压死 30 余人"①。

52. 1972 年 12 月 4 日，贵州省黔东南州镇远县高挂河电站架设的通往律令大队的 10 千伏输电线因冰冻下沉，与农村照明线接触，造成农村照明电用户 3 人死亡，15 人受伤。

53. 1973 年 1 月 8 日，四川省江津县驻军某部在营房操场放映朝鲜故事片《卖花姑娘》，群众近万人前往观看，散场时出口狭窄、秩序混乱引发踩踏事故，造成 15 人死亡，踩伤 10 人。

54. 1973 年 3 月 20 日，安徽省芜湖地区无为县汪百胜公社凉山大队社员从军用靶场挖回一个废炮弹，因小孩用火烧着玩引起爆炸，造成 4 人死亡，1 人被炸伤。

★55. 1973 年 4 月 27 日，甘肃省平凉地区庄浪县李家咀水库发生垮坝事故，死亡 580 人，冲毁 1153 间房屋，淹没 15000 多亩耕地，淹死大牲畜 85 头。

★56. 1973 年 5 月 8 日，广东省河源地区龙川县罗田水库因盲目蓄水导致发生垮坝事故，死亡 55 人，重伤 3 人。

57. 1973 年 8 月 20 日，山东省烟台地区海阳县丁家夼水库（山东省抗旱防汛指挥部的通报称"丁家奋"水库）发生夸坝事故，造成 30 人死亡，16 人重伤。128 间民房被毁，损失粮食 3.5 万斤，损毁物品折款 3 万元。

---

① 酉阳县志原文如此。

58. 1973 年 8 月 25 日，甘肃省平凉地区庄浪县史家沟水库因天降暴雨（当日集中降水 72. 6 毫米）导致左岸滑坡崩塌，冲毁房屋 298 间，受灾 52 户。垮坝事故造成 81 人死亡，65 人受伤。

59. 1973 年 9 月 3 日，广东省湛江地区徐闻县石海水库晴天垮坝，所蓄水 430 万立方米泄出，冲毁农田 200 亩，人员伤亡不详。

60. 1973 年 11 月 9 日，江西省九江地区歌舞剧团在瑞昌县洪岭公社光明大队礼堂演出时，礼堂意外坍塌，死亡 2 人，砸伤 89 人。

61. 1974 年 9 月 26 日，四川省丰都县龙河公社八一水库因质量低劣，在晴朗天气发生垮坝事故，冲毁耕地 305 亩，造成 5 人死亡。

62. 1974 年 9 月 27 日，广西壮族自治区南宁市体育场在举行广西足球队与越南人民军足球队友谊赛时，第五进口处观众入场拥挤引发踩踏事故，死亡 1 人，踩伤 70 多人，其中重伤 16 人。

63. 1975 年 2 月 5 日，四川省乐山地区峨边县（今乐山市金河口区）公安公社的一座桥梁发生倾斜断裂，正在桥上看炸鱼的群众纷纷落水，其中 11 人死亡，9 人重伤，16 人轻伤。

64. 1975 年 2 月 13 日，四川省合川县太平公社放电影时因人多拥挤，导致木楼垮塌，死亡 10 人，受伤 71 人。

65. 1975 年 3 月 21 日，四川省德阳地区广汉县北外公社小学和蔬菜社小学的学生，河中捞起县武装部废弃的两枚炮弹，擅自进行烧、砸、拆卸引起爆炸，造成 11 人死亡，炸伤 12 人。

66. 1975 年 3 月 24 日，四川省绵阳地区梓潼县大安公社三合大队发生汞制剂农药中毒事故，造成 14 人死亡。

67. 1975 年 3 月 28 日，浙江省杭州市六和塔游览学生和游客发生踩踏事故，死亡 14 人，受伤 27 人。

68. 1975 年 4 月 22 日，上海市木偶剧团在塘湾中学操场演出，散场时发生踩踏事故，踩伤 12 人，其中重伤 5 人，死亡 1 人。

69. 1975 年 6 月 16 日，四川省渡口市（攀枝花）前进公社胜利大队水库垮坝，3 户人家遭灾，11 人死亡。

70. 1975 年 6 月 25 日，湖北省恩施市城关镇第三小学的两间教室因山体滑坡而坍塌，学生死亡 31 人，受伤 7 人。

71. 1975 年 7 月 6 日，四川省绵阳地区遂宁县东方红公社三大队三生产队保管室，有人将下河洗澡拾得的部队打靶训练失落的一枚火箭筒掷下，引起爆炸，造成 6 人死亡，受伤 2 人。

★72. 1975 年 8 月 8 日，河南省驻马店地区板桥水库发生溃坝事故，造成人民生命财产重大损失。洪水致 22564 人溺亡，受伤 92096 人。

73. 1975 年 9 月 7 日，新疆维吾尔自治区乌鲁木齐铁路局轻便铁路管理处基建工程三分队的职工临时宿舍（地窝子，位于甘泉堡火车站）遭山洪袭击，35 名接受再教育的学生（34 名女生）和 1 名带队女干部溺亡。

74. 1975 年 9 月 20 日，广东省海南行政区崖县天涯公社大村水库垮坝，冲毁民房 45 间，冲坏铁路 1900 米，毁坏农田 39 亩，造成 25 人死亡，4 人受伤。

75. 1976 年 1 月 30 日，安徽省蚌埠市南山、大塘公园新建地下道正式开放，因人多拥挤，管理不善，游人相互践踏，造成 14 人死亡，24 人受伤。

76. 1976 年 3 月 31 日，广西壮族自治区桂林市郊区甲山新立小学学生因敲取旧迫击炮弹头上的铜引起炮弹爆炸，死亡 28 人，炸伤 5 人。

77. 1976 年 3 月 31 日，江西省景德镇市第八小学组织三、四、五年级全体师生，列队前往南山烈士墓扫墓，途经南河天宝桥时，因木桥年久失修，桥柱折断倒塌。学生溺亡 20 人，重伤 2 人，轻伤 9 人。

78. 1976 年 4 月 16 日，贵州省毕节地区大定县坡脚区绿塘公社民兵在制作防冰雹的"土火箭"时发生爆炸事故，死亡 4 人，重伤 5 人。

79. 1976 年 5 月 1 日，河南省许昌市因举行烟火晚会庆祝国际劳动节造成踩踏、挤压事故，死亡 33 人，受伤 26 人。当晚不少群众站在铁路立交桥上准备观看烟火，19 时 48 分第 461 次列车通过铁道立交桥时，桥栏杆被看烟火的人挤垮，2 人坠亡，摔伤 15 人，3 人被火车撞倒身亡。放烟火场地西北大操场的西南门口处由于过于拥挤混乱，造成 28 人被踩踏身亡，26 人受伤。

80. 1976 年 5 月 4 日，广东省海南行政区文昌县南阳中学、东路中学学生在参加修建白溪河工程的工地上遭到雷击，7 人死亡，3 人重伤，8 人轻伤。

81. 1976 年 7 月 20 日，安徽省宣城地区广德县下寺公社草鞋岭水库因施工质量差、管理不善，在晴朗天气里垮坝，造成 6 人死亡，5 人受伤。大水冲毁房屋 291 间，淹死耕牛 80 头。

82. 1976 年 8 月 18 日，四川省安岳县龙台公社二大队代购代销点的一个酒坛子爆炸起火，死亡 5 人，受伤 8 人。

83. 1976 年 10 月 29 日，河南省鹤壁市红旗街小学开运动会，一些学生爬到一栋楼房的雨搭上观看，致使雨搭塌落，当场死亡 6 人，砸伤 7 人。

84. 1976 年 12 月 6 日，四川省渡口市大河公社田坝大队碾房生产队杜某划火柴检验沼气池是否有气引发爆炸，造成 5 人死亡，7 人重伤，11 人轻伤。

三、典型事故案例

（一）贵州省六枝特区大用煤矿平硐瓦斯突出事故

1967 年 1 月 12 日，贵州省六枝特区大用煤矿平硐（基建井）发生瓦斯突出事故，造成 98 人死亡。

大用煤矿坐落在六枝特区平寨镇同云村境内，贵昆铁路与安水公路互相交叉穿矿而过，1.75 千米的进矿公路与安水公路相接，1500 米的铁路专用线与贵昆铁路相接。矿距大用火车站 1 千米，距矿务局 6.5 千米。井田范围在六枝向斜北东翼的南东东段，西北端以 F_{21} 断层与四角田煤矿相邻；东南与岱港井田接壤；浅部以煤层露头为界；深部至 +900 米标高煤层底板等高线。走向长 6.9 千米，倾斜宽 1.8 千米，面积 12.4 平方千米。井田地势北高南低。井田煤系为二叠纪龙潭煤组，含煤层 19~32 层，可采层 1 层，局部可采层 7 层，平均总厚度 10.76 米，煤层倾角 30~35 度。煤种为贫煤。该矿原设计能力为 45 万吨/年，平硐开拓。采用走向长壁爆破落煤，全部陷落法控制顶板。该矿井属煤与瓦斯突出矿井，具有煤尘爆炸危险。由煤炭工业部六十五工程处负责建设施工，1966 年 3 月开工建设。

1967 年 1 月 12 日，上一班作业人员在掘进作业时，药卷填入炮眼后被突出的气体顶出，爆破后发生瓦斯燃烧，这一瓦斯突出的明显预兆没有引起下一班作业人员的警惕，仍然继续打眼爆破，当掘进至 2302 米处时，爆破引发煤与瓦斯突出，共突出瓦斯 130 万立方米，煤和岩石 2000 吨。当时在井下作业的人员共99 名，除一名脱险外，其余 98 人死亡，经济损失 667 万元。

事故发生后，贵州省政府、煤炭部、成都军区派人到六枝慰问。西南煤矿建设指挥部及附近县的领导赴现场处理善后工作。

事故原因：六十五工程处 6501 队在掘进施工中，明知有瓦斯突出预兆的情况下，顶板揭七煤层时，没有按照突出矿井采取防范措施，爆破引起煤岩和瓦斯突出。

（二）四川省重庆公用轮渡公司 108 轮碰撞翻沉事故

1967 年 5 月 6 日 14 时 37 分，四川省重庆公用轮渡公司 108 轮在重庆港呼归石附近，与长江航运公司重庆分公司所属的"东方红 111"轮相遇，因两轮值班大副、驾驶人员思想严重麻痹，忽视瞭望、盲目操作，出现紧急情况时没有采取正确措施，双方避让不当；加之水势较急，造成两轮相撞。"东方红 111"轮撞

在 108 轮右舷尾部，致使 108 轮向左倾斜，旋即翻沉。108 轮上的旅客和船员共
227 人落水，其中 96 人获救，131 人溺亡①，直接经济损失 76 万元。

责任追究：两艘轮船的驾驶员分别被判处有期徒刑 8 年和 5 年。

（三）河北省峰峰矿务局羊渠河煤矿二坑瓦斯煤尘爆炸事故

1968 年 7 月 12 日，河北省峰峰矿务局羊渠河煤矿二坑发生瓦斯煤尘爆炸事
故，造成 51 人死亡，5 人重伤。

事故发生当日 11 时 45 分，羊渠河煤矿二坑一水平北翼大煤 8232 大巷区内，
为赶掘 8234 工作面，分三个头同时掘进。采用 4 个头串联掺新风的局部通风方
式通风，发生事故地区 8232 大巷总入风量为 659 立方米/分钟，有效风量为 545
立方米/分钟，总回风巷沼气浓度为 0.75%。8234 溜煤眼在进行周边眼的爆破过
程中，局部冒顶处的积存瓦斯处理不好，也没有执行"一炮三检"制度，防尘
洒水工作也做得不好，炮泥封填又不足，在放周边炮眼时，一次又拉不着，而采
用分次拉炮。在爆破前把风机停了，以致工作面积聚瓦斯，拉完第一次炮后，煤
尘大量飞扬，当拉完最后一次炮后，爆破员首先进入检查，其他人员也随之而
入，由于火药发生爆炸，引起瓦斯煤尘爆炸。爆炸后，接着又引起 8234 皮带下
山，8232 大巷变电所向外的第三股风眼口等处发生连续爆炸，扩大了受灾地区，
造成 51 人死亡，5 人重伤，破坏巷道 800 米。

（四）陕西省华阴县庆祝县革委会成立文艺演出剧场火灾事故

1968 年 9 月 2 日，陕西省渭南地区华阴县为庆祝县革命委员会成立，在岳
庙剧院（人民剧场）演出京剧《智取威虎山》。在演出过程中，由于演职人员的
失误，舞台意外起火。因扑救不及，将剧院顶棚点燃。大火很快蔓延至观众厅，
随后剧院顶部坍塌。因缺乏必要的组织和管理，造成现场拥挤混乱，伤亡惨重。
事故造成 135 人被烧身亡，52 人被烧成重伤②。（待深入调查和充实）

（五）山东省新汶矿务局华丰煤矿煤尘爆炸事故

1968 年 10 月 24 日，山东省新汶矿务局华丰煤矿−210 米水平南石门 15 层西
平巷掘进头爆破时产生火焰引起煤尘爆炸，死亡 108 人，受伤 72 人。

华丰煤矿是在日伪时期开采过的废旧矿井的基础上建设的，1956 年正式建

---

① 重庆地方志记载这次事故溺亡 134 人。
② 华阴县志记载，这次火灾事故造成 134 人死亡，75 人受伤。

矿，1958 年投产，生产能力为 60 万吨/年。该矿为斜井多水平开拓，暗斜井水平延深，双钩串车提升矸石，原煤运输为 GDS-100 型钢丝绳胶带机两段提升，井底车场为尽头式，石门联络水平集中大巷。1 井生产采区全部集中在西翼，而爆炸严重的主井筒是主要进风井，-210 米水平西大巷是西翼的唯一进风巷道，因此受到煤尘爆炸影响的范围很大，即受影响的有三个采区：三采区西翼、二采区、二采区二层和六个回采工作面、四个掘进工作面以及该范围内的搬运、巷修、密闭、机电等工种工人。-210 米水平西大巷为架线电机车运输的主要运输大巷，东至主井车场，西至二采区车场，全长 840 米为水泥支架。该巷道于1966 年初投入生产，使用时间为 3 年，巷道均有煤尘浮存，尤其是南石门以西，因 13 层回采面在大巷直接装车，煤尘甚多，爆炸时南石门以东的巷道破坏程度较轻，以西的巷道破坏程度严重，特别是大溜子头（3102 面装车点）以西的巷道破坏程度更严重，巷道全部塌落。以南石门为界，南石门至北二采区车场燃烧方向是由东向西，南石门以东燃烧有自西向东的现象。

主井筒为 1 井主要提升井，也是 1 井主要进风井，井筒全长 1100 米，全部料石砌碹，井底车场也为料石砌碹，主井筒及井底车场均有煤尘存在。该井筒爆炸后发现有三处冒顶。爆炸时，该井筒为接班后检查井筒的时间。据井口搬运员工讲当时尚未提升，钉道工在井筒检查至-150 米水平处曾打信与井口联系，随后又进行检查，该钉道工牺牲在井底起坡点以上岔子处，说明当时没有提升，电机车停在车场内，司机在泵房休息，电机车没有运转，无产生火源的痕迹。

三采区溜煤下山下车场 80 米为水泥棚支护，该巷道于 9 月 15 日开始使用，至爆炸前 1 天停用，因煤仓漏斗装车，巷道煤尘浮存较多，而按风向西部煤尘较细。爆炸后，主车场西头的岔子处以外，水泥棚子及背板向外倒塌移动，以里水泥棚子往里倒塌移动，而且泵房西口以外的砌碹通道、架空线东帮拉线大部分爆断，架空线落在西帮巷道的砌碹有爆坏痕迹，证明爆炸方向是由外向里的。

南石门是由 13 层西大巷透 15 层石门，透 15 层是半煤岩掘进，15 层煤厚度为 0.8 米。该煤层灰分为 24.77%、水分 2.46%、挥发分 47.66%。该石门长 65米，为水泥支架，以里 15 层平巷为水泥点柱及木点柱混合支护，已掘 120 米，迎头使用电煤钻打眼，11.4 千瓦局部通风机供风，人力扒装运输，迎头出勤人数为 12 人，供风局部通风机安设在石门以东新鲜风流中，使用胶质玻璃丝制风筒，已接至迎头 8 米处。电煤钻一部、开关一台、电缆等均在距迎头 100 米以外设置或存放着。

爆炸后 5 小时检查瓦斯含量为 4.6%，19 小时取样化验瓦斯含量为 5.6%，经通风排放后检查瓦斯含量为 0.06%，该迎头爆炸前 3 小时检查瓦斯含量为 0.09%。爆炸时该迎头正处在爆破状态，无人工作，迎头距发爆器的位置为 90 米，铺设有一根爆破母线，在发爆器处牺牲 3 名工人，其他人员牺牲在发爆器以外，爆破母线迎头一端联结有 4 根雷管脚线（两个雷管）。迎头的煤层部分，在巷道顶部有放了三个炮眼的痕迹，靠上帮的一个炮眼没有残窝，另两个靠中部和下部有残窝。另外，在顶部和下部还有四个已装配药的炮眼。迎头已爆破的三个炮眼，其中靠中部和下部的两个炮眼有残窝并有没完全爆炸的残药，在靠下中部的炮眼残药以外 15 毫米处，有煤被烧焦的显著痕迹，而被烧焦的煤是在迎头爆破爆落的大量煤堆积以内，而爆落的煤没发现有烧焦的痕迹，证明，爆破时炮眼有燃烧着火的现象。靠近迎头 70 米以内的风筒悬挂完好，靠巷道的一面有火焰熏烤变质起胶泡的痕迹。里段 100 米内点柱受火熏烤痕迹显著，两帮有煤尘燃烧的皮渣，在迎头 70 米以外，风筒全部被冲击于巷道中，并有不同程度的损坏和破碎以及受冲击向外移动。

爆炸事故发生在早班交班时，迎头无矿车，爆炸后发现外车场（石门内）有 4 个矿车，据以往的操作情况，在摘空车时，一般都不开风机，开局部通风机声音大听不见。而爆炸后搬运工人牺牲在岔子处，说明刚倒完车，尚未开风机，迎关风筒一面燃烧，另一面完整无缺，界限分明，刚好为二分之一，也说明爆破时未开风机。

事故原因：根据以上情况分析，引起这次事故的原因是由-210 米水平南石门 15 层西巷掘进迎头爆破时，炸药没有完全爆炸产生火焰引起爆燃，使巷道内大量受震动而飞扬于空气中的煤尘引起爆炸。对于沉积煤尘较多的-210 米水平西大巷，沿东西方向爆炸迅速蔓延又使 2040 米的井巷发生连续性爆炸。

这次煤尘爆炸事故发生在"文化大革命"时期，矿上安全机构遭到破坏，工程技术人员不能发挥作用，安全生产被忽视。职工技术素质差，组织纪律不严，安全管理混乱，不严格执行安全规程等是酿成这次事故的原因之一；事故发生前，无防火、洒水降尘设施，没有定期清扫浮尘，更无现代化的瓦斯、煤尘监测装置，对爆破、煤尘管理不严等是酿成这次事故的原因之二；事故发生后，抢救人员虽然迅速行动，但由于组织指挥混乱，对现场情况掌握得不快不细，巷道支护受爆炸冲击倒塌，顶板冒落，井下通风系统被破坏，大量有毒有害气体未能及时有效排除，因此造成受波及的范围内大部分人员中毒或牺牲。执行制定的强制措施，不果断有力，如不注意在窒息区设立安全岗哨，又不阻止不佩戴氧气呼吸器的人员进入灾区，导致了受波及人员及抢救人员的再次中毒或遇难。"文化大革命"时期，没有预防灾害和避灾措施，干部职工缺乏安全教育和安全自救知识，在发生事故后，惊慌混乱，导致灾情扩大，中毒遇难人员增多。救护队没参加救灾指挥部的组织领导工作，致使在救灾过程中抢救人员再次中毒。救护人员在进行侦查搜索现场时，不严格执行救护条例，不制定行动计划及安全措施，在侦查过程中表现了个别救护队员业务素质差，佩戴呼吸器不熟练，通过口具讲话及大声喊话、碰掉鼻夹等致使队员自身中毒，也使第一次南一石门的侦查失败。

（六）山西省忻州地区阳方口煤矿瓦斯煤尘爆炸事故

1968 年 12 月 25 日 11 时 45 分，山西省忻州地区阳方口煤矿南坑发生瓦斯煤尘爆炸事故，造成 66 人死亡。

阳方口煤矿南坑于 1954 年建井，1958 年初正式投产，设计生产能力为年产煤炭 30 万吨，开采晚石炭纪太原统 V 煤层，属于肥气煤，煤层倾角 6~11 度，平均厚度为 13 米，低沼气矿井，煤尘爆炸指数为 30%，有煤尘爆炸危险性。自然发火区为半年至 1 年。采用电钻打眼，爆破落煤，人工装煤，机械运输，两班生产，有职工 307 人。

1968 年 12 月 24 日，该矿革命委员会宣布并动员全体职工在 12 月 26 日开展高产日活动。12 月 25 日早班，南坑职工正在紧张生产，并为 26 日高产日活动做准备工作时，不幸在 11 时 45 分发生了瓦斯煤尘爆炸事故，爆炸冲击波通过主斜井井筒直达地面，在主井井口的 1 名电工被冲击波冲出 50 余米，碰到绞车房身亡，井下 1600 米运输巷全部被毁，冒顶高达 5~8 米，大巷烟尘伴随着冲击波通过副井冒出，当班在井下作业的人员除提前升井的 17 名职工外，其他 63 名职工全部遇难。

事故原因：（1）该矿对历次发生的重大事故没有认证追查、严肃处理，更没有从中吸取教训。（2）该矿革命委员会不重视安全生产工作，没有将安全生产工作列入议事日程，长期没有专门负责安全工作的人员；安全培训教育不到位。（3）对通风瓦斯、煤尘管理不善，瓦斯检查流于形式，停产停电停风成家常便饭；井下电缆线随处可见明接头、"鸡爪子""羊尾巴"，且使用非防爆设备；雷管、炸药管理混乱，领发制度不健全。（4）不重视救护队建设，虽然建立了由 6 人组成的业余救护队，但无专人领导，不进行救护知识和技能培训，不会熟练使用有关仪器，以致事故发生后不能有效投入抢救，并造成抢救人员牺牲，扩大人员伤亡。

这起事故是在特定历史背景下发生的一场悲剧，由于受当时极"左"思潮的影响，企业严重忽视安全生产，不顾生产能力及安全条件，不顾工人生命安全，盲目开展"高产日"活动，酿成了这次特大伤亡事故，教训极其惨痛，值得后人认真吸取，以避免悲剧重演。

（七）山东省新汶矿务局潘西煤矿二井煤尘爆炸事故

1969年4月4日3时15分，山东省新汶矿务局潘西煤矿±0米水平二井东翼三采区以东第三、四贯眼之间，电机车弓子的启动火花引起了煤尘爆炸，死亡115人（其中抢救中死亡2人），中毒及负伤108人。

潘西煤矿为石炭二叠纪含煤地层，二叠纪3、4层煤为前组，不稳定局部可采。石炭纪15、19层煤为后组煤，其中19层煤为缓倾斜中厚煤层，较稳定全区可采，煤系地层总厚度为11.9米，所采煤层为3、4、19层，煤质为肥煤和气肥煤。该矿于1958年建井，1960年片盘简易投产。设计生产能力为30万吨/年，1965年达到设计生产能力。矿井采用斜井多水平阶段石门分区开采，长壁后退式采煤方法。爆破落煤，全部陷落法控制顶板。井口标高232米，事故发生时的生产水平为−350米水平。事故发生前该矿采用中央并列抽出式通风，配备一台16号离心式风机，二号主井副井进风，二号管子道回风。矿井历年鉴定均属低瓦斯、高二氧化碳矿井，煤层瓦斯含量较低。煤层煤尘爆炸性指数分别是：3层煤为33.29%；4层煤为43.89%；19层煤为39.76%，均有爆炸危险性。煤层自燃倾向鉴定为：3、4层煤为三类不易自燃煤层；19层煤为二类自燃煤层，其发火期为3~6个月。

1969年4月4日3时15分，该矿±0米水平二井东翼三采区以东，第三、四贯眼之间，电机车弓子的启动火花引起煤尘爆炸，波及整个东翼第一水平的三采区3193东、3194东的二个采煤工作面及第二水平回采区的4194东副巷，4191东主巷，−150米东大巷回采区煤仓东40~50米处，四个地点的煤尘连续爆炸。现场死亡113人，抢救中死亡2人，共计死亡115人，中毒及负伤108人，其中重伤1人。毁坏巷道3700米，损坏机电设备73台、电缆2950米、矿车30辆、电机车1台，通风设施遭到严重破坏。这次事故从发生到4月12日最后一个遇难者升井，共抢救了9天，停产7个月，造成重大损失。

当时事故区的通风系统为−150米东大巷进风，四采区轨道上山、运输上山回风串人三采区，即−150米东大巷进风→4194副巷掘进→4191东主巷掘进→3194采面→3193采面→三采面回风道→二井管子道→地面。

采煤工作面生产为电煤钻打眼、爆破落煤，全部陷落法控制顶板。掘进工作面工艺为：电煤钻干打眼，岩石部分水式风钻打眼、爆破、扒装、支棚。

事故原因：该矿在"文化大革命"时期，忽视安全生产和科学管理，违反

《煤矿安全规程》和《作业规程》，如《煤矿安全规程》规定：回采、掘进工作面开工之前，首先要制定出安全技术作业规程。对此根本不执行，胡采乱掘盲目生产，造成技术管理与通风系统混乱。事故前，采区16个封闭贯眼先后被扒开，使原来就不完善而又未进行分区的通风系统更加混乱，造成风流多处短路，温度偏高，煤尘积聚。东翼三采区主副巷之间的贯眼被扒开，去三采区的新鲜风流减少；三采区车场的风门因管理不善被毁坏，使±0米水平东大巷去二采区的风大部由此短路；三采区轨道上山以东副巷的贯眼被扒开后，造成东大巷，三采区车场以东，四采区轨道上山以西约200米的高温干燥微风区，空气中大量浮游煤尘不能排除，形成煤尘爆炸的隐患。因整个东翼一、二水平的掘进头和采煤面为一条龙式串联通风，所以一处发生煤尘爆炸就会引起连锁反应。

事故前，各采掘工作面、运输大巷都未安设防尘管路和喷雾装置，故运输大巷装车和采掘工作面出煤、扒装、爆破生产过程中无法采取防尘措施。当时矿领导重生产轻安全，广大干部和工人曾多次疾呼："在井下干活热死人"，并集中反映井下煤尘大、温度高，对此呼声，矿领导无动于衷。

1968年10月24日，华丰煤矿发生煤尘爆炸事故后，煤炭部10月25日下发了事故通报和四项安全指示，华丰事故抢救总指挥部10月27日下达了6条命令，11月30日省煤炭组又下达了重大事故防范指示。均严肃强调要认真接受华丰煤矿事故教训，严格各项行之有效的安全规章制度。但潘西煤矿领导未接受华丰煤矿事故教训和认真执行上级一系列的指示和各项命令，致使井下安全状况日益恶化，导致1969年4月4日煤尘爆炸事故的发生。

事故教训："文化大革命"时期安全第一的思想被冲击，干部思想混乱，严重影响党的安全生产方针和各项规章制度的贯彻落实；由于缺乏正确的生产指导思想，造成有令不行，有章不循，冒险蛮干短期行为；有些采掘工程根本没有作业规程，各种行之有效的规章制度被取消，矿安全监察组被撤销，瓦斯检查人员被削减，安全生产失去了起码的保障条件；不认真贯彻上级有关抓好安全工作，加强对瓦斯、煤尘监测管理的指示和命令；对职工反映的情况和意见采取官僚主义的态度，视而不见，充耳不闻，完全忽视了现场重大事故隐患，给国家和职工家庭造成严重的损失。

（八）辽宁省向东化工厂机械混同工房爆炸事故

1969年4月28日14时18分，辽宁省向东化工厂机械混同工房发生爆炸。炸毁9/7品号药33.6吨。死亡27人，重伤35人，轻伤200余人。混同工房当班20名工人，除1名因外出看病幸免外，其余全部死亡。该工房的建筑物、机械设备，除运料走廊和1号输送皮带稍有保留外，其余全部炸毁。略靠东边的大混同槽处地面炸成东西长38米，南北宽27米、深5~6米的大坑，坑四周翻起4~6米的土围堤。只有进出料间地面因房盖塌落被覆盖，没有破坏。工房北面的3幢硝酸铵库，东面的消防车库，西面的更衣室、办公室全部倒塌。爆炸点周围的建筑物均受到不同程度的破坏，有的房屋塌落、有的互相错位、有的墙壁裂缝，有的门窗损坏。

爆炸是在工房东头的两个大贮槽内，起火点也是在工房东部。有可能由于设备摩擦现象严重，使局部温度过高，或由于摩擦产生静电火花而引起药粉、药粒燃烧爆炸。

事故原因：（1）工艺设备方面：机械化混同生产线，是由4个直径为4米的混同贮槽和5条带式输送机组成。1967年8月开始用代料试车，经过几次试车、调整和改进，于1968年10月正式投入生产，到发生事故，共生产27批约800吨产品。在生产过程中，曾经发现设备存在着一些严重问题，①摩擦生热现象严重；②静电太大。（2）生产管理方面：该厂生产管理混乱，有关工艺操作规程、设备使用维护制度、技术设施的定期检修制度、清扫制度等都不健全。（3）改建设计方面，改建时未将钢砼屋盖改为轻型屋盖，泄爆面不够，这是这次事故由燃烧转为爆炸的一个重要原因。

防止同类事故的措施：（1）混同包装工房生产中静电较大，应采取有效的消除静电措施。（2）应采用远距离操作，混同包装应隔离生产。（3）房屋结构应采用轻型屋盖，在和其他相对工房或主干道要有防爆设施。（4）新生产线投产前要对操作人员进行全面的操作训练和安全教育。

（九）河北省唐山地区开平镇新兴煤矿火灾事故

1969年7月23日，河北唐山地区开平镇新兴煤矿945井，井下配电室产生电弧火花，引燃橡套电缆，大量有害气体充满回风巷道和一部分进风巷道，造成64人死亡，包括抢救过程中死亡的1名救护队员。（待深入调查和充实）

（十）广东省汕头市港牛田洋围垦区堤堰溃决事故

1969年7月28日，受台风袭击，广东省汕头市港牛田洋围垦区的堤堰被海浪冲毁，海水涌入垦区，冲毁民房141025间和仓库、工厂3502间，全垦区死亡894人（包括军人、学生和居民等）。解放军第55军219师生产基地（军垦农场）的官兵和来自中山大学、华南师大、暨南大学等高等院校在基地锻炼实践的大学生，在参加抢救遇险群众3700多人，动员帮助6400多名群众安全转移后，有 470 名官兵和 83 名在基地锻炼的大学生、研究生、留学生牺牲①。

牛田洋位于汕头市西郊，曾是一片海滩。1962 年解放军 41 军 122 师前往围海造田，围出 7.8 平方千米的良田。1963 年开始粮食生产，到 1965 年时已达亩产 1190 斤。1968 年 122 师调防，55 军 219 师接替进入。此外，来自中山大学、华南师大、暨南大学、华南农大、广州外国语学院、中山医学院等的 2100 多名大学生也到这里参加劳动锻炼，与人民解放军战士同吃同住同劳动。1968 年 7 月，牛田洋筑堤拦海工程全面完成，围垦面积达 2 万多亩。主席毛泽东曾作出指示高度肯定和赞扬牛田洋（即"5·7指示"）："军队应该是一个大学校"；"学生也是这样，以学为主，兼学别样，即不但学文，也要学工、学农、学军"②。

事故发生当日 4 时 30 分，第三号强风开始在本区沿海登陆。台风中心登陆时，汕头、澄海、潮阳、南澳等县，平均风力 12 级以上。这次台风正值大潮期，风、潮、雨交加，汕头市区海潮急剧上涨，全市受浸，水深 2.3 米；郊区及各县地势较低的地区水深 4 米左右。强台风造成公路交通瘫痪、通讯联络全部中断。据统计，汕头全区死亡 894 人（加上牛田洋驻军与学军大学生，共死亡 1500 多人），受浸水稻 42 万亩，其他作物 45 万亩，崩塌民房 141025 间，仓库、工厂 3502 间，崩决堤围 316540 米。这次强台风是汕头解放后强度最大、持续时间最长、波及面最广、危害性最大的一次。

造成这次堤堰溃决事故生命损失极其严重的原因是多方面的。其中最主要是的就是受极"左"思潮影响，各级领导乃至部队基层官兵、一般大学生的价值观也出现偏差，认识不到生命价值的极端珍贵，普遍把保护国家和集体财产摆在保护生命安全之上。灾难来临之际，农场领导丝毫不考虑人的安危，官兵、学生接到的命令竟然是"用自己的身体去堵海水"③。事后汕头市革命委员会下发的一份文件，描写了"官兵、学生无私无畏地开展劳动生产及抗灾等惊天地、泣

---

① 广东水利志记载：牛田洋围堰溃决造成约 600 名解放军官兵牺牲。汕头大事记载：这次围堰溃决造成 606 名解放军官兵和大学生牺牲。

② 见《建国以来毛泽东文稿》（第 12 册）（《牛田洋的精神原子弹》）。

③ 见 2013 年 1 月 1 日《广州日报》采访外交部原部长李肇星的报道。记者：您曾在广东插队，1969 年牛田洋事件，当时造成 470 名部队官兵、83 名大学生悲壮牺牲，您当时有何经历？李肇星：我们在那里锻炼的大学生、研究生、留学生牺牲了 83 人，其中就包括外交部的 3 名同事，我活了下来。在这里，我要感谢当时一名 30 多岁的"老连长"。当时接到的命令是用自己的身体去堵海水。但那个老连长对我们说：撤吧，海堤要垮了，错了我负责，要不是有他这命令，还会死更多人。当时我是炊事班班长，送饭送不到最前线，最后是抱着一根木头才活下来。

鬼神的壮举"："为保护这片新垦的土地，解放军驻守牛田洋生产基地的部队官兵与在该基地锻炼实践的 2183 名大学生，参加了抗击强台风和暴风潮的战斗，共抢救遇险群众 3700 多人，动员帮助 6400 多名群众安全转移，而部队和大学生在抢救海堤和人民群众的生命财产中，有 470 名官兵和 83 名大学生为此献出了宝贵的生命"；"死亡 894 人，水里到处浮着尸体。有的人还穿着那一身橄榄绿的军装，衣服扣得十分整齐，大多数尸体上只着背心和裤衩，那是抢险突击队的队员们。尸体中有的三个五个手挽着手，扳都扳不开。最多的有八个战士手挽着手，怎么也扳不开。最后收尸的时候，只好动用了钳子"。

2007 年，经汕头大学社科部与广州军区牛田洋农副业基地双方共同商定，决定在广州军区牛田洋农副业基地建立"汕头大学爱国主义教育基地"。

（十一）四川省泸洲航运局"201"轮拖带驳船翻沉事故

1969 年 8 月 16 日，四川省泸洲航运局"201"轮船所拖带的两只车驳（用于装载车辆的驳船），上载着江津县白沙镇为避武斗前往重庆的群众 600 多人。当日夜里 22 时 45 分，航行至油溪镇五台山附近江面时，突然岸边枪声大作，驳船上的群众乱作一团。随后两只驳船的牵引缆绳脱落，驳船当即翻沉。船上 600 余人全部落水，其中 273 人死亡。船上财产损失 10 多万元。

（十二）河南省洛阳地区宜阳机械厂（兵工厂）地雷车间爆炸事故

1969 年 11 月 27 日，河南省洛阳地区宜阳机械厂（兵工厂）地雷车间因搅拌车缺少安全装置、安全制度松弛、现场管理不严等原因，发生 TNT 炸药爆炸事故。599 平方米的地雷车间遭到彻底摧毁。距离爆炸中心 150～200 米远的机加工车间、手榴弹装配车间和五金库遭到严重破坏，完全摧毁建筑物 108318 平方米。劳动保护用具损失 2395 套，毁坏地雷 2000 多枚，受爆炸所产生的剧烈震动 3900 枚地雷报废，损失折款 366477 元。事故造成 59 人死亡，4 人重伤，39 人轻伤。累计直接经济损失 749991 元。

（十三）湖南省邵东县檀山铺公社张林风大队古林峰煤矿瓦斯爆炸事故

1970 年 8 月 25 日，湖南省邵东县檀山铺公社张林风大队古林峰煤矿发生瓦斯爆炸事故，死亡 66 人，受伤 6 人。（待深入调查和充实）

（十四）上海船厂"风雷号"万吨轮试航前夕火灾事故

1970 年 8 月 31 日下午，上海船厂在"风雷号"万吨轮试航前夕，在给该轮燃料日用油箱加油时，轻柴油从油箱溢出，遇电焊火花引起火灾。事故造成 18 人死亡，250 人受伤（其中 60 人重伤）；轮船驾驶室、机舱操纵台以及通讯、导航设备全部烧毁，经济损失 150 万元以上。

造成事故的直接原因：相关人员违章操作，电焊与加油两项工作在同一场合、同时进行，直接导致事故发生。当时，"风雷号"万吨轮的生产总指挥与负责加油工作的机舱主管工程师、铜工凌某等人，正在向燃料日用油箱加油。与此同时，钳工杨某不听领导意见，坚持让电焊工金某焊接"风雷号"万吨轮三号燃料日用油箱上方偏位的"葫芦马脚"。在加油过程中，负责看守油位表的铜工凌某觉得加油进度太慢，有些不耐烦，擅自离开工作岗位，走上甲板，想去了解一下油加得慢的原因，并顺便去一趟临时医务室。凌某离开岗位前，已经看到焊工金某已在烧焊，并且看到了电弧光，但是没有加以阻止。钳工杨某虽然听到铜工凌某讲油加得慢，也已知道燃料日用油箱正在加油，但没有及时通知电焊工金某停止电焊作业。由于负责看油表的铜工凌某擅自离开工作岗位，使加油量大大超过油箱总容量，轻柴油从四号油箱的"倒门"等处大量溢出，直到发生火灾后 10 分钟才停泵，大约溢出油 9 吨，因为四个油箱顶部为同一块铁板，轻柴油沿铁板淌流，遇到电焊溅落的火花引起燃烧，造成大面积的重大火灾，导致数十人伤亡，船上设备财产被烧毁。

上海船厂生产管理人员不重视安全生产，不能严格执行安全生产规章制度，在"风雷号"万吨轮试航前夕的加油工作中违规违章、麻痹大意，是造成事故的主要原因。相关人员杨某、金某明知道正在给船加油，而不停止电焊作业，致使电焊火花引烧轻柴油发生火灾；凌某随意离开工作岗位，使油位表处于无人看管状态，造成大量柴油外溢，遇到电焊火花发生燃烧事故。该轮生产指挥负责人，工作不负责任，贯彻安全规章制度不力，对职工的安全教育不够，对违章操作未能及时制止，导致事故发生。

（十五）广东省惠州地区揭西县横江水库垮坝事故

1970 年 9 月 15 日，广东省惠州地区揭西县横江水库发生垮坝事故，造成 779 人死亡。

9 月 14 日，第 7011 强台风袭击汕头，库区降雨量达 463 毫米。由于水库原来为过冬而超计划蓄水，使水库调洪能力大为降低。在台风的袭击下，良田河上游的山洪暴发，流量达 1120 立方米/秒，倾注横江水库，水库中的水量陡然激增，库容 7784 万立方米，水位从 71.62 米骤涨至 81.41 米，距坝顶仅 2 米，比工程允许最高洪水位仅低 9 厘米。9 月 15 日 4 时，水库大坝发生管涌，开始渗出浑水。15 日 7 时 15 分大坝崩塌，最大流量约为 1.2 万立方米/秒，高速水流冲走坝体土方 100 多万立方米，并汹涌奔向下游，揭西的河婆镇和河婆区顿成泽国，榕江南河下游两岸的多处堤围崩塌。揭西、揭阳、潮阳、普宁、澄海、陆丰等 6 县近 6.67 万公顷农田受浸，损失严重。冲毁村庄 47 个（4160 户），近百万亩农田受淹，倒塌房屋 27635 间，畜舍、厕所 32359 间，死亡 779 人（其中小孩 361 人，老人 182 人，中年人 236 人），受浸农作物 130751 亩，损失粮食 134275 担，豆类 759 担，冲毁水利设施土石方 170 万立方米。这次事故成为中华人民共和国成立后广东损失最惨重的一次水库崩坝事故。

水库堤坝质量低下，在储水量接近最高水位时发生管涌渗水，是导致垮坝事故的直接原因。对自然灾害可能导致的事故灾难缺乏必要的警觉，预警、预案和预报机制不健全，导致事故损失增大。

（十六）贵州省铜仁县修筑湘黔线民兵团炸药库爆炸事故

1971 年 7 月 16 日 20 时，贵州省黔东南地区湘黔线清溪工段江（口）万（山）民兵团（隶属于枝柳铁路会战贵州省铜仁分指挥部，为分指挥部所属的 9 个民兵团之一）驻地（位于铜仁县青溪区青浪公社），一保管员因使用打火机不慎引起汽油燃烧，导致附近炸药库内的火药、雷管爆炸，造成 81 人死亡，130 人重伤，126 人轻伤[①]。爆炸摧毁当地居民木构建房屋 43 间、猪牛栏 27 间，损坏瓦房 45 间，全部直接损失 50 万元。

（十七）福建省三明市农药厂火灾事故

1971 年 11 月 23 日 19 时 10 分，福建省三明市农药厂乐果车间硫化工段反应锅冲料着火，造成死亡 6 人、中毒 152 人，经济损失 43000 万元。

当日，乐果车间硫化物工序 1 号硫化物反应锅滴加甲醇，由于初始反应温度较低，滴加甲醇的速度过快，致使甲醇在开始时与五硫化二磷反应较慢，当甲醇积存在反应锅内较多时，反应逐渐加快，反应温度急剧上升，操作人员虽采取了紧急措施，仍无法控制温度的急剧上升，造成 1 号反应锅冲料起火。由于生产场地窄小，设备周围又堆放着许多易燃易爆物质。为了防止事故的扩大，许多职工参加抢救，市消防车也赶到现场抢救。但他们都缺乏扑救化学危险物品的专业知识，用小苏打、碳酸氢钙和大量水喷入反应锅内灭火。火虽然被扑灭了，但由于反应锅内的反应物与喷入物反应，产生大量硫化氢及少量磷化氢气体逸出扩散，

---

① 有资料称此次事故为"因火灾引起的炸药爆炸事故"，死亡 77 人，重伤 117 人，轻伤 116 人。

造成救火人员中毒昏迷。抢救中毒人员时，由于没有佩戴防毒面罩，又增加了中毒人数，造成因中毒而死亡 6 人，152 人受到不同程度的中毒。

事故原因：（1）五硫化二磷与甲醇作用产生硫化物，在滴加甲醇时，速度要慢，温度不得超过 60 摄氏度，反应温度要求在 34~55 摄氏度之间。但操作工违反操作规程，滴加甲醇速度过快，引致锅内反应剧烈，温度迅速上升而致冲料后着火。（2）在救火时，缺乏安全知识，使大量水及小苏打、碳酸氢钙冲入硫化物反应锅内，引起锅内没有反应完的五硫化二磷和水反应，产生大量有毒的硫化氢气体。硫化氢是剧毒气体，当其浓度在 $100×10^{-6} ~ 150×10^{-6}$ 时，在一定的时间内就会出现中毒症状；当浓度在 $420×10^{-6} ~ 600×10^{-6}$ 时，$0.5~1$ 小时内就会急性死亡；当浓度在 $850×10^{-6} ~ 1000×10^{-6}$ 时，人就会立即死亡。（3）生产场地狭小，有毒气体不容易扩散，给抢救工作增加困难，中毒机会增多。并且在救火时，忙乱中不佩戴防毒面具进行抢救，致使中毒人数剧增。

为防止同类事故再次发生，应采取以下措施：（1）严格执行操作规程，在滴加甲醇时必须严格控制滴加速度和反应温度，并加强车间内通风，使车间内的有毒气体迅速排出室外。（2）制定事故应急预案，防止因救火或抢救不当而扩大事态的发展，减少事故的损失。

（十八）河北省藁城县化肥厂液氨罐车爆炸事故

1972 年 4 月 15 日 12 时，河北省藁城县化肥厂的一辆液氨罐车在山西省祁县城赵供销社饭店门前发生爆炸，造成 21 人死亡，56 人重伤，99 人轻伤。

4 月 14 日早晨，藁城县化肥厂车队派司机驾驶汽车，从清徐化肥厂借氨罐去太原化肥厂灌装液氨。21 时返回本厂未卸氨，于 15 日早晨又将该罐液氨送往祁县化肥厂，车到祁县后，又因祁县化肥厂不需要液氨，故又将该液氨拉回藁城化肥厂使用。11 时左右，该罐车离开祁县化肥厂向藁城县化肥厂返回。12 时 20 分，罐车行至祁县城赵供销社饭店附近停车。停车地点恰为商业网点，人群稠密区，饭店门前又是该村的广场，停车后装卸工下车买东西。不久氨罐突然发生爆炸，封头击穿驾驶室飞向前方 12 米处，罐体向后飞往 63 米处，罐内 1.2 吨液氨迅速气化，氨雾顿时大面积笼罩现场。当场死亡 6 人，在抢救过程中又死亡 15 人，重伤 56 人。

事故原因：该氨罐是违章自行改制的压力容器，在改制过程中没有严格按有关规定和技术要求进行。从炸开的焊缝检查，筒体与封头结合部位仍有氧气切割时残留下来的氧化铁没有清除，封头与筒体的焊接部位均没有坡口，焊缝的焊肉薄厚不均，只在表面糊了一层，焊内最薄处仅 2 毫米。更不允许的是，在焊缝内实垫了长 1250 毫米、直径 6 毫米的圆钢，占整个筒体周长的二分之一；氨罐改造后，不经技术鉴定和质量检验，也未装安全阀，而以水压试验后就交付使用；在运输过程中，本应按规定，必须派有经验的、经过训练的技工跟车。虽然行车前讲过注意事项，但行车中漫不经心，多次违章在人众之处停车，氨罐压力升高不及时排放，最后导致超压爆炸。

防止同类事故的措施：严格执行压力容器安全监察规程和危险品运输的有关规定，对来历不明，无技术资料或资料不全，无合格证明书的设备一律不用；加强职工的安全技术培训和思想工作，提高他们技术素质和工作责任心，对进行危险性大的工作，必须派熟悉此项技术和责任心强的人担任。

（十九）广东省龙川县彭坑大桥（在建）倒塌事故

1972 年 6 月 27 日，由广东省交通厅工程处第二工程队承建的龙川县彭坑大桥发生倒塌事故，导致 64 人死亡，20 人受伤。该桥长 301 米，净宽 7 米，高 70 米，分 5 跨拱，每跨拱不一致。属丁型悬臂梁结构桥，承重荷标准 15 吨。因设计不合理，施工质量低劣，拱脚出现大裂缝后又不采取补救措施，造成倒塌事故。（待深入调查和充实）

（二十）湖北省襄樊市水利工程清泉沟隧洞民工溺亡事故

1972 年 7 月 1 日，湖北省襄樊市引丹（引导丹江水）水利工程清泉沟隧洞在施工过程中，因骤降暴雨，洪水灌入隧道，将正在施工的 788 名民工困在隧洞当中，其中 62 人溺亡。（待深入调查和充实）

（二十一）甘肃省靖远矿务局大水头煤矿瓦斯爆炸事故

1973 年 3 月 4 日 16 时 30 分，甘肃省靖远矿务局大水头煤矿一采区 1508 残采工作面发生瓦斯爆炸事故，造成 47 人死亡，经济损失 65 万元。

大水头煤矿于 1972 年 12 月 26 日简易投产，原设计生产能力为 45 万吨/年。斜井阶段开拓，浅部 1380 米水平以上井田走向长 1840 米，倾斜宽 257 米，可采煤层只有一层，煤层厚度为 0.1~14 米，平均厚度 10.34 米，煤层赋存不稳定，煤层倾角一般为 25~30 度，东部和西部局部倾角在 50~70 度之间。该矿 1972 年底投产时主要生产系统中灌浆、供水、井上下照明等设施尚未施工，1380 米水平主要运输大巷尚未贯通，上部 1480 中间运输巷和 1526 回风巷没有构成回风系统，没有形成一个工作面，直到第二年 7 月才勉强投产一个走向长 220 米，斜长 45 米的小工作面。矿井通风采用对角式，安装 310 千瓦和 200 千瓦风机各 1 台，矿井总进风量为2100立方米/分钟。1973年前,一采区回采范围在1526～1480米之间,因1526回风巷未与1570总回风巷贯通,临时在矿井东部掘一个小风井,安装22千瓦局部通风机1台,解决一采区东部1480以上的通风。1972年8月进行第一次瓦斯鉴定,沼气涌出量为17.7立方米/(日·吨),属于高沼气矿井。1973年3月事故发生前,一采区东部共有3个作业点,即1380东部煤大巷掘进、1508残采工作面回采和1502回风巷维修。其中1502回风巷用全负压通风(有40米下行风),另外两个工作面分别各用一台11千瓦局部通风机通风。

1973年初,采煤三队在1526米水平进行残采,利用东部小风井进行回风,后又采掉了1526回风水平三石门的煤柱。由于生产任务很紧,矿曾多次研究,想采掉1526下部的1508水平煤柱,因回风问题无法解决,技术部门不同意。但迫以生产压力,主管生产的矿长再次召集有关人员研究,并经有关领导批准,决定在1508米水平采用巷柱式进行回采。采煤三队于2月7日搬至1508进行掘进,2月12日开始回采。因采掉了三石门煤柱,切断了1508残采工作面的回风,变成独头回采,造成该区沼气聚集。2月下旬,1508工作面8天之内沼气浓度超限16次,在3月1—4日的10个小班中,就有9个小班出现沼气浓度超限。当时,矿领导和各个科室负责人都在井下跟班劳动,对此严重情况均熟视无睹。

3月4日早班,1508工作面刮板输送机边沼气浓度为1.5%,采空区沼气浓度达10%以上,在加长风筒后仍不下降。在此情况下当班工人却违章开动了刮板输送机,跟班瓦斯检查员多次阻止无效。当瓦斯检查员坚持要向矿调度室汇报时,竟遭工人阻拦,直到11时20分才把情况汇报给矿调度室,而调度员(来矿一年的新工人)仅将汇报情况作简要记录,未作任何处理。15时40分,中班瓦斯检查员打电话向通灭队值班队长汇报了1508工作面沼气浓度超限等情况,通灭队值班队长通知瓦斯检查员继续制止,并当即向矿调度室作了汇报,又亲自找矿有关领导作了汇报。16时15分,主管生产的矿长得知了1508工作面瓦斯超限、井下采煤三队冒险蛮干情况,但没有采取断然措施。16时30分,采煤三队队长和爆破员用发爆器检查爆破母线是否断线时产生火花,引起瓦斯爆炸。

事故原因:(1)该矿采用了残柱式采煤方法,在不具备正常通风系统的条件下强行回采,致使回采释放出来的瓦斯无法排出,工作面经常处于瓦斯超限状态。(2)采煤三队队长和爆破员在1508残采工作面沼气浓度超限的情况下,违章用发爆器检查爆破母线是否断线时产生火花,引起瓦斯爆炸。(3)矿、队领导不重视安全生产工作,1526三石门煤柱和1508工作面是在既无设计又无作业规程的情况下开采的,事故发生前有两位矿领导接到1508工作面瓦斯超限,冒险作业,不听劝阻的紧急报告,但均未下达制止命令,以致事故发生。

事故教训：（1）有关干部片面追求产量，忽视安全生产，不尊重科学，对存在的事故隐患不重视、不治理。（2）对爆破工作管理不严，对爆破员缺乏应有的安全教育，导致违章装药爆破，甚至违章用发爆器打火检查爆破母线，以致产生电火花，点燃了瓦斯。（3）技术管理混乱，错误地采掉了回风巷煤柱，在高沼气矿井搞乏风下行，采面独头通风等都是严重失误。

（二十二）吉林省辽源矿务局太信煤矿瓦斯煤尘爆炸事故

1973年3月19日，吉林省辽源矿务局太信煤矿四井发生瓦斯煤尘爆炸事故，造成53人死亡，4人重伤，28人轻伤。

太信煤矿四井设计生产能力为30万吨/年，1960年简易投产，有两个可采煤层，厚度为0.6~12.6米，煤层倾角为10~30度，煤的牌为气煤。该井属高沼气矿井，1972年瓦斯鉴定为26.99立方米/吨，井下较高冒顶处和独头巷道均有瓦斯积聚。煤尘爆炸指数为48%。自然发火期为1~3个月，最短18天。矿井地质构造复杂，煤层厚度变化大，1973年生产采区集中在-200米、-270米、-330米、-390米四个水平，采用水砂充填长壁式采煤方法开采。

1973年3月19日白班，采煤一段在-390米水平11032区采煤，周围有5个掘进工作面在11021、11042下段准备区，当班12时30分，在11042区下段准备区的213掘进煤上山道口过程中，为提升木料设置的小绞车处有2米长的独头，没有通风设施，因电缆"鸡爪子"接线头产生电火花，引起积存的瓦斯爆炸并掀起煤尘参与爆炸，爆炸冲击波和火焰又引起北翼石门独头巷道和下煤探煤道处的瓦斯煤尘及上煤顶板探煤道的瓦斯、煤尘燃烧。致使从北翼二石门到南翼11022老煤库装车口处4217米巷道内作业的人员受害，1435米巷道被破坏，通风系统、生产设施和机电设备也遭到不同程度的损坏。

事故原因：（1）11021准备区水道贯通后，在南翼一石门只设一道风门，由于通车、行人出入频繁，风门开时，风流短路，风量减少，瓦斯增大；当风门关上后，又把巷道的积存瓦斯排到了北翼采区。-390米水平有三处风流串入11042上段采区排出。从南翼一石门到北翼二石门775米巷道内通风混乱，南北翼大串联。（2）地质不清，乱采乱掘，独头巷道多，冒顶处多。事故区域内共有独头8处，积聚瓦斯17处，发生事故的独头巷道事故前既未封闭，也没有采取措施，未能做到停掘不停风。（3）在事故区域内的2254米巷道中，煤尘沉积厚度在2毫米以上的就占70%，213掘进上山由于煤尘燃烧形成了很厚的煤尘焦化颗粒。（4）井下电气管理很乱，电缆接线头普遍存在"鸡爪子""羊尾巴"现象，仅213道口66米长的电煤钻电缆中，就有9处"鸡爪子"，同时电缆线敷设在顶板上，其中一个"鸡爪子"是用 42 铜线与电缆的一根芯线挂钩联结，由于接头活动，包扎不好，产生了火花，引起了顶板积聚的瓦斯和巷道煤尘爆炸。

事故教训：（1）矿井领导对该矿井的严重串联通风、瓦斯煤尘大、独头巷道多等如此多的重大事故隐患，没有引起高度重视，未采取有效措施消除隐患，致使这次事故的发生。（2）为了完成任务，乱采乱挖，"吃肥丢瘦"，不能做到分区通风，甚至为了完成掘进进尺，挑条件好的北翼一石门里送 44 米独头巷道，导致事故扩大。（3）对独头巷道无人管理，经常漏检瓦斯，不执行防尘制度。

（二十三）甘肃省平凉地区庄浪县良邑乡李家咀水库垮坝事故

1973 年 4 月 27 日 23 时，甘肃省平凉地区庄浪县良邑乡李家咀水库因天降大雨、泄洪不及时发生垮坝事故，流量达 5090 立方米/秒，坝下李家咀村遭受毁灭性灾害，死亡 580 人①，冲毁 1153 间房屋，淹没 15000 多亩耕地，淹死大牲畜 85 头。

李家咀水库（小型）位于甘肃省庄浪县良邑公社的一处山沟（黑龙沟）内，距离下游的李家咀村不到 500 米。均质土坝，坝高 25 米，总库容 140 万立方米，左岸埋设一条卧管，没有溢洪道。水库是在原淤地坝的基础上、未经设计就修建的。原为滚水坝，蓄积流域渗水，旱时用于灌溉，水满自溢，不会造成水患。后在滚水坝的基础上筑成土坝，库容倍增。李家咀村共有六个生产队，两个在山上，四个在河川区域，分布在黑龙沟的上下两侧。村庄坐南朝北，东南高、西北低。事故发生当日降水量为 85.4 毫米，创当地单日降水量的最高纪录。降水时间短，雨量大，流域内积水暴涨。由于当地长期干旱，暴雨来临猝不及防，水库未及时打开泄洪，坝体不堪重负，超过承受极限，訇然塌垮。蓄积的洪水如脱缰野马，奔腾而下。首当其冲的是沟内平台上有几户农居。冲垮的房屋以及队上打麦场内堆积的麦草、玉米秸秆等，随水头流向前方，堵塞了公路桥洞，滔滔洪水受阻，咆哮着冲向两岸，冲进村庄，冲毁民房。酣睡中的村民大多在睡梦中被洪水卷走。三队地处西北，地势较低，造成了毁灭性的打击。一、二队地势稍高而损失次之。

垮坝事故发生次日，庄浪县委成立生产救灾指挥部，派干部 544 人到灾区救灾。水电部、平凉地委相继派领导干部前往慰问受灾群众，指导救灾工作。

造成这次垮坝事故的主观原因：（1）领导上思想麻痹，对洪水危害警惕不足，只想多蓄水抗旱，没有考虑防洪。4 月 27 日大雨时，输水卧管的 50 个盖板

---

① 甘肃庄浪县志记载：良邑公社李家咀水库垮坝，死亡 662 人，经济损失 1307 万元。本书采信水电部《关于李家咀水库和罗田水库垮坝事故的通报》[（73）水电字第 45]。

只有一个敞开，其他全关。结果洪水猛涨，宣泄不及，很快漫顶失事。（2）工程质量差，隐患未彻底处理。李家咀水库没有勘测设计，盲目施工。原河床松散黄土建坝时未清除，右岸坝肩下原为瓦窑，未经清理即全部压在坝下。坝料掺有腐殖土、冻土块和杂草，夯实不密，坝坡太陡（临水边坡仅1：1.5）。在大坝施工中及完工后，即不断出现裂缝，有的宽至三十厘米，均未彻底进行处理。（3）严重忽视群众生命安全。李家咀水库在下大雨时，大队正开干部会，当时有人提醒说："雨下大了，水库咋办？"但大队领导对水库防汛和下游群众安全转移，都未采取任何措施。水库三个看坝人员，当时只有一人在大坝，下雨时还在观测房睡觉，致使下游群众毫无准备，造成重大人身伤亡事故。

1973年5月21日水利水电部就此发出通报，指出"全国总计今年已冲垮十万立方米以上小型水库37座，中型水库一座，连同风、雹共死亡一千多人"。通报要求各地认真吸取李家咀水库垮坝事故教训，采取以下紧急措施，确保人民生命财产的安全：（1）各地在接到本通报后，立即向下进行一次防汛的紧急动员和部署，向广大干部、群众进行一次广泛宣传教育，并按照通报所提要求，对当前防汛准备工作，从思想上、组织上、物料上进行一次全面检查，并根据当前存在的问题，提出具体措施，贯彻执行。（2）各地的水利大检查，当前要以水库、河道、堤防的安全作为重点，检查中发现的问题，要分级负责落实措施，务于汛前、汛中彻底处理，确保度汛安全。（3）必须按照分级负责、专管和群众管理相结合的原则，加强对水库、河道、堤防的管理工作。要切实作到每项防洪工程都有专门机构或专人管理，明确职责，加强防汛。对一些"带病度汛"和一时发挥不了效益的水库，一定要服从防汛安全，限制蓄水或严禁蓄水。对水库下游的防汛要作周密布置，建立情报网，规定逃险信。工程发生险情，要及早组织群众转移，以保安全。除请甘肃、广东省对李家咀、罗田水库的垮坝事故，认真总结教训，查明责任并严肃处理外，今后各地凡玩忽职守造成事故的，对有关人员和领导，均必须追究责任，严肃处理。

（二十四）广东省河源地区龙川县罗田水库垮坝事故

1973年5月8日，广东省河源地区龙川县罗田水库因盲目蓄水导致发生垮坝事故，死亡55人，重伤3人。倒房200多间，受灾农田2300余亩，损失衣物、牲畜及社镇企业财产约十余万元。

罗田水库为小型水库，位于广东省龙川县义都公社桐峰河上游，为均质土坝，坝高26米，总库容149万立方米，水库未经设计，施工质量很差。5月8日库区降雨120毫米，水库垮坝。

垮坝的主要原因：（1）思想麻痹，盲目抬高蓄水位。1973年3月龙川县水电局曾通知罗田水库，限制蓄水位为118米高程（坝顶高程124米）。县水电局技术员和公社分工管水的常委均曾多次提出要降低蓄水位。但义都公社党委书记魏秋琼以"考验水库"和"蓄水发电灌溉"等为由，拒不执行县水电局限制蓄水的通知。自4月8日起一直保持高水位蓄水。从4月15日以后，库水位一直控制在120米高程以上。4月25日县水电局副局长再次指出高水位蓄水的危险性以后，魏秋琼才勉强打开放水涵管三分之一。水库垮坝失事前，水库蓄水高达122.1米高程。（2）工程质量低劣。罗田水库既无设计文件，施工质量也控制不严。坝体102～118米高程为水中填土施工，干湿不匀；其上部除临水坡有5米为碾夯外，其余部分全为松堆填土，直至坝顶。4月11日水库水位蓄至118米时，坝顶出现一条垂直坝轴线的裂缝，表层下缝宽6厘米，经填土灌水足踩填塞后，4月22日再次开裂，并延伸至背水坡。同时，临水坡护坡石下沉，出现平行坝轴线裂缝，与上述裂缝相连，形成一个倾向下游推移的大滑坡体，修复时仅用无压灌浆，处理极不彻底，导致以后再次开裂垮坝。（3）严重忽视群众生命安全。罗田水库5月8日垮坝前，公社负责人都在水库现场，当大坝背水坡、临水坡裂缝再次开裂，坝体发生变形，才考虑组织人力抢救，而对下游群众安全转移未作任何具体部署。水库垮坝后，才在电话中呼叫"水库崩了，快走"。由于总机话务员警觉，及时通知群众逃险，始幸免距库2500米、人口密集的公社所在地遭受更大的人身损失。水库下游800米的北星生产队梅子坝大屋，由于未接通知逃险，在家46人，除一人受伤被救外，其余全部死亡。

吸取事故教训，改进水库安全措施：1973年5月21日水利水电部向全国通报了这一垮坝事故。指出"当前南涝北旱，南方汛期提前，局部地区暴雨集中，必须严加防范。北方也要注意'久旱常有大涝'，要抗旱防涝两手抓"；要对对当前防汛准备工作，从思想上、组织上、物料上进行一次全面检查，并根据当前存在的问题，提出具体措施，贯彻执行；对一些"危险水库"，要采取断然措施，保证不出事故。

（二十五）江苏省徐州矿务局夹河矿煤尘爆炸事故

1973年6月23日，江苏省徐州矿务局夹河矿采煤二区704工作面材料道下口发生煤尘爆炸事故，死亡50人，受伤17人（其中重伤10人）。

事故直接原因：704工作面材料道内使用的控制44型运输机的防爆开关隔爆磁力器因芯子板带电部分与外壳的距离不够，发生短路着火，造成开关的外壳爆炸，引燃周围的电缆，并引起附近放置的油箱着火，进而引起巷道内堆积的煤尘爆炸。

事故间接原因：现场管理薄弱，井下电气安全管理松弛。防爆开关质量不过关，发生失爆现象；防尘降尘措施不力，材料道内无防尘系统，煤尘飞扬、堆积严重；应急处置措施不力。当日 20 时也即爆炸事故发生之前，井下现场的一名工人发现 QC835-120 型隔爆磁力开关失爆起火并报告了班长。20 时 24 分，当班班长用井下电话向矿调度汇报说：失爆的火源已经引起电缆、油箱着火。约 35 分钟后发生了煤尘爆炸。从工人发现着火到煤尘爆炸，有 54 分钟的时间。从班长汇报到煤尘爆炸，也有 35 分钟的时间。如果现场指挥人员头脑清醒，先把工作面的人员撤出，然后再分析原因、采取补救措施，那么即便发生煤尘爆炸，也不至于造成如此严重的伤亡。

（二十六）广西壮族自治区柳州航运分局所属"桂民 204"客船翻沉事故

1973 年 9 月 6 日，广西壮族自治区柳州航运分局所属"桂民 204"客货班期航船由梧州上航柳州，行至象州县的岩村金滩时发生沉船事故。旅客及船务人员 222 人全部落水，其中 71 人溺死（旅客 68 人、船员 3 人），直接经济损失 20 万元。（待深入调查和充实）

（二十七）湖南省浏阳县牛石公社出口花炮厂爆炸事故

1973 年 11 月 23 日，湖南省浏阳县牛石公社出口花炮厂因违章指挥、违章作业引起爆炸，当班工人 137 人，死亡 53 人，重伤 32 人，轻伤 5 人。全厂 11 栋房屋全部被炸毁，距厂区 200 米内的 20 户社员的房屋和一小学的房顶也遭到破坏。直接经济损失 26 万元。

事故直接原因和责任追究：该厂的管理人员，违章指挥用碾完氯酸钾的碾槽碾硫黄，发生化学反应，引起燃烧爆炸。责任人被依法追究刑事责任。

（二十八）江西省交通局"赣忠"客轮翻沉事故

1974 年 6 月 29 日，江西省交通局所属的"赣忠"客轮从万安航行至赣县湖江公社街坪水域时发生沉船事故，造成 93 名旅客、船员溺亡。

"赣忠"客轮系担负万安—赣州航线的区间短途运输，全程 120 千米，沿途停靠站 14 处，载员定额 120 人，抗风能力在 C 级航区为五级。6 月 29 日 6 时，该轮在万安载客 125 人，上水开往赣州；14 时，船到达周王滩站，这时船上有旅客 136 人，并装有物品约 2 吨。从周王滩开出时，天气骤变，但未引起警惕，船开出码头约 10 分钟，就遇上了风暴，由于暴风雨来势凶猛，船已形成侧风行驶，旅客惊慌往左舷一边挤，致使左舷倾斜，机舱进水，驾驶员这时也惊慌失措，正驾驶叶华兴急从舱室跑到驾驶台，并从副驾驶林福生手中接过舵，急向右打，指望顶风行驶，因风大左舷机舱已进水，舵未施完就打不动，船即翻沉。全船147人（包括船员11人）全部落水，附近社员和停靠在岸边的农副业船发现后即赶来抢救，救起旅客46人，船员8人，共54人。死亡93人，其中男68人，女25人（小孩9人）。

事故发生的客观原因：船只遭受地方性（局部、区域性）暴风雨的袭击所致。当天赣州地区局部地方有雷阵雨，并伴有大风。街坪地区出现的风暴，由于河道两岸地形的关系，两边狭谷，风力较大，超过了"赣忠"客轮的抗风力。

事故发生的主观原因：（1）船只装载不当。"赣忠"客轮所装旅客已超过定额的5.8%，天棚顶上还装有木柴、水果及行李物件4000余斤。上重下轻，受风面积增大，严重影响船舶的稳性，遇到大风即易发生倾覆事故。（2）驾驶人员存在着严重的麻痹思想。当天水位已超过警戒线，正驾驶在开航前没有召开航前会议，交班时也未作任何交代；暴风雨来临前，未动员所有船员坚守岗位，招呼旅客保持镇静，准备救生设备。值班副驾驶发现天气变化，未引起注意，及时报告，采取必要的措施；当风雨来时没有顶风行驶，致船被击沉。（3）这次严重事故，暴露了江西省航运企业安全生产上还存在不少问题。有的地方和单位的领导对安全生产认识不足，重视不够，抓任务、抓吨千米多，抓安全工作少，客观上助长了船员超装、超员和带"病"行驶，对一些重大事故没有及时总结经验，吸取教训，认真处理；对上级有关的指示没有认真执行，有些合理的安全规章制度得不到贯彻，港航监理部门不能充分发挥其应有作用。

江西省革命委员会于1974年7月13日发出《批转省交通局、公安局关于"赣忠"客轮发生沉没重大事故的初步调查报告》（赣革发〔1974〕53），指出"赣忠"客轮沉没，是江西省解放以来最严重的一次航运事故，教训是极其深刻的。要求"各地区、各部门必须继续认真落实中共中央、国务院关于安全生产的指示，切实加强对交通安全工作的领导，以'批林批孔'为纲，发动群众，认真进行一次安全生产大检查，总结经验，消除隐患，加强车、船驾驶人员的安全教育，并结合本部门、本单位的实际情况，制订有力措施，杜绝类似重大事故的再度发生，切实把交通安全工作做好。"

（二十九）北京矿务局城子煤矿冲击地压事故

1974年10月25日19时30分，北京矿务局城子煤矿-340米水平回收二槽护巷煤柱时，发生相当于里氏震级3.4级的冲击地压，将邻近工作面的97米大巷全部冲毁，造成29人死亡，5人重伤，3人轻伤。

城子煤矿开采下侏罗纪门头沟煤系下姚坡组煤层群，有4个可采煤层。整个煤田为一倾伏向斜盆地。城子井田位于整个煤田的东北角龙门盆地北翼，呈一单斜构造。－340米水平采用集中石门采区运输平巷的布置方式，二槽－340米水平大巷为集中运输大巷，回风水平为－250米水平，阶段垂高90米，平均斜长300米，平均走向长1500米。倾角22度。分三段采用采区前进式开采。在－340米水平二槽留有30米护巷煤柱，上部采空区悬顶总面积为52万平方米，其顶层五槽采空区总面积为57万平方米。中间夹层厚度为70~90米。二槽煤采用刀柱法采煤。工作面采用木质点柱支护，最大控顶距为9.8米，最小控顶距为5.6米。由于开采后大面积悬顶不垮落，来压时造成大面积顶板下沉。

10月25日，事故当班出勤39人，其中本班21人，其余18人是来支援夺煤的。14时，当班工人接班后，由于人多工作面短，为夺煤连续密集爆破。到19时30分事故发生前共爆破5次（其中正式爆破3次，处理瞎炮2次），第三次正式爆破后，作业人员即开始向工作面移动，此时发现拒爆，于是人们就此停止，处理拒爆。炮响10分钟后来压，巷道激烈震响，伴随强烈风暴，风暴中夹着煤块和粉尘，大巷上帮煤壁瞬间突出，底板凸起，铁道及刮板输送机翻转，支架坍塌折断，将邻近工作面的97米大巷全部破坏。正在巷道一侧躲炮的37人全部被堵压在坍塌的巷道中。

导致这次事故的原因：（1）对冲击地压的危险性认识不清，没有提出针对性预防措施。这次冲击地压事故是城子煤矿第13次冲击地压事故。除第一次五槽事故发生在1964年外，其余11次分别发生在1969年10月至1972年4月，这期间正是"文化大革命"中期，未能组织人力对这一自然灾害进行认真分析研究，而把这12次冲击地压事故均列入冒顶片帮类事故，提出一些以防止片帮冒顶为主的安全措施，最后酿成这次灾害性事故。（2）城子煤矿开采临界深度为330米，该工作面采深为470米，超过临界深度。大巷护巷煤柱两侧已采空，在该工作面已形成两侧叠加应力，上部五槽已采，该工作面正位于其集中应力区，更加强了煤柱上应力的集中。在该工作面开采时，定为无冲击地压工作面是不正确的，但在1974年前煤矿保安规程中没有关于开采有冲击地压煤层的有关规定，因此，事故前没有明确的规程规定，没有系统的安全措施。（3）由于该工作面被误认为是无冲击地压危险的工作面，以致躲炮人员躲在工作面的前支撑应力区，实际躲炮地点距工作面只有30米，这就加大了这次事故的伤亡。（4）据有关人员回忆事故前是有明显的来压前兆的，但由于认为该工作面无冲击地压危险，因此也未引起足够的重视，如在发现预兆时，及时撤退人员，伤亡是可以避免的。

（三十）陕西省铜川矿务局焦坪煤矿前卫斜井瓦斯煤尘爆炸事故

1975年5月11日8时11分，陕西省铜川矿务局焦坪煤矿前卫斜井101工作面9硐爆破引起瓦斯煤尘爆炸事故，死亡101人，受伤15人，直接经济损失48万元。

焦坪煤矿前卫斜井位于陕西省铜川市市区以北34千米处，是1970年土法上马简易投产的小井，开采范围为焦坪煤矿东背塔平硐井田西翼边界，该井井田走向长度850米，倾斜长度1400米，面积1.2平方千米，年生产能力为15万吨。矿井为片盘斜井开拓，上下山开采，采用"吕"字形硐室采煤方法，爆破落煤，锚杆支护（硐室工作面为临时木支柱），陷落法管理顶板。主采侏罗纪4-2煤层，煤种为不黏结长焰煤，平均厚度2~8米，倾角3~6度，煤层厚度稳定，结构简单，有自然发火倾向，发火期3~6个月。煤层顶板为砂质泥岩、粉砂岩及砂岩互层，破碎易冒，底板为黑色泥岩。全井采用两班生产，一班停产工作制。矿井通风采用中央并列式通风方式，主井进风，副井及三岔窑斜井排风，其中副井安装28千瓦、14千瓦和11千瓦三台局部通风机并联运转，三岔窑斜井安装11千瓦、5.5千瓦局部通风机各一台互为备用，总进风量为1350立方米/分钟。煤尘爆炸指数为48.3%，瓦斯为一般涌出形式，属有煤尘爆炸危险的低瓦斯矿井。

"5·11"事故发生在该井东五区域的二采区上山，火源位于101采面9硐掌头采场，爆源位于上山运输巷二部带式输送机的中段（即第三变电所以上61米处）。上山运输巷斜长800米，为采区进风道道。该巷首端设40千瓦刮板输送机一台，中段设2台带式输送机，最上端设2台22千瓦刮板输送机。总回风巷与上山运输巷平行布置，作采区排风之用。该采区101采面9硐长90米，为采煤工作面。10硐和102待采面均为掘进工作面。这3个采掘面设局部通风机通风，且均位于采区的浅部。5月11日零点班，该井采掘面没人作业，仅有部分工人在主斜井维修井巷。二采区上山101采面9硐的八点班爆破组，提早进入工作地点，采用煤电钻打眼，凿炮眼16个，一次装药分次爆破。事故发生时，八点班作业人员已入井，而且处于尚未到达工作面的行走途中。事故区当时仅有的防灾措施：（1）安排日常的瓦斯检查，但执行较差。（2）运输机巷安装水管、喷嘴，供转载点除尘，但未坚持使用。事故地点9硐未采取任何防尘、防灾措施。

5月11日零点班，主斜井维修人员嫌井筒风大，要求停止局部通风机运转。

经井口领导同意，于1—6时，将副井的28千瓦、14千瓦风机停转。当班瓦斯检查员李克重晚下井两小时，入井后在105工作面刮板输送机机头睡了1小时，仅在二采区上山运输巷3风眼以上的进、回风巷及105工作面上、下风巷等4处检查了瓦斯，并提前1小时升井。6时30分，101采面9硐爆破组入井，打眼装药后，于8时11分放第6炮时，引起硐内积聚瓦斯爆炸，爆炸冲击波和火焰波及上山运输巷，造成沉积煤尘飞扬，在距第3变电所以上61米处引起煤尘爆炸。爆炸气流沿进回风巷双向冲向进回风井，矿井通风、运输、供电、排水系统全遭破坏；上山运输巷560米支护被摧毁，且以爆源为中心，支架背向爆源而倒伏；2500米运输大巷80%的支架倒塌；当时在井下作业的100人全部遇难，另1名工人在爆炸后入副井，也因一氧化碳中毒而死亡，井口附近的15名工人受轻伤。惨重的事故，致使全井停产3个月。

酿成事故发生的条件：（1）技术装备先天不足，埋下事故隐患。一是该井采用局部通风机群作为主要通风机使用，便利了擅自停风行为；二是瓦斯检测手段单一，在瓦检员空班漏检后，丧失及时判别积聚瓦斯险情的可能；三是防尘无"治本"能力，"治表"措施也残缺不全，致井下干燥煤尘堆积飞扬。（2）安全技术管理混乱，发生事故势在必然。（3）井口领导忽视安全，为事故的发生开了"绿灯"。事故发生区毗邻原新华矿小窑采空区，不慎贯通引起瓦斯异变。事故发生前的1974年2月、4月，二采区上山曾因此两度积聚瓦斯，浓度都在10%以上。对此未引起警觉，未采取必要的防范措施，未从根本上治理安全技术管理混乱状况。

事故直接原因：101采面以硐室法采煤，局部通风机供风极不合理；擅自停转通风机；二上山3井风眼风门敞开使风流短路和局部通风机发生循环风，造成瓦斯积聚；井下不洒水，喷雾长期不用，导致干燥煤尘堆积（其中二采区上山运输巷刮板输送机机关尘厚达0.7米）；爆破员违章作业，部分炮眼不封泥，封填煤块纸屑，已封泥的，封泥量也仅为10~30毫米；且一次装药分次爆破，引起爆破引燃；瓦斯检查员空班漏检，提前升井丧失察觉事故隐患的可能。

事故教训：任何时候都必须坚持安全第一方针，生产、安全技术管理必须规范化，安全教育必须制度化；"一通三防"是煤矿生产建设中的重中之重，任何时候都只能加强，不能削弱；要不断改善安全装备，不断提高工程质量管理水平；必须完善分区通风，隔爆等防灾限制性措施；救护队员要加强训练，提高战斗力。

吸取事故教训，加强煤矿安全生产措施：调整了矿、井口两级领导班子，加强了安全工作的领导；培训考核爆破员，做到持证上岗，按章作业；严格通风管理制度，明确不得任意停转扇风机，加强设施管理，保证井下所需风量，消灭循环风，防止瓦斯积聚。严格规定采面未形成通风系统不准回采；严格执行瓦检员井下交接班及检查、汇报制度，杜绝空班漏检、弄虚作假；成立防尘小组，完善防尘洒水系统，各转（装）载点及回风设置喷雾坚持使用，定期冲洗井巷，指定专人定期检查维护防尘设施。

（三十一） 河南省焦作矿务局演马庄煤矿煤与沼气突出事故

1975 年 8 月 4 日 4 时 30 分，河南省焦作矿务局演马庄煤矿二水平皮带运输大巷在揭煤层爆破时发生煤与沼气突出事故，造成 43 人死亡，55 人受伤。

演马庄煤矿于 1961 年 4 月投产，设计生产能力为 45 万吨/年，属煤与沼气突出矿井，沼气相对涌出量为 20 立方米/吨，煤层无自燃和煤尘爆炸危险。矿井西部采用中央边界式通风，东部采用对角式通风，总进风量为 9500 立方米/分钟。主、副井进风，东西两风井回风，全矿井实行分区通风，共分 18 个分区系统，使用架线式电机车运输。

二水平皮带运输大巷设计由顶板岩层穿过煤层进入底板岩层内，落底标高为 -200 米水平。揭煤前，在距煤层 3.5 米时打钻测压，测得煤层瓦斯压力为 9.6 个大气压。为了确保安全，向前掘进到距煤层 1.5 米时，打了 12 个排放孔，并在巷道上帮打了第二个测压孔，测得瓦斯压力为 0.5 大气压。于 7 月 31 日 13 时 15 分由顶板一侧用震动炮揭煤。揭煤后，在专用回风上山东大巷一横贯配风口处检查沼气浓度为 0.8%，1 个小时后，检查掘进头沼气浓度为 0.5%，便开始装煤掘进。8 月 1 日瓦斯无变化。8 月 2 日、3 日因沼气浓度较高（最高达 3.8%），断断续续掘进和爆破。8 月 4 日零点班，在开始工作前掘进头上帮露出煤层 0.8 米，下帮露出 0.3 米，当班工人进入掘进头装岩 20 车、架设两副棚子后，接着打上帮岩石眼 12 个，于 4 日 4 时 30 分左右爆破，炮响后，掘进头发出连珠炮似响声，发生了煤与沼气突出，突出煤炭 1500 吨，沼气 44 万立方米，突出的煤冲垮了两道反向风门，填满了皮带运输大巷 65 米和专用回风巷 189 米，破坏了通风系统。突出的瓦斯由皮带、轨道两进风巷逆风 750 米冲到第一水平运输大巷，时间延续 1 个小时。皮带下山当场被窒息 34 人。瓦斯由井底顺着大巷东西两翼扩散，波及矿井东部约 4 千米、西部约 1.5 千米。当沼气冲击到一水平后又发生了局部瓦斯燃烧和爆炸，明显的爆炸有：东一下山口、东一变电所、1141 工作面开切眼和东二轨道 4 处。由于瓦斯燃烧、爆炸和一氧化碳中毒，死亡 9 人。共造成 43 人死亡，55 人受伤。

事故原因：（1）二水平皮带运输大巷揭煤过程中，虽然根据焦作矿务局各矿历次突出强度制定了预防煤与沼气突出的措施，但由于这些措施不能有效地防止特大型突出，而造成这次伤亡事故。（2）演马庄煤矿是缓倾斜煤层，倾角10~20度，二水平皮带运输大巷设计坡度为7度10分，由顶板穿过煤层进入底板，煤门全长95米。当煤层岩柱揭开后，由于未发生突出，且瓦斯也不大，因而对掘进过程中瓦斯的变化未引起足够重视，也未采取有效防范措施，以致在爆破时发生了煤与沼气突出。（3）超前钻孔距离短，煤层瓦斯未得到充分泄压和释放，在揭煤过程中，仍存在突出的危险性，虽然也打了超前排放瓦斯钻孔，但超前的3个钻孔中，只有1个孔达到了超前5米的规定，其余2个孔仅超前3米，也没有及时进行补钻。（4）该矿一水平主要运输大巷使用架线式电机车，东一变电所安装了1台非矿用型变压器。当突出的瓦斯逆风冲到一水平后，冲击架线式电机车，受电弓滑动产生火花；东一轨道变电所因变压器线柱接线松动，均先后引起局部瓦斯燃烧、爆炸。

（三十二）广东省航运局珠江航运公司碰撞沉船事故

1975年8月4日，广东省航运局珠江航运公司由肇庆开往广州的"红星245"客轮在珠江容桂水道（属顺德县）与广州开往肇庆的"红星240"轮相碰，两轮相继沉没，该两轮共载乘客、船员904人，经抢救生还者467人（其中船员65人），不幸遇难者437人（其中船员8人，港澳同胞29人）。造成经济损失150万元。

事故原因："红星245"客轮驾驶员操作失误，此外客轮材质、客舱设计、现场应急处置等也存在问题。据幸存者回忆：当两艘客轮相遇之际，本应按规定鸣笛对答后循各自航道行驶，然而从肇庆开往广州的"红星245"客轮竟突然调转船头，径直向对方撞去（肇事驾驶员作供说，他看到有一艘无灯的小船突然在前面抢道，故紧急打满舵避让）。从广州开往肇庆的"红星240"轮船避让不及，水泥船壳被从中间撞破。当场撞死一名乘客。"红星240"轮船的柴油箱体被撞破，大量柴油洒满江面。肇事钢质客轮的船头插入水泥船壳中，两船成"丁字"状横卧江面。经紧急磋商，决定由钢质客轮向前推顶，使两船泊至浅水区，好让乘客安全撤离及等待救援船只前来救助。两船的工作人员及团体旅客的领队纷纷劝告乘客回到原铺位，听候安排。钢质客轮向前推顶一会儿，驾驶员见船不怎么往前，就开一下倒车。这个致命的错误造成受伤船只创口增大，江水迅猛灌入船舱，船体发生侧倾，顷刻沉没江中。又由于水泥船壳客轮的钢筋网卡住钢质客轮的船首，使它不能完全退出，这使"红星245"客轮也被拖下水。不到六分钟，两船成"丁字"状沉没水中。被撞的水泥船整艘沉没，钢质客轮只是船尾的一小部分还翘露出水面。出于航行"安全"考虑，当时所有客轮的两侧舷窗都被两道钢管钉牢封死，无法破窗逃生。只有少数的能侥幸摸到梯口逃脱出去，大部分在船舱内的人很快溺亡。

（三十三）河南省驻马店地区板桥、石漫滩水库溃坝事故

1975年8月5—8日，受超强台风影响，河南省驻马店地区普降暴雨，引发淮河上游出现大洪水。8月8日1时，驻马店地区板桥水库漫溢垮坝，6亿多立方洪水，5丈多高的洪峰咆哮而下。随着板桥水库溃决，其下游的石漫滩水库以及竹沟、田岗等58座中小型水库相继溃决，大小河道决口824处，遂平、西平、汝南、平兴、新蔡、临泉等县城被淹，平原地区水深1~4米。溃坝事故致使29个县（市）、1200万余人受灾，大量人员伤亡（死亡人数缺乏确切说法）[①]。约1700万亩农田被淹（其中1100万亩农田遭受毁灭性灾害），倒塌房屋596万间，冲走耕畜30.23万头。冲毁京广线102千米，中断行车18天，影响运输48天，直接经济损失约100亿元。受灾最严重的遂平县文成公社等社队，居民死亡率高达50%，房屋、农田、生产资料、家禽等全部被冲毁。

1975年8月4日，该年度我国境内第3号台风（"7503号"台风），穿越台湾岛后在福建晋江登陆。以罕见的强力，越江西、穿湖南，在常德附近突然转向，越过长江直入中原腹地，停滞在伏牛山脉与桐柏山脉之间的大弧形地带。这里有大量三面环山的马蹄形山谷和两山夹峙的峡谷。南来气流在这里发生剧烈的垂直运动，并在其他天气尺度系统的参与下，造成历史罕见的特大暴雨。从8月4—8日，暴雨中心最大过程雨量达1631毫米，3天（8月5—7日）最大降雨量为1605.3毫米。最强大的雨带位于伏牛山脉的迎风面，4—8日，超过400毫米的降雨面积达19410平方千米。大于1000毫米的降水区集中在京广铁路以西板桥水库、石漫滩水库到南阳地区方城县一带。暴雨中心位于板桥水库旁边的林

---

① 有关这次溃坝事故的伤亡人数存在争议，而且前后有所变化。（1）1975年8月20日河南省初步统计：全省死亡85600多人，连同外地在灾区的死亡人数在内，最多不超过10万人。中央慰问团在给主席毛泽东、党中央写的关于河南、安徽灾情的报告中，引用了这个数字。（2）1975年9月新华社编写的《国内动态清样》指出：原来报的8.5万人的数字显然是多了，估计3万多人，最多不会超过4万人。（3）1985年地方志修志中有了新的表述。河南省志记载：洪水致使33个县1230万人口受灾，数万人丧生。驻马店志记载，洪水致22564人溺亡，受伤92096人。（4）1989年孟昭华和彭传荣编的《中国灾荒史》载录，板桥水库和石漫滩水库垮坝，1029万人遭受毁灭性的水灾，约有10万人当即被洪水卷走。（5）1999年由钱正英作序的《中国历史大洪水》记载：河南省有29个县市、1700万亩农田被淹，其中1100万人受灾，超过2.6万人死难。上海辞书出版社的《水利词典》也记载，板桥水库和石漫滩水库垮坝死亡2.6万人。

庄，最大 6 小时雨量为 830 毫米，超过了当时世界最高纪录（美国宾州密士港）的 782 毫米；最大 24 小时雨量为 1060 毫米，也创造了我国同类指标的最高纪录。暴雨区形成特大洪水，量大、峰高、势猛。洪汝河在班台以上的产水量为 57.3 亿立方米，沙颍河在周口以上的产水量为 49.4 亿立方米。滚滚而至的洪水，对暴雨区内的水库群造成严重威胁。

板桥水库设计最大库容为 4.92 亿立方米，设计最大泄量为 1720 立方米每秒。而它在这次洪水中承受的洪水总量为 7.012 亿立方米，洪峰流量 1.7 万立方米每秒。8 月 5 日晨，板桥水库水位开始上涨。到 8 日 1 时，涨至最高水位 117.94 米、防浪墙顶过水深 0.3 米时，大坝在主河槽段溃决，约 6 亿立方米的库水骤然倾下，如山崩地裂，声震数十里，最大出库瞬间流量为 7.9 万立方米每秒，6 小时内向下游倾泻约 7.01 亿立方米洪水。溃坝洪水进入河道后，又以平均每秒 6 米的速度冲向下游，在大坝至京广铁路直线距离 45 千米之间形成一股水头高达 5~9 米、水流宽为 12~15 千米的洪流。板桥水库垮坝时正值深夜，洪峰所到之处，墙倒屋塌，数万人员在睡梦中被吞噬，一座座村庄瞬间荡然无存；200 多户人家的沙河店村被夷为平地。古树根拔起。遂平县城洪水没顶。京广铁路拧成"麻花"。60 吨重的油罐车被冲到 40 千米外的宿鸭湖。

石漫滩水库 5 日 20 时水位开始上涨，至 8 日 0 时 30 分涨至最高水位 111.40 米、防浪墙顶过水深 0.4 米时，大坝漫决。库内 1.2 亿立方米的水量以 2.5 万~3 万立方米/秒的流量，在 5 个半小时内全部泄完。下游田岗水库随之漫决。洪河下游泥河洼、老王坡两座滞洪区，最大蓄水量为 8.3 亿立方米，此时超蓄 4.04 亿立方米，蓄洪堤多处漫溢决口，失去控制作用。驻马店地区的主要河流全部溃堤漫溢。全区东西 300 千米，南北 150 千米，60 亿立方米洪水疯狂漫流，汪洋一片。因老王坡滞洪区干河河堤在 8 月 8 日漫决，约有 10 亿立方米洪水蹿入汾泉河流域。9 日晚，洪水进入安徽阜阳地区境内，泉河多处溃堤，临泉县城被淹。

板桥、石漫滩等水库失事当日，距灾区最近的中国人民解放军某师等部近万名官兵便奉令赶到抗洪救灾。自 8 月 9 日起，武汉军区派出大批救援部队，昼夜兼程陆续抵达灾区。失事后的第 5 天（1975 年 8 月 12 日），以中共中央政治局委员、国务院副总理纪登奎为团长，全国人大常委会副委员长乌兰夫为副团长的中央慰问团抵达驻马店灾区。中央慰问团在视察后认为，为了解救困在水中的百万灾民，须尽快排除洪汝河平原的积水。随后武汉军区、南京军区舟桥部队紧急出动，在中央慰问团的指挥下执行爆破任务。14 日 10 时，对最大的阻水工程班台闸施行爆破，分洪口门由此打开。

溃坝事故原因：（1）气象工作不能适应需要，预报不准确、不及时。既要承认客观气象条件的特殊性，3号台风行踪"诡秘"，打破了台风运行路径和释放能量的规律性，使人措手不及；也要看到气象工作的巨大差距。从中华人民共和国成立到20世纪70年代，我国的气象科学尚处于探索研究阶段，预报人员经验不够丰富，观测手段落后，通信工具陈旧，不少基层气象台站预报天气还依靠压温湿曲线加看天的陈旧模式进行。1975年正处于"文化大革命"后期，气象系统存在种种混乱现象。3号台风进入中原腹地、滞留伏牛山脉与桐柏山脉之间的大弧形地带后，中央气象台雷达信号消失，本应由地方气象局接管监测。但当时的河南省气象局却未开启雷达。南阳地区气象局虽监测到了台风的动向，却没有传输设备，信息不能及时发布。这次事故发生后，各级气象预报人员调整预报思路，采用联合攻关的方式，分析当地台风致洪暴雨的成因与防御对策，建立了多种致洪暴雨天气预报模式。（2）建坝思想存在失误，设计标准低。1958年"大跃进"中，河南大力推广溮河流域地区"以蓄为主，以小型为主，以社队自办为主"兴建山区水利的经验。事实上在平原地区以蓄为主，重蓄轻排，将会对水域环境造成严重破坏。地表积水过多，会造成涝灾，地下积水过多，易成渍灾。地下水位被人为地维持过高，则容易使盐分聚积，形成碱灾。涝、渍、碱三灾并生，结果不堪设想。因兴建时水文资料很少，洪水设计成果很不可靠。板桥水库在1972年发生大暴雨后，管理部门和设计单位曾进行洪水复核，但没有引起足够的警惕和相应的措施，所以防洪标准实际上很低。事后有专家指出，历史记载最高洪水水位117.94米，板桥水库坝高却只有116.3米。溃坝时，洪水水位不仅超过坝顶1.6米，而且超过了防浪墙3公寸。所以水流漫过坝顶。水坝下游坡是沙土，经不起水流冲刷。所以漫坝以后很快地把沙和土芯冲刷掉，造成垮坝事故。（3）预防和预警机制不健全。由于重视蓄水，忽视防洪，石漫滩水库在溢洪道上增加了1.9米的混凝土堰，板桥水库在大雨前比规定超蓄水3200万立方米，运用中又为照顾下游错峰和保溢洪道而减泄400万立方米。这虽对垮坝不起决定作用，但减少了防洪库容，提前了漫坝时间。由于事前没有考虑特大洪水保坝的安全措施和必要的物资准备，在防汛最紧张的时候，电讯中断，失去联系，不能掌握上下游汛情，不能采取果断有效的措施，也没有及早向下游遂平县发出警报，组织群众安全转移。

吸取事故教训，加强水库安全措施：1975年11月下旬至12月上旬，水电部在郑州召开全国防汛和水库安全会议。水电部长钱正英在会上指出："对于发生板桥、石漫滩水库的垮坝，责任在水电部，首先我应负主要责任。我们没有把工作做好。主要表现在：一是由于过去没有发生过大型水库垮坝，产生麻痹思想，认为大型水库问题不大，对大型水库的安全问题缺乏深入研究。二是水库安全标准和洪水计算方法存在问题。对水库安全标准和洪水计算方法，主要套用苏联的规程，虽然作过一些改进，但没有突破框框，没有研究世界各国的经验，更没有及时地总结我们自己的经验，作出符合我国情况的规定。三是对水库管理工作抓得不紧，对如何管好用好水库，对管理工作中存在什么问题缺乏深入的调查研究；有关水库安全的紧急措施，在防汛中的指挥调度、通讯联络、备用电源、警报系统和必要的物资准备，也缺乏明确的规定。板桥、石漫滩水库，在防汛最紧张的时候，电讯中断，失去联系，指挥不灵，造成极大被动。四是防汛指挥不力，在板桥、石漫滩水库垮坝之前，没有及时分析、研究情况，提出问题，千方百计地采取措施，减轻灾情，我们是有很大责任的。"

1986年板桥水库复建工程被列入国家"七五"期间重点工程项目。工程于1986年底开工，1993年6月5日通过国家验收。板桥水库复建工程按百年一遇防洪标准设计，可能最大洪水校核。主要由挡水建筑物、输水建筑物及电站、灌溉工程及城市供水取水口等组成。水库总库容比原来增加了34%。石漫滩水库复建工程列入"八五"治淮骨干工程计划。1992年开工实施。水库按百年一遇设计、千年一遇校核。复建后的石漫滩水库是具有工业供水、防洪除涝、灌溉等效益的综合利用工程。1998年1月通过水利部组织的竣工验收。

（三十四）辽宁省辽阳市兰家区安平公社姑嫂城大队俱乐部火灾事故

1975年11月25日19时35分，辽宁省辽阳市兰家区安平公社姑嫂城大队俱乐部发生火灾，造成126人死亡，75人受重伤。

1975年11月25日晚，辽宁省辽阳市兰家区安平公社姑嫂城大队俱乐部有文艺演出，周围村子的许多村民赶来观看，超出俱乐部容限，现场十分拥挤。俱乐部后台存放有500千克三硝基甲苯（炸药），其上放置200多根椽子。有人回忆说椽子上面就挤着200多人。

事故原因：据事后分析，可能是坐在椽子上面的人抽烟乱扔烟头，引起三硝基甲苯爆炸与火灾。

（三十五）陕西省咸阳地区三原县工人俱乐部火灾事故

1976年2月7日，陕西省咸阳地区三原县生产资料公司和独李大队文艺宣传队在三原工人俱乐部召开联欢晚会，舞台上放置的火药被引爆起火，死亡88人，烧伤60人。（待深入调查和充实）

（三十六）广东省广宁县建材厂挖土塌方事故

1976年2月11日19时，广东省广宁县建材厂挖土塌方造成重大伤亡事故，死亡25人，重伤3人，轻伤9人。

1976年1月13日，该厂会计陈某乘厂领导外出之时，私招惠来县隆江公社以黄某为包工头的一批"盲流"人员，持普宁县军埠公社证明，到该厂承包挖土方工程。2月11日19时加班挖土时，由于光线不足，违章蛮干，使8米高的泥墙下塌，当场有8人被泥土压住。这时，该厂正准备上夜班的工人和其他"盲流"人员30多人闻讯后赶往抢救，经过30分钟的奋战，救出4人。正当他们全力抢救其余4人时，又发生了第二次大塌方，15米高的泥墙坍塌，在场的人员全部被埋在深达2.3米处的泥层下，造成了严重的伤亡。

事故原因：（1）该厂在长不足10米、宽5米、两边泥壁高达8~15米的陡峭场地进行挖土施工，严重违反了国家有关土方施工的安全技术规定。在长时间的施工过程中，没有采取任何安全措施。（2）该厂私招乱雇的副业人员，为了多挖土多捞钱，进行冒险作业，厂方对此违章行为，从不加以制止，以致酿成重大事故的发生。

责任追究：当时对这起事故责任的追究处理为，广宁县建材厂会计陈某，私招"盲流"人员，留下了隐患，对这次事故负有直接责任，由公安部门逮捕法办。广宁县建材厂党支部副书记董某和党支部委员吴某，对安全生产工作不重视，事故发生后，不是积极组织抢救，而是放弃工作，消极等待处理，分别给予撤销党内外一切职务的处分和党内严重警告处分、行政记大过处分。

（三十七）新疆石河子南山煤矿小沟分矿四井瓦斯爆炸事故

1976年2月22日，新疆石河子南山煤矿小沟分矿四井发生瓦斯爆炸事故，造成四井和与其相邻的二井作业人员死亡65人，重伤19人。

南山煤矿位于新疆石河子地区，原为新疆生产建设兵团农六师的劳改煤矿，后移交地方管理，属地方国有矿。该矿采用自然通风，老空区和火区密闭不及时，井下空气混浊。四井与二井串联通风，风流紊乱，井下空气污浊，作业人员时常感到头痛。在这种恶劣的条件下，矿领导片面强调生产，不顾工人的生命安全，为了多出煤，常常"吃掉"保安煤柱，造成井下巷道严重漏风，通风不良的问题更加严重，以致发生多次瓦斯燃烧和一氧化碳中毒事故，如1975年9月23日曾发生瓦斯燃烧事故，烧伤1人；1975年10月24日因通风不良，造成40多人一氧化碳中毒；1976年2月18日四井发生电钻火花引起瓦斯燃烧事故，烧伤2人。但煤矿领导对重复发生的事故既不分析原因，又不采取任何防范措施，对矿井存在的重大隐患熟视无睹。事故发生当日，四井为了赶产量，在瓦斯浓度超限的情况下，不顾安全，违章爆破产生明火引起瓦斯爆炸事故，致使当时在四井作业的34人全部死亡，爆炸后产生的大量一氧化碳串入二井，又使在二井作业的31人中毒死亡。

事故原因：（1）违反《煤矿安全规程》，乱采保护煤柱，不按规定打密闭，架设风桥，风量严重不足。（2）矿领导官僚主义严重，忽视安全生产，管理混乱，对采区负责人提出的合理化建议，不但不予理睬，相反严加训斥。（3）瓦斯检查不认真，瓦检员漏检伪报时有发生；爆破员违章作业，常用裸线连接爆破，违章私带火柴、打火机、香烟下井更是普遍。安全监督检查不力。

吸取事故教训，改进煤矿安全生产措施：（1）整顿领导工作作风，严格各级领导岗位责任制。（2）严格按《煤矿安全规程》办事，查处事故隐患，纠正乱采乱挖，规范化开采。（3）建立完善的通风系统，严格瓦斯检查等各项制度。（4）加强培训，杜绝"三违"①。

（三十八）河北省大城县化肥厂合成工段煤气爆炸事故

1976年4月20日10时40分，河北省大城县化肥厂合成工段发生煤气爆炸事故，死亡17人，重伤9人，轻伤16人，经济损失70万元。

事故发生当日，该厂年度大修即将结束，变换工段已经开车升温，同时开启高压机用空气向合成系统输送，对合成系统进行试压、试漏。当系统压力升至140千克/平方厘米时，停高压机，并切气5分钟，保持系统恒压。10时40分，合成工段突然发生大爆炸，造成1台油分离器、2台氨分离器、1台冷交换器、1台水冷却器被炸毁；合成塔、合成氨冷凝器、立式水冷却器等多台设备受到不同程度的损坏，部分厂房倒塌、倾斜；当班的17名操作工死亡，9名重伤，16名轻伤，造成直接经济损失27万元，间接经济损失43万元。

事故原因：合成系统大修前置换使用的惰性气体中含有一氧化碳，经计算和分析，确认此气体系半水煤气和空气的混合气体。在合成送气时，开动4号压缩机，通过总管1从6号压缩机一小法兰处吸气，事后检查6号压缩机一段入口阀门开度有问题，致使管1内形成负压，而管1又与脱硫系统相连，吸进半水煤气。连通管1与半水煤气总管的大副线阀没有关严，阀芯与阀座有4~5毫米宽的月牙形缝隙，其他两阀门虽关闭，但试漏时仍发现有大量漏气，第4只阀门有

---

① "三违"即违章指挥、违章作业、违反劳动纪律。

少量漏气，并且试压系统与生产系统未加盲板。合成系统进行气压试验时，冷却排管上正在切割淋水板锯齿，操作时出现的熔渣落到排管上，同时碳化工段正在用电焊，电焊机地线连在全厂设备管线上，如有接触不良，便产生电火花导致事故的发生。

防止同类事故的措施：试压系统与生产系统要用盲板隔开，试压、试漏时要对气体进行严格分析，气体合格后方可送气；检修完后要对所有设备，管道等进行严格检查，达到技术要求后才能开车；严格禁止各种手动电器工具的接地线与设备管线相连，严格动火制度。

（三十九）江苏省泗阳县条堆河退水闸工地集体触电事故

1976年5月24日，江苏省泗阳县李口公社8个大队的民工在城厢公社条堆河退水闸工程工地施工时发生集体触电事故，共有66人触电，其中28人死亡，38人受伤。

条堆河退水闸闸址位于10000伏高压输电线下。施工过程中，又将弃土堆放于高压输电线下。高压输电线路对地距离仅有4.35米。事故发生当日，指挥部组织民工将在其他地方绑扎好的长9米、宽8米、闸墩钢筋高2.6米的闸塘和闸墩底板钢筋架，采用人力顶托的方法向前搬运。当从高压输电线下部穿越时，钢筋架的顶部钢筋触及高压输电线，致使搬运闸塘和闸墩底板钢筋架的66名民工触电倒下，全部被压在钢筋整体结构下面，造成严重伤亡。

事故原因：工程指挥部和工程设计缺乏科学态度，错误地将条堆河退水闸闸址选在万伏高压输电线路之下，构成重大隐患；安全意识缺乏，施工管理混乱，工程指挥部领导根本考虑不到安全问题，在高压线路下堆放弃土，在严重危及安全施工的情况下，没有采取任何防护措施，反而途经弃土向前搬运钢筋整体结构，致使事故发生。

（四十）河北省唐山钢铁公司中型轧钢厂地下油池爆炸事故

1976年6月19日14时35分，河北省唐山钢铁公司中型轧钢厂在进行地下油池改造过程中发生爆炸事故，造成24人死亡，23人受伤（其中2人重伤），直接经济损失22万多元。

该厂加热炉原来使用重油作燃料，设有地下油池，容量为1600吨，因重油供应不足，故改为原油。为了缩短油罐列车的卸车时间，将原来30千瓦普通油泵改为75千瓦深井泵。在对地下油池改造之前的6月18日上午，唐山钢铁公司消防队队长李兆俊到该厂油池现场查看。首先对副厂长张金荣和梁树栋提出

"先别动，我们看看再说"。看后又对消防员杜文胜提出 4 条意见：（1）灯要换成防爆灯。（2）池顶上的电器设备搬下来。（3）取油样化验。（4）向公司写报告，批准后再干。杜随即找到主管安全的副厂长岳宗义进行汇报。张、岳二位副厂长对消防队的意见均未加考虑。以至 18 日下午，张某擅自批准机修人员在油池上焊吊泵体的钢架子。19 日张某请假回家。安泵工作由在附近盖小房（为放置从油池顶上搬下来的电器设备用）的岳某负责。上午由于油池内原油基本抽空，虽大量动用明火，但没有发生事故。13 时 15 分，油库进 12 节油车开始卸油，但岳某未采取果断措施，施工人员继续动用明火。14 时 35 分引起爆炸。

事故原因：该厂对改烧原油这种改变原燃料重大生产问题，没有召开会议进行研究。（1）在资料不全、原油性能不清的情况下，既没有派人去学习、取资料；也没有向使用单位提出使用原油应注意的问题；更没有对职工进行安全技术知识教育。（2）企业管理混乱，规章制度不严，岗位责任不明。对有的单位多次出现在油库区动用明火作业的现象，未能及时发现制止。（3）在改换地下油池深井泵时，违反操作规程，在从火车油罐里向地下油池中卸原油的同时，在油池顶部动用电气焊明火作业引爆。

责任追究：轧钢厂副厂长岳某、张某对公司消防队提出的 4 条意见没有引起重视，对于动用电气焊进行施工不加制止，特别是卸原油以后，没有果断地采取措施，更没有制止明火作业，对这次事故负有主要的直接的责任。上级领导经研究，决定分别给予其留党察看两年、撤销党内外一切职务的处分。

（四十一）吉林省通化矿务局苇塘煤矿瓦斯煤尘爆炸事故

1976 年 8 月 11 日 12 时 50 分，吉林省通化矿务局苇塘煤矿一井+350 米大巷三石门西翼一层采煤工作面的+400.75 米顺槽掘进工作面发生瓦斯煤尘爆炸事故，死亡 50 人，重伤 6 人，轻伤 20 人。

苇塘煤矿一井为斜井片盘开拓方式，设计生产能力为 30 万吨/年。井田呈向斜构造，倾角 25~55 度，含煤系内共有 7 层煤。地质构造复杂，断层褶曲较多。煤质为肥焦 2 号，相对沼气涌出量为 10.32 立方米/吨，煤尘爆炸指数为 32.8%，系有煤尘爆炸危险的高沼气矿井。矿井通风方式为中央抽出式分区通风。爆炸前+350 米三石门分流入风量为 466 立方米/分钟，+400 米回风石门回风巷风量为 497 立方米/分钟。回风流中沼气浓度为 0.12%。采区内采掘工作面均为局部通风机供风。由于巷道拐弯多、阻力大，222 采煤工作面和 155 掘进工作面均用两台 11 千瓦局部通风机串联供风。采用水平分段巷柱式采煤法采煤。采区内除掘进工作面设有防尘水管，采区运输巷、溜煤眼、回风道和采煤工作面均无洒水设

施。采区运输+367 米轴部上山运输设两台 20 型刮板输送机，上山及顺槽设
"V"型刮板输送机，坡度大于 30 度的设自滑溜子槽。

事故当日 9 时 30 分，在+400.75 米顺槽掘进工作面放第一遍炮之前，检查
工作面沼气浓度 0.1%，瓦斯检查员对爆破员说："没有问题，你就放吧，我去
向调度汇报。"10 时 30 分左右离开采区，到+400 米主井车场登钩房去了，直到
事故前一直未返回。大约 10 时，通整段 4 名工作人员到+400.75 米顺槽检查风
筒末端有效风量为 48 立方米/分钟，没有检查瓦斯。在 10 时 40 分离开采区，沿
北翼第一上山下去，发现+367 米轴部第一上山和第二上山煤尘飞扬，当即查找
原因，发现是由于+350~+367 米溜眼内风筒被下滑的煤矸石打破了一尺多长的
大口子而造成的。随即，通整段长在+350 米大巷用电话通知风筒工下井补风筒。
12 时 40 分，风筒工在+350 米大巷将局部通风机停机后就往上山溜煤眼去补风
筒（局部通风机距溜煤眼上山口约 25 米）。与此同时，+400.75 米顺槽掘进工作
面在无人检查瓦斯和风量很小的情况下，放第二遍炮，第一炮（掏槽）响后，
炮烟未散，顶着炮烟就去放第二炮（帮眼），在炮响的同时，发生了瓦斯煤尘爆
炸，时间是 12 时 50 分。事故发生后，+350 米大巷装车工当即用电话报告井调
度室，12 时 55 分，矿调度室通知矿救护队并报告矿务局调度室。局矿组成抢险
指挥部进行抢救。由于爆炸后采区巷道遭到严重破坏，16 处冒顶巷道长达 150
米，救护队首先处理+350 米入风巷冒顶，随后组织探险救出 5 人。由于救人心
切，很多人未佩戴呼吸器和自救器就进入灾区，结果造成 13 名救护人员被一氧
化碳中毒。5 日 19 时 30 分，将最后一批死亡人员尸体找到运出。处理过程中了
解到这次爆炸范围波及巷道长达 2050 米。火焰传播长达 1750 米。

事故直接原因：因风筒安装错误，以致被上溜眼出来的煤块不断撞击而损坏
漏风，造成工作面风量减少和停风，引起瓦斯聚集超限，在爆破时发生瓦斯爆
炸，并引起煤尘爆炸。（1）由于采用水平分层巷柱式采煤法，工作面只能采用
局部通风机通风，致使通风不良，造成回风巷道以上采空区积聚大量瓦斯。
（2）爆破员严重违反"一炮三检"和"三人连锁爆破"制度，在没有瓦斯检查
员检查瓦斯和工作面风量很小的情况下爆破，炮眼封泥过少（事故后调查封泥
只有 100~150 毫米），最小抵抗线不够，爆破产生火焰，引起瓦斯煤尘爆炸。
（3）瓦斯检查员擅离职守，10 时 30 分离开采区，直到发生事故前，未回采区，
致使工作面的瓦斯无人检查，最终酿成大祸。

事故间接原因：该矿领导官僚主义严重，管理混乱，安全技术培训不力，也
是导致事故的重要原因之一。自 1973 年以来，该矿已连续三年发生瓦斯燃烧事
故，但矿领导并未接受教训。对 1 月份煤炭部召开的安全生产现场会议精神，矿

领导也不传达贯彻。工人批评说；"我们的领导干部是闭着眼睛下井（指不愿看不安全因素和事故隐患），瞪着眼睛要煤！"全井只配一名兼职洒水工，除白班有时进行洒水降尘外，其他两班均无人洒水，因而煤尘堆积很厚，致使这次瓦斯爆炸后又引起煤尘爆炸，产生了大量的一氧化碳。死亡的50人中，有43人死于一氧化碳中毒。矿上用人不当，发生这次重大事故的222采煤队的排长于某某，是个有盗窃、赌博等犯罪行为的人，当年还曾在北京作案被捕，但矿领导认为于"能干"，竟将他提升为排长。工人张某某，1975年因偷窃作案送局劳教班学习半年，1976年7月竟被提升为副班长。段长刘某某经常与上述这些人在一起吃吃喝喝，拉拉扯扯，称兄道弟，对待工人动不动就骂，1975年9月的瓦斯燃烧事故，刘某某是主要责任者，但矿领导认为这种人"能干"，仍予重用。

事故教训：（1）采区内没有防尘洒水设施，同时溜煤上山一半是行人、进风，另一半为煤仓，为了使行人方便，错误的将风筒设在煤仓之内，由于风筒被打破，致使大量煤尘飞扬，同时巷道中的沉积煤尘太多，所以造成煤尘参与爆炸。（2）炮眼封泥过少，炮眼布置也不合理，掏槽眼放过之后，帮眼最小抵抗线过小，是这次事故的直接原因，必须从中吸取教训。

（四十二）河南省新密矿务局王庄煤矿火灾事故

1976年8月13日7时40分，河南省新密矿务局王庄煤矿东翼51采区5112下顺槽掘进工作面外25米处，因电煤钻电缆明接头短路着火引起巷道内木支架、风筒及煤壁燃烧，大量有害气体窜入上部车场新鲜风流中，造成正在北石门掘进和41采区回采作业的126名工人中毒，其中93人死亡，直接经济损失51.8万元。

王庄煤矿原设计生产能力为30万吨/年，1975年改扩建为90万吨/年。该矿由三个斜井担负提升运输和通风任务。采用中央抽出式通风，矿井总风量为1900立方米/分钟左右。采用单一水平上下山分区开拓。采煤方法为走向长壁倾斜分层下行全部陷落法。事故当时，西翼42采区和东翼41采区在生产，东翼51下山采区在做准备，东翼北石门正在掘进，41采区和51采区用联合布置，分区并联通风。东翼的通风主要由-50米水平运输大巷进风，-180米水平回风大巷回风。上下山开采及北石门开拓采用分区通风，上下山分区通风主要由+50米水平下山车场绕道两道风门控制。两道风门原设计为自动开关式风门，实际安装的是两道人力开关铁风门。由于下山在施工，运料频繁，风门经常同时敞开。为控制漏风，在回风上山增设两道风帘。实际上东翼已成混联通风。

事故当日7时40分，该矿煤巷掘进队5名工人和1名爆破员到5112工作面下顺槽掘进工作面接班，当爆破员接好电钻准备拉电缆时，一个掘进工人发现离他约 25 米处一盘电缆着火，惊呼："外边电缆着火了！"在没有采取任何灭火措施的情况下，大家就急着往外跑。其中一个掘进工跑到材料巷，想寻找开关切断电源，但没有找到控制开关。7 时 50 分左右，他跑到上车场装车点用电话向调度室作了汇报，要电工赶快下井处理。调度室接电话后，急忙寻找该队电工，但没有找到，却碰到矿管安全生产的革委会副主任，向他作了汇报，而这位副主任仅问电工去了没有，并没有采取任何措施。调度室用扩音电话通知井口信号工催促电工下井。到 8 时多电工才赶到 41 采区变电所切断了电源，但这时火已引燃巷道支架和煤壁，产生大量有毒气体，从 51 采区的材料下山涌出。因 41 采区材料上山回风巷下头有木垛，并设有两道风帘，回风受到阻碍，有害气体经 51 采区上部车场绕道（当时两个风门是敞开的）窜入东大巷新鲜风流中。一部分被 28 千瓦局部通风机送入北石门掘进工作面；另一部分从东大巷经 41 采区通风行人斜巷进入 4113 工作面。致使正在北石门掘进和 4113 工作面采煤的工人中毒。8 时 40 分左右，调度员连续接到井下火情严重的报告，但找不到矿领导。9 时许，井下发现有人晕倒，要求赶快抢救，调度室仍未采取措施，也没有通知井下人员撤出灾区。直到 9 时 10 分，看见出风井浓烟滚滚，才请求局救护队抢救，并向矿务局调度室作了汇报。这时，矿领导才陆续赶到调度室，组织指挥抢救。救护人员到井下看到大量浓烟从绕道两个风门涌出，就立即决定关闭风门。两个工人冒着生命危险关上了第一道风门，又去关第二道风门时，由于浓烟过大，几次都没有冲进去，直到 9 时 43 分局救护队赶到现场，才把第二道风门关上。抢救工作持续到 15 时左右，才把全部中毒人员救出，共计有 126 人中毒，其中 33人经积极救治脱险，93 人不幸遇难。

事故原因：（1）电缆明接头，造成短路引起火灾。这次着火的 90 米电缆由三段连接而成，三段间没有用接线盒和分段插销，而是结成两个"鸡爪子"。包"鸡爪子"的胶布又被拆开用来明电爆破，形成明接头，结果造成短路引起火灾。（2）煤电钻没有专用的控制开关。煤电钻的 4 千伏安干式变压器进线电缆是接在附近刮板输送机电机控制开关的接线盒上，该刮板输送机开关受 41 采区变电所 200 安总开关控制，而变电所距离事故地点 250 米，值班电工不在现场，其他掘进工人又不知道开关位置。因而电缆短路起火后，没能迅速切断电源。（3）通风管理混乱。51 下山采区上部车场材料绕道的两道风门未按设计安设自动风门，又未设专人看管，而该绕道运料频繁，风门经常敞开，风流短路，使整个东翼上山 41 采区风量不足，造成 41 采区经常瓦斯超限。在这种情况下，该矿不从管理车场绕道风门上采取措施，而是在绕道西门以上 10 米处 41 采区材料上山巷（回风巷）内设了两道风帘，临时调节风量。由于风帘阻碍了回风，发生火灾后产生的大量有害气体不能直接从材料上山回风巷排出，而通过车场绕道敞开着的两道风门窜入东大巷新鲜风流中，使有害气体窜入 4113 采煤工作面和北石门掘进工作面，这是造成事故扩大的主要原因。（4）抢险救护指挥不利。从 7 时 40 分发现电缆着火到 9 时 10 分浓烟从井口窜出，在长达一个半小时内，井下多次汇报烟火增大，矿调度和矿领导既不采取紧急处置措施，又不向矿务局汇报，处于无人指挥状态。（5）事故前未按《煤矿安全规程》的有关要求编制预防灾害措施计划，避灾路线不明确，工人缺乏安全逃生知识，以致事故发生后惊慌失措。

事故教训：（1）煤电钻不设综合保护装置，一旦过负荷或短路时，不能立即自动切断电源。更为严重的是违反《煤矿安全规程》的有关规定，电缆用"鸡爪子"链接，并将胶布扒开采用明电爆破，短路起火造成多人伤亡的特大事故，教训极为深刻。（2）思想麻痹，指挥不力。虽然多次接到井下灾情恶化的报告，但没有引起重视，既不采取撤出人员、切断电源、组织人员直接灭火等措施，又不迅速向矿务局报告，拖延了一个半小时的时间，使灾情扩大。（3）通风管理混乱，风门敞开无人过问，风帘设置不当无人提出更动，长期混合通风无人制止。

（四十三）西安铁路局第 111 次货运列车脱轨、爆炸事故

1976 年 10 月 18 日 15 时 15 分，西安铁路局宝鸡电力机车段 6077 号电力机车牵引 111 次货物列车，全列 38 辆，总重 2432 吨，行至白水至红卫坝车站区间 177 千米+92 米的 140 号隧道时发生重大行车事故，造成 75 人死亡（其中扒乘货车人员 41 人），14 人受伤（其中 9 人重伤）[①]；报废货车 13 辆、大破 8 辆、中破 4 辆、电力机车小破 1 辆；报废钢轨 450 米、枕木 740 根、电力接触网 400 米、长途通信电缆 850 米；隧道拱顶表面全部脱落，并有 30 米坍塌、边墙 280 米被破坏；货车上装的 620 吨柴油、机油和军用油大部分烧光，少部变质；50 吨铝、160 吨硫棉砂、136 吨石膏、7 个变换炉及其他整另货物均被烧毁。造成直接经济损失 146.3 万多元。中断铁路运输 382 小时 15 分钟。

事故当日 15 时 15 分，当列车进入 140 号隧道约 200 米时，隧道内发出一声巨响，列车被迫停车，接着又是一声更大的巨响后，隧道南口、北口相继出现强大的气浪和浓烟、火焰。机车与机次第 1 位罐车冲向 141 号隧道，机车前端停于 177 千米+384.5 米处。第 2 位罐车车体脱离转向架，停于 177 千米+314.8 米处

---

① 陕西铁路志记载这次事故死亡 34 人，重伤 9 人。

钢轨上。机次第2位转向架至机次第13位脱线颠覆，相互重叠于177千米+150米~247米间的92米之内，其中机次第10位后端与第11位前端相互支架于隧道左侧洞顶。机次第13位敞车被挤裂，停于10位、11位之间的左侧洞壁。机次第29位棚车起火。列车尾端停于176千米+828.76米处。

事故原因：该列车在限速15千米的施工慢行地段超速运行，司机操纵不当，制动过猛，造成脱线的可能性最大。通过调查研究和事故发生时在场人员的反映，从列车颠覆现状的判断，按列车在4分钟内走行3.5千米计算，列车在脱线前的速度应在时速40千米以上，超过限速15千米要求25千米以上。列车脱线确切点虽未找到，但从现场实际情况判断，大致在177千米+159米（施工地段末端）至177千米+190.9米（发现两块垫板轧伤）间30.1米缓和曲线中，虽然机车可能已越过施工地段，但列车绝大部分车辆未通过施工地段。当天施工地段第一遍捣固作业还有部分没有做完，水平、曲线没有调整，加上施工地段道床松软，两端坚实，机车高速冲击进一步破坏线路稳定，第2位车辆无法正常通过而脱线。由于脱线地点位于缓和曲线末端，脱线车辆逐步接近运行方向左侧洞壁，当机次第3位罐车前端端梁左侧以高速撞击洞壁，罐体被机次第2位台车撞破时，由于反作用力和惯性，罐体往后冲击，后部车辆由于向前冲击，造成机次第4位至第13位脱线、颠覆、重叠和支架，使7辆罐体破裂。当机次10位与11位撞击支架时罐体破裂，汽油外流，越过安全界限，引起接触网放电，造成机次11位汽油罐车燃爆。燃爆造成的强大冲击波冲掉机次29位、30位右侧车门，使29位棚车起火燃烧，向南推走机车及机次1位罐车和机次2位罐车。

责任追究：对事故的直接责任者司机姚某依法逮捕，副司机姬某记大过一次；宝鸡分局常委书记候某、宝鸡电力机车段党委书记贲某、宝鸡电力机车段运转主任秦某，对这次事故都负有领导责任，分别给予记过处分。

（四十四）河南省平顶山矿务局六矿瓦斯煤尘爆炸事故

1976年11月13日，河南省平顶山矿务局六矿井下丁组西二盘区发生煤尘爆炸事故，死亡75人，重伤4人，轻伤10人，经济损失400多万元。破坏巷道7600多米、钢丝绳5100多米、风管1200多米，破坏各种设备115台，其中报废的58台，使整个西二盘区停产。

事故原因：经事故调查组认定，引起事故的火源为电缆爆破和漏电接地产生电火花，引燃巷道内聚集的瓦斯和煤尘，先后发生20多次连续性爆炸。

据《平顶山矿务局志》等资料记载：这次特别重大瓦斯爆炸事故发生于"文化大革命"刚刚结束之际，极"左"路线的破坏和影响是导致这次事故的主要原因。该矿14个常委中，有7个常委曾被点名为"走资派""复辟狂"，遭到围攻批斗，使矿领导班子处于瘫痪状态。该矿少数人竟敢指着矿党委书记说："让你出煤就出煤，不让你出煤就出不了煤"。在这些人的严重干扰下，领导根本无法抓工作，企业管理无人负责，生产秩序十分混乱。有的人上班点完名就回家，有的下井转一圈即升井，即使表现好的下井也只劳动2~4个小时。由于把规章制度当作管、卡、压来批，该矿各种制度，包括安全生产制度都变成一纸空文，造成巷道严重失修，采掘失调，设备严重破坏，机电管理混乱，井下电缆接头中"鸡爪子""羊尾巴""明接头"等违章现象到处都是。特别严重的是井下巷道煤尘无人清扫，堆积竟达一尺多深，工人反映"像个大沙漠"。此外井下信号、联络线路、防爆灯、风门、风桥和降尘用的水管，常被拆被偷，井下通风和降尘系统破坏严重。由于安全基础设施全被破坏，生产一直处于停顿状态，安全问题没有充分暴露出来。打倒"四人帮"后，群众情绪高涨，欢欣鼓舞，急于恢复生产夺回损失，没有认真采取措施解决企业管理和安全生产方面的混乱状况，在恢复生产的第7天，就发生了这次煤尘爆炸事故。

第四章 拨乱反正和改革开放初期

（1977—1986）

一、概况

1976 年 10 月"四人帮"被粉碎后，安全生产领域极"左"思潮、极端错误行为开始得到清算和纠正。1978 年底，党的十一届三中全会及其所作出的改革开放伟大决策，既是决定当代中国命运、实现中华民族伟大复兴的关键一招，也为扭转我国安全生产落后面貌，提供了广阔时代背景和难得历史机遇。十一届三中全会后，随着党的工作重心转移到经济建设上来，在党中央确立的解放思想、实事求是思想路线指引下，工业交通战线拨乱反正、革新除弊，全面整顿企业安全管理和基础工作，大力革除影响制约安全生产的思想观念、管理体制、产业结构、经营机制，以及人的行为方式和习惯等，使安全生产得到切实加强和有效改进。这一时期里党中央、国务院严肃查处了"渤海二"钻井船翻沉、南阳柴油机厂热交换器爆炸等重特大事故，促使各级领导干部进一步增强了安全生产责任意识。从 1978 年到 1983 年，全国工矿企业事故死亡人数连年下降，是中华人民共和国历史又一个难得的安全生产形势较为稳定的时期。从 1984 年到 1986 年，全国工矿企业事故死亡人数虽然有所上升，但始终控制在万人以下。

1977 年 全国工矿企业工伤事故死亡 13654 人。其中煤矿事故死亡 5474 人，百万吨死亡率 9.940。发生道路交通事故 112222 起，死亡 20427 人，万车死亡率 145.45。

本年度发生一次死亡 30 人以上特别重大事故 12 起，死亡 1349 人，受伤 354 人。其中死亡百人以上事故 2 起，即新疆生产建设兵团 61 团俱乐部火灾死亡 694 人，受伤 161 人（其中重伤 111 人）；江西丰城矿务局坪湖煤矿瓦斯爆炸死亡 114 人，受伤 6 人（均为重伤）。

1978 年 全国工矿企业工伤事故死亡 14363 人。其中煤矿事故死亡 5830 人，百万吨死亡率 9.436。发生道路交通事故 107251 起，死亡 19096 人，万车死亡率 120.20。

本年度发生一次死亡 30 人以上特别重大事故 9 起，死亡 602 人，受伤 425 人。其中死亡百人以上事故 2 起，即辽宁盖县盖东风鞭炮厂爆炸死亡 107 人，受伤 65 人；第 87 次旅客列车与 368 次旅客列车相撞死亡 106 人，受伤 218 人（其中重伤 47 人）。

1979 年 全国工矿企业工伤事故死亡 13054 人。其中煤矿事故死亡 5429 人，百万吨死亡率 8.542。发生道路交通事故 117848 起，死亡 21856 人，万车死亡率 119.62。

本年度发生一次死亡 30 人以上特别重大事故 12 起，死亡 638 人，受伤 1542 人。其中伤亡严重、社会影响恶劣的事故为石油部海洋石油勘探局"渤海二"钻井船翻沉，造成 72 人死亡。

1980 年 全国工矿企业工伤事故死亡 11582 人。其中煤矿事故死亡 5067 人，百万吨死亡率 8.171。发生道路交通事故 116692 起，死亡 21818 人，万车死亡率 104.47。

本年度发生一次死亡 30 人以上特别重大事故 12 起，死亡 901 人，受伤 79 人。其中死亡百人以上事故 4 起：①湖北宜昌盐池河磷矿山体崩塌掩埋矿区死亡 285 人；②四川宜宾"屏航 4 号"客轮翻沉死亡 176 人；③广西梧州"桂民 302"客船翻沉死亡 100 人；④广东珠江航运公司"曙光 401"渡轮翻沉死亡 301 人。以上 4 起事故受伤人数均不详。

1981 年 全国工矿企业工伤事故死亡 10393 人。其中煤矿事故死亡 5079 人，百万吨死亡率 8.170。发生道路交通事故 114679 起，死亡 22499 人，万车死亡率 95.85。

本年度发生一次死亡 30 人以上特别重大事故 6 起，死亡 530 人，受伤 299 人。其中死亡百人以上事故 2 起：①第 442 次旅客列车在成昆路利子依达桥倾覆事故死亡 240 人，受伤 146 人；②河南平顶山矿务局五矿瓦斯爆炸死亡 134 人，受伤 31 人（其中重伤 8 人）。

1982 年 全国工矿企业工伤事故死亡 9867 人。其中煤矿事故死亡 4805 人，百万吨死亡率 7.211。全国工矿企业事故死亡人数和重伤人数比 1981 年分别下降 4.8%和 4.3%。其中煤矿职工死亡率比 1981 年下降 5%；有色金属矿山下降 10.5%。锅炉压力容器恶性事故大幅度下降，因工死亡人数下降 37%。全国道路交通事故 103777 起，死亡 22164 人，万车死亡率 85.32。

本年度发生一次死亡 30 人以上特别重大事故 8 起，死亡 402 人，受伤 65 人。其中死亡百人以上事故 1 起，即中国民航 3303 航班坠机事故死亡 112 人。

1983 年 全国工矿企业工伤事故死亡 8994 人。其中煤矿事故死亡 5431 人，百万吨死亡率 7.601。道路交通事故 107758 起，死亡 23944 人，万车死亡率 84.35。

本年度发生一次死亡 30 人以上特别重大事故 8 起，死亡 519 人，受伤 42 人。其中死亡百人以上事故 1 起，即广东海运局"红星 312"客轮翻沉事故死亡 148 人。

1984 年 全国县以上企业事故死亡 9088 人。其中煤矿事故死亡 5698 人，百万吨死亡率 7.220。全国县以上企业一次死亡 3 人以上的重大伤亡事故上升 37.5%。国有企业职工死亡，重伤人数比 1983 年分别下降 1.8% 和 7.8%，而县以上集体企业职工死亡人数却上升 10.6%。全国有 15 个地区职工死亡人数下降，下降 10% 以上的有宁夏、上海、贵州、西藏、山东、辽宁、广东、北京。有 14 个地区职工死亡人数上升，上升 10% 以上的有天津、内蒙古、新疆、青海、江苏、甘肃、河南、云南、陕西。多数产业系统职工死亡人数上升，上升 20% 以上的有邮电、水电、城建、林业。少数产业系统有所下降。下降幅度较大的有地质、轻工、铁道。矿山冒顶、片帮和交通车辆伤害事故最严重，两项死亡人数占全国事故死亡人数的比例，前者 19%，后者 17%。全国发生道路交通事故 118886 起，死亡 25251 人，万车死亡率 42.99。

本年度发生一次死亡 30 人以上特别重大事故 5 起，死亡 365 人，受伤 148 人。其中死亡百人以上事故 2 起：①贵州湄潭城关元宵晚会踩踏事故死亡 102 人，受伤 52 人；②云南东川因民铜矿泥石流袭击矿区死亡 123 人，受伤 34 人。

1985 年 全国县以上工业企业职工因事故死亡 9847 人，比上年上升 8.4%。发生一次死亡 3 人以上的重大事故 448 起，死亡人数上升 32.27%；一次死亡 10 人以上的恶性事故 47 起，死亡人数上升 127.29%。煤矿事故死亡 6659 人，百万吨死亡率 7.634。全国发生道路交通事故 202394 起，死亡 40906 人，万车死亡率 62.39。

本年度发生一次死亡 30 人以上特别重大事故 17 起，死亡 1043 人，受伤 178 人。其中死亡百人以上事故 2 起：①河南焦作博爱县青天河水库游船翻沉事故死亡 113 人；②黑龙江哈尔滨太阳岛游艇翻沉事故死亡 171 人。

1986 年 全国县以上工业企业事故死亡 8982 人。其中煤矿事故死亡 6736 人，百万吨死亡率 7.534。全国发生道路交通事故 295136 起，死亡 50063 人，万车死亡率 61.12。

本年度发生一次死亡 30 人以上特别重大事故 12 起，死亡 509 人，受伤 148 人。

二、重点行业领域事故简述

（一）矿山事故

1. 1977 年 1 月 29 日，山西省乡宁县台头煤矿王莽沟井发生瓦斯爆炸事故，造成 19 人死亡。

2. 1977 年 2 月 12 日，云南冶金三矿发生车辆伤害事故，死亡 10 人，重伤 3 人。

3. 1977 年 2 月 15 日，山西省轩岗矿务局黄甲堡煤矿 222 区发生瓦斯煤尘爆炸事故，造成 12 人死亡，9 人重伤。

★4. 1977 年 2 月 24 日，江西省丰城矿务局坪湖煤矿东一辅助盘区 219 回采工作面发生瓦斯爆炸事故，造成 114 人死亡（其中 3 人为救护队员），重伤 6 人。

5. 1977 年 3 月 3 日，新疆维吾尔自治区昌吉州大黄山煤矿二分厂一号井在封闭有事故征兆的九、十煤仓的过程中发生冒顶事故，将 44 名作业人员堵在井下，经抢救 25 人脱险，另外 19 人在事故中死亡。

6. 1977 年 4 月 11 日，河南省密县超化煤矿发生透水事故，死亡 13 人。

★7. 1977 年 4 月 14 日，辽宁省抚顺矿务局老虎台煤矿因自然发火引发瓦斯爆炸事故，造成 83 人死亡，7 人重伤，28 人轻伤。

8. 1977 年 4 月 18 日，内蒙古自治区巴音淖尔盟营盘湾煤矿二分矿发生瓦斯爆炸事故，死亡 10 人，重伤 1 人，轻伤 7 人。

9. 1977 年 4 月 24 日，安徽省巢湖地区和县善后煤矿发生瓦斯爆炸事故，造成 19 人死亡，2 人重伤。

10. 1977 年 5 月 4 日，河南省平顶山矿务局八矿东翼石门发生瓦斯爆炸事故，承担施工任务的基建工程兵 421 部队 14 名战士死亡。

11. 1977 年 5 月 24 日，湖南省白沙矿务局永红煤矿发生瓦斯爆炸事故，死亡 14 人，重伤 2 人。

12. 1977 年 5 月，河南省洛阳地区新安县石寺社办煤矿发生瓦斯爆炸事故，死亡 11 人，重伤 7 人。

13. 1977 年 6 月 5 日，北京市门头沟区斋堂公社北京卫戍区一师开办的火村煤矿发生瓦斯爆炸事故，死亡 30 人。

14. 1977 年 7 月 3 日，江西省上饶县枫头岭公社久乐煤矿发生瓦斯爆炸事故，死亡 14 人。

15. 1977 年 7 月 14 日，广东省阳山县犁埠公社白石门煤矿发生瓦斯爆炸事故，死亡 13 人。

16. 1977 年 7 月 26 日，江西省丰城矿务局尚一煤矿发生瓦斯爆炸事故，死亡 15 人，重伤 6 人，轻伤 9 人。

17. 1977 年 8 月 3 日，广东省梅田矿务局二矿发生瓦斯突出事故，死亡 23 人，伤 11 人。

18. 1977 年 8 月 7 日，湖南省怀化地区黔阳县黔城公社六一煤矿发生透水事故，死亡 11 人，轻伤 3 人。

19. 1977 年 8 月 10 日，河南省洛阳地区临汝县朝川煤矿发生透水事故，死亡 13 人，重伤 1 人。

20. 1977 年 8 月 18 日，贵州省盘县断江公社沿塘大队南侧小煤矿发生透水事故，造成 12 人死亡。

21. 1977 年 9 月 11 日，四川省金堂县杨柳公社花家山采石场发生崩塌事故，死亡 13 人，重伤 6 人。

22. 1977 年 9 月 13 日，吉林省通化矿务局八道江煤矿发生瓦斯爆炸事故，死亡 10 人，重伤 1 人，轻伤 3 人。

23. 1977 年 10 月 1 日，河南省鹤壁矿务局六矿水采工作面发生水害事故，死亡 10 人。

24. 1977 年 10 月 5 日，陕西省延安地区黄陵县江石岩煤矿因井下支护不及时发生塌方事故，死亡 10 人，重伤 4 人。

25. 1977 年 10 月 19 日，湖南省辰溪县河路垛大队煤矿发生瓦斯爆炸事故，死亡 10 人。

26. 1977 年 10 月 29 日，贵州省六枝矿务局化处煤矿发生瓦斯爆炸事故，死亡 17 人，重伤 3 人。

27. 1977 年 12 月 6 日，新疆维吾尔自治区轮台县阳霞煤矿和新疆生产建设兵团农二师二十九团煤矿因井下掘通，阳霞煤矿照明电线短路引起二十九团煤矿发生瓦斯爆炸事故，死亡 14 人（其中 2 人系阳霞煤矿工人），重伤 6 人。

28. 1977 年 12 月 13 日，河北省廊坊地区三河煤矿（基建井）发生罕见的泥石流状严重冒顶事故，造成 9 人死亡。

29. 1977 年 12 月 16 日，河南省张村煤矿曹窑井掘进工作面发生透水事故，死亡 11 人，重伤 1 人。

★30. 1977 年 12 月 19 日①，吉林省辽源矿务局梅河煤矿一井发生溃水溃沙

_____

① 吉林省大事记载：这次事故发生时间为 1977 年 2 月 19 日，其 2 月应为 12 月之误。

— 219 —

事故，造成 64 人死亡，34 人重伤，58 人轻伤。

31. 1978 年 1 月 2 日，辽宁省辽阳市烟台煤矿东六坑发生透水事故，死亡 21 人。

32. 1978 年 1 月 17 日，山东省枣庄市峄城区坊上公社煤矿因违章明电串联爆破引起煤尘爆炸，死亡 19 人，其中 8 人为高度烧伤致死，11 人因缺氧窒息而死。

33. 1978 年 1 月 24 日，河北省邢台地区临城县岗头煤矿三井发生瓦斯爆炸事故，死亡 45 人，重伤 4 人，轻伤 6 人。造成事故的主要原因是违章作业，井下现场人员明知煤电钻发火有危险，不听劝阻冒险蛮干，产生的电火花引起了瓦斯爆炸；风筒安装不好，瓦斯排放不及时引起了瓦斯积聚，瓦斯浓度超限。

34. 1978 年 2 月 2 日，山东省临沂矿务局朱陈煤矿发生煤尘爆炸事故，死亡 13 人，重伤 2 人，轻伤 3 人。

★35. 1978 年 2 月 15 日，吉林省舒兰矿务局东富煤矿二井发生火灾，造成 68 人死亡，6 人轻伤。

36. 1978 年 3 月 1 日，黑龙江省双鸭山矿务局宝山煤矿太平二井副井绞车道发生断绳跑车事故，死亡 20 人，重伤 6 人，轻伤 7 人。

37. 1978 年 4 月 7 日，广东省肇庆市马安煤矿一井发生透水事故，死亡 10 人。

38. 1978 年 4 月 11 日，山东省临沂地区朱里煤矿发生煤尘爆炸事故，死亡 31 人，重伤 1 人，轻伤 8 人。

39. 1978 年 4 月 15 日，广东省乐昌县坪石镇罗家渡煤矿（省司法系统企业）鸭公坑发生瓦斯爆炸事故，死亡 11 人。

★40. 1978 年 5 月 24 日，甘肃省窑街矿务局三矿发生煤与二氧化碳突出事故，造成 90 人死亡，23 人重伤，63 人轻伤。

41. 1978 年 6 月 19 日，陕西省延安地区子长县涧峪岔煤矿被洪水灌入井下，死亡 22 人。

42. 1978 年 6 月 25 日，甘肃省平凉县工农煤矿发生一氧化碳中毒事故，死亡 24 人。

43. 1978 年 7 月 10 日，河南省焦作矿务局中马村煤矿发生瓦斯突出、爆炸事故，死亡 27 人，重伤 7 人，轻伤 13 人。

44. 1978 年 7 月 17 日，吉林省延边朝鲜族自治州和龙煤矿发生瓦斯煤尘爆炸事故，死亡 15 人，重伤 2 人。

45. 1978 年 8 月 9 日，广东省韶关市腊石坝煤矿发生瓦斯爆炸事故，死亡

15 人。

46. 1978 年 8 月 9 日，黑龙江省七台河矿务局桃山煤矿三井发生煤尘爆炸事故，死亡 14 人，重伤 7 人，轻伤 30 人。

47. 1978 年 8 月 18 日，新疆生产建设兵团建筑安装总公司八道湾煤矿发生塌方、中毒事故，死亡 13 人，重伤 3 人。

48. 1978 年 9 月 12 日，河南省鹤壁矿务局四矿因电工带电移接信号线引发瓦斯爆炸事故，死亡 20 人，轻伤 11 人。

49. 1978 年 9 月 13 日，四川省筠连县磁有公社自由乡大队联办煤厂（矿）发生瓦斯爆炸事故，死亡 10 人，受伤 5 人。

50. 1978 年 9 月 23 日，贵州省六枝特区龙潭公社煤矿发生瓦斯爆炸事故，死亡 14 人，重伤 2 人，轻伤 1 人。

51. 1978 年 9 月 23 日，湖南省祁东县百吉煤矿发生瓦斯爆炸事故，死亡 13 人。

52. 1978 年 9 月 30 日，新疆维吾尔自治区乌鲁木齐市东山煤矿三分矿发生瓦斯爆炸事故，死亡 30 人，重伤 11 人，轻伤 6 人。

53. 1978 年 11 月 14 日，辽宁省康平县三台子煤矿违章检修井口风扇，造成井下一氧化碳中毒事故，死亡 22 人，受伤 8 人。

54. 1978 年 11 月 24 日，湖南省怀化地区黔阳县孝坪煤矿棉花坪工区发生瓦斯煤尘爆炸事故，死亡 26 人。

55. 1978 年 11 月 25 日，四川省江津地区江北煤矿一井发生瓦斯爆炸事故，死亡 16 人，重伤 6 人，轻伤 29 人①。

56. 1978 年 12 月 3 日，山西省阳泉矿务局二矿小南坑发生瓦斯爆炸事故，造成 10 人死亡。

57. 1979 年 1 月 3 日，吉林省辽源矿务局太信煤矿四井发生瓦斯煤尘爆炸事故，死亡 10 人，重伤 3 人，轻伤 17 人。

58. 1979 年 1 月 5 日，河北省井陉县赵庄岭公社煤矿发生瓦斯爆炸事故，死亡 14 人，伤 4 人。

59. 1979 年 1 月 11 日，湖南省娄底地区涟源县资江煤矿发生瓦斯突出事故，死亡 12 人，重伤 3 人。

60. 1979 年 1 月 18 日，湖南省白沙矿务局永红煤矿发生瓦斯突出事故，死亡 12 人，重伤 35 人。

---

① 江北县志记载，此次事故"死亡 10 余人，伤 40 余人"。

61. 1979 年 1 月 21 日，四川省成都市大龙溪煤矿（劳改矿）发生瓦斯爆炸事故，死亡 10 人。

62. 1979 年 3 月 4 日，湖南省衡阳市祁东县潘家沟煤矿发生瓦斯爆炸事故，死亡 11 人。

63. 1979 年 3 月 12 日，贵州省水城特区兰奇公社煤矿发生瓦斯爆炸事故，死亡 17 人，重伤 8 人。

64. 1979 年 3 月 14 日，湖南省涟邵矿务局洪山殿煤矿蛇形山井 1434 补充切眼发生瓦斯突出事故，死亡 14 人，重伤 2 人。

65. 1979 年 3 月 18 日，陕西省汉中地区勉县煤矿发生瓦斯爆炸事故，死亡 15 人，重伤 15 人，轻伤 11 人。

66. 1979 年 3 月 28 日，湖南省邵阳地区洞口县树林公社树林煤矿发生瓦斯煤尘爆炸事故，死亡 21 人。

67. 1979 年 4 月 3 日，河南省开封地区登封县王村公社煤矿发生透水事故，死亡 13 人。

68. 1979 年 4 月 8 日，河南省安阳县白莲坡主焦井（煤矿）发生瓦斯爆炸事故，死亡 15 人，重伤 1 人，轻伤 6 人。

69. 1979 年 4 月 16 日，江西省上饶地区乐平矿务局仙槎煤矿发生瓦斯爆炸事故，死亡 10 人，重伤 5 人。

70. 1979 年 5 月 6 日，河北省沧州地区煤矿发生透水事故，死亡 12 人。

71. 1979 年 5 月 18 日，湖南省益阳地区宁乡县道林区三仙煤矿发生透水事故，死亡 21 人。

72. 1979 年 5 月 18 日，湖南省衡阳地区衡山县长江煤矿发生瓦斯爆炸事故，死亡 10 人，重伤 2 人。

★73. 1979 年 6 月 5 日，云南省曲靖地区陆东煤矿一井发生瓦斯爆炸事故，死亡 68 人，重伤 2 人。

74. 1979 年 6 月 5 日，陕西省韩城矿务局马沟渠煤矿发生瓦斯爆炸事故，死亡 17 人。

75. 1979 年 6 月 9 日，浙江省长广煤矿公司六井西一采区发生瓦斯爆炸事故，死亡 17 人，重伤 11 人。

76. 1979 年 6 月 9 日，新疆维吾尔自治区乌鲁木齐农垦局 104 团煤矿发生瓦斯爆炸事故，死亡 11 人。

77. 1979 年 6 月 30 日，山东省枣庄矿务局柴里煤矿采煤三区 331 四分层回采工作面，因工人用矿灯明电爆破，产生火花，引燃煤尘爆炸，事故造成 39 人死亡，8 人受伤。还损坏巷道 127.5 米，损失煤炭 1.16 万吨，直接经济损失 30.97 万元。

78. 1979 年 7 月 2 日，四川省芙蓉矿务局杉木树煤矿南井掘进工作面发生瓦斯爆炸事故，死亡 10 人。

79. 1979 年 7 月 16 日，辽宁省阜新县沙拉公社煤矿发生坍塌事故，死亡 11 人。

80. 1979 年 7 月 17 日，贵州省毕节县长春公社煤厂发生瓦斯爆炸事故，死亡 11 人。

81. 1979 年 7 月 24 日，湖北省黄石市大冶有色金属公司丰山峒铜矿发生运输事故，死亡 12 人，伤 36 人。

82. 1979 年 9 月 24 日，广东省韶关地区梅田矿务局二矿发生瓦斯突出事故，死亡 15 人，重伤 2 人，轻伤 21 人。

83. 1979 年 10 月 15 日，湖南省隆回县斜岭公社煤矿发生瓦斯爆炸事故，死亡 16 人。

84. 1979 年 10 月 17 日，湖北省马鞍山煤矿竖井东二采区发生瓦斯爆炸事故，造成 14 人死亡。

85. 1979 年 11 月 22 日，四川省容县同心公社革新煤厂（矿）发生瓦斯爆炸事故，死亡 10 人，受伤 10 人。

★86. 1979 年 11 月 23 日，吉林省通化矿务局松树镇煤矿二井 506 采区发生瓦斯爆炸事故，造成 52 人死亡，重伤 7 人，轻伤 9 人。

87. 1979 年 12 月 7 日，河南省义马矿务局跃进煤矿西盘区发生火灾，死亡 18 人。

88. 1979 年 12 月 14 日，河北省保定地区曲阳县朱家峪大队煤矿发生瓦斯爆炸事故，死亡 26 人，重伤 10 人，轻伤 11 人。

89. 1979 年 12 月 22 日，广东省红工矿务局二矿发生瓦斯爆炸事故，死亡 10 人，受伤 10 人。

90. 1979 年 12 月 23 日，广东省曲仁矿务局田螺冲矿（红工矿务局五矿）发生瓦斯爆炸事故，造成 10 人死亡，10 人受伤。

91. 1979 年 12 月 29 日，河北省开滦矿务局赵各庄矿发生瓦斯爆炸事故，死亡 27 人。

92. 1980 年 1 月 1 日，广东省梅田矿务局四矿发生瓦斯爆炸事故，死亡 10 人。

93. 1980 年 1 月 13 日，青海省海北州红旗煤矿发生瓦斯爆炸事故，死亡

12 人。

94. 1980 年 2 月 7 日，山西省平定县冶西公社煤矿发生瓦斯爆炸事故，死亡 13 人，重伤 1 人，轻伤 1 人。

95. 1980 年 2 月 8 日，陕西省咸阳地区彬县水帘洞公社煤矿发生瓦斯爆炸事故，死亡 12 人。

96. 1980 年 3 月 7 日，贵州省普定县一私人煤窑发生瓦斯爆炸事故，死亡 11 人。

97. 1980 年 3 月 20 日，四川省永川县登东公社老石坝煤矿发生透水事故，造成 24 人死亡。

98. 1980 年 3 月 26 日，新疆维吾尔自治区昌吉州农垦局大黄山煤矿二分厂一井发生瓦斯爆炸事故，死亡 32 人，重伤 16 人。

99. 1980 年 4 月 4 日，贵州省桐梓县乐山公社五星煤矿发生瓦斯爆炸事故，死亡 20 人，重伤 2 人。

100. 1980 年 4 月 6 日，四川省乐山市犍为县东风煤矿井下发生透水事故，在井下作业的 57 名采煤工全部遇难。

101. 1980 年 4 月 7 日，山西省左云县鹊儿煤矿发生瓦斯爆炸事故，死亡 10 人。

102. 1980 年 5 月 27 日，贵州省瓮安县营定公社冷水沟煤矿发生瓦斯爆炸事故，死亡 14 人。

★103. 1980 年 6 月 3 日，湖北省宜昌地区远安县盐池河磷矿发生山体崩塌，宜昌地区殷盐磷矿矿务局机关和该局所属的盐池河矿区地面建筑设施，以及汽车队等全部被掩埋，死亡 284 人。

104. 1980 年 6 月 8 日，山西省临汾市洪洞县三交河煤矿（地方国有）在进行西部采区第六顺槽掘进时，由于该处已有四个月没生产，风流不通，瓦斯积聚；电工带电作业，产生火花，引起瓦斯爆炸，当场死亡 26 人；在抢救中由于没有组织指挥，工人自发冲下坑去抢救，又造成 50 多人中毒，其中 4 人死亡。事故共造成 30 人死亡。

105. 1980 年 6 月 10 日，贵州省瓮安县一社队煤矿发生瓦斯爆炸事故，死亡 10 人。

106. 1980 年 6 月 21 日，辽宁省阜新矿务局清河门煤矿 243 采区发生瓦斯爆炸事故，死亡 34 人，重伤 1 人。

107. 1980 年 6 月 22 日，湖南省耒阳县白沙公社大塘大队煤矿发生瓦斯爆炸事故，死亡 17 人，重伤 11 人。

108. 1980 年 6 月 28 日，河北省邢台县煤矿许庄矿发生透水事故，死亡 10 人。

109. 1980 年 7 月 5 日，湖南省涟源县校塘公社铁煤矿发生瓦斯突出事故，死亡 14 人，重伤 1 人，轻伤 3 人。

110. 1980 年 7 月 10 日，新疆维吾尔自治区昌吉州农垦局 102 团煤矿发生一氧化碳中毒事故，死亡 24 人，重伤 10 人，轻伤 4 人。

111. 1980 年 7 月 17 日，贵州省毕节县长春堡公社清塘大队煤矿瓦斯爆炸，死亡 11 人。

112. 1980 年 8 月 1 日，湖南省涟源县伏口公社良响煤矿白宕工区发生瓦斯爆炸事故，死亡 14 人。

113. 1980 年 8 月 9 日，黑龙江省鸡西矿务局东海煤矿服务公司小井发生瓦斯爆炸事故，死亡 13 人。

114. 1980 年 8 月 10 日，安徽省宣城地区泾县汪家山煤矿发生瓦斯爆炸事故，造成 10 人死亡。

115. 1980 年 8 月 21 日，河北省邯郸地区磁县观台公社煤矿发生瓦斯突出后爆炸事故，死亡 20 人，重伤 3 人，轻伤 3 人。

116. 1980 年 8 月 29 日，四川省云阳县云安盐场工人到"云二井"井下检修水泵，由于盐水井井底的有毒气体聚集而发生中毒事故，先后 17 人中毒，其中 6 人死亡。

117. 1980 年 9 月 23 日，湖南省长沙市煤炭坝煤矿发生泥浆突出事故，死亡 12 人。

118. 1980 年 10 月 8 日，新疆维吾尔自治区巴里坤县奎苏公社煤矿发生瓦斯煤尘爆炸事故，死亡 17 人。

119. 1980 年 10 月 12 日，江西省乐平矿务局涌山煤矿发生煤石流堵塞巷道事故，死亡 10 人。

120. 1980 年 11 月 29 日，北京市密云县城关镇李各庄采石场爆破时错误操作造成意外爆炸事故，死亡 4 人，重伤 5 人，轻伤 1 人。

121. 1980 年 12 月 2 日，新疆维吾尔自治区乌鲁木齐矿务局芦草沟煤矿发生冒顶事故，死亡 12 人。

★122. 1980 年 12 月 8 日，江苏省徐州矿务局韩桥矿夏桥井 -270 米水平东翼北一采区 1704 工作面发生煤尘爆炸事故，造成 55 人死亡，4 人重伤。

123. 1980 年 12 月 24 日，甘肃省华亭县东华公社前岭大队煤矿发生瓦斯爆炸事故，造成 13 人死亡。

124. 1980 年 12 月 25 日，甘肃省平凉地区华亭县东华公社前岭大队煤矿发生瓦斯爆炸事故，死亡 13 人。

125. 1980 年 12 月 28 日，贵州省毕节地区金沙县安乐区新化公社煤矿发生瓦斯爆炸事故，死亡 10 人。

126. 1981 年 1 月 5 日，福建省龙岩矿务局陆家地煤矿井下发生火灾，死亡 28 人，重伤 2 人，轻伤 16 人。

127. 1981 年 1 月 12 日，黑龙江省鹤岗矿务局富力煤矿二采区 276 采煤工作面发生冒顶事故，造成 11 人死亡，1 人轻伤。

128. 1981 年 1 月 17 日，黑龙江省鸡西矿务局张新煤矿发生透水事故，造成 20 人死亡，11 人受伤。

129. 1981 年 2 月 8 日，内蒙古自治区乌达矿务局三矿一平硐电缆短路起火，点燃输送带，火势蔓延造成 35 人死亡，2 人重伤。

130. 1981 年 2 月 27 日，贵州省金沙县新化煤矿发生瓦斯爆炸事故，造成 35 人死亡。

131. 1981 年 2 月，新疆生产建设兵团农七师红山煤矿发生一氧化碳中毒事故，造成 18 人死亡。

132. 1981 年 3 月 19 日，河北省承德地区兴隆矿务局汪庄煤矿立井采空区瓦斯爆炸，并导致溜子巷及 2 个掘进工作面煤尘连续爆炸，造成 46 人死亡，36 人受伤（其中重伤 11 人）。

133. 1981 年 3 月 24 日，河南省宝丰县赵庄公社姜坡煤矿发生一氧化碳中毒事故，造成 12 人死亡，伤 22 人。

134. 1981 年 3 月 27 日，广西壮族自治区红茂矿务局下金煤矿发生瓦斯爆炸事故，造成 13 人死亡，4 人重伤。

135. 1981 年 4 月 24 日，江西省宜春县新田乡龙源煤矿发生透水事故，造成 12 人死亡。

136. 1981 年 4 月 26 日，江西省上饶地区乐平县涌山乡王家桥煤矿发生瓦斯爆炸事故，造成 10 人死亡，14 人重伤。

137. 1981 年 5 月 1 日，贵州省毕节地区大方县双山区文阁公社毛栗煤矿发生瓦斯爆炸事故，造成 10 人死亡，11 人受伤（其中 5 人重伤）。

138. 1981 年 5 月 5 日，黑龙江省鸡西市碱场煤矿发生瓦斯爆炸事故，造成 24 人死亡，5 人重伤。

139. 1981 年 5 月 22 日，河北省磁县都党公社石场大队煤矿发生透水事故，造成 12 人死亡。

140. 1981 年 5 月 24 日，甘肃省靖远矿务局大水头煤矿发生瓦斯燃烧事故，造成 12 人死亡，3 人重伤。

141. 1981 年 7 月 13 日，宁夏回族自治区石炭井矿务局二矿+1235 米水平中央采区北翼发生瓦斯爆炸事故，造成 19 人死亡。

142. 1981 年 8 月 11 日，贵州省水城矿务局大河边煤矿发生冒顶事故，造成 12 人死亡。

143. 1981 年 10 月 19 日，江西省丰城县尚庄乡大岭煤矿井下发生火灾，造成 11 人死亡，2 人重伤，5 人轻伤。

144. 1981 年 11 月 6 日，湖北省大冶县还地桥公社银山煤矿发生一氧化碳中毒事故，造成 24 人死亡，3 人重伤，2 人轻伤。

145. 1981 年 11 月 7 日，黑龙江省勃利县青山公社煤矿北井发生瓦斯爆炸事故，造成 17 人死亡，3 人重伤。

146. 1981 年 11 月 17 日，湖南省白沙矿务局马田煤矿发生瓦斯突出爆炸事故，造成 14 人死亡。

147. 1981 年 11 月 20 日，河南省宜阳县城关公社西大街第一生产队凤凰台煤矿发生透水事故，造成 12 人死亡。

148. 1981 年 11 月 26 日，河北省磁县观台公社西艾江小煤窑发生透水事故，造成 11 人死亡。

149. 1981 年 11 月 27 日，江西省乐平县港口乡龙溪煤矿发生瓦斯爆炸事故，造成 10 人死亡，2 人重伤。

★150. 1981 年 12 月 24 日，河南省平顶山矿务局五矿发生瓦斯爆炸事故，继而引起采区巷道内沉积煤尘爆炸，造成 134 人死亡，8 人重伤，23 人轻伤。

151. 1982 年 2 月 4 日，山西省荫营煤矿（劳改矿）发生火灾，造成 11 人死亡。

152. 1982 年 2 月 9 日，江苏省徐州矿务局韩桥煤矿发生煤尘爆炸事故，造成 15 人死亡，4 人重伤，6 人轻伤。

153. 1982 年 3 月 3 日，黑龙江省鹤岗矿务局兴安煤矿发生冒顶事故，造成 13 人死亡，1 人重伤。

154. 1982 年 3 月 4 日，湖南省祁阳县黄泥塘区东风煤矿发生瓦斯爆炸事故，造成 10 人死亡，2 人重伤，2 人轻伤。

155. 1982 年 3 月 10 日，黑龙江省鸡西矿务局滴道煤矿三井发生瓦斯爆炸事故，死亡 14 人。

156. 1982 年 3 月 23 日，云南省威信县罗布公社新庄大队煤矿发生瓦斯爆炸事故，造成 25 人死亡，16 人重伤，轻伤 4 人。

157. 1982 年 4 月 9 日，四川省荥经县石桥公社煤矿发生瓦斯爆炸事故，造成 14 人死亡，6 人重伤，4 人轻伤。

158. 1982 年 5 月 9 日，山西省清徐县碾底乡煤矿旧坑发生瓦斯爆炸事故，死亡 11 人，重伤 2 人。

159. 1982 年 5 月 10 日，黑龙江省勃利县大四站公社煤矿发生瓦斯爆炸事故，造成 13 人死亡。

160. 1982 年 5 月 20 日，湖北省大冶有色金属公司赤马山铜矿发生火灾，造成 16 人死亡。

161. 1982 年 5 月 25 日，河北省保定地区曲阳县灵山公社煤矿岗北井发生瓦斯爆炸事故，造成 12 人死亡，3 人重伤。

162. 1982 年 6 月 25 日，甘肃省永登县大有煤矿发生一氧化碳中毒事故，造成 17 人死亡。

163. 1982 年 7 月 16 日，辽宁省喀左县白塔公社煤矿发生瓦斯爆炸事故，造成 13 人死亡。

164. 1982 年 7 月 16 日，贵州省毕节地区威宁县二塘区草坪公社银坝大队煤矿发生瓦斯爆炸事故，造成 13 人死亡，1 人重伤。

165. 1982 年 7 月 23 日，安徽省淮北市烈山公社煤矿发生地面洪水灌入井下淹井事故，造成 10 人死亡。

166. 1982 年 7 月 27 日，山西省大同市大斗沟农业队煤矿和大斗沟街道办事处煤矿的防洪堤坝被冲毁，大量洪水从这两个矿井口灌入井下，并通过采空区和巷道灌入马军营、口泉、常圈沟、北洋路 4 个煤矿，造成 14 人死亡，其中马军营煤矿死亡 4 人，常圈沟煤矿死亡 2 人，北洋路煤矿死亡 8 人。

167. 1982 年 8 月 3 日，宁夏回族自治区汝箕沟矿区发生洪水灾害，造成 33 人死亡。

168. 1982 年 8 月 17 日，贵州省水城特区城关镇石鸡公社煤矿发生瓦斯爆炸事故，造成 10 人死亡。

169. 1982 年 8 月 19 日，黑龙江省鸡西矿务局东海煤矿家属井发生瓦斯爆炸事故，造成 13 人死亡。

170. 1982 年 8 月 23 日，新疆维吾尔自治区伊犁自治州国营 731 矿采矿场发生烟雾中毒，致使正在做例行安全检查的 3 名检查人员伤亡。

171. 1982 年 9 月 7 日，河南省平顶山矿务局一矿发生瓦斯窒息事故，造成 12 人死亡，4 人重伤，7 人轻伤。

172. 1982 年 10 月 2 日，山东省龙口矿务局矿井基建指挥部洼里煤矿发生瓦斯爆炸事故，造成 13 人死亡，4 人重伤。

173. 1982 年 10 月 8 日，江西省宜春县饶市乡斜堂煤矿发生瓦斯爆炸事故，造成 11 人死亡，1 人重伤，6 人轻伤。

174. 1982 年 10 月 15 日，山西省孝义县下堡公社贤者大队煤矿发生透水事故，造成 11 人死亡。

175. 1982 年 11 月 7 日，黑龙江省勃利县青山乡北矿发生瓦斯爆炸事故，死亡 17 人。12 月 12 日青山乡南矿又发生瓦斯爆炸事故，死亡 9 人。

176. 1982 年 11 月 15 日，山东省济南市章丘县文祖公社 1 号煤井下三行石门老空透水，正在井下作业和检查安全生产人员共 95 名（含县、社安全生产检查组 4 人）被困，经抢救 87 人脱险，8 人死亡。

177. 1982 年 11 月 16 日，贵州省开阳县羊场区毛云公社煤矿发生瓦斯爆炸事故，造成 17 人死亡，1 人重伤。

178. 1982 年 12 月 20 日，黑龙江省牡丹江地区青山煤矿发生瓦斯爆炸事故，造成 10 人死亡，1 人重伤，6 人轻伤。

179. 1983 年 1 月 24 日，四川省煤炭建设公司第十工程处在重庆市三汇坝二井（位于重庆市合川县三汇镇）建设施工中发生煤与瓦斯突出事故，死亡 12 人，受伤 61 人。

180. 1983 年 1 月 24 日，贵州省修文县扎佐公社石堰河煤矿采空区透水，死亡 10 人。

★181. 1983 年 1 月 25 日，四川省会东铅锌矿（劳改矿）在组织实施大爆破装药过程中发生早爆事故，造成 57 人死亡，19 人受伤。

182. 1983 年 1 月 29 日，黑龙江省鸡西矿务局穆棱煤矿四井发生瓦斯爆炸事故，造成 23 人死亡，1 人重伤，6 人轻伤。

183. 1983 年 1 月 31 日，江西省九江县东风煤矿发生透水事故，死亡 15 人。

184. 1983 年 2 月 14 日，山西省运城地区中条山有色金属公司胡家峪铜矿（位于垣曲县）毛家湾坑发生机车坠井事故，造成 7 人死亡。

185. 1983 年 2 月 24 日，陕西省铜川矿务局徐家沟煤矿西翼上山采四区 305 工作面运输顺槽第三部刮板输送机液压联轴器起火，引起木支架燃烧，导致重大火灾事故，造成 24 人死亡。

186. 1983 年 3 月 2 日，四川省芙蓉矿务局白皎煤矿一水平一盘区斜石门 1194 回风巷沿煤层掘进时，发生瓦斯爆炸事故，造成 16 人死亡。

187. 1983 年 3 月 6 日，河南省鹤壁市大河涧公社许家沟煤矿发生火灾，死亡 47 人。

★188. 1983 年 3 月 20 日，贵州省水城矿务局木冲沟煤矿发生瓦斯煤尘爆炸事故，死亡 84 人（其中救护队员 2 人），烧伤 19 人（其中救护队员 5 人）。

189. 1983 年 3 月 23 日，陕西省韩城县燎原煤矿发生瓦斯爆炸事故，死亡 12 人，重伤 3 人，轻伤 24 人。

190. 1983 年 4 月 7 日，内蒙古自治区包头市杨圪楞煤矿前坝一井发生瓦斯爆炸事故，死亡 19 人，重伤 2 人，轻伤 1 人。

191. 1983 年 4 月 11 日，江西省丰城矿务局坪湖煤矿 3115 掘进工作面因爆破起火，在处理过程中发生瓦斯爆炸事故，死亡 25 人，重伤 17 人。

192. 1983 年 4 月 19 日，新疆维吾尔自治区吐鲁番地区托克逊县布尔碱矿区前进公社三大队煤矿发生瓦斯煤尘爆炸事故，死亡 22 人，重伤 6 人。

193. 1983 年 5 月 12 日，河北省承德地区涝洼滩煤矿发生瓦斯爆炸事故，死亡 14 人，轻伤 12 人。

194. 1983 年 6 月 4 日，辽宁省新宾县大四平公社小四平大队煤矿发生瓦斯爆炸事故，死亡 10 人。

195. 1983 年 7 月 4 日，贵州省水城特区纳福公社煤矿一井发生瓦斯爆炸事故，死亡 14 人。

196. 1983 年 7 月 12 日，内蒙古自治区包头市东园公社小巴拉盖大队煤矿发生瓦斯爆炸事故，死亡 12 人。

197. 1983 年 7 月 25 日，新疆维吾尔自治区乌鲁木齐市八道湾煤矿采空区大塌方产生的强大气流冲毁密闭墙，有害气体进入巷道和工作面，15 名工人中毒死亡。

198. 1983 年 7 月 30 日，四川省大足县新石乡新石村下桐煤矿发生透水事故，死亡 10 人。

199. 1983 年 7 月 31 日，河南省平顶山矿务局高庄矿一水平三采区运输机发生皮带着火事故，造成 11 人窒息死亡[①]，2 人重伤。

200. 1983 年 8 月 1 日，湖南省祁阳县黄泥塘公社煤矿瓦斯爆炸，死亡 13 人，轻伤 6 人。

201. 1983 年 8 月 5 日，辽宁省抚顺市新宾县大四平公社马架子大队煤矿发生瓦斯爆炸事故，死亡 34 人。造成事故的原因：矿领导片面追求产量，为了赶进度、多出煤，把没有采区设计、未形成生产能力的 280 南翼采区列入生产采

---

① 《中国劳动人事年鉴（1945.10—1987）》记载：此次事故死亡 112 人，系误载。

区，采取边掘进、边采煤的前进式高落采煤法和下行通风，漏风及瓦斯超限严重违反了《煤矿安全规程》有关规定；机电设备和通风系统管理混乱，80%的防爆设备失去防爆性能，开关过流保护装置的保险丝全部用钢丝代替，无接地保护。

202. 1983年8月9日，贵州省水城矿务局汪家寨煤矿发生瓦斯煤尘爆炸事故，死亡12人，轻伤4人。

203. 1983年8月13日，贵州省毕节县后青公社耗子洞煤矿发生瓦斯爆炸事故，死亡14人，重伤10人。

204. 1983年8月14日，山西省大同矿区联营煤矿大北沟井发生洪水淹井事故，死亡18人。

205. 1983年9月1日，贵州省毕节县小坝公社屋基生产队煤矿发生瓦斯爆炸事故，死亡10人。

206. 1983年9月11日，安徽省淮北矿务局芦岭煤矿井下运输皮带着火，产生有害气体，造成工作面15人中毒死亡，8人重伤，22人轻伤。

207. 1983年9月18日，内蒙古包头矿务局阿刀亥煤矿发生局部瓦斯爆炸，死亡17人。

208. 1983年9月26日，吉林省辽源矿务局西安煤矿一区发生瓦斯煤尘爆炸事故，死亡20人，重伤1人，轻伤4人。

209. 1983年10月25日，湖南省怀化市中方公社黄金坡煤矿因违章作业、技术指导错误等原因发生透水事故，死亡21人。

210. 1983年11月5日，湖南省常德县南坪公社露天煤矿发生坍塌事故，死亡15人，重伤2人。

211. 1983年11月21日，河南省鹤壁市石林公社二矿发生瓦斯爆炸事故，死亡45人，重伤1人，轻伤3人。造成事故的原因：通风系统管理混乱，违章蛮干，造成了掘进头瓦斯积聚，在未检查瓦斯浓度的情况下爆破，产生明火点燃瓦斯、发生爆炸；该矿领导长期忽视安全生产，对安全生产方面的有关规程不贯彻、不执行，企业岗位责任制不全，管理混乱，有章不循，盲目蛮干；违章越界开采，对上级多次指示，置若罔闻，反而加速越界开采，致使巷道布置不合理，风流阻力过大，引起瓦斯积聚，埋下事故隐患。

212. 1983年11月22日，山西省和顺县西喂马联营煤矿南五顺掘进工作面发生瓦斯爆炸事故，造成13人死亡，2人重伤，5人轻伤。

213. 1983年11月25日，山西省大同市南郊区平旺公社拖皮大队石头沟煤矿发生煤尘爆炸事故，造成21人死亡，1人重伤，1人轻伤。

214. 1983 年 12 月 7 日，浙江省长广煤炭公司龙山洼煤矿发生瓦斯爆炸事故，死亡 11 人，重伤 4 人，轻伤 10 人。

215. 1984 年 1 月 8 日，四川省泸州地区泸县马溪乡沙坝沟煤矿二井发生瓦斯爆炸事故，死亡 17 人，受伤 6 人。

216. 1984 年 1 月 24 日，四川省重庆市北碚区蔡家乡郭家沟煤矿发生透水事故，死亡 14 人。

217. 1984 年 2 月 12 日，辽宁省灯塔县铧子乡一矿二井发生瓦斯爆炸事故，死亡 15 人，轻伤 3 人。

218. 1984 年 2 月 22 日，甘肃省嘉峪关市镜铁山铁矿发生炸药爆炸事故，死亡 6 人。

219. 1984 年 2 月 25 日，河北省宽城县塔山公社溪沟大队煤矿发生煤尘爆炸事故，死亡 15 人，重伤 1 人，轻伤 1 人。

220. 1984 年 3 月 15 日，辽宁省北票矿务局建井处在台吉立井施工作业时发生透水事故，死亡 11 人。

221. 1984 年 3 月 23 日，陕西省韩城县燎原煤矿发生瓦斯爆炸事故，死亡 12 人。

222. 1984 年 5 月 1 日，山西省太原市古交区草庄头公社南沟联营煤矿发生瓦斯爆炸事故，死亡 18 人，重伤 4 人。

223. 1984 年 5 月 5 日，黑龙江省鹤岗矿务局南山煤矿六井发生瓦斯爆炸事故，死亡 15 人，重伤 1 人，轻伤 37 人。

224. 1984 年 5 月 22 日，内蒙古自治区兴和县民政局所属坩埚厂利民石墨矿发生坍塌事故，造成 7 人死亡，1 人受伤。

225. 1984 年 5 月 27 日，云南省东川市因民矿区（铜矿）遭受泥石流冲击，造成 123 人死亡，34 人受伤，直接经济损失 1100 多万元。

226. 1984 年 6 月 2 日，河北省开滦矿务局范各庄煤矿 2171 综采工作面，由于工作面中间的陷落柱透出奥陶纪灰岩水，高峰期平均涌水量每小时 2053 立方米，20 小时 55 分淹没全矿，与其相邻的吕家坨矿、林西矿、唐家庄矿、赵各庄矿也受到水灾波及，事故共造成 15 人死亡（其中包括在堵水过程中，吕家坨矿死亡的 4 名救护队员）。治水直接费用 4.95 亿元。

227. 1984 年 6 月 7 日，吉林省长春市石碑岭煤矿二井发生瓦斯爆炸事故，死亡 11 人。

228. 1984 年 6 月 21 日，山东省威海地区乳山县金矿发生炮烟中毒事故，在抢险救人中 21 人中毒，其中 4 人死亡。

229. 1984 年 6 月 30 日，湖北省阳新县海口区溪约镇煤矿发生透水事故，死亡 12 人。

230. 1984 年 7 月 3 日，江西省乐平矿务局沿沟煤矿发生透水事故，死亡 12 人。

231. 1984 年 7 月 3 日，山西省阳泉市河底镇青山煤矿发生瓦斯爆炸事故，造成 22 人死亡，14 人受伤。

232. 1984 年 7 月 9 日，内蒙古自治区包头矿务局河滩沟煤矿发生瓦斯爆炸事故，死亡 25 人，受伤 18 人。事故因违章爆破引起。

233. 1984 年 7 月 9 日，四川省威远县光桦乡黄村大队鲁家沟煤矿发生一氧化碳中毒事故，死亡 10 人。

234. 1984 年 7 月 19 日，云南省曲靖地区富源县茂兰乡云嘎沟煤窑发生瓦斯爆炸事故，死亡 18 人，重伤 1 人，轻伤 5 人。

235. 1984 年 8 月 10 日，内蒙古自治区扎赉诺尔矿务局灵泉煤矿发生火灾，死亡 23 人。

236. 1984 年 8 月 24 日，山西省晋城市大箕乡榆树沟煤矿发生瓦斯爆炸事故，死亡 11 人。

237. 1984 年 8 月 24 日，云南省禄丰县硝井乡锣锅塘石膏矿发生坍塌事故，死亡 9 人。

238. 1984 年 8 月 25 日，湖南省娄底地区涟源县抚珂村一私人煤窑发生瓦斯爆炸事故，死亡 10 人。

239. 1984 年 8 月 27 日，辽宁省朝阳市凌源县三道河金矿发生中毒事故，死亡 10 人。

240. 1984 年 9 月 1 日，河南省安阳市郊区龙泉乡东房山村煤矿发生瓦斯爆炸事故，死亡 16 人，重伤 1 人，轻伤 4 人。

241. 1984 年 9 月 8 日，贵州省金沙县新华乡燕火大队煤矿发生瓦斯爆炸事故，死亡 10 人，重伤 5 人。

242. 1984 年 9 月 21 日，湖南省泠水江市花溪煤矿发生瓦斯突出事故，死亡 16 人。

243. 1984 年 10 月 24 日，河北省邯郸地区武安县土山乡煤矿发生罐笼坠落事故，死亡 11 人。

244. 1984 年 11 月 4 日，湖南省郴州地区郴县华堂乡招族村新头湾一私人煤窑发生瓦斯爆炸事故，死亡 11 人，重伤 4 人。

245. 1984 年 11 月 10 日，新疆维吾尔自治区司法厅劳改局拜城煤矿发生瓦斯爆炸事故，死亡 23 人，重伤 4 人，轻伤 9 人。

246. 1984 年 11 月 21 日，甘肃省金川有色金属公司二矿区井下发生火灾，死亡 29 人，轻伤 14 人①。

247. 1984 年 12 月 5 日，新疆维吾尔自治区伊犁哈萨克自治州霍城县种羊场煤矿发生一氧化碳中毒事故，死亡 10 人。

248. 1984 年 12 月 10 日，黑龙江省大庆石油管理局采油三场发生油气爆炸事故，死亡 7 人。

249. 1984 年 12 月 14 日，辽宁省复县得利寺乡煤矿发生瓦斯爆炸事故，死亡 11 人。

250. 1985 年 1 月 10 日，山西省太原市清徐县清源镇煤矿发生瓦斯爆炸事故，造成 10 人死亡，1 人重伤。

251. 1985 年 1 月 17 日，新疆生产建设兵团农六师芳草湖农场雀儿沟煤矿一井发生瓦斯爆炸事故，死亡 12 人。

252. 1985 年 1 月 19 日，四川省松藻矿务局松藻煤矿二井+325 米水平 6 边界采区 1363 工作面，在回撤金属支架时发生煤与瓦斯突出事故，造成 13 人死亡，1 人重伤，1 人轻伤。

253. 1985 年 1 月 23 日，吉林省桦甸县城郊乡天机村煤矿发生瓦斯爆炸事故，死亡 11 人，重伤 1 人，轻伤 1 人。

254. 1985 年 2 月 10 日，山西省西山矿务局杜儿坪煤矿 1010 米水平北一盘区左一顺槽掘进工作面发生瓦斯爆炸事故，造成 48 人死亡，8 人受伤。造成事故的原因：拆运耙斗机撞倒棚子，断开风筒，使左一顺槽 37.5 小时无风，造成瓦斯积聚；瓦检员漏检伪报，未能及时发现隐患；电工带电作业，产生火花，是造成事故的直接原因。该矿领导对通风工作重视不够，通风区的干部工作不深入，瓦斯管理制度执行不严。通风管理混乱是造成这次事故的主要原因。机电管理薄弱。矿无主管机电矿长，电机科机构调整后职责不清，电气专业化小组不齐，致使工人带电作业明火操作时有发生，也是造成这次事故的主要原因。

255. 1985 年 2 月 12 日，贵州省铜仁地区万山特区的一些农民擅自进入岩屋坪上洞汞矿井内开采朱砂，强行爆破保安矿柱，导致发生垮塌事故，造成 16 人死亡，2 人重伤。

256. 1985 年 3 月 16 日，湖北省恩施地区巴东县枣子坪乡友谊煤厂（矿）发生瓦斯爆炸事故，死亡 16 人，抢救过程中 4 人受伤。

① 甘肃公安志记载这次事故死亡 43 人，其中一氧化碳中毒死亡 14 人。

257. 1985 年 3 月 18 日，辽宁省朝阳市龙城区杖子乡朱杖子村煤矿发生瓦斯爆炸事故，死亡 14 人。

258. 1985 年 4 月 3 日，湖南省龙山县瓦房乡煤矿发生瓦斯爆炸事故，死亡 26 人。

★259. 1985 年 4 月 7 日，山东省枣庄市薛城区兴仁乡煤矿西翼工区 1712 平巷工作面发生爆炸事故，死亡 63 人，受伤 3 人。

260. 1985 年 4 月 16 日，湖南省涟源县祖保镇煤矿发生瓦斯爆炸事故，死亡 24 人，重伤 3 人。

261. 1985 年 4 月 17 日，新疆生产建设兵团农六师草湖农场煤矿因工人井下吸烟引发瓦斯爆炸，死亡 12 人。

262. 1985 年 4 月 23 日，江西省高安县独城乡杉林煤矿发生瓦斯爆炸事故，死亡 14 人。

263. 1985 年 5 月 6 日，湖北省松宜矿务局陈家河煤矿在处理被矸石堵塞的涵洞时，泥石突然下滑，造成 13 人死亡，2 人重伤，2 人轻伤。

264. 1985 年 5 月 11 日，山西省太原市古交工矿区的炉峪口煤矿、嘉乐泉煤矿、阁上煤矿、盘道联营煤矿、象儿角煤矿被洪水淹没，共造成 63 人死亡。

265. 1985 年 5 月 13 日，东北内蒙古煤炭工业联合公司所属的沈阳矿务局林盛煤矿发生瓦斯煤尘爆炸事故，死亡 36 人，重伤 13 人，轻伤 1 人。造成事故的原因主要是安全生产管理混乱，有章不循。发生事故的掘进工作面的局部通风机没有实行单独电源供电，致使局部通风机在事故前 2 个多小时内跳闸停风 10 多次，工作面风量不足造成瓦斯积聚，爆破后产生大量的浮游煤尘，使工作面的瓦斯和煤尘的浓度达到了爆炸界限；爆破时，由于封孔不严，火药延爆打筒产生明火，导致了爆炸事故。当冲击波进行到南顺槽距主石门 176 米处没有密闭的盲巷时，又引爆了盲巷中积聚的瓦斯，增强了爆炸威力。

266. 1985 年 6 月 7 日，湖南省邵阳地区邵东县秀龙煤矿发生瓦斯爆炸事故，死亡 10 人。

267. 1985 年 6 月 28 日，河南省登封县郜城乡冶上五矿（煤矿）发生透水事故，造成 11 人死亡。

268. 1985 年 7 月 4 日，河北省南宫县煤矿发生瓦斯爆炸事故，死亡 15 人，重伤 1 人。

★269. 1985 年 7 月 12 日，广东省梅田矿务局三矿发生岩石与瓦斯突出事故，造成 56 人死亡，11 人受伤。

270. 1985 年 8 月 14 日，广西壮族自治区钦州地区捻子坪煤矿发生瓦斯爆炸事故，死亡 21 人，伤 5 人。

271. 1985 年 8 月 20 日，河南省新安县石寺乡上孤灯村煤矿两个掘进头违章交替吹风造成瓦斯聚集，最终发生瓦斯爆炸事故，死亡 26 人（包括 1 名抢险救援人员）。

272. 1985 年 8 月 24 日，安徽省淮南矿务局新庄孜煤矿爆破员违反操作规程，爆破所产生的明火点燃瓦斯，发生瓦斯爆炸事故，造成 28 人死亡，8 人重伤，4 人轻伤。

273. 1985 年 8 月 25 日，湖南省东坡有色金属矿发生尾矿库溃坝事故（被洪水冲垮），造成 49 人死亡，直接经济损失 1300 多万元。

274. 1985 年 8 月 28 日，江西省宜春市水江乡煤矿发生瓦斯爆炸事故，死亡 11 人。

275. 1985 年 9 月 9 日，贵州省福泉县龙昌区伍秋田小煤窑发生瓦斯爆炸事故，死亡 13 人，重伤 3 人。

276. 1985 年 9 月 12 日，贵州省贵阳市白云区沙文乡蒙公村松树湾煤矿发生透水事故，死亡 11 人。

277. 1985 年 9 月 19 日，江西省高安县独城乡杉村煤矿发生瓦斯爆炸事故，死亡 15 人，重伤 1 人，轻伤 8 人。

★278. 1985 年 9 月 20 日，四川省南充地区李家沟煤矿发生透水事故，7 名作业人员被困。因救助方案不科学，造成抢险救灾人员 61 人死亡，2 人重伤，1 人轻伤。

279. 1985 年 10 月 6 日，黑龙江省鸡西矿务局城子河煤矿一立井发生瓦斯爆炸事故，死亡 36 人。造成事故的主要原因是：因停电停风造成瓦斯积聚，风门打开风流反向，工人在井下擅自拆卸修理矿灯产生火花，引起瓦斯爆炸；生产管理混乱，表现在采煤工作面搬家多工种作业无统一指挥，停电、停风频繁，机电检修无计划，排放瓦斯无措施，瓦检员提前升井。通风管理漏洞多，设施不完善。废旧大巷未设永久密闭，瓦斯窝子未能得到及时消除，风门只设一道，造成风流反向；机电管理混乱，停电无措施，井下机电工人随意打开矿灯。

280. 1985 年 10 月 14 日，四川省隆昌县响石镇大湾煤矿发生瓦斯爆炸事故，死亡 14 人，重伤 5 人。

281. 1985 年 10 月 18 日，河南省洛阳地区梨园煤矿郭庄井发生透水事故，死亡 11 人。

282. 1985 年 10 月 23 日，吉林省桦甸县桦郊乡天河煤矿发生瓦斯爆炸，井下作业的 13 名工人（包括一名副矿长）当场死亡。

283. 1985 年 10 月 31 日，湖北省建始县盛竹乡阴湾葡萄街矿区发生岩崩事故，死亡 27 人，其中小煤矿工人 21 人，炼磺工人 6 人。

284. 1985 年 11 月 24 日，浙江省温州市瑞安县海安乡凤山村采石场发生坍塌事故，死亡 8 人，重伤 11 人，轻伤 7 人。

285. 1985 年 11 月 29 日，吉林省长春市营城煤矿九井发生岩石和二氧化碳突出事故，14 人窒息死亡。

286. 1985 年 12 月 7 日，贵州省贵阳市马兰区金华乡桂圆煤矿发生瓦斯爆炸事故，死亡 14 人，重伤 3 人，轻伤 1 人。

287. 1985 年 12 月 8 日，湖南省郴州地区桂阳县荷叶乡吊板上煤矿火药库发生火药爆炸事故，死亡 10 人。

288. 1985 年 12 月 18 日，四川省重庆市南桐矿区民权村煤矿发生一氧化碳中毒事故，死亡 14 人，重伤 2 人，轻伤 5 人。

289. 1986 年 1 月 1 日，河北省沙河县盐冉望乡扬河煤矿发生瓦斯爆炸事故，死亡 17 人，重伤 2 人。

290. 1986 年 1 月 9 日，山西省阳城县天顶乡柏山煤矿发生瓦斯爆炸事故，死亡 17 人。

291. 1986 年 1 月 13 日，河北省兴隆矿务局汪庄煤矿东斜井区+370 米探巷排放瓦斯时发生爆炸事故，死亡 10 人，伤 4 人。

292. 1986 年 1 月 14 日，贵州省盘县特区赵光乡一私人煤窑发生瓦斯爆炸事故，死亡 10 人。

293. 1986 年 1 月 28 日，湖南省邵阳县邵阳煤矿发生瓦斯突出事故，死亡 11 人。

294. 1986 年 2 月 22 日，新疆维吾尔自治区和布克塞尔蒙古族自治县第二煤矿发生一氧化碳中毒事故，死亡 10 人。

295. 1986 年 2 月 23 日，河南省许昌地区禹县鸿畅乡张庄煤矿发生瓦斯爆炸事故，造成 32 人死亡，20 多人受伤。造成事故的主要原因：独眼井生产，风量严重不足，造成瓦斯积聚；瓦斯检查不严，没及时检查处理；信号线接头不规范，明接头产生电火点燃瓦斯引起爆炸；矿领导不具备起码的安全常识，盲目指挥抢救造成事故伤亡扩大。

296. 1986 年 3 月 3 日，吉林省油田管理局地调处 2248 队在镇赉县大屯乡进行地震测线施工作业时发生炸药爆炸事故，死亡 8 人，重伤 1 人，轻伤 8 人。

297. 1986 年 3 月 12 日，山西省晋中地区寿阳县温家庄乡荣胜煤矿因停风作业、瓦斯积聚，达到了爆炸浓度；井下现场负责人违章指挥，在停风没有检测瓦斯浓度的情况下安排工人冒险蛮干；电工带电作业产生明火引起瓦斯爆炸，造成29人死亡，1人重伤，2人轻伤。

298. 1986年3月14日，陕西省铜川市金锁乡背塔村一矿发生瓦斯爆炸事故，死亡31人，重伤2人，轻伤1人。

299. 1986年3月17日，陕西省铜川市金华山煤矿发生瓦斯爆炸事故，死亡22人，重伤2人，直接经济损失7.5万元。

300. 1986年3月18日，湖南省辰溪县板桥乡蒋忠坪村煤矿发生透水事故，死亡10人。

301. 1986年3月31日，新疆维吾尔自治区巴州轮台县煤矿一井发生瓦斯爆炸事故，死亡10人。

302. 1986年4月22日，贵州省遵义地区仁怀县中枢交通乡一私人煤窑发生瓦斯爆炸事故，死亡10人。

★303. 1986年4月30日，安徽省马鞍山市黄梅山铁矿尾矿库发生垮坝事故，造成19人死亡，11人重伤，89人轻伤，25户农舍被冲毁，2个乡办工厂遭到破坏，直接经济损失300多万元。

304. 1986年4月30日，四川省达县双龙乡和东岳乡联办煤矿杨家沟大拱门煤井发生瓦斯爆炸事故，死亡12人，重伤3人。

305. 1986年5月5日，山西省阳泉市郊区义井乡西峪村煤矿发生瓦斯爆炸事故，死亡10人。

306. 1986年5月17日，陕西省铜川矿务局金华山煤矿发生瓦斯爆炸事故，死亡22人，重伤4人，轻伤2人。

307. 1986年5月29日，山西省怀仁县鹅毛口乡老牛湾煤矿三井发生瓦斯爆炸事故，造成18人死亡。

308. 1986年6月2日，江西省丰城县上塘镇柘里矿区五个小矿被地面水库的水灌入。其中振兴矿1名提升机司机溺亡；同田矿掘进工作面19名工人溺亡；大水流入已经报废的柘里矿，将大量有毒气体顶到其上部的岭下矿，使岭下矿作业现场的25名工人窒息死亡。事故共造成45人死亡。

309. 1986年6月19日，甘肃省白银市平川区宝积乡党家山煤矿发生瓦斯爆炸事故，死亡11人，轻伤3人。

★310. 1986年6月30日，河北省邢台地区临城县岗头煤矿三井发生瓦斯爆炸事故，死亡79人，受伤4人。

311. 1986年6月30日，云南省曲靖市东山区恩洪乡贝利村煤矿发生瓦斯爆炸事故，死亡14人，重伤3人，轻伤2人。

312. 1986 年 6 月 30 日，湖南省邵阳县塘渡口乡双坪村一私人煤窑发生瓦斯爆炸事故，死亡 11 人。

313. 1986 年 7 月 20 日，贵州省六枝特区农场乡朱家湾一私人煤窑发生瓦斯燃烧事故，死亡 10 人，重伤 1 人，轻伤 2 人。

314. 1986 年 8 月 13 日，湖北省松宜矿务局陈家沟煤矿一井发生火灾，死亡 16 人，轻伤 27 人。事故因电缆着火引起。

315. 1986 年 8 月 27 日，山西省保德县东关镇汤家滩煤矿发生瓦斯爆炸事故，造成 10 人死亡，2 人重伤，1 人轻伤。

316. 1986 年 9 月 1 日，贵州省六盘水市六枝特区纳福乡煤矿发生瓦斯爆炸事故，死亡 31 人，重伤 2 人。

317. 1986 年 9 月 12 日，湖南省耒阳市小水乡卅里村私人煤窑发生瓦斯爆炸事故，死亡 10 人，重伤 2 人。

318. 1986 年 9 月 28 日，江苏省徐州矿务局庞庄煤矿庞庄井发生煤尘爆炸事故，死亡 26 人，重伤 2 人，轻伤 13 人。

319. 1986 年 10 月 17 日，江西省萍乡矿务局高坑煤矿发生瓦斯爆炸事故，死亡 19 人，重伤 2 人，轻伤 13 人。

320. 1986 年 10 月 28 日，河南省郑州市新密区来集乡东于沟村于水勤煤矿发生瓦斯爆炸事故，死亡 26 人。

321. 1986 年 10 月 29 日，广西壮族自治区桂林市象山区建材厂采石场发生塌方事故，死亡 10 人。

322. 1986 年 11 月 20 日，广东省澄海县莲花山钨矿以往露天开采留下的一道陡壁在连续降雨之后突然垮塌，将正在偷采矿石的 18 名民工掩埋、致死。

323. 1986 年 11 月 24 日，山东省枣庄矿务局山家林煤矿 -380 米水平带式输送机大巷在进行电焊作业时引起火灾，造成 24 人死亡，26 人受伤。

324. 1986 年 12 月 3 日，新疆维吾尔自治区昌吉州阜康县三工煤矿发生一氧化碳中毒事故，死亡 13 人。事故因冒顶引起。

（二）化工、民用爆炸物品及烟花爆竹事故

1. 1977 年 1 月 4 日，安徽省界首县城关美术工艺厂爆竹车间，因配药人员严重违反操作规程，在一间密封的房屋内配制炸药，引起爆炸，造成 2 人死亡，炸伤 16 人，炸倒房屋 11 间，经济损失折款 1 万余元。

2. 1977 年 2 月，上海市徐家汇路碳酸钙厂发生漏泄事故，造成 685 人中毒。

3. 1977 年 4 月 17 日，贵州省毕节地区威宁县么站区黑泥公社违章存放的雷

管、炸药发生爆炸，死亡 3 人。

4. 1977 年 4 月 27 日，位于湖南省涟源县湘波镇的洪源机械厂三车间，因工人用塑料铲子铲火药，产生静电火花引起火药爆炸燃烧，死亡 14 人，烧伤 19 人。

5. 1977 年 7 月 19 日，北京氧气厂煤气提氢工段氢分塔发生爆炸，死亡 7 人，轻伤 8 人。

6. 1977 年 7 月 22 日，江西省吉安地区燃料公司 6642 油库 5 号储油罐被雷击起火，在灭火过程中 2 名消防战士牺牲，6 人受伤。

7. 1977 年 9 月 2 日，甘肃省酒泉地区农垦局安南坝石棉矿驻敦煌转运站五七家属制药厂，在配制炸药炒锯末时着火，引起炸药库爆炸，造成 8 人死亡，炸伤 101 人，炸毁汽车 8 辆，房舍 654 间，直接经济损失 165 万余元。

8. 1977 年 9 月 6 日，河南省平顶山矿务局化工厂发生火药爆炸事故，造成 9 人死亡，20 人受伤（其中 2 人重伤）。

9. 1977 年 11 月 16 日，四川省宜宾市仁寿解放公社钢铁三队一社员家发生火灾，引起其侧屋的 2800 多个雷管和 1850 多千克炸药爆炸。灭火过程中造成 15 人死亡，16 人重伤，31 人轻伤。

10. 1977 年 11 月 29 日，安徽省阜阳县五店公社机械厂因自制锅炉不合规格，操作时又违反安全规程，引起爆炸，造成 10 人死亡，17 人受伤。

11. 1978 年 1 月 9 日，陕西省宝鸡市灯泡厂油库区一油罐爆炸，死亡 5 人，伤 3 人。大火烧断两路高压输电线，致宝鸡地区 32 座变电站断电。

12. 1978 年 1 月 19 日，四川省铜梁县城关镇炸药厂鞭炮车间发生爆炸，死亡 12 人，受伤 13 人。

13. 1978 年 1 月 20 日，浙江省平湖县橡胶一厂再生胶车间一个硫化罐在试用时发生爆炸，造成在场的技术员和 4 名工人死亡。

★14. 1978 年 1 月 24 日，辽宁省盖县盖州镇东风街鞭炮厂发生爆炸事故，造成 107 人死亡，65 人受伤，周围 2000 户居民房屋遭受破坏。

15. 1978 年 1 月 31 日，山东省济南市天桥区向阳化工一厂银粉车间，因车间内储有近 10 吨银粉成品和半成品，地面墙上也散落大量银粉末，又无防火防爆设备，致使发生火灾。17 名干部、工人被烧身亡，受伤 44 人，烧毁厂房 116 平方米，直接经济损失近 15 万元，全厂停产 32 天。

16. 1978 年 3 月 4 日，江苏省太仓县化肥厂车库液化气爆炸，死亡 6 人，重伤 8 人，轻伤 47 人。厂房、设备和生活设施基本被炸毁，全厂停产一年。

17. 1978 年 3 月 21 日，河北省石家庄市井陉矿区红卫化工厂发生爆炸，造成 19 人死亡，10 人受伤，其中重伤 2 人，车间炸毁。

18. 1978 年 4 月 6 日，四川省德阳地区中江县氮肥厂试车投产时合成塔爆炸，死亡 5 人。

19. 1978 年 7 月 12 日，山西省大同市化工厂发生爆炸事故，死亡 4 人，轻伤 2 人，经济损失 118.8 万元。

20. 1978 年 9 月 15 日，广西壮族自治区南宁地区宾阳县新桥公社务本鞭炮一厂仓库因温度高引起爆炸，死亡 9 人，受伤 1 人。

21. 1978 年 11 月 24 日，辽宁省向东化工厂（四七五厂）新投产的铵梯炸药生产线 TNT 气流粉碎装置爆炸，引起工房内 763 公斤铵梯炸药爆炸，造成 27 人死亡，15 人受伤（其中 5 人重伤），500 平方米厂房及其设备全部炸毁。

22. 1979 年 1 月 13 日，四川省丰都县三抚林场发生炸药爆炸事故，炸毁楼房一栋，死亡 9 人。

23. 1979 年 4 月 20 日，贵州省毕节县建筑二社一辆载有 2250 千克炸药和其他物资的货车在该县大吉公社境内爆炸，车上 4 人及物资全部毁灭，尸骸无存，附近 23 户居民住宅被不同程度地损坏。

24. 1979 年 5 月 13 日，江西省宜春县楠木大队鞭炮引线厂，保管员在试燃引线时，不慎引起黑火药爆炸，13 人死亡，8 人受伤。

25. 1979 年 7 月 1 日，安徽省合肥化工厂电解车间氯气管道接头处因年久腐朽断裂冒出氯气，致使附近农村的 43 名社员中毒。

26. 1979 年 7 月 16 日，湖南省湘潭地区外贸局花炮出口公司醴陵八里庵仓库发生火灾，直接经济损失 516 万元。

27. 1979 年 7 月 23 日，北京市延庆县千家店乡在存放有 315 千克炸药的会议室里召开全乡干部会议，有人吸烟引燃炸药。参加会议的 60 人中 9 人被烧身亡，51 人被烧伤。

28. 1979 年 8 月 16 日，陕西省商洛地区山阳县漫川供销社把火工品与易燃物资放在一起引发燃烧、爆炸事故，死亡 15 人，重伤 18 人。

29. 1979 年 8 月 17 日，贵州省铜仁地区思南县航运公司的一艘木质客货轮"长征二号"在装运桶装汽油时，发生爆炸事故，死亡 11 人，重伤 2 人，轻伤 3 人，直接经济损失 14 万元。

30. 1979 年 8 月 29 日，安徽省歙县徽城化工厂发生土枪硝重大爆炸事故，整个厂房和物资设备全被炸毁，4 名职工被炸身亡，炸伤公路行人 12 人，损失 4.39 万元。

★31. 1979 年 9 月 7 日，浙江省温州电化厂发生液氯钢瓶爆炸事故，死亡 59

人，中毒 1179 人（其中 779 人住院治疗，400 多人接受门诊治疗），炸毁、倒塌房屋面积 417 平方米，疏散居民 8 万多人，周边 100 多个企业生产受到影响。

32. 1979 年 9 月 30 日，安徽省利辛县李集公社路沿生产队社员用炸药炸鱼时，发生意外爆炸，死亡 6 人，伤 11 人。

33. 1979 年 11 月 21 日，山东省齐鲁石化公司第一化肥厂合成氨车间锅炉给水加热器爆炸，当场死亡 4 人。

★34. 1979 年 12 月 18 日，吉林省吉林市煤气公司液化石油气厂发生特大爆炸、火灾事故，造成 36 人死亡，54 人受伤（其中 46 人重伤）。

35. 1980 年 1 月 1 日，南京市大厂镇南京化学工业公司氮肥厂合成一车间提氢提氩工段，因违章进入保冷箱作业致使 3 人窒息死亡，1 人轻伤。

36. 1980 年 1 月 12 日，安徽省亳州地区利辛县王店公社朱寨大队一农民将炮制的炮药放进缸里搅拌时，摩擦生热，引起爆炸，造成 5 人死亡。

37. 1980 年 2 月 18 日，四川省凉山自治州普格县农资公司门市部因小孩子玩爆竹引发黑火药爆炸事故，死亡 3 人，重伤 6 人，轻伤 16 人。

38. 1980 年 3 月 7 日，广东省茂名市化州化肥厂精炼工段厂房发生爆炸，死亡 3 人，重伤 4 人，轻伤 1 人，经济损失 7.2 万元。

39. 1980 年 5 月 26 日，民航新疆区局乌鲁木齐机场候机楼餐厅发生石油液化气钢瓶爆炸事故，死亡 3 人，受伤 14 人。

40. 1980 年 6 月 22 日，江西省萍乡市市化工厂苯酐车间蒸馏锅设备炸裂漏油，引起炉火爆轰，死亡 3 人，受伤 2 人。

41. 1980 年 6 月 25 日，江西省南昌市胜利建筑涂料厂油漆包装车间失火，死亡 7 人。

42. 1980 年 6 月 30 日，浙江省金华化工厂五硫化二磷车间黄磷酸洗锅发生爆炸事故，死亡 8 人，受伤 9 人。炸塌厂房 300 余平方米，五硫化二磷车间全部毁坏，直接经济损失 30 万元。

43. 1980 年 7 月 7 日，四川省重庆市酉阳县苍林硫铁矿炸药库发生爆炸事故，死亡 10 人，重伤 8 人，轻伤 8 人。

44. 1981 年 1 月 6 日，四川省泸县玄滩公社兴隆大队第一生产队火炮厂发生爆炸事故，造成 8 人死亡，7 人受伤。

45. 1981 年 4 月 3 日，吉林省湾沟林业局（地处江源县、抚松县、靖宇县境内）第一农工综合加工厂石灰窑厂爆炸器材临时仓库，发生火药爆炸事故，造成 5 人死亡。

46. 1981 年 4 月 3 日，山西省太原市太原化工厂苯酚车间发生煤气中毒事故，3 人死亡。

47. 1981 年 4 月 15 日，安徽省六安地区舒城县晓天镇鞭炮加工组一女工违反操作规程，以石锤代替木锤舂药，火星飞溅引起火药爆炸，造成 5 人死亡，3 人受伤。

48. 1981 年 4 月 23 日，河南省许昌地区临颍县三家店公社石灰厂（位于许昌地区禹县无梁公社井李大队）存放炸药的仓库发生爆炸，造成 27 人死亡，15 人受伤。爆炸波及范围直径 700 米，其中心形成一个 1.8 米宽、10 米长、2 米深的大坑，工厂的库房、宿舍、汽车等全部设施设备被炸毁。

49. 1981 年 4 月 24 日，河北省沧州地区青县化肥厂造气工段煤气炉发生爆炸事故，死亡 3 人，重伤 1 人，轻伤 4 人，经济损失 8 万元。

50. 1981 年 5 月 15 日，浙江省衢州市化学工业公司合成氨厂发生压缩机爆炸事故，造成 3 人死亡，13 人受伤（其中 3 人重伤），经济损失约 400 万元。

51. 1981 年 7 月 15 日，湖南省娄底市新化县工农瓷厂非法生产炸药引发爆炸事故，造成 11 人死亡，4 人炸伤（其中 2 人重伤）。

52. 1981 年 7 月 19 日，广东省肇庆地区吴川县梅菉镇炮竹厂发生爆炸事故，死亡 7 人，受伤 16 人，炸毁厂房 389 平方米。

53. 1981 年 8 月 1 日，辽宁省海城市化工厂氯化钡车间在加酸工序违章进罐清扫，造成 5 人硫化氢中毒死亡，1 人轻伤。

54. 1981 年 9 月 10 日，辽宁省彰武县石油公司油库一油罐发生爆炸，造成 6 人死亡，直接经济损失 3 万余元。

55. 1981 年 9 月 21 日，黑龙江省佳木斯化工厂氯化车间六六六工段在修理四号苯低位槽时发生爆炸，当场死亡 3 人，轻伤 3 人。

56. 1981 年 10 月 31 日，湖北省荆州地区潜江县老新鞭炮厂发生爆炸事故，死亡 6 人，受伤 4 人，炸毁房屋两栋。

57. 1981 年 11 月 3 日，江西省宜春地区万载县知青花炮厂发生火药爆炸事故，死亡 10 人，重伤 8 人。

58. 1983 年 11 月 14 日，福建省武平县十方公社鞭炮摊点发生鞭炮爆燃，13 人死亡，30 人受伤。

59. 1981 年 12 月 3 日，山西省忻州地区五寨县化肥厂洗气塔因违章进塔作业，致 4 人一氧化碳中毒死亡，轻伤 2 人。

60. 1982 年 1 月 19 日，浙江省慈溪化肥厂冷冻岗位因女工玩耍踩断氨管，致 3 人氨中毒死亡。

61. 1982 年 1 月 24 日，山西省忻州地区原平化肥厂造气车间 1 号煤气发生炉因违章进入造气炉检修，造成 8 人中毒，其中 3 人死亡。

62. 1982 年 5 月 31 日，广东省海南行政区澄迈县桥头公社知青爆竹厂发生爆炸事故，死亡 19 人，重伤 18 人。

63. 1982 年 6 月 14 日，广西壮族自治区梧州地区苍梧县氮肥厂造气煤渣堆放场发生爆炸，造成 7 人死亡，1 人重伤，3 人轻伤。直接经济损失 1.35 万元。

64. 1982 年 7 月 10 日，安徽省蚌埠市新埠货站内 2110 号火车机车与停在同一轨道上的五节装有三氯化磷等危险品车厢相撞，引起大火，大火燃烧 6 小时，毒气外溢、污染面积 4.2 平方千米。

65. 1982 年 7 月 16 日，浙江省舟山地区水产供销公司船舶修造厂发生乙炔气爆炸事故，死亡 5 人，轻伤 5 人，直接经济损失 2.77 万元。

66. 1982 年 8 月 5 日，江苏省无锡市焦化厂苯酐车间加热炉发生爆炸事故，死亡 5 人，重伤 1 人。直接经济损失 32 万元。

67. 1982 年 9 月 23 日，广西壮族自治区钦州地区灵山县伯劳炮竹厂发生爆炸事故，造成 10 人死亡，1 人受伤。

68. 1982 年 10 月 17 日，辽宁省丹东市石油化工厂催化车间因回炼油罐破裂喷出的油雾遇明火引起火灾，死亡 18 人，烧伤 6 人。

69. 1982 年 12 月 1 日，四川省江油地区隆昌县氮肥厂天然气管道爆炸，炸毁宿舍 18 间，造成 14 人死亡，14 人受伤。全厂停产 14 天。

70. 1982 年 12 月 15 日，湖南省长沙市磷肥厂高炉车间一号高炉发生爆炸事故，死亡 4 人，轻伤 3 人，直接经济损失 2.6 万元。

71. 1983 年 3 月 7 日，云南省红河州建水县化工厂油库发生爆炸事故，造成 7 人死亡，3 人轻伤。

72. 1983 年 3 月 31 日，黑龙江省哈尔滨市道外区南头道街 51 号因液化气泄漏遇明火引起火灾，死亡 9 人，烧伤 8 人。受灾 86 户、344 人。

73. 1983 年 4 月 3 日，河南省濮阳市外贸花炮厂发生爆炸事故，死亡 4 人，重伤 7 人。

74. 1983 年 5 月 8 日，吉林省梅河口市八一化工厂发生电石炉喷炉事故，造成 3 人死亡，3 人重伤。

75. 1983 年 5 月 11 日，黑龙江省哈尔滨铁路局分局三棵树机务段劳动服务公司炼油厂发生容器爆炸事故，死亡 7 人，重伤 2 人，轻伤 10 人。

76. 1983 年 5 月 26 日，辽宁省抚顺新抚钢厂发生火药爆炸事故，死亡 6 人，受伤 2 人，直接经济损失 21 万元。

77. 1983 年 6 月 5 日，黑龙江省齐齐哈尔市龙江县山泉公社腰泉大队五队发生火药爆炸事故，死亡 5 人，受伤 16 人。

78. 1983 年 6 月 11 日，湖北省黄石供电局机关院内临时液化气站因液化气泄漏遇电火花爆炸起火，死亡 12 人，烧伤 2 人。

79. 1983 年 8 月 1 日，陕西省安康地区石油公司遭特大洪水袭击，致使油罐移位，输油管扭裂，大量汽油、柴油、煤油漂浮水面；因一位农民吸烟引燃水中浮油，造成油罐爆炸燃烧。死亡 19 人，烧伤 15 人。

80. 1983 年 11 月 7 日，江西省抚州地区临川县罗针公社花炮厂发生爆炸，整个厂房被炸毁，造成 8 人死亡，炸伤 17 人。

81. 1983 年 11 月 14 日，福建省武平县十方公社鞭炮摊点发生鞭炮爆燃，13 人死亡，30 人受伤。

82. 1983 年 12 月 10 日，甘肃省兰州化学工业公司合成橡胶厂苯乙烯车间新建的绝热式乙苯脱氢装置在试车过程中发生爆炸，造成 4 人死亡，5 人重伤，13 人轻伤。

83. 1983 年 12 月 16 日，安徽省金寨县双河区铁冲公社一农民携带炮引 4.5 千克、氯酸钾 7.5 千克，在河南项城县乘坐商丘至潢川的客车，当客车行至临泉县姜寨区庙岔集时，发生爆炸，客车着火，造成 19 人死亡，8 人受伤。

84. 1984 年 1 月 1 日，辽宁省大连石化公司石油七厂催化车间气分装置发生爆炸事故，造成 5 人死亡，80 人受伤（其中 18 人重伤），直接经济损失 252 万元。

85. 1984 年 1 月 13 日，内蒙古自治区伊克昭盟达拉特旗麻纸厂花炮车间发生爆炸事故，死亡 5 人，重伤 10 人，轻伤 2 人，车间和仓库全部炸毁。

86. 1984 年 1 月 23 日，北京燕山石油化学工业公司向阳化工厂第二聚丙烯装置火炬放空线，在横跨燕山岗北路的架空处断裂倒塌，致使气体外泄。正值一辆 212 吉普车强行通过瓦斯区，由于空气中氧气不足而熄火，当再次发动打火时，引起爆炸着火，当场死亡 5 人，烧伤 11 人，烧坏吉普车 1 辆、后三轮摩托车 2 辆、自行车 7 辆。

87. 1984 年 2 月 29 日，湖北省荆州地区钟祥县丰乐区社办火药厂发生爆炸事故，造成 20 人死亡。

88. 1984 年 3 月 6 日，河南省信阳市固始县化工厂发生火药爆炸事故，造成 11 人死亡，7 人受伤，摧毁厂房 21 间。

89. 1984 年 3 月 31 日，河北省保定市石油化工厂因建筑工程单位违章在厂区缓冲塔附近及其平台上动火进行焊接作业引起油罐爆炸，继而发生火灾，炸毁油罐 3 座，烧毁渣油 169 吨、汽油 111.7 吨，造成 16 人死亡，7 人受伤（其中 6

人重伤)。

90. 1984 年 12 月 22 日,福建省宁德地区福鼎县点头花炮厂烟花车间灯泡爆炸引起黑火药燃爆,死亡 5 人,重伤 13 人。

91. 1984 年 12 月 29 日,安徽省阜阳地区颍上县王岗区张楼村一家制作鞭炮的个体作坊发生爆炸事故,死亡 1 人,重伤 8 人,炸毁房屋 3 间。

92. 1985 年 2 月 1 日,湖北省恩施自治州长阳土家族自治县王家栅乡樟木岩村个体鞭炮厂因违章作业、一次性配药量过大引发爆炸事故,死亡 10 人,重伤 8 人,轻伤 10 人。

93. 1985 年 2 月 2 日,安徽省宣城市广德县独山乡牛头山村 10 名群众在煤井旁的工棚里烧煤炉取暖将工棚烧着,引起存放在工棚里的 42 千克炸药、100 发雷管爆炸,死亡 2 人,重伤 2 人,轻伤 6 人,损坏房屋 20 余间。

94. 1985 年 2 月 11 日,湖南省浏阳县城西出口花炮厂发生爆炸事故,造成 5 人死亡,烧毁工房两间。

95. 1985 年 3 月 22 日,山东省德州石油化工厂电解车间发生液氯钢瓶爆炸事故,当场死亡 3 人,重伤 2 人。

★96. 1985 年 4 月 20 日,山西省太原市北郊区小井峪花炮厂发生爆炸事故,造成 83 人死亡,69 人受伤致残。

97. 1985 年 5 月 9 日,山东省德州石油化工厂电解车间液气工段的液气钢瓶发生爆炸,造成 3 人死亡,2 人重伤。

98. 1985 年 5 月 16 日,山东省烟台县花炮厂因违章操作引发爆炸事故,死亡 17 人,受伤 10 人。

99. 1985 年 7 月 28 日,安徽省天长县官桥乡赵巷村花炮厂因工人违反操作规程,在太阳下搅拌红、白两色炸药,送入车间制作而引起爆炸,死亡 4 人,炸伤 13 人。

100. 1985 年 8 月 6 日,四川省成都市简阳县红旗乡化工厂汽油爆炸起火,死亡 6 人,受伤 2 人。

101. 1985 年 9 月 4 日,黑龙江省青冈县青冈镇烟花厂烟花车间在给笛音管下药时因摩擦起火,引起爆炸,造成 3 人当场死亡,2 人受伤。

102. 1985 年 10 月 12 日,黑龙江省齐齐哈尔国营华安机械厂装药装配分厂螺旋装药工房发生爆炸事故,造成 26 人死亡,26 人重伤,工房和生活间全部被摧毁。事故的主要原因:排尘系统的脉冲式布袋收尘器涤纶布袋摩擦和排尘管道中的炸药摩擦撞击,产生静电放电;装药弹体在装药中炸药柱混有坚硬杂质的摩擦,产生热点,引起爆炸。

103. 1985 年 10 月 27 日，四川省成都市简阳县清风乡火炮厂发生爆炸事故，死亡 7 人，重伤 5 人，轻伤 1 人。

104. 1985 年 12 月 14 日，江苏省徐州电化厂树脂车间发生压力容器爆炸事故，造成 5 人死亡，1 人重伤，6 人轻伤，厂房倒塌。

105. 1985 年 12 月 29 日，四川省德阳市广汉县南丰乡庆元村鞭炮作坊发生爆炸，造成 14 名工人被炸身亡，炸毁房屋 3 间。

106. 1986 年 1 月 8 日，河南省洛阳地区宜阳县前进化工厂硫酸钡分厂发生硫化氢中毒事故，造成 20 人中毒，其中 4 人死亡。

107. 1986 年 2 月 3 日，四川省自贡市橡胶厂的硫化罐在运行中爆炸，导致 6 人死亡，3 人受伤。直接经济损失近 8 万元。

108. 1986 年 3 月 2 日，陕西省安康市许家河水库仓库因危险品存放不当，配电盘漏电产生火花，引燃棉花，引起雷管、炸药爆炸，死亡 10 人，受伤 17 人。强大冲击波摧毁大片房屋，88 间房屋变成废墟，水库的办公室、库房、机房夷为平地。

109. 1986 年 3 月 3 日，吉林省油田管理局第二施工现场发生火药爆炸事故，死亡 8 人，重伤 1 人，轻伤 8 人，直接经济损失 7.6 万余元。

110. 1986 年 3 月 15 日，核工业部第五安装公司在其承担的上海石油化工总厂化工一厂换热器气密性试验中发生爆炸事故，在现场工作的 4 人被炸身亡，直接经济损失 5.6 万元。

111. 1986 年 4 月 9 日，新疆维吾尔自治区库尔勒市新城区东山片石场住房内，因有人违章制作炸药引起起火爆炸，造成 13 人死亡，7 人受伤。

112. 1986 年 6 月 11 日，湖北省黄石市供电局临时液化石油气储配站，工人违章作业引起泄露的液化石油气爆燃，当场死亡 12 人，重伤 2 人。

113. 1986 年 8 月 17 日，广东省潮州地区饶平县上饶鞭炮厂发生爆炸事故，死亡 10 人。

114. 1986 年 9 月 1 日，山东省潍坊市青州市石河乡石楼鞭炮厂因车间内的鞭炮爆炸起火，死亡 12 人，受伤 5 人。

115. 1986 年 9 月 23 日，黑龙江省哈尔滨市新香坊化工厂一台立式横水管锅炉发生爆炸，司炉工、化验员、保管员 3 人当即死亡，四处横飞的砖头杂物将距离锅炉房 45 米远的兽医站站长砸成重伤。

116. 1986 年 10 月 11 日，江西省南昌市进贤县李渡镇花炮一厂发生燃烧事故，死亡 10 人，烧伤 17 人（其中重伤 11 人）。

117. 1986 年 12 月 16 日，中石油管道局中原输气公司德州清管站发生火灾，死亡 5 人，受伤 6 人，烧毁汽车 5 辆。

（三）建筑施工事故

1. 1977 年 1 月 21 日，西安铁路局宝鸡分局在宝天铁路天水段护坡施工时发生塌方事故，死亡 22 人。

★2. 1977 年 3 月 29 日，安徽省蚌埠市烟厂主厂房（二层）在加盖三层楼时，由于设计失误，发生厂房倒塌事故，造成 32 人死亡，14 人重伤，42 人轻伤，损坏各种机器 83 台，直接经济损失 190 万元。

3. 1977 年 5 月 20 日，四川省大足县化龙水库永安渡槽垮塌，死亡 14 人，重伤 5 人。

4. 1977 年 9 月 18 日，安徽省界首县舒庄公社架设供电线路施工中，发生重大触电事故，死 8 人，伤 22 人。

5. 1977 年 11 月 16 日，四川省宜宾地区高县在整修郝家村水库（东方红水库）隧洞时闸门意外折断，闸内作业人员 14 人死亡，3 人受伤。

6. 1977 年 11 月 18 日，四川省剑阁县迎水公社粮站仓库坍塌，正在仓库内看电影的迎水小学师生死亡 5 人，重伤 2 人，轻伤 46 人。

7. 1977 年 12 月 9 日，四川省江油地区隆昌县沱灌工程段家井渡槽垮塌，造成 7 人死亡，9 人受伤。

8. 1978 年 3 月 4 日，湖北省襄樊地区保康县朱砂至两峪公路建设工地违规存放炸药发生自燃爆炸事故，造成 21 死亡，1 人重伤。

9. 1978 年 4 月 28 日，陕西省汉中地区宁强县禅家岩公社落水洞修路专业队在处理哑炮时发生意外爆炸，造成 5 人死亡，炸伤 3 人。

10. 1978 年 5 月 1 日，四川省广元地区剑阁县石板公社黄林大队社员赵某在修建沼气池时，于两米深坑中用炸药崩石头，烟雾未散即下坑内作业，造成 5 人窒息死亡。

11. 1978 年 12 月 19 日，四川省万县地区城口县小桥沟电站工程 2 号洞发生岩石塌方事故，造成 10 人死亡，1 人重伤。

12. 1979 年 3 月 7 日，湖南省岳阳市铁山灌区工程的南总干渠大饶港渡槽发生施工脚手架倒塌事故，死亡 14 人，伤 24 人。

13. 1979 年 6 月 4 日，上海市长宁区房屋修建公司第七工程队宣化路冷作工场，明火引发乙炔爆炸，死亡 3 人，重伤 4 人，轻伤 12 人。

14. 1979 年 9 月 3 日，广西壮族自治区南宁市平乐县二塘公社周塘村渡槽崩塌 10 拱、450 米，10 名民工被压身亡，压伤 5 人。

★15. 1979 年 9 月 17 日，青海省尖扎黄河大桥因拱纵向失稳造成坍塌事故，死亡 19 人。

16. 1979 年 10 月，新疆维吾尔自治区兰新公路瞭墩段施工中发生爆炸事故，哈密县回城公社建国大队 10 名青年不幸全部遇难。

17. 1979 年 11 月 30 日，河南省鹤壁市工农渠南干渠南窑渡槽发生倒胎塌拱事故，死亡 6 人。该渠修建过程中共发生事故 15 起，死亡 22 人。

18. 1979 年 12 月 9 日，山东省潍坊市炉渣砖厂在扩建工程施工中违章作业，窑壁塌方，造成 6 人死亡，1 人重伤，1 人轻伤。

19. 1981 年 1 月 6 日，广西壮族自治区贺州县鹅塘公社盘谷水库芒冲渡槽在拆除模板时倒塌，当场 10 人身亡，重伤 1 人。

20. 1981 年 9 月 4 日，宝成铁路 313 千米处发生崩塌性滑坡，正在此处施工的西安铁路局桥路大修队工棚被埋，造成 13 名职工死亡。

21. 1981 年 11 月 3 日，上海市住宅建设总公司一公司 103 工程队，在施工中发生高处坠落事故，造成 5 人死亡，2 人受伤。

22. 1982 年 5 月 3 日，广东省湛江市海康县新建成的海康大旅店（七层楼房、建筑面积 4190 平方米）突然整体崩坍，造成 4 人死亡，12 人重伤。

23. 1982 年 6 月 15 日，湖南省衡阳地区衡南县泉溪公司猪鬃厂（泉溪公社选毛厂）的一栋三层楼在进行加高施工中发生倒塌，44 人被砸身亡，20 人受伤。

24. 1983 年 4 月 13 日，四川省重庆市合川县双河水库石拱渡槽垮塌，民工死亡 19 人，受伤 8 人。

25. 1983 年 10 月 4 日，中国社会科学院科研楼建设工地（北京建筑工程公司承建）的一处施工架子倒塌，造成 5 人死亡，7 人受伤（其中 2 人重伤）。

26. 1983 年 10 月 22 日，天津市水泥厂一座 65 米高的烟囱在施工中（由冶金工业部第十八冶建公司三公司承建）发生高处坠落事故，造成作业平台上的 14 人死亡，1 人重伤，1 人轻伤。[①]

27. 1983 年 11 月 18 日，吉林省辽源市植物油厂一座刚刚建成的砖泥结构圆筒仓（1982 年 1 月 15 日施工，1983 年 8 月竣工）发生坍塌事故，造成前来兑换豆油的 10 名群众死亡，重伤 1 人，轻伤 2 人。砸死马 1 匹。直接经济损失 13 万元。

---

① 因第十八冶金公司总部当时设在重庆，重庆市劳动志记载这次事故发生时间为 1983 年 10 月 29 日。

28. 1983 年 12 月 20 日，江西省吉安市中山西路北侧的一堵土墙在施工中倒塌，11 名民工被压身亡。

29. 1984 年 3 月 31 日，冶金部第二十二冶金建设公司金结公司二队在辽宁省丹东化学纤维厂安装塔式起重机时发生垮塌事故，造成 7 人死亡，3 人轻伤。

30. 1984 年 4 月 2 日，四川省简阳县三星区寨子乡大树村电影院发生屋顶垮塌事故，死亡 16 人，重伤 32 人，轻伤 57 人。

31. 1984 年 6 月 3 日，四川省峨眉县广济乡油厂仓库设计不符合要求、施工质量低劣等原因坍塌，正在交售油菜籽的 41 名农民被油菜籽掩埋，其中 12 人死亡，12 人重伤，17 人轻伤。

32. 1984 年 7 月 1 日，辽宁省锦州工程机械公司大修车间厂房塌落，死亡 6 人，重伤 3 人。直接经济损失 54 万元。

33. 1984 年 8 月 21 日，河南省洛阳地区灵宝县体育场的一堵影壁墙被大风吹倒，15 名观众被压身亡，压伤 17 人。

34. 1984 年 11 月 7 日，北京市第四城市建设公司工地上用于修建烟囱的 75 米高的钢管滑升井架正在拆除时突然向一侧倾倒，当场有 5 人被砸身亡，重伤 1 人。

35. 1984 年 11 月 10 日，湖北省黄冈地区红安县民利乡农民宋某新建的房屋倒塌，死亡 17 人。

36. 1984 年 12 月 4 日，铁道部第二工程公司新线运输管理处机械工程队一辆架桥机翻下路基，死亡 5 人，砸伤 17 人（其中重伤 3 人）。

37. 1985 年 8 月 10 日，四川省北川县桂都公路施工中发生爆炸事故，死亡 10 人，重伤 5 人，轻伤 4 人。

★38. 1985 年 10 月 27 日，湖南省怀化市通道县古友村刚刚建成和投入使用的一座礼堂倒塌，当场 23 人被压身亡，重伤 9 人，轻伤 32 人。

39. 1985 年 10 月 31 日，广东省广宁县潭布镇第四水电站发生滑坡崩塌事故，约 3 万立方米花岗岩土石将电站掩埋，死亡 12 人，直接损失 100 万元。

★40. 1985 年 12 月 24 日，广西壮族自治区百色地区天生桥水电站库首右岸挡墙施工过程中（由武警总队水电指挥部一总队负责施工）发生塌方事故，死亡 48 人，受伤 7 人。

41. 1985 年 12 月 28 日，安徽省宁国县石口大桥正在施工尚未合拢的石砌拱圈坍塌，现场施工人员全部坠落。3 人死亡，11 人重伤，5 人轻伤，直接经济损失 6 万元。事故的主要原因是未按基建程序施工，没有完整的设计和施工图纸，建筑施工队伍素质差，又缺乏必要的技术指导。

42. 1986 年 3 月 18 日，湖南省湘西自治州永顺县勺哈公路桥因违章设计、质量低下，而全桥垮塌，死亡 8 人，受伤 5 人。

43. 1986 年 3 月 21 日，黑龙江省化工建设公司土建一队在哈尔滨市南岗区民益街 32 号房屋拆除施工过程中发生坍塌事故，造成 6 人死亡。

（四）其他工贸企业事故

1. 1977 年 6 月 2 日，上海炼油厂研究所所属工厂在使用汽油擦洗地面时，引发汽油燃烧爆炸事故，死亡 15 人，受伤 39 人。

2. 1977 年 8 月 1 日，福建省宁德地区福鼎县南溪水库下丘墩水磨面渠道受台风洪水袭击而塌方，压倒三排房屋，11 人死亡，重伤 7 人。

3. 1977 年 9 月 18 日，安徽省阜阳地区界首县舒庄公社在架设供电线路施工中发生触电事故，死亡 8 人，受伤 22 人。

4. 1977 年 11 月 29 日，安徽省阜阳县五店公社机械厂自制锅炉发生爆炸，死亡 10 人，炸伤 17 人。

5. 1977 年 12 月 12 日，四川省绵阳地区梓潼县大新公社供销社用柴火烧烤冷冻的柴油时，发生柴油桶爆炸，死亡 6 人，重伤 11 人。

6. 1978 年 1 月 18 日，安徽省安庆地区枞阳县汤沟镇商业加工厂发生爆炸事故，死亡 5 人，炸毁厂房和民房 129 间。

7. 1978 年 2 月 21 日，山东省济南市山东机器厂 203 车间 406 生产线因减压阀失灵，造成黄硝基磁漆粉起火，引燃烘房附近的香蕉水、硝基磁漆、甲苯、沥青等，造成熔化锅爆炸，烧毁厂房 1490 平方米、机器设备 14 台等。

8. 1978 年 6 月 24 日，广西壮族自治区柳州市国营西江造船厂（海军 434 厂）在 X 型艇涂装有机富锌油漆时发生爆炸事故，致使燃油舱完全毁坏，燃油舱上一层的居住舱、驾驶室、前机舱、士兵舱等受到不同程度的损坏，艇体严重变形。在前机舱和士兵舱下作业的 1 人当场死亡，1 人重伤，9 人轻伤。

9. 1978 年 10 月 4 日，江苏省镇江地区谏壁发电厂五号 12 万千伏安变压器起火爆炸，造成职工死亡 3 人，受伤 12 人，经济损失 80 万元。

10. 1978 年 11 月 11 日，安徽省宣城地区绩溪县荆州公社煤灰厂发生煤气中毒事故，死亡 7 人，受伤 5 人。

11. 1978 年 12 月 12 日，黑龙江省哈尔滨市东北轻合金加工厂 404 车间四段镁粉工段在检修多管除尘器时，由于空气中镁粉浓度达到爆炸条件，检修过程中排气管叶轮、套管内壁或其外壁与钢板格撞击产生火花，引起镁粉爆炸。当场死亡 5 人，重伤 2 人，轻伤 4 人，厂房三楼面积 432 平方米全部炸毁，直接经济损失 22 万余元。

★12. 1979 年 3 月 28 日，河南省南阳市柴油机厂发生浴室加热水箱（热交换器）爆炸事故，使男女浴室的大梁折断，造成 44 人死亡，13 人重伤，24 人轻伤。

13. 1979 年 9 月 25 日，山东省安丘县夏坡公社倪家沟大队胶补组的一台补胶带用的长方体"汽补锅"发生爆炸，死亡 5 人，受伤 1 人，毁坏房屋 5 间。

14. 1980 年 4 月 24 日，辽宁省鞍山钢铁公司氧气厂发生着火爆炸事故，造成 3 人死亡。

15. 1981 年 1 月 11 日，辽宁省清河发电厂脱氧器发生爆炸，死亡 9 人，重伤 3 人，轻伤 3 人，直接经济损失 500 余万元。

16. 1981 年 7 月 6 日，黑龙江省伊春市南岔水解厂纤维板车间，因工人违章操作，使氧气流入油泵造成爆炸起火，死亡 10 人，重伤 8 人，轻伤 33 人。

17. 1982 年 4 月 12 日，辽宁省鞍山市南地街道青年针织厂发生一氧化碳中毒事故，造成 10 名女工中毒，其中 7 人死亡。

18. 1982 年 5 月 3 日，湖北省沙市热电厂下水管道排出的可燃液体与停泊在附近江面的船舶上的明火相遇发生爆炸，炸毁木船和机动驳船 13 艘，死亡 7 人，受伤 8 人。

19. 1982 年 5 月 26 日，安徽省蚌埠市毛纺一厂防空洞内因用农药薰蚊产生一氧化碳，发生职工中毒事故，造成 18 人中毒，其中 9 人死亡。

20. 1982 年 8 月 16 日，湖北省武汉钢铁公司炼铁厂发生铁水爆炸事故，死亡 14 人，直接经济损失 90 余万元。

21. 1982 年 10 月 29 日，北京市西郊烟灰制砖厂一蒸压釜发生爆炸，釜体周围 50 米范围内的 6 名工人当场被炸身亡，10 名工人受伤。

22. 1982 年 12 月 10 日，上海市黄埔港一处粮食储存筒仓由于电焊作业飞溅的火花点燃管道内悬浮的小麦粉尘，引起爆炸。接着 21 个筒仓内的小麦粉尘相继爆炸，炸伤 7 人。整套国外引进的设备完全损毁，多幢楼房被震塌。

23. 1983 年 4 月 28 日，江苏省淮阴市轻工机械修造厂一台灭菌锅在气压试验时发生爆炸，在场人员死亡 5 人，重伤 2 人。

24. 1983 年 8 月 11 日，山东省青岛造船厂为港商建造的 HB-7513 泥驳船后舱爆炸，死亡 8 人，重伤 5 人，轻伤 1 人。

25. 1984 年 3 月 27 日，新疆维吾尔自治区伊犁哈萨克自治州人民医院发生开水锅炉爆炸事故，死亡 5 人，重伤 4 人，轻伤 13 人。

26. 1984 年 8 月 8 日，广东省汕头市 4803 修船厂发生压力容器爆炸事故，死亡 5 人，受伤 7 人。

27. 1984 年 9 月 23 日，陕西省南郑地区镇巴县板石厂及其相邻的公路道班房屋被垮塌山体所掩埋，造成 14 人死亡，4 人重伤。

28. 1985 年 1 月 25 日，甘肃省金川公司冶炼厂发生电炉爆炸事故，死亡 5 人。

29. 1985 年 5 月 6 日，陕西省医疗仪器厂（位于陕西省三原县）的一个油罐因违章抽油，电机线打出火花引起燃烧爆炸，死亡 13 人，重伤 1 人。直接经济损失 79.35 万元。

★30. 1985 年 6 月 27 日，四川省重庆市市中区大溪沟罗家院一带的下水道发生爆炸事故，造成 26 人死亡，200 余人受伤，炸垮居民住房 136 户，商店工厂 12 家，附近 200 多户居民住房受到不同程度破坏。

31. 1985 年 8 月 17 日，广西壮族自治区柳州机车车辆厂液化石油气槽在进行中修作气密试验时爆炸，死亡 9 人，受伤 14 人（其中重伤 1 人）。

32. 1986 年 4 月 7 日，上海市志丹路污水泵站发生硫化氢中毒事故，致 5 人死亡。

33. 1986 年 4 月 22 日，安徽省淮南市长青乡舜耕村一家联营制镜厂汽油桶爆炸起火，死亡 10 人，烧伤 12 人。

34. 1986 年 5 月 22 日，吉林省延边自治州亚麻厂制棉车间发生粉尘爆炸，造成 4 人死亡，15 人受伤。736 平方米厂房被毁，50 台机器受损。

35. 1986 年 5 月 29 日，辽宁省沈阳重型机器厂铸钢分厂厂房南顶部一段女儿墙突然坍落，造成在房内休息的 7 名工人死亡，1 人重伤，3 人轻伤。

36. 1986 年 7 月 9 日，江苏省连云港市食品公司肉联厂炼油车间一食化锅发生爆炸事故，死亡 5 人，重伤 1 人。

37. 1986 年 8 月 18 日，浙江省龙游县湖镇粮油厂糠油车间发生粉尘爆炸性燃烧，造成 2 人死亡，3 人重伤。

38. 1986 年 9 月 22 日，广东省湛江市家电三厂喷漆车间油桶起火，死亡 3 人，重伤 7 人。

39. 1986 年 11 月 7 日，四川省重庆钢铁公司六厂 2 号转炉发生爆炸，死亡 6 人，重伤 3 人，轻伤 6 人。

（五）火灾事故

★1. 1977 年 2 月 18 日，新疆生产建设兵团六十一团俱乐部在放电影时发生火灾，死亡 694 人，重伤致残 111 人，轻伤 50 余人。事故中的伤亡人员绝大多数为中小学生和学龄前儿童，约占死亡总数的 90%。

2. 1977 年 5 月 26 日，广东省海南行政区澄迈县二轻机械厂油库起火、爆炸，在灭火过程中 7 人负伤，其中 5 人伤势严重。

3. 1977 年 8 月 28 日 11 时 40 分，辽宁省本溪化肥厂卸油站因静电引起汽油着火，死亡 3 人，轻伤 1 人，经济损失 4.8 万元。

4. 1977 年 11 月 14 日，黑龙江省哈尔滨市青年农场江北养鸡场发生火灾，在扑灭大火过程中 7 名职工死亡。

5. 1978 年 4 月 8 日，山东省青岛市国棉二厂原棉仓库露天货场发生火灾，烧毁进口原棉 3109 担，直接经济损失 52.5 万元。

6. 1978 年 5 月 8 日，四川省富顺县医药公司仓库发生火灾，灭火过程中约 200 人中毒，其中 84 人送医院抢救。

7. 1978 年 11 月 24 日，山西省霍州市李曹公社杨家庄水库，因民工吸烟不慎引起火灾，死亡 15 人，伤 2 人。

8. 1979 年 3 月 11 日，内蒙古自治区喜桂图旗在乌山林场采伐点，炊事员在向柴油灯添油时，不慎将工棚引燃成灾，烧死 29 人，烧伤 3 人。

9. 1979 年 4 月 4 日，云南省永胜县丽永公路工程处永胜工程段，因一民工做饭时用火不慎引起火灾，大火引爆了存放在工地的 40 吨炸药及大量雷管，死亡 10 人，重伤 7 人，轻伤 11 人。

10. 1979 年 7 月 18 日，江苏省高淳县永宁公社社员赵某的小孩将一把麦秆塞进灶膛，然后扔在灶口的柴草上酿成火灾，10 户受灾，28 人死亡。

11. 1979 年 8 月 11 日，北京市平谷县轴承厂装配车间发生火灾，死亡 9 人，受伤 4 人。

12. 1980 年 1 月 12 日，河北省石家庄棉纺四厂原棉库发生为灾，烧毁棉花、涤纶等 200 多吨。

13. 1980 年 2 月 18 日，云南省红河州元阳县沙拉托公社富寨大队发生火灾，烧毁民房 105 间。

14. 1980 年 2 月 25 日，云南省元阳县沙拉托公社富寨村，因小孩玩火引起火灾，受灾 216 户、1110 人；死亡 14 人，烧伤 26 人。

15. 1980 年 3 月 3 日，河北省怀来县暖泉公社胶帽厂因火墙裂缝，明火与乙醚、酒精等挥发气体接触引起爆炸起火，死亡 10 人，受伤 6 人。

16. 1980 年 12 月 29 日，福建省福州市台江区江滨路 96 号发生火灾，大火延烧饭馆、旅馆、商店门市部、加工厂等 16 个单位，造成 3 人死亡，受灾 285 户、972 人。

17. 1980 年 12 月 29 日，广东省湛江市民安公社北海大队北海村发生火灾，烧毁茅屋 139 间，烧伤 231 人（占该村人口半数以上），死亡 1 人，烧毁稻谷 2.2 万多斤。

18. 1981 年 1 月 21 日，山东省菏泽地区郓城县潘渡联中女生宿舍失火，死亡 6 人，重伤 7 人，轻伤 5 人。

19. 1982 年 1 月 15 日，河南省新乡市 760 工厂因综合配件仓库保管员下班未关闭库房内电源，电线短路引发火灾，烧毁黑白电视显像管 2723 支、收录机配件 2 万套、发电机 19 台等，直接经济损失 286 万元。

20. 1982 年 1 月 23 日，福建省福清县音西公社苍霞大队林氏祠堂发生火灾，当场死亡 13 人，烧伤 7 人。

21. 1982 年 1 月 29 日，四川省凉山自治州冕宁县沙坝公社胜利大队发生山火，灭火过程中牺牲 12 人，重伤 7 人，轻伤 10 人。

22. 1982 年 2 月 10 日，国家重点文物保护单位北京市海淀区万寿寺因小孩玩火引起火灾，烧毁正殿、两侧配殿等古建筑。

★23. 1982 年 3 月 9 日，福建省福鼎县制药厂冰片车间结晶槽发生火灾，造成 65 人死亡，35 人重伤致残。烧毁厂房 659 平方米以及原材料和全套生产设备，直接经济损失 35 万元。

24. 1983 年 3 月 21 日，吉林省露水河林业局净水河林场发生火灾，死亡 12 人，重伤 2 人，轻伤 11 人。

25. 1983 年 4 月 17 日，黑龙江省哈尔滨市道里区河图街发生火灾，火势波及河清街、河洲街、河润街和河济街，延烧 15 个小时，火场面积 8.8 万多平方米，烧毁住宅、生产车间和其他建筑物 33873 平方米，688 户居民和城建局木材加工厂等 7 个企事业单位受灾，死亡 9 人，受伤 137 人（其中消防官兵 37 人），直接经济损失 780 万元。

26. 1983 年 9 月 28 日，山东省济南汽车制造总厂齿轮厂垃圾燃烧引起火灾，烧毁厂房 8184 平方米，各种机床 166 台及各种生产工具、设备、成品半成品，直接经济损失 146.8 万元。

27. 1983 年 12 月 5 日，山东省青岛火柴厂因工人违章作业发生火灾，造成 5 人死亡，8 人受伤。

28. 1984 年 5 月 11 日，天津市河东区七纬路河东税务局分局办公楼内居住的居民住户，因有人在木楼梯上吸烟引发火灾，造成 12 人死亡，1 人摔伤。

29. 1984 年 6 月 5 日，陕西省宝鸡市经二路东段一家个体幼儿园发生火灾，造成 8 名儿童死亡，烧伤 9 人（包括 7 名儿童、2 名保育员）。火灾系蚊香引燃被褥所致。

30. 1984 年 9 月 23 日，江西省抚州市广昌县城关镇西大街一户居民乱扔烟头引发火灾，死亡 4 人，烧伤 2 人；烧毁房屋 429 间，建筑面积 7300 平方米，受灾 127 户、550 人；直接经济损失 25 万余元。

31. 1985 年 4 月 19 日，黑龙江省哈尔滨市天鹅饭店第 11 层楼发生火灾，造成 10 人死亡（其中 6 名外国人），7 人重伤，经济损失约 25 万元。

32. 1985 年 4 月 21 日，山东省菏泽市第三（马岭岗）棉花加工厂因上垛机开关打火引发火灾，烧毁皮棉 9.3 万担，污染 395.5 担；烧毁籽棉 5534.9 担，污染变质 2.38 万担，降级 4.89 万担。造成直接经济损失 2919.6 万元。

33. 1985 年 7 月 26 日，河南省土产进出口公司新郑外贸加工仓库发生火灾，烧毁仓库 1250 平方米，直接经济损失 217 万元。

34. 1985 年 10 月 9 日，广东省广州市南华中路成珠茶楼发生火灾，死亡 8 人，受伤 24 人。1000 多平方米的茶楼全部烧毁。

35. 1985 年 12 月 7 日，黑龙江省绥化市肇东县公安局拘留所发生火灾，26 名拘留、在押人员死亡。

36. 1986 年 3 月 28 日，云南省安宁县青龙区发生山林火灾。56 名当地军民在扑救中被烧身亡，烧伤 3 人。

37. 1986 年 3 月 29 日，云南省玉溪市刺桐关，农民上山搂松毛时在路边抽烟引起森林火灾，25 人死亡，6 人重伤，93 人轻伤。

38. 1986 年 4 月 2 日，天津市和平区松江路松江胡同 5 号居民楼发生火灾，造成 13 人死亡，4 人受伤，3 户居民全家遇难。

39. 1986 年 4 月 20 日，内蒙古自治区呼伦贝尔盟库都尔林业局发生火灾，由于风向突变，风大火急，在火场上形成一个旋风式的强大热流，致使 90 名救火人员被卷入火中，其中 52 人牺牲，24 人严重烧伤，仅 14 人安全冲出火场。

40. 1986 年 4 月 24 日，安徽省淮南市长青乡舜耕村 4 户农民联办的制镜厂购进不合质量标准的无标号汽油，在开启桶盖时喷出大量油蒸气，产生静电火花，引起爆炸燃烧，死亡 10 人，烧伤 12 人，经济损失折款 2 万余元。

41. 1986 年 5 月 5 日，黑龙江省伊春市正阳街（棚户区）发生火灾，直接经济损失 1456 万余元。

42. 1986 年 9 月 18 日，上海市二轻局贸易中心大楼（5 层，高 27 米）发生火灾，烧毁二至五层建筑 5560 平方米，二轻局产品陈列室内的全部样品、中国机电设备公司华东一级站的电子计算机、复印机、电传机等设备及其他办公用品均遭焚毁，直接经济损失 318 万元。

43. 1986 年 10 月 11 日，江苏省南通市拆船厂在拆解"埃维罗"号废船时发生火灾，造成 11 人死亡，2 人轻伤。

（六）交通运输事故

1. 1977 年 2 月 3 日，四川省宜宾地区珙县汽车大队的一辆大客车由洛表镇开回珙县途中起火燃烧，3 名乘客死亡，烧伤 30 人。

2. 1977 年 2 月 5 日，江西省抚州市一辆开往东乡县的客运汽车，在东乡县城西郊铁道路口与南昌开往金华的一列火车相撞，造成汽车上 8 人死亡，10 人重伤，14 人轻伤。

3. 1977 年 2 月 7 日，江苏省盐城地区轮船公司"江苏 158"船队第七档水泥驳在江都县樊川闸附近触及河底块石后沉没，死亡 27 人。

4. 1977 年 2 月 13 日，四川省金堂县白果公社红旗渡口一艘渡船因严重超载而倾覆，船上 63 人全部落水，其中 37 人死亡。

5. 1977 年 2 月 14 日，广东省汕头地区航运局潮安分局所属的"汕红 05"号客轮，从潮安开往梅县松口，航至大埔县三河公社附近，因投机商贩违章携带易燃危险品乘船，引起爆炸起火，使船体沉没，43 人被烧身亡，烧伤 4 人，失踪 6 人。

6. 1977 年 2 月 18 日，第 908 次货物列车在胶济铁路 96 千米 +412.5 米处（山东高密县城以东）因一节道轨被破坏而发生颠覆事故，导致机车和一节车厢大破、9 节车厢报废，3 人受伤，中断行车 14 小时。

7. 1977 年 3 月 13 日，第 62 次旅客列车行至湖南省溆浦县仁里冲站时，旅客朱某携带的"香蕉水"（化学溶液，易燃品）引发火灾，烧毁两节车厢，烧伤旅客 360 人。

8. 1977 年 4 月 16 日，湖北省黄冈地区营山县松山铺水库一艘渡船因超载、客货混装造成翻船事故，死亡 11 人。

9. 1977 年 4 月 22 日，辽宁省桓仁县浑江水库林场一艘运送森林管理所职工和下乡知识青年的木制拖轮行至桓仁发电厂大坝上游时被风浪打翻，船上共 108 人，除 15 人脱险外，其余 93 人全部遇难。

10. 1977 年 4 月 29 日，徐州铁路分局所属的赵屯车站扳道员和值班员违反操作规程，致使第 1613 次货车与停在同一轨道上的第 1638 次货车正面冲撞，两辆机车撞坏、列车颠覆，7 名司机、副司机和司炉全部死亡。西陇海线中断行车 15 小时。

11. 1977 年 5 月 14 日，长江航运局芜湖分局"东方红 339"客轮①在安庆港水域一浮附近与"长江 2405"轮相撞。致使"东方红 339"客轮沉没，造成乘客和船员 78 人死亡，直接经济损失 150 万元②。

12. 1977 年 6 月 22 日，四川省重庆市轮渡公司 218 轮在唐家沱铜田坝一带水域触礁沉没，14 人溺亡。

13. 1977 年 7 月 17 日，北京市怀柔县城关镇钓鱼台大队组织社员乘小木船到怀柔水库西山劳动，途中船底进水沉入水中，造成 7 人溺亡。

14. 1977 年 8 月 4 日，广西壮族自治区梧州交通公司一艘渡船沉没，死亡（失踪）34 人。

15. 1977 年 8 月 9 日，湖北省宜昌地区远安县旧县公社泥水大队一队、二队的社员在沮河中游守家口乘渡船，到九包山开垦土地，渡船离对岸 14 米时沉没，11 人溺亡。

16. 1977 年 8 月 9 日，福建省宁德地区连江县潘渡公社仁山大队的一艘渡船载着一些社员到村子对岸看电影，途中翻沉，死亡 7 人。

17. 1977 年 8 月 9 日，广东省海南行政区琼中县食品厂一辆接送职工的汽车因车速太快，司机处理不当，造成翻车。死亡 6 人，重伤 7 人，轻伤 5 人。

18. 1977 年 9 月 7 日，安徽省铜陵县钟鸣公路段发生汽车撞人事故，死亡 7 人，受伤 22 人。

19. 1977 年 9 月 19 日，江苏省运河航运公司江苏（客）804 轮附拖 3241 客驳一艘，自镇江开往淮阴，因旅客夹带危险品上船，在宝应县槐楼湾水域起火，造成 47 人死亡③。

20. 1977 年 9 月 20 日，湖北省广济县龙坪公社牛车大队张生七生产队社员乘农用船到丰收港对岸湖田挑稻谷，船行至港中翻沉，造成 9 人死亡。

21. 1977 年 9 月 28 日，安徽省亳州地区蒙城县茨淮河桥头陈庄的一艘渡船，因违章超载发生翻沉事故，17 人溺亡（其中女 15 人）。

22. 1977 年 10 月 17 日，湖南省临湘县横铺公社石湾水库管理所的一艘木船载 22 名女学生过水库，途中翻沉，12 人溺亡。

23. 1977 年 10 月 29 日，甘肃省白龙江林业管理局汽车训练班一辆号牌为"25-70293"的教练车，在从兰州返回途中，于尼傲峡坠崖。事故造成 13 人死

---

① 安庆地区志记载，事故船舶为"东方红 39"，应为"东方红 339"之误。
② 东至县志记载：东方红 339 渡轮翻沉事故死亡人数为 80 人。
③ 江苏省运河公安史料记载，804 客轮火灾事故发生于 1977 年 9 月 17 日，死亡 63 人。

亡，6 人受伤。

24.1977 年 10 月 30 日，四川省巴县木洞公社杨家洞渡口的一艘渡船因严重超载翻沉，溺亡 11 人。

25.1977 年 11 月 6 日，陕西省宝鸡地区凤县酒店沟（酒奠沟）粮站的一辆载着粮站职工外出旅游的汽车翻入深沟，造成 12 人死亡，5 人重伤，8 人轻伤。

26.1977 年 11 月 6 日，四川省成都地区温江县通平公社赵家渡一艘渡船沉没，39 人落水，其中 11 人死亡，10 人受伤。

27.1978 年 1 月 14 日，长江航运管理局重庆分局所属 102 轮被拖船打横，缆绳崩断轮船翻沉，溺亡 14 人。

28.1978 年 1 月 22 日，四川省凉山自治州布拖县日乌科公社一辆拖拉机违章载人，翻于五星桥岩下，死亡 10 人。

29.1978 年 1 月 24 日，昆明铁路局昆河线平街子至狗街子之间发生 401 次旅客列车与 4422 次货物列车正面冲突事故，死亡 8 人，重伤 13 人，轻伤 64 人。机车报废 1 台、大破 1 台。直接经济损失 26 万元。

30.1978 年 1 月 28 日，四川省宜宾地区筠连县高坝公社至巡司公社的公路上发生拖拉机翻车事故，拖拉机手等 8 人死亡，13 人受伤。

31.1978 年 1 月 31 日，福建省古田县车队一辆开往水口的大客车，因制动器失效，在宝湖地段冲撞山崖，死亡 33 人，重伤 14 人。

32.1978 年 2 月 4 日，四川省德阳地区广汉县煤矿车队的一辆拉煤汽车，行至什邡红星矿时撞山，死亡 9 人，重伤 20 人，轻伤 14 人。

33.1978 年 2 月 7 日，江苏省扬州地区邗江县新坝运输站 1605 渡船在江心公社附近江面翻沉，死亡 92 人。

34.1978 年 2 月 9 日，四川省蓬安县中坝乡黄林桥的一艘旧木船超载摆渡，造成翻沉事故，死亡 13 人。

35.1978 年 2 月 16 日，四川省重庆市庆阳机器厂的一辆载人卡车在三岔河大桥翻车，死亡 10 人，重伤 5 人，轻伤 4 人。

36.1978 年 4 月 2 日，陕西省延安地区延长油矿的一辆汽车在张家河村翻入 30 米深沟，造成 12 人死亡，2 人重伤。

37.1978 年 5 月 14 日，四川省自贡市郊区沿滩公社木船运输队一艘机动船超载翻沉，18 人溺亡。

38.1978 年 7 月 12 日，陇海铁路宝天段伯阳车站、粮站和桥隧领工区被泥石流淹没，死亡 11 人，中断行车 299 小时。

39.1978 年 8 月 5 日，河南省洛阳东站牵引 1229 次列车的 1656 号机车与上行的 1618 次列车相撞，造成列车颠覆（伤亡不详）。

40. 1978 年 8 月 25 日，福建省宁德地区连江县琯头公社后一大队的一艘渡船沉没，61 人落水，16 人溺亡。

41. 1978 年 8 月 26 日，江西省吉安地区泰和县车队的一大型客车由共产主义劳动大学返回县城，途中翻车，死亡 10 人，重伤 31 人，轻伤 40 人。

42. 1978 年 9 月 6 日，第 1511 次列车在胶济铁路哈蟆屯站冒出线，与正在进站的 1506 次列车发生冲撞，4 名机车乘务员死亡，机车报废 2 台，货车报废 8 节、大破 5 节、中破 2 节，中断行车 8 小时 35 分。

43. 1978 年 12 月 6 日，安徽省天长县清晨大雾，一辆解放牌吊车与一客车在石梁公社长城大队土城队相撞，吊车吊臂铲入客车车厢，造成 3 人死亡，13 人受伤。

★44. 1978 年 12 月 16 日，由江苏省南京市开往青海省西宁市的 87 次列车在陇海线杨庄车站与西安开往徐州的 368 次列车拦腰相撞，造成 106 人死亡，47 人重伤，171 人轻伤。

45. 1979 年 1 月 30 日①，乌鲁木齐铁路局胜金台车站发生 143 次旅客快车与 393 次旅客列车尾部相撞事故，死亡 14 人，轻伤 22 人。机车大破 1 台，客车报废 2 辆、大破 4 辆、中破 2 辆，中断正线行车 18 小时 38 分。

46. 1979 年 1 月 31 日，广东省珠江口海域载有 4220 吨电石的希腊籍 "阿比里奥" 轮船因雾搁礁爆炸，17 名外国船员和中国 2 名工作人员（检疫、引水员各 1 名）死亡。

47. 1979 年 3 月 2 日，湖南省黔阳地区怀化县中方渡口一艘渡船超载翻沉，死亡 14 人。

48. 1979 年 3 月 31 日，甘肃省兰州市公交公司第 352 号公交车在运营途中翻沉，造成乘客 2 人死亡，66 人受伤（其中重伤 14 人）。

49. 1979 年 4 月 22 日，江西省上饶地区乐平县接渡公社莲湖洲村一艘渡船因超载沉没，24 人溺亡。

50. 1979 年 5 月 15 日，安徽省蚌埠市固镇县新马桥公社谷阳大队徐窑渡口一艘渡船因超载翻没，11 人溺亡。

51. 1979 年 5 月 19 日，辽宁省桓仁县二棚甸子公社横道川大队小学组织学生野游，在返校渡江时沉没，致使 33 名学生死亡。

52. 1979 年 5 月 21 日，第 2040 次货运列车在津浦铁路山东德州境内张庄站

---

① 新疆铁路志记载，这次事故发生时间为 1979 年 2 月 1 日。

至平原站之间发生火灾，烧毁所运载棉花 114.6 吨。

53. 1979 年 7 月 3 日，湖北省黄冈地区营山县南河公社闵河大队的一艘渡船翻沉，死亡 12 人。

54. 1979 年 7 月 15 日，湖北省黄冈地区黄梅县蔡山公社三江大队的一艘渡船在渡江时翻沉，死亡 18 人。

55. 1979 年 8 月 21 日，四川省江津县清平公社上渡口的一艘渡船因超载翻沉，溺亡 21 人。

56. 1979 年 8 月 22 日，福建省南平地区建阳汽车运输公司的一辆客车在南平市大横公社与另一辆汽车交会时发生碰撞，翻入深谷，整车沉没在 5 米多深的河水中，乘客 48 人中有 28 人死亡，20 人受伤。

57. 1979 年 9 月 1 日，浙江省宁波市"姚航 12"客轮在余姚县官船浦口沉没，造成 49 人死亡。

★58. 1979 年 9 月 2 日，贵州省赤水县元厚场沙坨渡口的一艘渡船因严重超载、违章行船而翻沉，死亡 53 人。

59. 1979 年 9 月 19 日，江苏省运河航运公司"江苏 804"客轮发生火灾，造成 47 名旅客死亡，烧伤 32 人。

60. 1979 年 10 月 3 日，贵州省余庆县团结水库发生翻沉船事故，死亡 28 人，轻、重伤 17 人。该机动船没有报经有关部门登记检验就擅自下水，并由无驾驶证人员操作，违反了船舶有关管理的规定；此船不属于载客船，按载重规定只能载 15 人，实载 45 人，超载了两倍；驾船人酒后开船，在严重超载的情况下，加速行驶，导致事故发生。

61. 1979 年 10 月 30 日，四川省宜宾地区高县大窝公社上渡口的一艘渡船因违章超载而沉没，死亡 12 人。

62. 1979 年 11 月 1 日，江西省军区独立师驻赣二团一辆解放牌汽车，行至上犹县中稍公社伏坳大队横千生产队路段时发生事故，使公路右侧行走的学生 4 人被轧身亡，2 人受重伤。

★63. 1979 年 11 月 25 日，石油部海洋石油勘探局"渤海二号"钻井船在渤海湾迁往新井位的拖航中翻船沉没，造成 72 人死亡。

64. 1980 年 1 月 22 日，从长沙开往广州的 403 次列车在到达株洲车站时，因一位旅客携带的发令纸燃烧造成火灾，死亡 22 人，受伤 4 人。1 节车厢焚毁。

65. 1980 年 2 月 1 日，陕西省绥德县河底乡一艘木船因顶凌航行，在黄河沉没，死亡 24 人。

66. 1980 年 2 月 11 日，湖南省涟源地区新邵县的一辆大客车在邵（阳）涟

（源）公路梅寨路段与一辆货车相撞，大客车起火燃烧，死亡 23 人，烧伤 20 人。

67. 1980 年 2 月 12 日，天津市公交公司一辆 52 路公共汽车，与对面开来的大港油田筑路队的一辆装有两台推土机的大型拖车相撞，致使公共汽车乘客死亡 16 人，重伤 4 人，轻伤 8 人。

68. 1980 年 2 月 26 日，河南省信阳地区罗山县铁铺公社九里大队的一处渡口因违章摆渡造成沉船事故，死亡 10 人。

69. 1980 年 2 月 27 日，广东省海运局"曙光 401"号客轮载 300 多人，从广州大沙头启航开往开平三埠，凌晨 2 时 15 分航行至开平水口以西 6 千米的谭江河面时，遭遇强对流天气和雷雨狂风袭击。客轮被狂风从侧面猛吹至倾斜，在不到 2 分钟内沉没，造成重大伤亡。出事地点附近雷雨大风的平均风力为 8 级，阵风达 10~11 级，大风范围宽为 8 千米。离出事地点 8.5 千米的开平气象站，记录到的 10 分钟平均最大风速为 12.7 米/秒，阵风为 8 级①。

70. 1980 年 3 月 20 日，民航成都管理局独立飞行中队一架苏制"安-24"型 484 机执行昆明—贵阳—长沙航班任务，在长沙大托铺机场坠毁在距跑道中心东西 50 米处，机上 19 名旅客和 7 名机组人员全部罹难。

71. 1980 年 3 月 27 日，广东省海南航运公司"粤海 311"轮在黄埔港虎门川鼻水道沙角二号锚地附近，因紧急避让横穿航道的拖船，与交通部广州海运管理局所属的"虎门号"轮船发生碰撞事故。"粤海 311"轮翻沉，船上 20 人全部溺亡。

72. 1980 年 4 月 20 日，四川省乐山市眉山县王家渡一艘渡船超载沉没，71 人溺亡。

73. 1980 年 6 月 5 日，安徽省淮南市祁集公社徐岗大队渡口的一艘渡船，因超载而沉没，造成 26 人死亡②。

74. 1980 年 6 月 15 日，四川省遂宁地区射洪县瞿河公社三大队一辆运送五硫化二磷的汽车倾覆，造成 14 人中毒，其中 5 人死亡。

75. 1980 年 8 月 18 日，福建省南平市大横公社埂埕大队一艘渡船因超载翻船，死亡 29 人。

76. 1980 年 8 月 19 日，四川省江津县羊石公社中坝大队后河渡口的一艘渡

---

① 《广东自然灾害志》记载这次雷雨大风"造成重大的生命财产损失大，死亡 301 人，直接经济损失 100 万元"。

② 淮南地方志记载：1980 年 6 月 5 日，该市吴坝渡口发生重大沉船事故，死亡 20 人。

船违章超载、冒雾起航，发生翻沉事故，溺亡 30 人。

★77. 1980 年 8 月 26 日，四川省宜宾地区屏山县航运公司所属"屏航 4 号"客船，行驶到金沙江新大滩时倾覆，死亡 176 人。

78. 1980 年 8 月 27 日，安徽省阜阳地区临泉县泉河新渡口发生沉船事故，造成 21 人死亡。

79. 1980 年 9 月 15 日，安徽省安庆地区望江县太慈公社竹山大队 26 名妇女在白莲洲圩拐因渡船超载沉没溺亡。

80. 1980 年 10 月 18 日，四川省自贡市公共汽车公司一辆公共汽车在沿滩公社犀牛口公路桥翻车、坠入河中，死亡 28 人，受伤 53 人。

81. 1980 年 11 月 25 日，湖南省湘西自治州湘运公司五四车队一辆客车，在吉首县吉首公社光明村停靠时起火，造成 31 人死亡，烧伤 58 人。

82. 1980 年 11 月 26 日，广西壮族自治区梧州市开往贵县（今贵港市）的"桂民 302"拖渡客船，遭到飑线风暴和大雨袭击而沉没，船上乘客和职工 100 人全部溺亡。

83. 1981 年 2 月 14 日，第 2981 次货物列车运行至山东省蓝烟铁路 43 千米+900 米处时发生锅炉爆炸事故，造成司机死亡，中断行车 13 小时 45 分。

84. 1981 年 2 月 20 日，甘肃省会宁县化工厂驾驶员豆某驾驶的号牌为"25-81669"解放牌载货车，去韩集公社接回家过春节的职工返厂途中，行至甘韩公路 300 米处时翻于山崖下，造成车上 8 人死亡，11 人重伤，15 人轻伤。

85. 1981 年 4 月 7 日，四川省盐边县金河公社金河联营煤矿 19 人看电影归途中所乘坐的小船因超载翻沉，死亡 12 人。

86. 1981 年 4 月 7 日，陕西省西宝公路南线 136 千米处（岐山县高店镇东）发生交通事故，8 名清晨跑操的学生被汽车碾轧身亡，轧伤 17 人。

87. 1981 年 4 月 21 日，民航北京管理局第二飞行总队为南海石油指挥部执行海上运输任务的 BO-105 型 763 直升机在北部湾坠海失事，3 人死亡（失踪）。

88. 1981 年 4 月 21 日，黑龙江省哈尔滨铁路局发生机车相撞事故，死亡 4 人，重伤 3 人，轻伤 7 人，直接经济损失 130 多万元。

89. 1981 年 4 月 22 日，湖南省临湘县龙源水库船工萧某驾驶一艘机帆船（核载 4.7 吨、21 人），载客 41 人、木材 2 立方米，因严重超载造成翻船事故，16 人溺亡。

90. 1981 年 6 月 24 日，福建省厦门市厦禾路一辆公共汽车爆炸，死亡 40 人，受伤 84 人。

★91. 1981 年 7 月 9 日，成昆线尼日站至乌斯河之间的利子依达铁路大桥被泥石流冲毁，致使当时正在过桥的442次旅客列车的机车和部分车厢坠入大渡河内，造成240多人（包括机车内的4名司机）死亡或失踪，146人受伤，成昆铁路运营中断超过半个月。

92. 1981年8月27日，安徽省临泉县于寨公社刘庄大队新渡口的一艘渡船，因超载而沉没，造成21人死亡。

93. 1981年10月15日，河南省鹤壁市浚县渡口发生渡船沉没事故，落水60余人，22人溺亡。

94. 1981年10月19日，安徽省安庆市怀宁县王楼公社农民驾大货车行至大庆路时，与一自行车相撞。相撞前，货车猛向左打方向，因刹车无效，连续撞倒公路上行人10人，其中死亡2人，重伤5人，轻伤3人，经济损失2万余元。

95. 1981年10月24日，河南省洛阳地区新安县马蹄窝黄河渡口一艘渡船因违章而翻沉，造成27人死亡。

96. 1981年12月2日，辽宁省鞍钢矿山公司大弧山铁矿运输车间发生车辆伤害事故，死亡6人，重伤3人，轻伤6人。

97. 1981年12月3日，山东省临沂地区莒南县后桃花林大队党支部书记张怀胜无证驾驶拖拉机发生翻车事故，死亡8人，受伤9人。

98. 1982年1月14日，一架由广州飞往桂林的三叉戟民航客机在桂林机场着陆时，在跑道1755米处与一头大水牛相撞，飞机前轮和机翼严重损坏，经济损失约300万元。幸无人员伤亡。

99. 1982年2月1日，长江航运管理局重庆分局2103轮违章航行，与"争光8"轮在重庆下马滩水域相撞，"争光8"轮翻沉，溺亡14人。

100. 1982年2月5日，辽宁省弓长岭铁矿劳动服务公司发生撞车事故，造成18人死亡，7人重伤，24人轻伤。

101. 1982年2月9日，广东省韶关地区翁源县官渡乡突水村的一艘运送甘蔗的渡船沉没，死亡13人（其中孕妇2人）。

102. 1982年3月8日，广东省珠海地区斗门县斗门一艘机船，在途经虎跳门航标灯附近海面时，因残破和超载而沉没，溺亡17人。

103. 1982年4月26日，中国民航3303航班266客机从广州至桂林途中，在广西壮族自治区桂林地区恭城县西岭公社营盘大队崩山上空坠毁，机上104名乘客和8名机组人员全部遇难。

104. 1982年5月5日，交通部上海海运局所属的"大庆53"号油轮，在从上海驶往秦皇岛的途中（空载），因违反防火防爆相关规定、冲洗管道内充斥的可燃气体遇到明火发生爆炸，游轮沉没。49名船员全部落水，其中20人溺亡，直接经济损失 1438 万元。

105. 1982 年 5 月 16 日，天津市水上公园"国庆"游船翻沉，死亡 26 人，受伤 9 人。沉船事故的主要原因是管理混乱，人员超载。

106. 1982 年 5 月 18 日，甘肃省兰州化工厂行政处大车队一轿车司机酒后开车，翻入 52.8 米深沟底，死亡 13 人，重伤 6 人。

107. 1982 年 5 月 26 日，内蒙古自治区赤峰县大庙公社娘娘庙大队附近的河道突发洪水，一辆军车行驶到河中央时翻车淹没，车上 28 人（19 名学生、8 名社员和一名司机）全部死亡。

108. 1982 年 5 月 28 日，由济南开往佳木斯的 193 次旅客快车在行驶至沈山线 43 千米+361 米处时，发生脱轨颠覆事故，乘客当场死亡 3 人，重伤 20 人，轻伤 127 人，车辆及铁路设备等直接经济损失 171 万余元，沈山线下行中断 19 小时 45 分。

109. 1982 年 6 月 20 日，江西省景德镇市一辆号牌为"12-72019"的公共汽车，从仙搓煤矿运载 48 名学生去 740 厂参加初中升高中考试，行经黄泥头过水公路桥时翻入河中，造成 34 人死亡，3 人受伤。

110. 1982 年 7 月 10 日，陕西省汉中地区西乡县白家坝渡口因船工操作不当造成渡船翻沉，11 人溺亡（其中白龙中学女生 8 人）。

111. 1982 年 7 月上旬，四川省武隆县凤来公社白鱼渡渡口的一艘渡船翻沉，造成 10 人溺亡。

112. 1982 年 8 月 11 日，广东省肇庆市高要县金渡公社茶岗大队农民 26 人乘小船横渡宋隆河拔秧，因超载翻船，造成 15 人溺亡。

113. 1982 年 9 月 25 日，安徽省怀远县龙亢区界沟渡口渡船因超载翻船，溺亡 11 人。

★114. 1982 年 9 月 25 日，四川省甘孜州九龙县车队一辆送参加农业工作会议代表返回各乡的大货车坠入河中，造成 47 人死亡，7 人轻伤。

115. 1982 年 9 月 30 日，四川省泸县第一航运公司"2-017"号木船超载摆渡，在弥陀公社油房湾翻沉，死亡 14 人。

116. 1982 年 10 月 3 日，广东省韶关市 601 车队的一辆客车在翁源县狮子山翻车，死亡 5 人，重伤 9 人，轻伤 42 人。

117. 1982 年 10 月 23 日，由徐州发往安徽省阜阳的 3049 次载货火车行至青阜线利辛县永兴集无人看守的平交道口，与从王人返回利辛的 41-70442 号大通道客车相撞，10 人死亡，47 人受伤，其中重伤 23 人，汽车报废。

118. 1982 年 11 月 24 日，福建省宁德地区连江县琯头运输公司一辆由福州市开往连江马鼻镇的大客车，在飞（石村）马（鼻镇）公路17千米处翻下深坑，死亡21人，受伤21人。

119. 1982年12月4日，广东省海南行政区万泉河水运公司"海三"客轮从海南石壁载客开往嘉积镇，途中发生沉船事故，死亡37人。

120. 1982年12月21日，四川省射洪县汽车联运公司的一辆大客车在该县境内的青岗大桥坠入河中，死亡30人（其中乘客29人，售票员1人）。

121. 1982年12月24日，兰州民航管理局第8飞行大队伊尔18型202号飞机执行西安—长沙—广州航班任务，飞机到达广州上空后，因旅客吸烟，火种掉入飞机地板下面，使客舱后部冒烟着火，飞机降落后火势加大，造成飞机烧毁，中外旅客死亡25人，受伤26人，机组人员中4人受伤。飞机报废。

122. 1982年12月24—25日，安徽省巢湖地区无为县境内长江水域发生两次恶性事故。24日3时30分，无为县刘渡人民公社私人挂机船与长江航运管理局武汉分局2130船队相撞，挂机船翻沉，死亡6人。25日22时3分，无为县土桥人民公社新民大队私人挂机船与长江航运管理局武汉分局2046号船队相撞，挂机船翻沉，死亡8人。经调查，上述两只私人船只均属无证、无照、灯光信号不全的违章船只。

123. 1983年1月12日，安徽省合肥市下塘集火车站北3千米处，发生两列火车相撞事故，造成7节车皮脱轨，3人受伤。

124. 1983年2月9日，广西壮族自治区都安瑶族自治县搬运公司的一辆货车因车速过快发生翻车事故，死亡10人，受伤8人。

★125. 1983年3月1日，广东海运局"红星312"客轮在由广州开往肇庆的航程中，于三水县魁岗河口附近水面，遭遇飑线风袭击，"红星312"客轮翻沉，148人溺亡。

126. 1983年3月9日，河南省周口地区项城县的一辆大客车，在行驶到信阳地区息县包信镇时发生爆炸，车上64名乘客全部受伤。

127. 1983年4月4日，民航直升机公司向法国道达尔中国公司租用的、在法国注册登记的"空中国王-200"型FBVRP飞机，在广州起飞爬升过程中坠毁，机组3人、乘客5人全部罹难。

128. 1983年5月3日，山东省济南市章丘县黄河乡西王常大队黄河渡口一艘木帆船翻沉，死亡34人。

129. 1983年5月8日，陕西省宝鸡县陇海铁路1237千米处一无人看守道口发生第2132次货物列车与一辆抢道行驶的汽车相撞事故，死亡8人，重伤3人。

130. 1983年6月1日，从上海开往福州的49次特快列车经过浙江义乌车站东的平交道口时，与横穿铁路的一辆汽车（客车）相撞，造成人员伤亡（人数不详）。

131. 1983 年 7 月 31 日，四川省雅安地区汉源县小堡公社宰骡河渡口一艘渡船翻沉，123 人落水，其中 70 人死亡。

132. 1983 年 8 月 12 日，安徽省池州地区贵池县境内的秋浦河沧埠渡口发生沉船事故，死亡 23 人。

133. 1983 年 8 月 14 日，四川省秀山县航运公司 301 号货轮在乌江鸡公滩翻沉，造成 14 人溺亡，直接经济损失 38 万元。

134. 1983 年 8 月 15 日，云南省曲靖地区富源县城关公社腰站大队车转弯村的 28 名群众，乘渡船过响水河水库到火车站看电影，船超载沉没，死亡 11 人，受伤 8 人。

135. 1983 年 9 月 14 日，民航广州管理局第六飞行大队三叉戟型 264 飞机，执行广州—桂林—北京航班任务，在从桂林奇峰军民两用机场准备起飞滑行过程中，与空军轰五型 3334 飞机相撞，造成乘客死亡 11 人、受伤 22 人，飞机报废。

136. 1983 年 9 月 24 日，由徐州开往阜阳的 439 次普通客车，行至安徽省涡阳县青疃集无人看守道口处，与青疃区马店乡马文师驾驶的私人汽车相撞，当场撞死 29 人、重伤 4 人抢救无效死亡，伤 39 人，汽车报废。

137. 1983 年 9 月 28 日，福建省莆田地区仙游县鬼红口乡一辆手扶拖拉机翻车，死亡 10 人。

138. 1983 年 9 月 30 日，山东省滕县西岗公社刘仙庄附近铁路与公路交叉处，发生客运汽车与火车相撞事故，客车报废，火车头及 3 节车皮脱轨，造成 7 人死亡，13 人重伤，8 人轻伤。

139. 1983 年 10 月 20 日，河南省洛阳地区卢氏县范里公社涧底村洛河渡口的一艘渡船翻沉，船上 64 人落水，其中 15 人死亡。

140. 1983 年 10 月 29 日，安徽省霍邱县宋店乡前进村五孔桥临时农渡发生一起沉船事故，7 名小学生溺亡。

141. 1983 年 11 月 11 日，上海市海运局"战斗 67"货轮载运约 3000 吨货物，在从天津港驶往上海港的途中，因违章装载，遇到大风浪后操作失误，在黄海石岛东南约 50 海里处翻沉，死亡 23 人，直接经济损失 590 多万元。

142. 1984 年 1 月 5 日，河南省焦作市武陟县何营乡境内一辆由河南郑州开往焦作的长途汽车意外燃烧，造成 15 人死亡，20 人受伤。

143. 1984 年 1 月 8 日，浙江省嘉兴市桐乡县永秀乡某个体户无证驾驶一艘挂浆机动船，载客 68 人，由义乌驶向崇福，在跃进桥出口处与一艘过往的船只相撞，船破沉没，乘客全部落水，14 人溺亡。

144. 1984 年 1 月 12 日，山西省忻州市汽运公司宁武分公司 191 次班车在由阳方口开往兴县途中，翻入 40 多米的深沟，当场死亡 25 人，受伤 33 人。

145. 1984 年 1 月 14 日，上海市上海县梅陇公社农机站一辆拖拉机抢越沪杭铁路梅陇道口，与 49 次特快列车相撞，驾驶员死亡。沪杭铁路全线运输中断 50 分钟。

146. 1984 年 1 月 28 日，四川省成都市公交公司的一辆大型公共汽车在上新街黄桷垭翻入 110 米高崖，造成 10 人死亡，4 人重伤，26 人轻伤。

147. 1984 年 2 月 6 日，福建省漳州市诏安县四都公社林头大队发生翻船事故，53 人落海，其中 17 人死亡，1 人受伤。

148. 1984 年 2 月 21 日，山西省临汾市举行每年一度的元宵焰火晚会，凌晨 1 时 34 分，满载看完焰火群众的拖拉机在五一东路铁道口与火车相撞，造成 7 人死亡，9 人重伤，12 人轻伤。

149. 1984 年 3 月 17 日，福建省宁德地区福鼎县公交公司一辆号牌为 "13-75142" 的大客车从浙江苍南桥墩返回，至福温线 326 千米+820 米处时翻车，驾驶员谢某及乘客共死亡 39 人，受伤 8 人。

150. 1984 年 3 月 19 日，安徽省全椒县小集乡陆镇村个体户范某驾驶一辆货车，乘坐 22 人，由陆镇村开往赤镇乡，行至小孙村时，突然翻车，当场死亡 4 人，伤 10 人。

151. 1984 年 4 月 22 日，湖南省怀化地区辰溪县水井乡联合村个体船户张某违章超载造成翻船事故，24 人溺亡。

152. 1984 年 4 月 28 日，福建省连江县敖江公社横槎大队渡船超载漏水下沉，乘客 38 人全部落水，溺死 9 人。

153. 1984 年 5 月 14 日，由山东济宁开往黑龙江省三棵树的 117 次旅客列车在深山线房家和大红旗间，因为旅客吸烟引起列车火灾，造成旅客死亡 6 人，伤 22 人，报废客车 2 辆，小破 1 辆，中断行车 1 小时 14 分。

154. 1984 年 5 月 16 日，重庆市万县船队一拖轮由于抛锚不当，将长江底的通讯电缆挂断，造成江南、江北 18 条电报电话等线路中断一个月。

155. 1984 年 5 月 22 日，巴拿马籍 "东虹" 货轮进青岛港时在团岛处碰沉海军 "210" 潜艇，致使官兵 10 人死亡，直接经济损失 3000 万元。

156. 1984 年 6 月 2 日，安徽省宣城地区旌德县开往上海的一辆客运班车，行至宁国境内翻车，造成 7 人死亡，8 人重伤，6 人轻伤。

157. 1984 年 6 月 4 日，四川省重庆市巴县西彭乡一艘渡船翻沉，11 人溺亡。

158. 1984 年 6 月 5 日，铁道部兰州铁路局工程处机械运输队一辆东风货车，载 11 名职工出工，途中与玉门石油管理局运输处一辆大客车（载 63 名职工和家属）相撞，造成 11 人死亡，18 人重伤，32 人轻伤。

159. 1984 年 6 月 14 日，安徽省阜阳地区颍上县垂岗集渡口发生翻船事故，落水 40 人，死亡 15 人。

160. 1984 年 6 月 25 日，广西壮族自治区南宁市横县南乡镇的一艘机动渡船遇雷雨大风翻沉，死亡 45 人。

161. 1984 年 7 月 4 日，四川省泸州地区泸县弥陀公社运输队 10 号汽车在开往泸州途中翻车，死亡 21 人，受伤 35 人。

162. 1984 年 7 月 26 日，山东省临沂市郯城县沐马围子渡口一艘渡船翻沉，死亡 24 人。

163. 1984 年 7 月，宁夏回族自治区贺兰山黄旗口 265 微波站职工和家属乘汽车返站时，遭遇洪水袭击，致使车辆被洪水冲翻淹没，造成 6 人死亡。

164. 1984 年 8 月 21 日，广东省海南行政区澄迈县国营金安农场一艘机船载运 96 名乘客，从金安渡口开往对岸的瑞溪墟，途中发生沉船事故，船上人员全部落水，其中 25 人死亡。

165. 1984 年 8 月 27 日，江苏省吴县航道站的一艘挖泥船翻沉，致使 26 人死亡，直接经济损失 11.1 万余元。

166. 1984 年 9 月 3 日，江西省萍乡市客运公司一辆大客车因乘客携带松节油上车，在萍乡矿务局十字路口引起大火，汽车全被烧毁，当场死亡 9 人，重伤 12 人。

167. 1984 年 9 月 8 日，安徽省安庆汽车一队一辆大客车驶往贵池方向，行至芜湖大集路 177 千米处与另一大货车相撞，死亡 2 人，重伤 9 人，轻伤 23 人。

168. 1984 年 9 月 16 日，在京广线下行 938 千米+600 米处 133 次旅客列车与403 次旅客列车尾部相撞，致 37 人受伤，机车小破 1 台，客车报废 2 辆、大破 1 辆、小破 14 辆、毁坏线路 70 米、轨枕 124 根，直接经济损失约 36 万元，并中断下行正线行车 4 小时 30 分钟。

169. 1984 年 10 月 2 日晚，安徽省淮南市新华书店一辆货车载 18 人，行至谢家集铁路平交道口处，因抢道行驶与火车相撞，汽车被撞出 20 米外，当场死亡 3 人，重伤 5 人，轻伤 10 人。

170. 1984 年 10 月 11 日，山东省临沂地区费县新庄区靳家沟大队 8 名妇女，乘一铁皮小船由姜家岭返回靳家沟，途中翻沉，8 人全部溺亡。

171. 1984 年 11 月 1 日，中国海洋直升机专业公司租用美国石油直升机公司的 S-76 型 N27422 直升机，从湛江坡头至南海四平台间往返运送人员物资过程中坠海失事，机组 3 人、乘客 2 人遇难。

172. 1984 年 11 月 26 日，四川省绵阳地区射洪县双溪镇的一艘渡船沉没，18 人溺亡。

173. 1985 年 1 月 18 日，中国民航上海管理局第五飞行大队安-24 型 434 飞机，执行上海—南京—济南—北京航班任务，在济南机场着陆时失事，机上旅客和机组人员 41 人中有 38 人罹难。

174. 1985 年 1 月 21 日，河南省登封县颖阳乡北寨村个体司机范某驾驶由三户农民集资购买的旧解放牌汽车搞营运，在行车途中汽车发生故障，因检修不当引燃汽油，死亡 18 人，烧伤 27 人。

175. 1985 年 2 月 17 日，安徽省太湖县一辆满载 46 名乘客的长途汽车从岳西返回，行至太湖淡水坳 6 千米处，在冰雪坡道上与一手扶拖拉机相会时翻车，重伤 16 人，轻伤 11 人，客车报废。

176. 1985 年 3 月 21 日，安徽省濉溪县广播事业局一辆江淮牌货车乘坐 22 人，行至该县境内的 0908 公路 54 千米处与山东省鲁南实业公司绿化旅游服务分公司的一辆北京 130 牌汽车相撞，当场死亡 2 人，重伤 7 人，轻伤 5 人。

★177. 1985 年 3 月 27 日，广东省江门市航运公司"红星 283"客轮在由江门开往广州途中翻沉，造成 83 人溺亡。

178. 1985 年 4 月 7 日，山西省昔阳县运输公司一辆大客车由西寨返回县城，途中因刹车失灵撞上山岩，死亡 21 人，受伤 43 人。

179. 1985 年 4 月 7 日，安徽省巢湖地区庐江县泥河区 3 艘运粮民船在江苏省如皋县营防乡长江村江面因风浪翻沉，12 名船员溺亡。

180. 1985 年 4 月 8 日，陕西省安康地区石泉县境内阳安铁路一列运送蜂箱的火车，蜂群逸出，蜇伤旅客和当地群众 150 人，其中 1 人死亡。

★181. 1985 年 4 月 14 日，河南省焦作市博爱县的自然景观青天河水库一游船因严重超载翻沉，船上 149 人落水，其中 113 人溺亡。

182. 1985 年 5 月 31 日，湖北省恩施地区巴东县在广济船厂订造的一艘机动船，在试航时发生爆炸，死亡 7 人，受伤 19 人。

183. 1985 年 6 月 21 日，安徽省安庆市桐城县境主庙水库的一艘渡船因超载而翻沉，造成 13 人死亡。

184. 1985 年 6 月 21 日，安徽省舒城县查弯乡政府一辆 CA30 型牵引车，行至该乡花坪村附近的土公路时翻车，当场死亡 3 人，重伤 10 人，轻伤 2 人。

185. 1985 年 6 月 24 日，湖南省常德县港二口乡雇用无照人员驾船运送劳力，严重超载，致使船头出现裂缝，进水翻沉，33 人溺亡。

186. 1985 年 7 月 18 日，广西壮族自治区桂林市漓江一艘游船遇大风翻沉，死亡 32 人。

187. 1985 年 7 月 21 日，安徽省安庆汽车运输公司 1 辆大型客车载 52 人，由石台蓬莱仙洞驶往东至，至石台县梓桐岭北坡底殷新线 53 千米+900 米处，因车速过快翻车，死亡 3 人，重伤 24 人，轻伤 25 人。

188. 1985 年 8 月 10 日，四川省攀枝花市公交公司一辆黄河牌大客车载客 94 人从云南永胜返回攀枝花途中，因严重超载和操作失误，在平江乡路段翻入 103 米深谷，造成 30 人死亡（包括司机喻某），63 人受伤。

★189. 1985 年 8 月 18 日，黑龙江省哈尔滨市交通局航运公司负责运送往返市区与太阳岛游客的 423 客艇，从太阳岛三联码头驶往松花江南岸途中，在距离南岸约 357 米处发生沉船事故，船上 238 名乘客全部落水，其中 67 人获救，171 人死亡。

190. 1985 年 8 月 22 日，福建省莆田县东庄乡后凤村一辆载客三轮摩托车上因载有火药发生燃烧事故，车上 7 人全部烧伤，其中 6 人抢救无效丧生。

191. 1985 年 9 月 23 日，广西壮族自治区贺州县一辆开往梧州的龙江牌大客车，在一处漫水桥上行驶时车被洪水冲翻，死亡 17 人。

192. 1985 年 10 月 22 日，民航武汉公司一架由武汉飞往恩施航班的肖特–360 型客机，在恩施机场着陆时滑出跑道，撞倒机场围墙，25 名乘客和机组人员受伤，直接经济损失 1300 余万元。

193. 1985 年 12 月 5 日，陕西省安康地区汽车运输公司一辆号牌为"24-72817"的大客车在行至平镇公路 95.8 千米处翻车，造成 25 人死亡，23 人重伤，11 人轻伤。

194. 1985 年 12 月 7 日，安徽省安庆地区枞阳县白荡湖发生一起沉船事故，死亡 16 人。

195. 1985 年 12 月 11 日，安徽省芜湖县一辆个体运输户客车，在九十殿滚水坝滑入潭中，7 人溺亡，16 人受伤。

196. 1986 年 1 月 15 日，由武昌开往广州的 247 次客车在将要行至广东省乐昌市境内的坪石站时，第 7 节车厢发生爆炸，当场死亡 7 人，重伤 14 人，轻伤 25 人。

197. 1986 年 2 月 15 日，吉林省黄泥河林业局森林铁路 202 次旅客列车行至十里堡桥上时，发生爆炸，造成 32 人死亡，32 人受伤①。

---

① 系人为制造的爆炸事故（事件）。

198. 1986 年 2 月 19 日，安徽省歙县英坑乡 1 辆小四轮拖拉机去金川乡接新娘．返回途中翻车，车上 11 人，死亡 2 人，重伤 9 人。

199. 1986 年 2 月 20 日，四川省重庆市巴县一辆公共汽车油箱起火爆炸。死亡 7 人，受伤 16 人。

200. 1986 年 2 月 23 日，广东省海南行政区三亚市一辆开往黄流的东风牌大客车在途经石沟溪时滑落桥下、沉没水中，死亡 13 人，重伤 1 人，轻伤 1 人。

201. 1986 年 3 月 27 日，广东省航运总公司海南海运公司所属"奥海 311"货轮，从海南驶往广州途中，与"虎门"挖泥船相撞，货轮沉没，造成 20 人死亡。

202. 1986 年 3 月 31 日，安徽省滁县地区运输公司汽车二队 1 辆解放牌大客车，由黄圩开往滁州市内，行至黄圩大桥处翻至桥下，当场死亡 2 人，重伤 11 人，轻伤 23 人。

203. 1986 年 4 月 11 日，山东省德州地区第二运输公司一辆大客车行至长清县平安店镇大刘村附近与一辆货车相撞，大客车起火爆炸，造成 35 人死亡，17 人受伤。

204. 1986 年 4 月 19 日，哈长线哈拉哈车站南铁道口发生汽车与 151 次旅客列车相撞事故，当场造成列车旅客 31 人受伤（其中 1 人医治无效死亡）；铁路职工死亡 1 人，受伤 3 人。

205. 1986 年 4 月 26 日，安徽省安庆汽车运输公司一车队 1 辆大客车载客 40 人到石台县蓬莱仙洞春游，车行至石台七井乡石井公路 3 千米转弯处，滑到 3 米深的山坡下翻车，重伤 17 人，轻伤 23 人。

206. 1986 年 5 月 18 日，内蒙古自治区赤峰市宁城县钓鱼台水库发生翻船事故，9 名中学生和 1 名教师落水身亡。

207. 1986 年 5 月 31 日，四川省重庆市北培汽车运输公司的一辆大客车翻下陡崖，跌落嘉陵江边，死亡 48 人，重伤 10 人。

208. 1986 年 5 月 31 日，安徽省歙县长标乡一辆手扶拖拉机翻至 280 米深的悬崖，拖拉机起火烧毁，机上 12 人全部死亡。

209. 1986 年 6 月 16 日，交通部广州海运局一艘由罗马尼亚制造的"德堡"货轮，在首航途中主机出现故障突然停航，沉没于印度洋，造成 33 人死亡。

210. 1986 年 6 月 21 日，甘肃省窑街矿务局劳动服务公司一辆大客车在行驶途中翻入 42 米多深的谷底，造成 16 人死亡，25 人重伤，39 人轻伤。

211. 1986 年 7 月 5 日，四川省重庆大学机械一系赴第二汽车制造厂实习的学生在游览武当山时发生事故，其乘坐的客车翻下 107 米高的陡坎，死亡 20 人，受伤 16 人。

212. 1986 年 8 月 2 日，安徽省霍山县汽车队一辆大客车行至俞陆公路 4 千米处，因刹车失灵，客车失控，翻入 28 米深的山坎下，死亡 1 人，重伤 3 人，轻伤 44 人。

213. 1986 年 9 月 6 日，福建省连城县连城庙前，江西赣州运输公司一辆从赣州开往厦门的客车，因旅客携带的鞭炮引线突然爆燃引起火灾，全车 42 人中 1 人当场被烧身亡，其余全部受伤，医治无效又死亡 21 人，合计死亡 22 人，重伤 20 人。

214. 1986 年 10 月 18 日，交通部广州海运局"大庆 245"油轮在山东省青岛市黄岛油码头停泊排水时爆炸起火，油轮被炸毁沉没，输油管线和油码头被严重损坏，死亡 7 人，受伤 3 人，直接经济损失 1646.5 万元。

215. 1986 年 10 月 24 日，上海市沪杭铁路线三泾北宅道口 3373 次货车出轨翻车，撞塌民房 7 幢，死亡 11 人，受伤 10 人（其中重伤 1 人）。

216. 1986 年 11 月 17 日，安徽省灵璧县建材公司一辆汽车，因驾驶员酒后行车，车速过快，行至灵璧县城北冯庙过桥时，翻入桥下水中，死亡 6 人，重伤 2 人，轻伤 5 人。

217. 1986 年 11 月 28 日，四川省云阳县高阳乡搬运社的一辆货车，在王某驾驶下，违章搭载 56 人，行至红庙桥上时因车速过快和操作失误而翻落桥下，造成 25 人死亡，29 人重伤，2 人轻伤。

218. 1986 年 11 月 30 日，四川省宜宾地区高县庆岭乡新滩渡口一艘渡船严重超载造成翻船事故，19 人落水，其中 14 人溺亡（失踪）。

219. 1986 年 12 月 5 日，平齐线三林车站上行出站信号机 122.6 米处发生两列货车侧面冲突事故，死亡 3 人，机车大破 2 台，车辆报废 3 辆、大破 6 辆，损坏线路 100 米及道岔、信号机等，中断正线行车 20 小时 56 分。

220. 1986 年 12 月 8 日，陕西省西安火车东站 2169 调车机，由红旗机械厂专用线顶推 13 辆货车，至含元路八府庄平交道口处，与正在横过铁路的 16 路公共汽车相撞。死亡 18 人，重伤 10 人，轻伤 64 人。

221. 1986 年 12 月 15 日，由西安经兰州飞往成都的 2409 航班客机（安 24 型）因发动机故障被迫返航时，由于飞行员操作不当等原因，在甘肃省兰州市中川机场坠落起火，死亡 6 人，烧伤 38 人。

（七）渔业船舶事故

1. 1977 年 4 月 13 日，山东省潍坊地区寿光县羊角沟渔业大队"鲁寿渔 406"

渔船在莱州湾翻沉，12 名船员丧生。

2. 1978 年 4 月 11 日，山东省烟台海洋渔业公司 405 渔轮与巴拿马籍"东方和睦"货轮在鱼山列岛附近相撞。渔轮沉没，19 名渔工死亡，2 名受伤。

3. 1978 年 9 月 9 日，上海海运局"长青"煤船从青岛港开出后与"青渔233"渔轮相碰撞。"青渔233"渔轮沉没，5 人遇难。

4. 1980 年 2 月 27 日，广东省惠来县黄埔渔业大队 4 艘木帆船在珠江小虎附近突遇大风沉没，造成 8 人死亡（失踪）；全县当日共有 4 艘渔船翻沉，造成 22 人死亡（失踪）。

5. 1981 年 12 月 14 日，山东省青岛市即墨县山东头"2809"渔船载 25 名妇女到波澜岛采石花菜，返航时在田横岛附近翻船，死亡 17 人。

6. 1982 年 10 月 24 日，山东省"鲁文渔3039"渔船在千里岩东南 10 海里处被波兰籍"西蒙诺夫斯基"货轮撞沉，船上 12 名渔民死亡。

7. 1983 年 4 月 28 日，山东省青岛市"鲁黄岛1659"号渔船在海上作业时，被上海"长生"号客轮撞沉，5 人丧生。

8. 1985 年 2 月 16 日，广东省海丰县东涌区一艘机动渔船由渔场返航途中，因大风沉没，37 名船员中有 17 人死亡。

9. 1985 年 4 月 18 日，福建省漳州地区龙海县石码镇 2034 渔船在晋江县围头角渔场作业时被台湾高雄"金锋"运输船撞击沉没。船上 22 人中有 9 人死亡（失踪）。

10. 1985 年 12 月 1 日，广东省陆丰县渔船"庄明星"号在北纬 22 度 18 分、东经 115 度 42 分处因风浪大沉没，11 名船员死亡（失踪）。

（八）其他事故

1. 1977 年 1 月 23 日，四川省重庆市江北区刘家台广场放映电影《洪湖赤卫队》终场时发生踩踏事故，死亡 8 人，重伤 11 人，轻伤 10 人。

2. 1977 年 4 月 30 日，四川省大足县三溪公社凉水大队第七生产队从沼气池取肥时，发生中毒事故，死亡 5 人。

3. 1977 年 5 月 1 日，湖南省株洲市在市体育场举办庆"五一"焰火晚会，散场时发生踩踏事故，死亡 24 人，受伤 100 多人。

4. 1977 年 7 月 30 日，陕西省镇坪县大河公社民主大队社员用 1059 农药给小学生治虱，造成 18 人中毒，其中 7 人抢救无效死亡。

5. 1977 年 10 月 1 日，安徽省徽州地区屯溪市在东方红广场举行国庆焰火晚会，散场时发生踩踏事故，造成 7 人死亡，41 人被踩伤。

6. 1977 年 10 月 8 日，陕西省扶风县城关公社四村的一些小学生在上学途中，到路旁的石灰窑顶部取暖、烤馍，石灰窑突然坍塌，9 名儿童跌入窑内身亡。

7. 1978 年 1 月 8 日，四川省成都市消防安全业余演出队在金堂县五凤镇小学演出散场时发生踩踏事故，造成 21 人死亡，22 人重伤，24 人轻伤。

8. 1978 年 2 月 7 日，四川省泸县万定公社春节文艺演出发生踩踏事故，死亡 8 人，受伤 15 人。

9. 1978 年 3 月 20 日，四川省重庆冶炼厂在本厂球场放映被禁多年的故事片《刘三姐》，因人员拥挤发生踩踏事故，球场进出口处的围墙被挤倒，死亡 6 人，重伤 12 人，轻伤 28 人。

10. 1978 年 5 月 3 日，江西省宜春地区奉新县渣村中学一栋 166 平方米的女生宿舍倒塌，2 名女生被压身亡，重伤 18 人，轻伤 21 人。

11. 1979 年 1 月 30 日，江西省南昌市江西影剧院发生踩踏事故，死亡 2 人，踩伤多人。

12. 1979 年 2 月 6 日，四川省富顺县中和公社召开群英会（劳动模范会）放映电影，散场时发生踩踏事故，9 名儿童死亡，踩伤 8 人。

13. 1979 年 7 月 21 日，山东省泰安县泰前大队蓄水塘坝因年久失修而垮坝，下游 40 余间房屋被冲走，死亡 12 人，受伤 27 人。

14. 1979 年 7 月 25 日，甘肃省敦煌县党河水库副坝因地方领导强行决定水库汛期超限蓄水，加之抗洪指挥工作严重失误等原因造成垮坝事故，下游 34 千米处的敦煌县城遭溃坝洪水袭击，城内大部房屋倒塌，通往青海、西藏的公路中断，全城被迫停工、停业，直接经济损失 2392 万元。

15. 1979 年 9 月 30 日，安徽省亳州市利辛县李集公社路沿生产队社员用炸药炸鱼时发生意外爆炸，死亡 6 人，炸伤 11 人。

16. 1979 年 12 月 1 日，黑龙江省七台河市东风公社富强大队俱乐部放映电影时发生爆炸，死亡 86 人，重伤 35 人，轻伤 187 人①。

17. 1980 年 3 月 19 日，四川省中江县清凉公社第三大队第三生产队发生农药中毒事故，17 人中毒，其中 7 人死亡。

18. 1980 年 5 月 21 日，四川省自贡地区富顺县永胜公社放电影时突下暴雨，观众慌乱拥挤造成踩踏事故，死亡 9 人，重伤 41 人。

19. 1980 年 6 月 24 日，四川省团滩公社竹林沟大队位于半山腰的一口废塘

---

① 系人为制造的爆炸事故（事件）。

垮塌溃决，冲毁农田 8.9 公顷，造成 16 人死亡，4 人重伤。

20. 1981 年 2 月 19 日，贵州省镇远县竹坪公社黄连大队社员戚某等为使本大队的电灯亮堂一些，擅自把 30 千伏降压变电器的低压侧 C 相出线剪断，连接到 10 千伏高压线上，造成大面积触电事故，死亡 3 人，重伤 8 人，轻伤 20 人。

21. 1981 年 6 月 27 日，四川省涪陵地区石柱县沿溪公社榨菜厂在清理腌菜池时发生硫化氢中毒窒息事故，造成 7 人死亡。

22. 1982 年 5 月 29 日，广东省珠海市担杆公社供销社部分房屋被滑坡掩埋，死亡 22 人（其中解放军战士 13 人），受伤 4 人。

23. 1983 年 6 月 20 日，江西省上饶地区余江县潢溪公社逢叶大队坪上吴村在开展龙舟竞赛时，有两艘龙舟被激流冲落于拦河坝下，造成 15 人死亡。

24. 1983 年 7 月 28 日，四川省长宁县万岭仙寓洞游人拥挤，发生坠落悬崖事故，死亡 6 人，受伤 14 人。

25. 1983 年 10 月 31 日，河南省信阳地区罗山县高店乡高店村小学的三间教室坍塌，造成学生死亡 3 人，受伤 42 人。

26. 1984 年 2 月 2 日（春节），广东省肇庆市遂溪县城的一些群众站在革命路旧文化馆围墙宣传栏顶部观看舞狮舞龙游行，造成宣传栏倒塌，56 人死亡，重伤 50 人，轻伤 4 人。

27. 1984 年 2 月 13 日至 17 日，安徽省阜阳地区阜阳市在人民路、解放路、颍州路举行灯展，并于 16 日（农历正月十五日）晚在中心广场、人民剧场门前、水上公社 3 处放焰火，中心广场观众约 10 万人，结束时由于出口小、秩序乱，拥挤踩踏造成 16 人死亡，受伤 28 人。

28. 1984 年 2 月 14 日，贵州省湄潭县城关镇元宵晚会因混乱拥挤导致发生踩踏事故，死亡 102 人，受伤 52 人。

29. 1984 年 3 月 17 日，河南省南阳市化工厂女厕所内因地下管道泄漏造成中毒事故，10 名女工晕倒，其中 2 人死亡。

30. 1984 年 4 月 6 日，北京市房山县南尚乐乡石窝村电影场发生爆炸事故，死亡 3 人，受伤 29 人。

31. 1984 年 6 月 2 日，四川省凉山自治州木里自治县分沙湾乡遭受雷击，死亡 7 人，重伤 2 人，轻伤 2 人。

32. 1984 年 10 月 3 日，农历九月初九"登高节"，前往广东省肇庆市鼎湖山登高游览者达 6 万多人，响水潭附近山路栏杆被游人挤断，多名游客摔下山崖，死亡 2 人，受伤 10 人。

33. 1984 年 11 月 13 日，空军 39616 部队一架 331 工程巡航机在四川省喜德县上空失事。飞行中队长牺牲，两名飞行员跳伞受伤。

34. 1984 年 12 月 23 日，承建义马矿务局千秋煤矿洗煤厂的河南省黄金公司建筑工程队发生食物中毒事故，死亡 10 人。

35. 1985 年 1 月 24 日，陕西省榆林县桐条沟乡张村发生滑坡事故，造成 21 人死亡。

36. 1985 年 3 月 18 日，云南省曲靖地区陆良县天宝寺小学晚自习时突然停电，11 个教室的 500 多名学生从二、三、四楼的教室一拥而出，挤着下楼，发生踩踏事故，死亡 11 人，受伤 19 人。

37. 1985 年 7 月 16 日，四川省绵阳市江油县石元乡石坪村的一些民工违章乘坐索道料车下坡，中途引绳断掉，料车失控下滑，造成 6 人死亡。

38. 1985 年 7 月 23 日，甘肃省兰州市榆中县兴隆山自燃风景区举办"六月六"山会发生踩踏事故，死亡 24 人（其中男 7 人，女 17 人），受伤 27 人。

39. 1985 年 9 月 12 日，山东省潍坊市宜都县石河乡辛庄村一儿童坠入枯水窖，先后 3 位成年人跳入枯水窖救援而窒息身亡，事故共造成 4 人死亡。

40. 1985 年 10 月 22 日，四川省南充地区仪陇县金城小学放电影散场时因天降小雨，门口拥挤发生踩踏事故，造成 1 人死亡，65 人受伤（其中 15 人重伤）。

41. 1986 年 1 月 14 日，广州市郊区秀水乡农机站加油站房屋坍塌，把正在屋面上进行混凝土作业的 6 名工人掩埋，其中 5 人死亡。

42. 1986 年 2 月 21 日，江苏省江都县元宵灯会发生踩踏事故，造成 21 人死亡，27 人受伤。

43. 1986 年 2 月 23 日，浙江省金华市婺州公园元宵灯会发生踩踏事故，造成 35 人死亡，33 人受伤。

44. 1986 年 7 月 8 日，江苏省南京市 714 工厂一个在空中拍摄工厂全景的热气球爆炸坠落，造成 5 人死亡（其中 2 名操纵人员、3 名摄影人员）。

三、典型事故案例

（一）新疆伊犁农垦局六十一团场俱乐部礼堂火灾事故

1977 年 2 月 18 日，新疆维吾尔自治区伊犁农垦局六十一团场（今为新疆生产建设兵团农四师六十一团场）礼堂在放电影时发生火灾事故，造成 694 人死亡，111 人重伤致残，50 余人轻伤。事故中的死亡、受伤人员绝大多数为中小学生和学龄前儿童，约占死亡总数的 90%。

伊犁农垦局六十一团场位于新疆维吾尔自治区伊犁哈萨克自治州霍城县境

内。该团场礼堂建于 1966 年，长 42 米、宽 14.52 米、顶高 7.2 米、墙高 3.7 米，总面积为 760 平方米，使用面积为 601 平方米。礼堂设有 17 个大窗户和 7 扇门。其屋顶是用木条插拼起来的棱形格椽，基本没有梁，使用木板盖面，然后是两层油毛毡和三层沥青覆盖。1972 年，礼堂正门外面加建一柱廊，有两个直径 1 米的柱子。1975 年 3 月，上级主管部门要在六十一团场召开"学理论、抓路线、促春讲现场会"，团场党委决定对礼堂进行改造修缮，将原有的 17 个大窗户改为 0.6 米×1.4 米大小的无玻璃窗洞。在 1976 年 2 月进行的二期改造工程中，礼堂的南北 3 个大门被堵死，其余的门不是上锁就是用铁丝拧住，只有礼堂南侧一个仅 1.6 米宽的大门能够通行。礼堂后半部分堆放着团场 1976 年 9 月为悼念主席毛泽东逝世而扎制的各式各样花圈（因为事关重大政治问题，事后谁也无法做主销毁这些花圈）。

1977 年 2 月 18 日是中国春节（农历正月初一）。春节前，该团场供销社采购了不少鞭炮。当天晚上预定 21 时在团场俱乐部露天场放映朝鲜电影《战友》，银幕都挂好了。但由于来了寒流，当晚室外气温低达零下二三十摄氏度，故在电影开始放映前十多分钟，临时改为在露天场对面的团场礼堂放映。当晚看电影的人多，特别是小孩子很多。21 时 30 分左右，电影开始放映。22 时 15 分左右，小学生赵广辉在礼堂内点燃了一个俗称"地老鼠"的花炮。这只花炮窜进了花圈堆，引燃了花圈。火焰又蹿到房顶，银幕以及屋顶上悬着的电线很快着火，礼堂内浓烟弥漫。随后礼堂前半部的屋顶出现明火，屋顶的木板、油毡、沥青开始纷纷坠落。由于出口太小，礼堂内大部分人均未能逃出，致发生重大伤亡。火灾造成死亡 694 人，烧伤致残 111 人。死亡人员中的 500 余人是该团场子弟学校学生。

火灾发生后，伊犁军分区紧急电话联系驻霍城惠远的伊犁军分区边防八团，要求该团迅速前往六十一团场进行救援。边防八团出动 280 多名官兵前去救援。经过 4 个多小时的清理，现场基本清理完毕。

（二）江西省丰城矿务局坪湖煤矿瓦斯爆炸事故

1977 年 2 月 24 日 9 时 18 分，江西省丰城矿务局坪湖煤矿东翼辅助盘区 219 回采工作面发生瓦斯爆炸事故，造成 114 人死亡，6 人重伤，直接经济损失 162.8 万元。

坪湖煤矿设计生产能力为 45 吨/年，开采晚二叠纪乐平煤系 B_4 煤层，煤的牌号为主焦煤。煤层厚度 2.4~2.8 米，倾角为 10~15 度，煤尘爆炸指数为 23.22%。自然发火期为 2~6 个月，1976 年沼气鉴定为 32.41 立方米/吨。总进风量为 5800 立方米/分钟。219 回采工作面沼气涌出量大，通风系统不完善。219 工作面回风道 24 天内爆破后沼气浓度超限 17 次，沼气浓度为 1.2%～1.5%。2017 掘进工作面在一个月内沼气浓度超限 2 次，沼气浓度高达 1.2%～2%。由于准备下一个工作面，在 219 工作面的顺槽溜子道下方 100 米处开了 2017 顺槽。但因 2502 皮带道与 2501 材料运输上山相距 190 米，实行采掘分区通风，准备工作量太大，被迫将 2107 掘进工作面与 219 回采工作面串联通风。掘进工作面瓦斯大，严重威胁 219 回采工作面的安全生产。为解决这个问题召开了多次专业会议，研究采掘分风措施，但始终未得到解决。

事故发生当日 9 时 18 分，东翼盘区变电所值班电工听到变电所铁门发出了剧烈震动响声，随即发现 219 工作面和 2502 煤斗送电系统总开关掉闸，三四分钟后，一股有刺激性带臭味的浓烟夹着大量煤尘串入变电所，情况异常，不敢送电。9 时 25 分，变电所电工将此情况报告矿调度室，总值班员接到电话后，交代该电工注意情况的变化，并指示不准随意送电。随后立即向井下各处打电话，了解到中央变电所供电正常，但变电所和其他地点煤尘异常增多，东翼辅助盘区的电话不通等情况。9 时 35 分，矿总值班员向矿务局汇报了此情况，并要矿务局派救护队请来救援。9 时 45 分，总值班又接到井下电话，井下人员报告发现 2501 上山下部车场起坡处有 2 人死亡。总值班确定东翼辅助盘区发生了瓦斯爆炸事故，又立即向矿务局调度室汇报。10 时许，矿务局救护队赶到现场，第一、二批救护队从 -300 米水平东大巷进入灾区 2501 上山，发现巷道全部垮塌，无法进入而退回，又从 2502 溜子道上去，越过垮落处，救出被烧伤的 3 位职工。第三批救护队又从 2501 上山清理垮落区，由棚顶越过垮落区深入灾区探察险情，有 2 名队员由于过度紧张、缺乏实战经验、口具带的不严，在抢险返回的路上中毒死亡。

事故原因：（1）2 月 23 日晚班东翼盘区变电所为了检验漏电继电器作总开关掉闸试验，2107 掘进工作面局部通风机掉闸后无人送电。瓦斯检查员发现后，汇报给通风区值班区长，然后在巷道口打上栏杆，写上警标"不准入内"，并向调度室作了汇报。但调度员对这样重大的安全隐患未做记录，未向总值班汇报，也未向下一班交代。2017 工作面已停风 11 个小时，使整个盲巷积聚了大量瓦斯，是这次爆炸的瓦斯来源。（2）2 月 24 日早班 2107 掘进工作面停风后无人工作。两个钳工到 2107 掘进工作面接防尘水管，在未经瓦斯检查的情况下，擅自启动了局部通风机，把积聚的大量瓦斯排了出来，经 2502 皮带道串入 219 顺槽溜子道，这时电工正在离 219 工作面向外 20 米的溜子道检查电钻和干变的三通接线盒，由于三通接线盒失爆，产生电火花引起瓦斯爆炸。

（三）安徽省蚌埠市烟厂厂房倒塌事故

1977年3月29日，安徽省蚌埠市烟厂主厂房（二层）在加盖的三层楼施工时，由于设计失误等原因，发生倒塌事故，正在上班的职工32人死亡，14人重伤，42人轻伤。损坏各种机器83台，直接经济损失190万元。

该卷烟厂原为一座二层现浇钢筋混凝土结构，于1958年1月竣工投产。建成后即发现漏雨，曾几次向蚌埠市打报告要求进行维修或加层。报告将原设计楼房为三层，只盖了二层，如果加一层，可以少花钱，不影响生产又可以增加厂房面积。1976年8月市计委批准加盖一层，加层长117.10米，宽38.05～52.85米，柱距7.4～8.4米，列为技措项目，拨款37万元。施工任务由市建四处承担，在施工前没看原设计图纸，边设计、边施工。于当年12月19日动工，共分三段进行施工。1977年3月15日进入第三阶段施工，3月24日、25日开始浇大梁，28日吊装预制板共计548块，29日17时30分当吊到第320块时，突然发生倒塌事故。二楼由于受压先塌，四周墙向里倒，三楼随即掉下。在倒塌前即事故当日15时左右，施工队工人发现问题后，立即撤离了现场，但是没有把要出事故的情况通知卷烟厂，致使卷烟厂正在上班的工人100多人被掩埋在废墟中，造成严重伤亡。

根据现场勘查，已加层的部分和相应的二层全部倒塌，形状由四周向中间倾倒，呈锅底形。加层部分的破坏情况是：柱子上下接头处都断裂，有的钢筋被拉断、有的钢筋从混凝土中拔出，梁都被摔断。原二层破坏情况是：柱顶受压断裂，成锥体形状，柱中部也都被折断，梁全部断裂，与柱接头处破坏严重。

事故直接原因：设计错误，未进行加层后的结构核算，只考虑到原设计的基础比较坚固，而未对原结构进行实查和计算。事故发生后经复核，加层以后原二层柱的安全系数只有1.06，只达到规范要求1.55的68%；梁的安全系数为0.7，已小于1.0。这说明原结构不加固不能加层。这次事故是原二层柱首先破坏造成的。原二层柱的强度经检测只达到C10，为设计强度的66%，按此核算安全系数将从1.06降为0.75。再加，提前吊装的中段屋面板的荷载又通过顶撑传到原二层大梁上，使梁产生较大的变形，使二层柱相应产生较大弯矩。二层柱子在超载和偏心受力情况下首先破坏，加层建筑也随之倒塌。

事故间接原因：该厂的主厂房原是按二层设计的，但为了扩大生产，不作科学测定，盲目提出要在主厂房上加建一层，并在给市有关部门的报告中写了"主厂房按三层设计的，由于当时资金、材料、设备条件限制，仅建成二层"的不真实情况；有关领导不作认真调查研究，便轻率表态同意加层。在加层过程中，技术员陈某和施工组组长黄某，不负责任，严重违反设计、施工规范，造成一系列错误，进一步给工程埋下隐患；负责这一工程的有关领导，只顾工程进度，忽视安全生产和工程质量，对存在的问题不检查、不解决，听之任之，也是造成这次重大事故的重要原因。

责任追究：原市基建局工程师陆某，明知原厂房设计为二层结构，却擅自同意加三层，在审查加层设计图纸时，极不负责，轻易签字，因此对这次事故负主要责任，决定对陆开除党籍，并由司法机关逮捕法办；原技术员陈某和施工组组长黄某，在设计图纸时，严重违反设计规范，并且不严格执行施工验收规范，对施工中出现的问题不认真解决，也不向上级汇报。对这次事故负重大责任。由司法机关分别给予刑事处分；原有关负责人龚某、谢某、刘某、朱某等，在分管施工工作期间，对施工中出现的问题熟视无睹，在工作中极不负责，对上级报假情况，对在施工中群众反映的事故隐患不重视，对这次事故都负有很大的责任。决定分别给予留党察看、党内严重警告处分和撤销行政职务处分。

（四）辽宁省抚顺矿务局老虎台煤矿瓦斯爆炸事故

1977年4月14日10时50分，辽宁省抚顺矿务局老虎台煤矿507采区五道斜管子巷道冒顶处理后，因棚子上浮煤自燃引起瓦斯连续爆炸，造成83人死亡，7人重伤，28人轻伤。

老虎台煤矿是个老矿井，设计年生产能力为300万吨，矿井相对沼气涌出量为30立方米/吨。煤层自然发火期为1~3个月，煤尘爆炸指数为45.18%，是个高沼气和自然发火严重的矿井。发生事故的507采区（上段）位于老虎台矿井田中部，为石门开拓，倾斜分层"V"型走向长壁上行水砂充填采煤法。开采阶段高50米，采区走向长450米，共有5个煤门，6条管子道，地质构造复杂。507采区通风是从采区-480米皮带运输巷入风，总风量为2900立方米/分钟，分别从5个煤门送到采煤工作面。发生事故的五道斜管子巷道，局部地点断面为0.12平方米，仅为设计断面5.4平方米的2.3%。发生事故前风量为442立方米/分钟，气温20摄氏度，沼气涌出量为4.69立方米/分钟。

五道斜管子巷道在掘进过程中曾发生一处6米长、3米高、2.4米宽的冒顶，是使用打穿杆办法处理冒顶的，没有采取包帮包顶充填处理。1977年4月14日7时30分，507采区瓦检员何某某接班后，走到五道管子道门口时嗅到烟味，检查瓦斯浓度为0.6%，何顺着管子道往下走了约35米，烟味消失，误认为没有问题，既没有再查找发火点，未查明有烟味的原因，也没有向区、矿领导汇报，就干别的活去了。8时47分，保安区消火组长许某某路过五道斜管子巷道门口时，也嗅到烟味,他就迎风往下找,查到平斜交界以下约 30 余米处时,看到一处高顶有明火,就赶忙出去找人,并向区、矿调度室汇报。矿调度室接到报告后,当即通知救护队下井灭火。9 时 30 分后,相继有 4 名矿领导赶到现场,组成井下抢险救灾指挥所。经研究,救护工作分兵两路,一路到-480 米水平入风侧观察火情,钉砂门子;另一路在-430 米水平回风道掐 7 寸砂管,准备用水砂充填。当救护队进入灾区掐管准备充填时,由于烟太大,温度高,先后三次被迫中途退出。这时设在-430 米水平的指挥所发现回风侧西第二仓库里边有人,当即命令救护队进去救人。当将人救出后,五道斜管子巷道火源回风侧棚子被烧毁造成冒顶,使烟由大变小,指挥所误认为这是灭火的良好时机,便命令救护队用 2 英寸水管喷水掩护,再一次进去掐管。但因温度太高仍无法接近。在救护队员退到五道管子道距第二道风门 14 米处时,便听到连续三声轰鸣(第一次瓦斯爆炸),时间是 10 时 50 分。爆炸后,整个采区人员没有撤出,此时-430 米水平指挥所组织人员撤退,指挥所人员撤至三道门口,便都被一氧化碳中毒熏倒,失去了指挥救灾能力。这时矿务局救护队队长带领 4 名队员冲入灾区抢救,11 时 25 分又发生第二次瓦斯爆炸,救护队长和 4 名队员全部遇难。12 时 5 分又发生第三次瓦斯爆炸。重新调整组建的井下抢险救护指挥所,于 15 时组织两个抢险救护组,对-480 米水平的二、四煤门进行探险,发现四煤门煤岩交界处和五分层内已被冒顶堵严,二煤门三分层和掘进的准备工作面也被冒顶堵严,均无法通过。于是井下抢险救护指挥所决定采用充填隔绝灭火措施,并向井上指挥部请示汇报。方案还没有得到批准,在 16 时 5 分和 19 时 7 分又相继发生第四次和第五次瓦斯爆炸。

事故直接原因:(1)在施工准备期间,由于施工质量低劣曾发生 44 处大冒顶,在处理冒顶过程中,违反防火技术规定,对冒顶处只是采取打穿杆、搭凉篷等办法处理,造成了高顶内浮煤氧化自燃,为矿井安全留下了隐患。(2)没有坚持对高温火点采取气样分析工作,没能做到早期发现,早期处理。瓦斯检查员责任心不强,对发火预兆,既不认真查究,又不向领导汇报,结果酿成大患。(3)充填管的管口位置不清,有防火措施,但起不到防火作用。巷道断面过小,没有灭火的良好条件,误了灭火时机,致使火势蔓延扩大,把棚子烧落架,短时间内将巷道冒严,造成瓦斯积聚。(4)处理火灾事故违反技术原则,没有考虑在瓦斯矿井内发生火灾时都有烧垮支架、造成冒顶、堵塞风道、促使瓦斯积聚,导致瓦斯爆炸的可能。

事故间接原因:(1)帮派严重,帮派分子把矿里安全生产的"十条规定"作为"管卡压"罪证,视其为对群众的专政,是"资产阶级走资派"搞的"回潮"和"复辟"，并在全矿组织批判。（2）领导官僚主义严重。该矿 1976 年以来恶性事故不断，冒烟发火 62 次，平均 6 天一次。当年 5 月 23 日一次自然发火，引起连续 29 次瓦斯燃烧，伤数十人；一次斜井人车带绳跑车伤亡数十人；11 月 8 日 509 采区一场大火处理了三天三夜才扑灭。冒顶事故也十分严重。矿领导对事故无动于衷，不坚持"三不放过"，没能吸取事故教训。（3）生产技术管理混乱，工程质量低劣。2138 米巷道，不合格的有 697 米。冒顶后，对顶板不作处理，造成浮煤氧化，留下发火隐患。开拓工程落后，瓦斯排放不及时，采区瓦斯时常超限。

责任追究：1978 年 4 月 18 日辽宁省委作出批复，对事故直接责任人何某、田某逮捕法办，由司法机关追究刑事责任。抚顺市委对其他责任者分别给予党纪政纪处分。

吸取事故教训，改进煤矿安全生产措施：（1）对有自然发火危险的矿井，加强支护质量，减少冒顶事故，是防止自然发火的一项治本措施。一旦发生冒顶，必须采取包砂旋或打木垛方法处理。（2）在瓦斯矿井发生火灾后，须立即将与抢险救灾无关的的人员全部撤出危险区域。（3）必须认真编制矿井灾害预防和处理措施计划，以减少伤亡，避免灾情扩大。（4）井下指挥所设在与灾区邻近的回风测，是战术上一个严重错误，要予以纠正。

（五）吉林省辽源矿务局梅河口煤矿一井溃水溃砂事故

1977 年 12 月 19 日，梅河口煤矿一井东翼一水平一阶段 +306.6 米标高尚未竣工的暗井绞车房发生重大溃水溃砂事故，溃入井下的水和泥砂总量达 5.65 万立方米，造成 64 人死亡，92 人受伤（其中 34 人重伤，58 人轻伤），淹没设备 283 台，直接经济损失 236 万元。

梅河口煤矿一井设计生产能力为 30 万吨/年，整个井田处于水体下开采，采用斜井阶段式开拓。第一水平第一阶段设计采用全部水砂充填采煤法，第二阶段设计采用金属网假顶和充填混合采煤方法开采。第二水平尚未施工。该井田煤层属新生代第三纪生成，整个井田煤层上方被第四纪含水砂砾层（底板标高为 +326 米）所覆盖，含水砂砾层的厚度为 9~17 米，含水丰富，透水性良好。砂砾层上部覆盖 7~20 米厚的黄土层。煤层露头直接与含水砂砾层不整合接触，地表标高为 +345~+361 米，多水库和灌渠，正在施工中的暗井绞车房的上方就有一座储水量为 9.6 万立方米的水库。1977 年 8 月 4 日，暗井绞车房（标高 +306.6 米）开始施工，施工中遇到砂岩，并夹有 0.6~0.7 米厚的泥岩，顶板淋水大。由于施工断面大，曾出现局部冒顶 3 米多高。工作面沿倾斜泥岩层超前冒落 2

米，在旋上打木垛用秫秸帘子闷顶，超前空间用料石和帘子填塞，但前进方向左帮片落处未填塞。10月22日、24日，矿副总工程师两次到现场检查工作，感到继续施工有危险，决定停止掘底，尽快砌完端墙，准备封水。局部用石料横砌里头端墙，砌成头重脚轻，中间错茬。11月4日砌完端墙，准备封水、封顶，但直至事故发生前，封水工作也未进行。暗井绞车房里边端墙砌完后，先由里边端墙顶部料石缝向外淌水，逐渐蔓延到绞车房外边端墙上方旋缝出水。从12月12日起，每天需清扫泥砂一次，以后，发展到每隔两三小时就得清扫一次，最后便清扫不过来了。

事故发生当日10时左右，从绞车房突然涌出一股浑水，并带有细沙，工人被迫撤出，同时，测量人员发现绞车房外两米处巷道中部料石缝出水，大小旋接头处有一处长400毫米、高150毫米的料石缝往外流水，下边已淌出一堆带有河卵石的砂子。井主管工程师和总值班接到测量人员的汇报后，立即赶赴现场，看到两处料石缝出水，水量和压力都不大，他们就拣几个河卵石升井了。12时左右，又涌出一股水，工人第二次撤出，但未向领导汇报。在16时井生产平衡会议上，决定三班要清扫+240米车场泥砂，同时要在暗井绞车房外平车场打三根顶子，挂上帘子挡一挡，别让泥砂淌下来。18时，工人入井后还没有来得及打顶子，就发生了溃水溃砂事故，暗井绞车房和平车场交叉点先后与地表冒透，大量泥砂直灌井下，溃入井下的水和泥砂总量达5.65万立方米，造成64人死亡，92人受伤，淹没设备283台。

事故原因：（1）暗井绞车房工程施工质量低劣，把整体拱改为后砌料石底拱，个别地方把顺砌料石改为横砌，里边端墙中间错茬，灰浆不饱满，壁后未填实，冒顶处理不彻底，未及时封水等。（2）在施工中将原设计的两个钢筋混凝土端墙改为料石端墙，并将平车场改为2度上坡，加之施工腰线误差，使绞车房比设计标高抬高了1.6米，造成绞车房更加接近含水砾砂层。

事故教训：（1）不按设计施工，施工质量低劣，对施工中的冒顶不及时处理，造成了含水砂砾层的冒落，这是事故的主要教训。（2）已经发现了溃水溃砂预兆，未能认真研究分析，未采取防止人员伤亡的果断措施。（3）设计中把暗井绞车房设在水库下方，导致事故扩大。

（六）辽宁省盖县盖州镇东风街鞭炮厂爆炸事故

1978年1月24日，辽宁省盖县盖州镇东风街鞭炮厂发生爆炸事故，造成107人死亡，65人受伤，周围近2000户居民房屋遭受不同程度的破坏，经济损失近15万元。

东风街鞭炮厂建于 1970 年，建厂时有关领导就违反国家有关民用爆炸物品管理的规定，将这个易燃易爆的工厂建在人口稠密的居民区，厂房离最近的民房只有一两米远，而且根本没有采取任何安全防护措施。周围的群众都反映说，这个工厂建在这里，我们整天提心吊胆过日子。该厂职工也多次要求采取安全措施，但有关各级负责人都置若罔闻。1974 年这个厂曾发生过一次火灾事故，仍未引起有关负责人的重视。1978 年 5 月整顿社办企业时，有关领导部门仍未让这个没有安全生产设施的鞭炮厂停产或搬迁，又继续给它发了营业执照。该厂管理混乱，没有起码的安全生产制度和防火防爆等安全生产设施。柴草垛和捻药、炸药库连成一片，炸药库离生产车间只有 20 米，还无专人看管。该厂还违反安全生产规定，在车间里安设了 3 个明火炉子。这些炉子经驻街民警劝阻曾一度拆除，但在事故发生三天前又擅自安上。

事故发生当日中午，该厂女工白秋梅在往车间取暖炉里添煤时，迸出火星，落在旁边的半成品"二踢脚"上，烧着了存放在车间里的八万个成品、半成品高升炮和零散的火药，引起了第一次爆炸，并导致火灾。火灾发生后，县里的消防队，附近的群众、民警迅速赶去抢救。但由于这个厂易燃易爆物品随地乱堆放，火势很快蔓延到存放有 1 吨多火药的火药库，引起第二次爆炸，使抢救人员和周围群众遭到重大伤亡，造成 107 人死亡，65 人受伤，厂房和设备被全部烧毁，周围近 2000 户居民房屋遭受不同程度的破坏。

事故原因：（1）违规在烟花爆竹生产车间设取暖燃煤炉，工人在往取暖炉里添煤时，迸出火星，落在旁边的半成品"二踢脚"上起火，烧着了存放在车间里的 8 万个成品、半成品高升炮和零散的火药，引起了第一次爆炸，并导致火灾。火势蔓延到距离车间 20 多米远的火药库，又发生第二次大爆炸。（2）厂房建筑严重违反轻工业部关于火工生产的安全要求，在居民区设置鞭炮生产车间和火药库；厂房与周边居民住房之间、工房与工房之间、工房与火药库之间的距离不符合安全要求，达不到应有的安全距离，而且没有防爆设施。（3）企业安全生产规章制度不健全，现场安全管理不严。

责任追究：中共营口市委经过认真研究讨论，报请辽宁省委批准，对有关的厂、街、镇、县负责人给予处分。东风街鞭炮厂负责人初亚斌，单纯追求利润，无视党的安全生产方针，对人民生命财产不负责任，特别是在事故发生三天前，擅自决定重新装上火炉，从而导致了这起重大事故的发生，由司法机关追究刑事责任；盖州镇党委书记葛成金，明知鞭炮厂管理混乱，隐患多，容易发生火灾，却不管不问，事故发生后又不积极采取措施，还企图掩盖错误，推脱责任，给予撤销其党内外一切职务、开除党籍处分，并由司法机关追究刑事责任；盖州镇东风街革委会副主任兼鞭炮厂革委会主任滕风良，对厂内管理混乱、火险隐患等严重问题不解决，对违规安设火炉子不制止，对这次事故也负有直接责任，但经帮助教育后，对自己的错误作了较深刻的检查，决定开除其党籍，给予刑事处分，缓期执行；主管工业和盖州镇工作的盖县县委副书记宋培臻，不抓安全生产，不关心人民生命和国家财产的安全，对这次事故负有重大领导责任，决定撤销其党内外一切职务，开除党籍。对于其他有关的盖州镇东风街党支部、盖州镇党委、盖州镇工业办公室等的有关负责人，根据其对这起爆炸事故应负责任及其在抢救中的表现，分别给予开除党籍、留党察看、党内严重警告和撤销党内外一切职务的处分。此外，盖县公安局、工业三局、工商局、建设局、生产资料公司等有关部门，为鞭炮厂违章建厂、违章生产大开绿灯，营口市委除责令他们作出深刻检查外，对他们的错误也分别情况进行了处理。

（七）吉林省舒兰矿务局东富煤矿火灾事故

1978年2月15日14时45分，吉林省舒兰矿务局东富煤矿二井井下+112米水平水泵房休息室发生灯泡取暖引起的火灾事故，造成68人一氧化碳中毒身亡，6人轻伤，直接经济损失22万余元。

东富煤矿二井于1973年简易投产，设计生产能力21万吨/年，为斜井片盘开拓，属低沼气矿井，中央并列抽出式通风，主要通风机为离心式，风量为1520立方米/分钟。采用闸板反风硐反风。副井为总入风井，坡度为25度，风井为总排风井，坡度为17~43.5度，井筒用料石砌旋支护。+112米水平水泵房采用木支护，全长26米，通过48米木支护的联络上山与+140米水平中央变电所相通，水泵房与变电所位于总入风井的左侧，没有形成独立的通风系统。当时开采水平在+120~+50米之间，位于井筒的右翼。

事故当日14时45分，从井上送一排空车去+50米水平，当车行至+80米水平时突然停止，此时在+120米水平下坑木的工人和在+50米水平的电机车司机和登钩工都发现巷道有烟。14时50分许，登钩工打电话汇报绞车在下行中突然停止在+80米水平，井下烟很大，是否跑车撞坏电缆。井口调度马上打电话查询，同时向矿调度室汇报了绞车出了故障，井下有烟。矿务局调度室15时20分接到东富煤矿调度室的汇报。负责安全的副局长立即派救护队赶赴现场，同时乘车于16时5分赶到东富煤矿二井，知道是井下水泵房、变电所着火后，立即安排人员在地面做反风准备，并和东富煤矿矿长带领12名救护队员入井，指派救护队三小队进入灾区打开+112米水平二小川风门，使风流短路，一小队奔火源直接灭火。三小队由于对井下井巷不熟悉，走错路线，没有打开风门。一小队在火源冒烟处，投了 4 枚灭火手雷，没见效果。安全副局长又指挥一小队去通知三小队立即升井准备反风，于是一小队又进入灾区找三小队，因一小队副队长呼吸器鼻夹被刮掉，中途昏倒，其他队员心情紧张，急于抢救，部分队员通过口具说话，撤离灾区后 5 名队员昏倒。16 时 30 分，局矿领导研究决定反风，指定一名矿领导立即通知入风井撤人，清点人数，指定救护队长派队员入井关闭反风门，准备反风。由于井筒坡度大，17 时 20 分左右，井下非灾区人员才全部撤至井上。此时，生产副矿长传信说，井下人员全部撤完。局矿领导决定立即停风。停风 3~4 分钟，又传信说，还有 4 名电工没有撤出来，被迫又启动主要通风机，主要通风机最后停风时间是 17 时 30 分。由于反风闸板冻结严重，18 时 30 分才正式反风，距着火时间长达 3 个半小时，致使井下 68 人中毒死亡，6 人轻伤。反风后组织救护队员和医务人员分三路下井抢救遇难人员，24 时左右救出全部遇难人员。为了迅速控制火灾蔓延，在直接灭火无效的情况下，在火源 3 处通道口，先后打了临时密闭和永久密闭封闭火区。2 月 17 日 11 时 55 分恢复了正常通风，设立了临时变电所，2 月 18 日恢复了部分生产。

事故直接原因：经反复调查分析，最后认定这次火灾的火源是水泵房司机休息室安设的取暖灯泡烤着木板，烧着了木板房，促使火势蔓延到变电所，这是事故的直接原因。

事故间接原因：（1）水泵房休息室安设灯泡取暖，实属严重违章，而水泵工又擅离职守，泵房和休息室无人看管。（2）水泵房和变电所没有形成独立的通风系统，没有使用不燃性支架，又无防火门，无法控制火情。（3）反风设施缺乏经常检查和演练，致使冻结失灵，加之指挥不力，抢救混乱，拖延了反风时间，造成灾情扩大。

（八）甘肃省窑街矿务局三矿煤与二氧化碳突出事故

1978 年 5 月 24 日 0 时 30 分，甘肃省窑街矿务局三矿皮带斜井三采区因地质情况不清，爆破误穿断层和煤层，发生了煤与二氧化碳突出事故，突出强度 1030 吨（其中煤占 80% 以上），突出后一昼夜排出二氧化碳 24 万立方米，浓度高达 96.6%，突出的瓦斯逆风流 1700 余米，波及巷道 13450 米，突出堆积物总长 162 米，造成 90 人死亡，23 人重伤，63 人轻伤。

三矿有两对井，即三井和皮带斜井，设计生产能力为 90 万吨/年。采用平硐、斜井阶段石门开拓。通风方式为分区抽出式。采用倾斜分层走向长壁金属网假顶下行陷落采煤方法。三采区位于皮带斜井井田东北部，有三层煤：煤一层大部分烧失（第四级时煤层自然发火燃烧变质），烧变面积占 80% 以上；第二层煤厚度为 20.52~45.80 米，平均厚度 32.24 米，赋存稳定，结构复杂，为主采煤层。煤三层赋存不稳定，属薄煤层。三采区地质构造复杂，断层多，局部煤系地层直立到倒转。F_{19} 断层为矿区主干断裂，位于三采区东部。该断层倾角 80 度，落差不清。F_{19} 断层以东为无煤区。

1977 年 2 月 3 日，1650 北岩石大巷扩砌过程中，曾在 F_{605} 断层附近发生冒顶。处理冒顶碴时再次冒顶并发生煤与二氧化碳喷出，喷出时顶板有断裂声，且有白雾喷出，致使 3 名作业人员因二氧化碳窒息死亡。为加快三采区开拓进度，修改了设计，后退 114 米，改变方位将巷道布置在距煤二层底板 50~80 米的岩石层中，于 1977 年 11 月 16 日重新施工。新巷道掘进断面 14.4 平方米，半圆拱混泥土块砌旋。在 1650 北岩石大巷正向风门外新鲜风流中，安设 1 台 28 千瓦局部通风机压入式通风，回风经二采区 1700 回风中巷，由 5~2 风井排出，工作面风量为 103~115 立方米/分钟。1978 年 3 月矿成立防治瓦斯小组，根据现场施工情况，提出 85 条防治措施。当 1650 北岩石大巷掘进到 F_{605} 断层交面线 14 米时，设计了 6 个钻孔，实际钻深 17~28.5 米，倾角最大为 45 度。以后又补打倾角 5 度、钻深 50.85 米的中心孔 1 个。

1978 年 5 月 16 日，瓦斯检查员发现 1650 北岩石大巷掘进工作面底板冒气泡。5 月 17 日用理研瓦斯检测仪检测工作面左帮炮眼二氧化碳浓度为 8.1%、沼气浓度为 0.6%，底板继续冒气泡。爆破后，工作面瓦斯变化不大。其后几天未发现异常现象。5 月 23 日夜班，掘进 9 队爆破落碴。5 月 24 日 0 时 30 分浅眼爆破时，发生煤与二氧化碳突出。据当班唯一幸存的打眼工说，突出前该工作面共打眼 31 个，孔深 1.3~1.5 米，装药 21 千克，在打眼过程中，感到岩石松软好打，同时看到另一工人打掏槽眼时，眼内淌黑沫沫。装药时该打眼工走出工作面外 700 余米的正向风门附近时，听到炮响，感到炮声发闷，和往常不一样。炮响后，紧接着正向风门被吹开，局部通风机也停止了运转，深感有疑，当即出井。

事故原因：（1）三采区地质构造复杂，在没有查清地质资料的情况下盲目建设施工。据有关单位提供的地质资料认为三采区为 C_1 级储量，并且均没有查明二氧化碳储存情况。1977 年 2 月 3 日发生二氧化碳喷出事故后，认为断层带附近煤体有二氧化碳储存，但对其来源、压力仍然不清楚。巷道改变方位后，又继续掘进，5 月 7 日查阅地质资料时，巷道距 F_{19} 断层交面线 25 米，距煤二层底板垂高 49 米，穿过 F_{19} 断层后巷道将进入无煤区，没有意识到地质情况会发生变化。因此，在岩巷掘进中意外地揭穿了断层与煤层，发生了二氧化碳突出事故。事故发生后，在突出口前方打了两个地质钻，查明突出口前方是断裂带和煤体，显然事故的根本原因是地质不清。F_{19} 断裂带赋存有高压二氧化碳气体，至于二氧化碳气体的来源与赋存状况等，尚未查清。（2）由于未掌握二氧化碳突出规律和突出预兆，在现场施工中发现底板和炮眼周围冒气泡、有嘶嘶声、岩石炮眼松软好打、打眼时有黑水流出等异常现象时，没有意识到这是突出的预兆。（3）由于当时在"边勘探、边设计、边建设、边生产"的影响下，在 C_1 级储量和瓦斯地质不清的情况下，改变了巷道设计并掘进施工。同时，管理制度不严，职能科室责任不明，缺乏全面布置，使事故未能避免。

（九）陇海线杨庄站 87 次列车与 368 次列车相撞事故

1978 年 12 月 16 日，由江苏省南京市开往青海省西宁市的 87 次列车在河南省兰考县境内陇海线杨庄车站与西安开往徐州的 368 次列车拦腰相撞，造成 106 人死亡，47 人重伤，171 人轻伤，机车中破 1 台，客车报废 3 辆，大破 2 辆，中断正线行车 9 小时 30 分。

事故发生当日深夜，368 次列车接近兰考站之时，驾驶列车的两位正副司机却处在极度疲惫困倦状态。副司机阎景发已经睡熟了。正司机马相臣也困得睁不开眼，他想叫醒阎景发替自己开一会车，自己好去睡一阵。但阎景发没有被叫醒。马相臣看到兰考站快到了，便按规定将火车从时速 65 千米减为 40 千米，随后自己也昏睡了过去。按照规定和惯例，列车应在杨庄站停靠 6 分钟，等待与 87 次快车交会后，看到运转车长在车尾发来的信号，再向前进。本应在车尾部值乘的运转车长王西安正在和行李员说别的事情，也没有按规定出来立岗，没有发现车行异常，更没有采取任何阻止车行的措施。马相臣昏睡后，368 次列车便处在"无人驾驶"状态，以 40 千米的时速越过出站信号机，驶入杨庄车站，直接冲向 87 次列车的腰部。见状，87 次列车司机赶忙拉响汽笛。汽笛声和两车相近时铁轨的剧烈震动，把马相臣惊醒，他立即拉起非常制动，但已经来不及了。368 次列车带着巨大的惯性冲向 87 次列车，将其 6、7、8、9 四节车厢撞出铁轨，列车被撞为三截，铁轨扭成麻花。

事故原因：1979 年 10 月，郑州市人民检察院向法庭提起的公诉指出，事故发生当日，郑州机务南段机车司机马相臣、副司机阎景发驾驶东风 3 型 0194 号内燃机车，在郑州站牵引 368 次旅客列车前往徐州，按铁路运行图规定，于 16 日 3 时 11 分在杨庄车站须停车 6 分钟，等待 87 次旅客列车驶过后再开动。但马、阎二人在进入杨庄站之际打盹睡觉，没有按要求在规定地点停车，继续以 40 千米/小时的速度向前运行，与正在以 65 千米/小时的速度进站的 87 次列车侧面相撞。郑州列车段运转车长王西安，值乘中精神涣散，不监视列车运行，不按规定立岗，当列车越过停车点也未采取紧急停车措施，造成旅客重大伤亡。事故发生后，郑州铁路局组织技术鉴定小组，对东风3型0194号机车相关制动部件作了机能试验，一切正常，符合技术规定。参照《铁路技术管理规程》第230条规定，杨庄车站没有6‰的下坡道，是可以同时接发列车的。事故发生前，马相臣等在库内接班时，经过检查并没发现和报告机车制动系统有异常现象，运转过程中也无不良情况出现。这起中华人民共和国成立以来罕见的列车相撞特大事故，完全是由于司机、副司机和运转车长违章、违反劳动纪律造成的。

责任追究：事故直接责任者马相臣、阎景发、王西安，分别被判处有期徒刑10年、5年、3年（缓刑）。负有管理和领导责任的铁道部副部长兼郑州铁路局局长廖诗权，被国务院给予行政记过处分；郑州铁路机务南段党委书记李银昌，被铁道部给予行政记大过处分；郑州铁路机务南段段长孙建洲，被铁道部行政记大过处分。

事故发生后，铁道部部长郭维城给党中央和国务院写了一份请求处分的报告，报告中说：这次事故，说明我们工作中有很多缺点、弱点，思想不过硬，作风不过硬，致使党和人民受到莫大的损失。我深感责任重大，对党、对人民难辞其咎。谨恳切请求，给予应得的纪律处分，以教育本人和全体职工，而警惕未来。当年12月19日，郑州铁路局召开全局广播电话会议，分析事故原因，吸取事故教训，号召全局职工及家属行动起来消除安全隐患，组织全局中层以上干部1140人深入基层抓安全生产工作。郑州机务段在事故发生后，加大科研力度，在机车上装备了无线列车调度电话机车自动信号系统和机车自动停车装置。这些安全技术措施后来推广到郑州铁路局乃至全国铁路系统，推动了全国铁路安全运营。为保障值乘人员得到良好休息，郑州铁路局普遍建立了待乘室，值乘人员出车前至少要在此休息4个小时。1980年郑州铁路局决定将每年的12月16日定为"路耻"日，作为全局的安全教育日。

（十）河南省南阳柴油机厂热交换器爆炸事故

1979年3月28日17时35分，河南省南阳柴油机厂浴室热交换器（即加热水箱，属受压容器）发生爆炸事故，造成44人死亡，13人重伤，24人轻伤。

南阳柴油机厂是设计年产5000台490型柴油机的中型企业，当时有职工1900多人。为解决职工洗澡问题，该厂于1974年7月开始使用新浴池。浴室供淋浴用水的热交换器（加热水箱）南北方向放置在男女浴室之间的房间内。该加热水箱是1973年南阳柴油机厂自己制造的，其结构不合理，采用无折边的锥形封头，封头与筒体采用搭接焊，而且焊接质量极为低劣，存在严重的未焊透、气孔等缺陷。爆炸前，水箱处于密闭状态，来自锅炉的蒸汽直接通入水箱，而水箱的出口阀门全部关闭，安全阀的开启压力高于设备的承受压力。

1979年3月28日17时30分，正是工人下班时间，洗澡人员多，热交换器突然发生爆炸，热交换器爆炸后北侧封头被打出，水箱内的大量汽水喷出迅速汽化膨胀，形成强大的冲击波，将水箱间的两侧立墙及北墙全部推倒；筒体在反作用力下向南飞出，穿过两堵墙，又将锅炉房（加热水箱的加热蒸汽来自此锅炉房）后墙撞了一个3.5米×3.5米的大洞，落在距原位17米远的地方。由于水箱间的两侧立墙及北墙被全部推倒，男女浴室的大梁折断，134平方米浴室屋顶塌下，将正在洗浴的全部人员砸在里面。事故发生后，地、市委和当地驻军立即组织人员赶到现场抢救，于当晚22时将遇难者全部救出。共死伤81人，其中死亡44人，重伤13人，轻伤24人；男31人，女50人；职工38人，家属43人，内有17岁以下的少年儿童34人。工人马桂芝一家死亡3人；范明臣一家死亡2人、伤4人。

事故原因：（1）加热水箱结构不合理，焊接质量低劣。压力容器规范规定不允许采用无折边的锥形封头，而且焊接存在严重缺陷，是事故的直接原因。（2）操作人员技术素质低。加热水箱上安装的安全阀、压力表等保护装置，操作人员也不知道起什么作用，更不知道如何操作，对设备只凭"听、看、摸"操作。（3）该厂领导对安全生产工作不重视。据了解，从1972年至1978年间，该厂平均每年发生300余人次工伤事故，1975年12月二车间曾发生过水箱爆炸，炸塌两间房，炸伤工人杜守会3个孩子。这次浴室加热水箱爆炸前，1978年10月就已发现加热水箱焊缝附近严重漏水，在锥形封头下部焊缝附近开裂，裂穿近340毫米。有关领导未进行彻底解决，只是简单地从外侧补焊。

吸取事故教训，改进锅炉安全工作措施：1979年8月国务院下发了《国务院转发河南省关于南阳柴油机厂热交换器爆炸事故的调查处理报告》。国务院文件指出：锅炉、压力容器是一种承受压力、具有爆炸危险的特种设备，用途广泛，遍布许多行业和单位。大量事故的沉痛教训告诉我们，必须在锅炉、压力容器的设计、制造、安装、检验、操作、维修、改造等环节上，建立健全规章制度并严格执行，那种无章可循、有章不循的混乱局面再也不能继续下去了。对锅炉、压力容器制造单位，必须认真进行整顿，择优定点，保证产品质量，绝不允许粗制滥造，凡是不符合技术要求的设计不能生产，凡是质量不合格，安全无保证的产品不能出厂和使用。国务院文件精神，为锅炉、压力容器实施全过程安全监察模式奠定了基础。

（十一） 云南省曲靖地区陆东煤矿一井瓦斯爆炸事故

1979年6月5日，云南省曲靖地区陆东煤矿一号井发生瓦斯爆炸事故，死亡68人，重伤2人，毁坏巷道900米，直接经济损失39.1万元。

陆东煤矿一号井是1958年在原来的小煤窑基础上扩建的，生产能力为15万吨/年，采用斜井东西两翼开拓、巷柱式采煤方法，对角式通风，属高瓦斯矿井。该矿为突击生产，多出煤，在15煤层独头上山，采用局部通风机供风进行回采，矿安全部门数次要求停止作业，但仍然断续回采，直至采到262米才停止回采。停采后未对独头巷道采取任何安全措施，既没有打栅栏，更没有打密闭，风筒也没有及时拆除，闲置在巷道内。

事故发生当日，即停止回采48天后，该矿派3名通风工到井底车场附近巷道内拆除风筒。3名通风工在未经瓦斯检查，缺乏任何防范措施的情况下，随意启动局部通风机排放巷道内聚积的瓦斯。排放作业过程中，两名工人进入独头巷道内拆除风筒，其中1名工人因矿灯熄灭，敲打矿灯产生火花引起瓦斯爆炸。事故发生后，由于处理不当，又扩大了灾情。

事故原因：（1）违章采用独头巷道开采致使瓦斯积聚。（2）违章排放瓦斯。（3）违章敲打矿灯产生火花引起瓦斯爆炸。（4）事故发生后处置不当，导致事故扩大。（5）严重忽视安全生产，对"文化大革命"后恢复和建立的一些规章制度，没有认真落实，使制度流于形式。

事故教训：这次瓦斯爆炸发生在井底车场附近，若能立即反风，回风侧的人员不致全部遇难。虽然矿井设有反风装置，但由于人为原因，长期不能使用；更为错误的是将备用主要通风机开动，加速了有害气体进入回风侧的采掘工作面，使作业人员来不及撤离；入井人员均未佩戴自救器，致使绝大部分人员中毒身亡。

（十二） 贵州省赤水县元厚场沙坨渡口渡船翻沉事故

1979年9月2日14时30分，贵州省赤水县元厚场沙坨渡口发生沉船事故，死亡53人。

当日赤水河涨水，沙坨渡口是中水位，而要过渡的人又很多。一是正逢星期日赶元厚场的集市，群众需要购买煤油、盐巴和出售土特产品；二是半山、高山地区生产队正值青黄不接，社员急需过河去粮管所购买回销粮；三是正值中小学校开学时期，学生们需要过河报名入学；四是上游附近的金藏渡口因渡船损坏停止摆渡，原来在那里过渡的群众也聚集于沙坨渡口过河赶场；五是元厚场晚上要放电影，有部分群众要过河看电影。由于候渡群众太多，秩序混乱，非常拥挤。在河边准备过渡到区里办事的虎头公社武装部长刘某见此情景，主动维持秩序，但群众过河心切，不听劝阻和指挥，船一靠岸，人未下完便争先恐后的拥挤上船，致使该船超载，隐患非常严重。当时虎头公社党委书记廖某根据该公社企业办公室主任杨某的建议，向担任该船驾长的王某提出，将渡船改在上游的川王调摆渡，这样比较安全（离沙沱渡口200多米）。但是驾长王某没有采纳这个建议。

14时30分左右，该船实载人数已达82人（包括船工5人）。此时船舷上沿离水面最近处只有4寸。在超载严重情况下，驾长王某下令开船，就地离岸起渡。没有按照历来较大水位时渡船航行的正常航线行驶（即中等水位时应将渡船撑、拉到上游37米的介石处，才能抛河过渡，保证安全到达彼岸，不致被打入大元厚滩）。并在船离岸边2.3米时用稍不当，船头岔开过早，被急流冲击转向，变为船头向下，船尾向上，致使渡船不能在大滩上游穿过河心主流，达到彼岸预定的停泊点。此时，驾长本应采取靠岸或其他准确的应急措施，力挽渡船不沉不翻，却调正船身，顺流而下，经131米的激流，瞬间进入了大元厚滩。渡船经激流涌打，船舱进水，迅速下沉翻转。船上人员全部落水。经多方面抢救，29人生还，53人溺亡，其中女性29人。

事故直接原因：（1）驾长王某在技术上处理错误。没有坚持按规章操作，将船拉到介石开船；在船行到水径时，不该将船扬头顺流而下，而应硬稍推过河去；在船行流到元厚滩头时不应将船拨到正水径上，而应走小槽口下。王某违章行船，并在行船中技术上存在严重错误。（2）渡船严重超载。渡船是在半个月前新修好的，有关部门虽未测定吨位，但与旧渡船相比，则新船大于旧船，旧船已测定定员为枯水载员32人，洪水载员23人。照此，新船载员应在40人左右，而发生事故时实际载员82人。

事故间接原因：在渡船严重超载的情况下，乘坐船上的虎头公社党委副书记张某等3名干部未能坚持原则、力主减员保证安全，而且随船过河，对这次沉船事故的发生应负一定的责任。

责任追究：驾长王某违章行船，并在行船中技术上存在严重错误，是这起事故的主要责任者，本应追究其刑事责任，但此人已溺亡，免于追究刑事责任。虎头公社党委副书记张某等人，违章乘船，放弃职责，给予党纪政纪处分。

（十三）浙江省温州电化厂液氯钢瓶爆炸事故

1979年9月7日，浙江省温州电化厂液氯工段发生液氯钢瓶爆炸事故，死亡 59 人，中毒 1179 人（其中 779 人住院治疗），炸毁、倒塌房屋面积 417 平方米，周边 100 多个企业生产受到影响。

当日 13 时 55 分，温州电化厂液氯工段在给一只容积为 415 升、充装量为 0.5 吨的液氯钢瓶充装液氯时发生了猛烈的爆炸。爆炸钢瓶的碎片撞击到其附近的液氯钢瓶上，加上爆炸时产生的冲击波，又导致 4 只液氯钢瓶爆炸，5 只液氯钢瓶被击穿，另有 13 只钢瓶被击伤和产生严重变形。爆炸时不但有震耳欲聋的巨响，而且随着巨响产生的冲天气浪高达 40 余米。强大的气浪将 414 平方米钢筋混凝土结构的液氯工段厂房全部摧毁，并造成周围办公楼及厂区周围 280 余间民房不同程度的损坏。爆炸中心水泥地面上留下了深 1.82 米、直径为 6 米的大坑，爆炸碎片最远的飞出 830 余米。爆炸后共泄出 10.2 吨液氯，其扩散后共波及 7.35 平方千米面积，由于爆炸以及爆炸后散溢氯气的毒害，共造成 59 人死亡，779 人住院治疗，420 余人到医院门诊治疗。周边 100 多个企业生产受到影响，为了清理现场，疏散 2 万多居民。直接经济损失 63 万余元。

事故原因：（1）最初爆炸的液氯钢瓶，是 9 月 3 日由温州市药物化工厂送到温州电化厂来充装液氯的。温州药物化工厂的液化石蜡工段是以液体石蜡和液氯为原料生产氯化石蜡的。该工段由于生产管理混乱，设备简陋，在液氯钢瓶与生产设备的连接管路上没有安装逆止阀、缓冲罐或其他防倒灌装置，致使氯化石蜡倒灌入液氯钢瓶。（2）温州电化厂液氯工段无安全操作规程和管理制度，操作人员缺乏严格的技术培训和安全教育，在液氯充装前没有对液氯钢瓶进行检查和清理，致使液氯钢瓶内倒灌入氯化石蜡，在再次充装液氯时，氯化石蜡和液氯发生化学反应，温度、压力骤然升高，致使钢瓶发生粉碎性爆炸。总之，管理混乱是爆炸的主要原因。

预防同类事故再次发生的措施：（1）企业领导必须树立管生产必须管安全的思想，提高安全生产意识，承担安全生产责任，以科学态度加强管理，对生产人员进行安全教育。（2）液氯钢瓶及液氯的使用单位，要制定安全使用的管理规定，在液氯钢瓶与生产设备的连接管线上，必须安装逆止阀、缓冲罐或其他防止倒灌的装置，以避免生产系统内的物料倒灌进入液氯钢瓶内。（3）液氯充装单位要制定严格的充装前检查制度。操作人员必须严格培训后方可上岗操作，并严格执行各项制度。液氯钢瓶在充装前应认真进行检查，对不符合要求的气瓶应先进行清理并符合要求后方可充装。

（十四）青海省尖扎黄河大桥坍塌事故

1979 年 9 月 17 日 10 时 43 分，正在建设中的青海省尖扎黄河大桥突然坍塌，死亡 19 人，直接经济损失 33 万多元。

尖扎黄河大桥是一座净跨 100 米，箱肋单波混凝土型拱桥。由青海省交通局公路工程养护处设计，该处所属第一工程队施工，于 1978 年 5 月开始建设。1979 年 9 月 9 日箱肋合拢。17 日 10 时 43 分突然坍塌，造成人员伤亡。

事故原因分析：尖扎黄河大桥箱肋坍塌，其主要原因是拱肋纵向失稳。影响失稳的因素是多方面的。

设计方面：此桥原设计方案是参照陕西省公路设计院箱肋单波双曲线拱桥图纸，按荷载汽-15，挂-80 设计为 5 段拼装方案。方案拟就后，曾报局和交通部审查，1978 年 7 月 20 日由省建委批准。在待批期间，省公路工程养护处考虑 5 段单块构件过重，吊装困难，于 1978 年 6 月 10 日作第一次设计修改，将 5 段改为 7 段方案（报交通局未复）。后又于 1979 年 5 月 5 日再次修改，将 7 段改为 9 段方案，并以（79）青公工程字第 116 号文下达第一工程队施工（未报交通局和省经委审批）。当时担负 7 段方案设计人员曾书面提出保留意见。大桥坍塌后，经技术人员对 3 次设计方案进行比较和验算的结果表明：原 5 段拼装设计方案正确，7 段和 9 段拼装设计方案基本正确，但都比较粗糙，尚有缺陷。如在 7 段设计中，对贝雷架在箱肋端部悬挂问题，对悬浇的工作拱度，对加载程序都没有向施工方提出具体交代数据和规定，对作为支撑作用的斜拉杆的拆除时间，标明在拱圈合拢后即可进行，实践证明是不妥的。又如在 9 段设计中，对重点拱肋的受力情况，施工和加载程序均未进行计算和规定，同时，拱顶断面上绕，在拱轴线正常情况下，出现了超过允许值的拉应力。

施工方面：在拼装过程中，未能严格按照设计要求和施工规范，未能加强观测，出现了拱轴线偏离。特别是 9 月 15 日拆除拉杆后，再次发现西宁岸比尖扎岸高 26.6 厘米，下游 14.2 厘米，下游尖扎岸较设计标高低 17.5 厘米，上游低 20.8 厘米。4 号接头上游西宁岸较设计标高高 12.4 厘米，下游高 14.6 厘米。在实测拱轴线明显偏离设计拱轴线情况下，既不报告请示，也未停工采取措施，相反在未浇筑接头混凝土之前，于 16 日、17 日先后两次在尖扎岸下游 1、3 段箱底处浇筑混凝土 11 吨，这种单边非对称加载，使拱轴线的偏离加大，终于使箱肋纵向失稳、坍塌。

管理方面：省公路工程养护处变更尖扎黄河大拚的设计没有按规定手续报批，就自编自批下达施工任务，是极不严肃的，是十分错误的。在施工管理上，明知第一工程队技术力量不足，对建造结构新颖、工艺复杂、吊装要求高的大跨度拱桥有困难，也未能派出得力干部和有经验的工程师予以加强。这些也是酿成大桥坍塌事故的原因。

综上所述，尖扎黄河大桥拱肋坍塌事故发生的原因虽是多方面的，但施工方面的问题是主要的。大桥坍塌的内在因素是拱轴线偏离，失去纵向稳定，也是导致坍塌事故发生的一条原因。

（十五）吉林省通化矿务局松树镇煤矿瓦斯爆炸事故

1979 年 11 月 23 日 19 时 21 分，吉林省通化矿务局松树镇煤矿二井 506 采区采煤工作面发生瓦斯爆炸事故，造成 52 人死亡，重伤 7 人，轻伤 9 人。

松树镇煤矿二井于 1965 年 12 月建成投产，设计生产能力为 45 万吨/年。开拓方式为斜井阶段式，中央斜井入风两翼对角回风，斜井钢丝绳皮带提升。该井属高沼气矿井，绝对瓦斯涌出量为 1.63 立方米/分钟，相对瓦斯涌出量为 18.42 立方米/吨。煤质牌号为肥气煤，发火期 8~12 个月，煤尘爆炸指数为 35%~40%，有爆炸危险性。该井是个采掘严重失调的矿井，生产接续非常紧张。四个采煤队已有两个无处接续，经上级机关同意，在二水平系统未构成之前，采取剃头式开采，因此，506 区西侧先期投产。506 爆炸区位于二水平一采区西侧，标高+534~+552 米，走向长 215 米，倾斜长 123 米，共有两层可采煤层，一层煤厚 3.65 米，二层煤厚 3.21 米，煤层间距 2~2.5 米，煤层倾角 11 度。一层煤顶板为硅质胶结石英质细砂岩，厚度 8~14 米，层理不发育，坚硬不易冒落。局部靠近煤层部分有 0.2~0.8 米厚的石英质角砾岩，并含有黄铁矿集合体，碰撞易产生火花。采区中部有 3 条 3~5 米宽的火成岩墙，沿倾斜方向侵入，将煤层侵蚀掉。原设计为倾斜分层金属网假顶走向长壁采煤法开采，强制放顶控制顶板。由于无放顶设备，经矿务局同意，暂时采用刀柱式扒斗一次采全高采煤方法进行开采。从 8 月开始，先后调来三个掘进队，一个采煤队，进行采区准备。由于该区运输系统为皮带连续化，生产条件全矿最好。在此区掘进的 274 采煤队，已有 5 个月无回采面，来 506 区后，劲头很足，10 月又把无接续地点的 273 采煤队调来，给 274 队送采准道。由于全年亏损指标已定，下半年生产任务很重，因此全矿着眼点都放在 506 区上。为了尽快出煤，在工作面未形成前，利用火成岩墙作刀柱，先行开采掏心采煤。投产后矿又派工作组，搞发动群众工作，并且规定奖励措施：月产量达到 1.8 万吨，发奖金 2000 元；月产量达到 2 万吨，加发奖金 1000 元；产量再高，还可以加发。因此，当时平均日产达 700 吨，最高日产曾高达 1889 吨。506 区投产后，风量全靠风门控制，入风量为 473 立方米/分钟。但+550 米石门的主要风门，由于行人、运料，经常敞开，造成风流短路。投产以来，69 个小班中就有 41 个小班发生过局部瓦斯超限，但未引起重视。

事故当日 16 时 30 分，当班瓦斯检查员在+550 米回风巷遇到当班队长，告诉他："回风巷瓦斯为 0.7%~0.9%"，随后进入采区，对各作业地点进行瓦斯检查。三上山里老空区瓦斯浓度为 5%，扒斗机附近瓦斯浓度为 0.8%，四上山瓦斯浓度为 0.7%，五上山瓦斯浓度为 0.2%。瓦斯检查员告诉爆破员可以爆破。当四上山爆破完后，瓦斯检查员又返回去检查瓦斯，炮后瓦斯浓度为 0.7%。瓦斯检查员将上述情况在溜子道向井调度作了汇报。当班安全检查员在三上山遇到顶板管理员，并告诉他："此处顶板不好，掉渣。"工人在砸扒斗副绳，检查瓦斯为 0.8%，然后去三、四上山之间小川处与瓦斯检查员坐在一起。他们在谈话间听到顶板有类似打枪声和顶住折断声。18 时 45 分，安检员和瓦检员到四上山检查瓦斯不超限，风量正常，走到+550 米回风道时，发现顶板有劲，总掉渣。瓦检员去检查风门，安检员去+550 米调车室，向井调度汇报情况。瓦检员查完风门，去+550 米调车室汇报的途中，听到"轰"的一声，并被一阵风吹到。正在调车室汇报的安检员也听到了响声，调车室的门也被风吹掉，便立即向井调度汇报说："506 采区可能是大冒顶，+550 米大巷有烟。"19 时 23 分，矿调度接到事故报告后，立即通知矿救护队入井抢救。矿救护队在矿领导的带领下，分两路进入灾区，一路从上部回风巷进入，另一路从下部入风巷进入。经救护队探查发现，上部回风巷已有两处冒顶，而且巷道都堵严实了，人员无法进入灾区，已证明是瓦斯爆炸。

事故原因：（1）由于采煤队自掘自采，回采作业规程尚未批回，临时措施又未执行，违反开采程序。原定沿走向每 15~20 米留刀柱 5 米，以便封闭采空区，但未按此规定执行，造成采空区面积扩大到 2322 平方米，其中不合理部分就有 909 平方米，煤柱遭到破坏，采空区无法封闭，造成瓦斯大量积聚和任意扩散。顶板无煤柱支撑，造成大面积冒顶。（2）从事故现场看，事故前已有顶板来压预兆，事故后采煤工作面无遇难人员，也没有爆破和其他作业迹象。死者大多数都集中在溜子道，说明由于顶板来压，人员已撤出工作面。从支柱、岩壁和煤壁的焦痕方向来看，明显指向三上山上部采空区。三、四上山之间小川处有倒下的顶柱三根，偏向下山方向，而且焦痕方向指向三上山采空区，所以爆源在三上山采空区。采空区顶板已冒落，冒下的顶板岩石有一层 0.2~0.5 米厚的石英质角砾岩，并含有黄铁矿集合体。说明是由于顶板冒落，石英质角砾岩互相撞击，摩擦产生火花点燃瓦斯，引起爆炸。在事故调查中做过模拟试验，将岩石式样放在离地面 3.1 米高处落下，与地面岩石式样相撞，进行 4 次试验，有 3 次发生火花，火花呈黄白色，下落式样越大，产生火花越明显越白，足以引燃瓦斯。（3）火药管理不严，事故后在该区拣到炸药 160 个，雷管 55 个，因此也不排除因岩石冒落砸响雷管，引起瓦斯爆炸的可能。

事故教训：（1）无规程作业，作业规程编制质量不符合要求，多次返工，拖延了审批时间，造成无章可循，胡采乱掘，煤柱遭到破坏，无法封闭采空区。（2）违反开采程序，系统未形成，先期进行掏心式开采造成风流短路。通风系统不合理，风门常被打开，工作面风量不足。超能力生产，经常出现瓦斯超限，69个小班中就有41个小班局部出现瓦斯超限，这样严重的事故隐患，未能引起矿领导应有的重视。（3）火药管理不严，乱扔乱放，甚至丢在采空区里，给事故埋下隐患。（4）原设计为倾斜分层强制放顶采煤方法，但由于无放顶设备和其他原因而改为刀柱式采煤法，忽视了采空区的管理。

（十六）石油部海洋石油勘探局"渤海2号"钻井船翻沉事故

1979年11月25日，石油工业部海洋石油勘探局"渤海2号"钻井船在渤海湾迁移井位拖航作业途中，在东经119度37分8秒、北纬38度41分4秒处翻沉，船上共有74名职工，除2人获救外，其余72人均淹冻而死，直接经济损失（仅钻井船本身的损失）达3700多万元。

"渤海2号"钻井船是1968年日本建造、1973年中国以800万美元购进的一艘自升式钻井平台，由沉垫、平台、桩脚三部分组成，为大型特殊非机动船，用于海洋石油钻井作业。迁往新井位时，应卸载，使全船负有可变载荷减到最少，下降平台，提升沉垫，使沉垫与平台贴紧，排除沉垫压载舱内的压载水，起锚，各桩脚安放楔块固定，最后由拖船拖航。该钻井船船体总长63.25米，船宽38米，船上有4条直径2.6米、高72米的桩腿，满载时总排水吨位5500多吨。

1979年11月，海洋石油勘探局计划将"渤海2号"钻井船由渤东二三构造原井位迁至航距117海里的歧口凹陷南侧一〇二构造新井位。为安排"渤海2号"迁移拖航任务，11月22日上午由局总调度室副总调度长张德经主持召开了拖航会议。会前，11月12日"渤海2号"钻井队队长刘学曾自海上发来电报，告知平台上的3潜水泵落水，要求派潜水员打捞。"渤海2号"迁移任务确定后，11月20日，刘学再次从海上发来电报，要求派潜水员，打捞潜水泵，并提出潜水泵估计是落在浮力（沉垫）舱上。11月21日，队长刘学专为"渤海2号"迁移拖航发来电报，要求卸载，要求派三条船拖航，即8000力拖轮主拖，另两条左后、右后帮拖，指出这样稳性好，拖速快。拖航会议上，读了队长刘学20日、21日的电报，经过讨论决定：不在原井位卸载和捞潜水泵［为避免潜水泵将平台顶破，确定浮力（沉垫）舱与平台之间留1米间隙］，为了能够就位，在距新井位4海里处设过渡点升船一次，捞泵卸载，如新井位水深可以直接就位，就不再设过渡点，不再捞泵卸载；拖船只用一条8000马力的282拖轮（该拖轮航速 2.5~2.7 节，需航行 43 个小时）；由钻井处副处长康于义、总调技师吴连福、282 拖轮船长蔺永志、"渤海 2 号"队长刘学和副队长李华林 5 人组成领导小组（除蔺外已死亡），负责拖航作业现场指挥。11 月 23 日上午，在局领导干部碰头会上，局总调度室另一位负责人简要地汇报了拖航会议决定的事项，局领导对此未提出异议，表示同意。当晚，282 拖轮驶抵"渤海 2 号"抛锚地点，抛锚待拖。

11 月 24 日 7 时 30 分，局总调度室副总调度长李平向值班员问了各气象台天气预报情况，被告知天津、河北和山东气象台均发布了大风警报。随即这位负责人向局领导干部碰头会作了汇报，并提出估计"渤海 2 号"不会降船。与此同时，钻井处调度值班人员也向主管负责人提出"渤海 2 号"不应降船的建议，但处主管负责人只指示将气象情况告知"渤海 2 号"，而没有作出不降船的决定。

11 月 24 日 8 时 3 分，282 拖轮靠近"渤海 2 号"，准备带缆，因涌浪大，失败；8 时 59 分，第二次带缆成功，随即降船。10 时 44 分开始拖航。当时"渤海 2 号"干舷高度 1 米左右（应为 3 米以上）。20 时以后，风力逐渐增强，达 8~9 级，阵风 10 级。由于干舷低，甲板浸没在水里。25 日 2 时 10 分，"渤海 2 号"通风筒被打断，海水大量涌进泵舱内，全船职工奋不顾身，英勇排险，终因险情严重，抢堵无效，船体很快失去平衡，开始下沉。25 日 3 时 10—20 分，"渤海 2 号"用明码报局电台"我船开始下沉"，几分钟后又用内部频率发出"SOS"（呼救信号）3 次，同时告知 282 拖轮救人。25 日 3 时 35 分，"渤海 2 号"钻井船在东经 119 度 37 分 8 秒、北纬 38 度 41 分 4 秒处海域倾倒沉没。船上 74 名职工，除 2 人获救外，其他人员全部遇难。"渤海 2 号"钻井船翻沉后，282 拖轮没有按照航海规章立即发出国际呼救信号并测定沉船船位，迟迟报不出沉船准确位置。船上救生艇、救生筏也均未投放救人。

事故原因：（1）没有排出压载水。按规定，拖航作业应排出 4 个压载舱（亦称沉淀舱）的压载水，总重 2400 多吨。加上其他应卸而未卸的载荷，使总载荷从应为 7700 吨而增至 11047 吨，从而大大加深了吃水，从应为 7.08 米而实达 10.86 米，加深了 3 米多，使应为 3 米以上的干舷，实际上才达 1 米左右，这样低的干舷稍有风浪便经不起袭击。（2）平台与沉垫舱没有贴紧。因没有打捞怀疑落在沉垫舱上的潜水泵，就无法做到平台与沉垫紧靠，确定平台与沉垫舱保留 1 米间距的违章错误做法，从根本上丧失了排出压载水的条件。（3）没有卸载。根据该局事后测算，"渤海 2 号"负可变载荷 751 吨，按已知规定超载将近 1 倍。虽"渤海 2 号"队长刘学几次电报要求卸载，但未被接受，没有卸载，违反拖船安全要求。（4）拖航降船也是违章进行的，且航速又不符合规定。这四条尤其是第一条是造成"渤海2号"翻沉的致命原因。

救援不力，生命财产损失加大的原因：（1）"渤海2号"临危和翻船后，282拖轮未按航海规章发出国际求救信号（"渤海2号"已发出，但用的是内部频率，港监、海上行船等收不到，海洋石油勘探局收到后也未指示282拖轮发出）。如按规章发出，距"渤海2号"只有3海里左右的大庆9油轮只需要二三十分钟就能赶到现场抢救，必将会减少死亡。（2）282拖轮备有救生艇和救生筏，但均未投放救人，使现场的救生设备没起到救生作用。（3）海洋石油勘探局收到呼救信后，约40分钟第一条抢救船才离开码头前往事故地点，到达现场已过七八个小时，指挥船在事故后3个小时左右才离岸，故到达现场就更晚，实际上只能去打捞尸体，根本起不到救生作用了。

事故间接原因："渤海2号"翻沉事故是海洋石油勘探局长期以来忽视安全工作，在海上石油钻井生产中不尊重客观规律的结果。仅据1975年至1979年的不完全统计，该局发生各类事故竟达1043起（其中重大事故30多起），造成105人死亡，114人重伤，经济损失十分惊人。事故发生后，多数没有发动群众认真总结经验教训，设法解决事故隐患。1977年底，该局"渤海1号"钻井平台曾发生桩腿断折事故，所幸没有造成船翻人亡事故。事后领导未能引起警惕，没有充分发动群众分析事故原因，实事求是地吸取教训，而是热衷于给有关人员披红戴花，搞大表彰等活动，结果非但没有根据前车之鉴改进工作，反而助长了不尊重科学，违章指挥和冒险蛮干的风气。更荒唐的是，"渤海2号"钻井船的《稳性计算书》等外文资料，该局从未翻译、研究，直到这次事故发生后，为了调查案情，才由天津市人民检察院请人译出。

责任追究：1980年8月25日，国务院作出关于处理"渤海2号"事故的决定。指出："渤海2号"钻井船在渤海湾内翻沉事故发生以后，石油部迟迟不认真调查事故的原因，不如实向上级报告情况，也没有采取得力措施处理有关责任人员。事故发生8个月以后，石油部仍然没有严肃对待。只是由于党中央和国务院领导的严格督促，全国总工会和社会舆论同声指责，石油部才作出了比较符合实际情况和比较深刻的检查。"渤海2号"翻沉事故的发生，是由于石油部领导不按客观规律办事，不尊重科学，不重视安全生产，不重视职工意见和历史教训造成的。石油部领导对此负有不可推诿的重大责任。国务院领导对这一严重事故处置不当，也是重要的失职，应当向全国人民承认错误。国务院会议在听取石油部和其他有关各方的报告以后决定：（1）接受宋振明的请求，解除他石油部部长的职务，提请人大常委会批准。（2）国务院主管石油工业的副总理康世恩对这一事故没有认真对待和及时处理，在国务院领导工作中负有直接责任，决定给予记大过的处分。天津市中级人民法院于1980年9月2日公开审判"渤海2号"事故直接责任者。判处犯有渎职罪的海洋石油勘探局局长马骏祥有期徒刑4年；副局长王兆诸有期徒刑3年；局副总调度长张德经有期徒刑2年，缓刑2年；滨海282船长蔺永志有期徒刑1年，缓刑1年。

（十七）吉林省吉林市煤气公司液化石油气厂球罐爆炸事故

1979年12月18日14时7分，吉林省吉林市煤气公司液化石油气厂发生特大爆炸、火灾事故，大火持续了23小时，造成36人死亡，54人受伤（其中46人重伤）[①]。事故使一个投资600万元、投产仅两年的新企业付之一炬。

此次事故首先是400立方米的2号球罐突然发生破裂，裂口长达13米多，大量的液化石油气迅速喷出，蔓延到距离200米远的苗圃，遇到明火（正在杀猪烧水褪毛）发生燃烧，在6万多平方米的范围内立即形成一片火海。由于火势太猛，消防装备不适应，未能及时控制火势。邻近的1号球罐，在大火烘烤4个小时后，严重超压，发生了强烈爆炸，响声远及百余里，火焰高达百余米，4块重达10多吨的球壳碎片飞出百余米。1号球罐的爆炸，使整个罐区遭到破坏。大火持续23小时，烧毁6个400立方米球罐、4个50立方米卧罐、3000多只液化石油气钢瓶，烧掉600多吨液化石油气，烧坏厂区及附近苗圃全部建筑物和12辆机动车，烧死树苗329万株，直接经济损失540万元。同时烧断66000伏高压输电线路，造成3个变电所、48个工厂停电26小时，由此造成的间接经济损失近90万元。

事故原因：（1）球罐的安装组焊质量不好，发生了脆性断裂。2号球罐上下环焊缝存在严重的焊接缺陷，一些缺陷就是裂纹源。使用中当球罐压力波动时，这些裂纹源逐步扩展，而该球罐投用后，一直未进行过检验，对制造、安装存在的缺陷未能及时发现与消除，更未及时发现断裂纹的发展情况，以致波动达到一定次数后便造成低应力脆性断裂。这是发生事故的直接原因。（2）企业管理混乱。该厂自1977年投产以来，制度不健全，工作无秩序。领导对球罐的质量与安全情况心中无数；全厂没有一名技术员；操作工也未经技术培训，不懂操作技术。（3）不重视安全管理工作，不执行国家有关安全技术规程和防火防爆的规定。液化石油气属于甲类火灾危险品，国家对其防火防爆有严格的规定。该厂竟在厂区内储存汽油、柴油等易燃物品，公安部门多次提出意见也不整改；事故发

---

① 吉林省劳动志记载，这次事故死亡33人，重伤4人，轻伤49人。

生后，由于断电断水，消防设施不起作用，球罐本身专设的降温喷淋装置，也因没有备用电源而无法启动。企业单位和消防部门平时未做应急准备，常备的消防设备和器材不适应大量液化石油气火灾事故的扑救需要，因而无法控制罐区火势。

这次事故暴露了吉林市煤气公司液化石油气厂不重视安全工作，特别是对压力容器的特殊安全管理缺乏应有的认识，从球罐的制造、安装以致使用、管理都存在严重的问题。国务院于 1980 年以《关于吉林市煤气公司液化石油气厂恶性爆炸火灾事故的报告》指出：这次事故暴露出来的压力容器组装质量差、使用管理混乱，领导干部不重视安全生产，不认真执行安全规章制度，不懂业务，不注意技术管理以及对设备长期不检验等问题，在不少企业、事业单位中都不同程度地存在，应当引起各级领导的高度注意。

吸取事故教训，防止同类事故再次发生的措施：（1）在球罐设计、制造、安装中要把住质量关，特别是要保证焊接质量。（2）球罐投用后，使用单位的领导要提高安全意识，重视球罐的安全。（3）要建立健全必要的规章制度，提高管理人员和操作人员的素质。

（十八）湖北省宜昌地区远安县盐池河磷矿山体崩塌事故

1980 年 6 月 3 日，湖北省宜昌地区远安县殷盐磷矿矿务局盐池河磷矿发生山体崩塌事故，造成 284 人死亡。

盐池河磷矿于 1976 年开始建设，1979 年正式投产，设计生产能力为 10 万/吨，实际年产 8 万吨。

这次山崩事故早有明显迹象。1978 年底，矿区西部一至三分段开始出现滚石和山体地表裂缝现象，该矿停止了一分段采矿；1979 年上半年，五分段南部采空区开始出现矿柱片帮和底板鼓起，一至三分段山顶继续出现裂缝。宜昌地区燃化局曾邀请 115 煤田地质勘探队工程技术人员到现场勘察后，采取了设立观察点、部分停产、采空区强行放顶、留大矿柱等措施。

1980 年上半年，地表裂缝向高山悬崖发展。4 月 5 日晚，四、五分段上方大悬崖滚下第一块大石，打断了一根 12 米高的高压水泥电线杆，矿务局勘察后向宜昌地区燃化局报送了书面报告（《关于我局盐池河坑口安全问题的请示报告》）。4 月 18—19 日，地区燃化局再次邀请 115 煤田地质勘探队和长办 505 工地工程技术人员到现场勘察，发现五、六分段上方陡崖区高程 880 米的山顶上有 5 条裂缝，张开最大宽度为 20 厘米。当时分析判断：大规模的崩塌是不可能的，小规模几十方、几百方崩塌随时可能发生。排除了该矿区整个山体崩塌的可能性。根据判断，提出了一些防止小规模滚石的安全措施，停止了部分采矿。4 月 25 日，宜昌地区燃化局发出了《关于盐池河磷矿岩崩问题的初步调查和处理意见》，将工程师的错误判断变成燃化局的文件，下发矿务局执行。

5 月 20 日，宜昌地区燃化局再次邀请长办 505 工地工程师吕某参加听取殷盐磷矿矿务局关于裂缝观察情况的详细汇报，吕某认为情况和上次分析的一样，大规模崩塌的可能性很小，可以延长观察时间，边观察、边开采。这次会议的结论，通过燃化局"安全月"检查组在矿务局职工中进行了宣传贯彻，裂缝观察时间由 3 天改成了 5 天一次。

5 月 18 日至 5 月底，地表裂缝变形加快，特别是 5 月 30—31 日连降大雨 74 毫米以后，更加剧了变形的发展。6 月 2 日 16 时，矿务局局长向某打电话向地区燃化局汇报险情，请求派工程技术人员来勘察，晚 7 时，地区燃化局答复"明天派工程师去"。6 月 2 日 18 时，一裂缝下沉达 1.5 米，不断发生小崩塌，19 时左右，一次大崩塌达 1000 立方米左右，局长向某宣布停止生产，人员撤出危险区，通宵值班观察，并派生产科、安全科负责人连夜到地区燃化局汇报，随即将家属小孩转移到当时认为比较安全的汽车队；23 时，局长向某再次向地区燃化局汇报险情，说已经垮了几千方，地区燃化局徐某答应停止生产，撤出人员，加强观察三条措施后，向局党委委员、行政科长李某汇报，征求是否向局长汇报，李某答复："你这三条意见很好，明天早上再说"；当晚 24 时半，去矿务局汇报的人员到达宜昌后，打电话到燃化局，值班人员告知向局长已打电话来，并叫他们当晚不到局里来。6 月 3 日 5 时，向局长带人上山观察危岩，发现一裂缝已张开达 3 米，情况十分危急，立即向矿区奔跑，这时，发生了大规模山崩，标高 839 米的鹰嘴崖部分山体从 700 米标高处俯冲到 500 米标高的谷地。在山谷中乱石块覆盖面积南北长 560 米，东西宽 400 米，石块加泥土厚度 30 米，崩塌堆积的体积共 100 万立方米，最大岩块有 2700 多吨重。顷刻之间，盐池河上筑起一座高达 38 米的堤坝，构成了一座天然湖泊。乱石块把磷矿的五层大楼掀倒，将矿区全部掩埋，当时在矿区的 287 人，除 3 人侥幸脱险生还外，向某等 284 人遇难，还毁坏了该矿的设备和财产，损失十分惨重。

导致这次山体崩塌的原因：（1）山体地质结构稳定性不好。盐池河山崩斜坡的中、下部由震旦系上统陡山陀组所组成，易变形滑动，上部有灯影组所组成，易破裂崩落，滑坡体为一突出陡峭山嘴，北、西、东三面临空，南面断层切割，地质结构的天然稳定性不好，是这次山崩的内在因素。（2）地下磷矿层的开采是上覆山体变形崩塌的最主要的人为因素。这是因为：磷矿层赋存在崩塌山体下部，在谷坡底部出露。该矿采用房柱采矿法及全面空场采矿法，1979 年 7

月采用大规模爆破房间矿柱的放顶管理方法，加速了上覆山体及地表的变形过程。采空区上部地表和崩塌山体中先后出现地表裂缝10条。裂缝产生的部位都分布在采空区与非采空区对应的边界部位。说明地表裂缝的形成与地下采矿有着直接的关系。后来裂缝不断发展，在降雨激发之下，终于形成了严重的崩塌灾害。(3) 5月30日、31日连降大雨，雨水沿裂缝下渗，降低岩体抗裂程度，裂缝内积水，产生一定的侧压力，对岩体大崩塌起了激发作用。(4) 对山体稳定性观察、检测、分析重视不够，特别是对险情不断发展分析不够，没有从实际情况出发，采取相应的避险措施。在发现山体裂缝后，该矿曾对裂缝的发展情况进行了设点简易监测，虽已掌握一些实际资料，但不重视分析监测资料，没有密切注意裂缝的发展趋势，因而不能正确及时预报，也是造成这次灾难性崩塌的主要重要原因。(5) 对险情的判断失误，在紧要关头，所采取的紧急避险措施不得当。这次山体崩塌的发展和临崩前兆明显，如果处置得当，完全可以大大减少人员伤亡。由于对危岩的发展趋势作出了错误的判断，严重麻痹了人们的思想，放松了警惕；对危岩处置错误；临崩前缺乏果断措施，未能远撤人员。

事故主要教训：(1) 决策领导层没有重大灾变避险意识和安全责任重于泰山的观念，严重忽视安全生产。在建矿选址布点初期，对地质结构是否危及矿区安全没有分析研究；其后对盐池河极其严重的隐患和日益加剧的险情，地委、行署、地区工办、燃化局等领导机关没有引起高度重视；事故发生前，矿务局10次打电话、派人汇报、写报告向燃化局汇报险情，燃化局领导不到现场，仅凭汇报，对特别重大隐患掉以轻心，一再贻误避险机会，以致产生严重后果。(2) 有关部门领导对工作极不负责任，疏忽大意，严重失职；对重大险情反应迟钝，麻木不仁。地区燃化局几名领导，在6月2日16时、19时和23时听取险情告急汇报后，或以分管别项工作为名推卸不管，或只作一般安全问题处置，简单答复"明天请工程师去看"，或答复"明天早上再说"，贻误了最后时机。矿务局和磷矿两级领导对险情不断发展分析不够，盲目听取工程技术人员的错误分析判断，没有从实际情况出发，采取相应的避险措施，危急关头，仍然等待上级决定，没有当机立断，疏散远撤人员；特别是对职工群众关于山体崩塌的意见和建议没有认真研究，反而强调不能惊慌失措，要求坚守岗位，稳定情绪，对能够撤离的职工家属也没有及时撤离。(3) 矿区技术力量薄弱，特别是安全生产专业科学技术知识缺乏，不能对重大隐患进行科学系统的观测分析与监控，临时从外单位邀请工程技术人员咨询，由于缺少周密系统的观察基础资料，技术人员也很难作出正确的分析判断，致使领导者决策和处置严重失误。对险情的错误判断，还导致将在险情区域的汽车队划在安全区，致使先期转移到汽车队的职工和家属以及汽车队的人员、车辆、物资在山崩中一起被全部埋没。

（十九）四川省宜宾地区"屏航4号"客船倾覆事故

1980年8月26日7时30分，四川省宜宾地区屏山县航运公司所属的"屏航4号"客船，行驶到金沙江新大滩时倾覆，船上301人当中有125人生还，死亡176人。直接经济损失12.53万元，打捞、殡葬、抚恤等费用38.34万元。

事故原因：在激流险滩冒险航行，严重超载，船底压载不足，是造成这起客船倾覆事故的主要原因。（1）不顾洪峰和险滩，冒险开航。8月25日金沙江出现当年入夏后第二次洪峰，26日的江水仍然十分湍急，"泡喷"较大。新大滩为金沙江中的险滩之一，航行条件恶劣，尤其是在江水猛涨的情况下，稍有疏忽就可能船毁人亡。26日其他航运公司的客轮因担心出事，均予停航。"屏航4号"长期以来习惯于冒险航行，这次又把江水上涨当成是招揽生意、提高效益的好机会，不顾金沙江险情和可能发生的危险，决定开航。（2）严重超载，违背船舶客货装载的相关规定。按照航管部门的核定，"屏航4号"定员为176人。但该船在屏山港口始发时就售出船票261张，另有14名没有买票上船的本航运公司职工家属，共载客275人。客船途经会议（地名）、福延、娄东3站时，又有一些乘客上船。而且船舱中还装载了煤炭2吨、木料7吨。乘客自带货物2~3吨。客船严重超载。乘客又多集中于右舷，使船身向右倾斜。对于严重超载、乘客集中右舷等情况，客船负责人视而不见，没有采取任何措施予以纠正。（3）压舱重量不够，客船的重心上移。该客船的证书规定，当其载客为满员时，舱底压载重量应为12吨，压载重心高不超过400厘米，干舷不低于400厘米。但"屏航4号"长期未按规定进行压载，在这次航行中舱底只是压载砖头2000块，重量约6吨。这就造成客船的中心上移，稳定性变差。（4）舵机长期带病运转。由于船舶没有按照规定进行维护，事故发生前的几个月里，该船舵机多次滑链，一般情况下滑5度，严重时滑10度，向公司反映后迟迟未予修复。8月26日航行中，舵机曾经滑链10度，停机提链纠正5度，仍向右滑5度。船长只是要求在链条上撒了些岩灰后继续航行。（5）没有执行航行安全相关规章制度。"屏航4号"的船长为临时顶班上岗。开船前，既没有按照规定召开航次作业会，对航行安全提出措施、作出安排，使船员对航行安全问题保持高度警惕；也没有按照规定对客船的车、舵、锚是否灵活，客货装载是否符合安全规定等情况进行检查，及时发现、解决航行安全隐患。（6）对险情估计不足，处置不当。值班驾驶员对船过险滩的险情估计不足。代理船长航行监督不力，未能及时发现险情和果断采取避险措施。（7）屏山县航运公司领导严重忽视航运安全工作。未能保证船岸各级机构认真贯彻执行安全生产方针。对职工不进行安全教育。规章制度废弛，有章不循，对事故的发生负有重要的领导责任。有关责任者受到刑事、行政处分。

（二十）江苏省徐州矿务局韩桥煤矿煤尘爆炸事故

1980 年 12 月 8 日 18 时 2 分，江苏省徐州矿务局韩桥煤矿夏桥井 -270 米水平东翼北一采区 1704 工作面发生煤尘爆炸事故，造成 55 人死亡，4 人重伤，直接经济损失 25.8 万元。

韩桥煤矿开采太原系 17 层、20 层、21 层煤，煤层厚 0.7~0.9 米，煤层倾角 5~17 度，煤种为 2 号肥煤。属于低沼气矿井，煤尘爆炸指数为 48.85%。

1704 工作面开采 17 层煤，煤层厚 0.8~0.9 米，煤层倾角 5 度左右，顶底板均为灰色页岩，煤层自然水分为 0.7%，走向长壁对拉工作面，上工作面长 81 米，下工作面长 63 米，截煤机掏槽，爆破落煤，人工攉煤，顶板控制为全部陷落法。工作面中间运输机道和上回风巷设有防尘管路和洒水软管，中间运输机道的 3 部运输机转载点和工作面运输机头都设有防尘喷雾器，每两天派专人对工作面上下风巷的煤尘进行一次洒水冲洗。该工作面自生产到发生事故的前一个班，共 107 天，从未出现过沼气超限现象。

事故发生当日，上工作面早班掏槽采煤，中班尚余单 8.6 米，双挡 6.4 米，下工作面早班掏槽，打煤机窝未采煤，人员均在中间运输机巷和下进风巷，下出口以上实茬处正在爆破。18 时 2 分，突然发生剧烈爆炸，在这一区域的 55 名矿工全部遇难，在采区储煤井下接车及轨道上山下口挂钩的 4 名工人受轻伤。18 时 20 分，矿调度室接到井下发生事故的报告，立即通知矿救护队下井抢救。矿务局救护队于 19 时 43 分到矿。19 时 52 分，其他 7 个矿的救护队也紧急出动，参加抢救工作。抢救时采取先探情况，及时恢复通风系统，边修复巷道边救人等措施，经过 32 小时将全部遇难人员运送出井。爆炸波及巷道 4862 米，遭到破坏的 3263 米，占 67.4%。波及范围内的机电运输设备、通风设施等均受到不同程度的破坏，但工作面支架、设备完好无损，柱梁的被风面有煤尘焦渣，下工作面的上部和上工作面的焦渣特别明显，其厚度达 5~13 毫米。工作面下进风巷、中间运输机巷、上回风巷、1704 皮带机道和 1706 下面切眼等支架、设备有明显的向两侧倒塌、抛掷的现象。根据这一现场分析，爆破产生的火焰，先引起了下工作面下部的煤尘爆炸，爆炸冲击波又将上述各地点长期沉积下来的煤尘吹扬起来发生了连续爆炸。

事故原因：（1）违章爆破。1704工作面在放实茬炮时，采用四芯线一次联2~3个炮短间隔分放的方法，引起煤尘飞扬。同时炮眼封泥长度不足（仅有30~50毫米），又没有使用水炮泥，爆破时产生火焰，引起煤尘爆炸。（2）没有采取综合防尘措施。1704工作面煤层水分低，煤质干燥，悬浮煤尘很大，特别是截煤机掏槽和攉煤粉时更为严重。而该工作面没有实施煤体注水，截煤机既没有内喷雾装置也没有外喷雾装置，工作面没有采取任何防降尘措施。同时，工作面上下风巷虽然采取了洒水冲洗措施，但沉积下来的煤尘没有及时清扫。工作面下风巷跨越1704皮带机道，风流中带入粉尘。所有这些，使工作面及上下风巷堆积了大量的煤尘，给连续爆炸创造了条件。（3）通风管理不善。该工作面由于运输系统的改变，迫使1704上下面串联，回风路加长，通风设施增多。另外，风门打开不关的现象经常发生，使工作面风流的稳定性受到严重影响。特别严重的是，在发生事故的当天早班，由于1706工作面准备的需要，将1706下风巷外口的砖砌风墙改为能通过矿车的风门，由于没有按先钉门后扒墙的施工程序，而是先扒墙后钉门（且只钉了一道门），造成风流短路，严重影响1704工作面供风，使工作面处于风量很小的状态生产2个多小时（10时至12时多），给这次事故留下了一个重大隐患。总之，由于没有采取综合防尘措施，工作面、上下风巷煤尘大量沉积和飞扬；违章爆破，爆破时产生了火焰；通风不良，风流稳定性差，从而造成这次特大煤尘爆炸事故的发生。

事故教训：（1）薄煤层炮采工作面，解决爆破时间长、劳动强度大的问题，不能采取多线头爆破和炮眼封泥不足等违章的办法，应该严格执行《煤矿安全规程》中有关爆破的规定。（2）从这次1704工作面上下风巷和皮带机道沉积煤尘参与爆炸扩大灾情的事实说明，只采取洒水灭尘的措施是不够的，尚必须采取煤体注水、爆破使用水炮泥、割煤机加设外喷雾、撒布岩粉、设岩粉棚和隔爆水棚等综合防尘、隔爆措施。（3）采区设计修改，要以不影响通风、安全为前提，不能只考虑运输的方便，而把通风系统的合理性置于从属地位。如若1704工作面的煤集中到1705皮带机运输，把1704皮带机道作为回风巷，1704上工作面和下工作面，和1704与1706均可实行分区通风。风路将会大大缩短，1706下风巷外口风门可去掉，中间运输机巷的风门即使打开，对1704的供风也不会有直接影响。改变通风设施，特别是墙改门或门改墙这一类工程，必须先建好新的再拆除原来的，这是改变通风设施必须遵守的施工程序。1706下风巷外口墙改门工程就违反了这一施工程序，风流短路，使1704工作面风速由1.29米/秒下降到0.52米/秒。气温升高，大量的煤尘带不出去，沉积在工作面内。

（二十一）成昆铁路利子依达铁路大桥旅客列车倾覆事故

1981年7月9日，成昆线尼日至乌斯河站间突发山洪泥石流，冲毁利子依达铁路大桥，导致正在运行的442次旅客列车前端列车和部分车辆掉进大桥沟地，造成240多人（包括机车内的4名司机）死亡或失踪，146人受伤，成昆铁路运营中断超过半个月。

1981年7月9日，成昆线尼日至乌斯河站区间大雨滂沱，峨眉机务段司机王明儒和副司机唐昌华驾驶东风1型1546+1420内燃机车，牵引442次旅客列车，从尼日车站正点开出，在14‰的长大下坡道上，列车以49千米/小时的运行时速向乌斯河车站疾驰。雨越下越大，突然，在尼日至乌斯河区间的利子依达大沟，暴发了特大的泥石流。几十吨、上百吨重的巨石，从陡峭的山谷直泻而下，斩断了奶奶包隧道口的利子依达铁路大桥桥墩，冲毁了混凝土桥梁，这时，王明儒操纵机车已经进入了奶奶包隧道，在这线路曲线半径为1000米的隧道里，机车运行到距隧道口约30米处，机车前照灯的灯光仅射到了洞外的外方，在这千钧一发之际，王明儒凭着他高度的警觉和30年行车的丰富经验，透过漆黑的夜幕和密密的雨帘，判断了运行前面已经发生了重大险情，他和副司机唐昌华，在这生死关头，毅然选择了与车同在，用生命的最后六秒钟，坚定地撂下一把死闸，连连拉响风笛，作出了一个火车司机在死亡威胁下的最后努力，机车凭着巨大的惯性向桥头继续滑去，但是容许列车向前制动的距离，只有紧挨隧道口的那一孔残存长度不足40米的扭曲混凝土梁了。1时49分，机车坠下了断桥，咆哮的泥石流顷刻将机车砸毁，冲到百米以外的大渡河里，司机王明儒、副司机唐昌华被汹涌的大渡河吞没了。

事故原因：（1）位于乌斯河站与尼日站之间的利子依达古泥石流沟，流域面积248平方千米，流域长度809千米，纵坡达10%~30%。主沟两侧松散岩堆近百万立方米，一遇暴雨，泥石流顺沟而下，直冲建在沟上的利子依达大桥，存在严重隐患。（2）事发当日，该地区连降特大暴雨，引发山洪泥石流冲断利子依达大桥，在灾害常发地区缺乏灾害监测报警设备，从而导致车毁人亡的重大事故发生。

（二十二）河南省平顶山矿务局五矿瓦斯煤尘爆炸事故

1981年12月24日17时左右，河南省平顶山矿务局五矿二水平的戊组二采区戊0-226回风巷距掘进头约40米处发生局部瓦斯爆炸，继而引起采区巷道内沉积煤尘飞扬，导致煤尘爆炸事故，造成134人死亡，8人重伤，23人轻伤，破坏巷道 2673 米，损坏电器设备 127 台，各种机电小件 347 件，动力电缆 8367 米，通风设施 24 处，经济损失 361 多万元。

五矿原称龙山庙煤矿，于 1958 年 12 月 31 日建成投产，设计年生产能力 120 万吨，有职工 5823 人。1981 年计划产煤 102 万吨，实际完成 98 万吨。该矿属于高沼气和具有煤尘极易爆炸危险的矿井，瓦斯相对涌出量为 10.97 立方米/（日·吨），戊 0 煤层一水平的煤尘爆炸指数为 36%，二水平的煤尘爆炸指数为 48.5%。矿井通风采用压入式分区通风方式，实际井下总入风量为 8960 立方米/分钟，矿井风压为 135 毫米水柱。该矿一水平曾于 1960 年 1 月 10 日发生局部瓦斯爆炸事故，死亡 3 人，受伤 11 人；同年 11 月 28 日发生瓦斯煤尘爆炸事故，死亡 187 人。矿井生产水平接替失调，安全技措欠账多，洒水系统不健全，综合防尘措施不完善，没有进行煤壁注水，灌浆灭火工程没有形成系统，没有安设岩粉棚和隔爆水棚，瓦斯遥测仪和瓦斯报警断电仪以及隔离式自救器还没有配齐。

事故发生当日 11 时左右，戊 0-226 回风巷装煤机七芯屏蔽电缆被矿车挤坏 20 厘米，发生接地漏电，造成断电停风。电工李清云先后进行三次处理，均未排除障碍，致使巷道内瓦斯超限。据瓦斯检查员贾中发 14 时 20 分检查，掘进工作面第一架棚处瓦斯浓度达 4%，向外 15 米处达 3%。此时，瓦斯检查员贾中发下令作业人员撤离。电工李清云在匆忙中用衣襟兜着工具离开现场，装煤机防爆接线盒端盖没有盖上，电缆操作线头裸露在外，铜丝搭接，留下隐患。人员撤离后，贾中发将风筒断开，设置了栅栏，写上"瓦斯大，禁止入内"的警示语。15 时许，掘进五队党支部副书记张俊喜违章启动风机，被贾中发制止后，张俊喜将风机停住，但风电闭锁开关、局部通风机开关和装煤机开关都在合闸位置，只要有人按按钮，风机即可启动，又留下一大隐患。随后贾中发、李清云、张俊喜等升井。贾中发没有执行井下交接班制度，让另一掘进工作面的瓦斯检查员孟长志，把情况转告四点班的瓦斯检查员石德坤，李清云也未将处理装煤机电缆接地故障的情况向下一班交代。15 时 40 分，张俊喜、贾中发先后向值班调度员刘玉亭作了汇报。刘玉亭、贾中发通知通风队协助技术员工作的工人刘德普制定排放瓦斯措施，同班调度员史清喜在调度日记上作了记录。刘玉亭还向四点班调度员徐有奎交了班，但均未向矿领导汇报。刘德普填写了两份排放瓦斯措施后，交给通风队值班班长李中规找矿领导审批。李中规又交给通风队守电话的工人唐文松送去，唐文松未去办理。直到事故发生后，排放瓦斯措施仍放在通风队的办公桌上。张俊喜离开调度室后，到 16 点班班前会上，安排王凤成派人去处理装煤机电缆接地问题。王凤成派机电工冯克章去，冯克章说"我没整过，我不中"，王凤成又派常玉祥去(冯克章、常玉祥都在事故中身亡)。16时40分，瓦斯检查员石德坤从井下向矿值班调度员徐有奎打电话，要求派救护队下井排放瓦斯，徐有奎没有向矿领导汇报。17时5分，矿调度室就接到井下调度室关于事故的电话报告。

事故直接原因：（1）戊 0-226 回风巷在发生事故的前一班，因矿车将掘进头处装煤机的七芯电缆挤坏，发生漏电接地，停电停风，造成巷道瓦斯积聚超限。据瓦斯检查员贾中发的瓦斯检查记录，在事故发生当日 11 时，局部通风机停风到 14 时 20 分，检查这个巷道的瓦斯，距工作面 1 米远处瓦斯就积聚到 4%，15 米处就积聚到 3%，从 14 时 20 分到 17 时左右发生爆炸前的停风两个多小时内，根据该巷道的瓦斯涌出速度计算，每分钟最低涌出 0.7 立方米，6 个小时内至少涌出 30 立方米瓦斯。巷道断面 6 平方米，至迎头 60 米范围内平均瓦斯浓度达 8.5%左右，在发生爆炸前 226 回风巷已积聚了爆炸的条件之一——瓦斯。（2）有引爆火源。据现场调查，226 回风巷装煤机电缆操作线裸露在外，铜丝搭接，防爆接线盒未盖上，风机开关、风电闭锁开关和装煤机开关的手把，都在合闸送电状态。经检查，操作线有放电痕迹。这些事实证明了装煤机电缆操作线接头跑火是引爆火源。（3）226 回风巷掘进工作面洒水灭尘的供水不稳定，经常为保证采煤工作面而停止供应掘进工作面的防尘用水，回风巷中煤尘很大，巷道周壁沉积了厚 1 毫米以上可爆粒度的煤尘，当发生瓦斯爆炸事故时，冲击波使大量沉积的煤尘飞扬起来，达到爆炸限度，又被瓦斯爆炸产生的火源所点燃，导致了煤尘连续传导爆炸。由于煤尘爆炸产生了大量一氧化碳气体，灾区死于一氧化中毒的有 95 人，占死亡总人数的 70%。

事故间接原因：（1）该矿长期忽视安全生产、违反《煤矿安全规程》、违章违纪现象十分严重。（2）该矿有令不行，有禁不止，对煤炭部下达的五个安全指令一个也没有得到认真贯彻落实。矿领导对存在的重大事故隐患熟视无睹，安全管理非常混乱。（3）特种作业人员未经专业培训，无证上岗，缺乏专业技术知识。

事故教训：（1）五矿在调度指挥、现场交接班和操作规程等方面，岗位责任制不落实。在生产技术管理上有漏洞，瓦斯排放措施的编制、审批、执行不严格、不具体，千篇一律地采用"撤人、站岗、停电、不超（瓦斯浓度不超过1%）"的方法，缺乏针对性。（2）综合防尘措施不落实，洒水系统不完善，巷道冲洗和喷雾洒水坚持得不好，致使煤尘堆积。（3）停送电制度不健全、不严密。据戊二采区变电所 1981 年 12 月 1—24 日运行记录查出，发生因漏电跳闸共达82 次。不是变电所值班电工，其他人员也可以送电，如 1981 年 12 月 24 日八点班（事故前一班）掘进五队党支部副书记张俊喜到变电所就自行送电。（4）作业规程编制简单，要求不具体，在瓦斯大的条件下没有防瓦斯、煤尘爆炸的要求。如掘进五队 1981 年 10 月编制的作业规程及措施，是两条巷道一份综合措施，起不到保证生产安全的作用。（5）救护队员缺乏抢救知识，有一名救护队员在抢救过程中窒息死亡。（6）掘进工作面没有安装瓦斯自动检测报警断电装置，采煤工作面没有实施煤体注水，爆破没有用水炮泥，产生了大量的煤尘。没有设置岩粉棚和隔爆水棚。（7）井下作业人员没有配备自救器，造成大量人员被一氧化碳中毒身亡。

责任追究：河南省委对事故责任者处理作出了批复：矿党委书记朱某某，不认真贯彻党的安全生产方针，对党中央、国务院指示和煤炭部五个安全指令采取了极不负责的态度，不把安全生产列入党委重要议事日程，对工人生命安全漠不关心，麻木不仁，对这次事故负有主要责任，提交司法机关依法追究刑事责任；矿党委副书记、矿长张某某，对安全工作极不负责任，玩忽职守，对上级机关安全生产的政策、指示、指令，没有认真贯彻执行，对工人的安全采取不能容忍的官僚主义态度，对矿里瓦斯、煤尘管理极不重视，长期拒看瓦斯日报，不使用通风、瓦斯监测设备，对生产过程中暴露的大量不安全因素熟视无睹，对这次事故负有主要责任，提交司法机关追究刑事责任；通风队做技术工作的工人刘某某，工作极不负责，不遵守劳动纪律，不经报批排放瓦斯措施而去下棋，玩忽职守，贻误时机，民愤极大，对事故应负直接责任，提交司法机关依法追究刑事责任；掘进五队党支部副书记、队长张某某，不重视安全工作，违章指挥，违章作业，在没有弄清瓦斯大小的情况下，盲目向掘进头送电，启动风机，当他得知瓦斯超限后，没有向调度室汇报，对这次事故负有重要责任，责成平顶山市委、市政府对其及有关事故责任人分别给予党纪、政纪处分。

（二十三）福建省福鼎县制药厂火灾事故

1982 年 3 月 9 日 8 时 2 分，福建省福鼎县制药厂发生汽油燃烧爆炸事故，造成 65 人死亡，35 人受伤，直接经济损失 39 万余元，间接经济损失 367.7 万余元。

事故发生当日，该厂冰片车间粗结工段三位早班工人（1 位女工）于 7 时 30 分前上班，其中 1 人先到即去加热溶解锅，拉原料，开真空泵，另 2 人到粗结房车边结晶槽退油料。后来这 2 人中的女工帮开泵的工人拉聚氯乙烯塑料管到西南角第一组第二结晶槽内抽油。抽完油后，开泵者就将管插到第一槽里抽油，又去拉原料。该女工在第二槽铲冰片，约过五六分钟后，即 8 时 2 分，无接地装置的聚氯乙烯管在抽油过程中产生静电，引起火灾，当时在铲冰片的女工听到呼的一声，就见第一结晶槽起火了，即喊在车边结晶槽退油料的男工，该男工见第一结晶槽起火，即从东大门跑出去喊叫，该女工则从小门跑出去喊叫。在附近和厂部三楼准备开会的厂长、书记等干部和工人，闻讯立刻赶到现场，奋力扑救。副厂长也当即向公安消防队报警，厂里拉响了汽笛，紧接着其他车间的干部、工人和邻近家属、消防队及县领导、城关群众闻讯后也先后赶到现场投入灭火战斗。开始火焰并不大，但因结晶工段易燃品遍布，火势迅速蔓延，加之厂领导指挥失误，一拥而上，灭火方法不当，引出火种，连续爆燃，封死退路，燃烧 2 个多小时。约至 10 时 40 分才将火扑灭，但正、副厂长及书记等 65 人不幸遇难，烧伤 35 人，烧毁厂房 647.18 平方米，汽油 24.31 吨，冰片 10.23 吨和结晶工段的整套生产设备。

事故主要原因：这次事故是由于冰片车间用聚氯乙烯塑料管抽结晶槽内的汽油时产生静电，引起可燃气体爆燃。（1）车间布局不合理，安全生产条件差。该厂是个化工易燃易爆、剧毒、强腐蚀物品集中的企业，但厂房设备简陋，生产条件差，如冰片车间系甲类防火危险性生产区域，而厂房却是三级耐火等级的建筑物，厂区十分拥挤，不符合国家颁布的有关安全法规标准的规定。随着生产的发展、产量直线上升，结晶槽数也越来越多，排放越来越密。如火灾起火点的冰片车间粗结工段，在不足 211 平方米的车间里（实用面积仅 170 平方米）竟排放了 35 对以汽油作溶解液的冰片结晶槽，每组间隔 20~30 厘米，行距 40~60 厘米（国家规定为不小于 1 米），而 1981 年新扩建的厂房又留下许多不合理的建筑结构和布局，如易燃易爆车间建成四层楼房，结晶房的大门朝里开，溶解锅安排在上下楼梯口，从而留下了事故隐患。（2）管理制度不严，安全措施不落实。随着生产的发展，近几年职工人数猛增，工种变动频繁，新工人进厂又没有组织培训，就上班顶岗。如当班 3 名工人中就有 2 名就是 1980 年进厂的新工人，从本工段的其他工种调到粗结工种不到一个月，以至在火灾发生的开始，未能采取有效的扑救措施。该厂是重点防火单位，但未制订紧急灭火预案和措施，平时也未进行模拟灭火训练，不少工人连简单的灭火器材都不会使用，许多灭火器材又失效，或锁于外有铁门加锁的仓库中，发生火情时，拿不出来。（3）扑救指挥失灵，现场惊慌忙乱。火灾发生后，由于平时思想准备不足，领导指挥灭火时，在未搞明什么起火的情况下，大伙一拥而上，慌乱中有的将整个沙箱扔到油槽中，造成汽油外溅、溢出。有的指挥从车间里往外搬油槽，搬动过程中，汽油、原料漏满地，扩散了火种。另外，由于通道堆放有松节油桶，使通向车间的 4 米宽的通道只剩下 1.7 米，加上搬出的油槽堵住了门口，路窄、人多，在连续爆燃时，火焰封死了灭火人员的退路，造成了多人死亡。

（二十四）四川省甘孜州九龙县车队送参加农业工作会议代表返回的车辆坠河事故

1982 年 9 月 25 日，四川省甘孜州九龙县车队一辆送参加农业工作会议代表返回各乡的大货车坠入河中，造成 47 人死亡，7 人轻伤。

事故发生当日，九龙县送参加农业工作会议的代表返回各乡，原定由县车队派驾驶员驾驶县农业局的大货车送，但该县林业局驾驶员鸟某将车开来后，未等县车队的驾驶员赶到，就擅自驾车送代表出发，当车行至九（龙）江（口）路 25 千米加 37 米处时，由于驾驶员技术差，操纵不当，在连续转弯、下坡的情况下，超速行驶，将车开进河中，造成特大交通事故。

事故直接原因：驾驶员鸟某在没有载人证的情况下，驾驶大货车载人，并且车辆严重超载，超速行驶，以致发生翻车事故。

事故间接原因：九龙县召开农业工作会议，对会议的各项会务工作作了安排，由县林业局和县政府办公室负责人负责接送代表，但他们对安全工作不够重视，治理工作不落实，这也是事故发生的原因之一。

责任追究：（1）九龙县林业局驾驶员鸟某，不服从领导安排，不服从工作人员的劝阻，无载人证载人，在车辆严重超员的情况下超速行驶，造成了翻车，是事故的主要责任者，已构成交通肇事罪，本应追究其刑事责任，但因其已在事故中死亡，故不再追究。（2）县林业局干部张某，会议分工具体负责组织车辆接送代表，当县车队驾驶员未到，车辆又严重超载，林业局驾驶员鸟某强行将车开走的情况下，制止不力，又未将情况及时向有关领导汇报，对事故的发生负有一定责任，给予行政记大过处分。（3）县林业局副局长尼某，受县政府办公室委托，负责落实送代表的车辆，但在具体布置调换车辆及驾驶员时任务交代不具体，人员不落实（并且派出的另一辆送代表的车也是无载人证载人），对事故的发生负有领导责任，给予行政记大过处分。（4）县政府办公室主任韩某，作为这次会议联系车辆的负责人，安排车辆只布置不检查，工作失职，对事故的发生负有直接责任，给予撤销县政府办公室主任职务。（5）九龙县副县长邓某，是这次会议的主要主持者，对这次会议的安全工作不够重视。事故发生确当天早晨，当有关人员将车辆调换情况向他汇报时，没有引起重视，也没有前往督促，检查落实。对事故的发生负有一定领导责任，给予其行政记过处分。（6）九龙县县长单某是九龙县安全生产第一负责人，对该县安全工作存在的问题未认真研究解决，在这次事故发生前，他也知道会议前接代表时曾险些发生翻车事故，没有引起足够重视。对事故的发生负有一定领导责任，给予其行政警告处分。

（7）甘孜州副州长罗某管全州安全生产工作，四川省政府召开的三次全省性安全生产会议，作为分管领导未参加过一次，对近两年来全州发生的重大事故负有领导责任，对其予以批评。

（二十五）四川省会东县铅锌矿炸药爆炸事故

1983年1月25日19时45分，四川省会东铅锌矿在采用硐室大爆破进行露天采场剥离时，爆区3号硐18药室内电源照明电灯烤燃炸药引起爆炸，造成57人死亡，19人受伤。

会东铅锌矿位于四川省会东县大桥区境内，该矿从1981年起开始扩建一个露天采场，1982年11月由原设计单位——昆明有色冶金设计研究院提出剥离工程采用硐室大爆破设计方案，11月下旬，四川省建委邀集有关专家进行会审，印发了会审纪要。根据会审会议精神，由矿、院和有关单位组成了施爆指挥部。会东矿负责硐室施工，准备于1983年1月30日起爆。

该爆破工程设计总装药量为952吨，预计爆破总方量为110万立方米，爆区长460米，宽125米，最大高差88米。共布置16个导硐、65个药室，其中3号硐有18、19、20三个药室，使用2岩石硝铵炸药和铵油炸药，两种炸药的比例为1：9。根据四川省建委批准印发的会审纪要，确定采用电爆网路起爆，后来昆明有色冶金设计研究院有关技术人员决定改用复式非电起爆网路起爆。装药时硐内采用电灯照明，其中3号硐是把220伏电源线拉到硐内交叉口，用两组（每组6个）36伏40瓦灯泡串联照明，18药室因光线太暗，装药人员临时接了一段6米左右的软导线，加了一只40瓦灯泡，并把导线缠在木牌上作为活动灯使用。

事故当日开始全面装药。25日15时30分左右，会东矿采矿工程师陈某和昆明有色院马某等到3号硐18药室安装了3个副起爆体。16时左右，看守3号硐的4名工人到达硐口。16时30分左右，装药人员下班离硐。此时18药室已装炸药32吨，还有5吨炸药放在导硐内，待26日装入主起爆体后再装。装药人员离开18药室时，挂着灯泡的木牌插在药包与药室壁之间的缝隙上，灯泡离炸药包垂直高度约40厘米，17时多钟，大爆破工程指挥部技术组组长、昆明有色院工程师朱某到3号硐检查，他对18药室的灯泡可能烤燃炸药的危险因素，没有引起重视，未提出消除隐患的措施，只对守硐人员说：不准吸烟，不准进硐。19时刚过，守硐人员听到药室掉渣的声音，19时30分左右，一守硐人员听到18药室有轰轰声响，抬头看到一团荧绿的火一闪一闪的，四人立即跑出硐外报警。硐口很快冒出浓烟，几分钟后发生了爆炸。将在右上方的2号硐震塌，正在硐内装药的49名民工被堵在硐内，硐外8人死亡，轻伤19人。

事故原因：通过爆破专家的模拟试验和调查分析认为，直接原因是 3 号硐 18 药室内照明电灯烤燃炸药引起爆炸。组织管理工作混乱是引起事故的一个重要原因，更主要的是施爆安全技术上的失误所致。

（二十六）广东海运局"红星 312"号客轮遭飑线风袭击翻沉事故

1983 年 3 月 1 日，广东海运局"红星 312"号客轮载客 203 人，在由广州开往肇庆途中，当行驶到三水县魁岗河口附近水面时，突然遭遇飑线风袭击，致使"红星 312"号客轮翻沉，造成 148 人溺亡。

据相关资料记载①：当年 2 月 28 日，在广西贵县出现雷雨大风，22 时左右飑线由广西贵县、陆川进入信宜。3 月 1 日 2—3 时飑线移到三水、高鹤，5 时消失在惠阳。沿途有 49 个站点出现强对流天气。飑线平均移速为 70 千米/小时，其南北范围 200~250 千米，东西宽 10~15 千米。飑线经过的地方，许多房屋、电线杆和树木被吹坏刮断。飑线经过三水县城时间为 3 月 1 日 1 时 50 分至 3 时，当时出现雷雨大风，阵风 9~10 级。

事故当日 2 时 52 分，当"红星 312"号客轮行经三水河口水面时，突然大风顿作。客轮驾驶员发现前方天空黑暗，风力增大，便决定就地抛锚，将主机减至中速。通知水手抛锚时，狂风暴雨骤然而至，河口港的灯光也被暴雨遮蔽，周围一团漆黑。驾驶员瞬间看见一红浮标灯光从左向右闪过，估计船已经被吹横。尚未将锚抛出，客轮已经大幅度左倾，旋即翻沉。

事故原因：（1）客轮的稳定性差。该船建成验收时，空船重量超出设计 7.35 吨，重心较原设计提高 0.07 米，稳性衡准数 K 值下降至 1.07。实际营运过程中，上层自重又多出 7 吨，而且未按规定压载 15.1 吨水，造成稳性进一步减低。航运企业对船舶稳性差这一问题没有认真对待，没有认真落实其制定的安全方针。运营货物装载时又没有考虑到如何避免稳性差这一问题。（2）值班驾驶员业务不熟练，应急措施不当。该驾驶员是在发生事故前 3 天才派上船的，没有任何人向他介绍过客轮的技术状况，有关雷雨大风的资料也没有学习过。雷雨大风来临前 3 小时，下小雨，风力 4 级，风向由偏东转西北。在异常气象的预兆已经比较明显的情况下，客轮未能及时抛锚，错过了避险的有利时机。再者在雷雨大风袭击客轮时，驾驶员没有按照程序要求对紧急情况进行有效反映，没能采取右舵全速顶风的正确应急处置措施，而是错误地减速停车、等待抛锚，以至于船身被封吹横，导致客轮一侧受风、翻沉。（3）没有执行压舱水规定。按规定该

---

① 见《广东自然灾害志·建国后自然灾害情况》，1983 年强对流天气。

客轮在客满、无货航行时，必须装载 15.1 吨的压舱水。在该客轮以往两年的运营中，从未执行过这一规定。（4）船舶吃水超过设计标准。该客轮在未满员情况下，其吃水就超过了设计标准。而"红星 312"号客轮所属的航运企业对这一现象没有引起重视，也没有采取必要的纠错措施。

（二十七）贵州省水城矿务局木冲沟煤矿瓦斯煤尘爆炸事故

1983 年 3 月 20 日 10 时 5 分，贵州省水城矿务局木冲沟煤矿发生瓦斯煤尘爆炸事故，死亡 84 人（其中救护队员 2 人），烧伤 19 人（其中救护队员 5 人），直接经济损失 40 多万元。

木冲沟煤矿于 1975 年 12 月简易投产，设计生产能力为 90 万吨/年，平硐开拓，可采煤层总厚度 13.52 米，煤层倾角 8～10 度。属高沼气矿井，煤尘爆炸指数为 29.49%～39.48%，煤尘具有强爆炸性。有自然发火倾向，属 2～3 类发火煤层。事故发生前，有一个采区三个工作面生产，两个补套采区正在施工中，投产时未建永久供水、瓦斯抽放、灭火注浆等设施。

1983 年 3 月 20 日上午，11111 工作面运输机巷和开切眼即将贯通，矿组织七个单位共 96 名职工，由矿领导带队，多工种平行作业，为在贯通后抢时间出煤作开采准备工作。7 时 40 分，掘一区副区长周某某到 11111 工作面运输机巷迎头用 3 米钻杆向前打眼，钻到 2.1 米时穿透切眼左帮，经绕道切眼察看，见穿透位置在切眼迎头下部 7 米处正置一切风筒中部。这时开切眼风筒距迎头四棚，通风处于正常状况。周观察后即转回运输机巷工作地点向班长布置工作，然后于 8 时 30 分离开工作面升井。9 时 30 分左右，放第一茬掏槽眼炮时，将贯通口的棚子崩倒，切眼迎头二节风筒向后滑落和脱节，并被崩落的煤压住，使开切眼迎头处于无风状态，造成瓦斯积聚。10 时 5 分放第二茬炮时，因爆破火源引起了瓦斯爆炸，并引起一采区东部工作面区域四条盲巷内的煤尘和积存瓦斯参与爆炸。

事故原因：（1）11111 工作面机巷和开切眼贯通爆破时，没有检查贯通两侧的瓦斯，装药量过多，抵抗线小，爆破时产生火焰引起瓦斯爆炸。（2）煤尘大、盲巷多。据事故前的测尘记录，东部采区的煤尘浓度高达 279 毫克/立方米，这次瓦斯爆炸引起煤尘飞扬，又引发了煤尘爆炸。在这个采区的掘进工作面中有 11111、11113 和运煤上山三条巷道在停工后没有通风，瓦斯积聚浓度高达 10% 以上，仅打了栅栏未打密闭，形成了瓦斯窑，在开切眼瓦斯爆炸后，这些盲巷积存的瓦斯参与爆炸，扩大了受灾面。（3）发生事故的采区，没有按规定编制正规设计报矿务局审批；11111 工作面运输机巷施工，没有编制作业规程和安全措施；不顾矿井生产能力的实际可能，不合理地增加产量，在未形成正常通风风流的危险情况下，集中大量人员，突击 11111 工作面的巷道掘进和投产准备工作。（4）地测人员已两次向有关部门和领导汇报巷道即将贯通，而有关部门和领导没有研究安全措施。（5）局部通风管理混乱。开切眼迎头有两节风筒无故被摘，造成无风地段，迎头处于无风状态，积聚了瓦斯，为瓦斯爆炸埋下了隐患。（6）没有给井下作业人员配备自救器，致使井下人员中毒，无法逃生。

　　责任追究：经国务院批复，贵州省政府于 1983 年 11 月 25 日以黔府〔1983〕96 号文件对事故责任者作出了处理。木冲沟煤矿党委书记高某某，忽视安全，违章指挥，对工人违章作业熟视无睹，对事故负有直接领导责任，给予撤销党委书记职务，留党察看一年处分；木冲沟煤矿副矿长、副总工程师（代总工程师）常某某，工作严重失职，对采区存在的严重事故隐患，没有采取安全技术措施，对事故负有技术领导责任，撤销副矿长、副总工程师职务；水城矿务局党委书记周某某，片面追求产量，不顾木冲沟煤矿的实际可能，不合理地增加产量，对事故负有领导责任。给予党内严重警告处分；水城矿务局局长徐某某，对木冲沟煤矿存在的重大安全问题，不深入调查、督促和帮助解决，同意无设计开拓和突击生产，对事故负有直接领导责任。给予行政记大过处分；水城矿务局总工程师卢某某，对木冲沟煤矿存在的技术管理混乱等问题，没有进行调查解决，明知无设计开拓不符合《煤矿安全规程》规定，还同意施工，对事故负有技术领导责任，给予行政记大过处分。

（二十八）广东省江门市"红星 283"客轮翻沉事故

　　1985 年 3 月 27 日，广东省江门市航运公司"红星 283"客轮在由江门开往广州途中翻沉，造成 83 人溺亡。

　　3 月 26 日（事故发生前一日）20 时 30 分，"红星 283"轮载客 226 人，由江门码头启航驶向广州。27 日晨在江北新会县境临时抛锚。9 时 50 分，当班大副发现西北方向有黑云翻卷，随即请船长上驾驶室。船长认为大风将至，并考虑到江北侧水深浪大，下令起锚将船开至离顺德均安区南浦乡江尾码头（又名公益码头）40~50 米处水较浅的一侧江面上抛锚。抛锚完毕，船长又通知机舱备车并亲自操车掌舵准备顶风。10 时 3 分，风雨和冰雹骤然而至，袭击船的右侧。船长开车前进二，试图用舵配合摆顺船头以迎风浪。但风势猛烈（地方志书记载其最大风力 9~10 级；航运部门记载最大风力 12 级）。船顺着风势向右倾斜，旋即翻转，短短 1 分钟内客轮便船底朝天扣在水中，乘客和船员逃离不及，全部落水，经救援部分人员生还，仍有大量人员被困、溺亡于船舱之内。

事故原因：（1）航运公司内部通讯保障和船岸之间的联系出现问题，公司与船舶没有保持 24 小时不间断的通讯联系。分公司、客轮未能接收到总公司发出的危险天气紧急通告，没能提前做好应对危险天气的准备。（2）对船员的培训和管理工作不到位。该船在船的全部高级船员，任期最长的仅 4 个月。船长到任两个月，大副到任仅一个月。公司没有按照程序文件规定对新聘任或转岗人员进行培训，也没有进行其他任何安全培训。船长及其他高级船员对自己的岗位职责以及传播的技术状况不熟悉，相关人员没能很好地掌握防风雨袭击的知识和操作技能。（3）航行及管理不规范。该船没有执行航行安全有关规定，中途抛锚、起航与公司调度室互不联系。在航行途中遇到有可能影响安全的紧急情况下，得不到上级的指示，难以及时作出正确、有效的反应。查看水尺是客货轮船开航之前的例行工作，而该船从未有查看水尺的习惯。船员擅自增加船头天棚盖，造成船舶受风面和风阻增大。船长未能认真履行其在安全管理运行体系的日常管理和监控职责。船员风险意识差、组织纪律性差，对增加船头天棚盖造成受风面增大的安全风险估计不足。（4）临危处置措施不力。该船抵达 18 标处（江尾码头 40~50 米处），船长业务能力和处置紧急情况的应对能力不足，没能根据大风来临时的实际情况下达正确的抛锚指令，即根据风向抛上风锚并适当增加锚链的长度。值班水手按习惯抛出下风锚，且锚链仅 16.5 米，加剧了客轮受风后的困境。加上船舶线型不良，稳性富余度较小，致使其迅速翻沉。

（二十九）山东省枣庄市薛城区兴仁乡煤矿煤尘爆炸事故

1985 年 4 月 7 日 16 时 50 分，山东省枣庄市薛城区兴仁乡煤矿 1712 平巷掘进工作面火药意外爆炸并引起煤尘爆炸，造成 63 人死亡，3 人受伤。

兴仁乡煤矿位于山东省枣庄市薛城区枣庄矿务局山家林煤矿南部，属兴仁乡政府开办的矿山企业，开采浅部露头煤，顶板含水已疏干，煤层干燥，设计生产能力为 7 万吨/年。立井开拓，采用双翼走向长壁采煤法，开采 17 层煤，煤层厚度 0.6 米左右，煤层倾角约 14 度。煤层爆炸指数为 39%，是具有强烈爆炸危险的煤层，采用中央并列抽出式通风，东西翼分区通风，建有静压洒水防尘系统。由于水源短缺，洒水防尘不能正常使用，1985 年 4 月 2 日，矿研究用矿车运水降尘的补救措施，但没有很好的组织兑现。采掘工作面干打眼，各扬尘点不能洒水降尘，又没有正常的清扫煤尘制度，致使煤尘沉积。

事故当日中班，该矿共有 95 人下井，其中东翼工区 43 人，西翼工区 52 人。西翼 1712 平巷和下山掘进工作只有副班长杨某某为正式爆破员，1712 平巷朱某某和下山孙某某跟他学习爆破。下井时，非正式爆破员朱某某把两包（40 卷 60

公斤）炸药和20发雷管带入井下。16时50分，1712半煤岩平巷掘进工作面，煤层超前掘进1.3米，3个底板岩石钻孔也将打完。此时朱某某在距掘进工作面5米处装满煤的矿车前做引炮时发生爆炸，将30余块炸药和10余发雷管引爆。爆炸震起矿车中的煤炭和巷道中的积尘，又引起煤尘爆炸，造成西翼工区死亡50人，重伤1人，轻伤1人。东翼工区死亡1人，轻伤1人。事故产生的有毒气体波及西邻的南常乡煤矿，又导致该矿的12名工人中毒死亡。事故共死亡63人，重伤1人，轻伤2人。

事故原因：（1）兴仁乡煤矿在水源短缺的情况下，没有采取有力的防尘措施而继续生产，导致煤尘积聚。（2）无证爆破员携带大量雷管、炸药下井后，在掘进工作面因违章作业，操作失误，将所有雷管、炸药引爆，并使煤尘飞扬，达到爆炸界限，引起煤尘爆炸。（3）兴仁乡煤矿对特种作业管理不严，违法违规让不具备爆破员资格的工人爆破作业，以致操作失误，引爆放在工作面的雷管和炸药。（4）南常乡煤矿与兴仁乡煤矿采空区掘透，没有及时封闭，致使有毒气体波及南常乡煤矿，扩大了事故伤亡。

责任追究：1985年7月29日山东省政府以〔1985〕81号文件批复，对事故责任者作出处理：兴仁乡煤矿主管矿长李某某、安全矿长张某某、综合一区区长李某某、南常乡煤矿安全矿长李某某、生产技术科科长李某某对这起事故的发生和扩大伤亡负有直接领导责任，由司法机关追究其刑事责任；兴仁乡煤矿党支部书记张某某、南常乡煤矿党支部副书记褚某某，对这起事故的发生和扩大负有主要领导责任，分别给予撤销党内职务的处分；兴仁乡煤矿副矿长王某某，对这起事故负有重要领导责任，给予行政记大过处分；兴仁乡党委副书记、乡长谢某某、南常乡党委副书记、乡长庞某某，薛城区煤炭公司主要负责人龚某某，对这起事故负有领导责任，给予党内警告处分。

（三十）河南省焦作市博爱县青天河水库游船翻沉事故

1985年4月14日，河南省焦作市博爱县青天河水库一游船因严重超载翻沉，船上149人落水，其中113人溺亡[①]。

该水库之前并无游览业务。1984年10月14日，为增加经济收入，水电管理处在主任王某主持下，开会决定成立旅游小组，开办游览营运业务，并指派无驾驶执照的工人李某、王某分别为营运人员和游艇驾驶员。同时规定按营运收入的10%提取奖金。营运人员为多拿奖金，经常超载。水库管理处主任王某、副

---

① 也有资料记载此次事故溺亡140多人。

主任刘某明知该艇违章营运，却不制止，从未召开过安全会议，也从未制定过任何规章制度和应急救生措施。

事故发生当日是个星期日，游览营运线路为大坝和三姑泉之间。前来游览的游客达 800 多人，其中有很多中小学生，游艇严重超载。16 时许，当游艇第三次在大坝西岸上客时，管理处副主任刘某正要陪同客人乘另一只船去三姑泉游览。他目睹严重超载的情况，并未采取任何措施，而是放任游艇冒险起航。当游艇从三姑泉返航时，载客多达 149 人，超过规定 22 个客位的 6 倍以上。途中又与刘某乘坐的船相遇，两船相隔十余米。刘某再次目睹游艇严重超载运行，却视而不见，仍陪客人往三姑泉游玩。当游艇驶至距大坝 200 米处时，驾驶员王某操作不当，拐弯过急，使游艇向右倾斜，以致右舷上水，游客惊慌，一齐向左移动，导致游艇失去重心，翻向左侧，沉于 50 多米深的水下，造成重大伤亡。

事故原因：博爱县和青天河水电管理处少数干部只顾利用水库资源"抓钱"，不按国家有关规定办事，玩忽职守，管理混乱，是造成这次惨案的根本原因。（1）青天河水库旅游区的开辟未经上级任何部门批准，所用游船也未经检验。出事游船是开封黄河航运处船舶修造厂于 1984 年建造的。河南省交通厅航检部门数次向该修造厂索要图纸，工厂一直没有交出图纸，所以船未经检验，也未领过执照。舵手、船长未经任何正式培训，全不按照国家相关规定办事。（2）管理混乱，干部玩忽职守。水电管理处决定开办旅游点以后，没有订立规章制度。节假日水库游人多，既无人维持秩序，也没有救护船。虽然象征性地买了几个救生圈和十几件救生衣，也都锁起来，并未派上用场。王某、刘某作为管理处正副主任，只为增加本单位经济收入，不管违章营运，不抓安全。尤其是刘某，目睹船只超载乘客，不加制止，放任不管。是造成该事故的主要原因（事后人民法院以重大责任事故罪、玩忽职守罪判处管理处主任王某、副主任刘某有期徒刑各 4 年）。（3）无照驾船，超载运行。事故发生当日船上只有船长李清香和舵手王学明两人。承包合同规定，他们两人可以从船票收入中提成 10%。为了多赚钱，没买船票的游客交现金 5 角也允许上船，导致船上严重超载，舱里、舱外、舱顶都挤满了人，船舷离水面不到 10 厘米，结果船翻人亡。王某无驾驶执照，操作技术不合格，冒险起航，是事故的直接肇事者（事后法院以交通肇事罪判处驾驶员王某有期徒刑 6 年）。（4）上级未能履行监管职责。青天河水库建成后，经常接待上级部门和一些干部来此游玩。许多干部游玩之后扬长而去，谁也没有对旅游区的安全问题提过具体意见。水电管理处的干部把陪同上级游玩和吃喝看得比自己的职责还重要。出事这天，水电管理处党总支副书记、主管旅游工作的副处长刘贵平和县政府两个干部，正陪同"文化大革命"时曾任县革委副主任的陈某某夫妇二人，乘坐水库唯一的工作用船游玩。

防止同类事故再次发生的措施：（1）尽职尽责，加强安全管理。水上营运，不能只求经济利益，更要重视加强安全防范措施。要严格执行水上营运规定，按要求运载乘客。听到或发现违章营运的情况，要高度重视，引起警觉，及时纠正或制止，绝不能听之任之，放任不管。（2）严禁无照驾驶营运。不经培训，未经考试或考核取得合格证书者，决不能上岗操作。即便正式驾驶员，也要严格执行交通运输安全的有关规定，不许超载运行，更不能冒险起航。

（三十一）　山西省太原市北郊区小井峪花炮厂火药爆炸事故

1985 年 4 月 20 日，山西省太原市北郊区小井峪花炮厂（乡办集体企业）发生爆炸事故，造成 83 人死亡，69 人受伤致残，生产区内 38 间房屋和 25 孔窑洞全部被炸塌，周围 71 间房屋和 127 孔窑洞受到不同程度破坏，直接经济损失 50 多万元。

事故原因：（1）该厂没有安全管理制度和安全操作规程，致使工人每天面对易燃易爆物品的危险作业无章可循。这个厂生产的基本原料——黑火药，是相对不稳定的物质，它的热感度、机械感度、静电感度都很高，在外界各种能量的作用下，会产生极其迅速的化学反应，释放出大量的热量、气体，从而发生燃烧和爆炸。因此，生产各工序都有一定的危险性，稍有疏忽都可能发生事故，安全管理制度和操作规程是绝不可少的。（2）厂房布局很不合理，违反烟花爆竹生产的安全要求。烟花爆竹厂发生事故并不鲜见，但事故灾害如此严重却极少有。有的烟花爆竹工厂发生事故，充其量毁坏一个工房，伤害其中的某些人员。这次事故之所以伤亡那么多人，主要是因为厂房总体布局不合理，整个厂区形成一个泄爆口，相邻的各危险工房间无必要的安全距离，又无任何防爆隔爆设施。加上这个厂在新建、改建、扩建厂房时不遵守国家有关审批验收的规定，就更增加了隐患，导致一处爆炸，多处连锁反应，严重地扩大了灾害。（3）危险工房没有严格控制药物定量存放。小小的筛选工房竟存火药 600 千克，且与存放 4000 千克硝酸钾的药库相连。（4）没有严格控制作业人员定员。全厂 700 平方米的 14个作业处集中了 264 名操作工，有的工房每人平均占地不到 0.5 平方米，而且多数只有一处安全出口，工房屋顶又多是承重预制构件构成。因此，事故发生后，有不少人逃不出工房避难，或者被炸伤亡，或者被落下的构件击中伤亡。（5）有关主管部门监督检查不力。对这个厂存在的事故隐患失察或者没有认真查处，以致酿成特大伤亡事故的发生。

（三十二）四川省重庆市市中区大溪沟下水道爆炸事故

1985 年 6 月 27 日，四川省重庆市市中区大溪沟罗家院一带的下水道发生爆炸事故，造成 26 人死亡，200 余人受伤，炸垮居民住房 136 户，商店工厂 12 家，附近 200 多户居民住房受到不同程度破坏。

事故原因：重庆市服务局车队油库漏油，大量汽油排入下水道，适逢嘉陵江水位上涨，封住下水道出口，使下水道内油类漂浮物和寄存的沼气不能外泄，易燃易爆气体浓度增大，与空气混合，遇火后引起爆炸。

（三十三）广东省梅田三矿煤与瓦斯突出事故

1985 年 7 月 12 日 17 时 50 分，广东省梅田矿务局三矿（江水斜井）+50 米水平南四采区二石门掘进工作面发生煤与沼气突出事故，造成 56 人死亡，11 人受伤，直接经济损失 180 万元。

梅田三矿于 1964 年 4 月开始建井，1970 年简易投产，设计生产能力为 15 万吨/年，核定生产能力 12 万吨/年，至 1984 年底共生产原煤 207.8 万吨。采用一对斜井开拓，两个水平生产，一水平标高为+120 米，二水平标高为+50 米。通风方式为分区通风。该矿处于郴未煤田南端，地质构造复杂，煤层变化大，属突出矿井。

事故发生当日下午班，该矿+50 米水平南四采区二石门掘进工作面有 6 名掘进工和 1 名瓦斯检查员作业。该工作面上部为泥岩，下部为煤层。开工后，先清理煤矸 7 车，钉了一节临时轨道。17 时开始打炮眼，打完 1 个炮眼后，班长谢某等 4 人将爆破线拉至距工作面 300 米处后升井，留下的 2 名掘进工继续打眼爆破。17 时 50 分炮响后，正在+120 米水平主井车场作业的工人黄某发现有煤尘和气浪从井底向上冲，并听到+50 米水平有雷鸣声。此时他意识到可能发生了瓦斯突出，于是和另外 4 名工人立即卧倒，直到 18 时 25 分井下风流正常后才脱险升井。这次事故突出煤炭 3200 吨，堵塞巷道 640 米，突出瓦斯量约 72 万立方米，使主井、副井风流逆转 25 分钟，反风距离长达 1600 米，突出灾害波及全矿井。

事故原因：（1）思想麻痹，忽视安全生产。二石门在 1985 年 3 月 14 日安全过煤后，矿领导放松了安全管理。过煤后继续掘进过程中，由于炮眼内瓦斯涌出量过大，安全部门曾通知停止作业。6 月下旬，矿领导在既未排除险情，又无补充安全措施的情况下，草率安排该工作面恢复掘砌工作，是这次事故的主要原因。（2）管理松弛，执行制度不严。面对炮眼内瓦斯涌出量过大的情况，生产科副科长只布置施工人员要在反向风门外爆破，没有再提出其他安全措施。7月2—4日的通风日报中均记录了见煤和瓦斯增大情况，但矿长、副矿长、生产科和调度室等有关领导和部门都没有审阅。（3）严重失职，责任心不强。对该工作面出现的变化情况，矿领导从未召集有关人员进行研究和处理，严重违反了《煤矿安全规程》第143条的规定，致使隐患没有及时消除。

责任追究：1986年11月14日，韶关市人民检察院对梅田三矿矿长吴某、副矿长屈某提起公诉，韶关市中级人民法院宣判二人犯有玩忽职守罪，判处生产副矿长兼技术主管屈某有期徒刑三年，缓刑三年；对矿长吴某免于刑事处分，行政上给予开除出矿，留矿察看两年处分；对事故其他有关责任人员，分别给予撤职、降级、记过等处分。

（三十四）黑龙江省哈尔滨市松花江423客艇沉船事故

1985年8月18日，黑龙江省哈尔滨市交通局航运公司负责运送往返市区与太阳岛游客的423客艇，从太阳岛三联码头驶往松花江南岸途中，在距离南岸约357米处发生沉船事故，船上238名乘客全部落水，其中67人获救，171人死亡。

1985年8月18日是星期日，比平日更多的本地和外地游人乘船到松花江北岸太阳岛风景区游览。中午过后，游人陆续返回南岸，渡船也更加繁忙。14时50分，423客船准备返航南岸时，该船轮机员张洪仁对驾驶员李广洲说："你去吃饭，我先替你驾驶。"李便擅离职守去吃饭。水手李树仁也向当班调度请假吃饭，调度当即安排另一条船的水手高成国代替李树仁当班。临时变动船员的423船，便由张洪仁驾驶从北岸三联码头启航。提前上船的市航运公司46客船水手屈树亭和市爱国小学工人吴云东违反乘船规定，站在船首甲板上，在船上执行公务的市航运公司安技科科长胡义劝他们进舱，屈、吴不听，双方发生争吵，并相互撕扯。驾驶员张洪仁闻声将头探出驾驶室参与争吵，以致双手离舵。致使客船跑舵，船体向左倾斜，左后舱开始进水，在慌乱中张洪仁猛向右打舵，由于采取措施不当，加速了船体左倾，船身急速下沉，上舱部分乘客被甩出，15时5分，423船体沉没，船上的238名乘客全部落于江水之中。沉船处水深4米，距松花江南岸375米。

沉船事故发生时，附近的十几艘国营、集体和个体船只迅速驶向出事区域营救落水人员。哈尔滨港航监督所的陈国志把自己驾驶的摩托艇上的11件救生衣、救生圈扔到遇难者密集处，并和另一名港监人员在几分钟内接连救起4个大人、2个小孩。在附近划船的哈尔滨玻璃厂青年工人刘德昌听到呼救声后，立即跳入水中，连续救起4名落水者。市电车公司的许本树自己遇险，不顾个人安危，不顾妻子和女儿落水后的去向,连续救起了牡丹江市北安工业总厂的韩玉珍和另一名女性。正在游泳的市电力学校职工李志忠和个体舢板船主李士英,划着小船把4件救生衣扔给正在挣扎的遇难者,随后又救起两名落水者。市红岩印刷厂的吴淑兰、温化美划着舢板船救起4人。参加抢救的还有香坊联运办的殷汝寿、李金敬,哈尔滨铁路分局的刘国权,化工机械厂的杨英勇,市航运公司客运队的刘玉来等。据调查统计,沉船时参加抢救的共有47人,先后救起70名落水者,其中67人得以生还。

事故发生后,黑龙江省委、省政府领导侯捷、周文华、何首伦,市委、市政府领导李根深、宫本言、王人生等立即赶到现场,召开紧急会议,对沉船事故的救护、打捞、事故调查、治安、安抚等工作进行了部署。各有关部门和单位迅速投入紧张的抢救、打捞工作。松花江公路大桥指挥部派出两台浮吊和打捞艇;市自来水公司派来潜水员;造船厂派来有经验的水手;016部队和市电视台送来探照灯;凡抢救急需的人力、物力以及船只器械等俱已到位。当日傍晚,在继续救护落水者的同时开始打捞沉船。经省航运局、建桥指挥部、造船厂、市公用局、市防汛办等单位奋战一昼夜,19日15时55分将423沉船吊出水面。

为有利于对抢救、打捞和善后处理工作的指挥,8月20日,省、市联合成立了"8·18"沉船事故领导小组,市长宫本言任组长,领导小组成员17人。下设办公室,由市政府秘书长李宗友任主任,办公室设事故调查、打捞、尸体处理、安抚和综合5个组。各区和遇难者单位也相继成立了安抚工作小组,由主要领导挂帅,亲自抓这项工作。

事故发生后,市公安局调动近千名干警,出动14条船和50余台机动车参加救护、打捞和维持现场秩序。参加现场打捞的水上民警队干警,不顾疲劳,克服汛期水大、蚊虫叮咬等困难,连续作战,当夜打捞80具尸体。后采取定点打捞和沿江搜寻打捞的办法,并又出动公安艇、快艇、摩托艇,带着打捞工具沿呼兰、巴彦、木兰、通河县水域进行搜寻,并对沿江两岸的派出所、居民、打渔队和个体渔户访探,寻找尸体下落,共打捞出161具尸体。他们还对打捞上来的物品逐一清洗、晾晒。经清点,共打捞上手表、照相机、衣物等251件,人民币1300元。在善后处理中,95%的物品已被认领。市立第一、第二、第四、第五医院和市中医院、儿童医院、哈医大一院、二院、省职业病医院、省医院、车辆厂职工医院、祖国医药研究所、省中医学院附属医院、道里区防治站等21个省、市、区医疗、卫生单位接到抢救命令后,迅即派出33台救护车,180多名医护人员投入抢救。市立第一医院在多数人休假的情况下,很快组织了150余人的抢救队伍,市中医学院、儿童医院也分别组织了90人和30人的抢救队伍。全体医护人员奋力抢救，使住院的 35 名遇险人员起死回生，全部治愈出院。省、市卫生部门还负责尸体存放和处理工作，他们先后处理 160 余具遗体，对每具尸体都进行了拍照、编、消毒、装袋、转运、存放，协助家属认领。特别是后期打捞上来的尸体，已经高度腐烂，由市卫生局医政处组成的尸体处理组，为腐烂尸体着装，进行体表特征记录，在整个尸体认领中，没有发生失误。

这起事故是一起重大的恶性责任事故。落入江中的 238 名乘客，经抢救生还者 67 人（大人 59 名，小孩 8 名），溺水死亡 171 人（大人 128 名，小孩 43 名）。在死亡人数中（包括未打捞上来的 10 人），哈尔滨市 134 人，涉及 7 个区，74 个单位，68 个家庭；外地 37 人，涉及 4 个省、市（黑龙江、吉林、湖南、北京），6 个城市（齐齐哈尔、牡丹江、加格达奇、绥化、四平、郴州），8 个县（肇州、集贤、绥棱、富锦、林口、双城、虎林及湖南宁乡）。这起事故所造成的死人之多、影响之大、范围之广和后果之严重，都是国内内河航运史上前所未有的。

为准确查明沉船原因，由市、区检察院，市、区法院，市纪检委和市港监部门联合组成的事故调查组，做了大量的事故调查工作。为了获取科学的数据，调查组邀请哈尔滨船舶学院的 3 名专家和省航运局、松花江航运局的 2 名总船长进行技术鉴定。并对客船吃水做了模拟试验。鉴定表明，423 船体设计基本合格。船舵、调整、离合器、主机、齿轮箱、仪表等系统传动良好，螺旋桨各叶无损坏，无变形，船体和轴套无渗漏现象。模拟试验表明，423 客船在不超载的正常情况下，全速大回转，不会发生翻沉事故。鉴定结果，为审判工作提供了科学依据。

事故原因：（1）工作人员玩忽职守、违章驾驶。替代驾驶员张洪仁酒后擅自驾船，并在驾驶时参与争吵，精力分散，造成跑舵、沉船；流氓滋扰，干扰驾驶，屈树亭、吴云东无票上船，并无理取闹，辱骂并扬言要打驾驶员，干扰驾驶工作，破坏公共秩序，以致发生沉船事故。（2）有章不循，严重超载。这条船定员 148 人，实载 238 人，超乘 90 人，超载率 61%，致使船体吃水过大。船的上舱定员 45 人，实载 150 人左右，下舱定员 103 人，实载 60 人左右，还有 20 余人站在下舱的甲板上。上舱载客过多，船体重心上移，造成头脚轻。在上述两原因作用下，船体下沉已不可避免。

责任追究：根据 423 船沉船事故形成原因和造成的重大损失，依照法律程序，1985 年 8 月 24 日，哈尔滨市道里区人民检察院批准逮捕了肇事者和主要责任者屈树亭、吴云东等 8 人。同年 12 月 2—3 日，哈尔滨市中级人民法院对沉船事故肇事人和主要责任者进行了公开审判，依法判处事故肇事人、流氓犯屈树亭死刑，剥夺政治权利终身；判处沉船肇事人、流氓犯吴云东死刑，缓期二年执行，剥夺政治权利终身；罪犯张洪仁酒后擅自驾船，构成交通肇事罪，被判有期徒刑 7 年，并以玩忽职守罪分别判处航运公司经理、总支书记、客运队队长、副队长及 433 船驾驶员 4~5 年有期徒刑。市委、市政府给予负有领导责任的市交通局党委书记撤职处分，局长降职处分。中共黑龙江省委、省政府给予了负领导责任的哈尔滨市市长行政记过处分。

（三十五）四川省南充地区李家沟煤矿透水事故

1985 年 9 月 20 日 15 时 15 分，四川省南充地区李家沟煤矿 +700 米水平平硐至 +830 米水平轨道上山因岩溶裂隙透水，透水冲下来的泥浆和砾石使上山下口被堵，7 名作业人员被困在上山里。经积极组织抢救，7 名被困人员脱险，但在抢救被困人员过程中，造成 61 人死亡，2 人重伤，1 人轻伤。

李家沟煤矿于 1982 年 11 月开始建井，设计生产能力为 15 万吨/年，平硐开拓，发生事故时正处于基建中期阶段。主井标高为 +700 米，风井标高为 +980 米，中间暗水平标高为 +830 米。事故前已将主井至中间暗水平的轨道上山掘完并落平，但尚未与风井贯通。轨道上山为断面积 8.1 平方米的半圆拱形裸体巷道，穿层于栖霞和茅口灰岩层位中，上山掘进期间，矸石由搪瓷溜槽溜至下车场，耙斗装车出井。上山掘进过程中揭穿过三个裂隙，即 1、2、3 裂隙，2 裂隙涌水量最大，涌水量约为 5 立方米/小时。

事故发生当日 15 时 10 分，在轨道上山流水裂隙上方约 60 米处进行清矸工作的 8 名作业人员，下班行至 2 裂隙上方约 30 米处时，突然听到有沉闷的隆隆声响，便疾步下行至 2 裂隙以上约 3 米处，见裂隙水流变浑并且比平时大，跟班掘进队副队长叫大家停步观察，一年轻工人冲过裂隙水形成的水幕急速下行出井。约 5 分钟后，裂隙水流终止，时断时续地喷出冷气，同时发出"轰"响，流出泥浆，接着有直径约 1 米并带有臭鸡蛋味的泥浆、砾石混合流体，突然从裂隙中喷出，巷道内顿时响声如雷，雾气弥漫。约半个小时后，裂隙开始向巷道中喷出压力强大的浑水，上山中的 7 名工人眼见水位不断上涨，便向上撤至上山 3 裂隙上方坐等援救。

15 时 30 分左右，区值班领导根据装岩机司机和脱险青年工人的汇报，立即动员职工进行抢救，有 64 名职工在下车场参加抢救，大家奋力掏扒堵塞物。17 时 50 分，当已掏出一个高约 1 米、宽 2 米、深 10 米的洞时，堵层突然崩溃，约 1100 多立方米的泥沙、矸石等连同 1400 多立方米的水涌出，淹没平硐，造成在下车场抢险的 64 名职工当场死亡 61 人，重伤 2 人，轻伤 1 人。被困的 7 人则脱险。

事故原因：（1）思想麻痹，矿井地质报告及矿井设计说明书都明确指出：水是华云山煤田的重大隐患，要求施工单位在施工中边探边掘，摸清地下水力关系。但在施工中没有采取防治水害措施，曾3次揭穿3个流水裂隙，但均未探明和及时治理。1985年6月3日、6月25日发生流水夹带掘进矸石堵塞巷道后，仍未对裂隙水采取坚决的根治措施。"9·20"事故发生的当天上午，裂隙水压增高。涌水量增大，水色变浑等异常情况出现后，也没有针对当时的情况，采取防范措施，还让工人照常入井作业，并在该处爆破。（2）凭经验办事，指挥失误。透水事故发生时，由于没有矿井灾害预防及处理计划（应急预案），又不按科学办事，又因救人心切，便动员工人入井抢险，60多名抢险人员挤在一起，仍用6月3日、6月25日淘碴挖洞的经验与方法向前推进，抢救工作进行到2个小时的时候，堵层突然崩溃，造成众多抢险救灾人员伤亡。（3）管理水平低，该矿系自营基建，矿领导班子、各级管理人员和职工队伍均系其他企业单位调剂，工人大部分系新招来的，缺乏足够的培训，对灾害预防不力，面对事故惊慌失措，急于救灾反而酿成更大灾害。（4）施工中更改设计，改双上山为单上山。因只掘一条上山，事故发生后无路可退，没有安全出口，无法逃生。

（三十六）湖南省怀化市通道县古友村礼堂倒塌事故

1985年10月27日，湖南省怀化市通道县古友村刚刚建成和投入使用的一座礼堂倒塌，当场23人被压身亡，重伤9人，轻伤32人。

1985年4月，彭某某得知古友村要修建礼堂，便邀约赵某某一同找到该村的负责人洽谈承包事宜。彭某某采用请村干部吃喝、许诺送给村干部"辛苦钱"等手段，签订了修建砖木结构礼堂的承包合同。合同规定：图纸由彭某某绘制，并负责工程质量。合同签订后，彭某某未设计施工图纸就放样开工，并安排赵某某做木制构件。赵某某索要屋架加工图纸，彭某某说："按过去做过的式样做"，并商定做成普通的人字形屋架。赵某某没经过任何计算，完成了屋架加工。礼堂竣工后，彭某某为尽快收取承包款，要求县建筑主管部门验收。由于预先未经登记，县主管部门拒绝予以验收。在这种情况下，几名村干部因收受了彭某某的贿赂2050元，就自行组织进行了"验收"，并认为质量合格，可以交付使用。1985年10月27日晚，礼堂正在放电影时，屋顶突然倒塌，造成重大伤亡。

事故原因：无照施工，盲目蛮干。彭某某作为包工头，既无技术职称，又无建筑施工知识和营业执照，为图私利，采用行贿等手段，盲目承包建筑工程。施工中又指挥他人违章蛮干。赵某某身为木工，不经计算，导致选型不当、选材太小和结合点不合理，整体结构错误。彭某某和赵某某的行为严重违反了建筑市场管理办法中无勘察设计证书，不得承担工程勘察设计、施工任务和木结构工程设计、选材、制作、安装的规定，是造成此次事故的直接原因。

责任追究：个体建筑队负责人彭某某、木工赵某某的行为均触犯《刑法》第114条之规定，构成重大责任事故罪。法院依法判处彭某某有期徒刑1年，赔偿经济损失4000元；判处赵某某拘役6个月，赔偿经济损失1000元。

防止同类事故的措施：（1）加强对个体建筑人员的管理，对没有勘察设计证书和营业执照的，坚决不能让其承担建筑工程施工任务。（2）有关部门要加强监督，严格防范，发现违反者，要及时制止。

（三十七）广西壮族自治区百色地区天生桥水电站施工塌方事故

1985年12月24日，广西壮族自治区百色地区天生桥二级水电站首部枢纽进水口拦沙坝上游右岸边坡挡土墙浇筑混凝土作业中（由武警总队水电指挥部一总队负责施工）发生塌方事故，死亡48人，受伤7人（其中重伤1人）。

天生桥二级水电站首部枢纽右岸为河流凹岸，岸坡长1.1千米，天然边坡25~40度，顺坡发育9条冲沟。挡土墙位于6号冲沟上游150米处，建基面高程622~619米向上游及河床倾斜。由于该段地质条件复杂，1985年4月，武警水电建设一总队曾提出用沉井取代扩大基础开挖建挡土墙的建议，设计方同意此建议。但后来根据日本专家意见，设计单位经研究后，仍采用扩大基础开挖建挡土墙方案，于1985年10月采取了将挡土墙由250米长缩短为58.5米，其余改用抗滑桩等措施。

修改后的挡土墙是自拦沙堤右边墩端部向上游方向长58.5米，底宽11.8米，迎水面边坡1∶0.7，背水面为直立边坡，顶高程为635米的重力式挡墙，自下游向上游方向分三个块号，基础建于基岩面以下0.5米。为了防止水流顶冲右边墩，挡墙必须于1985年底截流前浇至627.5米高程。12月11日正式破土动工，第一阶段开挖由总队五支队承担，采用3.8立方米液压正铲开挖，32吨和15吨自卸式汽车运输，堆渣地点原定为距离4~7千米的尼拉和林场口渣场，后因进度缓慢，12月13日开始，五支队将部分弃渣就近倒在2号、3号块墙后658.2米以下的边坡上。12月16日总队下令禁止。12月18日完成第一阶段开挖任务。第二阶段开挖自12月18日开始，由二支队承担，采取0.7立方米反铲开挖，五支队配合汽车出渣，12月20日完成1号块开挖，23日完成2号、3号块开挖。开挖过程中，12月18日在1号块挖至623米高程时，出现了饱和状态黑色沙质淤泥，随着开挖向2号、3号块延伸，逐渐变厚，底部还有一层砂卵砾石层，有清水渗出。12月20日爆破后，震塌了约400立方米松散堆渣，并将2

号、3 号基坑填满，1 号块挡头模板被打垮，复又挖出。12 月 20 日中班和夜班二支队派出 140 人，21 日白班派出 40 人削坡，并日夜监视边坡情况。随着基坑越挖越深，部队在边坡威胁下施工难度更大，为改进安全施工条件，驻工地设计代表先后于 12 月 19 日、22 日同意了部队提出的关于将挡墙布置拉直和尽量离开坡脚向河边平移 2.4 米，以及将挡墙底宽 11.8 米减少为 8.3 米，2 号、3 号块长度由 20 米缩短为 15 米、背水面直立边坡改为 1：0.25 坡度的建议，并向部队提交了设计修改后的单线图。

立模浇筑前，部队领导恐边坡上的新弃渣再次坍塌，对施工部队作了两点规定：（1）模板边浇边立，高度不得超过 1.5 米，一旦边坡有事，以便跳出仓外。（2）在边坡上、中、下部位增设安全监视人员，并手持铜锣一面，发现异常情况鸣锣撤退，以上规定由总队、分队质安处长股长监督执行。混凝土浇筑采用自卸车运输，从 658.7 米高程公路外侧堆渣上设置的料口经溜槽入仓。12 月 21 日开始浇 1 号块，12 月 23 日浇至 627 米高程，23 日浇 2 号、3 号块，至 24 日滑坡前已浇出基岩面 4 米以上。

从 12 月 21 日至滑坡前未发现边坡有任何坍塌征兆，至 12 月 24 日，2 号、3 号块仓内混凝土浇至 623.5 米高程时，正在 658.7 米公路溜槽受料口作业的二支队工程股长李某某，刚发现坡顶有裂痕，便立即向下面惊呼并用力以手势示意撤退，下面人员还来不及作出反映时，坡体突然下滑，浇筑工作面上的工作人员几乎全被掩埋，造成 48 人死亡，1 人重伤，6 人轻伤的一起特大恶性事故。

事故直接原因分析：（1）灰黑色沙质淤泥泥层的影响：挡土墙岩基的高程分别为，1 号块 622~621 米，2 号块 621~619 米，3 号块上游端挖至 619 米仍不见岩面（约 5 米长的区段）。岩基为下游高，上游低，略向源心倾斜的岩面。岩基四壁自下而上为薄层碎石，灰黑色泥层，薄层黄沙类碎石，褐色亚砂土，碎石层及弃渣。泥层呈下游薄（几十厘米至 1 米）上游厚（2~3 米），边一侧薄（几十厘米至 1~2 米），岸坡一侧厚（2~3 米）的立面分布。从滑坡体揭示的地质现象和新 81 号钻孔柱状图推测，泥岩在平面上呈椭圆状分布，推测面积约为 60×65 平方米，伏于挡墙基面倾向上游偏河心的岩面上，倾角平均 14 度。从构造上看，有滑动的可能。

（2）地下水和地表水的影响：从资料分析和现场勘查，滑坡部位受到地下水和地表水的补给，滑坡前河水位 623.76 米。因此，坡脚因为受地下水浸泡，6 号冲沟来水经常顺 650 路面（通坝顶的 658.7 米高程公路在滑坡体顶部段的路面高程约 650 米）向沿坡区漫流，并渗入地下，增加土体容重，降低了土质的力学强度，对边坡稳定造成威胁。滑坡下游侧约 20 米的开挖边坡上 625 米高程处有地下水出露。当基坑开挖排水，切断覆盖层坡脚后，改变了地下水出逸比降，增加了对砂质淤泥的重力水压力，进一步恶化了边坡稳定的条件。

（3）基坑开挖阶段坡脚的影响：挡土墙基坑开挖面积约50立方米，深度3~8米，深度3~8米，横断面为一开口梯形长50米的深槽。在12月18日前，由于没有切断坡角和砂质淤泥，边坡还处于临时稳定状态。当23日基坑全部挖完后，砂质淤泥层全被切断，临空，使坡脚阻力解除，破坏了边坡原有的稳定。

（4）坡顶堆渣的影响：施工中曾用32吨自卸式汽车向边坡顶部堆渣约4000立方米。20日滑坡后虽经削坡处理，但不彻底，改变了地形条件，边坡变陡，使整个滑坡体上部荷载增加。此外，在滑坡前，采用15吨自倒式汽车自坡顶向溜槽倾倒混凝土，无疑增加了施工荷载，使早已恶化的边坡增加了不利因素，降低了边坡稳定安全度。

事故间接原因：淤泥承受设计过程中未充分考虑到上述因素的影响，对于挡墙开挖中发现砂质淤泥的现象未能引起足够的重视，仅采取了挡墙外移、缩小挡墙底宽等治标措施。存在抢工期的现象，在边坡上堆渣，主要目的是为了缩短卸渣距离，提高开挖速度，说明工期紧，压力大。

综上所述：此次滑坡事故是由于坡脚存在砂质淤泥，地下水和地表水活动，开挖基坑切断坡脚、边坡荷载增加等综合因素造成的。

责任追究：鉴于天生桥二级水电站是国家大型重点建设项目，1985年决定按合理工期提前一年在当年底截流是国家指令性计划，必然使设计、现场指导和施工（包括投资和设备采购）带来忙乱，不当的设计方案是基于提前截流而修改的，事出有因。经请示，广西壮族自治区人民检察院决定不追究主要责任人员的刑事责任。为了吸取这次事故后沉痛教训，教育责任者及有关人员，由责任单位上报：对水利电力部贵阳勘测设计院分管生产及分管勘测的副院长、副总工程师（天生桥二级水电站设计总工程师）、总地质师、坝工组组长和施工地质组组长给予不同的行政处分。对武警部队水电第一总队政委、总队长（出事故时不在工地）、副总队长、副总工程师、司令部技术处长、五支队正副支队长（误将弃碴卸至禁止倒碴区责任领导）、二支队政委和副支队长（负责公路维修、泥水排除不力的责任领导）等人，给予相应的行政处分。

吸取事故教训，预防同类事故再次发生的措施：（1）设计中既要重视宏观、主体工程问题的研究，又要重视微观、局部次要工程的研究，在右岸边坡稳定分析中，对岩质边坡的稳定，设计单位做了大量的勘探研究工作，但对该段复杂的土质边坡产生局部滑坡的可能性研究不够。施工地质工作也需要加强。（2）既要重视工程运作期的安全，又要重视工程施工期的安全。在滑坡事故发生前，勘测设计、施工单位都对砂质淤泥层、对开挖边坡稳定性的影响缺乏认识，在截流日期紧迫情况下，对此没有采取相应的技术措施。此后所采取的一些安全监视措施都是针对表层堆渣的塌滑，对深层滑动没有精神准备。（3）要重视基本资料的使用和分析。在挡土墙设计的技术文件，技术讨论会和专家咨询中，都没有引用新 81 号钻孔的资料，而采用了挡土墙以外的第 29 号剖面进行设计，地形资料沿用了 1975 年的地形图，没有根据 1985 年 3 月新测地图进行复核，这也说明技术工作还缺乏严谨的作风。（4）要重视工程实施中出现的新情况、新问题，提高技术工作的应变能力。在工程前期对砂质淤泥的危害认识不足，在工程实施中边坡条件发生了变化，砂质淤泥层已经揭露，仍未引起警惕，没有及时研究磋商和重新进行稳定复核，仅采取挡土墙外移的措施。（5）要严格执行规程规范。挡土墙技术设计阶段中，没有绘开挖断面图，作为施工依据的设计通知中，也没有注明开挖边坡坡度，设计单位只放了建筑物轮廓线就开工，进行坡脚开挖，坡顶堆渣，人为地增加了不安全因素。这个教训说明没有严格地执行规程规范，管理制度不严，精心设计、精心施工的方针还没有落实到位。（6）要尊重科学，实事求是，克服片面追求进度的错误倾向。上级于 1985 年就下达了年底必须截流的指令，但对需要解决的问题研究不够，没有对截流前的工程进行检查验收，由于截流前工程量大，工期很短，客观上造成很大压力，从而放松技术管理工作，做出了一些违反客观规律的事情。在今后的工作中要特别提倡实事求是，尊重科学的思想作风，克服片面只求进度的错误倾向。

为永远记住"12·24"滑坡事故的沉痛教训，武警水电指挥部确定了"一安全，二质量，三进度"的施工生产方针，并决定把每年的 12 月 24 日作为沉痛教训日，重温"12·24"滑坡事故教训，开展各种形式的安全活动，对部队进行深入的安全教育。

（三十八）安徽省马鞍山市黄梅山铁矿尾矿库垮坝事故

1986 年 4 月 30 日，安徽省马鞍山市冶金公司黄梅山铁矿尾矿库发生溃坝事故，造成 19 人死亡，11 人重伤，89 人轻伤，经济损失 300 万元。

黄梅山铁矿位于安徽省马鞍山市，属马鞍山市冶金公司下属企业，该矿系露天矿，设计生产能力为 40 万吨/年，1985 年实际产铁矿石 24 万吨。

该矿选矿车间尾矿库原设计初期坝坝址位于金山坳，库区纵深 338 米，尾矿坝总高 30 米，库容 240 万立方米，库区汇水面积 0.25 平方千米。施工过程中为了减少占地面积，将初期坝坝址向库内推移 188 米，库区纵深仅为 150 米，坝长 395 米，汇水面积 0.2 平方千米，当尾矿库堆积坝顶标高为 50 米时，相应库容量是 103 万立方米。初期坝坝高 6 米，为均质土坝，于 1980 年建成投入运行，采用上游法筑坝，至发生事故时，总坝高 21.7 米（至子坝顶），库内存尾矿及水 84.5 万立方米，由于库区纵深仅为 150 米，为确保澄清水质，尾矿库内经常处于高水位运行状态，一般干滩长度仅保持在 20 米左右，达不到安全规范要求。溃坝前子坝顶部标高为 45.7 米（此前设计单位经核算已明确提出尾矿坝顶标高不得超过 45 米），子坝前滩面标高 44.88 米（子坝高 0.82 米，坝顶宽 1.2 米，为松散尾矿所堆筑），库内水位已达 44.96 米（处于子坝拦水状态，并且根据此前观测记录，坝内的浸润线已接近坝坡，坝体完全饱和）。

1986 年 4 月 30 日 2 时 50 分左右，护坝值班人员刘某和陶某上坝巡视。陶某先离开值班室，刘某在后拿板子、锤子等工具并锁门。当陶某在坝坡由东向西并向上走，接近坝体中段时，感到坝堤震动，行走不稳，即转身向正走到东坝肩水沟边的刘某喊道："赶快打电话，坝要倒！"刘某即返身回值班室给选矿车间代理班长打电话，未通，走出值班室，坝即垮塌，发生溃坝事故。坝顶溃决宽度为 245.5 米，底部溃决宽度 111 米，致使库内 84.5 万立方米的尾矿及水大部分倾泻，下游 2 千米范围内的农田及水塘均被淹没，25 户农舍被毁，两个乡办工厂遭到严重破坏，尾砂覆盖和污染良田 785 亩、水面 524 亩，坝下回水泵站不见踪影（仅有设备基础尚存），造成 19 人死亡，11 人重伤，89 人轻伤，经济损失 300 万元。

事故原因：（1）由于矿方违规组织尾矿排放，高水位，无干滩生产，子坝挡水，使坝体基本饱和，浸润线很高，松散尾矿堆筑的子坝的渗流破坏，导致溃坝。这是发生事故的直接原因。（2）黄梅山铁矿主要领导对尾矿库的不安全因素缺乏警惕，擅自决定将尾矿库坝堆高超过设计规定 0.7 米；在尾矿库出现险情后，仅向上级提出书面报告，未采取任何防范、应急措施，仍继续违章指挥、冒险生产，直至事故发生。（3）尾矿库设计存在缺陷。尾矿坝的施工图设计，从一开始就遗留了一项极为重要的设计问题，后期工作中又没有妥善处理。有关后期尾矿堆积坝的有效干坡段长度（安全超高），调洪库容，澄清距离等主要设计数据与实际差距很大，给矿方后期尾矿堆积坝的修筑、生产使用与维护管理等带来了很大的困难。设计上的问题是发生事故的一个潜在因素。（4）政府有关部门对安全生产检查督促和业务指导不力。有关部门对尾矿库投产后，因先天不足而造成的库区纵深短、干滩长度和调洪库容不能满足安全生产要求的缺陷认识不足，没有全面研究，制定切实可行的措施，确保安全生产。对矿方向有关部门十三次报告中八次提到库内干滩难以满足安全要求，市政府、市经委、市冶金公司、省冶金厅没有认真切实解决。垮坝前矿方向市政府打紧急报告，但马鞍山市政府在接到黄梅山铁矿反映尾矿库"岌岌可危""一触即溃"的报告后，某些领导对人民生命和国家财产极端不负责任，竟未采取任何实际有效的措施，去防止事故发生。

责任追究：安徽省政府于 1987 年 10 月 12 日以皖政发〔1987〕82 号文件批复，对有关责任人员进行了问责。安徽省政府决定：给予马鞍山市市长周玉德行政记大过处分；撤销王保宏马鞍山市副市长职务；给予省冶金厅副厅长朱宾诺行政记大过处分；省委决定给予马鞍山市委书记徐卿党内警告处分；撤销王玉生黄梅山铁矿矿长职务，并提交司法机关追究刑事责任。对其他有关责任人员也给予了相应处分。

（三十九）河北省临城县岗头煤矿三井瓦斯爆炸事故

1986 年 6 月 30 日 16 时 55 分，河北省邢台地区临城县岗头煤矿三井发生瓦斯爆炸事故，造成 79 人死亡，4 人受伤。

岗头煤矿始建于 1970 年，年生产能力为 6 万吨，属地方国有企业，位于临城县西北 4 千米处。该矿三井为一对斜井阶段式开拓，有两个生产水平，一个回采工作面，四个掘进工作面。采取中央并列式分区通风，矿井总风量 1400 立方米/分钟，瓦斯绝对涌出量为 3.44 立方米/分钟，相对涌出量为 29.77 立方米/吨。该井曾于 1978 年 1 月 24 日发生过瓦斯爆炸事故，死亡 45 人，伤 10 人。

三井 2404 回风巷掘进 480 米后，于 1986 年 6 月 7 日停止向前掘进，撤回到 250 米处向 2404 运输巷处掘联络眼，并在此处安装 11.4 千瓦小绞车。联络眼贯通后，于 6 月 26 日在联络眼外 13 米处安装 11 千瓦局部通风机一台，向 2404 运输巷掘进工作面送风。6 月 29 日，2404 回风巷停止送风，撤出风筒，并在小绞车以里 1 米处打板墙。6 月 30 日测得该处瓦斯浓度为 1%，板墙内 0.7 米处测得瓦斯浓度为 2%。6 月 30 日 16 时 55 分，因矿灯失爆打火，引起瓦斯爆炸事故。造成 79 人死亡，4 人受伤。

事故发生后，时任国务院副总理李鹏作出批示，强调要严肃处理，并认真吸取教训，举一反三；要求地方矿、乡镇矿应以此事故和其他典型事故为例，建立规章制度，加强培训，采取必要的安全措施，认真抓好安全生产。

事故原因：（1）没有采掘工程设计，巷道布置不够合理，使 2404 回风巷形成长达 220 米盲巷。对盲巷的处理没有按《煤矿安全规程》要求处理，造成了重大事故隐患。（2）风量分配不合理，在改变 2404 掘进工作面风路时，小绞车附近形成微风，不能将盲巷内溢出的瓦斯带走，造成小绞车附近瓦斯浓度超限。（3）矿灯维修质量差，管理混乱，矿工将失爆矿灯带入井下，由于矿灯电缆松动产生火花，引发瓦斯爆炸。（4）瓦斯检测不严格，盲巷板墙打好后，未安排人按三班逐班检测，造成对此处瓦斯浓度的情况失控，给事故发生创造了条件。

责任追究：矿长、矿党总支书记郭某某，作为企业安全生产第一责任人，对事故负主要领导责任，被法院判处有期徒刑3年。副矿长高某某，分管全矿技术工作，对通风、瓦斯管理重视不够，采区无设计，工程安排不当，对盲巷处理、风路改变部署措施不力，对这起事故负有主要责任，被法院判处有期徒刑2年。副矿长郭某某，分管机电、安全工作，安全、机电管理混乱，对矿灯失爆，瓦斯空班漏检、风量分配不合理、反风装置等重大问题负主要领导责任，给予其撤销副矿长职务，留党察看1年的处分。副矿长、党总支副书记陈某某，分管全矿生产，对三井采掘工程无设计、巷道布置不合理负有一定责任，给予撤销副矿长职务、留党察看一年的处分。三井党支部书记、井口主任侯某某，对盲巷处理、风路改变未做具体安排，事后又不过问，工作失职，负有领导责任，给予撤销井口主任职务、留党察看一年处分。

第五章　向社会主义市场经济体制转变时期（1987—2000）

一、概况

1986 年，党的十二届六中全会首次提出以经济建设为中心，坚定不移地推进经济体制改革。1987 年党的十三大明确要"加快建立和培育社会主义市场体系"，坚持宏观调节与搞活企业、搞活市场三者的统一。1993 年中共中央作出关于建立社会主义市场经济体制若干问题的决定。改革的不断深入和社会主义市场经济体制的逐步建立，既给企业和经济社会发展带来了巨大活力，也使安全生产面临着许多新情况、新问题和新挑战。1993 年劳动部组织进行的一项在全国范围内的抽样调查表明，在深化企业改革、转化经营机制和向市场经济体制转变的过程中，一些地方和单位出现了重生产、重效益和忽视安全生产的倾向，全国有50%左右的国有企业放松了安全管理；"一些地方对乡镇企业、三资企业以及个体经营企业忽视了安全生产基本条件的要求"，致使这些企业作业环境恶劣，安全保障能力低下，伤亡事故大幅度增加。1993 年 7 月《国务院关于加强安全生产工作的通知》指出：上一年度全国各类事故造成死亡 9 万多人，受伤 16 万多人，直接经济损失数十亿元；特别是重大、特大恶性事故频繁发生，一次死亡10 人以上或直接经济损失 500 万元以上的事故多达 174 起。同时职业危害问题也相当严重。从 1993 年起，全国事故总量开始呈现上升趋势。1993 年全国企业职工工伤事故比 1992 年上升 18.5%，死亡人数接近 2 万人。之后全国事故死亡人数连年增加，安全生产形势日趋严峻。

1987 年　全国县以上工业企业事故死亡 8658 人。矿山企业（包括私营、个体企业，以下同）因工伤事故死亡 9386 人，重伤 4606 人，分别比 1986 年下降0.1% 和 15.6%。从行业看：煤矿死亡 7977 人[①]，百万吨死亡率 7.421，黑色金属矿死亡 286 人，有色金属矿死亡 339 人，化学矿死亡 179 人，建材矿死亡 519

---

① 煤炭部统计数据：1987 年全国煤矿事故死亡 6726 人。

人，其他矿（核工业矿、轻工业矿、地质勘探等）死亡 86 人。从事故类别看：冒顶片帮事故死亡 3880 人，占 41.34%；瓦斯煤尘爆炸事故死亡 1125 人，占 11.99%；运输事故死亡 851 人，占 9.07%；中毒窒息事故死亡 812 人，占 8.65%。从所有制看：全民所有制矿山企业事故死亡 3048 人，占 32.47%；集体和个体矿山事故死亡 6338 人，占总数的 67.53%。1987 年全国矿山发生一次死亡 10 人以上事故 33 起，比 1986 年减少 3 起。全国发生道路交通事故 298147 起，死亡 53439 人，万车死亡率 50.37。

本年度发生一次死亡 30 人以上特别重大事故 19 起，死亡 955 人，受伤 431 人。其中伤亡严重、社会影响恶劣的事故为：①黑龙江哈尔滨亚麻纺织厂粉尘爆炸事故死亡 58 人，受伤 177 人（其中重伤 65 人）；②浙江椒江黄礁乡道头金村一艘渡船倾覆事故死亡 97 人；③湖北武汉长江轮船公司"长江 22033"推轮与江苏省南通市轮船运输公司"江苏 0130"客轮相撞翻沉事故死亡 98 人。

1988 年 全国县以上国营（全民）和大集体企业事故死亡 8908 人，比 1987 年上升 32.9%。其中全民所有制企业事故死亡上升 1.5%，县以上大集体企业上升 9.4%。全国一次死亡 10 人以上事故起数和伤亡人数，分别比 1987 年上升 39.4% 和 67.4%。广西、上海、宁夏、贵州、福建、吉林、黑龙江、河北、山西、甘肃、新疆、湖北、陕西、天津、江西等 15 个省（自治区、市）事故死亡人数上升。全国矿山工伤事故死亡 9639 人，重伤 3929 人，与 1987 年相比，死亡人数上升 2.7%，重伤人数下降 14.7%。其中煤矿事故死亡 7980 人[①]。百万吨死亡率 6.602。发生道路交通事故 276071 起，死亡 54814 人，万车死亡率 46.05。

本年度发生一次死亡 30 人以上特别重大事故 18 起，死亡 1036 人，受伤 437 人。其中死亡百人以上事故 2 起：①民航西南公司伊尔 18 型客机坠机事故死亡 108 人；②四川重庆轮船公司乐山分公司"川运 24"客轮翻沉事故死亡 166 人。此外伤亡严重、社会影响恶劣的事故为：昆明开往上海的第 80 次特快旅客列车倾覆事故死亡 88 人，受伤 202 人（其中重伤 62 人）。

1989 年 全国县以上工业企业事故死亡 8657 人。矿山企业工伤事故死亡 9979 人，比 1988 年上升 3.53%；重伤 3734 人，比 1988 年下降 4.96%。从行业看：煤矿、建材矿事故最为严重，事故死亡人数分别为 8370 人[②]、660 人，占矿山事故死亡总数的 83.38% 和 6.61%。从事故类别看：冒顶片帮、瓦斯煤尘爆炸事故最多，其死亡人数分别占事故死亡总数的 40.94% 和 12.37%。从所有制看：

---

① 煤炭部统计数据：1988 年全国煤矿事故死亡 6469 人。
② 煤炭部统计数据：1989 年全国煤矿事故死亡 6877 人。

集体和个体矿山事故死亡 6555 人，占总数的 65.69%。1989 年全国矿山发生一次死亡 10 人以上事故 45 起，比 1988 年减少 1 起；死亡 730 人，比 1988 年下降 11.52%；重伤 63 人，比 1988 年上升 31.25%。其中瓦斯事故 35 起，占一次死亡 10 人以上事故总起数的 77.78%。全国煤矿百万吨死亡率 6.524。发生道路交通事故 258030 起，死亡 50441 人，万车死亡率 38.26。

本年度发生一次死亡 30 人以上特别重大事故 12 起，死亡 488 人，受伤 158 人。

1990 年　全国各类事故死亡近 7 万人，受伤 17 万多人。其中县以上工业企业事故死亡 7759 人，比 1989 年减少 10.3%。全国矿山企业发生工伤事故 10536 起，死亡 10476 人，重伤 3863 人，死亡人数比 1989 年上升 5%。其中，煤矿事故死亡 8725 人[1]，百万吨死亡率 6.036。矿山一次死亡 10 人以上事故发生 60 起，比 1989 年增加 15 起（50% 以上为瓦斯煤尘爆炸事故），死亡人数上升 46.9%。全国发生道路交通事故 250297 起，死亡 49271 人，受伤 155072 人，直接经济损失约 3.634 亿元。与 1989 年相比事故起数下降 3%，死亡人数下降 2.32%，受伤人数下降 2.47%，经济损失增加 8.21%。万辆机动车事故死亡率 33.38。全国发生火灾 56817 起，死亡 2083 人，受伤 4898 人，经济损失约 5 亿元。由于统计口径发生变化，1990 年火灾数据较 1989 年均有大幅度上升。全国发生铁路路外事故 13929 起，死亡 8428 人，比 1989 年减少 1114 起、254 人。发生水上交通事故 2949 起，死亡 733 人，沉船 520 艘。

本年度发生一次死亡 30 人以上特别重大事故 17 起，死亡 933 人，受伤 393 人。其中死亡百人以上事故 3 起：①安徽池州一艘客渡船与南京长江油运公司一艘油轮相撞翻沉事故死亡 112 人；②云南永善县桧溪乡一艘机木船翻沉死亡 104 人；③广州白云机场两架客机相撞爆炸起火事故死亡 128 人。

1991 年　全国企业（包括国有企业、集体企业、乡镇企业）事故死亡 14686 人（包括企业职工以外人员），重伤 10809 人，万人死亡率为 0.8，万人重伤率为 0.6。与 1990 年相比，死亡人数和重伤人数均有所下降。其中全民所有制、大集体企业职工事故死亡 7855 人，重伤 9117 人；乡镇企业职工因工死亡 6831 人，重伤 1692 人。1991 年全国事故特点：全民所有制企业和大集体企业事故死亡人数分别上升 1.9% 和 8.9%；乡镇企业事故下降，1991 年全国乡镇企业职工死亡人数与 1990 年相比下降 7.6%。全国矿山企业发生工伤事故 9395 起，死亡 9819 人，重伤 3083 人，分别比 1990 年下降 10.8%、6.3%、20.2%，其中，

---

①　煤炭部统计数据：1990 年全国煤矿事故死亡 6515 人。

煤矿事故死亡 8127 人①，百万吨死亡率 5.023。发生道路交通事故 264817 起，死亡 53292 人，万车死亡率 32.15。

本年度发生一次死亡 30 人以上特别重大事故 12 起，死亡 736 人，受伤 790 人。其中死亡百人以上事故 2 起：①山西洪洞县三交河煤矿瓦斯爆炸死亡 147 人，受伤 6 人（其中重伤 2 人）；②山西太原迎泽公园灯展踩踏事故死亡 105 人，受伤 108 人。

1992 年　全国各类事故死亡 95445 人，受伤 16 万多人。其中道路交通事故 228278 起，死亡 58729 人，受伤 144264 人，万车死亡率 30.19。与 1991 年相比事故起数下降 13.8%；死亡数增加 5437 人，上升 10.2%；受伤人数下降 11.0%。发生火灾 39391 起，死亡 1937 人，伤 3388 人，直接经济损失 69025.7 万元。与 1991 年相比，起数下降 12.8%，死亡人数下降 5.5%，伤亡人数下降 9.7%，直接经济损失上升 32.9%。企业职工因事故死亡 15146 人，重伤 9752 人，与 1991 年相比，死亡人数上升 3.13%，重伤人数下降 9.78%。矿山企业发生因工伤亡事故 8693 起，死亡 9683 人，与 1991 年相比事故减少 7.5%，死亡人数下降 1.4%。其中煤矿事故死亡 7920 人，占 81.79%②。与 1991 年相比，煤矿、黑色冶金矿、有色金属矿、核工业矿山、轻工业矿山的死亡人数有所下降，其他行业均有不同程度的上升。矿山企业冒顶片帮、瓦斯煤尘爆炸、中毒和窒息、提升运输四类事故较多，占各类事故总死亡人数的 66.41%。1992 年全国矿山企业共发生一次死亡 10 人以上事故 57 起，死亡 1127 人，分别比 1991 年上升 29.55% 和 24.81%，其中国营矿山发生 18 起，死亡 342 人，事故起数上升 5.88%，死亡人数下降 28.75%；集体和个体矿山发生 39 起，死亡 785 人，分别上升 44.44% 和 85.58%。在一次死亡 10 人以上的事故中，瓦斯爆炸事故 37 起，死亡 741 人，分别占全年 10 人以上事故的 64.91% 和 65.75%。

本年度发生一次死亡 30 人以上特别重大事故 13 起，死亡 727 人，受伤 100 人。其中死亡百人以上事故 2 起：①通用航空公司南京至厦门航班坠机事故死亡 107 人，受伤 19 人；②南方航空公司广州至桂林航班坠机事故死亡 141 人。

1993 年　全国企业事故死亡 19820 人。其中矿山企业共发生伤亡事故 9112 起，死亡 10883 人，与 1992 年相比事故起数增加 419 起，死亡人数上升 12.39%。分行业看，煤矿死亡 8620 人，比 1992 年上升 12.98%③；金属矿死亡

---

① 煤炭部统计数据：1991 年全国煤矿事故死亡 5446 人。
② 煤炭部统计数据：1992 年全国煤矿事故死亡 4942 人。
③ 煤炭部统计数据：1993 年全国煤矿事故死亡 5283 人。

858 人，上升 17.7%；非金属矿死亡 1279 人，上升 26.76%；其他矿山死亡 88 人，上升 252%；石油和天然气矿山事故死亡 38 人（1992 年未作统计）。1993 年全国矿山企业共发生一次死亡 10 人以上事故 61 起，死亡 1121 人，事故起数比 1992 年上升 7.02%，死亡人数下降 0.53%。国有煤矿发生 10 人以上事故 19 起，死亡 443 人。共发生锅炉压力容器（含气瓶）事故 538 起（比 1992 年上升 0.94%）。其中锅炉爆炸事故 10 起，压力容器爆炸事故 79 起，气瓶爆炸事故 28 起，锅炉重大事故 391 起。全国发生道路交通事故 242343 起，死亡 63508 人，万车死亡率 27.24。

本年度发生一次死亡 30 人以上特别重大事故 21 起，死亡 1038 人，受伤 403 人。其中伤亡严重、社会影响恶劣的事故：①内蒙古赤峰开往辽宁大连第 77 次特快列车与辽宁新民县新民镇一辆大客车相撞事故死亡 65 人，受伤 29 人；②河北唐山东矿区林西百货大楼火灾死亡 82 人，受伤 55 人；③广东深圳葵涌镇港商独资致丽工艺制品厂火灾死亡 84 人，受伤 45 人（其中重伤 20 人）。

本年度发生死亡 30 人以上水库溃坝事故 1 起，即青海海南藏族自治州共和县沟后水库溃坝死亡 328 人，受伤人数不详。

1994 年　全国企业事故死亡 20315 人。矿山企业职工伤亡事故发生 9147 起、死亡 11481 人、重伤 2245 人，比 1993 年分别上升 0.38%、5.52% 和下降 6.85%。其中国有矿山企业死亡人数下降 0.27%；集体矿山企业死亡人数上升 7.36%；私营矿山企业死亡人数上升 8.61%；其他所有制矿山企业死亡人数上升 12.22%，无证矿山死亡人数上升 7.41%。非矿山企业职工伤亡事故发生起数、死亡人数，重伤人数，比 1993 年分别下降 5.34%、1.53%、8.53%。压力容器爆炸事故起数、死亡人数、受伤人数和直接经济损失，比 1993 年分别下降 21.5% 和上升 3.9%、110.4%、224.5%。锅炉爆炸事故起数、死亡人数、受伤人数和直接经济损失，比 1993 年分别下降 22.5%、10.8%、13.1%、66.7%。全国煤矿事故死亡 9384 人[1]，百万吨死亡率 5.706。发生道路交通事故 253537 起，死亡 66362 人，万车死亡率 24.26。

本年度发生一次死亡 30 人以上特别重大事故 31 起，死亡 2060 人，受伤 913 人。其中死亡超过百人的事故 3 起：①西北航空公司西安至广州航班飞机坠落事故死亡 160 人；②辽宁阜新评剧团艺苑歌舞厅火灾事故死亡 233 人，受伤 20 人（其中重伤 4 人）；③新疆克拉玛依市友谊馆火灾事故死亡 325 人，受伤 132 人（其中重伤 68 人）。此外还发生了黑龙江鸡西矿务局二道河子煤矿多种经营公司

---

[1]　煤炭部统计数据：1994 年全国煤矿事故死亡 7016 人。

小井瓦斯爆炸事故，死亡 99 人，受伤 3 人（均为重伤）。

1995 年 全国企业事故死亡 20005 人。其中矿山企业共发生职工伤亡事故 9084 起，死亡 11945 人，重伤 2192 人。与 1994 年相比，事故起数下降 0.7%，死亡人数上升 4%，重伤人数下降 2.4%。非矿山企业共发生伤亡事故 11929 起，死亡 8060 人，重伤 6005 人，其中一次死亡 3 人以上的事故 186 起，死亡 832 人，与 1994 年相比分别下降 9.48%、8.19%、12.3%、10.51% 和 17.23%；其中锅炉、压力容器和气瓶共发生爆炸事故 132 起，死亡 118 人，受伤 487 人，直接经济损失 2771 万元，与 1994 年相比分别上升 14.9%、4.4%、23% 和 8.7%。全国煤矿事故死亡 9659 人①，比 1994 年上升 2.9%。发生道路交通事故 271843 起，死亡 71494 人，万车死亡率 22.48。

本年度发生一次死亡 30 人以上特别重大事故 9 起，死亡 419 人，受伤 109 人。

1996 年 全国企业事故死亡 19457 人。矿山企业共发生职工伤亡事故 8537 起，死亡 12200 人，重伤 2014 人。与 1995 年相比，事故起数下降 6.20%，死亡人数上升 2.1%，重伤人数下降 8.2%；其中非法无证开采矿山发生事故 842 起，死亡 2226 人，重伤 181 人。矿山企业事故当中，冒顶片帮、瓦斯煤尘爆炸、中毒窒息、提升车辆伤害这四类事故较多，其中冒顶片帮事故死亡 3605 人，占年度事故死亡总人数的 29.55%；瓦斯爆炸事故死亡 3135 人，占年度事故死亡总人数的 25.84%。分行业看：煤矿事故死亡 10015 人，同比上升 3.7%②；金属矿山事故死亡 891 人，同比上升 0.92%；非金属矿山事故死亡 1185 人，同比上升 0.92%。全国矿山企业共发生一次死亡 10 人以上事故 66 起，死亡 1355 人，比 1995 年分别上升 22.22% 和 36.73%。其中煤矿 63 起，死亡 1271 人。全国非矿山企业共发生职工伤亡事故 10016 起，死 6894 人，重伤 5064 人，分别比 1995 年下降 16.04%、14.47% 和 15.67%。其中一次死亡 10 人以上事故发生 15 起，死亡 265 人。全国发生道路交通事故 287685 起，死亡 73655 人，万车死亡率 20.41。

本年度发生一次死亡 30 人以上特别重大事故 19 起，死亡 997 人，受伤 662 人。其中死亡超过百人的事故 2 起：①湖南邵阳一处非法炸药作坊爆炸，死亡 134 人，受伤 405 人；②山西大同新荣区郭家窑乡东村煤矿瓦斯爆炸死亡 114 人。此外还发生了四川南充蓬安县航运公司一短途客船翻沉事故，死亡 90 人。

---

① 煤炭部统计数据：1995 年全国煤矿事故死亡 6387 人。
② 煤炭部统计数据：1996 年全国煤矿事故死亡 6404 人。

1997 年　全国企业事故死亡 17558 人。矿山企业共发生伤亡事故 7266 起，死亡 11265 人，重伤 1485 人。与 1996 年相比分别下降 13.02%、上升 7.66%、下降 24.6%。其中煤矿事故 5699 起，死亡 9512 人，重伤 1191 人①；非煤矿山事故 1567 起，死亡 1753 人，重伤 294 人。全国矿山企业共发生一次死亡 10 人以上事故 102 起，死亡 2028 人，比 1996 年分别上升 17.24% 和 23.21%。这 102 起全部为煤矿事故。与 1996 年相比，1997 年国有重点煤矿一次死亡 10 人以上事故起数和死亡人数分别上升 87.5% 和 85.8%。非矿山企业共发生职工伤亡事故 9125 起、死亡 6293 人、重伤 4712 人，与 1996 年相比分别下降 12.98%、13.28% 和 10.42%。共发生火灾（不含森林、草原火灾）14 万起，死亡 2722 人、伤 4930 人，直接经济损失 15.4 亿元，分别比 1996 年上升 279.9%、22.3%、43.8% 和 49.5%。公安部门共受理道路交通事故案件 304217 起、死亡 73861 人，万车死亡率 17.50。

本年度发生一次死亡 30 人以上特别重大事故 36 起，死亡 1642 人，受伤 558 人。其中死亡超过百人的事故 1 起，即 324 次旅客列车与 818 次旅客列车追尾相撞，死亡 126 人，受伤 230 人，其中重伤 48 人。

1998 年　全国企业发生伤亡事故 15372 起，死亡 14660 人，重伤 5623 人，轻伤 2232 人，比 1997 年分别下降 16.63%、16.51%、9.27% 和 14.62%。其中矿山企业事故 5674 起，死亡 9221 人，重伤 1122 人，轻伤 187 人，比 1997 年分别下降 23.71%、18.15%、23.05% 和 3.89%。矿山企业当中，煤矿事故死亡 6134 人，百万吨死亡率 4.591（依据煤炭部发布数据，下同）。全国非矿山企业发生事故 9698 起，死亡 5439 人，重伤 4501 人，轻伤 2045 人，比 1997 年分别下降 11.86%、13.57%、4.48% 和 15.99%。发生火灾（不含森林、草原等火灾）14.2 万起，死亡 2389 人，受伤 4894 人，直接经济损失 14.4 亿元。比 1997 年分别上升 7%，下降 12.6%、0.7% 和 6.6%。其中特大火灾事故 78 起，死亡 117 人，受伤 237 人，直接经济损失 2.9 亿元，比 1997 年分别下降 11.4%、74.2%、35.2% 和 21.1%。公安交通管理部门受理道路交通事故案件 346129 起，死亡 78067 人，受伤 222721 人，直接经济损失 19.3 亿元，分别比 1997 年上升 13.8%、5.7%、17.1 和 4.3%。其中发生一次死亡 10 人以上的道路交通事故 70 起，死亡 1023 人，伤 1193 人。比 1997 年分别上升 9.4%、下降 1.6 和上升 34.2%。万车死亡率 17.30。

本年度发生一次死亡 30 人以上特别重大事故 17 起，死亡 861 人，受伤 115

---

① 煤炭部统计数据：1997 年全国煤矿事故死亡 6753 人。

人。其中伤亡比较严重的事故是四川江安县一客渡船翻沉，死亡94人。

1999年 全国企业共发生伤亡事故13258起，死亡12587人，重伤4936人，比1998年分别下降13.75%、14.14%和12.22%。其中一次死亡10人以上重特大事故96起，死亡1578人，伤383人，比1998年分别上升15.66%、0.38%和609.26%。发生火灾（不含森林、草原等火灾）近18万起，死亡2744人，伤4572人，直接经济损失14.3亿元，比1998年分别上升26.95%、15.29%，下降6.58%和0.69%。其中一次死亡10人以上或死亡、重伤20人以上的火灾事故14起，死亡192人，伤106人。全国煤矿事故死亡5518人，百万吨死亡率4.516。发生道路交通事故41.28万起，死亡83529人，伤286080人，直接经济损失21.24亿元，分别比1998年同期上升19.3%、7.0%、28.4%和10.1%。其中一次死亡10人以上的道路交通事故57起，死亡905人，伤855人，分别下降18.6%、11.5%和28.3%。道路交通万车死亡率15.45。水上交通事故、铁路行车和路外伤亡事故、锅炉压力容器事故等，均比1998年下降。

本年度发生一次死亡30人以上特别重大事故16起，死亡856人，受伤152人。其中死亡超过百人的事故1起，即山东航运公司客滚船"大舜"轮翻沉事故，死亡282人。

2000年 全国工矿商贸①共发生伤亡事故10770起，死亡11681人，同比分别下降18.77%和7.19%。其中一次死亡10人以上的事故122起，死亡2739人，与1999年相比事故起数下降6.15%、死亡人数上升9.64%；一次死亡30人以上的特别重大事故14起，死亡1123人，同比分别上升7.69%和48.35%。发生矿山企业伤亡事故3465起，死亡6563人，同比分别下降23.27%和14.82%；其中煤矿事故2863起，死亡5798人，百万吨死亡率5.710。发生道路交通事故616971起，死亡93853人，受伤418721人，直接经济损失26.69亿元，同比分别上升49.4%、11.9%、46.4%和25.7%。道路交通万车死亡率15.60。发生水上交通事故585起，死亡和失踪550人，沉船234艘，直接经济损失13596.31万元。同比分别下降29.7%、28.5%、6.0%和45.8%。发生火灾（不含森林、草原等火灾）188568起，死亡3021人，受伤4404人，直接经济损失15.2亿元。

本年度发生一次死亡30人以上特别重大事故17起，死亡1243人，受伤521人。其中死亡超过百人的事故3起：①四川合江县"榕建"号客船翻沉死亡130

---

① 工矿商贸：国家安全生产监督管理局2000年设立的事故统计类别，其中包括煤矿、金属与非金属矿、建筑业、危险化学品、烟花爆竹和其他（冶金、机械、纺织等）。

人；②贵州水城矿务局木冲沟煤矿瓦斯爆炸死亡 162 人，受伤 37 人；③河南洛阳东都商厦歌舞厅火灾死亡 309 人，受伤 7 人。

二、重点行业领域事故简述

（一）矿山事故

1. 1987 年 1 月 6 日，山西省太原市古交区阁上乡乡区联营煤矿掘进工作面发生瓦斯爆炸事故，造成 10 人死亡。

2. 1987 年 1 月 8 日，浙江省黄岩县江口乡草坦路村采石场发生塌方事故，造成 15 人死亡，2 人重伤，2 人轻伤。

3. 1987 年 2 月 22 日，黑龙江省鹤岗矿务局南山煤矿服务公司煤井发生瓦斯爆炸事故，死亡 12 人。

4. 1987 年 2 月 25 日，贵州省六枝特区头塘乡一私人煤窑发生瓦斯爆炸事故，造成 11 人死亡，2 人重伤。

5. 1987 年 3 月 2 日，安徽省淮南市八公区沈港乡蔡传喜小煤矿越界偷采，引发朱海浦小煤矿透水。事故不仅造成相互毗连的 7 个小煤矿被淹，12 人死亡；还使国有大矿遭受灾害。约 13.7 万立方米的积水溃入大矿采空区，导致日产原煤 5000 吨的淮南矿务局新庄孜煤矿停产 59 天，谢一矿、谢三矿部分采掘工作面受到影响，直接经济损失 2556 万元，总的经济损失 9857 万元。

6. 1987 年 3 月 13 日，河北省曲阳县灵山镇岗北煤矿发生瓦斯爆炸事故，死亡 10 人。

7. 1987 年 4 月 18 日，贵州省织金县以那乡长明村煤矿发生瓦斯爆炸事故，造成 17 人死亡，4 人重伤。

8. 1987 年 4 月 22 日，甘肃省兰州市阿干镇山村煤矿发生瓦斯爆炸事故，死亡 10 人。

9. 1987 年 4 月 27 日，甘肃省兰州市七里河区两个相邻的村办小矿发生一氧化碳中毒事故，死亡 10 人。

10. 1987 年 5 月 3 日，贵州省盘县特区断江乡大铺子村一私人煤窑发生瓦斯爆炸事故，死亡 10 人。

11. 1987 年 5 月 10 日，山西省襄汾县贾罕乡彭家河煤矿发生瓦斯爆炸事故，造成 18 人死亡，1 人重伤，6 人轻伤。

12. 1987 年 5 月 11 日，河南省三门峡市陕县支建煤矿发生瓦斯爆炸事故，造成 16 人死亡，3 人重伤。

13. 1987 年 5 月 19 日，湖南省衡阳市常宁县石江区煤矿发生瓦斯爆炸事故，死亡 13 人。

14. 1987 年 5 月 24 日，湖南省郴县芙蓉乡一些农民非法进入香花岭锡矿安源工区滥采乱挖引发塌方事故，塌方面积 40 平方米，地表陷落 10 余米，18 名采矿的农民当场死亡，工区被迫停产近一月。

15. 1987 年 6 月 9 日，贵州省修文县三元乡十足村一私人煤窑发生瓦斯爆炸事故，造成 11 人死亡，4 人重伤。

16. 1987 年 6 月 11 日，甘肃省天祝县双龙沟黄金矿区发生淹井事故，造成 13 人死亡。

17. 1987 年 6 月 18 日，云南省安宁县温泉区磷矿发生塌方事故，死亡 11 人，重伤 1 人。

18. 1987 年 6 月 24 日，山西省阳泉市盂县清城乡庄只村煤矿发生瓦斯爆炸事故，造成 13 人死亡，2 人重伤，6 人轻伤。此次事故由违章爆破引起。

19. 1987 年 6 月 24 日，辽宁省新宾马架子煤矿工作面采空区的浮（碎）煤自燃，诱发瓦斯煤尘爆炸，37 人死亡，14 人受伤。

20. 1987 年 6 月 28 日，山西省大同市南郊区马军营乡大西沟联办煤矿发生瓦斯爆炸事故，造成 12 人死亡。

21. 1987 年 7 月 2 日，黑龙江省双鸭山矿务局岭东煤矿六井发生瓦斯爆炸事故，死亡 11 人，重伤 1 人，轻伤 3 人。

22. 1987 年 7 月 7 日，山西省乡宁县枣岭乡长咀湾煤矿发生瓦斯爆炸事故，造成 9 人死亡，11 人受伤。

23. 1987 年 8 月 6 日，贵州省安顺市普定县猫洞乡螳螂煤矿发生瓦斯爆炸事故，造成 15 人死亡，10 人重伤。

24. 1987 年 8 月 10 日，四川省重庆市奉节县大树乡煤矿发生瓦斯爆炸事故，死亡 25 人，重伤 6 人，轻伤 5 人。

25. 1987 年 9 月 4 日，山东省枣庄煤矿东井矸石山发生爆炸，造成市煤矸砖厂 8 人死亡，16 人受伤。

★26. 1987 年 9 月 7 日，河南省信阳地区息县矿产公司蒲公山采石场发生坍塌事故，造成 24 人死亡，2 人重伤。

27. 1987 年 9 月 29 日，黑龙江省勃利县第二煤矿发生瓦斯爆炸事故，死亡 10 人，轻伤 3 人。

28. 1987 年 10 月 7 日，山东省青州市庙子镇朱崖铁矿因井下采空区冒落引发地面塌陷事故，8 户居民 24 人陷入坑中，其中 12 人死亡，2 人重伤。

29. 1987 年 10 月 19 日，四川省成都市彭县白罗乡回水煤矿发生瓦斯爆炸事故，造成 10 人死亡。

30. 1987 年 11 月 6 日，湖南省辰溪县板桥乡南坡煤矿发生透水事故，死亡 12 人。

31. 1987 年 11 月 11 日，贵州省盘县乐民区乐民乡村办煤矿发生瓦斯爆炸事故，死亡 26 人，重伤 2 人，轻伤 2 人。

32. 1987 年 11 月 13 日，江西省萍乡矿务局黄冲煤矿发生透水事故，死亡 10 人。

33. 1987 年 11 月 13 日，陕西省韩城市圣峰乡南沟煤矿发生瓦斯爆炸事故，造成 12 人死亡，3 人重伤，5 人轻伤。

34. 1987 年 12 月 9 日，安徽省淮南矿务局潘集一矿发生瓦斯爆炸事故，造成 45 人死亡，2 人重伤，8 人轻伤。造成事故的原因和大致过程是：该矿西一采区变电所于事故当日 14 时至 15 时 30 分停电改线，致使 301、302 两队掘进工作面供风局部通风机停运，造成瓦斯积聚超限。通风区技术员按规定编制了瓦斯排放措施，经报批定于 22 时实施。但在实施过程中，工人违反规定，没有按规程实施。22 时 8 分，在启动小绞车提拉管子时，产生机械火花，引起瓦斯爆炸。爆炸波沿东、西上山冲到运输机上山，将该上山进回风交界处的风门摧毁。爆炸波混入新鲜空气后再次燃爆，并引燃了上山的带式输送机，造成严重伤亡。

35. 1987 年 12 月 9 日，贵州省六盘水市六枝特区凉水井煤矿发生瓦斯爆炸事故，死亡 11 人，重伤 2 人。

36. 1987 年 12 月 9 日，甘肃省煤炭建设公司第一工程处魏家地建井一队翻矸工地发生爆炸事故，死亡 10 人。

37. 1987 年 12 月 18 日，河南省郑州市登封县君召乡缸窑煤矿领导违章指挥、冒险作业，掘进工作面无作业规程；职工安全技术素质差，发现透水征兆后，判断和应变能力及自我保护意识不强，导致发生透水事故，死亡 25 人。

38. 1988 年 1 月 1 日，河南省平顶山市鲁山县梁洼镇南街煤矿发生透水事故，死亡 11 人。

39. 1988 年 1 月 13 日，山东省莱芜市张家洼矿山公司（金矿）井巷公司在矿井改罐作业时，吊盘钢丝绳拉断，造成 9 人坠井，其中 7 人死亡。

40. 1988 年 1 月 15 日，四川省南充地区华莹煤矿（劳改矿）发生煤与瓦斯突出事故，死亡 13 人。

41. 1988 年 1 月 22 日，贵州省遵义煤矿（劳改矿）发生瓦斯爆炸事故，死亡 11 人，重伤 1 人。

42. 1988 年 1 月 24 日，黑龙江省鹤岗市兴山区一矿发生瓦斯爆炸事故，造成 11 人死亡。

43. 1988 年 1 月 26 日，山西省大同市平旺乡青河涧煤矿发生瓦斯爆炸事故，死亡 12 人，重伤 4 人。

44. 1988 年 2 月 26 日，湖南省邵东县牛马司镇高桥村联办煤矿发生瓦斯爆炸事故，死亡 10 人，重伤 10 人。

45. 1988 年 2 月 28 日，黑龙江省鸡西矿务局多种经营公司穆棱矿前进井风流短路造成瓦斯聚集，电缆被矿车挂断产生电火花，引起瓦斯爆炸，死亡 28 人（其中女工 22 人）。

46. 1988 年 3 月 4 日，贵州省铜仁地区思南县青山莲煤矿发生瓦斯爆炸事故，死亡 14 人，轻伤 3 人。

47. 1988 年 3 月 17 日，广西壮族自治区柳州市综合建材厂油桶山采石场发生塌方事故，死亡 10 人，重伤 4 人，轻伤 3 人。

48. 1988 年 3 月 21 日，贵州省大芳硫黄矿附属煤矿发生瓦斯爆炸事故，死亡 14 人，重伤 1 人。

49. 1988 年 3 月 21 日，新疆生产建设兵团农一师五团煤矿因雪崩掩埋煤矿，死亡 13 人。

50. 1988 年 4 月 2 日，河南省鹤壁市鹤壁集乡九龙煤矿发生瓦斯爆炸事故，死亡 12 人。

51. 1988 年 4 月 4 日，广西壮族自治区来宾县溯庄乡中许村一些村民在红水河河道开小煤井、盗采溯庄乡煤矿的防水煤柱，造成井下的采空区积水涌出，死亡 12 人，重伤 1 人。

52. 1988 年 4 月 4 日，黑龙江省七台河市桃西乡煤矿二井发生煤尘爆炸事故，死亡 12 人。

53. 1988 年 4 月 5 日，甘肃省西和县太石河乡西和岩湾锑矿发生塌方事故，死亡 15 人，重伤 5 人，轻伤 6 人。

54. 1988 年 4 月 15 日，贵州省丹寨县兴仁区石桥小煤窑发生瓦斯爆炸事故，死亡 11 人，重伤 7 人。

55. 1988 年 4 月 19 日，河南省荥阳县徐庄煤矿三井发生煤与瓦斯突出事故，死亡 12 人，轻伤 2 人。

56. 1988 年 5 月 6 日，贵州省水城市中山区二塘乡与毕节地区威宁县猴场镇联办煤矿发生瓦斯爆炸事故，死亡 46 人，重伤 2 人，轻伤 3 人。

57. 1988 年 5 月 8 日，河南省洛阳市伊川县半坡乡鲁沟一矿发生矿车跑车事故，死亡 11 人，重伤 2 人，轻伤 1 人。

58. 1988 年 5 月 8 日，江西省丰城县洛市镇第二煤矿肖家井发生瓦斯爆炸事故，死亡 10 人，重伤 2 人，轻伤 7 人。

59. 1988 年 5 月 14 日，辽宁省营口市营口县官屯乡青花峪村石灰石矿发生坍塌事故，死亡 8 人。

60. 1988 年 5 月 20 日，湖南省新化县化溪乡六一村一私人煤矿发生瓦斯爆炸事故，死亡 14 人，重伤 8 人，轻伤 1 人。

★61. 1988 年 5 月 29 日，山西省霍县矿务局圣佛煤矿北下山采区 327 掘进工作面发生瓦斯煤尘爆炸事故，造成 50 人死亡。

62. 1988 年 6 月 14 日，重庆市綦江县石壕区万隆乡煤矿发生煤与瓦斯突出事故，死亡 11 人，轻伤 1 人。

63. 1988 年 6 月 18 日，山西省太原市古交区古交镇铁磨沟煤矿一工作面发生瓦斯爆炸事故，造成 40 人死亡。该矿采空区没按规程进行封闭，基本顶冒落将采空区积存的高浓度瓦斯压出，工作面由于夜班停产停风，早班生产又没开局部通风机，长达 12 小时无风，瓦斯含量达到爆炸浓度。采煤工爆破不用炮泥而用炭块违章装炮，爆破时打空炮产生了明火，引起瓦斯爆炸。

64. 1988 年 7 月 17 日，云南省富源县营上镇半坡煤矿杉树边井（无证、独眼井）因矿灯失爆发生瓦斯爆炸事故，造成 35 人死亡，2 人重伤，7 人轻伤。造成事故的原因是：独眼井生产，没构成通风系统，私挖滥采，在不具备起码的安全条件下，冒险蛮干；作业人员素质低，流动性大，无专职瓦检员；设备陈旧，防爆性能差，矿灯失爆，管理混乱。

65. 1988 年 8 月 5 日，甘肃省陇南地区两当县西坡煤矿一井发生瓦斯爆炸事故，死亡 45 人，轻伤 4 人。造成事故的原因：通风不良造成瓦斯积聚超限，工人违章在井下打开矿灯灯头产生电火花，引起爆炸。该矿自投产以来就没有形成正规的生产秩序，也没有完善的生产指挥系统；技术管理薄弱，工人在井下乱采滥挖，作业无规程，通风不成系统，长期风量不足。瓦斯管理混乱，空班漏检严重；机电设备管理不善。主要通风机随意关停，矿灯严重失修，井下局部通风机位置不当，又无人专管；矿领导很少下井，不了解井下情况。培训工作走形式，新工人"培训"三天就下井，违章情况时有发生。

66. 1988 年 9 月 3 日，云南省田坝煤矿岔河井因小煤窑越界开采引发透水事故，造成 10 人死亡，3 人受轻伤。

67. 1988 年 9 月 24 日，河北省峰峰矿务局薛村煤矿三水平新五盘区运输上山发生运输胶带着火事故，造成 13 人中毒窒息死亡。

68. 1988 年 10 月 16 日，四川省重庆市南桐矿务局鱼田堡煤矿发生煤岩与瓦斯突出事故，造成 15 人死亡，28 人受伤。

69. 1988 年 10 月 22 日，甘肃省兰州市阿干镇瑯峪村煤矿发生有害气体窒息事故，死亡 14 人。

70. 1988 年 10 月 29 日，黑龙江省七台河矿务局洗煤厂办小煤窑发生瓦斯爆炸事故，死亡 17 人。

71. 1988 年 10 月 29 日，广西壮族自治区桂林市象山区建材厂采石场发生塌方事故，死亡 10 人。

72. 1988 年 11 月 1 日，新疆生产建设兵团农六师大黄山煤矿白杨河分矿发生瓦斯爆炸事故，死亡 12 人。

73. 1988 年 11 月 5 日，山西省潞安矿务局王庄煤矿变电所起火，点燃输送带，形成火灾，造成 17 人死亡，19 人受伤。

74. 1988 年 11 月 6 日，黑龙江省鹤岗矿务局峻德煤矿四采区 295 采煤工作面发生冒顶事故，死亡 10 人，伤 1 人。

75. 1988 年 11 月 15 日，山西省潞安矿务局王庄煤矿五一盘区强力胶带输送机巷变电所，因电缆烧坏引起短路起火，造成 17 人死亡。

76. 1988 年 11 月 16 日，内蒙古自治区乌达矿务局五虎山煤矿发生瓦斯爆炸事故，死亡 12 人，重伤 1 人，轻伤 2 人。

77. 1988 年 11 月 18 日，贵州省林东矿务局贵阳煤矿发生透水事故，死亡 10 人。

78. 1988 年 11 月 20 日，黑龙江省七台河矿务局桃山煤矿发生瓦斯爆炸事故，死亡 26 人。

79. 1988 年 11 月 23 日，湖南省冷水江市托山乡煤矿浪沙井发生瓦斯爆炸事故，死亡 11 人。

80. 1988 年 11 月 26 日，河南省平顶山市鲁山县靳家门煤矿东翼采区掘进爆破引起瓦斯爆炸事故，造成 23 人死亡，3 人受伤。

81. 1988 年 11 月 26 日，黑龙江省鸡西矿务局平岗煤矿东采二段六层右四掘进工作面发生瓦斯爆炸事故，死亡 45 人，受伤 23 人。事故原因分析：局部通风机停风造成瓦斯积聚，小绞车拖拉电机，电机与铁轨撞击产生火花，引爆瓦斯。矿领导对高沼气工作面安全生产认识不足，思想麻痹，管理不力，没有采取相应的监测瓦斯和预防瓦斯事故等措施；作业规程制定不细，审批不严，贯彻不认真，执行不力，干部作风不实，现场指挥不力。

82. 1988 年 11 月 28 日，吉林省通化市杉松岗煤矿三井因工人井下吸烟引发瓦斯爆炸，死亡13人。

83. 1988年11月29日，辽宁省朝阳市二十家子煤矿发生瓦斯爆炸事故，死亡12人。

84. 1988年12月8日，贵州省六枝矿务局化处煤矿发生煤与瓦斯突出事故，死亡10人。

85. 1988年12月20日，吉林省通化矿务局砟子煤矿多种经营公司小井，因井下局部通风机设置错误，形成循环风，造成瓦斯积聚；工人在井下抽烟引发瓦斯爆炸，死亡26人。

86. 1988年12月26日，四川省乐山市仁寿县汪洋区王大洪煤矿发生瓦斯爆炸事故，死亡13人，重伤1人，轻伤3人。

87. 1988年12月30日，山东省枣庄市峰城区曹庄乡煤矿一井发生瓦斯煤尘爆炸事故，死亡33人，受伤2人。通风系统和设施不完善，局部通风机位置不合理，井下产生循环风，造成瓦斯积聚；矿井没有采取降尘洒水等技术措施，造成巷道内煤尘沉积超限；违章爆破，产生火花，是造成事故的直接原因。该矿在经济承包中没有安全要求，以包代管，以罚代管，包而不管，使得安全管理工作受到极大削弱；矿安全机构不健全，规章制度不严格。该矿4名矿级领导，无人分管安全，虽设有安全科，但只有兼职的正、副科长2人，而且根本没有安全知识、没有专职特殊工种作业人员，也没有经过专业技术培训，安全培训教育差。职工"三违"现象极为普遍。

88. 1989年1月14日，安徽省芜湖县火龙岗煤矿发生瓦斯爆炸事故，死亡12人。

89. 1989年1月21日，陕西省汉阴县隋溪乡大霸村私人煤窑发生塌方事故，死亡16人，重伤2人，轻伤2人。

90. 1989年1月29日，辽宁省北票矿务局三宝煤矿发生煤与瓦斯突出事故，死亡22人。

91. 1989年1月29日，湖南省辰溪县板桥乡透塘湾煤矿发生透水事故，死亡10人。

92. 1989年2月11日，辽宁省南票矿务局三家子煤矿发生瓦斯爆炸事故，死亡13人，轻伤6人。

93. 1989年2月11日，黑龙江省鸡西矿务局城子河煤矿立井发生瓦斯爆炸事故，死亡11人，重伤4人。

94. 1989年3月29日，湖南省邵阳县长乐乡排头村煤矿发生瓦斯爆炸事故，死亡13人，重伤3人。

95. 1989 年 4 月 3 日，广西壮族自治区罗城县桥头乡私人煤窑发生瓦斯爆炸事故，死亡 10 人。

96. 1989 年 4 月 6 日，甘肃省白银市平川区宝积乡党家水煤矿发生瓦斯爆炸事故，死亡 10 人。

97. 1989 年 4 月 8 日，河北省滦平县红旗煤矿发生瓦斯爆炸事故，死亡 23 人，重伤 3 人。

98. 1989 年 4 月 8 日，山西省大同市新荣区碾盘沟煤矿发生瓦斯爆炸事故，死亡 21 人。

99. 1989 年 4 月 23 日，河南省焦作矿务局中马村煤矿发生瓦斯突出事故，死亡 12 人。

100. 1989 年 4 月 28 日，湖南省嘉禾县肖家乡何家山煤矿发生瓦斯爆炸事故，死亡 17 人。

101. 1989 年 5 月 4 日，内蒙古自治区包头市土右旗党三窑乡宽甸煤矿发生瓦斯爆炸事故，死亡 14 人。

102. 1989 年 5 月 13 日，湖南省郴县廖王坪乡富岭煤矿发生瓦斯爆炸事故，死亡 10 人，重伤 1 人。

103. 1989 年 5 月 14 日，黑龙江省七台河市农牧渔业局果树场煤矿发生瓦斯爆炸事故，死亡 21 人。

104. 1989 年 5 月 26 日，云南省富宁县里达镇里达锑矿六号矿洞（当地农民杜某、高某等 4 人集资开办）发生坍塌事故，死亡 6 人。

105. 1989 年 5 月 31 日，新疆生产建设兵团农六师军户农场煤矿发生瓦斯煤尘爆炸事故，死亡 12 人。

106. 1989 年 6 月 11 日，河南省平顶山市西区南顾庄乡张庆煤矿发生瓦斯爆炸事故，死亡 12 人。

107. 1989 年 6 月 13 日，四川省达县双龙乡杨家沟煤矿发生瓦斯爆炸事故，死亡 15 人，轻伤 7 人。

108. 1989 年 6 月 15 日，湖北省咸宁市古田乡煤矿发生瓦斯爆炸事故，死亡 18 人。

109. 1989 年 6 月 20 日，贵州省劳改局遵义煤矿三井发生透水事故，死亡 18 人。

110. 1989 年 6 月 24 日，山西省晋城市大东沟镇辛壁煤矿发生瓦斯爆炸事故，死亡 23 人。

111. 1989 年 6 月 24 日，湖北省荆门市白龙观建材厂采石场发生边坡垮塌事故，死亡 7 人，受伤 6 人。

112. 1989 年 7 月 9 日，山西省太原市南郊姚村二矿（煤矿）发生瓦斯爆炸事故，死亡 12 人，重伤 2 人。

113. 1989 年 7 月 10 日，四川省华蓥山矿区遭遇暴雨袭击，李子垭煤矿附近的溪口镇发生山崩，造成川煤建设公司职工、家属 26 人死亡，车辆、设备损坏 96 台。

114. 1989 年 8 月 3 日，河南省平顶山市西区南顾庄乡段岭煤矿因罐笼严重超员，致使提升过程中罐笼倒扣，罐笼内 13 人当中有 12 人坠入井底死亡。

115. 1989 年 8 月 13 日，山西省大同市云岗乡荣华皂联办煤矿和解放军总政治部大同煤矿发生瓦斯爆炸事故，死亡 48 人。其中荣华皂联办煤矿死亡 26 人，总政大同煤矿死亡 22 人。

116. 1989 年 8 月 14 日，湖南省邵阳县塘渡口乡南木村关岭煤矿发生瓦斯爆炸事故，死亡 10 人。

117. 1989 年 8 月 23 日，辽宁省铁法矿务局小青山煤矿南一采区北侧 401 采煤工作面运输顺槽带式输送机发生火灾（皮带着火），死亡 15 人，重伤 3 人。

118. 1989 年 8 月 26 日，河南省平顶山市鲁山县梁洼镇五七煤矿发生透水事故，死亡 10 人。

119. 1989 年 8 月 29 日，湖北省宜昌地区兴阳县建阳平乡硅石厂采石场发生塌方事故，死亡 10 人，重伤 4 人，轻伤 6 人。

120. 1989 年 8 月 30 日，湖南省郴州市嘉禾县瓷桥乡瓷门村塘窝煤窑发生瓦斯爆炸事故，死亡 20 人，重伤 1 人。

121. 1989 年 9 月 2 日，河南省郑州矿务局东风煤矿和密县农民于换申联办煤矿发生瓦斯爆炸事故，死亡 14 人。

122. 1989 年 9 月 15 日，新疆维吾尔自治区昌吉市硫磺沟煤矿发生透水事故，死亡 13 人。

123. 1989 年 9 月 26 日，湖南省嘉禾县肖家镇双珠村杨梅山煤矿发生瓦斯爆炸事故，死亡 16 人，重伤 3 人。

124. 1989 年 10 月 5 日，西藏自治区那曲地区聂荣县依拉山铬铁矿发生坍塌事故，造成 7 人死亡，3 人重伤，3 人轻伤。

125. 1989 年 10 月 9 日，江西省波阳县芦田乡清山煤矿发生瓦斯爆炸事故，死亡 10 人。

126. 1989 年 10 月 12 日，四川省德阳市绵竹县天池煤矿发生汽车坠崖事故，死亡 29 人，重伤 31 人，轻伤 25 人。

127. 1989 年 10 月 20 日，江西省乐平矿务局鸣山煤矿 26405 残采面发生瓦斯爆炸，死亡 36 人，重伤 4 人。玩忽职守、违章盲干是导致事故发生的主要原因。该矿使用的外包工队在既没有残采方案，又没有作业规程的情况下进入 26405 残采面开始作业。至事故发生前，乐平矿务局及鸣山煤矿领导、技术人员、瓦检员都到 26405 残采面检查过，发现瓦斯浓度高、通风系统不完善、串联风等严重隐患，但均未采取有效措施。事故当日 10 时，采面爆破崩通了含有高浓度瓦斯的第一煤巷采空区，引起爆炸，当班 9 名工人全部死亡；由于串联通风，冲击波及有害气体波及 679 工作面，致 26 人死亡，4 人烧伤，8 人中毒。抢救过程中又有 1 人被滚石击中身亡。

128. 1989 年 11 月 9 日，新疆维吾尔自治区哈密地区巴里坤县煤矿发生瓦斯爆炸事故，死亡 12 人，重伤 3 人。

129. 1989 年 11 月 10 日，湖南省辰溪县寺前乡桃花坪村煤矿发生瓦斯爆炸事故，死亡 10 人。

130. 1989 年 11 月 17 日，四川省重庆市永川县金龙乡红旗煤矿小湾新井（基建井）发生瓦斯爆炸事故，死亡 10 人，重伤 3 人，轻伤 6 人。

131. 1989 年 11 月 19 日，山西省阳泉市河底镇邓家峪村煤矿发生瓦斯爆炸事故，死亡 13 人。

132. 1989 年 11 月 25 日，云南省镇雄县鸣峰镇城贝屯坡水洞村一无证煤井发生瓦斯爆炸事故，死亡 11 人，重伤 7 人，轻伤 3 人。

133. 1989 年 12 月 17 日，贵州省遵义地区习水县隆兴区村办煤矿发生瓦斯爆炸事故，死亡 10 人，重伤 2 人。

134. 1989 年 12 月 25 日，四川省泸州市古蔺县龙山乡煤矿发生透水事故，死亡 15 人。

★135. 1989 年 12 月 26 日，山西省忻州地区宁武县阳方口煤矿程家沟井发生瓦斯爆炸事故，死亡 53 人。

136. 1989 年 12 月 26 日，内蒙古自治区包头市郊区同盛乡脑包沟村煤矿发生瓦斯爆炸事故，死亡 12 人，重伤 2 人。

137. 1990 年 1 月 2 日，贵州省平坝县摆捞乡谷报村亮子窑煤矿（个体）发生瓦斯爆炸事故，死亡 20 人，重伤 1 人，轻伤 1 人。

138. 1990 年 1 月 5 日，福建省龙岩矿务局陆家地煤矿由于工人违章带烟火入井、吸烟，引燃巷道中的废旧坑木，进而使巷道支架等燃烧，烟雾涌入井下各个工作面，造成 50 人中毒，其中 28 人死亡。

139. 1990 年 1 月 11 日，广西壮族自治区来宾市忻城县古逢镇六利屯私人联办小井六利煤矿发生瓦斯爆炸事故，死亡 23 人，重伤 5 人，轻伤 7 人。

140. 1990 年 1 月 12 日，云南省镇雄县中屯乡头屯村沙沟煤矿发生瓦斯爆炸事故，死亡 12 人，重伤 1 人。

141. 1990 年 1 月 14 日，贵州省普定县马场区缘林乡烂坝村煤矿发生瓦斯爆炸事故，死亡 11 人。

142. 1990 年 1 月 25 日，青海省海北州铁迈煤矿（位于门源回族自治县境内）发生透水事故，死亡 15 人。

143. 1990 年 1 月 31 日，四川省甘洛县赤普矿区胜利铅锌矿二井发生火灾，死亡 21 人。

144. 1990 年 2 月 18 日，山东省淄博市淄川区双沟乡辛庄煤矿二井发生透水事故，死亡 16 人。

145. 1990 年 2 月 21 日，云南省昆明市西山区团结乡下冲砂场因山体滑坡遭受重大伤亡。150 米公路、18.3 亩水田被覆盖，2 辆汽车、2 台手扶拖拉机和 2 台推土机被埋没，死亡 25 人（其中 23 人失踪），2 人死亡，直接经济损失 40.5 万元。下冲砂场为团结乡开办的集体矿山，由乡石英砂公司管理。事故因砂场选址不当、违章开采所导致。

146. 1990 年 2 月 27 日，贵州省安顺县轿子山镇关口肖会良煤矿发生瓦斯爆炸事故，死亡 15 人。

147. 1990 年 3 月 8 日，贵州省盘江矿务局山脚树煤矿发生瓦斯爆炸事故，死亡 17 人，重伤 16 人，轻伤 9 人。

148. 1990 年 3 月 18 日，广东省曲仁县花坪镇个体煤矿发生透水事故，死亡 13 人。

149. 1990 年 3 月 27 日，河南省巩县米河乡河西煤矿（无证）大雨后井筒塌陷、泥浆突入井下大巷和工作面，造成 11 人死亡。

150. 1990 年 3 月 30 日，山西省大同市南郊区小南头乡小窑头煤矿因局部通风管理不善，风流短路造成瓦斯积聚；加之电钻插销电源线接反，带负荷插入插销，产生明火，引起瓦斯爆炸，井下 25 人全部死亡。

★151. 1990 年 4 月 6 日，四川省乐山地区犍为县岷东乡和下渡乡联办的东风煤矿发生透水事故，造成 57 人死亡。

152. 1990 年 4 月 6 日，山西省晋城市城区北石店乡大张村煤矿发生瓦斯爆炸事故，死亡 10 人。

153. 1990 年 4 月 13 日，四川省重庆市永川县金顶乡桂花煤矿发生煤尘爆炸事故，死亡 12 人，重伤 4 人，轻伤 4 人。

154. 1990 年 4 月 15 日，黑龙江省七台河矿务局桃山煤矿九井因高压电缆短路造成井下停电、瓦斯聚集，电机车启动产生火花引发瓦斯爆炸，死亡 33 人，重伤 11 人。该矿机电管理混乱，接线头不符合操作规程的规定，两趟入井高压电缆不能单独担负井下全部负荷。运输管理混乱，没有按规程规定上齐全轨道绝缘装置，致使杂散电流进入到工作面。在与主运道相连的掘进面瓦斯尚未排放的情况下，七采区架线送电运输产生火花，引起瓦斯爆炸。

155. 1990 年 4 月 16 日，湖南省黔阳县双溪镇泥西村个体煤矿发生透水事故，死亡 14 人。

156. 1990 年 4 月 27 日，吉林省辽源矿务局平岗煤矿贡安小井发生透水事故，全井被淹，死亡 10 人。

157. 1990 年 5 月 6 日，内蒙古自治区包头市土右旗悦来尧煤矿乌黑毛平硐因工人吸烟发生瓦斯爆炸事故，死亡 16 人，重伤 1 人，轻伤 2 人。

★158. 1990 年 5 月 8 日，黑龙江省鸡西矿务局小恒山煤矿井下发生火灾，死亡 80 人，受伤 23 人，直接经济损失 567 万元。

159. 1990 年 5 月 15 日，山西省吕梁地区离石县七里滩煤矿上山贯通盲巷，爆破引起瓦斯爆炸，死亡 15 人。

160. 1990 年 5 月 17 日，湖北省襄樊市郊区檀溪乡贾洲村采石场发生坍塌事故，死亡 11 人。

161. 1990 年 5 月 28 日，湖南省邵阳市邵东县仙槎桥镇大石煤矿发生瓦斯爆炸事故，死亡 11 人，重伤 2 人。

162. 1990 年 5 月 31 日，四川省凉山州益门县煤矿遭受山洪泥石流袭击，死亡 32 人（其中 2 人失踪），重伤 28 人。

163. 1990 年 5 月 31 日，山西省阳泉市盂县苌池乡南沙社煤矿发生瓦斯爆炸事故，造成 12 人死亡，5 人重伤。

164. 1990 年 6 月 12 日，吉林省辽源矿务局梅河煤矿一井发生瓦斯爆炸事故，造成 16 人死亡，28 人重伤。

165. 1990 年 7 月 5 日，云南省泸西县三河乡板桥村烂泥塘煤矿发生瓦斯爆炸事故，死亡 16 人。

166. 1990 年 7 月 9 日，河南省郑州矿务局开发公司浦园沟煤矿发生洪水淹井事故，死亡 10 人。

167. 1990 年 7 月 13 日，山东省新汶矿务局潘西煤矿二井发生瓦斯爆炸事故，造成 48 人死亡，10 人重伤。造成事故的直接原因是：发生事故的工作面 12 日早班发生冒顶，埋压风筒、阻断风流，造成开切眼和辅助轨道上山段瓦斯积聚，没有及时封闭。13 日夜班，在没有排放瓦斯的情况下擅自接上风筒，风将开切眼上山、辅助上山积存的瓦斯排放出来，使交岔口等处的瓦斯达到爆炸浓度。工人处理矸石时，没有发现提升信号线被砸破，照常按铃发信号，破线处产生火花，引起瓦斯爆炸。

168. 1990 年 7 月 13 日，山西省晋城市郊区南村镇东山煤矿发生瓦斯爆炸事故，死亡 12 人。

169. 1990 年 7 月 19 日，四川省乐山市洪雅县花溪煤矿发生瓦斯突出事故，死亡 11 人。

170. 1990 年 8 月 3 日，四川省天府矿务局刘家沟煤矿发生煤与瓦斯突出事故，突出煤量 5000 多吨，瓦斯约 52 万立方米，堆积巷道 465 米。事故造成 13 人死亡，7 人受伤。

171. 1990 年 8 月 6 日，山西省太原市南郊区姚村乡槐树底煤矿发生透水事故，死亡 12 人。

★172. 1990 年 8 月 7 日，湖南省怀化市辰溪县板桥乡中新村岩洞煤矿井下发生透水事故，造成 57 人死亡。

173. 1990 年 8 月 23 日，安徽省淮北市濉溪县土型煤矿发生瓦斯爆炸事故，死亡 10 人，轻伤 4 人。

174. 1990 年 10 月 7 日，辽宁省阜新县东梁乡双田煤矿发生透水事故，死亡 13 人。

175. 1990 年 10 月 16 日，广东省梅州地区五华县谭下镇中村采石场发生坍塌事故，死亡 10 人。

176. 1990 年 10 月 26 日，河北省沙河市白塔镇显德汪村第三煤矿（无证）发生透水事故，造成 11 人死亡。

177. 1990 年 10 月 28 日，河北省邯郸市峰峰矿区大峪镇三行煤矿发生瓦斯爆炸事故，死亡 10 人，重伤 10 人。

178. 1990 年 11 月 2 日，内蒙古自治区扎赉诺尔矿务局西山煤矿井下发生火灾，烟雾毒气造成 17 人死亡。

179. 1990 年 11 月 4 日，四川省宜宾市兴文县久庆乡白鹤田煤矿发生瓦斯爆炸事故，死亡 15 人，重伤 1 人，轻伤 3 人。

180. 1990 年 11 月 6 日，云南省马关县马白镇花枝格村办事处开办的滑石板煤矿发生透水事故，死亡 27 人。

181. 1990 年 11 月 6 日，广东省仁化县富仁乡煤矿二井发生瓦斯爆炸事故，死亡 19 人。

182. 1990 年 11 月 12 日，江西省萍乡市湘东区腊市乡乌岗村煤矿发生瓦斯爆炸事故，死亡 10 人。

183. 1990 年 11 月 15 日，湖南省嘉禾县泮头乡牛心岭煤矿发生透水事故，死亡 13 人，重伤 7 人。

184. 1990 年 11 月 17 日，山西省沁源县留神峪煤矿发生瓦斯爆炸事故，死亡 17 人。

185. 1990 年 11 月 17 日，山西省榆次市裴霖乡村办煤矿发生瓦斯爆炸事故，死亡 11 人。

186. 1990 年 11 月 19 日，四川省大邑县安顺乡阳沟村与三坝乡联办煤矿发生瓦斯爆炸事故，造成 22 人死亡，1 人重伤，3 人轻伤。

187. 1990 年 11 月 19 日，山西省晋城市南郊区大东镇峪南煤矿发生透水事故，死亡 10 人。

188. 1990 年 11 月 21 日，黑龙江省鹤岗矿务局兴安煤矿发生瓦斯爆炸事故，死亡 9 人。

189. 1990 年 11 月 28 日，江西省分宜县杨桥镇观光村煤矿发生瓦斯爆炸事故，死亡 11 人，重伤 2 人。

190. 1990 年 11 月 29 日，四川省永荣矿务局曾家山煤矿一井发生瓦斯爆炸事故，造成 17 人死亡，2 人重伤，30 人轻伤。

191. 1990 年 12 月 5 日，湖南省涟源县伏口区石陶乡新沙子村个体煤窑发生瓦斯爆炸事故，死亡 13 人，重伤 11 人，轻伤 5 人。

192. 1990 年 12 月 6 日，湖南省嘉禾县杨家镇大岭村沙湖岭个体煤矿发生瓦斯爆炸事故，死亡 15 人。

193. 1990 年 12 月 7 日，贵州省盘县特区大银乡煤坡村杨家碑煤矿发生瓦斯爆炸事故，死亡 11 人，重伤 4 人。

194. 1990 年 12 月 11 日，河北省唐山市东矿区古冶街道煤矿四井发生煤尘爆炸事故，死亡 22 人，重伤 6 人。

195. 1990 年 12 月 13 日，福建省永定县永定矿务局龙潭矿组织部分农转非职工家属参加矿井工业广场土石方开挖时发生坍塌事故，死亡 9 人。

196. 1990 年 12 月 15 日，四川省大邑县安顺乡红豆泥煤矿发生瓦斯爆炸事故，死亡 14 人。

197. 1990 年 12 月 22 日，黑龙江省鸡西矿务局张新煤矿西二采区发生瓦斯爆炸事故，死亡 12 人。

198. 1990 年 12 月 25 日，辽宁省锦西市南票区兰田乡大西沟村煤矿发生一氧化碳中毒事故，死亡 21 人。

199. 1990 年 12 月 28 日，河北省丰宁银矿空气压缩机储气箱爆炸，死亡 4 人，重伤 2 人。

★200. 1991 年 1 月 2 日，黑龙江省鸡西市鸡东县保合煤矿一井右九路上山掘进工作面发生瓦斯爆炸事故，造成 53 人死亡，12 人受伤。

201. 1991 年 1 月 9 日，江西省宜春市新田乡龙源煤矿发生瓦斯爆炸事故，造成 16 人死亡。

202. 1991 年 1 月 10 日，黑龙江省鸡西矿务局东海煤矿小八井发生煤尘爆炸事故，造成 29 人死亡，14 人受伤。

203. 1991 年 2 月 8 日，黑龙江省双鸭山矿务局四方台煤矿一井二采区工作面发生冒顶事故，造成 5 人死亡。

204. 1991 年 2 月 20 日，山西省怀仁县王卞庄煤矿试采区发生瓦斯爆炸事故，造成 12 人死亡，5 人轻伤。

205. 1991 年 2 月 28 日，新疆维吾尔自治区乌鲁木齐市八道湾煤矿一井东翼采区 B3 煤层 15 仓工作面发生瓦斯爆炸事故，造成 16 人死亡。

206. 1991 年 2 月 28 日，河北省邢台地区临城县城里村煤矿发生瓦斯爆炸事故，死亡 16 人。

207. 1991 年 3 月 7 日，湖南省湘潭县列家桥煤矿三采区 -60 米水平七平巷发生煤尘爆炸事故，造成 35 人死亡，1 人重伤。造成事故的主要原因是工人违章作业。打补充炮眼距空炮眼仅 10 厘米；封炮时炮泥煤渣混用，没有使用水炮泥；爆破前不洒水，起爆时采用反向装药爆破，一次装药分几次爆破，严重违反《煤矿安全规程》的规定，爆破产生的火源点燃煤尘，引发爆炸。该矿技术管理混乱。设计方案和矿井灾害预防与处理计划没有提出防止煤尘爆炸的具体安全技术措施。有自救器，但是没有让工人佩戴使用，扩大了事故伤亡。

208. 1991 年 3 月 12 日，河北省冀东石油勘探开发公司所属井下作业公司作业四队一班，在唐海县高尚堡 93-2 井进行反压井作业时，井中油气突然喷发，遇施工现场值班房明火而爆炸起火，造成 5 人死亡，2 人重伤。

209. 1991 年 3 月 24 日，湖南省耒阳市白沙矿务局红卫煤矿坦家冲井 136 采区发生煤与瓦斯突出事故，该采区掘进工人和上水平回风流中采煤工人等 30 名职工全部遇难，另有 1 人重伤，9 人轻伤。造成事故的原因分析：石门设计和编制作业规程无可靠依据，无地质说明书，以至二石门设计到煤距离与实际到煤距离相差 17.5 米；没有按月作业计划及时提出地质预测预报，又没作地质剖面图，也未进行巷道岩性编录，因此无法掌握到煤距离，在石门掘进巷道已见到煤层底板砂岩时也未按作业规程规定停掘探钻，继续盲目掘进，爆破造成误穿煤层，引起煤与瓦斯突出事故。

210.1991年3月29日，广西壮族自治区南宁地区天等县东平锰矿露天采场发生坍塌事故，造成10人死亡，2人重伤，1人轻伤。

211.1991年4月2日，辽宁省沈阳矿务局林盛矿爆破引发煤尘爆炸，死亡23人。

★212.1991年4月21日，山西省洪洞县三交河煤矿二采区203工作面发生瓦斯煤尘爆炸事故，造成147人死亡，2人重伤，4人轻伤，直接经济损失295万元。

213.1991年4月27日，安徽省淮南矿务局水泥支架厂多种经营公司开办的小煤矿发生瓦斯爆炸事故，造成17人死亡，4人受伤。

214.1991年4月28日，黑龙江省七台河矿务局新建煤矿直属二小井211工作面发生瓦斯爆炸事故，造成12人死亡，15人受伤。

215.1991年4月29日，广东省清远市英德县石牯塘镇八宝山管理区清水坑锡矿因工棚设置不当，被风化严重的山石突然滑坡所掩埋，死亡21人，轻伤3人。部分设备被损坏，直接经济损失23万元。

216.1991年4月29日，黑龙江省鸡西市新民煤矿四井二斜左五路行人上山发生瓦斯爆炸事故，造成17人死亡，4人受伤。

217.1991年5月11日，山西省运城地区垣曲县窑头村下窑头煤矿发生瓦斯爆炸事故，造成12人死亡，9人受伤。

218.1991年5月13日，山西省晋城市沁水县永红煤矿1109回采工作面发生瓦斯爆炸事故，造成9人死亡，2人重伤，3人轻伤。

219.1991年5月18日，山西省怀仁县农工商联合公司窑子头煤矿运输大巷正前掘进工作面发生瓦斯爆炸事故，造成42人死亡。造成事故的原因是：井上变电所掉闸停电，致使井下511掘进工作面局部通风机停转，瓦斯积聚；工人拆卸矿灯产生火花，引起瓦斯爆炸。该矿通风、瓦斯管理十分混乱，通风设施质量低劣、矿井通风设施跑风、漏风严重，采掘工作面有效风量不足，局部通风机又无专人管理，工作面瓦斯经常超限；有章不循，"三违"现象严重。特殊工种作业人员无证上岗，也是造成这起事故的一个原因

220.1991年5月19日，四川省重庆市綦江县适中乡水井湾煤矿K1煤层南翼工作面发生瓦斯爆炸事故，造成11人死亡。

221.1991年5月20日，江西省萍乡市上官岭煤矿发生瓦斯爆炸事故，死亡16人。

222. 1991 年 5 月 22 日，贵州省翁安县草塘区新华乡仓边煤厂（矿）发生瓦斯爆炸，在井下作业的 11 人中 10 人死亡，1 人重伤。

223. 1991 年 6 月 11 日，四川省内江市东兴区禅南乡田圃村沙石场发生垮塌事故，造成 11 人死亡。

224. 1991 年 6 月 16 日，黑龙江省鸡西矿务局穆棱煤矿二井五区二层右二路回采工作面发生瓦斯爆炸事故，造成 13 人死亡，7 人受伤。

225. 1991 年 7 月 12 日，四川省高县白庙乡沙坝煤厂（矿）发生瓦斯爆炸事故，当场死亡 6 人，重伤的 8 人在送医院后因抢救无效又死亡 6 人，事故共造成 12 人死亡。

226. 1991 年 7 月 16 日，广东省曲仁矿务局猴冲煤矿发生一氧化碳中毒事故，造成 11 人死亡（其中 3 人在抢险救援过程中死亡）。

227. 1991 年 7 月 19 日，吉林省通化矿务局松树镇煤矿二井+380 米一层顺槽掘进工作面发生瓦斯爆炸事故，造成 14 人死亡。

228. 1991 年 7 月 23 日，山西省吕梁地区柳林县刘家焉头煤矿发生瓦斯爆炸事故，造成 15 人死亡，1 人重伤，6 人轻伤。

229. 1991 年 7 月 27 日，贵州省六盘水市盘县威箐乡猪圈门煤矿（无证）因井下潜水泵明接头产生电火花引发瓦斯爆炸，造成 18 人死亡。

230. 1991 年 8 月 4 日，广东省曲江县老虎冲黄沙煤矿工人井下吸烟引发瓦斯爆炸，死亡 13 人（其中 7 人因盲目施救丧生），重伤 2 人。

231. 1991 年 8 月 6 日，内蒙古自治区包头市郊区国庆乡米二沟煤矿发生瓦斯煤尘爆炸事故，造成 11 人死亡。

232. 1991 年 8 月 8 日，江西省吉安市安福县连村乡新背村河西一矿发生透水事故，死亡 13 人。

233. 1991 年 8 月 9 日，四川省自贡市富顺县赵化区毛桥乡中坝村中坝煤矿发生透水事故，死亡 42 人，受伤 5 人。该矿既无正规设计，也无水文地质资料，没有防治水措施。当班技师（矿方聘用的"土工程师"）未履行顶班职责，没有到井下进行安全检查。代班技师到透水工作面进行检查，作业人员向他反映有透水征兆，他没有向矿长汇报，而且还作出无水的错误判断，导致事故发生。

234. 1991 年 8 月 16 日，江苏省宜兴市善卷乡合兴村采石场蝙蝠山宕口发生大面积滑坡事故，滑坡面积达 1220 平方米，平均厚度 3.38 米，滑落的石块冲出 20 多米，将在宕口进行破碎、装车、打眼等作业的人员及拖拉机驾驶员等 19 人压埋，造成 14 人死亡，3 人重伤，2 人轻伤。

235. 1991 年 8 月 21 日，江西省上饶县上泸乡江家村煤矿发生透水事故，死亡 12 人。

236. 1991 年 10 月 12 日，辽宁省北票矿务局冠山煤矿三井 10 煤层采煤工作面发生瓦斯爆炸事故，造成 11 人死亡，1 人重伤，8 人轻伤。

237. 1991 年 10 月 23 日，新疆生产建设兵团乌鲁木齐农场管理局五一农场煤矿二井发生一氧化碳气体中毒事故，造成 11 人死亡，4 人重伤。

238. 1991 年 11 月 9 日，内蒙古自治区包头市郊区国庆乡怀沟煤矿因电缆短路引发火灾，造成 15 人死亡。

239. 1991 年 11 月 13 日，青海省海东地区平安县东沟煤矿发生瓦斯爆炸事故，死亡 15 人，重伤 1 人。

240. 1991 年 12 月 22 日，安徽省皖北矿务局一矿井下变电所起火，引燃输送机皮带，大火延及 2 个采煤工作面、5 个掘进头，造成 27 人死亡。

241. 1991 年 12 月 31 日，辽宁省阜新矿务局高德煤矿一井回采工作面中间道发生煤尘爆炸事故，造成 16 人死亡，3 人重伤，4 人轻伤。

242. 1991 年 12 月 31 日，贵州省六盘水市水城县田坝村一处个体煤矿（无证）发生瓦斯爆炸事故，造成 15 人死亡。

243. 1992 年 1 月 5 日，贵州省盘江矿务局老屋基矿发生瓦斯爆炸事故，死亡 13 人。

244. 1992 年 1 月 11 日，贵州省六盘水市盘县特区滑石乡一小煤矿发生瓦斯爆炸事故，死亡 14 人。

245. 1992 年 1 月 27 日，山东省枣庄市山亭区凫山乡南园煤矿发生透水事故，造成 15 人死亡。

246. 1992 年 1 月 29 日，江西省丰城县白土乡一矿发生瓦斯爆炸事故，死亡 24 人。

247. 1992 年 2 月 29 日，河北省邢台地区临城县南街煤矿发生瓦斯爆炸事故，井下 19 人全部死亡。

248. 1992 年 3 月 1 日，河南省郑州市密县超化煤矿发生瓦斯爆炸事故，死亡 19 人。

249. 1992 年 3 月 6 日，四川省荣县正安乡青草坝煤矿井下东翼巷发生瓦斯爆炸事故，当场死亡 13 人，送医院抢救的 26 人中因抢救无效又死亡 7 人。事故共造成 20 人死亡，19 人受伤。

250. 1992 年 3 月 6 日，甘肃省平凉地区华亭县策底乡、河西乡联营煤矿发生瓦斯事故，死亡 13 人。

251. 1992 年 3 月 10 日，黑龙江省鸡西矿务局滴道煤矿三井发生瓦斯爆炸事故，死亡 14 人。

252. 1992 年 3 月 13 日，江苏省徐州市铜山县岗子村煤矿三井 -75 米主下山发生煤尘爆炸事故，造成 30 人死亡，21 人受伤。该矿井开采的是具有煤尘强爆炸性危险煤层，长期以来既无防尘设施和防尘管理制度，在生产过程中又不采取任何防尘措施，致使生产区域内大部分巷道形成大量的煤尘沉积；矿工违章作业，在井下修理矿灯，产生电火花引起煤尘爆炸，是这起事故的直接原因。该矿违法开采，与韩桥矿贯通。事故前岗子村副井长庄某命令停主要通风机，使井下风量骤减，造成粉尘浓度超标，是造成事故又一主要原因。

★253. 1992 年 3 月 20 日，山西省吕梁地区孝义市兑镇镇偏城煤矿新井、偏店煤矿（两矿相互贯通）发生爆炸事故，造成 65 人死亡，31 人受伤。这是一起为争抢国家煤炭资源的破坏性爆炸引起煤尘参与爆炸的重大事故。

254. 1992 年 3 月 26 日，贵州省六盘水市盘县下学庄煤矿发生瓦斯爆炸事故，死亡 23 人，受伤 2 人。

255. 1992 年 4 月 17 日，黑龙江省鸡西矿务局二道河子矿林业科七井在两条巷道相贯通时发生瓦斯爆炸事故，造成 28 人死亡。

256. 1992 年 4 月 22 日，贵州省六盘水市盘县威箐乡林家凹煤矿发生瓦斯爆炸事故，造成 10 人死亡。

257. 1992 年 4 月 24 日，位于山西省大同市上深涧乡的解放军总参防化部与上深涧乡联办的碾盘沟煤矿发生瓦斯爆炸事故，造成 40 人死亡。

258. 1992 年 4 月 28 日，贵州省毕节地区金沙县新化乡鸡爬坎煤矿发生瓦斯爆炸事故，死亡 13 人，重伤 4 人。

259. 1992 年 5 月 14 日，北京市北京矿务局大台煤矿井下发生火灾，死亡 14 人。

260. 1992 年 6 月 17 日，湖南省辰溪县方田乡龙宴湾煤矿（无证）井下使用明电引发瓦斯爆炸，造成 43 人死亡。

261. 1992 年 6 月 25 日，四川省重庆市白市驿煤矿 +270 米水平大连煤层北翼回风巷掘进工作面发生透水事故，造成 21 人死亡。

262. 1992 年 7 月 2 日，河南省郑州市密县来集乡张村煤矿发生瓦斯爆炸事故，死亡 12 人。

263. 1992 年 7 月 8 日，河南省郑州市密县来集乡宋楼村煤矿发生透水事故，死亡 10 人。

264. 1992 年 7 月 10 日，贵州省六盘水市水城县水果乡二井电缆明接头产生火花，引发瓦斯爆炸，造成 19 人死亡。

265. 1992 年 7 月 12 日，江西省丰城市洛市矿务局一井和秀市乡楼前煤矿七四井、淘砂乡煤矿一井由于井下相通，同时遭受水灾，三个矿井共 26 人死亡。

266. 1992 年 7 月 15 日，江西省信丰县铁口镇刘飞雪煤矿发生瓦斯爆炸事故，死亡 11 人。

267. 1992 年 7 月 27 日，贵州省劳改局桥子山煤矿发生瓦斯爆炸事故，死亡 18 人。

268. 1992 年 8 月 1 日，河南省登封县郭沟村八一煤矿发生采空区透水事故，死亡 10 人。

269. 1992 年 8 月 12 日，黑龙江省七台河市救灾扶贫福利公司煤矿发生瓦斯爆炸事故，造成 8 人死亡，5 人受伤。

270. 1992 年 8 月 24 日，山西省大同市姜家湾煤矿发生透水事故，死亡 21 人。

271. 1992 年 8 月 29 日，江西省花鼓山煤矿山南井发生瓦斯爆炸事故，造成 46 人死亡。

272. 1992 年 9 月 2 日，贵州省六盘水市大用煤矿发生煤与瓦斯突出事故，死亡 17 人。

273. 1992 年 9 月 5 日，辽宁省北票矿务局东升煤矿发生瓦斯爆炸事故，造成 11 人死亡。

274. 1992 年 9 月 6 日，湖南省辰溪县方田乡梦角湾煤矿因冒险作业、爆破导致地下熔岩突水事故，造成 33 人死亡。

275. 1992 年 9 月 10 日，河北省邯郸市武安县康二城镇车网口村兴建煤矿发生瓦斯爆炸事故，死亡 13 人（其中 6 人当场死亡，7 人送医院抢救无效死亡），受伤 4 人。

276. 1992 年 9 月 13 日，辽宁省阜新市河西乡河西村煤矿发生瓦斯燃烧事故，造成 10 人死亡，4 人重伤，5 人轻伤。

277. 1992 年 9 月 21 日，山西省襄垣县善富乡连营煤矿发生瓦斯爆炸事故，死亡 11 人。

278. 1992 年 10 月 5 日，四川省南充地区广安县瓦店乡新厂湾煤矿发生透水事故，造成 16 人死亡，1 人轻伤。

★279. 1992 年 11 月 5 日，位于山西省盂县土塔乡的解放军空军指挥学院与土塔乡联办的神益沟军地联营煤矿发生老空水透水事故，造成 51 人死亡。

280. 1992 年 11 月 5 日，山西省临汾地区襄汾县西沟煤矿因一名工人在采空区吸烟引起瓦斯爆炸，造成 21 人死亡。

281. 1992 年 11 月 6 日，内蒙古自治区包头矿务局综合建井处扎槐沟煤矿东翼工作面发生瓦斯爆炸事故，造成 15 人死亡，1 人受伤。

282. 1992 年 11 月 19 日，浙江省建德铜矿发生冒顶事故，造成 8 人死亡。

283. 1992 年 11 月 24 日，黑龙江省鸡西矿务局二道河子煤矿三区 3 层左四工作面发生瓦斯爆炸事故，造成 17 人死亡。

284. 1992 年 12 月 1 日，黑龙江省七台河市煤矿劳动服务公司二井右七路发生瓦斯煤尘爆炸事故，造成 20 人死亡。

285. 1992 年 12 月 7 日，山西省大同市青磁窑煤矿发生瓦斯爆炸事故，死亡 36 人。

286. 1993 年 1 月 5 日，辽宁省凌源市工农煤矿发生瓦斯爆炸事故，造成 14 人死亡。

287. 1993 年 1 月 7 日，青海省门源县完卓乡煤矿发生煤与瓦斯突出事故，造成 12 人死亡。

288. 1993 年 1 月 20 日，安徽省淮南矿务局潘一煤矿西三采区 1662（3）下顺槽发生瓦斯煤尘爆炸事故，造成 39 人死亡，13 人受伤。造成事故的直接原因，是由于 1662（3）下顺槽掘进工作面瓦斯异常涌出，工作面停电后，工人在用叉车搬运 U 型钢棚时撞击和摩擦产生的火花引起了瓦斯爆炸。间接原因：执行规程不严格，事故前回风流两个监测探头显示瓦斯浓度超过 1%，但没有按照规定要求，停止作业、撤出人员；当瓦斯状况出现异常时，矿监控办、调度所未能及时互通情况和向领导汇报；矿对各部门的要求、协调也不够；矿上对自救器的使用和监督管理不够严格。

289. 1993 年 2 月 5 日，四川省涪陵地区半溪煤矿发生瓦斯突出事故，造成 18 人死亡。

290. 1993 年 2 月 7 日，山西省蒲县临汾地区邮电局第三产业晶鑫煤焦厂富强煤矿井底车场发生瓦斯爆炸事故，造成 10 人死亡，3 人重伤。

291. 1993 年 2 月 13 日，湖南省涟源市枫坪乡水口山村煤矿发生瓦斯爆炸事故，造成 12 人死亡。

292. 1993 年 2 月 26 日，贵州省毕节地区威宁县东风镇文明村煤矿发生瓦斯爆炸事故，造成 14 人死亡。

293. 1993 年 3 月 13 日，四川省綦江县东溪区与贵州省习水县温水镇联办的平东煤矿（位于习水县温水镇）发生瓦斯爆炸事故，造成 15 人死亡。

294. 1993 年 3 月 15 日，河南省许昌市禹州市苌庄乡缸瓷窑村娄山煤矿发生瓦斯爆炸事故，造成 10 人死亡。

295. 1993 年 3 月 16 日，河南省平顶山市鲁山县梁洼镇段庙村煤矿发生透水事故，造成 14 人死亡。

296. 1993 年 3 月 21 日，黑龙江省鸡西市司法局联营煤矿发生瓦斯爆炸事故，造成 16 人死亡。

297. 1993 年 3 月 27 日，四川省芙蓉矿务局白皎煤矿 582 开切眼掘进 4 米爆破时发生瓦斯突出事故，造成 11 人死亡。

298. 1993 年 3 月 31 日，贵州省贵阳市开阳县冯山煤矿发生瓦斯爆炸事故，造成 15 人死亡。

299. 1993 年 4 月 2 日，辽宁省沈阳矿务局林盛煤矿发生瓦斯爆炸事故，造成 23 人死亡。

300. 1993 年 4 月 12 日，山西省晋城市新风联营煤矿西井通风井四巷发生瓦斯爆炸事故，造成 10 人死亡，5 人受伤。

301. 1993 年 4 月 12 日，山西省晋城市郊区李峪庄村煤矿发生瓦斯爆炸事故，造成 10 人死亡。

302. 1993 年 4 月 16 日，四川省重庆市綦江县适中乡白庄煤矿发生瓦斯爆炸事故，造成 11 人死亡。

303. 1993 年 4 月 16 日，贵州省黔南州荔波县水尧乡军民联办煤矿发生瓦斯爆炸事故，造成 11 人死亡。

304. 1993 年 4 月 25 日，河北省邯郸市峰峰矿区苏一村老二煤矿主、副井井底车场发生中毒事故，死亡 12 人。

305. 1993 年 4 月 28 日，山西省昔阳县城关镇穆家会村煤矿发生瓦斯爆炸事故，死亡 14 人，受伤 4 人（其中 2 人重伤）。

306. 1993 年 4 月 29 日，湖南省邵阳市隆回县斜突乡开田村煤矿发生瓦斯爆炸事故，造成 15 人死亡。

307. 1993 年 5 月 8 日，河南省平顶山矿务局十一矿 17060 斜坡采煤工作面发生瓦斯爆炸事故，造成 39 人死亡，10 人受伤。

308. 1993 年 5 月 16 日，河南省洛阳市伊川县半坡乡白窑二矿发生瓦斯爆炸事故，造成 12 人死亡。

309. 1993 年 5 月 17 日，贵州省黔南州福泉县小岩门煤矿发生瓦斯爆炸事故，造成 10 人死亡。

310. 1993 年 5 月 23 日，山东省枣庄市台儿庄区邳庄乡石膏矿发生冒顶事故，造成 12 人死亡，1 人重伤，4 人轻伤。

311. 1993 年 5 月 25 日，江西省萍乡市桐木乡桐木煤矿发生瓦斯爆炸事故，造成 14 人死亡。

312. 1993 年 5 月 30 日，贵州省安顺市车子山镇第七煤矿发生瓦斯爆炸事故，造成 10 人死亡。

313. 1993 年 6 月 4 日，江西省上饶县儒圩乡个体煤矿发生瓦斯爆炸事故，死亡 11 人。

314. 1993 年 6 月 13 日，福建省龙岩市潘洛铁矿尾矿库发生滑坡事故，造成 14 人死亡，9 人受伤（其中 4 人重伤）。

315. 1993 年 6 月 18 日，黑龙江省七台河市煤矿一井发生瓦斯爆炸事故，造成 14 人死亡。

316. 1993 年 6 月 21 日，湖南省娄底市新化县坪溪乡大村私采煤窑发生瓦斯爆炸事故，造成 19 人死亡。

317. 1993 年 7 月 27 日，山西省朔州市平鲁区二铺煤矿发生一氧化碳气体中毒事故，造成 14 人死亡，5 人受伤。

318. 1993 年 7 月 29 日，山西省长治市平顺县冶金工业公司后曼铁矿 1450 掘进巷道发生炮烟中毒事故，造成 17 人死亡，4 人重伤，5 人轻伤。

319. 1993 年 7 月 30 日，新疆维吾尔自治区劳改局芦草沟煤矿发生透水事故，造成 14 人死亡。

★320. 1993 年 8 月 5 日，山东省临沂市罗庄镇龙山煤矿发生透水事故，造成 59 名矿工死亡。

321. 1993 年 8 月 9 日，贵州省劳改局遵义煤矿井下变电所起火，并引燃进风斜井木支架，发生有害气体中毒事故。当班回风侧 27 人中 25 人遇难，2 人脱险。在救灾过程中矿领导错误下达了停止风机送风的命令，引起风流逆转，又造成 23 名救灾人员死亡（包括 3 名消防员，1 名矿山救护队员，矿总工程师 1 人，安全科长 1 人）。事故共造成 48 人死亡。

322. 1993 年 9 月 9 日，江西省萍乡市永利煤矿发生瓦斯爆炸事故，造成 10 人死亡。

323. 1993 年 9 月 28 日，华北油田位于河北省石家庄市赵县境内的一口预探井在试油射孔作业过程中发生井喷事故，造成 7 人死亡，464 人中毒。毒气扩散达 10 个乡镇 80 多个村庄，22.6 万名当地居民被紧急疏散。在紧急疏散过程中，又因年老体弱、惊吓、颠簸、中风、交通事故等原因造成 15 人死亡。这次事故先后共造成 22 人死亡。

324. 1993 年 10 月 3 日，江西省丰城市白土乡煤矿发生透水事故，造成 14 人死亡。

325. 1993 年 10 月 9 日,山东省临沂市罗庄镇朱张桥煤矿-102 米水平二平巷一开切眼工作面发生煤尘爆炸事故,造成 13 人死亡。

326. 1993 年 10 月 10 日,湖南省怀化地区辰溪县孝坪煤矿发生透水事故,造成 12 人死亡。

★327. 1993 年 10 月 11 日,黑龙江省鸡东县保合煤矿一井发生瓦斯煤尘爆炸事故,死亡 70 人。

328. 1993 年 10 月 18 日,江苏省徐州市煤炭公司大刘庄煤矿发生煤尘爆炸事故,造成 40 人死亡。这是一起因管理不严、严重违章裸露爆破所造成的责任事故。第一次爆炸发生在-532 米水平与 712 修复巷相交的三角门处,爆炸的冲击波及火焰传播到 714 工作面又引起第二次爆炸,扩大了灾情。该矿规章制度不落实,没有采取有效的防尘措施,工作面积尘严重,达到爆炸浓度。

329. 1993 年 10 月 27 日,山西省大同矿务局晋华宫煤矿南山井 7 层 303 盘区 8317 工作面皮带巷,因风流短路、瓦斯大量积聚,工人违章打开防爆开关带电明火作业,引发瓦斯爆炸事故,造成 28 人死亡,6 人受伤。

330. 1993 年 11 月 4 日,四川省宜宾地区兴文县中城镇香山煤矿发生煤与瓦斯突出事故,造成 14 人死亡。

331. 1993 年 11 月 4 日,山西省晋城市郊区川底乡马坪头村煤矿二十四巷北东采区发生瓦斯爆炸事故,造成 12 人死亡,8 人受伤。

332. 1993 年 11 月 8 日,云南省曲靖地区曲靖市清水沟煤矿发生瓦斯爆炸事故,造成 15 人死亡。该矿采用巷道式采煤方法,通风不良,在瓦斯超限的情况下违章爆破引起瓦斯爆炸。

333. 1993 年 11 月 9 日,江西省萍乡市银河乡玉女峰林业煤矿发生瓦斯爆炸事故,造成 17 人死亡。

334. 1993 年 11 月 11 日,河北省市磁县黄沙乡新建煤矿因通风设施不全,矿井风流紊乱,造成瓦斯聚集;电缆明接头碰到了电雷管的引脚线,电雷管爆炸引发矿井瓦斯与煤尘爆炸,造成 26 人死亡,3 人受伤。

335. 1993 年 11 月 15 日,河南省平顶山市宝丰县娘娘山煤矿由于井下通风系统不合理造成瓦斯聚集;因电气设施质量低劣,防爆性能差,电缆破损严重,加之现场管理混乱、工人安全素质低下等原因,发生瓦斯爆炸事故,死亡 49 人。

336. 1993 年 11 月 29 日,山东省枣庄市薛城区董贝煤矿发生透水事故,造成 29 人死亡。

337. 1993 年 12 月 4 日,山西省晋城市高平市杜寨煤矿东二巷掘进工作面发生瓦斯爆炸事故,造成 17 人死亡,5 人受伤。

338. 1993 年 12 月 5 日，山西省晋城市阳城县顶店乡柏林煤矿发生瓦斯爆炸事故，造成 10 人死亡。

339. 1993 年 12 月 5 日，湖南省娄底市新化县晏家乡友谊煤矿发生瓦斯爆炸事故，造成 17 人死亡。

340. 1993 年 12 月 7 日，湖北省黄石市阳新县沣源口镇茅草山煤矿发生瓦斯爆炸事故，造成 10 人死亡。

341. 1993 年 12 月 8 日，内蒙古自治区呼伦贝尔盟额尔古纳右旗拉布大林煤矿一井 1362 回采工作面发生一氧化碳气体中毒事故，造成 16 人死亡。

342. 1993 年 12 月 10 日，四川省雅安地区汉源县河西乡前进煤矿发生瓦斯爆炸事故，造成 11 人死亡。

343. 1993 年 12 月 11 日，贵州省毕节地区威宁县东风镇胜利煤矿发生瓦斯爆炸事故，造成 25 人死亡。

344. 1993 年 12 月 12 日，四川省万县地区山水煤矿发生瓦斯爆炸事故，造成 15 人死亡。

345. 1993 年 12 月 23 日，江西省英岗岭煤矿伍家沽塘井发生瓦斯爆炸事故，造成 10 人死亡。

346. 1993 年 12 月 30 日，山西省吕梁地区柳林县柳林镇庙湾煤矿发生瓦斯爆炸事故，死亡 40 人。事故当日，早班做风桥扩帮挑顶，爆破落下的煤渣堵塞西翼采区回风巷道的三分之二，使回采工作面风量减少；11403 回采回风巷设两道风门因行车启开频繁，回采工作面风流紊乱，且在风门上错误地设置调节风窗，造成部分风流短路，致使工作面瓦斯积聚。工人在工作时铁器撞击火花，引起瓦斯爆炸。爆炸后矿井主要通风机虽停止运转，但主副井仍然能形成自然通风，在副井井筒内距井底 50 米处电缆短路产生电火花，又点燃瓦斯，引起二次爆炸。

347. 1994 年 1 月 1 日，河北省邢台地区临城县鸭鹅营乡煤矿发生透水事故，死亡 13 人。

348. 1994 年 1 月 2 日，贵州省盘县特区平关镇煤矿发生瓦斯爆炸事故，死亡 14 人。事故因无风作业、明刀闸爆破引起。

349. 1994 年 1 月 23 日，河北省兴隆矿务局汪庄煤矿发生瓦斯爆炸事故，死亡 12 人。

★350. 1994 年 1 月 24 日，黑龙江省鸡西矿务局二道河子煤矿多种经营公司七井发生瓦斯爆炸事故，死亡 99 人（其中女工 35 人），重伤 3 人，直接经济损失 450 万元。

351. 1994 年 1 月 27 日，湖南省怀化地区辰溪县板桥乡花桥村煤矿因停电停风致使瓦斯聚集，工人在井下吸烟引起瓦斯爆炸，死亡 36 人，其中女工 5 人。

352. 1994 年 1 月 29 日，贵州省六枝矿务局地宗煤矿发生瓦斯突出事故，死亡 16 人。

353. 1994 年 2 月 12 日，江苏省徐州矿务局义安煤矿发生火灾，死亡 14 人，重伤 1 人。事故因皮带摩擦着火引起。

354. 1994 年 3 月 6 日，吉林省辽源矿务局梅河煤矿三井发生瓦斯爆炸事故，死亡 13 人。

355. 1994 年 3 月 11 日，新疆维吾尔自治区米泉县长山子乡梁东村煤矿发生井筒坍塌事故，死亡 10 人。

356. 1994 年 3 月 18 日，山西省长治市沁源县王和煤矿发生瓦斯爆炸事故，死亡 11 人。

357. 1994 年 3 月 18 日，山西省晋中地区昔阳县西南沟煤矿发生瓦斯爆炸事故，死亡 12 人（其中 2 人为抢险救援过程中死亡）。

358. 1994 年 3 月 21 日，内蒙古自治区包头矿务局河滩沟煤矿发生瓦斯爆炸事故，死亡 10 人。

359. 1994 年 3 月 21 日，黑龙江省鹤岗矿务局服务公司 302 井发生瓦斯爆炸事故，死亡 14 人。

360. 1994 年 3 月 25 日，贵州省盘县特区西冲镇小河沟一非法开采的小煤矿发生瓦斯爆炸事故，死亡 10 人。

361. 1994 年 3 月 30 日，甘肃省窑街矿务局矿队办淮子村小煤矿发生窒息事故，死亡 12 人。

362. 1994 年 4 月 1 日，山西省临汾地区乡宁县枣岭乡西掌坡村煤矿发生瓦斯爆炸事故，死亡 18 人。

363. 1994 年 4 月 2 日，四川省达县地区达县斌郎乡王家沟煤矿发生瓦斯爆炸事故，死亡 19 人。

364. 1994 年 4 月 2 日，山西省运城地区河津县下化煤矿发生瓦斯爆炸事故，死亡 10 人。

365. 1994 年 4 月 2 日，江苏省淮阴市泗阳县新桥煤矿发生煤尘爆炸事故，死亡 10 人。

366. 1994 年 4 月 3 日，山东省淄博市淄川区罗村镇聂村聂洞煤矿发生透水事故，死亡 16 人。

367. 1994 年 4 月 3 日，山西省太原市西山矿务局镇城底煤矿小煤井发生瓦斯爆炸事故，死亡 14 人。

368. 1994 年 4 月 3 日，河南省洛阳市新安县西沃乡下盘玉煤矿发生瓦斯爆炸事故，死亡 12 人。

369. 1994 年 4 月 4 日，河南省汝州市寄料镇车沟村煤窑岭煤矿发生火灾，死亡 15 人。

370. 1994 年 4 月 18 日，贵州省盘县特区平关镇一小煤窑发生瓦斯爆炸事故，死亡 12 人。

371. 1994 年 4 月 20 日，黑龙江省七台河市哈尔滨药厂联办煤矿发生瓦斯爆炸事故，死亡 35 人。

372. 1994 年 4 月 23 日，吉林省长春市双阳县二道江煤矿发生瓦斯爆炸事故，死亡 12 人。

373. 1994 年 5 月 1 日，江西省丰城矿务局坪湖煤矿发生瓦斯爆炸事故，死亡 41 人。参与爆炸的瓦斯来源，主要是在掘进西皮带运输巷的下部水仓时，工作面爆破造成了瓦斯的大量涌出，当超限的瓦斯随风经回风巷交叉口的上部时遇引爆火源，发生了爆炸。事故调查组分析认为：引爆火源主要是电器火花，有两种可能，或为电器设备失爆产生电火，或为矿灯电火。

374. 1994 年 5 月 2 日，江西省丰城市上庄镇云在村煤矿发生瓦斯爆炸事故，死亡 19 人。

375. 1994 年 5 月 5 日，贵州省遵义地区习水县良村镇一小煤矿发生瓦斯爆炸事故，死亡 14 人。

376. 1994 年 5 月 7 日，云南省个旧市永福锡矿尾矿库发生坍塌事故，造成 13 人死亡。

377. 1994 年 5 月 13 日，贵州省毕节地区大方县大方镇云龙村煤矿发生瓦斯爆炸事故，死亡 14 人。

378. 1994 年 5 月 14 日，广西壮族自治区来宾县塑社乡一小煤矿发生透水事故，死亡 13 人。

379. 1994 年 5 月 17 日，湖南省郴州地区临武县麦市乡桐子坪煤矿发生瓦斯爆炸事故，死亡 11 人。

380. 1994 年 5 月 21 日，四川省宜宾地区高县腾龙乡磨盘田煤矿违章采用错误办法排放瓦斯，破损的电缆熔断后产生火花，引发瓦斯爆炸，死亡 36 人。

381. 1994 年 5 月 25 日，贵州省六盘水市钟山区老鹰山镇中坡村煤矿发生瓦斯爆炸事故，死亡 12 人。

382. 1994 年 5 月 28 日，山西省长治市武乡县东村煤矿发生瓦斯爆炸事故，死亡 24 人。

383. 1994 年 6 月 7 日，甘肃省兰州市七里河区阿干镇煤矿发生窒息事故，死亡 11 人。

384. 1994 年 6 月 12 日，新疆维吾尔自治区新疆军区后勤部八道沟煤矿联办小煤矿发生透水事故，死亡 10 人。

385. 1994 年 6 月 18 日，江西省信丰县小江镇林长生煤矿发生地表塌陷事故，死亡 11 人。

386. 1994 年 6 月 24 日，河南省登封县大冶乡冶南煤矿发生淹井事故，死亡 24 人。

387. 1994 年 6 月 30 日，四川省自贡市荣县长山区保华乡官沟煤矿发生瓦斯爆炸事故，死亡 12 人。

388. 1994 年 7 月 5 日，山东省枣庄市枣庄煤矿北井废弃矸石山发生崩塌事故，死亡 17 人。

389. 1994 年 7 月 12 日，湖北省大冶市新冶铜矿龙角山尾矿坝发生溃坝事故，造成 30 人死亡（失踪）。

390. 1994 年 7 月 17 日，河南省禹州市苌庄乡寺沟煤矿发生透水事故，造成 18 人死亡。

391. 1994 年 7 月 22 日，河南省登封县许庄乡一处小煤矿发生瓦斯爆炸事故，死亡 13 人。

392. 1994 年 7 月 27 日，河北省张家口市蔚县百草村乡古城沟煤矿发生一氧化碳中毒事故，死亡 10 人。

393. 1994 年 7 月 30 日，贵州省威宁县东凤镇拱桥村与威宁县公安局联办煤矿发生瓦斯爆炸事故，造成 30 人死亡。

394. 1994 年 7 月 30 日，山西省晋城市阳城县上孔煤矿发生瓦斯爆炸事故，死亡 12 人。

395. 1994 年 8 月 1 日，河南省鹤壁市郊区鹤壁集乡石头村煤矿发生中毒事故，死亡 11 人。

396. 1994 年 8 月 2 日，广西壮族自治区河池市环江自治县上朝镇北山铅锌矿区的一座炸药仓库发生爆炸，造成 82 人死亡，132 人受伤，直接经济损失 500 多万元。爆炸起因为罗某等人因开采和争夺矿井承包权，同总包工王某发生矛盾，罗某等为报复王某而故意引爆炸药。

397. 1994 年 8 月 3 日，河南省平顶山矿务局八矿发生火灾，死亡 17 人。事故因皮带运输系统皮带与托辊摩擦起火导致。

398. 1994 年 8 月 4 日，山西省太原市清徐县东于镇太平村煤矿发生瓦斯爆炸事故，死亡 10 人。

399. 1994 年 8 月 9 日，湖南省涟源市仙洞乡曾加冲煤矿发生透水事故，造成 27 人死亡。

400. 1994 年 8 月 19 日，内蒙古自治区乌海市卡布矿区伊盟格更昭苏木煤矿发生透水事故，死亡 24 人。

401. 1994 年 8 月 24 日，山西省大同市大同县黄土坡煤矿发生地表塌陷事故，死亡 20 人。

402. 1994 年 8 月 26 日，贵州省盘县特区乐民镇威箐煤矿发生透水事故，死亡 34 人。

403. 1994 年 8 月 27 日，甘肃省白银市平川区复兴乡煤矿发生一氧化碳中毒事故，死亡 10 人。

404. 1994 年 8 月 27 日，安徽省铜陵市立新煤矿发生顶板事故，造成 10 人死亡。

405. 1994 年 8 月 30 日，浙江省长广煤炭公司六矿（位于安徽省广德县境内）发生瓦斯爆炸事故，死亡 12 人。

406. 1994 年 8 月 31 日，贵州省六盘水市水城县啊嘎乡法拉煤矿发生瓦斯爆炸事故，造成 16 人死亡。

407. 1994 年 9 月 1 日，辽宁省抚顺市新宾县小四平煤矿发生瓦斯爆炸事故，造成 12 人死亡。

408. 1994 年 9 月 2 日，江西省乐平市涌山镇振兴煤矿发生瓦斯爆炸事故，造成 18 人死亡。

409. 1994 年 9 月 2 日，贵州省六盘水市盘县特区火铺镇豌豆地小煤矿发生瓦斯爆炸事故，造成 11 人死亡。

410. 1994 年 9 月 5 日，河南省平顶山市西区乡企委煤炭公司一煤矿发生瓦斯爆炸事故，死亡 10 人。

★411. 1994 年 9 月 17 日，黑龙江省鹤岗矿务局南山煤矿发生瓦斯爆炸事故，死亡 56 人，受伤 10 人。

412. 1994 年 9 月 18 日，广西壮族自治区合山市北四乡木棉树小煤矿发生透水事故，死亡 16 人。

413. 1994 年 9 月 19 日，江西省景德镇市乐平市乐岗镇江潘山村一煤矿发生瓦斯爆炸事故，造成 12 人死亡。

414. 1994 年 9 月 27 日，辽宁省阜新市阜新矿务局高德煤矿发生瓦斯爆炸事故，造成 10 人死亡。

415. 1994 年 10 月 24 日，黑龙江省鹤岗矿务局建井处在峻德煤矿施工中发生坠井事故，造成 12 人死亡。

416. 1994 年 10 月 28 日，四川省重庆市万盛区关坝镇铜鼓滩煤矿发生瓦斯爆炸事故，造成 16 人死亡。

417. 1994 年 10 月 29 日，云南省宣威市田坝镇办事处砂场发生塌方，死亡 18 人，受伤 5 人。

418. 1994 年 11 月 6 日，山西省临汾市河池乡三交煤矿发生瓦斯爆炸事故，死亡 18 人。

419. 1994 年 11 月 12 日，云南省红河州泸西县三河乡煤矿发生瓦斯爆炸事故，死亡 18 人。

★420. 1994 年 11 月 13 日，吉林省辽源矿务局太信矿四井发生煤尘爆炸事故，死亡 79 人，受伤 129 人。

421. 1994 年 11 月 13 日，山西省运城地区河津市下花乡南桑峪村新上煤矿发生瓦斯爆炸事故，造成 26 人死亡。

422. 1994 年 11 月 17 日，江西省丰城市秀市乡涂坊村袁渡煤矿发生瓦斯爆炸事故，造成 13 人死亡。

423. 1994 年 11 月 17 日，江西省上饶市上饶县田墩镇流源村大坑湾丘煤矿发生瓦斯突出事故，死亡 16 人。

424. 1994 年 11 月 19 日，江西省景德镇市乐平市涌山镇王家桥小煤矿发生瓦斯爆炸事故，造成 12 人死亡。

425. 1994 年 11 月 23 日，江苏省南通市柳新煤矿发生瓦斯爆炸事故，死亡 10 人。

426. 1994 年 11 月 26 日，新疆维吾尔自治区乌鲁木齐市六道湾煤矿在实施灌浆作业过程中，由于灌浆失控，发生溃浆事故，造成 17 人死亡。

427. 1994 年 12 月 6 日，贵州省黔南州荔波县水瑶乡煤矿工业公司四十三井发生瓦斯爆炸事故，死亡 17 人。

428. 1994 年 12 月 7 日，贵州省遵义县丰乡镇清坑村小煤矿发生瓦斯爆炸事故，死亡 12 人。

429. 1994 年 12 月 31 日，江西省丰城市洛市瞿家村一个体煤矿发生瓦斯爆炸事故，死亡 11 人。

430. 1995 年 1 月 1 日，陕西省铜川市郊区煤矿发生瓦斯爆炸事故，死亡 16 人。

431. 1995 年 1 月 10 日，江西省信丰县铁石江镇凹丘村谢鹏翔煤矿发生瓦斯爆炸事故，死亡 11 人。

432. 1995 年 1 月 12 日，黑龙江省七台河矿务局多种经营公司开办的一处小井掘透大矿采空区，发生透水事故，死亡 10 人。

433. 1995 年 1 月 17 日，广西壮族自治区柳州地区忻城县凌头煤矿古俭斗井发生瓦斯爆炸事故，死亡 24 人。

434. 1995 年 1 月 19 日，辽宁省南票矿务局大窑沟煤矿发生断绳跑车事故，死亡 11 人。

435. 1995 年 2 月 15 日，河北省开滦矿务局赵各庄煤矿发生透水事故，死亡 12 人。

436. 1995 年 2 月 19 日，广西壮族自治区柳州地区合山市马鞍十五滩小煤矿发生瓦斯爆炸事故，死亡 12 人。

437. 1995 年 2 月 27 日，湖南省郴州市永兴县黄泥乡全田村煤矿发生瓦斯爆炸事故，死亡 14 人。

438. 1995 年 3 月 1 日，山西省晋城市郊区川底乡上小河联办煤矿发生瓦斯爆炸事故，死亡 16 人。

439. 1995 年 3 月 13 日，云南省曲靖地区富源县竹园乡糯米村旧屋基煤矿停电停风两个小时，送电通风后 15 分钟发生瓦斯爆炸事故（火源不清），死亡 32 人，受伤 12 人。

440. 1995 年 3 月 16 日，安徽省宣城地区广德县独山煤矿发生瓦斯爆炸事故，死亡 15 人。

441. 1995 年 3 月 19 日，陕西省咸阳市旬邑县百子矿老火区一氧化碳涌出，造成 15 人中毒死亡。

442. 1995 年 3 月 21 日，河北省邯郸市磁县观台煤矿（建设矿井）掘进工作面冒顶引发透水事故，死亡 16 人。

443. 1995 年 3 月 26 日，河南省平顶山市新华区焦店乡三矿发生瓦斯爆炸事故，造成 41 人死亡。

444. 1995 年 4 月 9 日，陕西省韩城市杉树坪镇康家煤矿发生瓦斯爆炸事故，死亡 13 人。

445. 1995 年 4 月 18 日，辽宁省抚顺市新宾县孟家沟煤矿工作面瓦斯聚集、违章爆破引发瓦斯爆炸事故，死亡 26 人。

446. 1995 年 4 月 21 日，贵州省毕节市长春堡镇王官村煤矿发生瓦斯爆炸事故，死亡 11 人。

447. 1995 年 4 月 25 日，贵州省安顺地区普定县猫洞乡月亮村煤矿发生瓦斯爆炸事故，造成 10 人死亡。

448. 1995 年 4 月 29 日，新疆维吾尔自治区阿克苏地区库东县东风煤矿二井刮板输送机失爆引发瓦斯爆炸，死亡 22 人。

449. 1995 年 5 月 6 日，山西省临汾地区襄汾县古城煤矿发生瓦斯爆炸事故，死亡 35 人。

450. 1995 年 5 月 7 日，贵州省遵义地区遵义县高坪镇金丝煤矿发生透水事故，死亡 15 人。

451. 1995 年 5 月 14 日，黑龙江省牡丹江市林口县煤炭集团公司经济开发部煤矿发生瓦斯爆炸事故，死亡 10 人。

452. 1995 年 5 月 22 日，湖南省衡阳市祁阳县石坝乡花广村私营煤矿发生瓦斯爆炸事故，死亡 12 人。

453. 1995 年 5 月 23 日，山西省左云县水窖乡东沟煤矿发生瓦斯爆炸事故，造成 22 人死亡。

454. 1995 年 5 月 27 日，山西省晋城市沁水县曲提岭联办煤矿发生瓦斯爆炸事故，死亡 13 人。

455. 1995 年 6 月 3 日，河南省安阳市安阳县善应乡宝山沟煤矿发生瓦斯爆炸事故，死亡 14 人。

456. 1995 年 6 月 4 日，湖南省涟邵矿务局利民煤矿发生瓦斯爆炸事故，死亡 19 人。

457. 1995 年 6 月 22 日，贵州省贵阳市乌当区水田镇三江村煤矿发生瓦斯爆炸事故，死亡 21 人。

★458. 1995 年 6 月 23 日，安徽省淮南矿务局谢一煤矿发生瓦斯爆炸事故，死亡 76 人，受伤 49 人。

459. 1995 年 6 月 24 日，广西壮族自治区马山县龙滩镇上球村上屯一井（煤矿）发生透水事故，死亡 22 人。

460. 1995 年 6 月 26 日，广西壮族自治区来宾县朔社乡中许村煤矿发生瓦斯爆炸事故，死亡 16 人。

461. 1995 年 6 月 27 日，湖南省娄底地区双峰县洪山殿镇栗树煤矿发生瓦斯爆炸事故，死亡 15 人。

462. 1995 年 7 月 3 日，山西省临汾地区洪洞县山头乡毕家庄村煤矿发生瓦斯爆炸事故，死亡 19 人。

463. 1995 年 7 月 8 日，河南省安阳市安阳县善应乡西方山村一矿发生瓦斯爆炸事故，死亡 10 人。

464. 1995 年 7 月 11 日，河南省郑州市新密市来集乡马沟村煤矿发生瓦斯爆炸事故，死亡 16 人。

465. 1995 年 7 月 19 日，河南省平顶山市郏县黄道乡永兴煤矿发生瓦斯爆炸事故，造成 12 人死亡。

466. 1995 年 7 月 25 日，江西省宜春地区丰城矿务局山西煤矿发生透水事故，死亡 14 人。

467. 1995 年 8 月 8 日，陕西省延安地区子长县栾家坪乡徐家坪村煤矿发生瓦斯爆炸事故，死亡 12 人。

468. 1995 年 8 月 12 日，广东省梅州市兴宁县黄槐镇和兴矿非法开采、违章生产引发透水事故，大水又涌入相邻的两个小矿，共造成 16 人死亡。

469. 1995 年 9 月 2 日，河南省登封市石道乡苗庄煤矿发生瓦斯爆炸事故，造成 10 人死亡。

470. 1995 年 9 月 8 日，陕西省咸阳市旬邑县百子煤矿发生一氧化碳中毒事故，死亡 15 人。

471. 1995 年 9 月 14 日，四川省达川地区达县彬郎乡廖家沟煤矿发生瓦斯爆炸事故，死亡 10 人。

472. 1995 年 9 月 16 日，贵州省盘江矿务局老屋基煤矿发生瓦斯燃烧事故，死亡 10 人。

473. 1995 年 9 月 19 日，山西省吕梁地区孝义市兑镇镇疙卓头村煤矿发生瓦斯爆炸事故，死亡 10 人。

474. 1995 年 9 月 28 日，河南省郑州矿务局黄山煤矿发生瓦斯爆炸事故，造成 12 人死亡。

475. 1995 年 10 月 2 日，辽宁省沈阳矿务局红菱煤矿发生瓦斯爆炸事故，死亡 14 人。

476. 1995 年 10 月 3 日，湖南省衡阳市耒阳市小镇煤矿发生瓦斯爆炸事故，死亡 12 人。

477. 1995 年 10 月 5 日，广东省连州市九陂一小煤矿发生瓦斯爆炸事故，死亡 13 人。

478. 1995 年 10 月 8 日，湖南省郴州市宜章县麻田镇二十四线煤矿发生透水事故，死亡 12 人。

479. 1995 年 10 月 11 日，云南省昭通地区镇雄县乌峰镇毡帽营兴旺煤矿发生瓦斯爆炸事故，死亡 16 人。

480. 1995 年 10 月 11 日，四川省涪陵地区南川县南坪镇龙洞碥煤矿发生瓦斯爆炸事故，死亡 27 人。

481. 1995 年 10 月 12 日，贵州省六盘水市钟山区大河镇煤矿发生透水事故，死亡 10 人。

482. 1995 年 10 月 20 日，贵州省毕节地区赫章县麻姑镇丫口脚私人煤窑发生瓦斯爆炸事故，死亡 14 人。

483. 1995 年 10 月 23 日，黑龙江省哈尔滨市依兰煤矿二矿井下发生透水事故，死亡 41 人。

484. 1995 年 10 月 24 日，河南省平顶山市西区赵岭煤炭工业公司煤矿发生一氧化碳中毒事故，造成 15 人死亡。

485. 1995 年 10 月 26 日，湖南省郴州市宜章县煤田镇接头村煤矿发生瓦斯突出事故，死亡 11 人。

486. 1995 年 11 月 1 日，陕西省铜川市崔家沟煤矿（劳改矿）发生瓦斯爆炸事故，死亡 11 人。

487. 1995 年 11 月 9 日，山西省晋中地区左权县城关镇第一煤矿发生瓦斯爆炸事故，死亡 12 人。

488. 1995 年 11 月 13 日，河北省邯郸市磁县五佛乡煤矿发生瓦斯爆炸事故，死亡 14 人。

489. 1995 年 11 月 13 日，山东省枣庄市山亭区北庄乡三矿发生透水事故，死亡 14 人。

490. 1995 年 11 月 19 日，黑龙江省七台河市消防总队煤矿一井发生瓦斯爆炸事故，死亡 12 人。

491. 1995 年 11 月 20 日，江苏省徐州市贾旺区大泉镇石头阵二矿发生中毒窒息事故，死亡 10 人。

492. 1995 年 11 月 22 日，河南省郑州市新密市甘砦煤矿发生瓦斯爆炸事故，死亡 14 人。

493. 1995 年 11 月 27 日，湖南省群力煤矿（劳改矿）发生瓦斯爆炸事故，死亡 10 人。

494. 1995 年 12 月 3 日，河北省峰峰矿务局梧桐庄煤矿发生透水事故，死亡 17 人。

495. 1995 年 12 月 5 日，江苏省大屯煤电公司姚桥煤矿输送机皮带与运输巷道地板上凸起的岩石摩擦发生起火，酿成火灾事故，造成 27 人窒息死亡。

496. 1995 年 12 月 14 日，山东省莱芜市辛庄煤矿发生瓦斯爆炸事故，死亡

18 人。

497. 1995 年 12 月 21 日，河南省平顶山市鲁山县梁洼镇许坊煤矿发生瓦斯爆炸事故，死亡 14 人。

498. 1995 年 12 月 23 日，云南省曲靖地区富源县富村乡大沙田小煤窑发生瓦斯爆炸事故，死亡 15 人。

★499. 1995 年 12 月 31 日，贵州省盘江矿务局老屋基矿 131211 采煤工作面发生瓦斯爆炸事故，造成 65 人死亡（其中救护队员 12 人），24 人受伤。

500. 1996 年 1 月 1 日，江西省乐平市涌山镇煤矿井下发生瓦斯爆炸事故，造成 16 人死亡。

501. 1996 年 1 月 7 日，江西省丰城市革新煤矿发生瓦斯爆炸事故，造成 16 人死亡。

502. 1996 年 1 月 8 日，湖南省湘潭市湘潭县盛家山煤矿发生瓦斯爆炸事故，造成 15 人死亡。

503. 1996 年 1 月 12 日，贵州省贵阳市乌当区金华仓坡乡煤矿发生瓦斯爆炸事故，造成 15 人死亡。

504. 1996 年 1 月 24 日，河南省洛阳市宜阳县马庄村煤矿发生透水事故，造成 11 人死亡。

505. 1996 年 2 月 13 日，山西省大同矿务局王庄煤矿发生瓦斯爆炸事故，造成 19 人死亡。

506. 1996 年 3 月 8 日，四川省重庆市大足县玉垅镇长岭煤矿发生瓦斯爆炸事故，造成 13 人死亡。

507. 1996 年 3 月 8 日，贵州省六盘水市盘县李子树煤矿发生瓦斯爆炸事故，造成 11 人死亡。

508. 1996 年 3 月 19 日，湖南省郴州市嘉禾县龙湾煤矿发生瓦斯爆炸事故，造成 23 人死亡。

509. 1996 年 3 月 20 日，贵州省六盘水市左家营煤矿发生瓦斯爆炸事故，造成 12 人死亡。

510. 1996 年 4 月 3 日，陕西省渭南地区韩城市龙门煤矿发生瓦斯爆炸事故，死亡 10 人。

511. 1996 年 4 月 6 日，河北省邢台市内丘县金东二矿发生透水事故，造成 14 人死亡。

512. 1996 年 4 月 11 日，江西省新余市欧里镇九龙煤矿发生瓦斯爆炸事故，造成 15 人死亡。

513. 1996 年 4 月 16 日，四川省南川县兰家湾煤矿发生瓦斯爆炸事故，造成 15 人死亡。

514. 1996 年 4 月 19 日，河南省新密县牛店乡李湾村煤矿发生瓦斯爆炸事故，造成 11 人死亡。

515. 1996 年 4 月 23 日，山西省吕梁地区交城县火山联办煤矿发生瓦斯爆炸事故，造成 20 人死亡。

516. 1996 年 4 月 25 日，河南省登封县大冶镇东施煤矿发生瓦斯爆炸事故，造成 12 人死亡。

517. 1996 年 5 月 2 日，山西省晋中地区和顺县古窑煤矿发生瓦斯爆炸事故，造成 15 人死亡。

518. 1996 年 5 月 14 日，山西省西山矿务局屯兰煤矿发生瓦斯爆炸事故，造成 18 人死亡。

★519. 1996 年 5 月 21 日，河南省平顶山矿务局十矿己二采区准备工作面发生瓦斯爆炸事故，死亡 84 人，受伤 68 人。

520. 1996 年 5 月 21 日，河北省邯郸市峰峰矿区南大社镇煤矿发生瓦斯爆炸事故，造成 18 人死亡。

521. 1996 年 5 月 21 日，湖南省娄底市振兴煤矿发生瓦斯爆炸事故，造成 10 人死亡。

522. 1996 年 5 月 26 日，湖南省涟源市雄狮煤矿掘进工作面爆破引起瓦斯爆炸事故，造成 15 人死亡。

523. 1996 年 5 月 31 日，江西省丰城市第五煤矿发生冒顶事故，造成 14 人死亡。

524. 1996 年 6 月 20 日，辽宁省沈阳矿务局红菱煤矿发生煤与瓦斯突出事故，造成 14 人死亡。

525. 1996 年 6 月 25 日，广西壮族自治区合山市北泗乡联办小煤窑发生透水事故，造成 11 人死亡。

526. 1996 年 6 月 25 日，湖南省湘潭县谭家山镇堂霞煤矿发生透水事故，造成 15 人死亡。

527. 1996 年 6 月 26 日，河北省峰峰矿务局黄沙矿风机停开造成瓦斯聚集，不明火源引发瓦斯爆炸事故，造成 35 人死亡。

528. 1996 年 6 月 27 日，河北省邯郸市峰峰矿区大峪镇第四煤矿发生瓦斯爆炸事故，造成 17 人死亡。

529. 1996 年 6 月 30 日，贵州省贵阳市清镇县牛场乡新龙村小煤窑发生瓦斯爆炸事故，造成 11 人死亡，1 人重伤。

530. 1996 年 6 月 30 日，贵州省六盘水市盘县特区火铺镇谢家坟吴德宏煤矿发生瓦斯爆炸事故，造成 19 人死亡，2 人重伤。

531. 1996 年 7 月 2 日，江西省丰城市秀市乡洲上村巾详煤矿发生瓦斯爆炸事故，造成 10 人死亡。

532. 1996 年 7 月 15 日，吉林省辽源矿务局太信煤矿四井发生瓦斯爆炸事故，造成 20 人死亡。

533. 1996 年 7 月 16 日，黑龙江省鸡西市鸡东县哈达劳改支队煤矿发生瓦斯爆炸事故，造成 18 人死亡，14 人重伤。

534. 1996 年 7 月 21 日，山西省大同市二台煤矿（地方与武警部队联营）发生瓦斯爆炸事故，造成 21 人死亡，4 人重伤。

535. 1996 年 7 月 21 日，湖南省娄底市杉山镇罗干塘煤矿发生瓦斯爆炸事故，造成 11 人死亡。

536. 1996 年 7 月 24 日，贵州省盘江矿务局土城煤矿发生瓦斯爆炸事故，死亡 21 人。

537. 1996 年 7 月 31 日，贵州省六盘水市水城县玉舍乡玉舍村煤矿发生瓦斯爆炸事故，造成 12 人死亡，3 人重伤。

538. 1996 年 7 月 31 日，贵州省遵义地区习水县兴隆镇煤矿发生瓦斯爆炸事故，造成 14 人死亡。

539. 1996 年 8 月 3 日，河南省洛阳市嵩县祈雨沟金矿尾矿库堆积坝发生垮塌事故，冲出尾矿 10 万立方米，冲垮两栋办公楼，造成 36 人死亡。

540. 1996 年 8 月 4 日，山西省西山矿务局官地矿发生水灾，死亡 33 人。该矿矿区范围内有多处小煤窑与之贯通，暴雨后山洪灌入小煤窑，然后进入官地矿，将矿井全部淹没。77 名矿工被困井下，经救援 44 人脱险。

541. 1996 年 8 月 8 日，山西省晋城市沁水县加丰村煤矿发生瓦斯爆炸事故，造成 13 人死亡。

542. 1996 年 8 月 9 日，四川省乐山市洪雅县高庙镇余嘴村小煤矿眉山井发生瓦斯爆炸事故，造成 12 人死亡，2 人重伤。

543. 1996 年 8 月 15 日，湖南省涟源市湄江镇塞海二煤矿发生煤与瓦斯突出事故，造成 12 人死亡。

544. 1996 年 8 月 27 日，河南省洛阳市新安县苍头乡太平煤矿发生透水事故，死亡 11 人。

545. 1996 年 8 月 30 日，辽宁省阜新矿务局东梁煤矿发生瓦斯爆炸事故，造成 13 人死亡。

546. 1996 年 9 月 1 日，河南省焦作市济源煤矿任春井发生透水事故，造成 22 人死亡。

547. 1996 年 9 月 6 日，四川省乐山市龙池煤矿发生瓦斯爆炸事故，造成 11 人死亡，2 人重伤。

548. 1996 年 9 月 8 日，山东省淄博市淄川区罗村肖家煤矿发生透水事故，造成 10 人死亡。

549. 1996 年 9 月 11 日，广西壮族自治区合山市北泗乡加马桥头煤矿发生透水事故，造成 10 人死亡。

550. 1996 年 9 月 12 日，江西省萍乡市上栗区赤山乡楼下村新华煤矿发生透水事故，死亡 10 人。

551. 1996 年 9 月 16 日，黑龙江省鹤岗矿务局兴安煤矿发生瓦斯爆炸事故，死亡 15 人。

552. 1996 年 9 月 17 日，山西省晋城市沁水县郑村乡半峪煤矿发生瓦斯爆炸事故，造成 16 人死亡。

553. 1996 年 10 月 3 日，北京市房山区史家营乡羊新煤矿发生中毒事故，死亡 10 人。

554. 1996 年 10 月 7 日，贵州省监狱管理局金西煤矿采煤工作面通风不良导致瓦斯聚集，爆破引起瓦斯爆炸，造成 27 人死亡。

555. 1996 年 10 月 7 日，山西省阳泉市盂县孙家庄乡新源煤矿发生瓦斯爆炸事故，造成 11 人死亡。

556. 1996 年 10 月 15 日，山西省太原市古交矿务局大川河煤矿发生瓦斯爆炸事故，死亡 13 人。

★557. 1996 年 10 月 19 日，陕西省铜川市省司法局所属的崔家沟煤矿发生瓦斯爆炸事故，死亡 50 人，重伤 3 人，轻伤 13 人。

558. 1996 年 10 月 19 日，黑龙江省鹤岗矿务局兴安煤矿发生瓦斯爆炸，造成 34 人死亡，6 人重伤。

559. 1996 年 11 月 1 日，湖南省郴州地区嘉禾县袁家煤矿发生煤与瓦斯突出事故，造成 18 人死亡，3 人重伤。

560. 1996 年 11 月 7 日，贵州省黔南州瓮安县南关乡罗家山小煤窑发生瓦斯爆炸事故，造成 11 人死亡，3 人重伤。

561. 1996 年 11 月 13 日，江西省乐平市涌山镇涌山村新涌东煤矿发生透水事故，造成 12 人死亡。

562. 1996 年 11 月 13 日，黑龙江省农场总局曙光煤矿发生瓦斯爆炸事故，造成 10 人死亡。

563. 1996 年 11 月 14 日，湖南省涟源市伏口镇金盘村杨家冲煤矿发生煤与瓦斯突出事故，造成 22 人死亡。

564. 1996 年 11 月 17 日，黑龙江省哈尔滨铁路局与鸡东县二运公司联办的交运联营煤矿发生瓦斯爆炸事故，造成 30 人死亡。

565. 1996 年 11 月 25 日，四川省彭州市白鹿乡水观村煤矿发生瓦斯爆炸事故，造成 20 人死亡，3 人重伤。

566. 1996 年 11 月 25 日，河南省焦作市修武县方庄镇方庄村煤矿发生透水事故，造成 16 人死亡。

★567. 1996 年 11 月 27 日，山西省大同市新荣区郭家窑乡东村煤矿发生瓦斯爆炸事故，造成 114 人死亡，直接经济损失约 976 万元。

568. 1996 年 11 月 29 日，云南省宣威市倘塘镇旧普煤矿南山井发生瓦斯爆炸事故，造成 21 人死亡。

569. 1996 年 11 月 29 日，河南省新密市牛店乡弘振煤矿发生瓦斯爆炸事故，造成 18 人死亡。

570. 1996 年 11 月 30 日，云南省红河州泸西县三河乡矿厂村煤村凹煤矿发生透水事故，造成 12 人死亡。

571. 1996 年 12 月 2 日，山西省吕梁地区柳林县陈家湾煤矿因采煤工作面瓦斯积聚，爆破引起瓦斯爆炸，进而传导煤尘爆炸，造成 44 人死亡。

572. 1996 年 12 月 2 日，河南省平顶山市焦店关西庄煤矿因采煤工作面通风不良导致瓦斯积聚，爆破引起瓦斯爆炸，造成 32 人死亡。

573. 1996 年 12 月 8 日，山西省大同第二电厂红旺煤矿掘进工作面发生瓦斯爆炸事故，造成 11 人死亡。

574. 1996 年 12 月 12 日，贵州省六盘水市钟山区大湾镇煤矿发生瓦斯爆炸事故，造成 17 人死亡。

575. 1996 年 12 月 24 日，吉林省长春市二道区三道镇和平村煤矿发生瓦斯爆炸事故，造成 10 人死亡。

576. 1997 年 1 月 14 日，河北省张家口市下花园煤矿多种经营公司二矿发生瓦斯爆炸事故，死亡 11 人。

577. 1997 年 1 月 14 日，贵州省遵义地区习水县仙源镇陆田管理区福田村深田煤矿发生瓦斯突出事故，死亡 12 人。

578. 1997 年 1 月 18 日，河南省洛阳市伊川县半坡乡白窑村二矿发生瓦斯爆炸事故，死亡 12 人，重伤 2 人。

579. 1997 年 1 月 20 日，山东省淄博市岭子镇河洼煤矿发生透水事故，死亡 11 人。

580. 1997 年 1 月 25 日，河南省义马矿务局耿村煤矿发生瓦斯爆炸事故，死亡 31 人，受伤 4 人。事故当日上午该矿变电站因故停电，矿井主要通风机停止运转，防爆门打开；当恢复送风后，因防爆门敞开未关，造成风流短路，致使 11101 工作面无风和产生瓦斯积聚。加上工作面气焊，引起工作面下段 30 米处及工作面下拐角以外 70 米的下顺槽处发生瓦斯爆炸。

581. 1997 年 1 月 28 日，贵州省六枝矿务局六枝煤矿发生瓦斯爆炸事故，死亡 10 人。

582. 1997 年 1 月 31 日，贵州省毕节地区织金县板桥乡红星煤矿发生瓦斯爆炸事故，死亡 13 人。

583. 1997 年 2 月 19 日，山西省太原市清徐县平口煤矿在井下微风、无风情况下强令工人冒险作业，矿灯失爆引发瓦斯爆炸，造成 27 人死亡。

584. 1997 年 2 月 24 日，新疆维吾尔自治区吐鲁番地区托克逊县第一煤矿发生瓦斯爆炸事故，死亡 22 人。

585. 1997 年 2 月 25 日，湖南省永州市冷水滩区香花铺镇永红煤矿发生瓦斯爆炸事故，死亡 11 人。

586. 1997 年 2 月 26 日，吉林省白山市八道江区城西煤矿发生瓦斯爆炸事故，死亡 20 人。

★587. 1997 年 3 月 4 日，河南省平顶山市鲁山县梁洼镇南街村红土坡煤矿（无证矿）南井发生瓦斯煤尘爆炸，由于该矿与相邻的三关庙矿和联办矿三井相互贯通，导致事故波及相邻两个矿井，共造成 89 人死亡，9 人受伤。

588. 1997 年 3 月 6 日，吉林省白山市江源县汪沟镇六井（煤矿）发生瓦斯爆炸事故，死亡 13 人。

589. 1997 年 3 月 13 日，贵州省遵义地区习水县隆兴镇煤矿发生瓦斯爆炸事故，死亡 13 人。

590. 1997 年 3 月 19 日，四川省宜宾地区兴文县燕阳镇劳武煤矿发生煤与瓦斯突出事故，死亡 16 人。

591. 1997 年 3 月 20 日，河南省平顶山市西区山高庄村刘杰煤矿发生瓦斯爆炸事故，死亡 21 人。

592. 1997 年 3 月 23 日，江西省萍乡市上栗区桐木镇木村煤矿发生瓦斯爆炸事故，死亡 11 人。

593. 1997 年 3 月 26 日，重庆市永荣矿务局永川煤矿六井发生瓦斯爆炸事故，死亡 15 人。

594. 1997 年 3 月 28 日，湖南省郴州市永兴县马田镇中和村贺良玉煤矿发生透水事故，死亡 15 人。

595. 1997 年 3 月 29 日，贵州省林东矿务局南山煤矿发生瓦斯突出事故，死亡 18 人。

596. 1997 年 4 月 6 日，辽宁省沈阳矿务局林盛矿发生瓦斯爆炸事故，造成 11 人死亡。

597. 1997 年 4 月 9 日，山西省临汾地区乡宁县台头镇桥上煤矿发生瓦斯爆炸事故，造成 21 人死亡。

598. 1997 年 4 月 10 日，辽宁省本溪县田师傅镇魏堡村金国富煤矿发生透水事故，造成 10 人死亡。

599. 1997 年 4 月 11 日，山西省太原市北郊区西铭乡煤矿发生瓦斯爆炸事故，造成 45 人死亡（失踪）。

600. 1997 年 4 月 14 日，贵州省六枝矿务局多种经营公司穿洞煤矿发生瓦斯爆炸事故，造成 12 人死亡。

601. 1997 年 4 月 14 日，江西省乐平市涌山镇集金煤矿发生煤与瓦斯突出事故，死亡 10 人。

602. 1997 年 4 月 24 日，陕西省延安市子长县南家咀煤矿发生瓦斯爆炸事故，造成 18 人死亡。

603. 1997 年 4 月 27 日，山西省晋中地区和顺县城关镇丰台联营煤矿发生瓦斯爆炸事故，造成 11 人死亡。

604. 1997 年 4 月 28 日，河北省保定地区曲阳县 192 煤井发生瓦斯爆炸事故，造成 10 人死亡。

605. 1997 年 5 月 2 日，贵州省贵阳市花溪区青坪乡大坡村煤矿发生瓦斯爆炸事故，造成 13 人死亡。

606. 1997 年 5 月 2 日，山东省莱芜市钢城区九龙实业公司南下冶煤矿发生瓦斯爆炸事故，造成 31 人死亡。

607. 1997 年 5 月 7 日，贵州省毕节地区织金县化起镇雄英村李家寨尧元美煤矿发生瓦斯爆炸事故，造成 12 人死亡，6 人重伤。

608. 1997 年 5 月 8 日，云南省曲靖地区富源县鱼旺乡许同民煤矿发生瓦斯爆炸事故，造成 12 人死亡。

609. 1997 年 5 月 9 日，河南省新密市白寨花沟煤矿西二井发生火灾，死亡

12 人。

610. 1997 年 5 月 12 日，黑龙江省鸡西矿务局正阳煤矿服务公司与鸡西市检察院服务公司联办小煤井发生瓦斯爆炸事故，造成 12 人死亡。

611. 1997 年 5 月 13 日，山西省吕梁地区汾阳市杨家庄煤矿黄粱联营坑口发生瓦斯爆炸事故，造成 11 人死亡。

612. 1997 年 5 月 15 日，内蒙古自治区赤峰市碾坊乡煤矿违章作业打通采空区积水，淹没矿井，造成 17 人死亡。

613. 1997 年 5 月 19 日，内蒙古自治区乌海市南海区巴音陶亥乡通达煤矿发生瓦斯爆炸事故，造成 30 人死亡。

614. 1997 年 5 月 19 日，广西壮族自治区合山市合理乡查子岭小煤矿发生透水事故，造成 11 人死亡。

615. 1997 年 5 月 20 日，甘肃省武威地区天祝县炭山岭镇一煤矿发生瓦斯爆炸事故，造成 11 人死亡。

616. 1997 年 5 月 20 日，云南省曲靖地区曲靖市东山镇撒机格办事处一煤井发生瓦斯爆炸事故，造成 10 人死亡，1 人重伤。

617. 1997 年 5 月 24 日，河南省洛阳市伊川县半坡乡白窑村第六煤矿发生瓦斯爆炸事故，造成 11 人死亡。

★618. 1997 年 5 月 28 日，辽宁省抚顺矿务局龙凤煤矿发生瓦斯爆炸事故，死亡 69 人，受伤 18 人，直接经济损失 345.61 万元。

619. 1997 年 5 月 28 日，山西省大同市南郊区平旺乡青沙涧煤矿发生瓦斯爆炸事故，造成 24 人死亡。

620. 1997 年 5 月 28 日，陕西省咸阳市彬县水帘洞煤矿发生瓦斯爆炸事故，造成 23 人死亡。

621. 1997 年 5 月 28 日，贵州省六盘水市水城县玉舍乡玉舍村小煤窑发生瓦斯爆炸事故，造成 19 人死亡。

622. 1997 年 5 月 29 日，江西省萍乡市安源高坑镇王家源村长联煤矿二分矿发生瓦斯爆炸事故，造成 11 人死亡。

623. 1997 年 6 月 4 日，贵州省毕节地区纳雍县王家寨镇王家村小煤矿发生瓦斯爆炸事故，造成 13 人死亡，2 人重伤。

624. 1997 年 6 月 5 日，四川省泸州市泸县田坝函煤矿发生瓦斯爆炸事故，造成 10 人死亡，1 人重伤。

625. 1997 年 6 月 6 日，贵州省毕节地区赫章县麻姑镇大树脚煤矿发生瓦斯爆炸事故，造成 16 人死亡，10 人重伤。

626. 1997 年 6 月 11 日，陕西省韩城县康德乡煤矿发生瓦斯爆炸事故，死亡 13 人。

627. 1997 年 6 月 24 日，河南省郑州市新密市牛店乡小王庄煤矿发生瓦斯爆炸事故，造成 16 人死亡。

628. 1997 年 6 月 29 日，湖南省辰溪县板桥镇白岩溪煤矿违章作业，采煤工作面穿透采空区积水，造成 28 人死亡。

629. 1997 年 6 月 30 日，湖南省衡阳市耒阳市小水镇一煤矿发生瓦斯爆炸事故，造成 11 人死亡，4 人重伤。

630. 1997 年 7 月 3 日，湖北省武汉市蔡甸区侏玉镇代湾村采石场发生塌方事故，造成 12 人死亡，3 人重伤。

631. 1997 年 7 月 5 日，陕西省延安地区黄陵县苍村乡德源煤矿由于井下密闭不严、电气失爆发生瓦斯爆炸事故，事故殃及与之贯通的金嘴沟矿，共造成 32 人死亡（其中德源矿 17 人，金嘴沟矿 15 人）。

632. 1997 年 7 月 7 日，贵州省安顺地区清镇市红枫湖镇青山煤矿发生瓦斯爆炸事故，造成 13 人死亡。

633. 1997 年 7 月 9 日，四川省乐山市沐川县黄丹镇宇业煤矿发生瓦斯爆炸事故，造成 17 人死亡。

634. 1997 年 7 月 10 日，河南省郑州市登封市小河煤矿违章在断层破碎带边缘的砂质泥岩上修筑挡水墙，在浸泡和高水头压力作用下溃决，矿井被淹，死亡 29 人。

635. 1997 年 7 月 12 日，江西省乐平矿务局集体承包井桥头大丘煤矿瓦斯报警断电仪失灵，采空区冒顶将瓦斯压出，信号电缆破损短路，引发瓦斯爆炸，造成 40 人死亡。

636. 1997 年 7 月 16 日，贵州省安顺地区轿子山煤矿发生煤与瓦斯突出事故，造成 22 人死亡，20 人重伤。

637. 1997 年 7 月 17 日，贵州省毕节地区织金县三塘镇崖洞村垮坡组煤矿发生其他伤害事故，造成 14 人死亡。

638. 1997 年 7 月 24 日，贵州省贵阳市花溪区麦坪乡大坡村马鞍桥煤矿发生瓦斯爆炸事故，造成 15 人死亡。

639. 1997 年 7 月 26 日，广东省曲仁矿务局八矿发生透水事故，造成 10 人死亡。

640. 1997 年 8 月 1 日，山东省枣庄矿务局远大公司东郊煤矿发生透水事故，造成 10 人死亡。

641. 1997 年 8 月 8 日，江西省萍乡市上栗区赤山镇丰桥村金马煤矿发生透水事故，造成 12 人死亡。

642. 1997 年 8 月 12 日，山西省晋中地区寿阳县东湾煤矿发生瓦斯爆炸事故，造成 13 人死亡。

643. 1997 年 8 月 21 日，湖南省娄底地区涟源市伏口镇金盘煤矿发生煤与瓦斯突出事故，造成 10 人死亡。

644. 1997 年 8 月 21 日，贵州省黔南州福泉县龙昌镇新兴煤矿发生瓦斯爆炸事故，造成 14 人死亡，1 人重伤。

645. 1997 年 9 月 1 日，江西省乐平市涌山镇汪家桥煤矿发生瓦斯爆炸事故，死亡 11 人。

646. 1997 年 9 月 1 日，云南省曲靖地区富源县墨红乡补木村小靳田煤矿发生瓦斯爆炸事故，造成 10 人死亡，2 人重伤。

647. 1997 年 9 月 4 日，山西省朔州市怀仁县虎龙沟煤矿发生瓦斯爆炸事故，造成 12 人死亡。

648. 1997 年 9 月 6 日，贵州省遵义地区仁怀市长岗镇井大村小煤矿发生瓦斯爆炸事故，造成 16 人死亡，重伤 6 人。

649. 1997 年 9 月 17 日，四川省内江市威远县碗厂镇首巴崖煤矿发生瓦斯爆炸事故，造成 16 人死亡。

650. 1997 年 9 月 18 日，山西省长治市武乡县东庄煤矿发生瓦斯爆炸事故，造成 19 人死亡。

651. 1997 年 9 月 18 日，吉林省通化矿务局松树镇煤矿发生瓦斯爆炸事故，造成 16 人死亡。

652. 1997 年 9 月 19 日，贵州省六盘水市六枝特区坠脚乡稗田村许国民煤矿发生瓦斯爆炸事故，造成 10 人死亡。

653. 1997 年 9 月 21 日，黑龙江省鸡西市煤炭公司梨树分公司三井（煤矿）发生瓦斯爆炸事故，造成 17 人死亡。

654. 1997 年 9 月 26 日，山西省吕梁地区孝义市安家岑煤矿一、二坑风井及汾阳县胜利煤矿发生透水事故，造成 14 人死亡。

655. 1997 年 9 月 27 日，江西省萍乡市上栗区桐木镇周田村顺发煤矿发生瓦斯爆炸事故，造成 12 人死亡。

656. 1997 年 9 月 30 日，广西壮族自治区合山市北泗乡凌宏遂煤矿发生透水事故，造成 14 人死亡。

657. 1997 年 10 月 1 日，广西壮族自治区忻城县左蓬镇凌头六利一煤矿发生瓦斯爆炸事故，造成 12 人死亡，3 人重伤。

658. 1997 年 10 月 13 日，河北省邯郸市沙果园煤矿二坑因通风管理不善造成瓦斯聚集，违章作业引发瓦斯爆炸事故，造成 33 人死亡。

659. 1997 年 10 月 13 日，广西壮族自治区东罗矿务局五联煤矿二井发生透水淹井事故，造成 18 人死亡。

660. 1997 年 10 月 25 日，河南省平顶山市西区张庄煤炭公司杨应信煤矿发生瓦斯爆炸事故，造成 32 人死亡。

661. 1997 年 10 月 29 日，河北省邯郸市磁县观台镇工业制品公司煤矿发生透水事故，造成 14 人死亡。

662. 1997 年 10 月 29 日，甘肃省兰州市柳家煤矿发生瓦斯爆炸事故，死亡 10 人。

663. 1997 年 11 月 4 日，贵州省盘江矿务局月亮田煤矿发生瓦斯爆炸事故，造成 43 人死亡。

664. 1997 年 11 月 8 日，四川省南川市南坪镇高寿桥煤矿发生瓦斯爆炸事故，造成 40 人死亡。

665. 1997 年 11 月 12 日，黑龙江省鸡西市鸡东县煤炭局安全仪器修理所二矿发生瓦斯爆炸事故，造成 15 人死亡。

★666. 1997 年 11 月 13 日，安徽省淮南矿务局潘三矿东四采区 203 掘进队施工的 1772（3）轨道顺槽发生瓦斯爆炸事故，造成 88 人死亡（其中 2 人是在抢救过程死亡的救护队员），2 人重伤，11 人轻伤。

667. 1997 年 11 月 13 日，陕西省延安市黄陵县太贤乡天龙煤矿发生瓦斯爆炸事故，造成 13 人死亡。

668. 1997 年 11 月 15 日，河南省平顶山市梁洼矿务局多种经营公司宏达煤矿发生有害气体中毒事故，造成 10 人死亡。

669. 1997 年 11 月 21 日，山西省临汾市乡宁县西交口乡菩萨滩煤矿发生瓦斯爆炸事故，造成 26 人死亡。

670. 1997 年 11 月 22 日，山西省朔州市怀仁县老牛湾煤矿发生瓦斯爆炸事故，造成 10 人死亡。

671. 1997 年 11 月 23 日，陕西省咸阳市旬邑县留石村煤矿违章作业引发瓦斯爆炸，造成 46 人死亡。

672. 1997 年 11 月 25 日，湖南省涟邵矿务局斗笠山煤矿发生瓦斯爆炸事故，造成 15 人死亡。

673. 1997 年 11 月 26 日，贵州省毕节地区金沙县新化乡新筑煤矿发生瓦斯爆炸事故，造成17人死亡。

674. 1997年11月27日，安徽省淮南矿务局谢二矿43采区北翼采煤八队工作面上风巷发生瓦斯爆炸事故，死亡45人（已无生还可能、井下灾区封闭未救出43人，其中抢救过程中遇难的2名救护队员和矿上1名副总工程师，受伤后治疗无效死亡2人），重伤4人，轻伤8人。直接经济损失218.5万元。事故的直接原因是：该矿为解决采煤工作面上隅角瓦斯超限问题，在措施没有会审、报批和未采取任何安全措施的情况下，在4312（3）工作面上风巷使用FSWZ-11B型矿用塑料外壳电机抽出式轴流局部通风机，导致局部通风机吸入大量采空区和工作面瓦斯，风筒内瓦斯浓度超过规定，因风筒静电、局部通风机吸入异物摩擦产生火花或电气火花，引起瓦斯爆炸。

675. 1997年11月27日，陕西省铜川矿务局焦平煤矿永红斜井发生瓦斯爆炸事故，造成30人死亡。

676. 1997年11月27日，山西省太原市清徐县马峪乡新兴煤矿发生瓦斯爆炸事故，造成12人死亡。

677. 1997年11月27日，贵州省黔西南州普安县三板桥镇九峰村大里树村民组凿岩石煤矿发生瓦斯爆炸事故，造成10人死亡。

678. 1997年12月2日，湖南省娄底地区双峰县蛇形山镇桑山煤矿新井发生瓦斯突出事故，造成12人死亡。

679. 1997年12月4日，河北省邢台市临城县冀辉煤矿发生瓦斯爆炸事故，造成37人死亡。

★680. 1997年12月10日，河南省平顶山市石龙区五七（集团）公司大井发生特别重大瓦斯爆炸事故，造成79人死亡。

681. 1997年12月22日，山西省长治市郊区西白兔乡南村煤矿发生瓦斯爆炸事故，造成19人死亡。

682. 1997年12月28日，四川省宜宾市筠连县爬海田煤矿发生瓦斯爆炸事故，造成11人死亡。

683. 1997年12月29日，广西壮族自治区来宾县平阳镇一八八煤矿发生瓦斯爆炸事故，造成16人死亡。

684. 1997年12月31日，贵州省六盘水市钟山区中山一矿发生瓦斯爆炸事故，造成30人死亡。

685. 1998年1月2日，黑龙江省鸡西市小恒山村煤矿发生瓦斯爆炸事故，造成27人死亡。

686. 1998年1月10日，贵州省贵阳市花溪区燕楼乡摆古村大水槽煤矿发生瓦斯爆炸事故，造成 11 人死亡。

★687. 1998 年 1 月 24 日，辽宁省阜新矿务局王营煤矿发生瓦斯爆炸事故，造成 78 人死亡，7 人受伤。

688. 1998 年 1 月 27 日，重庆市涪陵市南川县文凤镇苏家湾煤矿发生瓦斯爆炸事故，死亡 13 人。

689. 1998 年 2 月 6 日，贵州省贵阳市开阳县金龙村煤矿发生瓦斯爆炸事故，造成 12 人死亡。

690. 1998 年 2 月 14 日，陕西省铜川市金锁关镇崔家沟村韭菜沟万金玉煤矿发生中毒事故，死亡 10 人。

691. 1998 年 3 月 6 日，贵州省开阳县冯三镇拐广村拐广煤矿发生瓦斯爆炸事故，死亡 10 人。

692. 1998 年 3 月 8 日，山西省吕梁地区离石市城关镇杨家掌煤矿发生瓦斯爆炸事故，死亡 17 人。

693. 1998 年 3 月 15 日，贵州省贞丰县挽澜乡岔河煤矿发生瓦斯爆炸事故，死亡 11 人。

694. 1998 年 3 月 18 日，吉林省通化矿务局砟子煤矿多种经营公司一井发生瓦斯爆炸事故，死亡 22 人。

695. 1998 年 3 月 25 日，湖南省湘潭市谭家山镇金鸡煤矿发生瓦斯爆炸事故，死亡 12 人。

696. 1998 年 4 月 2 日，河南省鹤壁市省委办公厅华亨实业总公司一矿发生瓦斯爆炸事故，死亡 21 人。

697. 1998 年 4 月 3 日，河南省平顶山市汝州市寄料镇振兴煤矿发生火灾，死亡 14 人。

★698. 1998 年 4 月 6 日，河南省平顶山市石龙区沙石岭煤矿五、六井和梁马煤矿发生瓦斯爆炸事故，死亡 62 人，受伤 4 人。

699. 1998 年 4 月 9 日，山西省吕梁地区能源公司孟庄煤矿二坑发生瓦斯爆炸事故，死亡 15 人。

700. 1998 年 4 月 14 日，山西省晋城市阳城县义城煤矿发生瓦斯爆炸事故，死亡 14 人。

701. 1998 年 4 月 22 日，贵州省毕节地区纳雍县宗岭镇关寨村汤孔明煤矿发生瓦斯爆炸事故，死亡 11 人。

702. 1998 年 4 月 27 日，湖南省娄底地区冷水江市金竹山乡九五煤矿发生瓦斯爆炸事故，死亡 18 人。

703. 1998 年 5 月 1 日，河南省登封市颍阳镇振兴煤矿发生透水事故，造成 15 人死亡。

704. 1998 年 5 月 1 日，黑龙江省鸡东煤矿多种经营公司总务煤矿一井发生瓦斯爆炸事故，死亡 10 人。

705. 1998 年 5 月 12 日，贵州省毕节地区赫章县哲庄乡小煤矿发生瓦斯爆炸事故，造成 12 人死亡。

706. 1998 年 5 月 12 日，贵州省遵义煤矿发生瓦斯爆炸事故，死亡 10 人。

707. 1998 年 5 月 13 日，四川省成都市都江煤矿发生瓦斯爆炸事故，死亡 23 人。

708. 1998 年 5 月 15 日，内蒙古自治区赤峰市松山区碾房乡煤矿发生透水事故，死亡 17 人。

709. 1998 年 5 月 18 日，广西壮族自治区钦州市小董镇那兰村采石场发生坍塌事故，造成 15 人死亡，6 人重伤，9 人轻伤。

710. 1998 年 5 月 20 日，内蒙古自治区乌海市海渤湾区黄河工贸公司煤矿发生洪水淹井事故，死亡 13 人。

711. 1998 年 5 月 24 日，江西省乐平市乐港镇新山煤矿发生瓦斯爆炸事故，死亡 16 人。

712. 1998 年 5 月 25 日，江西省吉安地区安福县北华山煤矿发生透水事故，死亡 16 人。

713. 1998 年 5 月 25 日，四川省达竹矿务局金刚煤矿发生瓦斯爆炸事故，死亡 26 人。

714. 1998 年 5 月 25 日，河南省洛阳市新安县北冶乡桃园沟煤矿发生瓦斯爆炸事故，死亡 17 人。

715. 1998 年 5 月 26 日，河北省承德市兴隆县蘑菇乡门子哨村煤矿发生透水事故，死亡 10 人。

716. 1998 年 5 月 27 日，山西省太原市西峪煤矿发生瓦斯爆炸事故，死亡 10 人。

717. 1998 年 6 月 4 日，山西省大同市江家湾中专实习煤矿发生瓦斯爆炸事故，死亡 11 人。

718. 1998 年 6 月 6 日，江西省乐平市吾口镇西湖山煤矿发生瓦斯爆炸事故，死亡 15 人。

719. 1998 年 6 月 17 日，山西省太原市清徐县东于镇洛池曲煤矿发生瓦斯爆炸事故，死亡 17 人。

720. 1998 年 6 月 19 日，四川省眉山地区仁寿县汪洋区碗厂乡碗厂村煤矿发生瓦斯爆炸事故，死亡 10 人。

721. 1998 年 6 月 30 日，贵州省六盘水市钟山区老鹰山镇煤矿发生瓦斯爆炸事故，死亡 19 人。

722. 1998 年 7 月 2 日，云南省曲靖地区罗平县阿岗乡小白石岩煤矿发生瓦斯爆炸事故，死亡 12 人。

723. 1998 年 7 月 14 日，云南省红河州泸西县顺达实业公司黄梨棵一矿发生瓦斯爆炸事故，死亡 15 人。

724. 1998 年 7 月 23 日，贵州省贵阳市花溪区麦坪乡刘村安红富煤矿发生瓦斯爆炸事故，死亡 24 人。

725. 1998 年 7 月 26 日，山西省临汾地区洪洞县左木乡吉家山煤矿发生瓦斯爆炸事故，死亡 18 人。

726. 1998 年 7 月 27 日，湖北省恩施州利川市忠路镇青树煤矿发生瓦斯爆炸事故，死亡 16 人。

727. 1998 年 7 月 30 日，河南省郑州煤业集团有限公司开发公司湾子河煤矿发生淹井事故，死亡 20 人。

728. 1998 年 8 月 5 日，河南省郑州煤业集团有限公司康华煤矿发生瓦斯爆炸事故，死亡 18 人。

729. 1998 年 8 月 7 日，重庆市万盛区万东镇五里村炭口湾煤矿发生水害事故，死亡 11 人。

730. 1998 年 8 月 8 日，四川省广安地区邻水县甘坝乡添福煤矿发生瓦斯爆炸事故，死亡 11 人，伤 2 人。

731. 1998 年 8 月 10 日，山西省晋城市泽州县川底乡郭庄煤矿发生瓦斯爆炸事故，死亡 24 人。

732. 1998 年 8 月 13 日，贵州省毕节地区金沙县新化乡达一煤矿发生瓦斯爆炸事故，死亡 19 人。

733. 1998 年 8 月 19 日，山西省长治市武乡县墨镫乡墨镫村煤矿发生瓦斯爆炸事故，死亡 12 人。

734. 1998 年 8 月 19 日，广西壮族自治区合山矿务局里兰煤矿发生瓦斯爆炸事故，造成 11 人死亡。

735. 1998 年 8 月 23 日，贵州省开阳县禾丰乡土族村刀把田煤矿发生瓦斯爆炸事故，死亡 17 人。

736. 1998 年 8 月 24 日，山西省长治市沁源县沁新煤矿发生冒顶事故，死亡

12 人。

737. 1998 年 8 月 31 日，湖南省邵阳市邵东县一乡镇煤矿发生透水事故，造成 10 人死亡。

738. 1998 年 9 月 6 日，云南省西双版纳州景洪公路养护段 715 采石场发生爆破事故，死亡 11 人。

739. 1998 年 9 月 9 日，贵州省六盘水市大湾镇安乐村个体煤矿发生瓦斯爆炸事故，造成 12 人死亡，3 人受伤。

740. 1998 年 9 月 18 日，河南省平顶山市宝丰县东方红煤矿发生瓦斯爆炸事故，造成 29 人死亡，1 人受伤。

741. 1998 年 9 月 27 日，湖南省衡阳市常宁县盐湖镇石板煤矿发生瓦斯爆炸事故，造成 12 人死亡，2 人受伤。

742. 1998 年 9 月 29 日，湖南省涟源市安坪镇新万煤矿发生瓦斯突出事故，造成 15 人死亡。

743. 1998 年 10 月 6 日，湖南省郴州市北湖区下鲁塘村白地红煤矿发生透水事故，造成 12 人死亡。

744. 1998 年 10 月 15 日，黑龙江省鹤岗市乡镇企业局东兴煤矿在井下安设输送机时撞击产生火花，引发瓦斯爆炸，死亡 46 人。

745. 1998 年 10 月 16 日，河南省平顶山石龙区西区煤矿发生坠罐事故，造成 14 人死亡。

746. 1998 年 10 月 19 日，贵州省毕节地区金沙县新化乡区办二煤矿发生瓦斯爆炸事故，造成 36 人死亡。

747. 1998 年 10 月 25 日，广西壮族自治区合山市和忻城县两个互相贯通的小煤矿发生透水事故，死亡 36 人。

748. 1998 年 10 月 27 日，黑龙江省鹤岗市交通局二运公司煤矿发生瓦斯爆炸事故，造成 12 人死亡。

749. 1998 年 10 月 28 日，江西省波阳县洪门口煤矿发生瓦斯爆炸事故，造成 11 人死亡。

750. 1998 年 10 月 29 日，甘肃省兰州市红古区河嘴乡柳家村煤矿发生瓦斯爆炸事故，造成 10 人死亡。

751. 1998 年 11 月 17 日，辽宁省阜新市东梁镇双山堡二矿发生瓦斯爆炸事故，造成 11 人死亡。

752. 1998 年 11 月 17 日，贵州省六盘水市六枝矿务局四角田煤矿发生瓦斯突出事故，造成 18 人死亡。

753. 1998 年 11 月 20 日，湖北省远安县晓坪乡李家岩煤矿发生瓦斯爆炸事故，造成 12 人死亡。

754. 1998 年 11 月 21 日，山西省临汾县河底乡西沟煤矿发生瓦斯爆炸事故，死亡 47 人。

755. 1998 年 11 月 22 日，内蒙古自治区伊金霍洛旗新庙乡毛盖图煤矿因工人井下点火取暖引爆炸药库，死亡 16 人。

756. 1998 年 11 月 23 日，陕西省旬邑县留石村煤矿发生瓦斯爆炸事故，造成 46 人死亡，10 人受伤。

757. 1998 年 11 月 28 日，黑龙江省七台河矿务局新建煤矿七井（矿办小井）发生瓦斯爆炸事故，造成 14 人死亡。

758. 1998 年 11 月 28 日，四川省彭州市新兴镇田沟村三线煤矿发生瓦斯爆炸事故，造成 10 人死亡。

759. 1998 年 11 月 29 日，云南省宣威市来宾煤矿发生瓦斯爆炸事故，死亡 42 人，受伤 18 人。事故发生的直接原因是：该矿北翼下山三采区 3305 工作面遇大断层，瓦斯涌出量增加。违反《煤矿安全规程》规定，将向 3305 工作面中开切眼供风的局部通风机安放断层附近乏风中，从而形成循环风。该工作面下段回柱后又未采取措施保障风路畅通，迫使局部通风机将采空区的乏风送进开切眼，造成瓦斯积聚超限。工人碰击矿灯时产生火花，引起瓦斯爆炸。

760. 1998 年 12 月 2 日，湖南省衡阳市耒阳市夏塘东发煤矿发生瓦斯爆炸事故，造成 10 人死亡。

★761. 1998 年 12 月 12 日，河南省平顶山市宝丰县大营镇一矿发生瓦斯爆炸事故，死亡 66 人，受伤 10 人。

762. 1998 年 12 月 12 日，浙江省长广煤炭工业集团公司六矿由于工作面采空区顶板局部冒落，造成瓦斯超限；工人在搬运单体支柱发生撞击，产生火花，引起瓦斯爆炸。死亡 33 人，重伤 8 人，轻伤 1 人。

763. 1998 年 12 月 14 日，四川省达川地区达县幺塘乡岩尔煤矿发生瓦斯燃烧事故，造成 12 人死亡。

764. 1998 年 12 月 15 日，黑龙江省鹤岗市新兴煤矿发生瓦斯爆炸事故，造成 12 人死亡。

765. 1998 年 12 月 18 日，广西壮族自治区南丹县铜坑矿区细脉带矿体（酸水湾火区）发生坍塌陷落事故，擅自非法进入矿区盗采的人员当中，有 48 人脱险，死亡和失踪 16 人，重伤 1 人，轻伤 7 人。直接经济损失 273.5 万元（不包括防火隔离层损坏的修复费用）。

766. 1998 年 12 月 19 日，黑龙江省鹤岗市鑫鼎煤矿发生瓦斯爆炸事故，造成 21 人死亡。

767. 1998 年 12 月 23 日，新疆维吾尔自治区吐鲁番地区红星煤矿发生冒顶事故，造成 10 人死亡。

768. 1998 年 12 月 24 日，辽宁省沈阳矿务局红菱煤矿发生瓦斯爆炸事故，造成 28 人死亡。现场指挥人员严重违章指挥，把爆破地点及指挥部设在距工作面 242.5 米的地方；防突效果检验方法违反相关规定，错误下达揭煤指令，是造成这起瓦斯爆炸事故的直接原因。

769. 1998 年 12 月 26 日，河南省洛阳市宜阳县马道十矿发生瓦斯爆炸事故，死亡 12 人。

770. 1998 年 12 月 27 日，湖南省娄底地区涟源市石马山镇李家垅村煤矿发生瓦斯爆炸事故，造成 11 人死亡。

771. 1999 年 1 月 5 日，贵州省平坝县罗坪乡架步片老华发个体煤窑发生瓦斯爆炸事故，造成 13 人死亡。

772. 1999 年 1 月 7 日，甘肃省肃北县金庙沟大靖镇个体煤矿发生瓦斯爆炸事故，造成 11 人死亡。

773. 1999 年 1 月 16 日，贵州省毕节地区赫章县妈姑乡肖家煤矿采煤工作面照明灯失爆引起瓦斯爆炸，造成 36 人死亡，10 人受伤。

774. 1999 年 1 月 18 日，辽宁省沈阳煤炭公司马古煤矿发生瓦斯爆炸事故，死亡 11 人。

775. 1999 年 1 月 25 日，黑龙江省七台河市精煤公司新富多种经营公司小五井煤矿发生瓦斯爆炸事故，死亡 11 人。

776. 1999 年 1 月 28 日，四川省凉山州甘洛县斯觉镇五煤矿发生瓦斯爆炸事故，死亡 14 人，受伤 5 人。

777. 1999 年 2 月 2 日，江西省樟树市经楼镇中村村煤矿发生瓦斯爆炸事故，死亡 16 人。

778. 1999 年 2 月 4 日，山东省临沂市蒙阴县曹庄煤矿发生瓦斯爆炸事故，死亡 10 人，受伤 4 人。

779. 1999 年 2 月 11 日，河北省唐山市开平区双桥煤矿一井发生火灾事故，死亡 11 人。

780. 1999 年 2 月 14 日，黑龙江省七台河矿业精煤公司新建煤矿九区发生瓦斯爆炸事故，死亡 48 人，受伤 7 人。

781. 1999 年 2 月 20 日，山西省大同市南郊区高山镇高山村杨树湾煤矿发生瓦斯爆炸事故，死亡 17 人，受伤 1 人。

782. 1999 年 3 月 2 日，甘肃省天水市北道区吊坝子金矿 0 号和 21 号矿硐发生炸药爆炸事故，死亡 31 人，伤 35 人。

783. 1999 年 3 月 4 日，广西壮族自治区河池市环江毛南族自治县上朝镇的银达铅锌矿因炸药燃烧引发中毒窒息事故，造成 8 人死亡。

784. 1999 年 3 月 7 日，河北省邯郸市磁县观台镇杜贵林、孙玉明两个个体煤矿发生透水事故，死亡 32 人。

785. 1999 年 3 月 8 日，广西壮族自治区柳州地区来宾市东江煤矿发生透水事故，死亡 12 人。

786. 1999 年 3 月 9 日，四川省泸州市古蔺县太平镇笠沙庄村太平煤矿发生瓦斯爆炸事故，死亡 14 人。

787. 1999 年 3 月 12 日，黑龙江省七台河市矿产资源局开发公司五井发生瓦斯爆炸事故，死亡 21 人。

788. 1999 年 3 月 13 日，湖南省永州市零陵煤矿被小煤窑积水溃入，死亡 11 人。

789. 1999 年 3 月 19 日，甘肃省兰州市红谷区海丰煤矿发生瓦斯爆炸事故，死亡 17 人。

790. 1999 年 3 月 20 日，四川省宜宾市兴文县德海煤矿发生瓦斯爆炸事故，死亡 10 人。

791. 1999 年 3 月 21 日，江西省萍乡市安源区高坑镇一个体煤矿矿井发生中毒事故，死亡 10 人。

792. 1999 年 3 月 27 日，山东省枣庄矿务局柴里煤矿发生煤尘爆炸事故，死亡 17 人，受伤 34 人。

793. 1999 年 3 月 28 日，河北省邢台市临城县橙底联办煤矿发生透水事故，死亡 40 人。

794. 1999 年 3 月 30 日，贵州省六盘水市盘县特区火铺镇羊场坡村个体煤矿发生瓦斯爆炸事故，死亡 13 人，受伤 1 人。

795. 1999 年 3 月 30 日，湖南省泠水江市中连乡良兴煤矿发生瓦斯爆炸事故，死亡 10 人。

796. 1999 年 3 月 31 日，贵州省瓮安县草堂镇岩田煤矿发生瓦斯爆炸事故，死亡 10 人，受伤 1 人。

797. 1999 年 4 月 2 日，河南省平顶山市东高皇乡魏寨村鸿土沟煤矿（建设矿井）在使用劣质炸药进行爆破作业时引发瓦斯爆炸，死亡 30 人。

798. 1999 年 4 月 6 日，内蒙古自治区呼伦贝尔盟农场局大杨树煤矿发生瓦斯爆炸事故，死亡 11 人，受伤 5 人。

799. 1999 年 4 月 11 日，内蒙古自治区阿拉善盟阿左旗大岭煤矿兴安小井发生中毒事故，死亡 11 人。

800. 1999 年 4 月 16 日，江西省乐平矿务局沿沟煤矿发生瓦斯突出事故，死亡 11 人。

801. 1999 年 4 月 20 日，贵州省毕节地区黔西县金坡乡湾田煤矿发生瓦斯爆炸事故，死亡 10 人。

802. 1999 年 4 月 21 日，贵州省六盘水市水城县董地乡星明煤矿发生瓦斯爆炸事故，死亡 13 人。

803. 1999 年 4 月 21 日，内蒙古自治区包头市聚福祥煤矿发生瓦斯爆炸事故，死亡 10 人。

804. 1999 年 4 月 24 日，甘肃省窑街矿务局一矿 1527 煤巷掘进工作面发生瓦斯爆炸事故，死亡 18 人。

805. 1999 年 4 月 25 日，吉林省白山市江源县煤炭综合经营处苇塘一井（煤矿）发生瓦斯爆炸事故，死亡 12 人。

806. 1999 年 4 月 29 日，甘肃省肃北县金庙沟一煤矿发生中毒事故，死亡 11 人。

807. 1999 年 5 月 10 日，陕西省铜川矿务局玉华煤矿发生瓦斯爆炸事故，死亡 42 人，受伤 10 人。

808. 1999 年 5 月 12 日，河南省禹州市方山镇庄沟二联煤矿发生瓦斯爆炸事故，死亡 13 人。

809. 1999 年 5 月 16 日，贵州省贵阳市乌当区朱昌镇老鹰岩煤矿发生瓦斯爆炸事故，死亡 13 人，伤 2 人。

810. 1999 年 5 月 17 日，贵州省黔南州荔波县岜河煤矿发生瓦斯爆炸事故，死亡 10 人。

811. 1999 年 5 月 20 日，贵州省黔西南州普安县楼下镇甲马面罗老九煤矿发生瓦斯爆炸事故，死亡 11 人，受伤 10 人。

812. 1999 年 5 月 27 日，湖南省郴州市临武县八三煤矿发生瓦斯爆炸事故，死亡 15 人。

813. 1999 年 5 月 31 日，贵州省六盘水市钟山区大河矿因受相邻的兴华煤矿（乡镇矿）瓦斯爆炸影响而发生瓦斯爆炸事故，死亡 21 人。

814. 1999 年 6 月 6 日，湖北省恩施州硫铁矿发生瓦斯爆炸事故，死亡 12 人。

815. 1999 年 6 月 11 日，陕西省韩城市杉树坪康佳煤矿发生瓦斯爆炸事故，死亡 13 人。

816. 1999 年 6 月 16 日，四川省德阳县遵道乡太平矿发生瓦斯爆炸事故，死亡 11 人（其中 4 人在抢险救援过程中死亡）。

817. 1999 年 6 月 18 日，黑龙江省鸡西市黑龙江矿业学院实业公司金牛煤矿发生瓦斯爆炸事故，死亡 16 人，伤 4 人。

818. 1999 年 6 月 19 日，重庆市奉节县大树镇田村煤矿发生瓦斯爆炸事故，死亡 16 人。

819. 1999 年 6 月 21 日，贵州省六盘水市钟山区汪家寨村尹家地煤矿发生瓦斯爆炸事故，死亡 13 人。

820. 1999 年 6 月 23 日，江西省上饶县田墩镇东坑个体煤矿发生瓦斯爆炸事故，死亡 13 人。

821. 1999 年 6 月 25 日，四川省雅安地区汉源县建益乡永定煤矿发生瓦斯爆炸事故，死亡 13 人。

822. 1999 年 6 月 29 日，山西省吕梁地区张家子山青家岭煤矿发生坍塌事故，死亡 10 人。

823. 1999 年 6 月 30 日，湖南省怀化地区辰溪县板桥乡个体煤矿发生透水事故，死亡 28 人。

824. 1999 年 7 月 1 日，湖南省涟邵矿务局利民煤矿发生煤与瓦斯突出事故，死亡 24 人。

825. 1999 年 7 月 6 日，贵州省遵义地区仁怀县长岗振兴煤矿发生瓦斯爆炸事故，死亡 10 人。

826. 1999 年 7 月 10 日，湖南省娄底地区涟源县伏口镇金益煤矿发生中毒窒息事故，死亡 10 人。

827. 1999 年 7 月 12 日，山东省莱芜钢铁公司莱芜铁矿古家台矿区发生透水事故，死亡 29 人。

828. 1999 年 7 月 16 日，河南省焦作市山阳区百间房乡马村新建二煤矿发生瓦斯爆炸事故，死亡 11 人。

829. 1999 年 7 月 17 日，黑龙江省阿城原种场所属七台河煤矿一井发生瓦斯爆炸事故，死亡 23 人。

830. 1999 年 7 月 20 日，山西省柳林县刘家山乡一带突降大雨，引起南峁沟山洪暴发，洪水冲垮沟道中已报废的 9 号矿井，灌淹了 7 号 A 井和 8 号井，又涌入山西运发柳林黏土矿井，该矿井下 34 名矿工除 6 人脱险外，其余 28 人遇难身亡，直接经济损失 300 余万元。

831. 1999 年 7 月 24 日，辽宁省本溪县田师傅镇铁刹山村煤矿发生瓦斯爆炸事故，死亡 13 人。

832. 1999 年 8 月 1 日，山西省晋城市泽州县下村镇兴天煤矿发生瓦斯爆炸事故，死亡 14 人，受伤 4 人。

833. 1999 年 8 月 2 日，四川省广安市邻水县四海乡谭家湾煤矿发生瓦斯爆炸事故，死亡 15 人，受伤 3 人。

834. 1999 年 8 月 6 日，广西壮族自治区来宾县百乐煤矿发生瓦斯爆炸事故，死亡 10 人，受伤 5 人。

835. 1999 年 8 月 8 日，新疆维吾尔自治区昌吉州昌吉市硫磺沟滨湖煤矿发生中毒事故，死亡 13 人，受伤 3 人。

836. 1999 年 8 月 21 日，云南省保山市汉庄乡上海子村包子山红石场发生坍塌事故，死亡 11 人，受伤 9 人。

837. 1999 年 8 月 24 日，河南省平顶山市韩庄矿务局二矿因拖欠电费遭供电公司拉闸断电，井下停风 10 分钟，采空区瓦斯涌出，遇到煤层自燃火区明火，发生瓦斯煤尘爆炸，造成 55 人死亡，5 人重伤。

838. 1999 年 8 月 27 日，云南省曲靖地区曲靖市东山镇小凹子煤矿发生瓦斯爆炸事故，死亡 17 人，受伤 5 人。

839. 1999 年 9 月 4 日，湖南省湘潭县谭家山镇霞峰煤矿发生瓦斯爆炸事故，死亡 10 人。

840. 1999 年 9 月 5 日，河南省汝州市临汝镇暴雨山矿发生煤与瓦斯突出事故，死亡 14 人。

841. 1999 年 9 月 16 日，黑龙江省鹤岗矿务局多种经营公司兴山公司一矿发生瓦斯爆炸事故，死亡 11 人。

842. 1999 年 10 月 4 日，辽宁省阜新县东梁镇个体煤矿发生瓦斯爆炸事故，死亡 24 人。

843. 1999 年 10 月 10 日，山西省临汾地区浮山县东张乡红卫煤矿发生火灾，死亡 14 人。

844. 1999 年 10 月 12 日，重庆市万盛区关镇田坝煤矿发生瓦斯爆炸事故，死亡 12 人，受伤 2 人。

845. 1999 年 10 月 20 日，内蒙古自治区包头市河滩沟综合煤炭公司二井发生瓦斯爆炸事故，死亡 15 人。

846. 1999 年 10 月 26 日，河南省伊川县白窑五矿发生瓦斯爆炸事故，死亡

11 人。

847. 1999 年 10 月 28 日，新疆维吾尔自治区米泉市铁厂沟村煤矿发生一氧化碳中毒事故，17 人中毒死亡。

848. 1999 年 11 月 1 日，山西省榆次市沛霖乡东沟煤矿发生瓦斯爆炸事故，死亡 21 人。

849. 1999 年 11 月 11 日，山西省大同市南郊区高山镇张家湾小东沟煤矿发生瓦斯爆炸事故，死亡 13 人。

850. 1999 年 11 月 11 日，黑龙江省鸡西市鸡东煤矿二井发生瓦斯爆炸事故，死亡 11 人。

851. 1999 年 11 月 12 日，贵州省黔西南州兴仁县下山乡山信誉煤矿发生瓦斯爆炸事故，死亡 10 人。

852. 1999 年 11 月 20 日，湖北省恩施州建始县邺州镇平安煤矿发生瓦斯爆炸事故，死亡 15 人，受伤 1 人。

853. 1999 年 11 月 21 日，黑龙江省哈尔滨市方正县红旗煤矿发生瓦斯爆炸事故，死亡 12 人。

854. 1999 年 11 月 23 日，湖南省邵阳市黄亭镇双清矿发生瓦斯爆炸事故，死亡 10 人。

855. 1999 年 11 月 25 日，河北省磁县翼南煤焦联营总公司煤矿发生瓦斯爆炸事故，死亡 33 人，受伤 3 人。

856. 1999 年 12 月 3 日，广西壮族自治区环江县北山矿业有限公司铅锌矿发生冒顶事故，死亡 13 人，受伤 1 人。

857. 1999 年 12 月 13 日，广西壮族自治区合山矿务局东井发生透水事故，死亡 25 人，受伤 36 人。

858. 1999 年 12 月 13 日，内蒙古自治区白狐沟煤矿服务公司福水煤矿发生瓦斯爆炸事故，死亡 18 人。

859. 1999 年 12 月 20 日，青海省门源县泉沟台乡完卓煤矿发生瓦斯突出事故，死亡 10 人。

860. 2000 年 1 月 2 日，山西省灵石县英武乡新长征煤矿二坑发生瓦斯爆炸事故，造成 20 人死亡，6 人受伤。

861. 2000 年 1 月 8 日，贵州省六盘水市盘县松河乡岔沟皂角树煤矿发生瓦斯爆炸事故，造成 18 人死亡。

862. 2000 年 1 月 8 日，山东省莱芜市钢城里章煤矿发生瓦斯爆炸事故，造成 10 人死亡。

863. 2000 年 1 月 9 日，辽宁省葫芦岛市南票区缸窑岭镇二矿发生瓦斯爆炸事故，死亡 11 人。

864. 2000 年 1 月 11 日，江苏省徐州矿务局大黄山煤矿一号井-320 米水平西一采区 3201 工作面材料道掘进迎头发生透水事故。事故波及西一采区-320 米水平以下的 3301 工作面、3302 工作面和 342 修护头，波及巷道总长度为 1094 米。该区域内作业的 63 名矿工被困，其中 22 人死亡，41 人受伤。

865. 2000 年 1 月 12 日，山西省阳泉市盂县下曹乡郭村煤矿发生瓦斯爆炸事故，死亡 13 人，伤 4 人。

866. 2000 年 1 月 16 日，辽宁省阜新蒙古族自治县东梁镇兴国一矿发生瓦斯爆炸事故，死亡 23 人。由于发爆器连接线虚连产生电火花，引爆瓦斯。

867. 2000 年 2 月 3 日，贵州省六枝工矿集团有限公司宗地煤矿发生中毒事故，死亡 17 人。

868. 2000 年 2 月 9 日，吉林省九台市桐安煤矿发生瓦斯爆炸事故，造成 16 人死亡，6 人受伤。

869. 2000 年 2 月 12 日，山西省阳泉市盂县下孟乡郭村煤矿发生瓦斯爆炸事故，死亡 13 人。

870. 2000 年 2 月 20 日，黑龙江省七台河市新兴区安乐村小煤矿发生瓦斯爆炸事故，死亡 22 人。

871. 2000 年 2 月 22 日，黑龙江省鹤岗矿务局新一矿经贸六井发生瓦斯爆炸事故，死亡 18 人。

872. 2000 年 2 月 29 日，甘肃省武威市天祝藏族自治县古城林场菜子湾 25 煤矿发生瓦斯爆炸事故，造成 12 人死亡，3 人受伤。

873. 2000 年 3 月 4 日，吉林省白山市江源县松树镇红利煤矿发生瓦斯爆炸事故，死亡 21 人。

874. 2000 年 3 月 7 日，浙江省临安市上甘乡采石场发生坍塌事故，造成 10 人死亡，6 人受伤（其中重伤 3 人）。

875. 2000 年 3 月 8 日，四川省峨眉山市龙池镇肖沟煤矿发生瓦斯爆炸事故，造成 12 人死亡，2 人受伤。

876. 2000 年 3 月 8 日，四川省宜宾市翠屏区金坪镇金窝煤矿发生瓦斯爆炸事故，死亡 11 人。

877. 2000 年 3 月 12 日，黑龙江省双鸭山矿务局多种经营公司试验二井发生瓦斯爆炸事故，死亡 27 人。

878. 2000 年 3 月 13 日，江西省景德镇市大坞口矿五井发生煤与瓦斯突出事故，死亡 13 人。

879. 2000 年 3 月 18 日，黑龙江省双鸭山矿务局正兴煤矿实验井（矿办小井）发生瓦斯爆炸事故，死亡 13 人。

880. 2000 年 3 月 23 日，黑龙江省鸡西矿务局多种经营公司滴道矿三井发生瓦斯爆炸事故，死亡 13 人。

881. 2000 年 3 月 26 日，江西省丰城矿务局尚二煤矿发生中毒窒息事故，造成 11 人死亡，12 人受伤。

882. 2000 年 3 月 27 日，广西壮族自治区来宾县平阳镇联办煤矿发生瓦斯爆炸事故，造成 10 人死亡。

883. 2000 年 3 月 31 日，湖南省郴州市临武县金江镇木冲村双凤煤矿发生瓦斯爆炸事故，死亡 16 人，受伤 1 人。

884. 2000 年 4 月 2 日，陕西省澄城县尧头斜井多种经营公司马家河小煤窑发生瓦斯爆炸事故，造成 10 人死亡，5 人受伤。

885. 2000 年 4 月 11 日，贵州省黔南州荔波县立化镇双龙煤矿发生瓦斯爆炸事故，造成 15 人死亡，4 人受伤。

886. 2000 年 4 月 14 日，湖南省郴州市苏仙区廖王坪乡廖王坪煤矿发生瓦斯爆炸事故，死亡 12 人。

887. 2000 年 4 月 15 日，山西省临汾地区古县永乐乡煤矿发生瓦斯爆炸事故，造成 43 人死亡，受伤 1 人。

888. 2000 年 4 月 17 日，河南省许昌市禹州鸠山乡苇园三矿发生瓦斯爆炸事故，死亡 11 人。

889. 2000 年 4 月 24 日，黑龙江省鸡西市立新煤矿新一矿发生瓦斯爆炸事故，造成 15 人死亡，1 人受伤。

890. 2000 年 5 月 4 日，辽宁省本溪市明山区凤祥煤矿发生透水事故，造成 10 人死亡，4 人受伤。

891. 2000 年 5 月 17 日，江西省宜春市兹化镇新塘村个体煤矿发生瓦斯爆炸事故，死亡 14 人。

892. 2000 年 5 月 24 日，贵州省六盘水市盘县新民乡凯强煤矿发生瓦斯爆炸事故，死亡 11 人。

893. 2000 年 5 月 30 日，黑龙江省鸡西市鸡东县先锋七矿发生瓦斯爆炸事故，死亡 10 人。

894. 2000 年 5 月 31 日，贵州省六盘水市钟山区大河边镇兴华煤矿发生瓦斯爆炸事故，造成 21 人死亡，2 人受伤。

895. 2000 年 6 月 14 日，四川省宜宾市兴文县晏安镇劳武煤矿发生瓦斯爆炸事故，造成 11 人死亡，9 人受伤。

896. 2000 年 6 月 16 日，四川省德阳市绵竹市遵道镇太平煤矿发生瓦斯爆炸事故，造成 11 人死亡，2 人受伤。

897. 2000 年 6 月 19 日，重庆市万州区奉节县大树镇山田村煤矿二井发生瓦斯爆炸事故，造成 16 人死亡，7 人受伤。

898. 2000 年 6 月 26 日，重庆市奉节县前进乡（今白帝镇）石窑坪煤矿技改井发生瓦斯爆炸事故，造成 14 人死亡，1 人受伤。

899. 2000 年 7 月 1 日，江西省宜春市袁州区西村镇蚕塘村杀牛窝煤矿发生一起因雷击引起的矿井瓦斯爆炸事故，正在井下作业的 6 名矿工全部身亡。

900. 2000 年 7 月 2 日，云南省宣威市田坝煤矿二井四采区发生瓦斯爆炸事故，造成 12 人死亡，13 人受伤。

901. 2000 年 7 月 9 日，甘肃省金川有色金属公司二矿区井下一辆运送矿石的卡车起火燃烧，所产生的有毒有害气体致使 17 人窒息死亡，2 人重伤。

902. 2000 年 7 月 12 日，云南省富源县竹园乡乐乌煤矿发生瓦斯爆炸事故，造成 19 人死亡，3 人受伤。

903. 2000 年 7 月 18 日，四川省开江县灵岩乡花草沟煤矿发生瓦斯爆炸事故，死亡 11 人。

904. 2000 年 7 月 21 日，贵州省普安县吴云贵煤矿发生瓦斯爆炸事故，死亡 10 人。

905. 2000 年 8 月 8 日，黑龙江省鹤岗市南山区鑫鼎煤矿发生瓦斯爆炸事故，造成 15 人死亡，8 人受伤。

906. 2000 年 8 月 20 日，宁夏回族自治区太西煤集团公司综合加工厂煤矿发生透水事故，死亡 11 人。

907. 2000 年 8 月 26 日，山西省大同市南郊区大西沟煤矿发生瓦斯爆炸事故，死亡 11 人。

908. 2000 年 9 月 1 日，黑龙江省双鸭山矿务局东保煤矿因 201 和 204 工作面贯通后回风上山通风设施不可靠，严重漏风，导致工作面处于微风状态，造成瓦斯积聚；作业人员违章试验发爆器打火引起瓦斯爆炸，造成 25 人死亡，4 人受伤。

909. 2000 年 9 月 5 日，山西省大同煤矿集团有限责任公司永定庄矿发生瓦斯爆炸事故，造成 31 人死亡，16 人受伤，直接经济损失约 100 万元。造成事故的直接原因：该矿 414 盘区 21410 巷风桥破损，进、回风流短路，工作面微风作业，局部通风机拉循环风，导致 51408-1 掘进头瓦斯积聚；作业人员检修设备时，金属间撞击产生火花，引爆瓦斯。

910. 2000 年 9 月 5 日，河南省平顶山市汝州市临汝镇煤矿发生煤与瓦斯突出事故，死亡 14 人，受伤 8 人。

911. 2000 年 9 月 8 日，河北省峰峰矿区峰峰新寺庄煤矿发生瓦斯爆炸事故，死亡 15 人。

912. 2000 年 9 月 13 日，贵州省贵阳市清镇市暗流乡麻林湾煤矿发生瓦斯爆炸事故，死亡 21 人。

913. 2000 年 9 月 14 日，贵州省毕节地区织金县三塘镇岩洞口村个体煤矿发生瓦斯爆炸事故，造成 15 人死亡，7 人受伤。

914. 2000 年 9 月 16 日，贵州省毕节地区威宁县新化村个体煤矿发生瓦斯爆炸事故，造成 15 人死亡，5 人受伤。

915. 2000 年 9 月 18 日，湖南省娄底市涟邵矿务局利民煤矿发生瓦斯爆炸事故，死亡 15 人。

★916. 2000 年 9 月 27 日，贵州省水城矿务局木冲沟煤矿发生瓦斯爆炸事故，死亡 162 人，受伤 37 人。

917. 2000 年 10 月 9 日，江西省萍乡市湘东区湘东镇巨源村开发煤矿发生瓦斯爆炸事故，死亡 13 人。

918. 2000 年 10 月 10 日，山西省晋中地区左权县永福寺煤矿发生瓦斯爆炸事故，死亡 12 人。

919. 2000 年 10 月 11 日，甘肃省兰州市窑街矿务局獐儿沟煤矿二井发生煤与二氧化碳突出事故，26 人中毒窒息身亡。事故暴露出该矿安全生产管理不严，特别是防治煤与二氧化碳突出措施不落实问题。

920. 2000 年 10 月 13 日，河北省邯郸市沙果园煤矿二坑因井下通风系统不完善，明电启动绞车，引发瓦斯爆炸，造成 33 人死亡。

921. 2000 年 10 月 13 日，陕西省黄陵县太贤乡石牛沟村天龙煤矿发生瓦斯爆炸事故，死亡 13 人。

★922. 2000 年 10 月 18 日，广西壮族自治区南丹县大厂镇鸿图选矿厂尾矿库发生溃坝事故，死亡 28 人，受伤 56 人。直接经济损失 340 万元。

923. 2000 年 10 月 21 日，黑龙江省鹤岗市八达煤矿发生瓦斯爆炸事故，死亡 11 人。

924. 2000 年 10 月 27 日，辽宁省抚顺矿务局集体企业管理局三公司小井发生瓦斯爆炸事故，死亡 20 人。

925. 2000 年 10 月 29 日，四川省广安市邻水县凉山乡大发煤矿发生透水事故，死亡 19 人。

926. 2000 年 11 月 1 日，江西省丰城矿务局坪湖煤矿发生火灾，造成 14 人死亡，19 人受伤。

927. 2000 年 11 月 5 日，吉林省辽源矿务局西安煤矿小井发生瓦斯爆炸事故，死亡 31 人。事故原因：矿井通风方式由抽出式改为压入式，采空区瓦斯被压出，工作面局部通风风量不足，造成瓦斯积聚，达到爆炸界限；工作面爆破引燃瓦斯，造成瓦斯爆炸。

928. 2000 年 11 月 7 日，贵州省安顺地区平坝县马场镇洪港煤矿发生瓦斯爆炸事故，死亡 15 人。

929. 2000 年 11 月 8 日，安徽省宣城市港口二矿发生瓦斯爆炸事故，死亡 10 人。

930. 2000 年 11 月 8 日，陕西省铜川市耀州区瑶曲镇片盘煤矿发生瓦斯爆炸事故，死亡 15 人。

931. 2000 年 11 月 12 日，广西壮族自治区百色市田东县林逢镇林驮村六合屯个体煤矿发生瓦斯爆炸事故，造成 15 人死亡，2 人受伤。

932. 2000 年 11 月 13 日，山西省大同市左云县店湾镇西沟村煤矿一接替井发生中毒事故，造成 25 人死亡，8 人受伤。

933. 2000 年 11 月 13 日，黑龙江省七台河市富源公司麓山煤矿发生瓦斯爆炸事故，死亡 14 人。

934. 2000 年 11 月 16 日，贵州省黔南州福泉县高石乡天鹅煤矿发生瓦斯爆炸事故，死亡 10 人。

935. 2000 年 11 月 16 日，云南省曲靖市师宗县雄壁镇雨柱村常兴煤矿发生瓦斯爆炸事故，死亡 16 人。

936. 2000 年 11 月 19 日，河南省洛阳市新安县石寺新井煤矿发生瓦斯爆炸事故，死亡 10 人。

937. 2000 年 11 月 23 日，山西省临汾市西沟煤矿发生瓦斯爆炸事故，死亡 16 人。

938. 2000 年 11 月 23 日，湖南省邵阳县双清煤矿发生瓦斯爆炸事故，造成 10 人死亡，4 人重伤。

★939. 2000 年 11 月 25 日，内蒙古自治区呼伦贝尔煤业集团有限责任公司大雁煤业公司二矿五盘区 623 工作面发生瓦斯爆炸事故，死亡 51 人，受伤 12 人（其中重伤 2 人）。

940. 2000 年 11 月 27 日，陕西省铜川矿务局水红井因通风不良造成瓦斯聚集，工作面电火花引发瓦斯爆炸，死亡 30 人。

941. 2000 年 11 月 30 日，云南省曲靖市麒麟区东山镇老冲沟煤矿发生瓦斯爆炸事故，死亡 17 人。

942. 2000 年 12 月 3 日，山西省运城地区河津市天龙煤矿发生瓦斯爆炸事故，造成 48 人死亡，21 人受伤（其中重伤 2 人）。矿井主要通风机长时间不开，造成瓦斯积聚。风流紊乱，东北采场积聚的大量瓦斯与新鲜风流混合，空气中瓦斯浓度达到爆炸界限，遇烟火引起瓦斯爆炸。

943. 2000 年 12 月 4 日，河南省荥阳县新兴煤矿发生透水事故，死亡 10 人。

944. 2000 年 12 月 11 日，广西壮族自治区百色市龙川镇平乐村金矿发生冒顶事故，造成 20 人死亡，4 人受伤。

945. 2000 年 12 月 26 日，贵州省六盘水市盘县水塘镇汪家庄煤矿发生瓦斯爆炸事故，死亡 26 人。

（二）化工、民用爆炸物品及烟花爆竹事故

1. 1987 年 1 月 13 日，安徽省太和县税镇乡孙楼村烟花爆竹厂 3 名工人在生产车间门口 6 米处试放花炮，引起车间起火爆炸，死亡 2 人，受伤 13 人，炸毁房屋 3 间。

2. 1987 年 2 月 16 日，山东省泰安市泰山区徐家楼乡大白峪村某个体户开办的橡塑厂（无证经营）发生爆炸事故，3 人当场死亡，4 人受伤（其中 1 人伤势过重抢救无效死亡），直接经济损失约 4.1 万元。

3. 1987 年 3 月 15 日，湖南省邵阳市林化厂防空洞油库发生爆炸火灾事故，当场死亡 7 人，重伤 3 人，轻伤 9 人。

4. 1987 年 5 月 3 日，四川省红光化工厂梯恩梯车间发生爆炸，死亡 7 人，重伤 8 人，轻伤 52 人，炸毁房屋面积 4281 平方米，直接经济损失 596 万元。

5. 1987 年 5 月 4 日，四川省重庆市长寿化工总厂污水处理车间发生爆炸事故，造成 12 人死亡，6 人受伤，经济损失 151.22 万元。

6. 1987 年 5 月 4 日，辽宁省国营本溪精密机械厂 10 号 B 山洞油库发生爆炸事故，造成 8 人死亡，4 人重伤，8 人轻伤，直接经济损失 23 万余元。

7. 1987 年 5 月 26 日，辽宁省辽阳石油化纤公司四厂机修车间在更换进氨中心管的法兰垫片时，发生化学灼伤、己二氢中毒事故，造成 3 人死亡。

★8. 1987 年 6 月 22 日，安徽省阜阳地区亳州市化肥厂派往太和化肥厂装运液氨的贮罐车在返厂途中发生爆炸、泄漏事故，造成 10 人死亡，49 人重伤。

9. 1987 年 7 月 29 日，河北省石家庄市晋县马于镇礼花总厂发生爆炸事故，死亡 12 人，受伤 6 人。

10. 1987 年 10 月 5 日，陕西省凤县红花铺银洞沟铅锌采矿点民工宿舍发生炸药爆炸事故，死亡 8 人。

11. 1987 年 10 月 18 日，广东省茂名化工纺织联合总厂合成纤维厂丙烯腈车间 T-40 贮罐发生爆炸事故，死亡 4 人，中毒 13 人。

12. 1987 年 12 月 18 日，江西省永新县怀中乡鞭炮厂在切鞭炮引线时产生火花引起爆炸起火，死亡 19 人，烧伤 10 余人。

13. 1987 年 12 月 29 日，甘肃省兰州化学工业公司石油化工厂砂子炉一车间在故障停车抢修后的开工过程中发生火灾事故，当时在装置内清扫卫生的 5 名农民工被烧身亡，2 人重伤，13 人轻伤。

14. 1988 年 1 月 10 日，安徽省太和县叶棠乡一家无证非法烟花爆竹生产户发生爆炸，死亡 5 人，重伤 6 人，炸毁房屋 41 间。

15. 1988 年 1 月 22 日，山东省广饶县稻庄镇销售鞭炮捻子市场因试燃鞭炮捻子不慎起火，造成 10 人死亡，26 人受伤。

16. 1988 年 4 月 3 日，湖北省云梦县农药厂新建成的农药枯叶青装置发生爆炸，造成 5 人死亡，1 人重伤。

17. 1988 年 6 月 3 日，天津市石化公司炼油厂油品车间在检修（由第四建设公司所属综合企业公司负责检修）701 号 5000 立方米石脑油罐过程中，罐内局部着火，造成罐内作业的 6 名工人因缺氧窒息死亡。

18. 1988 年 6 月 28 日，辽宁省大连染料厂甲苯二异氰酸酯四苯车间发生剧毒气体泄漏事故，造成 3 人死亡，3 人经抢救脱险，另有 79 人住院观察。

19. 1988 年 7 月 17 日，福建省晋江县英林乡沪厝安制冰厂的一个液氨储罐发生爆炸，造成 7 人死亡，34 人受伤。

20. 1988 年 9 月 5 日，湖南省平江县浯口镇鞭炮厂发生爆炸，死亡 5 人，重伤 3 人，直接经济损失 8.9 万余元。

21. 1988 年 9 月 24 日 19 时 25 分，湖北荆门炼油厂劳动服务公司收油队在进行 5000 立方米轻罐脱水收油作业收尾时，发生油气爆燃事故，5 人当场死亡，烧伤 6 人（其中 3 人重伤），摔伤 1 人。

22. 1988 年 9 月 27 日，湖南省茶陵县腰陂镇木冲村鞭炮厂引线分厂爆炸起火，11 名青年（男 2 名、女 9 名）被烧成重伤，经抢救无效全部死亡。

23. 1988 年 10 月 10 日，四川省达县花炮厂二车间因管理混乱，已经装药的半成品鞭炮跌落，与水泥地面撞击引发爆炸事故（还有一种可能，即有些工人身穿化纤服装产生静电引发爆炸），造成 26 人死亡（包括抢救无效死亡的 2 人），轻重伤 10 人。

24. 1988 年 10 月 21 日，上海高桥石油化工公司炼油厂发生了跑气事故，当班工人麻痹大意未及时采取有效措施导致重大爆炸事故，26 人死亡，15 人重伤。

25. 1988 年 10 月 22 日，上海市高桥石油化工公司炼油厂小凉山球罐区在三区 14 号球罐开阀放水时，违反操作规程没有切换开关，阀门全部打开，致使液化气随水外溢达 9.7 吨，通过污水池扩散到罐区西墙外，与工棚明火相遇引发液化气爆燃事故，造成 26 人死亡（其中 2 人重伤医治无效伤亡），17 人烧伤（其中重伤 11 人）。直接经济损失 70.7 万元。该球罐区周围违章搭建工棚并住人，存在严重隐患，是导致爆燃事故伤亡惨重的原因。

26. 1988 年 10 月 22 日，江苏省南京助剂厂 DBH 车间酒精蒸馏锅因超压发生爆炸事故，造成 4 人死亡，3 人重伤。

27. 1988 年 10 月 25 日，山东省青岛市平度县一个村办鞭炮厂发生爆炸事故，死亡 17 人，重伤 8 人，18 间厂房全部被毁。

28. 1988 年 11 月 23 日，吉林省延吉市化肥厂发生一氧化碳中毒事故，造成 16 人死亡。

29. 1989 年 1 月 13 日，河北省沧州市染料化工厂氨基苯磺酸钠车间硫化反应釜在硫化反应终点准备放料时发生爆炸，死亡 3 人，重伤 3 人。

30. 1989 年 1 月 19 日，河南省郾城县城关镇居民陈某家中储存的制造鞭炮用的火药原料发生爆炸，造成 27 人死亡，轻重伤 18 人，爆炸波及 73 户居民，严重损坏房屋 141 间，直接经济损失 18.7 万元。造成这次特别重大事故的原因是：严重违反爆炸物品存放规定，干药、湿药、成品、半成品超量混合存放，超量百倍配制药物，房屋结构不符合安全规定，生产工序紧密相连；生产技术负责人不懂药物性能和安全操作技术；违反烟花爆竹生产管理规定，把工厂建在居民稠密区，非法生产。

31. 1989 年 1 月 26 日，江苏省建湖县庆丰乡红星花炮厂发生火药爆炸事故，造成 11 人死亡，18 人受伤。

32. 1989 年 2 月 17 日，江西省鹰潭市橡胶厂胶鞋二车间一台硫化罐在使用过程中爆炸，造成 3 人死亡，8 人受伤，直接经济损失 6.5 万元。

33. 1989 年 7 月 22 日，陕西省汉中市电石厂发生熔融电石遇水爆炸事故，造成 4 人死亡，11 人重伤。

34. 1989 年 8 月 1 日，广东省封开县渔涝镇供销社火药仓库因电线短路发生火灾，造成 14 人死亡，33 人受伤。烧毁房屋 7393 平方米，受灾 127 户、

471 人。

★35. 1989 年 8 月 12 日，中国石油天然气总公司管道局胜利输油公司黄岛油库罐区因雷击爆炸起火。大火前后燃烧 104 小时，烧掉原油 4 万多立方米。灭火过程中 19 人死亡（其中公安消防人员 14 人），100 多人负伤（其中公安消防人员 85 人）。

36. 1989 年 8 月 23 日，浙江省宁波制药厂发生反应罐一氧化碳泄漏事故，造成 25 人中毒，其中 6 人死亡。

37. 1989 年 8 月 29 日，辽宁省本溪市草河口化工厂制造聚氯乙烯的原料单体泄露引起剧烈爆炸，造成 12 人死亡，2 人重伤，2 人轻伤。

38. 1989 年 10 月 13 日，江苏省盐城市中兴花炮厂发生爆炸事故，造成 7 人死亡，7 人受伤。

39. 1989 年 10 月 20 日，黑龙江省齐齐哈尔市龙沙化工厂在投料试生产中，有毒气体和灼热物质大量喷出，造成 5 人死亡，2 人受伤。

40. 1989 年 11 月 13 日，江苏省扬子石化公司芳烃厂重整车间发生氮气窒息事故，造成 3 人死亡。

41. 1990 年 5 月 19 日，湖南省怀化市新晃县一农民从贵州购买 40 千克黑色火药，乘坐公共汽车引起爆炸，当场死亡 10 人，炸伤 29 人。

42. 1990 年 8 月 12 日，湖南省醴陵市白兔镇峤岭村鞭炮生产个体户张某某家发生爆炸，死亡 15 人。事故起因：张某某的妻子用三齿铁耙将鞭炮拌合，铁耙与水泥地面摩擦，产生火花引燃了地面的药尘和鞭炮，引燃的鞭炮掉入室内的药桶内引起爆炸。

43. 1990 年 8 月 22 日，吉林省长春市燃料公司小南燃料供应站 2000 吨贮油罐爆炸起火。

44. 1990 年 9 月 28 日，河南省济源市黄金冶炼厂一辆 130 型汽车在沁阳市化肥厂装上两只充装了液氨的钢瓶后返回济源市，返回途中一只液氨钢瓶发生爆炸，造成 5 人死亡，7 人重伤，7 人轻伤。直接经济损失 17.5 万元。

45. 1990 年 10 月 1 日，广东省清远市佛冈县汤塘镇新塘炮竹厂引线车间工人违章操作，引起火药燃烧，死亡 7 人，重伤 11 人，直接经济损失 100 多万元。

46. 1990 年 10 月 8 日，江西省高安县杨圩花炮厂发生爆炸事故，造成 6 名女童死亡。

47. 1990 年 10 月 27 日，河北省张家口市万全县化肥厂发生爆炸着火事故，造成 5 人死亡，5 人烧伤。

★48. 1991 年 2 月 9 日，辽宁省辽阳市国营庆阳化工厂二分厂硝化工房因违章指挥、违章作业，引发爆炸事故，造成 17 人死亡，13 人重伤，98 人轻伤，直接经济损失 2266.6 万元。爆炸将整个硝化工房（车间）及近处其他建筑物摧毁，正在厂区内的人员因爆炸冲击波或爆炸夹带物打击大部分当场死亡或受重伤。

49. 1991 年 3 月 6 日，安徽省全椒县磷肥厂机修车间在新制硫酸储罐调整割枪火焰时发生爆炸，造成 3 人死亡，2 人重伤。

50. 1991 年 3 月 12 日，河北省冀东石油勘探开发公司的井下作业公司四队在高尚堡 93-2 进行反压井作业时，井中油气突然喷发，遇施工现场值班房明火而爆炸起火，造成 5 人死亡，2 人重伤。

51. 1991 年 4 月 8 日，广东省广州市增城县的一家个体中新精细化工厂搪玻璃反应锅发生爆炸，造成 3 人死亡，1 人重伤。直接经济损失 8 万元。

52. 1991 年 5 月 7 日，河南省郾城县李集乡布袋郭自然村一处个体经营的花炮厂，因雨过天晴后阳光直接照射塑料薄膜覆盖着的半成品火炮，温度急骤升高，不能及时散发，引起自燃爆炸（也不能排除在第一炸点工作的两名工人操作不慎引发爆炸的可能性，因两名工人已死，无法认定）。爆炸药物量达 600 千克，炸毁房屋 19 间，损坏房屋 74 间、家机具 18 件，波及 26 户，造成 18 人死亡，3 人重伤。

53. 1991 年 5 月 7 日，福建省永安化工厂乳化炸药生产车间二乳化罐发生爆炸事故，在工房内作业的 7 名工人全部被炸身亡，周围建筑物内 17 人受伤（其中 6 人重伤）。

54. 1991 年 6 月 3 日，福建省莆田市湄洲镇田厝村薛某私自开办的鞭炮制作工厂发生火药爆炸事故，石板房夷为平地，当场死亡 5 人，重伤 3 人，轻伤 2 人。邻近学校楼房玻璃被震坏，玻璃碎片刺伤学生 10 多人。

55. 1991 年 6 月 27 日，四川省成都市双流县塑料泡沫厂因生产车间起火引起毒物仓库爆炸，由于毒物仓库紧靠县中学、双流兵站，造成 56 人烧伤、中毒。

56. 1991 年 7 月 15 日，广东省顺德县桂洲镇龙涌口燃料化工厂简易油码头靠泊的中山市一艘号牌为"中东 030 号"的民营油轮因违章在油轮上烧焊动火发生爆炸，导致 4 人死亡，1 人轻伤。

57. 1991 年 7 月 29 日，河南省焦作市化工二厂储运处盐库 6 名职工触电，其中 3 人死亡。

58. 1991 年 8 月 8 日，广西壮族自治区南宁市人民中路一居民非法贮藏的黑火药燃烧爆炸，造成 21 人死亡，126 人受伤，70 余间民房受损。

★59. 1991 年 9 月 3 日，江西省鹰潭市贵溪县农药厂的一辆货车，从上海装载一卧式槽罐返回贵溪。在行经上饶县沙溪镇时发生一甲胺泄漏事故，周围23万平方米范围内的居民和行人共595人中毒，其中43人死亡。

60. 1991年10月8日，江苏省淮阴市有机化工厂一台生产高分子聚醚的100升高压反应釜突然发生爆炸，3名操作人员当场死亡。

61. 1991年12月1日，河北省张家口树脂厂聚氯乙烯树脂车间聚合工段发生爆炸事故，造成5人死亡，8人受伤。

62. 1991年12月5日，江苏省武进县化工厂硝基甲烷精馏工段玻璃管突然爆炸，当场死亡4人，受伤2人。

63. 1991年12月6日，河南省许昌制药厂一分厂干燥器内烘干的过氧化苯甲酰发生化学分解强力爆炸，死亡4人，重伤1人，轻伤2人，直接经济损失15万元。

64. 1991年12月12日，河北省沧州市化工厂发生氯气外泄事故，造成厂外群众800余人吸入氯气，其中147人到医院就医，19人住院治疗。

65. 1992年1月4日，河南省开封市化肥厂合成氨分厂铜洗工段发生爆炸事故，死亡44人，受伤多人（具体人数不详）。

66. 1992年1月7日，湖南省醴陵市枫林市乡枫林市村12户农民合伙开办的一烟花爆竹制作场所发生火药爆炸，造成12人死亡，7人受伤。

67. 1992年2月27日，山东省潍坊农药机械厂两个氧气瓶发生粉碎性爆炸，死亡4人，重伤6人，轻伤27人。

68. 1992年3月10日，江苏省常熟市阳桥化工厂发生硝化反应锅爆炸事故，造成8人死亡，7人受伤。

69. 1992年3月17日，上海市硫酸厂五车间二甲基亚矾工段发生氧化器化学性（液相）爆炸事故，氧化塔装置炸毁，造成4人死亡，17人受伤。

70. 1992年5月18日，河南省开封市兰考县孟寨乡孙营西村柴油机固体助燃剂厂发生火灾、爆炸事故，造成11人死亡。

71. 1992年6月27日，湖北省鄂西（恩施）自治州化工厂铵梯炸药生产线因违章动火焊接发生爆炸事故，造成22人死亡，3人受伤。事故的直接原因是电焊焊接螺旋输送器空心螺杆的断裂处，引起管内炸药爆炸，并引爆"V"型槽内炸药，进而诱爆车间内存留的全部炸药。

72. 1992年6月27日，内蒙古自治区通辽市油脂化工厂葵二酸车间两台正在运行的蓖麻油水解釜发生爆炸，造成8人死亡，4人重伤，13人轻伤。直接经济损失36万余元。

73. 1992年8月9日，江苏省大丰化肥厂因压缩机二段出口活门发生故障被迫停机，压塑机发生爆炸气体喷出着火，造成5人死亡。

74. 1992年8月20日，广东省茂名市电白县羊角镇罗浮管理区周和东烟花爆竹厂发生爆炸事故，造成26人死亡，4人重伤。

75. 1992年8月27日，甘肃省兰州市煤气厂发生硫化氢中毒事故，因施救不当，先后造成5人中毒，其中4人死亡。

76. 1992年9月12日，四川省长寿县黄葛乡烟花爆竹厂发生爆炸事故，造成20人死亡，11人重伤，9人轻伤。

77. 1992年9月15日，河北省徐水县暴河乡解村一烟花爆竹生产作坊发生火药爆炸事故，造成9人死亡，5人受伤。

78. 1992年10月14日，天津市再生橡胶厂粉碎车间粉尘爆炸起火，造成7人死亡，13人受伤。

79. 1992年12月2日，贵州省贵州有机化工厂研究所试验车间在研制地板胶时反应失控导致爆炸，造成4人死亡，多人受伤。

80. 1992年12月6日，云南省泸西县中枢镇花炮厂发生爆炸，造成23人死亡，14人受伤（其中3人重伤）。死者当中小学在校生17人。

81. 1992年12月6日，福建省莆田县渠桥镇龙头村鞭炮厂发生爆炸事故，当场炸伤15人，其中12人是小学及幼儿园的学生。

82. 1992年12月8日，甘肃省兰州炼油化工总厂催化裂化装置含硫污水管道的主干线在进行人工挖掘作业时，发生中毒窒息事故，造成6人死亡。

83. 1993年1月8日，黑龙江省方正县育林迎春烟花爆竹厂因配药员身穿化纤衣物作业，在往搪瓷盆内称装烟花药过程中操作不当，产生静电或金属撞击产生火花，引起高感度的烟花混合药爆炸，造成12人死亡，2人重伤，生产车间全部被炸毁。

84. 1993年2月21日，辽宁省抚顺石化公司石油二厂南催化裂化装置发生硫化氢中毒事故，事故导致13人中毒，其中4人死亡。

85. 1993年5月18日，江苏省常州市武进横林化工助剂厂发生火灾、爆炸事故，造成4人死亡，2人轻伤，炸毁车间4间，损坏生产设施一套。

86. 1993年6月14日，浙江省温州市瑞安化工厂均三甲苯胺车间配酸工段反应釜发生爆炸，造成3人死亡，9人重伤，5人轻伤，厂房被毁。

★87. 1993年6月26日，河南省郑州市新技术开发区食品添加剂厂因安全条件差、管理混乱，造成厂里存放的7吨多过氧化苯甲酰发生爆炸，造成27人死亡，33人受伤，经济损失300万元。

88. 1993年6月30日，江苏省金陵石化公司炼油厂铂重整车间供气站发生氢气钢瓶爆炸事故，造成 3 人死亡，2 人重伤。

★89. 1993 年 8 月 5 日，广东省深圳市安贸危险物品储运公司清水河化学危险品仓库发生爆炸火灾事故，造成 15 人死亡，200 多人受伤（其中重伤 25 人），直接经济损失超过 2.5 亿元。

90. 1993 年 8 月 11 日，浙江省巨化集团公司电化厂发生液氯泄漏事故，致使 200 多人中毒。

91. 1993 年 8 月 12 日，湖南省醴陵市白兔镇峤岭村张某某鞭炮作坊发生火药爆炸事故，死亡 15 人。

92. 1993 年 8 月 23 日，山东省聊城市莘县炼油厂发生油罐爆炸事故，造成 10 人死亡，4 人重伤，2 人轻伤。经济损失 20 多万元。

93. 1993 年 8 月 29 日，福建省南平市南山镇南山村鞭炮厂电光炮编织车间因女工张某在进行编织鞭炮操作时，违章使用铁剪刀剪切鞭炮引线，产生火花引起堆放在工作台上和留存在车间内的近 600 盘半成品鞭炮爆炸，造成 27 人死亡，2 人重伤。

94. 1993 年 9 月 12 日，浙江省苍南县芦浦村村民杨某在家非法制作鞭炮时爆炸起火，当场死亡 15 人，炸伤 9 人。

95. 1993 年 9 月 21 日，北京市长辛店电石厂充氧车间一个高压气瓶在充氧时发生爆炸，3 名值班工人当场被炸身亡，直接经济损失约 4.8 万元。

96. 1993 年 10 月 22 日，北京燕山石化公司化工一厂高压聚乙烯装置切粒机厂房发生爆炸事故，造成 3 人死亡，2 人重伤，2 人轻伤。

97. 1993 年 11 月 24 日，山东省禹城化工总厂造汽车间一台正在运行的废热锅炉突然发生爆炸，造成 3 人死亡，2 人重伤，4 人轻伤。

98. 1993 年 11 月 25 日，河北省沧州市沧县杜村镇礼花厂发生火药爆炸事故，造成 15 人死亡。

99. 1993 年 11 月 26 日，湖南省南岭化工厂发生爆炸，造成 60 名无辜人员死亡，32 人受伤（其中 19 人重伤）。

100. 1993 年 12 月 4 日，河南省新乡市新乡县七里营乡大张庄彩虹鞭炮厂发生爆炸事故，造成 16 人死亡，2 人重伤。

101. 1993 年 12 月 15 日，山东省齐鲁石化公司第二化肥厂在进行氨水罐拆除动火过程中发生爆炸事故，造成 4 人死亡，2 人受伤。

102. 1993 年 12 月 22 日，河南省周口地区淮阳县第三鞭炮厂发生爆炸事故，造成 14 人死亡，3 人重伤。

103. 1993 年 12 月 28 日，广西壮族自治区合浦县公馆炮竹厂第一生产区烟花一车间发生爆炸，并燃爆周围工房，当场死亡1人，伤6人，2人休克；30分钟后，10米远的药物中转库又发生爆炸，当场死亡5人，伤40多人，在医院抢救无效又死亡5人。此次事故共造成13人死亡，23人重伤，34人轻伤。

104. 1994年2月17日，湖南省岳阳市氮肥厂甲胺分厂因工人操作不当导致大量液氨携带部分甲醇、甲胺喷出，造成7人中毒，其中3人死亡。

105. 1994年3月24日，江苏省无锡化工集团股份有限公司大众化工厂保险粉车间后道混合包装岗位的混合桶发生爆炸，造成6人死亡，5人受伤。

106. 1994年4月6日，上海市静安区康定路上海第十四化学纤维厂聚纺车间发生喷料燃爆起火，死亡6人，受伤7人。

107. 1994年5月20日，河北省宣化化肥厂净化车间变换工段热交换器进口管突然发生爆裂，高压气体冲出，引起爆炸着火，造成8人死亡，2人重伤，1人轻伤。

108. 1994年6月5日，江西省新干县两川花炮厂，由于违章操作导致火药爆炸，当场死亡15人。

109. 1994年9月2日，四川省达川地区万源市竹玉溪鞭炮厂发生火药爆炸事故，造成9人死亡，5人重伤。

110. 1995年1月16日，江苏省苏州市宜兴市周铁镇纺织合成助剂厂发生爆炸事故，造成5人死亡，6人重伤。

111. 1995年1月25日，内蒙古自治区呼伦贝尔盟鄂伦春大杨树农场库伦乡花炮厂发生火药爆炸事故，造成7人死亡，5人重伤。

112. 1995年3月4日，江苏省南京市溧水县华晶化工有限公司化工分厂磺酸车间发生1号离心机在运行过程中解体，造成3人死亡。

113. 1995年3月30日，安徽省马钢汽运公司二队驾驶员赵长江驾车行至铁合金厂附近时，将一根直径为610毫米的高炉煤气管道撞断，造成大量煤气外泄，受影响区域3305平方米，致使66人中毒，其中11人死亡，直接经济损失70多万元。

114. 1995年5月13日，湖北省利川市中路镇一户鞭炮厂发生爆炸事故，死亡11人，重伤6人。

115. 1995年5月18日，江苏省江阴市松桥化工厂（位于云亭镇松桥村）在生产对硝基苯甲酸过程中发生爆燃事故，死亡4人，重伤3人。

116. 1995年8月9日，河北省衡水地区安平县子文乡北郝村鞭炮厂发生火药爆炸事故，造成5人死亡，8人重伤。

117. 1995年8月13日，四川省万县市梁平县七桥镇龙桥花炮厂发生火药爆炸事故，造成 10 人死亡，5 人重伤。

118. 1995 年 10 月 7 日，河北省迁安化肥厂合成塔爆炸，造成 10 人死亡，5 人受伤。

119. 1996 年 1 月 30 日，山东省临沂市沧山县一个体鞭炮厂发生火药爆炸事故，造成 8 人死亡，2 人重伤。

★120. 1996 年 1 月 31 日，湖南省邵阳市郊区城南乡祭旗村一非法存储和加工黑索金炸药的作坊（民房）发生爆炸事故，死亡 134 人（其中男 77 人，女 57 人），受伤 405 人（其中住院治疗 117 人）。

121. 1996 年 6 月 26 日，天津市大华化工厂发生爆炸事故，造成 19 人死亡，14 人受伤。直接经济损失 120 多万元。事发前几日持续高温，厂房房顶为石棉瓦，隔热性差，高温促进了氧化剂的燃烧过程。氧化剂氯酸钠和有机物发生氧化反应发热，热量又加速了其氧化反应，该循环最终导致有机物和可燃物燃烧。救火过程中泼向强氧化剂（$NaClO_3$）的酸性水，加速了氧化剂的氧化分解过程，产生大量氯酸。氯酸及 $NaClO_3$ 混合物爆炸产生的高温高压气体引起了 2，4-二硝基苯胺的爆炸。

★122. 1996 年 6 月 29 日，四川省内江市简阳市禾丰镇永兴花炮厂发生爆炸事故，造成 39 人死亡，9 人重伤，40 人轻伤。

123. 1996 年 7 月 30 日，山东省东平市瑞星集团有机化工厂在检修乌洛托品车间回流管过程中，焊接阀门时发生爆炸事故，9 人死亡，5 人重伤。

124. 1996 年 8 月 9 日，中原油田河南濮阳至汤阴输油管道内黄县城关镇西长固段发生泄漏、燃烧事故，死亡 40 人，受伤 57 人。因有人在该路段输油管道上钻孔盗油，致使汽油泄漏。附近群众约 200 余人驾驶近 30 辆机动三轮车、60 余辆自行车，到现场哄抢泄漏的汽油。三轮车排放的火星引燃汽油，造成事故。

125. 1996 年 10 月 8 日，广西壮族自治区桂平市寻旺乡烟花爆竹厂发生火药爆炸事故，造成 6 人死亡，7 人重伤，2 人轻伤。

126. 1996 年 10 月 9 日，辽宁省辽阳石油化纤公司聚酯厂燃料油罐发生爆炸，造成 4 人死亡，3 人重伤，4 人轻伤。

127. 1996 年 10 月 20 日，安徽省阜阳市临泉县谭棚镇白行村一处烟花爆竹厂点发生爆炸事故，造成 13 人死亡，18 人受伤，伤亡者均为在校小学生。

128. 1996 年 11 月 18 日，福建省三明市大田县均溪镇鞭炮厂发生爆炸事故，造成 5 人死亡，9 人重伤。

129. 1996 年 11 月 25 日，江苏省常熟市东张镇共能化纤有限公司（与台商合资）发生火灾，烧毁砖木厂房 3825 平方米，涤纶低弹丝 2 吨以及弹力丝机 6

台，直接经济损失 864 万元。

130. 1996 年 11 月 27 日，湖南省常德市石门县蒙泉镇孙家嘴村个体鞭炮厂发生火药爆炸事故，造成 14 人死亡，5 人重伤，10 人轻伤。

131. 1997 年 1 月 10 日，江西省修水县祖马坑乡村落林花炮厂发生火药爆炸事故，造成 8 人死亡，20 人重伤。

132. 1997 年 1 月 27 日，江西省广丰县振兴化工材料店（主要经营花炮原材料）发生爆炸、火灾事故，死亡 11 人，重伤 2 人，轻伤 2 人。

133. 1997 年 2 月 3 日，四川省西充县个体经营户存放烟花爆竹原辅材料的库房发生爆炸，造成 26 人死亡，32 人受伤，炸毁民房 20 多间。

134. 1997 年 3 月 29 日，甘肃省白银市银光化学工业公司发生光气泄漏事故，造成 98 人中毒，其中 7 人死亡，3 人重伤。

135. 1997 年 5 月 12 日，江西省万载县宋和平花炮厂发生火药爆炸事故，造成 13 人死亡，7 人重伤。

136. 1997 年 5 月 16 日，辽宁省抚顺石油化工有限公司乙烯化工有限公司因环氧乙烷装置发生故障，导致乙烯与液氧发生化学反应引起爆炸，造成 4 人死亡，31 人受伤（其中 4 人重伤）。

137. 1997 年 5 月 26 日，云南省化工厂烧碱车间因电源开关突然跳闸导致氯气泄漏事故，造成 25 人中毒，死亡 7 人。

138. 1997 年 6 月 27 日，北京市东方化工厂贮罐区发生爆炸和火灾事故，造成 9 人死亡，39 人受伤，烧毁贮罐 17 个，储料 1925 吨，以及罐区部分框架、仪表、电缆、桥架、建筑物等，直接经济损失 1.17 亿元。事故的直接原因是：在从铁路罐车经油泵往储罐卸轻柴油时，由于操作工开错阀门，使轻柴油进入了满载的石脑油罐，导致石脑油从罐顶气窗大量溢出，溢出的石脑油及其油气在扩散过程中遇到明火，产生第一次爆炸和燃烧；继而引起罐区内乙烯罐等其他罐的爆炸和燃烧。

139. 1997 年 6 月 29 日，河南省浚县安全微型彩光花炮厂发生火药爆炸事故，造成 21 人死亡，10 人重伤。

140. 1997 年 7 月 18 日，河南省尉氏县化工总厂在试车时发生爆炸事故，造成 4 人死亡，56 人受伤。

141. 1997 年 7 月 29 日，贵州省安龙县德卧镇平安爆竹厂发生火药爆炸事故，造成 8 人死亡，8 人重伤。

142. 1997 年 10 月 8 日，江西省抚州籍船舶"赣抚州油 0005"轮（装载散装纯苯）在川江小庙基岸嘴处船舶触岸嘴礁石，149.4 吨纯苯泄漏进长江。

143. 1997 年 10 月 14 日，山西省交城县城关镇瓦窑花炮厂发生火药爆炸事故，造成 9 人死亡，1 人重伤。

144. 1997 年 10 月 17 日，江西省萍乡市上栗区桐木镇湖圹花炮二厂发生火药爆炸事故，造成 11 人死亡，20 人重伤。

145. 1997 年 10 月 21 日，山西省临县枣疙瘩乡薛家坪村个体鞭炮厂发生爆炸事故，造成 6 人死亡，8 人重伤。

146. 1997 年 12 月 1 日，山东省新泰市羊流镇四槐树村鞭炮厂发生爆炸事故，造成 12 人死亡，4 人重伤。

★147. 1998 年 1 月 6 日，陕西省兴化集团公司二期硝铵生产系统发生爆炸事故，造成 22 人死亡，6 人重伤，52 人轻伤。

★148. 1998 年 1 月 24 日，河北省唐山市丰润县新军屯镇集贸市场烟花爆竹摊点发生爆炸事故，造成 42 人死亡，46 人受伤（其中 11 人重伤）。

149. 1998 年 2 月 9 日，山东省章丘第一化肥厂生产煤气从蒸汽管线窜入职工浴池，造成 43 人中毒，其中 9 人死亡。

150. 1998 年 2 月 11 日，河南省宁陵县城关回族镇燃放烟花爆竹引发爆炸事故，死亡 13 人，受伤 4 人。

151. 1998 年 2 月 13 日，湖北省嘉鱼县化肥厂 100 立方米液氨储槽因出口阀断裂，导致液氨泄漏，造成 8 人中毒死亡，9 人重伤。

152. 1998 年 3 月 5 日，陕西省西安市煤气公司液化石油气所贮气罐区（占地面积 35.8 亩，储气 2340 立方米）发生爆炸火灾事故，5 个贮罐、8 辆液化气槽车被毁坏，过火面积 4.5 万平方米，造成 11 人死亡（其中 7 人为消防官兵）、30 人受伤（其中消防人员 11 人），直接经济损失 477.8 万元。

153. 1998 年 5 月 7 日，新疆维吾尔自治区独山子石油化工总厂炼油厂因操作人员违章操作，造成供排水车间隔油池发生爆炸，造成 5 人死亡，1 人烧伤。

154. 1998 年 5 月 19 日，广东省博罗县湖镇池文烟花有限公司发生烟花爆竹爆炸事故，死亡 15 人，重伤 11 人，轻伤 65 人。

155. 1998 年 8 月 5 日，安徽省芜湖市山江化学集团公司因泵法兰泄漏，氯乙烯外泄，发生爆燃，800～1000 米地沟盖板被炸翻开，造成 5 人死亡，4 人重伤。

156. 1998 年 9 月 28 日，广西壮族自治区宾阳县新桥乡烟花爆竹厂发生火药爆炸事故，造成 12 人死亡，4 人受伤。

157. 1998 年 10 月 22 日，贵州省江口县个体烟花爆竹厂发生火药爆炸事故，造成 11 人死亡。

158. 1999 年 1 月 9 日，安徽省桐城县三十铺镇金冲村花炮厂发生火药爆炸事故，死亡 14 人，受伤 3 人。

159. 1999 年 1 月 10 日，江西省赣州地区南康市潭口镇个体鞭炮作坊发生火药爆炸事故，死亡 13 人，受伤 9 人。

160. 1999 年 8 月 10 日，江苏省南通市如东县古坝镇前姚加油站发生爆炸事故，造成 9 人死亡，7 人轻伤。

161. 1999 年 9 月 2 日，中国兵器工业集团公司八〇五厂（位于甘肃省白银市）TDI（民品）生产线发生爆炸燃烧事故，造成 3 人死亡，5 人重伤，8 人轻伤，直接经济损失 4821 万元。

162. 1999 年 11 月 17 日，江苏丹化集团公司化工助剂厂硝酸盐车间在新增设正在施工的转化池内发生中毒事故，造成 3 人死亡，2 人重伤。

163. 1999 年 12 月 15 日，河南省西平县二郎乡段庄个体爆竹厂发生火药爆炸事故，死亡 12 人，受伤 9 人。

164. 2000 年 1 月 18 日，陕西省浦城县东陈镇东陈村一私人花炮厂发生火药爆炸事故，造成 11 人死亡。

165. 2000 年 1 月 27 日，广西石油公司贵港分公司由于埋地汽油管线泄漏跑油并部分进入下水道，被附近施工的一名民工因为好奇，用打火机点火试油引起燃烧爆炸，造成 8 人死亡，17 人受伤，公路严重毁坏。

166. 2000 年 2 月 11 日，江西省樟树市一个体加油站发生爆炸，死亡 6 人。

167. 2000 年 2 月 16 日，贵州省开阳磷城黄磷厂赤磷车间发生转化锅爆炸事故，造成 3 人死亡，2 人轻伤。

★168. 2000 年 3 月 11 日，江西省萍乡市上栗县东源乡花炮厂（私营）发生烟花爆炸事故，死亡 33 人，受伤 12 人。

★169. 2000 年 6 月 30 日，广东省江门市土特产进出口公司高级烟花厂发生火药爆炸事故，造成 37 人死亡，重伤 12 人，轻伤 109 人。

170. 2000 年 6 月 30 日，重庆市垫江县沙坪镇六角村二杜鞭炮作坊发生火药爆炸事故，死亡 10 人。

171. 2000 年 7 月 2 日，山东省青州市潍坊弘润石油化工助剂总厂违章动火焊接，致使两个 500 立方米油罐爆炸起火，造成 10 人死亡，1 人受伤。

172. 2000 年 7 月 5 日，江西省彭泽县一个体烟花厂发生爆炸事故，造成 7 人死亡，2 人重伤（死伤者均为 13~16 岁的少年）。

173. 2000 年 8 月 4 日，江西省上栗县上栗镇浏万中路 68 号民宅发生烟花爆竹药料爆炸事故，死亡 28 人（其中 1 人失踪），受伤 26 人。事故原因：烟花爆竹生产经营者黄某从内蒙古集宁市非法运回的亮珠等烟花爆竹药料长时间在雨中吸湿、受潮，产生化学反应，不断积累产生热量；中午太阳直晒温度较高，达到亮珠的着火点，从而引发爆炸。

174. 2000 年 10 月 21 日，福建省龙岩市上杭县 205 国道至紫金矿业集团的紫金山金矿矿区公路上，一辆运送液体氰化钠的汽车槽车发生倾覆事故，致使 7 吨氰化钠溶液流入小溪，造成 98 人中毒。

175. 2000 年 12 月 9 日，四川省绵阳市梓潼县宏仁乡美乐花炮厂封口车间发生火药爆炸事故，造成 11 人死亡，6 人受伤。

（三）建筑施工事故

1. 1987 年 5 月 20 日，浙江省绍兴市新昌县门溪水库施工人员在吊篮上下作业，由于卷扬机拉断钢丝绳使吊篮坠落，造成 5 人死亡。

2. 1987 年 5 月 22 日，广东省连山县上帅乡连宫小学正在施工的教学楼倒塌，现场工人 7 人被砸身亡，9 人受轻伤。

3. 1987 年 7 月 10 日，四川省凉山自治州昭觉县解放沟区拉青乡水电站工地民工住宿处遭受泥石流袭击，造成 36 人死亡，10 人受伤。

★4. 1987 年 9 月 14 日，湖南省益阳市沅江县新建成、待验收的县建委办公楼突然坍塌，沉没于近 5 米深的湖水之中，住在楼内的 41 名施工人员中 40 人死亡，1 人重伤，直接经济损失 93 万元。

5. 1987 年 12 月 4 日，湖南省冷水滩市刚刚建成的菱角山蓄水池在试水时垮塌，倾泻的水流冲毁部分房屋，死亡 3 人，重伤 3 人，轻伤 15 人，直接经济损失 30 余万元。

6. 1988 年 1 月 13 日，广东省大亚湾核电站塔吊安装工程（中建二局深圳一公司机械加工队承担）发生塔吊倒塌事故，死亡 3 人，受伤 6 人（其中 1 人重伤）。

★7. 1989 年 4 月 26 日，中国水利水电第八工程局在贵州乌江渡水电站左岸坝前大黄崖不稳定体硐室爆破施工中发生伤亡事故，造成 28 人死亡，16 人受轻伤。

8. 1989 年 7 月 12 日，湖北省咸宁市通山县通羊镇羊都村砖瓦厂正在建设中的 55 米高的烟囱倒塌，造成 12 人死亡，1 人重伤，1 人轻伤。

9. 1990 年 3 月 12 日，河南省焦作市解放区中原实业公司建筑分公司在陶瓷南路供电局家属楼施工时，因违章操作，利用提升料盘乘人，钢丝绳拉断，提升料盘坠落，事故造成 3 人死亡。

10. 1990 年 6 月 14 日，铁道部第一工程局建筑安装工程处三公司在西安市国安大酒楼施工作业中发生电梯笼高空坠落事故，造成 4 人死亡。

11. 1990 年 8 月 28 日，黑龙江省逊克县正在建设的夕石水电站大桥，混凝土桥面和模板支撑同时塌落，造成 8 人死亡，8 人重伤。

12. 1990 年 12 月 1 日，贵州省铜仁市马漾公路上在建的鱼梁滩脚大桥桥拱突然垮塌，造成 37 人死亡，31 人受伤，直接经济损失 30 余万元。造成事故的直接原因是：拱架用材不合格，降低了载重能力，以致因超载而垮塌。大桥工程的施工不尊重科学，凭经验办事，忽视工程质量和工程安全，单纯追求工期，以工程资金短缺为由，在制作拱架中使用二次用材，造成拱架粗制滥造；对所聘用的工程技术人员没有进行把关审查，将一名一般工人聘为技术人员使用；所绘制的拱架图纸没有按照规定程序报请有关部门审批。

13. 1991 年 4 月 23 日，青海省西宁市湟中县总寨粮管所在拆除一座可储粮 150 万公斤已报废的拱形旧粮库时，因拆除方法不当，发生倒塌事故，造成 10 人死亡，3 人受伤。

14. 1991 年 6 月 12 日，广西壮族自治区平果县新安镇汤那村一户村民在准备拆卸自家修建的水池内模板时，因池内植物腐烂产生沼气而中毒昏迷，而后多名村民下池救援也昏倒池内，事故造成 9 人死亡。

15. 1991 年 6 月 23 日，山东省青岛市地铁 11 号线区间隧道内，中铁建电气化局在运输电缆时车辆侧翻，电缆线辊滚落，现场施工人员 3 人被砸中身亡，12 人受伤。

16. 1991 年 7 月 8 日，福建省晋江县兴华食品厂发生车间屋面坍塌事故，死亡 3 人，受伤 4 人（其中重伤 3 人）。

17. 1991 年 7 月 26 日，广东省广州航道局一炸药装配船在电白县水东港作业时发生爆炸，死亡 6 人，受伤 5 人。

18. 1991 年 8 月 10 日，由铁道部第三工程局六处十一队施工的宝中线庙台子隧道出口上导坑，在距硐口 12 米处发生局部塌方，有 2 名民工被堵在硐内，该队队长带领 26 人进硐抢救过程中，在原塌方处又发生大塌方，造成 23 人死亡，1 人重伤。

19. 1991 年 9 月 26 日，中国铁道建筑总公司第十四工程局三处十一队在杭州市钱塘江二桥北引线配套工程民山路立交桥施工中，桥的第三孔右侧边梁倾覆，造成 4 人死亡，2 人受伤（其中 1 人重伤）。

20. 1991 年 10 月 18 日，铁道部第十九工程局建筑公司第一工程队在辽宁盘锦市辽河油田勘探局热电厂中心试验楼施工时发生钢筋混凝土进深梁折断、楼板塌落事故，造成 3 人死亡，3 人重伤，3 人轻伤。直接经济损失约 9.5 万元。

21. 1992 年 5 月 1 日，河北省涉县井店镇一街建筑队水渣厂工地发生塌方事故，造成 10 人死亡。

22. 1992 年 8 月 27 日，广东省深圳市东鹏运输公司在盐田九径口开山填海工地施工的硐室爆破工程，由于其中一药室发生早爆，造成 15 名作业人员死亡，直接经济损失 80 余万元。

23. 1992 年 10 月 10 日，湖南省郴县良田镇水泥厂熟料堆棚在浇灌混凝土时发生塌落，造成 9 人死亡，5 人重伤，7 人轻伤。

24. 1992 年 10 月 25 日，江西省宁岗县会师瓷厂喷雾干燥车间发生屋面模板倒塌事故，在屋面上施工的 16 名人员坠落，其中 14 人死亡。

25. 1993 年 1 月 3 日，江苏省江都县建筑安装公司在进行上海虹口区海底皇宫娱乐总汇地下室装修工程时，由于工人开玩笑，引燃"立时得"胶水，发生火灾，造成 11 人死亡，13 人受伤。

26. 1993 年 1 月 27 日，河南省固始县华夏建筑工程公司，在进行由洛阳铁路分局工程一公司发包的宝丰货场专用线立交顶篷施工时，发生坍塌事故，造成 11 人死亡。

27. 1993 年 4 月 3 日，广东省广州市黄埔区夏元二队民工临时住宿的违章建筑石屋突然倒塌，死亡 11 人，受伤 25 人。

28. 1993 年 8 月 31 日，福建省武夷山市外贸发展公司在浇注加油站台建筑的水泥钢筋混凝土时，平台倒塌，造成 7 人死亡，4 人受伤。

29. 1993 年 9 月 20 日，吉林省长白朝鲜族自治县长白镇至金华乡沿江公路十七道沟河口石拱桥（在建，由个体施工队负责施工）在拆除石拱模板时坍塌，造成 10 人死亡，3 人重伤。

30. 1993 年 9 月 23 日，山东省龙口市东江建筑公司在前宋电厂施工过程中发生塔吊倾倒事故，造成 4 人死亡。

31. 1993 年 10 月 12 日，辽宁省葫芦岛市锌厂工贸实业总公司建筑公司在拆除该厂六层框架结构的二氧化硫车间施工中，因柱和墙体倒塌，造成 4 人死亡，7 人重伤。

32. 1993 年 10 月 21 日，福建省泉州市拆迁工程处在拆除该市供销社办公楼工程中，因墙体倒塌，砸断楼面板，7 名工人随之坠落，死亡 3 人，重伤 2 人。

33. 1993 年 11 月 26 日，铁道部第五工程局五处三队在承建云南省大理市引洱入宾工程大青山隧道施工中发生触电事故，造成 10 人死亡。

34. 1994 年 2 月 5 日，四川省广安县戴市镇发生拆房倒塌事故，死亡 5 人，伤 2 人。

35. 1994 年 4 月 3 日，福建省南安市五金交化安装总公司在维修施工中发生楼房倒塌事故，死亡 12 人，受伤 4 人。

36. 1994 年 4 月 3 日，铁道部第十五工程局第四工程处在铁路隧道施工中发生窒息事故，死亡 12 人。

37. 1994 年 5 月 1 日，江西省新余市电厂在扩建 20 万千瓦机组施工中，由于主厂房钢梁垮落并导致 33 块水泥预制板下落，造成施工人员 9 人死亡，2 人重伤，4 人轻伤。

38. 1995 年 2 月 15 日，陕西省凤县建筑队在承建省有色金属矿山公司桥梁施工中，因桥面坍塌，造成 3 人死亡，15 人重伤。

39. 1995 年 5 月 2 日，上海市第三建筑发展总公司徐浦大桥工地发生倒塌事故，死亡 12 人，重伤 2 人。

40. 1995 年 5 月 23 日，广东省陆丰县博美镇仙桥管理区一在建的加油站发生坍塌事故，造成 3 人死亡，15 人重伤。

41. 1995 年 7 月 12 日，山东省青岛市泡花碱厂建筑工地发生围墙倒塌事故，死亡 25 人，重伤 6 人。

42. 1995 年 7 月 30 日，上海市煤气公司一公司管道队在中山南路董家渡路安装煤气管道用户接线过程中，阻气袋发生爆炸。因缺乏必要的防护措施和自我保护意识，在救护过程中，造成 5 人死亡，8 人受伤。

43. 1995 年 11 月 29 日，湖北省电力建设总公司第二工程公司青山热电厂发生吊塔坠落事故，死亡 15 人，重伤 5 人。

44. 1995 年 12 月 3 日，山西省忻州地区偏关县万家寨引黄工程黄龙段（世界银行贷款项目，由意大利 MM 公司承建）施工中发生山体滑坡事故，造成 12 人死亡。

45. 1995 年 12 月 8 日，四川省德阳市建筑公司第三工程处施工工地发生坍塌事故，死亡 17 人，重伤 5 人，轻伤 5 人。

46. 1996 年 1 月 25 日，中国化学工业建设总公司第十六工程公司，在湖北省应城市湖北省化工厂建设施工工地拆卸塔吊时，顶升套架连同起重臂平衡臂突然从 40 米高处整体下落，造成 7 人死亡，3 人受伤。

47. 1996 年 6 月 6 日，甘肃省酒泉钢铁公司基建二公司发生塔吊倒塌事故，死亡 10 人，重伤 3 人。

48. 1996 年 6 月 28 日，福建省三元特殊技术工程公司在连江县琯头镇东边村一华侨住宅实施纠偏矫正作业时发生倒塌事故，造成 11 人死亡，6 人重伤。

49.1996 年 8 月 15 日，解放军总后勤部工程总队直属工程队在北京市宣武区承建国家经贸委办公大楼墙面贴瓷砖作业中，可分段式整体提升脚手架从44.3 米高处坠落，造成 8 人死亡，5 人重伤，6 人轻伤。

50.1996 年 9 月 9 日，四川省水电局第五工程处宝珠山水电站施工现场发生吊篮坠落事故，死亡 11 人，重伤 2 人。

51.1996 年 10 月 15 日，山东省电力建设第三工程公司，在寿光热电股份有限公司三期工程汽轮机房建设工地施工中，在吊装屋面板时，发生屋架塌落，造成 5 人死亡，5 人重伤，2 人轻伤。

52.1996 年 12 月 2 日，贵州省贵阳市市政公司在公路扩建施工中发生山体滑坡事故，造成 38 人死亡，15 人受伤。

53.1996 年 12 月 20 日，广东省韶关市公路局工程公司负责施工的一座钢筋混凝土特大型桥梁，在进行箱型底板混凝土浇筑时，桥梁支架突然坍塌，致使在桥面上施工的人员坠入 74 米深的沟底，造成 32 人死亡，14 人重伤。发生事故的直接原因是施工支架设计强度低，稳定性不够，不能承受大桥施工时的荷载，使支架失稳倒塌。在浇筑混凝土过程中，曾多次多处出现模板、钢筋严重翘起变形的事故征兆，施工技术人员因怕出事逃离现场，而现场主管人员不采取有效措施，而是强行施工，还让几十名工人踩压翘起的模板，违反常规，乱干、蛮干，置施工人员的生命安全于不顾。

54.1997 年 1 月 16 日，浙江省绍兴市绍兴县第二建筑工程公司在承建黄浦江上游 2.4 标导洪渠施工中发生塌方事故，造成 8 人死亡。

55.1997 年 4 月 5 日，广西壮族自治区钦防高速公路建设工程指挥部一辆翻斗车，在接钦北区大寺糖厂立交桥附近铺路面的 36 名员工下班返回途中，因车速过快，发生翻车事故，造成 7 人死亡，4 人重伤。

56.1997 年 4 月 24 日，安徽省芜湖市第一建筑公司在芜湖造船厂建设工地施工中发生脚手架倒塌事故，造成 13 人死亡，12 人重伤。

57.1997 年 4 月 27 日，云南省林业厅工程公司线路一队施工工地发生火药爆炸事故，死亡 18 人，受伤 23 人。

58.1997 年 4 月 7 日，宁夏回族自治区银川市体育馆拆除施工中发生坍塌事故，造成 8 名民工死亡，8 人受伤。

59.1997 年 5 月 19 日，武汉市武昌区市政工程维修队在拆除排水管网检查井内的混凝土模板时，1 人因中毒坠入 5.8 米深的井底，3 人下去抢救又先后中毒，共造成 4 人死亡。

60.1997 年 7 月 9 日，广西壮族自治区河池地区第二建筑公司在 15 米深的人工挖孔桩内作业，1人因中毒倒在下面，2人下去抢救又先后中毒，事故共造成3人死亡。

★61. 1997年7月12日，浙江省常山县城南小区发生楼房倒塌事故，造成36人死亡，3人受伤。

62. 1997年7月15日，新疆维吾尔自治区博乐市市政养护工程队在排水管网的检查井施工中发生中毒事故，死亡3人，重、轻伤各1人。

63. 1997年8月18日，江苏省沭阳县阳平供销社在进行平房改造时发生倒塌事故，造成5人死亡，6人重伤。

64. 1997年9月5日，江西省交通科研所大通公司在承建南昌市新"八一"大桥施工中，由于吊篮上升时钢丝绳的转向轮焊点断裂，导致吊篮下落，将钢丝绳冲断，吊篮落入江中，造成6人死亡。

65. 1998年1月19日，湖北省黄石电厂205锅炉突然倒塌，正在作业的11名民工当中有6人被砸身亡，5人被砸伤。

66. 1998年2月20日，湖北省巴东县兴东建筑公司七分公司在其承建的江家湾拱桥（长48米）合拢施工中发生坍塌事故，造成10人死亡，15人重伤。

67. 1998年5月6日，广东省珠海市拱北祖国广场工地发生基坑支护坍塌事故，造成5人轻伤，直接经济损失1377.6万元。

68. 1998年8月4日，四川省攀枝花市东区顺达建筑工程公司在该市气象局住宅楼工程挡墙施工中，因挡墙边坡土方坍塌，造成5人死亡。

69. 1998年9月11日，山西省阳泉市广厦建筑安装处和阳泉市自来水公司水暖安装总公司负责施工的阳泉市污水处理厂场地清障工程，因一段深3.9米的管沟没有采取放坡或临时支护措施，当自来水公司的工人进行供水管道施工时发生塌方，1人被压。当10人下去抢救时，再次发生塌方，事故造成9人死亡。

70. 1998年9月15日，上海市第一建筑工程公司总包、江苏南通海门安厦建筑安装公司劳务分包的上海万象国际广场工程，因基坑支撑底模素混凝土塌落，造成6人死亡，6人重伤。

71. 1998年9月19日，青海省桥头电厂六期扩建工程（由西北电建四公司承建）在冷却塔施工中，支撑架体倒塌，造成4人死亡，7人重伤。

★72. 1999年1月4日，位于重庆市綦江县古南镇綦河上的一座名为彩虹桥的人行桥梁发生整体垮塌事故，致使40名正在过桥的人坠入綦河而死，14人受伤。

73. 1999年11月1日，四川省广元市108国道上的一座在建立交桥垮塌，造成10人死亡，15人受伤。

74. 1999 年 11 月 15 日，宁夏回族自治区银川市东环路银川交通饭店拆迁工地清晨发生火灾，4 名少年（盲流人员）丧生。

75. 2000 年 4 月 9 日，由山东省恒台县起凤建工实业股份有限公司承建的淄博胜利建陶有限公司陶瓷干燥塔车间厂房工程发生墙体倒塌事故，造成 7 人死亡，5 人重伤。

76. 2000 年 7 月 1 日，河南省新乡市市政工程处第三施工公司施工的新乡市建设西路雨水管道改造工程，施工人员在雨水井内用风镐开凿雨水堵头时，被井内渗出的毒气熏倒，造成 4 人死亡。

77. 2000 年 7 月 22 日，由河南省中原建筑安装公司（二级企业）承建的辽宁盘锦市辽河油田科研小区二住宅工程，其搭设的供施工人员居住的临时宿舍因不符合安全要求，发生倒塌事故，造成 5 人死亡，5 人重伤。

78. 2000 年 7 月 23 日，由新疆维吾尔自治区乌鲁木齐海港基础实业有限责任公司承建的天一大厦土方工程发生坍塌事故，造成 4 人死亡，5 人重伤。

79. 2000 年 9 月 3 日，湖北省长江三峡工程工地 3 号塔带机的 1 号、2 号皮带机发生坠落事故，34 名作业人员被摔落地面，其中 3 人死亡，31 人受伤。

80. 2000 年 10 月 25 日，江苏省南京市电视台演播中心大演播厅舞台在浇筑顶部混凝土施工中（由南京三建集团有限公司负责施工）发生坍塌事故，正在现场的民工和电视台工作人员 6 人死亡，35 人受伤（其中重伤 11 人）。

81. 2000 年 11 月 16 日，上海市闵行区陈行建设发展有限公司第三工程队发生坍塌事故，造成 11 人死亡，3 人受伤（其中 2 人重伤）。

82. 2000 年 12 月 14 日，广东省东莞市厚街镇赤岭村发生楼房坍塌事故，死亡 12 人，受伤 28 人。

（四）其他工贸企业事故

★1. 1987 年 3 月 15 日，黑龙江省哈尔滨亚麻纺织厂正在生产的梳麻、前纺、准备三个车间的联合厂房发生亚麻粉尘爆炸起火事故，造成 58 人死亡，65 人重伤，112 人轻伤，1.3 万平方米主厂房、189 台（套）设备遭到毁坏，直接经济损失 882 万元。

2. 1987 年 5 月 19 日，广东省梅县地区一个体经营腐竹厂使用的锅炉发生爆炸，死亡 3 人，受伤 3 人。

3. 1987 年 7 月 27 日，山东省滨州市博兴县曹王镇前塘村骨胶厂使用的济南市历下区东华机械厂非法生产的锅炉发生爆炸事故，死亡 5 人，重伤 4 人，轻伤 9 人。厂房炸为废墟。

4. 1987 年 10 月 29 日，吉林省吉林造纸厂新建七车间发生热力管线阀门爆裂事故，现场人员 7 人灼烫死亡，重伤 3 人，轻伤 2 人。

5. 1988 年 5 月 25 日，宁夏回族自治区银川市铁合金厂发生钢包爆炸事故，造成 4 人死亡，5 人重伤，厂房全部毁坏。

6. 1988 年 12 月 4 日，黑龙江省双鸭山市包装制品厂的一台锅炉发生爆炸，死亡 6 人，重伤 1 人，轻伤 8 人。

★7. 1989 年 6 月 20 日，山西省阳泉市自来水公司犹脑山配水厂的一座蓄水池崩塌，短短十几分钟内大水冲断山坡上向市区供水的主管道，冲走山沟中正在拣废铁的人，淹没地处山下的阳泉钢铁公司主要生产区，造成 39 人死亡，61 人受伤。该水池容量 9324 立方米，已建成使用九年半，导致水池崩塌的直接原因是绕池钢丝严重锈蚀断裂。

8. 1989 年 8 月 24 日，黑龙江省伊春市木材综合加工厂造纸分厂化碱室 2 号化碱罐发生爆炸，造成 3 人死亡，2 人重伤，直接经济损失 3 万余元。

9. 1990 年 1 月 22 日，上海船厂浦西分厂船体车间发生二氧化碳外泄窒息事故，造成 7 名工人窒息死亡，18 名工人和消防人员受伤，经济损失 14 万余元。

★10. 1990 年 2 月 16 日，辽宁省大连重型机器厂计量处四楼会议室的屋盖突然塌落，造成 42 人死亡，46 人重伤，133 人轻伤。

★11. 1990 年 3 月 12 日，甘肃省酒泉市酒泉钢铁公司炼铁厂 1 号高炉因带病超期服役、引发爆炸事故，造成 19 人死亡，10 人受伤，直接经济损失 489.2 万元。

12. 1990 年 4 月 22 日，北京人民大会堂一台 SZQ4-1.25 型锅炉发生炉膛爆炸事故，幸未造成人身伤亡。

13. 1990 年 4 月 30 日，辽宁省鞍山市岫岩县水泥厂贮煤罐发生煤气中毒事故，3 人在罐内中毒死亡；下罐救人的 3 名工人因没有采取防护措施，也不同程度地中毒。

14. 1990 年 5 月 2 日，广东省江门市开平县苍城镇城东砖厂发生烟囱倒塌事故，死亡 24 人。

15. 1990 年 11 月 22 日，上海市上海船厂"青云岭号"船机舱发生二氧化碳外泄中毒事故，导致 18 人中毒，其中 9 人死亡。

16. 1991 年 2 月 10 日，湖南省株洲机车车辆厂铸工车间发生炉内爆炸事故，造成 5 人死亡（其中 4 人受伤后抢救无效死亡），5 人受伤。

17. 1991 年 2 月 10 日，广西壮族自治区柳州机车辆工厂铸工车间发生炉内爆炸事故，钢水从炉盖、炉门向外大量喷溅，一人当场死亡，烫伤 5 人（其中 4

人因抢救无效死）死亡，事故造成 5 人死亡。

18. 1992 年 5 月 18 日，湖北省襄樊市湖北制药厂四分厂皂素废料堆场突然发生爆燃，当场死亡 11 人。

19. 1992 年 5 月 20 日，贵州省遵义地区习水县供销建材厂蒸压釜在运行中发生爆炸，当场死亡 2 人，重伤 3 人（其中 1 人住院后死亡），轻伤 4 人。

20. 1992 年 7 月 10 日，广东省四会县黄田镇蚊帐布厂的厂房被山体滑坡压塌，造成 5 人死亡，经济损失约 100 万元。

21. 1993 年 1 月 7 日，上海市青浦打火机厂由于工人拆卸打火机时遇火源引起爆炸起火，造成 17 人（男 7 人，女 10 人）死亡，3 人受伤。

★22. 1993 年 1 月 8 日，上海市青浦县盈中乡创新村青浦打火机厂由于车间内丁烷气体泄漏、聚集，遇明火发生燃爆，造成 17 人死亡，3 人轻伤。

23. 1993 年 1 月 8 日，黑龙江省方正县育林乡春雷烟花鞭炮厂发生爆炸，当场死亡 12 人，重伤 2 人，炸毁房屋 150 平方米。

24. 1993 年 3 月 1 日，河南省漯河市变压器厂成装车间真空干燥罐发生爆炸。死亡 3 人，经济损失 12 余万元。

★25. 1993 年 3 月 10 日，浙江省宁波市北仑港发电厂发生炉膛爆炸事故，死亡 23 人，重伤 8 人，轻伤 16 人①，直接经济损失 778 万元。

26. 1993 年 6 月 4 日，广东省深圳市宝安区龙华镇第四工业区美景金属制品有限公司的围墙被墙外泥水冲垮，压倒搭设在围墙边的工棚，死亡 14 人，受伤 16 人。

27. 1993 年 9 月 8 日，辽宁省大连市长海县小长山乡育苗二场一位负责人在清理育苗池排水沟内的杂物时中毒晕倒，随后 7 名施救者也陆续晕倒，事故造成 3 人死亡。

28. 1994 年 3 月 1 日，吉林省吉林市热电厂燃油管道在运行中突然裂开，燃起大火，死亡 4 人，受伤 2 人，一台 220 吨/小时锅炉报废，直接经济损失 1000 万元。

29. 1994 年 3 月 9 日，广东省东莞市虎门镇二轻太平手袋厂的一栋三层房屋在拆除时意外倒塌，造成 5 人死亡，6 人受伤。

30. 1994 年 4 月 12 日，上海市宝山区中外合资上海联胜皮草制品有限公司上浆车间烘箱因大量可燃气体散发，引起爆炸，死亡 5 人，受伤 1 人，炸毁房屋 86 平方米。

---

① 浙江宁波地方志记载，此次事故死亡 19 人，受伤 21 人。

31.1994年4月15日，河南省计生委科研所发生淋浴热交换器爆炸事故，死亡8人，重伤5人。

32.1994年6月4日，广东省深圳市龙岗区盛平村港商独资企业协成塑胶五金制品厂发生坍塌事故，造成11人死亡，8人重伤，26人轻伤。

33.1994年6月23日，天津市冶金局铝材厂，由于盐浴乳（含硝酸铵）加温而爆炸，造成厂房坍塌，导致10人死亡，2人重伤，21人轻伤。

34.1994年9月15日，辽宁省沈阳市万莲街煤气管道断裂，爆炸起火，死亡4人，重伤6人，轻伤3人。

35.1995年1月3日，山东省济南市内街道上发生由于煤气管道破裂、煤气进入地下电缆沟的爆炸事故，约2.2千米长的路面遭到不同程度的破坏，12人死亡，49人受伤，直接经济损失约200万元。

36.1995年1月19日，北京人民大会堂西侧路煤气管道探井井盖被汽车压翻，砸断井内阀门，造成煤气泄漏发生爆燃，烧毁一辆汽车。

37.1995年2月11日，四川省达川地区达川钢铁总厂轧钢分厂发生爆炸事故，死亡11人，重伤4人。

38.1995年5月21日，山东省潍坊市寿光县寿光镇南关村冷食厂恒温库发生蒜薹货架倒塌事故，造成10人死亡，4人轻伤。

39.1995年12月3日，江苏省苏州市吴江市盛泽漂染厂防雨布生产车间在涂防雨膜时发生二甲苯爆炸事故，造成5人死亡，8人受伤。

40.1996年1月15日，四川省西昌卫星发射基地运载火箭发射升空后突然爆炸，死亡8人，受伤1000余人。

41.1996年1月20日，广东省茂名市电白县羊角镇一打火机厂发生火灾爆炸事故，造成7人死亡，3人重伤。

42.1996年4月17日，浙江省瑞安市云周乡敦煌胶鞋厂发生炼胶机爆炸事故，造成9人死亡，4人重伤。

43.1996年7月21日，浙江省杭州市钱江水泥厂二机立窑发生喷窑事故，窑内熟料喷出1.5吨，温度高达1200摄氏度，造成4人死亡，1人重伤，1人轻伤。

44.1996年12月4日，黑龙江省哈尔滨市司法局所属的一个为打火机装气的生产厂点发生爆炸，死亡28人，受伤1人。

★45.1997年1月5日，黑龙江省哈尔滨市长林子打火机厂发生火灾爆炸事故，死亡93人，烧伤1人。

46.1997年1月8日，辽宁省沈阳市铁西区牛肉大饼店发生10千克装液化石油气瓶爆炸事故，造成9人死亡，10人重伤。

47. 1997年1月20日，江苏省南钢集团公司炼铁厂在检修二号高炉过程中发生煤气泄漏事故，造成5人死亡，12人受伤。

48. 1997年2月24日，陕西省西安市日出打火机厂发生火灾，造成16人死亡，6人受伤。

★49. 1997年3月25日，福建省莆田县新光电子有限公司的一栋员工宿舍楼因擅自设计施工、偷工减料、质量低劣而倒塌，死亡32人，78人受伤。

50. 1997年5月21日，河南省兰考县仪封园艺场冷库发生货架倒塌事故，导致摆放在货架上的蒜薹将现场作业的27人压埋，造成10人死亡，9人重伤。

51. 1997年9月24日，河北省邢台市冶金机械厂炼钢车间10号炼钢炉发生喷溅事故，造成5人死亡，5人重伤。

52. 1997年10月14日，辽宁省大连造船厂发生可燃物质泄漏并导致爆炸事故，造成6人死亡，4人重伤。

53. 1997年10月21日，广东省南海市永恒集团石蝎合金厂浇铸车间铝合金冷却过程中发生爆炸事故，造成8人死亡。

54. 1997年11月13日，黑龙江省哈尔滨市宾县居仁镇巨人打火机厂充气车间在生产过程中发生爆燃事故，造成16人死亡（其中女性11人）。

55. 1998年3月25日，山西省临猗县临晋镇许村兽药厂在配制鱼塘消毒药分装亚氯酸钠过程中，发生爆炸事故，造成12人死亡，3人重伤。

56. 1998年4月21日，湖南省长沙市中山路培罗蒙服装公司六层大楼的上部三层突然倒塌，造成8名实习女生死亡。

57. 1998年5月12日，河北省河北铬盐厂金属铬车间在搬运氯酸钾过程中发生爆炸，造成4人死亡。

58. 1999年1月14日，宁夏回族自治区石嘴山矿务局银川家属小区的一座燃油供暖锅炉发生爆炸，锅炉工王宏斌被炸身亡。

59. 1999年3月25日，山西省临猗县兽药总厂发生爆炸事故，死亡12人，受伤5人。

60. 1999年7月6日，河南省登封市第二水泥厂发生山体滑坡事故，死亡16人，伤1人。

61. 1999年7月15日，河北省保定市阜平县东下关造纸厂一名工人下到纸浆池修理故障机器时晕倒池中，随后其他人下池救助、相继晕倒，造成多人中毒，5人死亡。

62. 1999年7月19日，山东省枣庄市制油厂浸出车间发生爆炸，现场作业人员 11 人，其中 5 人死亡，6 人受伤。

★63. 1999 年 10 月 3 日，贵州省兴义市马岭河峡谷风景区客运索道发生钢丝绳断裂、吊箱坠落事故，造成 14 人死亡，22 人受伤。

64. 1999 年 12 月 9 日，上海市静安寺附近的丽晶大酒家发生由厨房煤气泄漏引发的燃爆事故，造成 8 人死亡，近百人受伤。

65. 2000 年 2 月 19 日，河南省濮阳县高留镇三力玻璃制造有限公司发生地下废弃天然气管线爆炸事故，造成 15 人死亡，56 人受伤（其中 13 人重伤），直接经济损失 342.6 万元。三力公司在施工时对废弃天然气管道处理不当，盲板封堵焊接质量差；随着蓄热室周围温度升高，管道内残余的天然气受热升温形成正压，穿过其端口盲板焊接气孔进入电缆沟；电缆沟内积聚达到爆燃浓度，并沿电缆沟穿孔进入 6 号炉常规电控柜；6 号炉常规电控柜内空气开关电热作用引燃天然气，是造成电缆沟着火的直接原因。

66. 2000 年 3 月 8 日，上海市宝山区金路达保健品有限公司发生压力容器爆炸事故，10 人当场死亡，18 人送医院救治，其中 1 人救治无效死亡。

67. 2000 年 4 月 7 日，江苏省江阴市周庄龙山人造革厂三分厂牛津布车间发生爆燃事故，造成 4 人死亡，2 人受伤，

68. 2000 年 7 月 9 日，北京市首钢电力厂汽机车间主蒸汽管道发生爆炸事故，造成 6 人死亡元。

69. 2000 年 8 月 21 日，江西省萍乡市钢铁有限责任公司制氧厂发生压力容器爆炸事故，造成 22 人死亡，24 人受伤。

70. 2000 年 9 月 23 日，山西省潞城市潞宝实业总公司煤气发电厂发生锅炉炉膛煤气爆炸事故，死亡 2 人，重伤 5 人，轻伤 3 人。

（五）火灾事故

1. 1987 年 3 月 15 日，内蒙古自治区呼伦贝尔盟陈旗、牙克石市和额右旗境内发生草原森林火灾，三旗先后组织 2500 余人奋战扑火，52 人牺牲，24 人烧伤。过火面积 1400 平方千米。

2. 1987 年 3 月 28 日，湖北省鄂西（恩施）自治州恩施市胜利街发生火灾，造成 5 人死亡，烧毁居民房屋 52 家，直接经济损失 120 余万元。

3. 1987 年 3 月 28 日，云南省安宁县青龙区发生山林火灾，扑救中 56 人被烧身亡，烧伤 3 人。

4. 1987 年 4 月 20 日，内蒙古自治区大兴安岭林区库都尔林业局施业区因陈巴尔虎旗草原火入境引起特大森林火灾。风向突变，风大火急，火场上形成了一

个旋风式的强大高压热流，90 名上山扑火人员被卷入火中，其中有 52 人壮烈牺牲（当场死亡 43 人，抢救中死亡 9 人），24 人严重受伤。过火面积 10 万公顷（其中林地 6 万公顷），直接经济损失 200 万元以上。

★5. 1987 年 5 月 6 日至 6 月 2 日，林业部直属的黑龙江大兴安岭森工企业发生特大森林火灾事故，过火面积 101 万公顷（其中森林面积 70 万公顷），烧毁房屋 61.4 万平方米；造成森工企业职工和居民死亡 193 人，伤 226 人；直接经济损失 5 亿多元。

6. 1987 年 10 月 25 日，北京市洗衣机厂仓库发生火灾，烧毁简易库房 1173 平方米，洗衣机电机 5.88 万余台，直接经济损失 361 万余元。

7. 1988 年 4 月 10 日，江西省江州造船厂在对 274 号潜艇周围的地面油污进行清除时发生火灾，将在舱内进行除锈作业的 10 名女性临时工死亡，4 人烧伤。

8. 1988 年 12 月 9 日，天津市化工轻工业公司汉沟仓库发生火灾，烧毁精奈、纯碱等化工原料、引进设备及库房，造成直接经济损失 1347 万元。

9. 1990 年 2 月 12 日，辽宁省盘锦市军分区办公大楼因食堂天然气管道破裂，泄漏的天然气遇明火发生爆炸，整座大楼（共 4 层、3654 平方米）被毁，死亡 24 人，烧伤 17 人，直接经济损失 270 万余元。

10. 1990 年 5 月 25 日，黑龙江省哈尔滨市南岗区一居民楼发生火灾，死亡 16 人，烧伤 11 人。

11. 1990 年 7 月 30 日，广东省东莞市宏达实业公司发生火灾，烧毁厂房 6139 平方米，机械设备 201 台（套），经济损失 1280 万元。

12. 1991 年 1 月 14 日，湖北省武汉市汉口解放大道川宫餐馆，因炭炉引燃木质地板和周围可燃物成灾，死亡 10 人，伤 4 人（其中跳楼摔伤 3 人）。

13. 1991 年 3 月 26 日，湖北省宜昌市粮油储运公司宝塔河粮食仓库因雷击引起火灾，烧毁库房 3057 平方米、大米 12.6 万公斤、麻袋 8580 条、空调机 40 台，直接经济损失 42.7 万元。这是湖北省粮食仓库自中华人民共和国成立至此发生的最大一起火灾事故。

14. 1991 年 4 月 11 日，黑龙江省绥棱农场 13 队一名职工违法烧荒引起火灾，4 名职工和 3 名家属在灭火时死亡。

15. 1991 年 4 月 17 日，北京市铝材厂油库失火，灭火过程中 12 名职工被烧成重伤。

16. 1991 年 4 月 27 日，新疆维吾尔自治区克拉玛依市白碱滩时代木器厂发生火灾，死亡 10 人。

17. 1991 年 5 月 28 日，辽宁省大连市大连饭店发生火灾，造成 6 人死亡，18

人受伤。

★18. 1991 年 5 月 30 日，广东省东莞市石排镇田边管理区盆岭村个体户（挂名集体）王某一、王某二两对夫妇开办的兴业制衣厂（来料加工企业）发生火灾事故，造成 72 人死亡，47 人受伤，840 平方米的厂房被烧毁。

19. 1991 年 7 月 31 日，内蒙古自治区呼和浩特市第二橡胶厂布胶鞋车间硫化罐罐盖飞出，引起火灾，造成 5 人死亡，1 人重伤，5 人轻伤。

20. 1991 年 10 月 20 日，吉林省长春市上海路 12 号居民楼发生火灾，造成 14 人死亡，3 人被烧伤。

21. 1991 年 12 月 13 日，吉林省长春市宽城区吉林省军区第一招待所发生火灾，造成 14 人死亡，19 人烧伤。

22. 1991 年 12 月 22 日，安徽省淮北市刘桥一矿 65 采区变电所及皮带机巷发生特大火灾事故，死亡 26 人。

23. 1991 年 12 月 25 日，江苏省连云港市云华宾馆发生火灾，14 人遇难，遇难者中有 11 人为出席会议的代表，他们都是治理淮河的专家。

24. 1992 年 2 月 21 日，河南省开封市第二运输公司医院发生火灾，造成 5 人窒息死亡。

25. 1992 年 3 月 22 日，天津市河东区的天津乒乓球厂发生火灾，造成 8 名当班工人死亡，直接经济损失 82 万元。

26. 1992 年 5 月 11 日，江苏省南通市电视机厂五号楼发生火灾，重伤 1 人，直接经济损失约 938 万元。

27. 1992 年 7 月 7 日，广东省深圳市宝安县公明镇塘尾村百星制衣厂（合资企业）因成品仓库电源开关接触不良，接触电阻过大而产生的高温烧坏导线绝缘层，形成短路，引燃紧靠开关的布料，造成火灾事故，死亡 16 人，受伤 23 人，烧毁厂房 3500 平方米，直接经济损失约 60 万元。

28. 1992 年 8 月 27 日，广东省东莞市厚街镇恒丰皮具厂因生产用火不慎引燃车间内易燃物品导致发生火灾，造成 14 人死亡，16 人受伤。

29. 1992 年 11 月 26 日，湖北省武汉市江汉区一居民家中因电线短路起火，死亡 11 人，摔成重伤 1 人。17 户、40 人受灾。

30. 1992 年 12 月 13 日，广东省深圳市宝安区新安镇铁岗村民生信封制造有限公司永达志印刷厂发生火灾，致使 11 人死亡，7 人受伤。

31. 1993 年 1 月 13 日，黑龙江省哈尔滨市正在建设中的哈尔滨旅游城发生火灾，8 人被烧身亡，4 人烧成重伤，直接经济损失 676.7 万元。

★32. 1993 年 2 月 14 日，河北省唐山市东矿区林西百货大楼发生火灾，死亡 82 人，受伤 55 人。大楼一至三层营业厅内的货物全部烧毁，直接经济损失 400 余万元。

33. 1993 年 2 月 22 日，河北省邢台市桥东区东关新村一居民在拆卸加工炮弹时不慎引起爆炸起火，11 人死亡，39 人重伤，24 人轻伤。

34. 1993 年 3 月 6 日，吉林省白城市造纸厂苇场发生火灾，直接经济损失 700 余万元。

35. 1993 年 4 月 6 日，广东省惠州市惠东县大岭镇中泰酒楼因违章乱拉乱接电线引发火灾事故，死亡 11 人，重伤 3 人。

36. 1993 年 4 月 11 日，北京市宣武区北京游乐园里的大观览车第 18 舱内，因有人扔进烟头引发火灾，舱内坐着的顺义县城关第三中学 3 名学生被烧身亡。

37. 1993 年 5 月 13 日，江西省南昌市万寿宫商场（9 层建筑高 32.4 米）发生火灾，烧毁倒塌房屋 12647 平方米，造成 123 户、603 人和 209 个集体、个体商业户受灾，568 个货柜摊位和部分机电设备被烧毁。火灾造成直接经济损失 585.6 万元，间接经济损失 261 万元。

38. 1993 年 7 月 5 日，辽宁省大连开发区中日合资大连医疗器具有限公司发生火灾，污损大批注射器、输液管等医疗器具和生产设备，以及建筑 750 平方米，直接经济损失 1376.2 万元。灭火过程中 13 名消防官兵受伤。

39. 1993 年 7 月 21 日，福建省惠安市螺城中心市场贸易大楼因电线短路发生火灾，烧毁建筑 2811 平方米，死亡 15 人，受伤 19 人，直接经济损失 283 万元。

40. 1993 年 8 月 12 日，北京市隆福商业大厦由于后楼出租柜台的售货员下班未按规定关灯，长时间通电造成日光灯镇流器线圈匝间短路产生高温，引燃了固定镇流器的木质材料，蔓延成灾。大厦后楼 4 层建筑面积 8800 平方米，烧毁 3 层；西部营业厅 2000 平方米，全部烧毁；前主楼高 8 层，有 2 层约 400 平方米，不同程度过火；灭火中有 34 名官兵受伤。造成直接经济损失 2148.9 万元。

41. 1993 年 8 月 23 日，云南省昆明市东方夜总会因用火不慎发生火灾，烧毁建筑 8236.5 平方米，致使楼内的昆明市供销社土产公司、东方夜总会等单位受灾，直接经济损失 1664.9 万元。灭火过程中有 11 名消防官兵受伤。

42. 1993 年 10 月 14 日，广东省广州市乒乓球厂发生火灾，烧毁建筑近 4000 平方米，死亡 2 人，受伤 23 人，直接经济损失 890 万元。火灾系雨水渗入烘房内使乒乓球半成品受潮分解自燃所致。

★43. 1993 年 11 月 19 日，广东省深圳市葵涌镇港商独资的致丽工艺制品厂发生火灾，造成 84 人死亡，20 人重伤，轻伤 25 人。

44.1993年11月21日，黑龙江省红兴隆农垦局饶河农场苗圃队山林采伐点因生活用火不慎引起火灾，烧毁工棚80平方米，造成10人死亡，6人重伤，7人轻伤。

★45.1993年12月13日，福建省福州市马尾经济技术开发区内台商独资的高福纺织有限公司发生火灾，烧毁建筑3979平方米，造成61人死亡，7人受伤，直接经济损失约600万元。

46.1993年12月22日，黑龙江省七台河市北岗煤矿货场宿舍发生火灾事故，引起火场内存放的炸药爆炸，造成10人死亡，2人被炸伤。

47.1994年1月30日，浙江省杭州市天工艺苑（购物中心）家具包房内因吸顶灯电源线短路打火，喷溅的熔珠落在席梦思床垫上引起火灾，大火将这座建筑面积12332平方米，集经营、娱乐、生产、办公为一体的4层（局部5层）大楼大部分烧损，内部商场及夜总会设施和商品被烧毁，直接经济损失近1000万元。

48.1994年2月6日，福建省厦门市同安县波特鞋业有限公司（台商独资企业）因职工用甲苯清扫地板，遇电气火花引起火灾，烧伤2人，烧毁2层、5层楼房各1栋（总面积8400余平方米），生产流水线5条，截断机40台，电动缝纫机600台及大量原料、成品等，直接经济损失1610万元。

49.1994年3月27日，黑龙江省大庆市萨尔图莱市场因过往行人乱丢烟头，引燃纸片、塑料等可燃物酿成火灾，烧毁建筑6215平方米，冰箱、冰柜54台，电视机217台，音响217台，及大量服装，直接经济损失1359.4万元。

50.1994年6月11日，广东省江门地区鹤山市雅瑶镇增兆鞋厂（台商独资企业）因职工用香蕉水擦地板，导致爆燃起火，死亡17人，烧伤27人，烧毁3层楼房1栋（面积5000平方米）及大量原料等。

★51.1994年6月16日，广东省珠海市前山镇裕新染织厂发生火灾，在扑灭残火时厂房突然倒塌，造成93人死亡，48人重伤，108人轻伤。直接经济损失9500余万元。

52.1994年6月18日，辽宁省鞍山市鸣春楼歌舞大酒店发生火灾，造成14名服务员死亡，1人受伤。

53.1994年7月19日，广东省惠东县平山镇中心市场，因工商所职工搞卫生时，焚烧垃圾不慎引燃附近个体摊档成灾，烧毁3层建筑2栋（面积10600平方米）、摊位848家，直接经济损失1704万元。

54.1994年7月28日，黑龙江省大庆市少年宫发生火灾，14名6~12岁女学生被烧身亡，重伤3人，轻伤1人。火灾发生原因是当晚为学生宿舍安装电风扇的 4 名电工在室内吸烟，丢下未熄灭的烟头落在地面可燃物上引起的。

55. 1994 年 11 月 15 日，吉林省吉林市银都夜总会（在市博物馆楼内，由博物馆租给吉林省建设开发集团公司，与台商合资开办）发生火灾，死亡 2 人，烧毁毗连的市博物馆和图书馆 6800 平方米，烧毁古文物 32239 件，世界早期邮票 11000 枚，黑龙江省送展的大型恐龙化石（长 11 米、高 6.5 米）一具，世界现存最大的珍贵陨石"吉林一号"也葬身火海。直接经济损失 671 万元，文物价值难以计算。

56. 1994 年 11 月 25 日，海南省儋州市那大商场发生火灾，烧毁 393 个出租摊位（面积 6548 平方米）及大量家具、成衣、食品等，直接经济损失 1500 万元。事故原因是一个体户违章电焊，电焊火花引燃衣物等可燃物。

★57. 1994 年 11 月 27 日，辽宁省阜新市评剧团所属艺苑歌舞厅发生火灾，死亡 233 人（其中男 133 人，女 100 人），烧伤 20 人（重伤 4 人，轻伤 16 人）。

58. 1994 年 11 月 30 日，山东省滨州地区瀛云宾馆二楼因电线短路引起火灾，造成 12 人死亡，38 人受伤。19 套客房和设备被烧毁。

★59. 1994 年 12 月 8 日，新疆维吾尔自治区克拉玛依市友谊馆发生火灾，造成 325 人死亡（其中中小学生 288 人），受伤 132 人（其中重伤 68 人）。

60. 1994 年 12 月 10 日，黑龙江省齐齐哈尔市建华区"公主歌舞餐厅"，厨师在准备更换液化石油气罐时起火，火灾造成 17 人死亡，9 人受伤。

61. 1995 年 1 月 20 日，江西省九江市大中商厦因使用伪劣照明灯具引起火灾，造成 9 名商场值班员和装修工被烧身亡，1 人坠亡，烧毁建筑 8800 平方米以及三至五楼全部商品和六楼仓库的部分物品，直接经济损失 536.2 万元。

62. 1995 年 1 月 20 日，河南省郑州市天然商厦因电线短路引起火灾，烧毁建筑 6700 平方米及内部装修和二至四楼全部商品，直接经济损失 2096 万元。扑救中 9 名消防官兵受伤。

63. 1995 年 3 月 13 日，辽宁省鞍山市繁荣商场发生火灾，当场死亡 35 人（其中跳楼坠亡 4 人），受伤 18 人，烧毁商场二至六楼的大量服装、百货等，直接经济损失 866 万元。

64. 1995 年 4 月 1 日，广东省汕头市金砂邮电大楼因电线短路引起火灾，烧毁（损）5 万门市话程控交换机、20 万门全自动 BP 机交换机和查询台、长途交换机房等，造成国际、国内通讯中断达 140 余小时，过火及烟熏面积约 600 平方米，直接经济损失 1497.9 万元。

65. 1995 年 4 月 6 日，山西省朔州市怀仁县小峪煤矿第二小学四年级共 195 名学生在老师带领下到山上春游，一些学生不听劝阻，点燃树枝烧烤土豆，引燃干枯草木，由于风力较强，山火迅速蔓延，29 名学生被烧身亡（其中男生 18 人，女生 11 人，年龄最大 14 岁，最小 9 岁），重伤 1 人，轻伤 3 人。

66. 1995 年 4 月 24 日，新疆维吾尔自治区乌鲁木齐市水产蛋禽副食品公司的凤凰时装城装修工地因电线短路发生火灾，造成 52 人死亡，6 人受伤，过火面积近 489 平方米，直接经济损失 41.6 万元。扑救中 11 名消防战士受伤。

67. 1995 年 5 月 13 日，内蒙古自治区大兴安岭林管局甘河林业公司储木场因电线短路发生火灾，烧毁木材 49034 立方米、机器设备 50 台，房屋 10354 平方米，致使 4 个单位和 96 户居民受灾，直接经济损失 1043.7 万元。

68. 1995 年 9 月 2 日，广东省顺德市桂州镇红旗管理区竹山电器火机厂总装车间，工人在进行打火机装机试火时，由于漏气引燃半成品打火机，造成连续爆炸和火灾，造成 22 人死亡（女性 21 人），5 人重伤，40 人轻伤。大火烧毁总装车间 437 平方米建筑物及半成品打火机 75 万只，直接经济损失 49.5 万元。

69. 1995 年 10 月 15 日，山东省胶州市张应镇青岛世原鞋业有限公司（韩国独资）技术部制造准备车间因电缆线短路发生火灾，烧毁该车间全部建筑 10386 平方米及机器设备 383 台，直接经济损失 2785.8 万元。

70. 1995 年 11 月 26 日，贵州省毕节地区邮电局大楼因电线短路发生火灾，烧毁建筑 690 平方米（房屋 11 间），直接经济损失 901.2 万元，造成该地区通讯中断 50 小时。

71. 1995 年 12 月 8 日，广东省广州市广涛阁芬兰浴中心（香港独资）发生火灾，烧毁建筑 800 平方米，并殃及森蒂娱乐城员工宿舍，18 名女工死亡，直接经济损失 145 万元。

72. 1996 年 1 月 1 日，广东省深圳市宝安区龙华镇青湖村胜立圣诞饰品有限公司（台商独资）发生火灾，死亡 20 人（其中女工 13 人），烧伤 109 人，烧毁建筑 3000 平方米及塑料制品 1 万件，直接经济损失 469 万元。

73. 1996 年 2 月 5 日，四川省重庆市渝中区群林商场发生火灾，死亡 5 人，烧毁整座市场及市场内的所有商品，直接经济损失 963.1 万元。

74. 1996 年 2 月 9 日，黑龙江省鸡西市金融商厦四楼旱冰场发生火灾，造成 10 人死亡，直接经济损失 46.4 万元。

75. 1996 年 2 月 18 日，江苏省扬州市南门街 8 号居民住宅楼发生爆炸火灾，造成 19 人死亡，5 人受伤，20 户居民住宅遭受不同程度的破坏，直接经济损失 112 万元。火灾系地下煤气管道破裂，泄漏的煤气遇明火所致。

76. 1996 年 4 月 2 日，辽宁省沈阳市沈阳商业城发生火灾，直接财产损失 5519.2 万元（其中房屋损失 1306.1 万元，设备损失 704.1 万元，商品损失 3509

万元)。

77. 1996 年 7 月 17 日，广东省深圳市罗湖区宝安南路端溪酒店二楼肥肥火锅城，因其经理刘某在离开住室时没有把电风扇电源关闭就锁门外出，异物进入电风扇罩内，使电源线过热燃烧，引燃周围的可燃物，引发火灾。事故造成 30 人死（其中男 19 人，女 11 人），13 人受伤（其中重伤 2 人）。

78. 1996 年 11 月 27 日，上海市黄浦区广西南路 44 弄余庆里 6 号居民楼（四层，砖木结构，建于 1937 年）发生火灾。大火烧毁砖木结构建筑 1350 平方米。殃及 45 户居民，造成 36 人死亡，19 人受伤，直接财产损失 178 万元。事故起因于一智障人员在偷盗居民生活用品时，发现了厨房间内的汽油桶，即点燃用汽油浸过的报纸取暖而酿成惨剧。

79. 1996 年 12 月 4 日，湖南省常德市安乡县城关镇大富豪夜总会因电线故障发生火灾，死亡 11 人，烧毁三楼 KTV 包厢 110 平方米。

80. 1997 年 1 月 29 日，湖南省长沙市燕山酒店（个体承包）发生火灾，造成 40 人死亡（8 人当场死亡，送医院途中及抢救无效死亡 32 人），重伤 27 人，轻伤 62 人，焚毁建筑 997 平方米以及空调、冰柜等财物。火灾系保安人员违章使用酒精炉取暖，不慎洒泼到手上及桌面台布上，点火时引燃地毯和窗帘。酒店消防设施设置管理不善，报警系统功能失灵，不能及时警示员工和客人迅速疏散；消防水泵不能启动；有的楼梯间通道堵死，起火后抢救、疏散工作严重受阻，导致伤亡严重。

81. 1997 年 5 月 11 日，湖南省岳阳市岳阳楼区矶富源外贸仓库发生火灾，烧毁库房 3600 平方米，直接经济损失 1593 万元。

82. 1997 年 5 月 23 日，云南省富宁县洞波乡中心学校学生侯某在蚊帐内点蜡烛看书，不慎碰倒蜡烛引燃蚊帐和衣物引起火灾。21 名学生死亡（其中小学生 13 人，中学生 8 人），受伤 3 人。

83. 1997 年 9 月 19 日，广西壮族自治区柳州市白云食品批发市场发生火灾事故，直接经济损失 1900 万元，受灾业主 271 户。

84. 1997 年 9 月 21 日，福建省晋江市陈埭镇横坂村裕华鞋厂（私营企业）因一职工对老板娘不满报复纵火发生火灾，造成 32 人死亡（均为外地打工人员，其中女性 19 人），4 人受伤。

85. 1997 年 10 月 21 日，江西省临川市牡丹宾馆（7 层，高 25.5 米，私营企业）发生火灾，由于该宾馆违章使用可燃材料装修，擅自关闭火灾自动报警系统，未能有效地组织旅客疏散，致使 22 人死亡，3 人重伤，9 人轻伤。

86. 1997 年 10 月 25 日，浙江省温州市瓯海区将军桥工业区十楼环球皮业公司鞋业分公司因违章使用易燃易爆化学用品，喷光桶排风扇电器发生故障，产生火花引燃油漆积尘等易燃物品，导致发生火灾，造成15人死亡，4人重伤、102人轻伤。

87. 1997年11月17日，新疆维吾尔自治区喀什市工业品贸易中心大楼（6层）发生火灾，由于未能及时报警，加上二楼柜台易燃可燃物（布料等）多，致使15人死亡（其中2人坠亡），21人受伤（其中消防人员2人、公安干警10人）。

88. 1997年11月20日，浙江省温岭市横峰镇劲伟鞋厂发生火灾，造成17人死亡，1人受伤，过火面积500平方米。

89. 1997年12月11日，黑龙江省哈尔滨市汇丰大酒店（6层，高22.7米）发生火灾，由于该酒店违章采用大量可燃材料装修，水喷淋系统未开通，楼层防火门未关闭，致使31人死亡（其中3人坠亡）、24人受伤（其中消防人员7人），过火面积400多平方米。

90. 1997年12月16日，湖南省株洲市锦云摩托车城发生火灾，烧毁商业摊位57个、各种摩托车488辆及大量摩托车配件，1人跳楼坠亡，10人烟熏中毒（其中9名消防官兵），直接财产损失765.6万元。

91. 1997年12月30日，吉林省长春市商业城佳福超市进行装修时，因电焊作业产生火花引燃周围装修材料，发生火灾，造成11人死亡。

92. 1998年1月3日，吉林省通化市东珠宾馆（与香港合资，六层，面积4200平方米）因保安人员玄某用电暖风取暖，长时间离位，电暖风将可燃物烤着发生火灾，造成24人死亡（其中跳楼坠亡4人），14人重伤，烧毁建筑1680平方米。直接经济损失31.6万元。

93. 1998年1月31日，黑龙江省佳木斯市华联商厦一楼中山路工商银行储蓄所发生火灾，殃及华联商厦，造成1人死亡，直接经济损失3638万元。

94. 1998年2月13日，广东省广州市白云区新市镇华润化妆品厂（股份制企业）发生火灾，造成11人死亡，1人受伤。

95. 1998年3月17日，黑龙江省齐齐哈尔市拜泉县爱群村小学发生火灾，造成8名学生死亡，5名学生受伤，17间教室被烧毁。

96. 1998年4月4日，山西省临汾市著名的古建筑尧庙广运殿发生火灾，烧毁广运殿砖木结构建筑一座及殿内尧王等塑像9尊，直接经济损失451万元。

97. 1998年4月28日，河北省石家庄市电镀一厂化工车间发生火灾，造成6人死亡，14人受伤（10名消防官兵中毒）。

98. 1998年5月5日，北京市丰台区玉泉营环岛家具城发生火灾，烧毁建筑物 23000 平方米及参展的 348 个厂家的摊位，直接经济损失 2087.8 万元。

99. 1998 年 7 月 13 日，黑龙江省七台河市秋林公司发生火灾，过火 8000 平方米，57 家个体工商户受灾，直接经济损失 1300 万元。

100. 1998 年 8 月 26 日，江苏省常州市第一人民医院住院部二号楼四楼净化室发生火灾，造成 14 人死亡（其中高龄病人 11 名、看护人员 2 名、护士 1 名）、14 人受伤。

101. 1998 年 12 月 30 日，浙江省慈溪市浒山镇呱呱快餐店（个体企业）发生火灾，造成 10 人死亡（包括店主全家 4 口），过火面积 700 多平方米。

102. 1999 年 1 月 9 日，北京市丰台区华龙灯具批发市场发生火灾，过火面积 6391 平方米，直接经济损失 1736 万元。

103. 1999 年 1 月 9 日，四川省达川市通州百货商场发生火灾，造成 10 人死亡，20 人受伤（其中 5 人重伤），受灾 72 户、212 人，直接经济损失 3163.1 万元。

104. 1999 年 1 月 20 日，天津市东丽区荒草坨粮库（益高集团储运中心）建筑施工工地发生火灾，死亡 16 人，受伤 9 人。

105. 1999 年 1 月 23 日，广东省东莞市东聚电业有限公司（台资）二厂发生火灾，造成 14 人死亡，2 人受伤。

106. 1999 年 2 月 16 日，浙江省温州市永中镇姜氏祠堂因供神香烛引发火灾，造成 10 人死亡，6 人受伤。

107. 1999 年 3 月 1 日，云南省泸水县马镇飞机场（地名，抗日战争时期曾为飞机场，现为工业区）因一木材加工厂老板烧废木材导致发生火灾，烧毁建筑面积 29585 平方米，受灾 130 户（其中木材加工厂 36 家、贮木场 5 家、农户 22 家、个体工商户 67 家）。直接经济损失 2063.8 万元。

108. 1999 年 4 月 1 日，吉林省梅河口市百纺总公司储运公司车队库房因配电闸短路引燃可燃物发生火灾。扑火过程中车库大门突然倒塌，梅河口市消防中队代理副中队长王景武和战士黄树峰、刘建军、刘雨、张永牺牲。

109. 1999 年 4 月 15 日，河南省南阳市宛城区汉冶村一家木器厂（招牌为南阳军分区长城建筑安装公司天福木器厂，事实上系个人承包、挂靠企业）发生火灾，造成 19 人死亡，7 人受伤，烧毁房屋 13 间共 497 平方米。19 位遇难者除了 4 名四川达县人外，其余全是四川遂宁县人，大都为老板卢世中的亲友。

110. 1999 年 5 月 16 日，广西壮族自治区柳州微型汽车厂涂装车间新面漆返修线发生火灾事故，直接经济损失 900 余万元。

★111. 1999 年 6 月 12 日，广东省深圳宝安区沙井镇智茂电子厂因日光灯从房顶脱落后掉在包装纸箱上，镇流器发热引燃纸箱导致火灾。造成 16 人死亡

（其中男 4 人、女 12 人），59 人受伤（其中 18 人重伤）。

112. 1999 年 8 月 20 日，四川省自贡市及时钟表眼镜有限公司解放路门市部发生火灾，造成 13 人死亡，6 人受伤，烧毁建筑 737 平方米。

113. 1999 年 9 月 8 日，福建省漳州市龙文区步文镇长福村打火机作坊发生火灾，死亡 10 人，受伤 1 人。

114. 1999 年 10 月 9 日，广东省广州市白云区竹料镇永发购销综合店（由四层楼房改造成的前店后厂式的家庭作坊，主要生产坐垫套）发生火灾，火灾波及毗邻的新雅布艺总汇、恒达印花厂、冠隆店等，造成 15 名女工死亡，烧毁建筑物 1300 平方米，直接经济损失 92 万元。

115. 1999 年 10 月 18 日，江苏省沭阳县宁波大酒店内设足疗店因顾客吸烟遗留火种发生火灾，火灾造成 14 名住在酒店内的员工死亡，3 人受伤。

116. 1999 年 10 月 26 日，广东省增城市石滩镇马修村鸿成皮具厂发生火灾，造成 20 人死亡，4 人重伤，5 人轻伤，烧毁建筑物 100 平方米。

117. 1999 年 12 月 22 日，天津市武清县杨村镇下朱庄乡京津公路东侧的天津邮电通信设备厂杨村分厂邮袋仓库发生火灾，过火面积 1800 平方米，直接经济损失 2173.7 万元。

118. 1999 年 12 月 26 日，吉林省长春市夏威夷大酒店发生火灾，造成 20 人死亡，18 人受伤，过火面积 320 平方米。

119. 2000 年 1 月 9 日，湖南省湘潭市金泉大酒店发生火灾，造成 12 人死亡，15 人受伤。

120. 2000 年 1 月 11 日，安徽省合肥市城隍庙市场发生火灾，市场内 619 户经营户受灾，死亡 1 人，直接财产损失 1762.7 万元；加上庐阳宫建筑损失 416.2 万元，这起火灾共造成直接财产损失 2187.9 万元。

121. 2000 年 3 月 27 日，吉林省松原市扶余县万发乡中学一栋砖瓦结构的学生宿舍发生火灾，4 名初中生在火灾中丧生，11 名学生被烧成重伤。

122. 2000 年 3 月 28 日，广东省揭阳市惠来县隆江镇佳成打火机厂因装配车间内打火机爆裂产生可燃气体遇到检验打火机用的明火引发火灾，进而引燃堆放在台面上的打火机，致使火势蔓延，造成 18 人死亡，6 人受伤。

★123. 2000 年 3 月 29 日，河南省焦作市山阳区解放中路东风菜市场内的天堂音像俱乐部（录像厅）发生火灾，造成 74 人死亡，2 人受伤。

124. 2000 年 4 月 6 日，山东省德州市美丽大酒店因住客刘某酒后吸烟失控，引燃易燃物，导致发生火灾，造成 13 人死亡，3 人受伤。

★125. 2000 年 4 月 22 日，中国粮油进出口公司山东省青岛青州分公司肉鸡加工车间发生火灾，因吸入有毒烟气，38 人死亡（女 33 人，男 5 人），20 人受伤。

126. 2000 年 6 月 4 日，福建省厦门市富士电气化学有限公司生产车间一楼发生火灾，过火面积 578 平方米，造成 8 名女工中毒窒息死亡。

127. 2000 年 12 月 12 日，贵州省剑河县久仰乡列入《中国世界文化遗产预备名单》的久吉苗寨发生火灾，60 余栋民房被烧毁。

★128. 2000 年 12 月 25 日，河南省洛阳市老城区东都商厦歌舞厅发生火灾，造成 309 人中毒窒息死亡（其中男 135 人、女 174 人），7 人受伤，经济损失 275 万元。

（六）交通运输事故

1. 1987 年 1 月 22 日，安徽省芜湖市一艘机动客船在鲁港江面翻沉，58 名乘客落水，其中 34 人溺亡。

2. 1987 年 1 月 25 日，浙江省椒江市黄礁乡道头金村一艘农用木质渡船（核定载客 50 人）发生沉船事故，船上 117 名乘客和 2 名船员全部落水，其中 97 人死亡。

3. 1987 年 1 月 26 日，吉林省中旅社接待的香港同胞旅行团一行 27 人，乘坐日本产三菱牌客车在净月潭冰面上游览时，压塌冰面、车体沉入水中。事故共造成 7 人死亡（其中港胞 6 人）。

★4. 1987 年 1 月 29 日，贵州省毕节地区纳雍县过狮河水库"总溪河一号"工作船在违章载客游览时翻沉，造成 59 人死亡（其中 4 人失踪）。

5. 1987 年 2 月 6 日，安徽省铜陵市 1 辆大客车从九华山返回铜陵途中，翻入 20 多米深的山沟，车上 49 人，死亡 3 人，受伤 44 人。

6. 1987 年 3 月 9 日，安徽省芜湖市供电局组织女工集体到无锡旅游，乘坐单位东风 662 型大客车。返回途中，经广德县汽车站附近小桥时，撞断栏杆，翻入河中，车上 48 人，死亡 3 人，重伤 4 人，轻伤 7 人。

7. 1987 年 3 月 11 日，山东省泰安市道郎乡一辆载有 4 吨汽油的东风牌油罐车，驶至莘县陶城镇南 5 千米处，因紧急避让对面来车造成翻车，大量汽油外流。周围四个村的村民纷纷前来捞油。因挥发的汽油蒸汽遇明火发生爆燃，造成 48 人死亡。

8. 1987 年 3 月 12 日，湖南省客运公司邵东分公司一辆东风牌大客车，由邵东开往江安，行至雪峰山舒子坪转弯路段时翻入 146 米深的山谷中，死亡 25 人，受伤 34 人。

9. 1987 年 3 月 13 日，广东省海南行政区临高县发生沉船事故，22 名男女青年溺亡。

10. 1987 年 3 月 20 日，湖南省慈利县三河口乡青年电站运送砂石的机动船因超载、违章操作导致发生沉船事故，8 人溺亡。

11. 1987 年 3 月 27 日，四川省南充市南部县搬运公司一解放牌大客车满载 48 名乘客，行至中江县中兴乡高板桥处，冲断桥石护栏坠入河中，造成 37 人当场死亡。

12. 1987 年 3 月 29 日，甘肃省平凉地区运输公司一辆客车在陕西省彬县坠入 43 米的崖下，死亡 19 人，重伤 8 人，轻伤 20 人。

13. 1987 年 4 月 6 日，四川省西昌运输公司一辆大客车在德昌境内 108 国道麻栗大坝路段转弯处翻车，死亡 14 人，重伤 9 人。

14. 1987 年 4 月 18 日，上海市沪杭线曹杨路道口发生火车与公共汽车相撞事故，造成 6 人死亡，38 人受伤。

15. 1987 年 5 月 1 日，贵州省凯里市客运公司一辆长途客车在开往榕江县途中，因旅客携带的发令纸爆炸起火，死亡 16 人，重伤 9 人。

16. 1987 年 5 月 5 日，上海远洋运输公司"衡水"万吨货轮在山东青岛港起火，28 名船员窒息死亡。

★17. 1987 年 5 月 8 日，湖北省武汉长江轮船公司"长江 22033"推轮与江苏省南通市轮船运输公司"江苏 0130"客轮在长江南通港 24 浮与 25 浮之间发生碰撞事故，造成客轮翻沉，船上乘客及船员 105 人全部落水，死亡（失踪）98 人①。

18. 1987 年 5 月 26 日，江苏省徐州地区沛县运输公司一辆大客车行至徐沛公路 49 千米处的桥上，撞断桥栏坠河，死亡 35 人，受伤 30 人。

19. 1987 年 7 月 17 日，四川省大竹县民政局收容遣送站司机曾某驾车行驶途中，驾驶室突然起火，死亡 14 人，烧伤 1 人，汽车被烧毁。

20. 1987 年 8 月 3 日，内蒙古自治区赤峰市宁城县客运公司一辆大客车在行驶途中遇山洪翻车，全车 77 人当中有 38 人死亡，2 人重伤，25 人轻伤。

21. 1987 年 8 月 3 日，安徽省淮南市汽车运输公司 1 辆大客车载客驶往武汉，行至霍邱至姚李公路 26 千米+500 米处，因车速过快翻车，49 名乘客全部受伤，其中重伤 10 人。

----

① 江苏航运志记载，1987 年 5 月 8 日，南通市轮船公司"江苏 0130"客轮由南通开往十一圩，行驶至江心 24 浮筒附近时被撞沉，死亡 114 人。

22. 1987 年 8 月 10 日,四川省绵阳市江油县汽车大队的一辆汽车,在绵阳市中区龙门坝黄木桥转弯处翻车,死亡 3 人,重伤 44 人。

23. 1987 年 8 月 12 日,四川省重庆市合川县流溪口的一艘渡船因严重超载(核载 15 人,实载 53 人和 11 担子煤炭、3 袋水泥和 1 袋化肥)而沉没,死亡(失踪)23 人①。

24. 1987 年 8 月 14 日,安徽省安庆汽运公司 1 辆 601 型 41 座客车,超载搭乘旅客 78 人,超载 77.3%,在太岳线 36 千米+45 米处,因转弯时速度过快翻车,死亡 4 人,重伤 10 人,轻伤 13 人。

25. 1987 年 8 月 23 日,由兰州站发出的 1818 次货物列车在陇海线兰州穿越十里山二隧道时,因钢轨折断,造成机后 7 个罐车脱轨颠覆,16 个油罐车在洞内起火,3 名押运人员死亡。烈火燃烧一昼夜,陇海线天兰段中断行车 201 小时 56 分,报废货车 23 辆,裂损隧道 179 米,损坏线路 763 米。

26. 1987 年 9 月 5 日,安徽省地质局 327 地质队黄屯工区 1 辆吉普车送工区领导去合肥市途中,与迎面开来的安徽省汽车客运服务公司的一辆大客车相撞,吉普车上 6 人全部死亡,大客车上 3 人受轻伤。

27. 1987 年 9 月 16 日,浙江省宁波市北仑区上梅渡运站"镇渡 3"号船,由上阳码头启航开往对岸梅山港码头,离开上阳码头约 20 米时沉没,乘客和船员全部落水,其中 11 人溺亡。

28. 1987 年 9 月 23 日,四川省会东县野牛平乡田坝村六组李某驾驶一艘自营机动船,违章载客 33 人、载黄牛 6 头,由田坝渡口起航拟驶往云南,离岸约 10 米即翻入金沙江中,死亡 25 人,有 4 头黄牛也死亡。

29. 1987 年 9 月 25 日,湖南省桂阳县飞天乡鞭炮个体户雷某携带鞭炮引线乘湘运 115 车队 016 客车,车内有人抽烟引起爆炸,全车 62 名乘客死亡 5 人、烧伤 45 人。

30. 1987 年 10 月 11 日,陕西省延安地区汽车运输公司的一辆解放牌大客车,因严重超载(定员 40 人,实载 78 人)、转弯时高速行驶和驾驶员临危处置不当,在宜(川)集(义)公路 14 千米+951 米处,翻入公路右侧 66 米深的坡崖下,造成 37 人死亡,24 人重伤,17 人轻伤。

31. 1987 年 10 月 11 日,新疆维吾尔自治区阿克苏市阿音柯乡某运输户驾驶的一辆载客 18 人的汽车,由于超速行驶,与一辆拉煤卡车尾部相撞起火,造成 13 人死亡,5 人受伤。

---

① 有资料记载此次沉船事故死亡 16 人,失踪 2 人。

32. 1987 年 10 月 14 日，安徽省徽州地区屯溪市（今黄山市屯溪区）一辆客车在从浙江开化返回屯溪途中翻入 73 米深谷，造成 23 人死亡，15 人受伤。

33. 1987 年 10 月 31 日，安徽省滁州地区嘉山县泊岗乡一艘载客的农用水泥船，在泊岗、双沟间淮河故道船身倾斜翻沉，船上 58 人落水，15 人溺亡。

34. 1987 年 11 月 24 日，广东省东莞市厚街镇卜某驾驶一辆 16 座旅行车，乘载 16 人去拜神（迷信活动），途中翻车，坠入三丫坡水库，死亡 13 人，重伤 4 人。

35. 1987 年 12 月 1 日，吉林省桦甸县农技公司推广站一辆东风牌汽车，在行至长大线 155 千米铁路交会处时，与轨道车相撞起火，死亡 10 人，受伤 23 人。

36. 1987 年 12 月 10 日，上海市陆家嘴轮渡站发生踩踏事故，造成 66 人死亡，2 人受重伤，20 多人受轻伤。

37. 1987 年 12 月 22 日，四川省重庆市永川汽车运输公司一辆由荣昌开往泸州的大客车在泸县玄滩区高庙子附近翻入落差 41 米的崖下塘堰中，死亡 30 人。重伤 10 人，轻伤 24 人①。

38. 1988 年 1 月 7 日，由广州开往西安的 272 次旅客列车，在运行至湖南省永兴县马田墟车站时，6 号硬座车厢发生火灾，造成旅客 34 人死亡，30 人受伤，1 节车厢报废，京广线因此中断运输 1 小时。事故因旅客携带的油漆不慎燃烧所致。

39. 1988 年 1 月 17 日，由黑龙江省哈尔滨市三棵树车站开往吉林省吉林市的第 438 次旅客列车，运行至拉滨线背荫河车站时因列车制动失灵，与一列进站的 1615 次货车发生正面冲撞，造成旅客和路内职工 19 人死亡，25 人重伤，51 人轻伤。

★40. 1988 年 1 月 18 日，西南航空公司一架伊尔 18 型 222 客机，在从北京飞往重庆途中，于距离重庆白市驿机场约 5 千米处坠毁，98 名乘客和 10 名机组人员全部死亡。

★41. 1988 年 1 月 24 日，由昆明开往上海的第 80 次特快旅客列车，在运行到贵昆线且午至邓家村站之间时发生颠覆事故，事故造成 88 人死亡，62 人重伤，140 人轻伤。

42. 1988 年 2 月 7 日，江西省九江市武宁县汽车运输公司一辆定员 40 人、实际乘坐 63 人的大客车，在柘林渡口等渡时，刹车失灵、冲入水中，造成 24 人

---

① 泸县志记载，这次事故死亡 29 人，轻重伤 32 人。

死亡。

43. 1988 年 3 月 3 日，甘肃省兰州市西津西路发生两辆公共汽车相撞事故，造成 9 人死亡，6 人重伤，6 人轻伤。

44. 1988 年 3 月 7 日，河南省三门峡市卢氏县饮食服务公司的一辆大客车，由卢氏开往灵宝，因严重超载（定员 45 人，实载 71 人）、刹车失灵，在行驶至灵宝城南 12 千米一处下坡急弯处，翻入公路右侧 110 米深的山坡下，造成 42 人死亡（包括驾驶员在内），29 人受伤。

45. 1988 年 3 月 24 日，由南京开往杭州的 311 次旅客列车运行至沪杭铁路外环线（下行线）匡巷站时，与 208 次旅客列车发生正面相撞，造成旅客及乘务员死亡 28 人，重伤 20 人，轻伤 79 人。经济损失 340 余万元，中断铁路正线行车 23 小时 7 分。列车正、副司机违反铁路机车运行和技术管理规定，精力不集中，疏忽大意，列车进站不认真瞭望和及时制动减速，擅自关闭驾驶室内无线电话，未能及时发现停车信号，导致事故发生。

46. 1988 年 3 月 27 日，江苏省扬州汽车运输分公司 771 车队一辆大客车，在行至扬宁公路邗江段 19.2 千米处时，因驾驶员在驾驶过程中弯腰捡掉落的茶杯，造成方向失控，车辆冲入路边河中，死亡 11 人，受伤 17 人。

47. 1988 年 4 月 13 日，广东省潮州地区饶平水运公司海山船队港澳航运服务公司"建海 09"号货轮，在北纬 23 度 18 分、东经 117 度 7 分海域触礁沉没，船员 18 人死亡。

48. 1988 年 4 月 22 日，湖南省桑植县苦竹坪乡个体运输户的一辆大货车（已经办理了停驶手续的报废车），违章搭载 32 人（不包括车主和其聘用的司机）去沙塔坪赶集，途中因下坡车速较快、避让行人不当和驾驶员技术不熟练等原因，从 65 米高的山路上翻入山下水库，造成 28 人死亡，6 人重伤。

49. 1988 年 4 月 30 日，山西省交城县个体承包驾驶员李某驾驶的一辆东风牌大客车，载着西社镇中学 89 名师生去太原和交城县天宁寺春游，当晚 20 时从天宁寺返回学校途中，因严重超载（定员 47 人）、制动失灵和驾驶员违反规定、在气压只有每平方厘米 1.5 千克的情况下空挡起步，致使大客车撞向山崖、车翻人亡。事故造成 31 人死亡（其中学生 24 人），22 人重伤，18 人轻伤。

50. 1988 年 5 月 18 日，四川省城口县工业供销公司的一辆汽车发生翻车事故，死亡 10 人，重伤 4 人。

51. 1988 年 5 月 27 日，湖北省蕲春县横车镇汽车队东风牌大货车从巢湖驶往安庆，行至合安路 91 千米+351 米处，与安徽汽运公司合肥一队的 662 型大客车相撞，死亡 4 人，重伤 4 人，轻伤 8 人（其中 1 人为台胞）。

52. 1988 年 5 月 28 日，陕西省军区汉中干休所的一辆中型客车在略阳县木瓜岭翻车，死亡 7 人，重伤 6 人。

53. 1988 年 6 月 20 日，陕西省汉中市洋县运输公司韩某驾驶的一辆大轿车，在行至磨沙公路关垭小东沟地段时翻入 92 米深的山沟，当场死亡 13 人，重伤 18 人，轻伤 11 人，车辆报废。

54. 1988 年 7 月 1 日，由郑州开往北京永定门的 415 次普通旅客列车运行至安阳至宝莲寺之间时，因旅客携带银粉燃烧引起列车火灾，造成旅客 6 人死亡，6 人重伤，13 人轻伤，客车报废 1 辆。

55. 1988 年 7 月 16 日，河南省周口市汽车运输公司的大客车在安徽省涡阳县石弓区南 200 米处的公路上，与意外脱钩的涡阳县化肥厂东风货车的挂车相撞，死亡 8 人，重伤 8 人，轻伤 24 人。

★56. 1988 年 7 月 21 日，四川省重庆轮船公司乐山分公司所属"川运 24"客轮在犍为县新民乡峰子湾水域翻沉，死亡（失踪）166 人。

57. 1988 年 7 月 24 日，京杭运河江苏迦口河段由于洪水泄入、水位涨高，之前堵塞、停泊在浅滩的上千艘船只碰撞挤压，大量翻沉，共计沉船 95 艘，其中山东 80 艘，江苏 15 艘，沉没货物 5516 吨。

★58. 1988 年 7 月 25 日，长江航运公司"云航 24"小型客轮载客 95 人从双江镇上行，在巴阳峡石雪子与万县港务局"万港 802"拖轮相撞，"云航 24"翻沉，全部旅客和 4 名船员共 99 人落入江中，死亡（失踪）77 人，直接经济损失 223.2 万元。

59. 1988 年 7 月 25 日，四川省蓬溪县汽车队一辆客车行至简阳县平泉区施家乡儒林村时，因油箱进水，汽油外溢，遇明火起火，死亡 10 人，烧伤 11 人。

60. 1988 年 8 月 1 日，安徽省马鞍山市舒城县第二航运公司"舒拖一号"轮吊拖船队与四川重庆轮船公司 801 轮船队，在江心洲水道太阳河上游水域发生碰撞，造成"舒拖一号"轮沉没，船上 8 人落水，其中 4 人死亡（失踪）。

61. 1988 年 8 月 18 日，内蒙古自治区伊克昭盟准格尔旗大路乡陈壕村发生沉船事故，36 人落水，其中 13 人死亡。

62. 1988 年 8 月 23 日，四川省阿坝藏族自治州小金县大理石开发公司矿山渡口（位于大渡河上游地段的汉牛区潘安乡门子沟口徐家河坝）的一艘木船失去控制被激流冲走，船上 10 人先后落水、失踪（死亡）。

63. 1988 年 8 月 29 日，陕西省安康市镇坪县县长王兴富酒后无证驾驶汽车翻入河中，造成王兴富本人等 10 人死亡，1 人受伤。

64. 1988 年 8 月 29 日，陕西省府谷县黄甫乡下川口渡口的一艘渡船翻沉，溺亡 12 人。

65. 1988 年 8 月 31 日，民航广州管理局所属的三叉戟 2218 号机，责任机长麦某、正驾驶窦某等机组 6 人、乘务员和安全员 5 人，执行 CA301 航班任务，机上乘客 78 人，飞机在香港启德机场着陆过程中偏出跑道冲进海湾，机身从前三排处折成两截，机头沉入水中。机组 6 人、乘客 1 人不幸遇难。

66. 1988 年 9 月 1 日，福建省莆田县华亭镇万坂村一辆渡船触礁翻沉，死亡 11 人。

67. 1988 年 9 月 12 日上午，安徽省舒城县河棚区枫香树乡个体运输户驾驶江淮牌客车，从舒城行至 32 千米+100 米处时，因刹车失灵，翻入山沟，死亡 3 人，重伤 13 人，轻伤 14 人。

68. 1988 年 9 月 21 日，福建省宁德地区连江县运输公司一辆号牌为 "31-30050" 的客车，由苔禄镇北茭村至县城途中，在象纬岭翻车，死亡 20 人，受伤 35 人。

69. 1988 年 9 月 24 日，湖北省焊光电厂东风大货车从南京开往合肥，因驾驶员夜间行车精神不振，行至合芜公路 59 千米处，与迎面驶来的简易小四轮相撞，小四轮乘坐的 14 名乘客，死亡 7 人，重伤 7 人。

★70. 1988 年 10 月 7 日，山西省地方航空公司的一架伊尔-14P 旅游观光飞机，从空军临汾机场由南向北起飞不久坠毁。造成 44 人死亡，其中旅客 38 人、机组 4 人、地面行人 2 人。

★71. 1988 年 10 月 12 日，陕西省咸阳市运输公司一辆解放牌大客车，在由武功普集镇开往乾县途中翻车起火。造成 43 人当场死亡，39 人受伤。

72. 1988 年 10 月 25 日，山东省阳谷县一超载客车在长清县境内济兰公路兰夏桥处与同向行驶的拖拉机相撞，客车跌入桥下，死亡 13 人，受伤 25 人。

73. 1988 年 10 月 28 日，四川省城口县汽车运输公司的一辆大客车在城开公路 50 千米+50 米处翻车，死亡 9 人，重伤 5 人，轻伤 20 人。

74. 1988 年 11 月 3 日，河北省沧州地区运输总公司一辆大客车行驶至沧州北环东路口时，因乘客携带的黑火药爆燃起火，造成 16 人死亡，47 人烧伤。

75. 1988 年 11 月 19 日，四川省达县地区平昌县西兴乡曙光村三组个体船户邵某驾驶木质挂桨机动船装运稻谷，搭乘粮食搬运工及乘客 16 人，在从西兴乡粮管所向江陵庵拱桥河的行驶途中沉没，死亡 11 人。

76. 1988 年 11 月 25 日，四川省绵阳地区江油县联合运输公司一辆大客车在行驶至平江公路 90 千米+20 米处时跌下悬崖，造成 6 人死亡，16 人重伤。

77. 1988 年 11 月 28 日，福建省宁德地区福鼎县 "灵峰" 号钢质货轮在浙江定海海域遇风沉没，13 名船员落水，其中 10 人死亡。

★78. 1988 年 12 月 14 日，海南省琼中县牛路岭水电站的一艘满载着前往水库参观的琼中县长征学区小学生的渡船，因严重超载翻沉，造成 63 人死亡（其中小学生 55 人、教师 5 人、家属 5 人、船工 1 人）。

79. 1988 年 12 月 23 日，由辽宁丹东开往北京的 298 次直快列车，行驶到伊马图至清河门之间 94 千米+960 米无人看守道口处时，与抢越道口的辽宁省大洼县运输公司的一辆满载民工的大客车相撞。当场死亡 46 人，54 人受伤。机车和一节车厢颠覆，3 节车厢脱轨。

80. 1989 年 1 月 2 日，长江轮船总公司所属的南京长江油运公司"长江 62008"推轮船队，航行至湖北省洪湖市新滩口水域 5 浮标附近，因触撞到沙包导致连接油驳的钢缆崩断散队，6302 驳、63040 驳相撞后爆炸起火，烧掉原油 4400 吨，烧毁驳船 2 艘。救火过程中消防队员 8 人牺牲，8 人受伤。直接经济损失 154 万元。

81. 1989 年 1 月 11 日，安徽省铜陵县安平乡叶洲村胡家渡口一艘无证无照摆渡船，载 45 人（其中 40 名学生），行至江中时由于严重超载，风大浪高，不断向船头溅水，坐在船头右侧的一些女学生站立起来躲避溅水，致使船向右倾；船工胡某不懂驾驶、加上慌张，错误停机，加速了渡船的下沉。致使 45 人全部落水，经抢救 26 人脱险，另外 19 人溺亡。

82. 1989 年 2 月 2 日，一辆个体户面包车行至安徽省舒城县境内舒晓公路 25 千米处翻车，死亡 7 人，重伤 15 人。

83. 1989 年 2 月 7 日，四川省成都市汽车运输公司一队一辆黄河牌大客车，在遂宁市中区分水乡川鄂公路 97 千米处翻车，死亡 10 人，重伤 3 人，轻伤 21 人。

84. 1989 年 2 月 22 日，江苏省扬州市 723 研究所一辆大客车与兴化市木材公司一辆面包车在高邮境内西张大桥上相撞，两车撞断桥栏杆后分别坠入河中，死亡 13 人，受伤 24 人。

85. 1989 年 2 月 22 日，湖北省公安县班竹挡镇装卸运输公司一辆载有 57 名旅客大的客车，因严重超载、制动失灵和司机操作失误，在荆州地区沙市汽车渡口南岸埠河码头坠入长江，经奋力抢救，有 15 名乘客被营救生还，其余 39 名乘客和司机遇难身亡，3 名失踪。事故共造成 42 人死亡（失踪）。

86. 1989 年 3 月 10 日，安徽省岳西县搬运公司王某驾驶解放牌 661 型大客车，从湖北英山县载客 30 余人驶往岳西，由于车速过快，车况不好，在岳西县境内英山公路 31 千米处翻入桥下，死亡 3 人，重伤 11 人。

87. 1989 年 4 月 18 日，安徽省芜湖市经营商店金杯牌面包车行至池州境内芜湖至大渡口公路 387 千米+700 米处时，与安庆市汽车运输公司 15 队货车相撞，死亡 3 人，重伤 7 人，轻伤 5 人，面包车报废。

88. 1989 年 5 月 8 日，安徽省黄山市汽车运输公司四队张某驾驶一辆搭载乘客 18 人的客车，由黄山开往歙县，行至 205 号公路 1591 千米处翻入 10 米深的丰乐水库中，死亡 11 人。

89. 1989 年 5 月 12 日，江苏省徐州地区铜山县境内大运河中口渡口的一艘渡船因大雨和超载而翻沉，死亡 10 人。

90. 1989 年 5 月 29 日，湖南省常德市汉寿县周文庙乡芦苇场的一艘机帆船（汉纸公务）在运渡民工时发生翻船事故，55 人溺亡。乡政府急于完成上级下达的水道扫除任务而忽视安全生产；船舶严重超载（最大安全载运量 60 人，实载 134 人）；以及船工马某、蒋某无证驾驶，在危险情况下盲目开船（事后两人均被依法判处有期徒刑 4 年）等，是造成事故的主要原因。

91. 1989 年 6 月 3 日，江西省宜春地区万载县高村乡新坪林场个体驾驶员汪某驾驶解放牌大客车（定员 41 人，超载 16 人），从三兴开往锦沅乡林场，途中翻入 70 米深的河中，造成 36 人死亡，9 人重伤，11 人轻伤。

92. 1989 年 6 月 13 日，陕西省商洛市丹凤县境内发生由于公路碾麦导致的交通事故，死亡 18 人，受伤 25 人。

93. 1989 年 6 月 16 日，由杭州开往上海的 364 次列车运行至松江和协兴之间时列车发生爆炸，造成旅客 24 人死亡，11 人重伤，28 人轻伤，中断正线行车 4 小时 7 分。

94. 1989 年 6 月 28 日，河南省三门峡市境内南贺庄车站发生货运列车颠覆事故，陇海铁路西行的 1905 次货运列车 39 节车厢损坏，4 人死亡，13 人受伤。

95. 1989 年 7 月 29 日，浙江省临海市更楼乡一艘渡船在望洋店渡口驶离渡口约 10 米时，船橹折断，渡船失去控制，撞到下游抛锚船的锚链上，顿时船体倾斜，进水沉没，造成 27 人死亡。渡船无证，安全性能不符合要求；人畜混装，严重超载；村民抢渡，渡工未坚决制止，两位村民擅自到船尾摇橹，技术不熟练导致船橹折断，是造成事故的原因。

96. 1989 年 7 月，安徽省嘉山县一艘在淮河泊岗渡口的摆渡木船，因严重超载，造成翻船，16 人溺亡。

97. 1989 年 8 月 1 日，福建省宁德地区霞浦县一辆个体经营的解放牌客车在沙间线 192 千米处翻车，死亡 14 人，受伤 34 人。

98. 1989 年 8 月 12 日，广西壮族自治区天峨县六排镇云榜村村民牙某驾驶一艘二十四马力的木质小机船，在红水河广西天峨县六排镇云榜村航段与贵州黔西南州盘乡轮船公司的"黔丰号"船相会时翻沉。小机船上73名乘客全部落水，其中38人死亡（失踪）。造成事故的主要原因是：无证驾驶；船舶未经检验，无救生、消防设备和离合减速齿轮箱，是一艘不具备载客条件的船舶；严重超载，经核定该船载重定额为3.35吨，载客定员29人，而事故发生时乘客达70人，超载141%；两船相遇时没有采取足够的避让措施，而冒险继续下航，以致会航后被余浪打沉。

99. 1989年8月13日，安徽省舒城县百神庙镇一辆个体运输户客车从合肥返回舒城，行至206号公路含安路段1079千米+300米处时，因避让前方一辆自行车，撞上对面驶来的枞阳县汽车运输公司的客车，死亡10人，重伤21人，轻伤9人，一辆车报废，一辆车损坏严重。

100. 1989年8月15日，民航华东管理局江西省局的一架安-24型客机从上海虹桥机场起飞时，由于右发动机突然停车，机组人员处置之后继续起飞，基本修正飞机偏转问题，但飞机未能继续爬升，接地后最终冲出机场跑道，坠入跑道外240米处的河中。机组6人和旅客28人死亡，旅客4人受伤。

101. 1989年9月18日，安徽省合肥市汽车运输公司三队驾驶员张某酒后驾驶东风牌带挂货车，由合肥去安庆，行至含安公路二十铺附近，与合肥市客运公司五队的大客车迎面相撞，致客车乘客死亡8人，重伤5人，轻伤11人。

102. 1989年9月20日，广东省潮州市饶平县汽车运输站一辆号牌为"49-70042"的大客车从茂芝开往汕头，在饶钱公路13千米处翻车，坠入20.5米深的汤溪水库中。事故造成6人死亡，3人重伤，15人轻伤。

103. 1989年9月28日，中国民航飞行学院四川分院八大队的一架TB-20型8914飞机在四川绵阳机场训练飞行时坠毁，机组3人死亡，1人重伤，飞机报废。

104. 1989年10月13日，河南省博爱县第三运输公司一辆带挂货车行至蚌埠公路18千米+850米处，与怀远县支湖乡牛王村农民张某的简易三轮车相撞，致使三轮车上10名乘客死亡7人、伤3人。

105. 1989年10月23日，浙江省瑞安市平阳坑镇一艘联户经营的无证运输船，因客货混装、装载方法不当，船员缺乏客货运输知识，驾驶人员对船只的技术性能不熟悉等原因，在嵊泗县枸杞乡马鞍西偏北约一海里处翻沉，船上69名乘客、8名船员全部落水，其中39人死亡（失踪）。

106. 1989年10月30日，四川省达县地区邻水县汽车队的一辆大客车（核定载客40人，实载81人），由丰禾镇开往芭蕉河渡口，因严重超载，在中途停车时发生溜滑、翻车事故，造成 38 人死亡（当场死亡 32 人，受伤后抢救无效死亡 6 人），39 人受伤（其中 12 人重伤）。车辆带病运行，严重超载，驾驶员临危措施不力，县车队管理混乱，制度不健全，有章不循，检查、监督不严，是造成这次事故的直接原因和主要原因。

107. 1989 年 11 月 22 日，安徽省阜阳县第二运输公司十队驾驶员张某酒后驾驶东风牌带挂货车，在阜阳县欧庙乡大窑行政村客货混装，载客 18 人，在机耕道上仅开动 4 米左右即翻下 8 米深的水沟内，死亡 9 人，重伤 1 人，轻伤 3 人。

108. 1989 年 11 月 25 日，江西省丰城市粮食局董家粮油加工厂实习司机杨某驾驶东风牌货车，途经丰城市圳头乡时，有 70 余人强行爬上货车，驶至丰城至高安公路 27 千米处翻车，造成 36 人死亡，30 余人受伤。

109. 1989 年 12 月 3 日，湖南省新田县湘运公司的一辆汽车在双峰县境内公路上翻下悬崖，车上 36 人当中当场死亡 27 人，重伤 6 人，轻伤 3 人。事故发生的原因：违章超速行驶，驾驶员王某在半径 10 米的急弯地以 40 千米/小时的速度行驶，虽在距道外侧边沿 30 米以前采取了制动，但又马上放松制动去抢挡，以致车辆越滑越快，当滑行 18.6 米时刹车又踩得过死，方向盘打不动，最终控制不住，车辆翻下悬崖。

110. 1990 年 1 月 9 日，湖南省运输公司 166 车队一辆大客车（载客 50 余人），从吉首开往龙山县途中，行至离龙山县洗洛乡小井村地段（209 国道线 2087 千米+200 米）时，翻入 64.6 米深的坎下，死亡 34 人（包括向某），重伤 2 人，轻伤 14 人。

111. 1990 年 1 月 10 日，西藏自治区山南地区沃夫电厂驾驶员多某驾驶号牌为"西藏 04-00217"的解放牌货车（载运乘客 40 余人），在桑日县桑日渡口上渡船时，多某未按渡口规定让乘客下车，渡船工益某见状也未进行制止。多某在将车开上渡船后未刹住车，将车直接开入雅鲁藏布江中，造成 34 人死亡。

112. 1990 年 1 月 13 日，江西省吉安市吉水县汽运公司一辆 48 座大客车载客 65 人，由吉水开往南昌，行至新干县沂江大桥时坠入沂江河中，死亡 18 人，受伤 47 人。

★113. 1990 年 1 月 24 日，安徽省池州地区东至县大渡口区杨桥乡杨套村集体经营的"东至挂 114"客渡船，在安庆港长江航道上与南京长江油运公司所属的"大庆 407"油轮相撞，造成 112 人死亡（失踪）。

114. 1990 年 2 月 1 日，江西省赣州汽运公司 111 车队驾驶员郑某驾驶的一辆号牌为"31-02189"的大客车，由会昌经瑞金至赣州市，行至于都县境内 323

国道 104 千米+360 米处时，翻入 14.5 高、水深 3 米的河里，溺亡 14 人，重伤 14 人，轻伤 22 人。

115. 1990 年 2 月 13 日，四川省攀枝花市公共汽车公司 64 路公共汽车驾驶员晏某驾驶一辆号牌为"四川 05/00698"的黄河牌大客车，从金江火车站接运乘客返回攀枝花市，途中擅自将载有 97 名乘客的大客车让给他的朋友、非驾驶员吴某驾驶。行至攀枝花金江公路 7 千米+400 米左转弯时，由于车速过快客车偏离正常行驶路面，吴某没有及时校正方向和采取制动措施，致使客车冲出右侧路面，翻入 39 米之下的金沙江边乱石堆中，造成 31 人死亡（其中 2 人失踪），11 人重伤，49 人轻伤。事后晏某、吴某各被依法判处有期徒刑 7 年。

116. 1990 年 2 月 17 日，安徽省合肥市庐江县石油公司一辆油罐车，从巢湖市返回庐江途中，侧翻在路边水田里。附近村庄一些群众带着瓶子、脸盆等，纷纷赶来哄抢罐车泄漏抛洒的汽油。某村民为验证是否真的汽油，用火柴点燃了另一人手中的油瓶，然后把火柴棒扔向洒满汽油的稻田，引起大火，死亡 3 人，烧伤 31 人。

117. 1990 年 3 月 1 日，安徽省合肥市运输公司旅行社一辆大客车行至江苏省江浦县大桥乡境内时，因雨天路滑会车，司机措施不当，翻入路边沟中，车辆起火燃烧，死亡 22 人，受伤 28 人。

118. 1990 年 3 月 2 日，福建省福州市福清县海口镇附近海面一艘轮船因超载倾覆，35 人死亡。

★119. 1990 年 3 月 21 日，云南省永善县桧溪乡一机木船在从桧溪乡金沙江岸冒水孔开往青胜乡途中沉没。船上 137 人全部落水，其中 33 人获救，104 人死亡（失踪）。

120. 1990 年 7 月 2 日，新疆维吾尔自治区客运公司七队的一辆载有 51 名旅客的大客车（牌为"新 01-13119"），由乌鲁木齐市驶往库尔勒，在行驶至柴窝铺 54 千米处时因汽车左后轮钢套脱落，车轮飞出，客车滑出 150 米后侧翻起火，死亡 38 人，受伤 13 人。

121. 1990 年 7 月 13 日，第 0201 次货物列车在行至襄渝线梨子园隧道内时发生爆炸火灾事故，事故造成列车颠覆脱轨 17 辆，死亡 4 人（其中抢险死亡 2 人），受伤 14 人（其中重伤 7 人）。车辆报废 28 辆。隧道严重损坏 150 米，直接经济损失约 500 万元。7 月 26 日 13 时 50 分开通线路，中断行车 550 小时 54 分。

122. 1990 年 7 月 22 日，四川省攀枝花矿务局矿建处通勤车翻下山崖，死亡 14 人，重伤 16 人，轻伤 7 人。

123. 1990 年 7 月 27 日，云南省曲靖地区汽车运输总客运站的一辆 45 座大客车，行至贵州境内断（桥）江（底）线 225 千米+960 米处下坡时，因制动失效、车速失控，翻下 59.9 米坡底，造成 11 人死亡，16 人重伤，27 人轻伤。

124. 1990 年 7 月 27 日，第 2523 次货物列车与 848 次货物列车在沈阳铁路局通化分局梅集线通沟至干沟间发生正面冲突，造成机车乘务员 9 人死亡，3 人重伤。2523 次机车 1、2、15、19 位车辆脱轨，16、17、18 位车辆颠覆；848 次重联机车颠覆，机次 1 位车辆脱轨，机车报废 4 台，货车报废 1 辆，大破 4 辆，中破 2 辆，小破 3 辆。线路破坏 100 米，中断正线行车 25 小时 15 分。

125. 1990 年 8 月 14 日，陕西省铜川市西包公路 124 千米处，一辆乘坐 72 位四川师大附中师生（其中藏胞 55 人）的大轿车与货车相撞起火，当场死亡 11 人（其中藏族学生 4 人），受伤 41 人（其中藏族师生 34 人）。

126. 1990 年 8 月 29 日，广东省一艘名为"粤工抓"的挖泥船在由"粤工拖八"拖往洋浦港避台风途中，受台风袭击沉没，死亡（失踪）13 人。

127. 1990 年 9 月 17 日，云南省红河州元阳县上新城乡大芒迷渡口发生翻船事故，12 人死亡（其中 6 人失踪）。

★128. 1990 年 10 月 2 日，广州白云机场发生飞机相撞爆炸事故，造成 128 人死亡。

129. 1990 年 10 月 23 日，福建省福清县一辆载汽油的油罐车在开往东汉乡、途经港头地段时翻车，汽油溢流，附近的群众纷纷拿着器皿争相盛油。此时一辆手扶拖拉机开来，排气管喷出火星，引燃起火。盛油群众顿时被烈火围困，当场死亡 31 人，烧伤 22 人。

130. 1990 年 12 月 13 日，四川省巴中县化成乡水库一艘个体木质机动客船因人货混装、严重超载和违章驾驶而沉没，造成 11 人溺亡。

131. 1991 年 1 月 28 日，贵州省毕节地区大方县税务局一辆前往毕节开会的汽车行至落脚河时翻车，死亡 15 人，受伤 5 人。

132. 1991 年 3 月 27 日，中国国际旅行社厦门分社一辆大客车开往福州，途经莆田市涵江集奎红旗闸桥时坠入闸桥港道，20 人死亡（其中台胞 19 人）。

133. 1991 年 4 月 3 日，浙江省一辆号牌为"浙 03-03515"的面包车在温州市永嘉县境内 330 国道梅岙渡口地段发生翻车事故，造成 18 人死亡。

134. 1991 年 5 月 10 日，浙江省湖州市弁南乡戚家山附近弁南一矿航段一艘水泥挂机船沉没，死亡 10 人。

135. 1991 年 5 月 17 日，河北省平山县西柏坡纪念馆一艘游船（定员 65 人，实载 170 人），在南岗水库发生翻沉事故，船上 170 人全部落水，其中 113 人获救，57 人死亡。

136. 1991 年 6 月 11 日，西北航空公司兰州飞行大队运五 8327 机布明宝机组在银川市暖泉农场执行水稻施肥作业时撞高压输电线坠毁，机组人员 3 人死亡。

137. 1991 年 6 月 13 日，由北京开往苏州的 109 次客列车运行至津浦线新马桥站至曹老集站之间时，与前行的 1329 次货车发生追尾冲突，造成 109 次列车副司机当场死亡，列车乘务员和旅客 28 人受伤，中断行车超过 18 个小时。

138. 1991 年 7 月 5 日，四川省成都市彭县汽车运输公司司机张福林驾驶一辆东风牌大客车，载成都市青白江区华严小学 53 名师生，当行至彭县白（水河）银（厂沟）公路 7 千米+900 米上坡转弯处时，翻入 50 多米深的山沟，造成 24 人死亡，29 人受伤（其中 6 人重伤）。

139. 1991 年 7 月 7 日，贵州省六盘水市盘县特区交通车队（个体运输组织）一辆 16 座面包车载 19 人由三角树煤矿开往县城，途中翻下 66 米深的山沟，起火燃烧，造成 16 人死亡，3 人重伤。

140. 1991 年 7 月 19 日，吉林省泉阳林业局客运站一辆大客车，载抚松县北岗镇政府干部、家属 53 人游览长白山天池返回途中，在天池公路 24 千米+857 米下坡急弯处发生翻车事故，造成 51 人死亡，2 人受伤。

141. 1991 年 7 月 30 日，广东省广州市珠江华侨农场第一作业区前锋生产队在用机船运送秧苗过程中发生沉船事故，造成 5 人死亡。

142. 1991 年 7 月 31 日，黑龙江省通河县水利局岔林河 2 号坝工地施工人员在挖河坝工程结束、乘船渡河返回途中发生翻船事故，造成 9 人死亡。

143. 1991 年 8 月 9 日，四川省重庆轮船公司 "802" 拖轮（带两个驳船），在长江巫山县徐尺塘水域与交通部长江轮船公司 "峨眉" 游轮发生碰撞，致使 "802" 拖轮沉没，船上 32 人落水，其中 20 人死亡（失踪）。

144. 1991 年 8 月 11 日，四川省荣昌县棉身乡一艘号牌为 "联升 2 号" 的机动船，由荣昌县城驶往棉身乡途中，由于无证驾船、冒险航行，在经过永胜桥时碰触桥墩后沉没，船上 42 人全部落水，其中 24 人死亡（失踪）。

145. 1991 年 8 月 11 日，四川省甘孜州雅江县孜河区恶古乡个体运输户阿某驾驶一辆双排座小货车，车内搭乘 14 人，驾驶室乘坐 6 人（含驾驶员），共计 20 人，由雅江县城出发驶往该县格西卡乡，中途坠入雅砻江中。除了 5 人跳车、1 人由江中爬起得以逃生外，其他 14 人均在事故中死亡。

146. 1991 年 8 月 15 日，广东省广州长途汽车运输公司的一辆大客车从广州开往湘潭，途径乐昌市老坪石镇石灰冲桥时，撞毁护栏，翻下 10 米高的桥下，造成 9 人死亡，12 人重伤，23 人轻伤。

147. 1991 年 8 月 18 日，从武昌开往广州的 247 次旅客列车（武汉客运段担当），运行至京广线大瑶山隧道（广东省乐昌市境内）时，一节车厢突然起火，火车司机紧急刹车。列车停下后，旅客纷纷从车门和窗口跳下。恰逢一列北上货运列车驶进隧道，跳下车的乘客无法疏散和躲避，被撞死 12 人，重伤 8 人，轻伤 16 人。

★148. 1991 年 10 月 30 日，贵州省黔南州都匀市个体运输服务处一辆中型客车（19 座），在行驶途中与其他两辆汽车相撞，造成 59 人死亡，4 人受伤（其中 3 人重伤）。

★149. 1992 年 1 月 16 日，四川省黔江地区彭水县汽车运输公司一辆大客车（载客 75 人），由彭水县城开往酉阳途中，在天（馆）苍（岭）公路 14 千米+35.9 米左转弯处发生翻车事故，造成 43 人死亡，29 人受伤。

150. 1992 年 1 月 18 日，交通部上海海运管理局所属"大庆 62"油轮在长江上海宝山水道石洞口电厂上游江面，因违章电焊引起油轮爆炸起火事故，造成 4 名船员死亡（失踪），4 名船员受伤，直接经济损失 1000 多万元。

151. 1992 年 2 月 15 日，四川省平昌县五木乡汽车队驾驶员秦某驾驶的一辆大客车，从平昌县五木乡载客往平昌县，沿途搭乘共 51 人（准载 40 人），行至平得公路 9 千米+15 米下坡转弯时，翻于公路左侧 39 米高的陡岩下，造成 14 人死亡，35 人轻伤。

152. 1992 年 2 月 23 日，河北省赤城县一辆载有 57 人的客运汽车，在 112 国道线 126 千米+88 米处翻下深沟，造成司机和乘客 13 人死亡，重伤 9 人、轻伤 28 人。

153. 1992 年 3 月 21 日，由南京西开往广州的第 211 次旅客列车在浙赣线五里墩车站，因司机中断瞭望，臆测行车，错过制动时机，与正进站的 1310 次货车发生冲突相撞，造成旅客死亡 15 人，受伤 34 人；机车报废 2 台，客货车报废 9 辆；中断行车 35 小时。

154. 1992 年 4 月 3 日，浙江省温州市捷达运输服务社驾驶员孙某无证驾驶一辆 18 座雄鹰牌小客车，包车超载运送温州市实验中学初二（10）班学生到青田县石门洞春游，中途会车时小客车向右失控，翻入瓯江，导致 18 人死亡。

155. 1992 年 5 月 25 日，福建省福田市仙游县度尾镇洋坂村 80 名村民在搭乘蒋隔水库运输船时发生翻船事故，死亡 12 人。

★156. 1992 年 6 月 13 日，山西省柳林县石西乡后河底村与陕西省绥德县枣林坪乡西河驿村之间的黄河水域上，一艘无证无照船舶沉没，船上 89 人溺水，其中 48 人死亡（失踪）。

157. 1992 年 7 月 31 日，中国通用航空公司由南京飞往厦门的 GP7552 航班

2755 雅克-42 型飞机，在南京大校场机场起飞时冲出跑道，造成 107 人死亡，19 人受伤。

158. 1992 年 8 月 11 日，北京联合航空旅游公司 7802 M8 型直升机在执行八达岭长城旅游飞行时，撞山失事，机上 24 人（包括机组人员 5 人）中 15 人死亡，8 人受重伤。

159. 1992 年 9 月 1 日，上海海运局 6000 吨货轮"林海一号"在山东荣成湾锚地，受强风巨浪袭击，因处置不当，船体倾斜进水下沉，船上 35 名船员中 18 人死亡（失踪）。

160. 1992 年 10 月 8 日，武汉航空公司伊尔 14 型 B4211 飞机执行兰州至西安旅游包机飞行任务过程中，由于左发停车，飞机维持不住高度，在甘肃省定西县白碌乡迫降时失事，机上 35 人当中有 14 人死亡，9 人重伤，12 人轻伤。

161. 1992 年 11 月 13 日，陕西省西安市庆华电器厂运往青海的已经装入火车箱内的 183 万发雷管，在西安东站等待编组时发生爆炸，造成 7 人死亡，91 人受伤（其中 8 人重伤），车厢被炸毁，车站部分设施及仓库、民房等遭受不同程度破坏，直接经济损失 2966 万元。

★162. 1992 年 11 月 24 日，中国南方航空公司的一架波音 737-300 型客机，由广州飞往桂林途中，在广西阳朔县土岭镇白屯桥村撞山失事，致使飞机粉碎性解体，机上 141 人全部罹难。

163. 1992 年 12 月 18 日，黑龙江省安达市客运公司一辆龙江牌 66 型客车，在由哈尔滨市开往安达市的途中爆炸起火，24 名乘客死亡，5 人重伤，14 人轻伤。

164. 1993 年 1 月 12 日，江西省鹰潭市一辆由双圳林场开往贵溪县城的客运班车，行至西窑乡占源岭时从 40 米高的盘山公路摔下，造成 7 人死亡，51 人受伤。

165. 1993 年 1 月 15 日，安徽省肥东县一辆个体经营、号牌为"皖 01-50845"的中型客车（车况及使用年限已经达到国家规定的老旧汽车报废标准，已于 1992 年 12 月 31 日办理报废手续），搭载 52 名农民工从上海返回安徽，因无证驾驶、严重超载（核定准载 26 人，实际乘载 53 人），在行至国道 312 线丹阳市皇塘镇路段时，翻入路边水塘中，造成 30 人死亡。

166. 1993 年 1 月 20 日，江西省瑞金县一辆由石狮开往宁都的江西 36/30616 东风牌大客车，因载客超员，汽车急转弯时打滑入沟起火，当场死亡 11 人，重伤 9 人，轻伤 22 人。

★167. 1993 年 1 月 31 日，由内蒙古自治区赤峰开往辽宁省大连的 77 次特快列车，在行驶到高新线罗家站至高台站间 2 千米+26 米处的一无人看守道口时，与辽宁省新民县新民镇个体汽车客运司机薛某驾驶的大客车相撞，造成 65 人死亡，4 人重伤，25 人轻伤。

168. 1993 年 2 月 19 日，贵州省仁怀县一辆大客车载客 63 人从遵义返回仁怀县途中，司机尤某在车辆制动系统失灵的情况下继续行驶，当行驶至北合线 26 千米处与遵义市一辆大客车交会时，将对方撞下 138 米深的坝下，造成 32 人死亡，38 人受伤。

169. 1993 年 3 月 4 日，河南省密县五星水库管理所一艘船沉没，船上 12 名职工落水，其中 5 人溺亡。

170. 1993 年 3 月 21 日，湖南省慈利县溪口镇的一艘渡船违规运营、严重超载，发生翻船事故，造成 15 人溺亡。

171. 1993 年 3 月 25 日，广东省梅州市丰顺县司机刘新华驾驶的一辆客车（载客 43 人），由丰顺开往广州途中，当行至国道 205 线 1275 千米处时，撞上正常行驶的一辆大客车，致使两车翻下约 60 米深的山沟后起火燃烧，造成 25 人死亡，40 人受伤。

172. 1993 年 4 月 9 日，四川省马尔康县一辆大客车（核定准载 48 人，实载 57 人），在开往县城途中坠入梳木河中，造成 37 人死亡，17 人受伤。

173. 1993 年 4 月 13 日，广东省湛江市一艘载有 70 多人的改装游艇，因严重超载，在湛江港西部海域被大浪打翻，造成 40 人死亡。该艘游艇是个体户詹某购回的一艘旧救生艇改成。在未经有关部门检验批准的情况下擅自载客营运。本来这艘艇只能载三四十人，但售出 60 张票，加上小孩，远超运载能力。当游艇行至出事地点时，遇上四级风浪，一个大浪打来，乘客们怕弄湿衣服，纷纷往一边挤压，结果重心偏向右边，艇底朝天沉入海中。

174. 1993 年 4 月 13 日，哈尔滨铁路局齐齐哈尔分局富拉尔基车站在调度车辆作业中，机车车辆冲出牵出线土档将原信楼突出部分刮倒，造成在室内休息的 8 名职工 5 人死亡，3 人受伤。

175. 1993 年 4 月 30 日，第 044 次货物列车行至长大线分水至辽宁省大石桥市间 243 千米+350 米无人看守道口处时，与通过该道口的辽宁省大石桥市客运公司一辆号牌为"56-02214"、满载春游学生的大客车相撞，大客车内 75 人（定员 70 人）当中当场死亡 29 人，抢救无效死亡 6 人，重伤 7 人，轻伤 29 人。事故共造成 35 名学生死亡。导致事故的主要原因是大客车驾驶员孙某违章抢越道口所致。当时天降大雾，货物列车距道口 20 米左右时，司机发现前方左侧公路上有一辆大客车由东向西驶上道口，立即采取紧急制动。列车是在紧急制动状态下与大客车相撞的。

176. 1993 年 5 月 19 日，新疆维吾尔自治区尼勒克县一村民驾驶一辆拖拉机，搭载 31 名妇女和儿童，当行至乌赞乡六村附近的下坡急转弯路段时，由于拖车的牵引销脱落，坠入 10 多米深的河谷，造成 24 人死亡，8 人重伤。

177. 1993 年 5 月 31 日，贵州省遵义市汽车运输公司司机吴道科驾驶的一辆大客车（载客 57 人），从绥阳县开往正定县途中，当行至绥宽公路 11 千米处时，由于制动系统失灵，车辆翻下 40 米深的悬崖，造成 22 人死亡，30 人受伤。

178. 1993 年 6 月 4 日，第 1816 次货运列车行至陇海线陇西站站内位 20 道岔处时发生列车颠覆事故，机后 4~34 位货车颠覆，35 位脱线，部分车辆被烧毁，造成 26 人死亡，9 人重伤，8 人轻伤。

179. 1993 年 6 月 6 日，云南省红河州开远县汽车运输总站的一辆公共汽车翻入深沟，造成 28 人死亡，13 人受伤。

180. 1993 年 7 月 5 日，安徽省黟县洪宏线 7 千米+600 米处一公共汽车因油路故障起火，造成 24 人死亡，6 人受伤，烧毁汽车一辆。

★181. 1993 年 7 月 10 日，由北京开往成都（洛阳列车段担当）的 163 次旅客列车，在运行至京广线新乡南场至七里营之间 608 千米+950 米处时，与前行的 2011 次货车发生追尾事故，造成 40 人死亡（其中乘务员 32 人，旅客 8 人），48 人受伤（其中 9 人重伤）。

182. 1993 年 7 月 21 日，云南省红河州红河县汽车队司机白文学驾驶的一辆东风牌大客车（载客 49 人），由红河县城开往浪堤乡途中，当行至迤浪线 41 千米处时，因路面坑洼不平，又遇塌方，打方向过猛，致使车辆冲出路面，翻下 150 米深的山涧中，造成 32 人死亡，17 人受伤。

183. 1993 年 7 月 23 日，西北航空公司甘肃分公司一架 BAe146-300 型 B2716 客机执行银川至北京航班任务时，在银川机场起飞时，飞机襟翼突发故障，并未处在起飞状态，飞机始终无法升空。驾驶人员只得采取紧急措施，中断起飞。由于速度过快，飞机冲出跑道尽头，冲入水塘，造成 56 名乘客死亡，56 人受伤（其中 3 名机组人员）。

184. 1993 年 9 月 17 日，广东省桂山岛海域抛锚避风的香港信德服务公司的一艘万吨级货轮遭台风巨浪袭击沉入大海，27 名船员当中有 25 人溺亡。

185. 1993 年 9 月 21 日，湖南省宁乡县双江口镇个体司机刘宝坤驾驶的一辆解放牌大客车（载客 47 人），开往长沙途中，当行至望城县刘家坝路段时，在避让后面要超越的货车时，驶出堤道，翻下 16 米高的大堤，坠入沩河中，造成 23 人死亡，2 人受伤。

186. 1993 年 10 月 4 日，江苏省射阳县小洋河海河渡口的一艘摆渡船沉没，渡船上的 48 人全部落水，21 人溺水身亡（其中 20 名小学生）。

187. 1993 年 10 月 16 日，中国海洋直升机公司一架直升机在南海一平台降落时坠海，机上 3 人死亡。

188. 1993 年 10 月 17 日，四川省峨眉山市一渡船超载触礁死亡（失踪）17 人。

189. 1993 年 10 月 20 日，福建省宁德地区连江县东北公路官岭段两辆客车相撞，造成 13 人死亡，16 人受伤。

190. 1993 年 10 月 26 日，东方航空公司乌鲁木齐分公司 MD-82 型 B2103 客机执行航班飞行任务，在福州义序机场降落时违反进近规程，盲目操纵造成机身擦地，飞机折为三段，机尾掉进水塘。机上乘客 2 人死亡，8 人重伤，机组人员 2 人重伤。

191. 1993 年 10 月 28 日，内蒙古自治区巴林左旗个体司机张子良驾驶的一辆解放牌带挂大货车（主车载半车羊皮并搭载 30 人，挂车满载猪皮），开往石家庄市途中翻下公路，造成 22 人死亡，2 人受伤。

192. 1993 年 11 月 1 日，宝成铁路开往成都方向的 1211 次货车在进入四川省德阳火车站时，由于一个油罐车漏油引起火灾，致使 7 节油罐车爆炸，16 节车厢出轨。爆炸产生的冲击波和引起的大火将现场附近的 2 栋宿舍楼损坏，将一栋 800 平方米的办公楼烧毁。事故造成 5 人死亡，11 人受伤。直接经济损失 890 万元。

193. 1993 年 11 月 8 日，四川省汽车运输公司八十九车队的一辆大客车（载客 50 人），从阆中市开往重庆途中，在合川市大石区古楼乡熊家大坡处发生翻车事故，造成 17 人死亡，33 人受伤。

194. 1993 年 11 月 9 日，广东省清远市汽车运输公司英德县客运站一辆大客车，由韶关驶往英德途中，在曲江县大坑口路段下坡处发生翻车事故，造成 11 人死亡，7 人受伤。

195. 1993 年 11 月 11 日，贵州省黔西南州兴仁县城关镇一辆金马牌农用车搭载 31 人由兴仁县城驶往下山镇赶集，因刹车失灵翻下公路，15 人死亡，17 人受伤。

196. 1993 年 11 月 13 日，中国北方航空公司 1 架 MD-82 型 2141 号客机执行沈阳—北京—乌鲁木齐航班任务，在距乌鲁木齐机场以东 2.2 千米的乌鲁木齐县地窝堡乡宣仁墩村农田失事坠毁。机上人员 102 人（机组 10 人），死亡 12 人（飞行人员 4 人），受伤 76 人，为飞行一等事故。

197. 1993 年 11 月 24 日，浙江省上虞县一辆号牌为浙江 03-01634 的客车载客 27 人，从温州出发前往杭州途中，因转弯车速过快而翻车起火，11 人死亡，7 人重伤。烧毁大客车 1 辆。

198. 1993 年 12 月 3 日，吉林省四平市鼓风机厂的一辆班车在接送职工下班途中，当行驶至四梅铁路无人看守道口时，与 337 次货运列车相撞，造成 10 人死亡，12 人重伤，30 人轻伤。

199. 1993 年 12 月 4 日，四川省攀枝花市开往成都参加省保险公司文艺调演的一辆大客车，在金（口河）乌（斯河）公路 6 千米+500 米处翻坠于 100 米深岩石下，全车 23 人中 20 人伤亡。

200. 1993 年 12 月 22 日，浙江省宁波市鄞县咸祥镇的一艘渔船沉没，死亡 11 人。

201. 1993 年 12 月 23 日，陕西省渭南地区运输公司司机王安礼驾驶的一辆大客车（载客 41 人），由洛阳开往西安途中，在国道 310 线陕县境内，与一辆吉普车相撞，造成 23 人死亡，8 人受伤。

202. 1993 年 12 月 23 日，福建省宁德地区闽东水电站一辆班车行驶途中与一辆吉普车相撞后坠入河中，造成 13 人死亡，20 人受伤。

203. 1994 年 1 月 1 日，湖南省浏阳市一辆由文家市开往长沙的中型客车，当行至国道 319 线浏阳市太平桥乡炉前村路段时起火，造成 14 人死亡，1 人受伤。

204. 1994 年 1 月 2 日，南京长江油运公司"大庆 423"轮和中国远洋运输总公司江苏省远洋运输公司"苏鹤"轮在长江下游高港对面花鱼套附近水域上下对驶时发生碰撞，致使"大庆 423"轮爆炸起火，燃烧 20 多个小时后全损，1 名船员受伤；"苏鹤"轮船首严重受损，2 名船员受伤，直接经济损失 2000 万元。

205. 1994 年 1 月 5 日，四川省汽车运输公司邓家富驾驶的一辆大客车，载 22 人从遂宁市开往江油市，行至绵渝公路 168 千米处时翻下公路右侧小渠河中，造成 18 人死亡。

206. 1994 年 1 月 9 日，浙江省温州市平阳县平瑞运输公司司机倪兆华驾驶一辆大客车（载客 53 人），由瑞安市开往鳌江镇途中坠入江中，造成 45 人死亡。

207. 1994 年 1 月 15 日，由湖北襄樊开往北京的第 250 次旅客列车（襄樊客运段担当），在运行至漯宝线余官营车站时，与站内停留的 3173 次货车发生正面冲突，造成路内外职工和旅客 7 人死亡，12 人受伤。

208. 1994年1月19日，贵州省罗甸县中医院司机张良富驾驶一辆18座旅行车（载31人），从边阳区开往罗甸县城，当行至国道210线2477千米急转弯处时，因车速过快，加之严重超载，车辆驶离路面20多米，翻下20多米高的坡下，造成18人死亡，13人受伤。

209. 1994年1月21日，安徽省黄山市汽车运输公司司机翟松驾驶一辆大客车（载客38人），从屯溪开往合肥，当行至合芜公路81千米处时，因车速过快，在急转弯时翻入70米深的山坡下，造成10人死亡，28人受伤。

210. 1994年1月29日，四川省屏山县汽车运输公司司机刘元林驾驶一辆大客车（核定准载44人，实载66人），由宜宾开往屏山县龙华镇途中翻入29米深的山坡下，造成11人死亡，50人受伤。

211. 1994年1月29日，江西省武宁县源口电站司机段英武驾驶一辆大客车（核定准载30人，实载49人），当行至古庙线10千米处下坡转弯时，翻下50米深的山沟，造成12人死亡，37人受伤。

212. 1994年1月29日，广西壮族自治区那坡县汽车运输站司机陆国章驾驶一辆大客车（载客40人），从百合乡开往那坡县城，当行至百平公路32千米处时撞断桥梁护栏，坠入8米高的桥下，造成11人死亡，28人受伤。

★213. 1994年2月1日，四川省重庆轮船公司乐山分公司所属的"川运21号"轮船与重庆长江轮船公司"长江02633号"拖轮所顶推的驳船相撞，"川运21"轮翻沉，事故造成72人死亡（失踪）。

214. 1994年2月2日，贵州省黔东南州凯里汽车运输公司司机单光明驾驶一辆大客车（载客67人），从榕江县城开往凯里市，在榕江县境内炉榕线91千米处与一辆小客车交会时，因靠右边行驶压塌路基，翻下98米深的山崖下，造成36人死亡，29人受伤。

215. 1994年2月3日，江西省赣州冶金地质勘探264队一辆个体承包的大客车，由寻乌县开往安远县途中，当行至寻安公路26千米下坡转弯处时，翻下20米深的山沟后起火燃烧，造成38人死亡，33人受伤。

216. 1994年2月4日，四川省云阳县个体司机彭泽毅驾驶一辆微型面包车（载11人），从南溪镇开往桑坪乡途中发生翻车事故，造成11人死亡。

217. 1994年2月5日，江西省都昌县排灌机械厂司机李会龙驾驶一辆解放牌加长货车，由土塘乡开往大沙乡，途中先后有30多人搭车，当行至都口公路27千米狭窄路段处，翻入14米深的水库中，造成15人死亡，7人受伤。

218. 1994年2月8日，浙江省临海市客运站司机赵德刚驾驶一辆大客车（载50人），从临海开往大石，当行至国道104线1685千米时，翻下6米深的沟中，造成 13 人死亡，18 人受伤。

219. 1994 年 2 月 17 日，湖南省麻阳县商运公司司机张应俊驾驶一辆大客车（载 79 人），从麻阳开往广州，当行至四连线 50 千米下坡转弯处时，车辆偏离路面翻下 12.7 米深的河中，造成 10 人死亡，15 人受伤。

220. 1994 年 2 月 20 日，广州军区后勤部司机邓炳福驾驶一辆大客车（载 65 人），从高州开往深圳，当行至国道 324 线 1122 千米处从右侧强行超车时，车辆碰撞路边电线杆后坠入 7 米深的水塘中，造成 11 人死亡，26 人受伤。

221. 1994 年 2 月 23 日，广西壮族自治区南平县南镇个体司机石小毅驾驶一辆 45 座大客车，从贵州省黎平县载 82 人开往广东省东莞市，行至国道 209 线 2754 千米处，驶离路面翻入浔江河中，造成 34 人死亡，21 人死亡。

222. 1994 年 2 月 23 日，广州市广花高速公路公司司机古志强驾驶一辆大客车（载 27 人），从梅县丙村开往雁洋镇灵光寺，当行至离灵光寺约 3 千米处时，因道路狭窄，车辆撞到路边石头后翻下 100 多米深的山崖下，造成 11 人死亡，16 人受伤。

223. 1994 年 2 月 24 日，安徽省阜阳县汽车运输公司司机罗联洋驾驶一辆大客车（载 64 人），从阜阳开往杭州，当行至宁杭公路张师桥路段时，车辆撞断桥梁护栏坠入河中，造成 20 人死亡。

224. 1994 年 3 月 26 日，武汉铁路分局管内的一列货车，在一处铁路与公路交叉道口与一列无轨电车相撞，造成 18 人死亡，54 人受伤。

225. 1994 年 4 月 3 日，山东省一辆由日照市开往青岛市的个体经营的客车，行至胶南市与青岛经济开发区交界处时汽车熄火，司机从油箱内取出汽油向化油器滴油，当重新启动汽车时，电火花引起汽油燃烧并导致火灾，造成 11 人死亡，23 人受伤。

226. 1994 年 4 月 5 日，浙江省缙云县壶镇中心小学四年级学生 5 个班的学生，在校长和教师带领下，到距离学校十余里的雁岭乡水库春游。校长与个体船主柳某某商定，由柳某某摆渡两条拴在一起的水泥船将师生送到水库对岸。其中 3 个班的学生在无人指挥的情况下竞相登船。船尚未启动，即倾斜沉没，已经上船的 139 名学生几乎全部落水，其中 43 名学生溺水身亡①。事后缙云县人民法院以玩忽职守罪判处校长吕某某有期徒刑 4 年，教导主任和 3 名班主任也被追究刑事责任。分管教育的副县长、县教委主任被撤职。

---

① 有资料称：1994 年 4 月 5 日，浙江省缙云县中心小学四年级学生春游船翻沉，"造成 54 名师生落水，37 名小学生死亡"。因无确切出处，故不予采信。

227. 1994 年 4 月 5 日，山东省潍坊市安丘镇牟山水库一艘由养鱼船改成的个体经营游船翻沉，7 名游客溺亡。

228. 1994 年 4 月 9 日，四川省马尔康县一辆大客车发生翻车事故，造成 37 人死亡，17 人受伤。

229. 1994 年 4 月 11 日，山东省青岛市一辆山东 02-T7251 号客车途径青岛开发区泰薛公路 321.990 千米处发动机熄火，司机在处理熄火问题时引燃从油箱抽出的汽油并引发大火，11 人当场死亡，1 人经抢救无效死亡，29 人受伤。

230. 1994 年 4 月 22 日，贵州省贵阳市汽车运输公司司机彭树云驾驶一辆云马牌大客车（核定准载 45 人，实载 62 人），由毕节市返回贵阳，行至国道 312 线 1388 千米+200 米下坡急转弯处时，翻入 60 米高的山坡下，造成 31 人死亡，30 人受伤。

231. 1994 年 5 月 10 日，安徽省马鞍山河段突起 8~9 级西北风，江宁县和高淳县的 11 艘船舶沉没，50 多人落水，4 人失踪。

★232. 1994 年 6 月 6 日，民航西北航空公司一架图-154M 型客机（B-2610），执行西安—广州 2303 航班飞行任务，由西安咸阳机场起飞后不久，飞机在空中解体，坠毁在西安市长安县鸣犊镇。机上 160 人全部罹难，其中旅客 146 名（外籍及境外旅客 13 名）、机组人员 14 名。

233. 1994 年 7 月 9 日，湖北省五峰县客运公司的一辆长途客车在长江古老背渡口过渡时，从渡轮上滑入江中，造成 50 人死亡。

234. 1994 年 7 月 23 日，四川省松潘县汽车队司机赵德富驾驶一辆大客车（核定准载 40 人，实载 62 人），由松潘开往黄龙，当行至章黄线 35 千米+100 米处时翻入 100 多米深的山坡下，造成 36 人死亡，15 人重伤，12 人轻伤。

235. 1994 年 7 月 24 日，黑龙江省哈尔滨市哈成公路绢纺厂道口，发生公共汽车与铁路货车相撞的事故，司机和 7 名乘客当场死亡，数十人（具体不详）受伤。

236. 1994 年 7 月 28 日，云南省昭通市经贸总公司客运旅游服务公司的一辆大客车（核定准载 58 人，实载 70 人），由昆明开往昭通，行至会泽县境内国道 213 线 334 千米+46 米连续下坡处时翻入 60 米深的山沟，造成 50 人死亡，20 人受伤。

237. 1994 年 7 月 31 日，贵州省六盘水市水城县联运车队的一辆大客车（核定准载 55 人，实载 82 人），从纳雍县城驶往水城，当行至比水公路 132 千米+800 米处时翻入 95.5 米深的山谷，造成 51 人死亡，30 人受伤。

238. 1994 年 8 月 8 日，新疆维吾尔自治区第五运输公司一辆大客车（核定准载 45 人，实载 67 人），由库车县开往伊犁，行至和静县境内国道 217 线 764 千米下坡转弯处时翻入 50 米深的山沟，造成 31 人死亡，35 人受伤。

239. 1994 年 9 月 12 日，四川省万县顺丰汽车运输公司一辆 43 座大客车，载 101 人，从万县市梁平县新胜镇开往广东。当行至湖北鄂西州巴东县支井河路段 318 国道 1491 千米+554 米坡道急转弯处时翻下 142 米深的悬崖，造成 55 人死亡，46 人受伤。

240. 1994 年 10 月 11 日，四川省广元地区苍溪县苍剑公路江南镇群辉一组路段，一辆私营中型客车在与对面驶来的一辆汽车会车时坠入 38 米深的山崖下，中型客车内 17 人全部死亡。

241. 1994 年 10 月 19 日，浙江省临海市上圾航运公司所属"临机 26"轮，在舟山册子岛附近海域沉没，造成 13 人死亡。

242. 1994 年 10 月 20 日，北京市内燃机总厂的一辆客车，在朝阳区老君堂道口与一列火车相撞，死亡 23 人，重伤 47 人。

243. 1994 年 10 月 23 日，陕西省西安市庆华电器制造厂一辆载有 105 万枚雷管的汽车，在行至山东省平度市洪山乡境内时发生爆炸，造成 5 人死亡，95 人受伤（其中重伤 6 人），炸毁民房数百间，直接经济损失 826 万元。

244. 1994 年 12 月 11 日，福建省连江县县城开往苔菉的一辆中型客车在浦口山坑翻落陡坡，死亡 13 人，受伤 14 人。

245. 1995 年 2 月 25 日，湖南省资兴市清江乡的一些中小学生放学返家途中，所乘坐的一艘无证照违规运营船舶因超载（限载 10 人，实载 36 人）在东江湖中翻沉，船上 36 名学生全部落水，其中 15 人溺亡。

246. 1995 年 3 月 1 日，浙江省平湖市总工会职工疗养院旅游服务部一辆大客车（载 49 人），从平湖开往杭州，在途经乍王线嘉兴市郊区新丰镇东青龙桥时坠入河中，造成 23 人死亡，8 人重伤，13 人轻伤。

247. 1995 年 3 月 2 日，一辆载着 19 支容积为 400 升的液氨钢瓶的越南大卡车，从广西凭祥市浦寨向越南方向行驶，当行驶至距中越边境 15 号界碑 40 米处时发生爆炸，大量液氨迅速气化，造成周围 50 多人中毒。

248. 1995 年 3 月 31 日，广西壮族自治区百色市德保县敬德公路古寺乡学校附近一辆中型客车倾覆，死亡 16 人。

249. 1995 年 3 月 30 日，安徽省马鞍山钢铁公司运输二队的一辆运矿渣车将高空架设的煤气管道拉断，导致大量煤气外泄，受影响区域 3305 平方米，造成 11 人死亡，69 人中毒。

250. 1995 年 4 月 21 日，浙江省海运总公司的一艘货轮，在普陀山海域与另一艘轮船相撞后沉没，死亡 13 人。

251. 1995 年 11 月 5 日 18 时 13 分，北京地铁环线内环 561 次 438 车组在长椿街站至复兴门区间与 313 次 434 车组发生追尾事故，32 名乘客受轻伤。列车部分车钩损坏，内环中断运营 302 分钟。

252. 1995 年 11 月 12 日，山东省费县郝家村乡河西村一艘机动木船载 32 人前往徐家岸水库对岸的新庄乡赶集途中发生沉船事故，造成 16 人死亡。

253. 1995 年 11 月 13 日，四川省江津市轮船总公司所属客轮"江津 6 号"，从永川市朱沱镇启航，沿长江下行至江津市杨岩水域，与同向行驶的贵州省赤水轮船公司顶推 4 艘驳船的"遵义 308 号"货轮发生碰撞，导致"江津 6 号"客轮沉没，70 多名乘客和船员全部落水，其中 42 人死亡（失踪）。

254. 1996 年 2 月 3 日，安徽省灵璧县一辆个人双层卧铺大客车（核定准载 32 人，实载 94 人），由浙江省驶往灵璧途中，在超越一辆停驶的大货车时，与迎面驶来的一辆拖拉机发生撞车事故，造成 18 人死亡，27 人受伤。

★255. 1996 年 2 月 9 日，浙江省三门县航运公司"浙三机 3 号"木质客船由象山石浦开往三门湾，在蛇蟠岛外遇大风沉没，死亡（失踪）66 余人。

256. 1996 年 2 月 13 日，贵州省毕节运输公司职工杨春喜无证驾驶一辆大客车（核定准载 45 人，实载 71 人）驶往四川成都，途中翻下 52 米深的陡坡，造成 17 人死亡，18 人受伤。

257. 1996 年 2 月 13 日，云南省盈江县农场一辆载有 60 根原木、搭载 21 人的农用运输车，在驶往平原镇途中翻下水沟，造成 13 人死亡，8 人受伤。

258. 1996 年 2 月 22 日，福建省漳平市洪桥镇一个体车主无证驾驶一辆东风牌大货车搭载 32 人由永福乡驶往市区，途中翻下 50 多米深的沟中，造成 17 人死亡，12 人受伤。

259. 1996 年 3 月 5 日，海南省白沙县航运站一辆中型客车（载 22 人），在一下坡路段行驶中翻下深沟，造成 12 人死亡，10 人受伤。

260. 1996 年 3 月 11 日，四川省南充市蓬安县航运公司所属"小山城"短途客船由木洞开往朝天门途中碰撞沉没，死亡（失踪）90 人。

261. 1996 年 7 月 16 日，四川省万县市奉节县东风航运公司在白马滩水上修船点给两艘船维修喷漆时，发生爆炸事故，造成 9 人死亡，5 人重伤。

262. 1996 年 9 月 29 日，四川省遂宁市汽车运输总公司第三分公司一辆大客车从广东省顺德市返回四川时，行至贵州大方县境内翻车，死亡 7 人，受伤 70 人。

263. 1997 年 1 月 3 日，四川省资中县归德镇一艘编号为"川资中渡 0006"

的个体机渡轮，从资中县重龙镇文江码头沿沱江上行，因雾大，能见度差，加之操作失误、避让不当而发生碰撞沉没，死亡（失踪）43人。

264. 1997年1月10日，湖南省株洲铁路工务段一轻型轨道车，在浙赣线986千米+150米处与3115次货运列车发生正面相撞，造成20人死亡，3人重伤，1人轻伤。

265. 1997年2月12日，四川省泸州市纳溪区运输公司一辆中型客车在运行途中翻车，造成10人死亡，2人重伤，13人轻伤。

266. 1997年2月13日，广西壮族自治区宜州市一辆个体经营的大客车，在行驶至广深高速公路17千米+800米（广州市白云区罗岗路段）处时起火燃烧，造成40人死亡，6人受伤，车辆及所载物品全部被烧毁。

267. 1997年2月23日，湖南省娄底汽车运输总公司新化分公司驾驶员谭周朗驾驶一辆东风牌大客车（载49名农民工），从新化市开往益阳市，当行至桃江县城关桃花江公路大桥时，冲上左侧人行道，继而撞断护栏坠入江中，造成42人死亡，7人受伤。

268. 1997年2月27日，四川省泸州市泸县交通运输服务公司一辆从广东顺德开往泸州的大客车（川E 00191），行至叙永县境内大纳公路140千米+600米处时遇山体塌方，被泥石撞翻在垂直高度120多米岩下，10人死亡，5人受伤。

269. 1997年3月4日，陕西省靖边县运输公司一辆大客车（核定准载27人，实载56人），从靖边县驶往西安市，当行至安塞县境内延靖公路21千米+594米处时坠入河中，造成25人死亡，3人受伤。

270. 1997年4月4日，贵州省沿河县淇滩镇个体船"沿运118号"在乌江干流沙溪子河段沉没，死亡（失踪）49人。

271. 1997年4月22日，四川省简阳县华西公司一辆学生专用客车在行驶过程中与一辆迎面驶来的满载水泥的大货车发生猛烈碰撞，导致客车上的学生13人死亡，33人受伤。

★272. 1997年4月29日，从昆明开往郑州的324次旅客列车，在行至京广线湖南岳阳县荣家湾车站时，与停在站内的818次旅客列车追尾，事故造成126人死亡，48人重伤，182人轻伤。

273. 1997年5月8日，中国南方航空（集团）公司深圳公司一架波音737客机，在深圳黄田机场（现为深圳宝安国际机场）降落时失事，死亡35人，重伤9人。

274. 1997年6月4日，停泊南京长江水域二锚地的广州海运集团泰华油运公司"大庆243"油轮（准载2.4万吨，装有1.97万吨原油），在向长航集团南京油运公司的 3 艘油驳过载原油时发生火灾爆炸事故，泄漏的原油形成 2 万多平方米江面火灾。造成 9 人死亡（失踪），5 人受伤。"大庆 243"油轮和一艘油驳沉没，另外两艘油驳烧损，直接经济损失 574.8 万元。

275. 1997 年 6 月 19 日，贵州省遵义地区仁怀市一辆挂靠在东威运输股份公司的个体大客车，从仁怀市开往遵义市，途经白合线 34 千米+850 米下坡路段处时，翻下 48 米高的陡坡下，造成 32 人死亡，26 人受伤。

276. 1997 年 6 月 23 日，辽宁省丹东市宽甸县客运公司一辆大客车，载县中心小学 50 名离退休职工去河口旅游，当行至长甸镇长甸村路段时坠入道路左侧河床内，造成 24 人死亡，26 人受伤。

277. 1997 年 7 月 8 日，重庆市万县汽车运输总公司二分公司一辆大客车，载 62 名农民工从开县驶往云阳县港口客运站，当行至云阳县城环城路罐头厂附近路段时，坠入道路左侧 50 米深的汤溪河与长江汇合口处，造成 33 人死亡。

278. 1997 年 8 月 9 日，河南省焦作市修武县云台山景区一洞北 200 米处，一辆中型客车翻入 100 米深沟，造成 4 人死亡，8 人重伤。

279. 1997 年 8 月 29 日，广西壮族自治区都安瑶族自治县百旺乡一辆个体营运的大客车，行至都安县红宣线 20 千米+974 米处时，由于司机驾驶操作欠妥，使客车在凹凸不平的路面颠跳，前轮腾空，方向盘失控，驶出路坎，翻下 35 米深的悬崖后坠入红水河中，造成 36 人死亡，5 人重伤，19 人轻伤。

280. 1997 年 8 月 29 日，陕西省商洛地区运输公司二公司一辆大客车，行至山阳县境内色漫公路甘沟梁路段 56 千米+169 米下坡转弯处时，翻入 109.7 米深的沟内，造成 27 人死亡，22 人受伤。

281. 1997 年 9 月 18 日，西藏自治区阿里地区狮泉河镇的一辆东风牌货车，载有牛绒并搭载 29 人，从芒康驶往拉萨，当行至丁青县境内 317 国道 1534 千米一弯道狭窄桥梁处时，将桥沿压垮，翻入河中，造成 27 人死亡。

282. 1997 年 10 月 12 日，云南省东川市一辆个体户经营号牌为"云 B-00242"中型客车，核载 19 人，实载 47 人（成人 44 人，3 周岁以下小孩 3 人），在行至东川市汤丹镇境内的阿（子营）东（川）线 154 千米+250 米处时，由于车辆的左转向节臂突然折断，方向失控，向左跑偏 27.9 米后，从左侧翻下 360 米深的山崖，车上乘客及物品从被解体的车内抛出，当场死亡 41 人（其中包括驾驶员崔某），抢救过程中死亡 1 人，共计死亡 42 人，重伤 4 人，轻伤 1 人。

283. 1997 年 10 月 29 日，广东省汕头市两英镇洪口輋水库一艘渡船沉没，船上 41 人全部落水，其中 30 人溺亡。

284. 1997 年 12 月 7 日，交通部二航局珠海淇澳大桥建设项目部雇用的一艘交通船，在淇澳大桥建设工地接职工下班途中，在海上与一艘渔船相撞，造成船上28人全部落水，其中17人获救，11人失踪。

285.1997年12月20日，福建省龙海市角尾镇港坂农场驾驶员郭某驾驶一辆中型旅行车（核定准载19人，实载27人），前往平和县三平寺，当行至县道文坪线12千米+566米下坡转弯处时，冲出道路右侧坠入4.7米深的沟内，造成27人死亡。

286.1998年1月16日，贵州省六盘水市盘县客运公司一辆由个体司机熊某驾驶的租赁大客车，在行驶至盘县境内的一转弯处时因司机操作不当翻入路边18米深的水沟内，车上乘载的放寒假从六盘水市回盘县的中学生13人死亡，30人受伤。

287.1998年2月7日，中远集团青岛远洋运输公司"翡翠海"轮，从印度新芒格洛尔港装载27499吨矿石开往南京，在南沙群岛附近遭遇恶劣天气，前仓进水、随后沉没，船上有34名船员，其中4人获救，30人死亡（失踪）。

★288.1998年2月11日，湖南省湘阴县一辆号牌为"湘K-60514"的三湘牌大客车在西林乡东亚渡口渡江时坠入资江，造成63人死亡（失踪）。

289.1998年4月1日，四川省达县九岭乡的一艘渡船在舵石鼓附近水域翻沉，船上所载15名春游中学生落水，其中10名女生溺亡。

290.1998年5月4日，河南省郑州市一辆大客车在黄河公路大桥上翻车坠河，死亡22人，受伤30人。

291.1998年5月27日，四川省遂宁市境内一辆由遂宁开往绵阳的野马牌中型客车超车时速度过快，与一辆司机酗酒且超载乘客的小客车迎面相撞，两车燃烧，造成15人死亡，7人重伤。

★292.1998年7月9日，重庆市江津市羊石镇中坝村三社农民赵先金经营的"羊石8号"个体客货机动船发生翻沉事故，造成69人死亡（失踪）。

★293.1998年7月12日，四川省江安县一艘编号为"川江安渡0016"的客渡船，在由长江南岸江安镇官驿门码头开往北岸时发生沉船事故，造成94人死亡（失踪）。

294.1998年7月13日，由湖南开往昆明的1913次货物列车，途经贵州省镇远县朝阳坝二隧道时发生爆炸火灾事故，造成6人死亡，20人受伤，并造成湘黔线中断21天。

295.1998年8月21日，上海市纺织职工疗养休度假服务中心的一辆客车发生翻车事故，死亡10人，受伤5人。

296.1998年8月27日，福建省三明市汽车运输总公司宁化公司一辆号牌为

"闽 G-T7022"的中型客车行至建宁县省道建文线 32 千米+250 千米处，在下坡拐弯处冲出路面，摔下路侧深 16.8 米的山涧，造成 38 人死亡，3 人受伤。事故的直接原因是驾驶员伊某自检工作不到位，未对制动液储油罐的制动液存量进行检查，在车辆左前、后制动分泵有渗漏的情况下，罐内制动液存量逐渐减少至严重不足，致使在车辆下坡连续制动的过程中制动大幅度衰减，加上人员严重超载，增加了车辆的下坡加速度，加大了制动负载，加剧了制动衰减直至失灵，导致事故的发生。

297. 1998 年 9 月 30 日 5 时 30 分，福建省浦城县南浦客运车队一辆号牌为"H40435"的中型客车（核载 19 人，实载 41 人），因严重失保失修，右后轮制动蹄片磨损严重超限，蹄鼓间隙过大，造成制动分泵活塞行程超限，运行中活塞脱出缸体，制动液瞬间开放性泄漏，致使车辆制动失效。在政和县省道安嵩线 66 千米+200 米处，冲出路面坠入 24 米深的公路护坡下溪中，死亡 33 人，受伤 8 人。

298. 1998 年 11 月 19 日，四川省达县地区平昌县西兴乡曙光村三组个体船户邵某驾驶的一艘木质挂桨机动船航至磴子乡八庙河小桥沟处沉没，船上 17 人全部落水，其中 11 人溺亡。

299. 1998 年 12 月 26 日，安徽省定远县化建公司一辆客货两用车，装载 6 万支雷管和 4.4 万米导火索，行驶途中与一辆客车相撞发生爆炸，造成 18 人死亡，60 人受伤。

300. 1999 年 1 月 3 日，辽宁省铁法矿务局发生运煤车与客车相撞事故，造成 23 人死亡，23 人受伤。

301. 1999 年 2 月 12 日，重庆市公交公司的一辆公共汽车发生翻车事故，死亡 30 人，受伤 25 人。

★302. 1999 年 2 月 24 日，民航西南航空公司一架客机在从成都飞往温州的途中发生坠毁事故，死亡 61 人。

303. 1999 年 3 月 25 日，浙江省丽水地区紧水滩水力发电厂班车发生翻车事故，死亡 18 人，受伤 29 人。

304. 1999 年 5 月 5 日，浙江省衢州市常山县芙蓉乡中学部分师生搭乘一辆中型客车到芳村镇参加初中毕业体育会考。驶至长厅岭下坡转弯地段时制动失效，翻入落差 51.08 米（其中水深 9.3 米）的长厅水库中，死亡 32 人（其中学生 29 人），受伤 16 人。

305. 1999 年 7 月 3 日，四川省遂宁市射洪县涪江镇一机动船因螺旋桨被水中漂浮的编织袋缠住，转动失灵，引发沉船事故，船上 29 人落水，其中 13 人死亡。

306. 1999 年 7 月 6 日，由湖北省武昌开往广东省湛江的 461 次旅客列车，运行至衡阳北和衡阳车站间发生脱轨，造成旅客死亡 9 人，重伤 15 人，轻伤 25 人。客车报废 5 辆，大破 4 辆，中破 2 辆，小破 1 辆。

307. 1999 年 7 月 18 日，四川省阿坝藏族自治州第一汽车运输公司客运公司一辆号牌为"川 U-06296"的客车在汶川县白花乡圣音寺（国道 213 线 1012 千米+240 米处）发生翻车事故，死亡 33 人，受伤 4 人。

308. 1999 年 7 月 27 日，云南省燃料一厂一辆装有 28.5 万发雷管的东风牌货车，在行至重庆市长寿县凤城镇的一个桥头时发生爆炸，造成 14 人死亡，16 人受伤，直接经济损失 400 万元。

309. 1999 年 10 月 18 日，新疆维吾尔自治区伊犁地区运输集团公司的一辆卧铺客车在天山公路坠入湖中，死亡 21 人。

310. 1999 年 11 月 18 日，广西壮族自治区梧州市一辆客车坠入河中，死亡 31 人，受伤 23 人。

★311. 1999 年 11 月 24 日，山东航运集团有限公司控股企业——烟大汽车轮渡股份有限公司所属的客滚船"大舜"轮，在从烟台驶往大连途中，于烟台附近海域倾覆。船上 304 人（40 名船员，264 旅客）中 22 人（5 名船员，17 名旅客）获救，包括船长、大副和轮机长等船上主要船员在内共 282 人死亡（失踪），直接经济损失约 6000 万元。

312. 1999 年 12 月 11 日，湖北省秭归县香溪镇个体客船"楚杰"号在行至八里湖水域时，与尾随其后的一艘货轮发生碰撞，"楚杰"号当即沉没，7 人死亡（失踪）。

313. 2000 年 1 月 1 日，福建省闽泉快运客运公司的一辆客车与福州市城门运输公司的一辆货车发生碰撞事故，死亡 22 人，受伤 29 人。

314. 2000 年 1 月 28 日，广东省广州市一辆号牌为"粤-A0497"的中型客车发生撞车事故，造成 21 人死亡，1 人受伤。

315. 2000 年 2 月 17 日，新疆维吾尔自治区乌鲁木齐市万达公司货运汽车发生撞车事故，造成 12 人死亡，9 人受伤。

316. 2000 年 4 月 8 日，重庆市城口县发生客车翻车事故，造成 13 人死亡，32 人受伤。

317. 2000 年 4 月 28 日，甘肃省黄河兰州段岸门口太阳岛机动索渡船发生沉船事故，造成 10 人死亡，8 人受伤。

318. 2000 年 5 月 9 日，河南省一辆号牌为"豫 P-08266"的双层客运汽车在重庆市黔江县境内发生翻车事故，造成 16 人死亡。

319. 2000 年 5 月 12 日，云南省文山州汽车运输经贸总公司一辆客车发生翻车事故，造成 12 人死亡，44 人受伤。

320. 2000 年 5 月 25 日，四川省宜宾市江安县仁和乡太平村一辆号牌为"川 Q20137"的农用车，载 17 人，在泸州市纳溪区上马镇文昌街村至水口寺自建公路 4 千米处翻坠岩下，死亡 14 人，重伤 1 人。

321. 2000 年 6 月 7 日，由南宁开往桂林的 202 次旅客列车在过道口时，与一辆拖拉机相撞，造成 11 人死亡，13 人受伤。

322. 2000 年 6 月 11 日，贵州省德江县桶井乡乌江村一艘个人经营的渡船，因严重超载和无证驾驶发生沉船事故，死亡（失踪）41 人，受伤 32 人。

★323. 2000 年 6 月 22 日，四川省泸州市合江县榕山建筑公司所属的"榕建"机动短途客船在长江榕山镇水域发生沉船事故，造成 130 人死亡。

324. 2000 年 6 月 22 日，武汉航空公司一架从湖北恩施至武汉的运七型客机，在武汉郊区坠毁，机上 38 名乘客以及 4 名机组成员全部死亡；飞机坠落时还造成正在汉江铁驳船上工作的武汉兴达新型墙体材料厂 7 名职工死亡。调查结论：这是一起在局部恶劣的气象条件下，机组违章飞行、机长决策错误、塔台管制员违章指挥而造成的重大责任事故。

325. 2000 年 6 月 30 日，新疆通用航空有限公司一架运五飞机在塔城地区进行治蝗作业时发生坠机事故，2 名飞行员死亡。

326. 2000 年 7 月 1 日，广东省韶关市黄岗轧钢厂租用的一辆中型客车，在乳源县大布镇桥甫电站附近翻进深达 200 多米的峡谷，造成 14 人死亡（失踪），6 人重伤。

327. 2000 年 7 月 3 日，福建省政和县一辆箱式农用汽车发生翻车事故，造成 14 人死亡，10 人受伤。

328. 2000 年 7 月 6 日，四川省犍为县一辆农用三轮车发生翻车事故，造成 10 人死亡，6 人受伤。

329. 2000 年 7 月 6 日，山西省保德县林遮峪乡刘家塔村一辆中型客车坠入黄河，死亡 19 人，受伤 13 人。

★330. 2000 年 7 月 7 日，广西壮族自治区柳州市因突降暴雨，一辆公共汽车在壶东大桥上行驶时坠入柳江，造成 79 人死亡。

331. 2000 年 8 月 1 日，广西壮族自治区桂林市大埠乡一辆农用车发生翻车事故，造成 14 人死亡，13 人受伤。

332. 2000 年 8 月 27 日，重庆市奉节县永乐镇安渡村一艘个体机动船发生沉船事故，造成 16 人死亡，9 人受伤。

333. 2000 年 8 月 31 日，重庆市忠县一艘个体机驳船发生沉船事故，造成 11 人死亡，3 人受伤。

334. 2000 年 9 月 19 日，四川省汽车运输成都公司天府旅行社一辆号牌为"川 A31441"的大客车，在行驶途中翻于斜高 20 米的岷江河边，造成乘客死亡 16 人，重伤 15 人，轻伤 4 人。

335. 2000 年 10 月 3 日，四川省射洪县汽车运输总公司一辆大客车（号牌为"川 J30154"，属个体车主蒋某与射洪县汽车运输总公司挂户经营，核载 25 人，实载 35 人），在县道射三路 12 千米+400 米处撞到公路右边岩石上，当场死亡 10 人，轻重伤 25 人，送医院抢救无效死亡 3 人。

336. 2000 年 10 月 10 日，河南省沈丘县运输公司一辆客车发生翻车事故，造成 21 人死亡，43 人受伤。

337. 2000 年 10 月 11 日，云南省昭通地区镇雄县一辆客货两用车发生翻车事故，造成 22 人死亡，22 人受伤。

338. 2000 年 10 月 28 日，福建省泉州市国道 324 线 180 千米处（惠安洛阳路段）一辆号牌为"闽 CB0942"的微型旅行车（核载 6 人、实载 14 人）与一辆从泉州开往惠安方向、号牌为"粤 B14790"的东风牌大货车正面相撞，造成 11 人死亡，3 人受伤。

339. 2000 年 11 月 4 日，福建省福安市坂中乡一农用车发生翻车事故，造成 11 人死亡，2 人受伤。

340. 2000 年 11 月 19 日，四川省凉山州冕宁县城厢镇一辆号牌为"川 W14325"的中型客车（核定载客 17 人，出站时除驾驶员外共载 9 人，沿途上客至 28 人，其中儿童 4 人），在乾冕路 396 千米+500 米处，翻下 168 米的山崖，死亡 17 人，重伤 5 人，轻伤 7 人。

341. 2000 年 12 月 1 日，浙江省舟山市岱山东沙航运公司货船发生沉船事故，造成 18 人死亡，2 人受伤。

（七）渔业船舶事故

1. 1990 年 8 月 13 日，福建省福州市平潭县一艘被遣返渔船在基隆正北 13 海里处被台湾军舰撞成两截，21 名平潭县渔民溺水死亡。

2. 1994 年 1 月 27 日，福建省龙海市鸿屿渔业大队的一艘渔轮发生翻沉事故，死亡 13 人。

3. 2000 年 5 月 15 日，海南省"琼儋州 11032"渔船发生碰撞事故，死亡

11 人。

（八）其他事故

★1. 1987 年 1 月 16 日，江西省会昌县水东小学厕所横梁断裂，82 名学生掉入粪池，其中 28 人死亡，11 人住院治疗 30~60 天。

2. 1987 年 1 月 29 日，四川省重庆市江津县鹅公乡白斗村发生踩踏跌落事故，前来朝拜该村石壁上一尊神像的数千群众，因过于拥挤，有 200 多人跌下岩坎，造成 2 人死亡，9 人重伤，30 多人轻伤。

3. 1987 年 4 月 25 日，陕西省安康地区镇坪县上竹乡部分村民上化龙山采挖野生药材，因雨雪交加、气温骤降，致使 7 人被冻死。

4. 1987 年 9 月 28 日，安徽省安庆市潜山县双峰乡光辉村发生恶性雷击事故，4 人当场死亡，31 人受伤，其中重伤 14 人。

5. 1987 年 12 月 28 日，陕西省商洛地区山阳县城关小学早晨集合升国旗时，由于西楼梯门锁着，800 多名学生分别从二、三、四楼走下来，在去往东楼梯口的二楼与一楼之间发生踩踏事故，前边学生跌倒了，后边的学生还在向下拥挤，互相踩踏、造成 28 人死亡，58 人受伤。

6. 1988 年 3 月 2 日，河南省兰考市中原油田勘探三公司在灯光球场组织元宵晚会，晚会结束时发生踩踏事故，当场死亡 8 人，受伤 9 人（其中重伤 3 人）。

7. 1988 年 4 月 16 日，河南省三门峡市灵宝县县城农民街一处由个人投资开办、投入运营两个多月的影剧院，发生屋顶坍塌事故，造成观众死亡 18 人，受伤 28 人。

8. 1989 年 1 月 14 日，新疆维吾尔自治区阿克苏地区库车县驻军某部一台容积式热交换器发生爆炸，热交换器内的蒸汽和水从裂缝喷出，将 5 个正在洗澡的人严重烫伤，均于第二天上午 10 时之前死亡。

9. 1989 年 5 月 21 日，新疆维吾尔自治区克拉玛依市第七小学六年级四班学生在白杨河野营活动中，学生李振环落水。在抢救中晋华龙、黄璐、李学勤、金燕及李振环等 5 名学生身亡。

10. 1989 年 5 月 25 日，青海省格尔木市可可西里地区因突降暴雪，8000 多名采金农民被困高原，其中 42 名金农死亡。1990 年 3 月 9 日，监察部宣布对此负有责任的原格尔木市市长、副市长和公安局局长被依法追究刑事责任。

11. 1989 年 9 月 12 日，四川省重庆市綦江县篆塘镇一座废弃的公路铁桥突然坍塌，正在桥上赶场的 200 多名群众坠落桥下，死亡 1 人，重伤 12 人，轻伤 69 人。

★12. 1991 年 2 月 15 日，陕西省西安市楼观台森林公园游览吊桥南侧缆绳突然断裂，死亡 23 人，受伤 250 余人。

13. 1991 年 5 月 16 日，福建省福州银联宾馆在维修调整电梯曳引钢丝绳长度时，轿厢承重装置手拉葫芦突然断裂，致使轿厢坠落至坑底，造成维修工 3 人死亡。

14. 1991 年 7 月 1 日，湖北省竹溪县中心小学一栋学生宿舍楼坍塌，造成 8 名学生死亡，4 名学生受伤。

★15. 1991 年 9 月 24 日，山西省太原市迎泽公园在举办"煤海之光"大型灯展时发生踩踏事故，造成 105 人死亡，108 人受伤。

16. 1992 年 6 月 10 日，福建省连江县黄岐镇海建街因修船使用电焊，引起油柜爆炸，造成 6 人死亡，重伤 4 人。

17. 1993 年 1 月 13 日，黑龙江省哈尔滨旅游城娱乐宫发生爆炸事故，死亡 8 人，受伤 6 人。

18. 1993 年 6 月 9 日，广东省汕头市胪岗镇胪岗小学后面护山石篱滑坡致校舍倒塌，造成小学生 8 人死亡，19 人受伤。

★19. 1993 年 8 月 27 日，青海省海南藏族自治州共和县沟后水库发生溃坝事故，死亡（失踪）328 人，直接经济损失 1.53 亿元。

★20. 1994 年 2 月 15 日，湖南省衡阳车站发生严重踩踏事故，造成 44 人死亡，43 人重伤。

21. 1994 年 8 月 26 日，山东省烟台市中医院高压氧舱起火，造成 7 人死亡，1 人重伤。

★22. 1994 年 9 月 18 日，辽宁省大连市金州区医院的高压氧舱起火，11 名正在舱内接受治疗的患者被烧身亡。

★23. 1994 年 10 月 2 日，广东省从化县天湖旅游区河流之上架设的一座铁索桥断裂，死亡 38 人。

24. 1994 年 11 月 1 日，陕西省西安市阎良区关山乡中学晚自习下课时发生踩踏事故，造成 6 名学生死亡，25 名学生受伤。

25. 1994 年 12 月 14 日，抚顺市望花区瓢屯村一居民楼煤气爆炸，造成楼房部分倒塌，死亡 17 人，重伤 8 人，轻伤 12 人。

26. 1995 年 1 月 8 日，浙江省台州市技术应用开发公司在椒江电影城官场举办"95 台州市计算机应用技术与发展展示会"开幕式，1000 多个小型氢气球遇到明火连续爆炸，手持氢气球的三梅中学学生被严重灼伤 79 人。

27. 1995 年 5 月 26 日，湖北省武汉市天兴洲旅游区"寻根源"度假村的一只竹排在长江副航道水域进行漂流时发生倾覆，竹排上游玩的 10 名学生和 2 名船工全部落水，其中 6 名学生溺亡。

28. 1995 年 9 月，河南省内黄县梁庄乡小学组织学生为拆除学校废弃房屋的墙壁而搬运旧砖时，墙壁突然倒塌，8 名学生被砸身亡，砸伤 12 人。

29. 1995 年 11 月 6 日，内蒙古自治区呼和浩特市郊区民族小学晚自习结束时发生踩踏事故，造成 7 名学生死亡，18 名学生受伤。

30. 1995 年 12 月 24 日，北京市平谷县中学初中二年级男生宿舍因暖气安装及维护不当，造成煤气泄漏，14 名男生中毒，其中 13 人抢救无效死亡。

31. 1996 年 1 月 16 日，湖北省石首市中学发生踩踏事故，造成 6 人死亡，25 人受伤（其中 2 人重伤）。

32. 1996 年 4 月 19 日，新疆维吾尔自治区轮台县热克巴扎中学发生液化气爆燃事故，造成 4 名学生死亡，6 人重伤（其中 5 名学生、一名教师）。

33. 1996 年 9 月 9 日，云南省临沧县南屏小学组织学生举行升旗仪式，当学生们从学校内部的一座天桥通过时，走在前面、正在下梯子的一名学生突然跌倒，后面的学生相继跌倒、叠压，酿成踩踏事故，24 名学生当场死亡，57 名学生受伤（其中 9 人重伤）。

34. 1996 年 9 月 19 日，湖北省监利县桥市镇底湖村小学的一处墙墩倒塌，4 名学生被砸身亡，重伤 2 人。

35. 1996 年 10 月 26 日，福建省漳州市漳浦县马坪镇一艘载着小学生游览的舢板沉没，造成 24 人死亡。

36. 1996 年 10 月 31 日，山东省临清市中学发生踩踏事故，死亡 7 人，重伤 7 人，轻伤 39 人。

★37. 2000 年 9 月 8 日，解放军新疆部队一辆运送待报废弹药的卡车，在运出乌鲁木齐市准备销毁时，发生意外爆炸事故，造成 73 人死亡，240 多人受伤。

38. 2000 年 9 月 13 日，河南省新蔡县涧头中学下晚自习的学生拥挤下楼，在漆黑的楼道发生拥挤踩踏事故，造成 3 名学生当场死亡，4 人重伤，80 多人不同程度被挤伤。

39. 2000 年 10 月 29 日，安徽省合肥市濉溪路四河小区居民楼发生煤气爆炸事故，造成 11 人死亡，11 人受伤，6 户房屋严重损毁。

40. 2000 年 11 月 7 日，河南省许昌县涧乡初中初一、初二年级学生下晚自习时发生踩踏事故，致使 5 人死亡，11 人受伤。

41. 2000 年 11 月 13 日，山东省临沂市平邑县武台镇初中学生下晚自习时发生踩踏事故，造成 5 人死亡，32 人受伤。

三、典型事故案例分析

（一）江西省会昌县水东小学厕所横梁断裂学生跌入粪池伤亡事故

1987年1月16日，江西省会昌县水东小学18个班级部分学生下课后拥进厕所解大小便，其中男生35人，女生69人，共计104人。因厕所横梁太小，负荷过重，导致中横梁断裂，82名学生（男16人、女66人）掉入粪池（粪水深1.06米），其中28名学生抢救无效死亡。11名学生住院治疗30~60天。

1982年10月，水东小学校长刘某某、副校长邱某某未经上级批准，在无设计预算、施工图纸，又无承包合同、无质量要求的情况下，违反基本建设程序，两人擅自决定兴建一砖木结构的校用公共厕所，并将此项目的泥木工程分别包给无证无照的亲友承建。周某某具有19年木工经验，明知建厕所的木料是建校教室的剩余部分，难以使用，但未向校方提出有不安全的意见和建议，在长15.7米、宽4.64米的厕所内空仅放3根横梁，且3根横梁由6根旧小杉木组合而成。刘某某是该工程的主管人，邱某某是该工程的负责人，施工中对工程质量不检查，不监督，放任周某某粗制滥造。厕所竣工后，未组织验收。交付使用后，由于质量低劣，师生反映横梁摇晃，且厕所内的隔板有时松动脱落。刘某某、邱某某仍不引起重视，不从根本上采取补救措施，仅要周某某进行简单修理。周某某在修理时，再次违反安全规范，在隔板柱中与人字架松动间隙塞入4厘米厚的木板，致使厕所留下的隐患越趋严重，1987年1月16日上午，发生断裂、学生跌入粪池事故。

事故原因：（1）无证无照承包工程。周某某无证无照接受水东小学公用厕所的修建工程，施工中一味追求个人经济利益，简单图快，盲目蛮干，明知木料质量、规格不符合要求，不向校方提出。在厕所暴露质量问题后进行修理时又马虎草率，极不负责任，再次违反规章制度，是造成这次事故的直接责任者。（2）没有认真监督检查和验收。该厕所的修建，未经上级批准，没有设计预算、施工图纸，又无施工合同。刘某某、邱某某作为厕所修建工程的主管负责人，擅自承包给无证无照的亲友承建，施工中不监督检查，竣工后也不组织验收，放弃职守，是严重的玩忽职守行为。

责任追究：工程建筑队木工周某某以重大责任事故罪判处有期徒刑4年；小学校长刘某某、副校长邱某某分别以玩忽职守罪判处有期徒刑3年、2年。

吸取事故教训，防止同类事故的措施：（1）严格规章制度。对校舍、教室、厕所的修建，必须严格按照规章制度办事，不能任意放弃职守。（2）对于承包者或单位必须严格审查，不符合建筑法规的单位或个人不能随意让其承包。承建中不符合建筑企业安全生产工作条例的要求者，应勒令其停工，或者按照施工要求办事。否则应停止建筑，不能姑息迁就。

（二）贵州省纳雍县过狮河水库翻船事故

1987年1月29日13时20分，贵州省毕节地区纳雍县过狮河水库发生特大翻船事故，死亡59人。

过狮河水库属毕节地区水电部门管理。1986年8月，水库管理所自行决定春节期间（正月初一至正月十五）利用水库工作船"总溪河1号"在水库内经营旅游搞创收。"总溪河1号"工作船额定载客10人，为了多创收，该水库管理所自行决定每次载客40人。

从1月29日（大年初一）10时45分开始，"总溪河1号"工作船先载游客两次，每次载客绕水库游览一圈。第三次售票30张，但上船人数达100人，使船搁于岸边无法开航。水库管理所副所长兼船工宋某一面叫另一名船工胡某下水推船，一面自己用棒子撑船，并动员乘客左右摇晃，船脱线后开出。13时20分，当船离岸50~60米，宋某用舵转向返航时，船迅速向右倾翻，船上人员全部落水。由于船的首尾有密封舱，使船底朝天浮于水面，部分落水人员爬上船底随风向拦水坝方向飘移，经抢救41人脱险，打捞出尸体54具，其余5人失踪。

事故原因：（1）严重超载。该船载客定额10人，事故发生时实际载客100人，超载9倍，船舶干舷只有0.03~0.05米（按规定干舷为0.25米），在转向时导致倾翻。（2）违章航行。该船系水库工作船，原有船舶证书已过期，未办手续而且证书与船舶长期分离，属于无证船舶，船员未经培训考试，无证驾驶。该船的挂机原为2020型柴油机，被盗后改装为195型柴油机，也未申请检验，齿轮箱、调速器、倒车等都不符合技术要求。水库管理所自行确定载客40人经营旅游，未经工商行政管理部门批准，无营业执照。事故发生时，船上无任何救生设备。（3）有关领导不重视安全，未采取必要措施。水库管理所自1986年8月确定该船经营旅游，有关领导不管不问，未制定落实有关安全责任制和游览安全制度。在水库管理所门口立的《游船公约》中无一句安全内容，反而规定："在船上自行掉（落）水者，我所不负死伤责任。"

责任追究：宋某身为水库管理所副所长，忽视安全，无证驾船，在严重超载情况下冒险开航，导致事故发生，是事故直接责任者，故应依法追究刑事责任，但因其已在事故中死亡，免于追究。对此次事故负有领导责任的相关人员，按隶属关系分别给予了行政处分。

（三）黑龙江省哈尔滨亚麻纺织厂亚麻粉尘爆炸事故

1987 年 3 月 15 日，黑龙江省哈尔滨亚麻纺织厂发生亚麻粉尘爆炸事故，造成 58 人死亡，177 人受伤（其中重伤 65 人），直接经济损失 880 多万元。

哈尔滨亚麻纺织厂是苏联援建的我国最大的亚麻纺织厂，于 1952 年建成投产，当时有职工 6250 人，生产规模 21600 锭，固定资产原值 8800 万元，年产值近 1 亿元，利税 4000 万元，出口创汇 2000 万美元。

3 月 15 日 2 时 39 分，该厂正在生产的梳麻、前纺、准备 3 个车间的联合厂房，突然发生亚麻粉尘爆炸起火。一瞬间，停电停水。当班的 477 名职工大部分被围困在火海之中。在公安消防干警、解放军指战员、市救护站和工厂职工的及时抢救下，才使多数职工脱离了险区。4 时左右，火势被控制住，6 时，明火被扑灭。

这起事故使 1.3 万平方米的厂房遭受不同程度的破坏，2 个换气室、1 个除尘室全部被炸毁，整个除尘系统遭受严重破坏，厂房有的墙倒屋塌，地沟盖板和原麻地下库被炸开，车间内的 189 台（套）机器和电气等设备被掀翻、砸坏和烧毁。造成梳麻车间、前纺车间、细纱湿纺车间全部停产，准备车间部分停产。由于厂房连体面积过大，给职工疏散带来困难，职工伤亡 235 人，其中重伤 65 人，轻伤 112 人，死亡 58 人。直接经济损失 881.9 万元。

事故发生后，黑龙江省和哈尔滨市组织有关部门及有关专家，成立了事故调查组，进行了 3 个月的调查工作。由于各方对直接引爆原因有不同意见，1987 年 7 月 7 日举行的全国安全生产委员会第九次全体会议上决定，由劳动人事部牵头组织专家对直接引起爆炸的原因进行调查研究和进一步的科学论证。

劳动人事部牵头组织的调查论证所形成的结论性意见：（1）根据掌握的事实，虽然做了多种方式的分析，但由于对亚麻粉尘爆炸机理缺乏研究，并且由于爆炸后的事故现场破坏严重，数据不足，难以确定本次亚麻粉尘爆炸事故的引爆原因。（2）亚麻粉尘爆炸火灾事故是从除尘器内粉尘爆炸开始的。通过地沟，吸尘管道和送风管道的传播导致其他除尘器的连续爆炸、燃烧和厂房内空间爆炸。（3）多数专家认为这次亚麻粉尘爆炸是由中央除尘换气室南部除尘器首爆的，在布袋除尘器内静电引爆是有可能的。少数专家对此持否定意见。（4）建议必须立即开展对亚麻粉尘爆炸和静电引爆特性的研究工作，以便为亚麻纺织工业的防爆措施提供科学依据。

虽然事故的直接原因没有肯定，但这并不妨碍对此事故的定性，是一起责任事故。哈尔滨亚麻纺织厂主要领导和有关管理部门负责人对这起事故负有直接责任。给予该厂厂长刘某撤销厂长职务的处分；给予主管安全生产和通风除尘工作的副厂长王某撤销副厂长处分；给予该厂机电科科长宋某撤职处分；给予该厂机电科副科长姜某行政记大过处分；哈尔滨纺织工业管理局，对企业安全生产领导不力，工作抓得不实，没有及时帮助企业解决安全生产中的问题，负有领导责任，给予局长沈某行政记过处分，给予哈尔滨纺织工业管理局主管生产和安全工作的副局长周某行政记大过处分；哈尔滨市副市长洪某主管工业生产和安全工作，对此次事故负有领导责任，给予行政记过处分；黑龙江省纺织总公司在行业管理上负有重要责任，责成其认真检查。

（四）林业部所属大兴安岭森工企业火灾事故

1987 年 5 月 6 日至 6 月 2 日，林业部直属的黑龙江大兴安岭森工企业发生特大森林火灾事故。过火面积 101 万公顷，其中有林面积 70 万公顷，烧毁贮木场存材 85 万立方米。烧毁各种设备 2484 台，其中汽车、拖拉机等大型设备 617 台。烧毁桥涵 67 座，铁路专用线 9.2 千米，通信线路 543 千米，输变电线路 284 千米。烧毁粮食 325 万斤。烧毁房屋 61.4 万平方米，其中民房 40 万平方米。受灾群众 10807 户，56092 人。死亡 193 人，烧伤 226 人。上述几项的损失达 5 亿多元（即直接经济损失，不包含扑火所用人力、物力、财力的耗费以及停工停产的损失和森林资源的损失）。火灾给生态环境带来的影响，更是无法用金钱能够计算出来的。

这次森林火灾是中华人民共和国成立以来，烧林面积最大，伤亡最惨，损失最重的一次。大火 1988 年 5 月 6 日发生，6 月 2 日扑灭，共计燃烧了 28 天。参加扑火的军民共 5.8 万人，其中解放军 3.8 万人，森林警察、消防警察和专业扑火队 2100 多人，当地群众、林业职工近 2 万人。出动汽车 1600 多辆，飞机 96 架（1542 架次、2175 小时），风力灭火机 3600 多台，干粉灭火弹 16 万枚，干粉灭火剂 102 吨，人工降雨飞机 4 架（16 架次），用干冰 1000 千克，碘化银炮弹 4000 发，降雨面积 2 万平方千米。化学灭火飞机用化学灭火药剂 82 吨，还调用各种手工工具 34512 件，空运机降灭火人员 2400 多人。大火波及漠河县的西林吉、阿木尔、图强三个林业局和古莲、河湾、依林、育英、奋斗、长樱等林场，塔河县的马林、盘中等林场。火灾还波及苏联境内 1200 万英亩森林。

造成这次森林特大火灾的直接原因：违反用火规定或违反操作规程所导致（塔河林业局盘古林场的火源未查清）。其中有 2 起是林场作业人员吸烟扔烟头，2 起是割灌机跑火引起。5 月 6 日林场工人违反防火规章制度启动割灌机引燃地上的汽油，致使大兴安岭地区的西林吉、图强、阿尔木和塔河 4 个林业局所属的几处林场发生山火。经当地防火部门组织扑打，明火被扑灭，但残存一些余火暗火。5月7日中午火场刮起8级以上西北风，使死灰复燃、火势蔓延，造成严重损失。5名肇事者除1人是林场合同工外，其余4人是镇政府和林场雇用的"自流人员"。

这场森林大火充分暴露了森林防火工作中的问题：（1）对森林防火工作缺乏应有的重视。党中央、国务院对护林防火工作十分重视，1952年党中央向各级党委和全体党员发出了"关于防止森林火灾的指示"同年总理周恩来亲自签署了国务院关于严防森林火灾的指示。1963年国务院颁布了《森林保护条例》，党的十一届三中全会以后，人大常委通过了《森林法（试行）》，1982年党中央国务院又作出保护森林发展林业的二十五条决定，1985年正式颁布了《森林法》，同年国务院颁布《森林法实施细则》，与此同时还发布了一系列有关做好护林防火工作的通知、通报，对森林防火工作做了明确规定。但是长期以来，在指导思想上没有把保护森林，防止森林火灾的问题放在重要位置，没有作为一件大事，认真研究，解决存在的问题，在林业内部的营林为基础的方针没有很好地落实，重采轻造、重造轻护的倾向长期没有得到纠正，护林防火问题摆不到领导工作的议事日程上，致使护林防火工作中，多年存在的问题得不到解决。（2）官僚主义严重，思想麻痹，防火观念淡薄。由于天气条件有利，大兴安岭林区火灾有所减少，思想上盲目乐观，工作上满足于开会、发文件，一般号召多，深入实际调查研究和解决问题少，各项措施不落实，只有布置没有检查，作风不扎实，在思想上、组织上、物资上和扑火工具上，对可能发生森林大火准备不足。对大兴安岭林区出现的严重干旱，失去警惕。在这种情况下，如果领导重视这一火险状况，严格控制火源，那么，火灾不可能发生。火灾发生后，在7日下午之前如果彻底扑灭，也不会造成这样严重的后果。（3）没有贯彻护林防火"预防为主，积极消灭"的方针。1988年以前国家对大兴安岭等地区，相继加强了一些灭火手段，如开展机降灭火，化学灭火等并初步取得了一些效果，在一般情况下，发生火灾基本可以不动用林业局的职工群众。因此，对于整个预防措施有所放松，如防火机构合并，一些干部被抽调搞其他工作，在火源管理上过去每年烧防火线以减少林区可燃物载量和防火灾大面积蔓延，也逐年减少。另外，防火检查站、防火期、搜山、清山等工作也放松了。林区防火期大张旗鼓的宣传也都不同程度地被削弱。（4）林区管理混乱、组织涣散。纪律松弛、有章不循、有禁不止林区各地森林防火虽然有一整套规章制度，但因林区组织涣散、专业队伍薄弱，加上法制不健全，各项规章制度没有得到认真贯彻落实，发生问题既不及时报告，又不严肃处理。林区职工群众法制观念淡薄，有章不循、有禁不止，这场大火起因充分说明了这一点。林区里"自流人员"是火灾的重要隐患。这些人员进入林区，搞副业生产、开荒，他们既不熟悉林区状况，又缺乏防火知识，加上没有加强对这些人员的管理和教育。（5）林区防火基础设施差，专业队伍少，装备不足。大兴安岭林区开发建设以来，组建了一千人的武装森林警察和一千人的护林员队伍，同时在加格达奇和塔河修建两处航空护林机场，设立30处防火瞭望台，开辟几百千米的防火隔离带。但是从800多万公顷的林区来看，这点设施远远不能满足防火、扑火的需要。在林区开发建设上，忽视森林防火基础设施。防火投资少，计划上排不上项目。长期以来，森林防火建设投资始终没有得到解决。国家安排的投资也逐年减少，以致防火设施建设长期上不去，如1985年大兴安岭林管局西林吉林业局总体设计方案，总投资1.58亿元，其中森林防火只有13.4万元，仅占0.58%。从全国看，在森工投资中基本没有防火建设项目。而营林投资中，森林防火占的比例也很少。（6）放松城镇消防工作。林区城镇、贮木场和设施周围没有开放完整的防火隔离带，城镇居民"拌子城"的问题没有很好解决，以致林火烧进村镇、贮木场，火烧连营无法控制，这些问题都是酿成火灾的严重教训。

《国务院关于大兴安岭特大森林火灾事故的处理决定》追究了林业部主要负责人严重的官僚主义错误和重大失职行为，决定撤销杨某的林业部部长职务。黑龙江省委、省政府对负有重大责任的县级以上干部作出处理：大兴安岭地委副书记、行署专员、党组书记、林业管理局局长邱某，对护林防火工作重视不够，具体检查抓落实不够，对护林防火工作中长期存在的一些严重问题，未采取得力措施解决，犯有严重官僚主义、严重失职错误，对造成这场特大森林火灾事故及其严重后果负有重大的领导责任，给予撤销地委副书记，行署专员、党组书记和林业管理局局长职务处分。大兴安岭行署副专员、党组成员、林业管理局副局长张某，对造成这场特大森林火灾事故负有重要领导责任，给予撤销行署副专员、党组成员、林业管理局副局长职务处分。大兴安岭地委书记李某，对这场特大火灾事故负有重要领导责任，给予党内严重警告处分。漠河县委副书记、县长、西林吉林业局局长高某对这次火灾的发生和所造成的重大损失负有直接的重大领导责任，给予开除党籍、撤销县长和林业局局长职务处分。漠河县委副书记王某，负有重要领导责任，给予撤销县委副书记职务处分。漠河县副县长李某，给予撤销副县长职务处分。漠河县委副书记李某，给予党内严重警告处分。漠河县委副书记郑某，漠河县副县长王某，给予郑某党内严重警告，王某行政记大过处分。图强林业局局长庄某，对造成育英林场居民死亡惨重的严重后果负有重要责任，给予开除党籍、撤销林业局局长职务处分。阿木尔林业局工会主席吴某，对造成阿木尔局址人员死伤惨重的严重后果负有重大责任，给予开除党籍、撤销分区工会主席职务处分。

司法机关依法追究了相关人员的刑事责任。西林吉林业局右莲林场临时工汪某某，汉湾林场参加承包清林人员王某某，阿木尔林业局依西林场合同工郭某某，自流人员李某某的行为触犯《刑法》第106条之规定，构成失火罪，依法判处汪某某有期徒刑6年零6个月、王某某有期徒刑7年、郭某某有期徒刑3年、李某某有期徒刑5年。图强林业局局长庄某某，育英林场副场长曾某某，漠河县委副书记李某某、县公安局防火科副科长秦某某，阿木尔林业局依西林场党政负责人包某某，依西林场营林队队长张某某，西林吉林业局右莲林场营林大队队长李某某的行为触犯《刑法》第187条之规定，构成玩忽职守罪，人民法院依法判处庄某某有期徒刑3年、曾某某有期徒刑3年、李某某有期徒刑3年、秦某某有期徒刑4年、包某某有期徒刑3年、张某某有期徒刑2年、李某某有期徒刑5年。

（五）"长江22033"推轮与"江苏0130"客轮碰撞事故

1987年5月8日，湖北省武汉长江轮船公司"长江22033"推轮与江苏省南通市轮船运输公司"江苏0130"客轮在长江南通港24浮与25浮之间发生碰撞事故，造成客轮翻沉，船上乘客及船员105人全部落水，获救7人，死亡（失踪）98人。[①]

"长江22033"轮在港区航行未配瞭望人员，未按规定换班、交接班，驾驶室工作秩序混乱；出事前船长又与他人交谈有关公司来电问题，分散注意力，以致船走偏航道，是造成这次事故的直接原因。

（六）安徽省亳州市化肥厂装运液氨的储罐车爆炸泄漏事故

1987年6月22日14时5分，安徽省阜阳地区亳州市化肥厂派往太和化肥厂装运液氨的21台储罐车在返厂途中，行驶到仉邱区港巢乡时，一个液氨储罐尾部向外冒白色氨雾，接着"轰"的一声巨响，液氨储罐发生爆炸。爆炸后重77.4千克的储罐后封头飞出64.4米远。直径0.8米、长3米、重达770千克的罐体挣断四根由8号钢丝制成的固定绳向前冲去，先摧毁驾驶室，挤死一名驾驶

---

① 有资料记载：1987年5月8日，江苏省南通市船运公司0130号客轮与武汉市长江22033号拖轮船队相撞，导致船上121人全部落水，仅7名旅客被救，旅客102人死亡，8人失踪，船员3人死亡，1人失踪。

员，冲出 95.7 米远时又撞死 3 人。从罐内泄出的液氨和氨气使 87 名赶集的农民灼伤、中毒，先后 66 人住院治疗。液氨和氨气扩散后覆盖约 200 棵树和约 7000 平方米的农田作物均被毁。这起爆炸事故共造成 10 人死亡，49 人重伤。

事故原因分析：（1）液氨储罐制造质量低劣。该储罐的纵、环焊缝均未开坡口，所有的焊缝均未焊透，10 毫米厚的钢板，熔合深度平均为 4 毫米，经 X 射线拍片检查全部不合格。该罐原是一台固定式容器，由亳州市化肥厂自行改制为汽车储罐。但因无整体底座，无法与汽车车厢连接，而且只装了压力表和安全阀，其他附件均未安装。（2）压力容器使用管理混乱。该罐投入使用后从未进行过检查，厂方对罐体质量情况一无所知。爆炸前，罐体上已出现多处裂纹，有的裂纹距外表面小于 1 毫米。（3）充装违反规定。充装前未进行检查，充装时也没有进行称重，充装没有记录，计量仅凭估计，不能保证充装量小于规定值。（4）违反危险品运输规定。未到当地公安部门办理危险品运输许可证，也没有遵守严禁危险品运输通过人口稠密地区的规定。

防止同类事故的措施：（1）对压力容器开展深入的安全大检查。对制造质量低劣的存有安全隐患的压力容器，要采取严格措施进行处理，缺陷严重的要坚决停用。对超期未检验的压力容器要进行检验，对自行改造的压力容器不符合要求的要进行更新。新压力容器必须有出厂合格证，必须由具有压力容器制造许可证的单位制造，以杜绝质量低劣的压力容器投入使用。（2）严格危险品的运输。运输危险品必须到当地公安部门办理手续，并应按指定的时间和行驶路线运输，以避免发生事故和扩大事故的危害程度。（3）严格液化气体的充装管理。充装前必须对储存容器进行检查，不合格的不能充装。充装时要认真计量，防止过量充装。

（七）河南省信阳地区息县矿产公司蒲公山采石场坍塌事故

1987 年 9 月 7 日，河南省信阳地区息县矿产公司蒲公山采石场发生坍塌事故，造成 24 人死亡，2 人重伤。

该采石场位于淮河南岸。矿体分上下两层，上层为深度风化石灰岩，平均厚度 23 米，只作基建石料；下层为优质石灰岩，平均厚度 29 米，是生产水泥、石灰的主要原料，是开采的主矿体。开采中既没有总体设计，也没有施工方案。整个采场分为大小不等的石窝，以户或联户为单位开采，分户经营。行政上隶属于中渡店办事处，业务由县矿山建材管理局管理。

事故当日 18 时 30 分，中区值班员打了下班钟后，采面人员除爆破员外，陆续离开了采场。爆破员装药，准备爆破。19 时打了爆破钟后，5 个采石面中王某某、徐某某所负责的采面按规定时间，在 19 时 15 分爆破；彭某某、王某某、张某某所负责的采面都超过了规定时间，直到 20 时左右才陆续爆破完。5 个采面共放 12 炮。除彭某某在山上排险石外，该采面人员全部回家。其他 4 个采面共有 27 人留在石窝内分石头、排哑炮和补炮。20 时 15 分，王某某所负责的采石面掉下一块百余斤的石头，接着落下碎石。随着"轰隆隆"巨响，发生了坍塌事故，坍塌 27000 余立方米山石，将仍在石窝内干活的人员全部掩埋。除一人侥幸逃生之外，其他的非死即重伤。

事故原因分析：（1）长期违法、违章开采，冒险蛮干。该矿自开采以来从没有"开采设计""施工设计"和"作业规程"等，没有一名专业技术人员，完全是在没有任何技术依据的情况下乱采滥挖。采用不分阶段、一次采全高，致使工作面形成垂高达 52 米的陡峭绝壁。（2）违背"先剥后采"的技术原则，进行掏底开采。久而久之，便形成了纵深达 25 米的巨大"伞檐"，其根部与山体结合力不能承受"伞檐"体的巨大重量，以致突然垮落。（3）不执行安全法规、安全管理混乱。领导安全意识淡薄，重效益，轻安全。（4）上级领导官僚主义严重。县、局、公司领导都了解情况，明知情况危险，是一个重大的事故隐患，但督促整改不力。

责任追究：1989 年 5 月河南省政府发文对这次事故相关责任人作出追究处理，对县长缪某某、常务副县长申某某、县委书记杨某某等分别予以撤职、行政记大过、党内严重警告等处分。

吸取事故教训，防止同类事故的措施：（1）建立健全安全生产机构，配齐专业人员。完善各项规章制度。（2）对全县乡镇矿山进行大检查，吸取教训，举一反三，查事故隐患，重在整改落实。（3）加强矿山安全管理，落实各级领导岗位责任制。

（八）湖南省益阳市沅江县新建成的县建委办公楼坍塌事故

1987 年 9 月 14 日，湖南省益阳市沅江县新建成、即将交付使用的县建设委员会办公楼突然坍塌，沉没于近 5 米深的湖水之中，住在楼内的 41 名施工人员当中有 40 人死亡，1 人重伤，直接经济损失 93 万元。

1986 年 8 月，经批准，沅江县建委拟建一栋办公兼住宿综合楼。当年 11 月，县建委负责该项目建设的黄某，提议并征得工程师彭某的同意，决定将楼房建在琼湖岸边上，楼房为五层、东西朝向，并安排无建筑设计资格的冯某负责设计。当年 12 月 12 日，彭某组织的施工队进场。20 日左右，彭某、黄某决定，将楼房由东西向改为南北向，由五层改为三层，由建在岸边改为伸向水中，并违背湖南省建委关于"所有建设项目都必须委托取得设计证书的设计单位承担设计"的规定,仍安排冯某设计。冯某明知自己没有建筑设计资格,不会建筑结构计算,却违反国家建设部《城乡建筑工程设计单位注册登记审查管理办法》和湖南省《勘察设计资格认证及其管理细则》的规定,盲目地承担了建筑设计任务,确定耐力为每平方米16吨的独立砖柱承重,选用上钢下柔的结构方案。12月24日,黄某违背《施工管理若干规定》,在没有正式图纸,没有开工报告、没有受监等不具备开工条件的情况下,同意放样开工,使该项工程进入边施工边设计的状况。1987年春节前后,县建委有关人员向黄某提出,"冯某没有设计资格,搞建筑设计不合适",黄某没有采纳这一正确意见。基础工程施工中,彭某违反城乡建设环境保护部关于"砖柱不得采用包心砌法"的规定,将该工程大部分砖柱采用了"包心砌法"。1987年2月11日,刘某在彭某、黄某的多次要求下,对冯某设计的无计算书的图纸进行审查。审查中违反有关规定,马虎从事,草率签名。图纸交付施工后,黄某又进行多处修改。同年2月16日,黄某、彭某不执行国家建筑工程质量监督条例,派无证质监员仇某到工地质监。直至同年9月14日,导致这栋即将交付使用的楼房坍塌在琼湖水中,造成严重伤亡。

事故原因分析:(1)管理混乱,有章不循。县建委领导和工程师,不是带头执行国家关于建筑的有关规定和要求,却置规章制度于不顾,擅自改变建筑位置,层次和朝向,让不懂设计的人员进行设计,在不具备开工的条件下同意放样开工,对别人提出的正确意见又不采纳,审查设计计算图纸马虎从事,并私自作多处修改,是造成事故的主要原因。(2)设计、施工盲目蛮干。不正确计算砖柱的荷载和安全系数,选用上刚下柔的结构方案。在没有正式图纸、开工报告、受监等情况下,边施工、边设计,施工中采用包心砌法,致使砖柱强度达不到标准。最终酿成悲剧。

责任追究:冯某、彭某的行为构成重大责任事故罪,黄某、彭某、刘某的行为均已构成玩忽职守罪。人民法院依法判处冯某有期徒刑6年;彭某有期徒刑3年;黄某有期徒刑4年;刘某有期徒刑1年。

防止同类事故的措施:(1)必须严格遵守国家的建筑规定。不符合施工条件的,要坚决制止;对违反者必须严肃处理。(2)增强责任感,坚持安全第一。对那些不负责任,盲目蛮干,尤其是领导人员严重失职,忽视安全,违章指挥,造成人员伤亡事故者,要发生一起,坚决依法查处一起。

(九)西南航空公司伊尔客机坠毁事故

1988年1月18日,西南航空公司一架伊尔18型222客机,在从北京飞往重庆途中，于距离重庆白市驿机场约 5 千米处坠毁，98 名乘客和 10 名机组人员全部死亡。

　　事故发生当日，西南航空公司尹某机组驾驶 222 飞机执行成都至重庆至北京至重庆航班任务。飞机 19 时 5 分由北京起飞，预计 21 时 43 分到达合川走廊，21 时 50 分到达重庆白市驿机场上空，21 时 58 分落地。飞机由北京起飞经 2 小时 42 分临近合川，飞行正常。21 时 47 分，机组报告"高度 3000 进走廊了"，并向机场方向飞行。21 时 54 分 14 秒，机组报告"高度现在 2100，第四发顺桨了，第四发故障，我现在上升高度，争取通场后回成都去"，地面管制员同意去成都。2 分钟后，机组提出"还是到重庆本场落地"。地面管制员再次同意。22 时 7 分 57 秒，飞机沿五边延长线向机场方向直线下降，22 时 16 分 25 秒高度继续下降至 90 米，飞机左转向机场方向修正，并把高度拉至 150 米。22 时 17 分 16 秒，飞机终因保持不住高度，碰土坡而坠毁。飞机主体坠落在距白市驿机场西北 320 度方向，5.7 千米处的龙凤场新民村界内。残骸散布在约 300 米，宽 150 米的土坡和水田里，飞机粉碎性解体。机上旅客 98 人，机组 10 人全部遇难。

　　事故直接原因：该机第四发电机故障起火，直接导致事故发生。222 飞机上的这台启动发电机自 1986 年以来，先后由民航一〇三厂和西南航空公司维修厂检修过，至发生事故时共使用 1125 小时。按照相关的技术规定，修理后的启动发电机，保用时限为 500 小时。但民航一〇三厂在 1986 年 6 月 19 日大修后，未向用户——西南航空公司提供该启动发电机 500 小时保修时限有关文件。西南航空公司维修厂对该启动发电机也进行过 3 次检修，但维修厂在启动发电机的检修方面技术文件不全，工作卡（单）登记不认真，内场无检验人员，缺乏必要的检测手段和有力的质量保证系统，难以保证检验质量。

　　事故间接原因：除了上述直接原因外，还有其他方面的综合因素（如顺桨管布局不合理等）。由于机型多，发展快，造成航材缺乏，人员培训、地面配套设施、通信导航设备等方面不能适应需要，给技术管理、质量控制带来很多困难，产生许多不安全因素。

　　责任追究：1988 年 3 月 5 日，国务院常务会议讨论了对民航"1·18"空难事故的处理问题。会议指出：由于机械故障而发生的这起空难事故是一起重大责任事故，给人民生命财产造成了重大损失。民航局局长胡逸洲失职，对这起空难事故负有领导责任。为了严肃纪律，教育干部，维护人民和国家的利益，国务院常务会议决定给予胡逸洲记大过处分，同时责成有关单位对负有直接责任的人员作出严肃处理。

（十） 沪昆线 80 次特快旅客列车颠覆事故

1988 年 1 月 24 日约 1 时 22 分，由昆明开往上海的 80 次特快列车（编组 15 辆，由内燃机车牵引）运行到沪昆线贵昆段且午至邓家村站间时发生颠覆事故。机后第 2~7 位车厢颠覆于铁轨外侧，第 8~13 位车厢脱线，第 14 位车厢一根轴脱线，只有第 15 位车厢保持正常。机车和连挂于其后的行李车与后部车辆脱开后，继续运行了一段距离。这次列车颠覆事故，造成 88 人死亡，62 人重伤；客车报废 7 辆；大破硬座车 2 辆，中破硬座车 2 辆，小破硬座、行李、邮政车各 1 辆；损害线路 225 米，钢轨报废 20 根，枕木报废 460 根。线路经抢修于 1 月 25 日 21 时 55 分开通，中断正线行车 44 小时 33 分钟。

事故发生后，代总理李鹏作出指示，要求全力以赴进行抢救，尽快恢复通车。国务院秘书长陈俊生赶赴事故现场，协调指导有关工作。当年 1 月 26 日，国务院常务会议听取了关于这起重大交通事故的汇报，决定由全国安全生产委员会作为事故的调查委员会，负责查清事故的原因和责任。

事故直接原因：调查组内部有两种不同的意见。一是认为这次事故是由于列车超速，又受到一个比较大的阻力而造成的；二是认为列车颠覆事故是由于电气化接触网导线（已安装好，还未验收使用）自然断落挂套车辆引起的。

事故间接原因：事故暴露了铁路部门基础工作薄弱，劳动纪律松弛，制度不严，有章不循，违章不究，管理不善，职工队伍素质差等问题。

责任追究：1988 年 3 月 5 日，国务院常务会议听取了 80 次特快旅客列车颠覆事故调查情况的汇报，会议认为这起事故是责任事故，可以据此对负有领导责任的人员进行处理。事故发生后，铁道部部长丁关根曾多次表示承担责任，请求给予处分。在国务院这次会议上丁关根又作了检查，并提出引咎辞职。会议决定接受丁关根辞去铁道部部长职务的请求，并提请人大常委会批准。

接受事故教训，改进铁路安全工作措施：（1）铁路运输必须把安全放在首位。要把安全工作和铁路大包干结合起来，从严管理，狠抓落实。铁路的各级领导干部必须把主要精力放在抓安全生产上，经常检查落实安全措施，使每个职工都牢固树立对国家对人民极端负责的主人翁责任感，严格遵守劳动纪律，坚决执行岗位责任制，一丝不苟地贯彻各项操作规程和规章制度。对于玩忽职守，违章指挥，违章操作，发生重大伤亡事故的，必须严肃处理。（2）提高职工队伍素质。当前要狠抓基础工作和基本功的训练。对司机、运转车长等职工要普遍进行严格的技术考试，不合格的坚决调离。新职工都要经过必要的技术培训和安全教育，经过实习并考试合格，方可上岗操作。（3）要广泛开展一次技术安全大检查。凡是危及行车安全的设施，要立即修复。要查安全生产责任制的落实情况，查安全防护措施，查设备安全技术状况，查事故隐患等。铁路各种技术设备的制造和修理，必须保证质量。（4）目前检车、乘务人员工作任务重，比较辛苦，铁路的各级领导一定要注意关心和改善乘务人员的生活，下力量办好乘务人员公寓和食堂等，在发展生产的基础上逐步改善职工的生活。（5）各部门、各行业都必须十分重视安全问题，从这起事故中吸取教训，引起警惕。特别是公用事业单位和电力、煤气、石油、化工、冶金等行业，都要把安全生产放到第一位，消除事故隐患，防止各类事故的发生。

（十一）山西省霍县矿务局圣佛煤矿瓦斯爆炸煤尘参与燃烧事故

1988 年 5 月 29 日 9 时 5 分，山西省霍县矿务局圣佛煤矿北下山采区 327 掘进工作面发生瓦斯爆炸煤尘参与燃烧事故，造成 50 人死亡，直接经济损失 159 万元。

圣佛煤矿于 1958 年 6 月开始兴建，1961 年简易投产，核定年生产能力 20 万吨，1987 年生产原煤 82.58 万吨。采用平硐暗斜井集中下山多段开拓方式，已达到矿井最远边界。发生事故的 327 掘进巷道为矿井最边远一个回采工作面的运输顺槽。矿井采用中央并列式全负压通风，总进风量 1724 立方米/分钟。煤尘爆炸指数 31.1%，属低沼气矿井。

1988 年 5 月 14 日，该矿北下山采区 327 正巷掘进工作面被 323 放水巷涌出的采空区积水淹没。16 日开始清理维修巷道，19 日排除积水。29 日早班，327 巷道恢复掘进工作。负责 327 正巷掘进工作的掘进一队带班队长刘某某在班前会上要求派爆破员下井爆破，并在安排了工作后带 11 人于 6 时 45 分入井。8 时左右，北下山采区范围内当班 57 名工人全部到达了工作地点。9 时 7 分，矿调度室接到北下山采区 321 工作面的一名刮板输送机司机的电话报告：工作面冒出一股烟，此处停电。调度室立即给 323 变电所和 325 回采工作面打电话询问，电话打不通，便报告矿长、总工程师和安监站。9 时 10 分，郑家沟风机房也向矿调度室汇报了主要通风机运转声音不正常、出口处冒黑烟等异常情况。此后，矿调度室再次打电话与井下联系，仍然联系不上，即向霍县矿务局调度室汇报了事故情况。9 时 30 分，矿领导赶往井下。10 时 10 分，矿山救护队到矿，10 时 14 分下井抢救。随后，中央、省、地、县有关部门先后派人到矿领导和指导抢救工作。经过 2 天 9 小时 40 分钟的积极抢救，找到了井下遇难的全部人员，并运出井。这起事故死亡共计 50 人。

导致这次事故的原因：（1）327 正巷通风管理混乱，跑风漏风现象严重，风筒出口几乎处在无风状态，造成巷道内部瓦斯积聚。跟班队长打开了距巷道口80米处的防爆开关，带电操作产生了火花，引起瓦斯爆炸。这是造成这次事故的直接原因。（2）该矿煤尘爆炸指数高达31.1%，但井下洒水设施长期不用，致使积尘严重。瓦斯爆炸后冲击波将327正巷、北下山溜子巷、325副巷以及工作面的煤尘吹起，并参与了燃烧。井下作业人员没有佩戴自救器，事故发生后，不能自救，使伤亡扩大。（3）瓦检员不按规定检测瓦斯，空班漏检。井下机电设备失爆严重，完好率低。职工劳动纪律松弛，有章不循，违章作业严重。

对事故责任者的处理结果：1989年4月29日，山西省政府以晋政函〔1989〕31号文对事故责任者处理批复如下：瓦检员王某某，空班漏检，伪报检测数字，致使瓦斯积聚严重的情况未能及时发现，是这起事故的直接责任者，由司法机关追究刑事责任；掘一队包机组长刘某某，在井下80型防爆开关被水淹后，在新开关已运到井下的情况下，不立即更换，仍使用失爆失灵开关，为这起事故提供了引爆火源，由司法机关追究其刑事责任；矿总工程师贸某某，对本矿长期以来存在的通风、瓦斯、煤尘管理混乱和通风系统不合理，井下风量不足，局部通风机多处串联，跑、漏风严重状况，不及时解决，在327正巷另开新口时，未能组织制定安全措施，并违章指挥，带头破坏了入井必须佩戴自救器的规定，对这起事故负有主要责任，由司法机关追究其刑事责任；矿长卫某某，是矿安全生产第一责任人，企业长期存在的事故隐患未能认真加以解决，工作失职，对事故负主要领导责任，给予撤销矿长职务处分；副矿长阎某某，分管矿井生产和机电管理工作，对本矿机电管理混乱，开关失爆，设备完好率低的状况未能及时解决，发现违章作业有时不予制止，同意工人不戴自救器下井，在327正巷恢复生产过程中，没有制定安全措施，盲目指挥工人作业，对这起事故负有主要责任，给予撤职处分；通风队长谢某某，对瓦检员空班漏检，局部通风机风筒经常损坏没有采取有效措施予以解决，不按规定清扫巷道煤尘，不坚持使用水炮泥，对这起事故负有一定责任，给予行政记大过处分。

（十二）四川省重庆轮船公司乐山分公司"川运24"客轮翻沉事故

1988年7月21日，四川省重庆轮船公司乐山分公司所属"川运24"客轮载客322人（含船员23人），沿岷江从宜宾驶往乐山途中，行至犍为县新民乡峰子湾水道时发生翻沉事故，全船332人全部落水，其中166人死亡（失踪）[1]，

---

[1] 乐山市志记载，此次事故死亡和失踪176人。

直接经济损失 183 万元。

事故原因：这次特大沉船事故的发生，虽然与岷江河流水情较复杂有一定关系，但主要是当班船长思想麻痹，驾驶操作不当，忽视安全生产造成的。这是一起重大责任事故。

对事故责任者的处理："川运 24 号"客轮值班船长罗某忽视安全生产，选择航线不当，驾驶操作失误，是造成这次特大沉船事故的直接责任人，应负主要责任。本应追究刑事责任，鉴于其已经在事故中死亡，故不再追究。四川省重庆轮船公司乐山分公司副经理陈某，分管公司生产和安全工作，平时对船员忽视安全教育，管理不严，对岷江河段安全航行的具体措施落实不够，对此次事故负有直接领导责任，决定给予其撤职处分。四川省重庆轮船公司乐山分公司经理康某，是该分公司安全生产第一责任人，对本公司安全管理督促不够，特别是对高级船员要求不严，对此次事故负有领导责任。鉴于康某在事故发生后能接受教训，工作积极，表现较好，群众反映工作实在，给予康某行政记大过处分，并按有关规定，处以本人月标准工资 50%的罚款，停发 6 个月奖金。四川省重庆轮船公司经理李某，身为公司安全生产第一责任人，在新形势下对船员特别是高级船员的安全思想教育抓得不紧，管理不严，对该公司船舶航行河段安全隐患缺乏调查研究，帮助驾驶人员注意提高操作技能总结安全航行经验不够，对此次事故负有领导责任，给予其行政记过处分，并按有关规定，处以本人月标准工资 30%的罚款，停发 3 个月奖金。四川省重庆轮船公司副经理李某，分管安全生产，协助经理抓安全工作，检查督促下属单位工作不力，但鉴于其任职时间不足一年，免于行政处分，处以本人月标准工资 30%的罚款，停发 3 个月奖金。重庆市交通局作为行业主管部门，对航运企业安全生产督促检查不够，对此次事故的发生也负有一定的领导责任，写出书面检查报市政府。

（十三）长江航运公司"云航 24"号小型客轮翻沉事故

1988 年 7 月 25 日，长江航运公司云阳分公司所属"云航 24"号小型客轮，载客 95 人从双江镇上行，在巴阳峡石雪子与万县港务局"万港 802"号拖轮相撞。"云航 24"号翻沉，全部旅客和船员落入江中，其中 77 人溺亡。

"云航 24"号系木质小型机动客渡船，双主机，40 匹马力。该船为长江航运公司云阳公司所有，临时包租给四川省石油管理局地质五大队二零五分队用以接送民工。事故当日 7 时 20 分，该船载客 95 人，船员 4 人，从云阳县上水行驶往万县。当时正值洪水，主航道水流湍急（流速每秒 3.5 米）。"云航 24"号船因为马力小，在主航道外距离江岸 10 多米的环流和回流区沿岸上驶。行至川江险要管制巷道巴阳峡雪石子下方时，因前方沿岸水深不够，水流紊乱，该船拟驶入主航道。雪石子水道是一处礁石密布，水流湍急的碍航水道，距宜昌 306.7 千米处。波涛翻滚的江面上，一蓬礁盘全长 20 余米，突出水面近 3 米，横亘江心，将这一段河道支分为南北两道槽口。南槽水浅，不能过船；北槽水深，但通航条件十分恶劣。由于险滩砥柱中流，堵塞河道，上游大量来水便在北槽上口壅塞成灾，形成了一道陡峭的吊坎。吊坎上下，水流散乱，主流水、回流水、横流水、泡漩水相互冲击，彼此搅拌，在航槽内横行肆虐，形成一处洪水急流险滩。"云航 24"号船长把车速拉到最大挡位，全速打滩上驶。在发现"万港 802"拖轮正在主航道上行驶后，"云航 24"号即停车等候。由于停车等候区域属于乱流泡水区，停车后船稳不住，离岸只有 10 米远近，造成航体吸浅、双机熄火，船体打横顺流下漂。"万港 802"号拖轮顶推 2 艘货驳，向上槽口吊坎处下行。拖轮船长把航速控制在最低挡，小心翼翼地操纵船队顺流下驶。就在越过吊坎之时，可怕的情形发生了，"万港 802"号拖轮及船队先是被狂怒的主流顺势推下吊坎，紧接着一股横流水呼啸而至，将船队朝右岸雪石子方向拍击。就在"云航 24"号船与"万港 802"下行船队交会的一瞬间，下行船队舵效失灵，伴随着一声轰天巨响，"云航 24"号的船头先是猛然朝天一翘，紧接着一个 180 度的半空翻，轰然翻沉。

事故发生当天上午，营救与打捞工作随即开展，"云航 24"号轮有船员和旅客 99 人落水，从船舱、河岸边打捞搜寻到 77 具尸体，22 人侥幸生还。

调查认定这是一起重大责任事故。"云航 24"号证照不全，船上救生设备缺少。此前该船未能通过云阳县船舶检验部门的检验，没有取得合格证书，也没有核定载客人数；云阳县交通局也没有批准其在云阳至万县的航线上航行。7 月 25 日该船违章载客航行之时，船方担心出航签证会被航证监督部门阻止，因而开航前没有在当地港监部门办理出航签证，就擅自载客开航。加之在复杂航段，两船相遇后处置措施不当，导致事故发生。云阳县人民检察院对造成这起重大恶性事故的"云航 24"号船的经营人乔兴志、驾驶员尹维春及"万港 802"号船长牟秀发等 3 人提起诉讼，法院依法分别判处其 7 年有期徒刑、6 年有期徒刑和 3 年缓刑。

（十四）山西省地方航空公司伊尔飞机在执行游览飞行任务中坠毁事故

1988 年 10 月 7 日，山西省地方航空公司一架伊尔-14 型 B-4218 号飞机，在山西省临汾市执行游览飞行任务中失事，机上旅客 44 名，机组 4 名，除 4 名旅客被救出以外，其他人员全部遇难，另有 2 名路上行人也不幸遇难。

事故发生当日 13 时 20 分，4218 号飞机由机长陈某（右座，公司副经理）、正驾驶王某（左座，当日主飞）驾驶，从空军临汾机场由南向北起飞，飞机滑跑约 900 米离地转入正常上升，飞越近距导航台（距跑道北头 1000 米）上空后，向左转弯，据向现场目击者调查了解，此时机头突然下沉，高度下降，接着飞机摇摆着向地面坠去。左机翼擦过临汾地区福利工厂一座高 12.04 米的楼房房顶，左大翼变形，左大翼前缘防冰加温管处与大翼分离，坠落在路面上。飞机将一根水泥电线杆和八棵杨树撞断。飞机越过公路，飞机头方向与原航迹倒转 180 度，撞在路西一家新桥饭店屋顶上，飞机左翼撞楼点距坠地点 46.7 米，失事地点在跑道北端其方位 7 度 1950 米处，飞机从起飞滑跑至坠地失事约一分半钟。

事故当日 13 时，临汾机场天气实况符合开放标准。当机组报告准备好"请求起飞"时，公司签派员李某（本人未取得航行管制员执照）拿话筒回答："4218 准备好，可以进跑道起飞"，飞机于 13 时 20 分起飞，空军调度王某观察飞机滑跑 900 米离地，正常收起落架，高度上升到 100 米左右，未见异常，便停止观察。约过半分钟，听到空军场站地面信号员大声喊："调度员，飞机掉下去了"，调度员边拿起话筒呼叫"4218"，边向北边观察，发现有一股浓烟腾空而起，急忙放下话筒，按紧急处理程序通知有关单位，并带领消防车赶到失事现场，签派员李某也继续呼叫"4218"，均无回音。

该机累计总飞行时间 7873 小时，在总使用时限范围之内。两台发动机均系广州空军独立运输团 1985 年 5 月装上 4218 号机，于同年 12 月移交该公司飞回太原使用，截至 1988 年 10 月 5 日共使用 47 小时 32 分。在 1988 年 9 月 23 日前大部分时间停放地面，仅作试车。10 月 5 日飞行，发动机工作正常，航后无故障，10 月 7 日起飞前试车正常。

由于飞机坠地后起火，除尾翼组、右翼尖、左发动机基本完整外，其余部分均被烧毁，但有些部件尚可辨认。左发动机螺旋桨折断，桨叶基本完好，除第 3 号桨叶稍有弯曲变形外，1 号、2 号、4 号桨叶几乎无变形。右发动机桨叶折断三叶，连同发动机一起被烧毁。左发动机螺旋桨变距活塞在小距止动位。右发动机螺旋桨变距活塞离小距止动位 6 毫米。右副翼向上，升降舱向上，升降舵调整片在正 5 度位。左发动机没有顺桨。机上四个灭火瓶没有人工释放。分解左发动机，发现直接注油泵传动轴折断，其他部件未见异常。左发动机螺旋桨轴和直接注油泵传动轴，经太原重型机器厂金相分析认为桨轴断口纯属扭转弯曲过载断口，与螺旋桨在切割两棵树时受到的瞬时过载弯曲应力有直接关系；直接注油泵传动轴断口，呈较典型的扭转疲劳特征。减速箱直接注油泵轴断裂时间，可能先于桨轴及钢筒拉杆销的断裂。

事故直接原因：机械故障，即左发动机在空中失去马力造成这次事故。飞机在飞越近距导航台（高度约 100 米）后，飞行员按正常程序向左转弯。在这个过程中，左发动机突然停车，由于左发失效，飞机产生左拉力不平衡，加速了飞机向左滚动，飞机姿态、高度维持不住。飞机在低高度、小速度、又在进行正常转弯的情况下突然发生一台发动机失效，飞行员要在极短时间内（坠落过程仅 15 秒钟）对这样特殊的情况发现、判断并做出正确的反应是相当困难的。经过对这次事故的综合分析，最大可能是该飞机左发动机直接注油泵传动轴在空中因疲劳折断，而中断供油造成左发动机失效。

事故间接原因：（1）该飞机只有 14 个座位和一张沙发床，而当日公司安排了 44 名乘客，违反了民航局（84）067 号文件关于旅客必须有固定座位的规定。（2）民航运输业务工作手册明文规定，载客飞行应做舱单，购票应有单位证明，而公司在售票时既没验证，也不做舱单。（3）该次飞行未按规定对旅客在登机前作安全检查。（4）该次飞行中有个别飞行员带病参加飞行，违反了民航飞行条例有关规定。（5）公司与空军十二飞行学院所签订的协议中有关"专场飞行应由公司负责飞行指挥"的条款是不适当的。公司无合格的飞行指挥员，也违背了国务院、中央军委关于"经批准使用空军机场起降的民用飞机，应服从驻场空军的统一指挥调度"的精神。（6）公司的维修工作记录不齐全，飞机、发动机、附件履历本保管不妥，放在飞机上以致烧毁，无据可查。不符合民航管理规定。（7）公司申请的经营项目没有空中游览飞行，显然该公司经营的游览业务超出了经营范围。

吸取事故教训，改进飞行安全措施：要牢固树立"安全第一"的思想。在经营管理和组织实施飞行中，一定要把保证飞行安全放在首位。要正确处理安全与生产的关系，在保证飞行安全的前提下完成各项任务。要大力加强安全思想教育，从公司领导到每个职工都要树立为飞行服务，对安全负责的精神，做到人人关心安全，切实把好安全关。

（十五）陕西省咸阳市运输公司大客车翻车起火事故

1988 年 10 月 12 日 15 时，陕西省咸阳市运输公司第 7 车队驾驶员何某驾驶的一辆解放牌大客车，在由武功普集镇开往乾县途中，行至乾县梁村镇令胡村北（距乾县县城 8 千米处），会车时翻入公路东侧 3.5 米深的梯形混凝土水槽内，客车起火。43 人当场死亡，39 人（包括司机何某）受伤，车辆报废。

事故直接原因：司机在会车时采取措施不当，雨天超速行驶，风挡玻璃破裂，雨刷器不能正常使用，视线不清；同时客车严重超员等所导致。

事故间接原因：运输公司在实行单车抵押承包改革以后，安全管理的配套措施跟不上，企业负责人对部分司机违章超载，拼设备、拼精力、拼时间，跑"凑合车"等问题，认识不足，没有采取果断措施加以纠正，以致酿成大祸。

责任追究：肇事司机何某，对事故负有直接责任，依法判处有期徒刑7年。咸阳市运输公司第7车队对事故负有直接领导责任。给予车队队长杨某撤销行政职务处分；给予分管技安、客运工作的副队长罗某行政记过处分；车队副队长张某在职工大会上作深刻检查。咸阳市运输公司对事故负重要的领导责任。给予运输公司经理王某记大过处分；副经理翟某记过处分；车管科科长靖某行政警告处分。咸阳市交通局、市交警支队作为上级管理部门，亦应认真吸取教训，责成其向市政府作出书面检查。

吸取事故教训，防止同类事故再次发生的措施：提高各级领导干部对安全生产工作的认识，建立健全安全组织，逐级落实安全生产责任制。对所有已承包企业的合同进行一次全面检查，同时签订安全责任书。凡没有把经济指标和安全指标捆在一起的，或安全责任不明，要修订和增补；凡没有涉及安全指标的要终止合同。有关部门要互相配合，整顿交通秩序，依法从严管理交通，切实做好公路交通安全的综合治理。坚持安全检查制度，消除事故隐患。

（十六）海南省琼中县牛路岭水电站装载中小学生的渡船翻沉事故

1988年12月14日，海南省琼中县牛路岭水电站工作船"山鹰"号因无证无照，非法营运，违章超载，造成翻船事故，死亡63人（其中小学生55人、教师5人、家属5人、船工1人）。

事故当日上午，琼中县长征中学、长征学区、长征中心小学组织师生赴牛路岭水电站参观。7时半左右，师生和家属178人陆续来到琼中县和平镇牛路岭水库中上游岸边，在无人指挥的情况下开始登上牛路岭水电站派来的"山鹰"号钢质机船。当登船人数达150多人时，船甲板边缘已接近水面。有的老师向船工提出："你们这只船能不能载这么多人，载不了就分两次吧。"船工回答："我们这只船是载重十吨的船，可以载这些人。"有的老师还提出："是不是把船先开出去就近转一转，没有危险后再走。"驾驶员雷某急着启航，便对岸边未上船的师生大声喊道："你们到底走不走，要走就上船！"这样，岸边没有上船的20多名师生也全部上了船。7时50分左右离岸启航。8时，在船离开船点大约200米处，船体左右剧烈摇摆，不久就翻沉。船上182人（其中含船工3人，随船职工1人）全部落水。翻船处水深12米。22人自救上岸脱险，97人被人搭救上岸，共计生还119人。至12月9日，63名遇难者尸体全部打捞上岸。

这次特大翻船事故的主要原因是违章经营，严重超载。牛路岭水电站"山鹰"号船于 1988 年 11 月 25 日作为防洪兼生活用船移交电站水工车间使用和管理，直至事故发生前既没有进行船检，又没有工商营业执照，擅自进行营业性运输（这次运送师生到电站参观是收费的）。"山鹰"号设计载客 50 人，而这次实际装载 182 人（含船工 3 人）。此外，船上还装有橡胶块 500 千克，大大超过其设计载客定额数。

对事故责任者的处理：驾驶员雷某在严重超载的情况下，强行冒险启航，是此次事故的直接肇事者，应负主要责任。司机潘某无证开机，负违章操作的责任。由于雷、潘两人均在事故中死亡，故不再追究其刑事责任。电站水工车间主任庞某，既不向电站领导请示，也不报告，擅自派船，对这次事故负有重大责任。琼中县长征中学组织这次参观，既不报告当地镇政府，也不请示县教育局。该校教导主任曾某，是这次参观活动的发起者、组织者、又是带队。临行前校长曾嘱咐要注意安全，而他在原联系两只船运载，后来只来了一只船，人员又比以前增多的情况下，既组织不好，又制止不力，对事故负有重大责任。以上两人已触犯刑律，司法部门依法追究其刑事责任。牛路岭水电站代理站长邢某和琼中县长征中学校长林某对此次事故负有领导责任。其上级部门分别根据有关规定给予行政处理。

（十七）中国水利水电第八工程局乌江渡水电站爆破事故

1989 年 4 月 26 日，中国水利水电第八工程局在贵州乌江渡水电站左岸坝前大黄崖不稳定体硐室爆破施工中发生伤亡事故，造成 28 人死亡，16 人受轻伤。

黄崖不稳定体在乌江渡水电站大坝左岸上游 400 米处，为确保电站安全，决定实施硐室大爆破作减载处理，计划处理石方量 48 万立方米，工程由中南勘察设计院设计、长江科学院检测咨询，水电八局乌江分局组织施工。

乌江分局从 1988 年 7 月进行硐室开挖，1989 年 1 月 1 日 1010、985、960、940、920（海拔）高程五层主导洞、支洞药室全部形成。3 月 4 日进行高层 1010 层第一次大爆破，炸药量 32.7 吨。3 月 25 日进行高层 985 层第二次大爆破，装药量 37.0 吨。4 月 25 日开始进行高程 960 层第三次爆破。高程 960 层硐室爆破隧道全长 476 米，其主导洞长 267 米，洞高 1.8 米，宽 1.5 米，支洞长 209 米，宽 1.0 米。硐室 35 个，其中有两个是利用石灰岩天然裂缝作为硐室，这次爆破用药 73.6 吨，爆破石方 14 万立方米，炸药使用 RY-1 型乳化炸药和 2 号岩石硝铵炸药，采用导爆索网路连接非电塑料导爆管组成的起爆系统。爆破基本程序是运送炸药，硐室装药，安放起爆体，回填封堵，再联网接线，最后集中引爆，因装药量大，时间短，雇请了当地农民临时工50多个，把炸药从930高程公路沿栈道扶梯背运到主导洞各支洞口，职工分4组在各支洞口将炸药相互传递到药室。18名炮工分四组负责硐室装码炸药，安放起爆体，联网接线。

事故发生当日10时左右，爆破组负责人将已加工好的"翻二"药室起爆体（16个非电雷管由环形和棒型导爆索并联做成），带到洞内交给第四组炮工余某某，交代他按规定安放。药室中已装入炸药1吨左右。"翻二"药室系一天然小溶洞，药室间内有一高出几十厘米的行走平台，长约20米，宽0.5~0.8米的岩体，平台上放有部分炸药，待装入药室，作起爆体用。

11时左右，已装完药室22个，约59吨；未装药室4个；正在装药室1个。第一、二、四组人员装药基本完毕，陆续走出洞口，准备吃饭。第三组人员还在27号支洞传递炸药。11时23分，"翻二"药室附近突然发生爆炸，"翻二"药室塌落约100立方米，十字口坍落近6立方米。南向的27号药室支洞崩塌约20立方米。正在支洞内传药的9名职工，支洞口1名计药员和1名民工被掩埋，爆炸冲击波和炮烟沿十字口东向、北向导洞冲击、扩散，正在行走和搬运炸药的6名职工，10名民工受冲击，中毒窒息死亡，16人中毒住院。

事故发生后，施工人员立即投入抢救工作，抽水工李某某冲入洞内抢出3名伤员，第四次冲进去，被弥漫的炮烟窒息牺牲。

事故直接原因："翻二"药室间尚未安放的"翻二"起爆体引爆一定数量炸药爆炸所造成的。起爆体上雷管受外力冲击或挤压导致起爆体爆炸是完全可能的，结合该段岩石较为破碎的实际情况，极有可能性是洞顶岩石落块砸响起爆体雷管引起的。但也不完全排除人为误触动起爆体造成的可能性。

事故间接原因：安全思想麻痹，管理不严。施工指挥人员对大黄岩硐室大爆破工程的危险性和艰巨性认识不足，设计、施工组织不严密，对硐室和导洞的状况及起爆体、炸药使用缺少必要的检查、防护和监督。

主要原因：违章作业，炮工余某，没按规定将"翻二"药室起爆体安放好或加以保护，而是随便放在平台上，可能是出去吃中午饭，正巧被岩顶落石击中砸响引爆，余本人没走出多远也被冲击波和炮烟窒息死亡。直接违反爆破有关规定及此次爆破技术要求和安全规定。

预防同类事故再次发生的措施：（1）大爆破作业应按国家爆破规程制定专项安全措施，逐条落实，按计划有秩序地进行组织施工，并做好应急措施。（2）硐室、裂痕在开挖后装药前应作专门检查，危岩能处理的作处理，不能处理的要做好保护。（3）装药和安放起爆体时，应做好安全保卫工作，无关人员不准进入洞内，并有专人进行巡视监护，起爆体要按规定放置，不能随意堆放。

（4）严格爆破作业人员的安全管理，自觉遵循各项安全规定。

（十八）山西阳泉市自来水公司蓄水池崩塌事故

1989年6月20日，山西省阳泉市自来水公司犹脑山配水厂的一座蓄水池崩塌，造成39人死亡（其中男1人，女38人），61人受伤。

该水池是阳泉市自来水公司建在犹脑山上的三个水池之一，有效容量为9324立方米，1979年12月11日验收，1980年1月12日交付使用。水池设计为地上式预应力装配式钢筋混凝土圆形结构，池壁由132块预制钢筋混凝土板拼装。板块之间接缝处用C30细石混凝土二次浇筑，板壁外缠绕266根ϕ5毫米高强钢丝，再喷射3厘米厚的1:2水泥砂浆保护层，保护层外砌筑37厘米厚砖墙保温层。池壁内设计未作防渗层，只要求在接缝处向两侧各延伸5厘米范围内刷两道素水泥浆。水池内径46.9米，外径47.4米，高6.82米。1989年6月20日14时30分，该水池西南侧池壁突然崩塌了一处长33.48米、高5.84米的缺口，当时贮水量为7774立方米，有6561立方米水从缺口涌出。在短短的十几分钟内，大水冲断了山坡上向市区供水的主管道，冲走了山沟中正在拣废铁的人，淹没了地处山下的阳泉钢铁公司主要生产区，造成严重伤亡。事故导致市区70%的工业和生活用水中断，阳泉钢铁公司四座高炉中的三座停产，18间民房被冲毁。

事故直接原因：绕池钢丝严重锈蚀断裂。240根钢丝均在壁板接缝处断裂。通过对分理出来的154根钢丝断头测量，锈蚀率达100%，锈蚀量达63%。同一根钢丝在贴靠水池砂浆保护层处锈蚀较轻，而贴靠水池接缝混凝土处锈蚀严重。

事故间接原因：（1）池内水温过高，冷却水经过2~3次循环输入池内的水温增高至41摄氏度，加剧了水的电化学反应程度。（2）施工质量差，水池建于"文化大革命"后期，管理比较混乱。经现场取样测试，接缝混凝土抗压强度只达到设计要求的56%，抗渗等级原设计要求为S8，实际仅达到S3。绕池钢丝原设计为266根，实际只有240根。（3）设计考虑不周，没有增设二道防线。设计对防渗措施不力，应做整体或带状防渗层，而设计只要求刷二道水泥浆。（4）水池交付使用后按常规应进行经常例行检查，但客观上没有可行的检查手段，钢丝严重锈蚀未能及时发现。

吸取事故教训，改进蓄水池安全措施：（1）增设二道防线，加强整体或带状防渗层。（2）加强常规例行巡检，改进巡查手段。（3）严格执行安全规程规定，设备发生缺陷要及时处理。

（十九）中国石油天然气总公司管道局胜利输油公司黄岛油库罐区雷击爆燃事故

1989年8月12日，中国石油天然气总公司管道局胜利输油公司黄岛油库老罐区内，原油储量2.3万立方米的5号混凝土油罐爆炸起火。大火前后共燃烧104小时，烧掉原油4万多立方米，占地250亩的老罐区和生产区的设施全部烧毁，直接经济损失3540万元。灭火抢险中10辆消防车被烧毁，19人牺牲，100多人受伤。其中公安消防人员牺牲14人，负伤85人。

事故发生当日9时55分，5号油罐突然爆炸起火。几百米高的火焰随风向东南方向倾斜。15时左右，喷溅的油火点燃了位于东南方向相距5号油罐37米处的另一座相同结构的4号油罐顶部的泄漏油气层，引起爆炸。炸飞的4号罐顶混凝土碎块将相邻30米处的1号、2号和3号金属油罐顶部震裂，造成油气外漏。约1分钟后，5号罐喷溅的油火又先后点燃了3号、2号和1号油罐的外漏油气，引起爆燃，整个老罐区陷入一片火海。失控的外溢原油像火山喷发出的岩浆，在地面上四处流淌。大火分成三股：一股油火翻过5号罐北侧1米高的矮墙，进入储油规模为300000立方米的全套引进日本工艺装备的新罐区的1号、2号、6号浮顶式金属罐的四周，烈焰和浓烟烧黑3号罐壁，其中2号罐壁隔热钢板很快被烧红；另一股油火沿着地下管沟流淌，会同输油管网外溢原油形成地下火网；还有一股油火向北，从生产区的消防泵房一直烧到车库、化验室和锅炉房，向东从变电站一直引烧到装船泵房、计量站、加热炉。火海席卷着整个生产区，东路、北路的两路油火汇合成一路，烧过油库1号大门，沿着新港公路向位于低处的黄岛油港烧去。大火殃及青岛化工进出口黄岛分公司、航务二公司四处、黄岛商检局、管道局仓库和建港指挥部仓库等单位。18时左右，部分外溢原油沿着地面管沟、低洼路面流入胶州湾。大约600吨油水在胶州湾海面形成几条十几海里长，几百米宽的污染带，造成胶州湾有史以来最严重的海洋污染。

事故发生后，总书记江泽民先后3次打电话询问灾情。总理李鹏乘飞机赶赴青岛，亲临火灾现场视察指导救灾。山东省、青岛市和胜利油田、齐鲁石化公司出动消防人员1000多人，消防车147辆、船只10艘参加灭火。全国各地紧急调运了153吨泡沫灭火液及干粉。北海舰队也派出消防救生船和水上飞机、直升机参与灭火，抢运伤员。13日11时火势得到控制；14日19时大火扑灭；16日18时油区内的残火、地沟暗火全部熄灭。大火在肆虐104小时后才被彻底扑灭。烧毁5座油罐、36000吨原油，并烧毁了沿途建筑；还有600吨原油泄入海洋，造成海面污染、海路和陆路阻断。

引发事故的直接原因：由于非金属油罐本身存在的缺陷，遭受对地雷击，产生的感应火花引爆油气。事故发生后，4 号、5 号两座半地下混凝土石壁油罐烧塌，1 号、2 号、3 号拱顶金属油罐烧塌，给现场勘查、分析事故原因带来很大困难。在排除人为破坏、明火作业、静电引爆等因素和实测避雷针接地良好的基础上，根据当时的气象情况和有关人员的证词（当时，青岛地区为雷雨天气），经过深入调查和科学论证，事故原因的焦点集中在雷击的形式上。

据设在黄岛油库内的闪电定位仪监测显示，在距首先起火爆炸的 5 号罐约 100 米处有雷击发生，而 5 号罐顶及其上方的屏蔽金属网和四角的 30 米高避雷针都没有遭受直击雷的痕迹。5 号罐建于 1973 年，是半地下混凝土罐，除立柱混凝土内钢筋外，均为水泥、砖石、木材。因年久失修，许多地方水泥脱落，钢筋外露，罐顶预制板内的钢筋有断裂。在罐顶预制拱板上覆盖的屏蔽网未用焊接，而是用 U 型卡卡接，年久产生松动。经计算，虽然 5 号罐并非处于库区地理位置的最高点，雷电也并未直接击中 5 号罐，但在 5 号罐区形成的感应电压足以使开口小于 0.38 厘米的金属环路产生放电火花。在雷击发生前，5 号罐已连续收油作业达 8 小时，作业产生的油蒸气在呼吸阀和采样孔周围弥漫游移。专家认定，5 号罐因腐蚀造成钢筋断裂形成开口，罐体上方的屏蔽网因 U 型卡松动也可能形成开口，雷击感应造成开口之间产生放电火花，火花引起油蒸气燃烧并最终导致油罐爆炸，是事故产生的直接和客观原因。

事故间接原因：（1）黄岛油库区储油规模过大，生产布局不合理。黄岛面积仅 5.33 平方千米，却有黄岛油库和青岛港务局油港两家油库区分布在不到 1.5 平方千米的坡地上。早在 1975 年就形成了 34.1 万立方米的储油规模。但 1983 年以来，国家有关部门先后下达指标和投资，使黄岛储油规模达到出事前的 76 万立方米，从而形成油库区相连、罐群密集的布局。黄岛油库老罐区 5 座油罐建在半山坡上，输油生产区建在近邻的山脚下。这种设计只考虑利用自然高度差输油节省电力，而忽视了消防安全要求，影响对油罐的观察巡视。而且一旦发生爆炸火灾，首先殃及生产区，必遭灭顶之灾。这不仅给黄岛油库区的自身安全留下长期重大隐患，还对胶州湾的安全构成了永久性的威胁。（2）混凝土油罐先天不足，固有缺陷不易整改。黄岛油库 4 号、5 号混凝土油罐始建于 1973 年。当时我国缺乏钢材，是在战备思想指导下，边设计、边施工、边投产的产物。这种混凝土油罐内部钢筋错综复杂，透光孔、油气呼吸孔、消防管线等金属部件布满罐顶。在使用一定年限以后，混凝土保护层脱落，钢筋外露，在钢筋的捆绑处、间断处易受雷电感应，极易产生放电火花；如遇周围油气在爆炸极限内，则会引起爆炸。混凝土油罐体极不严密，随着使用年限的延长，罐顶预制拱板产生裂缝，形成纵横交错的油气外泄孔隙。混凝土油罐多为常压油罐，罐顶因受承压能力的限制，需设通气孔泄压，通气孔直通大气，在罐顶周围经常散发油气，形成油气层，是一种潜在的危险因素。（3）混凝土油罐只重储油功能，大多数因陋就简，忽视消防安全和防雷避雷设计，安全系数低，极易遭雷击。1985年7月15日，黄岛油库4号混凝土油罐遭雷击起火后，为了吸取教训，分别在4号、5号混凝土油罐四周各架了4座30立方米高的避雷针，罐顶部装设了防感应雷屏蔽网，因油罐正处在使用状态，网格连接处无法进行焊接，均用铁卡压接。这次勘查发现，大多数压固点锈蚀严重。经测量一个大火烧过的压固点，电阻值高达1.56欧姆，远远大于0.03欧姆的规定值。（4）消防设计错误，设施落后，力量不足，管理工作跟不上。黄岛油库是消防重点保卫单位，实施了以油罐上装设固定消防设施为主，两辆泡沫消防车、一辆水罐车为辅的消防备战体系。5号混凝土油罐的消防系统，为一台每小时流量900吨、压力784千帕的泡沫泵和装在罐顶上的4排共计20个泡沫自动发生器。这次事故发生时，油库消防队冲到罐边，用了不到10分钟，刚刚爆燃的原油火势不大，淡蓝色的火焰在油面上跳跃，这是及时组织灭火施救的好时机。然而装设在罐顶上的消防设施因平时检查维护困难，不能定期做性能喷射试验，事到临头时不能使用。油库自身的泡沫消防车救急不救火，开上去的一辆泡沫消防车面对不太大的火势，也是杯水车薪，无济于事。库区油罐间的消防通道是路面狭窄、凹凸不平的山坡道，且为无环形道路，消防车没有掉头回旋余地，阻碍了集中优势使用消防车抢险灭火的可能性。油库原有35名消防队员，其中24人为农民临时合同工，由于缺乏必要的培训，技术素质差，在7月12日有12人自行离库返乡，致使油库消防人员严重缺编。（5）油库安全生产管理存在不少漏洞。自1975年以来，该库已发生雷击、跑油、着火事故多起，幸亏发现及时，才未酿成严重后果。原石油部1988年3月5日发布了《石油与天然气钻井、开发、储运防火防爆安全管理规定》。而黄岛油库上级主管单位胜利输油公司安全科没有将该规定下发给黄岛油库。这次事故发生前的几小时雷雨期间，油库一直在输油，外泄的油气加剧了雷击起火的危险性。油库1号、2号、3号金属油罐设计时，是5000立方米，而在施工阶段，仅凭胜利油田一位领导的个人意志，就在原设计罐址上改建成10000立方米的罐。这样，实际罐间距只有11.3米，远远小于安全防火规定间距33米。青岛市公安局十几年来曾4次下达火险隐患通知书，要求限期整改，停用中间的2号罐。但直到这次事故发生时，始终没有停用2号罐。此外，对职工要求不严格，工人劳动纪律松弛，违纪现象时有发生。8月12日上午雷雨时，值班消防人员无人在岗位上巡查，而是在室内打扑克、看电视。事故发生时，自救能力差，配合协助公安消防灭火不得力。

事故追责：中国石油天然气总公司管道局局长吕某给予记大过处分；管道局所属胜利输油公司经理楚某给予记大过处分；管道局所属胜利输油公司安全监察科科长孙某给予警告处分；管道局所属胜利输油公司副经理兼黄岛油库主任张某，对安全工作负有重要责任，考虑他在灭火抢险中负伤后仍坚持指挥，免予处分，但应作出深刻检查。

吸取事故教训，防止同类事故再次发生的措施：（1）必须认真贯彻"安全第一，预防为主"方针，把防雷、防爆、防火工作放在头等重要位置。（2）对油品储、运建设工程项目进行决策时，应当对包括社会环境、安全消防在内的各种因素进行全面论证和评价，要坚决实行安全、卫生设施与主体工程同时设计、同时施工、同时投产的制度。切不可只顾生产，不要安全。（3）充实和完善《石油设计规范》和《石油天然气钻井、开发、储运防火防爆安全管理规定》，严格保证工程质量，把隐患消灭在投产之前。（4）逐步淘汰非金属油罐，今后不再建造此类油罐。对尚在使用的非金属油罐，研究和采取较可靠的防范措施。提高对感应雷电的屏蔽能力，减少油气泄漏。同时，组织力量对其进行技术鉴定，明确规定大修周期和报废年限，划分危险等级，分期分批停用报废。（5）研究改进现有油库区防雷、防火、防地震、防污染系统；采用新技术、高技术，建立自动检测报警连锁网络，提高油库自防自救能力。（6）强化职工安全意识，克服麻痹思想。对随时可能发生的重大爆炸火灾事故，增强应变能力，制定必要的消防、抢救、疏散、撤离的安全预案，提高事故应急能力。

（二十）山西省忻州地区宁武县阳方口煤矿程家沟井瓦斯煤尘爆炸事故

1989 年 12 月 26 日，山西省忻州地区宁武县阳方口煤矿程家沟井 5241 工作面发生瓦斯煤尘爆炸事故，造成 53 人死亡。

阳方口煤矿程家沟井位于宁武县阳方口镇阳方口村，距宁武县城 10 千米。该井始建于 1969 年，1981 年正式投产，设计生产能力为年产煤炭 30 万吨。井田南北宽 2.3 平方千米，东西长 3 千米，批准开采晚石炭纪上统太原组 2、5、6 号煤层，其中 2 号煤层煤厚 3.49～6.74 米，平均厚度 5.33 米；5 号煤层厚 10.10～17.30 米，平均厚度为 12.86 米，6 号煤层厚 1.10～3.75 米，一般为 1.81 米。2、5、6 号煤层均属于气煤，煤层瓦斯含量比较低，属于低沼气矿井，煤尘具有爆炸危险性。矿井开拓方式为斜井两水平开拓，井筒有主斜井、副斜井、回风斜井。矿井通风采用主、副斜井进风，回风斜井回风的中央并列式通风方式。

事故当日，该井 5241 工作面在打通风立眼爆破时，发生瓦斯爆炸并传导煤尘连续爆炸，爆炸冲击波将三个采区的 2952 米巷道支架吹倒，导致顶板严重冒落，砌碹多处破坏，井下通风设施全部毁坏，当班井下 53 名矿工全部死亡。

事故直接原因：通风管理不善，致使该井 5241 工作面瓦斯聚集超限，在打通风立眼爆破时，由于炮眼封泥不足，产生明火引起瓦斯爆炸；瓦斯爆炸形成的冲击波掀起井下巷道沉积的煤尘参与爆炸，并传导煤尘连续爆炸。

事故间接原因：阳方口煤矿曾在 1968 年 12 月 25 日发生类似事故，当年该矿南坑发生瓦斯煤尘爆炸事故，造成井毁人亡，共死亡 66 人。但该矿领导未认真吸取教训，思想麻痹，忽视安全生产，对长期存在的矿井通风系统不良、通风管理不善、防尘设施不健全、煤尘清理洒水措施不落实，安全管理混乱，违章爆破等"三违"现象突出等安全隐患不采取有效措施加以解决，反而实行以包代管，放松安全管理，以致酿成大祸。

（二十一）安徽池州"东至挂 114"客渡船与"大庆 407"油轮相撞事故

1990 年 1 月 24 日 6 时 44 分，安徽省池州地区东至县大渡口区杨桥乡杨套村集体经营的"东至挂 114"客渡船（核定准载 100 人，实载 150 人），在安庆港长江航道上，与南京长江油运公司所属的"大庆 407"油轮相撞，造成 112 人死亡（其中 32 人失踪）。

事故发生当日 5 时 30 分，"东至挂 114"客渡船载客 146 人，由杨套渡口启航，沿安庆水道上段，距南岸横约 500 米下行，开往安庆西门渡口。6 时，船行过上高后有雾，往北横渡过江。6 时 14 分突遇浓雾，在雾中迷航，将机器脱档，船只在长江主航道上处于漂流状态。当日 6 时 14 分，"大庆 407"油轮装载 70 号汽油 2200 吨，驶离安庆石化总厂五号码头，上水行驶，开往黄石。6 时 44 分，在距安庆塔起方位 254.5 度、距离 2525 米的长江主航道上，与迷航的"东至挂 114"客渡船相撞。客渡船向左倾覆，左侧进水后沉没。

事故原因：这次事故的发生，客观上与当时突然遇到的浓雾有极其重要的直接关系；主观上两条船都负有重要责任。事故发生区域江面局部浓雾，能见度极差，致使影响两船目测瞭望，互相不能及时发现，是造成事故的客观原因。"东至挂 114"客渡船遇雾之后没有按规定采取靠岸停航的安全措施，而继续冒险横渡。大庆"407"油轮在能见度不良的条件下，没有按规定进行连续雷达观测，未能紧急避碰。

"东至挂 114"客渡船存在的问题和失误：（1）严重超载。该船额定乘载100 人，实际乘载 150 人（含 4 名船员）。且船上客货装载布置不当，遮挡驾驶员视线。（2）遇雾后处置不当。横渡过江中第一次遇雾，没有按规定采取靠岸停航的安全措施，而继续冒险横渡。（3）违章驾驶。横渡过江中由无驾驶执照的人驾驶船舶，持驾驶执照的人却在售票和进行瞭望，造成人为的违章驾驶。（4）没有严格遵守相关技术规范。该船在额定载客人数时的性能虽符合要求，但是主尺度与图纸不符，没有载重线和吃水尺度标记，锚链长度也不符合规定要求，在出事水域无法使用。（5）应急处置不当。浓雾中迷失方向，空档漂流，未能及时采取有效的避碰措施。

"大庆 407"油轮存在的问题和失误：（1）在能见度不良条件下，未按规定进行连续雷达观测，因而未能发现"东至挂 114"客渡船。船长的雷达调试技术不熟练。（2）在能见度不良条件下，在港区内未采取安全航速，特别是接近 2 号江浮时，雾渐浓，不应使用前进 3 的航速。（3）未能采取有效的紧急避碰措施。

吸取事故教训，防止同类事故发生的措施：（1）各级地方政府和交通管理部门要加强港航监督，严格执行国务院颁布的有关水上安全规章制度，严禁客渡船超载、无证驾驶，在有雾开航有危险的情况下，必须停止渡运。这次事故中"东至挂 114"客渡船就是严重超载，虽然这不是事故的直接原因，但是扩大了事故损失。（2）交通部应提供有雷达设备的船舶在内河航行中的使用水平，对在内河航运遇雾情况应制定比较详细的补充规定。对长江港区、渡口的安全航速应有明确的规定。（3）为有效地统一水上交通安全秩序的管理，改变政出多门的状况，港监、船检机构应建立以交通部管理为主，部、省双重领导的统一管理体制。集中监督管理力量，加强对重点船舶、客渡船、装运危险品船等实行统一有效的监督管理。（4）抓好船员技术培训工作，提高各航运企业和各类船舶的船员严格遵守水上交通安全条例和规定的自觉性。（5）对长江干线定额 30 人以上的客渡船如何严格执行统一的检验标准和进行经营管理与船检工作，应由交通部进行调查研究后提出具体解决办法。

（二十二）辽宁省大连重型机器厂会议室屋盖塌落事故

1990 年 2 月 16 日 16 时 20 分，辽宁省大连重型机器厂计量处四楼会议室屋盖突然塌落，造成 42 人死亡，46 人重伤，133 人轻伤，直接经济损失 300 万元。

大连重型机器厂计量处办公楼于 1959 年设计，1960 年建成。1987 年，该厂在原建的计量处办公楼三层楼上接层，扩建成四层。会议室位于接层部分的东侧，长 21.85 米，宽 14.9 米，面积为 325.6 平方米，整体建筑为混合结构，现浇圈梁，轻型屋架，钢筋混凝土空心预制板屋面，室内水泥地面。屋顶为五榀梭形轻型钢屋架，两端采用平板支座与墙体连接，轻钢龙骨低面石膏板吊顶，屋面板上设炉渣保温层、水泥砂浆找平层和三粘四油防水层。1987年1月，大连重型机器厂将接层工程列入计划，并将接层工程的设计任务交本厂基建处设计室，由设计室主任娄某负责，娄某自己承担了该工程建筑及结构设计，建设任务交基建处工程科科长黄某为工程负责人，工程科测量员阎某为工地甲方代表。施工单位是大连第一建筑工程公司七工区，由工长王某负责。该工程从1987年2月中旬动工，5月25日竣工，7月14日投入使用。

事故发生当日，该厂党委在计量处四楼会议室举办本年度第一期党员业余培训班。15时40分，参加培训的党员陆续进入会议室开始上课，16时20分许，会议室的屋盖突然塌落。

事故直接原因：屋架结构设计上的错误和施工中屋面重量的增加是事故发生直接原因。（1）棱形轻型钢屋架设计上误算。原钢屋架结构设计计算书中，在验算上弦4杆和下弦9杆时，由于单位换算和取值等错误，致使这两根杆的应力值明显超出国家技术规范（TJ-74、TJ19-74）中的容许应力；对腹杆的验算除12号验算错误外，对其他杆件均未验算。恰恰是14号腹杆（受压杆件）的应力值大大超过规范容许应力，超过屈服强度而接近极限强度。经现场勘察和技术鉴定，由于会议室第三榀（中间榀）屋架北端的14号腹杆首先受压弯曲失稳，引起其他杆件的陆续失稳，使整榀屋架在平面内破坏。而由于第三榀屋架的首先破坏并塌落，牵动其他屋架随即破坏和整体屋盖塌落。因此，原设计的钢屋架是一个不安全结构。（2）施工中屋面重量过量增加。施工单位在施工中没有完全按图纸施工，改设了屋面干铺炉渣保温层，违反了国家颁发的《建筑安装工程施工验算技术规范》加厚了水泥砂浆找平层，增加了屋面荷重，加速了钢屋架的破坏。

事故间接原因：建设、设计、施工中管理混乱。（1）建设单位管理混乱：在改革扩权期间，计量楼接层工程由大连重型机器厂编入厂内大修计划，没有按照基本建设程序办理建设计划、规划审批，施工许可、原建筑物接层技术鉴定报告等批手续；指派的工地代表对工程质量监督检查不力；该工程没有到市工程质量监督部门注册登记；工程竣工后未组织全面验收就交付使用。（2）设计单位管理混乱：设计室申报设计级别时将已退休和不在岗的专业技术人员编入上报；设计室没有健全的技术责任制和质量监督管理制度。钢屋架设计图纸未经审校、校对，也没有报市规划部门审查就出图交付施工。（3）施工单位管理混乱：开工手续不符合施工程序要求。在建设单位没有施工许可的情况下，却发了"工程开工通知单"；施工原始记录不全，图纸会审走过场，其中土建部分的会审未作任何记录；工程质量监督检查部门未到施工现场进行检查验收；隐蔽工程记录，填写失真。（4）建设（设计）、施工单位共同存在的问题是：建设单位与施工单位签订的该工程施工合同没有法人代表签字；对屋面改设干铺炉渣保温层问题，施工单位没有完全按图施工，建设单位也未按图纸检查就签字，而且在工程决算时予以付款；对钢屋架现场荷载试验，施工图纸上要求不明确，设计者本人认为只是一般的工程试验，也未到现场过问试验情况，施工单位也未主动和设计者沟通试验方法及要求，就盲目试验且未做任何记录；工程竣工后，双方没有共同组织验收就交付使用。

责任追究：设计室主任娄某，一建七工区工长王某，基建处处长刘某，对这起事故，分别负有直接责任和直接领导责任，均已构成犯罪，由司法部门依法追究刑事责任；基建处测量员阎某，是领导指派他到工地监督乙方按图施工，而他却没有尽到责任，对屋面改设干铺炉渣保温层和加厚水泥砂浆找平层不检查，而且在验收记录上签署了"按图施工"，有严重的失职行为，对该起事故应负主要责任，给予留用察看两年处分；主管基建的副总工程师殷某，一建七工区技术副主任娄某、曲某，基建处工程科科长黄某，对该起事故分别负有不同的领导责任，均给予行政撤职处分；对厂长刘某、基建处副处长修某，一建七工区质量检查股负责人唐某、一建质量检查科科长卢某、一建公司经理候某，分别被给予行政记大过处分。

（二十三） 甘肃省酒泉钢铁公司高炉爆炸事故

1990年3月12日7时56分，甘肃省酒泉钢铁公司1号高炉发生爆炸事故，造成19名人死亡，10人受伤，经济损失2120万元。

事故当日7时56分，甘肃省酒泉市酒泉钢铁公司炼铁厂1号高炉在生产过程中发生爆炸。随着一声闷响，高炉托盘以上炉皮（标高15～29米）被崩裂，大面积炉皮趋于展开，部分炉皮、高炉冷却设备及炉内炉料被抛向不同方向，炉身支柱被推倒，炉顶设备连同上升管、下降管及上料斜桥等瞬间全部倾倒、塌落。出铁场屋面被塌落物压毁两跨。炉内喷出的红焦四散飞落，将卷扬机室内的液压站、主卷扬机、PC-584控制机等设备全部烧毁，上料皮带系统也受到严重损坏。由于红焦和热浪的灼烫、倒塌物的打击及煤气中毒，造成19名工人死亡，10人受伤。事故造成直接经济损失489.2万元，间接经济损失1631.49万元。

这是一起由于高炉内部爆炸、炉皮脆性断裂、推倒炉身支柱，导致炉体坍塌的重大事故。根据事故现场勘查、分析，高炉发生炉内爆炸有以下几个方面的特征：（1）炉皮断裂是由 23 处 300~1400 毫米长短不等的预存裂纹同时起裂所致，各预存裂纹两侧均有明显可见地向两侧扩展的人字形断口走向，断口的基本特征是多处预存裂纹同时起裂形成的脆性断口。（2）从现场散落物的分布情况看，主要分布在东北、东南两个方向，最远的散落物距高炉 238 米，一个重达 483.8 千克的支梁式水箱在拉断 12 根螺栓后被抛落在距高炉 78 米处。（3）事故中控制高炉的仪表记录变化也与炉内爆炸特征相一致，炉顶压力由 0.09 兆帕升至 0.18 兆帕，然后马上回零；热风压力由 0.2 兆帕突升到 0.315 兆帕后降到 0.18 兆帕等。另据嘉峪关地震台报告，3 月 12 日 7 时 56 分 38.8 秒，该台东偏北 7.5 千米根据地震记录波形分析，属地面爆炸性振动，不是地震波形，这与炉内爆炸、整体崩塌的过程也是吻合的。

1 号高炉在事故前出现生产性不正常情况，有发生爆炸的条件，主要表现在：（1）风口区域性损坏频繁。3 月 1—12 日，风口累计损坏 45 个，而且集中在 4~10、14~17 风口两个区域。风口的损坏，导致向炉内漏水，加之采用集中更换风口的方法，漏水情况得不到及时处理，延长了漏水时间，加大了漏水量。仅 3 月 12 日 7 时损坏的三个风口（6、14、7）和一块损坏的冷却壁，事故前漏入炉内的水就在 13 吨以上。由于风口区大量向炉内漏水，造成炉内区域性不活跃现象，形成呆滞区，并有相当数量的水在炉内积存。（2）炉况不顺，急剧向热难行。事故前的最后一次出铁，铁水含硅量高达 1.75%，而前两次出铁含硅量分别为 0.62% 和 0.92%；同时，4 时 20 分和 6 时 30 分，炉顶温度记录明显，温度曾两次急剧升高到 320 摄氏度，两次炉顶打水降温；7 时 20 分以后，分布在标高 17 米左右的炉皮温度检测记录仪记录的数据表明，炉皮温度由 37.5 摄氏度骤升到 56~70 摄氏度，并持续到事故发生。上述情况表明，事故前炉温急剧升高。据高炉日报记载，3 月 12 日 7 时至 7 时 56 分，仅向炉内下料两批，共 48.7 吨（烧结矿 36.4 吨，焦炭 12.3 吨）。这时间，高炉燃烧消耗焦炭大大超过了上部加料的供给，而炉顶探尺记录指示料线不亏。这种情况下，焦炭的消耗只有靠风口燃烧带以上至炉身下部的焦炭来供给，焦炭得不到补充，在炉身下部产生无料空间，加之 7 时 15 分至 7 时 40 分出铁 150 吨，出渣 40 吨，推算无料空间约 50 立方米，这就为崩料、滑料创造了条件。（3）高炉发生崩料。事故前，炉顶探尺最后测量记录是，北料尺由 2350 毫米滑至 2450 毫米，随后近乎直线下降至 2860 毫米，记录线消失；南料尺也由 2250 毫米滑至 2400 毫米，随后近乎直线下降到 3180 毫米，记录线消失。说明事故中高炉发生了崩料。综上所述，生产运行中的 1 号高炉，事故前 20 个风口中有 3 个风口损坏向炉内漏水，另有 5 个已堵死，风口区域性不活跃，存在呆滞区；炉况急剧向热难行，炉顶温度升高，两次打水降温，在一定程度上粉化了炉料，造成透气性差；炉内发生悬料、崩料等，如此诸多因素意外的同时在炉内发生，其综合效果为：炉内水急剧汽化→体积骤胀→炉内爆炸。

事故前 1 号高炉炉况恶化，已承受不了突发的高载荷，主要表现在：（1）冷却设备大量损坏。由于 1984 年大修时的残留隐患未根除，加之操作维修管理上的原因，1987 年 5 月以后炉况失常，冷却设备损坏严重。到这次事故前，风口带冷却壁损坏 1 块，炉腹冷却壁损坏 32 块，占冷却壁总数的 66.7%；炉身冷却板共 590 块，整块损坏 393 块，半块损坏 100 块，合计损坏率为 75.1%；为了维持生产，采用了外部高压喷水冷却，加剧了炉皮的恶化。（2）炉皮频繁开裂、开焊。1989 年 6 月以后，炉皮出现了开裂、开焊，并已日益加剧，裂纹主要集中在 11~12 带炉皮。到事故前，共发现并修复裂纹总长度 28.5 米。虽采取了修复措施，但由于条件所限，裂缝不能及时补焊，焊接质量得不到保证，没有从根本上改善炉皮状况的恶化。综上所述，由于 1 号高炉冷却设备大量损坏，炉皮长期内触高温炉料，外受强制喷水冷却，温度梯度大，局部应力集中和热疲劳等因素的影响，使炉皮在极其恶劣的工作条件下，形成多处裂纹。加之在修复过程中，不能从本质上改善炉皮恶化状况，高炉已承受不了炉内突发的高载荷，在炉内爆炸瞬间，炉皮多处脆性断裂、崩开→推倒炉身支柱→整个炉体坍塌。

事故教训：（1）1984 年高炉大修留有隐患。①大修方案的确定缺乏科学依据。大修前，对炉皮状况的勘查鉴定不够慎重。在没有全面检查分析的情况下，确定更换 13 带以下炉皮，而 13 带以下炉皮从 1960 年竖起炉壳到 1984 年大修，已经历了 24 年。其间虽有几年没有生产，但也受风雨侵蚀，特别是 1964 年续建时，由于 11~12 带炉皮焊缝质量不好，加了一圈 70 毫米宽的围带，在大修时没有被发现，加之 11~12 带炉皮工作条件恶劣。这些问题在大修中没有得到解决，影响了高炉的寿命。②冬季施工，影响了高炉的砌砖质量。当时气温最低下降到零下 27 摄氏度，施工质量难以保证，炉身上部砌砖由于泥浆冻结，质量不符合要求，造成开炉后砖衬严重损坏。③在不完全具备开炉条件的情况下组织开炉。根据大修工期安排，要求 1985 年 1 月 1 日出铁，由于 4 号热风炉未能同步投产，3 号热风炉送风后爆炸，被迫由仅剩的两座热风炉运行，热风温度低，开炉后发生了炉缸冻结、冷却设备损坏等一系列问题。（2）高炉操作与维修管理存在漏洞。高炉大修同时进行了技术改造，安装使用了无料钟炉顶和 PC-584 控制机。由于操作、维护经验不足，上料系统不正常，较长一段时间上料不均，炉况波动大，对砖衬造成损害。1987 年 5—7 月，采用了低炉温操作，由于管理不适应和经验不足，炉温难于掌握，造成了较长时间的炉温波动。同时，不适当地采用了发展边沿的装料制度，对炉衬和冷却设备造成了进一步的损害，炉况失常，冷却设备损坏加剧，并出现了炉基冒火现象。为了维护高炉后期的生产，酒钢公司吸取国内外护炉经验，采取了矾钛矿护炉、高压水冷却、炉基压力灌浆、炉身装 U 形管、堵头管、炉皮加立筋、降低炉顶压力等一系列措施，在一定时期内维持了生产，但不能从根本上改善日趋恶化的炉况。对于炉皮频繁开裂、开焊，虽成立了特护小组，加强检查与焊补，由于受施工条件所限，焊补不及时，焊接质量得不到保证。（3）没有果断地对高炉进行提前大修。1 号高炉自 1984 年大修到这次事故发生，使用年限和单位炉容产铁量按照冶金部《高炉大修规程》衡量，没有达到一代炉龄的大修周期。鉴于 1 号高炉日益恶化的炉况，酒钢公司从 1987 年就开始研究高炉中修和大修问题，并向上级汇报联系，说明酒钢公司对这个问题是重视的。但由于条件所限，对高炉设备状况急剧恶化的严重性认识不足，在炉皮频繁形裂、开焊，并日益加剧的情况下，缺乏监测手段，难以对高炉炉体的技术状况进行准确的评估。酒钢公司虽意识到炉皮隐患可能造成事故，但对事故的严重程度预见不足，同时也存在着高炉大修将导致全公司停产的困难和资金、设备、材料一时难以落实等因素，影响公司领导作出提前停炉大修的正确决策，直至事故发生，造成了严重的后果。

（二十四）　云南永善县桧溪乡机木船沉没事故

1990 年 3 月 21 日 15 时 2 分，云南省永善县桧溪乡的一艘机木船在从桧溪乡金沙江岸冒水孔开往青胜乡途中沉没。船上 137 人全部落水，经抢救脱险 33 人，溺亡 104 人（其中失踪 34 人）。

3 月 21 日正值桧溪乡赶场。14 时 50 分，该乡源胜村鲜某等 8 人，驾驶由他们集资 1.12 万元，私自建造的木货船从桧溪乡金沙江岸冒水孔处载 129 人，香烟 34 箱，化肥 15 包，拟驶往青胜乡。船由鲜某担任驾长，在船尾负责掌舵，张某担任副驾长（前领江），张某、田某负责操纵机器。船起航后沿左岸（四川岸）顺流而下，行约 800 米进入连望片滩浪区后，船首四次上浪进水，乘客慌乱，前领江张某向驾长鲜某大声喊叫调头靠岸，鲜某即压舵加车向左转向，准备停靠左岸，在调头中船身向右倾斜，船舱大量进水，右机被水闷熄。此时乘客更为恐惧，纷纷跳水，跳水的反作用力将已近岸的船蹬出回流区，船搭上主流区，更加失去平衡，大量江水倾注舱内，船首开始下沉；船尾部抬离水面，左机空转飞车，船完全失控。随后随急流下冲，先头后尾逐渐沉没于登昌沟滩（离起航处 1000 米）的江中。

事故原因：（1）船舶未申报检验，属非法私造。据查，肇事船是由鲜某等出面私请绥江县航运公司退休工人康某建造的，康受托后未按交通部有关规定向省船检机关申请对其造船技术条件进行认可，更未按规定向船检部门报审船舶设计图纸和技术资料。船造好后，鲜某等也未向船检部门申请进行技术检验，纯系非法造船。（2）无证驾驶、非法营运。该船的主要组织者，驾长鲜某无驾驶该机动船的合法证件，张某等也未受过驾驶轮机技术的培训，均未办理船员证件，该船所有驾船人员均系无证驾驶，同时，也未向当地工商行政机关申请营业登记，擅自参加营运。（3）在未经认可的危险河段，违章冒险航行。永善县文件明确规定，桧溪至青胜段是"未经上级航务部门鉴定认可的短途航线，坚决不准从事客货运输"。该船违章在禁止通航的危险河段冒险航行。（4）严重超载、装载不当。船检部门测算，该船（长15.5米、宽2.8米、深1.25米、双机26.7千瓦）最多可载货9吨。不载货时，最多可载客50人。这次载客超载150%，同时还载有1.2吨的香烟、化肥和农民随身携带的大量背篓、杂物等，大大超过了该船正常的受载能力。船上客货装载也不合理，香烟等较轻物资装在船舶后部，且超高，影响驾船人员的视线，而化肥等较重物资则置于前部，乘客又多集中在前舱内，致使船头负载过大，处于前倾状态，以致船舶驶入激流浪区时，船头首先上浪进水，是导致事故的直接原因。（5）县政府督促检查不力、乡政府管理失职。永善县政府督促检查不力，特别是对桧溪乡政府管理上存在的问题未能及时发现、纠正，对这次事故负有领导和管理责任。桧溪乡政府多次接到县政府交通主管部门关于取缔无证无照船舶，严禁超载航行及不许在未经认可的危险河段从事客货运输等有关文件和通知。乡长肖某还与永善县签订了《乡镇船舶安全管理责任承包书》，也未采取具体的措施和行动，暴露了管理工作中的严重问题。综上所述，这次事故是在县、乡政府督促管理不力，无证无照、非法营运、严重超载、冒险航行而造成的特大水上交通责任事故。

责任追究：鲜某、张某等无证无照、非法营运、严重超载、冒险航行，是这起特大事故的主要直接责任者，应由司法部门依法分别追究刑事责任。康某非法造船并且促成事故发生，应由有关部门没收其非法收入并进行处理。永善县政府领导对上级有关部门关于乡镇运输船舶安全管理的有关法规贯彻不力，负有领导和管理责任，昭通行署应给予有关人员行政纪律处分。桧溪乡乡长肖某严重失职，对这起事故负有重要的领导和管理责任，永善县政府应给予肖某行政纪律处分。

吸取事故教训，改进安全工作措施：（1）县、乡政府切实履行对乡镇运输船舶的管理责任和权限，强化专业化管理，加强监督，切实负起"组织实施水上交通安全法规和进行安全检查的责任"，使安全承包合同落到实处。（2）省交通主管部门在管理上要突出重点，对山区激流河段、事故多发地区的船型选择、渡口位置选择，各河段的通航、限航、封航标准，各种水位最佳航路的选择等都应组织专门人员进行科学研究分析，确定方案并组织实施。（3）考虑到山区内河航运条件艰险，制约因素多，事故频率较高，个体客渡船不宜建造过大，以载客30人以下为宜，而且应加强对客渡船建造质量的监督管理。

（二十五）　四川省犍为县东风煤矿老窑透水事故

1990年4月6日13时20分许，四川省犍为县东风煤矿井下南水平巷发生老窑透水，约40分钟后，将井下直通地面的主井和通风暗斜井淹没，致使井下作业工人57人死亡，直接经济损失近24万元。

东风煤矿原系地方国营煤矿，1962年停办后，1970年由下渡乡和岷车乡联办为乡镇集体企业，开采K11煤层，1986年经技改后，开采K10煤层。设计能力年产3万吨。

事故当日早班，该矿采掘车间六个采煤班和一个运输班共164名工人，到井下南北两翼的5个工作面和运输巷作业，另有4名值班员跟班负责安全和生产调度工作。其中值班员陈某某负责在北翼作业的一、三、四班，值班员梁某某负责在南翼作业的二班。12时许，陈、梁擅自提前下班。13时2分，在南一巷五班的工作面下段，工人杜某某作业处的顶板与煤层之间出现约一指宽的裂缝，并伴有水涌出，随后煤壁一声暴响，整个工作面的顶板塌陷。五班班长急忙组织本班38名工人经主巷和风井撤退。此时正在南二巷外检查安全的六班值班员费某某见有不少工人从南一巷向外奔跑，并在南上山巷口发现有急速上涨的涌水，急忙返回六班工作面上码口，呼喊六班、二班工人紧急撤出。在北翼作业的50名工人从运输工罗某某处得知发生透水后，也立即向外撤离，但还未撤出多远，井下的水就已几乎封顶。14时5分，井下通往地面的主井底和回风暗斜井均被水淹没，57名工人被困井下遇难。

事故原因分析和责任追究：透水事故发生后，有关部门进行了认真调查，认定这是一起重大责任事故。该矿不严格执行《乡镇煤矿安全规程》，忽视安全管理工作，是造成事故发生的主要原因。此外，该矿在技术工程设计和施工中存在的缺陷，是导致事故发生的间接原因。采掘车间主任易某某，值班员陈某某、梁某某等对事故均负有责任。

矿长陈某某对安全管理工作严重不负责任，在担任矿长的当月就主持矿管委会撤销了矿技安监察组，又未配备专职安监员，造成该矿安全工作无专人具体抓。数年当中没召开过一次专门的安全生产工作会议。1990年以来未组织过一次安全检查，自己也未按规定下井检查。对井下出现透水预兆未能及早发现和采取防范措施。由于忽视安全教育，造成工人安全知识贫乏，安全意识淡薄，对透水预兆不能识别，失去预防事故、事故后迅速逃生的机会。其次，陈某某作为全矿安全生产第一责任人，对安全工作以包代管，不尽职责，对采掘生产中未进行探放水措施和超前开采，听之任之，不予制止，从而导致事故发生。

采掘车间主任易某某在生产管理中不重视安全工作，对采煤工作面长期超大巷的现象，明知是违反煤炭生产常规的，不仅不制止，而且继续指挥超前开采，失去了掘进中可能探放到老窑水的机会。事故前，对工人和值班员反映底板来压严重，淋水增大等透水预兆，既未深入现场调查分析，采取探放水措施预防，又不及时向领导汇报，继续指挥工人冒险作业。事故当日他明知井下北翼有三个采煤班，却只安排一个值班员，加之值班员又提前下班，致使事故发生后，无人组织工人撤退，扩大了事故后果。

（二十六）黑龙江省鸡西矿务局小恒山煤矿火灾事故

1990 年 5 月 8 日，黑龙江省鸡西矿务局建井处安装队，在小恒山煤矿皮带井安装第二台带式输送机过程中，发生了火灾伤亡事故，造成 80 人死亡，23 人受伤，直接经济损失 567 万元。

事故发生当日 7 时，矿务局建井处安装队一段副段长刚某主持班前会，布置了当天工作任务和安全注意事项。7 时 10 分，工人入井。电钳工兼组长刘某等 6 人负责加固第二部带式输送机头，他们来到井下第一部带式输送机与第二部带式输送机搭接处的作业地点后，王某、郭某处理第一、第二驱动装置减速机的油窗；刘某和张甲划线；电钳工张乙用气焊切割钢板；电钳工赵某用电焊加固机头运输架。11 时吃午饭，11 时 30 分继续施工。张乙割掉机头大角之后，将气焊递给赵某割钢板。赵某割了大约 200 毫米，张乙看赵某挺累就提出换换手。赵某刚站起来，就发现平台上残留的胶末、胶带条起火。正在一旁干活的张甲先用木板，接着用砂箱里的砂子灭火，赵某想用灭火器灭火，但不会用，没有打开。这时刘某、张乙又用木板扑打，火势越烧越大，浓烟弥漫，已经到了对面看不见人的程度。他们感到喘不上气，便摸到 1.6 米绞车处，遇到小恒山煤矿的两名工人，即向他们说明了情况。这两名工人马上向井上调度室汇报，矿调度室接到灾情报告后，调动 8 个救护小队入井探查，引导人员撤离。这 6 名工人由二水平主运输道撤离现场并由副井升井。火势蔓延产生的火风压波及井下二水平生产采区和三水平井底、地面主控室，有害气体严重威胁二水平生产采区和三水平井底作业人员，为使当时正在井下作业的 1477 人安全撤离和尽快升井，抢险救灾指挥部组织救护队积极进行了抢救和引导人员撤离，17时左右，1400多名工人安全升井，但有80名工人不幸遇难（其中包括起火后下井查看灾情、抢险救援的矿总工程师、副总工程师和9名救护队员）。

事故直接原因：工人在井下安装带式输送机，用气焊切割钢板时，飞溅火花引燃作业地点附近残留的胶末、胶条，由于灭火措施不力，导致输送机胶带起火。

事故间接原因：由于该矿生产和建设交叉进行，安全管理混乱，无防火门，防火设施欠缺，不具备反风条件，井下工人对避灾路线不清楚，灭火措施不力，从而造成大量人员伤亡。这是导致这次事故的主要原因。（1）井下电、气焊安全措施不完善、不落实。在电焊工作地点的两端各10米范围内，没有设供水管路的分支，派专人负责喷水；在工作地点下方没有用不燃性材料的设施接受火星；没有设专人在作业后1小时检查作业地点。（2）防火措施不落实。长期使用可燃性胶带，但防范设施不落实；地面水池没按设计要求施工，实际容量仅10立方米（设计容量200立方米）；灭火工具不配套，只有砂箱；改扩建设计中有防火门，但没有施工；第一部带式输送机交付使用时，没有铺设供水管路。（3）生产区域缺乏抗灾能力。事故发生时，矿井不能反风，违反《煤矿安全规程》关于"生产矿井主要通风机必须装有反风设施，必须能在10分钟内改变巷道中风流方向"的规定，扩大了井下灾害；第一部带式输送机移交使用时，没有正式验收安全设施，没有同步配套；没有给井下工人配备自救器，致使人员伤亡惨重。

吸取事故教训，改进煤矿安全生产措施：（1）立即开展全局性的安全思想教育，全员、全过程、全方位地增强安全意识，把安全第一，预防为主的方针在思想上、组织上、措施上落到实处，以落实好安全第一责任者的责任，带动部门、区域、岗位责任制的全面落实。（2）立即开展全局性安全大检查，查领导安全思想，查责任制的落实情况，查各项安全规章制度的执行情况，查企业安全隐患，找出问题积极整改，抓质量标准和安全管理水平工作。（3）加强安全、技术、安全法规的培训教育，提高干部职工素质。特别针对煤矿队伍流动性大和安全素质不高的实际问题，强化职工培训教育，做到持证上岗，持证指挥。（4）建立健全并完善"通防"系统，编制并落实灾害防治预案，提高矿井的抗灾能力。

（二十七）湖南省辰溪县板桥乡中新村岩洞煤矿透水事故

1990年8月7日16时30分，湖南省辰溪县板桥乡中新村岩洞煤矿（非法私自开办，有的文件也称"洞岩上私采窑"）发生穿水事故，死亡57人，直接经济损失 120 多万元。

该矿井位于湖南省辰溪煤矿杉木溪井田一断层附近。1988 年 5 月，当地几个村民在未取得政府有关部门同意的情况下开办了这处煤矿。开采 8 号煤层，煤层厚度 1.5 米左右，斜井开拓，年产原煤约 2 万吨，属低瓦斯矿井。矿井南边有一断层。周围小窑采空区多，地下水丰富，安全隐患严重。事故发生前，县、乡有关部门曾先后四次进行强行封闭，可是办矿的人不听从政府指令，执法人员一走又偷偷开采，无视国家法令和工作人员的制止。

8 月 7 日 12 时，县、乡有关人员第四次封闭煤窑，执法人员离开之后，矿上又继续组织开采。此时井下工作面煤壁湿润，已经出现透水迹象，矿上既没有按安全规程要求进行探水，也没有其他防范措施。当白班（早班）为下一班爆破时，大水一涌而出。井底车场的 57 名矿工无法逃脱，被淹致死。

造成这起水灾事故的直接原因：现场作业不坚持探水前进，不检查透水预兆，忽视了现场管理，违背了《煤矿安全规程》的有关探放水规定。主要原因：该矿井经营管理人员不听县、乡各级部门对私采窑的封闭和制止，特别是事故当天中午，安监人员第四次封闭后，等人一走，又继续下井开采，我行我素，无视国家法令，造成恶果；地方政府有关部门对周围小煤窑断层水、老窑水害的调查掌握不够，执法不严。

事故教训：提高法制意识，依法办矿，对非法冒险开采的小煤窑应采取有效的关停措施；对多次劝告无效、造成事故的窑主应追究其法律责任；取缔关停非法开采及不具备起码安全生产条件的小煤窑是当地政府主管部门的法律责任，特别是像这种违法冒险开采达两年多的独眼井，早应取缔，以绝后患；提高小煤井安全防范意识，对有水害隐患的矿井应坚持"有疑必探、先探后掘"的探放水原则，搞好水文地质资料调查，了解透水等事故的预兆及自主保安措施，以杜绝类似事故重复发生。

（二十八）广州白云机场飞机相撞爆炸事故

1990 年 10 月 2 日，广州白云机场发生飞机相撞爆炸事故，造成 128 人死亡。事故发生当日，白云机场上空有一架厦门航空公司波音 737-300 客机（B-2510）遭劫持，要求降落，白云机场关闭，停止所有航班升降，静待事件的发展。南方航空公司由广州白云机场飞上海的波音 757-200 客机，已上满乘客并在停机坪处等候机场重开跑道。被劫持的 737 飞机徐徐降落，转入停机坪位置，并加速试图再起飞，其右方机翼撞及等待起飞的南航 757 客机油箱，并引发爆炸。南航 757 客机断开两截，机上 46 人死亡；厦门航空 737 客机爆炸后解体，机上 82 人死亡。

（二十九）黑龙江省鸡东县保合煤矿一井瓦斯爆炸事故

1991 年 1 月 2 日 23 时 30 分，黑龙江省鸡东县保合煤矿一井发生瓦斯爆炸事故，造成 53 人死亡，12 人受伤，经济损失 105 万元。

保合煤矿于 1974 年 4 月建矿，共有两对片盘斜井，设计能力分别为年产 6 万吨、3 万吨，实际生产能力达 12 万吨。全矿有二个采煤队，三个掘进队。一井走向长 1280 米，倾斜长 800 米，平均倾角 14 度。开采单一煤层，采高 2 米，有一个回采工作面，二个掘进工作面，一个残采工作面。该矿井为高沼气矿井。通风方式为中央并列式通风，地面安装有两台主要通风机（一台备用），斜井提升，采用单钩串车提升方式，有 2.5 米绞车一台，平巷运输采用 1 吨矿车。

事故发生当日 23 时 30 分，由零点班值班井长韩某某主持班前会。23 时 40 分工人陆续入井，挂牌领灯 50 人，入井 37 人。四点班入井 49 人，其中 23 时前升井 20 人，井下还有工人 29 人。两班井下共有工人 66 人。23 时 53 分，零点班工人于某某等 4 人入井走到绞车道 50 米处的联络巷时，听到下面一声巨响，棚子发生倒塌，预感发生事故，便迅速升井。与此同时，在主要通风机房准备入井的工人王某某听到响声，估计发生瓦斯爆炸事故，立即报告值班井长韩某某，韩某某马上到井口堵截工人不让下井，并向上级作了报告。此次瓦斯爆炸事故造成 53 人死亡，12 人受伤。

事故直接原因：右 9 路平巷掘进上山时，由于维修更新不善，致使距工作面 70 米左右的风筒严重破损漏风，基本处于无风状态，造成上山和平巷瓦斯积聚；工人违章使用电钻电源线爆破，爆破母线与电钻电源线接头搭接时产生火花，引起瓦斯爆炸。

事故间接原因：矿领导忽视安全，盲目追求经济效益，没有吸取上年已发生两起瓦斯燃烧爆炸事故的教训，对上级检查多次指出的隐患没有认真整改；安全管理混乱，通风、机电管理不严，对煤矿安全规程执行不严肃，"三违"现象严重，工人缺乏安全培训教育；安全生产责任不明确，岗位责任制不健全，以包代管，放松安全管理；劳动纪律松散，瓦检员脱岗漏检，采煤接续紧张，井巷工程布置不合理，通风系统混乱；县煤炭工业管理体制没有理顺，安全工作失控。

责任追究：包工队负责人黄某某，不执行煤矿有关安全规定，违章蛮干负直接责任，由检察机关立案侦查；瓦检员董某某，负有脱岗、漏检的责任，给予开除留用，由检察机关立案侦查；通风股长穆某某，负有对右九路微风作业没有按时治理，对瓦检员监督检查不力，给予开除留用，由检察机关立案侦查；机电井长李某某，负有对右九路电缆明接头没有及时处理的责任，给予开除留用，由检察机关立案侦查；值班井长李某某，玩忽职守，提前升井，工作失职。给予开除留用，由检察机关立案侦查；副矿长田某某，井下巷道布置不合理，通风系统混乱，扩大灾情，给予撤职处分，由检察机关立案侦查；副矿长金某某，对上级部门检查出的安全隐患没有进行整改，对安全工作监督不力，给予撤职处分；矿长周某某，负有生产管理基础薄弱，行政管理混乱的责任，给予撤职处分；县煤炭局局长高某某，负有对煤矿安全监督不力的责任，给予记过处分；副县长白某某，主管全县工交企业，对煤矿安全隐患未能及时督促整改，给予记过处分；县长邓某，未能理顺煤炭管理体制，造成煤矿管理工作失控，给予警告处分；鸡西市副市长张某某，对煤矿安全生产监督不力，近期全市连续发生重大事故，负有领导责任，给予警告处分。

吸取事故教训，改进煤矿安全生产措施：对全矿进行事故隐患检查。加强通风系统、机电设备的管理，对安全工作要有目标，有措施，有标准，有具体实施方案；要增加矿井的安全投入，提高矿井的抗灾能力；要有计划地开展安全技术培训，不断提高各级干部和广大职工的安全素质。

（三十）辽宁省辽阳市国营庆阳化工厂二分厂爆炸事故

1991 年 2 月 9 日 19 时 30 分，辽宁省辽阳市国营庆阳化工厂二分厂一工段硝化工房发生爆炸事故，死亡 17 人，重伤 13 人，轻伤 98 人，直接经济损失约 2266.6 万元。

庆阳化工厂二分厂是生产 TNT 炸药的生产线。1991 年 2 月 9 日，硝化工组当日一班（白班）的生产不正常，曾在 8 时 10 分停机修理，15 时开机生产。开机后，硝化三段十一机产品凝固点温度（74.60 摄氏度）低于工艺规定的温度（74.65 摄氏度），遂于 16 时 10 分停止投料，在本机内循环。16 时 30 分，二班接班。分厂生产调度就上述情况请示分厂领导同意后，转下道工序，并恢复投料。此间，硝化三段六号和七号机硝酸阀出现泄漏情况，致使二号至七号机硝酸含量高于工艺规定指标。仪表维修工姜某（已死亡）对泄漏的硝酸阀进行修理，并于 17 时修好。19 时刚过，负责看管三段二号至五号机的机工牛某从各分离器中取样送分析室化验。这时，各硝化机温度均在规定范围内。19 时 15 分左右，该名机工从分析室送样返回机台，发现硝化三段二号机分离器压盖冒烟，随即打开了分离器雨淋和硝化机冷却水旁路水阀进行降温，然后即去距工房 30 米远的仪表室找班长。班长张某告诉机工回去打开机前循环阀，并随即带领仪表工张某、焦某（二人均已死亡）来到工房南大门打开了备用水阀，同时告诉看管烯机的李某停止加料（指 TNT）。此时，牛某返回机台打开了机前循环阀。在下机台时，班长张某又让牛某打开安全硫酸阀，牛某返身回去将安全硫酸阀打开一周，再下机台时，发现分离器压盖由冒烟变为喷火。这时张也看到了火焰。火势迅速蔓延，越来越大，最终导致硝化机全部发生剧烈爆炸，爆炸药量（TNT）为 40 吨左右，爆炸瞬时将整个硝化工房（车间）及近处其他建筑物摧毁，正在厂区内的人员因爆炸冲击波或爆炸夹带物打击大部分当场死亡或受重伤。事故中死亡 17 人，重伤 13 人，轻伤 98 人。直接经济损失 2266.6 万元。发生事故的硝化工房被炸飞，留下一个长 47.5 米、宽 36 米、深 10.87 米（若从地平计算为 4.88 米）的椭圆形大坑。事故中心半径 500 米之内的建筑物多数被摧毁或遭到严重破坏，外围建筑物和设施也遭到不同程度的损坏，事故所在地区的生产陷于瘫痪。据工厂统计，这次事故损坏各种建筑物 28.42 万平方米，其中，报废 5 万平方米，严重破坏 5.8 万平方米，一般损坏 17.62 万平方米。设备损坏 951 台（套）。

导致这次事故的直接原因：（1）设备和生产上的原因。2 月 9 日，二班硝化组在生产过程中，由于硝化三段六号机、七号机硝酸加料阀泄漏，造成硝化系统硝酸含量增高和硝化物的最低凝固点前移（由四号机前移至一号机），致使发生事故的二号机反应剧烈。从硝化机温度略高表明，机内的硝化反应并不充分。硝化物被提升到分离器之后，继续进行反应，而分离器内又没有搅拌和冷却装置，反应不均匀，局部过热，从而造成分离器硝化物分解冒烟。分离器压盖冒烟后，一种可能是，由于继续进行剧烈的硝化反应，局部过热加剧，硝化物分解燃烧，分离器由冒烟变喷火。另一种可能是，由于高温、高浓度的硝硫混酸与使用了不符合工艺要求的石棉绳（也可能是油或其他可燃物）接触成为火种，使分离器由冒烟变为喷火。（2）人为因素。这起爆炸事故是在生产出现异常情况，即硝化三段二号机分离器冒烟，而后变为喷火，火势扩大而引起的。对于生产中出现这种异常情况，如何进行处置，应采取哪些措施，工厂《岗位操作和技安防火守则》中有明确规定。可是，二号机操作工牛某和当班班长张某，在处理二号机分离器冒烟到起火的过程中，没有完全按照《岗位操作与技安防火守则》的要求去做。虽然在分离器冒烟之后，先后采取了打开分离器雨淋、硝化机冷却水旁路水阀、机前循环阀、备用水阀和安全硫酸阀，以及停止加料等措施降温，但没有与仪表工共同检查进泄水阀是否好使。尤其是在分离器起火之后，没有采取切断该设备与其他设备的联系，打开分离器废酸循环阀及硝化机安全开关往安全池放料的关键性措施，却撤离了现场，致使火势蔓延，导致爆炸。

事故间接原因：（1）设备老化、工艺落后。庆阳化工厂这条 TNT 生产线是当时国内唯一尚存的一条卧式生产线，存在搅拌不均匀，反应不完全，易产生局部高温过热等问题。在发生异常情况时，不易控制和处理。硝化机分离器没有自动放料装置。庆阳化工厂在 1974 年至 1988 年间，曾先后八次向上级有关部门打报告，要求对这条生产线进行更新改造，但该问题一直没有得到解决。（2）生产秩序不正常，劳动纪律涣散。二分厂于 1990 年年底停产，1991 年 2 月 1 日恢复生产，由于准备工作不充分，生产、工艺一直处于不正常状态，停车和单机停料频繁。对此企业领导没有引起足够的重视，没有认真研究并采取措施解决。同时，二分厂中断夜间干部值班制度。夜班生产的劳动纪律松弛，工人脱岗问题严重。事故发生当晚，一工段工人 7 人脱岗（其中 1 人因病）。（3）企业对工人进行安全生产知识、操作技能培训教育不够。工人技术素质低，遇到异常情况时，不能熟练有效地采取措施进行处理。

这起爆炸事故发生后，辽阳市政府会同有关单位组成了联合调查组，对事故进行了调查。1991 年 8 月 5 日，辽宁省政府发文对"2·9"事故批复结案。事故的责任认定及处理如下：二分厂一工段硝化工组操作工牛某和当班班长张某对这起事故应负主要责任。决定开除厂籍，交由司法机关依法调查处理；二分厂厂长刘某，作为分厂生产组织者，安全生产责任人，对这起事故应负主要领导责任，决定给予撤职处分；庆阳化工厂主管生产、安全的副厂长李某，对这起事故负有领导责任，决定给予行政记过处分；庆阳化工厂厂长金某，身为安全生产第一责任人，对这起事故负有领导责任，决定给予行政记过处分。事故其他责任者，由企业主管部门和企业按照干部管理权限进行处理。

（三十一）陕西省周至县楼观台森林公园钢索桥倾翻事故

1991 年 2 月 15 日（农历正月初一）12 时 40 分，位于陕西省周至县楼观台森林公园内的长 52.5 米、宽 2 米的闻仙沟钢索桥突然倾翻，正在桥上的 300 余名游人全部翻到沟下，造成 23 人当场死亡，摔伤 250 余人。

1990 年 2 月下旬，陕西省楼观台实验林场森林公园管理处为使本处管辖的闻仙沟钢索桥便于管理，确保安全制度和措施的落实，决定当年的索桥承包只限于本单位职工。当地农民李某某得知消息，便与公园管理处职工姬某某商议，要姬某某出面承包，然后再转手给自己。姬某某受李某某之托，于 1990 年 3 月 3 日同森林公园管理处签订了"钢索桥票管理合同"。合同规定：承包期间乙方要"对桥区内发生的一切安全事故承担全部责任……，保护和维护桥区设施，切实做好桥区内的安全防护工作。特别是游人高峰期，更要合理售票，积极疏导，以保证旅游秩序的正常进行……"并明确"承包期内要求乙方直接管理，中途不得以任何理由转包或委托他人"。合同签订之后，姬某某即擅自将该钢索桥转给李某某管理。开始几天，姬某某为掩人耳目，还去桥上陪李某某照看，随后便彻底撒手，放任不管，任由李某某经营。李某某在其妻帮助下，临时雇请帮手，对钢索桥实行经营管理。

1991 年 2 月 7 日，园林队领导受森林公园管理处领导指派，向李某某安排了对桥面栏网等局部修补事项。同时提出"正月初一，钢索桥要加强管理，注意安全，限制过桥 30 人"的要求。事故发生当日（2 月 15 日），李某某安排 4 人在桥头检票，兼顾维持秩序。桥上游人高峰时，桥面疏导仅留 1 人。12 时以后，索桥东西两头进出游人，桥上出现拥挤。李某某对此情况，没有采取有效措施，也未向有关部门报告。12 时 41 分，桥上游人达近 300 人，严重超过设计荷载。致使桥面西端南侧扶手钢索从地下部位腐蚀处拉断，桥面翻倾，游人全部翻入沟内，造成惨重后果。

事故原因分析和责任追究：姬某某违反本单位规定，以个人名义与单位签订承包合同，却不履行管理职责，擅自转由他人经营，玩忽职守，造成重大伤亡后果，其行为触犯《刑法》第 187 条规定，构成玩忽职守罪。李某某唆使他人弄虚作假，非法取得经营索桥的权利，在实施经营中单纯追求营利，无视人民生命财产安全，既不顾索桥安全使用常规，又违反公园管理处关于索桥管理的安全要求，造成重大伤亡后果，对事故负有直接责任，其行为触犯《刑法》第 114 条规定，构成重大责任事故罪，被依法追究刑事责任。

（三十二）山西省洪洞县三交河煤矿瓦斯煤尘爆炸事故

1991 年 4 月 21 日 16 时 5 分，山西省洪洞县三交河煤矿发生瓦斯煤尘爆炸事故，造成 147 人死亡，2 人重伤，4 人轻伤。在事故抢救过程中又牺牲了 1 名救护队员，直接经济损失 295 万元。

三交河煤矿始建于 1970 年，1980 年进行过改扩建，设计生产能力为 30 万吨/年，是地方国有企业，位于洪洞县城西 32 千米的左木乡境内，属霍西煤田三交河矿区。井田面积 28.5 平方千米，工业储量 26800 万吨，可采煤层为上石炭纪 2、10、11 号，平均厚度 7.4 米，倾角 4～5 度，煤层埋藏稳定，煤种为肥气煤。煤尘爆炸指数为 33.89%，具有强爆性危险，矿井相对瓦斯涌出量 5.81 立方米/吨，属低沼气矿井。1980 年发生死亡 30 人的瓦斯爆炸事故后，按高瓦斯矿井管理。采用平硐开拓方式，平硐和大巷内为架线式电机车 1 吨 U 型矿车运输，盘区前进式开采，分上、下山两个采区，采煤方法为仓房式，有 3 个回采工作面、5 个掘进工作面，一个开拓掘进队，三班作业。采区上下山采用带式输送机和 40 吨刮板输送机运输。主要通风机为 4-32-No.20B 型，最大排风量为 3000 立方米/分钟。978 回风巷设有容量为 30 立方米的水窝，采用动压对上山皮带、输送机头灰尘洒水。供电由 35 千伏安变电站变 6 千伏安经地面变电所到井下变电所。矿井涌水量为 30 立方米/小时。平硐共有员工和外包工 844 人。

事故发生当日，早八点班下班前井下停电，约 14 时 30 分送电。下午四点班的工人，一采区采掘队有 66 人，二采区采掘队有 41 人，978 大巷开拓队有 6 人，通风队有 16 人，其他 7 人（电机车司机、电工、水泵工、安检员），共 138 人，约 15 时相继入井。16 时 5 分，203 工作面工人打眼试电钻产生火花引起瓦斯爆炸，爆炸冲击波扬起巷道内沉积煤尘，又引起了全矿井煤尘连续爆炸。地面工人听到轰的一声巨响，随即看到平硐冲出火焰并伴随着浓烟。爆炸导致井下多处巷道支架被推倒，顶板冒落，平硐、大巷砌碹顶冒落 103 处，约 530 米，机电设备多数位移变形，并遭到不同程度的破坏，井下通风设施（风门、风桥、密闭）全部摧毁。冲击波把平硐口摧毁，并把井口附近的 3 间房屋摧垮，致使当班井下 138 人及早八点班未出井的 5 人和 16 时班正准备入井的 4 人，共计 147 名矿工全部遇难，另有地面 2 人重伤，4 人轻伤。

事故原因：（1）二采区 202、203 工作面局部通风机串联通风，21 日早八点班的矿工下班前井下停电、停风，造成瓦斯积聚。下午四点班的矿工上班后启动局部通风机通过串联风机将 202 工作面的瓦斯抽入 203 工作面，使该工作面四顺槽的瓦斯达到了爆炸浓度，工人打眼前试钻，由于煤电钻失爆产生火花，引起瓦斯爆炸，爆炸冲击波扬起了全矿井巷道内的沉积煤尘，造成全矿井煤尘多处爆炸。这是导致这次事故的直接原因。（2）没有认真吸取 1980 年 6 月 8 日瓦斯爆炸事故的教训。通风、瓦斯、煤尘、电器设备管理十分混乱。二采区集中运输巷回风，溜煤眼回风，采空区回风，局部通风机串联通风，通风系统极不合理；局部通风机无专人管理，停电、停风时有发生，工作面瓦斯经常有超限现象；矿井没有综合防尘设施和措施，井下积尘严重；电器设备失爆严重，失爆率高达 33%；对多次安全大检查查出的上述通风、瓦斯、煤尘、电器设备等重大隐患都没有认真整改。这是造成事故的主要原因。（3）该矿实行承包后，管理制度很不完善，重生产、轻安全，重效益、轻管理。主承包人大撒手，以包代管，放松了对职工的安全培训教育，挪用维简费，采煤方法倒退，用工制度混乱，对新工人和特殊工种不按规定要求进行培训，违章指挥、违章作业和违反劳动纪律的现象时有发生。这也是造成事故的主要原因。（4）有关部门和领导"安全第一"的思想树立不牢，对贯彻国家和省有关安全法规、措施不力，指导检查不够，对该矿管理混乱以及长期存在的重大事故隐患，未采取有效措施督促整改，这是事故发生的一个重要原因。（5）在改扩建时，初步设计中综合防尘漏项，修改设计时考虑了动压洒水，但没有综合防尘设施。分年度投资不足，建设工期长达8年，投产验收把关不严，造成先天不足，安全工程欠账多。这是发生事故的又一重要原因。

事故教训：（1）通风瓦斯管理混乱，通风系统极不合理，局部通风机串联通风，溜煤眼回风，采空区回风，加之停电停风，工作面经常瓦斯超限作业。（2）矿井设计、建设工程竣工验收和生产过程中都没有综合防尘设施和措施，只有一处动压洒水还很不正常，积尘严重，生产过程中煤尘飞扬也严重。（3）机电设备管理差，电气失爆严重，失爆率高，电煤钻不完好，不使用综合保护，局部通风机不设"两闭锁"装置，井下作业中机电火花时有发生。（4）采煤方法不合理，原为长壁后退式采煤，后改为旧式仓房式采煤，工作面作业点都形成无风区和瓦斯库，造成多处隐患难以消除。

改进安全工作措施：（1）不折不扣地贯彻执行国家和地方有关安全生产的法律、规定和煤矿安全规程，并结合本矿实际制定行之有效的措施。（2）全面落实"一通三防"齐抓共管的责任制，加强通风瓦斯管理，采掘工作面都应采取独立通风。局部通风机要有专人管理，不得随意关停，严禁工作面微风、无风、循环风、扩散风作业。矿井应按高沼气矿井管理，严格执行"一炮三检"制度，防止瓦斯积聚，杜绝违章作业。特别要引起重视的是煤尘管理，健全机构，充实人员，改善装备，完善防尘系统。工作面必须使用水炮泥，爆破前后喷雾洒水除尘，各采区工作面按规定设隔爆设施，要定期清扫冲刷巷道。切实落实综合防尘措施。（3）严格电器设备的管理，建立健全各项规章制度。特别是要建立防爆设备下井前的检查验收制度，及井下电器设备定期检查维修制度，完善井下各种保护装置。（4）在承包过程中，应把安全工作与各项经济承包责任制紧密结合起来，建立安全目标责任制，克服重生产轻安全，以包代管的短期行为，改变领导作风，加强现场管理，狠抓班组建设。各级领导干部要深入基层，在现场解决问题，把事故隐患消灭在萌芽状态。（5）改革采煤方法，今后新布置回采工作面要采用长壁式采煤法，采区设计要经县煤管局审批。（6）今后煤矿用工，必须经劳动部门批准，不得随意用工。新工人到矿后，必须进行安全教育，按规定进行培训。特殊工种要持证上岗。（7）各有关部门都要按规定认真负责组织安全检查工作。对查出的隐患要认真整改。按规定提取维简费，做到专款专用。安全设施费用必须提足管好，确实用到解决安全隐患上，提高矿井抗灾能力。

（三十三）广东省东莞市兴业制衣厂火灾事故

1991 年 5 月 30 日凌晨，广东省东莞市石排镇田边管理区盆岭村个体户（挂名集体）王某一、王某二两对夫妇办的兴业制衣厂（来料加工企业），发生特大火灾，全厂付之一炬，造成 72 人死亡，47 人受伤，直接经济损失 300 万元。

1989 年，王某两对夫妇自筹资金建成一幢四层楼的厂房。同年 11 月以王某二之名签领营业执照开办石排镇兴业制衣厂，并与香港三裕公司签订来料加工协议，生产塑料雨衣。此后，在招收工人、生产、管理等方面都由王某一负责。投产后，由于王某一只重盈利，忽视安全，防火管理混乱，制度不严。生产车间、仓库、工人宿舍同在一幢楼，原料、成品、废料、易燃物品胡乱放置，全厂没有任何消防和防护设施。

1991 年 5 月 20 日 4 时 20 分左右，厂一楼突然起火，存放在该楼层的大量生产原料 PVC 塑料布和成品雨衣 7 万多件着火，火势迅速蔓延并封住了这幢四层楼厂房的唯一出口。浓烟烈火沿着楼梯和电梯井筒道大量窜入三、四层楼的工人宿舍。当时许多工人正在该楼内熟睡，没等醒来或还不知这里发生什么事情，就因窒息而亡或被烧身亡，最终造成 64 人死亡，55 人从窗口跳楼逃生。逃生人员中，2 人当场坠亡，6 人摔伤、烧伤过重，抢救无效死亡。共计造成 72 人死亡，840 平方米的厂房被烧毁。

导致这次事故的直接原因是该厂加班工人梁某吸烟后扔下烟头引燃易燃物引起大火。事故的主要原因：（1）该厂违反有关消防安全法律、法规的有关规定，楼内既无防火栓、灭火器等起码消防器材，亦无防火疏散通道和紧急出口，还将很多门、窗都用铁条焊死，造成工人扑火无力，逃避无门。（2）严重违反有关安全生产法律、法规，将生产车间、仓库、工人宿舍设在同一幢楼内，而且把员工宿舍设在生产车间的上面，是一个典型的"三合一"企业，也是造成众多人员伤亡的重要原因。（3）企业现场管理混乱，原料、成品、废料、易燃物品胡乱放置。（4）企业只重视盈利，严重忽视安全，防火管理混乱，制度不严，对员工安全教育不到位，致使有的员工不懂安全知识，在有易燃物品的车间，工人随意抽烟，严重违反防火安全管理的法规和有关制度。

事故教训：（1）各级领导对安全生产重要性认识不足，没有把安全生产摆在重要位置上来抓。尤其是部分镇、管理区和有关部门的一些干部，片面追求效益，只注重发展新项目，增加经济收入，不重视加强安全生产管理，有的甚至将安全生产管理与发展经济对立起来，错误地认为抓安全生产管理会增加企业负担，影响经济效益。因此，一些基层单位安全生产管理机构不健全，人员兼职过多，职责不明确；各级责任制不落实，缺乏对企业经常性的检查监督，企业安全防护设施不配套，自救能力较差；上级和市政府的安全管理法规、规章得不到有效的贯彻落实，有令不行、有禁不止的行为较为突出。（2）一些企业管理人员素质低，安全生产管理十分薄弱。近年来，东莞工业发展较快，新增了大批的乡镇企业和个体、私营企业。这些企业从领导、管理人员到工人，基本都是来自农村的农民，缺乏安全生产的意识和知识。这些企业基本上还是实行小生产的农民式的管理，没有严格的安全生产措施和规章制度，管理不规范，工人违反操作规程的现象十分普遍。尤其是乡镇以下企业和个体私营企业管理水平较低，事故隐患较多。（3）一些企业安全生产条件较差。很多厂房在设计、建设及投产时未经安全主管部门审验，布局不合理，安全设施不齐全；有的甚至将工人宿舍，生产车间和仓库设在同一建筑物内；有的工厂生产布局过于拥挤，甚至占用防火通道、安全间距作为仓库；有的企业用电不规范，供电线路乱拉乱搭，经常超负荷使用，电器设备质量差。（4）在积极引进外资的同时没有注意加强管理。东莞市的"三资""三来一补"企业较多，一些外商港商只求牟利，不顾安全，不肯在安全生产上投资，不遵守国家劳动安全卫生法规，安全生产方面存在问题较多。当地政府没有及时地、有针对性地采取相应的管理措施，反而有一些干部为吸引外资过分迁就外商，致使近年来，外资企业中发生的事故明显多于其他企业。（5）一些管理部门在审查企业的厂房建设、生产条件、安全设施、措施、劳动用工，以及安全生产监督检查等各方面，把关不严，管理措施不力，出现了一些漏洞。

责任追究：1991年11月6日，广东省东莞市人民法院开庭公开审理了此案，依照《刑法》相关规定，以重大责任事故罪，分别判处王某一、王某二有期徒刑两年（缓刑两年）。上级机关对石排镇政府主管工业和安全生产的副镇长黄某，副镇长兼对外加工办主任陈某，田边管理区安全生产领导小组组长肖某等人予以党纪政纪处分。

（三十四）江西省上饶县沙溪镇剧毒化学品运输槽车泄漏事故

1991年9月3日，江西省贵溪县农药厂租用的一辆运输化学品的槽罐车在行经上饶县沙溪镇时，槽车被路边桑树所刮，将阀前短管根部与法兰焊接处打断，致使槽罐内的一甲胺泄漏，造成595人中毒，其中死亡43人，受灾面积23万平方米。

1991年9月2日下午，江西省鹰潭市贵溪县农药厂在上海染料化工厂购得浓度为98%的2.4吨一甲胺后，租用本县个体户一辆"日野"牌货车，从上海装载一卧式槽罐返回贵溪。车内坐有司机谢某、贵溪农药厂储运员郑某和搭车的贵溪供销贸易中心职工余某及其小孩共4人。9月3日3时左右，汽车行经上饶县沙溪镇时，押车的郑某因其父母家住该镇，便违反有毒物品运输的有关规定，要司机将汽车开进人口稠密的沙溪镇新生街。在开往押运员郑某家途中，距街口28米处，发现马路右侧有一高约0.5米、宽约二分之一马路的砾石堆，司机谢某和押运员郑某未下车察看路情，强行偏左行驶（此时仍为二挡车速），致使罐体上部液相管阀门与左边伸进马路1.2米，粗85毫米，离地面高2.3米的桑树杈相撞，导致阀门下部接管部位折断。顿时，大量剧毒的一甲胺液体迅速汽化，并由断口处喷出。车内4人闻到异味后，立即离开汽车，边跑边喊，但因居民熟睡，只有部分群众惊醒后跑离危险区域。槽罐内2.4吨一甲胺迅速外喷，致使周围23万平方米范围内的居民和行人中毒。中毒人数达595人，其中当场死亡6人，到医院接受治疗的589人。在接受治疗的伤员中，有156人因重度中毒住院治疗，其中有37人因中毒过重经抢救治疗无效死亡。此外，现场附近牛、猪、鸡、鸭等畜禽和鱼类大批死亡，树木和农作物枯萎，环境被严重污染，给当地人民群众的生命和财产造成了严重损失。

导致这次事故的直接原因：押运员郑某指使司机谢某将汽车驶离320国道线，开进沙溪镇新生街，碰到桑树枝干，挂断车上槽罐液相管阀门，致使罐内一甲胺全部外泄。郑某、谢某的违章行为是造成这起事故的直接原因。

事故间接原因：（1）该起事故涉及的司机谢某和车辆均是贵溪农药厂临时雇用的（个体运输户），而且是第一次装运一甲胺，上岗前厂方未给予任何安全教育和培训，司机缺乏运送易燃易爆、有毒有害危险品的安全知识，司机也不知道自己装运的一甲胺有什么危险，更不知道国家对装载、运输这类危险有毒物品有什么规定和要求。（2）贵溪农药厂未按该厂企业管理标准，制定危险物品运输安全措施；没有对雇用的个体户谢某去上海染料化工厂装运一甲胺进行安全教育；没有交代安全运输注意事项；没有发给必要的安全防护用具。贵溪农药厂的所作所为是导致这起事故发生的重要原因。（3）贵溪农药厂的这台一甲胺运输罐是1983年从辽宁锦西化机厂购买的。购进时是液化气槽车（供生产新产品原料运输用），由于新产品不成功，该车停用。厂方为了使汽车部分得到充分利用，于1985年6月将车和罐解体，罐不用，车用于运输。1988年2月农药恢复生产，一甲胺运输槽罐不够用，该厂于1988年6月和鹰潭市锅检所联系将原罐改造利用。7月双方签订协议，委托鹰潭市锅炉压力容器检验所改造。9月改造完毕并经该所检验合格并发给了使用证。1989年曾有一次在江山化工总厂运一甲胺时发现有泄漏现象。1991年1月9日该厂为防止泄漏，在原罐体的阀门上又增加了一只高 440 毫米的阀门和接管。正是由于此超高的新增阀门的接管部分撞到桑树杈，使阀门根部折断，造成了一甲胺外泄。

（三十五）　山西省太原市迎泽公园踩踏事故

1991 年 9 月 24 日，山西省太原市迎泽公园在举办"煤海之光"大型灯展时发生踩踏事故，造成 105 人死亡，108 人受伤。

1991 年 9 月 21—30 日，山西省政府在太原市举办"一周两节"（山西省对外友好交流周；中国山西国际锣鼓节，中国山西第二届民间艺术节）。在太原市迎泽公园举办的"煤海之光"大型灯展为"一周两节"主要文艺活动项目之一。"煤海之光"灯展由山西煤矿彩灯协会和迎泽公园具体承办，9 月 15 日开幕，10 月 31 日结束，展出时间共 46 天。

从 1991 年 9 月 15 日"煤海之光"灯展开幕至 9 月 20 日，灯展情况基本正常。但自 9 月 21 日（农历八月十四）开始，由于"一周两节"的开幕和中秋节的来临，市内外群众竞相涌至迎泽公园观灯，门票销售量逐日剧增。

9 月 24 日晚，入园观灯人数多达 5 万余人，人潮如涌。由于观灯人数众多，灯展现场没有设置观灯路线标志，人流秩序混乱。特别是连接迎泽湖东西两岸的主要通道七孔桥（长 60 米，宽 4.9 米，面积 294 平方米），为群众观灯必经之路，桥上人群相向而行，发生严重拥挤现象。20 时 30 分左右，七孔桥东头有人被挤倒，人群顿时大乱。随之人群向桥西涌去，形成了巨大的冲击力。桥两头照明灯失修，桥上光线昏暗，更加重了桥上人群的拥挤和混乱。七孔桥是坡度较大的拱桥，东西两端桥坡底立有长、宽、高各 0.57 米见方的阻车石墩，拥挤的人群涌至桥西坡底，又有一些人被阻车石墩绊倒，但背后的人仍然身不由己地被更后面的人拥挤着沿桥坡涌下，更多的人被挤倒。被挤压在中间的人或窒息死亡，或受重伤，酿成观灯群众被挤死 105 人、挤伤 108 人的特大伤亡事故。

事故发生后，山西省"9·24"特大伤亡事故联合调查组对事故发生的情况、原因、性质、责任等进行了全面调查。调查组认为，导致"9·24"特大伤亡事故发生的原因有 3 个方面：（1）负责筹备组织和具体领导"一周两节"活动的有关领导干部（特别是组委会主要领导）的严重官僚主义，不负责任，忽视安全，是造成事故的主要原因。（2）灯展安全保卫方案不落实，不完善，警卫重点不突出，警力不足，尤其是七孔桥路段部署警力少，现场执勤民警擅离职守，是导致事故发生的直接原因。执行灯展保卫任务的太原市公安南城分局和市武警支队没有按灯展保卫工作方案规定的人数足额上岗，公安南城分局实到警力 98 名，与方案规定的人数相差 52 名；市武警支队实到警力 67 名，与方案规定的人数相差 93 名；各警种出勤警力 311 人，与方案规定的 450 人相差 139 人，也就是说有三分之一的警力没有到位。（3）灯展现场存在严重的安全隐患。灯展门票没有限期，售票没有限额，入园观灯人数严重失控，是导致事故发生的一个直接原因。灯展初期，日销售夜场票 1 万余张，9 月 22 日增至 4 万余张，23 日增至 5.8 万余张，24 日竟多达 6.4 万余张，这期间还陆续发出赠票 3.09 万余张，而且所有售出的门票均无日期期限。迎泽公园最大游客容量为 4 万人，当晚入园观灯人数竟然多达 5 万余人。观灯路线划分不明确，秩序混乱，是导致事故发生的又一个直接原因。

责任追究：这是一起由于有关领导干部严重官僚主义的失职行为和有关国家工作人员玩忽职守的渎职行为造成的重大责任事故。1992 年 1 月 18 日，山西省政府下发《关于迎泽公园"煤海之光"灯展特大伤亡事故的处理决定》，决定给予有关事故责任者 4 人行政撤职处分，4 人行政记大过处分，3 人行政记过处分，2 人行政警告处分。上述人员中，有省级领导干部 1 名，省、市政府及有关部门厅、局级领导干部 12 名，其中省公安厅、市公安局领导干部 4 名。当年，根据山西省政府建议，太原市人民检察院对有关负责人提起公诉。太原市中级人民法院于 1992 年 11 月 4 日，以玩忽职守罪，判处太原市公安局南城分局副政委等 3 人有期徒刑 2 年缓刑 2 年和有期徒刑 1 年缓刑 1 年；判处太原市迎泽公园主任免予刑事处分。

（三十六）贵州省都匀市大客车坠江事故

1991 年 10 月 30 日上午，贵州省黔南州福泉县瓮安汽车站至都匀途中"马遵"公路 5 千米+300 米处发生特大道路交通事故，死亡 59 人，重伤 3 人，轻伤 1 人，直接经济损失约 50 万元。

事故当日 10 时 50 分，都匀市个体运输服务处司机谢某驾驶自购的成都牌中型客车（19 座），搭载 25 名乘客从福泉县瓮安汽车站出发驶往都匀市。11 时 5 分，都匀市个体运输服务处的司机李某（都匀水厂职工个体车主莫某雇用）驾驶贵州牌大型客车（核定准载 45 人）搭载 54 名乘客亦从瓮安车站出发驶往都匀。沿途两车各有旅客上下车，先后交替行驶。行至距肇事地点约 2 千米处，中型客车停车上人，大型客车超过中型客车前行，中型客车紧随在后。当行至肇事地段时（此时，大型客车乘员已达 65 人），大型客车与对面驶来的福泉县农业银行的沈飞牌 5 座吉普车交会，紧跟大型客车后的中型客车未鸣即强行超越大型客车，下坡滑行中的吉普车见此情景刹车停下，中型客车继续强行超车，其左侧擦剐已停的吉普车左侧，仍不停车，随即其右侧再擦剐前行的大型客车左侧。此时两车都未采取任何减速、停车等制动措施，大型客车右前轮已开始超出有效路面，并擦剐第一块护栏石，撞倒第二块护栏石，越过第三、第四块残缺护栏石，撞倒第五块护栏石（从擦剐第一块护栏石到翻覆，该大型客车共前行 18 米）后，右前轮悬空，车辆向右倾斜，驾驶员李某打开驾驶门跳车，紧接着坐在驾驶员并排零位上的乘客也随着跳下。此时有乘客叫喊："驾驶员跳车啦"，车内乘客纷纷离开座位向右侧车门方向涌去，大型客车遂于 12 时 40 分左右在"马遵"公路 5 千米+300 米处翻下行进方向右侧深达 80 米的沟谷，坠入 4 米深的犀江河中，造成乘坐的 65 人中死亡 59 人、重伤 3 人、轻伤 1 人、大型客车报废、直接经济损失近 50 万元的特大道路交通事故。

这次事故发生的地段，道路情况良好，天气晴朗，视距 200 米。据事故后检查，肇事中型客车转向和脚踏制动器完好，道路上没有刹车拖带痕迹，事故后中型客车变速器置于四挡位置，其左、右两侧分别有与吉普车和大型客车剐蹭后的擦痕。道路上也没有大型客车刹车痕迹，两车相擦后都没有刹车或减速。

事故直接原因：（1）肇事车（中型客车、大型客车）驾驶员职业道德差，只顾赚钱，不顾安全，你追我赶抢点载客；驾驶员玩忽职守，严重违犯交通法规。（2）中型客车驾驶员在未查明前方情况时不加警示强行超车，挤迫擦剐大型客车，违反《道路交通管理条例》第 50 条第一款、第三款关于"超车必须鸣，确认安全后方准超越""在对面来车有会车可能时不能超车"的规定。（3）大型客车发现中型客车超车后尚未减速，在右前轮驶离有效路面，险情在即的情况下，也未采取制动措施。违反贵州省《实施〈中华人民共和国道路交通管理条例〉办法》第 14 条第三款关于"车辆在行驶中，应集中精力，谨慎驾驶，并注意行人车辆等动态，随时采取安全措施"的规定。（4）中型客车与吉普车擦剐后，未立即停车，继续强行超越大型客车，在肇事后，仍未停车，违反《贵州省政府关于批转省公安厅〈贵州省道路交通事故处理暂行办法〉的通知》第五条"关于发生交通事故，肇事车辆必须立即停车"的规定。（5）由于大型客车严重超载，扩大了事故伤亡损失。

责任追究：对这起特大道路交通事故，两名驾驶员都负有不可推卸的重大责任。据调查，中型客车驾驶员谢某于 1991 年 9 月 12 日在贵州省麻江县境内肇事，追碰一轿车车尾，负主要责任，麻江县交通管理部门曾给予吊扣驾驶证四个月的处罚，谢某谎称驾驶证被盗，于 1991 年 9 月 25 日在都匀市个体运输服务处开具被盗证明，26 日到黔南州交通警察支队车辆管理所重新领证。司法机关依法判处谢某及另一位驾驶员有期徒刑。

吸取事故教训，改进道路客运安全措施：（1）严格按照"谁主管谁负责"

的原则，认真落实安全生产目标管理责任制。（2）加强对运输市场，特别是个体客运的整顿和管理。（3）加强道路交通管理，改善道路交通条件。（4）调动各方面的积极性，搞好交通安全综合治理。（5）加强机构建设，充实管理人员。（6）认真开展安全月、安全周活动，抓好安全生产大检查。（7）加强交通安全宣传教育，提高广大人民群众的安全意识。

（三十七）四川省黔江地区彭水县汽车运输公司大客车翻车事故

1992年1月16日7时，四川省彭水苗族土家族自治县汽车运输公司驾驶员金某驾驶的一辆峨眉牌大客车发生翻车事故，造成43人死亡，29人受伤，经济损失93万元。

事故直接原因：大客车驾驶员金某严重忽视安全，在制动疲软的情况下继续行驶，严重超员、超载（超员26人，超载220千克），在弯急坡陡危险路段冒险行驶，致使客车翻于坡下。事故发生当日，大客车从彭水汽车站载客50人（规定载客人数，包括驾驶员）出发开往酉阳，途中先后又上了许多旅客，载客量达到75人。驾驶员金某不理会乘客对客车超载的批评意见，继续向前行驶。金事后交代："车行至天巷公路油榨房处，以6档速度行驶。行驶中，刹车不好用，即减为4挡行驶，制动仍然不好，并连续两次拉手制动，仍无反应"。当日13时10分左右，大客车行至酉阳土家族苗族自治县天（馆）苍（岭）公路14千米+35.9米左转弯处此时，该车已进入左急转弯口，大客车驶出常行线而翻覆。

事故间接原因：彭水苗族土家族自治县汽车运输公司忽视安全生产工作，管理制度不落实。公司领导经营思想不端正，存在着很多安全管理上的问题。（1）公司贯彻党和国家安全工作方针不力，安全教育流于形式，没有制定安全领导小组例会制度。（2）公司经营指导思想不端正，严重忽视安全，在实行联产计酬分配制度后，缺乏保证安全生产的措施，致使部分职工"只顾抓钱、忽视安全"的经营思想行为没有得到及时有效的纠正，为事故的发生埋下了重大隐患。（3）公司安全管理混乱，安全生产的规章制度不健全，没有严格的劳动安全责任制度，车辆带病上路的情况相当严重。一年多来，发生机械事故7次，其中4次飞轮，2次未上刹车管。（4）公司处理事故不认真、不严肃、不及时，在一定程度上滋长了不重视安全生产、违章行驶的错误行为。（5）公司领导对总支、工会及职工提出的安全工作方面的正确建议和批评，不积极采纳，对主管部门的正确决定、意见也不认真执行，以致安全问题越积越多。由此可见，"1·16"特大翻车事故是一起企业严重忽视安全生产，驾驶员严重超员冒险行驶所造成的特别重大责任事故。

责任追究：驾驶员金某因严重忽视安全，超员超载，在制动疲软的情况下，在弯急坡陡的危险地段冒险行驶，造成车毁人亡的特大交通事故，构成交通肇事罪，由政法机关依法追究其刑事责任；彭水县汽车运输公司经理张某，身为公司法人代表，又是公司安全生产领导小组组长，作为安全生产第一责任人，没有认真贯彻党和国家的安全生产方针，经营思想不端正，安全工作不落实，安全管理混乱，对这次事故的发生负有直接领导责任，且在事故发生后有弄虚作假应付上级检查的错误行为，给予开除留用、察看一年的处分；彭水县汽车运输公司副经理张某，分管安全生产，在任职期间贯彻执行安全生产规定指示不力，安全管理混乱，给予开除、留用察看一年的处分；彭水县交通局局长霍某，没有按规定与汽车运输公司签订安全目标管理责任书和督促公司层层建立安全目标管理责任制，对公司在安全工作中存在的问题处理措施不果断，对事故的发生，负有一定的领导责任，给予其行政警告处分；彭水县经委副主任田某在分管交通、分管汽车运输公司工作中，对安全隐患等问题不仅熟视无睹，反而迁就、纵容公司领导的错误，有严重的失职、渎职行为，给予其行政警告处分；彭水县政府对汽车运输公司在安全管理中存在的问题，检查、督促不及时，工作不细，措施不力，对事故的发生也有责任，彭水县政府应向黔江地区写出书面检查，并报省政府备案，给予县政府分管领导周某行政警告处分。

吸取事故教训，防止同类事故再次发生的措施：（1）提高对安全工作重要性的认识，牢固树立"安全第一，预防为主"的思想，深刻认识"生产必须安全，安全促进生产"的辩证关系。（2）端正经营指导思想，正确处理好生产与安全的关系，采取切实可行措施，强化安全管理，完善经营承包责任制。纠正片面追求效益，忽视安全生产、安全管理的错误倾向。（3）公安、交警部门改进工作作风，严格执法，深入实际，抓住重点部位和重点单位，依法大胆管理，动员全社会的力量，齐抓共管，把安全管理工作落到实处。（4）加快对事故多发点、易发地段的整治，提高安全行车的可靠性。

（三十八）山西省孝义市偏城煤矿和偏店煤矿争抢资源引发的爆炸事故

1992年3月20日，山西省孝义市兑镇镇偏城煤矿为争抢煤炭资源，故意爆破与其相互贯通的偏店煤矿巷道，引起煤尘爆炸事故，造成65人死亡，31人受伤。

偏城煤矿和偏店煤矿分别是孝义市兑镇镇偏城村和偏店村办煤矿，两矿都是1986年经山西省资源委员会批准开办的矿井。偏城煤矿由于批准开采矿界内的煤炭资源少，曾申请扩界，但未经矿产资源管理部门批准。偏城村于是以打井为名，在矿界以北 100 米处开凿了一个新井，进行非法开采。该非法开采的矿井所采资源和偏店煤矿二井越界开采的资源在同一范围内。1991 年两井井下相互贯通，于是发生争抢国家矿产资源的纠纷。1992 年春节期间，偏城煤矿和偏店煤矿分别于 1992 年 1 月 15 日、2 月 20 日停产放假。为确保地方煤矿节后复产的安全生产，山西省政府明令要求各煤矿节后复产必须经县以上煤炭管理部门验收批准。但这两个矿未经任何部门验收批准，擅自分别于 2 月 29 日、3 月 10 日开始复产，并且每天安排三班作业，争采煤炭资源的摩擦愈演愈烈。3 月 13 日，偏店煤矿发现钻杆、炸药等丢失。3 月 14 日偏店煤矿放顶堵巷，试图阻止偏城煤矿人员进入偏店煤矿开掘的巷道。3 月 15 日，偏店煤矿向兑镇镇煤管站汇报，兑镇镇煤管站当日下达紧急通知，责令两矿立即停止井下一切作业，待问题得到解决，再做安排。同时通知两村两矿干部 3 月 16 日到偏店参加协商会议。然而，两矿都未执行 3 月 15 日的紧急通知，仍然继续进行井下作业。3 月 16 日由兑镇镇煤管站主持召开的协商会议达成协议，但这个协议也未能执行。3 月 17 日，兑镇镇党委、政府指令偏城、偏店两村党支部、村委会"必须严格遵守 1992 年 3 月 16 日经煤管站组织双方达成的协议"。两矿对此置若罔闻，3 月 18—20 日两矿继续安排人员在井下作业。3 月 20 日 16 时，偏城煤矿技工张某和高某、一班代班长张某、爆破员李某在掘进安全员高某家碰头研究决定当晚在偏店煤矿巷道爆破炸顶阻止偏店煤矿开采，并策划了参加行动的人员。之后，具体作了安排：由张某领 3 台煤电钻，接好后放到井下，张某批条，派张某某和王某领取 20 箱炸药、400 发雷管。张某还向两位代班长抽调工人，并派人购买牛肉、罐头、饼干等食品。当晚 18 时 30 分左右，张某在井口办公室主持召开所有加班人员 43 人的班前会，对当晚的爆破作业进行了具体部署。22 时 30 分左右，在偏店煤矿二坑主运输巷与偏城煤矿新井回风巷的贯通处进行了大爆破。爆炸冲击波将偏店煤矿井下堆积的煤尘扬起，爆破产生的火焰引起煤尘爆炸，造成 65 人死亡，31 人受伤。

事故原因：经山西省公安部门和事故调查组调查确认，这是一起为争抢国家煤炭资源的破坏性爆炸引起煤尘参与爆炸的重大责任事故，是一起有计划、有组织的故意破坏行为导致的重大人员伤亡事故。直接原因是偏城煤矿在偏店煤矿二坑主运输巷与偏城煤矿新井回风巷的贯通处组织实施大爆破，爆炸冲击波将偏店煤矿井下堆积的煤尘扬起，爆破产生的火焰引起煤尘爆炸，导致井下众多作业人员伤亡。间接原因是基层政府有关领导官僚主义、失职渎职所导致。兑镇镇政府工作不负责任，对偏城煤矿私开井口和偏店煤矿越界开采、两矿贯通未予以制止；对两矿争抢国家资源的违法活动，虽下达了紧急通知，责令停止井下一切作业，但未采取具体有效措施督促落实，也未再进行监督检查，以致酿成此次重大惨案。

责任追究：司法机关对实施爆破的骨干成员李某、张某依法追究了刑事责任；同时对工作失职的兑镇镇分管煤管站的副镇长孟某，依法追究了刑事责任。上级有关部门给予兑镇镇镇长韩某、兑镇镇党委书记武某、孝义市煤管局副局长侯某、孝义市副市长段某、孝义市市长曹某等有关责任者党纪、政纪处分。

（三十九）山西省与陕西省交界黄河水域翻船事故

1992年6月13日11时40分，在山西省柳林县石西乡后河底村与陕西省绥德县枣林坪乡西河驿村之间的黄河水域上，一艘无证无照船舶沉没，船上89人（山西5名，陕西84名）全部溺水，其中47人死亡（失踪）。在抢救过程中，又有一人死亡，事故共造成48人死亡（失踪）。

事故当日10时许，山西省柳林县石西乡后河底村村民马某（甲），要去黄河对岸吴堡县宋家川镇给生病的孩子购药，与村民马某（乙）找呼某借船（该船是已被县港监扣了棹的私造无证船），呼某告之棹在会计马某（丙）家，二人到马某（丙）家后，见院内无人，将两支船棹扛走。村民孙某在村委会院内碰见呼某，问呼某过陕西去吗？呼某说船已被人借走，要求孙某去"照料"一下。孙某到河边后，马某（甲）、马某（乙）两人已装好棹，孙某告知马某（乙）是呼某让他来的，随后与等船过河的5位外村村民一起上船。约10时半，船由后河底渡口驶出，10时许，在对岸西河驿村头沟则处靠岸，马某（甲）上岸去买药，并交代孙某和马某（乙），等他1～2小时。这天（农历五月十三）是后河底村传统庙会设台唱戏的日子，因此在陕西一侧的头沟则、蛤蟆口沿岸，聚集了不少等船过河去看戏的群众。船在头沟则靠岸后，有近20人上了船，并装了一些啤酒。等船的群众帮助将船朝上游拉到蛤蟆口停船靠岸（习惯停船点）。久候在这里等待过河看戏的岸上群众争着上船。孙某按每人5角至1元，收了部分人的船钱。由于水大流急，又严重超载，拽绳的村民梁某拉不住船，将船推离岸边，随即跳上船。此时船的航向还没有调整过来，所以一离岸就顺流而下，行驶了10多米。因流速太大，操作困难。渡船顺流而去，变成了头朝下游，尾朝上游。至三蛤蟆口附近，孙某操尾棹才将船航向调正。船朝后河底方向行驶不远，即横向驶入激浪区，木船左右摆动幅度很大。船只遇浪，大量进水。缺乏操作技术和驾船经验的孙某无法控制船只，11时40分，木船在3、4排大浪的连续打击下沉没。

事故发生后，两省政府分别派有关部门的人员到事故现场，组织进行打捞、抢救和善后。

严重超载和无证驾驶是导致这起沉船事故的主要原因。该船系山西省柳林县石西乡后河底村村民呼某 1992 年 3 月私自请人制作的木质人力船舶，长 8.76 米，宽 3.08 米，深 0.82 米，船底面积 7.68 平方米。柳林县港航监督站发现此船后，于 5 月 23 日发出违章处罚通知书，明确该船不能使用。事故发生后，经有关港航监督部门技术人员测算最大载客量为 25 人。事故发生时实际载客 89 人。群众在急于渡河看戏的心情下，见来船纷纷争先上船，又无人制止。严重超载是这次事故的直接原因。驾船者无证操作，素质低下，不懂操船技术，毫无应变能力。这是造成这次事故的主要原因。沿河两岸双方乡政府对渡口安全管理不严和缺乏管理，对事故的发生负有一定责任。

吸取事故教训，改进乡镇船舶安全管理的措施：（1）山西省柳林县石西乡对港航监督部门责令停止使用的私船，监督措施不严，以致无证无照船舶非法渡运。因此，县乡政府应进一步采取更严密的措施，防止违章非法渡运，更好地做好水上安全管理工作。（2）陕西省绥德县枣林坪对渡运到本岸的船舶缺乏监督检查，没能及时发现并制止违章船舶的非法渡运。因此，县、乡政府应认真贯彻国务院相关文件精神，加强对乡镇船舶的管理，进一步落实管理责任。（3）这起事故发生在两省河界，两省有关部门应对黄河界河上渡口设置、管理，船舶的检查监督，事故的调查处理等问题进行讨论协商，形成共识，订出具体办法共同遵守。

（四十）　山西省盂县土塔乡神益沟军地联营煤矿透水事故

1992 年 11 月 5 日 9 时 20 分，空军指挥学院与山西省盂县土塔乡联营的神益沟煤矿发生透水事故，死亡 51 人，淹没井下巷道 10700 米，直接经济损失 145.7 万元。

神益沟煤矿始建于 1976 年，年生产能力 15 万吨。三对斜井各自形成独立生产、通风系统。矿区内主要含水层为奥陶纪灰岩，石炭纪太原统三层灰岩和第四纪河床冲积层。奥陶纪灰岩层虽含水性强，但赋存较深，区内无出露，区内水位标高为 500~600 米，低于 15 号煤层底板标高，且上覆本溪统地层为良好隔水层，对本区煤层开采无水患威胁。矿井实际涌水量为 200 立方米/日。

神益沟煤矿是无地质构造水患和地面水患威胁的矿井。但存在路家村乡刘家村煤矿二井采空区及废弃巷道积水这一隐患。神益沟煤矿于 1992 年 1 月开始向刘家村二井巷道方向掘进一南、二南、三南几条巷道，不断接近刘家村二井的积水区域。

11月5日5时30分，神益沟煤矿早班工人到井口，6时由各坑口召开班前会，安排当班工作和安全注意事项。会后，全矿当班共83人相继下井，到各自岗位工作。8时许，一南工作面工人在处理煤溜机尾故障时有1人被挤伤，石某等5人送受伤的曹某上井，电工、瓦斯检查员、爆破员、井底车场2人共5人也相继提前出井。9时20分，9号煤层旧井一南巷道距刘家村二井积水巷道间的煤壁最大距离3米，最小距离仅有1.5米，已承受不了刘家村二井强大的积水压力，煤壁被压垮崩塌，大量积水迅速淹没9号层旧井井下巷道，继而冲垮9号层新井和旧井间的密闭，淹没15号层的大部分巷道。除提前出井的和透水时迅速脱险的32人外，51人遇难。

造成事故的直接原因：该矿有关领导人严重渎职，违章蛮干，没有建立探水制度，没有探水设备，没有探放水人员，冒险生产。主要原因：矿领导麻木不仁，既没有执行"有疑必探、先探后掘"的规定进行探放水，也没有采取停止生产等其他任何防范措施，继续冒险生产，终于导致事故发生；刘家村煤矿二井和路家村乡有关人员未能如实绘制刘家村煤矿二井的全部采掘平面图，对于部分因积水和冒落没有测量上图的巷道，也没有划定出积水预测区域，造成各级部门在处理与此有关的问题时决策的失误；县、乡有关部门贯彻安全生产法规措施不力，工作不扎实、不细致，特别是防治水方面的要求没有下大力气抓落实，在安全管理和监督监察方面严重失职。

事故的主要教训：煤矿生产要讲科学、重法规，按客观规律办事，认真贯彻落实市、县关于防治透水事故的通知精神，积极采取防范措施；加强水文地质勘探，做好防治水的基础工作和水量变化，编制好完整的水文地质资料，做到心中有数；坚决贯彻"有疑必探、先探后掘"的原则，制定切实可行的探放水措施；井田之间的边界煤柱和防水煤柱，要按规定留设；加强职工技术培训，增强抵御水害的能力。

（四十一）　南方航空公司波音737-300型客机在广西阳朔坠毁事故

1992年11月24日，中国南方航空公司的一架波音737-300型B-2523客机，由广州飞往桂林途中，在广西阳朔县土岭镇白屯桥村撞山失事，致使飞机粉碎性解体，机上141人（乘客133人、机组8人）全部罹难。

事故发生当日7时17分，2523客机从广州起飞，航线飞行高度7000米。7时41分进入桂林指挥区。7时42分飞机报告预达桂林时间7时55分。7时46分飞机报告高度4500米，距桂林机场25海里。7时50分45秒，飞机请求高度

2100 米通场加入三边，塔台回答"可以"。7 时 50 分 49 秒，飞机回答明白，此后便失去联系。根据飞机记录器判断，失事时间大约在 7 时 52 分 4 秒。

撞击点海拔 520 米。从撞击痕迹判断，飞机是呈接近 90 度的右坡度侧着撞山的，机头朝向 230~250 度，飞机粉碎，散落物在撞击方向的前面和右侧。当时现场失火，地面杂草被烧，但一些树木烧得不严重。由于是撞击后粉碎性裂解，大部分残骸已找不到或流失，只找回一小部分，其中有驾驶舱挡风玻璃和机身结构小碎片，以及一些发动机零件。数据记录器找到，但保护壳体被撞裂，记录磁带断开，断口处有被烧焦痕迹；话音记录器没有找到。虽经认真搜寻，但现场没有找到一具完整的尸体，连残肢断臂也没拣到，只发现一只手掌和一块头皮。

国务院秘书长罗干受总理李鹏委托，当日率有关方面负责人赶赴现场听取汇报，指导善后工作。随后由民航总局牵头，与全国安全生产委员会、全国总工会、广西壮族自治区和桂林市政府组成联合调查组进行调查。根据国际民航公约附件 13 的规定，还邀请了美国交通运输安全委员会、美国联邦航空局、波音公司、CF 米 I 发动机制造厂的专家作为观察员。

调查组沿飞机失事前的航迹，走访了 11 个点的近 40 名目击者，他们对飞机失事前的状况的描述各有所异，不便引以为证。当天广州至桂林航路为层积云和高积云，云底高 1500 米，没有危险天气现象；桂林机场 8 点钟天气实况为：8/8 层积云，云底高 1900 米，能见度大于 10 千米，无降雨和其他天气现象。经调查，失事前飞行指挥相通讯导航设备运转正常。

调查证实，机组的技术状况是胜任该次飞行任务的，身体也处于良好状态。72 小时之内没有生病、服药、饮酒，也没有其他问题。机长周继男为南航的飞行骨干力量。曾架机运送来访的英国王子查尔斯，并去美国培训，为中国南方航空公司从美国领航回多架（35 架）波音 737 客机。还曾先后驾机到过马来西亚、泰国等东南亚国家和地区，飞行记录优秀（6000 小时）。

调查组查阅有关技术资料：发现从 11 月 20 日起，该机右发自动油门反应迟缓，虽经检修，但未能彻底排除。从飞行数据记录器解析情况看右发自动油门随动性不好。不能随飞机姿态的改变而自动调节，其中有两次比较明显；第一次是飞机从广州起飞后爬升到预定高度 7000 米改为平飞后，右发油门仍停留在爬升推力状态的 41 度，右发 N1（低压气机转速）保持 92% 不变。为保持平飞，左发油门自动调到慢车位，左发 N1 也跟着下降到 40%；第二次是当飞机已临近桂林机场，下降高度到 2200 米改为平飞后，这时发动机推力应从慢车状态加上去，但右发油门没有动，仍在慢车 8 度位，N1 为 35%，为保持平飞，左发油门自动增大，由 8 度增加到 41 度，N1 为 88%。以上两次自动油门故障过程中，发动机燃油流量、排气温度、振动值以及 N1、N2 转速变化都是正常的。因此可以排除发动机本体机械故障。

事故直接原因：依据上述，对事故直接原因判定为：自动油门故障，机组措施不当：（1）飞机从下降改为平飞之后，由于右发自动油门故障，不能随动，仍保持在下降时的 8 度慢车位。为获得平飞推力，左发自动油门由 8 度增加到 41 度，由于左、右发油门不一致，推力相差很大，因此飞机随之向右偏转。（2）在此情况下，自动驾驶仪控制副翼进行修正。左副翼逐渐上偏 5 度右副翼逐渐下偏至 3.5 度。按照该机型设计特点，副翼角度只能调到这个位置。但是，这不足以克服由于两台发动机不平衡所造成的向右偏转力矩，因此飞机继续以 1~2 度/秒的滚转率向右增大坡度，并向右偏转。（3）当飞机继续向右滚转，坡度达到 46 度时，机组突然错误地向右压坡度。左副翼由上偏 5 度突然变为向下偏到 11 度。右副翼由下偏 3~5 度突然变为向上偏到 13 度。从而加速了飞机向右滚转。滚转率由 1~2 度/秒变为 12 度/秒。到撞山前 3 秒钟时，飞机向右滚转到 168 度；在滚转的同时，有一猛烈拉杆动作，加速了飞机俯冲。

以上事故原因可以概括为，飞机在下降过程中，出现了右发油门不能随动的异常情况，导致左、右发动机推力不平衡，飞机向右滚转；此时机组没有及时发现和采取措施，后又处置错误，以致撞山失事。

吸取事故教训，改进飞行安全措施：（1）认真接受失事客机飞行中重复出现的右发自动油门反应迟缓的教训，防止同类事故再次发生，除加强飞机检修，彻底排故外，一旦遇到这种故障，机务人员应通知机组不要使用自动油门；飞行中一旦遇到自动油门故障时，驾驶员应关闭自动油门，而改用人工操纵。（2）在右发自动油门故障后的一分多钟，发动机推力、飞机姿态变化都比较多，而机组没有及时采取措施，贻误了时机。广大飞行人员应牢记这次血的教训，自觉养成严格的飞行作风。每次飞行，精力要十分集中，不能做与飞行无关的事情，要随时注意仪表和飞机姿态的变化，不可过分依赖自动驾驶。一旦发生特殊情况，要沉着、冷静、准确地进行处理。搞好机组内部的合理分工，加强协作配合，防止顾此失彼，精力分散。（3）在飞机右坡度已经 46 度时，本应向左修正，而机组却突然向右操纵驾驶盘。因此，加速了飞机向右滚转。在飞机已呈倒飞状态时，又拉升降舵，致使飞机加速下冲，每个飞行人员，对现代化的新机型、现代化的电子设备，不仅要做到会操纵、会使用，还要弄懂弄通其工作原理及特征性能，技术上做到精益求精，不断提高特殊情况处置能力。

（四十二）上海市青浦县盈中乡创新村青浦打火机厂爆炸事故

1993年1月8日，上海市青浦县盈中乡创新村青浦打火机厂发生爆炸事故，造成死亡17人，轻伤3人。

青浦打火机厂为创新村的村办企业。该厂于1992年7月通过县乡镇企业局的可行性审查，8月6日领取营业执照，在事故前完成了厂房的建设并向公安部门报批，但在未经批准的情况下，1992年底以"试生产"的名义承接了上海光明打火机厂25万只一次性气体打火机的生产业务，开始在一个以前是装配电动剃须刀的厂房中进行生产。该车间为两层楼房，楼上是办公室，下层为车间，其面积约为50平方米，中间用玻璃隔为两间，一间为装配，一间为检验。1月8日，在返修漏气的打火机时，由于天气寒冷，车间门窗紧闭。根据估算，到出事时为止，当天至少修理了15000余只。12时15分左右，车间突然发生爆炸，房屋随之倒塌并起火，造成重大伤亡。

造成事故的直接原因是在修理打火机时，每只都会有少量的丁烷气体泄出，而现场空气又不流通，造成了丁烷气体聚集并在部分区域内达到爆炸极限，遇明火发生爆炸。

事故原因从管理方面分析是多方面的：（1）该企业严重违反国家有关消防安全法规，在未经安全及消防部门批准，不具备安全生产条件、没有合理的安全制度和措施的情况下组织生产。（2）该厂在不了解返修打火机所造成的危险因素及需采取的防范措施的情况下盲目承接返修任务，在没有采取任何消防安全措施的情况下在日常不带气操作的车间内进行带气返修，导致了事故的发生。（3）上海光明打火机厂是生产打火机的专业工厂，该厂将打火机返修任务交给不具备条件的青浦打火机厂，并且在安全方面没有任何交代，给这次事故留下了隐患。（4）相关主管部门在审查该项目时，既没有全面调查论证，又没有提出使用可燃气体在安全方面的要求，未能真正起到把关的作用。

（四十三）辽宁省新民县高新线无人看守道口撞车事故

1993年1月31日7时30分，由赤峰开往大连的77次特快旅客列车，运行到高新线罗家站至高台山站间2千米26米无人看守道口处，与辽宁省新民县新民镇个体大客车相撞，造成65人死亡，4人重伤，25人轻伤。

事故发生当日，担当77次特快列车牵引任务的沈阳机务段内燃机车东方红（3）型0007号，列车编组16辆，总重850吨，列车于7时26分，由罗家站通过后，以每小时95千米速度运行至该道口鸣笛标前，司机按规定鸣笛示警，在距道口约 150 米处，司机发现列车运行前方左侧公路上，有一辆大客车由北往南向道口方向行驶，司机立即鸣笛示警，但大客车没有停车迹象，机车司机果断采取紧急制动停车措施，该列车在非常制动状态下与抢越道口的大客车中部相撞，大客车被撞粉碎，机车第二轴两轮被垫脱轨，越过道口 457 米处停车。汽车乘客当场死亡 59 人（含司乘 2 人），重伤 10 人（医院抢救中死亡 6 人），轻伤 25 人。

根据现场勘查和调查认定，肇事道口标志齐全，铺面平整，设备完好。造成这起事故的主要原因是大客车驾驶员薛某违章抢越道口所致。大客车在通过无人看守道口时没有停车，严重违反了《道路交通管理条例》第 44 条第二款"通过无人看守道口时，须停车瞭望，确认安全后，方准通过。"和国家七部委经交〔1986〕161 文件第 19 条关于"车辆、行人通过没有道口信号机的无人看守道口及行人过道时，必须停车或止步瞭望，确认两端均无列车开来时方准通行"的规定。严重违章是造成此次事故的直接原因。此外，大客车定员 60 人，实际载客 94 人（含司乘 2 人）严重超员，加之两侧玻璃有霜，影响了望，为此次事故的发生埋下了隐患。

责任追究：这起事故是大客车驾驶员薛某严重违章抢越道口所致。司机薛某是这起特大路外伤亡事故的直接责任者，本应追究其刑事责任，但因其在事故中死亡，故不再追究。个体业主魏某对此起事故负有责任，由铁路执法机关依法追究其责任。

吸取事故教训，防止同类事故的措施：（1）强化对机动车辆和驾驶员的安全管理和教育。各级政府和主管部门要采取有效的对策，解决机动车辆管理中存在的问题。对所有机动车驾驶人员进行一次全面的安全教育，摆正安全与效益的关系，尤其对个体客车的驾驶员，要做到一车不漏，一人不丢，真正树立安全第一，安全就是效益的思想。（2）发挥三级道口管理委员会的作用。各级道口管理部门要认清形势，明确任务，健全组织，加强动态检查，对易于发生事故的无人看守道口推行有偿监护，确保行人车辆通过道口的安全。

（四十四）河北省唐山市林西百货大楼火灾事故

1993 年 2 月 14 日 13 时 15 分，河北省唐山市东矿区（今古冶区）林西百货大楼发生火灾，死亡 82 人，烧伤 55 人。大楼内商品全部被烧毁，直接经济损失 400 万元。

林西百货大楼是东矿区商业局下属的国有企业，有职工 234 人，是东矿区第一大商场。由三层主营业楼及位于东南角与其毗连的单层家具厅组成，总建筑面积 2980 平方米，1984 年动工兴建，1986 年投入使用，1992 年 9 月对主营业楼进行重装修。主营业楼为坐南朝北的三层临街建筑，系砖混结构，长 56.18 米、宽 16.5 米、高 14.4 米，其东南角是与其一层相通的 237 平方米的单层家具厅。主营业楼东、西两端各设楼梯一部，每层楼梯旁各有一个消火栓，西楼梯南侧设有贯通三层的敞开式货梯一部；主营业楼临街面设有 2 个出口，家具厅临街面设有 1 个出口。1992 年秋季开始，大楼为了扩大营业面积，在主楼东侧原为一层的家具部基础上加层扩建。由于大楼领导只求效益，不顾安全，采用了边施工，边营业的办法，形成大楼内顾客忙购物、大楼外施工人员忙作业的状况。火灾发生前一天，一名无电焊操作合格证的焊工在从事焊接时，焊渣两次穿过房顶凿开的孔洞掉入楼下的家具营业厅，引燃了物品，幸亏发现及时，小火被及时扑灭。其中一次落到办公桌上，烧着桌上一个纸盒，被营业员用脸盆的水扑灭。如此严重的隐患报告到大楼经理室，经理孟某知道后只是说"不能干就别干了"，未引起重视并采取相应的安全防范措施。

　　事故发生当日上午，百货大楼的家具厅顶部在进行施工作业，顶板上多处砸开孔洞，家具厅顶部明火焊接，下面的家具厅照常营业。10 时左右，经理孟玉珍发现家具厅屋顶部有电焊火花喷入厅内，当即向施工人员提出警告。12 时 40 分左右，家具厅营业员陈彩珍、冯淑萍发现家具厅办公桌上的小纸盒被屋顶落下的电焊火花引燃，即用水将火浇灭，并再次向施工人员发出警告。出现险情一小时后，电焊工董某在既不清理现场，也无任何监护措施的情况下动焊。13 时 15 分左右，电焊火花溅落在家具厅内一人多高的海绵床垫堆垛上，引起海绵床垫燃烧。营业员发现后找来一个灭火器，因不会使用，便随手交给刚进入家具厅的顾客，扑救无效，酿成火灾。此时营业员想起报警，但百货大楼的电话被锁住，只好跑到马路对面单位打电话，电话也被锁着，又跑到隔壁单位去打电话，当其打电话时，又不知道火警电话，致使报警时间延误了 18 分钟。

　　事故教训：（1）起火单位只顾追求经济效益，忽视消防安全。林西百货大楼在 1992 年期间两次进行装修、扩建都没有按规定报公安消防机构审核。公安消防机构发现后，多次指出百货大楼存在的火灾隐患问题，该单位置若罔闻；1992 年 10 月 25 日唐山市建委、市公安局联合下发了《关于对装修工程加强消防安全管理的通知》，该单位经理孟玉珍作为企业法定代表人没有采取任何整改措施；1992 年 12 月 2 日东矿区商业局会议又指出了该大楼的问题，该单位仍无动于衷；火灾当日上午，孟发现在屋顶电焊时，火花"像下雨一样"落到家具厅，仍未及时采取措施。经查，林西百货大楼消防安全管理制度、义务消防组织形同虚设，职工很少接受防火安全教育和培训，因此缺乏必要的消防知识，以致在发生火灾时不会使用灭火器材，不知道火警电话号码，不能采取有效的自救措施，不能迅速组织疏散逃生。（2）施工现场管理混乱，消防安全问题严重。在施工现场，电线乱拉，材料乱放，存在较多火灾隐患。施工人员缺乏消防安全知识，法制观念淡薄，无证上岗，违章作业。（3）采用易燃材料装修是造成此次火灾迅速蔓延和人员伤亡的重要原因。1992年9月该营业楼开始内部装修，11月底完工，共用木材36立方米，宝丽板893张，各种多层板810张，胶贴纸200卷，以及12桶（240千克）油漆、黏合剂等大量易燃可燃材料。这些易燃可燃装修材料附着在木龙骨架上，与墙壁和屋顶有一定的空隙，发生火灾时形成悬空燃烧，加之室内又有大批装有丁烷的小型气罐和化纤、塑料、棉纺织品等易燃商品，造成了火势迅速蔓延。特别是位于主营业楼东、西两端的楼道均用易燃可燃材料装修，火灾时形成了火灾蔓延通道，使遇险者失去逃生的出路。此外，营业楼西端一至三层敞开式电梯间和楼梯的"烟囱效应"也加速了火灾的蔓延。起火处堆放的1.8米高的泡沫塑料床垫，以及楼内放置的大量化纤品、塑料制品、装修材料、黏合剂等，燃烧时均产生大量的有毒气体，使人迅速中毒窒息死亡。据法医验尸报告，死亡的80人中除一人系跳楼摔伤致死外，其余人员均系中毒窒息死亡。（4）职工缺乏消防常识，自防自救能力差。营业员陈彩珍、冯淑萍发现起火后不会使用灭火器，营业员咸会荣报警时不知道火警电话是"119"。13时10分左右起火，13时15分左右发现，而市消防支队最早接到报警的时间为13时33分，消防车最早到达现场的时间为13时37分。从发现火灾到第一辆消防车到达火场的相隔时间为22分钟，延误了灭火时机。当第一辆消防车到达火场时，火已烧到三层，并达到燃烧的猛烈阶段，给灭火救人带来极大困难。主营业楼每层均有两处室内消火栓，因职工缺乏消防知识和灭火技能训练，发现失火后不是抓紧扑救初期火灾，而是首先搬运商品，致使室内消火栓未能发挥作用。

责任追究：唐山市东矿区劳动服务公司建筑公司施工队电工黄某，是事故的直接责任者，被判处有期徒刑7年；唐山市东矿区劳动服务公司建筑工程公司施工队队长岳某，对事故发生负有重大责任，被判处有期徒刑7年；唐山市东矿区劳动服务公司建筑公司施工队林西百货大楼工地负责人张某，对事故发生负有重大责任，被判处有期徒刑6年；唐山市东矿区劳动服务公司建筑公司施工队技术员王某，对事故发生负有重大责任，被判处有期徒刑6年；唐山市东矿区林西百货大楼党支部书记兼经理孟某，犯有玩忽职守罪，被判处有期徒刑5年；唐山市东矿区劳动服务公司建筑公司经理王某，犯有玩忽职守罪，判处有期徒刑4年；唐山市东矿区林西百货大楼副经理张某，犯有玩忽职守罪，判处有期徒刑5年；

唐山市东矿区劳动服务公司建筑公司施工队辅助工武某、张某，对事故发生负有责任，分别给予两人行政拘留 10 天的处罚；唐山市东矿区林西百货大楼副经理王某，对事故的发生负有责任，给予其行政留用察看处分；唐山市东矿区商业局局长苏某，对事故的发生负有责任，给予其行政警告处分。

（四十五）浙江省宁波市北仑港发电厂电站锅炉爆炸事故

1993 年 3 月 10 日，浙江省宁波市北仑港发电厂一机组发生锅炉炉膛爆炸事故，造成 23 人死亡（其中电厂职工 6 人，民工 17 人），24 人受伤（其中 8 人重伤，16 人轻伤）。直接经济损失 778 万元。修复时间 132 天，少发电近 14 亿度。事故造成的供电紧张，致使一段时间内宁波地区的企业实行停三开四，杭州地区停二开五，浙江省工农业生产受到了严重影响，间接经济损失难以计算。

北仑港发电厂 1 号锅炉是美国 ABB-CE 公司（美国燃烧工程公司）生产的亚临界一次再热强制循环汽包锅炉，额定主蒸汽压力 17.3 兆帕，主蒸汽温度 540 摄氏度，再热蒸汽温度 540 摄氏度，主蒸汽流量 2008 吨/小时。

1993 年 3 月 6 日起该锅炉运行情况出现异常，为降低再热器管壁温度，喷燃器角度由水平改为下摆至下限。3 月 9 日后锅炉运行工况逐渐恶化。3 月 10 日事故前一小时内无较大操作。14 时，机组负荷 400 兆瓦，主蒸汽压力 15.22 兆帕，主蒸汽温度 513 摄氏度，再热蒸汽温度 512 摄氏度，主蒸汽流量 1154.6 吨/小时，炉膛压力维持-10 毫米水柱，排烟温度 A 侧 110 摄氏度，B 侧 158 摄氏度。磨煤机 A、C、D、E 运行，各台磨煤机出力分别为 78.5%、73%、59%、38%，B 磨处于检修状态，F 磨备用。主要 CCS（协调控制系统）调节项目除风量在"手动"调节状态外，其余均投"自动"，吹灰器需进行消缺，故 13 时后已将吹灰器汽源隔离。事故发生时，集中控制室值班人员听到一声闷响，集中控制室备用控制盘上发出声光报警："炉膛压力'高高'""MFT"（主燃料切断保护）、"汽机跳闸""旁路快开"等光字牌亮。FSS（炉膛安全系统）盘显示 MFT 的原因是"炉膛压力'高高'"引起，逆功率保护使发电机出口开关跳开，厂用电备用电源自投成功，电动给水泵自启动成功。由于汽包水位急剧下降，运行人员手动紧急停运炉水循环泵 B、C（此时 A 泵已自动跳闸）。就地检查，发现整个锅炉房迷漫着烟、灰、汽雾，人员根本无法进入，同时发现主汽压急骤下降，即手动停运电动给水泵。由于锅炉部分 PLC（可编程逻辑控制）柜通讯中断，引起 CRT（计算机显示屏）画面锅炉侧所有辅助设备的状态失去，无法控制操作，运行人员立即就地紧急停运两组送引风机。经戴防毒面具人员进入现场附近，发现炉底冷灰斗严重损坏，呈开放性破口。事故后对现场设备损坏情况检查后发现：21 米层以下损坏情况自上而下趋于严重，冷灰斗向炉后侧例呈开放性破口，侧墙与冷灰斗交界处撕裂水冷壁管 31 根。立柱不同程度扭曲，刚性梁拉裂；水冷壁管严重损坏，有 66 根开断，炉右侧 21 米层以下刚性梁严重变形，0 米层炉后侧基本被热焦堵至冷灰斗，三台碎渣机及喷射水泵等全部埋没在内。炉前侧设备情况尚好，磨煤机、风机、烟道基本无损坏。事故后，清除的灰渣934 立方米。事故造成 23 人死亡，其中电厂职工 6 人（女 1 人），民工 17 人。受伤 24 人，其中电厂职工 5 人，民工 19 人。最终核算直接经济损失 778 万元，修复时间 132 天，少发电近 14 亿度。因该炉事故造成的供电紧张，致使一段时间内宁波地区的企业实行停三开四，杭州地区停二开五，浙江省工农业生产受到了严重影响，间接损失严重。

　　这起锅炉事故极为罕见，事故最初的突发性过程是多种因素综合作用造成的。（1）运行记录中无锅炉灭火和大负压记录，事故现场无残焦，可以认定，并非煤粉爆炸。（2）清渣过程中未发现铁异物，渣成分分析未发现析铁，0 米地坪完整无损，可以认定，非析铁氢爆炸。（3）锅炉冷灰斗结构薄弱，弹性计算确认，事故前冷灰斗中积存的渣量，在静载荷下还不会造成冷灰斗破坏，但静载荷上施加一定数量的集中载荷或者施加一定数量的压力，有可能造成灰斗失稳破坏。（4）事故发生后的检验结果表明，锅炉所用的水冷壁管材符合技术规范的要求，对水冷壁管断口样品的失效分析证实，包角管的破裂是由于冷灰斗破坏后塌落导致包角管受过大拉伸力而造成的。

　　事故直接原因（触发原因），有两种意见：一种意见认为，"3·10"事故的主要原因是锅炉严重结渣。事故的主要过程是，严重结积渣造成的静载加上随机落渣造成的动载，致使冷灰斗局部失稳；落渣入水产生的水汽，进入炉膛，在高温堆渣的加热下升温、膨胀，使炉膛压力上升；落渣振动造成继续落渣使冷灰斗失稳扩大，冷灰斗局部塌陷，侧墙与冷灰斗连接处的水冷壁管撕裂；裂口向炉内喷出的水、汽工质与落渣入水产生的水汽，升温膨胀使炉膛压力大增，造成MFT 动作，并使冷灰斗塌陷扩展；三只角角隅包角管先后断裂，喷出的工质量大增，炉膛压力陡升，在渣的静载、动载和工质闪蒸扩容压力的共同作用下，造成锅炉 21 米以下严重破坏和现场人员重大伤亡。因此，这是一起锅炉严重结渣而由落渣诱发的机械—热力破坏事故。另一种意见认为，3 月 6—10 日炉内结渣严重，由于燃烧器长时间下摆运行，加剧了灰斗结渣。这为煤裂角气和煤气的动态产生和积聚创造了条件。灰渣落入渣斗产生的水蒸气进入冷灰斗，形成的振动加速了可燃气体的生成。经分析计算，在 0.75 秒内局部动态产生了 2.7 千克以上混合可燃气体，逐步沿灰斗上升，在上升过程中，由于下二次风与可燃气混合，混合温度在470摄氏度左右（未达着火温度）。突遇炽热碎渣的进入或火炬（燃烧器喷焰）随机飘入，引起可燃气体爆炸，炉膛压力急剧升高，炉膛出口压力达2.72兆帕以上，触发MFT动作。爆炸时，两侧墙鼓出，在爆炸和炉底结渣的联合作用下，灰斗与两侧墙连接处被撕裂，灰斗失稳下塌，包角管和联箱水平相继破裂，大量水汽泄出，炉内压力猛烈升高，使事故扩大。锅炉投入运行后，在燃用设计煤种及其允许变动范围内煤质时出现前述的严重结渣和再热汽温低、局部管段管壁超温问题，与制造厂锅炉炉膛的结构设计和布置等不完善有直接关系，它是造成这次事故的根本原因。

事故间接原因：除了以上所述，北仑电厂及有关单位在管理上存在的一些问题，也是导致这起事故发生的原因。该机组自当年3月1日以来，运行一直不正常，再热器管壁温连续超过报警温度。虽经采取调整火焰中心，加大吹灰和减轻负荷等措施，壁温超限问题仍未解决。按ABB-CE公司锅炉运行规程规定，再热器壁温的报警温度为607摄氏度，3月6—10日，再热器壁温多在640摄氏度和670摄氏度之间，锅炉负荷已从600兆瓦减至500兆瓦，再减至450兆瓦，到3月10日减至400兆瓦，再热器壁温仍严重超限。按运行规程规定，再热器壁温严重超温采取措施而无效时，应采取停炉措施。运行值班长曾多次向华东电管局总调度和浙江省电管局调度请示，但上级部门非但不同意停炉，而且还要求将锅炉负荷再提高一些，要求锅炉坚持运行到3月15日计划检修时再停炉。结果因结焦严重，大块焦渣崩落，导致该起特大事故发生。

对事故原因的结论最终为锅炉严重结渣是造成事故的直接原因，锅炉炉膛设计、布置不完善及运行指挥失当是间接原因。

责任追究：事故发生后，电力工业部及浙江省有关部门组成了事故调查组，对事故责任认定如下：（1）该台锅炉在投入运行以后，在燃用设计煤种及允许变动范围内的煤种时，出现了锅炉结渣、再热汽温达不到设计值而过热器、再热器管壁严重超温的问题；虽然采取了降负荷运行和下摆燃烧器等防止结渣，但积渣日趋严重，最终酿成了事故。另外楼梯间、平台、过道不畅造成了人员众多伤亡，因此制造厂对事故负有主要责任。（2）在运行管理上，北仑港电厂对引进的设备和技术研究、消化不够，又缺乏经验，在采取一系列常规措施未能改善锅炉运行状况的情况下，未能及时对炉内严重结渣作出正确判断，因而没有采取果断停炉措施。对事故负有运行管理不当的次要责任。电力部决定予以北仑港电厂厂长降职处分，予以厂总工程师行政记大过处分，予以浙江省电力局局长通报批评、生产副局长通报批评，其他有关直接责任人员也做了相应处理。

吸取事故教训，改进锅炉安全措施：电力工业部于1993年9月24日至28

日召开了大型电站锅炉燃烧技术研讨会，提出技术改进和加强管理措施：（1）制造厂（ABB-CE）应采取措施，解决投产以来一直存在的再热器汽温低和部分再热器管壁温度严重超限的问题。（2）制造厂应研究改进现有喷燃器，防止锅炉结焦和烟温偏差过大的问题。在未改进前，制造厂应在保证锅炉设计参数的前提下，提出允许喷燃器下摆运行的角度和持续时间。（3）锅炉设计中吹灰器布置密度低，现在吹灰器制造质量差，制造厂应采取措施加以改进。在未改进前，电厂应加强检修、维护和管理，提高现有吹灰器的可用率，必要时换用符合要求的吹灰器。（4）制造厂应研究适当加强冷灰斗支承的措施，以提高其结构稳定性又不致影响环形集箱的安全。（5）制造厂应采取措施加装必要的监视测点，如尾部烟温、烟压测点、过热器减温器进出口汽温测点、辐射式再热器出口汽温测点等，并送入计算机数据采集系统。此外，还应考虑装设记录型炉膛负压表。（6）制造厂应对冷灰斗的积渣和出渣系统的出渣增加必要的监测手段，包括增加必要的炉膛看火孔，以便检查锅炉结渣情况。（7）制造厂应对不符合安全要求的厂房结构、安全设施、通道、门、走、平台和扶梯等进行改进，如大门不能采用卷帘门，看火孔附近要有平台等。（8）切实加强燃煤管理。电力部和其他上级有关部门应共同解决锅炉燃煤的定点供应问题。电厂要加强对入厂煤、火炉煤的煤质分析和管理，完善配煤管理技术。（9）电厂应严格执行运行规程，加强对锅炉的运行分析和管理工作。应及时提出锅炉运行情况的分析意见和异常工况的应急措施。

（四十六） 河南省郑州市食品添加剂厂爆炸事故

1993 年 6 月 26 日，河南省郑州市食品添加剂厂发生爆炸事故，死亡 27 人，受伤 33 人，经济损失 300 万元。

事故当日是周末，该厂的职工们还在想着如何过个愉快的星期天。16 时 15 分左右，该厂仓库内的 7 吨多过氧化苯甲酰发生爆炸。随着巨响，一股黑烟夹着火球瞬时就升上了天空，在空中形成一团黑蘑菇云。爆炸所产生的猛烈的气浪和冲击波，冲倒了厂房和院墙，随即被气浪掀起的砖头瓦块以及遇难者的残肢从天而降。浓烟尘土散尽，3700 多平方米的建筑物已成平地，相邻的企业也受到灾害。救援人员从现场找到 27 名遇难者的残骸，其中有该厂厂长和 14 名职工，以及 8 名民工、2 名附近的居民、1 名来该厂订货的客户。27 名遇难者中年岁最大的 62 岁，最小的 18 岁。其中有 5 位青年农民，他们头一天来厂干活，就遭此横祸。此外还有 33 人受伤。

该厂的本质安全条件极差，厂房设计弊端多，工艺设计不完善，厂房布局不合理。该厂产品的主要成分过氧化甲酰，属甲类易燃易爆物质，遇明火、摩擦、撞击会发生爆炸。其原料之一的双氧水，也属甲类易燃易爆物质。但该厂的生活区、一般生产区和危险品生产区没有按要求划分，厨房就设在厂内。该厂项目的施工图纸不符合规定，工艺文件也不齐全，安全生产的内容几乎空白，同时一些生产设备的选型也存在问题，在事故发生前一些设备在生产过程中已发生过燃烧。另外该厂在厂房施工中任意更改图纸，降低防爆标准，厂内也找不到消防设施。这些严重的事故隐患，说明有关领导的安全意识极为淡薄。

该厂安全管理混乱。该厂既没人负责安全生产，也无安全管理制度，更没有对职工进行过任何安全生产培训教育。仓库内安全管理混乱，混存混放的现象十分严重。人员随便出入。更严重的是仓库与办公室混用，而且对职工随便吸烟无任何限制。上述问题反映出有关领导对安全生产麻木不仁，职工的安全素质极差。正如郑州市的一位领导所言：这次爆炸今天不发生，明天也要发生。

这次事故暴露出一些企业在经济建设中存在许多严重忽视安全生产的问题，教训极为深刻。（1）在经济建设中，不能只求效益，而不讲安全。郑州食品添加剂厂为获取高额利润，竟然不顾厂内存在严重隐患，组织大批量生产，导致了这场重大爆炸事故。（2）该厂无人负责安全生产工作。在这种危险性很大的企业，安全生产应是企业的生命，否则，必然会发生事故。（3）高新技术开发区的建设更要注重安全生产工作。很多地区开辟了不少高新技术开发区，对吸引外资，把高新技术尽快运用于工业生产，起到了十分显著的作用。但在安全生产方面，同样不能忽视。首先在立项审批上就要严格把关，在安全生产上有问题的项目，坚决不能草率上马。

（四十七）京广线第 163 次旅客列车与 2011 次货车追尾事故

1993 年 7 月 10 日 2 时 55 分，郑州铁路局洛阳列车段担当的由北京开往成都的 163 次旅客列车，在运行至京广线新乡南场至七里营之间 608 千米+950 米处时，与前行的 2011 次货车发生追尾事故，造成 40 人死亡（其中乘务人员 32 人，旅客 8 人），48 人受伤（其中 9 人重伤）；机车中破 1 台，客车报废 3 辆，小破 15 辆；货车报废 1 辆，大破 2 辆；中断京广线正线行车 11 小时 15 分。

7 月 9 日下午，京广线安阳至广武间受暴风雨倒树的影响，导致铁路自动闭塞供电设备停电，打乱了正常的铁路运输秩序。郑州铁路分局调度员周某于 21 时 40 分下达了第 1828 调度命令：在新乡南场至老田庵各站停止基本作业法，改用特定闭塞法。23 时 50 分，周某又下达命令，将原 1828 调度命令内容改为七里营至老田庵各站间，停止基本闭塞法，改用特定闭塞法。从 23 时 55 分开始，新乡办理了9列客车闭塞。7月10日2时15分，2011次货车从新乡南场开出，由于七里营站满线，该列车在新乡南场至七里营间运缓。2时40分，163次旅客列车从新乡南场开出，担当这次乘务的北京铁路局石家庄铁路分局石家庄机务段司机王某、副司机刘某，在接到1828调节命令后，未经确认，错误理解命令内容，将新乡南场至七里营启动闭塞区间误认为是特定闭塞区间，并擅自关闭了机车信号和自动停车装置，运行中精神不集中，遇黄灯不减速，遇红灯不停车，时速达80千米/小时左右，在距离2011次列车尾部约百米处发现前方有车时，已错过制动时机，致使163次与2011次追尾冲突。

事故原因：北京铁路局石家庄铁路分局石家庄机务段司机王某、副司机刘某，错误理解调度命令的内容，擅自关闭机车信号和自动停车装置，严重违章蛮干，玩忽职守，遇黄灯不减速，遇红灯不停车，致使客货列车追尾冲突；石家庄机务段干部添乘制度不落实，对铁道部提出的"夜间客运机车列列有干部添乘"的要求执行不坚决，措施不得力，对石家庄至郑州间实行继乘的18对列车未安排干部添乘，没能防止事故的发生，这是构成事故的发生的间接原因之一；郑州铁路分局调度所主任调度员周某未认真执行"调规"中有关发布调度命令的规定，发布命令不严肃；新乡车站有关人员执行制度不严，这也是促成事故发生的间接原因之一。

责任追究：司机王某、刘某是事故的直接责任者，其行为均已触犯刑律，构成交通肇事罪，分别被判有期徒刑6年和3年零6个月。同时铁路部门对负有管理、领导责任人的郑州分局调度所主任、调度员周某等人予以了行政处分。

吸取事故教训，防止同类事故再次发生的措施：铁道部要求运输局会同有关部门组织力量尽快研究解决无守车列车尾部设置醒目标志问题；争取在两三年内解决跨局直快以上等级客车不用宿营车作隔离车的问题，局管内客车的隔离车问题由各局自行解决；各局测算出靠近铁路线危及行车安全、需砍伐的树木数量，确定需补栽的树种，向所在地省、市、自治区林业绿化部门汇报，逐步解决；京广、京哈、京沪三大干线上的有人看守道口全部上齐自动信号，其他有人看守道口逐年解决。对跨局运行的机车乘务员适当增加备用班次和备用人员，增加换乘班次，适当增加乘务员换乘点；1994年把铁路大枢纽中客运机车和货运机车混合段分开；拟成立铁路运输安全研究所。

（四十八）山东省临沂市罗庄镇朱陈公司龙山煤矿透水事故

1993年8月5日9时30分，山东省临沂市罗庄镇朱陈公司龙山煤矿发生特别重大透水事故，致使井下59名矿工遇难身亡。

龙山煤矿原是临沂矿务局朱陈煤矿 1958 年筹建，1960 年投产，开采 28 年，共产原煤 184.9 万吨。1987 年下半年统配煤矿认为剩余储量继续开采经济效益较小，终止生产，并于 1988 年 5 月 25 日移交给朱陈东南村。全矿有职工 330 人，其中技术管理人员 21 人。

1993 年 8 月 4 日 16 时 30 分，罗庄镇开始降雨，到 8 月 5 日 7 时，累计降雨 116 毫米。矿长曹宝河召集分管安全生产的副矿长乔桂友、分管机电的副矿长曹宝友、分管后勤的副矿长周云山、总技术员周柱等商量防洪问题。周柱提出，雨下大了，应组织人员下井闸堰堵水，保中央泵房。曹宝河安排周云山、曹宝友负责下井闸堰堵水；乔桂友、周柱负责检查井下作业面上的情况，并提出加大泵房排水量，能保就保，不能保就撤人。同时，也安排地面防洪站排水，随后组织 31 人下井。7 时 30 分左右，在西大巷曹宝河对正在闸堰的乔桂友说："乔矿长你上去吧，领导班子都下来了，上面没有领导也不行。"乔矿长说："大哥，你上去吧"。然后曹宝河在大巷处看了看，大约 8 时 50 分，曹宝河与打完堰的 5 名矿工乘罐上井，当罐笼升至半腰时，突然停电，罐笼停住，龙山矿配电室工作人员葛希增把供电线路从 769 线倒在备用的 367 线上，用 367 线路供电，将罐提到离井口 1 米左右处时，又停电了，曹宝河和 5 名矿工从罐笼中被拉到地面。当时井下还有 63 人。60 人于 8 时 50 分左右撤到一水平运输大巷的 55 绞车房。此时巷道水到膝盖。跟班技术员张兆田在绞车房门前问总技术员周柱："水怎么样？"周柱说："三天三夜也灌不满，你们不要惊慌。"过了一会儿，张兆田从绞车房到马头门看看怎么还不来电，遇大水回不了绞车房，攀立井杠梁爬到井上。另外三人周云山、曹宝友、高振永没有到 55 绞车房。周云山、曹宝友从中央泵赶到马头门时，水深 1 米左右，听到东边声音很大，并有一股凉气冲来，二人翻上了罐顶。高振永在中央泵房门打完堰直接到了井底大门南侧，水涨得很快，水流很急，深 1 米多，听到很大的声音，并看到北侧张兆田抓着电缆往上爬，他随即窜到北侧也抓住电缆往上爬，这时水满了大巷。约 9 时 30 分，整个矿井被淹，59 名矿工遇难。

事故发生后，经过 170 天的昼夜奋战，新钻排水井 6 眼，清理和挖疏排水沟 6750 米，安装排水管道 3100 米，围堵古井 20 个，新架高压输电线路 2500 米，安装变压器 6 台，共排水 190 万立方米，修复巷道 1750 米，清理井下淤积物 6183 立方米，累计用工 6 万多个，耗资 1346 万元。到 1 月 22 日，先后在主、副暗斜井 15-2 巷道、-176 米大巷中找到 59 名遇难矿工尸体。抢险现场证明，矿区地面大量积水，主要通过突然陷落的隐蔽古井，以 100 多米的落差泻入三层煤老空区，通过老空区、老巷道汇集到东大巷，涌入井底，瞬间淹没了矿井，致使井下遭到极为严重的破坏。一水平提升、供电、排水、通风、生产等系统的设备全部被冲毁，500 米巷道支护全部被破坏，淤积达 60% 以上，其中有 100 余米全部淤积，55 绞车房中操作台被冲毁，55 千瓦电机被冲进暗斜井，绞车房内的水泥地面被冲出深 1 米、面积达 6 平方米的大坑。210 米长的主、副暗斜井的支护、轨道、排水管路、供电线路全部被冲走，底板被冲去 20 厘米，顶板多处冒落，冒落最严重的一段形成一个长 13 米、宽 11 米、高 8 米的大洞，巷道淤积达 50% 以上。

导致这次事故的原因：（1）降雨量大，又过于集中。8 月 4 日 16 时 30 分至 5 日 12 时，罗庄镇降雨 370 毫米，而且降雨过程集中在 8 月 5 日 7—12 时，并伴有大风。罗庄镇北面相邻的盛庄镇降雨量达 539 毫米，地面积水从北向南涌入矿区；矿区南部小涑河上游岑石、大岭、义堂等乡镇平均降雨都在 357 毫米以上，致使小涑河水位暴涨，河堤多处决口，洪水漫溢，顶托小黑河水向北倒灌（即向矿区倒流），造成矿区范围内积水深达 1.5 米左右。（2）隐蔽古井突然下陷。这是造成淹井事故的主要原因。该矿区从清代就开始挖煤。因年事久远，留下了许多隐蔽古井，这次塌陷的大部分古井在庄稼地里，从未被人发现过。隐蔽古井在地面积水的压力下，突然下陷，汇成巨大的涡流泻入井下；塌陷暴露的 20 处古井形成的漏斗口直径 8 米以上的 5 处，1.5～8 米的 8 处，1.5 米以下的 7 处，斑纹一处长 15 米，宽 5～7 厘米。（3）由于特大暴风雨袭击，输电线路被破坏，造成了停电，失掉了提升部分人员上井的可能和机会。（4）该矿过高地估计了自己的防洪能力，对突发性特大自然灾害没有预料到。1993 年以来，该矿在防汛上做了大量的工作，新增 300 千瓦水泵一台，使总排水量由原来的每小时 780 立方米增加到每小时 1140 立方米，清理了 30 万立方米的老空区，作为备用水仓，并准备了草袋等防洪物资，其他装备等条件也较好。但这次自然灾害超出了他们的预料。

吸取事故教训，改进安全生产措施：龙山煤矿事故是中华人民共和国成立以来临沂地区矿山开采史上最严重的一次事故，教训极其深刻。它告诉人们，在煤矿生产中必须始终不渝地贯彻落实"安全第一、预防为主"的方针，不仅要做好正常情况下的防洪准备，而且要有防止突发性和特大自然灾害的估计。事故发生后，临沂地区采取一系列措施：（1）对龙山煤矿一方面积极组织力量，千方百计抢险救人，另一方面狠抓了抢险过程中的安全问题。对矿区范围内已暴露的古井进行了处理；在抢险任务重、时间长、情况十分复杂的条件下，安全顺利地完成了任务。（2）以龙山煤矿事故为教训，在全区普遍进行安全生产教育。及时召开了由各县市和有关部门单位负责人参加的会议，通报了龙山煤矿事故情况，就安全生产问题进行了专题研究和部署，在全区范围内普遍进行了一次安全教育；集中对地方煤矿的矿长、技术员、安全员、特殊工种的人员分别进行教育培训，参加人员达 1500 多人次；围绕安全生产多次研究并先后下发了 3 个文件，提出具体要求。(3) 对地方煤矿停产整顿。从 1993 年 10 月 13 日对全区 62 处乡镇煤矿按照《小煤矿安全规程》进行全面停产整顿。整顿一个、合格一个、恢复生产一个。收回"三证"、关闭的煤矿 23 处，同时还取缔了 50 处私开煤井。(4) 进行了安全生产大检查。采取县市和基层自查与地区抽查相结合，面上普查与检查重点行业单位相结合。专门组成了由 3 名专员为团长的 28 人参加的检查团，深入厂矿企业等基层单位检查。主要是检查了领导重视程度、机构设置、具体防范措施的落实以及对重大隐患排查、整改情况。重点对矿山、建筑、液化气石油充装站、"三资"企业、锅炉压力容器、易燃易爆物品等进行了专项检查，边检查、边整顿、边落实。

(四十九) 广东省深圳市安贸危险物品储运公司清水河化学危险品仓库爆炸火灾事故

1993 年 8 月 5 日 13 时 26 分，广东省深圳市安贸危险物品储运公司清水河化学危险品仓库发生爆炸火灾事故，造成 15 人死亡，200 多人受伤，其中重伤 25人，直接经济损失超过 2.5 亿元。

安贸公司是中国对外贸易开发集团公司下属的储运公司与深圳市危险品服务中心联营企业，也称安贸危险品储运联合公司。清水河化学危险品仓库位于深圳市东北角，爆炸地点清水河仓库区清六平仓占地面积约 2000 平方米。该平仓原为干杂货仓库，不符合储存危险物品仓库的有关安全规定，被安贸公司违规改作化学危险品仓库。

事故发生当日 13 时 10 分，清水河化学危险品仓库 4 仓库的管理员发现仓内堆放的过硫酸铵冒烟、起火，因消防设施无水，用灭火器灭火没有扑灭。打 119电话报警，打不通。于是，保安员赶紧截住一辆汽车前去笋岗报警。深圳市公安局消防处值班员接到报警后即调笋岗消防中队的消防车前往灭火。当消防车开出后不久 (13 时 26 分)，4 仓内堆放的可燃物发生了第一次爆炸，彻底摧毁了 2、3、4 连体仓，强大的冲击波破坏了附近货仓，使多种化学危险品暴露于火焰之前。市消防处负责人听到爆炸声，首先想到临近的液化气罐库，于是就立即调动最近的几个消防中队火速赶到现场。15 分钟内，5 个消防中队的 11 台消防车就到着火点。消防处领导在现场迅速成立火场指挥部，对参战中队的指战员进行战前动员，同时制定应急措施。全体消防队员奋不顾身地站在火海前英勇奋战。由于危险品处于持续被加热状态，约 1 小时后，在 14 时 27 分，5、6、7 连体仓发生第二次爆炸。爆炸冲击波造成更大范围的破坏，爆炸后的带火飞散物（如黄磷、燃烧的三合板和其他可燃物）使火灾迅速蔓延扩大，引燃了距离爆炸中心 250 米处的木材堆场的 3000 立方米木质地板块、300 米处 6 个四层楼干货仓、400~500 米处 3 个山头上的树木。同时，距离现场最近的几位消防指战员英勇牺牲，很多人负伤。经过近万名公安消防、边防武警和解放军防化兵 16 个小时的奋勇扑救，于 8 月 6 日 5 时许，大火基本被扑灭。这次爆炸火灾事故使清水河仓库区清六平仓中的 6 个仓（2~7 仓）被彻底摧毁，现场留下两个深 7 米的大坑，其余的 1 仓和 8 仓遭到严重破坏，造成 15 人死亡，200 多人受伤，其中重伤 25 人，直接经济损失超过 2.5 亿元。紧挨清六平仓的存有 240 吨双氧水的仓库和存有 8 个大罐、41 个卧罐的液化气站及刚运到的 28 个车皮的液化气、1 个加油站未发生爆炸。否则，对深圳市将会造成更大的损失。

事故发生后，社会各界及国际舆论反应强烈。党中央、国务院十分关切。国务院副总理邹家华带领有关人员迅速赶赴事故现场，对抢险救灾、事故调查及善后处理作了重要指示和全面部署。劳动部根据国务院发布的《特别重大事故调查程序暂行规定》，组织了"8·5"事故国家调查专家组，对事故进行了调查。

导致这次事故的原因分析：（1）起火物质。根据调查证实，此次事故是由清六平仓 4 仓东北角首先冒烟、起火，然后蔓延成灾。安贸公司提供的事故前 4 仓内存放的货物名称、数量和位置，以及当事人提供的证词，均言证 4 仓内的"过硫酸钠"首先冒烟、起火。调查组对此提出怀疑和异议。经追查有关票据，得知 4 仓东北角存放的是过硫酸铵，而不是"过硫酸钠"。根据过硫酸铵的特性，它先起火是可能的。（2）起火、爆炸原因。当事人和建筑图纸提供的信息：事故当天 4 仓内无叉车作业；库区禁烟禁火严格；仓内通风尚好；电器防爆也未发现问题。因此，调查组认为 4 仓内货物自燃、电火花引燃、明火引燃和叉车摩擦撞击引燃的可能性很小，而忌混物品混存接触反应放热引起危险物品燃烧的可能性很大。因为，4 仓内还存有大量硫化碱等物品。经过实验证明，过硫酸铵遇硫化碱立即产生激烈反应，放热。因此，4 仓内强氧化剂和还原剂混存、接触，发生激烈氧化还原反应，形成热积累，导致起火燃烧。4 仓的燃烧，引燃了库区多种可燃物质，库区空气温度升高，使多种化学危险品处于被持续加热状态。6 仓内存放的约 30 吨有机易燃液体被加热到沸点以上，快速挥发，冲破包装和空气、烟气形成爆炸混合物，并于 14 时 27 分发生燃爆。爆炸释放出巨大能量，造成瞬时局部高温高热，出现闪光和火球，引发该仓内存放的硝酸铵第二次剧烈爆炸。爆炸核心高温气流急速上升，周围气体向这里补充，形成蘑菇状云团。因此，专家组认定，清水河的干杂仓库被违章改作化学危险品仓库及仓内化学危险品存入严重违章是事故的主要原因。干杂仓库4仓内混存的氧化剂与还原剂接触是事故的直接原因。"8·5"特大爆炸火灾事故是一起严重的责任事故。

这次事故暴露出深圳市在城市建设中存在许多重大安全问题，教训极为深刻。（1）深圳城市规划忽视安全要求，深圳市政府没有认真贯彻"安全第一，预防为主"的方针，安全意识淡薄，对清水河仓库区的总体布局未按国家有关安全规定进行审查，使易燃、易爆、剧毒化学危险品仓库，牲畜和食物仓库以及液化石油气储罐等设施，集中设置在与居民点和交通道路不符合安全距离规定的区域。存放化学危险品的清六平仓离繁华市区的国贸大厦仅4.2千米，煤气储运站建在居民住宅小区，与清六平仓水平距离仅300多米，严重威胁着深圳市的安全。深圳市缺水长期未得到解决，这次事故由于消防无水，失去了火灾初期的灭火良机。（2）不按国家有关规定审批成立公司，失察失职。深圳市政府未按国家颁布的有关安全法规的规定对申办安贸危险品公司的报告进行严格审查，就以深府办〔1990〕688《关于成立深圳市安贸危险物品储运公司的批复》批准成立安贸公司。1989年清理整顿公司时，市政府在深府〔1989〕361《关于对市属党政机关七十四家公司（企业）撤并的处理决定》中曾明确："深圳市爆炸危险品服务公司、深圳市消防器材技术中心合并后移交给行业公司管理"，但实际是既没合并，也没移交，市政府对此也没有进行检查。在公安部门如何防止火灾火险工作方面，市政府监督检查也很不得力。（3）深圳市公安局执法不严，监督不力。市公安局作为民用爆炸物品发放许可证的政府主管部门，未按规定严格审查，就给安贸危险品公司发放"广东省爆炸物品储存许可证""剧毒物品储存许可证""深圳市爆炸品、危险品接卸中转许可证"，使该公司在不具备国家规定的安全条件下，经营民用爆炸物品合法化。对清六平仓严重火灾隐患，深圳市公安局消防部门于1991年2月13日曾发出火险隐患整改通知书，要求："储存爆炸危险物品的仓库应立即停止使用，储存的爆炸性危险物品应在2月20日前搬出，否则按有关规定严肃查处"。但此后再未进行任何督促整改和安全检查，致使重大隐患未能消除而发生事故。（4）执法监督部门不严格履行监督职能，为下属公司控制化学危险品经营开方便之门。安贸危险品储运公司是中国对外贸易开发集团下属的储运公司与深圳市爆炸危险物品服务公司联合投资建立的。爆炸危险物品服务公司是市公安局派出的。该公司在安贸公司中占有20%的股份。合作经营合同规定，安贸公司由中贸发公司承包经营，爆炸危险物品服务公司负责"向深圳市政府申请办理登记注册、领取经营许可证、营业执照等事宜"，"组织并提供充足的储存货源"等。1991年2月6日起，凡是进入特区内的化学危险物品，一律存放在深圳安贸危险物品储运公司仓库保管。原批准给各单位的危险物品仓库暂停使用，现库存化学危险物品必须在 2 月 13 日前调回安贸危险物品储运公司仓库保管。"对集中后的危险物品需要提取的，需经市公安局业务管理部门同意，凭运输证到安贸危险物品储运公司办理提、运手续。对违反此规定的，一经发现，将根据《治安管理处罚条例》和《化学危险物品安全管理条例》给予处理"。安贸公司凭借和公安局的这种特殊关系，在化学危险品储运中，长期不符合安全要求，严重违章混存化学危险品，以致发生爆炸火灾事故。（5）安贸公司为获得经营化学危险品的许可，弄虚作假，欺骗上级领导机关。1990 年深圳市爆炸危险物品服务公司和中贸发（集团）储运公司合作经营安贸公司，为谋取高额利润，在给市政府的可行性研究报告中，未真实反映情况，有意把不符合安全规定的干杂货平仓说成是符合安全规定的危险物品仓库，骗得了经营化学危险品储运的许可证。（6）安贸公司安全管理混乱，冒险蛮干。在危险品仓库管理方面，安贸公司不按审批存放的危险品种类规定，严重混存各类化学危险品。货物到达才临时指定仓库堆放地点的现象时有发生，仓管员和搬运工仅根据仓库剩余空间大小决定存放地点和存放方式，混存混装习以为常。危险品接卸过程，不按规范化程序执行。安贸公司在接到火险隐患通知书后，不按通知要求整改，未将重大隐患消除。这种疏于管理、违章指挥、违章作业、有令不行、有禁不止的行为决定了发生事故的必然性。

（五十）青海省海南藏族自治州共和县沟后水库溃坝事故

1993 年 8 月 27 日 22 时 40 分左右，青海省海南藏族自治州共和县沟后水库发生垮坝事故，死亡（失踪）328 人，直接经济损失 1.53 亿元。

沟后水库于 1985 年 5 月经国家计委同意，由青海省计委批准立项。建设单位为青海省共和县政府。陕西水利电力土木建筑勘测设计院设计，铁道部二十局施工。工程初步设计于 1985 年 4 月由青海建设厅主持审查并批准。水库设计总容量为 330 万立方米，正常洪水位、设计和校核水位均为 3278 米，坝型为砂砾石面板坝，为灌溉水利枢纽，是四等小型工程。水库工程于 1985 年 8 月正式动工兴建，1989 年 9 月下闸蓄水，1990 年 10 月竣工，1992 年 9 月由青海省建设厅主持通过竣工验收。从 1990 年 10 月水库建成至垮坝前，先后蓄水运行四次。垮坝前，水位在 3261～3277 米间持续运行 43 天。垮坝当天中午 12 时左右实测水位为 3277 米，21 时水库值班员在值班室突然听到大坝处如闪雷巨响，随后又听到很大的流水声和滚石声音，看见坝上石头滚动撞击的火也紧接着在下游坝脚听到坝上明显的流水声，且声音越来越大，直至 22 时 40 分左右大坝溃决。23 时

45 分左右，洪水冲到水库下游 13 千米处的有 3 万人居住的海南州州府暨共和县县府所在地恰卜恰镇。溃坝洪水最大流量为 2780 立方米/秒；至恰卜恰镇的最大洪水流量为 1290 立方米/秒；下泄水量约 268 万立方米。由于大坝馈决发生在深夜，巨洪水下泄集中，超过汛期设防标准的 5 倍以上，造成巨大的灾难性的损失。经核实，找到遇难者尸体 285 具，失踪者 40 人。恰卜恰、曲沟两乡和恰卜恰镇的 13 个村，38 个国营集体单位受灾。其中遭受毁灭性灾害的单位 13 个；受灾农民、牧民、居民、职工群众 521 户，2837 人，摧毁和严重损坏房屋 2932 间；毁坏农田 1.37 万亩，人畜饮水主管道 35 千米，水工建筑物 405 座，公路 26.3 千米，农灌渠道 50 千米，输电线路 10 多千米，公路桥梁 3 座，以及一些城镇基础设施、文教卫生设施；恰卜恰镇河西地区 1.2 万居民的自来水供水系统完全毁坏、直接经济损失 1.53 亿元。

事故原因：水利部专家组和青海省政府联合组成了垮坝事故调查组，经调查确认：水库垮坝是由于钢筋混凝土面板漏水和坝体排水不畅造成的。是一起严重的责任事故。经查铁道部二十局在施工中存在较严重的质量问题：混凝土面板有贯穿性蜂窝；面板分缝之间有的止水与混凝土连接不好，甚至脱落；防浪墙与混凝土面板之间仅有的一道水平缝止水，有的部位系搭接，有的部位未嵌入混凝土中；对防浪墙上游水平防渗板在施工中已发现的裂缝，错误地采用抹水泥砂浆的方法处理，达不到堵漏效果。以上施工质量问题导致水库蓄水后面板漏水、浸润坝体。陕西水利电力土木建筑勘测设计院对坝体未设置排水，加之选用的坝体填料渗水性不好，致使坝体排水不畅，浸润线抬高逐步饱和，塌陷垮坝、水库施工中的严重质量问题和坝体设计上的缺陷，给水库留下了致命的隐患是垮坝的主要原因。共和县及其水库工程建设指挥部工程管理经验严重不足，水库前期工作管理混乱，先后参加勘测、设计的单位达五家之多，未能妥善衔接和协调配合；对施工质量没有认真地检查监督，在防浪墙与面板结缝施工中已发现裂缝的情况下竟同意施工单位用砂浆填塞的错误方法处理。水库建成运行后，管理制度及预警设施不完善，制度执行不严，有的管理人员长时间脱岗，未能有效履行职责；防汛行政首长负责制落实不认真，对恰卜恰河行洪区清障工作决心不大，措施不力，以上问题是一种严重的失职行为，对造成事故损失负有重大责任。

责任追究：海南州的有关领导和部门在州内重点工程沟后水库的建设和运行过程中，疏于管理、督促检查不严，对造成事故损失负有领导责任。青海省城乡建设环境保护厅作为设计主审和验收单位，缺乏水利工程建设管理经验，又没有邀请到有经验的专家提供帮助。在先后两次设计审查时，均未发现大坝设计中的缺陷和失误；主持竣工验收时，对防浪墙上游水平防渗板的裂缝等施工质量问题，特别是对下游坝坡在较高部位发现的渗水溢出现象，未引起足够认识，错误地对大坝工程冠以"优良"等级、对造成事故负有重要责任。这起事故的发生以至造成惨重的人员伤亡，施工、设计、建设、管理等有关部门和单位负有不容推卸的责任，省政府对沟后水库运行管理中及州、县防汛工作中存在的许多工作不落实的问题负有领导责任。

吸取事故教训，改进水库安全工作措施：加强宣传教育，提高全民水患意识，树立居安思危、有备无患、长期防洪抗灾思想；强化管理，研究改进水利工程建设管理体制，严格工程质量监督和检查验收，确保项目决策的科学性和工程运行的可靠性；坚决贯彻执行各项水利法规，坚持以法治水、以法管水。严格实行各级政府行政首长负责制，加强督促检查，做到令行禁止，保证政令畅通并真正落实到基层；认真落实"安全第一、预防为主"的安全生产方针，尽快消除蓄水工程各类隐患。

（五十一）黑龙江省鸡东县保合煤矿瓦斯煤尘爆炸事故

1993年10月11日19时5分，黑龙江省鸡西市鸡东县保合煤矿一井发生瓦斯爆炸事故，死亡70人，直接经济损失300万元。

保合煤矿于1974年4月建矿，共有两对片盘斜井，设计能力分别为年产6万吨、3万吨，实际生产能力达12万吨，属地方国有企业。一井走向长1280米，倾斜长800米，平均倾角14度。开采单一煤层，采高2米，为高沼气矿井，矿井相对沼气涌出量为39.7立方米/吨，煤尘爆炸指数为39.7%，具有煤尘爆炸危险。通风方式为中央并列式通风，地面安装有两台主要通风机（一台备用），斜井提升，采用单钩串车提升方式，有2.5米绞车一台，平巷运输采用1吨矿车。该矿井曾于1991年1月2日发生过一次死亡53人、伤12人的瓦斯爆炸事故。

1993年10月11日下午四点班，井下71名作业人员准时于16时入井，19时5分，全矿停电，随即井口突然发生一声巨响。该矿矿长尹某在听到响声后，急忙赶到井口，发现井口冒出黄烟。

导致这次事故的直接原因是在右10上山掘进工作面通风机停风造成瓦斯积聚，开帮爆破时母线短路产生火花，引起瓦斯爆炸，并有煤尘参与爆炸。主要原因有7个方面：（1）该井爆破工作管理不力。爆破人员没有按《煤矿安全规程》的有关规定，进行炮前检查，爆破线严重裸露，造成爆破线短路引起火花。（2）乱采乱掘，通风设施管理制度不完善。矿级没有专管通风工作的技术人员；井级通风技术与通风管理体制不合理；主要通风机司机素质差，事故后主要通风机空转，造成灾害扩大。（3）瓦斯煤尘管理混乱。瓦斯检查员培训不足，当班遇难瓦斯检查员无证上岗；井下无消尘洒水系统，同时也没有采取清洁岩帮措施，违反《矿山安全法》及《煤矿安全规程》规定，致使煤尘参与爆炸。（4）严重忽视安全生产工作，没有认真吸取"1·2"事故教训，致使同类事故重复发生。该矿井曾于1991年1月2日发生过一次死亡53人、伤12人的瓦斯爆炸事故，伤亡惨重，损失巨大，但该矿领导没有认真从这起特大事故中吸取教训，仍然不重视安全生产工作，仍然冒险盲干，仍然违法违规开采。没有按规定编制矿井灾害预防计划，违反《矿山安全法》及《煤矿安全规程》规定；不按规定配备自救器，致使事故发生后井下人员不能自救；井下没有按规定设置隔爆设施；矿井二段扩建未经正规设计部门设计，未经劳动、工会、卫生等有关部门、单位审查就擅自剪彩验收。（5）对有关部门检查提出的问题整改不认真，措施不落实。1991年12月省、市劳动局矿山监察机构，1993年3月省煤管局分别到矿检查，对该井提出了：工程摆布不合理、通风系统混乱、井下消尘洒水不到位、隔爆设施没配备、自救器数量不足且没有随身携带等问题都没有得到解决。（6）劳动纪律管理松弛，井下瓦检、安检人员脱岗。（7）行业主管部门安全管理职能作用发挥得不充分。工作中诸如"三同时"审查、规程审批兑现等问题没有解决。

对事故责任人员的处理情况：安检员刘某，当班脱岗，是本次事故直接责任者，提交检察机关立案调查；井长杨某，对井下生产组织混乱，局部通风机停风，对工人违章爆破负有主要领导责任，给予行政撤职处分，提交检察机关立案调查；生产副井长卢某，对井下生产组织混乱负有直接领导责任，给予行政撤职处分，提交检察机关立案调查；通风科长孙某，对井下通风系统混乱，瓦斯煤尘管理失控负有直接责任，给予行政撤职处分，提交检察机关调查；副矿长韩某，主管矿井生产、技术、通风、安全工作，对矿井技术、通风、安全工作领导不力，是本次事故直接领导责任者，给予行政撤职处分，提交检察机关立案调查；副矿长王某，主管矿井机电工作，事故后主要通风机不能正常运转，致使灾害扩大，负有主管领导责任，给予行政记大过处分；矿长尹某，是安全生产第一责任者，对矿井安全生产领导不力，矿井安全工程与扩建工程没有同时施工、投产，负有主要责任，给予行政撤职，并建议党内给予相应的处分；县煤炭局总工程师王某，对矿技术与安全工作指导不力，对该矿井生产技术管理混乱，长期无救灾计划负有领导责任，给予行政记过处分；县煤炭局局长王某某，是行业管理第一责任者，对该矿井长期存在通风、生产等方面隐患负有领导责任，给予行政记过处分；副县长李某，主管工业生产，对该矿井扩建工程擅自投产负有领导责任，给予行政记过处分；县长朱某，是县安全生产第一责任者，负有主要领导责任，给予行政警告处分；鸡西市副市长邓某，主管全市工业工作，对这起事故负有主管领导责任，给予行政警告处分。

（五十二）广东省深圳市葵涌镇致丽工艺制品厂火灾事故

1993 年 11 月 19 日 13 时 25 分，广东省深圳市龙岗区葵涌镇致丽工艺制品厂发生火灾事故，死亡 84 人（其中女 82 人，男 2 人），重伤 20 人，轻伤 25 人，烧毁厂房 1600 平方米和一批原材料、设备等，直接经济损失 260 多万元。

致丽工艺制品厂是一家由港商劳某租用葵涌村厂房办的独资企业。该厂的厂房是一栋三层钢筋混凝土建筑物，建筑面积 2166 平方米。一楼是裁床车间兼仓库，库房用木板和铁栅栏间隔而成。库内裱海棉、嗜士布等可燃物堆放高达 2 米。通过库房顶部并伸出库房搭在铁栅栏上的电线没有套管绝缘。总电闸上用两根 2.5 毫米粗的铜丝代替保险丝。二楼是手缝和包装车间，西头有办公室；厕所被改作厨房，放有两瓶液化气。三楼是制衣车间。该厂实行封闭式管理。两个楼梯，东边一个用铁栅栏隔开，与厂房不相通；两边的楼梯平台上堆放了杂物。楼下四个大门有两个被封死，一个被铁栅隔在车间之外。职工上下班只能从西南方向的大门出入，通过一条用铁栅围成的只有 0.8 米宽的狭窄通道并打卡。全部窗户安装了铁栏杆加铁丝网。该厂安全管理混乱，对员工的安全培训不到位，致使有的员工不懂基本的安全知识，不会使用消防栓和灭火器等最基本的安全设施及器材。

事故发生当日 13 时 25 分，该厂厂房一楼东北侧仓库布料堆垛突然起火，起火初期，火势不大，部分职工试图拧开消防栓和使用灭火器扑救，但因不懂操作而未能见效。在一楼东南角敞开式的货物提升机的烟囱效应作用下，火势迅速蔓延到二楼，波及三楼。一楼的职工全部逃出。正在二楼的厂长黄某不组织工人疏散，自己打开窗户爬绳子逃命。二三楼近 300 名职工在无人指挥的情况下慌乱下楼逃生。对着楼梯口的西北门被封死，职工下到楼梯口，要拐弯通过打卡通道才能从西南门逃出。由于路窄人多，互相拥挤，浓烟烈火，视线不清，加上燃烧的化纤物散发出大量有毒气体，许多职工被毒气蒸倒在楼梯口附近，造成重大伤亡。

导致这次火灾事故的直接原因：（1）电线短路引燃仓库中的可燃物而蔓延成灾。由于可燃物在燃烧时产生有毒气体，而厂房的疏散通道不畅通，工作场所人员密度大，平时没有进行消防教育和演练，致使大量职工不能及时从火场撤出而中毒窒息，造成重大人员伤亡。致丽厂违章安装电器设备，电源开关没有使用保险丝，电线没有套管绝缘，并在电源线下堆放大量可燃物，致使电线短路时所产生的高温熔珠喷溅到下方的货堆上，引燃了裱海棉、嗜士布等可燃物品。这是火灾的直接原因。（2）该厂在车间内设置仓库，用可燃物（木板）作隔墙，致使仓库内着火后迅速烧过隔墙燃向仓库外，加之厂方没有对职工进行安全防火教育，职工自救能力差。起火后厂长只顾自行逃命，没有组织灭火，未能在起火初期将火扑灭。这是火灾迅速蔓延扩大的主要通风机原因。（3）该厂封闭了厂房楼梯的安全出口，在疏散通道堆放货物，车间员工密度过大，火灾时无法迅速撤离现场，滞留在厂房内的员工吸入有毒烟气中毒窒息致死。

间接原因分析和责任追究：（1）致丽厂存在的问题及责任追究。①无视国家安全生产法规，雇用无证电工，电线电器安装不符合安全要求，长期超负荷用电；厂房与仓库混用，在电源线下堆放大量可燃物品；堵塞消防通道，车间人员密度过大，没有建立防火安全制度和义务消防队。②违反消防管理条例。该厂接到火险隐患整改通知书后，只作了部分整改，重大火险隐患没有消除，却采取行贿等不正当手段获得了整改合格证。③厂领导失职，在发生火灾时，没有组织指挥工人灭火和有秩序地撤离，只顾自己逃命。上述行为违反了《消防条例》、国务院《工厂安全卫生规程》、公安部《仓库防火安全管理规则》和《广东省劳动安全卫生条例》。该厂名义上是来料加工，实际是由港商劳某租用葵涌村厂房办的独资企业，由劳某掌握生产管理大权。违反安全生产和消防管理法规，整改工作不落实，主要责任在劳某。厂长黄某协助劳某管理工厂，是该工厂防火安全责任人，发生火灾时没有负起指挥灭火和组织工人撤离的责任，严重失职。由司法部门追究劳某、黄某的刑事责任。（2）葵涌镇政府的问题及责任追究。对致丽厂的整改工作督促检查不力。向整治小组行贿说情。在消防整治期间，镇长曾某授意镇经济发展总公司向整治小组送了"生活补贴"费。后曾某又批准该公司送给整治小组"伙食补助"费，旅游费等。曾某还写信要求整治小组给22家没有整改好的工厂发整改合格证（实际发20家）。上述行为违反了《合同法》《消防条例》和《广东省劳动安全卫生条例》。由司法部门追究镇长曾某的刑事责任，对镇经济发展总公司有关人员也要作出适当处理。（3）市消防部门派往葵涌镇的整治小组有关人员的问题及责任追究。整治小组成员吴某、李某、陆某在检查致丽厂的火险隐患中，虽然发了整改通知书，但督促整改不力。整治小组一些成员收受镇经济发展总公司和致丽厂的钱款后，放弃原则，在重大火灾隐患没有整改的情况下，仍发给工厂合格证。上述行为违反了《刑法》《消防条例》，由市检察机关立案侦查，依法处理。

吸取事故教训，改进工作措施：（1）教育基层干部和企业负责人在进一步抓好生产的同时，要切实地抓好安全工作。（2）对不符合消防要求的厂房，要制定办法，切实加以改造。调查组建议责成有关部门尽快制订改造不合格厂房的办法。这个办法既要符合消防工作的基本要求，又要切实可行，尽可能不影响生产，并限期抓好落实。同时，企业要制定火灾应急方案，进行演练，一旦发生火灾，要把人员伤亡和财产损失减少到最低限度。（3）对外商投资企业和三来一补企业，要把防火责任人落实到外商身上。（4）镇一级政府要建立安全生产管理部门，并加强基层消防队伍的建设。（5）要建立健全企业工会组织，维护工人权益，依靠工厂员工加强对企业安全生产的监督。同时还要向外商宣传工会的性质和任务，打消他们的顾虑，争取他们的支持配合。（6）抓安全生产要同反腐败结合起来。深圳市派往葵涌镇的消防整治小组索贿受贿，贪赃枉法，镇政府主要领导授意行贿说情，均对火灾隐患整治失职。这种腐败行为是火灾事故得以发生的重要原因之一。因此在抓安全生产的同时要与反腐败斗争结合起来，加强自身建设特别是要整顿和纯洁基层消防执法队伍。

（五十三）福建省福州市马尾开发区高福纺织公司火灾事故

1993 年 12 月 13 日，福建省福州市马尾经济技术开发区内的高福纺织有限公司发生火灾，造成 61 人死亡，7 人受伤（多为四川及福建长乐、连江、霞浦等地民工），烧毁建筑面积 3979 平方米，烧毁化学合成纶纱、纶回花、纶毛条等 35 万多磅，直接经济损失 603.6 万元。

高福纺织有限公司位于马尾经济技术开发区，系福州经济技术开发区经济发展总公司与香港效昌实业有限公司的合资企业，股份分别为 4% 和 96%，注册资本 312.5 万美元，主要生产 100% 腈纶纱、混纺纱、人造棉和混纺涤纶纱等产品，年产值 455 万美元。该公司总经理麦子文（台湾新竹市人）为法人代表，公司员工 376 人。原设计，该大楼为四层框架结构，高 23.95 米，占地面积 3979.5 平方米，建筑面积 15918 平方米，工程总造价 1200 万元。一层为生产车间，两堵防火墙分隔出一部分仓库和部分厂部、职工食堂；二层、三层、四层中间为生产车间，东西两侧用防火墙分隔出一部分，二、三层为办公室。四层为活动室和员工临时倒班宿舍；东西两侧各有一部楼梯，每层车间东西两侧大门均设防火门。但该公司严重违反消防安全管理规定，擅自改变原设计功能和市消防部门的建筑防火审核意见，将四楼的生产车间改为仓库使用，库内存放腈纶毛纱 33 万磅、手钩纱 1.6 万磅、腈纶回花 92250 公斤、腈纶毛条 89000 公斤。在库内紧靠东侧防火墙，用木龙骨和纤维板违章搭盖了 8 间面积为 230 平方米的女工倒班宿舍，为了东侧员工临时宿舍的通风采光，在防火墙上打了 7 个 1.2 米×1 米的孔洞，破坏了防火墙功能，留下严重隐患。

经过对火灾现场勘查，并对火灾现场目击者进行多次调查访问，查明起火部位在四层仓库南墙西侧，起火点在西南化纤原 MN120（俗称毛球）堆垛处。排除了电气起火、毛球自燃、烟头阴燃等可能性，同时根据起火点可燃物判断火是从外向内燃烧，而且引燃时间短，燃烧蔓延迅速的特点，确认了火灾是人为引起的，有重大纵火嫌疑。福州市公安局成立专案组，最后所有疑点集中在因偷窃而被公司开除的女工董扬玲身上。董扬玲供述：她因偷窃公司腈纶成品纱被公司开除并令其离开，她因此怀恨、伺机报复。12 月 12 日晚，董扬玲混入公司宿舍；13 日 3 时 50 分左右，她手拿一盒火柴往四楼仓库下楼，报复性地点燃了西侧电梯附近的一堆毛球，看到毛球冒烟后，她离开公司回到家里。董扬玲对该起火灾负有直接责任。1993 年 12 月 25 日被正式批捕，1994 年 1 月 8 日经福州市中级人民法院审理，判处死刑，立即执行。

消防监督管理情况：1990 年 10 月 6 日，高福纺织有限公司工程开工之后，福州经济技术开发区建设总公司才将施工图纸送达福州消防支队审核。一期工程只先建一幢厂房，要求将仓库、餐厅、厂部办公及职工临时宿舍设于厂房内，二期工程完成后搬出。市消防支队提出了生产车间、仓库、生活设施应采用实体墙进行分隔，设置封闭楼梯间，待二期工程竣工后，以上设施应迁出等具体要求。1991 年 2 月工程竣工，同年 6 月，未经消防验收便投产使用。1993 年 1 月 8 日，马尾消防科也曾向该公司发出书面整改通知书，提出了五条整改意见，其中提出生产与生活区要分开，车间和仓库不得进行分隔作为职工宿舍，四楼违章搭盖的职工宿舍要自行拆除，但该公司置若罔闻，致使酿成火灾。

这起事故的经验教训：（1）改变建筑使用功能。按原一期工程的设计和设计审批，第四层为生产车间，但工程竣工后，该公司擅自将生产车间改为仓库使用并存放 35 万磅腈纶纱，火灾时全部被烧毁。（2）违章在仓库内搭盖职工宿舍。该公司将车间改为仓库后，又违章在库内用木料搭盖 8 间面积 230 平方米的简易职工宿舍，致使起火当晚住在该宿舍的 40 名职工，除 3 人侥幸逃出，其余 37 名全部被烧身亡。（3）破坏建筑防火结构。仓库与东侧临时职工倒班宿舍之间原有一道实体防火墙隔开，该公司擅自在防火墙上凿开 7 个 1.2 米×1.0 米的通风洞。火灾发生后，大量的浓烟和高温有毒气体穿过防火墙上的洞口，迅速向东侧临时宿舍蔓延，致使当晚住在其间的 23 名职工中毒窒息死亡，8 人受伤。而同一结构的西侧宿舍由于防火墙未遭破坏，起火时宿舍内的 25 名职工无一人伤亡。（4）建筑质量差。按规范要求，防火墙耐火极限不小于 4 小时，但该公司防火墙在起火后仅经过 2 小时的燃烧，就因建筑框架结构破坏，墙体倾斜，顶部坍塌，导致大火穿过防火墙向西侧职工宿舍蔓延。（5）堵塞消防车通道。该大楼周围有 4 米宽的环形消防车道，但该公司将两车大型集装箱并排放在南侧车道上，另一部货车停放在西侧车道上，堵塞了通道，使火灾时消防登高车和战斗车无法逼近火场救人灭火，贻误了战机。（6）消防安全管理不严。该公司法人代表不重视消防安全工作，没有指定专人负责安全工作，没有制定必要的防火安全制度，员工没有经过必要的安全技术培训就上岗操作，车间和仓库没有严格的安全管理制度和禁烟制度，仓库内可以随意出入；员工宿舍用火用电管理混乱，存在违章使用电热器具和点蜡烛照明现象。当晚发生火灾时，保安人员值班睡觉，发现火灾后不懂得打 119 火警电话，从而贻误了扑救初起火灾的战机，酿成大火。公司法人代表麦某，不重视消防安全工作，没有制定必要的防火安全制度，不履行消防安全职责，对该火灾负有主要责任，提请司法部门追究刑事责任。1994 年 1 月 8 日，经福州市中级人民法院审理，依法判处有期徒刑二年，缓期执行。

（五十四）黑龙江省鸡西矿务局二道河子煤矿多种经营公司七井瓦斯爆炸事故

1994 年 1 月 24 日 11 时 25 分，东北内蒙古煤炭联合集团公司所属黑龙江省鸡西矿务局二道河子煤矿多种经营公司七井发生瓦斯爆炸事故，造成 99 人死亡，3 人受伤，直接经济损失 450 万元。

事故发生当日 6 时 40 分，七井、六井井长分别组织召开班前会。散会后，8 时左右，七井 87 人、六井 24 人分别入井。当天正值公司对各井进行月末验收，七井主任工程师黄某和七井各段段长与公司地测科有关人员入井验收左三、右四、左二工程。刚升井，听到井筒传出一声轰响，随后发现七井井口涌出浓烟，断定发生了事故，此时时间为 11 时 25 分。

导致事故的直接原因是在施工左三路切割上山时，由于停电停风造成瓦斯积聚；爆破员违章用煤电钻插销明火爆破产生火花，引起瓦斯爆炸。事故主要原因：（1）井下通风作业管理混乱。没有执行工作面停风撤人和瓦斯排放制度；瓦斯检查员对巡视路线、巡视点和检查时间不清；局部通风机没有设专人管理，随意开停；没有按规定使用便携报警仪或报警矿灯；没有按规定使用起爆器。（2）现场管理混乱。矿井为了在放假前验收而抢进度增加入井人员。在多工种交叉作业，且没有统一调度指挥，以致造成众多人员伤亡。（3）技术改造工程无设计，上级部门把关不严格。七井与六井的西主运巷相贯通，属于技术改造工程。但是局矿两级多种经营公司对该项工程并没有引起重视，矿多种经营公司把此项工程仅作为一般掘进巷道对待，局公司未经设计审查就口头同意施工。由于上级部门把关不严，该工程在无设计情况下盲目施工，且没有制定贯通后相应可靠的隔爆等安全措施，导致事故波及邻井使灾难扩大。（4）矿多种经营公司和七井缺乏矿井灾害预防意识，矿井没有编制灾害预防计划；入井人员没有配备自救器，井下没有隔爆设施和消尘洒水系统。（5）职工队伍素质低，瓦斯检验员、爆破员等特殊工种人员没有按规定考核和持证上岗。（6）矿井安全管理标准低，抗灾能力差。另外，女职工入井违反《矿山安全法》关于妇女不得从事井下劳动的规定，造成这起事故中有37名妇女遇难。

这起事故的主要教训：煤矿企业及其主管部门法制观念不强，守法意识薄弱，没有认真贯彻执行《矿山安全法》及有关法规、规章；不能摆正安全与生产、安全与效益的关系；东北内蒙古煤炭联合集团公司、矿务局、矿放松了对多种经营公司系统小井的安全管理，降低了安全管理的标准；矿井管理混乱、职工培训教育跟不上，违章指挥、违章作业、违反劳动纪律现象严重。吸取教训、强化安全防范措施如下：（1）切实贯彻落实《矿山安全法》和《煤矿安全规程》，强化依法办矿意识，牢固树立"安全第一、预防为主"的思想。（2）要理顺多种经营公司系统生产和安全管理体制，落实安全生产责任制，坚持"谁主管，谁受益，谁负责安全"的原则。（3）切实加强对矿务局所属各类小井的管理，严格执行矿山安全法规，不得擅自降低安全标准。（4）小井开采与改造要有正规设计，履行审批手续，布置合理通风系统与生产系统，作业规程制定与审批要严格遵守程序，设计和作业规程未经审批的，绝对不允许开工。（5）切实搞好特种作业人员培训工作，特别是瓦检员、爆破员要不断进行强制性规程教育，提高职工素质，做到自主保安。特种作业人员必须经考核合格持证上岗。作为小井通风瓦斯煤尘管理工作，安全与通风设施要上齐上全。（6）树立矿井防灾抗灾意识，按规定编制和修订矿井灾害预防计划，并定期向职工宣讲，组织演练。（7）入井人员要配备自救器。

（五十五）四川省重庆轮船公司"川运21"轮船与"长江02023"拖轮相撞、翻沉事故

1994年2月1日19时55分，四川省重庆轮船公司乐山分公司"川运21"轮和重庆长江轮船公司"长江02023"船队在长江上游万县港区水域上驶过程中相遇后发生碰撞。"川运21"轮碰撞后不到30秒即翻沉。"川运21"轮船上乘客（不包括乘客所带小孩和沿程该下而未下者）和船员149人全部落水，77人获救生还，死亡72人（其中71人下落不明）。"长江02023"船队散队，轻度受损。事故直接经济损失约350万元。

"川运 21"轮航行、出事过程和过失：1 月 31 日 19 时，"川运 21"轮自宜昌启航，次日抵万县港中心，囤船下客后续航。因有几名旅客漏下，与左岩旅游码头上停靠的"东方之星"轮联系，并靠上该轮外档，让漏下的旅客下船。2 月 1 日 19 时 52 分，"川运 21"轮离开"东方之星"轮，顺左岩上驶至万县港第 12 码头中部。19 时 53 分，因忽视瞭望，挂舵工突然发现沿千斤石上行的船队方向有船，当班大副发现探照灯柱时，已来不及避让。19 时 55 分，左舷中后部和"长江 02023"船队的"甲 0533"驳右首部碰撞，随即翻沉。"川运 21"轮过失如下：（1）过河前没有观察航道情况和周围环境，也没按规定鸣放声号，不顾是否有碍他船航行而盲目过河。（2）没有保持正规瞭望，直至碰撞在即才发现"长江 02023"船队。（3）没有使用安全航速。（4）由于没有保持正规瞭望，也没有使用安全航道，对碰撞危险和局面心中无数，没有采取有效的避让措施。

"长江 02023"船队航行、出事过程和过失：2 月 1 日 19 时 24 分，"长江 02023"船队自万县港磨磴石泊位启航，离泊后由钟鼓沱过河至徐花，沿右岩驶至陈家坝；19 时 35 分，至峨眉碛开常车；19 时 50 分平盘盘石；19 时 52 分约 45 米横距平千斤石尾，艏向挂望子石红浮，风左岩旅游船码头附近有小客班轮上驶；19 时 53 分见小客班轮在第 12 码头囤船中部有过河趋势，后用探照灯照"甲 0533"驳首部提醒过河小客班轮，再慢车、停车，用左舵避让；19 时 55 分，右首的"甲 0533"驳右首部和小客班轮——"川运 21"轮左舷中后部机舱与女厕所之间部位碰撞。随后"川运 21"轮翻沉，船队散队，拖轮鸣响求救汽笛、揿警铃、抛救生衣和救生圈，救助"川运 21"轮落水的旅客和船员，并通过港调，报告港监请求救助。"长江 02023"船队过失：（1）未注意安全航速。（2）对"川运 21"轮与本船可能构成的局面和碰撞危险估计不足，在紧迫局面的情况下，没能有效地利用车舵避让。

事故直接原因：当事两船的船舶技术状况、船员资格及装载情况都不存在问题，均处于适航状态。在紧迫局面的构成过程中，"长江 02023"船队属顺航道正常的上行船，"川运 21"轮属横越过河船。按照《内河避碰规则》第二章第二节关于机动船横越的航行和避碰行动原则的规定，"机动船在横越前，应当注意航道情况和周围环境，在无碍他船航行时，按规定鸣放声号后，方可横越"。但当班驾驶员只看前方，根本没观察左舷情况，也没有这种意识。在不鸣放声号提示周围船舶注意的情况下过河，完全没有尽到横越船的义务，这是导致紧迫局面构成和碰撞事故发生的主要直接原因。"川运 21"轮在整个过河过程中，没有保持正规瞭望和使用安全航速，致使发现"长江 02023"船队时已难以采取避让措施，也是导致碰撞发生的直接原因之一。"长江 02023"船队在发现"川运 21"轮及其动态的情况下，时局面的碰撞危险估计判断不够充分，没有使用安全航速，避碰措施不够及时、有效，也是构成紧迫局面和碰撞危险的直接原因之一。

"川运 21"轮是导致事故发生的主要原因方面，负有主要责任；"长江 02023"船队是导致事故发生的次要原因方面，负有次要责任。当事双方当班驾驶员素质较差，责任心不强，安全意识淡薄，直接导致事故发生。

事故间接原因：（1）规章制度执行不严。如"川运 21"轮离码头和横越前不鸣放声号，航行中不记车钟记录、航行日志和轮机日志。"长江 02023"船队船长在港区内提前交班，航行中车钟记录、轮机日志和航行日志记载不全、不规范。（2）公司安全管理和平时督促、检查不力。如"川运 21"轮有公司安全检查组人员在船，但对于船舶安全航行中存在的问题没有发现和纠正，船舶依然违章过河和随意靠泊；省港监有规定持证船员不应同时调动，而船上的船长、大副都刚上客货轮操作两个月左右，而且只管操作、不负责管理。说明船舶领导和公司缺乏严格管理督促检查。"长江 02023"船队航行日志等簿册记载不规范的问题公司已经检查发现，但迟迟没有纠正。（3）安全意识和职业道德教育需要加强。"长江 02023"轮船长在事故发生后只采取了其他措施而没有采取措施放救生艇救落水人员；当班三副没有在紧迫局面构成过程中提醒当班大副采取应急措施。"川运 21"轮副班舵工靠离码头时不协助瞭望而承担系解缆操作。

（五十六）湖南衡阳车站踩踏事故

1994 年 2 月 15 日，湖南衡阳车站发生严重踩踏事故，造成 44 人死亡，43 人重伤。当日 21 时，由湖南前往广州打工的大批民工准备乘坐由衡阳发往广州的简易旅客列车，由于人员众多，车站现场管理薄弱，致使人流拥挤、秩序混乱。当人群通过站台天桥时，因一民工弯腰去拾掉在地上的包，后面的人流继续前挤，酿成我国春运史上伤亡最严重的踩踏事故。

（五十七）西北航空公司图-154M 型客机空中解体坠毁事故

1994 年 6 月 6 日，民航西北航空公司一架图-154M 型客机（B-2610），执行西安—广州 2303 航班飞行任务，由西安咸阳机场起飞后不久，飞机在空中解体，坠毁在西安市长安县鸣犊镇。机上 160 人全部罹难，其中旅客 146 名（外籍及境外旅客 13 名）、机组人员 14 名。

事故发生当日，西北航空公司李刚强机组驾驶 Ty-154M 型 B2610 号飞机执行西安至广州航班任务。机组开车前、开车后、滑行中、起飞前按检查单进行了检查。该机于 8 时 13 分由咸阳机场起飞。离地 24 秒后，机组报告飞机发生飘摆，保持不住，飞机"嗡嗡嗡"地响。飞行员用额定马力保持 400 千米/小时速度上升。8 时 16 分 24 秒报告飞机以 20 度的坡度来回飘摆；8 时 16 分 58 秒报告以 30 度的坡度飘摆；8 时 17 分 6 秒报告两个人都保持不住。机组采取了短时接通自动驾驶仪等方法进行处理，但仍不能稳住飞机。飞行轨迹向右作不规则的转弯。8 时 22 分 27 秒，飞机速度 380 千米/小时，迎角 20 度。出现失速警告之后，飞机突然向左滚转并下俯，俯仰角由 0 度下俯到 -65 度，左倾斜角超过 66.8 度，速度达到 747 千米/小时，出现超速警告，在 12 秒钟内，气压高度由 4717 米下降到 2884 米，最大法向过载达 2.7 克，最大侧向过载达 1.4 克，飞机航向由 250 度左转到 110 度，8 时 22 分 42 秒，高度为 2884 米，飞机空中开始解体，坠毁在距咸阳机场 140 度方位 49 千米处。

事故直接原因：经现场勘查、尸体检验、安全检查、调查访问等工作，排除炸药爆炸和人为破坏因素。调查认定这是一起责任事故，操纵系统的维修差错故障是导致这次空难的直接原因。是地面维修人员在更换 ⅡKA-31 安装架时，错插Ⅲ7、Ⅲ8 插头，导致飞机的动稳定性变坏，使飞机失去控制，造成飞机空中解体。

吸取事故教训，改进飞行安全措施：（1）这次空难充分暴露西北航空公司在机务维修工作中的漏洞，飞机维修人员无证上岗操作，维修某些关键部位没有制定安全操作规程和检查规定，以致错插插头酿成大祸，教训极为深刻。建议民航部门应专门对 Ty-154M 型飞机维修作相应规定，提出相应要求，行使加强对全国各航空公司机务维修管理的行业归口管理职责。（2）在特殊情况下机组虽然尽了最大努力，但未按飞行手册 8.8.3 规定处置。应加强对 Ty-154M 型机型驾驶人员专门进行紧急状态下的特殊培训，提高其应变能力。（3）Ty-154M 型飞机在设计和飞机的自检、内检系统及其他的缺陷，应由民航局通报给俄罗斯飞机制造厂。俄罗斯的飞机未采用国际通用适航标准，今后在引进俄罗斯制造的飞机时，民航局应进行严格的型号合格审定工作。

（五十八）广东省珠海市前山裕新织染厂火灾和厂房倒塌事故

1994 年 6 月 16 日，珠海市前山裕新织染厂（中外合作企业）发生特大火灾和厂房倒塌事故，造成 93 人死亡（内地工人 90 人、香港员工 2 人、消防队员 1 人；男 64 人，女 29 人），受伤住院 156 人（其中重伤 48 人），毁坏厂房 18135 平方米及原材料、设备等，直接经济损失 9515 万元。

1994 年 6 月 16 日下午，珠海市天安消防工程安装公司 6 名工人在前山裕新织染厂 A 厂房一楼棉仓安装消防自动喷淋系统，使用冲击钻钻孔装角码。16 时 30 分，在移动钻孔位置用手拉夹在棉堆缝中的电源线时，造成电线短路，棉堆缝突然冒烟起火，在场的工人由于不会使用灭火器，致使火势迅速蔓延。在二至六楼上班的织染厂工人，见到有烟上楼，即自动跑出厂房。16 时 45 分，拱北消防中队接到火警报告后，即出动消防车 4 台，消防队员 16 名赶到火场灭火。市消防局先后调集 4 个消防中队 24 台消防车参加灭火。16 日 19 时至 17 日 1 时，省消防局又先后调集了中山、佛山、广州市的消防支队，28 台消防车、222 名消防人员到场灭火。由于棉花燃烧速度快，风大火猛，厂区无消防栓，消防车要到 3 千米以外取水，给扑救工作增加了很大困难。经过奋勇扑救，17 日 3 时，大火基本扑灭。17 日 3 时 30 分以后，中山、佛山、广州市消防支队相继撤离，珠海市留下一个中队 40 多人、4 台消防车继续扑灭余火。由于紧扎的棉包在明火扑灭后仍在阴燃，为有效地消灭火种，火场指挥部先后调来七、八台挖掘机和推土机进入厂房将阴燃的棉包铲出。8 时左右，应火场指挥员的要求，厂方先后两次共派出 50 多名工人到三楼协助消防人员清理火种。13 时左右，厂方又自动组织约 400 多名工人进入火场清理火种、搬运残存的棉包。14 时 10 分，A 厂房西半部突然发生倒塌，造成严重伤亡。

事故发生后，党中央、国务院，广东省委、省政府领导非常重视，许多领导及时到珠海了解事故情况，并到医院慰问伤者。

事故直接原因：火灾现场由于厂房倒塌和经过清理之后，起火原因无法从技术上鉴定，主要是通过调查知情人、查阅有关资料和反复研究分析认定的。珠海市天安消防工程安装公司职工在棉花仓库用冲击钻打孔时，带驳接口的电源线被夹在可燃物中，当用力拉扯电线时产生短路引燃了仓库的棉花，这是引起火灾的直接原因。

事故损失惨重的原因：（1）香洲区前山镇工业集团总公司在厂房消防设施尚未竣工验收的情况下，就将厂房提前交付给裕新织染厂使用，造成边施工边生产。（2）厂方将纺织车间作为棉仓，堆放大量的棉花，并在库内存放柴油、氧气瓶等，当电线短路引燃棉花时，氧气瓶发生爆炸，加剧火势的发展；加之在场的天安消防工程安装公司和厂方职工缺乏防火常识，自救能力差；厂内缺乏消防用水，消防队要到离火场 3 千米以外的地方取水，未能将初始火灾扑灭。这是火灾迅速蔓延扩大的主要原因。（3）厂房倒塌的原因：裕新厂 A 厂房是土建验收合格的六层框架结构建筑物；大火持续燃烧十多小时，使厂房结构严重受损，加之扑救大火时二、三楼喷射了大量的水，二楼以上的荷载及大火基本扑灭后多台履带式推土机、挖掘机在厂房内搬运棉花时产生的震动等因素所形成的综合作用，致使厂房倒塌。（4）人员伤亡的原因：扑灭余火期间，现场警戒人员已先行撤离。厂方组织过多的工人进入火场清理阴燃和散落的棉花。楼房倒塌时，大批工人仍在火场。这是楼房倒塌时造成重大人员伤亡的主要原因。综上所述，前山裕新织染厂"6·16"特大火灾和厂房倒塌事故，是珠海市天安消防工程安装公司、前山镇工业集团总公司、裕新织染厂一连串违章行为和扑灭余火期间的现场指挥员由于经验不足造成的。

事故教训：（1）企业重经济效益，严重忽视安全，厂房未经消防验收擅自使用，并改变使用性质，留下火灾隐患。前山纺织城是前山工业公司与香港裕丰整染厂合作兴建的企业。起火的 A 座厂房是 1991 年 12 月报审的，1992 年 6 月开始动工兴建，1994 年 1 月进行了土建验收，但未经消防部门参加验收就投入使用，并将厂房的一楼改为棉花仓库，存有棉花 1750 吨，又将 10 多桶易燃的柴油与棉花混放在一起，擅自投入使用的厂房未能按报审时的图纸安装自动喷淋设施和消火栓。（2）安装工人冒险违章作业。6 月 16 日，珠海市天安消防工程安装公司的 6 名工人在存有大量棉花的一楼厂房内冒险违章作业，用冲击钻打孔安装自动喷淋灭火系统。无本电工陈钟富在转移操作位置时，一手拿冲击钻，一手拉被夹在棉垛间带有接头的电源线，结果把电线接头处拉脱产生火花，将棉花引燃，这些人又不会使用灭火器，结果酿成大火。（3）城市缺乏消防基础设施总体规划，消防供水困难。珠海市作为特区，城市建设发展很快，但与城市建设发展相配套的基础设施的建设未能纳入城市总体规划，保持与城市的总体规划同步发展。前山纺织城 A 座厂房发生火灾，其周围不是新建的工厂就是大型的施工工地，但水缺乏，消防供水管道尚未通到这里，消防车要到 3 千米外的地方加水，车辆来回一趟需 20 分钟，严重影响了灭火战斗的开展。（4）相当多的人将火警电话误认为 999。珠海市香洲消防中队距前山纺织城约 5 千米，而拱北消防中队距前山纺织城为 8.5 千米，由于报警人不知火警电话，而是向拱北消防中队办公室的行政电话报警，延误了灭火战机。事后了解到，6 名安装工人最初发现起火时不懂打 119 电话报警。在珠海市有相当多的人都误认为火警电话是 999（这是香港的火警电话），究其原因是多方面的。看来要提高全民的消防安全意识，必须加大消防宣传，切实解决公益宣传的收费问题。

责任追究：（1）前山工业集团总公司法人代表、总经理王琳，在该厂房土建工程没有全部竣工，尤其是在消防设施未安装验收的情况下，就同意裕新织染厂港方投入使用，厂房存在重大火险隐患，致使火灾发生时不能及时扑灭，依法追究其刑事责任。（2）前山工业集团总公司行政部经理郭社友不履行与天安消防工程安装公司签订的《水自动消防系统工程合同》，没有督促厂方清理施工现场堆放的大量棉花，导致在施工现场存有大量可燃物。给予党纪政纪处分。
（3）裕新织染厂中方厂长杨育文，对厂房消防设施未安装好就投入使用，将一楼生产车间不做改造就堆放大量棉花，并与柴油、氧气瓶等混放，在消防部门发出了"整改通知书"后没有彻底落实整改措施等负有直接管理责任。依法追究其刑事责任。（4）裕新织染厂法人代表、港方老板陈裕辉，对厂房土建工程没有全部完工和消防设施未安装好的情况下就投入使用，将一楼生产车间不做改造就堆放大量的棉花，并将柴油、氧气瓶与棉花混存等负有领导责任。考虑到其在厂房使用时已经过前山工业集团总公司同意，且在珠海市投资规模较大，热心支持当地的文教和公益事业，事故发生后积极参加抢救和善后工作，予以从宽处理。（5）天安消防工程安装公司陈钟富等人，在裕新厂A厂房一楼安装消防水管时，将带驳接口的电源线搭在棉包上，拉扯电线时将驳接口拉断，使电线短路引燃棉花。陈钟富事后潜逃，缉拿归案后依法惩处。该公司副经理张钦华具体负责安装施工，派出缺乏消防安全常识的工人上岗，施工中虽然交代过注意事项，但检查不够，管理不严，以致发生火灾时不能及时扑灭。给予党纪政纪处分。

改进工作措施：（1）坚决执行生产性项目安全卫生设施与主体工程"三同时"的规定。裕新厂A厂房在消防系统未安装好的情况下发生火灾，因而未能迅速将火扑灭。说明坚持安全卫生设施与主体工程同时设计、同时施工、同时验收投产的规定十分必要。今后由工程项目建设单位的主管部门负责牵头，组织有关部门进行"三同时"验收。对主管部门单方面批准投产或厂家未经批准而擅自投产的，无论是否造成严重后果都要严肃处理。（2）对消防基础设施不配套、"三合一"厂房较多的工业区进行彻底改造。宁可少上几个生产项目，也要把这个问题解决好。新工业区要把消防队伍布点、消防供水管道纳入市政建设规划，统筹安排，同步进行。现已开始与外商谈判。（3）必须强化消防监督，狠抓火险隐患整改的落实。对火险隐患的整改，必须严格要求，一抓到底，不仅要提出整改意见，还要规定整改期限，加强检查督促，直到整改落实。对过期不整改的，要依照《广东省消防管理处罚规定》严肃处理。（4）抓好以防火为重点的安全生产的宣传教育工作。对工人要坚持先培训后上岗，安全监督部门要经常检查工人培训情况，发现未经培训就上岗的，要追究企业负责人的责任。（5）必须适应经济发展的需要，大力加强消防队伍的建设。（6）严密组织灭火战斗，自始至终保持强有力的现场指挥。要严密组织，加强警戒，不能有丝毫的麻痹大意；在扑灭余火和清理现场时，对经过大火焚烧严重受损的建筑物，必须高度警惕，及时加固，并采取有效的防险措施，才能避免不必要的伤亡。

（五十九）黑龙江鹤岗矿务局南山煤矿瓦斯爆炸事故

1994年9月17日17时31分，黑龙江省鹤岗矿务局南山煤矿西一区南部15层发生瓦斯爆炸事故，造成56人死亡，10人受伤。

南山煤矿四采区有作业人员514人，负责开采南山煤矿西一区南翼15煤层。该区15煤层属高瓦斯煤层，煤层平均煤厚度为9米，倾角8度，区域内布置一个普放工作面，两个回采掘进工作面，总入风量为880立方米/分钟。普放面，即235采煤工作面，走向长度310米，倾斜长度平均70米，可采储量21.2万吨。一分层于1992年10月开采，1993年3月因受断层影响停采，重送提高标高机道。1994年6月重新开采，9月11日一分层结束开采。1994年8月末，在工作面外100米处沿底板掘送回采巷道，构成235普放工作面，于9月12日正式开采。落煤方式为打眼爆破，日生产能力为500吨，到事故发生前已采出12米。运煤系统为工作面设180刮板输送机一台，切眼向外铺设四段40型刮板输送机（各50米），然后接一卧式带式输送机（130米），最后进入立眼煤仓，该工作面瓦斯绝对涌出量为2.7立方米/分钟，工作面风量为280立方米/分钟。两个掘进工作面，即41和42掘进工作面，负责掘送235外部后期上下两巷。41掘进工作面施工235外部回风道，进尺75米；42掘进工作面施工235外部溜子道，进尺103米。两个掘进工作面均按严重瓦斯工作面管理。41掘进面瓦斯绝对涌出量为0.99立方米/分钟，设28千瓦局部通风机供风，末端风量为110～150立方米/分钟。42掘进面，瓦斯绝对涌出量为0.78立方米/分钟，设11千瓦局部通风机供风，末端风量为100～108立方米/分钟。为保证该区域"一通三防"措施的落实，每小班设专职瓦检员4人，即采掘面各设1专人，另1人负责区域巡回检查该区瓦斯管理及通风设施的正常运行。

1994年9月17日，四采区生产大班，井上由各队派班后，235采煤队入井35人，其中副队长1人；41掘进组入井8人；42掘进组入井9人；掘进预备队入井4人；掘进副队长1人；瓦检工4人；下料队6人；机电队4人（在入风上山改水管）；采区副区长1人，计72人入井作业。235工作面大约16时左右开帮放完炮。当班班长赵汉强17时提前升井，当时工作面煤已基本出完。17时35分，机电队工人马生江在井下变电所向采区机电班打电话汇报说："听到一声巨响后，井下冒烟了"。紧接着下料队工人张云权也向采区打来电话说："听到巨响就冒烟了"。正在井上的采区副区长张汉忠接到报告，意识到问题严重，立即向矿调度作了汇报。南山矿在向局调度汇报的同时，矿救护队于17时50分第一批赶赴现场。在回风系统发现11人，其中4人幸存，7人死亡。局救护大队和各矿救护队闻讯后，先后赶到现场，21 时 30 分，在入风系统又发现 7 人，其中 2 人幸存，5 人死亡。

根据现场勘察，查阅有关资料，以及对有关当事人员的调查和技术鉴定组的认定，事故的直接原因是：工作面后部采空区顶板移动，挤压采空区瓦斯涌入工作面，采煤工用手锤敲打铰接顶梁连接销子时产生火花，引燃瓦斯，导致瓦斯爆炸。事故的主要原因有三个方面：（1）鹤岗矿务局及南山煤矿的领导，在高突瓦斯矿井采用单体液压支柱放顶煤的回采方法，违背了《煤矿安全规程》的规定，致使工作面在瓦斯、火灾、煤尘和顶板等方面存在着严重的隐患。鹤岗矿务局采用这种采煤方法，没有取得上级主管部门的同意，没有经过有关安全技术可靠性的论证和鉴定，没有按照规定进行审批，也没有慎重对待。自从采用这种方法后，曾发生过伤亡事故。（2）局、矿在编制和审批单体液压支柱放顶煤安全措施的问题上，制定的措施不严密，审批程序不完善。①编制的瓦斯监测措施中只要求回采工作面回风道距工作面 15 米处设瓦斯报警断电仪，断电范围仅限于回风道的一切电源，不符合《煤矿安全规程》第 154 条及《规程执行说明》相应条款的规定，矿务局在审批时也没有予以更正。②放顶煤设计审批程序不完善。放顶采煤法事关重大安全问题，在设计的申报审批上，没有按安全规程规定程序审批。③通风瓦斯管理安全措施不落实，瓦斯监测断电系统没有上，自救器使用管理混乱。事故区域的 235 采煤工作面，以及 41 和 42 掘进工作面场均属瓦斯严重工作面，都应配备连续性瓦斯监测设备和瓦斯监测断电仪。但由于资金不足，瓦斯监测设备和仪器没有到位。1993 年、1994 年矿通风区曾四次向矿提出"关于使用瓦斯监测仪的申请"，但迟迟没有解决。自救器的佩戴使用也没有执行规程规定，入井的 72 人中，55 人没有带自救器。遇难人员中当时没有死亡的，只有一名遇难者将自救器打开，因冒顶困死在 235 采煤工作面。（3）生产管理失误，采掘接替紧张，在回采工作面后方又布置两个掘进工作面，扩大了事故伤亡范围。

（六十）辽宁省大连市金州区医院高压氧舱起火事故

1994 年 9 月 18 日，辽宁省大连市金州区医院的高压氧舱起火，11 名正在舱内接受治疗的患者被烧身亡。当日 7 时 20 分，11 位病人进入该高压氧舱进行治疗。在病人两次各吸氧大约 30 分钟后，医务人员开始给氧舱减压。当减压 1 分钟时，医务人员从电视监视器上发现舱内有猫眼起火迹象，随即用话筒通知舱内人员打开紧急减压阀并在舱外试图砸开窥视镜和打开舱门，因窥视镜玻璃太厚和舱内压力大，均未达到目的。值班医生切断电源后向消防队报警，当消防队赶到现场时，舱内 11 人已全部死亡，死亡原因为火烧、中毒、窒息。

造成这次事故的直接原因：高压氧舱内安装的分体式空调器电源线短路打火引起舱内可燃物着火。间接原因是吸氧面罩密合不严，氧气泄漏造成舱内氧浓度过高，形成富氧助燃条件；测氧仪失效，对舱内富氧状况没能及时报警。

吸取事故教训，防止同类事故发生的措施。事故发生后国务院有关领导作出指示，要求本着对人民高度负责的精神，组织开展对医用高压氧舱设备的安全检查，预防起火事故发生。随后劳动部发出通知，要求各地立即由劳动、公安消防、卫生、医药管理等部门组成的检查组，在 1994 年底以前，对医用高压氧舱进行一次安全检查。检查的重点是：医用高压氧舱设备质量是否合格及防止舱内起火等设施是否完备；安全使用医用高压氧舱的各项规章制度及防范措施是否健全；操作人员是否经过培训合格后上岗，能否保障安全运行。对于检查中发现设备质量低劣，防火设施不完备，各项安全规定制度不健全、不落实，操作人员未进行过严格的技术培训，不能保证安全使用的医用高压氧舱，必须立即停止使用，在没有达到安全使用的条件之前，不能恢复使用。对于生产不合格医用高压氧舱设备的企业必须勒令其立即停产整顿。

（六十一）　广东省从化县天湖旅游区铁索桥断裂事故

1994 年 10 月 2 日，广东省从化县天湖旅游区河流之上架设的一座铁索桥断裂，死亡 38 人。当日午时，天湖景区铁索桥上站满游客，当中有一群学生贪玩不断摇动铁索。桥两侧扶手的两根铁链中的一根不堪重负、突然断开，桥上约 200 名游客落水。旅游区管理人员未能制止和控制上桥人数，对故意摇动铁索的行为未能及时制止，导致铁索桥不堪重负，是事故发生的主要原因。

（六十二）　吉林省辽源矿务局泰信煤矿煤尘爆炸事故

1994 年 11 月 13 日 12 时 15 分，吉林省辽源矿务局泰信煤矿四井暗副井绞车道-200 米水平发生煤尘爆炸事故，造成 79 人死亡，129 人受伤，直接经济损失 320 万元。

泰信煤矿四井于 1960 年建成投产。1989 年因资源枯竭，经原东煤公司批准注销生产能力。全井有职工 1665 人，年产量 24 万吨，地面标高+275 米，井下最低标高-550 米，采深 820 米。开拓方式为片盘斜井，采用三条明井和三条暗井两段提升，明主井采用 6 吨箕斗，暗主、副井采用 1 吨矿车。暗副井绞车道断面 7.2 平方米，坡度为 22 度，轨道规格 24 千克/米，提升绞车 300 千瓦，钢丝绳直径 32 毫米，规定提升重车高限为 9 个。通风方式为中央并列抽出式，矿井总入风量 4416 立方米/分钟，总排风量 4628 立方米/分钟，相对瓦斯涌出量 21.36 立方米/（吨·日），绝对瓦斯涌出量 9.26 立方米/分钟，系高瓦斯矿井。煤尘爆炸指数 42.83%，具有强爆炸性。煤层自然发火期 1～3 个月。

1994 年 11 月 13 日白班该井正常生产，共入井 270 人。12 时 15 分，运输段地面把钩工孙立忠在明副井打点房听到副井筒内一声闷响，看到一股黄褐色浓烟涌出，立即将事故情况向井调度汇报。

导致这次事故的原因：（1）暗副井绞车道煤尘堆积，且粉尘细小干燥，超载提拉车致使矿车鸭嘴断脱跑车，同时撞击摩擦产生火花，引起煤尘爆炸。（2）安全第一思想不牢，对安全生产工作领导不力，重大隐患长期不能得到解决。（3）井下运输管理混乱，对运输作业人员管理教育不严，导致工人经常多拉车；对矿车及连接装置检修不及时，造成鸭嘴断裂跑车；矿井没有防跑车装置；运输设施不齐全，缺托绳轮较多，增加了煤尘飞扬；绞车道环境差、浮货多，易产生悬尘。（4）井下煤尘管理不善，暗副井绞车道喷雾洒水设施不齐全，煤尘检查、清扫责任制度不落实，造成煤尘堆积。（5）安全防范措施不落实，职工自我保安能力差。对井下的灾害预防处理计划，一直到这次事故发生前尚未审批和向职工传达贯彻，事故发生后，部分人员未能按正确避灾路线避灾；当班人员 270 名，只有 79 人佩戴自救器，扩大了事故受害程度。

这次事故的教训：（1）领导对安全工作抓得不力，"安全第一"思想淡化，尤其是在建立社会主义市场经济的新形势下，没有处理好安全与改革、安全与生产、安全与效益的关系，存在重生产轻安全问题，对一些重大安全问题，只停留在开会提要求上，没有制定和落实有针对性、果断性的措施加以解决，往往讲困难多，抓管理不够，致使"安全第一、预防为主"的方针未能完全落实到基层、现场和生产经营的各个环节中去。（2）注销能力的矿井实行承包后，没有完全理顺安全管理体制和建立有效的安全约束机制，削弱了安全管理，存在"以包代管"和短期行为问题，降低了安全质量标准，安全管理出现了滑坡。（3）现场管理薄弱，安全生产责任制和业务保安责任制落实得不好，矿井重大隐患和"三违"问题没有得到认真查处，安全培训和安全教育缺乏针对性和实效性。

（六十三）辽宁省阜新市艺苑歌舞厅火灾事故

1994 年 11 月 27 日 13 时 30 分，辽宁省阜新市评剧团所属艺苑歌舞厅发生特大火灾伤亡事故，死亡 233 人（其中男 133 人，女 100 人），重伤 4 人，轻伤 16 人。

阜新市艺苑歌舞厅位于海州区东市路 110 号，建于 1974 年，原为阜新市评剧团排练厅。1991 年 1 月改建成歌舞厅，取得文化经营许可证和工商营业执照后对外营业。1992 年 4 月，舞厅为增加营业面积，进行了扩建，并于同年 7 月租赁给王文忠（原海州煤矿电务段职工，男，41 岁）个人承包经营。歌舞厅为单层砖木结构，房顶为石棉瓦，属三级耐火等级。该舞厅分为大厅主体建筑和与之相连的附属建筑两部分，总建筑面积 303 平方米。歌舞厅有两个出入口。东北角的出入口，内门宽 0.8 米，外门宽 0.87 米，两门之间有一小过厅，内、外门口均有一个 5 步台阶（每步 0.2 米）；西南出入口为太平门，通向院内，宽 1.8 米，发生火灾前，门上栓挂锁。歌舞厅 6 个窗户被封堵、4 个窗户装有铁栅栏。1994 年 6 月，王文忠对该歌舞厅进行装修（未办理建审手续）。大厅吊顶采用胶合板、帖顶纸，墙壁为化纤装饰布；该歌舞厅靠墙壁放置沙发 80 余个，沙发表皮为人造革面料，内垫为聚氨酯泡沫。经试验，舞厅选用的化纤装饰布极易燃烧，燃烧时产生大量有毒烟雾，并伴有带火的熔滴；电器线路采用截面为 4 平方毫米铝芯和铜芯塑料线，电线未穿阻燃管或金属管；该舞厅太平门及出入口未设疏散指示照明和应急照明灯。经阜新市海州区公安分局核准定员 140 人，而火灾发生时，场内人员达 299 人（不包括工作人员 5 名），严重超员。

1994 年 11 月 27 日 13 时 20 分左右，吴志国（男，18 岁，阜新市化工技校学生）在舞厅 3 雅间内给邢胜利（男，17 岁，阜新市玻璃制品厂工人）等人散发香烟，邢胜利坐在角沙发顶部，用卷着的报纸燃火点烟，随手将未熄灭的报纸扔进所坐沙发的破损洞里，致使沙发起火。而后，邢胜利和陈福生（男，18 岁，待业青年）把起火沙发两侧的沙发拉出，又跑到吧台拿来汽水灭火，用脚踩火，然而未能扑灭。进而火势蔓延，火焰蹿出 3 雅间，将舞厅墙壁悬挂的装饰布点燃，火势迅速扩大。此时人们拥至舞厅北门逃生，由于门窄（仅 0.8 米宽），过于拥挤而且有 5 级台阶，一些人又返到南安全门（安全门平时上栓挂锁，很少有人知道）逃生。在舞厅的 304 人当中，除逃生的幸存者 71 名外，其余 233 人不同程度一氧化碳中毒，无力逃离火场，导致有的被烧身亡，有的窒息而亡。

邢某在雅间点烟将沙发引燃，是造成这次火灾事故的直接原因。造成事故的其他原因：（1）该舞厅在 1994 年 6 月重新装修时，使用了大量的易燃装饰材料（经试验该装饰布垂直燃烧速度每分钟可达 8 米，并呈向四周加速燃烧的态势），尤其是悬挂于四周墙壁的装饰布，垂直燃烧速度极快。装修完毕后没有向文化、消防部门申请验收便开始营业。此后，虽经文化、公安部门检查督促，经营者仍未整改，消除隐患。（2）舞厅起火后，经营者又没有及时打开安全门进行疏导，造成人群混乱，拥至狭窄的北门，挤倒成堆，加之室内装饰材料在燃烧过程中产生大量一氧化碳，这些都是造成这起特大火灾伤亡事故的主要原因。

　　这起特大火灾伤亡事故为辽宁省中华人民共和国成立以来所罕见，再次暴露有的地方在抓经济工作中，对防火等安全生产工作没有引起足够的重视；领导作风不深入，对事故隐患清查不彻底，发现不及时；安全管理漏洞较多，措施不得力；执法不严，监督检查不到位；对重大事故责任者处理不及时、不严厉；宣传教育工作薄弱，公民的自防、自救意识及能力较差。主要教训有：（1）当地政府未能正确处理好发展经济与消防安全的关系。20世纪90年代初，一些地方政府的领导急于把经济搞上去，提出"先上车，后买票"的审批原则，不但使一些该严格把关的项目逃避了消防设计审核，也严重淡化了一些政府和企业的消防法制观念。这种责任错位、工作失衡的现象在当时较为普遍。阜新市艺苑歌舞厅火灾是该市人员伤亡最为惨重的一起火灾事故，是当年世界十大火灾之一，在全市乃至全省、全国引起了强烈的震动，造成了严重的后果和恶劣的政治影响。（2）有关主管部门缺少社会消防安全责任意识。阜新市文化局及市评剧团作为该舞厅的管理部门，忽视消防安全工作，没有认真贯彻执行国家及省有关文化娱乐场所消防安全管理的各项规定。发放证照的文化、工商、公安等有关管理部门缺乏协调，造成工作漏洞。（3）企业自身管理混乱，严重违反消防法规。该歌舞厅的消防管理工作极其混乱，业主片面追求经济效益，不经公安消防机构审批和验收，擅自对歌舞厅进行改造装修，并大量使用易燃材料；舞厅出入口狭窄，未设置应急照明，并在营业时将安全出口上栓挂锁；该舞厅审批定员为140人，但经营中长期超员，起火时厅内人员多达300余人，且现场无人组织疏散。

　　对事故责任者的处理结果：根据公安司法部门及事故调查组调查认定，辽宁省委、省政府决定对事故主要责任者及有关责任者作出了处理：鉴于这起事故的直接责任者邢胜利已被烧身亡，免于追究刑事责任；对这起事故的主要责任者、艺苑歌舞厅经营者王文忠、李革新依法逮捕，追究刑事责任（王文忠犯重大责任事故罪，被判处有期徒刑7年；李革新犯重大责任事故罪，被判处有期徒刑4年）；原阜新市评剧团团长赵素菊受剧团委托管理艺苑歌舞厅，对这起事故负有疏于管理的责任，依法逮捕，追究刑事责任；评剧团团长孙国兴对事故负有直接领导责任，给予行政撤职处分并收容审查（犯玩忽职守罪，被判处有期徒刑3年）；对事故负有直接领导责任的阜新市文化局副局长、文化市场管理办主任许凡给予行政撤职处分并收容审查（犯玩忽职守罪，被判处有期徒刑2年）。阜新市委、市政府领导在抓经济建设中，对安全管理工作重视不够，措施不力，抓得不实，对这起事故负有重要领导责任；市政府有关部门负责人对歌舞厅安全问题疏于管理和监督。因此，决定对这起事故负有领导责任和管理监督责任的有关人员，做出相应的处理：给予中共阜新市委书记王锡义党内警告处分；给予阜新市委副书记、市长朱启成撤销市委副书记、常委、市长职务的处分；给予阜新市政府分管文教工作的副市长马洁撤职处分；给予阜新市政府分管公安消防工作的副市长李经行政记大过处分；给予市文化局局长、党委副书记纪兵撤销党内外职务处分；给予市文化局主管副局长、党委委员史默撤销党内外职务处分；给予市公安局副局长陶广瑞行政记大过处分；给予海州区公安分局局长、党委书记张青山撤销党内外职务处分；给予市消防支队副支队长唐树和行政记过处分；给予市消防支队防火处处长牛洪津撤职处分。事故涉及的其余 16 名管理监督人员，按干部管理权限由阜新市处理。

（六十四）　新疆维吾尔自治区克拉玛依友谊馆火灾事故

1994 年 12 月 8 日，克拉玛依市教委和新疆石油管理局教育培训中心在克拉玛依市友谊馆举办迎接新疆维吾尔自治区"两基"（基本普及九年义务教育、基本扫除青壮年文盲）评估验收团专场文艺演出活动。全市 7 所中学、8 所小学的学生、教师及有关领导共 796 人参加。在演出过程中 18 时 20 分左右，由于舞台上方 7 号光柱灯烤燃附近纱幕，引起大幕起火，火势迅速蔓延；约一分钟后电线短路，灯光熄灭。剧场内各种易燃材料燃烧后产生大量有毒有害气体，致使众人被烧或中毒死亡。事故共造成 325 人死亡（其中小学生 288 人、干部及教师和工作人员 37 人），132 人受伤住院（其中重伤 68 人），直接经济损失 3800 万元。

事故发生后，总书记江泽民、总理李鹏迅即作出指示。受党中央、国务院委托，国务院副秘书长徐志坚率有关部门负责人赶赴克拉玛依市，慰问死难者家属，看望受伤人员，处理善后事宜，调查事故原因。

经公安、消防、劳动等部门共同调查，新疆克拉玛依友谊馆"12·8"特大火灾事故是一起重大责任事故，造成火灾的直接原因是该馆负责人阿某某等人玩忽职守、违章操作，当舞台上方光柱灯烤燃附近纱幕、火势迅速蔓延时，未能及时组织人员疏散。友谊馆及其主管部门负责人存在严重官僚主义，不重视公共场所消防安全工作，馆场管理严重违反国家有关消防安全法规，馆内存在多处火灾隐患。在当年 9 月组织的一次集体活动时，该馆曾出现过火灾险情，由于及时扑救，幸未酿成惨祸。但却未能引起该馆负责人及其主管单位新疆石油管理局工会和文化艺术中心领导的重视，没有采取有效措施及时消除火灾隐患。该馆领导还将馆内仅有的两名电工派出，演出时由无电工操作证的人员代电工值班。演出当天，通向剧场外的门只打开一扇，馆内值班工作人员擅离职守，未能及时打开安全通道。汇报演出活动的组织者，也存在严重失职渎职。

事故追查和责任追究：克拉玛依市新疆石油管理局总工会文化艺术中心友谊

馆副主任阿不来提·卡德尔，对友谊馆的安全工作疏于管理，对馆内存在的安全隐患未进行有效整改，严重违反消防和安全管理规定，起火后没有组织服务人员打开所有安全门，疏散场内人员，是发生这起火灾和造成严重后果的主要直接责任者。友谊馆服务人员陈惠君、努斯拉提·玉素甫江、刘竹英也是事故的直接责任者。原友谊馆主任兼指导员蔡兆锋虽发生火灾时出差在外，工作严重不负责任，对火灾事故的发生负有直接责任。原文化艺术中心主任孙勇、教导员赵忠铮，未采取积极措施督促友谊馆消除安全隐患，对火灾事故的发生负有直接责任。原分管文化艺术中心工作的石油管理局总工会副主席岳霖，明知友谊馆存在着火灾等安全隐患，未要求检查整改。原克拉玛依市副市长赵兰秀、原新疆石油管理局副局长方天录，是组织迎接"两基"评估验收工作及演出现场的主要领导人，发生火情时没有组织和指挥场内学生疏散，因而对火灾事故的发生和加大事故的伤亡后果负有直接责任。鉴于赵兰秀实施了指示他人报警的行为，可酌情从轻处罚。原克拉玛依市教委副主任唐健、原新疆石油管理局教育培训中心党委副书记况丽、原市教委普教科科长朱明龙、副科长赵征是此次演出活动的具体组织者和实施者，对未成年人的人身安全疏忽大意；唐健、况丽、朱明龙在发生火灾时，未组织疏散学生，只顾自己逃生，对严重伤亡后果负有直接责任。

对事故直接责任人员的处理：克拉玛依市教委副主任唐健，给予开除党籍、撤销行政职务并依法逮捕；克拉玛依市教党委副书记兼纪委书记况丽，给予开除党籍、撤销行政职务并依法逮捕；新疆石油管理局工会文化艺术中心主任孙勇，给予开除党籍、撤销行政职务并依法逮捕；新疆石油管理局工会文化艺术中心教导员赵忠锵，给予开除党籍、撤销行政职务并依法逮捕；克拉玛依友谊馆副主任阿不来提·卡德尔，给予开除党籍、撤销行政职务并依法逮捕；克拉玛依市教委普教科科长朱明龙，给予开除党籍、撤销行政职务并依法逮捕；克拉玛依市教委普教科副科长赵征，给予开除党籍、撤销行政职务并依法逮捕；克拉玛依友谊馆主任兼教导员蔡兆峰，刑事拘留；克拉玛依友谊馆值班人员陈忠君，刑事拘留；克拉玛依友谊值班工作人员刘竹英，收容审查；克拉玛依友谊馆值班工作人员奴斯拉提，收容审查；新疆石油管理局副局长方天录，开除党籍、撤销行政职务，移送司法机关进一步审查；克拉玛依市总工会副主席兼新疆石油管理局工会副主席岳霖，移送司法机关进一步审查，并由有关部门建议工会罢免其工会副主席职务。一审宣判后多数被告提出上诉。新疆维吾尔自治区高级人民法院于1995年10月11日作出终审判决，驳回上诉，维持原判。

对其他负有管理、领导责任人员的处理：新疆维吾尔自治区、中国石油天然气总公司对犯有严重官僚主义错误、对此次特大火灾事故负有领导责任的有关人员分别作出处理决定：撤销谢宏的新疆石油管理局局长兼安全委员会主任、管理局党委、副书记和克拉玛依市委常委、副书记职务，并建议自治区人大罢免其人大常委会副主任职务；给予克拉玛依市委书记兼新疆石油管理局常委书记唐健党内警告处分；给予新疆石油管理局副局长尼牙孜·阿不都拉行政降级、撤销党内职务的处分；给予自治区教委副主任、"两基"评估验收团负责人刘东行，行政降级、撤销党内职务的处分；给予克拉玛依市人大常委会副主任张华堂留党察看一年的处分，并建议克拉玛依市人大罢免其人大常委会副主任职务；撤销克拉玛依市总工会主席兼新疆石油管理局工会主席阿不来海提·克尤木的党内职务，并建议罢免其工会主席职务。

（六十五）　安徽省淮南矿务局谢一煤矿瓦斯爆炸事故

1995 年 6 月 23 日 0 时 16 分，安徽省淮南矿务局谢一矿 44 采区 $4462C_{13}$ 层采煤 6 队顶层回采工作面发生特大瓦斯爆炸事故，造成 76 人死亡（其中救护人员 13 人），49 人受伤（其中救护人员 18 人），直接经济损失 327.8 万元。

谢一矿核定生产能力为 140 万吨/年，1994 年实际产量 180 万吨，1995 年计划产量为 170 万吨。井田走向长度为 2680 米，可采煤层有 13~14 层，平均倾角 23 度。1979 年定为煤与瓦斯突出矿井，绝对瓦斯涌出量 66 立方米/分钟，相对瓦斯涌出量 19.5 立方米/（吨·日）。B_{11b} 和 C_{13} 煤层均为突出煤层，矿井煤层自然发火期为 3~6 个月。矿井采用斜井阶段石门开拓，四条斜井两个立井进风，由南到北布置四个回风井，采用中央并列对角式通风方式，各采区形成独立的回风系统。该矿共有四个水平，−250 米三水平以上已回采完毕，当时主要生产水平为−660 米第四水平。矿井装备有 KJ4 安全监测系统，井下有 8 个监测分站，地面有 3 个分站，井下使用瓦斯检测探头 46 个，其中带断电装置 19 处。矿井建有抽排站 1 座，装有 4 台 SZ-4 型水环式真空泵抽放 C_{13}、B_{11b} 高突煤层瓦斯，实际抽放率矿井为 9%，44 采区为 16.8%，$4462C_{13}$ 工作面为 26.1%。地面建有 2 座灌浆站，管路延深至各水平、阶段和采区内部，且分别进行了降压处理。

44 采区走向长度为 900 米，当时有 2 个回采工作面、2 个掘进工作面。$4462C_{13}$ 顶层工作面是采煤 6 队工作面，走向长度 250 米；采面长 125 米，采高 1.8 米，倾角 24 度，采用长壁分层陷落下行开采法，为单体液压支柱金属铰接顶梁炮采落煤面。该工作面当年 1 月开始生产，采至 1 月 29 日时遇构造被迫留煤柱跳采，到 4 月 7 日继续回采，事故前工作面已推进 140 米。该工作面回风巷标高−540 米，运输巷标高−600 米。新鲜风流由−660 米水平Ⅱ线石门、Ⅰ线石门、C_{13} 层底板集中巷分别进入−600 米三石门、二石门、运输机巷到工作面；回风由-540米C$_{13}$层回风巷、回风石门，进入-540米C$_{13}$层底板总回风巷到北部回风斜井。出煤系统由工作面刮板输送机进入-600米运输机巷，经-600米Ⅰ线石门、-600~-660米下山到-660米皮带集中运输巷至井底煤仓。该工作面与相对回采的4461C$_{13}$中分层采煤一队工作面，共用一个通风和运输系统。

6月23日0时30分，矿调度所接到电话汇报，井下发现异常情况，有冲击波和煤与瓦斯突出征兆。0时42分，分别向局、矿领导报告。矿务局领导接到报告后，先后赶到谢一矿组织事故抢救。1时许，局救护队分别进入井下-540米C$_{13}$层回风底板巷和-600米Ⅰ线石门、Ⅱ线石门进风巷进行探察，发现-540米C$_{13}$层回风底板巷内2道风门被冲垮，回风石门内及-600米三进风石门、二进风石门、C$_{13}$层运输机巷口均垮冒，无法进入采煤6队工作面探察，只能进入采煤1队，在1队的-540米回风巷内发现有人员伤亡，灾情严重。这时断定是4462C$_{13}$层采煤6队工作面发生瓦斯爆炸事故。

导致这次事故的直接原因：由于4462C$_{13}$顶层回采工作面中上部顶板第一次来压，造成工作面煤壁、采空区和采空区后方煤层变薄构造带内的瓦斯，在强大集中应力作用下大量释放涌入工作面，并达到爆炸界限，遇到工作面爆破火源（最大可能性）引起瓦斯爆炸。第一次瓦斯爆炸后，通风系统受到破坏，风量急剧减少。随着时间的推移，工作面煤层和采空区瓦斯不断涌出积聚，在微风不断供给的情况下，灾区内氧气浓度升高，遇第一次瓦斯爆炸后已经引燃的笆条火源，又发生第二次瓦斯爆炸。

酿成事故的间接原因：（1）安全生产责任制度不落实。在瓦斯长时间超限的情况下，未能按规定程序汇报和处理，6月22日10时左右，监测中心发现4462C$_{13}$采煤工作面上风巷瓦斯异常，浓度超限达3%，机房值班人员虽电话向通风科监测队长和通风区调度汇报，但通风科、通风区却没有按规定向矿调度所和矿领导汇报，也没有按《煤矿安全规程》规定停止作业，排除隐患，仅派瓦检员检查核实数据，致使4462C$_{13}$采煤工作面瓦斯浓度超限长达14小时之久未得到及时处理；由于采煤6队工作面现场作业组织不合理，经常加班延点，混班作业；该工作面为"双突"工作面，经常在无瓦检员在场情况下爆破作业，瓦斯监测系统报警，也没有及时停止作业，撤出人员。（2）生产技术管理不落实。没有按《煤矿安全规程》规定在开采突出煤层的采掘工作面配备专职瓦检员；没有按《煤矿安全规程》要求严格执行"一炮三检"制度、"三人连锁爆破"制度和分组装药分组爆破的规定，经查实爆炸工作面爆破时，瓦检员不在现场，该采面实际采用一次装药分次起爆、连续爆破的作业方法，严重违反《煤矿安全规程》规定；监测系统的探头数量、探头断电值的确定和断电范围，不符合

《煤矿安全规程》要求，监测系统只报警不断电无人过问；在瓦斯超限的情况下，没有按《煤矿安全规程》规定停止作业、撤离人员，及时处理；违反《煤矿安全规程》规定，在同一突出煤层的同一采区，在应力集中的影响范围内，同时布置了 $4462C_{13}$ 和 $4461C_{13}$ 两个采面相向回采；采区通风风路不畅，工作面风量不足，没按实际生产产量分配足够风量；作业规程缺乏针对性，防突措施和"一通三防"有关规定不完善，$4462C_{13}$ 采面没有根据该面是突出煤层的特点制订具有针对性的防范措施。（3）贯彻落实安全生产方针不力。淮南矿务局近 10 年来，多次发生瓦斯爆炸事故。当年 3 月 16 日谢一矿曾发生一次瓦斯事故，其后，虽制定了防止瓦斯事故的防范措施，但未认真落实；没有认真处理好安全与生产的关系，矿领导决定 6 月全月原煤产量由日产 4700 吨提高到 6100 吨，完不成任务，要撤换班子，但在组织安排生产时未能采取切实有效的措施保证安全生产；安全办公会议流于形式，安全隐患问题得不到及时解决，事故当晚召开的矿安全办公会议，竟无一人提出 $4462C_{13}$ 工作面瓦斯严重超限的问题；没有认真做好职工培训工作，对新入矿的工人，没有按《煤矿安全规程》规定进行安全教育培训，不仅培训时间不够而且未经安全培训就下井作业，当年 5 月 25 日入矿的新工人有 98 人未经培训就下井，另外 390 人也仅仅培训了 5 天就上岗，没有认真执行管理、装备、培训并重的原则。（4）安全监督检查不力。该矿在安全生产上长期存在着大量安全隐患，违章作业、违章指挥严重。瓦斯超限作业未及时制止；瓦斯监测系统长期不断电，不监督处理；作业规程审批未能严格把关；安全监督部门没有按照国家有关规定履行职责行使监察权。

（六十六）贵州省盘江矿务局老屋基煤矿瓦斯爆炸事故

1995 年 12 月 31 日 18 时 20 分，贵州省盘江矿务局老屋基煤矿北三采区 131211 采煤工作面发生瓦斯爆炸事故。在抢险过程中，于 20 时 19 分又发生第二次瓦斯爆炸，共造成 65 人死亡（其中救护队员 12 人），24 人受伤，直接经济损失 371 万元。

老屋基煤矿于 1966 年开工建设，1975 年 9 月简易投产。设计生产能力为 90 万吨/年，四个采区，但投产时只移交三个采区，生产能力只有 75 万吨/年。1993 年产煤 71 万吨，1994 年产煤 100 万吨，1995 年产煤 101 万吨。该矿为立井开拓，通风方式为多井口分区抽出式通风，总排风量为 9823 立方米/分钟。运输方式为大巷使用 3 吨矿车运输，主井使用 6 吨底卸式箕斗提升，副井使用 3 吨罐笼提升。由平田和兰田 35 千伏变电站以 6000 伏电压等级向各采区供电。矿井可采煤层为 8 层，总厚度为 12 米，当时有储量 14328 万吨，其中 A+B：3964 万吨；A+B+C：7875 万吨。主采煤层为 12 层，煤层厚度 3 米，煤层自然发火倾向为Ⅳ类，属无自然发火倾向煤层，煤尘爆炸指数为 41.98%，属煤与瓦斯突出矿井。该矿北三采区位于矿井北部，走向长 1980 米，倾斜长 1300 米，设计能力 42 万吨/年，1995 年产煤 58.3 万吨。

发生事故的 131211 采煤工作面开采 12 煤层，走向长 800 米，倾斜长 90 米，煤层平均厚度 3 米，采高 2.5 米，平均倾角 14 度。于 1995 年 9 月 9 日开采，至发生事故时推进 420 米。采煤方法为走向长壁后退式，150 机组割煤，全部垮落法控制顶板，单体液压支柱和 1.2 米金属铰接顶梁配合 2.5 米长钢梁支护。柱距 0.5 米，行距 1.2 米，最大控顶距 5.05 米，最小控顶距 3.85 米。工作面绝对瓦斯涌出量为 27.9~28.8 立方米/分钟，地面建有瓦斯抽放站 1 座，安设 2 台 SK-60 瓦斯抽放泵，用埋管方式抽放该采面上隅角瓦斯，抽放瓦斯 14.9 立方米/分钟。工作面实际风量为 1506 立方米/分钟，风排瓦斯 13.9~14.8 立方米/分钟。防尘系统比较健全。采区在册职工 174 人，分为三班作业（8 点至 16 点、16 点至 24 点为采煤班，零点至 8 点为准备班）。事故发生时，正值该工作面 8 点班延点和 16 点班人员到达工作面等待交接班时，8 点班有 35 人，16 点班有 38 人，共 73 人。12 月 31 日 18 时 20 分，矿调度室接到北三采区调度电话汇报，排风井口有一股黑烟上来，井下有异常情况，并已通知地面变电站切断电源。以后又接到报告，听到 131211 采面一声响。矿调度室于 18 时 35 分向局调度室汇报。副局长王海深、邢祖禹，总工程师康先海等局领导和局有关处室负责人接到局调度通知后，于 18 时 50 分赶到老屋基矿，并成立了以老屋基矿矿长任祖三为总指挥的临时抢险指挥部。在北三采区七亚变电所建立了以生产副矿长孔敢年为指挥长的井下指挥基地。局长宋福林、副局长杨开达从北京开会回局，闻讯后，立即赶到北三采区组织抢救工作，并成立了以杨开达副局长为总指挥，副局长王海深、总工程师康先海为副总指挥的抢险指挥部。局救护队接到命令后，派出两个小队，共 16 名队员，分别于 18 时 41 分和 19 时 15 分到北三采区入井抢险救灾，从灾区营救出 20 名受伤人员。正当继续搜寻、抢救其他遇险人员时，20 时 19 分又发生第二次瓦斯爆炸，有 4 名救护队员受伤自救升井。当时井下尚有 65 人下落不明，其中 8 点班 21 人，16 点班 32 人，救护队员 12 人。由于通风设施遭到破坏，井下灾区情况不清，灾情严重，为防止灾害扩大，指挥部决定将井下指挥基地移设在北二采区井底排水泵房，改从 1350 大巷进入灾区探险。为加强抢险救护力量，指挥部从火铺矿、土城矿调三个救护小队增援，分别于 12 月 31 日 23 时 34 分和 1 月 1 日 1 时 33 分到达井下指挥基地。火铺矿两个救护小队，一个小队在基地待机，另一个小队从大巷到灾区探险，抢救遇险人员，到 1 月 1 日 5

时 55 分止，该小队在 131211 工作面进风侧抢救出 14 名遇难人员。

12 月 31 日，省煤管局接到事故报告后，调六枝局救护队增援。局长、书记带领有关人员连夜赶到现场。六枝局两个救护小队 1 月 1 日 12 时 30 分下井，一个小队在基地待命，另一个小队按指挥部确定的救灾方案进行侦察探险。主要任务是检测有关巷道有害气体和井下有无火源。13 时 21 分、14 时 1 分、19 时 15 分又听到从事故现场传来三次爆炸声。此时，灾区情况十分复杂，通风设施严重破坏，抢救工作十分危险，为防止灾情扩大，保证抢险救灾安全，指挥部决定将井下救护人员撤到地面，加强观测。

据观测，从 12 月 31 日 18 时 20 分到 1 月 3 日 16 时 36 分，井下先后发生 21 次瓦斯爆炸。根据灾情的发展和遇险人员所在位置，判断灾区 51 名遇险人员已无生还可能。为确保抢救人员的安全，防止事故继续扩大，抢险指挥部和事故调查组慎重决定，对北三采区实行全区封闭，注入惰性气体灭火。

事故发生后，各级领导极为重视和关怀。煤炭部、劳动部、全国总工会、贵州省委、省政府、省煤管局、省劳动厅、省安委会、省检察院、省监察厅、省经委、省总工会等有关领导，六盘水市、盘县特区党政领导以及有关部门领导相继赶到事故现场，组织抢险救灾工作。并到医院看望了在事故中受伤职工，慰问了遇难职工家属。

经调查，老屋基煤矿"12·31"特大瓦斯爆炸事故是一起重大责任事故。导致这次事故的直接原因是：131211 采煤工作面瓦斯绝对涌出量高达 27.9～28.8 立方米/分钟，采用工作面埋管抽放与通风相结合排放瓦斯，抽放 14.9 立方米/分钟左右，风排 13.9～14.8 立方米/分钟。工作面实际风量 1506 立方米/分钟，不能把工作面涌出的瓦斯有效地稀释到规程限值浓度以下，致使工作面瓦斯长期处于临界状态，有时超限。12 月 31 日 8 点班突击生产，瓦斯涌出量增加，工作面上出口压力集中，加快了煤壁瓦斯涌出，沿煤上山局部通风机在移动抽放管后，继续运转，再加上瓦斯抽放管位置滞后，不能有效地抽放瓦斯，造成工作面上隅角附近瓦斯积聚。通过调查取证和对现场作业状况分析，认定是违章爆破产生火源而引起瓦斯爆炸。事故主要原因：（1）安全第一的思想不牢，重生产、重效益、轻安全。局、矿主要领导没有认真吸取"9·16"瓦斯爆炸事故的教训，制定有效措施，加强"一通三防"管理。该矿在转产经营承包过程中，没有摆正安全与生产、安全与效益的关系。在工作面风量不足，瓦斯超限问题长期得不到解决的情况下，还突击生产。（2）安全责任制不落实，现场管理混乱，事故隐患得不到及时解决。由于没有认真执行各级安全责任制，致使许多安全工作的规定、指令、制度没有得到认真贯彻落实。局、矿主要领导工作作风不实，深入井下生产现场解决具体问题少；"三不生产"原则和事故处理"三不放过"的原则执行不好；违章指挥，违章作业，违反劳动纪律的"三违"现象严重；技术管理薄弱，131211 工作面作业规程风量规定与实际情况不相符，没有及时根据实际情况进行修改和采取相关措施。（3）安全监督管理力量薄弱，安全监督检查不力。在机构改革后，错误地减少安全管理人员，分管安全的领导兼管开拓准备工作，精力不能集中，削弱了安全检查力量，不能对矿井的安全生产实施有效的监督检查，对查出的问题也不能及时进行整改。（4）安全投入不足，安全装备不完善。原有的瓦斯监测系统已损坏，在不能修复时没有及时更换，其他瓦斯检查仪器，如便携式瓦检仪数量不足，不能有效监测瓦斯变化情况。（5）职工队伍素质低，安全技术培训不力。在矿、区管理干部中，经过专业教育和专业培训的干部配备不足，井下工人中特别是采掘一线，农民轮换工多，未按规定严格进行安全技术培训，在这次事故遇难的采煤工中，有 10 人只培训 7 天就下井工作，造成素质低，操作技术差，安全意识淡薄。

（六十七）湖南省邵阳市郊区城南乡祭旗村炸药作坊爆炸事故

1996 年 1 月 31 日 19 时 50 分，湖南省邵阳市郊区城南乡祭旗村祭旗坡地段一非法加工黑索金炸药的民房发生特大爆炸事故，造成 134 人死亡，405 人受伤，直接经济损失 1966 万元。

这起事故是邵阳市经济信息电脑技术开发中心承包人何耿等人非法买卖、运输、加工黑索金炸药引起的。何耿原系湖南建筑装修机具总厂（原名邵阳市电动工具厂）干部，1994 年调到邵阳市经济信息中心，留职停薪后承包该中心下属的邵阳市经济信息电脑技术开发中心。何耿在经营锰矿产品亏损的情况下，于 1994 年 2 月 2 日以新邵县长冲铺乡锰矿的名义，通过新邵县造纸厂工人李向文和国营 282 厂厂办秘书黄赛先与解放军驻国营 282 厂军代室干部龙诗训（1994 年 12 月因车祸死亡）、蒋江兵联系，非法签订了 40 吨名为销毁实为销售军用黑索金炸药的合同。何耿分两次从 282 厂购回 37 吨黑索金，分别运到省物资储备局 375 处仓库和新邵县建筑建材第一水泥厂及该厂厂长柳之荣家里存放。然后，在该水泥厂和柳之荣家加工 23.25 吨黑索金销售给城步县硫铁矿。城步县公安局曾两次查封并没收了何耿卖给该矿的黑索金炸药 14.71 吨，后因邵阳市有关部门负责人说情，又将这批炸药作价处理给该矿。1994 年 3 月 31 日，何耿将未销出的 10.08 吨炸药从 375 处仓库运到隆回县茅铺乡山下村，通过其叔叔何恒卿存放在六都寨水库工程处仓库。1995 年 8 月 15 日，何为了使未售出的炸药能合法地销售给城步县硫铁矿，以邵阳市经济信息电脑技术开发中心的名义，向市公安局和市化轻总公司民爆公司提交《关于处理 20 吨黑索金炸药的报告》。市计委、市物资局和市公安局治安科分别签署了同意的意见。何耿在未办理爆炸物品"生产许可证""储存证""运输证""购买证""销售证"和"使用证"的情况下，伙同邵阳市工商银行西湖支行法律事务所主任刘丽平，与省煤炭工业局所属 169 厂联系销售。1996 年 1 月 20 日，何耿、刘丽平将 10.08 吨炸药从隆回县运到邵阳市郊区城南乡祭旗村；后又将新邵县建筑建材第一水泥厂柳之荣家剩余的 210 千克黑索金运至祭旗村，两次共计 10.29 吨，租用该村农民吴正飞的住房储存，从 1 月 26 日开始雇请民工，用普通民用粉碎机在吴正飞家加工，1 月 31 日发生爆炸。事故致使爆炸中心周围 100 米范围内的 106 户 605 间房屋受到严重毁坏，附近的通讯、供水、供电设施也被毁坏，207 国道交通一度中断，造成 134 人死亡（其中男 77 人，女 57 人），405 人受伤（其中住院治疗 117 人，门诊治疗 288 人），直接经济损失 1966 万元。事故发生后，何耿、李向文（新邵县造纸厂工人）、黄赛先（国营 282 厂厂办秘书）等人畏罪潜逃。

经湖南省和邵阳市有关部门组成的调查组对现场勘查和检验分析确定，这次事故的直接原因，是何耿等人在加工机械、工房无任何安全措施的情况下，雇请民工长时间加工细度为 100 目的黑索金，积累了大量的炸药粉尘，机械撞击、振动摩擦聚集能量，形成高压静电和热点，达到足够的起爆能而引起特大爆炸。

责任追究：1996 年 11 月 15 日，邵阳市中级人民法院一审判处犯非法买卖爆炸物品罪的主犯刘丽平（邵阳市工商银行西湖支行法律事务所主任）、石志强（新邵县委办公室司机）死刑，剥夺政治权利终身；判处参与何耿非法买卖、运输、加工黑索金炸药的共犯黄德球（邵阳市计委主任）无期徒刑、金爱莲（新邵县检察院干部）有期徒刑 15 年、何石君（新邵县陈家坊镇西冲村村民）有期徒刑 12 年、李耀甫（邵阳市经济信息中心主任）有期徒刑 10 年、莫轮辉（邵阳市化轻总公司民爆公司经理）有期徒刑 8 年、蒋事昂（邵阳市化轻总公司经理）有期徒刑 8 年，赵富生（原邵阳市物资局局长）有期徒刑 5 年、柳之荣（新邵县第一水泥厂厂长）有期徒刑 4 年、龙运吉有期徒刑 3 年，缓刑 3 年；判处犯玩忽职守罪的谢贵荣（邵阳市公安局副局长）有期徒刑 5 年、詹道隆（邵阳市公安局治安科正科级干部）有期徒刑 4 年、刘登平（邵阳市公安局治安科科长）有期徒刑 4 年；判处犯窝藏罪的王月花有期徒刑 3 年、戴明辉有期徒刑 2 年，缓刑 2 年。宣判后，部分被告人不服，提出上诉，1996 年 12 月 13 日，湖南省高级人民法院作出终审判决，维持全案原判。邵阳市委、市政府等党政机关少数领导对"1·31"事故负有一定责任，省委、省政府决定给予邵阳市政府副市长、党组成员王泽漠，党内严重警告、行政记大过处分；给予邵阳市委常委、市政法委书记尹文武党内警告处分；给予邵阳市公安局局长孙湘隆行政记过处分；给予邵阳市委委员、城步县委书记刘国胜撤销市委委员、县委书记职务处分；给予邵阳市郊区区委副书记、区长何铁成行政记过处分；给予邵阳市委副书记、市长孔令志行政记过处分；给予邵阳市委书记周本顺批评教育。

（六十八）浙江省三门县航运公司客船沉没事故

1996年2月9日，浙江省三门县航运公司"浙三机3号"木质客船由象山石浦开往三门湾，在蛇蟠岛外遇大风沉没，船上人员全部落水，生还10人，死亡（失踪）66余人。当日该客船离开码头时就超载。行驶至蛇盘山以东海域时，为避让船首方向渔网，该船向左急转，遇横浪左舷进水，旅客纷纷奔至右舷，客舱棚顶装载的货物发生滑移，船体向右倾斜并很快翻沉。调查认定这是一起违章指挥、违章操作、违反劳动纪律所造成的特大责任事故。船长陈某对船舶超载、装载不当和违章由乘客操作不予制止，航行中疏忽观望，临危指挥不当，致使操作失误，对事故发生负有主要责任和直接责任。值班驾驶员也负有重大责任。三门县航运公司对"浙三机3号"客船以包代管，放松安全管理，是造成事故的间接原因。

（六十九）河南省平顶山煤业集团十矿瓦斯爆炸事故

1996年5月21日18时11分，河南省平顶山煤业集团（原平顶山矿务局）十矿己二采区己$_{15}$-22210回采准备工作面发生特别重大瓦斯爆炸事故，爆炸波及整个采区（2个回采工作面，2个备用工作面，3个掘进工作面，1个巷道维修头，采区运输巷、轨道运输巷和机电硐室），造成84人死亡，68人受伤，直接经济损失984万元。

十矿始建于1958年8月，1964年2月投产。矿井采用KJ4安全监测系统监测瓦斯。发生事故的己二采区位于该矿二水平南翼，走向长1600米，倾斜长2900米，采用对角抽出式通风方式，瓦斯绝对涌出量为23.7立方米/分钟、相对涌出量为19.2立方米/吨；煤尘爆炸指数为33.03%～41.01%，自然发火期4个月。

导致这次事故的直接原因：由于己$_{15}$-22210工作面的己$_{15}$、己$_{16}$、己$_{17}$三层煤合层，且受牛庄向斜构造的影响，使煤层瓦斯含量增大，22210工作面多头扩帮爆破作业又造成瓦斯大量涌出；开切眼贯通后，由于该区域通风设施管理混乱，造成工作面风量严重不足，瓦斯积聚，爆破引起瓦斯爆炸。

酿成这次事故的主要原因：（1）重生产，轻安全。①严重超通风能力违章生产。矿井设计能力 180 万吨/年，1995 年生产原煤 250 万吨，经全面调查分析认定，矿井通风能力仅有 170 万吨/年，按当年计划产量核算，矿井总需风量为20397 立方米/分钟，实际供风量仅有 16757 立方米/分钟，缺风 3640 立方米/分钟，其中二采区缺风 1213 立方米/分钟，在通风能力严重不足的情况下，当年计划产煤 215 万吨，奋斗目标为 255 万，造成矿井为完成计划而超通风能力生产。而且，在风量不足、瓦斯频繁超限的情况下，不是积极采取有效措施，综合治理瓦斯隐患，而是超限违章生产。②安全检查、通风人员严重不足。根据有关规定，矿应配瓦斯检查员 120 人，实际不足 80 人，通风科应配 9 人，在籍仅有 3人，且配备的人员不合格，多为老、弱、病人员，使正常的瓦斯检查、通风管理工作不能到位。③不重视瓦斯抽放工作。按《煤矿安全规程》要求，该矿有 4个工作面应进行瓦斯抽放，实际上仅有 20130 工作面进行抽放，而且抽放时间短，瓦斯抽放率低，仅有 8%，给通风工作造成了很大的困难。（2）违章指挥，违章作业严重。①下调瓦斯探头数值，隐瞒实际瓦斯情况。自 1995 年后半年开始，该矿瓦斯涌出量增加，综采工作面频繁断电而影响生产。为不使瓦斯超限时断电，1995 年 11 月矿安全办公室会议研究决定，把瓦斯传感器报警值下调 0.2%～0.4%，先后在 20130、17111 和 22170 三个工作面进行调整，造成了长期瓦斯超限冒险作业。为应付上级检查，在上级来检查时，把传感器报警值调正确，检查后，又调过去。②瓦斯记录、报表弄虚作假。瓦斯检查记录，监测超限记录人员按照矿领导的授意，高值低记，超限少报、不报，弄虚作假，长期隐瞒真实瓦斯情况，不向上级管理部门汇报。③违章作业。二采区 22210 掘进工作面在瓦斯涌出量较大的情况下，前面掘进作业，后面同时扩帮，严重违反了安全管理规定。（3）通风、瓦斯管理混乱。①巷道贯通后，通风工作无人管理。由于通风科人员严重不足，使通风管理工作不到位，二采区 22210 工作面贯通后，通风部门无人下井调整风路，造成在无措施、无组织的情况下，机掘队随意调风。②通风设施无人管理。井下主要风门无专人管理，风门经常随意打开、关闭，造成风流不稳定，作业地点风量忽大忽小，瓦斯浓度时高时低。③风路不畅通，风量增不上。通风巷道断面小，阻力大，巷道严重失修，造成用风地点风量不足，如已二采区 22170 采面回风平巷净高最小处只有 0.7 米，有的通风断面不足 2 平方米。④瓦斯探头管理不严。瓦斯探头多次被人用炮泥、塑料布、衣服等堵塞遮盖，使井下瓦斯情况在监控系统中显示不出来，甚至破坏断电功能，使瓦斯超限面不能断电，造成超限作业。（4）领导干部工作作风浮漂。根据矿领导下井记录，作为该矿安全生产第一责任者的矿长，1995 年仅下井 14 次，发生事故前 50 天内仅下井 1 次；矿总工程师 1995 年下井 19 次，发生事故前 50 天内下井仅 1 次；

全矿十多名矿级领导中仅有 3 人下井次数达到上级规定。安全办公会议流于形式，会议没少开，但是安全方面的问题没有认真研究，没有制定正确措施，没有及时消除事故隐患。（5）"一通三防"责任制没有落实。国家有关规定明确要求矿总工程师主管"一通三防"工作，但该矿总工程师却不分管通风工作，而是由一名副矿长分管，责任不落实，工作不协调，造成都管也都不管。（6）技术管理混乱。己二采区布置了 2 个采煤工作面，2 个准备工作面，3 个掘进工作面，1 个维修点。由于作业地点多，造成通风系统复杂，作业人员密集。采区没有完整的通风上山，靠众多挡风墙、调风墙和风门来调节风流风量，使通风系统不可靠，抗灾能力低；在发生灾变时，通风系统受到破坏，大量有害气体进入其他作业地点，扩大了人员伤亡。（7）平煤集团公司对十矿瓦斯问题重视不够，措施不力。十矿每月都向集团公司汇报一次瓦斯情况，由于没有采取果断措施，瓦斯超限作业等问题未能解决；在十矿已经超通风能力的情况下，1996 年仍然安排215 万吨生产计划，促使该矿冒险生产。

（七十）四川省内江市简阳市禾丰镇永兴花炮厂爆炸事故

1996 年 6 月 29 日，四川省内江市简阳市禾丰镇永兴花炮厂发生爆炸。爆炸冲击波掀毁厂内大部分建（构）筑物，将停放在厂区院内的方圆牌农用四轮车掀翻，许多工人当场死亡，其中 1 名死者的尸体被冲到远离厂区 89 米远的稻田里。事故造成 39 人死亡，9 人重伤，40 人轻伤，直接经济损失 300 万元左右。

事故发生当日早上，家住丙灵、永兴等村的 100 余名村民，先后来到禾丰镇永兴花炮厂上班，开始一天的繁忙劳作。这时该厂厂长陈某将成品花炮装车，运到禾丰镇出售；副厂长杨某因考虑到厂里请人打灶，起身到碑垭去买肉。陈、杨两位负责人离厂后，该厂一个生产组（负责人为杨某）当中负责兑药、切引工作的工人龙某（同时负责质量、技术、安全等工作），从材料库中领取了几把引线（每把 1000 根，长约 1200 毫米），走到靠公路方向第一个水泥工作台，在工作台上垫上木板，将引线放在上面用菜刀（400 毫米×300 毫米圆头）切成小把引线，装入小筐，放在插引工作台旁，再由插引工领去插引。龙某一边与人"摆龙门阵"，一边捆扎剩下的引线。这时，该生产组负责人杨某用龙某的切引菜刀，在切引工作台上切了 1 令（每令 500 张）油蜡纸。之后，龙某从杨某手中拿过刚切完油蜡纸的菜刀和垫板，肩上搭着引线，在工棚南段东端插引区域来回走动，随意切着引线，发生燃烧，引起待插引花炮爆炸。

事故直接原因：（1）杨某生产组兑药、切引工龙某违反国家标准 GB11652—1989《烟花爆竹劳动安全技术规程》第 432 条关于"所用切钻工具，要求刀口锋利，使用时应擦油或交替使用"的规定，使用刚切过油蜡纸而又不锋利的菜刀在插引工中流动切燃引线，由引线燃烧引起附近花炮爆炸。（2）生产现场工序混乱。严重违反了《四川省烟花爆竹安全管理暂行规定》第9条关于"生产烟花爆竹的企业，必须按工艺流程分设车间、固定工序和人员"的规定。该厂在迁址建厂竣工验收时，公安局等监督管理部门明确规定现爆竹厂房内"只能搞编引、堆放花炮筒、成品仓库"等非危险工序生产，但永兴花炮厂在两个月的停产整顿中，不但没有解决生产工序混乱的问题，反而由于私下分组和扩大生产规模，将切引和大量的插引等危险工序与一般工序混设在没有任何墙体间隔的同一工棚内，进一步加剧了工序混乱的程度。（3）现场工人严重超过核定人数。简阳市公安局三科在该厂迁址建成竣工验收时给该厂核定的工作人数不超过30人。公安局决定该厂停产整顿的首要内容就是"私自扩大生产规模"。而该厂私下分组并擅自恢复生产后，人数不但没有减少，反而成倍增加。6月29日事故发生当天，生产现场工人达109人，另加外来办事人员和职工带来的小孩，共计达112人。（4）工人不经培训就安排上岗作业。《四川省烟花爆竹安全管理暂行规定》第10条强调，"烟花爆竹生产、管理人员必须熟悉产品性能、严格遵守操作规程，新录用人员必须进行技术培训和安全教育，经考核合格方准上岗作业"。但该厂擅自恢复生产后对经各种渠道介绍来的新工人仅简单强调一下不准带烟火、穿硬底鞋入厂等一般安全常识就安排上岗生产。事故后经调查得知，全厂112人中，属恢复生产前就在厂工作的仅23人（包括厂长在内），其余均为6月23日重新开工后来厂上班的。而该厂的管理人员中也仅陈某经过正规培训，其他人员，包括副厂长杨某等管理人员，以及兑药、切引等危险岗位作业人员，均未经过正规培训。（5）兑药比例严重失调，装药量严重超标，且使用违禁药品。按照原劳动部、国家计委、轻工业部和农业部颁布的《烟花爆竹安全管理暂行办法》第24条的规定：发装药量大于0.05克的爆竹，不得使用氯酸钾作爆响剂。而该厂单发装药量小于0.05克的爆竹，使用氯酸钾比例却高达55.6%，是规定最高值的194.4%，而其装药量却高达每发0.14克，是规定最高值的2.8倍。更为严重的是，还违反了前述第24条中"禁止使用雄黄"的规定，在配方中加入了5.9%的雄黄。

事故间接原因：（1）花炮药物配方监督管理失控。《四川省烟花爆竹安全管理暂行规定》第8条规定："生产烟花爆竹的企业，应将生产中的品种、技术规格、药物配方报所在地方公安机关备案"。简阳市公安局理应经常监督花炮厂的药物配方情况，但主管人员却未把此项工作纳入管理范围，使该厂错误的药物配方和在药物中使用违禁原料的问题长期未得到纠正，留下了重大的事故隐患。

（2）对迁建的永兴花炮厂未实行"三同时"。按国家有关法规的规定，凡新建、改建、扩建工程必须实行"三同时"，经审查验收合格才能施工和投入生产。该厂施工前无设计图纸，仅在选址时画了个草图就施工。建成后未按规定进行验收和办理手续。尤其严重的是，永兴花炮厂新选厂址与公路仅有一条0.8米宽的水沟相隔，这次事故的爆炸冲击波及爆炸飞物导致一过路行人受轻伤，并使厂房外原有的一幢民房墙体震裂。（3）对擅自复工生产失察。永兴花炮厂从6月23日擅自复工生产，至6月29日爆炸，厂内职工人数不断增多，但禾丰镇政府派出所缺乏应有的警惕，未察觉其擅自复工生产的行为，亦未发现和制止陈某、杨某2人私下分组、扩大生产规模的问题。监督机关公安局警力不足。花炮厂停产整顿后，主管民警又被抽到内江学习，使监督工作受到影响。（4）监督、管理机关互相联系不够。简阳市公安局根据《民用爆炸物品管理条例》的规定，责令花炮厂停产整顿，但未将此决定通知简阳市乡镇局和禾丰镇政府。禾丰镇领导到花炮厂检查时，已知该厂被责令整顿，回镇后也未及时研究和采取措施，以致花炮厂的停产整顿流于形式。

防止类似事故发生的措施：（1）加强对各部门工作职责的检查，严格执行"企业负责，行业管理，国家监察和群众监督的安全生产管理体制"。（2）对内江市所有烟花爆竹生产厂家一律停业整顿，不具备条件的一律停止生产。（3）建立健全完整的"三同时"审批验收工作程序。新建、改建、扩建工作，必须按照国家关于"三同时"的规定，组织审计审查和竣工验收，各部门要按各自职责认真把好关，以保证每个新建、改建、扩建工程都是一个在安全上健全完善的工程。（4）加强对企业生产，尤其是危险品生产企业的安全管理和监督工作。（5）厂矿企业负责人要加强安全责任心，提高安全意识，层层签订安全责任书。（6）经常开展安全检查，及时发现和整改事故隐患，将重特大事故隐患治理纳入各级政府和有关部门安全工作的重点，组织有关工作人员及时制定切实可行的防范措施，并认真执行。

（七十一）陕西省铜川市崔家沟煤矿瓦斯爆炸事故

1996年10月19日5时40分，陕西省铜川市崔家沟煤矿桃花洞采区发生瓦斯爆炸事故，死亡50人，重伤3人，轻伤13人，直接经济损失142.8万元。

该矿隶属于陕西省监狱局，位于铜川市西北38千米处，矿区东西长8千米，南北长6千米，煤层厚度3~11米，平均9.34米，属高瓦斯矿井。年生产能力80万吨。有杏树坪斜井和崔家沟平硐，平硐共分三个采区，即松山（下二）采区、桃花洞（下三）采区和崔家沟（下四）采区。发生事故的桃花洞下三采区位于松山和崔家沟采区之间，通风方式采取抽出式通风，井下有炮采队 1 个，掘进队 2 个，机电运输队一个，通风队一个。炮采队开采 13403 工作面一分层，掘进队掘 13403 工作面灌浆巷。该采区的出煤系统是由工作面至下三采区皮带输送到下三采区煤仓，再由矿车接运，通过平硐至选煤楼。

1996 年 10 月 19 日零点班，桃花洞采区应下井 92 人，实际下井 90 人（犯人 86 人，干警 3 人，工人 1 人）。其中 9 中队在 13403 采煤工作面清煤移溜放顶，出勤 42 人；11 中队在 13403 灌浆巷清煤架棚，出勤 17 人；13 中队瓦检、排水、看风门、维修风筒，出勤 8 人；大队调度室调度员 1 名工人，另有 3 名跟班干警。13 中队两名风筒维修工修理好 13403 灌浆巷局部通风机风筒后，于 1 时 30 分出井。5 时 30 分左右，13403 工作面一至四茬、八至九茬顶已放完，三部刮板输送机正准备缩短；13403 灌浆巷正在装、运浮煤，下三皮带正常运转。5 时 40 分许，12 中队一部皮带司机贾永祥到一变流室向矿调度室电话汇报：13403 工作面方向传来爆炸声并有黑烟从皮带巷冲出，疑是瓦斯爆炸，矿领导闻讯后，立即组织抢救。

事故发生后，矿领导立即赶到现场并成立抢险救灾指挥部，6 时 30 分，矿救护队、医务人员及井下指挥部成员相继入井，展开紧张的抢险工作。陕西省委、省政府、国务院有关部门接到事故报告后十分重视，省长程安东、司法部副部长张秀夫、副省长贾治邦、秘书长张中鼎及劳动部、煤炭部、司法部、铜川市政府、省司法厅、省劳动厅、省煤管局、省检察院、省监狱局等有关部门的领导相继赶到现场指导抢险救灾工作。铜川矿务局救护大队、焦坪煤矿救护队、省人民医院、铜川市人民医院等单位的救护人员也相继赶到现场参加抢险和伤员救治工作。井下抢救人员在对瓦斯进行排放和对冒顶区进行支护后，相继从灌浆巷救出遇难者 15 人，从采煤工作面救出遇难者 28 人，从三部刮板输送机机头救出遇难者 4 人，从三、四部皮带尾分别救出 1 名遇难者，从 402 灌浆巷口救出遇难者 1 人，从回风联络巷救出 2 人（生还）。经过 24 个多小时的紧张抢救，至次日 6 时 50 分，井下人员全部抢救出地面。据统计，事故当班井下作业的 90 人中，有 2 人提前升井，事故中死亡 50 人，伤 16 人（均系犯人），22 人安全脱险。

导致这次事故的直接原因：根据现场勘察情况和尸体检验报告，结合调查取证材料，经技术分析认为：（1）瓦斯来源。13403 运输顺槽三部刮板输送机机头处溜煤眼侧壁煤体内含有高压瓦斯气体，由于该煤体处于承压状态，随着时间的推移，受采动力的影响，引起承压煤体破裂，煤体内高压瓦斯从煤裂缝处喷出，经溜煤眼上口泄漏到 13403 运输顺槽内。13403 工作面位于崔家沟向斜右翼部位，该区域内地质构造复杂，煤层厚度变化大（7～24 米），煤层上部有 2 米左右厚的硬质煤，下部均为粉末状松软煤层，顶底板裂隙、节理发育，并伴有小的断层，煤层瓦斯含量大，该矿属高瓦斯矿井，在该采区及相邻采区的采掘过程中，曾发生过气体喷出、打眼时顶钻等现象。例如：1993年5月15日，矿建大队在掘下三皮带巷下部时，在距2变流室下70米处，发生气体突出，造成1人死亡。本次事故后第五天（10月24日），与13403工作面相邻采区的12406工作面运输顺槽掘进头，发现一个长1米、宽4~5米裂隙，有大量气体喷出，并出现哨音，瓦斯含量高达85%。由此看来，该区域有瓦斯喷出的危险，本次事故瓦斯来源确定为高压瓦斯从溜煤眼煤壁裂缝处喷出是合理的。（2）第一爆炸点。经分析认定，第一爆炸点在13403运输顺槽三部刮板输送机机头处。其依据是：①三部刮板输送机机头处巷道两帮和顶板有明显的飞石冲击痕迹；②运输顺槽内棚腿以三部刮板输送机机头为中心，向两侧倾斜，工作面过火由工作面刮板输送机机头向机尾方向烧过；③3-31矿灯灯头炸碎，灯碗、灯头卡炸飞，灯光内一线头有打火痕迹，灯泡负极接触点烧熔，灯碗背面有一烧痕点；④该处4名死亡人员中，3人面部明显炸伤，眼睛结膜内附着煤渣煤尘颗粒；⑤事故前通风系统正常。据爆炸过程分析，在溜煤眼上口三部刮板输送机机头处，有当班的1名溜子检修工和3名溜子工正在缩短三部刮板输送机，由于3-31矿灯灯头密封不严，灯头内打火遇到溜煤眼内喷出的瓦斯，引起瓦斯爆炸。爆炸产生的冲击波经工作面到达灌浆巷引起二次爆炸。（3）引爆火源。经现场勘查认定，引爆火源为3-31矿灯，由于灯头密封不严，灯头内打火，引起瓦斯爆炸。其理由是灯碗、灯头卡炸飞，灯头内一线头有明显的打火痕迹：灯碗背面有一烧痕点，灯泡负极接触点烧熔。综上所述，技术分析得出的结论为："10·19"特大瓦斯爆炸事故的直接原因是煤体内瓦斯喷出，矿灯灯头密封不严，引起瓦斯爆炸。

酿成这次事故的主要原因：（1）矿灯管理混乱，完好率差。这次事故就是由矿灯灯头密封不严引起的，事故发生后在桃花洞大队抽查了82盏矿灯，其中灯泡不亮的2盏，极柱腐蚀的2盏，新换闭锁尚未使用的12盏（原无闭锁），避开保险柱直接搭线的6盏，灯盒盖反装的1盏。没有保险的漏电解液的及透气孔堵塞的比较普遍。据查全矿1995年以来丢失矿灯158盏。调查组在下井勘查现场时，在矿松山大队抽查16盏矿灯，其中15盏矿灯不完好。（2）矿井瓦斯喷出现象长期存在，缺乏针对性的预报预防对策。1992年以来该矿井下特别是桃花洞采区多次发生瓦斯喷出现象，但未引起矿各级领导的高度重视，一直没有对井下瓦斯喷出作登记记录，也没有针对瓦斯喷出的征兆、特征、规律制定防治对策，并未按规定绘制瓦斯地质图，事故发生后全矿无完整的瓦斯喷出防治规划和全面有效的防范措施。1995年11月1日发生死亡11人的瓦斯爆炸事故后，没有认真吸取教训，研究落实事故调查报告指出的防范措施，使同类事故更严重地再次发生。（3）干部任用不到位，生产现场管理混乱。专业技术干部缺乏，且有职无权，不能有效地组织生产人员按规程施行井下安全生产。生产现场管理比较混乱，如桃花洞采区轨下巷道中材料堆放零乱，撤出的设备堆放不整齐；采掘面及运输巷多处煤尘堆积严重超标；主要通风机房值班室设在风机房外，主要通风机水柱计失灵，主要通风机房内无照明灯。（4）干部作风不实，履行职责不到位。矿主要领导在安全生产上开会多，解决实际问题少，有关安全事项议而不决或决而不落实，经查该矿党委会、行政会议记录，研究安全工作大多没有形成决议，有决议的也大多没有落实情况回音。全矿未按规定提取和使用安全技措经费，造成第一线安全设施投入不够，生产材料长期供应不足，直接影响了安全生产。安全形势长期严峻，安全管理混乱，安全监督不力，1995年以来，在不到一年的时间内连续发生两起重大伤亡事故以及这次50人以上特大伤亡事故，全矿死亡人数高达91人，造成重大经济损失和不良政治影响。桃花洞大队主要领导对该区安全上的诸多问题整改不力，重大事故隐患长期存在，伤亡事故频繁发生，死亡人数71人，占全矿死亡总人数的77.7%。中队领导对井下现场管理不严，监督不力，干部脱岗、跟班不签到、交接班不见面等问题严重存在。分队长带班不下井现象经常发生，本次事故当班的4名分队长就有1人未按规定下井跟班。（5）生产干部上岗或转岗不按规定培训，盲目上岗现象严重，特殊工种无证上岗，对生产人员培训教育不够，自我保护能力差，造成安全制度和生产规程难以落实，安全生产无基本保证。（6）主管部门对该矿的安全生产问题采取了一些措施，作了一定工作，虽然1995年"11·1"瓦斯爆炸事故以后，组织人员到矿进行了四十天的整改，但是对桃花洞采区存在的重大事故隐患认识不够，整改效果不明显，对"11·1"事故后的整改措施监督不力。

（七十二）山西省大同市新荣区郭家窑乡东村煤矿瓦斯煤尘爆炸事故

1996年11月27日12时9分，山西省大同市新荣区郭家窑乡东村煤矿井下发生瓦斯煤尘爆炸事故，死亡114人，直接经济损失约976万元。

该矿是大同市新荣区郭家窑乡乡办企业，于1983年建井，1985年开始出煤，原设计生产能力为12万吨/年，1990年扩建设计生产能力为21万吨/年，1995年生产原煤53万吨。允许开采侏罗纪2、3、8、9、11五层煤，煤层平均厚度为3.5~4米，倾角2.5~4.5度，瓦斯相对涌出量为5.598立方米/吨，绝对瓦斯涌出量为0.23立方米/分钟，属瓦斯矿井，煤尘爆炸指数33.47%~35.7%，具有爆炸危险性。

该矿采用斜井开拓，主井筒斜长 540 米，倾角 19 度，副井筒斜长 524 米，倾角 21 度。生产水平设置在 2 煤层内，同时开采 2、3 煤层。2 层布置一个生产盘区，3 层布置有四个生产盘区。3 层各盘区通过 1、7、9、11 暗斜井与 2 层运输大巷沟通，形成进风和运输系统；通过 4、6 暗斜井与 2 层回风大巷沟通，形成回风系统。正在开采的 2 煤层布置 1 个掘进工作面，2 个回采工作面；3 煤层布置 9 个掘进工作面，5 个回采工作面。采用刀柱和仓房式采煤方法，煤电钻打眼，爆破落煤，人工装煤，木点柱支护，回柱放顶，三班作业。

矿井采用中央并列抽出式通风，主要通风机型号 2K58-No.18-25，电机功率 75 千瓦，主井进风、副井回风，井下实际需要风量 5464 立方米/分钟，实测风量 2260 立方米/分钟。矿井无备用主要通风机和备用电机，掘进工作面采用局部通风机通风，井下共有 17 台局部通风机，其中 7 台使用，通风线路长。运输方式采用 11.4 千瓦调度绞车 1 吨 U 型矿车进工作面运输，主井采用 2JK-2/200 型绞车双钩串车提升。防尘系统没有全部建成，但已投入使用（已通过验收），地面设有 200 立方米蓄水池，井下有派洒水工洒水灭尘，井下无隔爆设施。供电由上深涧区域引 6 千伏至地面变电所，地面变电所引 6 千伏至井下中央变电所。井下变压器容量 240 千伏安，井下有 90 台绞车（11.4 千瓦 81 台，25 千瓦 9 台），17 台煤电钻。

事故发生当日，早班工人 7 时陆续到达井口，没有召开班前会，采掘工分别进入 10 个掘进工作面和 7 个回采工作面作业，绞车工、瓦检员、挂钩工等辅助工各自进入工作岗位。8 时 20 分，生产副矿长李强、安全副矿长周生旺和技术科长许世慧下井检查，他们先后检查了 2 煤层采掘工作面、9 暗斜井、1 斜井，认为没有异常情况后升井。12 时 9 分，一声巨响，井下发生爆炸，主井口砌碹全部被摧垮，料石块封堵了主井口，副井口防爆门被冲开。

事故发生后，山西省政府省长孙文盛、副省长刘振华和彭致圭，山西省政协副主席靳承序，煤炭部副部长王显政，劳动部副部长林用三，以及监察部、最高检察院和全国总工会有关部门领导先后赶到现场，组织指导抢救工作。大同市全力以赴，及时成立抢险指挥部，抽调 6 支矿山救护队共 184 名救护队员投入抢险救灾工作，经过 248 小时连续作战，于 12 月 7 日基本完成了抢险救灾任务。

导致这次事故的原因：（1）3 煤层 11 暗斜井 5 贯眼回柱放顶，使采空区高浓度瓦斯不断涌入北顺槽，北顺槽正、副巷间无隔风闭墙，风流短路，巷内局部通风机无风筒，全巷处于无风、微风、循环风状态。6 贯眼至工作面间 35 米处于盲巷，造成瓦斯积聚。电工带电检修 80 型开关，电火花引爆瓦斯，进而震起巷道积尘，煤尘参与爆炸，这是造成事故发生的直接原因。（2）通风、瓦斯、煤尘、机电管理混乱，"一通三防"工作没有落到实处。矿井同时开采2、3煤层，由于开采强度大，矿井总风量不足，通风线路长，盘区之间有角联巷道，通风紊乱，通风设施不齐全，质量差，存在风流短路、跑漏风、串联风、循环风。井下作业点多，局部通风机数量不足，使用不当，时开时停，工作面处于微风、无风作业。瓦斯检查制度不落实，瓦斯检查员严重不足，存在空班漏检现象，没有严格执行"一炮三检"制度，11暗斜井回收煤柱工作面瓦斯浓度超限，没有记录，瓦斯检查流于形式，矿井无瓦斯监控报警设施，没有配备自救器。该矿所开采大同煤田侏罗纪2及3层，其煤尘爆炸指数为33.47%~35.7%，属于强爆煤尘，但没有采取综合防尘措施，矿井因缺乏水源，静压洒水系统不能正常工作，人工洒水措施又不落实，井下积尘大，最多达到8~10厘米厚，生产盘区之间没有任何隔爆设施。井下变压器容量不足，局部通风机、绞车不能同时运行，机电设备失爆严重，"鸡爪子""羊尾巴"，明接头、明打点多，没有"三大保护"。这是事故发生的主要原因。（3）超能力、超负荷开采，不尊重科学，不按客观规律办事，盲目生产，导致井下诸多事故隐患得不到解决，这也是事故发生的又一主要原因。（4）有章不循，职工安全教育培训不落实，多数特殊工种未能做到持证上岗，工人流动性大，职工素质低，对外包工队管理不善，以包代管。下井前不召开班前会，入井登记不严，现场管理混乱。这些也是造成事故发生的主要原因。（5）乡、区、市有关领导和有关部门贯彻国家有关煤矿安全生产方针、政策不够，对该矿安全生产管理不严，监督、检查、指导不力，重生产，轻安全，产出多，投入少，这也是造成事故发生的原因之一。

（七十三）黑龙江省哈尔滨市长林子打火机厂火灾爆炸事故

1997年1月5日，黑龙江省哈尔滨市长林子打火机厂发生火灾爆炸事故，死亡93人，烧伤1人。该厂在不具备通风条件的学习室、阅览室进行打火机维修、放气作业，工人拆卸打火机时不慎打出火花，引燃室内液化石油气与空气的混合气体。

（七十四）河南省平顶山市鲁山县梁洼镇南街村红土坡煤矿瓦斯煤尘爆炸事故

1997年3月4日13时20分，平顶山市鲁山县梁洼镇南街村红土坡煤矿（无证矿）南井发生瓦斯煤尘爆炸事故，造成42人死亡，3人受伤。由于该矿与相邻的三关庙煤矿和联办煤矿三井相互贯通，导致事故扩大，波及相邻两个矿井，造成三关庙煤矿23人遇难，4人受伤，以及联办煤矿三井21人遇难，5人受伤。在医院抢救过程中又有 3 名伤员死亡，在这次事故中共有 89 人死亡，9 人受伤，直接经济损失 260 万元。

红土坡煤矿位于鲁山县梁洼镇南街村。1991 年该矿取得开采已 16-17 煤层的"采矿许可证"（平采证集煤字〔1991〕第 93 号）。井田面积 0.18 平方千米，地质储量 20.1 万吨，可采储量 8.6 万吨，设计生产能力 1 万吨/年。1996 年取得了已组煤的"煤炭生产许可证"（X160404079），1995 年 12 月市地矿局为该矿办理了已 16-17 煤层延续 1 年的采矿许可证（平采证集煤延字〔1995〕第 039 号），地质储量 2.68 万吨，可采储量 2 万吨。采矿证到期后，该矿没有申办延续手续，而将该矿转卖。之后，矿主郑国选在未取得任何合法证件的情况下，于 1996 年 4 月、6 月分别在原矿井西部非法私自打了两个井筒，11 月两井贯通；县矿产煤炭管理局于 1996 年 9 月越权（应向市煤炭、矿管局申请）为该矿办了"采矿许可证"。该矿采用一对立井开拓，北井井深 94 米，南井井深 87 米，两个井筒直径均为 2.2 米；煤层厚度为 0.6~1.2 米，平均厚度 0.8 米，煤层倾角 5 度，煤层顶板为石灰岩，采后顶板大面积不落。煤尘爆炸指数为 33%；采煤方法为巷式开采，打眼爆破落煤；矿井 10 千伏电源来自梁岗窑变电站，地面有 50 千伏安变压器一台，另有 50 千瓦的备用发电机组。该矿与三关庙煤矿和联办煤矿三井贯通后，拆除南井通风机，矿井通风依靠相邻两矿抽风机抽风，北井和南井作业地点分别有 5.5 千瓦局部通风机一台。

三关庙煤矿北与红土坡矿相邻，分别于 1991 年 6 月和 1995 年 12 月取得了已 16-17 煤层采矿许可证，1996 年取得了"煤炭生产许可证"。该矿当时实际上是开采庚组煤。该矿有东井和北井、南井三个井。东井安装有 BK54 型 5.5 千瓦通风机抽风，井深 54 米，井筒直径 2.2 米，设计生产能力 1 万吨/年。

联办煤矿为一证多井，各井自主经营。1995 年该矿将三井煤田转卖给和建西，并于 1995 年下半年建井，1996 年 8 月出煤。取得的采矿许可证，划定开采煤层为已 16-17 煤层，申请办矿资料和实际开采均为庚组煤。井筒直径 2.2 米，井深 85 米，采用 BK54 型 5.5 千瓦通风机抽风，设计生产能力为 1 万吨/年。

由于红土坡煤矿非法开采，造成矿井上面的耐火材料厂地面下沉，厂房变形，3 月 4 日，鲁山县地矿煤炭局和梁洼镇煤管站共同到红土坡煤矿井下核实采矿位置，核实越界情况，上午对红土坡矿北井进行了实测。该矿为了掩盖南井越界开采造成地面塌陷的事实真相，逃避责任，安排工人在南井底以南 50 米处，用石碴垒墙，把采空区隔离，使检查测量人员无法实测，同时，矿长郑国选、总煤师刘长江策划，由煤师朱顺亲自带领人员，携带炸药雷管到南井底以南 141 米处采空区内两处分别放了两包炸药，用井下照明电源直接爆破，引起瓦斯爆炸，同时又引起煤尘爆炸。

导致这次事故的直接原因：（1）庚组煤层为薄煤层，顶板稳定坚硬，煤层采过之后，顶板长期不落，造成井下多处大面积老空，由于矿井没有正规通风系统，事故地点通风依靠三关庙东井风机抽风，井下风量很小，采空区内积存的大量瓦斯不能排出。（2）红土坡煤矿为了掩盖非法开采真相，企图炸毁已经非法开采过的采场。3月4日，当县、镇煤炭部门下井核实井下采掘位置时，该矿安排人员到南井底以南141米的采空区两处放炸药包，用明电放明炮，引起瓦斯爆炸，同时又引起煤尘爆炸。

酿成这次事故的间接原因：（1）矿主安全意识淡薄，矿井不具备起码安全生产条件，冒险蛮干，是造成这起事故的主要原因。红土坡矿井没有通风系统，井下长期微风生产、无风生产；井下明电照明、明火爆破、"鸡爪子""羊尾巴"、明刀闸随处可见；没有防尘设施、不洒水、不扫尘、煤尘堆积严重。（2）矿井没有规章制度，安全管理混乱，是造成这起事故的重要原因之一。井下无专职瓦检员，长期不检查瓦斯，更无瓦斯检查记录和审批制度；井口无验身制度，烟卷经常带入井下，井下工人吸烟现象时有发生；炸药雷管管理不严，井下炸药、雷管到处乱放，也不回收。（3）矿主法律意识淡薄，遵法守法行为极差，为了挣钱，不择手段，急功近利是这起事故的又一重要原因。该矿在没有取得任何证照情况下，却建井、出煤，矿井建成后又乱采滥挖，与相邻矿沟通，并且多次炸死、炸伤邻近矿的工人，由于没有受到法律制裁，更加胆大妄为，无法无天。（4）基层党委、政府官僚主义严重，对乡镇煤矿监管不严也是这次事故发生的重要原因之一，镇党委、政府对辖区内相当一部分煤矿不具备起码的安全生产条件不了解，工作不深入，指导不得力，致使相当一部分矿井在不具备起码安全生产条件情况下长期冒险蛮干。1996年以来，镇煤管站对该矿疏于安全检查，致使该矿重大隐患没有得到消除。（5）监督管理整顿不力，是造成这起事故的又一重要原因。县政府和地矿煤炭管理部门存在工作布置多，落实少，工作不扎实、措施不得力、效果不明显，日常管理松弛等问题，致使煤矿大量安全隐患长期存在，未能得到及时消除。事故发生时，全县境内还有46个独眼井，23个自然通风井，一证多井的156个，越层越界相互打通现象十分严重，而且没有得到有效制止。矿产资源管理不严，采矿秩序混乱，相互争抢资源，破坏保安煤柱，是这起事故扩大的主要原因。（6）小煤矿节后复工失控，是造成这起事故的原因之一。春节放假小煤矿停电停风，春节过后抓好小煤矿复工关，是抓好小煤矿安全工作的重要关口之一，各级政府及有关部门对节后复工三令五申多次布置，但是春节过后县矿管煤炭局不是组织强有力的人员去抓煤矿复工工作，而且组织绝大部分职工在机关学习，仅抽调个别人员下矿培训，使小煤矿节后复工安全工作失控，造成小煤矿私自复工，冒险生产，无人制止。

（七十五）福建省莆田县新光电子有限公司员工宿舍楼坍塌事故

1997年3月25日19时30分左右，福建省莆田县新光电子有限公司发生一起员工宿舍楼坍塌特大责任事故，造成死亡32人，受伤78人，直接经济损失1226.55万元。

新光电子有限公司系港商独资企业。注册资金3800万港元，投资总额7600万港元，主要生产电子液晶显示器、集成电路板、石英钟等有关电子配件，年产值2.04亿元，有员工近3000人。该公司租用莆田金高威实业有限公司的员工宿舍楼。1993年初，业主委托莆田县建筑设计所所长杨建霖施工队施工建设。1995年6月在无技术论证的情况下，擅自用套图方式又加建三层，二至四层为员工宿舍。该楼为四层框架结构，长60米、进深28米，总面积为6600平方米。1996年4月该宿舍墙壁出现明显裂缝，地基明显下沉，新修的排水沟断裂，包工头郑建霖认为没事，只派三四个泥瓦工去修补裂缝，未引起重视。至1997年3月发现裂缝越来越大，一楼食堂碗橱严重变形，二楼门、窗无法关闭，且经常发出响声，楼管人员报告后，仍未引起业主和包工头郑建霖重视，始终未采取有效措施加以整治，3月25日晚该楼坍塌。

事故直接原因：平房改楼房，偷工减料。事故调查组对该楼柱基基坑开挖检查发现，柱基底板尺寸小，厚度仅12~15厘米，底板受冲切力破坏后断裂，底层中柱穿透底板后进入土中40多厘米，并向东南方向倾斜。因此认定：造成该楼坍塌的直接原因是楼房承载超过地基极限，产生地基底板剪切破坏和不同柱基持力层引起柱间沉降差，以及独立柱基础强度严重不足。在独立柱基承载力不断增大情况下，底板锥形冲切破坏面连成一体，柱子穿透冲出底板，从而导致整个建筑物的坍塌。

事故间接原因：（1）该工程项目属无立项、无报建、无证擅自设计施工、无委托质量监督、无竣工验收的工程，严重违反国家有关建设法规，逃避政府执法部门监督。（2）按加层后四层建筑物模拟计算，其主要承重构件、柱的配筋、轴压比、横向框架梁配筋、层间位移等均不符合设计规范可靠度的要求，是属于严重不安全的结构。（3）经对事故现场的钢筋、混凝土构件取样检测分析：对8种型号钢筋检测，有7种型号不合格，大量使用改制材；混凝土标号低，强度严重不够；钢筋结点锚固搭接长度不足。以上实属偷工减料行为，危及建筑整体刚度和延性。（4）该楼1993年设计施工，原只建一层，作为员工食堂。1995年在无技术论证、无审批的情况下，擅自决定加盖三层；并且楼顶屋面填土 20～30 厘米，植上草皮作隔热层，增加了荷重。（5）楼房加盖工程于 1995 年 11 月完成，1996 年雨季之后，就出现墙壁裂缝、窗户栏杆弯曲、碗柜变形等明显迹象。楼管人员已向业主报告，但未引起业主和包工头郑建霖的重视，也未向有关部门报告，没有采取有效的措施。（6）个别领导对建筑市场、建材市场及"三资"企业的管理不严、监督不力，没有按照国家基本建设的有关要求，引导、教育"三资"企业业主遵守中国的法律法规，致使江口镇建筑市场管理混乱，工程建设存在较为严重的"五无"工程。

责任追究：这起事故的责任人共 21 名分别受到了刑事追究或党纪政纪处分。地方有关部门认真总结教训，举一反三，制定了改进全省建筑市场管理和安全生产管理的措施。

（七十六）京广线 324 次旅客列车与 818 次旅客列车追尾事故

1997 年 4 月 29 日 10 时 48 分，昆明开往郑州的 324 次旅客列车行至京广线荣家湾站 1453 千米+914 米处，与停在站内 4 道的 818 次旅客列车尾部冲突，造成 324 次旅客列车机后 1 至 9 位颠覆，10 至 11 位脱轨；818 次旅客列车机后 15 至 17 位（尾部 3 辆）颠覆。这起行车事故共造成死亡 126 人，重伤 48 人，轻伤 182 人。机车报废 1 台，客车报废 11 辆、大破 3 辆、中破 1 辆、小破 1 辆，线路损坏 415 米，直接经济损失 415.53 万元。

事故发生当日，818 次旅客列车（长沙—茶岭）全列编组 17 辆，总重 901 吨，由长沙机务段 ND2 型 222 机车牵引，司机李睿、副司机李伟和长沙列车段运转车长罗建华担当值乘，长沙客运段担当客运乘务。列车于 10 时 35 分到达荣家湾站 4 道停车，计划待避客车 324 次。324 次旅客列车（昆明—郑州）全列编组 17 辆，总重 882 吨，由长沙机务段 DF42520 机车牵引，司机李建文、副司机陈勇和长沙列车段运转车长谭列军担当值乘，郑州客运段担当客运乘务。列车 10 时 42 分通过黄秀桥车站后，荣家湾车站值班员曾海泉即布置信号员李满娟办理 324 次列车 Ⅱ 道出站信号。324 次列车凭荣家湾车站进站信号机绿色灯光进站，行至 12 道岔处，司机发现列车进路不对，立即采取紧急制动，停车不及，与停在站内 4 道的 818 次旅客列车尾部发生冲突。

造成事故的直接原因是：长沙电务段荣家湾信号工区信号工郝任重当日在 12 道岔电缆盒整理配线作业时，瞒过车站值班员，将 12 道岔 XB 变压器箱内 1 端子电缆线甩开，致使 12 道岔在反位时不向定位转动；又擅自使用二极管封连线，将 1、3 端子封连，造成 12 道岔定位假表示，破坏了 12 道岔与 Ⅱ 道通过信号的联锁关系。郝任重在 818 次列车进站后及发现 324 次列车将要进站时，既不将二极管卸下，恢复 1 端子电缆线，又不拦停列车，导致本应从 Ⅱ 道通过的 324 次旅客列车进入 4 道，与停在该道的 818 次旅客列车尾部相撞。因此，这起事故的直接责任者是长沙电务段荣家湾信号工区信号工郝任重。

司法机关依法对在这起事故中构成犯罪的有关人员进行了刑事责任追究。铁道部、监察部对其他负有责任的有关人员，也按照有关规定作出了处理。

吸取事故教训，改进安全工作措施：这起事故教训是沉痛的。事故的发生反映了荣家湾信号工区现场作业失控，信号联锁设备缺乏有效的监测手段，当设备遭受人为破坏时，不能得到有效监测，同时也暴露出长沙电务段管理不严，防范不力。（1）要从思想认识上牢固树立安全第一的观念，切实解决好运输生产与设备维修的矛盾。（2）要从技术手段上采取防范措施，采用先进的冗余技术提高信号联锁设备的可靠性，对联锁设备要实行微机监控，实现自动记录、自动报警，最大限度地提高设备的监控水平，防止人为因素造成的事故。（3）要从强化管理上加强现场作业控制，对影响信、联、增长设备正常使用的维修作业，应严格落实双人作业制度，加强岗位作业互控，车、电部门间的联控。（4）要改革现行信号维修体制，改变现在利用行车间隔、零星要点的维修方法，信号设备必要的维修作业纳入月度运输计划或采用开"天窗"的维修方法进行。（5）要加强安全重点部位的防范，深入开展"反违章、防破坏、保安全、保畅通"活动，加强铁路治安保卫和安全重点部位的防范。

（七十七）辽宁省抚顺矿务局龙凤煤矿瓦斯爆炸事故

1997 年 5 月 28 日 19 时 10 分，辽宁省抚顺矿务局龙凤矿西部综采区 7403 西进风顺槽掘进工作面平斜交岔处（三岔口）发生瓦斯爆炸事故，死亡 69 人，伤 18 人，直接经济损失 345.61 万元。

龙凤煤矿原设计生产能力为 180 万吨/年，发生事故前核定生产能力为 110 万吨/年。井田东西长 5 千米，南北宽 2.5 千米，井田面积为 12.5 平方千米。煤层呈东西带状向斜构造，走向近乎东西，煤层总厚度 6~51 米。矿井采用南北翼联合竖井阶段石门上、下山开拓方式。矿井提升方式为箕斗—斜皮带提升。发生事故时，已采至 -635 米标高，井深达 735 米。原来一直是采用上行水砂充填，"V"型炮采工艺，从 1988 年起改为放顶煤综采。相对瓦斯涌出量为 47.18 立方米/（吨·日），绝对瓦斯涌出量为 124.8 立方米/分钟，属高瓦斯及煤与瓦斯突出矿井，煤尘爆炸指数为 44.76%，煤层自然发火频繁，一般发火期为 1~3 个月，最短为 20 天。该矿地质构造复杂，有冲击地压危险。通风系统属于多井筒、边界对角式通风，南翼进风，北翼排风，安装有 1450 千瓦抽出式风机。

发生事故的西部综采区位于井田北翼-620 米水平。回采标高在-530~-460 米之间的原生煤体，该区东西走向长 1100 米，东部与中部采区（已停采）相邻，西部以龙老煤柱为界与老虎台矿相邻，南部为炮采已采区，北部以 F18 号断层为界，发生事故时有两个综放工作面、一个准备工作面。其中 7403 西准备工作面于 1997 年 3 月 26 日开始掘进进风顺槽，事故发生时已掘进 152 米。该工作面使用 2 台 28 千瓦局部通风机供风，供风量为 450~500 立方米/分钟，回风为局部通风机和-540 米皮带巷入风，合计为 680~700 立方米/分钟。该准备工作面于 1993 年 3 月 18 日开始预抽，抽放纯瓦斯量 456 万立方米，进风顺槽布置 4 个钻场，抽放瓦斯量 8.48 万立方米，预抽率为 16.7%。该工作面有纵横交错大小断层 30 条，进风顺槽有大小断层 6 条。进风顺槽掘进工作面迎风头和回风各设 1 个瓦斯监测探头。

事故当日二班，综采区综采三队、补修一队、补修二队、掘进队分别在 7403 东工作面、7403 东注浆道及进风顺槽处理超前冒顶和扩帮翻棚。维修区 70 队在 7403 西进风顺槽掘进，建筑公司、十公司部分工人在 7403 东进风顺槽、-530 米回风巷翻棚。19 时 10 分，矿总工程师范垂雨在调度室接到通风区副区长兰朋从-530 米通风仓库打来电话，汇报井下工作情况，在通话中忽然听到一声巨响，兰朋说可能哪爆炸了。这时兰朋打电话所在仓库里有烟，-530 米走向回风道有烟。范垂雨指示他们立即撤到风门外有新鲜风流地点。此时，矿长贾延超、抚顺矿务局副总工程师吕国金、通风处副处长燕庚斌都在调度室，紧接着矿建筑公司回采区代班队长蔡树光从井下-570 米皮带道的高压点给调度室打电话，报告井下发生爆炸。

事故直接原因：由于 7403 西进风顺槽回风流中瓦斯经常处于临界状态，瓦斯超限时有发生。同时，由于-540 米皮带巷与 7403 西进风顺槽联络道平斜交界处应力集中、隐形断层、冲击地压综合因素造成冒顶，瓦斯异常涌出。该地点瓦斯形成叠加，造成局部空间范围瓦斯浓度达到爆炸界限。支护棚子倒塌，金属梁互相撞击、摩擦产生火花，引起瓦斯爆炸。

事故间接原因：（1）安全生产责任制落实不好，安全管理不到位。在通风瓦斯、技术措施、设计审批等管理方面未按规定履行职责，有些规程、制度执行不严，"三违"现象严重。（2）通风系统存在严重问题，采区通风能力不足，抗灾能力低。7403 东综放工作面和 7403 西进风顺槽掘进工作面，进风分风点间隔近，使事故扩大；7403 东注浆道等三处回风、进风依靠风门隔开，没有专人看管，造成采区及工作面风流不稳定；综采区回风能力不足，巷道严重失修，有效通风断面小，瓦斯经常处于临界状态；矿井开采的煤层有煤尘爆炸危险，但没有相应地点设置水棚或岩粉棚。（3）7403 西综放工作面曾进行过打钻预抽瓦斯，但实际工作面北移 42 米，超出预抽瓦斯的影响范围。（4）技术管理混乱，没有严格执行《煤矿安全规程》的有关规定。7403 西综放工作面的设计在没经上级部门审批的情况下，擅自开工掘进；在生产过程中有采掘风流串联现象；为赶进度，布置三四个掘进头同时作业，造成了不合理的集中生产；审批 7403 西综放工作面进风顺槽掘进作业规程时，有关审批人员责任心不强，没有严格把关；矿井所采煤层为煤与瓦斯突出煤层，7403 西综放工作面已定为瓦斯突出危险区，发生事故时已掘 152 米，但没按《防治煤与瓦斯突出细则》的要求，采取预防瓦斯突出的措施；事故前，事故地点瓦斯监测探头发生故障，不能连续监控，维修电工未能及时修复；7403 西综放工作面为冲击地压危险区，应严禁采用金属刚性支架，但使用的是梯形金属支架，此起事故即为巷道冒顶铁梁滑落产生火花而引起的。（5）对重大事故隐患处理不力。西综采区通风能力不足是该矿存在的重大隐患，其根源是巷道严重失修，通风断面不够。矿务局在安全大检查时曾多次要求整改，该矿虽然制定了整改措施，但没有认真落实，修复工程进展迟缓。（6）安全投入严重不足。龙凤矿所采煤层为瓦斯突出危险区，但由于在瓦斯预抽方面投入不足，致使在采掘时瓦斯涌出量高。矿井有近 200 台不符合国家标准的多油型高压开关。电缆老化严重，因此，屡屡造成井下跳闸停电，无计划停电、停风，致使瓦斯超限。

（七十八）浙江省常山县住宅楼倒塌事故

1997 年 7 月 12 日，浙江省常山县城南小区第 51 幢住宅楼发生倒塌事故，造成 36 人死亡，3 人受伤，直接经济损失 860 万元。

倒塌的住宅楼位于常山县原城南经济开发区内，由常山县金城房地产发展有限公司开发、常山县建筑安装总公司设计事务所设计，常山县第二建筑工程公司承建，金城房地产发展有限公司委托常山县建筑质量监督站负责工程质量监督。该楼经常山县计委批准建设，计划造价每平方米 280 元，合同造价每平方米 255 元（含水电安装）。原设计面积 2326 平方米，实际建筑面积 2476 平方米，五层半砖砌体承重结构，预应力圆孔板楼屋面，底部为层高 2.15 米的自行车库（又称储藏室），上部五层为住宅，共三个单元 30 套住房。于 1994 年 5 月 10 日开工，同年 12 月 30 日竣工。1995 年 6 月验收，同年 6 月 28 日出售并交付给常山县棉纺厂作职工宿舍，编号为城南小区第 51 栋楼，常住人口 105 人。事故发生当日 9 时 30 分左右，第 51 幢住宅楼中间偏东处上部出现裂缝，紧接着裂缝迅速扩大，相互向中间倾倒，在数秒钟内全部倒塌，当时在楼内的 39 人被压在废墟中。经抢救 3 人生还，其他人遇难身亡。

事故直接原因：楼房工程质量低劣，特别是基础砖墙质量低劣和擅自改变设计是这起事故的直接和主要原因。（1）基础砖墙质量低劣。施工中大量使用不合格建筑材料（砖、钢材、砂、石等）。①砖的质量十分低劣，设计要求使用 100 号砖，但实际使用的都明显低于 75 号，而且基础砖墙的砖匀质性差，受水浸泡部分的砖墙破坏后呈粉末状。②对工程抽样检验的六种规格钢筋有五种不合格。③断砖集中使用，形成通缝，影响整体强度。④按规范要求应使用中、粗砂，实际使用的是特细砂，含泥量高达 31%，砌筑砂浆强度仅在 M0.4 以下，无黏结力。⑤地圈梁混凝土的配比不当，其中有的石子粒径达 13 厘米。（2）擅自变更设计。特别是基础部分，设计图纸要求对基础内侧进行回填土，并夯实至 ±0.000 米标高，但在建造过程中，把原设计的实地坪改为架空板，基础内侧未回填土，基础部分形成空间并积水。由于基础下有天然隔水层，地表水难以渗透，基础砖墙内侧既无回填上，又无粉刷，长时间受积水直接浸泡，强度大幅度降低。此外没有回填土，对于基础砖砌体的稳定性和抗冲击能力也有明显影响。其他部位也有多处变更。（3）7 月 8—10 日，常山县城遭受洪灾，该住宅楼所处小区基础设施不配套，无截洪、排水设施，造成该住宅楼 ±0.000 米以下基础砖墙严重积水浸泡，强度大幅度降低，稳定性严重削弱，这是造成事故的重要原因。经全面调查认为，造成这起事故的原因是多方面的。主要原因是该楼房工程质量低劣，特别是基础质量低劣和擅自改变设计。重要原因是基础砖墙长时间受积水浸泡。

事故间接原因：（1）建设管理混乱。施工企业技术资料不全，弄虚作假；施工中偷工减料、粗制滥造，不负责任较为普遍；施工管理人员和操作工人质量意识差，技术水平低，施工中严重违反工艺、工序标准；建设单位质量管理混乱，工作不到位，监督形同虚设；质量监督部门工作严重失职，质监人员素质低，责任心差，监督工作不到位，没能发现质量隐患，质量管理失控。（2）建材管理混乱。特别是砖瓦生产管理混乱的情况尤为突出，常山县共有 101 家小型砖厂，绝大部分无生产许可证，无产品合格证，无质量保证体系和质量检测设备，致使大量劣质砖瓦流向市场，直接影响工程质量。（3）开发区不按基建程序管理工程建设，有关职能部门在管理上失职。倒塌的住宅楼无土地审批手续，无选址意见书，无规划用地许可证，无规划建设许可证。开发区基础设施不配套，没有防洪设施。（4）设计存在多处不足，设计安全度偏低，存在明显薄弱部位。（5）计划造价太低，违背客观规律。（6）招投标不按规定操作，实际搞的是明招暗议的虚假招投标。

责任追究：调查认定这起住宅楼倒塌事故是一起有关人员玩忽职守、工作严重失职和管理混乱造成建筑质量低劣引导起的重大责任事故。负责该楼建设的常山县金城房地产发展有限公司经理林群、副经理兼工程项目负责人徐长福、工程管理科科长陈文宣、质量监督员陈春海等人，对倒塌事故承担直接责任；负责该楼施工的常山县第二建筑公司经理袁文才、副经理王金源、质量安全员钱靖、工程承包人段书荣和质安科副科长徐学栋等人，对倒塌事故负有直接责任；常山县建筑安装总公司设计事务所主任王长祥、常山县机关建筑装潢公司工程师洪金良等，设计质量差、安全度偏低，设计审核简单马虎，对工程设计质量负有重要责任；常山县建设工程质量监督站驻工地质监员段庆生，对事故负有直接责任。以上人员被依法追究刑事责任。其他负有管理、领导责任的人员，分别予以党纪政纪处分。

事故教训：（1）一些地方领导、行业管理人员对建筑、建材安全质量重要性认识不足。片面追求经济效益，重建设，轻管理，只抓工程进度，忽视工程质量；只顾眼前利益，不考虑长远利益，急功近利；质量责任不落实，对工程监督和检查不力，管理松懈，安全质量基础工作不扎实。（2）当地建筑工程设计、施工、管理和监督等单位工作制度不健全，有法不依，有令不行。部分领导无视国家有关规定和工作程序，造成了管理、监督失职，工程质量失控，特别是对一些严重危及安全的质量问题，有可能导致发生重特大事故的隐患未能发现和采取有效措施加以制止。（3）部分管理人员官僚主义作风严重。不认真执行国家的有关法律和规定，对质量安全管理监督不力、措施不严，工作检查不到位，责任心不强，甚至玩忽职守。（4）对职工安全质量意识教育不够。部分职工安全质量意识淡薄，业务生疏，缺少必要的安全质量常识，思想麻痹，施工中严重违反生产操作规程和有关标准。

改进建筑工程安全措施：（1）要求各级领导本着对国家、对人民生命财产高度负责的精神，以责任重于泰山为基本要求，真正把安全、质量工作放在第一位。完善质量管理体制，强化安全、质量工作的基础建设，对各自存在的问题和隐患，要举一反三，采取切实有效的措施，防止类似事故的再次发生。（2）开展建设工程质量和安全生产大检查。特别对质量低下的任宅楼房，实行分级负责，一个不漏地进行处理，消除事故隐患。加强建筑工程质量监督，尤其是强化隐蔽工程、结构工程质量监督管理。对有条件的工程，要实行建设监理；一时不具备条件的，对事关结构安全的重要部位要实行质量跟踪监督。同时进行建筑市场的整顿，开展执法检查，取缔无证施工、非法承包、转包等行为，进一步规范市场行为。加强对建筑设计和施工单位的审查，对不具备资格的设计单位和人员坚决予以撤销和辞退。禁止工程不按图、不按工艺规程施工和违反施工程序等行为，加强对建设、施工、设计的领导和管理，严格执行国家有关规范和规定。（3）加强建材质量管理。有关部门对该省建材生产质量、安全情况进行经常性的检查，严格执行生产许可证制度和出厂合格证制度，杜绝工作不负责和玩忽职守现象，严格执行建筑材料进场复验制度，防止劣质建筑材料用于工程。积极创造条件，逐步实行建材准用证制度。（4）加强对各地开发区的建设工程管理。要制定切实有效的办法，理顺开发区与所在地政府职能部门的管理体制，保证各项质量和安全责任落实。（5）科学合理确定建设工程的造价。在确定工程计划造价前，进行科学的论证和测算，做到实事求是。防止片面压低造价和在招标中以最低价中标的做法。提倡合理价中标，严禁招投标工作中的弄虚作假。

（七十九）安徽省淮南矿务局潘三矿瓦斯爆炸事故

1997 年 11 月 13 日 19 时 20 分，安徽省淮南矿务局潘三矿东四采区掘进 203 队施工的 1772（3）轨道顺槽发生瓦斯爆炸事故，造成 88 人死亡（其中参加抢救的救护队员 2 人），13 人受伤。

潘三矿始建于 1979 年 6 月，1992 年 11 月投产，设计生产能力和核定能力为 300 万吨/年。矿井有东四、东三、西一、西二 4 个采区，共 4 个采煤工作面。发生事故的东四采区位于该矿东翼，布置 5 个作业地点，其中 1 个回采工作面、4 个掘进工作面。发生瓦斯爆炸事故的 1772（3）轨道顺槽掘进工作面，由 203 队施工，巷道设计长度 1026 米，已掘进 80 米；设计断面 10.9 平方米，掘进爆破使用水胶炸药，采用 29U 型钢支护，2 台 28 千瓦局部通风机供风，其中一台向下山分供部分风量，瓦斯绝对涌出量为 3.20 立方米/分钟。

事故直接原因：由于 203 队施工的 1772（3）轨道顺槽在爆破过程中遇断层短时间内大量涌出瓦斯，工作面风量不足；卸压钻孔未用不燃性材料充满填实，爆破抵抗线不够，爆破过程中产生明火，引起工作面瓦斯燃烧，导致瓦斯爆炸。

事故间接原因：（1）部分干部和管理人员对瓦斯超限就是事故的认识不够。据调查，潘三矿部分工作面瓦斯多次超限，仅从 1997 年 10 月 16 日到 11 月 13 日事故发生时止，全矿瓦斯超限就达 67 次。（2）东四采区的巷道布置不合理，东四运煤下山一条巷道内分为入风、回风、入风三段，轨道上山也是一段进风一段回风，违反《煤矿安全规程》第 118 条规定；东四采区所有通风巷道都是平面交叉，系统复杂，通风设施多，管理困难，抗灾能力差；生产组织不合理，应在−650 米水平石门与 203 煤下山贯通后，再进行 1772（3）轨道顺槽的施工；违反 1772（3）规定顺槽工作面作业规程，未在规定地点爆破；安全教育不到位，职工自救能力差，发生事故后，不能正确使用自救器。（3）综合治理瓦斯工程进展不快。1995年，淮南局谢一矿"6·23"特大瓦斯爆炸事故发生后，煤炭部领导要求在淮南矿区建立瓦斯综合治理示范工程，并组织有关专家对提出的方案进行了审定。预计投资22113万元，安排在1996—1998年完成。但到这次事故发生时为止，仅完成了投资近8000万元的工程，按此进度，工程难以按期完成。潘三矿由于抽排系统和开采解放层的措施在事故前一个月，即10月才开始启动，致使该矿瓦斯防治工作处于被动状态。（4）对安全隐患整改落实不及时。潘三矿每周有一次安全办公会议，对事故隐患提出整改措施。在11月7日的会议上，矿领导对大小70多个问题，只要求各家要抓紧处理，但到事故发生时尚未检查落实情况。特别是10月21日，煤炭部安全检查组查出的监控系统不正常，直到事故发生前，调查组仍然发现有几处监控失灵，有的不显示，有的出现负值，有的不稳定。据资料表明，从1997年11月9日中班至11月13日中班失灵次数达19次，失灵最长时间166分钟。煤炭部对淮南矿务局安全质量检查中曾发现36个问题，并提出了限期整改意见，但到调查组调查时，只落实了25个。据对该矿事故隐患排查表10月、11月的统计，尚有85个问题未得到处理。（5）安全责任制落实不到位，规章制度执行不严。事故发生的当天，通风区的值班技术员和通风队的值班副队长，没有主持给职工开班前会。综采一队工人李冲，点名后没有下井也不知道。在生产中，多次在瓦斯浓度大于1%的情况下送电。在查阅监控办记录上还发现瓦斯超限后继续作业，矿调度员和通风调度员都知道，也不汇报矿值班领导。根据《煤矿安全规程》规定，所有突出煤层采掘工作面必须设专职瓦检员，而东四采区瓦检员经常负责202、203等工作面的瓦检工作，矿领导、安监部门都未发现。虽然制定了"三人连锁""一炮三检"等爆破制度，却未能在每个岗位上很好的落实。203工作面的爆破员和班长在不到80米地点爆破，也违反了《煤矿安全规程》中的有关规定。（6）部分领导干部作风不深入。在干部跟班方面，虽然矿对干部下井跟班、值班做了明文规定，要求干部下井两登记两汇报，组织部、调度所对干部下井和现场汇报情况一月一统计一通报，但仍有少数干部作风漂浮，跟班不到点。事故当班，综一队、掘二区、开三队虽有区科干部跟班，但提前升井，没有起到安全把关作用。据对该矿21名副总以上领导1997年1月至10月下井情况的统计，有8人月均达不到局里规定的标准。事故发生的当天，有4名科（区）级没有跟班。10月至事故前，队组干部有389人缺岗，约占应出勤人数的30%。（7）安全监督力度不够，主要表现在追查事故隐患没有严格执行"三不放过"的原则。如，该矿开一队瓦斯事故分析会，只让一位职工叙述了事故发生的经过，而对瓦斯事故的原因及应采取的措施却没有研究。调度、监测、瓦斯等记录均有因无果，领导既不追查，也不批评。有些安监人员作风不深入，井下违章指挥、违章作业的现象得不到及时发现和制止。如，在高突煤层，一台局部通风机供两个掘进头使用，明显违反了煤炭部〔1997〕359号文《关于加强矿井通风专项检查的通知》，但却无人过问。矿井举报箱形同虚设，发挥不了应有的作用，不能形成职能部门监督与群众监督的机制以及广大干部、职工与"三违"现象做斗争的风气。（8）安全培训工作质量不高，效果不明显。一些职工对安全知识不能做到应知应会，有的连"三不伤害"的内容也不知道，更谈不上具备自救、互救的能力。虽然潘三矿加大了对职工安全培训的力度，但由于质量不高，效果不明显，职工的自主保安教育有死角。在这次事故中，综采一队有8名工人因正确佩戴自救器而脱离了灾区，另外44名遇难者中绝大多数是因为自救器使用不当或不会使用，以及心理紧张等原因，导致一氧化碳中毒而死亡的，从中反映了矿上对职工的安全培训落实不好。

责任追究：煤炭工业部于1998年3月4日对有关责任人员的处理作出了决定。给予淮南矿务局局长邹某行政撤职处分；建议给予淮南矿务局党委书记王某党内严重警告处分；给予淮南矿务局副局长唐某、王某某行政降级处分；给予淮南矿务局总工程师袁某、安监局局长孔某、副总工程师兼通风处处长于某行政记大过处分；给予潘三矿矿长桂某行政撤职处分；建议给予潘三矿党委书记潘某党内严重警告处分；给予潘三矿副矿长方某行政记大过处分；给予潘三矿总工程师朱某行政降级处分；给予淮南矿务局安监局驻潘三矿安全监察处处长王某、潘三矿副总工程师陈某行政记过处分；给予潘三矿副总工程师陈某行政撤职处。另有8位区队负责人也受到行政处分。

（八十）河南省平顶山市石龙区五七（集团）公司大井瓦斯爆炸事故

1997年12月10日10时50分，河南省平顶山市石龙区五七（集团）公司大井发生瓦斯爆炸事故，死亡79人，直接经济损失480万元。

五七（集团）公司属集体企业，公司有大井、南井等5个矿井及焦化厂等8个生产单位。大井位于平顶山市石龙区张庄村，原为南顾庄乡乡办企业，后归属五七（集团）公司，1997年1月，五七（集团）将大井承包给公司副经理高国荣，承包期为1年。该矿于1987年投产，设计生产能力为12吨/年，发生事故时有员工1100人。该矿为低沼气矿井，所采煤层为己16~17煤层，煤尘爆炸指数为34%，具有爆炸危险性。煤层自然发火期为1~2个月。采用一立一斜开拓方式，通风方式为中央边界抽出式通风。

1997年12月10日8时30分,大井区共入井124人,其中采、掘工作面68人,机修30人,巷修19人,区直人员3人,公司辅助救护队员4人,分别在1、2回采工作面和1、2掘进头等地点作业。10时50分,大井区主井井口工袁某发现井口冒黑烟,便马上向承包人高国荣报告,高立即向井底车场打电话询问情况,井下打点工说:"过来一阵风,把我的帽子吹掉了"。高国荣随即让井长杨波往井下回采工作面打电话,但没人接。这时井下脱险的工人开始升井,并报告说:井下瓦斯爆炸了。10时55分,公司安全副经理刘云志、安全科长张松、大井井长杨波、副井长段玉成、公司辅助救护队队长樊海彬、安全员尚新国等11人立即赶到井下,他们从皮带巷进去40多米,见前面巷道严重冒顶堵死,便立即返回,但皮带头处也发生冒顶,把他们堵在里面,后经过40多分钟内外自救和抢救脱险。10时55分,五七(集团)公司向石龙区政府和区煤炭局报告事故情况。11时30分,区委、区政府及其有关部门的领导相继赶到事故现场。并立即调韩庄矿务局、石龙区和五七集团公司共6个救护小队进行抢救工作。平顶山市政府及有关部门领导闻讯后立即赶到现场,成立抢险指挥部,指挥事故的抢险工作。

导致这次事故的原因:(1)矿井通风系统不合理,风流短路,风量不足;大串联通风;局部通风机吸循环风;盲目向采空区送风,导致瓦斯增大、瓦斯积聚、达到爆炸界限;违章爆破引起瓦斯爆炸。这是这起瓦斯爆炸事故的直接原因。(2)大井承包后,为了追求高额利润,重生产、轻安全、不执行《煤矿安全规程》有关规定,在长385米、宽83米的狭小煤柱上同时布置2个掘进头和2个高落式采面,超通风能力生产。安全检查力量严重不足,井下每班仅有一个安全员,不仅要检查十多个地点的瓦斯,还要负责局部通风、排查隐患等,工作量大,难以保证"一炮三检"和瓦斯检查制度的落实。(3)五七(集团)公司对大井以包代管,对安全包而不管。公司对大井实行吨煤包干,材料费包干,对大井的安全工作长期不管不问,放任自流。对大井通风系统改造这一重大项目,也未引起重视,对改造方案没有认真审查把关,对改造后风流严重短路、风量不足也没有管理;对该井突击组织生产、多头作业、风量严重不足、大串联通风、循环风等问题,不管理、不制止,是这起事故发生的重要原因之一。(4)石龙区煤炭局对该矿实行行业管理有畏难情绪,未能依法有效地履行行业管理职责。部分干部工作不深入、不扎实,对(五七)集团公司请示通风系统改造的问题,虽然有明确意见,但缺乏认真负责精神。在长达4个月时间,对该矿这一重要工程的实施情况不检查、不过问,致使该矿在通风系统改造过程中的一系列问题,未能及时发现和制止,也是造成这起事故的重要原因。(5)石龙区政府有关领导没有认真履行职责，忽视对区办五七（集团）公司煤矿的管理。对该矿安全生产中存在的问题重视不够，五七（集团）公司长达 9 个月没有总工，区政府没有及时安排，使煤矿技术力量薄弱，管理水平下降。

（八十一）陕西省兴化集团公司硝铵生产系统爆炸事故

1998 年 1 月 6 日，陕西省兴化集团公司二期硝铵生产系统发生爆炸事故，造成 22 人死亡，6 人重伤，52 人轻伤，直接经济损失约 7000 万元。

兴化集团有限责任公司是以重油为原料制合成氨、硝铵的中型化肥厂。Ⅰ期工程生产硝铵 11 万吨/年，于 1970 年建成投产；Ⅱ期工程生产硝铵 11 万吨/年，于 1982 年底建成投产。该厂硝铵的原料是气氨和稀硝酸，其工艺流程：常压中和、一段蒸发、造粒。Ⅰ、Ⅱ期生产工艺相同。

这次爆炸事故使该公司Ⅱ期硝铵的中和工段被夷为平地。爆炸直接摧毁的设备装置有：硝铵车间的硝铵溶液槽及两台溶液泵、中和器、硝铵溶液蒸发器、造粒塔、两个硝酸储槽及两台硝酸泵等，硝酸尾气筒，多孔硝铵生产装置 1 套，充氨站装置 1 套，硝铵皮带输送机及其栈桥，一幢三层楼的硝铵生产厂房及其设施。临近的生产综合楼，659 分厂、Ⅱ期硝酸、东循环水等厂房设备遭到严重损坏，其中包括生产综合楼内的厂中心化验室精密分析仪器全部毁坏。其他车间厂房、设备、仪表、电器均有不同程度的损坏。

事故原因：经爆炸专家和现场勘察综合计算分析认为，硝铵溶液槽是这次爆炸事故发生的原点，中和器发生部分殉爆；估计爆炸威力为 9.3 吨 TNT 当量。Ⅱ期硝铵爆炸事故现场的炸坑中心部位是原溶液槽的基础位置，原基础被破压入坑底，原装在中和岗位 2 楼的氨预热分离器和 3 楼的膨胀器都处在溶液槽的西边，爆炸后罐体分别飞落在西 200 米处和西偏南 150 米处。罐体基本完整，受力部位凹进变形，受力方向来自下方的溶液槽。中和器位于溶液槽的东边，其残骸飞落在溶液槽东和东偏北方向。说明主要推力也来自溶液槽方向。原安装在溶液槽西边地面上约 3 米处的两个溶液泵电机芯体都被打飞。安装在溶液槽正面同一轴线上的 40 千瓦溶液泵电机芯体在正西方综合楼里发现，稍南 1.25 米处安装的一台 75 千瓦溶液泵电机芯体在溶液槽西南 40 度角方向约 40 米的马路上发现，说明是溶液槽爆炸驱动所致。溶液泵混凝土基础重约 4 吨，被推上溶液槽西边综合楼五层楼里，与溶液槽爆炸推力方向符合，正对准溶液槽方位的综合楼东墙面和框架（南北 10 米，三楼板下 10 米范围处）破坏最为严重。造粒塔倒塌的方向和受力部位也是来自溶液槽的方向。综合以上分析，可以确认原硝铵车间中和岗位 1 楼的溶液槽是爆炸原点。爆炸物质是槽内装的大约 27.6 吨硝铵水溶液。

溶液槽爆炸的同时，强大的冲击波和高速破片袭击中和器，可能使中和器也发生部分殉爆。

根据技术分析和取证分析报告，结合专家结论，调查组对这次爆炸事故从机械、电气、生产环境、技术和设计、安全生产教育和培训等方面认真分析这次爆炸事故发生的原因。最终认为导致这次事故的原因是由于供氨系统不平衡，造成气氨波动，短时间内氨系统积累的油和氯根的液体从气氨大量带入硝铵生产系统。含油、含氯根高的硝铵溶液，在造粒系统停车的状态下温度升高，热稳定性降低，热敏感性增加，自催化热分解过程加剧，氯根及酸性溶液的存在提高硝初始分解的速率，降低硝铵分解及自催化热分解的温度，使硝铵溶液更加倾向于均相热分解过程。在极短的时间内，分解产生的高热和大量高温气体产物高度积聚导致燃烧爆炸。

（八十二）辽宁省阜新矿务局王营煤矿瓦斯爆炸事故

1998 年 1 月 24 日 19 时 31 分，辽宁省阜新矿务局王营煤矿北翼 121 采区 2102 综采放顶煤工作面在安装设备过程中发生瓦斯爆炸事故，死亡 78 人，受伤 7 人，直接经济损失 704.39 万元。

王营煤矿于 1987 年投产，设计生产能力年产 120 万吨，可采储量 12473 万吨，有 6 个煤层群，21 个可采煤层，平均总厚度为 46.4 米，倾角 3~10 度。井田有 7 条落差 25~100 米的断层，局部地段有火成岩侵入。矿井采用立井开拓，多水平集中大巷分区石门上下山开采。主、副井地面标高+170 米，井底标高 −650 米。当时生产水平为−650 米水平。矿井有主井，副井，南、北风井 4 条井筒。主、副井提升采用 3.25×4 型多绳摩擦轮绞车，通风方式为两翼对角式。南、北风井各设 2K60-4No.28 型主要通风机 2 台。矿井总排风量 8584 立方米/分钟。其中：北风井 4711 立方米/分钟，南风井 3873 立方米/分钟。矿井绝对瓦斯涌出量 54.94 立方米/分钟，相对瓦斯涌出量 25.82 立方米/（吨·日）。煤尘爆炸指数 48%。煤层自然发火期 3 个月，最短 15 天。由于该矿井深、地压大、岩石软，又属高瓦斯、突出矿井，自然灾害较严重，投产 10 年一直没达到设计能力。该矿有 2 个回采工作面，南、北翼各 1 个。北翼为综放面，南翼为水采面。事故发生在一水平北翼 121 采区 2102 综放工作面。2102 综放工作面是该矿开采的第 4 个综放工作面，与前 3 个综放工作面同采孙家湾本层，这层煤不是突出煤层。该工作面于 1997 年 6 月 8 日开掘，1997 年 10 月 16 日开切眼贯通，并实行全负压通风，风量为 598 立方米/分钟，走向长 315 米，工作面长 90 米，煤层平均厚度为 8 米，煤层平均倾角 4 度，可采储量 24 万吨。瓦斯绝对涌出量 4.78 立方米/分钟。该工作面从 1997 年 11 月 30 日开始安装设备。事故发生前，已经安装所需的 61 台综放支架。顺槽带式输送机等设备尚未安装完。

事故发生当日四点班，在 121 采区进行综放面设备安装的井下作业人员 85 人。19 时 35 分左右，北风井井底信号工李树杰向矿调度崔文成打电话汇报："听到'轰隆'一声，有一股黑烟，挺呛人"。接着又接到综维队副队长郎业群汇报："北风井地面出车线风门被风鼓开了"。在矿调度室值班室值班的通风副矿长张杰认为，肯定发生事故了，于是命令矿救护队下井查明原因。19 时 50 分，救护分队队长徐占元带领 8 名救护队员由北井下井探查。随后，矿调度接到综维队队长刘贵生把该队在 121 采区皮带上山干活的工人汇报的"121 采区皮带上山有一段运输皮带被一股气浪掀翻了，有的工人被撞得出血受伤"的情况向矿调度汇报。根据这些情况，矿调度认为，在 121 采区发生了瓦斯爆炸。爆炸地点可能是 2102 综放工作面。矿调度马上向局、矿领导汇报了事故情况。阜新矿务局和王营矿的领导，有关业务处（科）室的负责人接到事故报告后，都立即赶到矿上组织抢救，先后救出 8 名伤员，其中 1 人因伤势过重死亡，其余 77 人不幸遇难。

导致这次事故的直接原因：2102 工作面边上山设置两道临时调节风门，一道风门处于开启状态，另一道风门经常开启，边上山风流短路，工作面风量大量减少，支架顶部冒落区内的瓦斯积聚，达到爆炸界限，遇工作面支架顶部煤层自然发火产生的高温火点引起瓦斯爆炸。

间接原因有六个方面：（1）安全第一思想不牢，重生产，轻安全，没有处理好安全与生产的关系。局、矿开会多，研究具体安全问题少，安全工作没有落到实处。事故当天在 2102 综放工作面综采支架上面煤层自燃火没有彻底处理的情况下，还继续组织 80 多人下井安装。（2）通风、瓦斯管理混乱，事故隐患多。事故发生前，边界上山的一个风门处于打开状态，漏风严重，有时造成风流短路。2102 工作面安装硐室瓦斯经常超限，供给该硐室的风筒在事故前三天有 2 米长的大口子，通风员的记录上已写明应处理，但到事故发生时，尚未处理。在 2102 工作面系统掘进时，为降低监测系统瓦斯探头周围瓦斯浓度，作业人员曾经常将探头附近风筒割个小洞，用风筒内的新鲜风流吹探头，以降低探头周围的瓦斯浓度，导致监测系统失去作用。1 月 24 日，在处理 2102 工作面火灾时，支架上部冒落区瓦斯浓度达 2.8%，但没有采取措施处理。（3）没有严格执行规程，防灭火措施不力。2102 工作面自开掘以来，前后共发生 7 次自然发火，在处理自然发火时，都没有按规定撤出井下人员。特别是 1 月 24 日发现支架以上煤层发火，测得瓦斯浓度 2.85%，一氧化碳浓度 0.15%，在这种情况下，本应按《矿井防灭火规范（试行）》的规定，应立即撤出该区域内的与灭火作业无关的人员，但现场指挥人员却没有将这些人员撤出，而是一边灭火，一边安装。因向2102工作面运大件，将消防管道拆掉，又没有采取临时措施，以致当1月24日发火时，无消火管路灭火，只能用支架上的注液枪灭火。到14时左右，在数据不充分且不可比的情况下，误认为火已经灭了。之后，又没有安排专人观测。（4）领导不力，现场管理混乱。2102工作面从安装综放支架开始，成立了矿级干部指挥部。事故前3~5天，矿里又决定由科级干部代替矿级干部跟班指挥。他们现场指挥不灵，时常不下井，造成井下作业人员各自为战。特别是事故前几天，调度科长安排当班作业人员处理工作面上端头几架棚子，被当场拒绝，结果造成该处冒落。（5）对重大事故隐患重视不够，严重不负责任。1月24日早晨，局接到王营矿火灾报告后，有关领导相继赶到王营矿，有的根本没有下井；即使下井者也有的火没灭就走了；有的则误认为火已经灭了就走了。他们都没有对现场继续观测、处理火情提出任何要求就离开矿。矿务局安监局值班领导接到王营矿火灾报告后，也没有派人前去监督处理。（6）没有按《煤矿安全规程》规定预抽瓦斯，井下作业人员也没有佩戴自救器，也是造成这起特大伤亡事故的因素。

对有关责任人员的处理情况：（1）阜新矿务局局长陈金城，是该局安全生产的第一责任者，对全局"一通三防"工作全面负责，贯彻落实矿山安全法律法规不到位，负有领导责任。给予撤销阜新矿务局局长职务的处分。（2）阜新矿务局党委书记王大文，在贯彻党的安全生产方针方面不力，对这起事故负有一定的领导责任。给予党内警告处分。（3）阜新矿务局生产副局长赵国洲，负责全局煤矿生产和机电工作，在接到王营矿发现火情报告后，没有认真履行职责，负有领导责任。给予行政记过处分。（4）阜新矿务局总工程师李宝春，对全局"一通三防"工作负技术领导责任。工作中严重失职，在这起事故中负有重要责任，一是王营煤矿2102工作面自开采以来，共发生7次自然发火，作为局总工程师，没有引起足够重视，特别是1月24日该矿发火后，虽赶到王营矿但没有到火灾现场，在没有听到准确井下火灾情况下，便去赴宴，在当晚调度会上，也没有认真研究这个问题。二是对瓦斯抽放问题重视不够，致使该工作面没有预抽。三是在事故调查过程中，没如实反映情况，干扰了调查工作。给予撤销阜新矿务局总工程师职务处分。（5）局通风副总工程师孟庆坤，在局总工程师的领导下，负责全局的"一通三防"的技术工作，有失职行为，负有领导责任。王营煤矿2102工作面开掘以来，共发生7次自然发火，作为局通风副总工程师，没有引起足够重视，特别是1月24日该矿发火后，虽到火灾现场，但没有采取有效措施，撤出火灾现场与灭火工作无关人员。他在井下灭火时，误认为火已浇灭，就升井，工作失职。给予行政记过处分。（6）阜新矿务局通风处处长戴福胜，负责全局"一通三防"业务工作，参加"一通三防"事故处理和抢救指挥工作，严重失职，在这起事故中负有重要责任，一是2102工作面发生火灾后，虽已到王营矿，但没有到火灾现场处理。二是在井下火灾事故没有处理完的情况下离矿。三是在局晚5时召开的调度会上，将没有核实的井下火灾处理结果就向局领导汇报，影响了领导的决策。给予开除留用处分。（7）阜新矿务局安监局副局长吴兆伶，在安监局值班时，接到王营矿安监处汇报井下着火既没有向安监局有关领导汇报，也没有派人到王营矿处理，在事故调查中，不如实反映情况，干扰了调查工作。给予行政记大过处分。（8）王营矿矿长纪海迅，是该矿安全生产的第一责任者，对全矿的安全生产负全面责任，对矿山安全法律法规落实不到位，安全第一思想树立的不牢，重生产，轻安全。对2102综放工作面安装过程中的安全问题重视不够，负有领导责任。给予撤销王营煤矿矿长职务处分。（9）王营煤矿党委书记阎志信，贯彻党的安全生产方针不利，对这起事故负有一定的领导责任。给予党内警告处分。（10）王营矿生产副矿长赵启会，负责全矿生产安全管理工作，直接领导2102工作面安装工作，重生产，轻安全，施工管理混乱。1月24日下午组织工作面设备安装，他虽到现场了解了自然发火情况，但还是安排作业人员在现场工作，而且四点班继续安排生产。给予行政记大过处分。（11）王营矿通风副矿长张杰，对全矿"一通三防"工作负直接领导责任。矿井通风管理混乱，几次发火后没有组织撤出作业人员，对防火工作重视不够，措施不到位。特别是1月24日井下发火后，虽亲临火灾现场，但没有撤出火灾现场与灭火无关人员，在井下发火后灭火时，误认为火已灭，就升井。其对工作严重不负责任、失职。给予撤销王营煤矿通风副矿长职务处分。（12）王营矿总工程师侯荣刚，对全矿"一通三防"工作负技术领导责任。作为矿总工程师，应该贯彻落实《煤矿安全规程》和《矿井防灭火规范》，但他认为王营矿2102工作面几次着火，因为没出现明火不应该撤人，是导致王营煤矿几次着火后不撤人以及这起事故没有撤人的主要因素；对风道和硐室瓦斯超限情况，没有组织研究、采取措施解决瓦斯超限问题，造成隐患长期存在，严重失职，对这起事故负有重要责任。给予开除公职留用察看处分，并移交司法机关追究刑事责任。（13）王营煤矿通风副总工程师刘谦，在总工程师领导下，负责全矿的"一通三防"技术工作，通风管理混乱，2102工作面几次发火都没有要求撤离与灭火无关人员，对通风道、硐室瓦斯超限问题没有足够重视。给予行政记大过处分。上述责任者是中共党员，涉及党纪处分的，按中纪委有关规定，由各级党组织处理。（14）辽宁煤炭工业管理局作为阜新矿务局的企业主管部门，对安全生产指导不利，责成做出书面检查。

（八十三）河北省丰润县新军屯集贸市场烟花爆竹销售摊点爆炸事故

1998年1月24日，河北省唐山市丰润县新军屯镇集贸市场旁边大坑内的"炮市"发生爆炸，造成42人死亡，11人重伤，35人轻伤，炸毁机动车5辆。事故起因于有人违规试放烟花爆竹，引起市场内多个烟花爆竹销售摊点爆炸。有关部门违反规定，批准将烟花爆竹销售场点设在人员集中的集贸市场内；市场管理人员不认真履行职责，疏于管理，是造成事故伤亡惨重的重要原因。

（八十四）湖南湘阴县东亚渡口大客车坠江事故

1998年2月11日0时30分左右，湖南省一辆临时悬挂的号牌为"湘K-60514"的三湘牌大客车在湘阴县西林乡东亚渡口渡江时坠入资江，造成63人死亡（失踪）。

事故发生当日9时，该辆大客车从新化县白溪镇华天酒店门口发出，驶往湘阴县杨林寨乡。该车核载45人，据发车时路单记载，有89人购票上车，加上未购票的19名小孩及2名驾驶员、1名售票员共111人。由随车驾驶员张人君和张建雄（事故中已死亡）先后驾驶。发车不久，因车内拥挤不堪和故障频繁等原因，中途有22人下车或转乘其他车辆，客车也因故障而多次进行维修。于次日（2月11日）0时10分左右到达湘阴县西林乡东亚渡口南岸，比平时约晚点8个小时。此时车中仍有乘客89人。到达渡口南岸后，张建雄将客车停在离江边约30米处的矶头与码头交接处，并打开车门，请乘客何先中帮忙在左后轮塞好三角木，然后熄火挂倒挡。10余名乘客下车走动、方便。张建雄不断按汽车喇叭示意停在对岸的渡船要求过江，部分旅客也不断呼叫，0时30分许，东亚渡口当班船员夏学安、谭文斌等5人将船开至南岸码头。张建雄将车发动，倒车让何先中拿出三角木，然后熄火，空挡下坡滑向渡船。船上负责指挥的船员谭文斌见客车快速向渡船冲来，连忙交叉挥动双手制止，并大叫"慢一点"，此时渡船尚未摆正，客车前部左侧险些撞上渡船起架杆。车上船后速度开始减慢，但仍继续向前滑行，张建雄和部分目击者大喊"快塞三角木"，船员谭文斌边喊"来不得"，边塞三角木，已上渡船的乘客彭育湘等五六人在车前推阻，想控制车辆前移但未能奏效，客车一直前溜，撞落渡船前部的安全警戒横链；缓缓驶出甲板坠入资江中，彭育湘亦被推入水中。经打捞并经遇难者家属认领的尸体31具，另有32人在此次事故中失踪（待法院宣告死亡），仅26人未落水或从水中逃生。

　　事故车辆所在的杨林寨车队是湘阴县杨林寨乡和新化县白溪镇 67 个村民入股合伙经营的民营组织。车队虽制定了有关管理制度，但管理相当混乱。出事客车系挪用"湘 K60514"号牌，其自身号牌为"湘 F70071"。该车于 1989 年 7 月购进，1996、1997 两年内基本上停在车库内，未进行年检，牌照也被挪用在其他运营车辆上。1997 年 6 月，车队用一台 1994 年购进的新车挂"湘 F70071"牌照，通过了岳阳市交警支队在湘阴县交警大队组织的 1997 年年检。1998 年春运期间，由于跑新化线路的湘 K60514 车出了故障，一时难以修复，刘跃就安排人员抢修长期停开的事故车。2 月 6 日修理完毕后，于次日便挪用湘 K60514 牌照及其行驶证投入春运。随车驾驶员张建维及售票员张辉义也未办理春运准驾证和售票员证。

　　车辆出事的东亚渡口原是经营砂石的简易码头，1996 年 12 月，以东亚村村民夏学安、南边村村民沈迪安为首先后邀集两村各 5 户村民入股集资筹建汽车渡口。1997 年 3 月，南北两岸码头基本完工，5 月开始试渡，7 月下旬正式渡运。至 1998 年 2 月 11 日事故发生，县政府及其主管部门均未批准设置该渡口。拖轮和板划所有轮驾工作均由一些未经专业培训，未接受任何安全教育，无任何证照的股东担任，每天分两班渡运。拖轮和板划经湖南省船舶检验局湘阴船检所鉴定为"不适航船舶"。在该渡口码头修建和运营过程中，湘阴县港监所会同县安委办、交通局 4 次到现场制止，先后于 1997 年 3 月 11 日、6 月 17 日、9 月 19 日分别下发了"违章通知书"和"港监行政处罚决定书"，责令立即停渡，但夏学安等人仍我行我素，进行非法营运。9 月 15 日，南湖洲镇政府也发文对该渡口做出必须停渡和撤渡的决定。县港监所在多次制止未果的情况下，于 10 月 13 日依法提请湘阴县人民法院强制执行，10 月 15 日县法院作出裁定，并于 10 月 21 日同县港监所等部门一道，向夏学安等人现场下达"执行通知书"，限夏学安等人在 3 日内自行停渡，否则强制执行。但夏学安等人拒不执行法院裁定，继续非法渡运。1997 年 12 月 27 日，县港监所再一次签发了"船舶违章通知书"，要求立即停渡，但还是没有任何结果。

　　事故直接原因：（1）驾驶员张建雄违章操作；临危处置不当，是导致此次事故的直接原因之一。汽车上渡时，张建雄在车辆制动系统未达到安全气压的情况下，违反操作规程，空挡熄火滑行上渡，在脚踏制动失效时，没有使用手制动，临危惊慌失措，酿成大祸。（2）白溪镇始发站售票员刘美华，违反始发站严禁超载的规定，发售车票 89 张，致使车辆严重超载，是导致此次事故伤亡扩大的直接原因。（3）随车驾乘人员及渡船当班人员违反汽车上渡时，乘客应下车上渡的规定，致使乘客随车上渡，导致伤亡扩大。

事故间接原因：（1）杨林寨车队管理混乱。车队安全意识淡薄，利欲熏心，车辆维修和保养没有摆上议事日程，车辆证牌移甲作乙，根据需要随时互换以逃避检查，春运前为追求经济效益，置公安交警部门的通知于不顾，不送出事车辆参加检验，驾驶员、售票员不参加学习，致使车辆超负荷运行，严重失保失修。（2）东亚渡口的经营者们擅自非法私设汽车渡口，吸引客运车辆过渡。渡船未经检验发证，船员无证上岗，渡口、渡船安全设施不齐全，无灯光、无救援设备。在有关部门多次到现场制止的情况下，仍不听劝阻，强行摆渡。（3）公安交警部门对杨林寨车队监管不力。岳阳市交警支队在湘阴县交警大队组织的1997年年检中，没有检验杨林寨车队送检车辆的发动机和车架号码，致使该车队挪用车牌证照未被发现；1998年春运期间，杨林寨派出所与杨林寨车队虽然签订了安全责任状，但没有派人到车队进行安全检查监督；新化县白溪镇派出所对杨林寨车队在该镇的始发点，车辆严重超载的问题虽提出过口头批评，但没有采取有力措施制止。（4）湘资沅水管总会越权批准夏学安等人扩建汽渡码头。（5）湘阴县法院、港监部门对非法渡口制止取缔工作不到位。湘阴县航监所在多次对东亚渡口下达"违章通知书"无效的情况下，向县法院提出强制执行申请，县法院行政庭也依法作出了裁决，并现场执行，但行政庭未在限期内强制执行，此后没有再过问此事，也未向任何领导报告。1997年12月27日航监所进行水上春运前安全检查时，发现东亚渡口仍在渡运；再一次下达了"违章通知书"，但未向县法院通报，也未向县政府领导报告，请示解决办法。（6）政府疏于管理，安全工作措施不力。湘阴县政府没有认真贯彻落实1997年7月11日岳阳市政府召开的全市乡镇船舶安全管理工作会议精神，也没有采取有力措施对非法渡口进行清理取缔。结果全县非法渡口由1997年5月的20处增加到12月的33处。1997年12月中旬县政府换届后，在春运安全工作中，也没有采取针对性措施，对一些重大事故隐患进行整改。西林乡政府对东亚渡口没有进行清理整顿；南湖洲虽然作了一些工作，但收效不大。

责任追究：直接责任人除肇事司机张建雄在事故中死亡外，司法机关依法追究了司机张人君、车队业主罗业勤、刘跃，新化县白溪镇发车点售票员刘美华、东亚渡口牵头人夏学安、沈迪安的刑事责任。同时对负有一定管理、领导责任的杨林寨车队受聘管理人员、湘资沅水管总会副主任、湘资沅水管理总会水政股股长、湘阴县人民法院行政庭庭长、西林乡乡长（党委书记）、湘阴县公安局扬林寨派出所所长、湘阴县港航监督所所长、湘阴县公安局副局长兼县交警大队队长、湘阴县县长助理、湘阴县政府副县长和县长、湘阴县人大常委会主任、岳阳市交警支队车辆管理所副所长、新化县白溪镇政府副镇长等，分别予以党纪政纪处分。

吸取事故教训，改进安全工作措施：（1）进一步提高认识，切实加强对安全生产工作的领导。努力抓好安全生产管理和各项法律、法规、制度及措施的落实，认真解决安全生产中出现的问题。（2）全面落实安全生产责任制，全面实行安全生产领导责任制和严格的目标管理，使各级领导特别是行政首长和企业法定代表人真正负起对安全生产的领导责任。（3）加强对重特大事故隐患的整改力度，最大限度地减少重特大伤亡的发生。（4）切实做好交通运输安全工作。认真研究市场经济环境下客运车辆的安全措施，恢复和完善交通安全委员会；充分发挥港航监督机关对水上交通安全实施监督管理和交通主管部门实施行业管理的职能作用，严禁非法设渡，坚决取缔"三无船舶"；公安交警部门要改革勤务制度，加强路面控制和对客运车辆管理，严禁无证、无照超载超速违章运行和疲劳驾驶，严禁将要报废的车辆转卖给农村；要合理安排警力，加强道路巡逻，确保国、省道昼夜有民警巡逻执勤，严禁病、险车和违章车上路行驶，及时从严查处交通违章和交通事故。（5）大力开展交通安全宣传教育活动，提高广大交通参与者的交通安全意识和遵守交通法规的自觉性。

（八十五）河南省平顶山市石龙区砂石岭煤矿爆炸事故

1998年4月6日5时30分许，河南省平顶山市石龙区砂石岭煤矿五井、六井和梁马矿二风井，因争抢资源放明炮酿成特大爆炸事故，造成62人死亡，4人受伤，直接经济损失约200万元。

发生事故的三个矿井分别挂靠有证的砂石岭煤矿和梁马煤矿。而砂石岭煤矿和梁马煤矿的"采矿许可证"只允许开采丁组煤和戊组煤，而三个事故矿井却在平顶山煤业集团公司大庄矿的井田范围内己组煤二采区非法乱采。

砂石岭煤矿是石龙区捞饭店村村办矿，1982年建井，开采丁组煤，1984年一井、二井报废，建三井、四井，1985年又建五井、六井。1994年8月该矿以村办性质申请开采丁组煤和戊组煤，同时对各井实行承包管理。1995年7月取得开采丁组煤和戊组煤的"采矿许可证"。1996年1月取得"煤炭生产许可证"，1996年4月，由于资源和经营问题，砂石岭矿五井、六井停止生产。由于砂石岭矿五井欠刘庄村一组、二组占地费，捞饭店村为还账将五井以9万元抵给刘庄村一组、二组。1996年11月，杨志远又以10万元从刘庄村一组、二组买下，杨志远和魏建廷分别任矿长和副矿长。1997年2月违法向己组煤延深，1998年1月井筒落底。砂石岭煤矿六井停止生产后，1996年6月，陈陆和以六井配风井名义申请建井，1996 年 12 月区煤炭（地矿）局批复，同意建井与六井构成系统，开采戊组煤。1997 年初开始建井，直接打到已组煤，新井建成后，原六井报废，新井便顶替六井，矿长为雷国伟，副矿长为陈陆和、雷国军。砂石岭煤矿五井、六井是使用砂石岭煤矿的"采矿许可证"和"煤炭生产许可证"，但已不是捞饭店村办煤矿，开采范围也超出砂石岭煤矿的范围，进入国有大矿井田内开采。

梁马煤矿为石龙区梁洼办事处劳动服务公司所办集体企业，1989 年建井，1991 年 3 月投产，开采戊组煤，1992 年 8 月由王聚营承包经营，1993 年取得"采矿许可证"，1994 年 10 月梁洼办事处又将该矿转包给高德运，承包期三年，1996 年 7 月在承包期未满的情况下，高德运私自将该矿转给刘留胜，梁洼办事处发觉此情节，但没有追回。后在该井田内又建井多处，刘庄村王老虎等人1996 年 5 月在该井田内建井，区煤炭（地矿）局发现后，处罚 3000 元，令其停办。王老虎等人又以梁马矿二井建风井的名义向区煤炭（地矿）局申请建井，区煤炭（地矿）局于 1996 年 12 月批复同意，与二井构成系统，开采戊组煤。1997 年 7 月王老虎以 35 万元将该井卖给李建伟，李建伟任矿长，王松杰任副矿长，并将该井延深至已组煤。

砂石岭煤矿五井、六井和梁马矿二风井所采平顶山煤业集团大庄煤矿已二采区的已 16~17 煤层，煤厚 8 米，属低瓦斯区，煤尘爆炸指数为 33%~36%。三个井相互之间距离为：砂石岭五井、六井相距 109 米，砂石岭井与梁马矿二风井之间 193 米，砂石岭六井与梁马矿二风井之间 117 米。三个矿井均采用高落式采煤，矿井采用自然通风，矿井之间多处相互贯通，三个井都没有采取防尘措施。事故发生时，三个矿井都使用马道供电所的电源。三个矿井均未取得公安部门颁发的爆破物品使用证，所用火工品均从非正规渠道购买。

4 月 6 日 1 时 30 分左右，砂石岭煤矿五井、六井和梁马矿二风井三个矿井组织零点班工人下井生产，砂石岭矿五井、六井各下井 25 人，梁马矿二风井下井 14 人，约 3 时许，砂石岭矿六井与梁马矿二风井井下又发生纠纷，在梁马二风井东下山南巷与砂石岭矿六井大巷贯通处，砂石岭矿工人在贯通处裸露爆破将梁马矿二风井工人崩伤 1 人，受伤人员随即升井包扎伤口，其他工人换到别处生产。约 4 时 20 分，砂石岭矿零点班班长陈士坦从井下上来找到副矿长陈陆和，然后又返回井下。约 4 时 40 分左右，井下又打电话，副矿长陈陆和接电话后，就叫来副矿长雷国军和煤师于中海，三人更换衣服后约 5 时 20 分下井，5 时 30 分许，井下就发生了爆炸事故。

通过对事故现场勘察、取证及技术鉴定，证实这是砂石岭煤矿六井，为争抢资源，裸露爆破破坏梁马矿二风井巷道，引起煤尘参与的人为的特大爆炸事故。起爆点在梁马矿二风井南部下山巷的丁字口。

导致这次事故的原因：（1）为争抢资源，砂石岭煤矿六井在井下裸露爆破破坏邻矿巷道，引起煤尘参与爆炸，是这次事故的直接原因。（2）三个矿井的矿主违犯国家法律、法规，非法进入平煤集团大庄矿己二采区争抢国有大矿资源，且相互之间巷道打通，乱采滥挖，是发生这次事故的重要原因。（3）采矿秩序混乱。当地政府和有关部门对无证采矿、一证多矿、越层越界等非法行为长期存在，整顿不力，执法不严，处理不彻底，留下了严重的安全隐患，是造成这次事故的根本原因。（4）在供电管理、火工品管理上还存在大量漏洞。对于非法生产矿井的电力没有切断，炸药雷管还有供应渠道，也是发生事故的原因之一。

（八十六）重庆市江津市羊石镇个体客货船"羊石8号"沉船事故

1998年7月9日7时20分，重庆市江津市羊石镇中坝村三社农民赵先金经营的个体客货船"羊石8号"，沿长江江津中坝上行至羊石镇途中，在重庆上游160.9千米的烟滩浩上口徐梁滩口处翻沉。所载乘客95人和船员3人全部落水，经抢救生还29人（含船员2人），死亡14人（含船主赵先金），失踪55人，事故直接经济损失35.73万元。

发生事故的"羊石8号"系江津市羊石镇中坝村三社农民赵先金和其兄赵先忠共同出资购置经营并以赵先金名义登记为船舶所有人的乡镇个体客货船。事故发生当日，"羊石8号"从长江江津中坝载客至羊石，早晨约5时30分从中坝中码头载客6人开航，当班驾驶赵先忠（持内河五等驾驶适任证书），轮机员赵先金（持内河五等司机适任证书），沿中坝下行至中坝尾，转向内浩，沿中坝上行至烟滩子脑上过河到老正沟码头停靠上客89人，并上载西瓜500多公斤，约7时从老正沟码头开航，沿南岸上行。当船上行至徐梁滩下约100米处，轮机员赵先金，擅自离开机舱进驾驶室接替赵先忠驾船，让赵先忠到机舱操作机器。后船舶继续上行，约7时20分上行至徐梁滩投水上架，由于航道窄、水流急、马力小、装载过重、左摆右摆均无法过滩，当船首再向左摆时，首部左舷碰撞徐梁滩岸边礁石，船首向外张出，船向下流至坎子水处时，左舷进水并向左侧倾斜翻沉，旅客和船员全部落水，船向下游漂流至浩内南岸英保石脑上岸边沉没。

事故直接原因：（1）违章航行是造成本次事故的起因。"羊石8号"的船舶适航证书已于1998年5月28日到期，按规定应停航修理，经船检部门检验合格并取得船舶适航证书后方能航行。但1998年5月28日以后，赵先金、赵先忠仍违章载客航行。6月20日江津港监所检查到"羊石8号"证书逾期，下发了纠正违章通知书，令其"立即停航，办齐手续才准航行"，并要求6月30日前到港监站接受处罚。6月26日上午港监人员又去检查该船时，船主驾船逃逸，直至7月9日事故发生时，"羊石8号"仍未停航，也未到港监站接受处罚。事发时，船主赵先金违规无证驾船，且严重超载，该船含船员共载员98人，超出核定载员55人，超载率128%。（2）航路选择错误是造成本次事故的重要原因。"羊石8号"从老正沟码头开航后，本应选择过河沿北岸中坝水缓、航道较宽的安全航路上行，但当班驾驶赵先忠却以侥幸心理，冒险选择了距离较近，但礁石密布、斜流强、西流旺、航道窄、对船舶安全威胁极大的航路上行。（3）冒险蛮干和错误操作是造成本次事故的直接原因。"羊石8号"在徐梁滩上架后，过不了滩时，本应调顺船身，采取减速或停车的措施退滩后，选择过河沿北岸的安全航路上行，但船主赵先金，不听其父赵怀友和其他乘客的劝阻，继续蛮干，冒险冲滩，导致船舶触礁进水翻沉。

事故间接原因：（1）羊石镇政府对辖区内的个体船舶管理松懈、监督检查措施不力，以致船主和技术船员法制观念及安全意识淡薄，违章违规冒险蛮干行为未能得到有效制止是事故发生的重要原因。安全生产责任制不落实。按照江津市政府的规定；江津市实行四级安全生产责任制，即市、镇（乡）、村（社）、经营者四级必须层层签订安全生产责任书。而羊石镇政府在与江津市政府签订了安全生产责任书后，没有向下层层签订，造成基层安全生产责任不到位。管理松懈。没有准确掌握辖区内个体船舶的安全技术状况，没有建立完整的船舶管理台账，没有及时查处"羊石8号"船舶证书逾期后仍在航行的违规行为。镇管船员没有尽职尽责，没有及时向镇领导报告"羊石8号"的违规航行行为。羊石镇有各类船舶百余艘，管理工作难度大，但该镇只设了一名兼职管船员，每月只有三分之一的时间到码头或江上巡查，因此，该镇政府通过管船员履行的船舶安全生产监管职能没有全面落实。安全教育流于形式。羊石镇政府规定，每两个月仅一天时间为船主和驾驶员的安全学习日，但参学人数少，学习效果差，肇事船主赵先金从1997年1月至1998年7月只参加过1次安全学习。对此，管船员多次报告政府领导而未获改进。安全生产监管措施不力。长江洪峰到来时，江津市政府通知各有船乡镇和单位从7月8日起禁航，羊石镇政府也及时通知了各村，各村在当日用广播进行了通知，但7月9日上午仍有包括"羊石8号"在内的多艘船舶从中坝启航载客，没有遵守江津市政府的禁航令。（2）江津市港航监督部门没有认真履行港航监督职责，对乡镇客运船舶的安全生产监督检查工作不落实，没有及时果断查处肇事船舶的违法违规行为是事故发生的间接原因。江津市港航监督所所属朱扬港监站在事故前的 6 月 20 日发现"羊石 8 号"船舶证书逾期仍在航行的违法行为时，虽然签发限期接受处罚通知书，但该船超过限期仍未到港监部门接受处罚。朱扬港监站明知"羊石 8 号"仍在违法载客航行，而未采取措施制止其违法行为，也未向上级汇报，放任了该船的违法行为。（3）江津市政府对所属乡镇政府安全生产督查工作不力，以致乡镇政府管理松懈、安全生产责任制不落实的问题未能及时整改，也是事故发生的间接原因。

　　责任追究：（1）船主赵先金、赵先忠在"羊石 8 号"船舶适航证书过期，港监机关责令其停航的情况下，7 月 9 日仍违法严重超载航行；赵先忠错误选择航路，违规让无证人员驾船；赵先金无证驾船，驾驶中又冒险蛮干、错误操作，严重违反了《内河交通安全管理条例》第四条、第五条、第十六条，以及《重庆市水上交通安全管理条例》第八条、第九条、第十四条的规定。建议港监机关对当事持证责任人赵先金、赵先忠分别给予其吊销船员适任证书处罚。根据《刑法》第一百三十三条，赵先忠已由司法机关依法追究刑事责任，江津市公安局于 1998 年 7 月 12 日对赵先忠刑拘，7 月 31 日逮捕，9 月 14 日移送江津市人民检察院，9 月 30 日由江津市人民检察院向江津市人民法院提起公诉。鉴于赵先金已在事故中死亡，免于追究责任。（2）根据国务院《关于加强内河乡镇运输船舶安全管理的通知》精神，乡镇政府是实施对乡镇个体船舶管理工作的主要责任单位。羊石镇政府对个体船舶管理松懈、安全生产责任制不落实，安全生产教育措施不力，对事故的发生应负领导责任和管理责任。羊石镇镇长、镇党委副书记杨远祥（1998 年 4 月前为该镇分管安全工作副镇长）及分管安全生产工作的副镇长徐其林应对本次事故具体承担领导责任和管理责任。根据重庆市监察局、重庆市安全生产委员会办公室《关于重特大事故责任人员行政处分的暂行规定》第五条、第六条规定及《中国共产党纪律处分条例》第一百零八条规定，给予羊石镇镇长、镇党委副书记杨远祥撤销党内外职务处分；给予羊石镇副镇长徐其林行政记大过处分。羊石镇管船员、共产党员王元海没有认真履行职责，建议解聘其管船员职务，吊销其船舶安全行政执法证书。按照《中国共产党纪律处分条例》第一百零八条规定，建议给予王元海党内严重警告处分。羊石镇中坝村村委会主任赵正华和主管全村安全生产工作的村支部书记杨世江对船舶管理工作不力，建议按年度工作目标考核的要求由羊石镇政府给予经济处罚。（3）江津市港航监督所及其所属朱扬港监站没有认真履行对乡镇船舶安全管理的监督检查职责，所、站领导工作失职，对港航监督管理工作不力，应负事故的管理责任。给予江津市港航监督所所长李发源行政警告处分，给予江津市港航监督所副所长李正富行政记过处分，分别给予江津市港航监督所朱扬港监站站长杨清榜、副站长李戎行政撤职处分。（4）根据《国务院办公厅转发劳动部关于认真落实安全生产责任制意见的通知》，江津市政府对这次事故负有不可推卸的领导责任。江津市政府仅由一名兼任经委主任的市长助理分管全市的安全生产工作，反映出市政府对安全生产工作不重视，管理安全生产的组织措施不得力；江津市政府虽然在加强安全生产管理上做了大量工作，但是，在对乡镇安全生产工作的管理、监督、教育措施仍然没有得到彻底落实。为深刻吸取事故教训，建议由重庆市政府对江津市政府进行通报批评，并给予江津市政府市长郭汝齐行政警告处分，给予江津市政府市长助理余刚行政记过处分。

事故教训：这起特大沉船事故的发生反映出江津市政府在安全生产管理、安全生产监督检查、安全生产培训教育的各个方面，特别是在检查督促乡镇安全生产管理上存在薄弱环节。市和乡镇政府及有关管理部门没有认真履行对安全生产管理和监督的政府职能，存在安全生产监管工作失控问题。应当深刻吸取教训：（1）安全生产的基层管理工作薄弱。乡镇安全生产点多线长，工作难度大，少数乡镇政府忽视安全生产，部分乡镇安全生产管理薄弱。（2）安全生产责任制在基层落实不到位。（3）各级政府对基层安全工作检查督促不力。（4）未能建立适应市场经济体制的乡镇船舶管理机制。

改进措施：加强领导，完善措施，全面落实安全生产责任制，强化安全生产管理工作；进一步强化水上交通安全专项整顿工作，立即对乡镇船舶的安全管理进行整顿，对乡镇船舶严格实施业主（船舶所有人、经营人）负责、行业管理、国家监察、群众监督的体制，强化业主安全生产法制观念和社会责任感，在安全生产法律法规的约束下，进行经营和航运，坚决杜绝违法经营；继续深入开展经常性的安全生产监督检查，及时整改和治理隐患；建立适应市场经济的安全生产管理新机制，完善安全管理机构，充实管理人员，建立良好的运行机制；加强宣传教育，提高各级干部和全民的安全生产意识。

（八十七）四川省江安县"川江安渡0016"号客渡船翻沉事故

1998年7月12日7时50分，四川省江安县"川江安渡0016"号客渡船由周双福驾驶，由长江南岸江安县江安镇官驿门码头开往北岸，此为当日第四渡次。8时10分，渡船在北岸车渡码头上客后，上驶至第二停靠点令牌石载客。按常规应继续沿江岸上行至陡泥石后再横渡过江，但由于突遇水流变化，上行受阻，该船便顺势过江。渡船顺水流斜行至长江南岸重庆轮船公司宜宾分公司更船处，调顺船身后沿在此停靠的"四川308"船队外沿向上行驶并逐步向岸边收船，在此过程中渡船尾部触碰到"四川308"船队"川甲238"驳右首部，船体向右倾斜，随即头南尾北向右翻沉。船上人员全部落水，其中 94 人溺亡（包括下落不明 88 人）。

　　事故直接原因：渡江位置选择不当和航路选择错误直接导致此次事故发生。按常规，该船应沿长江北岸上行至陡泥石后再横渡过江。但驾驶人周双福在上行遇水流变化受阻后，未采取稳住船向，待水势恢复正常后再继续上行的正确操作方法；而是顺势过江，比正常渡江位置下移近 300 米，导致渡船顺水流斜行至南岸重庆轮船公司宜宾分公司更船以下，发生了事故前一系列复杂情况。这一因素与事故发生具有一定关联。渡船行至南岸重庆轮船公司宜宾分公司更船所泊"四川 308"船队外侧时，错误选择了距船队外缘"川甲 223"驳船仅 2 米的航路平行上驶，因距离过近，产生船吸现象，造成该船扬头困难，孕育着事故因素。当渡船在被动情况下侥幸驶过"川甲 223"驳后没有及时调整航向，而是错误地过早收船，导致渡船尾部触碰"四川 308"船队中驳"川甲 238"右首部，发生垫尾倒头翻沉，酿成此次事故。调查表明，上述问题的产生不是偶然的，与周双福本人重利轻责，忽视安全，冒险蛮干有直接的因果关系。7 月 7 日，首次洪峰通过江安，该段长江水位超过 14 米，超过了当地渡口封渡水位。周双福作为整个渡运公司承包人，通知了所辖另外两个渡口封渡停航，而他自己承包的该渡口不但不停航，而且将票价由 1 元提高到 2 元。由于水流湍急，周双福承包的"川江安 0016"号客渡船船小，马力低，出现了在江中打转不能靠岸的险情。总公司副书记徐德洪、副经理罗禄俊等在检查中发现上述问题，要求周双福停渡，但周双福不从。徐德洪、罗禄俊遂调较大的 3 号轮代替 0016 号横渡，并已行驶了两个渡次。但周双福又擅自撤下 3 号轮，继续使用 0016 号冒险渡运，孕育着严重的事故隐患。

　　事故间接原因：（1）江安县轮船总公司安全生产管理涣散，取消了公司领导分管安全生产制度，公司内部领导和安全机构职责不明确，日常安全管理不落实。（2）江安县港监所、航务所（与县渡口管理所、港口管理所合署办公）工作制度不落实，岗位职责不明确。大汛期间，特别是水位接近和超过封渡水位的非常时期，未对渡口实行严格的现场管理，对 7 月 7 日川江安渡 0016 号冒险航行的重大险情严重失察，使处在监督、管理部门眼皮底下的渡口、渡船处于失控、失管状态。这是导致本次事故的重要管理原因。（3）江安县交通局对该县轮船总公司安全生产存在的严重问题严重失察，对县港监所、航务（渡口、港口）所的工作检查督促不到位，对汛期水上运输安全工作满足于一般布置和号召，缺乏明确具体的要求，检查督促不力。（4）江安县政府对汛期水上交通安全问题认识不足，缺乏明确的工作制度、巡视检查制度，对汛期水情通报和紧急汛情的发布不及时、不规范、不落实，对县交通局、防汛办等部门的工作检查督促不力，对县轮船总公司安全生产存在的严重问题失察。安全生产工作在一定程度上存在职责不清、关系不顺的现象，"谁主管、谁负责"的原则未落到实处。是导致事故发生的一个管理原因。

责任追究："川江安渡0016"号客渡船承包人、当班驾驶员周双福对此次事故负全部直接责任，沉船后下落不明，已由公安机关通缉（后证实死亡免于追究）；江安县轮船总公司经理、法人代表彭泽对本次事故负主要管理责任，开除公职、党籍，由司法机关追究刑事责任。对负有管理和领导责任的江安县轮船总公司分管领导、江安县航务（渡口、港口管理）所所长、江安县港监所所长、江安县交通局安全保卫股股长、江安县交通局局长和副局长、江安县水电局副局长兼县防洪办主任，江安县政府分管副县长、县长等，分别予以撤职、开除公职、开除党籍、记大过、记过、党内严重警告、警告等处分。

吸取事故教训，改进安全工作措施：（1）在企业转制过程中，防止重效益轻安全的错误倾向。（2）加大宣传力度，提高各级领导、从业人员和广大群众的安全意识。（3）开展安全大检查，重点检查企业的安全管理措施、船舶的安全状况、从业人员的安全意识，对不合格船舶进行认真整改，整改不合格的坚决不准航行。（4）加强停航封渡水位的管理，立即根据各地生产和人民群众的需要，由政府牵头，认真调查研究，在保障安全的前提下，科学地、实事求是地制定停航封渡水位。（5）加强对航运企业安全管理，突出抓好季节性安全管理工作，组织港监、航务、渡管等部门深入到渡口逐船逐渡检查，对存在的安全隐患必须限期整改，加强现场监督，严禁超载等违章摆渡。（6）落实管理责任，加强对乡镇船舶的安全管理。

（八十八）河南省宝丰县大营镇一矿瓦斯煤尘爆炸事故

1998年12月12日11时35分，河南省平顶山市宝丰县大营镇一矿发生瓦斯煤尘爆炸事故，造成66人死亡，10人受伤，直接经济损失约180万元。

大营镇一矿位于宝丰县大营镇宋平村南，韩梁煤田西部，设计能力年产1万吨，属镇办集体煤矿。该矿主井和娘娘山煤矿原是一个生产系统，属一证多矿（井），在乡镇煤矿整顿中，市、县列为整顿对象，作为大营镇一矿单独办证，于1998年9月取得了"采矿许可证"，有效期3年。在事故发生时，未取得"煤炭生产许可证"。开采二1号煤层，煤层平均厚度4.5米，煤层倾角平均12度，煤层有自然发火倾向，自然发火期3~6个月。煤尘有强爆炸性，爆炸指数为33.8%，按低瓦斯矿井管理。该矿为立井开拓，主井直径3.2米，井深245.2

米，井口安装 2KJ1600/824 型提升绞车，采用 1.5 吨双箕斗提升。副井直径 2.6 米，井深 272 米，安装 JTK-1.2 型提升绞车，1 吨箕斗提升。副井选用 KZF60A-10 型轴流式通风机（事故发生时未投入运行）。井下共有 5 台 11 千瓦局部通风机，风筒直径 400 毫米。采煤方法为高落式巷采，电源来自娘娘山煤矿，入井电压 380 伏。

事故发生当日八点班，该矿入井 101 人，其中主井 61 人，副井 40 人。12 月 11 日下午四点班，发现 1 号工作面防火墙向外冒烟，12 日八点班安排打一道防火墙，7 时 30 分郑占林到 1 号工作面确定防火墙位置，发现迎头冒顶严重，决定距原密闭墙 15 米处打防火墙，8 时 10 分许，班长范国民和煤师王贵民在 1 号工作面安排本班工人打密闭墙。约 10 时许，冒顶处高顶瓦斯发生爆燃，高温冲击波将正在 1 号工作面工作的邓继彬等 6 人烧伤，在井下工人的帮助下，6 名伤员很快升井，并送往医院。矿辅助救护队下井处理火区，主井人员都撤到运输大巷休息。11 时 35 分，井下又发生瓦斯煤尘爆炸，当时井下有 76 人，其中，10 人受伤，66 人遇难。

事故原因：（1）矿井没有形成全负压通风系统，井下多个采掘面靠局部通风机通风。自 1998 年 12 月 11 日副井封闭后，通风阻力增加，回风不畅，副井采掘工作面局部通风机打循环风，瓦斯聚积，工作面电缆短路，产生火花，引起瓦斯爆炸，同时引起煤尘爆炸，是这起事故的直接原因。（2）非法开采，强行作业是这起事故的主要原因。《煤炭法》第 22 条明确规定"未取得煤炭生产许可证的，不得从事煤炭生产"。该矿在没有取得煤炭生产许可证的情况下，自 10 月到事故发生，非法组织生产。该矿设计能力 1 万吨/年，为了挣钱，不顾井下安全条件，组织大量工人下井，严重超强度开采，风量严重不足，违章指挥，冒险作业（仅主井自 10 月到事故发生，生产煤炭 1.41 万吨）。严重违反了《河南省乡镇煤矿安全生产基本标准》关于"风井不能兼作提煤井"的规定。（3）娘娘山煤矿对该矿以包代管，私自转供电，对主管部门多次下达的停产指令置若罔闻，公开支持非法生产，对一矿两井分井承包，造成风井出煤，严重超能力生产，是这起事故的又一主要原因。（4）镇党委和镇政府领导安全意识淡薄，没有认真履行安全监督管理职责，疏于管理，对该矿非法生产失职放任是导致事故发生的又一重要原因。大营镇一矿是镇办企业，镇党委和镇政府具有直接的监督和管理职责，明知该矿没有生产许可证违法生产，不检查制止，任其违法生产；对风井出煤、通风混乱这些显而易见的重大隐患，未认真督促整改，致使该矿连续两个月违法冒险生产。（5）煤矿主管部门工作不力，管理不严，未能制止该矿违法冒险生产，是这起事故的重要原因之一。县地矿、煤炭部门在对煤矿安全生产管理检查中，虽然作了不少工作，对该矿无证生产问题也下过通知，但是没有采取强硬措施制止转供电，停止非法生产。（6）县政府在管理乡镇煤矿中存在疏漏是事故发生的原因之一。县政府虽然在整顿乡镇煤矿中做了大量工作，采取了许多措施，但工作有疏漏，主要表现在对县地矿局工作软弱无力，缺乏了解和足够重视，对县政府的整顿措施在基层不落实，未能及时加以纠正。

责任追究：经河南省政府报国务院批复同意，司法机关以重大事故责任罪，依法追究了大营镇一矿矿长夏某、主井承包人樊某和郑某、副井承包人李某、大营镇主管工业的党委副书记李某的刑事责任；上级机关对负有管理、领导责任的大营镇党委书记谢某、镇长郭某，宝丰县地矿局安检科科长何某、副科长卢某，宝丰县地矿局副局长张某和李某、安检科驻矿员王某、宝丰县副县长郑某，分别给予党纪政纪处分。

吸取事故教训，改进煤矿安全生产措施：（1）切实把煤矿安全生产当作重中之重抓紧抓好，要不折不扣地贯彻落实上级有关煤矿安全生产的法律、法规、政策和规定。坚决打击非法开采，彻底取缔无证矿井，采取有力措施，遏制事故发生。（2）县、乡人民政府要进一步提高对煤矿安全生产的思想认识，认真履行职责。乡镇政府一定要按照谁办矿、谁受益、谁负责安全的原则，认真履行好领导、监督的职责。（3）乡镇煤矿整顿工作的联动部门一定要相互协作，各自履行好自己的职责，发扬抗洪精神，对非法开采和不具备起码安全生产标准的矿井要死看死守，确保不发生事故。（4）坚决贯彻落实省政府颁布的《河南省乡镇煤矿安全生产基本标准》，凡达不到要求的矿井一律不准生产。在整顿验收工作中，实行谁验收、谁负责，任何人不得降低标准，坚决杜绝风井出煤和一矿两井分井承包的现象。要严格通风管理，在新建矿井没有形成通风系统之前，严禁开掘与贯通无关的工程。（5）所有矿井都必须严格按设计生产能力进行生产，禁止超能力、高强度突击生产。要按科学规律办事，推广应用壁式采煤法，逐步淘汰老式采煤，提高安全标准，改善劳动条件，保障职工生命安全。

（八十九）重庆市綦江县彩虹桥整体垮塌事故

1999年1月4日18时50分，重庆市綦江县彩虹桥发生整体垮塌，造成40人死亡，14人受伤，直接经济损失631万元。

綦江县彩虹桥位于綦江县城古南镇綦河上，是一座连接新旧城区的跨河人行桥。该桥为中承式钢管混凝土提篮拱桥，桥长140米，主拱净跨120米，桥面总宽6米，净宽5.5米。该桥在未向有关部门申请立项的情况下，于1994年11月5日开工，1996年2月竣工，施工中将原设计沉井基础改为扩大基础，基础均嵌入基石中。主拱钢管由重庆通用机械厂劳动服务部加工成 8 米长的标准节段，全拱钢管在标准节段没有任何质量保证资料且未经验收的情况下焊接拼装合拢。钢管拱成型后管内分段用混凝土填注。桥面由吊杆、横梁及门架支承，吊杆锚固采用群锚体系，锚具型号为 YCM15-3。1996 年 3 月 15 日该桥未经法定机构验收核定即投入使用，建设耗资 418 万元。

事故发生当日 18 时 50 分，30 余名群众正行走于彩虹桥上，另有 22 名驻綦武警战士进行训练，由西向东列队跑步至桥上约三分之二处时，整座大桥突然垮塌，桥上群众和武警战士全部坠入綦河中，经奋力抢救，14 人生还，40 人遇难死亡（其中 18 名武警战士、22 名群众）。

事故直接原因：（1）吊杆锁锚问题。主拱钢绞线锁锚方法错误，不能保证钢绞线有效锁定及均匀受力，锚头部位的钢绞线出现部分或全部滑出，使吊杆钢绞线锚固失效。（2）主拱钢管焊接问题。主拱钢管在工厂加工中，对接焊缝普遍存在裂纹、未焊透、未熔合、气孔、夹渣等严重缺陷，质量达不到施工及验收规范规定的二级焊缝验收标准。（3）钢管混凝土问题。主钢管内混凝土强度未达设计要求，局部有漏灌现象，在主拱肋板处甚至出现 1 米多长的空洞。吊杆的灌浆防护也存在严重质量问题。（4）设计问题。设计粗糙，随意更改。施工中对主拱钢结构的材质、焊接质量、接头位置及锁锚质量均无明确要求。在成桥增设花台等荷载后，主拱承载力不能满足相应规范要求。（5）桥梁管理不善。吊杆钢绞线锚固加速失效后，西桥头下端支座处的拱架钢管就产生了陈旧性破坏裂纹，主拱受力急剧恶化，已成一座危桥。

事故间接原因：（1）建设过程严重违反基本建设程序。未办理立项及计划审批手续，未办理规划、国土手续，未进行设计审查，未进行施工招投标，未办理建筑施工许可手续，未进行工程竣工验收。（2）设计、施工主体资格不合格。私人设计，非法出图；施工承包主体不合法；挂靠承包，严重违规。（3）管理混乱。綦江县个别领导行政干预过多，对工程建设的许多问题擅自决断，缺乏约束监督；建设业主与县建设行政主管部门职责混淆，责任不落实，工程发包混乱，管理严重失职；工程总承包关系混乱，总承包单位在履行职责上严重失职；施工管理混乱，设计变更随意，手续不全，技术管理薄弱，责任不落实，关键工序及重要部位的施工质量无人把关；材料及构配件进场管理失控，不按规定进行试验检测，外协加工单位加工的主拱钢管未经焊接质量检测合格就交付施工方使用；质监部门未严格审查项目建设条件就受理质监委托，且未认真履行职责，对项目未经验收就交付使用的错误作法未有效制止；工程档案资料管理混乱，无专人管理；未经验收，强行使用。另外，负责项目管理的少数领导干部存在严重腐败行为，使国家明确规定的各项管理制度形同虚设。

责任追究：1999 年 4 月 3 日，重庆市第一中级人民法院对綦江县虹桥垮塌案作出一审判决，林世元等 13 名罪犯被判刑。綦江县副县长、城建委主任、县重点工程建设指挥部常务副指挥长兼重点工程建设办公室主任林世元犯受贿罪判处死刑，犯玩忽职守罪判处有期徒刑 10 年，数罪并罚，决定执行死刑（因其二审期间检举有功，依法给予从轻处罚，死刑改为死缓）。其他直接责任人也被依法追究刑事责任：张基碧犯玩忽职守罪，判处有期徒刑 6 年。孙立犯玩忽职守罪，判处有期徒刑 5 年。赵祥忠犯工程重大安全事故罪，判处有期徒刑 5 年。贺际慎犯玩忽职守罪，判处有期徒刑 3 年。费上利犯工程重大安全事故罪，判处有期徒刑 10 年。李孟泽犯工程重大安全事故罪，判处有期徒刑 10 年。段浩犯工程重大安全事故罪，判处有期徒刑 10 年。夏福林犯工程重大安全事故罪，判处有期徒刑 7 年。阎珂犯工程重大安全事故罪，判处有期徒刑 6 年。刘泽均犯生产、销售不符合安全标准的产品罪，判处有期徒刑 13 年。王远凯犯生产不符合安全标准的产品罪，判处有期徒刑 7 年，数罪并罚决定执行有期徒刑 10 年。被告人胡开明，犯生产不符合安全标准产品罪，判处有期徒刑 8 年。

吸取事故教训，改进桥梁安全工作措施：（1）开展工程质量大检查。事故发生后，重庆市各相关单位在全市开展了以资质是否相符、程序是否合法、质量是否合格为重点的拉网式工程质量大检查，对存在质量和安全问题的在建和已建成工程，做到查出一件，彻底整改一件，该停建的项目必须坚决停建，该取消资质的必须坚决取消，该撤换责任人的必须立即撤换，对已建成而存在质量、安全隐患的建（构）筑物要立即停止使用，并着手进行处理。（2）重点整顿綦江县建筑市场，规范建设各方主体行为。针对该县建筑市场混乱无序，建设各方主体行为极不规范的现状，重庆市帮助县里解决管理中的根本问题和薄弱环节，督促县建委整顿建筑市场。（3）进一步加强建筑市场和施工现场的管理。重庆市严格执行项目法人责任制、招标投标制、合同管理制和工程监督制，坚持政企分开，坚持重大问题集体决定，不允许任何人干扰工程项目的公开、公平、公正招投标。对不符合规定要求的建设项目，一经发现，立即停止拨款。

（九十）西南航空公司 2622 号飞机坠毁事故

1999 年 2 月 24 日，西南航空公司 TY154M/B-2622 号飞机执行成都—温州 SZ4509 航班任务，16 时 30 分在温州地区瑞安市阁巷镇柏树村外农田里撞地失事，飞机粉碎性解体。机上旅客 50 人、空勤组 11 人（其中飞行人员 4 人、安全员 2 人、乘务员 5 人）全部遇难，正在附近农田劳动的 2 名村民受轻伤。

　　事故发生后，国家经贸委会同民航总局、公安部、监察部、全国总工会和浙江省、四川省及时组成"2·24"特大飞行事故调查处理领导小组及事故调查组，对事故进行了全面、深入、细致的调查。认为导致这次空难的事故直接原因：最大可能是在 TY154M/B-2622 飞机的升降舵操纵系统中错误地安装了不符合规定的自锁螺母，而维修时又未能发现该情况，导致飞机在飞行中螺母旋出，连接螺栓脱落、飞机俯仰通道的操作失效，造成飞机失事。由此调查组认定这是一起重大责任事故。

　　根据飞行数据记录器（FDR）及驾驶舱舱音记录器（CVR）提供的信息分析，螺栓脱落前，飞行正常，螺栓脱落后，无论在自动驾驶或人工操纵飞行状态，驾驶杆对升降舵的操纵都已失常，随即飞行员就感觉到飞机的俯仰操纵不正常，由于此时飞机重心变化不大，机组在采取了向前移动旅客和放出阻流板的方法后，可以勉强使飞机维持下降状态。随着起落架放出，飞机产生下俯力矩，飞行员拉杆试图保持飞机状态，但是，由于升降舵的操纵已不正常，飞机继续下俯。操纵出现反常情况；飞行员加大拉杆量，这时，正如地面试验所表明，由于 π3 拉杆与 135 摇臂的触碰，升降舵突然上偏，飞机猛烈上仰。为了克服这种猛烈上仰的趋势，飞行员快速推杆，由于俯仰操纵已经失去了线性变化规律，升降舵急速向下偏转至最大，飞机大幅度下俯，冲向地面。最后，飞行员虽尽力拉杆，但舵面没有相应的变化，飞机未能改出俯冲状态。

　　经过调查取证、对残骸的实验分析、地面试验和模拟机验证以及飞行数据记录器（FDR）和驾驶舱舱音记录器（CVR）提供的信息，可以证实以下几点：（1）TY154M/B-2622 号机在向温州机场下降进近过程中，由于失去对俯仰通道的操纵而坠地失事。（2）飞机俯仰通道失去操纵的原因，是由于飞机升降舵操纵系统的 π3 拉杆与 135 摇臂的连接在飞行中脱开，升降舵操纵失效而造成的。（3）根据实验和分析，π3 拉杆与 135 摇臂的脱开最大可能是由于在拉杆与摇臂的连接螺栓上安装了自锁螺母，而不是规范中规定安装的用开口销保险的花螺母，并且螺母比螺栓的尺寸大，不能保证限动的功能。尽管做了大量调查工作，仍然不能确定是在俄罗斯大修时还是以后西南航空公司维修中，在该拉杆和摇臂的连接处安装了自锁螺母。

　　事故直接原因：依据上述分析所得出的结论是：在 TY154M/B-2622 飞机的升降舵操纵系统中，最大可能是错误地安装了不符合规定的自锁螺母，而在维修中又未能予以发现，飞机飞行中螺母旋出，连接螺栓脱落，造成飞机俯仰通道的操纵失效而失事。

　　事故暴露出的问题及其教训：（1）西南航空公司在安全管理工作的指导思

想上，"安全第一"的思想树立得不牢固。（2）在安全管理上，西南航空公司主要领导没有认真落实民航总局提出的思想、精力、工作"三到位"的要求。（3）机务维修管理工作不力，维护工作有失职行为。（4）西南航空公司思想政治工作薄弱，未发挥对安全工作的保障作用。

责任追究：主管机关对西南航空公司总经理王如岑、党委书记杨发高等16名责任人员给予相应的行政及党纪处分。

吸取事故教训，改进飞行安全措施：（1）正确认识俄制以及国产航空器与英美制航空器设计上的差距，针对各项特点，制定相应的维护规则。（2）正确认识俄制航空器与英美制航空器在维护维修思路上的差异。（3）深化维修工程管理工作，使维修工作真正落到实处。（4）加强维修生产管理，合理安排维修、定检计划，合理安排人员、器材、维修工时，做好各项维修工作的保证和支援工作。（5）加强人员培训工作，使维修、维护工作能真正落到实处。

（九十一）广东省深圳市宝安区沙井镇上星村第三工业区智茂电子厂火灾事故

1999年6月12日17时10分，深圳市宝安区沙井镇上星村第三工业区智茂电子厂发生火灾事故，造成16人死亡，18人重伤，41人轻伤，四层楼房的厂房（建筑面积4450平方米）全部被烧毁。

智茂电子厂是1998年3月以私人名字注册的企业，使用沙井镇税务所和工会集资建造在上星村土地上的四层楼房作为厂房。该厂房于1996年8月已租给台商投资的一家来料加工电扇厂，租期10年。台资电扇厂为了内销，又以月薪5000元的工资聘请当地人注册为智茂电子厂。但智茂电子厂与台资电扇厂是一套人马，两块牌子。

1999年6月12日17时10分，智茂电子厂发生火灾，大火从一楼烧起，浓烟与大火顺着楼梯迅速往上蔓延。当时厂房内共有员工166名，由于该厂房窗户都被钢筋封住，又只有一个出口，其他出口包括通往楼顶的出口都被封住。给员工疏散造成极大的困难，一部分员工被困在四楼。5分钟后沙井消防中队赶到现场灭火、救人。整个抢险过程中调动120名消防队员、25辆消防车，从厂房四层救出58人。大火于18时30分左右被扑灭。这起事故共造成16名员工在四楼楼道处窒息死亡，其中12名女工。死亡人员中四川、贵州各4名，江苏、湖南各2名，广西、山东、湖北和甘肃各1名。年纪最小的16岁，最大的30岁。

导致这次事故的原因：（1）确定起火部位和起火点在一楼库房内，经过排除法，确定事故直接原因是一楼仓库西部存放纸张处上方的日光灯，由于水泥松脱而随之一起落下，处于通电状态下的日光灯镇流器散发的热量，被周围纸皮等可燃物挡住积蓄，使可燃物引燃导致火灾。（2）智茂电子厂在建厂期间对楼房进行装修和封堵门窗，均未报消防部门审核验收。该厂房一层、二层为库房，三层、四层为生产车间，属于典型的"二合一"厂房。所有窗户均安装防盗网（钢筋），通往楼顶的大门被锁死，火灾发生后，员工逃生困难；消防栓没有水压，火灾发生后无法扑救；全体员工未经过安全培训，员工不懂安全知识；厂内无安全生产规章制度；更加恶劣的是，火灾发生后该厂管理人员各自逃生，没有组织员工疏散；政府专业主管部门很少对该厂进行检查等问题是此次事故造成人员伤亡和事故扩大的管理原因。

（九十二）贵州省兴义市马岭河峡谷风景区客运索道事故

1999 年 10 月 3 日 10 时 50 分左右，贵州省黔西南州兴义市马岭河峡谷风景区发生索道钢丝绳断裂、吊厢坠落事故，造成 14 人死亡，22 人受伤。

马岭河峡谷风景区索道于 1994 年开工兴建，1995 年竣工。经检查，该索道没有遵守原劳动部颁布的《客运架空索道安全运营与监察规定》，未将设计图样送国家索道检验中心进行审查，未经验收检验，未按规定取得《客运架空索道安全使用许可证》。在设计上，多处违反《客运架空索道安全规范》，存在严重安全隐患。发生事故时，索道严重超载，在限乘 20 人的吊厢里，挤进了 35 人。当该索道从下站运行到上站时，由于没有备用制动器，仅有的一套制动器失灵后，索道失控，急速冲向下站，致使牵引钢丝绳断裂，吊厢坠落在下站站台。当场死亡 5 人，在抢救过程中又死亡 9 人，受伤的 22 人多数为重伤。

事故原因：（1）违规设计、安装、使用。该索道违反原劳动部颁布的《客运架空索道安全运营与监察规定》，设计图样未经审查，竣工后未经安全管理审查和验收检验，在未取得《客运架空索道安全使用许可证》的情况下，违规运营。（2）索道设计在多个方面违反安全规范，存在严重安全隐患。其中《客运架空索道安全规范》规定"每台驱动机上应配备工作制动和紧急制动两套制动器，两套制动器都能自动动作和可调节，并且彼此独立。其中 1 个制动器必须直接作用在驱动轮上，作为紧急制动器"。马岭河索道设计、制造未执行以上标准规定，在驱动卷筒上没有装设紧急制动器，运行中唯一制动闸失灵，造成索道失控坠落。（3）索道站长、操作司机和管理人员未经专业技术培训，无证上岗；运行管理混乱，工作人员违规操作；吊厢严重超载运行。

吸取事故教训，防范同类事故再次发生的措施：（1）认真贯彻"安全第一，预防为主"的方针，从源头消除事故隐患，加强客运索道设计审查工作，未经设计审查合格的，一律不得建设。（2）加强行政执法，将客运索道列为重大危险源，实行重点监察，加强检验工作，坚决杜绝无证运营。（3）加大宣传力度和安全教育，使人民群众树立安全意识，不乘坐未经检验合格的客运索道。

（九十三） 山东省烟大汽车轮渡股份有限公司海难事故

1999 年 11 月 24 日，山东航运集团有限公司控股企业——烟大汽车轮渡股份有限公司（简称烟大公司）所属客滚船"大舜"轮，从烟台驶往大连途中在烟台附近海域倾覆。船上 304 人（40 名船员，264 名旅客）中的 22 人（5 名船员，17 名旅客）获救，包括船长、大副和轮机长等船上主要船员在内的 282 人（男 228 名，女 54 名）遇难，直接经济损失约 9000 万元。

事故发生当日 13 时 20 分，"大舜"轮经山东省烟台港航监督签证，载旅客 264 人（检票数 262，另有 2 名未购船票的儿童）、船员 40 人、各种车辆 61 台，载重 1722.12 吨（未超载），自烟台开往大连。当天 11 时烟台气象台发布寒潮警报："受西伯利亚一股较强冷空气影响，北到东北风，烟台沿海海面、渤海海峡逐渐增强到 7~8 级，阵风 9 级。" 15 时 3 分，为缓解和减轻风浪对船体的影响，船长令备车减速，将定速改为港内前进三（12 节左右）。几分钟后，值班乘警报告：汽车舱内有车辆碰撞，车辆可能移动。船长既未派人下去查看车辆的移位情况，也未采取其他措施，而当即向烟大公司汇报并决定返航，在未得到烟大公司答复的情况下，命令船舶掉头回烟台港避风。15 时 20 分，船长下令减速为前进二（10 节左右），并向右转向掉头。因船位已偏原计划航线东侧，加之向右掉头后船位更明显偏东，为驶回烟台港，船长又逐步调整航向至 220 度，致使船舶更接近横风横浪，船体横摇约达 30 度，水手操舵十分困难，舱内车辆移位、碰撞加剧，船体出现左倾，船长令施放防摇装置。16 时 21 分，船位在小山子岛东北约 10 海里，驾驶台烟雾报警系统报警：D 甲板（从上数第四层）汽车舱 6 区、7 区起火。船长令大副、二副组织人员灭火。二副打开汽车舱侧门，发现舱内浓烟滚滚，在没有探明火情的情况下，就立即关闭舱门，并通知驾驶台开启压力水雾系统灭火。同时，轮机长、大副带人去关闭汽车舱通风筒，但艉部一通风筒没能关闭。16 时 30 分，船长通过单边带电话向烟大公司调度室报告险情并请求救助；二副与水手使用 4 支消防水枪冲水冷却 C 甲板（从上往下数第三层）；服务员组织旅客穿救生衣并在救生艇甲板集合。烟大公司将"大舜"轮险情通报山东省烟台港航监督和山东省海上搜救中心烟台分部。之后，烟大公司派本公司的"齐鲁"轮、"兴鲁"轮（均为空载客滚船）前往救助，但由于风浪太大，两船均未能抵达现场。16 时 35 分"大舜"轮左舵机失灵，20 分钟后右舵机失灵。但始终没有启用应急舵。船舶处于失控状态。交通部烟台海监局总值班室接烟大公司险情报告后，分别报告烟台市政府值班室和中国海上搜救中心值班室；有关接报单位立即通知和组织协调烟台救捞局、烟台港务局和当地驻军等方面的船舶前往施救。出动参与施救的船舶有"烟救13"等共16艘，只有"烟救13"和"岱江"两轮抵达"大舜"轮附近。17时25分，根据烟大公司抛"活锚"的建议，船长为了减轻船舶横摇，令抛左锚1节入水。至船舶倾覆时止，船舶平均以约2.2海里/小时的速度随风浪拖锚向岸边漂移。17时30分，途经的空载杂货船"岱江"轮受命抵达现场施救，因风浪太大、操纵困难，救助失败。此后，该轮按照指挥部的命令，在"大舜"轮东侧约1000米左右的海面上抛锚待命。19时21分"烟救13"轮抵达遇险现场并试图拖带"大舜"轮，该轮在下风舷先后5次接近"大舜"轮，4次向"大舜"轮发射撇缆枪，"大舜"轮也2次向"烟救13"轮发射撇缆枪，但都因风浪太大，带缆失败。23时38分"大舜"轮船体左倾加剧到90度，并突然倾覆，倒扣在离烟台牟平姜格庄云溪村海岸1.5海里处，船底露出水面。

事故原因：（1）气象、海况恶劣是事故发生的重要原因。烟台市受西伯利亚强冷空气影响，从24日中午开始，偏北风逐渐增大到7~8级。受风浪和大潮影响，沿岸雕塑倒坍，路边石条等严重移位。事故附近海域不受遮蔽，实际风力和浪高更大，异常超出预报，实测为偏北风9~10级、阵风11级，浪高5.5~7.5米。在寒潮降温、大风和大潮的共同作用下，24日中午以后烟台沿海出现了1991年以来第二个最恶劣的气象、海况，致使"大舜"轮遇险，并给施救带来极大困难，直至200多人遇难。同时，也使当日在渤海湾航行的客滚船"银河公主"和货船"漩达"等船舶遇险，"中鲁""工友""生生"等客滚船被迫返航或使航行时间大幅延长。（2）船长决策和指挥失误，在紧急情况下船舶操纵和操作不当是事故发生的主要原因。"大舜"轮在开航前收到当天烟台气象台发布的寒潮警报，但船长在对这一季节性恶劣气候的形成和影响缺乏足够认识和准备的情况下，就指挥船舶开航出港，在离港后不到2小时遇大风大浪即认为难以抵御，又匆忙指挥船舶返航避风，导致掉头返航过程中，船舶大角度横摇，舱内车辆及其货物倾斜、移位、碰撞，使汽车油箱内燃油外泄，汽车相互撞击摩擦产生火花而引起火灾，进而导致通往舵机间的控制电缆烧坏，舵机失灵。关键时刻没有启用应急舵。经过"大舜"轮打捞后的现场验证，从C甲板尾部左右物料间各有一条通道可以通往舵机间，且该通道当时并未受到大火影响。但是，"大舜"轮船员及烟大公司的有关人员认为，只有经过D甲板汽车舱的通道才能通往舵机间，由于该通道被大火封堵而无法进入，因此在舵机主控系统失灵、船舶失控的关键时刻，没有派人进入舵机间启用应急舵。采取向右掉头措施，并企图返回烟台港，船舶掉头后因风压造成船位进一步大幅度向下风漂移，使该船处于只有采取接近横风横浪航行才能返回烟台港的困难和危险境地。船舶失火后，在没有探明火情的情况下，盲目打开 D、C 甲板压力水雾灭火系统。在灭火过程中，除打开所有高压水雾灭火系统外，还长时间使用 4 支消防水枪往船舱灌水，因排水不畅，造成舱内大量积水，形成自由液面，船舶稳性被破坏。C 甲板汽车舱前后汽车升降舱道门在开航后一直未关闭，且艉部的一个通风筒也未能关闭，加大了 D 甲板汽车舱与外界的空气流通，加剧了火势燃烧的蔓延。船长对船舶倾覆可能性及其严重后果估计不足，未及时宣布弃船，也未组织旅客重新回到甲板，致使船舶倾覆时多数旅客被扣在舱内。（3）车辆超载、系固不良是事故发生的重要原因。"大舜"轮所载车辆中，经核实的 34 辆载货车的总额定载重量是 225.5 吨，实载 487.6 吨，为额定载重量的 2.16 倍。其中 33 辆载货车超载。经对打捞起的沉船进行验证：C 甲板汽车舱甲板地铃 350 个，其中 327 个完好无损、14 个受外力切割、9 个变形，舱内所载 14 辆汽车无系固痕迹，前舱右侧舱壁两旁系固索具排列整齐；D 甲板汽车舱甲板地铃 357 个，其中 325 个完好无损、30 个地铃无铃无环、2 个变形，舱内 47 辆汽车无系固痕迹。由于 C、D 甲板汽车舱所载车辆没有得到有效系固，造成车辆及其货物因船舶大角度操纵和大风浪航行颠簸、摇摆而发生倾斜、移位、碰撞，进而引发火灾，导致舵机失灵、船舶失控。

烟大公司等有关单位安全管理存在严重问题。自 1998 年 1 月公司成立到"11·24"特大海难事故发生，烟大公司安全管理极其不力，致使 1999 年 10 月 17 日和 11 月 24 日连续发生两起重、特大事故。（1）未认真贯彻执行国家安全生产法律、法规和规章，未摆正安全与生产、安全与效益的关系。没有结合渤海湾海域不同季节的气象和海况等自然条件，制定严格的企业内部管理规章制度，尤其是没有制定客滚船在冬季大风浪条件下的安全航行规定，没有针对船员和管理人员素质低的状况进行安全生产培训教育，没有落实国家有关客滚船安全运输的一系列法规和规章。对所经营的老龄客滚船（公司经营的 9 艘客滚船全部是老旧船）的事故风险认识不足，未能充分认识到客滚运输所面临的重大事故风险和可能对社会造成的严重后果，片面追求经济效益，长期不解决船员疲劳作业、精力不足的问题。（2）领导班子成员的专业技术结构和水平不适应客滚运输的需要，特别是领导班子不重视安全管理。作为专门从事海上客滚运输的公司，领导班子无 1 人懂船舶驾驶，主管安全和海务监督业务的海监室编制 13 人，该室主任长期空缺，副主任和监督员都无客滚船舶的驾驶资历，无力指导这些船的航海业务。11 月 24 日上午，公司对收到的寒潮大风警报没有引起足够重视，未调整"大舜"轮当天的航次任务，在"大舜"轮遇险过程中，没有为船舶提供有力的技术支持和指导，特别是在接到"大舜"轮船长要求调头返回烟台避风的关键时刻，没有及时为船长提供明确的指导意见。（3）对长期存在的车辆系固不良等事故隐患整改不力，船舶多次违规装载问题被有关部门查出后仍然没有整改，致使船载车辆移位、相撞和翻倒的事故隐患频繁发生。特别是1999年10月17日"盛鲁"轮发生1人死亡，1人失踪、50多人受伤的重大沉船事故后，交通部为此专门在烟台召开了两次现场会议，对其提出了严厉批评和明确要求，而烟大公司仍然没有采取有效措施进行整改。

集团公司作为烟大公司的直接上级单位，对安全生产重视不够，管理不力，导致连续发生"大华"轮失火，"盛鲁""大舜"两轮沉没的重特大事故。（1）未正确处理安全与效益、安全与发展的关系，对烟大公司安全生产规章制度不健全、管理力量不足、技术力量薄弱等问题重视不够，对其船舶违规装载等问题长期失察，对船载车辆长期存在的系固不良问题纠正不力。（2）对烟大公司领导班子考核不严，配备不当，管理不力，未根据专业需要选配合适人员，致使领导班子长期缺少具有航海实践经验的成员，不能对客滚运输实施有效的安全管理。（3）对1999年连续发生的"大华"轮失火、"盛鲁"轮沉没重大事故，没有吸取教训，举一反三。

山东省烟台海上安全监督局作为烟台地方港依法实施船舶进出港签证和安全监督检查的执法单位，对烟大公司船载车辆长期存在的系固不良、违规装载问题，监督检查不力；在"大舜"轮出港签证时，没有按照有关规定进行认真检查就放行。

山东省交通厅作为山东省水上交通行业主管部门和集团公司上级主管单位，忽视客滚运输安全生产，缺乏深入地调查研究，未能及时解决安全生产中存在的突出问题；对所属企业重复发生客滚船沉没事故（1997年5月13日"鲁渤渡2"轮沉没，1999年10月17日"盛鲁"轮沉没）疏于管理，未采取果断的防范措施。除上述原因外，在"大舜"轮遇险后，尽管先后派遣了16艘船舶奋力救助，沿岸也组织了军民千方百计救援，但由于海况、气象条件十分恶劣，天黑、风大、浪高，搜救设备和手段落后，救助船舶抗风能力弱，又无直升机参加救助，全船的304人中仅有22人获救生还。

综上所述，"11·24"特大海难事故是一起在恶劣的气象和海况条件下，船长决策和指挥失误，船舶操纵和操作不当，船载车辆超载、系固不良而导致的重大责任事故。烟大公司等有关单位安全管理存在严重问题，对这起事故负有重要责任。

吸取事故教训，改进航运安全措施：（1）船长对船舶和旅客的安全至关重要，必须具备在特殊气象、海况和紧急情况下保障船舶和旅客安全的素质和能力，并正确处理安全与生产、安全与效益的关系。（2）烟大公司及其上级单位片面追求赢利的思想严重，盲目发展生产，经营粗放，管理混乱，重大沉船事故屡屡发生。其他一些地方从事客滚运输的水运企业也不同程度地存在类似问题。进一步加强对水上客运的安全整顿，促进企业安全管理水平的全面提高。经整顿仍达不到要求的，要坚决取缔。（3）山东省有关部门在发展地方水运过程中，没有坚持"安全第一，预防为主"的方针，未能正确处理好改革、发展、稳定的关系，存在着重发展、轻管理，重效益、轻安全的问题。为此，地方各级政府及其各有关部门要从讲政治、保稳定、促发展的高度，认真贯彻总书记江泽民关于安全生产的重要指示，坚持"安全第一，预防为主"的方针和可持续发展的原则，正确处理安全与效益、稳定、发展的关系。交通部和地方各级政府要加强对航运企业，特别是经营客船、客滚船水运企业的监督和综合管理。（4）抓紧制定有关政策，严格限制国外老旧客船和客滚船进入国内运输市场。抓紧制订客滚船使用年限报废制度并报国务院批准后实施，抓紧制定经营客船及客滚船的企业安全资质标准和市场准入标准。（5）公路运输车辆普遍存在的"三超"（超载、超重、超限）现象，已对客滚船运输安全造成严重威胁，如不认真解决，后患无穷。必须对"三超"车辆及其上路、上船问题进行彻底的综合治理。抓紧研究车辆滚装运输的标准化问题。（6）我国现行的搜寻、救助体制与形势不相适应，国家对搜救设施及事业经费的投入严重不足，搜救手段落后。目前，我国除香港（3架）外尚没有用于搜救的专用直升机（美国42架，日本43架），严重影响我国海上的救助能力和搜救事业的发展，影响人民生命财产安全及我国作为海运大国的形象。理顺海上搜救体制和加强全国的搜救力量；请中央和地方财政分别安排专款用于搜救设施建设和搜救业务的开展，抓紧更新搜救船舶、设备；并在沿海重要水域配置适应海上人命救助需要的全天候直升机；完善军地协作的搜救迅速反应机制，确保迅速、有效地实施救助。结合我国海上搜救现状和发展，尽快提出关于加强中国海上搜救工作和搜救机构改革的方案，报请国务院和中央军委批准。（7）抓紧制订国家海上搜救工作的法律、法规，将《中华人民共和国搜救条例》列入立法计划。同时，加快水上交通安全有关配套法规的制定工作，通过立法强制实施船舶、船员及海上旅客运输的人身保险制度和沉船、沉物强制打捞的保险制度，提高遇难者赔偿标准，保障旅客的合法权益。促进企业坚持预防为主，加强安全管理，确保人身安全。

（九十四）　江西省萍乡市上栗县东源乡石岭花炮厂爆炸事故

2000年3月11日9时24分，江西省萍乡市上栗县东源乡石岭花炮厂发生爆炸事故，死亡33人（其中在校中小学生13人），受伤12人（其中重伤2人）。

2000年3月初，石岭花炮厂获得外省一批大规格爆竹生产的订单（属国家明令禁止生产的品种），要求在3月16日前交货。为赶任务，从3月4日起，业主采取增加工费（每盘插引线由3.5分钱提高到5分钱）和付现金等方法，吸引部分村民到作坊做工。3月11日是星期六，学生不上课，一些村民便带来子女和弟妹帮助插引线（一种将导火线插入半成品爆竹的简单手工劳动）。这天正好下雨，部分来领料回家加工半成品的村民也滞留在作坊里做工，以致当天人数达到86人。由于生产的大规格爆竹用药量及氯酸钾含量严重超标，整个作坊当日存放的成品和半成品及原材料火药量共81千克。在生产过程中，配药工李某违反操作规程，造成火药摩擦起火，引起爆炸，引发周围堆放的大量爆竹接连4次爆炸，导致作坊主体及相邻一间民房的一半倒塌，造成这起特大伤亡事故。

事故直接原因：（1）违章操作。配药工李某在配药时急于赶任务，违反操作规程，摩擦起火引起火药爆炸。根据清理现场时发现的5个炸点、死者尸体和爆炸物的飞散方向及墙体倒向认定，首先是李某在操作时引起爆炸（药量约10千克）。爆炸后产生的冲击波火焰将靠近厅堂的墙体击穿，引发正厅西侧存放的300余盘特装大地红半成品（药量约11千克）和东侧存放的5000个大爆竹等4处（药量约60千克）爆炸。李某违章操作是这起事故的直接原因。（2）非法生产。石岭花炮厂未向任何管理机关报告，非法生产违反国家标准和国家明令禁止的产品。该厂一般是生产34毫米×7.5毫米、35毫米×6.5毫米的大地红爆竹。从3月4日开始，该厂突击批量生产120毫米×35毫米、150毫米×40毫米、200毫米×45毫米、250毫米×50毫米等4种规格的大爆竹，其产品配方未经公安部门审查批准；用药量高达12.64克/个，为标准0.05克/个的252.8倍；氯酸钾含量高达42.9%，为标准20%的2倍多，大大增加了药料的冲击感度和摩擦感度。这些非法产品在发生事故时致使爆炸力猛烈集中，是这起事故的主要直接原因。（3）违章指挥。业主非法赶制国家明令禁止的爆竹产品，无视安全问题，违章指挥，强令冒险生产。平时只有20多人干活的作坊，事发当天达到86人。在生产现场超量存储、乱堆乱放原材料、半成品、成品，仅34毫米×7.5毫米、35毫米×6.5毫米规格和4种违禁规格爆竹成品、半成品就达200多件，以致一处爆炸而引发多处相继爆炸。（4）违规布局。1996年业主合伙办厂时，就不具备基本的安全生产条件。经过 10 多年的变化，作坊所在地由原来的村旁发展成为石岭村村民居住区较中心的位置。作坊为中华人民共和国成立前土木结构民居式建筑，陈旧、狭窄、拥挤，不符合有关规定，安全窗、安全出口等根本无法达到安全疏散的要求。厂房连片，各有药工序、库房布局不合理，特别是配药等危险工序与人员密集型的插引线工序混杂在一起，集中在 450 平方米的场地内，严重违反国家规定的"小区布置、小型分散、库房分离、操作隔开"的原则。

事故间接原因：（1）企业管理混乱。石岭花炮厂从开办以来，没有认真执行国家关于安全生产和烟花爆竹生产的有关规定，没有制定安全生产管理、安全技术管理规章制度和操作规程；没有建立安全管理机构、安全岗位责任制、安全生产目标考核制；没有配备专职安全检查人员；没有开展任何形式的安全检查；从未组织从业人员进行安全教育和培训。作坊墙壁上虽然贴了一张"不准吸烟、不准带小孩入厂、不准穿硬底鞋上班"的标语，但根本没执行。1998—1999 年，有关部门数次到该企业进行安全生产检查，3 次下达事故隐患整改通知书，但该厂置若罔闻，从未进行认真整改，以致酿成这起特大爆炸事故。（2）村委会放弃管理。石岭村历届党支部、村委会对该厂安全生产隐患一直视而不见，放任自流。村委会现任班子没有明确安全生产工作职责，没有把安全生产工作列入村委会工作的重要议事日程，未开展安全生产的各项工作。对石岭花炮厂这样一个不符合安全生产条件、内部管理混乱、可能危及村民生命财产安全的重大隐患没有引起重视，不闻不问，没有实施具体的监督和管理，对企业用工和村民进厂从业缺乏必要的管理和安全教育。（3）乡党委、乡政府疏于管理。1998—1999 年，乡党政班子一共召开了 48 次会议，除 2 次将调整安全生产委员会成员作为一项议程外，没有专题研究过安全生产问题。乡政府从来没有制定过成文的安全生产制度。对上栗县政府等上级机关和部门关于开展安全生产大检查的工作部署没有认真落到实处。在对石岭村下达工业企业（包括个体私营企业）生产任务时，对安全生产没有提出具体的考核目标。（4）有关职能部门监督管理不到位：①上栗县花炮局、乡镇企业管理局未能履行行业管理职责。县花炮局和县乡镇企业局作为行业主管部门，在两局的工作职责上都有负责行业管理的内容，但在具体职责分工上不明确，工作有交叉，对像石岭花炮厂这样不具备基本安全生产条件、缺乏完善的安全技术措施和安全生产管理制度的企业，缺乏必要的管理手段，对石岭花炮厂严重违反国家有关规定，违章、违规、违法生产经营，没有实施有效的行业监督管理。②上栗县公安部门监督不严、检查不力。1997 年 12 月上栗区改县后，县公安局作为全县民用爆炸物品的安全管理监督部门，于 1998 年 2 月 5 日下发文件，要求 2 个月内对花炮等行业全面换发爆炸物品生产、使用、销售、储存许可证，逾期不办的予以吊销。石岭花炮厂未按规定前来办理换证手续，但县公安部门也未及时采取措施。③上栗县工商部门对该企业没有及时吊销执照。1998年9月上栗县政府下发《关于对全县烟花鞭炮（手工作坊）进行清理整顿的通知》，上栗县工商局对其中"全县所有烟花鞭炮企业颁发的许可证（爆炸物品安全生产许可证、储存证、销售许可证）一律作废，待本次整顿检验合格后，换发新证"的规定没有引起重视，未能主动与当地公安机关联系，了解石岭花炮厂是否整顿检验合格，是否换发新证的情况。致使该企业在没有换发新证时，营业执照未被同时吊销。④上栗县税务部门办证与收税手续有缺陷。1994年至1999年，石岭花炮厂未向国税部门申办税务登记证，但该企业于1994年、1995年、1996年、2000年先后向上栗县国税局缴纳税金2.88万元（税票8张）。1994年以来，石岭花炮厂没有到地税部门申办税务登记证，但2000年1月至3月，石岭花炮厂先后向上栗县地税部门缴纳税金1.752万元（税票9张）。2000年1月石岭花炮厂向上栗县国税局福田分局申请办理了税务登记手续。上栗县国税局发给了税务登记证，登记注册类型是个体工商户，与工商部门登记的该企业经济性质为"集体"不相一致，存在与有关部门工作衔接不够等问题。
（5）上栗县政府对安全生产工作领导不力。上栗县政府在抓经济工作的同时，没有对安全生产工作引起高度重视，没有处理好安全生产与发展经济、安全生产与经济效益的关系。虽然在许多会议上强调了要抓好安全生产，并多次组织安全生产检查，但工作落实不够，监督管理不严。1998年7月至1999年12月，县政府先后组织了6次安全生产大检查，仅有1次（1998年9月22日）检查人员到了石岭花炮厂。虽发现了重大事故隐患，并当场下达了"危险隐患整改通知书"，但县政府分管安全生产的领导听取了检查情况汇报后，没有落实整改责任，没有布置跟踪检查。（6）萍乡市政府对安全生产工作抓得不细。事故主要问题出在基层，但也反映了萍乡市政府及其有关部门对安全生产管理不严、工作不细、作风不实的问题。作为烟花爆竹的主产区，萍乡市政府对烟花爆竹的安全生产工作进行过部署和检查，但对社会主义市场经济条件下烟花爆竹行业出现的新情况，没有结合实际及时制定出有效的安全生产监管办法，未有效促进相关管理部门之间的协调和衔接，抓安全生产在很大程度上依靠突击性检查，致使安全生产工作未能层层落到实处。

（九十五）河南省焦作市天堂音像俱乐部火灾事故

2000年3月29日，河南省焦作市山阳区天堂音像俱乐部（天堂录像厅）发生特大火灾事故，死亡74人，烧伤2人，直接经济损失19.95万元。

　　天堂录像厅位于焦作市山阳区解放中路，原为焦作市蔬菜副食品总公司第二分公司东风商场。1998 年 6 月，该市棉麻公司下岗职工韩本余（男，54 岁），在商场租赁部分场地开办电子游戏厅。1999 年 6 月，韩本余把商场全部租赁，将商场中间部分改造为录像放映大厅，并将南门封死；将东侧部分转租给王峰（男，23 岁），王将这部分改造成 16 个音像放映包房，并将东侧铁门锁闭。韩本余、牛玉文（女，36 岁）夫妇共同负责经营录像大厅，王峰负责经营 16 个音像放映包房，统称天堂录像厅，均属个体私营性质。该录像厅老板韩本余法制观念淡漠，严重违法违规经营。1999 年 6 月装修改造录像厅时未向消防部门申报，并使用易燃装饰材料；未安装配备必要的消防设施。装修改造完毕后，韩本余在没有向消防、卫生部门申请验收，没有取得"消防安全证"和"卫生合格证"的情况下，串通焦作市蔬菜副食品总公司及其二分公司的个别领导弄虚作假，制造假文件，谎称天堂录像厅为其下属的经营单位；焦作市文化市场管理办公室主任陈有桐违法违规为其办理了"放映许可证"；焦作市山阳区公安分局东方红派出所个别工作人员私自更改原来游戏厅的"治安合格证"，扩大经营范围；焦作市工商直属分局个别人员玩忽职守，为其编造、涂改、发放了"营业执照"，致使一个根本不具备录像放映资格、不符合消防安全管理要求的私人企业蒙混过关，开张营业。

　　3 月 28 日夜至 29 日 3 时，该录像厅连续播放《武则天》等具有淫秽内容的影碟。在此观看录像的康爱宾（男，18 岁，无业）、罗春华（女，17 岁，无业）进到录像厅 15 包房，罗春华感到天冷，康爱宾便从 14 包房取出 1 个石英管电热器，拿到 15 包房，接通电源，为罗爱宾取暖。1 时许，康爱宾和罗春华离开 15 包房时，未将电热器及电源关闭。此后，观看录像的孟芳（女，19 岁，无业）又到 15 包房休息，2 时 30 分左右，韩志斌（男，20 岁，天堂录像厅工作人员）叫孟芳去 2 包房。2 人离开 15 包房时，仍未将电热器及电源关闭。3 时 5 分左右，15 包房长时间使用的石英管电热器烤燃临近沙发，继而烧着墙壁装饰材料和房顶木梁等易烧材料，导致火势蔓延。火焰蹿出 15 包房，迅速向 11、13、14、16 等包房和过道扩大，引发特大火灾。由于录像厅没有消防设施和安全通道，加之当夜播放淫秽影碟，为逃避检查于凌晨关闭唯一的一个大门，致使观看录像的人员无法自救而被烧身亡，其中 80% 属一氧化碳中毒死亡，20% 属一氧化碳中毒后被烧身亡。经调查认定，这是一起重大责任事故。

　　根据焦作市"3·29"特大火灾调查处理工作领导小组及公安司法部门调查认定，经省委、省政府认真研究，决定对这起特大事故的直接责任人、间接责任人和负有领导及管理责任的人员作出如下处理：

对这起事故负有直接责任的韩本余等 9 人交司法机关依法追究刑事责任。分别是：天堂录像厅经营者韩本余、牛玉文，天堂录像厅承包经营者王峰，录像厅工作人员韩志斌、牛玉会（女，28 岁）、刘志科（男，28 岁）及观看录像涉嫌失火人员孟芳、康爱宾、罗春华。

对这起事故负有间接责任的杜斌等 8 人交司法机关依法追究刑事责任。分别是：焦作市工商局直属分局副局长杜斌（男，39 岁）、工交商业科科长刘联平（男，31 岁），焦作市山阳区公安分局东方红派出所指导员刘忠汉（男，44 岁）、民警李彦平（女，27 岁）、借调人员赵素霞（女，46 岁），焦作市蔬菜副食品总公司二分公司经理宋志平（男，38 岁）、原二分公司经理刘学礼（男，47 岁），焦作市文化局原文化市场管理办公室主任陈有桐（协理员，男，58 岁）。上述人员经一审判决后，纪检监察部门已对其作党政纪处理。

对这起事故负有领导和管理责任的 15 名有关人员的处理意见：给予焦作市分管公安消防工作的副市长李孟顺行政警告处分；给予山阳区分管公安消防工作的副区长王社红行政记大过处分；给予焦作市商贸局党委书记、局长白纪安党内严重警告处分；给予焦作市文化局分管文管办工作的副局长（调研员）王天德党内严重警告、行政降 1 级工资处分；给予焦作市公安局分管治安工作的副局长李晋城行政记过处分；给予山阳区公安分局分管治安工作的副局长刘士震党内严重警告、行政记大过处分；给予山阳区公安分局分管消防工作的副局长刘风良行政记大过处分；给予焦作市工商局分管直属分局工作的纪检组长杨永树党内严重警告处分；给予焦作市蔬菜副食品公司总经理侯成贤党内严重警告、行政降 1 级工资处分；给予原副总经理牛春善党内严重警告处分，并解除其现被聘任的市综合商业公司经理职务；给予山阳区公安分局东方红派出所所长郝俊清留党察看 2 年、行政撤销所长职务处分，调离公安机关；给予山阳区公安分局治安科科长杨民生留党察看 2 年、行政撤销科长职务处分，调离公安机关；给予市文管办稽查员（工人）王勇党内严重警告、行政记大过处分，并责成文管办将其退回原单位；给予市文管办职工曹绪堂，留党察看 1 年、行政降 1 级工资处分；山阳区公安分局消防科科长钟海潮（现役），建议焦作市消防支队追究其政纪责任（省武警消防总队已决定给予其行政记过处分）。

（九十六）中国粮油进出口公司山东省青岛青州分公司肉鸡加工车间火灾事故

2000 年 4 月 22 日，中国粮油进出口公司山东省青岛青州分公司肉鸡加工车间发生火灾，造成 38 人死亡（吸入有毒烟气），20 人受伤，烧毁建筑 5040 平方米，直接经济损失 95.2 万元。

青岛丰旭实业有限公司青州分公司前身为"青州市外贸冷藏厂"，1990 年 12 月成立"青州市外贸冻鸡总厂"，1992 年 7 月成立"中粮青州外贸食品公司"，1993 年 9 月组建成立中外合资企业"青州鹏利食品有限公司"，1990 年 10 月注册成立"青岛丰旭实业有限公司青州分公司"，隶属中粮畜禽肉食进出口公司，并租赁青州鹏利食品有限公司厂房进行生产。

事故发生当日 10 时 50 分左右，青岛丰旭实业有限公司青州分公司肉食鸡加工车间发生火灾。火势从东到西迅速蔓延，造成整个车间浓烟弥漫。10 时 58 分，青州消防队接到报警后，迅速赶赴现场，组织灭火和抢救伤员。大火于 12 时 30 分被扑灭。火灾发生时，车间内共有 240 名职工，182 名职工逃离现场，58 人被困在车间内，经全力组织营救，20 人生还（均受伤），38 人（其中女 33 人，男 5 人）因吸入燃烧产生的有毒气体窒息死亡。

事故性质及原因分析：（1）原青州鹏利食品有限公司外贸冷藏厂（现青岛丰旭实业有限公司青州分公司肉鸡加工车间）于 1996 年 8 月，为使包装车间和预冷车间温度达到"欧盟注册"要求，在对顶棚 PVC 板喷聚氨酯施工中，严重违反国家有关标准、规范的要求，遗留下重大事故隐患。经有关方面和专家现场勘察、访问及技术鉴定，该公司包装车间的日光灯镇流器，有的被直接安放在车间顶棚 PVC 板喷涂的一层易燃聚氨酯上，有的被包在聚氨酯中。由于起火点处日光灯镇流器发热，引燃聚氨酯保温材料，是造成这起事故的直接原因。（2）青岛丰旭实业有限公司青州分公司严重违反国家有关法规要求，职工上班后，有的疏散通道被封闭，致使事故发生后职工不能迅速撤离现场，是造成这次事故死伤惨重的主要原因。（3）青岛丰旭实业有限公司青州分公司安全生产管理混乱，车间厂房的设计、施工不符合有关规定的要求，也未报请当地政府进行安全方面的审查验收；企业安全管理机构不明确，安全生产规章制度不健全，没有按规定对职工进行安全教育和培训；对车间安全管理、用电、防火等方面存在的问题，未及时采取措施进行整改，是造成这次事故的重要原因。据此认定：这是一起严重违反国家有关安全生产法律、法规、违章施工，重生产轻安全而造成的重大责任事故。

吸取事故教训，改进安全生产工作措施：（1）为避免事故的重复发生，企业在恢复生产过程中，所有建筑施工和内部装修工程必须严格按照国家有关标准、规范的规定执行，并经有关部门验收合格后，方予恢复生产。（2）要认真吸取事故教训，举一反三，认真按照国家"安全第一，预防为主"的安全生产方针，建立健全各项规章制度，全面落实安全生产责任制。要加强对职工的安全生产教育，新职工必须进行三级安全教育，特种作业人员严格持证上岗，杜绝"三违"现象，增强职工的安全生产意识，提高自我防护能力。（3）结合企业自身实际，建立健全安全生产管理机构，明确安全生产专兼职管理人员，形成有效的监督管理网络。安全管理机构和人员要恪尽职守，认真搞好安全生产检查，发现隐患及时消除，确保安全生产。（4）加强车间内部的现场安全管理，生产设备、安全设施的安装要符合国家有关规定和标准的要求，并确保安全通道的畅通。

（九十七）四川省合江县榕山镇建筑公司"榕建"客船翻沉事故

2000年6月22日6时53分，四川省合江县榕山镇建筑公司所属"榕建"机动短途客船在长江合江县榕山镇水域翻沉，当时船上有221人（其中船员3人）全部落水，其中91人获救，130人不幸遇难，直接经济损失300多万元。

"榕建"客船于1996年7月建造完工，同年9月2日经泸州船检所检验合格，取得船舶检验证书，并于1996年10月7日向合江县港监所申请船舶登记，取得了船舶所有权登记证书和船舶国籍证书，1999年7月17日由合江船舶检验站进行过中间检验。该船为横骨架式钢质船舶，总长25米，型宽4米，型深1.2米，设计吃水0.75米，核定干舷454毫米，55总吨，双机、双桨、双舵，操纵系统为驾机合一，主机总功率32.36千瓦。核定乘客定额101人（洪期定额为70人），航区C、J2。船舶检验证书有效期为2000年7月11日。船舶证书齐全，属适航船舶。当班驾驶员为周守金（男，53岁），于1996年11月9日取得四等二副"船员职务适任证书"，所持证书属合法有效。但"榕建"船为四等船，根据《船员最低安全配员规则》及中华人民共和国港务监督局《关于修改〈内河船舶最低安全配员表〉的通知》要求，该船必须配1名四等大副以上职务适任证书的船员，因此该船当班驾驶员等级符合、职务不适任。当班司机石萍（女，25岁），于1996年8月23日取得五等司机"船员职务适任证书"，所持证书属合法有效、适任。当班舵工梁如兵（男，26岁），于1996年9月23日取得五等驾驶"船员职务适任证书"，所持证书属合法有效。事故该航次梁如兵在船实际担任舵工。

2000年6月22日5时50分，"榕建"客船从长江南岸金银沱载客起航上行开往榕山，先后靠泊北岸的"铜千湾"和南岸的"路口""下浩口"上客。从"下浩口"开航后船上载客218人，包括船员共221人。当船行至"上浩口"过河到北岸上行，6时41分左右到达"流水岩"时，遇浓雾，能见度不良，驾驶员周守金准备在上面的"淘金山"停泊避雾。在船将靠拢时，能见度又略有好转。在部分旅客的要求下，周守金决定用慢车继续沿北岸上行。当行至银窝子处时与下驶的"白米小机2"短途客船互会左舷，6时50分左右会完船后用了左舵约5度，车速仍然为慢车。两分钟后，由于雾更浓，两岸都看不见，船舶迷失了方向。驾驶员周守金急忙叫梁如兵到驾驶台操舵，在未向梁如兵交代车、舵的状态情况下就从驾驶台出来经过顶棚甲板到船头，站在前面右舵梯子上指挥。此时看见船头左舷已搭在夹堰水上，船向"坐北朝南"，估计已到南岸"剑口"的乱水区，忙抬起右手指向右舷一侧要求用右舵。梁如兵即用了右满舵，并用左进右退的"鸳鸯车"，船头向右舷转动。很快周守金就发现船头前方有一块大礁石，忙转过身去打手势要求倒车。此时船尾已处于回流中，船头搭在从石盘出来的斜流水上。由于船右舷尾部受回流冲击，船头左舷受斜流的冲压，加之在"鸳鸯车"的车舵效应作用下，使船头迅速向右转动，船向呈"坐南朝北"势，船当即横身在礁石下面的乱水区。在乱水作用下向右迅速翻沉，于6时53分左右沉没。船上221人全部落水，经"云拖403""川天化402"等船施救，救起91人，死亡130人，经济损失300多万元。

事故原因：（1）该船在流水岩遇浓雾，能见度不良，按照规定，应当即就近选择安全靠泊地点停航避雾，而该船驾驶员周守金却在淘金山准备靠泊时而未靠泊，继续沿北岩上行，想侥幸驶出雾区。船舶在过银窝子后，用左舵约5度，使船舶向雾区深处驶去，导致看不见两岸，驾驶员周守金惊慌失措，最终导致船舶驶入乱水区发生事故。因此，违章冒雾航行是发生本次事故的主要原因。（2）该船经船检机构核定的乘客定额为101人，而在事故当天载客218人，严重超载，使船舶干舷降低，初稳性为负值。加之在顶篷上载了30人左右和10多挑蔬菜，使船舶移动性明显降低，失去恢复力矩。在遇到乱水后，无法抵御其他外力作用，使船舶很快翻沉。因此，超载是发生本次事故的又一主要原因。（3）操作不当和临危措施不当是发生本次事故的直接原因。①船舶航行至"淘金山"时本应果断靠泊避雾，却继续上行。②航行至"银窝子"处时本还有一次选择靠泊避雾的机会，而该船却用左舵约5度，加之又不及时回舵，使船舶一直驶向河心；在航行至主流区域时，车速又慢，船舶不能抵御流水作用，船舶从纵向略往下坐，横向朝南岸侧移，致使船舶驶到"剑口"礁石外侧的夹堰水。③在船头搭夹堰水时，操右满舵，船头向右转动，使船头处于斜流上，船尾处于较强的回流中，并在左进右退的"鸳鸯车"作用下，加剧船舶向右转动并横身于有泡水、回流、夹堰的乱水区域。上述不正确的操作，使船舶造成危险局面。因此，操作不当和临危措施不当是发生本次事故的直接原因。

事故教训：（1）船舶所有人梁应金和经营人梁如兵不按照《船员最低安全

配员规则》配足驾驶人员，违反了《内河交通安全条例》第十条第二款的规定。而当地港监部门又未及时督促船舶所有人和经营人按规定办理，这是发生事故的一大教训。（2）"榕建"客船在航行至流水岩时，本应按规定坚定避雾，而该船却冒雾航行，想侥幸驶过雾区，最终导致船舶处于危险局面。这是操作上的一大教训。（3）当船舶在"剑口"石盘处于危险局面时，应采取以下措施挽救危局：①当船头已搭到"剑口"石盘乱水区域时应立即停车或者倒车，减少船舶的冲程，防止船身进入乱水区域；②当船舶已进入乱水区域并发现前方"剑口"石盘时，不能盲目使用车、舵，更不能使用大舵角，应利用礁石和岸形确定本船的船位和船向；③在确定本船的船位、船向后，根据乱水区域水流流态，利用正舵或小舵角和适当车速。稳住船向，才能减小急流、泡水、夹堰水和回流对船头的冲压和两舷的侧压力，使船舶逐渐调顺船身，逐步脱离危险区域。因此，该船前述的一系列错误操作是操作上的又一大教训。（4）这次事故暴露出安全生产工作在基层的一些关键环节没有真正落到实处，特别是群众的安全意识，经营者的责任意识十分淡薄，基层的安全生产管理、监督等环节还存在重大疏漏，教训是十分深刻的。

责任追究：对4名直接责任人依法追究刑事责任。给予26名有关责任人员党纪政纪处分。给予四川省交通厅副厅长刘晓锋、四川省航务局局长刘龙铸、泸州市市长先开金行政警告处分；给予泸州市副市长陈善强、蔡炳中行政记过处分；给予泸州市交通局局长李元一行政记大过处分；给予泸州市交通局副局长杨天权行政撤职处分；给予泸州市航务局局长、党总支书记徐卫平撤销党总支书记、局长职务处分；给予泸州市航务局副局长余向烈留党察看一年、撤销副局长职务处分；给予合江县委书记唐德旗党内严重警告处分，免去其泸州市委委员、县委书记职务，依照法定程序罢免其市人大常委会委员、县人大常委会主任职务，并调离合江县；给予合江县委副书记、县长陈维国行政记大过处分，免去县长职务；给予合江县委副书记龚百川撤销县委副书记职务处分；给予合江县副县长罗德荣党内严重警告、行政记大过处分；给予合江县交通局局长、党委书记喻明哲撤销局长、党委书记职务处分；给予合江县交通局副局长陈帮贵留党察看一年、撤销副局长职务处分。对其他11名负有责任的人员相应给予党纪政纪处分。

防止同类事故重复发生措施：（1）加强乡镇船舶的安全管理，认真贯彻执行省政府第43政府令和国家经贸委、交通部《关于进一步明确乡镇船舶安全管理责任制的意见》，站到讲政治、保稳定的高度真抓实干，做到责任、措施、行动落实。对边远地区和重点码头、渡口实施有效管理，督促乡镇企业落实管理责任，建立，健全管理制度。（2）加大安全法规的宣传、培训、教育力度，做到群众不坐违章船、船员不开违章船、干部制止违章船。各级领导要在各种场合讲安全，对有关安全工作的宣传活动提供条件。在城市、乡镇、港口、渡口开展多种形式的安全宣传教育，提高全民的安全意识，用血的教训唤醒群众的安全意识。充分利用媒体的辐射作用，对违法行为要多曝光。对违章行为的当事人要采取强制手段开展培训，让安全法规深入其心。（3）加大安全检查力度，做到日常检查不断、检查重点突出。港监机关和乡镇政府要建立安全检查制度，把港监人员和管船员合理分布到辖区内的各江河、港口、码头。对违章行为加大打击力度，查出一艘，要及时处罚一艘。（4）建立安全执法保障机制，加大行政执法力度。各级政府和主管部门要从保稳定的高度采取措施，进一步加大对水上安全执法的投入，改善执法条件，使执法手段明显改善，执法运行有保障。（5）合理安排运力，以满足人员群众物质文化及生产、生活的需要，解决群众过河难、赶船难的问题。对因集贸日、节假日可能出现旅客高峰的地方，合理调节其他地方富余的合格运力临时补充。

（九十八）广东省江门市土出高级烟花厂爆炸事故

2000 年 6 月 30 日 8 时 5 分，广东省江门市土产进出口公司（简称土出公司）高级烟花厂发生爆炸事故，死亡 37 人（其中男 7 人，女 30 人），重伤 12人；损毁厂房、民房、仓库 10200 平方米和一批设备、原材料，直接经济损失3000 万元。

土出高级烟花厂位于江门市江海区外海镇麻一管理区，距市区中心约 5 千米的山坳里，占地面积 2 万平方米，建筑面积 3700 平方米。该厂建于 1992 年，1993 年底投产，是经江门市工商局注册登记的全民所有制企业。企业法人代表先后由江门市土产进出口公司总经理罗宗祥、梁清鸿担任，证照齐全。但该厂建成后即一直租赁给港商张梓源经营至出事前，土出公司一直没有参与经营管理。1999 年烟花产量 8.87 万箱，产品全部出口，创汇额 127 万美元。

经事故现场勘察和调查询问及专家组调查、实验分析，此次事故可以排除自然灾害所致和人为故意破坏造成，已认定是包装二车间装配工万小玲（男，现年 24 岁）操作不当所致。对此，万小玲本人已作供认。当天 8 时 5 分，万小玲用气动钉枪对一枚火箭烟花进行装配时，连打两钉都错位，意外引燃所装配的火箭烟花；此时工人丁银生（已死亡）正领料路过该处，火箭烟花引燃其手推车上的原料，并引爆了包装二车间内大量待组装的火箭烟花半成品及成品，致使大量火箭烟花四处飞蹿，从而引爆了装配车间的成品、半成品；巨大冲击波又引爆了原料库和半成品库内的易燃易爆物品，形成殉爆。爆炸总药量约 7 吨 TNT 当量（相当于 15 吨黑火药），整个厂区瞬间被炸成废墟。

导致这次事故的直接原因：（1）装配工万小玲操作不当。万小玲于爆炸事故发生前一个多月（5 月 24 日）经在该厂做工的哥哥万智（已在事故中死亡）介绍进厂，在事故发生前 3 天未经培训就被安排到包装二车间装配岗位打气钉。在当天作业中，万小玲由于操作不当，气钉打错位置引燃火箭，以致发生燃爆。（2）擅自扩建厂房、改变部分厂房用途。1993 年初，厂方未按有关规定报建，擅自在包装车间和原料库之间的空地上扩建 4 幢装配车间，破坏了原有的安全间距，使工房与火药库之间的安全距离由原来的 49.5 米缩至 13 米；后又擅自将其中两幢装配车间改成半成品仓库，使包装车间、半成品仓库到原料库连成一线，埋下一旦爆炸殃及全厂的严重隐患。（3）厂内原料和成品、半成品存放量过大。此次爆炸经专家鉴定爆炸总药量约为 15 吨黑火药，证明该厂原料、成品、半成品存放量大大超过原江门市公安消防部门核准的 1.5 吨的火药储量。（4）盲目扩大生产规模，超编制招用大批工人。该厂年产量从报建设计的 5 万箱增至1999 年实际产量为 8.87 万箱，职工人数从立项时核定的 42 人增至事故前 229人。生产规模扩大、人员密集而厂区面积没变，致使这次爆炸事故发生时造成重大人员伤亡。

事故间接原因：（1）厂方安全生产制度不健全，责任不到位。该厂不但擅自扩建厂房、严重超量存放原料、违规扩大生产规模，而且不按安全规范组织生产。厂内的安全生产制度不健全，责任不落实；新工人上岗前不经安全培训教育，尤其是带药生产工序人员也不经安全培训考核就安排上岗；工厂没有按规定设立安全管理员。该厂投产后曾发生过安全生产事故，但都未能引起足够重视。特别是"3·11"江西萍乡烟花爆炸事故发生后，厂方仍无动于衷，没有及时采取措施，消除事故隐患。（2）江门土出公司有关领导严重失职，租赁后长期放弃对烟花厂生产经营、安全生产的监管。土出高级烟花厂是江门市土出公司以创办出口创汇基地为由，于 1992 年成立的全民所有制企业。该厂建成后即租赁给港商张梓源经营，但一直以土出公司名义申领各种证照。土出公司领导虽然仍作为工厂法人代表，却长期放弃对工厂生产经营、安全生产的监管。特别是在安全生产方面依赖港商管理，对港商违反安全生产规定，不断扩大生产规模、擅自加建厂房明知而不予制止，使事故隐患不断扩大。（3）有关职能部门把关不严，监督检查不力。①江门市外经贸委没有履行安全生产管理职能。江门市外经贸委作为市土出公司及其高级烟花厂的行政主管部门，对土出高级烟花厂存在的诸多严重隐患早已发现，但未予及时制止。在没有到该厂进行安全检查和要求该厂提供有关报批材料的情况下，就在该厂上报的许可证审批表中加具意见，使该厂得以通过有关部门的审批，从而在隐患严重的条件下继续生产。②江门市工商行政管理局管理不到位。江门市土出高级烟花厂由港商租赁，经营权发生变化长达8年之久，而市工商局一直未能发现并年年给予通过年审，致使港商能够利用全民所有制企业的一系列政策，尤其是把营业执照用于办理易燃易爆安全生产许可证。③省、市公安机关审批把关不严。省公安厅治安处对"烟花爆竹安全生产许可证"核发把关不严。1993年2月，江门市土出公司没有按烟花生产企业标准上报设计方案，虚报原料仓库最高储存量为15吨，省公安厅治安处未按有关规定进行审核和验收，就同意按15吨的储存量核发许可证，使该厂原料仓比江门市公安消防部门原核定不得超过1.5吨的最高储存量扩大了10倍；1998年2月，换发许可证时，仍不认真审核，未能发现问题。江门市公安局在审核土出高级烟花厂购买国家控制的民爆物品时把关不严，厂方申报多少就批多少，在爆炸事故发生的当月就违规批准其购买了40吨（其中：黑火药、发射药各10吨）。④有关监督部门（包括市公安局、江海公安局、麻园派出所、市安委办）平时监督检查只检查防火、防盗而忽视检查防爆隐患。上述部门自该厂投产以来，每年都检查多次，但没有一次能对该厂厂房布局不合理、超量存放原料这两项重大隐患提出整改意见。可见，这些部门的检查工作马虎，管理不到位，有关人员缺乏必要的专业知识。1993年8月18日，市消防部门检查该厂时，曾发现该厂违规扩建厂房，也提出了"新增建的工房马上补办报建手续，按消防要求，如不合格，应立即停止使用"的整改意见，并将整改意见分别发给市外经贸委、原郊区公安分局、土出公司、土出高级烟花厂，但有关部门都没有督促落实。⑤江海区外海镇建委报建审批把关不严。1993年土出高级烟花厂建成投产后，外海镇建委不按规范要求的距离，批准在紧邻土出高级烟花厂西南方建起飞龙机械厂等3家工厂和45间（座）民房，致使这次爆炸波及土出高级烟花厂外部分厂房和民房，增大了伤亡和经济损失。（4）江门市委、市政府没有全面贯彻落实2000年3月国务院和省委省政府明传电报的要求，对烟花爆竹企业的清理整顿措施不力。3月18日《国务院办公厅关于加强烟花爆竹生产经营安全监督管理和清理整顿的紧急通知》的第二点明确要求："对有生产经营证照的企业，重点检查厂区布局，原材料的采购、运输、销售等各环节是否执行国家有关规定、标准和安全规章制度的情况……检查企业经营者和从业人员安全教育培训的情况等……"，省政府在转发该文时又再次强调了这一点，虽然江门市有关部门对该厂进行了多次检查，但没有按紧急通知的要求认真细致地检查，检查组没有发现该厂的不合规范布局和超量储存原料等严重隐患，更没有提出整改意见，使检查流于形式。

综上所述，江门"6·30"爆炸事故是江门市土出高级烟花厂、江门市土产进出口公司及有关职能部门违反有关法规和制度而酿成的重大责任事故。

（九十九）广西壮族自治区柳州市公交汽车壶东大桥坠江事故

2000年7月7日22时30分，柳州市壶东大桥发生公交大客车坠入柳江事故，车内司乘人员79人全部死亡。

事故发生当日20时40分，柳州市突降暴雨，并伴有强雷电及大风。21时，壶东大桥路灯因钟控开关遭雷击损坏，路灯全部熄灭。21时37分，柳州市公共交通有限责任公司驾驶员周梅华驾驶桂B-00512重庆CQ644大客车从车场出发，开始当天第6趟出车。大客车运行至五一路站时，已是22时5分，比正常运行时间延长8分钟左右，此时处于暴雨过后的小雨状态，街面车辆多，车速慢，车内乘客多，汽车驶至事故发生地点时，已延长20分钟左右。22时30分，因大桥路灯熄灭，能见度低（能见度2000米，实际能见距离5~6米）。周梅华驾驶大客车以约38千米/小时的速度（限速40千米/小时）由西向东行驶至壶东大桥中段时，碰上横倒在行车道上的水泥隔离墩，大客车突然向左拐，冲上旁边高0.3米的人行道上，撞断大桥北面护栏7.8米，桥面人行道外侧水泥板崩塌（事后经组织专家对大桥人行道、护栏进行质量鉴定，认定其设计、施工符合国家规范）。大客车垂直翻入距桥面27.1米的柳江中，沉入距柳江主航道约4米深的柳江水中，车内司乘人员79人（其中男34人、女45人）全部死亡。

事故直接原因：柳州市政维护处第四工程处临时工潘天明、潘艳阳、彭昌恒、刘和平等4人在桥面作业时违反安全管理规定，只将设置在桥面的交通安全反光警告标志牌搬离桥面，在未全部清除桥面上遗留的水泥墩的情况下便离开施工现场，妨碍了交通，致使桂B-00512客车在行驶过程中左前轮与遗留在桥面一个横倒在地的水泥隔离墩相撞，随后，车辆冲上桥西北侧人行道上，左右前轮在人行道分别留下1.5米和1.25米的印迹。人行道外侧水泥板崩塌，大客车直坠江心。车辆与水泥隔离墩相撞导致失控是事故发生的直接原因。驾驶员周梅华在雷雨天气，桥面路灯熄灭的情况下，驾驶大客车与水泥墩相撞前没有及时采取制动（经勘查现场在大客车与水泥隔离墩撞击前无制动痕迹）及有效回避措施，致使两者相撞。周梅华未遵守确保安全通行原则，不注意安全驾驶车辆，也是造成此事故的直接原因之一。

事故间接原因：（1）柳州市市政维护处安全管理不到位，在伸缩缝施工方案中，保证大桥交通安全的措施不具体，市建设局在审批时把关不严，造成7月7日晚壶东大桥主桥伸缩缝施工现场无人管理。在桥面上留下未撤离的水泥隔离墩，是事故发生的主要原因。（2）安全生产管理不到位，安全生产责任制不落实。市政维护处虽有安全管理机构，制定了各项管理制度。但是，所开展的安全生产工作基本上是一般性的工作，对市政维护施工的特殊性研究不深，没有认真制定出针对性的措施、计划，如施工现场的安全操作规范、针对雷雨天特殊气象条件下的安全生产措施等没有制定。在安全生产目标责任制的执行上，只与科室和部门一级领导签订目标责任状，但是，围绕目标计划的实现，没有制定出强有力的措施，安全生产责任制只落实在表面，没有落实到生产第一线的劳动者身上。（3）对雇用的民工疏于管理。市政维护处的施工队伍主要以民工为主，每年平均使用民工的数量在 200 人以上，多的时候达到 340 人，在民工的管理上存在明显的漏洞。如按《劳动法》及有关的法律法规规定，用人单位应当与劳动者签订劳动合同，但是市政维护处在使用民工过程中，没有做到这一点，由于民工和企业的劳动关系不确定，经常流动，一些必要的安全教育、技术培训没有落实。（4）柳州市公交公司安全管理规章制度不够完善，安全教育和技术培训缺乏针对性、个别职工安全意识不强，是事故发生的另一个原因。虽然市公交公司近年制订了安全生产规章制度，执行情况和效果也比较好。但从事发前半小时，经过事故地点的公交车辆达 6 辆，而且桂 B-08456 车还与桥面上遗留的水泥隔离墩发生刮擦，却没有人向公司反馈事故地段行车条件不好，易发生事故等问题，以及周梅华驾驶客车与隔离墩相撞前没有及时采取制动及有效回避措施的情况说明，在特殊情况下安全措施不到位。（5）柳州市有关部门对安全生产工作的领导、检查和监督的力度不够，事故防范措施不力，也是事故发生的原因之一。柳州市建设局在如何有针对性地开展工作方面研究不深，存在着安全生产管理不到位，对下属单位监督检查不力的问题。没有从柳州市建设系统近年来连续发生壶西大桥人行道垮塌、东门城墙倒塌等重大事故中吸取教训，对行业内存在的违章施工，安全教育不深入、民工管理的漏洞等问题没有采取有力的改进措施，给"7·7"特大事故发生留下隐患。

责任追究：柳州市市政维护处临时工潘某某、潘某、彭某某、刘某某在拆收隔离板和水泥隔离墩过程中，违反安全操作规程，未全部清除桥面上遗留的水泥墩便离开施工现场，妨碍了交通，违反了《道路交通管理条例》第 66 条第 1 款规定，是事故的直接责任人，负主要责任。涉嫌交通肇事罪，依法追究其刑事责任。驾驶员周某某未遵守确保安全通行的原则，致使事故发生，对事故负次要责任。鉴于其已在事故中死亡，不再对其处罚。市政维护处施工人员吴某直接管理施工现场，当晚不到现场组织施工人员安全作业，以致施工人员违章作业，酿成特大事故；市政维护处第四工程处主任郝某某，负责本部门安全生产工作，但在大桥维修过程中，施工工期管理不严，不进行安全教育，也不组织现场例行检查，未能及时消除事故隐患；市政维护处安全保卫设备科科长李某某，不按规定到大桥施工现场巡视检查，不能及时排除事故隐患，导致聘用临时工违章操作，酿成事故；市政维护处副总工程师、技术质检科科长兼维修管理处桥梁维修队队长李某，在出事当晚接到于某某关于处理隔离墩的电话后，不采取有效措施进行处理，导致事故发生；市政维护处副主任于某某，分管生产、安全技术工作，在出事当晚两次经过事故现场，发现隔离墩在桥面中间，玩忽职守，没有立即采取有效措施清除隐患，导致事故发生。上述人员涉嫌重大责任事故罪，依法追究刑事责任。上级机关对负有管理、领导责任的柳州市市政维护处主任张某，柳州市公交公司四分公司经理杜某、东环站站长黄某、安全运营科科长秦某，柳州市公交公司总经理狄某、副总经理夏某、运营安全部经理喻某和副经理谢某，柳州市建设局局长韦某、副局长刘某和董某，柳州市市长宋某、副市长黄某，广西壮族自治区建设厅副厅长姚某等分别予以党纪政纪处分。

　　吸取事故教训，改进交通安全措施：（1）从"三个代表"的思想要求，从讲政治、保稳定、促发展的高度提高对安全生产工作重要性的认识。（2）在各个层面组织安全生产大讨论，举一反三，吸取教训。进一步对安全生产的薄弱环节和漏洞进行检查和整改。（3）进一步落实各级各部门安全生产责任制，特别是把各级主要领导第一责任人的责任落实到位，建立健全安全生产规章制度，加强安全生产日常管理和监督。（4）建立高层次的安全生产协调机构，将原有自治区安全生产工作领导小组更名为自治区安全生产委员会，分别由分管经贸、公安（交通、消防）、农业的政府副主席担任主任、副主任。安全生产委员会下设生产、交通、消防安全办公室。制（修）订全区安全生产各项制度。完善事故报告制度；制定事故现场处理与指挥制度；组建自治区安全生产专家组，建立事故鉴定专家联系制度。确保事故调查处理的及时、科学和合法。（5）进一步完善对市政设施的科学管理。尤其是要运用现代科技手段完善对城市道路桥梁路灯的科学管理，在强化路灯巡查的同时，加大对路灯管理的投入，建立城市无线路灯电脑控制系统，实现路灯熄灭的反馈、信号收集及全天候监控的电脑化管理，提高城市对主要路桥路灯故障防范处理的快速反应能力。（6）加强对城市主要道路、桥梁的警力配置。明确落实相应的人员、职责任务范围，实施分兵把守、重点防护。健全巡查制度，加大路面监控力度。做到对城市主要道路、桥梁的事故隐患及时发现、及时处理，确保安全畅通。（7）重视和加强舆论宣传及教育培训工作，大力开展安全防范技能培训，增强全民安全生产意识，提高事故防范能力。

（一〇〇） 新疆运送待报废弹药的军车意外爆炸事故

2000 年 9 月 8 日，解放军新疆部队一辆运送待报废弹药的卡车，在运出乌鲁木齐市准备销毁时，因路况差、颠簸震动，报废弹药引信意外发火引起爆炸，造成 73 人死亡，240 多人受伤。

中共中央总书记江泽民为此作出批示：要认真总结经验，从中吸取教训。这种装运应该有严格的操作规程。既然是去准备销毁，为何没有去除炸药再装运。这类事故，我们不知出过多少次，当然规模并不都有这么大，比如爆竹店不知炸多少次，也不知作过多少规定，但并未认真落实，严格执行，在思想上有麻痹大意，缺乏责任心。但上层机关不深入实际，形式主义泛滥，大量名目、口号，实在太多，一个口号尚未吃透，贯彻有效，第二个口号又来了。我讲的是总的情况。这件事还要认真查明真相，分清是非，切不可遮掩，是谁的责任就是谁的责任，绝不要不了了之。

（一〇一） 贵州省水城矿务局木冲沟煤矿瓦斯煤尘爆炸事故

2000 年 9 月 27 日 20 时 30 分，贵州省水城矿务局木冲沟煤矿四采区 41114 机巷发生瓦斯煤尘爆炸事故，事故波及整个四采区，造成 162 人死亡，14 人重伤，23 人轻伤，直接经济损失 1227.22 万元。

木冲沟煤矿于 20 世纪 60 年代中期建井，1975 年简易投产，井田走向长 8 千米，倾斜宽 0.9~1.9 千米，面积约 12.65 平方千米。全矿有职工 2000 人，井下分三班生产。四采区走向长 3 千米，倾斜宽 1.4 千米。采区内沿 11 煤层布置皮带、行人和轨道三条下山。皮带下山和行人下山进风，轨道下山回风。该采区开采的 11 号煤层厚 2~3.2 米，平均倾角 9 度，有 41112 综采和 41114 高档普采两个工作面生产，41114 综采工作面正在安装；41116 工作面回风巷、运输巷、开切眼，41118 工作面运输巷，采区进风行人下山和皮带运输下山六个掘进工作面在施工。

该矿曾于 1983 年 3 月 20 日发生死亡 83 人的特大瓦斯煤尘爆炸事故。这次事故发生当日，井下有 244 人作业。41116 回风巷掘进工作面因更换局部通风机停电造成瓦斯超限，20 时开始排放瓦斯。20 时 38 分，矿调度室接到电话汇报 1740 水平车场有股浓烟出来。矿调度立即通知井下作业人员撤出，同时向矿领导、水城矿务局调度汇报，通知救护队进行抢救。21 时 15 分，大湾矿救护队到达木冲沟煤矿，立即下井探险和抢险。23 时 40 分，水城矿务局有关领导到达木冲沟煤矿，成立了抢险指挥部，矿务局局长和木冲沟煤矿矿长任总指挥。由于事故波及范围广，破坏严重，为了加强抢救工作，抢险指挥部先后调来6个救护中队160队员，大湾矿、王家寨矿480名职工和木冲沟煤矿578名职工参加抢险，抢救工作紧张而有序进行，最终有82人获救，162人不幸遇难。

事故直接原因：41116回风巷探巷因停电停风造成瓦斯积聚，在排放瓦斯过程中，由于安设在41114运输巷的四台局部通风机同时运转，且41116回风巷因积水回风不畅，41114运输巷局部通风机以里部分巷道内风流不稳定发生循环风，致使41114运输巷第四联络巷附近巷道内的瓦斯浓度达到爆炸界限。现场人员违章拆卸矿灯引起火花，造成瓦斯爆炸，进而导致煤尘参与爆炸。

事故间接原因：（1）采区生产布局不合理。发生事故的四采区一翼11号煤层中就布置了2个采煤工作面、1个综采准备工作面和6个掘进工作面，采掘作业过于集中。将41114工作面分成两段回采，即在41114综采工作面前又布置一个41114高档普采工作面，造成通风系统不合理。（2）企业轻视安全工作。该矿较长时间以来没有按规定召开"一通三防"安全例会，研究解决矿井"一通三防"方面存在的问题。违反《煤矿安全规程》，超通风能力组织生产。（3）作业现场违反《煤矿安全规程》第146条等规定，违章排放瓦斯。在排放瓦斯过程中，未在排放瓦斯影响的区域设置警戒，也未采取停电、撤人等措施。矿山救护队员作业时未佩戴呼吸器。（4）该矿"一通三防"管理混乱，当时正在开采的11号煤层具有煤与瓦斯突出危险，在未开采保护层，也未进行瓦斯预抽的情况下，进行采掘作业，违反《煤矿安全规程》第176条和《防治煤与瓦斯突出细则》第2条的规定；未按规定配备自救器和便携式瓦斯检测仪；在用矿灯数量不足，经常出现过放电使用的情况；局部通风机更换后不及时调换机电设备管理的牌板，造成误开、停局部通风机；采掘工作面瓦斯超限和局部通风机无计划停电停风频繁，事故当月27天，有据可查的瓦斯超限达23次，无计划停风达17次，采掘工作面安装的瓦斯断电仪发生故障15次；对防尘工作不重视，掘进工作面遇到断层时，便将防尘水管改成压风管使用。（5）矿规章制度不健全，不落实。矿领导值班不认真履行职责；没有定期召开安全办公会；重要的技术措施编制和审批制度不健全，把关不严，针对性不强，如通风行人下山延伸掘进工作面在未编制作业规程的情况下就安排开工掘进。（6）企业对职工缺乏必要的培训和教育，职工安全意识淡薄，素质低。该矿一线职工70%是农民协议工。由于缺乏安全培训，都不具备起码的安全常识，甩掉煤电钻综合保护装置作业、用新鲜风流吹瓦斯监测探头和在井下拆卸矿灯等严重违章现象屡见不鲜。（7）矿务局安全管理松弛，监督不力。水城矿务局对该矿布置41114高档普采工作面、不合理过度集中生产等问题，没有及时采取措施予以制止。对矿井风量不足、瓦斯经常超限等重大事故隐患没有引起足够重视，认真对待。有关业务部门监督检查不力。

责任追究：木冲沟煤矿通风工区技术员王某，负责制定排放瓦斯措施和指挥现场瓦斯排放工作，违章排放瓦斯，对事故负有直接责任。鉴于其已在事故中遇难，不再追究责任。依据事故调查组的建议，有关方面对木冲沟煤矿主管通风的副总工程师、主管机电管理工作的副矿长（为事故当天值班矿长）等进行了追究和处理。木冲沟煤矿矿长被开除党籍、开除公职，依法追究刑事责任，党委书记被撤销党内职务。水城矿务局安监局局长、总工程师、主管生产副局长、局长、党委书记等分别给予党内严重警告、行政记大过、党内警告等处分。贵州省煤炭工业局局长和主管安全工作的副局长，在 2000 年 7 月 26 日撤销贵州省煤炭工业厅后，受贵州省政府委托继续管理全省煤矿的安全生产工作，对党和国家有关安全生产方针政策和法律法规贯彻不力，对水城矿务局安全生产中存在的问题监督整改不力，对事故负有重要领导责任，给予党内严重警告、行政降级处分。贵州省政府主管安全生产工作的副省长对事故负有领导责任，责成其向国务院写出深刻检查。

（一○二）广西壮族自治区南丹县鸿图选矿厂尾矿库垮坝事故

2000 年 10 月 18 日 9 时 50 分，广西南丹县大厂镇鸿图选矿厂尾矿库发生重大垮坝事故，共造成 28 人死亡，56 人受伤，70 间房屋不同程度毁坏，直接经济损失 340 万元。

鸿图选矿厂是由姚肇奎和姚仕明共同投资 500 万元建设的一家私营企业，位于南丹县大厂矿区华锡集团铜坑矿区边缘，于 1998 年 8 月开工建设，1999 年 6 月建成投产。选矿厂选矿工艺部分由华锡集团退休工程师刘德和华锡集团车河选厂工程师王万忠 2 人共同设计。设计选矿能力为 120 吨/天，但实际日处理量为 200 吨/天。

选矿厂尾矿库没有进行设计，是依照大厂矿区其他尾矿库模式建成的，没有经过有关部门和专家评审。尾矿库修筑方式是利用一条山谷构筑成山谷型上游式尾矿库。事故后验算的库容为 27400 立方米，实际服务年限仅为 1.5 年。尾矿库基础坝是用石头砌筑的一道不透水坝，坝顶宽 4 米，地上部分高 2.2 米，埋入地下约 4 米。在工程施工结束后，只是县环保局到现场检查一下就同意投入使用。后期坝采用人工集中放矿筑子坝的冲积法筑坝，并按照县环保局提出的筑坝要求筑坝。后期坝总高 9 米，坝面水平长度 25.5 米，事故前坝高和库容已接近最终闭库数值。尾矿库坝首下方是一条东南走向的上高下低的谷地。建坝时，坝首下方有几户农民和铜坑矿基建队的 10 多间职工宿舍。到了 1999 年下半年，便陆续有外地民工在坝首下方搭建工棚。选矿厂认为不安全，曾请求政府清除。南丹县和大厂镇政府则多次组织清理。但每次清理后，民工又陆续恢复这些违章建筑。事故发生时坝下仍有 50 多间外来民工工棚。

事故发生当日 9 时 50 分，尾矿库后期坝中部底层首先垮塌，随后整个后期堆积坝全面垮塌，共冲出水和尾砂 14300 立方米，其中水 2700 立方米，尾砂 11600 立方米，库内留存尾砂 13100 立方米。尾砂和库内积水直冲坝首正前方的山坡反弹回来后，再沿坝侧 20 米宽的山谷向下游冲去，一直冲到离坝首约 700 米处，其中绝大部分尾矿砂则留在坝首下方的 30 米范围内。事故将尾矿坝下的 34 间外来民工工棚和 36 间铜坑矿基建队的房屋冲垮和毁坏，共有 28 人死亡，56 人受伤，其中铜坑矿基建队职工家属死亡 5 人，外来人员死亡 23 人。

事故直接原因：由于基础坝不透水，在基础坝与后期堆积坝之间形成一个抗剪能力极低的滑动面。又由于尾矿库长期人为蓄水过多，干滩长度不够，致使坝内尾砂含水饱和、坝面沼泽化，坝体始终处于浸泡状态而得不到固结并最终因承受不住巨大压力而沿基础坝与后期堆积坝之间的滑动面垮塌。

事故间接原因：（1）严重违反基本建设程序，审批把关不严。尾矿库的选址没有进行安全论证；尾矿库也没有进行正规设计，而由环保部门进行筑坝指导；基础坝建成后未经安全验收即投入使用。（2）企业急功近利，降低安全投入，超量排放尾砂，人为使库内蓄水增多。由于尾矿库库容太小，服务年限短，与选矿处理量严重不配套，造成坝体升高过快，尾砂固结时间缩短。同时由于库容太小，尾矿水澄清距离短，为了达到环保排放要求，库内冒险高位贮水，仅留干滩长度 4 米。（3）由于是综合选矿厂，尾矿砂的平均粒径只有 0.07~0.4 毫米。尾砂粒径过小，导致透水性差，不易固结。（4）业主、从业人员和政府部门监管人员没有经过专业培训，素质低，法律意识、安全意识差，仅凭经验办事。（5）安全生产责任制不落实，安全生产职责不清，监管不力，没有认真把好审批关，没能及时发现隐患。（6）政府监管不力，对选厂没有实行严格的安全生产审查，致使选厂缺乏规划，盲目建设。

吸取事故教训，改进尾矿库安全工作措施：（1）坚持"安全第一、预防为主"的方针，坚决纠正片面追求经济发展，忽视安全生产的做法。（2）加强对非公有制经济的监督，同时加快为非公有制经济安全生产服务的中介组织的发展。（3）针对尾矿库事故的重大危害性和事故的隐蔽性，要规范和严格尾矿库建设项目安全生产审查机制，把住进入市场前的安全生产关，尽快改变尾矿库项目建设过程中安全生产审查的自由状态，从源头上消除隐患。（4）规范和整顿选矿业，严格尾矿库的管理。要加强政策引导，结合经济结构调整和矿业秩序整顿，彻底取缔非法和不安全生产条件的尾矿库，同时逐步淘汰小型尾矿库，强制发展大型尾矿库进行集中选矿排放。坚决杜绝胡乱审批，盲目建厂现象。（5）深化改革，建立安全生产依法行政机制。

（一〇三）内蒙古自治区呼伦贝尔煤业集团大雁煤业公司二矿瓦斯爆炸事故

2000年11月25日14时20分，内蒙古自治区呼伦贝尔煤业集团有限责任公司大雁煤业公司二矿五盘区623高档工作面发生瓦斯爆炸，当时灾区作业人员63人，死亡51人，受伤12人（其中重伤2人），直接经济损失277.46万元。

事故发生后，国家煤矿安全监察局副局长赵铁锤、内蒙古自治区政府副主席云公民等领导迅速赶到事故现场，深入井下指导抢救和调查了解事故情况。

大雁煤业公司第二煤矿始建于1970年，1973年投产，设计年产能力45万吨；后经过三次改扩建，矿井设计能力达150万吨/年；1999年产煤112万吨，2000年计划生产煤炭110万吨，职工1231人，实行矿、队两级管理，分三班生产。该矿在1999年度上报的瓦斯鉴定报告中，瓦斯鉴定等级为低瓦斯矿井。2000年10月经大雁煤业公司通风救护处对该矿的瓦斯进行了鉴定，瓦斯鉴定等级为低瓦斯矿井。

事故发生当日14时20分，井下305变电所人员听到305风门里面有爆炸声，同时看到305风门毁坏，但里面情况不详，当即电话报告矿调度室。矿调度接报后立即通知井下所有作业人员撤出，同时报告矿长、总工程师和大雁煤业公司调度室。随后组成救灾指挥部，制定了救灾指挥方案，在305变电所建立井下救灾指挥基地。现场指挥救护队与二矿井下人员进行抢救工作。至22时15分，从灾区抢救出23人（其中11人死亡，12人受伤），查明灾区内有40人下落不明。经多方努力救援，至2000年12月18日，40名遇难矿工全部找到，抢救工作结束。

事故直接原因：据现场勘察和分析，由于623工作面及回风小川通风路线受阻，致使623队回撤工作面回风巷通风负压增加，将采空区和废旧回风巷内积存的瓦斯吸出，同时顶板冒落加大了采空区向回风巷的瓦斯涌出量，造成瓦斯积聚。现场作业人员拆移回风旧巷板外盲硐内的绞车时，由于电机缺相不能正常运转，违章拉拽带电电缆，而电缆与绞车电机连接的"喇叭嘴"压线不紧，造成抽脱电缆时产生火花引起瓦斯爆炸。

事故间接原因：（1）五盘区内通风设施不可靠，通风系统不稳定。采区内共有7处通风设施，其中6处应该设永久通风设施的设置为临时通风设施；623

工作面不合理串联通风，串联次数 3 次，次序为备用面→623 队工作面→回风旧巷盲硐内局部通风机→五盘区回风上山与 623 队工作面回风巷交叉处废巷内绞车局部通风机；综采工作面有角联通风巷道。（2）局部通风管理混乱。在 623 队工作面回风系统的两台局部通风机，没有设专人负责管理，分别由 623 采煤队和排矸队管理，而且不固定人员，随意停开。（3）瓦斯管理不到位。未在 623 队回风旧巷内板闭处设置瓦斯监测点，不能及时掌握该处的瓦斯浓度，在工作面通风系统发生变化，该处瓦斯大量涌出的情况下，仍然作业，瓦斯检查员在现场也没有及时制止，撤出人员。（4）《大雁矿务局二矿五盘区防治瓦斯措施》没有认真落实。该措施规定五盘区按高瓦斯区域管理，但通风和瓦斯管理仍然按低瓦斯矿井的要求进行管理，未在 623 工作面和串联通风的入风处设置瓦斯监测断电仪。（5）生产组织不合理，当班有两个单位共 37 人在工作面从事回收工作，人员过分集中，现场协调指挥不当，影响工作面正常通风。五盘区内同时安排两个工作面回撤，加大了通风瓦斯管理难度。（6）机电管理混乱。回风巷电器设备电缆配线不符合要求，接线有"鸡爪子"现象；控制开关数量不够，局部通风机没有专用开关，经常违章倒线。绞车开关设备状态不好，影响绞车正常运行。（7）623 工作面地质构造复杂，有 14 条断层影响工作面正常生产，瓦斯涌出量相对增高，增加了工作面顶板的维护难度。

吸取事故教训，加强安全防范措施：（1）牢固树立安全第一的思想，正确处理好安全与生产、安全与效益的关系。在经济困难条件下，要保证基本的安全生产资金投入。（2）坚持"瓦斯超限就是事故"的原则。加强局部通风管理，必须配齐"三专两闭锁"。严格执行"一炮三检"制度，"三专两闭锁"制度，瓦斯检查制度。（3）全面落实"一通三防"和齐抓共管责任制。完善通风系统，合理布置采区巷道，既要使生产系统合理，又要保证通风系统的稳定、合理、可靠。合理分配矿井风量，必须按规程要求配足风量，做到以风定产。（4）加强井下机电设备管理，认真贯彻《煤矿安全规程》及矿井机电设备管理办法。每台设备都应实行专人负责，挂牌管理，定期进行检修、保养。保证井下电器设备防爆完好，坚决杜绝井下机电设备带病运行，严格执行机电设备小班维修、日检查、周检修工作制度，严禁在停风或在瓦斯超限的区域内进行机电、工作面回收等作业。（5）进行企业安全生产工作整顿，建立健全并认真落实各项安全管理制度，坚决杜绝违章指挥、违章操作，严肃处理"三违"人员。（6）深入开展安全思想整风，强化培训教育，提高职工的安全意识和技术水平。（7）认真贯彻执行各项安全生产法律、法规、规章，有法必依，执法必严。各级领导干部转变工作作风，加强现场管理。

（一〇四）河南省洛阳市东都商厦火灾事故

2000 年 12 月 25 日 21 时 35 分，河南省洛阳市老城区东都商厦发生特大火灾事故，造成 309 人死亡，7 人受伤，直接经济损失 275 万元。

东都商厦始建于 1988 年 12 月，1990 年 12 月 4 日开业，位于洛阳市老城区中州东路，是洛阳市第一商业局下属全民所有制企业，当时有职工 1082 人，固定资产 5200 万元。该商厦有 6 层建筑，地上 4 层、地下 2 层，占地 3200 平方米，总建筑面积 17900 平方米，东北、西北、东南、西南角共有 4 部楼梯。2000 年 11 月前，商厦地下一、二层经营家具，地上一层经营百货、家电等，二层经营床上用品、内衣、鞋帽等，三层经营服装，四层为东都商厦办公区和东都娱乐城。多年来，东都商厦由于经营不善、亏损严重，已有 541 名职工下岗。为摆脱经营困境，1996 年经上级主管部门批准，东都商厦实行承包经营。1997 年 6 月 5 日将该商厦的东都娱乐城承包给个体业主张建国，双方首次签订承包合同，承包期限自 1997 年 7 月 1 日至 1999 年 6 月 30 日；1999 年 6 月 28 日双方续签合同，承包期延至 2001 年 6 月 30 日。东都娱乐城舞厅面积 460 平方米，纳客定员 200 人，西侧以一走道相隔，另有 7 间 KTV 包房，面积 100 平方米。2000 年 11 月，东都商厦与洛阳丹尼斯量贩有限公司（台资企业）合作成立洛阳丹尼斯量贩有限公司东都分店，期限 10 年，拟于 12 月 28 日开业。2000 年 12 月初，东都分店在装修时已经将地下一层大厅中间通往地下二层的楼梯通道用钢板焊封，但在楼梯两侧扶手穿过钢板处留有两个小方孔。

事故发生当日 20 时许，为封闭两个小方孔，东都分店负责人王子亮（台商）指使该店员工宋龙、丁晓东和王成太将一小型电焊机从东都商厦四层抬到地下一层大厅，并安排王成太（无焊工资质证）进行电焊作业，未作任何安全防护方面的交代。王成太进行电焊作业中也没有采取任何防护措施，电焊火花从方孔溅入地下二层可燃物上，引燃地下二层的绒布、海绵床垫、沙发和木制家具等可燃物品。王成太等人发现后，用室内消火栓的水枪从方孔向地下二层射水灭火，在不能扑灭的情况下，既未报警也没有通知楼上人员便逃离现场，并订立攻守同盟。正在商厦办公的东都商厦总经理李某某以及为开业准备商品的东都分店员工见势迅速撤离，也未及时报警和通知四层娱乐城人员逃生。随后，火势迅速蔓延，产生的大量一氧化碳、二氧化碳、含氰化合物等有毒烟雾，顺着东北、西北角楼梯间向上蔓延（地下二层大厅东南角楼梯间的门关闭，西南、东北、西北角楼梯间为铁栅栏门，着火后，西南角的铁栅栏门进风，东北、西北角的铁栅栏门过烟不过人）。由于地下一层至三层东北、西北角楼梯与商场采用防火门、防火墙分隔，楼梯间形成烟囱效应，大量有毒高温烟雾以每分钟 240 米左右的速度通过楼梯间迅速扩散到四层娱乐城。着火后，东北角的楼梯被烟雾封堵，其余的 3 部楼梯被上锁的铁栅栏堵住，人员无法通行，仅有少数人员逃到靠外墙的窗户处获救，聚集的大量高温有毒气体导致 309 人中毒窒息死亡，其中男 135 人，女 174 人。

事故发生原因：（1）东都分店非法施工、施焊人员违章作业是事故发生的直接原因。施焊人员明知商厦地下二层存有大量可燃木制家具，却在不采取任何防护措施的情况下违章作业，导致火灾发生。火灾发生后，肇事人员和东都商厦在现场的职工和领导既不报警，也不通知四层东都娱乐城人员撤离，使娱乐城大量人员丧失逃生机会，中毒窒息死亡。东都分店未经工商管理部门批准，施工前也未向消防监督部门申报，属于非法施工。（2）东都商厦消防安全管理混乱、对长期存在的重大火灾隐患拒不整改是事故发生的主要原因。没有按照《消防法》的要求履行消防安全管理职责，各承包单位消防安全工作职责不清，消防安全管理制度不健全、不落实，职工的消防安全教育培训流于形式；商厦地下两层和地上第四层没有防火分隔，地下两层没有自动喷水灭火系统，火灾自动报警系统损坏，四层娱乐城 4 个疏散通道 3 个被铁栅栏封堵，大楼周围防火间距被占用。1999 年 5 月以来，洛阳市公安消防支队对东都商厦进行过多次检查，5 次下发整改火灾隐患法律文书，要求限期整改，但东都商厦除对部分隐患进行整改外，对主要隐患均以经济困难或影响经营为由拒不整改。（3）娱乐城无照经营、超员纳客是事故发生的重要原因。（4）政府有关职能部门监督管理不力是事故发生的重要原因。

事故教训：（1）对人民群众安危麻木不仁是造成这次灾难的必然因素之一。（2）工作中的官僚主义和形式主义是这场灾难的根源。东都商厦 1997 年就被河南省政府列为 40 家消防不合格的隐患单位之一，尽管多次派人检查，但整改措施一直没有得到落实。焦作"3·29"火灾后，洛阳市消防支队又分别于 2000 年 4 月和 9 月两次对东都商厦进行消防检查，并于 12 月 1 日向市政府报告，请示政府责令其停业限期整改，但整改工作最终还是落了空。2000 年 12 月 22 日，洛阳市消防支队对东都商厦又一次进行检查。距离这次消防检查仅仅 3 天，灾难又发生了。（3）政府部门失职渎职也是酿成这次惨祸的重要原因。洛阳市文化部门失职渎职也是酿成这次惨祸的重要原因。原洛阳市文化局文化市场管理科科长桂延州，负责审定颁发文化市场经营审核证。由于没有严格按照规定主动配合消防部门对东都商厦娱乐城进行安全检查，因此对东都商厦当时是全省通报的重大火灾隐患单位毫不知情，使东都商厦娱乐城通过了安全检查。

第六章　工业化快速发展和经济增长方式
加 快 转 变 阶 段
（2001—2012）

一、概况

　　这一时期是我国历史上第三个事故高发期。中国进入工业化快速发展阶段之后，社会生产规模急剧扩大，国内生产总值连续翻番，能源原材料和交通运输市场需求持续旺盛，煤炭、冶金、化工等企业增加产量、提升效益的冲动强烈。与此同时，煤矿等高危行业与社会公共安全基础仍然薄弱，安全法治尚不健全，政府安全监管机制还不完善，安全科技和教育培训相对滞后，安全生产领域的矛盾和问题仍然十分突出。城镇化的推进和人口聚集度的提升，也加大了社会公共安全压力和群死群伤事故的发生概率。从 2000 年到 2002 年，全国事故总量逐年创下历史新高，安全生产形势空前严峻。2002 年全国各类事故死亡总数为 13.94 万人（其中工矿商贸企业事故死亡 14924 人，道路交通事故死亡 109381 人，其余为水上交通、铁路交通、民航等事故）。2003 年尽管出现了事故总量下降的历史性拐点，但重特大事故仍然居高不下。"十五"时期末的 2005 年，全国共发生一次死亡 10 人以上的重特大事故 134 起，其中一次死亡 30 人以上事故 17 起、死亡 1200 人，分别比 2004 年增加 6.3% 和 28.2%。先后发生了辽宁省阜新矿业集团孙家湾煤矿海州立井瓦斯爆炸、广东省梅州市大兴煤矿水灾、黑龙江省龙煤集团七台河分公司东风煤矿瓦斯爆炸、河北省唐山市恒源实业公司刘官屯煤矿瓦斯爆炸 4 起死难百人以上的事故，使人民生命财产遭受惨重损失。直到"十一五"时期末，重特大事故多发的情况才有所遏制。

　　2001 年　全国发生各类事故 1000629 起，死亡 130491 人，比上年分别上升 20.5% 和 10.4%。其中一次死亡 10 人以上重特大事故 140 起，死亡 2556 人，比上年分别下降 18.1% 和 27.8%；其中 30 人以上特别重大事故 16 起，死亡 707 人，与上年相比起数持平，人数下降 42.1%。全国工矿商贸企业发生伤亡事故 11402 起，死亡 12554 人，与上年相比分别上升 6.3% 和 6.7%。其中煤矿事故 3082 起，死亡 5670 人，事故起数同比增加 361 起，上升 13.3%；死亡人数减少 127 人，下降 2.2%；百万吨死亡率 4.106。发生道路交通事故 760327 起，死亡 106367 人，万车死亡率 15.46，死亡人数占全国事故死亡总人数的 81.5%。

本年度发生一次死亡 30 人以上特别重大事故 19 起，死亡 974 人，受伤 192 人。其中死亡百人以上事故 1 起，即河北石家庄棉纺三厂宿舍居民楼爆炸死亡 108 人，受伤 13 人①。伤亡严重、社会影响恶劣的事故如江苏徐州贾汪镇岗子村五副井瓦斯爆炸，死亡 92 人。

2002 年 全国共发生各类事故 1073434 起，死亡 139393 人，同比增加 72805 起，增加 8902 人，分别上升 7.3% 和 6.8%。其中工矿商贸企业共发生伤亡事故 13960 起，死亡 14924 人，同比增加 2558 起、2370 人，分别上升 22.4% 和 18.9%。工矿商贸企业发生一次死亡 10 人以上事故 65 起（其中 30 人以上 10 起），死亡 1297 人。全国煤矿发生事故 4344 起，死亡 6995 人，百万吨死亡率 4.940。发生道路交通事故 773137 起，死亡 109381 人，万车死亡率 13.70。发生水上交通事故 735 起，死亡和失踪 463 人；铁路伤亡事故 11991 起，死亡 8309 人；民航飞行事故 3 起，死亡 134 人。全国亿元国内生产总值生产安全事故死亡率 1.330，工矿商贸就业人员 10 万人事故死亡率 4.05。

本年度发生一次死亡 30 人以上特别重大事故 13 起，死亡 736 人，受伤 29 人。其中死亡百人以上事故 3 起：①国航 CA129 航班在韩国釜山坠毁，死亡 129 人；②北方航空公司 CJ6136 航班在大连海域坠毁，死亡 112 人；③黑龙江鸡西矿业集团城子河煤矿瓦斯爆炸，死亡 124 人，受伤 24 人。

2003 年 首次出现改革开放以来事故总量下降的历史性"拐点"。全国共发生各类事故 963976 起，死亡 137070 人。事故起数比上年减少近 11 万起，下降 10.2%；死亡人数减少 2323 人，下降 1.7%。其中工矿商贸企业发生伤亡事故 15597 起，死亡 17315 人（煤矿事故死亡 6434 人，百万吨死亡率 3.742）；道路交通事故 667507 起，死亡 104372 人，万车死亡率 10.80；消防火灾事故 254811 起，死亡 2497 人；水上交通事故 634 起，死亡和失踪 498 人；铁路伤亡事故 12640 起，死亡 8530 人。煤炭行业在增产较多的情况下，事故死亡人数减少 561 人，下降 8%；道路交通事故死亡人数减少 5009 人，下降 4.6%；火灾死亡人数

---

① 爆炸由该市无业人员靳某所为。关于这次爆炸是否属于生产安全事故（还是属于社会治安事件），一向存在争议。考虑到受损害主体为生产经营单位，且以往曾将其列入生产安全事故，故本书也以事故论之。

增加 104 人，上升 4.3%。铁路、民航、电力、电信、军工运行平稳。亿元国内生产总值生产安全事故死亡率 1.170，工矿商贸就业人员 10 万人事故死亡率 4.57。

本年度发生一次死亡 30 人以上特别重大事故 15 起，死亡 866 人，受伤 2368 人。其中死亡百人以上事故 1 起，即中石油川东北罗家 16H 井井喷和天然气泄漏，死亡 243 人，受伤 2142 人。

2004 年 全国事故总量稳中有降。全年发生各类事故 803573 起，死亡 136755 人。事故起数比上年减少 160403 起，下降 16.6%；死亡人数比上年减少 315 人，下降 0.2%。工矿商贸企业发生事故 14704 起，死亡 16497 人，比上年减少 893 起，少死亡 818 人，分别下降 5.7% 和 4.7%。发生煤矿事故 3641 起，死亡 6027 人，百万吨死亡率 3.080。发生道路交通事故 517889 起，死亡 107077 人，万车死亡率 9.93。亿元国内生产总值生产安全事故死亡率 1.885。工矿商贸就业人员 10 万人生产安全事故死亡率 4.13。

本年度发生一次死亡 30 人以上特别重大事故 18 起，死亡 1023 人，受伤 243 人。其中死亡百人以上事故 2 起：①河南郑州矿务局大平煤矿瓦斯爆炸死亡 148 人，受伤 35 人（其中 5 人重伤）；②陕西铜川矿务局陈家山煤矿瓦斯爆炸死亡 166 人，受伤 41 人（其中 5 人重伤）。

2005 年 全年发生一次死亡 10 人以上重特大事故 131 起，同比增加 3 起，上升 2.3%；死亡 443 人，同比增加 17%。其中煤矿事故 58 起、死亡 1739 人，分别上升 34.9% 和 66.6%。全国共发生各类事故 717938 起，死亡 127089 人，与 2004 年相比减少 85635 起、9666 人，分别下降 10.7% 和 7.1%。发生煤矿事故 3306 起，死亡 5938 人，百万吨死亡率 2.811。发生道路交通事故 450254 起，死亡 98738 人，万车死亡率 7.60。亿元国内生产总值生产安全事故死亡率 0.697，下降 18.5%；工矿商贸就业人员 10 万人事故死亡率为 3.85，下降 6.8%。

本年度发生一次死亡 30 人以上特别重大事故 17 起，死亡 1255 人，受伤 376 人。其中死亡百人以上事故 4 起（均为煤矿事故）：①辽宁阜新矿业集团孙家湾煤矿海州井瓦斯爆炸死亡 214 人，受伤 30 人；②广东兴宁市大兴煤矿透水事故，死亡 121 人；③黑龙江龙煤集团七台河东风煤矿煤尘爆炸死亡 171 人，受伤 48 人；④河北唐山刘官屯煤矿瓦斯煤尘爆炸死亡 108 人，受伤 29 人。此外还发生了黑龙江牡丹江沙兰镇中心小学事故，造成 91 人死亡（其中学生 87 人，村民 4 人），25 人受伤住院治疗（其中 17 名学生）。

2006 年 全国各类事故总计 627229 起，比上年减少 90709 起，同比下降 12.6%；死亡 112879 人，减少 14210 人，下降 11.2%。全国亿元国内生产总值生产安全事故死亡率 0.558，比上年下降 19.9%；工矿商贸就业人员 10 万人事故死亡率 3.33，比上年下降 13.5%。控制重特大事故取得一定成效。全国发生一次死亡 10 人以上重特大事故 96 起，死亡 1580 人，比上年减少 38 起、1469 人。其中一次死亡 30 人以上特别重大事故 7 起，死亡 263 人，比上年减少 10 起、937 人，分别下降 58.8% 和 78.1%。烟花爆竹、水上交通、民航飞行、农业机械没有发生 10 人以上事故，全国没有发生百人以上事故。煤矿发生事故 2945 起，死亡 4746 人，百万吨死亡率 2.041。道路交通发生事故 378781 起，死亡 89455 人，万车死亡率 6.20。

本年度发生一次死亡 30 人以上特别重大事故 11 起，死亡 435 人，受伤 179 人。

2007 年 全国发生各类事故 506208 起，死亡 101480 人，比 2006 年减少 121021 起、11399 人，分别下降 19.3% 和 10.1%。其中重大事故 79 起，死亡 1185 人，比上年减少 10 起、132 人，分别下降 11.2% 和 10%；特别重大事故 6 起，死亡 302 人，比上年减少 1 起、增加 39 人。发生煤矿事故 2421 起，死亡 3786 人，百万吨死亡率 1.485。通过组织开展煤矿瓦斯治理和整顿关闭两个攻坚战，2007 年煤矿重特大瓦斯事故起数和死亡人数比 2006 年分别下降 15.4% 和 6.1%，比 2005 年分别下降 46.3% 和 65.4%。发生道路交通事故 327209 起，死亡 81649 人，万车死亡率 5.10。全国亿元国内生产总值生产安全事故死亡率 0.413，比上年降低 0.145，下降 26.0%；工矿商贸就业人员 10 万人事故死亡率 3.05，比上年降低 0.28，下降 8.4%。

本年度发生一次死亡 30 人以上特别重大事故 9 起，死亡 556 人，受伤 111 人。其中死亡百人以上事故 2 起：①山东新汶集团华源矿业洪水灌入矿井死亡 181 人，受伤 29 人；②山西临汾洪洞县左木乡瑞之源煤业有限公司瓦斯爆炸死亡 105 人，受伤 18 人（其中 5 人重伤）。

2008 年 全国年度事故死亡人数自 1995 年以来首次降到 10 万人以下，但重特大事故大幅度上升。全年共发生各类事故 413752 起，死亡 91177 人，与 2007 年相比减少 92456 起、10303 人，分别下降 18.3% 和 10.2%。其中重大事故 86 起，死亡 1306 人，比上年增加 7 起、121 人，分别上升 8.9% 和 10.2%；特别重大事故 10 起，死亡 667 人，比上年增加 4 起、365 人，分别上升 66.7% 和 120.9%。煤矿发生事故 1954 起，死亡 3215 人，百万吨死亡率 1.182。道路交通发生事故 265204 起，死亡 73484 人，万车死亡率 4.30。工矿商贸领域其他行业，以及建筑施工、铁路、水上交通、农机、渔业船舶事故，以及冶金、轻工、建材、有色等事故，均有所下降。民航继续保持飞行安全纪录。全国亿元国内生产总值生产安全事故死亡率 0.312，比上年降低 0.101，下降 24.5%；工矿商贸就业人员 10 万人事故死亡率 2.82，比上年降低 0.23，下降 7.5%。

本年度发生一次死亡 30 人以上特别重大事故 10 起，死亡 668 人，受伤 515 人。其中死亡百人以上事故 1 起，即山西襄汾新塔矿业尾矿库溃坝事故，死亡 281 人，受伤 33 人。此外发生了 T195 次旅客列车（北京开往青岛）脱轨事故，造成 72 人死亡，416 人受伤。

2009 年 全国发生各类事故 379248 起，死亡 83200 人，与 2008 年相比减少 34504 起、7977 人，分别下降 8.3% 和 8.7%。其中重大事故 62 起，死亡 835 人，比上年减少 24 起、471 人，分别下降 27.9% 和 36.1%；特别重大事故 5 起，死亡 292 人，比上年减少 5 起、375 人，分别减少 50% 和 56.2%。煤矿发生事故 1616 起，死亡 2631 人，比上年减少 338 起、584 人，分别下降 17.3% 和 18.2%。煤矿百万吨死亡率首次降到 1 以下，为 0.892，同比下降 24.5%。道路交通发生事故 238351 万起，死亡 67759 人，万车死亡率 3.60。危险化学品、金属与非金属矿山、铁路交通、水上交通、农业机械、渔业船舶及火灾等事故均有较大幅度下降。全国亿元国内生产总值生产安全事故死亡率 0.248，比上年减少 0.064，下降 20.5%；工矿商贸企业就业人员 10 万人生产安全事故死亡率 2.40，比上年减少 0.42，下降 14.9%。

本年度发生一次死亡 30 人以上特别重大事故 5 起，死亡 367 人，受伤 270 人。其中死亡百人以上事故 1 起，即黑龙江龙煤集团鹤岗新兴矿瓦斯爆炸事故，死亡 108 人，受伤 65 人（其中重伤 5 人）。伤亡严重、社会影响恶劣的事故如山西焦煤集团西山煤电公司屯兰煤矿瓦斯爆炸，死亡 74 人，受伤 114 人（其中重伤 5 人）。

2010 年 全国事故死亡人数继 2008 年首次降到 10 万人以下、2009 年降到 9 万人以下之后，本年度又降到 8 万人以下。全国发生各类事故 363383 起，死亡 79552 人，比上年减少 15865 起、3648 人，分别下降 4.2% 和 4.4%。工矿商贸领域发生重大事故 29 起，死亡 445 人，与上年相比起数持平，人数增加 49 人、上升 12.4%；特别重大事故 8 起，死亡 277 人，比上年增加 4 起、减少 15 人，分别上升 100% 和下降 5.1%。煤矿发生事故 1403 起，死亡 2433 人，百万吨死亡率 0.749。道路交通发生事故 219521 起，死亡 65225 起，万车死亡率 3.20。全国亿元国内生产总值生产安全事故死亡率 0.201，比上年降低 0.047，下降 19%；工矿商贸就业人员 10 万人事故死亡率 2.13，比上年降低 0.27，下降 11.3%。

本年度发生一次死亡 30 人以上特别重大事故 10 起，死亡 442 人，受伤 351 人。伤亡严重、社会影响恶劣的事故如河南航空一架 E190 机型 B3130 飞机在黑龙江伊春机场附近坠毁，造成 44 人死亡，52 人受伤；上海静安区胶州路一幢居民住宅楼火灾，造成 58 人死亡，71 人受伤（其中 16 人重伤）。

2011 年 安全生产状况趋稳向好，事故总量、重特大事故持续下降。全国发生各类生产安全事故 347728 起，死亡 75572 人，同比分别减少 15655 起、3980 人，下降 4.3% 和 5%。其中重大事故 68 起，死亡 954 人，比上年减少 6 起、74 人，分别下降 8.1% 和 7.2%；特别重大事故 4 起，死亡 159 人，比上年减少 7 起、253 人，分别下降 63.6% 和 61.4%。全年没有发生一次死亡 50 人以上的事故。工矿商贸领域事故死亡人数首次降到 1 万人以下，其中煤矿事故死亡人数首次降到 2000 人以下。全国煤矿发生事故 1201 起，死亡 1973 人，比上年减少 202 起、460 人，分别下降 14.4% 和 18.9%。煤矿百万吨死亡率由 0.749 降到 0.564，降幅 24.7%。发生道路交通事故 210812 起，死亡 62387 人，万车死亡率降到 2.80。全国亿元国内生产总值生产安全事故死亡率由上年的 0.201 降到 0.173，降幅 13.9%；工矿商贸就业人员 10 万人事故死亡率由 2.13 降到 1.88，降幅 11.7%。

本年度发生一次死亡 30 人以上特别重大事故 5 起，死亡 196 人，受伤 201 人。伤亡严重、社会影响恶劣的事故为杭州开往福州的 D3115 次动车列车追尾事故，造成 40 人死亡，172 人受伤。

2012 年 全国发生各类事故 336988 起，死亡 71983 人，与上年相比分别下降 3.1% 和 4.7%。其中重大事故 57 起，死亡 835 人，同比减少 11 起、119 人，分别下降 16.2% 和 12.5%；特别重大事故 2 起，死亡 84 人，同比减少 2 起、75 人，分别下降 50% 和 47.2%。发生煤矿事故 779 起，死亡 1384 人，比上年减少 422 起、589 人，百万吨死亡率 0.374。发生道路交通事故 204196 起，死亡 59997 人，万车死亡率 2.50。亿元国内生产总值生产安全事故死亡率 0.142，与上年相比减少 0.031，降幅 17.9%；工矿商贸 10 万从业人员事故死亡率 1.64，与上年相比下降 0.24，降幅 12.8%。

本年度发生一次死亡 30 人以上特别重大事故 3 起，死亡 124 人，受伤 57 人。

二、重点行业领域事故简述

（一）矿山事故

1. 2001 年 1 月 4 日，湖南省娄底市新化县温塘镇厚家冲煤矿发生透水事故，死亡 20 人。

2. 2001 年 1 月 5 日，广西壮族自治区来宾市泡水煤田壮大煤矿 2 号井主井发生透水事故，在井下作业的 22 名民工除 1 人逃生外，其余 21 人全部遇难身亡。

3. 2001 年 2 月 5 日，黑龙江省鸡西市平安煤矿发生瓦斯爆炸事故，死亡 37 人。

4. 2001 年 2 月 5 日，贵州省毕节地区纳雍县鬃岭镇华龙宏兴煤矿发生瓦斯爆炸事故，死亡 11 人。

5. 2001 年 2 月 9 日，贵州省毕节地区威宁县炉山镇黄泥田煤矿发生瓦斯爆炸事故，死亡 19 人。

6. 2001 年 2 月 22 日，湖南省娄底市涟源市斗笠山煤矿发生瓦斯爆炸事故，死亡 21 人。

7. 2001 年 2 月 22 日，新疆维吾尔自治区昌吉州阜康市江河乡大平滩煤矿发生中毒窒息事故，死亡 11 人。

8. 2001 年 2 月 22 日，贵州省安顺地区普定县鸡场坡乡肖家村煤矿发生瓦斯爆炸事故，死亡 10 人。

9. 2001 年 3 月 1 日，黑龙江省农垦总局鹤岗新华农场煤矿发生瓦斯爆炸事故，死亡 32 人。

10. 2001 年 3 月 3 日，贵州省清镇县新店镇鸭池河村水井边煤矿发生瓦斯爆炸事故，死亡 11 人。

11. 2001 年 3 月 7 日，河南省三门峡市义寺山金矿发生火灾，造成 10 人死亡，20 人受伤。死伤者均为一氧化碳中毒。

12. 2001 年 3 月 11 日，贵州省水城矿务局汪家寨煤矿发生瓦斯爆炸事故，死亡 16 人。

13. 2001 年 3 月 12 日，贵州省毕节地区金沙县城关镇大树子煤矿发生中毒事故，死亡 17 人。

14. 2001 年 3 月 13 日，湖南省郴州市临武县水东煤矿发生瓦斯爆炸事故，死亡 15 人。

15. 2001 年 3 月 16 日，新疆生产建设兵团农八师 142 团煤矿发生瓦斯爆炸事故，死亡 12 人。

16. 2001 年 3 月 21 日，贵州省六盘水市盘县柏果镇清水村大田煤矿发生瓦斯爆炸事故，造成 28 人死亡。

17. 2001 年 4 月 4 日，江西省上饶地区铅山县港东乡开燃煤矿发生透水事故，死亡 13 人。

18. 2001 年 4 月 6 日，陕西省铜川矿务局陈家山煤矿四采区皮带下山延伸段发生瓦斯爆炸事故，事故波及四采区轨道下山、四采区总回风下山及 412 综采放顶煤工作面等区域，造成 38 人死亡，16 人受伤（其中重伤 7 人），直接经济损失 136 万元。事故直接原因：该矿井是高瓦斯矿井，415 掘进工作面的瓦斯涌出量大，在掘进的过程中没有按《煤矿安全规程》的规定及时采取瓦斯抽放措施，致使工作面瓦斯时常超限。事故当班 415 掘进工作面的风机没有正常运行，造成瓦斯积聚，并达到爆炸界限，电器设备短路产生火花而引起瓦斯爆炸。

19. 2001 年 4 月 13 日，贵州省毕节地区赫章县妈姑镇四详煤矿发生瓦斯爆炸事故，死亡 18 人。

20. 2001 年 4 月 14 日，江西省乐平矿务局多种经营公司五路岭小井发生透水事故，死亡 19 人。

21. 2001 年 4 月 21 日，陕西省韩城矿务局下峪口煤矿多种经营公司二井发生瓦斯煤尘爆炸事故，造成 48 人死亡，1 人重伤。

22. 2001 年 5 月 3 日，河南省郑州市登封县大冶镇西施村一井（煤矿）发生瓦斯爆炸事故，造成 13 人死亡。

★23. 2001 年 5 月 7 日，黑龙江省鹤岗矿务局多种经营公司南山公司一井发生井下火灾，造成 54 人死亡。

24. 2001 年 5 月 8 日，内蒙古自治区包头市杨圪愣煤矿发生瓦斯爆炸事故，死亡 11 人。

25. 2001 年 5 月 8 日，河南省许昌市禹州市中峰集团云盖山二矿（煤矿）发生透水事故，造成 13 人死亡。

26. 2001 年 5 月 14 日，云南省曲靖市富源县富村乡合家村煤矿发生瓦斯爆炸事故，死亡 15 人。

27. 2001 年 5 月 18 日，四川省宜宾市南溪监狱青龙嘴煤矿发生透水事故，死亡 39 人（均为服刑人员）。造成事故的直接原因是，该矿西平巷 280～300 米处受断层切割，构造破坏裂隙带导通临近老煤窑采空区，受采动压力和超前应力影响，构造破坏加剧，围岩失稳，老窑水突入。该矿技术力量薄弱，地质工作程度低，对矿井及其周围的水情心中无数，是导致事故发生的重要原因。

★28. 2001 年 5 月 18 日，广西壮族自治区北海市合浦县恒大石膏矿发生冒顶事故，死亡 29 人。

29. 2001 年 5 月 20 日，四川省广安地区邻水县高登山煤矿发生瓦斯爆炸事故，造成 15 人死亡。

30. 2001 年 5 月 22 日，河北省邢台市沙河市十里亭镇煤矿发生瓦斯爆炸事故，死亡 13 人。

31. 2001 年 5 月 26 日，湖南省邵阳市隆回县大圆煤矿发生中毒窒息事故，死亡 17 人。

32. 2001 年 6 月 24 日，河南省平顶山市梨园矿务局宁庄煤矿西风井发生瓦斯爆炸事故，造成 13 人死亡。

33. 2001 年 7 月 1 日，吉林省白山市社保公司道清小井在处理副井井筒冒顶时，再次发生冒顶和溃水，将当场作业的 5 名工人埋住。在抢救过程中第三次发生冒顶和溃水，将参加抢救的 13 名矿工和 3 名救护队员埋压。历时 16 天救援，被埋的 21 人全部扒出，均已死亡。总理朱镕基作出批示，要求认真查处。

34. 2001 年 7 月 10 日，贵州省黔东南州天柱县邦洞镇炕头金矿发生透水事故，死亡 18 人。

★35. 2001 年 7 月 17 日，广西壮族自治区南丹县龙泉矿冶总厂下属的拉甲坡锡矿发生透水事故，造成拉甲坡矿和其他两个矿正在井下作业的 81 名矿工死亡（其中拉甲坡矿 59 人、龙山矿 19 人、田角锌矿 3 人）。

★36. 2001 年 7 月 22 日，江苏省徐州市贾汪镇岗子村五副井（无证非法小煤矿）发生瓦斯煤尘爆炸事故，死亡 92 人（其中女工 23 人）。

37. 2001 年 7 月 30 日，江西省景德镇市乐平县塔前镇山下村联办采石场发生坍塌事故，造成 28 人死亡。

38. 2001 年 8 月 9 日，贵州省毕节地区纳雍县阳长镇青杠坡林场煤矿发生瓦斯爆炸事故，死亡 13 人。

39. 2001 年 8 月 20 日，湖南省邵阳市邵东县两市镇联合石膏矿发生透水事故，死亡 10 人。

40. 2001 年 8 月 20 日，山东省枣庄市薛城区南石镇西家埠煤矿发生瓦斯爆炸事故，死亡 11 人。

41. 2001 年 9 月 1 日，新疆维吾尔自治区塔城地区和丰县英特格乡团结煤矿发生瓦斯爆炸事故，死亡 10 人。

42. 2001 年 9 月 6 日，贵州省六盘水市六枝特区新窑乡鸭塘村个体采石场发生坍塌事故，死亡 15 人。

43. 2001 年 9 月 13 日，山西省大同市大同实业公司大桥煤矿发生瓦斯爆炸事故，死亡 24 人。

44. 2001 年 9 月 15 日，云南省曲靖市师宗县雄壁镇大舍煤管所大普安村二煤矿发生透水事故，死亡 15 人。

45. 2001 年 10 月 13 日，贵州省六盘水市水城县双嘎乡双嘎煤矿发生瓦斯爆炸事故，死亡 11 人。

46. 2001 年 10 月 14 日，山西省太原市万柏林区西铭乡九院村太原三九集团总公司煤矿发生瓦斯爆炸事故，造成 17 人死亡。

47. 2001 年 11 月 2 日，四川省甘孜州丹巴县杨柳坪镍矿区发生火药爆炸事故，造成 13 人死亡。

48. 2001 年 11 月 14 日，山西省阳泉市盂县路家村镇青榆煤矿一坑发生瓦斯爆炸事故，死亡 11 人。

49. 2001 年 11 月 15 日，山西省吕梁地区交城县天宁镇坡底煤矿发生瓦斯爆炸事故，造成 33 人死亡。矿井负压通风系统短路，工作面风量不足造成瓦斯积聚；瓦检仪失准，不能准确检测瓦斯；工人违章爆破产生明火引起瓦斯爆炸，是造成这起事故的直接原因。

50. 2001 年 11 月 17 日，山西省大同市南郊区高山镇万家嘴村大泉湾煤矿发生瓦斯爆炸事故，造成 14 人死亡。

51. 2001 年 11 月 17 日，山东省章丘市琅沟煤矿发生透水事故，造成 13 人死亡。

52. 2001 年 11 月 17 日，山西省沁水县郑村镇湘峪煤矿发生瓦斯爆炸事故，造成 14 人死亡。

53. 2001 年 11 月 22 日，山西省吕梁地区中阳县乔家沟煤矿发生瓦斯爆炸事故，死亡 28 人。

54. 2001 年 12 月 12 日，湖南省娄底市涟源市安平镇联益煤矿发生中毒窒息事故，死亡 11 人。

55. 2001 年 12 月 23 日，河南省郑州市巩义市西村镇西洼煤矿发生透水事故，死亡 15 人。

56. 2001 年 12 月 27 日，山东省新汶矿务局汶南煤矿发生瓦斯爆炸事故，造成 22 人死亡。

57. 2001 年 12 月 28 日，浙江省富阳市常安镇塘头村采石场发生坍塌事故，死亡 10 人。

58. 2001 年 12 月 30 日，江西省丰城矿务局建新煤矿 -600 米水平东采区西翼 1008 西风巷切眼掘进工作面在爆破过程中发生煤与瓦斯突出事故，突出煤量 1396 吨，瓦斯量 86670 立方米。造成 20 人死亡，28 人受伤。直接经济损失 184.6 万元。

59. 2002 年 1 月 4 日，云南省文山州文山县德厚镇水结村余兴洪小煤窑发生瓦斯爆炸事故，造成 25 人死亡。

60. 2002 年 1 月 14 日，湖南省娄底市资江煤矿 3336 回采工作面发生煤与瓦斯突出事故，18 人中毒窒息死亡。

61. 2002 年 1 月 21 日，湖北省荆州市松滋市谭家同煤矿井下发生火灾，造成 12 人死亡。

62. 2002 年 1 月 26 日，河北省承德市承德县暖儿河煤矿发生瓦斯爆炸事故，造成 29 人死亡。

63. 2002 年 1 月 28 日，湖南省衡阳市祁东县步云桥镇山塘冲煤矿发生瓦斯爆炸事故，造成 14 人死亡。

64. 2002 年 1 月 31 日，重庆市南桐矿务局南桐矿发生瓦斯突出事故，造成 21 人死亡。

65. 2002 年 2 月 11 日，内蒙古自治区呼伦贝尔盟牙克石市免渡河红旗煤矿一井发生中毒和窒息事故，死亡 14 人。

66. 2002 年 2 月 28 日，辽宁省阜新市清河门区上下山三道壕煤矿发生火灾，造成 21 人死亡。

67. 2002 年 3 月 7 日，河南省洛阳市宜阳县城关乡焦家凹锦阳煤矿二矿发生透水事故，8 名矿工被困井下，事故发生后矿主逃匿。事故造成 7 人死亡。

68. 2002 年 3 月 29 日，河南省禹州市新峰矿务局二矿掘进工作面发生瓦斯爆炸事故，造成 23 人死亡。

69. 2002 年 4 月 2 日，江西省宜春地区宜丰县煤矿发生瓦斯爆炸事故，造成 16 人死亡。

70. 2002 年 4 月 6 日，陕西省西安市蓝田县金原铀业七九四矿发生中毒窒息事故，造成 12 人死亡。

71. 2002 年 4 月 7 日，安徽省淮北矿业集团芦岭煤矿发生中毒窒息事故，造成 13 人死亡。

72. 2002 年 4 月 8 日，黑龙江省鸡西矿业集团公司东海煤矿发生瓦斯爆炸事故，造成 24 人死亡，37 人受伤。

73. 2002 年 4 月 19 日，山西省长治市沁源县七一煤矿发生冒顶事故，造成 12 人死亡。

74. 2002 年 4 月 22 日，重庆市中梁山煤矿井下发生中毒窒息事故，造成 15 人死亡。

75. 2002 年 4 月 24 日，四川省攀枝花矿务局花山煤矿发生瓦斯爆炸事故，死亡 23 人。

76. 2002 年 4 月 25 日，河北省开滦矿务局林西煤矿发生瓦斯爆炸事故，造成 11 人死亡。

77. 2002 年 5 月 4 日，贵州省毕节地区威宁县草海白梨营村恒地煤矿发生瓦斯爆炸事故，造成 23 人死亡。

78. 2002 年 5 月 4 日，山西省运城市河津县富源煤矿发生透水事故，造成 21 人死亡。

79. 2002 年 5 月 4 日，湖南省涟源市塞海二矿（煤矿）发生煤与瓦斯突出事故，15 人中毒窒息死亡。

80. 2002 年 5 月 15 日，湖南省娄底市新化县温塘镇新源煤矿发生中毒窒息事故，造成 18 人死亡。

81. 2002 年 5 月 15 日，湖南省武冈市文坪镇红旗（宏顺）煤矿发生透水事故，造成 12 人死亡。

82. 2002 年 5 月 23 日，黑龙江省双鸭山市宝清县加成煤矿井下发生火灾，造成 17 人死亡。

83. 2002 年 5 月 26 日，湖南省娄底市涟源市枫坪镇青树村青树煤矿 - 128 米水平二石门掘进工作面发生煤与瓦斯突出事故，死亡 15 人。

84. 2002 年 5 月 30 日，湖北省恩施州巴东县绿葱坡镇窑坡老煤矿发生透水事故，造成 15 人死亡。

85. 2002 年 5 月 30 日，辽宁省朝阳市北票煤业有限责任公司冠山煤矿发生瓦斯爆炸事故，造成 15 人死亡。

★86. 2002 年 6 月 20 日，黑龙江省鸡西矿业集团城子河煤矿发生瓦斯爆炸事故，造成 124 人死亡，24 人受伤，直接经济损失约 1000 万元。

★87. 2002 年 6 月 22 日，山西省忻州地区繁峙县沙河镇义兴寨金矿发生炸药爆炸事故，死亡 38 人。

88. 2002 年 6 月 22 日，湖南省邵阳市邵东县廉桥镇深塘煤矿发生透水事故，造成 11 人死亡。

89. 2002 年 6 月 24 日，河北省张家口市蔚县涌发煤矿发生矿井水害事故，死亡 17 人。

90. 2002 年 6 月 28 日，重庆市南川县水江煤矿发生瓦斯爆炸事故，造成 13 人死亡。

91. 2002 年 7 月 2 日，陕西省韩城市桑树坪镇西沟煤矿发生透水事故，造成 15 人死亡。

92. 2002 年 7 月 2 日，湖南省涟源市斗笠山镇胜源二矿发生瓦斯爆炸事故，造成 13 人死亡。

93. 2002 年 7 月 4 日，吉林省白山市江源县富强煤矿发生瓦斯爆炸事故，造成 39 人死亡。

94. 2002 年 7 月 7 日，广东省韶关市仁化县联达煤矿发生瓦斯爆炸事故，造成 10 人死亡。

95. 2002 年 7 月 8 日，黑龙江省鹤岗市兴山区鼎盛煤矿由于井下停电，工作面停风，造成瓦斯积聚，爆破火焰引燃瓦斯爆炸，井下 44 人全部死亡。严重违章指挥、违章作业；现场管理混乱，矿长随意指挥矿井停电、停风；技术管理混乱，没有制定施工作业措施；安全管理混乱，没有执行安全规程关于停电、停风后必须撤出作业人员，送电前必须排放瓦斯的规定，是造成事故的重要原因。

96. 2002 年 7 月 15 日，山西省阳泉市大阳泉煤矿发生瓦斯爆炸事故，造成 12 人死亡。

97. 2002 年 7 月 24 日，贵州省六盘水市水城县玉舍乡陶家湾群益村煤矿发生瓦斯爆炸事故，造成 22 人死亡。

98. 2002 年 8 月 4 日，山西省临汾市霍州市赤峪煤矿劳动服务公司煤矿井下发生火灾，造成 19 人死亡。

99. 2002 年 8 月 9 日，河南省郑州煤业集团公司弋湾煤矿新平井发生透水事故，死亡 10 人。

100. 2002 年 8 月 12 日，黑龙江省鸡西市鸡东县立新煤矿五井发生瓦斯爆炸事故，造成 11 人死亡。

101. 2002 年 8 月 14 日，江西省上饶地区乐平县涌山镇发达煤矿一井发生中毒窒息事故，造成 13 人死亡。

102. 2002 年 8 月 28 日，贵州省毕节地区赫章县妈姑镇一煤矿发生透水事故，造成 16 人死亡。

103. 2002 年 9 月 3 日，湖南省娄底市双峰县秋湖煤矿发生瓦斯突出事故，死亡 39 人。该矿井开采的 4 号煤层具有严重的突出危险性，事故发生地点 3249 工作面补充切眼掘进工作面受地质构造变化和工作面周围煤体支承应力集中的影响，增大了煤层的突出危险性。没有采取"四位一体"综合防突措施①，没有进行突出危险性预测和效果检验，未能消除工作面的突出危险性。事故当班职工用手镐掏柱窝，是诱发煤与瓦斯突出事故的直接原因。

104. 2002 年 9 月 10 日，黑龙江省鹤岗市鹤山区大昌寨煤矿发生瓦斯爆炸事故，造成 13 人死亡。

---

① "四位一体"综合防突措施：突出危险性预测、防治突出措施、防治突出措施的效果检验和安全防护措施。

105. 2002 年 9 月 20 日，山西省太原市古交市屯川煤矿发生透水事故，造成 14 人死亡。

106. 2002 年 10 月 23 日，山西省吕梁地区中阳县朱家店煤矿发生瓦斯爆炸事故，造成 44 人死亡。

107. 2002 年 10 月 29 日，广西壮族自治区南宁市二塘煤矿井下发生火灾，死亡 30 人。

108. 2002 年 10 月 31 日，内蒙古自治区包头市石拐区常胜煤矿发生瓦斯爆炸事故，造成 14 人死亡。

109. 2002 年 11 月 8 日，山西省阳泉市盂县西潘乡煤矿二坑发生瓦斯爆炸事故，死亡 26 人。

110. 2002 年 11 月 9 日，吉林省白山市靖宇县赤松乡 309 煤矿发生瓦斯爆炸事故，造成 11 人死亡。

111. 2002 年 11 月 10 日，山西省晋中市灵石县两渡镇太西煤矿发生瓦斯爆炸事故，造成 37 人死亡。

112. 2002 年 11 月 14 日，云南省昆明市路南县过水沟煤矿发生瓦斯爆炸事故，造成 11 人死亡。

113. 2002 年 12 月 2 日，山西省临汾市尧都区一平坦乡阳泉沟煤矿发生瓦斯爆炸事故，造成 30 人死亡，5 人受伤。该矿井下通风系统不合理，进风巷与回风巷平面交叉，造成风流短路；局部通风机安装位置不当，工作面循环风，造成瓦斯积聚；爆破时未检查瓦斯，不按规定充填炮眼，产生明火，引起瓦斯爆炸，是造成事故的直接原因。

114. 2002 年 12 月 6 日，吉林省白城市万宝煤矿七号井+210 米水平暗井绞车房电缆线着火，引发瓦斯大爆炸，井下 30 名矿工全部遇难伤亡。直接经济损失 219.9 万元。

115. 2002 年 12 月 21 日，贵州省毕节地区金沙县新化乡中心三煤矿发生瓦斯爆炸事故，死亡 12 人。

116. 2002 年 12 月 22 日，甘肃省白银市平川区兰州金城旅游服务（集团）公司小南沟煤矿发生瓦斯爆炸事故，造成 11 人死亡。

117. 2002 年 12 月 23 日，贵州省黔南州荔波县立化镇三岔河煤矿发生瓦斯爆炸事故，造成 17 人死亡。

118. 2003 年 1 月 11 日，黑龙江省哈尔滨市方正县宝兴煤矿发生瓦斯爆炸事故，造成 34 人死亡。这次事故是由于采空区内积存大量瓦斯，并由于封闭不严，造成煤层自然发火，在进行火区封闭过程中因采取的措施不当，导致部分新鲜空气渗入采空区，使采空区瓦斯达到爆炸条件，发生爆炸。

119. 2003 年 1 月 20 日，黑龙江省鸡西矿务局梨树煤矿一区发生瓦斯爆炸事故，造成 16 人死亡。

120. 2003 年 1 月 23 日，河南省焦作矿业集团朱村煤矿 25051 掘进工作面发生煤与瓦斯突出事故，造成 19 人死亡。

121. 2003 年 2 月 16 日，山西省吕梁地区离石县王文庄煤矿发生瓦斯燃烧事故，造成 11 人一氧化碳中毒死亡。

122. 2003 年 2 月 17 日，四川省广安地区华蓥市双河镇丁家坪煤矿发生瓦斯爆炸事故，造成 13 人死亡。

123. 2003 年 2 月 22 日，山西省吕梁地区交城县五七煤矿二坑井下发生跑车事故，造成 14 人死亡。事故因违章乘坐提煤车所致。

124. 2003 年 2 月 24 日，贵州省水城矿务局木冲沟煤矿 41118 采煤工作面由于瓦斯浓度达到爆炸临界点，现场人员拨弄矿灯产生火花，引发瓦斯爆炸，造成 39 人死亡，4 人重伤，14 人轻伤。

125. 2003 年 3 月 3 日，湖南省衡阳市耒阳市大义乡永联煤矿发生透水事故，造成 10 人死亡。

126. 2003 年 3 月 4 日，贵州省毕节地区毕节市农场营镇下田湾煤矿发生透水事故，造成 17 人死亡。

127. 2003 年 3 月 5 日，河北省张家口市蔚县百草乡聚鑫煤矿发生中毒窒息事故，造成 16 人死亡。

★128. 2003 年 3 月 22 日，山西省吕梁地区孝义市驿马镇孟南庄煤矿发生瓦斯煤尘爆炸事故，造成 72 人死亡，4 人受伤。

129. 2003 年 3 月 30 日，辽宁省抚顺市新宾县孟家沟煤矿发生瓦斯爆炸事故，造成 25 人死亡。

130. 2003 年 4 月 3 日，贵州省安顺地区普定县化处镇普石煤矿发生瓦斯爆炸事故，造成 11 人死亡。

131. 2003 年 4 月 9 日，河北省邯郸市武安市玉石山煤矿发生中毒窒息事故，死亡 13 人。

132. 2003 年 4 月 16 日，湖南省娄底市涟源市七一煤矿石坝井水仓扩容掘进工作面发生突水突泥事故，在工作面作业的 16 人窒息死亡，1 人失踪（估计被埋于黄泥之中）。

133. 2003 年 4 月 16 日，贵州省六盘水市六枝工矿集团穿洞煤矿发生瓦斯爆炸事故，造成 10 人死亡。

134. 2003 年 4 月 16 日，贵州省毕节地区威宁县关丰海镇七里半管理区一私营煤矿发生瓦斯爆炸事故，造成 10 人死亡。

135. 2003 年 4 月 17 日，山西省临汾市古阳镇江水坪煤矿发生洪水淹井事故，造成 14 人死亡。

136. 2003 年 4 月 29 日，湖南省郴州市北湖区鲁塘镇积财石墨矿发生透水事故，造成 17 人死亡。

★137. 2003 年 5 月 13 日，安徽省淮北矿业集团公司芦岭矿发生瓦斯爆炸事故，造成 86 人死亡，28 人受伤，直接经济损失 1940.63 万元。

138. 2003 年 5 月 20 日，山西省临汾市安泽县唐城镇上庄村永泰煤矿（非法无证矿）掘进工作面发生瓦斯爆炸事故，造成 25 人死亡。

139. 2003 年 5 月 21 日，云南省丽江地区华坪县永兴煤炭有限公司基佐煤矿发生瓦斯爆炸事故，造成 24 人死亡。

140. 2003 年 5 月 24 日，河南省安阳市郊区安利煤矿发生透水事故，造成 15 人死亡。

141. 2003 年 6 月 9 日，甘肃省兰州市永登县哈拉沟煤矿发生煤与二氧化碳突出事故，造成 19 人死亡。

142. 2003 年 6 月 14 日，广东省韶关市乐昌市江湖煤矿发生车辆伤害事故，造成 14 人死亡，3 人重伤。

143. 2003 年 7 月 4 日，内蒙古自治区呼伦贝尔盟牙克石煤矿一井因通风队工人孙立泽在右六片回采工作面轨道巷与工作面联络川交叉点抽烟，引发瓦斯爆炸，造成 22 人死亡。

144. 2003 年 7 月 13 日，河南省登封市煤窑沟村东风煤矿井下发生水灾，死亡 21 人。

145. 2003 年 7 月 21 日，河北省邯郸县姬石煤矿发生透水事故，造成 12 人死亡。

146. 2003 年 7 月 26 日，山东省枣庄市滕州区木石煤矿发生透水事故，死亡 35 人。

147. 2003 年 7 月 26 日，江西省吉安地区吉水县石蓬煤矿发生透水事故，造成 12 人死亡。

148. 2003 年 8 月 7 日，重庆市沙坪坝区青木关镇燕窝煤矿发生透水事故，死亡 12 人。

149. 2003 年 8 月 11 日，山西省大同市左云县杏儿沟煤矿北风井掘进工作面发生瓦斯爆炸事故，造成 43 人死亡。该矿 3 号煤层（已于 1997 年采完封闭，采空区存在火区）已废弃矿井封堵不严，并有地表裂隙，有充分的供氧条件；事故前邻近煤矿由抽出式改为压入式通风，3号煤层采空区相对稳定的动态平衡被打破，供氧条件发生变化，诱发了采空区火区可燃气体爆炸。该矿"一通三防"管理和技术基础薄弱，对火区观测和瓦斯等有害气体的检测不到位。对3号煤层老火区的危害性认识不足，未能及时掌握有关灾害情况，防范措施不到位，导致事故发生。

150. 2003年8月14日，山西省阳泉煤电公司三矿发生瓦斯爆炸事故，造成28人死亡。

151. 2003年8月18日，山西省晋中市左权县辽阳镇村南村煤矿掘进工作面发生瓦斯爆炸事故，造成27人死亡。

152. 2003年8月19日，湖南省资兴矿业集团兴和煤矿发生瓦斯爆炸事故，造成10人死亡。

153. 2003年9月2日，河南省洛阳市伊川县奋进煤矿黄村井回采工作面发生煤层底板寒武纪灰岩承压水透水事故，造成矿井被淹，16人死亡。直接经济损失1234万元。

154. 2003年9月8日，贵州省毕节地区金沙县新化乡乌龙煤矿发生瓦斯爆炸事故，造成10人死亡，2人重伤。

155. 2003年9月10日，重庆市秀山县川河煤矿发生透水事故，造成18人死亡。

156. 2003年9月11日，陕西省韩城矿务局桑树坪煤矿发生透水事故，造成15人死亡。

157. 2003年9月21日，江西省乐平矿务局东方红煤矿发生跑车事故，造成10人死亡，1人受伤。

158. 2003年10月2日，云南省曲靖市沾益县东山镇小凹子煤矿发生瓦斯爆炸事故，造成10人死亡，1人重伤。

159. 2003年10月6日，湖南省涟源市安平镇联营煤矿发生中毒窒息事故，造成10人死亡。

160. 2003年10月9日，河南省登封市送表乡昌达煤矿发生透水事故，造成17人死亡。

161. 2003年10月17日，重庆市北碚区天府矿务局三汇一矿发生中毒和窒息事故，造成10人死亡。

162. 2003年10月28日，重庆市綦江县万隆煤矿发生中毒和窒息事故，造成14人死亡。

163. 2003 年 11 月 12 日，吉林省通化矿务局湾沟煤矿兴湾二井发生瓦斯爆炸事故，造成 15 人死亡。

164. 2003 年 11 月 12 日，贵州省黔西南州兴仁县城关镇老鹰岩采石场发生坍塌事故，造成 11 人死亡。

★165. 2003 年 11 月 14 日，江西省丰城矿务局建新煤矿发生瓦斯爆炸事故，造成 51 人死亡，5 人轻伤。造成事故的原因是：1010 工作面进风（运输）顺槽 2 孔洞密闭内突出的浮煤自燃，引燃孔洞内聚集的瓦斯，引起爆炸。

166. 2003 年 11 月 15 日，云南省昭通地区威信县柳尾巴煤矿发生煤与瓦斯突出事故，致使 11 人窒息死亡。

167. 2003 年 11 月 21 日，黑龙江省鸡西市鸡东县兴农煤炭开发集团公司兴运煤矿发生瓦斯爆炸事故，造成 19 人死亡。

168. 2003 年 11 月 22 日，河南省平顶山市汝州市联营孙店煤矿发生瓦斯爆炸事故，造成 23 人死亡，3 人重伤，17 人轻伤。

169. 2003 年 12 月 7 日，河北省张家口市蔚县隆泰煤矿发生瓦斯爆炸事故，造成 20 人死亡，1 人重伤。

★170. 2003 年 12 月 23 日，位于重庆市开县高桥镇晓阳村的中国石油天然气集团公司西南油气田分公司川东北气矿罗家 16H 井发生井喷事故，造成 243 人死亡（其中钻井队职工 2 人，井场周围居民 241 人，均为硫化氢中毒死亡），2142 人受伤害住院治疗，9 万余人被紧急疏散安置，直接经济损失 9262.71 万元。

171. 2003 年 12 月 26 日，河北省邯郸市武安市北岭煤矿发生火灾，造成 26 人死亡。

172. 2004 年 1 月 6 日，湖南省郴州市宜章县梅田镇罗卜远煤矿发生煤与瓦斯突出事故，造成 10 人死亡。

173. 2004 年 2 月 2 日，河北省保定市易县河北新光化工有限公司新建的乳化炸药生产线进行试车时发生爆炸，造成 13 人死亡，1 人受伤。

174. 2004 年 2 月 11 日，贵州省六盘水市钟山区汪家寨镇尹家地煤矿发生瓦斯爆炸事故，造成 25 人死亡，7 人受伤。

175. 2004 年 2 月 23 日，黑龙江省鸡西煤业集团穆棱公司百兴煤矿 13 号煤层东一掘进工作面当班瓦斯检查员严重违章，上班时脱岗，没有及时接风筒，致使该工作面处于微风、无风状态，造成瓦斯大量积聚并达到爆炸条件；工人违章拆卸矿灯，矿灯短路产生火花，引起瓦斯爆炸，死亡 37 人。

176. 2004 年 3 月 1 日，山西省晋中市介休市连福镇金山坡煤矿发生瓦斯爆炸事故，造成 28 人死亡。

177. 2004 年 3 月 12 日，贵州省毕节地区毕节市杨家湾镇华祥煤矿发生瓦斯爆炸事故，造成 14 人死亡。

178. 2004 年 3 月 29 日，湖南省娄底市涟源市斗笠山煤业公司香花台井-300米水平在安装水泵时发生瓦斯爆炸事故，造成 12 人死亡。

179. 2004 年 4 月 10 日，黑龙江省鸡西市鸡东县哈达镇先锋村正阳煤矿发生瓦斯爆炸事故，造成 10 人死亡。

180. 2004 年 4 月 11 日，河南省郑州煤电集团公司超化煤矿发生透水事故，12 名矿工被困井下。经抢救，到 4 月 16 日上午 8 时，被困者全部脱险。

181. 2004 年 4 月 14 日，福建省龙岩市雁石镇大吉村林坑煤矿井下发生火灾，11 人死亡，1 人受伤。

182. 2004 年 4 月 30 日，山西省临汾地区梁家河煤矿因违章作业引发瓦斯爆炸事故，死亡 36 人，13 人受伤。

183. 2004 年 4 月 30 日，内蒙古自治区乌海市海南区鑫源煤矿发生透水事故，造成 15 人死亡（其中 2 人失踪）。

184. 2004 年 5 月 13 日，黑龙江省七台河（精煤）集团新兴煤矿发生瓦斯爆炸事故，造成 12 人死亡。

185. 2004 年 5 月 18 日，山西省吕梁地区交口县双池镇蔡家沟煤矿发生瓦斯煤尘爆炸，造成 33 人死亡。该矿煤尘具有爆炸危险性，不按规定采取防尘措施，井下生产运输过程中大量煤尘飞扬，致使井下维修硐室的煤尘达到爆炸浓度；工人违章在维修硐室焊接三轮车时产生的高温焊弧引爆煤尘。

186. 2004 年 5 月 23 日，甘肃省张掖地区山丹县平坡矿区吴涛煤矿发生透水事故，造成 17 人死亡。

187. 2004 年 6 月 3 日，河北省邯郸市邯郸县康庄乡鸿达煤矿发生瓦斯燃烧事故，造成 14 人死亡，21 人受伤。

188. 2004 年 6 月 6 日，北京市门头沟区京煤集团大安山煤矿 920 米水平西翼后槽采区东四石门一煤巷发生冒顶事故，造成 10 人死亡。

189. 2004 年 6 月 9 日，贵州省六盘水市六枝特区落别乡永六煤矿发生瓦斯爆炸事故，造成 10 人死亡。

190. 2004 年 6 月 10 日，吉林省万宝煤矿红旗二井井下电缆爆破引起火灾，造成 11 人死亡，3 人受伤。

191. 2004 年 6 月 15 日，陕西省黄陵县一煤矿 300 工作面顺槽发生瓦斯爆炸事故，造成 23 人死亡，1 人重伤，16 人轻伤。

192. 2004 年 6 月 16 日，湖北省咸宁市阳新县白沙镇鹏凌公司铜矿井下发生透水事故，造成 11 人死亡。

193. 2004 年 7 月 10 日，山西省临汾市翼城县王庄乡钢宝铁矿井下爆破后，有 5 人被困井下，矿方先后两次组织人员下井抢救，致使事故扩大，共造成 11 人死亡，死者均为炮烟中毒而死。

194. 2004 年 7 月 14 日，贵州省遵义市桐梓县茅石乡茅龙煤矿因现场作业人员拆卸矿灯引发瓦斯爆炸，造成 19 人死亡。

195. 2004 年 7 月 14 日，湖南省湘潭市湘潭县谭家山镇双扶煤矿发生电缆着火事故，造成 10 人死亡，15 人受伤。

196. 2004 年 7 月 19 日，山西省朔州市怀仁县芦子沟煤矿发生瓦斯爆炸事故，造成 12 人死亡。

197. 2004 年 7 月 26 日，湖南省娄底市涟源市安平镇银广石煤矿发生煤与瓦斯突出事故，造成 16 人死亡。

198. 2004 年 8 月 6 日，山西省运城市河津县小湾煤矿井下发生瓦斯爆炸事故，造成 21 人死亡，22 名救护队员轻伤。

199. 2004 年 9 月 4 日，贵州省毕节地区金沙县城关镇安德胜煤矿发生瓦斯爆炸事故，造成 11 人死亡，1 人轻伤。

200. 2004 年 9 月 5 日，贵州省毕节地区赫章县妈姑镇六合煤矿发生透水事故，造成 10 人死亡。

201. 2004 年 9 月 9 日，云南省曲靖市富源县竹园镇团结煤矿采煤工作面发生冒顶事故，造成 10 人死亡。

202. 2004 年 10 月 18 日，四川省雅安市宝兴县宇通石材公司陇东大沟头大理石矿场发生岩体垮塌事故，造成 14 人死亡，2 人重伤，7 人轻伤。

★203. 2004 年 10 月 20 日，河南省郑州煤业集团公司大平煤矿石门揭煤时发生煤与瓦斯突出，后又发生瓦斯爆炸事故，造成 148 人死亡，35 人受伤（重伤 5 人），直接经济损失 3935.7 万元。

204. 2004 年 10 月 20 日，河北省邯郸市武安市德盛煤矿发生透水事故，当时井下有作业人员 63 人，其中 29 人死亡。

205. 2004 年 10 月 20 日，重庆市松藻矿务局逢春煤矿发生瓦斯突出事故，造成 13 人死亡。

206. 2004 年 10 月 22 日，贵州省黔西南州贞丰县挽澜联营煤矿发生瓦斯爆炸事故，造成 15 人死亡，3 人受伤。

207. 2004 年 10 月 30 日，辽宁省抚顺矿业集团公司西露天矿坑下平硐采空区发生大面积垮落，造成大量有害气体涌入采煤工作面，致使在该处作业的 15 人中毒死亡。

208. 2004 年 11 月 5 日，山西省朔州市平鲁区石崖湾煤矿 301 盘区掘进工作面发生瓦斯爆炸事故，造成 16 人死亡。

209. 2004 年 11 月 11 日，河南省平顶山市鲁山县新生煤矿发生瓦斯爆炸事故，死亡 34 人，重伤 1 人，轻伤 4 人。该矿二号作业巷作业面无风，瓦斯积聚，浓度达到爆炸界限；煤电钻电缆短路，产生放电火花引起瓦斯煤尘爆炸。矿井通风系统混乱。风井出煤，主要通风机风流短路；井下大串联通风；作业地点无风或微风作业，因此发生事故。

210. 2004 年 11 月 13 日，四川省成都市彭州市白鹿镇宏盛煤矿发生瓦斯爆炸事故，造成 19 人死亡，7 人受伤。

★211. 2004 年 11 月 20 日，河北省邢台市沙河市白塔镇李生文铁矿发生火灾，烟气蔓延到与其相通的其他四个矿井，致使 119 名矿工被困井下，经救援，51 人生还，70 人死亡。

212. 2004 年 11 月 23 日，山西省太原市万柏林区王封乡王封村红花沟煤矿井下发生瓦斯爆炸事故，造成 12 人死亡。

★213. 2004 年 11 月 28 日，陕西省铜川矿务局陈家山煤矿发生瓦斯爆炸事故，造成 166 人死亡，5 人重伤，36 人轻伤，直接经济损失 4165.9 万元。

214. 2004 年 12 月 1 日，贵州省六盘水市盘县淤泥乡说么备煤矿发生瓦斯爆炸事故，造成 16 人死亡，4 人受伤。

215. 2004 年 12 月 9 日，山西省阳泉市盂县南娄镇大贤三坑（镇办煤矿）发生瓦斯爆炸事故，当班下井 71 人，其中 43 人自行出井，28 人死亡。后又有出井的 5 名工人下井施救，结果 5 人全部死亡。此次事故共造成 33 人死亡。

216. 2004 年 12 月 12 日，贵州省铜仁地区思南县许家坝镇天池煤矿一号上山在掘进过程中，由于没有采取探放水措施，接近了与煤层立体斜交的陷伏的岩溶溶洞，发生透水事故，造成 36 人死亡（其中 15 人失踪），直接经济损失 783 万元。该矿水文地址情况不明，没有设计方案和探放水设备，井下多处布置作业点，长期采用只有一个安全出口的巷道式采煤方式生产，导致事故发生并使大量工人遇难。

217. 2004 年 12 月 13 日，湖南省湘潭市湘潭县谭家山镇立新煤矿井下 -480 米水平发生火灾，造成 18 人死亡，3 人受伤。

218. 2004 年 12 月 19 日，四川省宜宾市兴文县银方矿业有限责任公司煤矿井下发生煤与瓦斯突出事故，造成 14 人死亡，3 人受伤。

219. 2004 年 12 月 22 日，山西省临汾市乡宁县南午沟煤矿发生有害气体窒息事故，造成 13 人死亡，1 人受伤。

220. 2004 年 12 月 31 日，湖南省郴州市嘉禾县行廊镇珍珠岭煤矿发生煤与瓦斯突出事故，造成 10 人死亡。

221. 2005 年 1 月 12 日，河南省洛阳市宜阳县城关乡乔岩煤矿因工人井下拆卸矿灯引起瓦斯燃烧事故，造成 11 人死亡，16 人受伤。

222. 2005 年 1 月 16 日，重庆市南川区城南街道办事处云华煤业有限公司煤矿井下发生煤与瓦斯突出事故，造成 12 人死亡。

★223. 2005 年 2 月 14 日，辽宁省阜新矿业集团孙家湾煤矿海州立井发生瓦斯爆炸事故，造成 214 人死亡，30 人受伤，直接经济损失 4968.9 万元。

224. 2005 年 2 月 15 日，云南省曲靖市富源县竹园镇松林村一无证煤矿发生瓦斯爆炸事故，造成 27 人死亡，15 人受伤。

225. 2005 年 3 月 9 日，山西省吕梁地区交城县岭底乡香源沟煤矿发生瓦斯爆炸事故，造成 29 人死亡。

226. 2005 年 3 月 14 日，黑龙江省七台河精煤集团公司新富煤矿现场人员带电更换矿灯灯泡，产生的火花引发瓦斯爆炸，造成 18 人死亡。

227. 2005 年 3 月 17 日，重庆市奉节县新政乡苏龙寺煤矿发生瓦斯爆炸事故，造成 19 人死亡。

★228. 2005 年 3 月 19 日，山西省朔州市平鲁区细水煤矿发生瓦斯爆炸事故，爆炸波及邻近的康家窑煤矿，造成两处煤矿共 72 人死亡，直接经济损失 2021.5 万元。

229. 2005 年 3 月 28 日，山西省大同矿务局塔山煤矿（基建矿井）工作面发生冲击地压事故，造成 11 人死亡。

230. 2005 年 4 月 1 日，湖南省郴州市桂阳县荷叶镇贵达煤矿（无证）主斜井距井口 250 米处发生透溶洞水，造成相邻的石灰窑煤矿（也是无证矿）井下 20 名作业人员死亡。

231. 2005 年 4 月 5 日，重庆市天府矿业有限公司三汇一矿井下发生煤与瓦斯突出事故，造成 23 人死亡。

232. 2005 年 4 月 15 日，贵州省黔西南州安龙县龙山镇龙公煤矿井下发生瓦斯爆炸事故，造成 10 人死亡，3 人轻伤。

233. 2005 年 4 月 23 日，河南省许昌市禹州市苌庄乡梨园沟福顺煤矿井下发生火灾，造成 12 人死亡。

234. 2005 年 4 月 24 日，吉林省蛟河市腾达煤矿发生透水事故，69 人被困井下，经救援 39 人生还，30 人死亡。直接经济损失 783 万元。该矿在掘进中违法越界开采防水煤柱，爆破导通原蛟河煤矿采空区积水，水流泄入腾达煤矿，导致事故发生。

235. 2005 年 4 月 26 日，内蒙古自治区乌海市海南区康海煤矿 16 井发生瓦斯爆炸事故，造成 12 人死亡。

236. 2005 年 4 月 28 日，陕西省渭南市韩城市西韩工贸公司上峪口煤矿发生瓦斯爆炸事故，造成 22 人死亡。

237. 2005 年 4 月 30 日，贵州省毕节地区纳雍县鬃岭镇嫩草冲煤矿井下发生瓦斯爆炸事故，造成 12 人死亡，4 人受伤。

238. 2005 年 5 月 5 日，内蒙古自治区兴安盟突泉县万隆煤矿发生瓦斯爆炸事故，造成 12 人死亡。

239. 2005 年 5 月 12 日，四川省攀枝花市仁和区松杰有限责任公司金江畔煤矿发生瓦斯爆炸事故，造成 21 人死亡，10 人受伤。

240. 2005 年 5 月 13 日，山西省晋中市和顺县隆华煤业有限公司二井发生瓦斯爆炸事故。当时井下有 31 名矿工作业，事故发生后，15 人自行出井，15 人死亡，1 人受轻伤。

241. 2005 年 5 月 15 日，河南省平顶山煤业集团四矿矸石山发生自燃崩塌事故，造成 8 人死亡，123 人受伤（其中 6 人伤势较重，15 人因吸入热气流呼吸道受伤需要手术处理），直接经济损失约 1000 万元。

★242. 2005 年 5 月 19 日，河北省承德市暖儿河煤矿井下发生瓦斯爆炸事故，当时井下有 85 人作业，其中 50 人死亡，17 人受伤（其中重伤 6 人），直接经济损失 4458 万元。

243. 2005 年 5 月 20 日，山西省临汾市蒲县克城镇后沟煤矿井下发生瓦斯爆炸事故，并波及邻近的沙坪子煤矿，造成后沟煤矿 14 人死亡，沙坪子煤矿 6 人死亡，两矿共死亡 20 人。

244. 2005 年 5 月 28 日，福建省龙岩市新罗区雁石镇坂尾村赤坑煤矿发生透水事故，造成 10 人死亡。

245. 2005 年 6 月 8 日，湖南省娄底市冷水江市资江煤矿 -200 米水平四石门揭煤时发生煤与瓦斯突出事故，当时井下有 232 名作业人员，造成 22 人死亡，6 人重伤，94 人轻伤。

246. 2005 年 7 月 2 日，山西省忻州市宁武县阳方口镇贾家堡煤矿接替井矿井因总风量严重不足，下山采区 511 掘进工作面局部通风机安装位置违反《煤矿安全规程》规定，造成该工作面形成循环风，使瓦斯局部积聚并达到爆炸浓度；未使用煤矿许用炸药，未使用炮泥、水炮泥填塞炮眼，爆破产生火焰引起瓦斯爆炸。巷道煤尘参与爆炸。当时报告死亡 19 人，11 人受伤。后经调查核实，该矿瞒报 17 人，将 17 名死亡者尸体分别转移至内蒙古自治区乌兰察布市人民医院、集宁区火葬场和丰镇县等地。这次事故共造成 36 人死亡，11 人受伤。

247. 2005 年 7 月 7 日，江西省萍乡市上栗区赤山镇永胜煤矿（未取得安全生产许可证）发生透水事故，造成 15 人死亡。

★248. 2005 年 7 月 11 日，新疆维吾尔自治区昌吉回族自治州阜康市神龙有限责任公司煤矿发生瓦斯爆炸事故，造成 83 人死亡，4 人受伤。

249. 2005 年 7 月 14 日，广东省梅州市兴宁市罗岗镇福胜煤矿发生透水事故，造成 16 人死亡。

250. 2005 年 7 月 19 日，陕西省铜川市印台区金锁五矿（煤矿）发生瓦斯爆炸事故，当时井下有 40 名作业人员，其中 14 人安全出井，26 人死亡。

251. 2005 年 7 月 27 日，贵州省贵阳市开阳县高寨乡枫香坡煤矿发生瓦斯爆炸事故，造成 14 人死亡。

252. 2005 年 8 月 2 日，河南省许昌市禹州市文殊镇兴发煤矿井下采煤工作面采空区瓦斯大量涌出，造成 27 人窒息死亡。

253. 2005 年 8 月 3 日，河北省邯郸市邯郸县康庄乡桃顶山煤矿井下发生火灾，造成 13 人死亡。

★254. 2005 年 8 月 7 日，广东省梅州市兴宁市大兴煤矿井下发生透水事故，造成 121 人死亡。

255. 2005 年 8 月 8 日，贵州省六盘水市水城县发耳乡湾子煤矿发生瓦斯爆炸事故，造成 17 人死亡。

256. 2005 年 8 月 19 日，吉林省吉林市舒兰矿务局丰广煤矿五井井下发生透水事故，造成 16 人死亡。

257. 2005 年 8 月 25 日，贵州省遵义市仁怀县大坝镇竹林湾煤矿发生煤与瓦斯突出事故，造成 15 人死亡。

258. 2005 年 9 月 6 日，山西省吕梁市中阳县技柯镇煤矿二坑发生瓦斯燃烧事故，造成 17 人死亡。

259. 2005 年 9 月 10 日，贵州省黔东南州天柱县凤城镇大豪煤矿发生透水事故，造成 10 人死亡。

260. 2005 年 9 月 11 日，黑龙江省双鸭山市金源煤矿井下发生火灾，造成 15 人死亡。事故由电缆爆破引燃木棚引起。

261. 2005 年 9 月 15 日，陕西省延安市黄陵县苍村乡七丰村沟西煤矿小北巷掘进头发生瓦斯爆炸事故，造成 12 人死亡，2 人受伤。事故发生后，矿主隐瞒不报，后经群众举报查实。

262. 2005 年 9 月 19 日，江西省地方煤炭工业公司昌丰煤矿发生瓦斯爆炸事故，造成 10 人死亡，4 人受伤（其中 3 人重伤）。

263. 2005 年 10 月 3 日，河南省鹤壁煤业集团二矿发生瓦斯爆炸事故，造成 34 人死亡，1 人重伤，18 人轻伤。该矿为高瓦斯矿井，2005 年 8 月鉴定矿井绝对瓦斯涌出量 18.90 立方米/分钟，相对瓦斯涌出量 11.37 立方米/吨。打眼工不知道作业规程和打眼的相关规定，爆破员不按作业规程的要求爆破，是导致事故发生的直接原因。已爆破的 17 号顶煤预裂孔孔口距离切顶线 0.9 米。经专家测算，该预裂孔装药段位置至采空区一侧自由面的最小抵抗线不足 0.5 米。在实施 17 号孔顶煤预裂爆破时，引起附近采空区内积聚的瓦斯爆炸。

264. 2005 年 10 月 4 日，四川省广安市广安区四川省煤炭产业集团公司广能集团龙滩煤矿井下发生透水事故，造成 28 人死亡。

265. 2005 年 10 月 4 日，新疆维吾尔自治区拜城县吐尔乡煤矿 1 号井发生瓦斯爆炸事故，造成 14 人死亡。

266. 2005 年 10 月 23 日，贵州省黔西南州晴隆县中营镇中兴煤矿发生瓦斯爆炸事故，造成 17 人死亡，1 人轻伤。

267. 2005 年 10 月 27 日，新疆维吾尔自治区塔城地区乌苏市电站沟中兴煤矿发生瓦斯爆炸事故，造成 16 人死亡。

268. 2005 年 10 月 31 日，山西省忻州原平市长梁沟镇坟合峁煤矿发生瓦斯爆炸事故，并波及与其相邻的小三沟煤矿，造成 17 人死亡（其中坟合峁煤矿死亡 15 人，小三沟煤矿死亡 2 人），1 人受伤。

★269. 2005 年 11 月 6 日，河北省邢台市邢台县会宁镇尚汪庄康立石膏矿发生坍塌事故，波及太行、林旺石膏矿，直接塌陷区直径约 60 米，波及范围约 600 米×800 米，造成康立、太行两矿生活区的十多间平房和一座二层职工宿舍楼房倒塌，共造成 37 人死亡（其中 4 人失踪），40 人受伤。

270. 2005 年 11 月 6 日，山西省太原市清徐县东于镇太平煤矿发生瓦斯爆炸事故，死亡 16 人。

271. 2005 年 11 月 11 日，内蒙古自治区乌海市乌达区巴音赛焦煤有限责任公司煤矿发生瓦斯爆炸事故，造成 16 人死亡，3 人受伤。

272. 2005 年 11 月 18 日，贵州省六盘水市水城县蟠龙乡沙沟煤矿发生瓦斯爆炸事故，当班井下有 25 名作业人员，其中 9 人安全升井，16 人死亡。

273. 2005 年 11 月 19 日，河北省邢台市内丘县远大煤矿发生透水事故，造成14人死亡。

274. 2005年11月25日，河北省邯郸市武安市团城乡高村煤矿井下发生透水事故，造成18人死亡。

★275. 2005年11月27日，黑龙江省龙煤集团七台河分公司东风煤矿发生煤尘爆炸事故，死亡171人，受伤48人。

★276. 2005年12月2日，河南省洛阳市新安县石寺镇寺沟煤矿发生透水事故，造成42人死亡。

277. 2005年12月2日，贵州省六盘水市水城县阿嘎乡仲河煤矿发生瓦斯爆炸事故，造成16人死亡。

★278. 2005年12月7日，河北省唐山市开平区恒源实业公司（刘官屯煤矿）发生瓦斯煤尘爆炸事故，造成108人死亡，29人受伤，直接经济损失4870.67万元。

279. 2005年12月24日，贵州省盘县响水煤矿发生煤与瓦斯突出事故，突出煤量2500吨，突出瓦斯约110万立方米。突出的瓦斯冲出井口后扩散，遇地面火源引起瓦斯燃烧。事故造成12人死亡，直接经济损失354.6万元。

280. 2005年12月28日，山西省大同市左云县店湾镇范家寺煤矿发生透水事故，造成20人死亡（失踪）。事故发生后该矿隐瞒不报，后经群众举报核实。

281. 2006年1月5日，安徽省淮南矿业集团公司望峰岗煤矿（基建矿井）主井井筒在施工中发生瓦斯突出事故，造成12人死亡。

282. 2006年2月1日，山西省晋城煤业公司寺河煤矿发生瓦斯爆炸事故，当时井下有作业人员697人，其中23人死亡，6人重伤，47人轻伤。该矿核定生产能力1080万吨/年，2002年11月投产。

283. 2006年2月10日，河南省郑州煤炭工业集团公司马岭山煤炭有限责任公司煤矿发生煤与瓦斯突出事故，造成15人死亡。

284. 2006年2月23日，山东省枣庄矿业集团联创公司（原陶庄煤矿）-525米水平16108回采工作面发生煤尘爆炸事故，造成18人死亡，9人轻伤。

285. 2006年2月25日，湖南省邵阳市隆回县大圆煤矿3352机巷掘进工作面，在实施防突措施打切槽时发生煤与瓦斯突出事故，造成18人死亡，2人轻伤。

286. 2006年3月12日，湖南省郴州市永兴县香梅乡高坪煤矿发生煤与瓦斯突出事故，当班有11人下井作业，全部死亡。

287. 2006年3月13日，内蒙古自治区鄂尔多斯市鄂托克旗荣盛煤矿井下发生瓦斯爆炸事故，造成21人死亡，2人重伤，12人轻伤。

288. 2006 年 3 月 18 日，山西省吕梁地区临县胜利煤焦有限责任公司樊家山煤矿井下掘进工作面发生透水事故，当班井下有 58 人作业，其中 30 人安全升井，28 人死亡。

289. 2006 年 3 月 26 日，贵州省兖矿贵州能化有限责任公司五轮山煤矿发生煤与瓦斯突出事故，当班井下有 104 人作业，其中 80 人安全升井，15 人死亡，9 人受伤。

290. 2006 年 4 月 6 日，湖南省娄底市冷水江市毛易镇东塘煤矿发生煤与瓦斯突出事故，造成 9 人死亡，其中女工 4 人。

291. 2006 年 4 月 9 日，黑龙江省鸡西市密山市秦有棉煤矿发生透水事故，造成 12 人死亡。

292. 2006 年 4 月 16 日，贵州省盘江煤电集团公司老屋基洗煤厂矸石山因村民私自挖煤泥而发生滑坡，6 名村民被掩埋致死。

293. 2006 年 4 月 26 日，河南省平顶山市郏县大刘山煤业分公司煤矿（隶属河南原田集团有限公司）发生瓦斯爆炸事故，造成 11 人死亡，18 人受伤。

294. 2006 年 4 月 29 日，陕西省延安市子长县瓦窑堡煤矿井下发生瓦斯爆炸事故，造成 32 人死亡。该矿通风系统不合理，6 个采掘工作面相互串联，长期处于微风甚至无风状态，瓦斯检查缺失，不执行"一炮三检"制度，违章爆破引起瓦斯爆炸。

295. 2006 年 4 月 30 日，陕西省商洛市镇安县黄金有限公司尾矿库发生溃坝事故，外泄尾矿砂量约 20 万立方米，冲毁居民房屋 76 间，造成 17 人死亡（失踪），5 人受伤。

296. 2006 年 5 月 2 日，贵州省毕节地区威宁县东风镇一非法小煤窑发生瓦斯燃烧事故，造成 15 人死亡。

297. 2006 年 5 月 7 日，四川省宜宾市兴文县石林镇坳田煤矿发生煤与瓦斯突出事故，造成 11 人死亡，9 人受伤。

★298. 2006 年 5 月 18 日，山西省大同市左云县张家场乡新井煤矿发生透水事故，造成 56 人死亡。

299. 2006 年 6 月 28 日，辽宁省阜新矿业集团五龙煤矿发生瓦斯爆炸事故，造成 32 人死亡，31 人轻伤。事故直接原因：发生事故的 332 采区集中带式输送机机尾处的盲巷密闭失修，未及时修复，瓦斯渗出，其浓度达到爆炸界限，该处下部煤炭氧化自燃，产生高温火点，导致发生瓦斯爆炸事故。

★300. 2006 年 7 月 15 日，山西省晋中市灵石县蔺家庄煤矿发生爆炸事故，造成 53 人死亡。

301. 2006 年 7 月 15 日，贵州省安顺市紫云县坝羊乡偏坡院煤矿井下发生透水事故，造成 18 人死亡。

302. 2006 年 7 月 24 日，河北省张家口市蔚县水东煤矿北翼井井下发生火药爆炸事故，造成 17 人死亡。

303. 2006 年 7 月 29 日，云南省曲靖市富源县滇东能源公司白龙山煤矿掘进工作面发生煤与瓦斯突出事故，造成 11 人死亡。

304. 2006 年 8 月 4 日，山西省忻州市宁武县西马坊乡大辉窑沟煤矿井下发生有害气体中毒事故，造成 18 人死亡，13 人受伤。

305. 2006 年 8 月 13 日，新疆维吾尔自治区昌吉州阜康市广源煤矿发生冒顶事故，造成 13 人死亡，1 人重伤。

306. 2006 年 9 月 30 日，黑龙江省鸡西市鸡东县哈达天龙煤矿井下发生瓦斯爆炸事故，造成 13 人死亡。

307. 2006 年 10 月 5 日，黑龙江省哈尔滨市方正县宝兴煤矿掘进工作面发生透水事故，造成 10 人死亡。此次事故是因掘穿老窑水仓引起。

308. 2006 年 10 月 6 日，四川省宜宾市芙蓉煤矿井下发生瓦斯爆炸事故，当时井下有 51 人作业，造成 13 人死亡，7 人受伤。

309. 2006 年 10 月 16 日，河北省邯郸市峰峰矿区隆鑫煤矿井下绞车房发生火灾，当时井下有 64 人作业，其中 13 人死亡，22 人受伤。

310. 2006 年 10 月 24 日，山西省太原市万柏林区靶沟煤矿井下掘进工作面发生火药爆炸事故，造成 11 人死亡。

311. 2006 年 10 月 26 日，吉林省白山市新宇煤矿二井回采工作面发生瓦斯爆炸事故，造成 11 人死亡。

312. 2006 年 10 月 28 日，新疆生产建设兵团农六师兴亚能建化实业总公司第一煤矿（位于米泉市铁厂沟矿区）井下发生煤尘爆炸事故，造成 14 人死亡，2 人受伤。

313. 2006 年 10 月 31 日，甘肃省靖远煤业公司魏家地煤矿发生瓦斯爆炸事故，造成 29 人死亡，6 人重伤，13 人轻伤。直接经济损失 995.70 万元。事故直接原因：该矿 1109 综采放顶煤工作面瓦斯排放巷靠近工作面 28 米的一段与采空区相连，该段巷道内瓦斯处于超限状态得不到处理，造成瓦斯积聚并达到爆炸界限；6 号联络巷口向工作面侧 14~17 米处瓦斯排放巷内的金属锚杆的螺母或金属托板，受巷道顶帮压力的突然挤压崩落时与锚杆高速摩擦（捋丝）产生的火花，引爆了该段巷道内积聚的瓦斯，发生爆炸。

★314. 2006 年 11 月 5 日，山西省大同煤矿集团轩岗煤电公司焦家寨煤矿发生瓦斯爆炸，造成 47 人死亡，2 人受伤，直接经济损失 1213.03 万元。

315. 2006 年 11 月 7 日，山西省太原市万柏林区王封乡冀家沟村土圈头煤矿掘进工作面发生透水事故，造成 10 人死亡。

316. 2006 年 11 月 8 日，湖南省衡阳市耒阳市泗门洲镇新坡村煤矿掘进工作面发生瓦斯爆炸事故，造成 13 人死亡，3 人重伤，2 人轻伤。

★317. 2006 年 11 月 12 日，山西省晋中市灵石县王禹乡南山煤矿井下炸药库发生燃烧事故，造成 34 人死亡。导致这次事故的直接原因是：井下爆炸品材料库违规存放 5.2 吨化学性质不稳定、易自燃的含有氯酸盐的铵油炸药，由于库内积水潮湿、通风不良，加剧炸药中氯酸盐与硝酸铵分解放热反应，热量不断积聚导致炸药自燃，并引起库内煤炭和木支护材料燃烧。

318. 2006 年 11 月 25 日，云南省曲靖市富源县后所镇昌源煤矿发生瓦斯爆炸事故，造成 32 人死亡，2 人重伤，26 人轻伤。事故直接原因：矿井通风系统不完善，局部通风管理混乱，作业地点风量严重不足，瓦斯聚集达到爆炸浓度界限；煤电钻综合保护装置供电电缆绝缘损坏，造成芯线短路，产生火花，引起瓦斯爆炸。

319. 2006 年 11 月 25 日，黑龙江省鸡西市恒山区远华煤矿掘进工作面发生瓦斯爆炸事故，造成 28 人死亡。

320. 2006 年 11 月 26 日，山西省临汾市尧都区河底乡芦苇滩煤矿 2110 回采工作面发生瓦斯爆炸事故，造成 24 人死亡。

321. 2006 年 11 月 29 日，甘肃省武威市天祝县炭山岭镇一煤矿采煤工作面发生瓦斯爆炸事故，造成 11 人死亡。

322. 2006 年 12 月 3 日，湖南省涟源市安平镇观音一矿井下 3155 回采工作面发生煤与瓦斯突出事故，造成 12 人死亡。

323. 2006 年 12 月 13 日，湖南省衡阳市常宁县裕民煤矿因爆破员违章在工作面爆破诱导煤与瓦斯突出，造成未撤离工作面的 12 名作业人员被突出的煤炭掩埋窒息死亡。

324. 2007 年 1 月 12 日，山西省忻州市宁武县花北屯乡牛心会煤矿（基建矿，设计年生产能力 9 万吨，低瓦斯矿井）发生瓦斯爆炸事故，造成 13 人死亡，4 人重伤，5 人轻伤。事故发生后矿主隐瞒不报，后经群众举报核实。

325. 2007 年 1 月 16 日，内蒙古自治区包头市东河区壕赖沟超越铁矿一、二、三竖井相继发生透水事故，当时井下有 35 人被困，经抢救 6 人生还，29 人死亡。直接经济损失 1420 万元。事故的直接原因是：该矿地质构造、水文地质条件复杂，矿方既未执行开发利用方案，也未按照采矿设计方案进行采矿（长沙冶金设计研究院为该矿设计的采矿方法为上行采矿，大量放矿后，采用废石充填或低标号水泥尾砂胶结充填），造成矿井透水。

326. 2007 年 1 月 28 日，贵州省六盘水市盘县特区水塘乡迤勒煤矿井下采煤工作面发生瓦斯爆炸事故，当班井下有 25 人作业，其中 9 人安全升井，16 人死亡。

327. 2007 年 2 月 2 日，河南省三门峡市渑池县天池镇兴安煤矿在技改整合期间非法生产，发生火灾，造成 24 人死亡；事故发生后，该矿矿主瞒报谎报，其他股东和该镇个别工作人员参与瞒报。

328. 2007 年 3 月 6 日，湖南省邵阳市邵东县牛马司镇宏发煤矿在维修巷道时发生瓦斯爆炸事故，造成 15 人死亡，1 人轻伤，直接经济损失 283 万元。

329. 2007 年 3 月 10 日，辽宁省抚顺矿业集团公司老虎台煤矿发生透水事故，造成 29 人死亡。该矿在 73003 综放工作面开采前未对其上部采空区采取探放水措施，放顶煤后与上部 68002 西工作面采空区沟通，上部采空区积水突然涌出，导致事故发生。

330. 2007 年 3 月 18 日，山西省晋城市城西区上庄苗匠村联办煤矿在资源整合期间非法生产，发生瓦斯燃烧爆炸事故，造成 21 人死亡，事故发生后，该矿隐瞒不报，并破坏现场，主要责任人员逃匿。后经群众举报核实。

331. 2007 年 3 月 18 日，辽宁省阜新市阜新蒙古族自治县东方一矿三井发生瓦斯燃烧事故，造成 6 人死亡。事故发生后，该矿隐瞒不报，伪造工作记录，并组织人员把遇难矿工遗体转移到外地。

332. 2007 年 3 月 22 日，河南省平顶山市汝州市小屯镇半坡阳商酒务煤矿发生透水事故，当班井下有 52 人作业，其中 29 人安全升井，15 人死亡，8 人受重伤。事故发生后该矿隐瞒不报，销毁入井纪录、技术资料，阻止遇难人员家属举报，有关责任人员逃匿。

333. 2007 年 3 月 27 日，贵州省水城矿业（集团）公司汪家寨煤矿井下平硐四采区发生煤与瓦斯突出事故，造成当班作业人员 10 人死亡。

334. 2007 年 3 月 28 日，山西省临汾市尧都区一平垣乡余家岭煤矿井下发生瓦斯爆炸事故，当班井下有 106 人作业，其中 80 人自行出井，26 人死亡。

335. 2007 年 3 月 28 日，山西省汾阳市杨家庄镇原南偏城煤矿三坑主井发生私藏土制炸药燃烧事故，导致井下 14 名矿工窒息死亡。

336. 2007 年 4 月 16 日，河南省平顶山市宝丰县王庄煤矿井下发生煤尘爆炸事故，当班井下有 40 人作业，其中 9 人安全升井，31 人死亡。在抢救过程中又发生二次爆炸，造成 15 名救护队员受重伤。

337. 2007 年 4 月 19 日，河北省峰峰矿业集团大淑树煤矿发生煤与瓦斯突出事故，当班井下有 18 人作业，其中 1 人生还，17 人死亡。

338. 2007 年 4 月 20 日，河北省邯郸矿业集团陶二煤矿南采区 2211 上巷综掘工作面发生煤与瓦斯突出事故，造成 11 人死亡。

339. 2007 年 5 月 5 日，山西省临汾市蒲县克城镇蒲邓煤矿事故因 205 工作面内的 1 号掘进头没有安装局部通风机，无风作业，造成瓦斯积聚；作业人员在打眼时，煤电钻动力电缆短路产生火花，引起瓦斯爆炸。事故造成 28 人死亡，23 人受伤（其中 1 人重伤），直接经济损失 1183.44 万元。

340. 2007 年 5 月 12 日，黑龙江省鸡西市密山县原秦友绵煤矿井下发生瓦斯爆炸事故，造成 12 人死亡。该起事故发生后，矿方隐瞒事故真相，只报 2 人死亡，后经群众举报核实。

341. 2007 年 5 月 18 日，山西省宝山矿业有限公司尾矿库发生溃坝事故，下游太原钢铁公司峨口铁矿铁路专用线桥梁、变电站及部分工业设施被毁，繁（峙）五（台）线交通公路被迫中断，近 500 亩农田被淹，峨河、滹沱河河道堵塞，直接经济损失 4000 多万元。

342. 2007 年 5 月 23 日，四川省泸州市泸县兴隆煤矿井下发生瓦斯爆炸事故，造成 13 人死亡，1 人重伤，6 人轻伤。

343. 2007 年 5 月 24 日，湖南省郴州市临武县金江镇凤凰岭煤矿井下四门东大巷采煤工作面发生瓦斯爆炸事故，造成 13 人死亡。事故发生后矿主隐瞒实情，上报只死亡 2 人，后经群众举报查实。

344. 2007 年 5 月 27 日，贵州省安龙县龙广镇汇丰石材厂发生爆破事故，造成 8 人死亡。

345. 2007 年 6 月 3 日，山西省忻州地区静乐县杜家村镇泥河岭煤矿井下掘进工作面发生瓦斯爆炸事故，造成 13 人死亡。

346. 2007 年 7 月 5 日，山西省临汾地区乡宁县凡水渠煤矿发生透水事故，造成 9 人死亡。事发后该矿隐瞒不报。

347. 2007 年 7 月 22 日，山西省吕梁地区兴县魏家滩镇一处小煤矿因突降暴雨、采空区塌陷造成淹井，致使 11 人死亡（失踪）。

348. 2007 年 7 月 29 日，河南省三门峡市支建煤矿因暴雨发生淹井事故，经过 76 小时的全力抢救，被困的 69 名矿工全部获救。

349. 2007 年 8 月 7 日，贵州省毕节地区黔西县羊场乡垅华煤矿在更换已损坏的水泵和清理井底淤泥时发生透水事故，造成 12 人死亡。

★350. 2007 年 8 月 17 日，山东省新泰市华源矿业有限公司（属新汶矿业集团）矿井发生水灾，造成华源煤矿及相邻煤矿 181 人死亡。

351. 2007 年 8 月 31 日，河南省平顶山市宝丰县顺利煤业有限公司发生炸药爆炸事故，造成 12 人死亡。

352. 2007 年 9 月 19 日，山西省大同市左云县雀儿山镇胡泉沟煤矿井下发生火灾，造成 21 人死亡。

353. 2007 年 10 月 6 日，云南省曲靖市富源县顺兴煤矿井下发生瓦斯爆炸事故，造成 10 人死亡，6 人轻伤。

354. 2007 年 10 月 13 日，江西省丰城矿务局建新煤矿井下 1113 顺槽煤巷掘进工作面发生瓦斯突出事故，突出煤量 379 吨、瓦斯量 13886 立方米。当时井下有 238 人作业，其中 19 人死亡，2 人受伤，直接经济损失 600.4 万元。

355. 2007 年 10 月 25 日，重庆市南川区南平镇跃进煤矿掘进工作面发生瓦斯爆炸事故，造成 11 人死亡。

356. 2007 年 11 月 8 日，贵州省毕节地区纳雍县阳长镇群力煤矿 2121 机巷临时水仓发生煤与瓦斯突出事故，造成 35 人死亡。

357. 2007 年 11 月 12 日，河南省平顶山市平煤集团公司十矿综采工作面发生瓦斯突出事故，造成 12 人死亡。

358. 2007 年 11 月 25 日，辽宁省鞍山市海城市鼎洋矿业有限公司选矿厂 5 号尾矿库发生溃坝事故，致使约 54 万立方米尾矿下泄，造成该库下游约 2 千米处的甘泉镇向阳寨村部分房屋被冲毁，13 人死亡，3 人失踪，39 人受伤（其中 4 人重伤）。

359. 2007 年 12 月 2 日，云南省昭通市镇雄县乌峰镇狮子山煤矿发生瓦斯爆炸事故，造成 10 人死亡，6 人受伤。

360. 2007 年 12 月 4 日，河北省张家口市蔚县黑石沟煤炭开采有限责任公司东翼井东三大巷发生瓦斯爆炸事故，造成 36 人死亡。事发后企业和地方瞒报、少报事故死亡人数。2017 年 5 月 10 日应急管理部、国家煤矿安监局牵头，会同公安部、全国总工会、国家能源局、河北省人民政府等，成立国务院河北省张家口市蔚县黑石沟煤矿"12·4"特别重大事故调查组，并邀请国家监察委员会参加，开展事故调查处理工作。

★361. 2007 年 12 月 5 日，山西省临汾市洪洞县左木乡瑞之源煤业有限公司井下发生瓦斯爆炸事故，事故当班井下有 128 人作业，其中 38 人安全升井，90 人死亡，煤矿在自救过程中又造成人员伤亡。此次事故共造成 105 人死亡，4 人重伤，14 人轻伤。

362. 2007 年 12 月 29 日，黑龙江省牡丹江市穆棱市顺发煤矿井下发生瓦斯爆炸事故，造成 19 人死亡，2 人受伤。

363. 2008 年 1 月 18 日，重庆市南川县高桥煤矿+340 米水平西翼煤巷掘进工作面爆破诱发煤与瓦斯突出事故，造成 13 人死亡。

364. 2008 年 1 月 20 日，山西省临汾市汾西县永安镇蔚家岭村一非法小煤窑发生瓦斯爆炸事故，造成 25 人死亡。

365. 2008 年 2 月 17 日，河北省武安市矿山镇一处非法铁矿发生炸药爆炸事故，造成井下作业的 26 人死亡。该矿矿主以建野猪养殖场为掩护，在养殖场下非法开采铁矿，非法购买存放大量炸药、雷管、导火索等爆炸物，保管不当造成爆炸事故。

366. 2008 年 2 月 28 日，黑龙江省鸡西市麻山区建宝煤矿发生透水事故，造成 14 人死亡。事故发生后矿方隐瞒真相，只上报 2 人被困。后经群众举报和安监机构核查，才查明真相。

367. 2008 年 3 月 5 日，吉林省辽源市东辽县金安煤矿−85 米标高平巷煤层自然发火后导致局部冒顶，造成 17 人死亡。

368. 2008 年 3 月 5 日，黑龙江省鹤岗市兴安区泰源煤矿井下五片下 10 米处压风机硐室压风机电缆起火，造成 13 人死亡。

369. 2008 年 3 月 14 日，贵州省安顺市西秀区省监狱管理局安顺煤矿井下 9100 开切眼掘进工作面发生煤与瓦斯突出事故，造成 10 人死亡。

370. 2008 年 3 月 14 日，云南省昭通市威信县三桃乡菜坝村水洞坪煤矿井下发生煤与瓦斯突出事故，造成 14 人死亡，2 人重伤，2 人轻伤。

371. 2008 年 3 月 22 日，贵州省修文县扎佐镇双前砂石厂进行施爆时发生爆破事故，施爆现场 3 名作业人员被山石掩埋，当场死亡。

372. 2008 年 3 月 26 日，湖南省郴州市永兴县香梅乡张家洲煤矿发生煤与瓦斯突出事故，造成 13 人死亡，3 人轻伤，直接经济损失 347 万元。

373. 2008 年 4 月 12 日，辽宁省葫芦岛市南票区砂锅屯村第三煤矿发生瓦斯爆炸事故，造成 16 人死亡。

374. 2008 年 4 月 24 日，山西省晋城市沁水县尉迟煤业有限公司煤矿发生冒顶事故，造成 10 人死亡。事故发生后矿方隐瞒死亡人数，只上报死亡 2 人，后经群众举报核实死亡 10 人。

375. 2008 年 5 月 4 日，河南省郑州市荥阳市崔庙镇东升煤矿发生煤与瓦斯突出事故，突出煤量 320 吨、瓦斯量 1.98 万立方米，造成 16 人死亡，直接经济损失 700 万元。

376. 2008 年 5 月 30 日，黑龙江省鸡西市鸡东县恒大煤矿井下发生透水事故，矿方隐瞒实情，只上报 3 人被困，后经群众举报和安监机构查实，这次事故死亡 13 人。

377. 2008 年 6 月 5 日，河南省义马煤业集团千秋煤矿井下 21201 工作面下巷内 750~850 米处发生冲击地压事故，巷道围岩瞬间释放的巨大能量致使 105 米长的巷道发生严重底鼓，断面由 10 平方米左右急剧缩小到 1 平方米左右，巷道内的带式输送机架子和托辊被挤到巷道顶梁上。死亡 13 人，受伤 11 人。

378. 2008 年 6 月 13 日，山西省吕梁地区孝义市下堡镇安信煤业有限公司主井井底发生火药爆炸，造成 36 人死亡（其中 1 人失踪）。事故因井下炸药自燃所致。

379. 2008 年 6 月 13 日，山西省吕梁市离石县久兴砖厂采土场发生滑坡事故，造成 19 人死亡。

380. 2008 年 6 月 22 日，山西省晋中市介休市龙凤镇圪垛村一村民非法组织 9 名村民携带自制炸药，进入 6 月 20 日已炸毁的小煤窑采煤，因非法自制炸药自燃，产生有毒气体，造成 8 人中毒死亡。

381. 2008 年 7 月 1 日，陕西省榆林市神木县汇森煤业公司凉水井煤矿井下综采工作面切眼进行强制放顶，烟尘扩散后造成工作面严重缺氧，造成 18 人死亡，3 人重伤，8 人轻伤。

382. 2008 年 7 月 5 日，山西省大同市南郊区高山镇五九煤矿井下发生瓦斯爆炸事故，造成 21 人死亡。事故发生后，矿方隐瞒不报，后经群众举报查实。

383. 2008 年 7 月 10 日，河南省济源市济源煤业公司八矿技改基建立井发生坠罐事故，造成 11 人死亡。直接经济损失 330 万元。

384. 2008 年 7 月 12 日，山西省长治市长治县王庄煤矿井下总回风巷开拓掘进工作面发生透水事故，当班井下有 82 人作业，其中 10 人死亡。

★385. 2008 年 7 月 14 日，河北省张家口市蔚县李家洼煤矿新井井下违规存放非法购买的炸药发生爆炸，造成 35 人死亡（其中 1 人失踪），直接经济损失 1924.38 万元。事后矿主隐瞒不报，地方党政干部和部分国家工作人员组织或参与事故瞒报。

386. 2008 年 7 月 16 日，山西省忻州市保德县长坤煤业有限责任公司刘家峁煤矿井下发生火灾，造成 16 人死亡。事故发生后矿方隐瞒不报，后经群众举报查实。

387. 2008 年 7 月 21 日，广西壮族自治区百色市田东县右江矿务局那读煤矿 4304 开切眼贯通上部采空区时发生透水事故，造成 36 人死亡，直接经济损失 989 万元。该矿在 4304 工作面 3 个开切眼先后发现透水征兆的情况下，未按规定撤出受水威胁区域的作业人员；事故发生前，盲目通知已经撤到安全地点的人员返回作业地点恢复生产。水文资料不清，没有查清老空区积水和废弃小煤矿的积水情况，发现多次透水征兆后没有采取措施进行根治。

388. 2008 年 7 月 31 日，湖北省秭归县梅家河乡大块田煤矿发生瓦斯突出事故，造成 6 人死亡。

★389. 2008 年 8 月 1 日，山西省太原市娄烦县马家庄乡寺沟村太原钢铁集团公司尖山铁矿排土场发生垮塌事故，近 9 万立方米土方下泄，造成 10 多间房屋被埋，死亡（失踪）45 人，受伤 1 人。

390. 2008 年 8 月 1 日，河南省平煤集团平禹煤电公司四矿掘进工作面发生煤与瓦斯突出事故，突出煤量 2555 吨，突出瓦斯量 26 万立方米，当班井下有 50 人作业，其中 23 人死亡。直接经济损失 830 万元。

391. 2008 年 8 月 18 日，辽宁省沈阳市法库县柏家沟煤矿二水平 301 采煤工作面发生瓦斯爆炸事故，当班井下有 81 人作业，其中 26 人死亡，11 人受伤（其中 2 人重伤），直接经济损失 967 万元。

392. 2008 年 8 月 18 日，云南省西双版纳州勐腊县尚岗煤矿井下自然发火区发生巷道垮塌事故，造成 10 人死亡。

393. 2008 年 9 月 4 日，辽宁省阜新市清河门区河西镇第八煤矿北八路斜下探查道二平巷掘进工作面发生瓦斯爆炸事故，造成 27 人死亡，2 人重伤，4 人轻伤，直接经济损失 887.4 万元。

394. 2008 年 9 月 5 日，四川省宜宾市兴文县久庆镇金河煤业有限公司煤矿采煤工作面发生瓦斯突出事故，造成 18 人死亡，18 人受伤。

395. 2008 年 9 月 5 日，河北省唐山市古冶区新华煤矿井下发生瓦斯爆炸事故，造成 13 人死亡。事故发生后矿方隐瞒不报，后经群众举报查实。

396. 2008 年 9 月 7 日，河南省禹州市鹤煤集团禹州仁和煤矿发生透水事故，死亡 17 人，直接经济损失 1545 万元。

★397. 2008 年 9 月 8 日，山西省襄汾县新塔矿业有限公司新塔矿区发生特别重大尾矿库溃坝事故，造成 281 人死亡（其中 4 人失踪），33 人受伤，直接经济损失 9619.2 万元。

398. 2008 年 9 月 13 日，河南省洛阳市新安县石寺镇鑫泰煤业有限公司煤矿发生透水事故，造成 10 人死亡，1 人受伤。

399. 2008 年 9 月 20 日，黑龙江省鹤岗市兴山区富华煤矿井下发生火灾，当班井下有 44 人作业，31 人死亡。事故的主要原因：该矿采取压入式通风，防灭火检测手段落后，未能及时发现煤炭自然发火征兆；易自燃煤层永久巷道锚喷封闭不严，存在自然发火条件；该矿进风井第四联络巷煤层自燃引发火灾事故。

400. 2008 年 9 月 21 日，河南省郑州市登封县郑州广贤工贸有限公司新丰二矿井下掘进工作面发生煤与瓦斯突出事故，当班井下有 108 人作业，其中 37 人死亡，7 人受伤。直接经济损失 1766 余万元。该矿为煤与瓦斯突出矿井，发生事故的 62011 下副巷掘进工作面煤层具有突出危险性，在没有采取综合防突措施的情况下，打钻作业诱发了煤与瓦斯突出；62011 下副巷掘进工作面与 62006 采煤工作面串联通风，致使事故扩大。

401. 2008 年 10 月 12 日，四川省宜宾市江安县红桥镇幸福煤矿 +110 米水平 K2 煤层西运输巷掘进工作面发生煤与瓦斯突出事故，造成 10 人死亡。

402. 2008 年 10 月 16 日，宁夏回族自治区石嘴山市神华宁煤集团大峰煤矿露天采场剥离工程（由广东省宏大爆破工程公司负责施工）发生爆破事故，造成 16 人死亡，12 人重伤，40 人轻伤。

403. 2008 年 10 月 29 日，陕西省渭南市澄城县尧头煤矿斜井发生瓦斯爆炸事故，造成 29 人死亡。

404. 2008 年 10 月 29 日，河南省济源市克井镇马庄煤矿井下发生透水事故，造成 21 人死亡（其中 3 人下落不明），直接经济损失 590 万元。

405. 2008 年 11 月 30 日，黑龙江省七台河市新兴区昌隆煤矿一井井下二段右一片采煤工作面发生瓦斯爆炸事故，造成 15 人死亡，抢救过程中又造成 3 名救护队员死亡，共死亡 18 人。

406. 2008 年 12 月 17 日，湖南省娄底市涟源市伏口镇挂子岩煤矿 2152 回采工作面发生煤与瓦斯突出事故，突出煤矸 800 吨，涌出瓦斯 72000 立方米，突出煤矸堆积巷道 140 米，造成 18 人死亡。

407. 2008 年 12 月 31 日，贵州省安顺市西秀区柏秧林煤矿发生透水事故，造成 13 人死亡。

★408. 2009 年 2 月 22 日，山西省焦煤集团西山煤电公司屯兰煤矿南四盘区 12403 工作面发生瓦斯爆炸事故，造成 74 人死亡，114 人送入医院治疗（其中 5 人伤势严重）。

409. 2009 年 3 月 8 日，安徽省东至县迈捷矿业有限公司锑金矿井下发生窒息事故，一人进入一盲巷内解大便而中毒身亡，随后 4 人因施救不当死亡，事故共造成 5 名工人死亡。

410. 2009 年 3 月 21 日，湖南省衡阳市常宁县三角塘镇企业办煤矿（未取得任何证照、独眼井）发生透水事故，造成 13 人死亡。

411. 2009 年 3 月 28 日，贵州省黔西南州贞丰县智豪砂石厂在雷雨天气违规填装炸药，导致已联网的 70 余个炮孔因雷电引发爆炸，造成 8 人死亡，4 人受伤。

412. 2009 年 3 月 31 日，湖北省宜昌市兴山县爆破工程有限公司石材一队在为兴山县兴建石材有限责任公司吊溪岩花岗岩分公司实施爆破作业时，因工作面上方坠落岩块撞击，引爆已连接到主导爆索上的炮孔中的炸药，造成 7 人死亡。

413. 2009 年 4 月 4 日，黑龙江省鸡西市鸡冠区天源公司金利煤矿井下发生透水事故，造成 12 人死亡。

414. 2009 年 5 月 15 日，云南省昭通市镇雄县五德镇干沟村茶山煤矿井下发生瓦斯爆炸事故，造成 10 人死亡，3 人受伤。

415. 2009 年 5 月 16 日，山西省大同煤业集团公司麻家梁煤矿（基建井）主井施工过程中发生炮烟中毒事故，造成 11 人死亡，6 人受伤。

416. 2009 年 5 月 30 日，重庆市松藻煤电公司同华煤矿观音桥三区稳斜井掘进工作面发生煤与瓦斯突出事故，死亡 30 人，77 人受伤。

★417. 2009 年 6 月 5 日，重庆市武隆县铁矿乡鸡尾山矿区发生滑坡事故，致使矿井口和 12 户居民被掩埋，造成 79 人死亡（失踪）。

418. 2009 年 6 月 17 日，贵州省晴隆县中营镇新桥煤矿发生透水事故，16 名矿工被困井下。矿方瞒报事故并隐瞒下井人数。井下矿工中有 3 人在被困长达 25 天、约 604 个小时后，于 7 月 12 日获救生还。事故造成 13 人死亡。

419. 2009 年 7 月 11 日，河北省唐山市遵化市河北钢铁集团矿业公司石人沟铁矿井下分发炸药时，发生意外爆炸事故，造成 16 人死亡，6 人受伤。事故直接原因是：导爆管雷管在裸露运送途中破损，破损的导爆管雷管在无防爆设施的躲避硐室内发放，遇到漏电产生的电火花引发其爆炸，继而引发炸药爆炸。事故发生后该矿隐瞒实情，只报告死亡 8 人，后经群众举报查实。

420. 2009 年 7 月 22 日，黑龙江省鸡西市恒山区鑫永丰煤矿发生洪水淹井事故，造成 23 人死亡。事故因当地连日下雨，地面塌陷，大量积水涌入井下所致。

421. 2009 年 7 月 27 日，四川省凉山州会理县益门煤矿发生地面生产辅助设施坍塌事故，死亡 8 人，受伤 8 人（其中 3 人重伤）。

422. 2009 年 9 月 7 日，河南省三门峡市灵宝县金源矿业公司王家峪矿区 1532 巷道在进行维修支护时发生冒顶事故，冒落岩石约 120 立方米，造成井下电缆短路，引发电缆胶皮、坑木着火，产生大量有毒气体；同时冒顶也造成风路堵塞，致使通风不畅，共造成 13 人中毒窒息死亡，其中当班工人死亡 6 人，下井救援人员死亡 7 人，直接经济损失约 300 万元。

★423. 2009 年 9 月 8 日，河南省平顶山市新华区四矿发生瓦斯爆炸事故，造成 76 人死亡，14 人受伤，直接经济损失 3986.4 万元。

424. 2009 年 10 月 7 日，贵州省毕节地区威宁县东凤镇拱桥村六组一非法煤窑井下发生窒息事故，造成 10 人死亡，4 人受伤。

425. 2009 年 10 月 8 日，湖南省娄底市冷水江市锡矿山闪星锑业公司南矿主力井主提升井发生坠罐事故，当时有 31 人乘罐，事故造成 26 人死亡，5 人重伤，直接经济损失 685 万元。

426. 2009 年 10 月 9 日，辽宁省阜新市海州区中兴煤矿有限公司东部井一区西翼运煤下山发生火灾，造成 13 人死亡。

427. 2009 年 10 月 14 日，宁夏回族自治区三鑫机械化工程公司在实施宁夏神华宁煤集团大峰煤矿羊齿采区工程时发生爆炸事故，造成 14 人死亡，2 人重伤，5 人轻伤。

★428. 2009 年 11 月 21 日，黑龙江省龙煤集团鹤岗分公司新兴煤矿发生瓦斯爆炸事故，造成 108 人死亡，133 人受伤（其中重伤 6 人）。

429. 2009 年 11 月 22 日，湖南省怀化市辰溪县郭家湾煤矿井下发生瓦斯爆炸事故，造成 15 人死亡，1 人重伤，3 人轻伤。

430. 2009 年 11 月 26 日，贵州省黔西南州兴仁县振兴煤矿 2151 掘进工作面发生煤与瓦斯突出事故，造成 10 人死亡，3 人重伤。

431. 2009 年 11 月 27 日，吉林省通化市梅河口市中和煤矿井下发生透水事故，造成 16 人死亡。

432. 2009 年 12 月 27 日，山西省晋中市介休市鑫裕沟煤业有限公司煤矿井下发生瓦斯燃烧事故，造成 12 人死亡。

433. 2009 年 12 月 28 日，云南省楚雄州双柏县麻栗树坡煤矿井下发生煤与瓦斯突出事故，造成 11 人死亡。

434. 2010 年 1 月 5 日，湖南省湘潭县谭家山镇立胜煤矿井下发生电缆着火事故，造成 34 人死亡。事故发生的直接原因是该矿中间井通往 -240 米水平暗立井中的电缆超负荷运行起火，引燃巷道木支架，产生大量一氧化碳气体，致使作业人员中毒窒息死亡。

435. 2010 年 2 月 18 日，山西省忻州市原平市长梁沟镇小三沟村一些村民擅自挖开被封堵的井口盗采煤炭，发生中毒窒息事故，死亡 5 人。

436. 2010 年 3 月 1 日，神华集团内蒙古乌海公司骆驼山煤矿井下发生透水事故，造成 32 人死亡，7 人受伤，直接经济损失 4853 万元。该矿 16 煤层回风大巷掘进工作面遇煤层下方隐伏陷落柱，在承压水和采动应力作用下，诱发该掘进工作面底板底鼓，承压水突破有限隔水带形成集中过水通道，导致奥陶系灰岩水从煤层底板涌出。

437. 2010 年 3 月 15 日，河南省新密市牛店镇宝泉村东兴煤业有限公司煤矿主井西大巷发生电缆着火事故，造成 25 人死亡。

438. 2010 年 3 月 25 日，河北省承德市承德县北大地煤矿井下发生瓦斯爆炸事故，造成 11 人死亡，2 人重伤。

★439. 2010 年 3 月 28 日，山西省临汾市乡宁县华晋焦煤有限责任公司王家岭煤矿发生透水事故，井下 153 人受困，经抢救被困人员中 115 人生还，38 人在这次事故中死亡。

440. 2010 年 3 月 30 日，由中煤公司第一建筑工程公司承建的新疆塔城市和丰鲁能煤电化开发公司沙吉海煤矿副斜井井筒建设施工过程中发生冒顶事故，造成 10 人死亡。

★441. 2010 年 3 月 31 日，河南省洛阳市伊川县国民煤业公司发生煤与瓦斯突出事故，并引起副井口爆炸，造成 50 人死亡，2 人重伤，24 人轻伤。该矿违法在二 1 煤 1102 回风巷工作面掘进，由于区域和局部综合防治瓦斯突出措施不落实，在瓦斯排放钻孔施工时诱发煤与瓦斯突出；突出的瓦斯逆流至副斜井井口，遇明火发生爆炸，并引起瓦斯燃烧。

442. 2010 年 4 月 20 日，江西省宜春市高安县建山镇兴民煤矿兴丰井井下发生瓦斯突出事故，造成 12 人死亡。

443. 2010 年 4 月 22 日，河南省平顶山市卫东区兴东二矿副井北巷发生瓦斯爆炸事故，造成 12 人死亡。事故发生后矿方隐瞒不报，后经群众举报查实。

444. 2010 年 5 月 8 日，湖北省恩施州利川市忠路镇水井湾煤矿井下发生瓦斯燃烧事故，造成 10 人死亡，4 人重伤，2 人轻伤。

445. 2010 年 5 月 13 日，贵州省安顺市普定县猫洞乡远洋煤矿下山掘进工作面发生煤与瓦斯突出事故，造成 21 人死亡，3 人受伤。

446. 2010 年 5 月 18 日，山西省阳泉市盂县晨通煤业有限公司煤矿井下发生瓦斯爆炸事故，当班井下有 41 人作业，其中 11 人死亡。

447. 2010 年 5 月 29 日，湖南省郴州市汝城县曙光煤矿井下发生炸药爆炸事故，造成 17 人死亡，1 人重伤。

★448. 2010 年 6 月 21 日，河南省平顶山市卫东区兴东二矿井下发生火药爆炸事故，造成 49 人死亡，26 人受伤。

449. 2010 年 7 月 4 日，河南省洛阳市宜阳县东升煤业有限责任公司通过地面监控系统发现井下一氧化碳超标后，值班矿长先后组织两批工人，在未采取有效保护措施的情况下，下井搜救正在井下作业的 2 名矿工，造成 9 人死亡。

450. 2010 年 7 月 4 日，山西省潞安矿业集团石圪节煤矿在旧矸石山进行环境治理洒水作业时，1 名工人因有害气体中毒后窒息晕倒，其他工人在未采取安全防护措施的情况下盲目进行抢救，又有 2 人窒息晕倒，共造成 3 人死亡。

451. 2010 年 7 月 17 日，陕西省渭南市韩城市小南沟煤矿副井井底动力电缆着火引起火灾，当班井下有 28 人作业，全部死亡。

452. 2010 年 7 月 18 日，甘肃省酒泉市金塔县金源矿业有限责任公司芨芨台子煤矿二井井下发生透水事故，造成 13 人死亡。

453. 2010 年 7 月 20 日，湖南省湘西自治州花垣县排吾乡磊鑫公司（锰矿生产企业）无视政府的停产整顿公告，擅自组织矿工施工时打通中发公司锰矿硐采空区积水，涌出的水将邻近的文华公司锰矿淹没，造成 10 人死亡。

454. 2010 年 7 月 31 日，黑龙江省鸡西市恒山区恒鑫源煤矿发生透水事故，24 名矿工死亡。

455. 2010 年 8 月 2 日，河南省郑州煤业集团公司登封公司三元东煤矿掘进工作面发生煤与瓦斯突出事故，当班井下有 127 人作业，其中 16 人死亡。

456. 2010 年 8 月 3 日，贵州省遵义市仁怀县长岗镇明阳煤矿掘进工作面发生煤与瓦斯突出事故，造成 16 人死亡，4 人重伤，16 人轻伤。

457. 2010 年 8 月 6 日，山东省烟台市招远县玲南矿业有限责任公司罗山金矿 4 矿区盲主井 12 中段井筒发生电缆着火事故，造成 16 人死亡，1 人重伤，57 人轻伤。

458. 2010 年 8 月 10 日，吉林省通化市二道江区铁厂镇宏远煤矿主井发生洪水淹井事故，造成 18 人死亡。

459. 2010 年 9 月 21 日，广东省茂名市信宜市银岩锡矿尾矿库发生溃坝事故，造成 22 人死亡，523 户房屋倒塌，直接经济损失 3187.71 万元。

460. 2010 年 10 月 27 日，贵州省安顺市普定县马场镇大坡煤矿 611070 回风巷掘进工作面发生透水事故，造成 12 人死亡，1 人受伤。事故发生后，矿方将死亡人员尸体藏匿于井下隐瞒不报，后经群众举报查实。

461. 2010 年 12 月 7 日，河南省义马煤业集团公司巨源煤业有限公司煤矿发生瓦斯爆炸事故，造成 26 人死亡，2 人重伤，10 人受伤。

462. 2011 年 3 月 12 日，贵州省六盘水市盘县新成公司原金银煤矿复采单元四采区发生瓦斯爆炸事故，造成 19 人死亡。

463. 2011 年 3 月 24 日，吉林省白山市浑江区通沟煤矿+430 米水平掘井工作面发生瓦斯爆炸事故，造成 13 人死亡，6 人重伤。

464. 2011 年 4 月 1 日，河北省唐山市开平区洼里煤矿发生透水事故，死亡 7

人。事故发生后该矿未及时上报，经群众举报后查实。

465. 2011 年 4 月 2 日，宝钢集团所属新疆焦煤集团艾维尔沟焦煤公司 2130 煤矿主斜井延伸项目掘进工作面发生煤与瓦斯突出事故，死亡 10 人。

466. 2011 年 4 月 3 日，云南省曲靖市宣威市宝山镇包村煤矿发生瓦斯爆炸事故，死亡 6 人。事故发生后该矿隐瞒不报，后经群众举报查实。

467. 2011 年 4 月 5 日，中国华能集团公司甘肃能源开发有限公司核桃峪煤矿在立井施工时发生吊桶坠落事故，死亡 6 人。

468. 2011 年 4 月 15 日，云南省曲靖市宣威市海岱镇杨梅山煤矿发生瓦斯爆炸事故，死亡 12 人，受伤 3 人。事故发生后该矿转移 4 名遇难矿工遗体，并伪造入井检身记录，谎报事故真相。

469. 2011 年 4 月 26 日，黑龙江省鸡西市滴道区桂发煤矿发生瓦斯爆炸事故，造成 9 人死亡。事故发生后，该矿瞒报事故并转移遇难者尸体，矿主逃逸。

470. 2011 年 5 月 29 日，贵州省贵阳市金阳新区朱昌镇富宏煤矿南下山掘进工作面发生透水事故，造成 13 人死亡。

471. 2011 年 6 月 20 日，湖南省衡阳市耒阳市三都镇都兴煤矿-110 米水平主石门上山掘进工作面发生透水事故，造成 13 人死亡。

472. 2011 年 7 月 2 日，贵州省黔南州平塘县牛棚煤矿发生透水事故，造成 23 人死亡。

473. 2011 年 7 月 2 日，广西壮族自治区来宾县合山煤业公司八矿樟树井，因突降暴雨，引起该井地面水利沟发生大面积塌陷，矿井-240 地区回风巷被堵，造成 20 人死亡。

474. 2011 年 7 月 6 日，山东省枣庄市薛城区安泰煤业集团防备煤矿二层煤 431 运输下山底部车场处-225 米水平空气压缩机着火，引燃木支护材料及部分煤炭，造成 28 人死亡。

475. 2011 年 7 月 10 日，山东省潍坊市昌邑县正东矿业有限公司主井西南侧采空区顶部（露天坑底部）塌陷，大量积水和泥沙涌入井下，造成 23 人死亡。

476. 2011 年 8 月 14 日，贵州省六盘水市盘县过河口煤矿 12124 运输巷掘进工作面因违规爆破引起瓦斯爆炸事故，造成 10 人死亡。

477. 2011 年 8 月 29 日，四川省达州市大竹县曾家沟煤矿发生透水事故，造成 12 人死亡。

478. 2011 年 9 月 16 日，山西省朔州市山阴县中煤集团金海洋公司元宝湾煤矿 6103 综掘工作面在掘进过程中掘透老空水，发生透水事故，造成 11 人死亡。

479. 2011 年 10 月 4 日，贵州省黔南州荔波县立化镇安平煤矿水仓掘进工作面发生煤与瓦斯突出事故，造成 17 人死亡。

480. 2011 年 10 月 11 日，黑龙江省鸡西市鸡东县金地煤矿掘进工作面发生透水事故，造成 13 人死亡。

481. 2011 年 10 月 11 日，陕西省铜川市耀州区田玉煤业有限公司煤矿东运输巷掘进工作面发生瓦斯爆炸事故，当班井下有 51 人作业，其中 11 人死亡。

482. 2011 年 10 月 16 日，河南省中平煤能化集团平禹煤电公司四矿发生煤与瓦斯突出事故，造成 37 人死亡，4 人受伤，直接经济损失 2274 万元。

483. 2011 年 10 月 17 日，重庆市奉节县大树镇一非法采煤窝点发生瓦斯爆炸事故，造成 14 人死亡。

484. 2011 年 10 月 27 日，河南省煤化工集团焦煤公司九里山煤矿 16 采区 16031 上风道掘进工作面发生煤与瓦斯突出事故，造成 18 人死亡，5 人受伤。

485. 2011 年 10 月 29 日，湖南省衡阳市衡山县长江镇霞流冲煤矿 -250 米水平东翼岩巷掘进工作面爆破诱导煤与瓦斯突出，同时电气失爆产生火花引起瓦斯爆炸事故，造成 29 人死亡，5 人受伤。

486. 2011 年 11 月 3 日，河南省义马煤业集团公司千秋煤矿 21221 下巷发生冲击地压事故，造成 10 人死亡，3 人重伤，61 人轻伤。

487. 2011 年 11 月 10 日，云南省曲靖市师宗县私庄煤矿二副井 1747 水平石门揭煤过程中发生煤与瓦斯突出事故，突出煤量约 1813 吨、瓦斯量约 25.8 万立方米，造成 43 人死亡。事故直接原因：私庄煤矿非法违法组织生产，未按规定采取综合防突措施，在未消除突出危险性的情况下，1747 掘进工作面违规使用风镐掘进作业，诱发了煤与瓦斯突出；突出的大量煤粉和瓦斯逆流进入其他巷道，致使井下人员全部因窒息、掩埋死亡。

488. 2011 年 12 月 17 日，湖南省郴州市资兴市三都镇六一煤矿发生瓦斯爆炸事故，造成 11 人死亡。

489. 2012 年 2 月 3 日，四川省宜宾市筠连县维新镇钓鱼台煤矿井下发生瓦斯爆炸事故，造成 14 人死亡，4 人重伤。

490. 2012 年 2 月 16 日，湖南省衡阳市耒阳市南阳镇宏发煤矿因矿工违章搭乘运送材料的车下井，发生重大运输事故，造成 15 人死亡，3 人重伤。

491. 2012 年 3 月 15 日，山东省济钢集团石门铁矿有限公司基建矿井发生罐笼坠落事故，造成 13 人死亡。

492. 2012 年 3 月 22 日，辽宁省辽阳市灯塔县大黄二矿井下发生瓦斯爆炸事故，造成 22 人死亡，1 人受伤。

493. 2012 年 4 月 6 日，吉林省蛟河市丰兴煤矿 +40 米水平掘进工作面发生透水事故，造成 12 人死亡。

494. 2012 年 4 月 13 日，山西省长治市襄垣县善福联营煤矿皮带巷掘进工作面发生透水事故，造成 11 人死亡。

495. 2012 年 4 月 26 日，贵州省铜仁地区沿河县新生煤矿发生透水事故，造成 11 人死亡。

496. 2012 年 5 月 2 日，黑龙江省鹤岗市兴安区峻源二煤矿采煤工作面发生透水事故，造成 13 人死亡。

497. 2012 年 5 月 20 日，辽宁省沈阳焦煤有限责任公司清水煤矿二井发生顶板事故，造成 12 人被困，其中 3 人获救，9 人死亡。

498. 2012 年 7 月 4 日，湖南省耒阳市三都镇茄莉冲新井发生水害事故，造成 16 人被困。经抢救 8 人生还。事故造成 8 人死亡。

499. 2012 年 7 月 26 日，山西省阳泉市盂县玉泉煤业有限公司发生瓦斯事故，造成 7 人死亡，30 人受伤（其中 1 人重伤）。事故发生后该矿瞒报，后经群众举报并核实。

500. 2012 年 8 月 13 日，吉林省白山市吉盛矿业有限公司一井+290 米水平东石门三层掘进工作面发生瓦斯爆炸事故，造成 20 人死亡，1 人重伤。

★501. 2012 年 8 月 29 日，四川省攀枝花市正金工贸有限责任公司肖家湾煤矿发生瓦斯爆炸事故，造成 48 人死亡，17 人重伤，37 人轻伤。

502. 2012 年 9 月 2 日，江西煤业集团有限责任公司高坑煤矿 408 采区东 3476 工作面发生瓦斯爆炸事故，造成 15 人死亡，6 人重伤，5 人轻伤。

503. 2012 年 9 月 6 日，甘肃省张掖市宏能煤业有限责任公司花草滩煤矿，在实施立井砌碹作业过程中，吊桶在提升时发生作业平台侧翻事故，造成 10 人死亡。

504. 2012 年 9 月 22 日，黑龙江省双鸭山市友谊县龙山镇煤矿十井发生火灾并导致顶板冒落，造成 12 人死亡。

505. 2012 年 9 月 25 日，甘肃省白银市屈盛煤业有限公司副井人车提升时发生重大运输事故，造成 20 人死亡，3 人重伤，11 人轻伤。

506. 2012 年 11 月 24 日，贵州省六盘水市盘南煤炭开发公司响水煤矿河西采区 1135 掘进工作面发生煤与瓦斯突出事故，造成 23 人死亡，5 人受伤。直接经济损失 3031 万元。

507. 2012 年 12 月 1 日，黑龙江省七台河市福瑞祥煤炭有限责任公司八井井下发生透水事故，造成 10 人死亡。

508. 2012 年 12 月 5 日，云南省曲靖市富源县上厂煤矿一井爆破诱发煤与瓦斯突出事故，造成 17 人死亡，1 人重伤，5 人轻伤。

（二）化工、民用爆炸物品及烟花爆竹事故

1.2001 年 2 月 27 日，江苏省盐城市化肥厂合成车间管道破裂，引起氢气外泄爆炸事故，死亡 5 人，26 人受伤。

★2.2001 年 7 月 16 日，陕西省榆林市横山县党岔镇马房村发生炸药爆炸，造成 80 人死亡，98 人受伤。

3.2001 年 8 月 3 日，甘肃省兰州市东岗东路一废旧金属回收公司发生氯气泄漏事件，剧毒气体扩散至四周家属区，具体中毒人数难以准确统计。其中 60 余人中毒程度较重，被送进附近医院救治。

4.2001 年 9 月 18 日，湖北省武汉市黄陂区祁家湾街已被明令取缔的保平烟花厂业主张正保在上胡村一所闲置的空房内，非法生产烟花时发生爆炸事故，当场死亡 3 人，重伤 2 人送医院抢救无效死亡，1 人轻伤。

5.2001 年 9 月 26 日，湖南省怀化市一处私人经营的鞭炮厂发生爆炸，两层砖混结构的楼房被炸成平地，在场的 7 人当中有 5 人被炸身亡，1 人轻伤。

6.2001 年 10 月 18 日，吉林省长春市农安县靠山镇卧牛石小学鞭炮厂发生火药爆炸事故，造成 10 人死亡。

7.2001 后 11 月 7 日，重庆市长风化工厂一车间二苯甲酮工段二号光化釜发生爆炸火灾事故，造成 3 人死亡，7 人受伤。

8.2001 年 11 月 24 日，江苏省连云港市墟沟化工有限公司乳胶车间进行废旧氨纶丝代替 PVC 树脂试验时，发生水浴箱爆炸事故，造成 4 人死亡。

9.2001 年 12 月 30 日，江西省万载县黄茅镇攀达烟花制造公司因违反安全操作规程引发爆炸事故。厂区内违章存药、超量存放成品及半成品加大了事故伤害程度。事故中死亡（失踪）16 人，受伤 61 人，直接经济损失 800 多万元。

10.2002 年 2 月 23 日，辽宁省辽阳石化烯烃厂聚乙烯装置改扩建过程中，乙烯气体泄漏，被视镜上方的引风机吸入空气干燥器发生爆炸，造成 8 人死亡，1 人重伤，18 人轻伤，直接经济损失高达 452.78 万元。

11.2002 年 3 月 9 日，广东省揭阳市揭西县坪上镇员西村一私开鞭炮作坊发生火药爆炸事故，死亡 10 人。

12.2002 年 3 月 15 日，中石化上海高桥分公司炼油厂 140 万吨/年延迟焦化装置扩能改造项目工程发生吊机臂架系统倾覆事故，当场造成 5 人死亡，10 人受伤，直接经济损失 736.4 万元。

13.2002 年 3 月 18 日，湖南省娄底市新化县向红机械化工有限公司发生火药爆炸事故，造成 10 人死亡。

14. 2002 年 4 月 12 日，江苏省常州市城南钢瓶检测站的环氧乙烷钢瓶发生爆炸，造成 3 人死亡，1 人重伤。

15. 2002 年 7 月 8 日，山东省聊城市鲁西化工集团莘县化肥有限责任公司液氨库区一辆载重 20 吨的罐车，在灌装液氨的时候导管破裂，发生泄漏事故，导致 15 人死亡，22 人重度中毒。

16. 2002 年 7 月 22 日，浙江省瑞安市中兴塑胶有限公司发生爆燃事故，造成 14 人烧伤，其中 1 人经医治无效死亡，11 人重伤，1 人轻伤，1 名轻微伤。

17. 2002 年 8 月 18 日，贵州省六盘水市六枝特区捞河焦化厂发生爆炸事故，造成 10 人死亡。

18. 2002 年 8 月 27 日，甘肃省兰州石化分公司炼油厂北围墙外西固环形东路发生硫化氢气体泄漏导致 45 人不同程度中毒，其中 5 人死亡。

19. 2002 年 11 月 5 日，广西壮族自治区钦州市浦北县寨圩酒精厂发生蒸汽锅炉爆炸事故，造成 4 人死亡，2 人重伤。

20. 2002 年 11 月 13 日，黑龙江省大庆市大同区林源镇红岗化工实验厂发生油罐爆炸事故，造成 4 人死亡，3 人受伤。

21. 2003 年 1 月 3 日，浙江省台州市黄岩区北城化工厂反应釜发生爆炸，引发相邻的澄江化工厂爆炸起火，造成 5 人死亡，3 人受伤。

22. 2003 年 1 月 18 日，湖南省临澧县合口镇凯丽烟花爆竹厂因违规操作引发烟花爆竹爆炸事故，死亡 14 人，重伤 9 人，轻伤 18 人。

23. 2003 年 4 月 16 日，山东省聊城市蓝威化工有限公司存放二氯异氰尿酸钠的仓库漏雨引起燃烧，造成 4 人死亡，重度中毒 6 人，轻度中毒 127 人。

24. 2003 年 5 月 11 日，云南省昆明市西山区一私营洗涤剂厂一辆装载过氧乙酸的汽车槽车发生爆炸事故，造成 5 人死亡，4 间厂房被烧毁。

25. 2003 年 6 月 26 日，湖南省醴陵市富里镇南月亮高级烟花制造厂发生爆炸，10 人死亡。

★26. 2003 年 7 月 28 日，河北省石家庄市辛集市王庄镇郭西村烟花爆竹厂，在场上晾晒的药物因温度过高而引起自燃，发生爆炸事故，造成 35 人死亡，2 人失踪，103 人受伤，直接经济损失 456.49 万元。

27. 2003 年 9 月 9 日，广西壮族自治区合浦县和丰出口烟花爆竹有限公司下属的合浦公馆出口烟花厂发生烟花爆竹爆炸事故，造成 8 人死亡，13 人重伤，36 人轻伤。

28. 2003 年 9 月 12 日，辽宁省锦州石化公司一座 300 万吨/年常减压装置检修后进行开车时发生闪爆事故，造成 3 人死亡，1 人重伤，5 人轻伤。

29. 2003 年 9 月 16 日，浙江省衢州市柯城区常山富盛化工有限公司一台反应釜发生爆炸，引起两只盐储槽破裂，事故造成 3 人死亡，10 人受伤。

30. 2003 年 11 月 15 日，广西壮族自治区合浦县和丰出口烟花爆竹有限公司下属的合浦公馆出口烟花厂第九工区发生烟花爆竹爆炸事故，造成 13 人死亡，12 人重伤，1 人轻伤。

★31. 2003 年 12 月 30 日，辽宁省铁岭市昌图县双庙子镇安全环保彩光声响有限责任公司（烟花爆竹厂）发生爆炸，死亡 42 人，受伤 32 人。

32. 2003 年 12 月 31 日，湖南省醴陵市黄獭嘴镇白竹村一个私人烟花作坊发生爆炸，造成 9 人死亡，5 人受伤。烟花作坊老板蒋某本人及多名家人在爆炸中丧生。

33. 2004 年 2 月 27 日，山东省滨州市邹平县青阳镇国泰礼花厂发生火药爆炸事故，造成 10 人死亡。

34. 2004 年 4 月 13 日，湖南省张家界市桑植县上洞街二户坪村鞭炮厂发生火药爆炸事故，造成 10 人死亡。

★35. 2004 年 4 月 16 日，重庆市天原化工总厂一个氯冷凝器泄漏。因抢修过程中处置措施不当，于 16 日 2 时和 17 时先后发生两次爆炸，造成 9 人死亡，3 人受伤。4 月 16 日和 18 日，先后组织两次大规模的疏散，紧急疏散群众 15 万多人。

36. 2004 年 4 月 20 日，江西省油脂化工厂发生液氯残液泄漏事故，282 人出现中毒反应，其中住院治疗 128 人，留院观察 154 人。

37. 2004 年 4 月 22 日，山东省菏泽市曹县常乐集乡焦村庙村一非法生产烟花爆竹的作坊发生火药爆炸事故，造成 15 人死亡，5 人受伤。

38. 2004 年 4 月 24 日，中国石油化工股份有限公司山西运城石油分公司半坡油库甲区 6 号大型储油罐发生特大火灾，造成直接经济损失 325 万元。事故发生后，总理温家宝、副总理黄菊等国务院领导作出批示，国家安全生产监督管理局、公安部领导赶赴现场组织抢救。

39. 2004 年 6 月 9 日，江西省萍乡市泸溪区源南乡新棚村花园烟花爆竹厂库房发生爆炸事故，造成 16 人死亡，3 人受伤。

40. 2004 年 9 月 16 日，湖南省益阳市南县河口镇东美村烟花鞭炮厂发生火药爆炸事故，造成 11 人死亡，1 人重伤，7 人轻伤。

★41. 2004 年 10 月 4 日，广西壮族自治区钦州市浦北县白石水镇长岭烟花爆竹厂效果车间在装药时发生爆炸事故，造成 37 人死亡，8 人重伤，44 人轻伤。

42. 2004 年 10 月 27 日，湖南省常德市临澧县官亭乡马路花炮厂成品库发生爆炸事故，并引发半成品库接连发生 3 次爆炸，造成 13 人死亡，3 人受伤。

43. 2004 年 10 月 27 日，黑龙江省大庆石化总厂工程公司第一安装公司四分公司，在进行酸性水汽提装置 V402 原料水罐施工作业时，发生爆炸事故，死亡 7 人，直接经济损失 192 万元。

44. 2004 年 12 月 8 日，陕西省户县玉蝉乡三旗村三组一处非法制作烟花爆竹的作坊发生爆炸，造成 5 人死亡，8 人受伤（其中 2 人重伤）。

45. 2004 年 12 月 30 日，吉林省吉化公司化肥厂合成气车间发生终洗塔爆炸事故，造成 3 人死亡，3 人重伤。

46. 2005 年 1 月 11 日，山西省临汾市襄汾县京安村襄浏花炮厂装配车间发生火药爆炸事故，造成 26 人死亡，9 人受伤。

47. 2005 年 1 月 28 日，河北省定州市砖路镇砖路村高会明家非法生产烟花爆竹发生爆炸，造成 5 人死亡。

48. 2005 年 2 月 24 日，江苏省天音化工股份有限公司二醇二甲醚反应釜发生爆炸，造成 6 人死亡，11 人受伤。

49. 2005 年 2 月 28 日，河南省商丘市民权县发生火药爆炸事故，造成 5 人死亡。

50. 2005 年 3 月 15 日，安徽省宣城市宁国市方塘粉末材料厂厂内制药车间发生爆炸事故，造成 7 人死亡，1 人重伤。

51. 2005 年 3 月 21 日，山东省济南市平阴县鲁西化工第三化肥有限公司发生尿素合成塔爆炸事故，造成 4 人死亡，1 人重伤。

52. 2005 年 4 月 4 日，湖南省衡阳市衡山县贯塘乡石峰村非法生产鞭炮发生爆炸事故，造成 5 人死亡，2 人受伤。

53. 2005 年 4 月 6 日，山西省运城市芮城县西陌礼花炮厂聘请湖南浏阳花炮厂技术员对本厂工人进行培训时，突然发生爆炸，造成 3 人死亡。

54. 2005 年 4 月 21 日，重庆市綦江县古南镇东溪化工厂（民爆生产企业）乳化车间在强雷雨天气过程中发生爆炸，三层楼的车间厂房全部摧毁垮塌，造成 19 人死亡，9 人轻伤。

55. 2005 年 4 月 28 日，安徽省六安市舒城县杭埠镇张氏花炮厂发生爆炸，死亡 6 人，重伤 3 人，轻伤 9 人。

56. 2005 年 5 月 27 日，山东省菏泽市郓城县科达药物化工有限公司发生爆炸事故，造成 6 人死亡，1 人受伤。

57. 2005 年 6 月 9 日，山西省临汾市昌宁宫村村民张学全私藏的 2~3 吨炸药自燃引发爆炸，爆炸波及相邻的 5 户人家，26 间房屋受到不同程度的损坏，造成 10 人死亡，18 人受伤。

58. 2005 年 6 月 20 日，四川省眉山市洪雅县青衣江化工有限公司在分装雷管时发生爆炸，造成 9 人死亡，8 人受伤。

59. 2005 年 6 月 26 日，重庆市秀山县梅江镇新联村冉启国在家非法生产鞭炮发生爆炸，造成 3 人死亡。

60. 2005 年 7 月 26 日，江苏省无锡市胡埭精细化工厂在六氯环戊二烯试生产过程中，双环戊二烯裂解釜发生爆炸，事故造成 9 人死亡，3 人受伤。

61. 2005 年 8 月 20 日，河南省安阳市林县东风花炮厂发生火药爆炸，造成 4 人死亡。

62. 2005 年 8 月 20 日，江西省宜春市袁州区慈化镇柳亭村李祖招家发生火药爆炸，造成 4 人死亡。

63. 2005 年 9 月 15 日，湖南省益阳市安化县江南镇花炮厂发生烟花爆竹爆炸事故，造成 13 人死亡（其中女工 12 人，男工 1 人），1 人重伤，3 人轻伤。

64. 2005 年 10 月 15 日，山东省青岛市东方化工股份有限公司硫酸储罐破裂，造成 6 人死亡，13 人受轻伤。

65. 2005 年 10 月 26 日，内蒙古自治区赤峰市敖汉旗名利花炮厂擅自组织生产烟花爆竹，导致爆炸死亡 3 人。

66. 2005 年 11 月 2 日，贵州省黔南州平塘县通州镇新星村爆竹厂发生火药爆炸，造成 3 人死亡。

★67. 2005 年 11 月 13 日，中国石油天然气集团公司吉林石化分公司双苯厂的硝基苯精馏塔发生爆炸，造成 8 人死亡，60 人受伤（其中 1 人重伤）。事故还导致松花江水严重污染。

68. 2005 年 11 月 27 日，河北省衡水武强县街关镇崔位元村发生一起非法烟花爆竹爆炸事故，造成 4 人死亡。

69. 2005 年 11 月 28 日，湖南省怀化市鹤城区石门乡岩添村二组村民彭开旗在家中非法生产鞭炮，发生烟火药爆炸事故，当场造成 3 人死亡。

70. 2005 年 12 月 10 日，湖南省怀化市鹤城区黄金坳镇里三恒村村民在非法制造烟花爆竹过程中发生爆炸，造成 3 人死亡，1 人失踪。

71. 2005 年 12 月 18 日，湖南省邵阳市武冈市龙田乡枧道村 5 组村民林睦华租用拖拉机装运鞭炮药饼，意外发生爆炸，当场炸死 3 人。

72. 2005 年 12 月 30 日，辽宁省葫芦岛市连山区白马石乡烟花厂因改变工作场所用途，超量使用药物引起爆炸，造成 3 人死亡。

73. 2006 年 1 月 20 日，四川省眉山市仁寿县中石油西南油气田分公司输气管理处仁寿运销部富加输气站出站处管线发生管道爆裂燃烧事故，造成 10 人死亡，3 人重伤，47 人轻伤。

74. 2006 年 1 月 27 日，河北省衡水市深州市万全土产门市部烟花爆竹销售点发生爆炸，引发火灾，导致 3 人死亡。

★75. 2006 年 1 月 29 日，河南省安阳市林州市临淇镇梨林花炮有限公司的成品、半成品库房发生爆炸，导致附近的老君庙等房屋倒塌，造成 16 人当场死亡，在清理现场和受伤人员救治过程中又有 20 人死亡。事故共造成 36 人死亡，48 人受伤（其中 8 人重伤）。

76. 2006 年 3 月 29 日，河南省商丘市柘城县陈青集镇打油李村李传才家非法烟花爆竹生产点火药爆炸，死亡 4 人。

77. 2006 年 3 月 29 日，江西省萍乡市莲花县安利焰花材料有限公司发生一起火药爆炸事故，死亡 3 人。

78. 2006 年 4 月 1 日，山西省忻州市偏关县万年红花炮厂在生产过程中，因操作不当，发生爆炸，造成 9 人死亡。

79. 2006 年 4 月 1 日，山东省烟台市招远市七六一有限责任公司（炸药厂）炸药包装车间发生爆炸事故，造成 29 人死亡，2 人重伤。

80. 2006 年 4 月 10 日，山西省原平市大同煤矿集团轩岗煤电公司职工医院后院二层车库楼发生炸药爆炸事故，造成 34 人死亡，19 人受伤，车库楼被炸毁，周围建筑不同程度受损。爆炸炸药为含有氯酸钾的非法私制硝铵类炸药，系轩岗煤电公司职工医院王某非法存放。爆炸原因为自燃自爆。

81. 2006 年 5 月 10 日，江西省萍乡市莲花县焰花材料有限公司发生火药爆炸事故，死亡 4 人。

82. 2006 年 5 月 22 日，河北省衡水市安平县南王庄镇野营村村民家中因私藏火药发生爆炸，导致 5 人死亡，2 人重伤。

83. 2006 年 5 月 24 日，湖南省衡阳市珠晖区酃湖烟花爆竹厂 13 号工房（插引车间）发生燃爆，造成 5 人死亡。

84. 2006 年 5 月 29 日，甘肃省兰州石油化工公司有机厂苯胺车间废酸提浓单元一楼发生爆燃事故，过火面积 112.5 平方米，造成 4 人死亡，11 人受伤。

85. 2006 年 6 月 8 日，湖南省常德市桃源县木塘垸乡桫木塘村村民非法储存烟花爆竹原材料发生爆炸，造成 3 人死亡。

86. 2006 年 6 月 16 日，安徽省马鞍山市当涂县安徽盾安化工集团有限公司粉状乳化车间发生爆炸事故，造成 16 人死亡，3 人重伤，21 人轻伤，200 多平方米的厂房被摧毁。公司粉状乳化车间粉状乳化炸药生产线超核定生产能力生产，设备故障和维修频繁，输送高黏度、高温状态乳化基质的螺旋泵等高危险性设备未设置安全联锁控制装置。事发时，一号螺旋泵操作工违规操作，造成螺旋泵断料空转12分钟以上，使泵腔内的基质由于剧烈机械摩擦升温，导致爆炸。

87. 2006年6月18日，湖南省醴陵市白兔潭镇金鑫鞭炮厂散热车间发生爆炸，造成散热车间厂房倒塌，造成6人死亡。

88. 2006年6月26日，陕西省榆林市府谷县后老高川村一村民家中存放的炸药发生爆炸，死亡11人，受伤19人。

89. 2006年6月28日8时5分，兰州石化公司炼油厂气体分馏装置在检修后复工开车过程中起火燃烧，造成石化公司1名消防队员牺牲，10名消防队员受伤（其中6名重度烧伤，4名中度烧伤）。

90. 2006年7月4日，江西省萍乡市上栗区上栗镇金龙出口花炮厂10号鞭炮散装中转库发生爆炸事故，死亡5人。

91. 2006年7月7日，山西省忻州市宁武县东寨镇东寨村一座民宅着火，致使私藏屋内的炸药燃烧爆炸，导致49人死亡，30人受伤。私藏炸药者及其妻子、哥哥也在爆炸中身亡。

92. 2006年7月7日，辽宁省辽阳石化公司烯烃厂聚乙烯车间11301A/B聚合釜发生闪爆事故，造成3人死亡，5人受伤。

93. 2006年7月10日，湖南省郴州市宜章县栗源镇长亮爆竹厂（非法），发生一起爆炸事故，造成7人死亡，3人轻伤。

★94. 2006年7月28日，江苏省盐城市射阳县氟源化工公司发生爆炸事故，死亡22人，受伤29人，其中3人重伤。

95. 2006年8月4日，山东省德州市武城康达化工有限公司甲氧基乙酸车间发生二氧化氮中毒和窒息事故，造成4人死亡，4人受伤。

96. 2006年8月7日，天津市宜坤精细化工科技开发有限公司硝化车间（位于天津市津南区咸水沽镇鑫达工业园内）5号反应釜发生爆炸，其冲击力及爆炸碎片引起4、6、3号反应釜相继爆炸，导致10人死亡，3人重伤。

97. 2006年8月12日，江西省萍乡市上栗县桐木镇小埠村利和花炮厂发生一起爆炸事故，死亡3人。

98. 2006年8月14日，黑龙江省大庆炼化公司炼油二厂180万吨/年ARGG分馏塔顶气液分离罐和气压机出口放火炬罐发生爆炸着火事故，造成3人死亡，2人重伤。

99. 2006年8月18日，河北省衡水泊头市富镇村鞭炮厂发生火药爆炸事故，死亡 3 人。

100. 2006 年 8 月 19 日，吉林省吉林市春鸣礼花总厂土库发生爆炸事故，死亡 7 人，2 人轻伤。

101. 2006 年 8 月 23 日，江西省萍乡市湘东区排上乡大路里村引线非法生产点发生爆炸事故，死亡 5 人。

102. 2006 年 8 月 25 日，四川省成都市崇庆县崇州市三江镇蒙渡村 8 组发生火药爆炸事故，死亡 4 人。

103. 2006 年 9 月 14 日，湖南省娄底市涟源市石马山镇团结村一非法烟花鞭炮小作坊发生爆炸，4 人死亡。

104. 2006 年 9 月 19 日，广东省茂名市高州市金山街道红粉村委会合山村，一非法生产烟花作坊发生火药爆炸，造成 3 人死亡，2 人重伤。

105. 2006 年 9 月 29 日，辽宁省大连市瓦房店市瓦市梅山鞭炮厂烟花车间作业人员在进行过雷子作业的工房突然发生燃爆，造成 3 人死亡，炸塌 3 间工房。

106. 2006 年 10 月 4 日，安徽省安庆市宿松县庆泰烟花制造有限公司筑药车间发生爆炸，造成 3 人死亡。

107. 2006 年 10 月 7 日，四川省达州市开江县火药爆炸，死亡 4 人。

108. 2006 年 11 月 2 日，云南省玉溪市江川县海浒恒瑞花炮厂烟花车间半成品工房发生爆炸，造成 7 人死亡，4 人重伤。

109. 2006 年 11 月 11 日，四川省达州市达县南岳镇火药爆炸，死亡 5 人。

110. 2006 年 12 月 5 日，湖南省衡阳市祁东县归阳镇印塘村羊山鞭炮厂上药房发生爆炸，造成 3 人死亡。

111. 2006 年 12 月 11 日，甘肃省兰州石化公司助剂厂顺酐车间常压凝结水储罐发生爆炸事故，造成 3 人死亡。

112. 2006 年 12 月 17 日，湖南省常德市桃源县漆河宇阳烟花爆竹制造厂插引车间发生爆炸，当场死亡 1 人，在抢救过程中死亡 2 人，整栋插引车间被炸毁。

113. 2006 年 12 月 20 日，广西壮族自治区玉林市博白县新田镇炮竹厂两工人擅自到称料工房、配药工房上岗作业，违规进行混合作业引起爆炸，造成 3 人死亡。

114. 2007 年 1 月 13 日，江苏省昆山市石浦镇康大医药化工公司发生反应釜爆炸事故，造成 7 人死亡。

115. 2007 年 1 月 21 日，河南省驻马店市必阳县郭集乡郭集村非法烟花爆竹生产点火药爆炸，死亡 6 人。

116. 2007 年 1 月 24 日，河南省濮阳市南乐县寺庄乡大北庄村一非法烟花爆竹生产点，火药爆炸，死亡 4 人。

117. 2007 年 2 月 1 日，安徽省亳州市谯城区双沟镇非法生产作坊，火药爆炸，死亡 4 人。

118. 2007 年 2 月 4 日，广东省茂名市茂港区羊角镇石槽村委会克石岭村发生一起"私炮"爆炸，死亡 3 人。

119. 2007 年 2 月 5 日，河北省衡水市枣强县花炮厂，火药爆炸，死亡 6 人。

120. 2007 年 2 月 12 日，广东省茂名市化州市文楼镇新德村委会六浪村黎玉龙家发生爆竹爆炸，死亡 3 人。

121. 2007 年 2 月 25 日，安徽省太和县平安液化气公司一辆装载丙烯的罐车在西安市境内穿行路桥涵洞时发生丙烯气体泄漏事故，致使西潼高速临潼至渭南西段交通中断 28 小时，紧急疏散周边居民 7000 余人。

122. 2007 年 3 月 31 日，四川省成都市蒲江县寿安镇董口村七组，火药爆炸，死亡 3 人。

123. 2007 年 4 月 6 日，湖南省醴陵市王坊镇彩凤药炮厂在停产查封期间，擅自启封，违法组织生产，和药工李果兰在插引车间和药上药，引发爆炸，造成 4 人死亡。

124. 2007 年 5 月 4 日，辽宁省阜阳市昊源化工集团有限公司液氨球罐发生破裂、泄漏事故，造成罐区西北方向约 30 米处正在施工的凉水塔工地（由安徽阜阳市水利建筑安装工程公司负责建设）的工人等 33 人因呼入氨气出现中毒和不适而住院治疗，其中 8 人重度中毒（3 人切开喉管治疗），14 人中度中毒。

125. 2007 年 5 月 11 日，中国化工集团公司沧州大化 TDI 有限责任公司 TDI 车间硝化装置发生爆炸事故，造成 5 人死亡，14 人重伤，66 人轻伤，厂区内供电系统严重损坏，附近村庄数千名群众疏散转移。

126. 2007 年 5 月 11 日，云南省昭通地区威信县三桃乡鱼洞村方家小组，发生一起非法生产烟花爆竹事故，造成 3 人死亡。

127. 2007 年 7 月 11 日，山东省德州市平原县德齐龙化工集团有限公司一分厂氨醇、尿素改扩建项目试车过程中发生爆炸事故，造成 9 人死亡，1 人受伤。

128. 2007 年 8 月 28 日，内蒙古自治区赤峰市敖汉旗四家子保兴花炮厂工人腾吉存违规在非危险品生产区使用电焊机焊砸节机，电焊机火花引燃引火线造成火灾事故，致使 5 人死亡。

129. 2007 年 8 月 29 日，湖南省浏阳市百福烟花制造有限公司 29 号 C 级组装车间发生爆炸，造成 4 人死亡，5 人重伤。

130. 2007 年 9 月 6 日，辽宁省凌源市烟花爆竹工业公司双响车间发生爆炸事故，造成 3 人死亡，1 人受伤。

131. 2007 年 9 月 16 日，河南省濮阳高新区新习乡小堤村彩虹烟花厂发生爆炸事故，3 人死亡。

132. 2007 年 10 月 11 日，山东省烟台市凯实工业有限公司备料二车间操作人员在上料过程中发生硫化氢中毒事故，造成 5 人死亡。

133. 2007 年 10 月 21 日，重庆市秀山县洪安镇洪安居委会大纸厂村民组一非法烟花爆竹作坊发生爆炸事故，炸毁砖混结构房屋 3 栋，造成 19 人死亡，4 人重伤，11 人轻伤。

134. 2007 年 10 月 23 日，安徽省安庆市怀宁县马庙镇严岭村胜利村民组发生爆炸事故，3 人死亡。

135. 2007 年 10 月 27 日，河南省周口市淮阳县大连乡李楼行政村马庄村非法爆竹生产点发生爆炸事故，3 人死亡。

136. 2007 年 10 月 30 日，河北省保定市阜平县第一烟花炮厂发生火药爆炸事故，6 人死亡。

137. 2007 年 11 月 10 日，湖南省长沙市浏阳市达浒镇达浒出口花炮总厂组装车间发生火药爆炸，造成 11 人死亡，2 人重伤。

138. 2007 年 11 月 18 日，湖南省郴州市宜章县栗源镇信业爆竹厂结编工人强行搬动药饼引起药饼爆炸，造成 3 人死亡。

139. 2007 年 11 月 24 日，广西壮族自治区北海市合浦县西场子镇大窝塘一私炮点发生火药爆炸事故，3 人死亡。

140. 2007 年 11 月 24 日，上海市浦东杨高南路、浦三路口的一处加油站发生爆炸事故，造成 4 人死亡，40 多人受伤。

141. 2007 年 11 月 27 日，湖南省郴州市永兴县马田镇罗家村三组一非法生产烟花爆竹的作坊发生爆炸事故，事故发生时共有 23 人作业，其中 13 人死亡，10 人受伤，并造成 4 间房屋倒塌。

142. 2007 年 11 月 27 日，江苏省联化科技有限公司重氮盐生产过程中发生爆炸事故，造成 8 人死亡，5 人受伤（其中 2 人重伤），直接经济损失 400 万元。

143. 2007 年 11 月 28 日，山西省阳泉市兴通烟花有限责任公司东区双响炮封口工房发生爆炸，并殉爆礼花弹组装工房和另一个双响炮组装工房，造成 11 人死亡，9 人受伤、三排工房倒塌。

144. 2007 年 11 月 30 日，四川省成都市新都区石板滩镇三角社区 6 社村民吴先国家中发生火药爆炸事故，6 人死亡。

145. 2007 年 11 月 30 日，江西省上饶市广丰县霞峰镇赤塘村中秋钨自然村一村民非法生产发生火药爆炸事故，5 人死亡。

146. 2008 年 1 月 8 日，安徽省巢湖市居巢区散兵镇姥坞花炮厂二厂区俊武花炮厂发生爆炸事故，造成 3 人死亡，2 人受伤，约 10 间工房被毁。

147. 2008 年 1 月 9 日，重庆市重庆特斯拉化学原料有限公司发生中毒窒息事故，造成 5 人死亡，3 人重伤，13 人轻伤。

148. 2008 年 1 月 13 日，云南省昆明市云天化国际化工股份有限公司三环分公司硫黄仓库发生爆炸，造成 7 人死亡，7 人重伤、25 人轻伤。

149. 2008 年 1 月 20 日，河北省石家庄市栾城县冶河镇段固庄村一农民家中非法生产烟花爆竹发生爆炸，造成 6 人死亡，1 人受伤。

150. 2008 年 2 月 1 日，贵州省遵义市正安县格林镇春雷村唐里组，发生一起非法生产烟花爆竹爆炸事故，造成 3 人死亡。

151. 2008 年 2 月 25 日，河北省保定市定州市庞村镇庞村一废弃厂房内发生爆炸事故，造成 3 人死亡。

152. 2008 年 3 月 13 日，广东省广州市黄埔区东莞海翔国际货运代理有限公司，发生火药爆炸事故，8 人死亡。

153. 2008 年 3 月 15 日，广西壮族自治区玉林市北流县六靖大坡炮竹厂，上药工房发生爆炸，引发中转仓库发生爆炸，造成 5 人死亡。

154. 2008 年 3 月 26 日，新疆维吾尔自治区在吐鲁番七泉湖镇戈壁滩销毁烟花爆竹时发生意外爆炸事故，造成 25 人死亡（其中 3 人因伤势过重抢救无效死亡）①，10 人受伤。事故还造成 9 辆车毁坏。

155. 2008 年 5 月 28 日，广西壮族自治区南宁市宾阳县新桥镇新和村委福林村发生一起爆竹爆炸事故，造成 4 人死亡，1 人重伤。

156. 2008 年 6 月 12 日，云南省昆明市安宁齐天化肥有限公司在脱砷精制磷酸试生产过程中发生硫化氢中毒事故，造成 35 人中毒，其中 6 人死亡。

157. 2008 年 8 月 2 日，贵州省兴化化工有限责任公司一座甲醇储罐发生爆炸燃烧事故，现场施工人员 3 人死亡，2 人受伤（其中 1 人严重烧伤），6 个储罐被摧毁。

★158. 2008 年 8 月 26 日，广西壮族自治区河池市广维化工股份有限公司维尼纶厂有机车间发生爆炸事故，造成 21 人死亡，59 人受伤。厂区附近 3 千米范围共 11500 多名群众疏散，直接经济损失 7586 万元。

---

① 有报道称事故中还有 5 人失踪。

159. 2008 年 8 月 30 日，内蒙古自治区赤峰市敖汉旗四家子镇鑫鑫花炮有限责任公司称量工房发生火药爆炸事故，爆炸冲击波将称量工房内的氧化剂和还原剂再次混合，形成更大规模的爆炸，并将其他工房的成品和半成品引燃，发生连续爆炸，造成 17 人死亡，4 人受伤，50 间工房损毁。

160. 2008 年 9 月 17 日，云南省昆明市南磷集团电化有限公司发生氯气泄漏事故，造成 71 人中毒。

161. 2008 年 10 月 4 日，湖南省怀化溆浦县横板桥乡集中村村民非法烟花爆竹发生爆炸，造成 3 人死亡。

162. 2008 年 10 月 18 日，湖南省永州市祁阳县羊塘镇祁兴引线厂切引工在切引过程中，违反操作规程，切引的动作过重过快再加上切引刀没有及时冷却和磨锋而引起发生切引燃烧爆炸，造成 3 人死亡，3 人受伤。

163. 2008 年 11 月 17 日，湖南省岳阳市湘阴县三塘镇来龙村非法制造烟花爆竹过程中，因房屋内灯泡短路爆炸，引起爆竹燃爆，造成杂屋倒塌，造成 4 人死亡，7 人受伤（其中 2 人重伤）。

164. 2008 年 11 月 25 日，广东省云浮市罗定市新邦林产化工有限公司萜烯树脂车间发生火灾，过火面积约 600 平方米，造成 3 人死亡，3 人受伤，直接经济损失约 570 万元。

165. 2008 年 11 月 28 日，江西省萍乡市上栗县长子岭花炮厂发生火药爆炸事故，3 人死亡。

166. 2008 年 11 月 30 日，重庆市梁平县蟠龙镇引线厂发生燃爆事故，造成 3 人当场死亡，2 人受伤。

167. 2008 年 12 月 18 日，河北省廊坊市固安县马庄镇寺尚村一村民家中发生一起火灾事故，共造成 5 人死亡。

168. 2008 年 12 月 21 日，安徽省宿州市泗县大杨乡曹安村发生一起非法生产烟花爆竹作坊爆炸事故，造成 4 人死亡。

169. 2008 年 12 月 23 日，湖南省湘西州永顺县一辆湘 J-5052 货车（载 4 吨高氯酸甲，150 件引线和 21 包包装纸）行至颗砂乡白龙村路段时发生爆炸，造成 3 人死亡，2 人受伤。

170. 2008 年 12 月 27 日，河南省濮阳市华龙区东干城村村民李某出租的一处房屋发生民爆物品爆炸事故，造成 15 人死亡，9 人受伤。

171. 2009 年 1 月 1 日，山东省德州市合力科润化工有限公司乙腈装置固定床反应器发生爆炸，造成 5 人死亡，1 人重伤，8 人轻伤，直接经济损失 160 万元。

172. 2009 年 1 月 2 日，河南省驻马店上蔡县杨集镇赵寨村发生一起非法生产烟花爆竹爆炸事故，造成 3 人死亡。

173. 2009 年 1 月 3 日，山东省潍坊市潍城区于河镇前王村一非法生产烟花爆竹的作坊发生烟花爆竹爆炸事故，造成 13 人死亡，2 人受伤。

174. 2009 年 1 月 8 日，山东省潍坊市临朐县东城街道王家楼村一闲置房屋内因非法加工烟花爆竹引起爆炸，造成 4 人死亡。

175. 2009 年 1 月 11 日，广东省清远英德市青塘镇青南村委会石桥塘村村民非法生产爆竹。配装药师傅何南德在药房前吸烟并捧着一捆已装上药但没有插引线的爆竹进屋。何南德手中的爆竹冒烟并起火，导致配药房、成品房、半成品房的火药和爆竹迅速燃烧，发生两次威力巨大的爆炸，导致 5 人死亡，10 人受伤（其中重伤 1 人，轻伤 9 人）。

176. 2009 年 1 月 14 日，湖南省常德市卢鼎城区华富田烟花鞭炮厂 A 级工区 16 号、18 号装药工房发生爆炸，造成 3 人死亡，2 间工房夷为平地。

177. 2009 年 1 月 18 日，广西壮族自治区玉林市博白县旺茂镇一非法爆竹加工点在加工爆竹过程中发生爆炸，3 人死亡。

178. 2009 年 1 月 23 日，贵州省铜仁地区谯家镇印山村水坨组谭国有家中发生火药爆炸事故，6 人死亡。

179. 2009 年 1 月 27 日，黑龙江省哈尔滨市香坊区成高子镇哈成超市发生明火引燃烟花爆竹事故，造成 3 人死亡，3 人受伤。

180. 2009 年 2 月 7 日，贵州省黔西南州贞丰县者相镇平桥村干海组一火炮非法生产窝点发生火药爆炸事故，7 人死亡。

181. 2009 年 4 月 17 日，湖南省郴州市永兴县樟树乡大岭煤矿办公楼发生炸药爆炸事故，造成 20 人死亡（失踪）。该矿为非法煤矿，非法购买炸药和雷管并违规贮存在一起，炸药和雷管发生爆炸。

182. 2009 年 5 月 2 日，山东省德州市庆云县庆云镇杨庄子村一非法加工鞭炮的作坊发生爆炸事故，造成 13 人死亡，1 人重伤，1 人轻伤。

183. 2009 年 5 月 7 日，江西省宜春市万载县潭埠富豪花炮厂发生火药爆炸事故，5 人死亡。

184. 2009 年 5 月 8 日，广西壮族自治区钦州市钦北区大寺烟花炮竹总厂 18 号阀引工房发生爆炸，造成 4 人死亡。

185. 2009 年 6 月 5 日，广西壮族自治区钦州市灵山县那隆镇江东村委四队一非法引线加工点晒场发生引线燃烧事故，造成 4 人死亡。

186. 2009 年 6 月 14 日，湖南省郴州市永兴县高亭乡高堂村十组在家闭门进行非法烟花封装，因操作失误引起燃烧，产生大量有毒气体，造成3人死亡。

187. 2009年6月15日，江西省抚州市临川区，远大花炮厂发生爆炸，造成3人死亡。

188. 2009年6月21日，安徽省凤阳县凤阳晶鑫矿业有限公司非法储存在厂区办公室内的炸药意外爆炸，造成16人死亡，43人受伤。

189. 2009年6月27日，河北省徐水县安肃镇南孤庄营村村民吴某在家中非法制作烟花爆竹引发爆炸事故，造成6人死亡，4人受伤。

190. 2009年7月15日，河南省洛阳市洛染股份有限公司一车间发生爆炸事故，造成当班操作人员17人中的8人死亡，9人受伤（其中3人伤势较重）。周边108名居民被爆炸产生的冲击波震碎的玻璃划伤。

191. 2009年8月11日，山东省滨城区堡集镇侯家园子村发生非法生产储存烟花爆竹爆炸事故，造成3人死亡，1人受伤。

192. 2009年9月15日，四川省宜宾市西郊沿江路326号因当事人王某、陈某非法违规长期存放大量氯酸钠、硝酸钾等易燃、易爆性化学物品引发爆炸事故，造成11人死亡，数十人受伤。

193. 2009年9月25日，内蒙古自治区呼伦贝尔市绰尔公安局销毁炸药时发生爆炸，造成3人死亡，7人重伤。

194. 2009年10月14日，河南省信阳市罗山县城关花炮厂发生爆炸事故，造成3人死亡。

195. 2009年10月28日，山东省菏泽市牡丹区大黄集镇宋庄村在非法加工烟花爆竹时发生爆炸，造成3人死亡，1人受伤。

196. 2009年11月9日，山东淄博市开拓生物科技有限公司（生产医药中间体邻苯二甲亚胺的化工企业）因操作失误，将反应催化剂重复添加，反应速度失控导致釜内温度压力急剧上升引发爆炸，导致11人死亡，4人重伤。

197. 2009年11月12日，广西壮族自治区贺州市平桂管理区公会镇杨会村发生一起私炮爆炸事故，造成6人死亡，8人受伤。

198. 2009年11月28日，江苏省盐城市建湖县高作镇境内建湖县盛泰烟花制造有限公司因企业不顾天气变化赶进度违规生产，操作工又违规操作，发生爆炸，造成3人死亡，4人受伤，4间工房（总计24平方米）坍塌。

199. 2010年1月1日，陕西省渭南市蒲城县新平花炮有限责任公司在发生火药爆炸事故，造成9人死亡，8人受伤。

200. 2010年1月7日，中国石油天然气股份有限公司兰州石化分公司316罐区发生爆炸火灾事故，造成6人死亡，6人受伤（其中1人重伤）。

201. 2010 年 1 月 27 日，内蒙古自治区呼和浩特市土左旗善岱镇朝号村春花花炮厂法人代表张云刚擅自在非许可场地非法组织生产烟花爆竹时发生爆炸事故，造成 4 人死亡，2 人失踪。

202. 2010 年 2 月 3 日，山东省莱芜市大厂花炮厂作业人员在配药车间配药时不慎将火药引燃，引起了违规存放在装药工房前西面的一简易塑料棚内半成品爆炸，造成 4 人死亡。

203. 2010 年 2 月 26 日，广东省揭阳市普宁市军埠镇石桥头村一村民燃放烟花引起爆炸，造成 23 人死亡，48 人受伤。

204. 2010 年 3 月 7 日，广西壮族自治区南宁市宾阳县一非法烟花爆竹点发生火药爆炸，造成 3 人死亡。

205. 2010 年 3 月 26 日，新疆维吾尔自治区阿克苏地区益海阿克苏分公司酸化油车间油罐爆炸，事造成 3 人死亡，6 人重伤。酸化油车间遭到严重损坏。

206. 2010 年 3 月 26 日，山东省青岛海怡精细化工有限公司生物化工厂不锈钢锥形混合机发生爆炸，导致临近仓库起火，造成 6 人死亡，4 人受伤。

207. 2010 年 4 月 12 日，河南省洛阳市伊川县平等乡马回营村社伟烟花爆竹有限公司仓库展室发生爆炸，造成 4 人死亡。

208. 2010 年 5 月 29 日，四川省北川县擂鼓镇一储存消毒药品及漂白粉的露天仓库因雨水与漂白粉接触后发生爆炸，附近部队闻讯后赶到现场处置，最早赶去抢险的战士没有佩戴防护用品，有 61 名官兵氯气中毒，被紧急送往医院救治。

209. 2010 年 6 月 10 日，湖南省永州市蓝山县新圩镇一非法爆竹厂插引作坊发生爆炸事故，造成 4 人死亡。

210. 2010 年 6 月 14 日，湖北省襄樊市襄阳县峪山镇峪山村三组一非法生产烟花爆竹窝点发生爆炸事故，造成 3 人死亡，2 人受伤。

211. 2010 年 6 月 29 日，辽宁省辽阳石化公司炼油厂原油输转车间在清罐过程中发生闪爆事故，造成 5 人死亡，5 人受伤。

212. 2010 年 7 月 4 日，甘肃省白银市天翔建材化工有限责任公司碳酸锌厂 1 名工人违章进入反应池作业，因氨气中毒晕倒，地面 5 人先后盲目下池施救、相继中毒。事故共造成 3 人死亡，3 人受伤。

★213. 2010 年 7 月 16 日，中石油大连石化公司位于大连大孤山新港码头的一条输油管线发生起火爆炸事故。大火持续燃烧 15 个小时。1 名作业人员失踪，消防战士张良在救火中牺牲。约有 1500 吨原油泄入海洋，受污染海域约 430 平方千米，其中重度污染海域约为 12 平方千米。直接经济损失约 2.23 亿元，救援费用 8500 万元，清理海洋环境污染费用超过 11 亿元。

214. 2010 年 7 月 22 日，贵州省宜化化工有限公司变换工段发生爆炸事故，造成 8 人死亡，3 人受伤。

★215. 2010 年 8 月 16 日，黑龙江省伊春市华利实业公司发生烟花爆竹爆炸事故，造成 37 人死亡（失踪），152 人受伤，直接经济损失 6818 万元。

216. 2010 年 8 月 22 日，广西壮族自治区钦州市灵山县檀圩镇沙井村一村民在家中使用氯酸钾非法生产爆竹半成品时发生爆炸，造成 7 人死亡，10 人受伤（其中 2 人重伤）。

217. 2010 年 9 月 13 日，广东省茂名市电白县水东镇蓝田坡村，村民使用氯酸钾非法生产爆竹发生爆炸，造成 8 人死亡，10 人受伤。

218. 2010 年 9 月 15 日，山东省齐鲁石化建设有限公司一台未与生产线连接的备用换热器，在充氮气保护过程中出口管箱脱开造成泄露，现场作业人员 5 人死亡，1 人受伤。

219. 2010 年 9 月 21 日，湖南省常德市临澧县合口镇出口花炮厂在进行制装药作业过程中，违规操作引发爆炸，导致制装药区工房殉爆，造成 5 人死亡。

220. 2010 年 10 月 16 日，四川省达州市万源市草坝镇兴发鞭炮厂装药车间发生爆炸事故，事故共造成 4 人死亡，1 人受伤。

221. 2010 年 10 月 17 日，重庆市市辖县梁平县屏锦镇万发烟花爆竹生产车间发生了爆炸，造成 3 人死亡，4 人重伤。

222. 2010 年 10 月 18 日，江西省抚州市东乡县鑫彬引线厂发生火药爆炸事故，造成 3 人死亡。

223. 2010 年 10 月 24 日，中石油大连石化公司在拆除 7 月 16 日事故中曾经着火的油罐时，不慎引燃罐体内残留原油，造成 3 人在火灾中死亡。

224. 2010 年 11 月 24 日，河北省承德市丰宁满族自治县杨木栅子乡富贵山花炮厂发生爆炸事故，造成 6 人死亡，10 人受伤。

225. 2010 年 11 月 27 日，河南省周口地区沈丘县北郊乡大吴庄花炮厂插引工房发生爆炸，造成 6 人死亡。

226. 2010 年 11 月 28 日，辽宁省辽阳石化公司炼油厂加氢三车间新建污水提升池进行 P02A 事故提升泵单机试运过程中发生闪爆事故，造成 5 人死亡，1 人轻伤。

227. 2010 年 12 月 4 日，贵州省黔东南州凯里市清平南路大桥下一非法违规存有危险化学品等危险物品的违规建筑物发生爆炸，导致一墙之隔的网吧墙体倒塌并引发火灾，附近民房不同程度受到破坏。网吧内正在上网及民房内居住的人员 7 人死亡，39 人受伤（其中 8 人重伤）。

228. 2010 年 12 月 5 日，湖南省怀化市溆浦县龙潭镇梓坪村白凤组李余生家因非法生产爆竹引起爆炸，造成 3 人死亡。

229. 2010 年 12 月 11 日，山东省滨州市阳信县商店镇一栋商住两用居民小楼（共 2 层）二层的居民家中非法存放的烟花爆竹发生爆炸事故，导致楼房倒塌，造成该居民家中及该楼一层公共浴室内的洗浴人员共 8 人死亡，6 人受伤。

230. 2010 年 12 月 20 日，甘肃省新川肥料有限公司发生气体中毒窒息事故，造成 5 人死亡，2 人受伤。

231. 2010 年 12 月 30 日，云南省昆明市金马寺全新生物制药有限公司发生爆炸燃烧事故，造成 4 名工人当场死亡，1 名工人送往医院后抢救无效死亡，5 名工人重度烧伤、1 人中度烧伤，2 人轻伤。

232. 2011 年 1 月 3 日，广西壮族自治区玉林市玉洲区大塘镇桂和烟花爆竹厂发生火药爆炸事故，死亡 4 人。

233. 2011 年 1 月 14 日，山东省聊城市冠县辛集乡冯杜庄村村西苗圃发生一起非法生产、储存烟花爆竹爆炸事故，造成 3 人死亡。

234. 2011 年 1 月 14 日，湖南省娄底市新化县科头乡桃林烟花鞭炮厂上药车间作业时发生爆炸事故，造成 5 人死亡。

235. 2011 年 1 月 19 日，河南省漯河市郾城县李家集镇豫田花炮厂发生烟花爆竹爆炸事故，造成 10 人死亡，6 人重伤，15 人轻伤。

236. 2011 年 1 月 19 日，辽宁省抚顺石化公司石油二厂 150 万吨/年重油催化装置稳定单元发生闪爆事故，造成 3 人死亡，4 人轻伤，15 人微伤。

237. 2011 年 3 月 2 日，湖南省永州市宁远县莲花喜炮厂上药房装药工在装混药过程中因超药量违规操作，引发鞭炮起火爆炸，造成 4 人死亡，1 人受伤。

238. 2011 年 3 月 7 日，江西省萍乡市莲花县六市焰花材料有限公司火药爆炸事故 3 人死亡。

239. 2011 年 4 月 13 日，黑龙江省大庆市让胡路区喇嘛甸镇富鑫化工厂非法生产偶氮二异丁腈过程中发生爆炸燃烧事故，造成 9 人死亡。

240. 2011 年 4 月 22 日，湖南省株洲市炎陵县华丰化工有限责任公司发生燃爆事故，造成 6 人死亡，4 人受伤。

241. 2011 年 4 月 26 日，河南省平顶山市石龙区一劳务公司的工人宿舍发生炸药爆炸事故，造成 8 人死亡，17 人受伤。

242. 2011 年 5 月 2 日，江西省宜春市万载县黄茅镇光明村一非法引线厂火药爆炸事故 5 人死亡。

243. 2011 年 5 月 21 日，浙江省衢州市衢江区国峰塑料有限公司发生有毒气体伤人事故，造成5名职工中毒，其中3人死亡。

244. 2011年7月16日，中国石油天然气集团公司大连石化分公司厂区内一座1000万吨的常减压蒸馏热交换器装置发生泄漏并引起大火，幸未造成人员伤亡。

245. 2011年8月17日，湖北省荆州市松滋市卸甲坪乡乌溪沟村一村民在家中非法生产烟花爆竹发生爆炸事故，造成5人死亡，3人受伤。

246. 2011年9月29日，广西壮族自治区玉林市玉州区大塘南胜烟花爆竹厂火药爆炸事故3人死亡。

247. 2011年10月21日，湖南省衡阳市耒阳市太平圩乡凤光村发生非法生产引火线导致的爆炸事故，造成7人死亡，8人受伤。

248. 2011年10月29日，广西壮族自治区桂林市平乐县二塘镇崎村非法烟花爆竹生产点火药爆炸事故4人死亡。

249. 2011年11月2日，安徽省阜阳市太和县税镇镇村民非法组织生产烟花爆竹发生爆炸，造成3人死亡，1人受伤。

250. 2011年11月19日，山东省新泰市楼德镇新泰联合化工股份有限公司三聚氰胺生产线检修过程中发生爆燃事故，造成15人死亡，4人受伤。

251. 2011年11月23日，广西壮族自治区北海市合浦县公馆镇浪坡村委一私炮加工点火药爆炸事故，5人死亡。

252. 2011年12月10日，云南省昭通地区镇雄县杉树乡大保村苦茶坪村民小组何正奎家发生一起爆炸事故，造成5死1伤。该案公安机关已认定为刑事案件。

253. 2011年12月15日，山东省德州市陵县安德街办事处将军寨社区居民非法制售烟花爆竹发生爆炸，造成2人死亡，3人失踪。

254. 2011年12月27日，湖南省永州市宁远县兴发喜炮厂发生一起鞭炮爆炸事故，造成4人死亡，2人受轻伤。

255. 2011年12月31日，河北省衡水市饶阳县继东黑火药制造有限公司发生工房爆炸事故，造成3人死亡。事发后企业瞒报，后经群众举报查实。

256. 2012年2月17日，河北省石家庄市赵县沙河店镇杨召村的赵县第二礼花厂发生爆炸，造成2人死亡，2人失踪。

257. 2012年2月28日，河北省石家庄市赵县工业园区生物产业园的克尔化工有限公司一硝酸胍车间发生爆炸事故，造成29人死亡（失踪），5人重伤，41人轻伤。事故直接原因是：该公司一车间的1号反应釜底部放料阀（用导热油伴热）处导热油泄漏着火，造成釜内反应产物硝酸胍和未反应完的硝酸铵局部受热，急剧分解发生爆炸，继而引发存放在周边的硝酸胍和硝酸铵爆炸。

258. 2012 年 4 月 18 日，安徽中升药业有限公司二车间发生中毒事故，造成 3 人死亡，4 人受伤。

259. 2012 年 6 月 17 日，江西省宜春市袁州区慈化镇隆发花炮厂爆竹封口工房发生燃爆事故，造成该栋工房（共 5 间）倒塌，7 人死亡，1 人受伤。

260. 2012 年 6 月 18 日，河南省周口市淮阳县鲁台镇东屯村花炮厂发生火药爆炸事故，造成 28 人死亡，20 人受伤。

261. 2012 年 8 月 27 日，广东省清远市英德龙山水泥有限责任公司一辆民用爆破器材配送车（载 7.48 吨混装的膨化炸药和乳化炸药），在卸车时发生爆炸，造成 10 人死亡，18 人轻伤。

262. 2012 年 11 月 16 日，安徽省芜湖无为县祥顺爆竹有限公司机械化配装工房发生爆炸事故，造成 4 人死亡。

263. 2012 年 11 月 30 日，江西省宜春市万载县仙源乡发生非法生产烟花爆竹爆燃事故，造成 7 人死亡，6 人受伤（其中 2 人重伤）。

（三）建筑施工事故

1. 2001 年 5 月 11 日，新疆维吾尔自治区乌鲁木齐市新界大厦建筑工地的一段围墙因堆土向外坍塌，因围墙外侧临近公共道路，当时该道路街道正值集贸早市的高峰，致使经营者及行人共 44 人被压埋在墙下，其中 19 人死亡，25 人受伤。

2. 2001 年 6 月 26 日，浙江省诸暨市第六建筑公司建筑工地（位于杭州市拱墅区）因山洪暴发，排水沟口堵塞，被排泄不畅的山洪冲垮工地围墙，压塌一栋活动房，造成 22 人死亡（其中男 16 人，女 6 人），7 人受伤。

★3. 2001 年 7 月 17 日，中国船舶工业总公司沪东中华造船（集团）有限公司一座正在吊装的龙门起重机突然倒塌，造成 36 人死亡（其中包括同济大学机械学院 5 位教师和 2 名博士后研究生），3 人重伤。

4. 2002 年 5 月 6 日，湖南省永州市一处加油站建设工程施工过程中发生坍塌事故，造成 7 人死亡，10 人受伤。

5. 2002 年 7 月 6 日，湖南省长沙市岳麓区麓山农村信用合作社的一栋楼房在拆除过程中，一堵残墙突然倒塌，造成正在墙边买卖蔬菜的人员 13 人死亡，17 人受伤。

6. 2002 年 8 月 15 日，河南省南阳市路桥建设集团公司在内乡县的建筑施工工地发生坍塌事故，造成 10 人死亡。

7. 2002 年 12 月 27 日，四川省内江市滨江东路改造工程项目在拆除一座废旧办公楼时发生坍塌事故，造成 6 人死亡，1 人受伤。

8. 2003 年 1 月 26 日，地处广东省鹤山市古劳镇丽水村西江大堤边的鹤山南方实业有限公司油库建设工地发生坍塌事故，塌方体击中一艘正在西江行驶的测量船，致使该船沉入西江，造成 15 人死亡（失踪）。

9. 2003 年 2 月 18 日，浙江省第一建设集团公司承建的杭州市 UT 斯达康生产研发中心建筑工地南楼屋面发生坍塌事故，造成 13 人死亡，17 人受伤。

10. 2003 年 3 月 4 日，安徽省黄山市歙县徽杭高速公路 16 标段制梁场在施工过程中，一台塔式起重机突然倒塌，死亡 8 人，重伤 4 人。

11. 2003 年 5 月 1 日，中国港湾建设集团有限公司第三航务工程局三标段施工项目部在贵州省黔东南州三穗县台烈镇三穗至凯里高速公路平溪大桥工地的工棚，被山体滑坡掩埋，造成 35 人死亡，1 人受伤。

12. 2003 年 7 月 24 日，黑龙江省黑河地区北安市和平小学一栋正在进行外墙抹灰施工的教学楼倒塌，18 名现场施工人员和一楼商业用房内的 4 人被掩埋。事故造成 16 人死亡，1 人重伤，5 人轻伤。

13. 2003 年 8 月 9 日，福建省厦门市湖里区禾山镇高林村厦门群鑫机械工业有限公司厂区内，一栋施工中的两层仓库由于模板支撑系统失稳，引起屋面板突然发生坍塌，造成 7 人死亡，38 人受伤。

14. 2003 年 8 月 16 日，黑龙江省哈尔滨市南岗区奋斗路人和世纪广场的地下工程发生塌方事故，造成 15 人死亡，8 人受伤。

15. 2003 年 10 月 7 日，广东省第七建筑集团有限公司在江门市逢江区的建筑工地发生坍塌事故，造成 16 人死亡，5 人重伤。

16. 2003 年 10 月 28 日，黑龙江省齐齐哈尔市卜奎大街万山红综合楼建筑工地发生吊笼坠落事故，死亡 5 人，重伤 18 人。

17. 2004 年 4 月 8 日，广东省揭阳市榕城区仙桥街道中润钢铁有限公司发生触电事故，造成 12 人死亡（其中 1 人负伤后抢救无效死亡），3 人受伤。当晚 7 时，中润公司一位负责人安排 20 余名工人，将位于工地南面的一座铁结构亭子搬到北面，搬运途中亭子上端碰到了工地上方的万伏高压线，导致事故发生。

18. 2004 年 5 月 12 日，由河南省第七建筑公司承建的安阳市安彩工业园区安阳信益电子玻璃有限公司二期建设工地烟囱建设工程，因下雨地滑导致施工工地上料架地铆滑脱而发生倾斜，上面的作业人员全部被摔下，造成 21 人死亡，10 人受伤。

19. 2004 年 6 月 9 日，北京市朝阳区京民大厦西配楼游泳池在装修时因电焊作业引起着火，造成 11 人死亡，37 人受伤。

20. 2005 年 5 月 31 日，河北省石家庄市电机科技园专特电机生产厂房工程在施工过程中发生触电事故，造成 3 人死亡，3 人轻伤。

21. 2005 年 8 月 1 日，中国水利水电建设集团公司水电第八工程局，在云南省文山州富宁县古拉水电站建设施工工地检修一龙门吊过程中，突然发生倒塌事故，造成 14 人死亡，1 人重伤，3 人轻伤。

22. 2005 年 9 月 5 日，在北京市西城区西单地区"西西工程" 4 号地项目工地（建筑面积为 205276 平方米），施工人员在浇筑混凝土时，模板支撑体系突然坍塌，造成 8 人死亡，21 人受伤。

23. 2005 年 9 月 25 日，湖南省沙坪建筑有限公司施工的长沙市开福区双拥路"四季美景·水木轩"工地发生中毒窒息事故，造成 4 人死亡。

24. 2005 年 11 月 5 日，贵州省桥梁工程公司在遵义市务川县都濡镇务川至彭水公路大桥建设施工过程中，悬拼拱架发生垮塌事故，造成 16 人死亡，3 人重伤。

25. 2005 年 12 月 14 日，位于贵州省开阳县南江乡龙广村的小尖山大桥发生支架垮塌，横跨在 3 个桥墩上的两段正在浇筑的桥面坠下，正在桥面施工的工人当中 8 人死亡，12 人受伤。

★26. 2005 年 12 月 22 日，中铁建一局四公司在四川都江堰都汶高速公路董家山隧道施工中发生瓦斯爆炸事故，造成 44 人死亡，11 人受伤。

27. 2006 年 1 月 21 日，中铁建十一局在湖北省恩施州利川市马鹿箐隧道施工过程中，平导硐发生透水事故，涌出的水通过联络巷灌入正硐，造成 11 人死亡。

28. 2006 年 3 月 17 日，云南省文山州砚山县新兴水泥公司建设工程施工现场发生塔吊倒塌事故，造成 6 人死亡。

29. 2006 年 4 月 11 日，山西省运城市丰喜集团复合肥分公司在进行造粒塔高空涂刷防锈漆作业时，发生脚手架钢丝绳断裂事故，导致 8 人死亡。

30. 2006 年 5 月 18 日，山西省太原市杏花岭区敦化坊新村一座二层楼房在拆除过程中发生墙体倒塌事故，造成 6 人死亡。

31. 2006 年 5 月 19 日，辽宁省大连开发区的沈阳音乐学院分院建筑工地发生模板坍塌事故，24 名作业人员被埋，其中 6 人死亡，18 人受伤。直接经济损失 357 万元。

32. 2006 年 6 月 6 日，山东省文登市水上公园一座人行景观桥在施工过程中发生整体坍塌事故，造成 5 人死亡，1 人重伤。

33. 2006 年 7 月 4 日，湖南省火电建设公司机械运输处金竹山电厂扩建工程项目部工地，工作人员在拆卸一台门式起重机（门吊）的准备阶段发生事故，造成 7 人死亡，9 人受伤，直接经济损失 262.3 万元。

34. 2006 年 10 月 28 日，中石油新疆独山子石化分公司一个在建的原油贮罐在进行防腐作业时发生爆炸，造成 13 人死亡，6 人受伤。该防腐工程由安徽省防腐工程总公司施工作业。

35. 2007 年 2 月 12 日，广西壮族自治区南宁市广西医科大学图书馆二期工程施工过程中发生模板支撑系统坍塌事故，造成 7 人死亡，7 人重伤。

36. 2007 年 6 月 22 日，辽宁省本溪市恒仁县东方饲料有限公司加工车间厂房扩建工程（由鞍山市海城北方饲料粮油机械有限公司施工）施工过程中，发生钢架结构塌落事故，造成 12 人死亡，5 人受伤。

37. 2007 年 7 月 19 日，云南省保山市腾冲县苏家河水电站因连续 3 天降雨 200 毫米，发生泥石流灾害，住在工棚里的部分民工被埋，造成 29 人死亡（失踪）。

38. 2007 年 7 月 20 日，中国水利水电建设集团第四工程局第一分公司承建的青海省海南州贵南县一处水电站施工工地，因大雨造成山体坍塌，造成 8 人死亡。

39. 2007 年 8 月 5 日，中铁建十六局四公司在湖北省恩施州巴东县宜万铁路隧道施工时，在掘进工作面爆破出渣过程中，发生突水突泥事故，52 人被困，经抢救 42 人生还，10 人死亡。

★40. 2007 年 8 月 13 日，湖南省湘西土家族苗族自治州凤凰县沱江堤溪大桥在建成之后，拆除作业架时发生整体垮塌事故，造成 64 人当场死亡，4 人重伤，18 人轻伤，直接经济损失 3974.7 万元。

41. 2007 年 9 月 6 日，河南省郑州市富田太阳城二期家居广场中心工程，在施工过程中采光井模板支撑系统突然垮塌，造成 7 人死亡，17 人受伤。

42. 2007 年 10 月 22 日，山西省阳泉市荫营煤矿矿区生活区内一正在进行改扩建施工的隧道（长 85 米）发生塌陷事故，导致隧道上方的 5 户居民排房倒塌，造成 13 人死亡，2 人受伤。

43. 2007 年 11 月 14 日，江苏省南通二建集团有限公司承建的无锡市银仁御墅花园工地，一台施工升降机西侧吊笼发生坠落事故，吊笼从 11 层楼坠落地面，造成吊笼内 16 名施工人员中 11 人死亡，5 人受伤。

★44. 2007 年 11 月 20 日，中国隧道集团二处有限公司施工的湖北省恩施州巴东县宜万铁路木龙河段高阳寨隧道硐口（位于野三关境内 318 国道 1405 千米处）发生岩石垮塌事故，造成正在进行危岩处理加固作业的施工人员 1 人死亡，2 人失踪，1 人受伤，并将当时路过该路段的利川市利达客运公司一辆号牌为"鄂 Q-20684"的卧铺客车被垮塌的岩石砸中掩埋，造成车上 32 人全部死亡。事故共造成 35 人死亡，1 人受伤，直接经济损失 1498.7 万元。

45. 2008 年 3 月 13 日，陕西省扶风县法门寺文化景区舍利塔正圣门工程建设工地（由挂靠在陕西鼎立建筑劳务有限责任公司名下的农民工劳务队具体施工）发生脚手架倒塌事故，十几名工人被摔向地面，造成 4 人死亡，5 人受伤。

46. 2008 年 3 月 27 日，四川省凉山州木里河大沙湾水电站引水隧洞施工过程中，发生爆破产生的有害气体中毒事故，造成 10 人死亡，1 人轻伤。

47. 2008 年 4 月 30 日，湖南省长沙市上河国际商业广场工程在施工过程中发生模板坍塌事故，造成 8 人死亡，3 人重伤。

48. 2008 年 10 月 10 日，山东省淄博市一处居民楼施工工地发生塔吊倒塌事故，由于施工地点临近幼儿园，造成 5 名儿童死亡，2 名儿童重伤，直接经济损失约 300 万元。塔式起重机塔身第 3 标准节的主弦杆有 1 根由于长期疲劳已断裂，同侧另 1 根主弦杆存在旧有疲劳裂纹，安装人员未尽安全检查责任。塔吊回转半径范围覆盖毗邻的幼儿园达 10 米，而未采取安全防范措施。

49. 2008 年 10 月 28 日，由重庆市交通建设集团承建的武隆县芙蓉江跨江大桥建设工地，在用吊斗运送 22 名工人上晚班时，由于平衡物断落打在吊斗上，致使吊斗坠落到桥面上，造成 11 人死亡，7 人重伤，4 人轻伤。

50. 2008 年 10 月 30 日，福建省宁德市霞浦县城关镇迪鑫阳光城 3 楼工程项目建设工地发生施工升降机（吊笼）坠落事故，吊笼内 12 名工人全部死亡。

★51. 2008 年 11 月 15 日，浙江省杭州市地铁 1 号线湘湖站施工工地（由中铁建四局施工）发生路面塌陷事故，造成 21 人死亡，4 人重伤，20 人轻伤，直接经济损失 4961 万元。

52. 2008 年 11 月 17 日，湖南省湘西自治州永顺县城河西社区信用合作社一新建办公楼发生坍塌事故，造成 7 人死亡，4 人受伤。

53. 2008 年 12 月 27 日，湖南省长沙市韶山南路 643 上海城二期住宅工程第十九栋建设工地，19 名工人乘坐升降机吊笼上 32 楼干活，当吊笼上升至 28 层（约 87 米高）时，升降机标准节在 82.5 米处折断，致使升降机吊笼坠落，造成 18 人死亡，1 人重伤。

54. 2009 年 3 月 11 日，中铁建二十四局沪宁城际铁路建设施工人员租住的江苏省镇江市丹阳市吕城镇惠济村一停产多年的铝粉加工厂厂房突然发生爆炸，导致房屋倒塌，造成 11 人死亡，20 人受伤。

55. 2009 年 3 月 23 日，重庆市涪陵区重庆化医控股集团所属建峰工业集团在建的合成氨/尿素造粒塔施工工地，23 名施工人员在 2 个作业台板作业时，其中一个垂直高度约 85 米的台板发生垮塌，导致在该台板上作业的 12 名工人全部坠地死亡，并造成另一台板上作业的 2 人受伤。

56. 2009 年 5 月 18 日，天津市塘沽区渤化永利热电有限公司建设工地，在进行烟囱内筒安装作业时，由于汽缸爆炸，导致烟囱内筒坠落，造成 12 人死亡，1 人重伤，10 人轻伤。

57. 2009 年 6 月 10 日，海南省海口市海甸岛白沙门污水处理厂在排海工程顶管施工过程中发生排海管道海水透水事故，5 名工人被困、溺亡于灌满海水的管道中。

58. 2009 年 6 月 16 日，由上海电力建筑工程公司承建的中石油江苏液化天然气（LNG）接收站工程（位于江苏如东县洋口港太阳岛）一号贮罐区，因钢筋网滑落引发伤亡事故，造成 8 人死亡，14 人受伤（其中 3 人重伤）。

59. 2009 年 6 月 22 日，四川省眉山九一五地质队德格项目部在甘孜州德格县地质灾害治理工程防洪堤施工过程中发生垮塌事故，造成 10 人死亡，1 人受伤。

60. 2009 年 6 月 27 日，上海市闵行区莲花南路罗阳路口一幢在建的十三层商品住宅楼倒塌。

61. 2009 年 8 月 4 日，河北省石家庄市腾飞玛钢铸造有限公司（位于石家庄市西兆通镇）一在建厂房在大雨中突然倒塌，造成 17 人死亡，3 人受伤。

62. 2009 年 10 月 20 日，京沪高铁徐州段施工现场发生脚手架坍塌事故，死亡 5 人。

63. 2009 年 12 月 4 日，广东省东莞市建设施工中的台商大厦发生塔吊倒塌事故，30 余吨重的塔吊从 50 层高的楼顶直接坠落，造成 3 人死亡，5 人重伤。

64. 2010 年 1 月 3 日，云南省建工集团市政公司承建的昆明长水机场配套引桥工程，在浇筑混凝土过程中发生支架垮塌事故，造成 7 人死亡，8 人重伤，26 人轻伤。

65. 2010 年 3 月 13 日，广东省深圳市南山区兴工路汉京峰景苑施工工地防护棚突然坍塌，造成 9 人死亡，1 人受伤。

66. 2010 年 3 月 19 日，由中铁建十二局第五项目部承建的内蒙古乌兰察布盟卓资县旗下营隧道发生塌方事故，造成 10 人死亡。

67. 2010 年 4 月 30 日，安徽省淮北市杜家集区朔里镇葛塘村一在建三层楼房发生坍塌事故，造成 10 人死亡。

68. 2010 年 5 月 3 日，由中铁建十九局承建的内蒙古呼和浩特赛罕区榆林镇二道河村隧道施工工地工棚发生火灾，造成 10 人死亡，14 人受伤。

69. 2010 年 7 月 11 日，中铁建十八局承建的广西南宁市宾阳县南黎铁路 LN-4 标宾阳段那使二隧道 DK689+430 工作面发生塌方事故，造成 10 人死亡。

70. 2010 年 7 月 18 日，陕西省安塞县真武洞镇井居村蔬菜大棚种植基地的一座在建集雨窖突然倒塌，事故造成 3 人死亡，6 人重伤，2 人轻伤。

★71. 2010 年 7 月 28 日，位于江苏省南京市栖霞区迈皋桥街道万寿村 15 号附近的原南京塑料四厂地块拆除工地发生地下丙烯管道泄漏爆燃事故，造成 22 人死亡，120 人住院治疗，其中 14 人重伤。

72. 2010 年 8 月 13 日，由中铁六局呼和浩特铁路建设有限公司、中铁电气化局集团一公司承建的包满铁路新建线（白云鄂博至满都拉朝鲁图站）路段施工现场发生工程车辆溜逸事故，造成 11 人死亡，1 人重伤，2 人轻伤。

73. 2010 年 8 月 16 日，吉林省通化市梅河口市医院在建的住院部大楼工地发生升降机吊笼坠落事故，造成 11 人死亡。

74. 2010 年 9 月 29 日，河南省淅铝集团大电解二期在建工程氧化铝储存塔封顶浇灌作业时发生支架垮塌事故，19 名建筑工人被掩埋，其中 8 人死亡，11 人受伤。

75. 2010 年 10 月 23 日，山东省天齐置业集团股份有限公司承建的济南西客站片区安置房三楼发生施工电梯高空坠落事故，梯内 18 名工人全部受重伤。

76. 2010 年 11 月 3 日，黑龙江省绥棱县努敏河废弃危桥拆除施工（由辽宁省鞍山市铁东区第七建筑工程公司承保）过程中发生坍塌事故，死亡 4 人。

77. 2010 年 11 月 20 日，辽宁省丹东市"欣鑫丽园"十六楼工地发生塔吊倒塌事故，造成 6 人死亡。

78. 2011 年 4 月 20 日，由中国铁路工程总公司第二工程局第一工程有限公司承建的甘肃张掖市山丹县境内兰新铁路第二双线甘青段小平羌隧道工程，在进行喷射混凝土作业时发生塌方事故，造成 12 人死亡。

79. 2011 年 6 月 19 日，江苏省无锡市惠山区钱桥镇街道社区居委会老办公楼，在改造施工过程中发生整体垮塌事故，死 11 人亡，受伤 5 人。

80. 2011 年 9 月 10 日，陕西省西安市玄武路北关村凯玄大厦施工工地发生高层附着式脚手架坠落事故，共造成 10 人死亡（现场死亡 7 人，经医院抢救无效死亡 3 人），2 人重伤。

81. 2011 年 10 月 8 日，辽宁省大连市阿尔滨建设集团公司承建的大连旅顺口区蓝湾三期住宅工程建设工地，在进行地下车库浇筑施工过程中，发生模板坍塌事故，造成 13 人死亡，4 人重伤，1 人轻伤。

82. 2011 年 10 月 29 日，中铁建十九局承建的甘肃省定西地区临洮县漫洼乡百花村境内兰渝铁路黑山隧道工程施工现场，一辆运送施工人员上班的客货两用车由斜井向主井运送上班人员时，由于刹车失灵，发生翻车事故，造成 24 人死亡，4 人受伤。

83. 2012 年 5 月 14 日，五冶集团上海有限公司在宝钢集团韶关钢铁有限公司下属的韶钢松山股份有限公司合金钢优质钢棒材轧机建设工程施工现场地面安装桥式起重机过程中，起重机箱体梁（大梁）发生爆炸，造成 9 人死亡，6 人受伤。

84. 2012 年 5 月 19 日，中铁三局集团第五工程公司承建的湖南炎汝高速公路第十三合同段八面山隧道施工现场，一辆运送炸药的农用车在左硐距掌子面 50 米左右处发生爆炸事故。事故发生时隧道内施工现场有 24 人，其中 20 人死亡，1 人重伤，1 人轻伤。现场安全管理混乱、人货混装是导致事故发生的直接原因；施工单位现场事故隐患整改不力，多次检查发现类似安全问题后整改不到位，监理管理缺失是造成事故的直接原因。

85. 2012 年 6 月 28 日，位于四川省凉山州宁南县白鹤滩镇和保格乡境内的三峡公司白鹤滩电站施工区受到泥石流冲击，造成 40 人死亡或失踪。

86. 2012 年 9 月 13 日，由湖北省祥和建设集团有限公司承建的武汉市东湖生态旅游风景区东湖景园还建楼 C 区 7-1 楼建筑工地，一台施工升降机在升至 100 米时发生坠落，造成 19 人死亡。

87. 2012 年 12 月 25 日，中铁隧道集团二处有限公司承建的山西中南部铁路通道 ZNTJ-6 标南昌梁山隧道 1 号斜井正洞右线进口方向工作面附近，违法销毁爆炸物品引发爆炸事故，造成 8 人死亡，5 人受伤，直接经济损失 1026 万元。事故发生后该企业瞒报，后经群众举报后核实。

88. 2012 年 12 月 31 日，上海市建工二建集团有限公司承建的轨道交通 12 线金桥停车场，在地面检修库房施工过程中浇筑平台发生坍塌，造成 5 人死亡。

（四）其他工贸企业事故

1. 2001 年 2 月 6 日，甘肃省酒泉钢铁（集团）有限责任公司供气厂制氧一车间球罐阀门室发生爆炸燃烧，造成当班 3 名女工死亡，1 名女工重伤。

2. 2001 年 2 月 17 日，湖南省益阳市桃江县武潭镇杨林村一家个体造纸厂发生压力容器爆炸事故，造成 3 人死亡。

3. 2001 年 6 月 8 日，河南省汝南县天中酒厂一容量为 50 吨的不锈钢酒罐发生爆炸，4 人当场死亡，7 人受伤。

4. 2001 年 8 月 7 日，浙江省永嘉县黄田镇电镀二厂因蒸压釜操作工操作不当，蒸压釜盖安全联锁装置不全等原因，发生爆炸事故，22 间厂房坍塌，造成 13 人死亡，11 人受伤，直接经济损失 280 万元。

5. 2001 年 12 月 29 日，广西壮族自治区玉林市容县平梨砖厂发生锅炉爆炸事故，死亡 10 人，重伤 1 人，轻伤 23 人。

6. 2003 年 1 月 3 日，中国石油化工集团公司胜利石油管理局河口社区西锅炉房发生爆炸，造成 6 人死亡，1 人重伤，2 人轻伤。

7. 2003 年 9 月 15 日，陕西省韩城市龙门钢铁集团的一个液化气储气罐发生爆炸，造成 6 人死亡，3 人受伤。

8. 2003 年 10 月 10 日，广西壮族自治区凭祥市凯发打火机厂发生火灾爆炸事故，死亡 10 人。

9. 2004 年 1 月 23 日，江苏省大屯煤电公司电业分公司 135 兆瓦机组集中控制室发生屋面坍塌事故，死亡 5 人，受伤 3 人。

10. 2004 年 5 月 5 日，河南省郑州市陈砦镇一冷库内存放蒜薹的货架发生倒塌事故，造成 15 人死亡。

11. 2004 年 5 月 11 日，山东省临沂市莒南县阜丰发酵公司生物工程园储存酒精的容器发生着火爆炸事故，造成 11 人死亡，5 人受伤。

12. 2004 年 8 月 19 日，山西省太原市晋阳华龙纸业有限公司发生锅炉爆炸事故，造成 3 人死亡，3 人重伤，7 人轻伤。

13. 2004 年 9 月 23 日，河北省邯郸市新兴铸管有限责任公司新建煤气发电厂点火时发生煤气爆炸事故，将锅炉、管道、烟囱等设备炸塌，造成 13 人死亡，8 人受伤，直接经济损失 500 万元左右。事发当日锅炉点火前，操作人员检查、校验燃烧器前的 20 个电动闸阀时间过长，左前 2 号、3 号和左后 3 号电动闸阀处于全开状态，致使大量燃气通过该 3 个电动阀进入并充满炉膛、烟道、烟囱，且达到爆炸极限，点火试运行时引起爆炸。

14. 2004 年 11 月 15 日，吉林省通化县大安镇石灰总厂 4 号石灰窑在维修过程中发生窑深部坍塌事故，死亡 6 人。

15. 2004 年 12 月 8 日，陕西省西安市美联汽修市场发生简易升降平台坠落事故，造成 6 人死亡，17 人受伤（其中 5 人重伤）。

16. 2004 年 12 月 26 日，江苏省常州市武进区横山桥镇的春江公司生产车间一台 1500 升的反应釜爆炸，死亡 3 人。

17. 2005 年 2 月 9 日，山西省临汾市翼城县唐兴镇召心铁厂发生炉底烧穿事故，造成 10 人死亡，6 人受伤。

18. 2005 年 2 月 22 日，湖北省大冶市华鑫实业有限公司一名看料工到高炉料仓检查储料情况时，因煤气中毒坠入料仓，同班 3 名工人盲目施救先后中毒坠入料仓，这次事故共造成 4 人死亡。

19. 2005 年 4 月 14 日，安徽省铜陵市金港钢铁有限责任公司制氧车间调压站发生燃爆事故，正在现场检修作业的 8 名工作人员中，3 人当场死亡，4 人重伤医治无效死亡。另有 1 人在调压站氮气间内，因有防火墙阻隔而没受伤害。

20. 2005 年 10 月 26 日，北京市首钢公司铁厂发生煤气泄漏中毒事故，造成 9 人死亡。

21. 2006 年 3 月 30 日，河北省唐山市国丰钢铁有限公司因高炉内塌料引发炉顶爆炸，造成 6 人死亡（炉顶平台 4 人全部遇难，渣口平台处 2 人死亡），6 人受伤。

22. 2006 年 4 月 1 日，山东省枣庄市滕州市东郭镇恒仁工贸有限公司淀粉厂钢制储粮仓发生崩裂坍塌事故，致使粮仓周围人员（有企业职工、卖粮和过路群众）被埋，造成 10 人死亡，3 人重伤。

23. 2006 年 5 月 17 日，河北省西柏坡第二发电有限责任公司两台 600 兆瓦超临界燃煤发电机组工程试运行阶段，高温蒸汽涌入化学水化验室，造成正在室内进行正常运行、调试、维护的 11 名工作人员灼烫伤，造成 7 人（其中 2 人重伤医治无效死亡），4 人轻伤。

24. 2006 年 6 月 27 日，福建省漳州市金石制油有限公司大豆浸出车间因溶剂油消溶不彻底致使检修工程中产生的火花引发爆炸事故，造成 5 人死亡，3 人受伤（其中 1 人重伤）①。

25. 2006 年 6 月 30 日，重庆市电力公司万州供电局梁平供电分局装表计量班、线路检修班在施工中发生触电事故，造成 5 人死亡（均为临时工，事故发生时正赤脚站在水稻田中拉线），10 人受伤。

26. 2006 年 7 月 4 日，湖南省火电建设公司金竹山电厂项目部 60 吨门吊拆卸现场发生倒塌事故，正在门吊横梁上的 16 名作业人员 7 死 9 伤。

27. 2006 年 7 月 30 日，浙江省温州市鹿城泰毫皮革厂发生锅炉爆炸事故，造成 5 人死亡，9 人受伤。

28. 2006 年 10 月 30 日，重庆市重钢股份公司热能厂 10 万立方米高炉煤气柜发生煤气泄漏事故，泄漏时间 75 分钟，泄漏量约 10980 立方米。事故导致 23 人

---

① 有资料称此次事故造成 9 人死亡，2 人轻伤。

轻微中毒或有煤气吸入反应，疏散周边居民和企业人员900余人。

29. 2006年11月8日，江苏省无锡市滨湖区华庄镇永强轧辊有限公司在试生产时发生钢水外溢事故，造成12人死亡，15人重伤。离心铸造机上配套的工装模具顶盖连接螺栓强度明显不足，小于离心浇注时产生的向上推力；当钢水注入工装模具后，离心浇注所产生的向上推力引起连接螺栓失效，8个螺栓中的7个被拉断、1个脱扣，工装模具顶盖脱落导致钢水外洒。

30. 2007年3月30日至5月10日，贵州省安龙县盘江锑白厂电解一段浸出、压滤工序作业场所先后发生作业人员砷化氢中毒事故，共造成29人中毒，其中3人死亡。

★31. 2007年4月18日，辽宁省铁岭市清河区清河特殊钢有限责任公司炼钢车间发生钢水包整体脱落事故，造成32人死亡，6人受伤（其中5人重伤）。

32. 2007年6月5日，贵州省安顺地区安顺市宁谷监狱一监区火机装配临时车间一待调火的火机发生爆炸，引起火灾，造成14人死亡，1人重伤。

33. 2007年7月18日，新疆煤田地质局161队在巴音郭楞自治州轮台县的阳霞矿区施工时，遭洪水袭击，造成11人死亡（失踪）。

34. 2007年7月20日，江苏省淮安金鑫球团矿业有限公司球团厂回转窑发生爆炸，造成4人死亡，1人重伤，8人轻伤。

★35. 2007年8月19日，山东省滨州市邹平县魏桥创业集团铝母线铸造分厂发生铝水外溢伤人事故，造成16人死亡，59人受伤（其中13人重伤）。

36. 2007年9月9日，甘肃省酒泉市瓜州县工业园区内的甘肃西脉新材料科技股份有限公司矿冶分公司铅冶炼厂发生喷炉灼烫事故，造成8人死亡，10人受伤（其中3人重伤）。

37. 2008年5月29日，湖南省郴州市临武县镇南乡茶里岩水电站引水坝因突降暴雨引发溃坝事故，导致正在电站值班的3名职工和下游两个工棚内的11名外来人员被洪水冲走，造成14人死亡（失踪）。

38. 2008年12月6日，广东省梅州市大埔县高陂镇奕兴铸件厂发生炼钢炉"返氧"沸炉事故，从炼钢炉中喷射出1000多摄氏度钢水将现场2名炼钢工人当场灼烫死亡，另1名工人被烫成重伤。

★39. 2008年12月24日，河北省唐山市遵化市港陆钢铁有限公司二高炉重力除尘器顶部泄爆板爆裂，导致煤气泄漏，当班44人作业，其中17人死亡，27人受伤。

40. 2008年12月26日，重庆市城口县高燕乡泰正锰业公司一台冶炼硅锰合金的电炉发生喷炉事故，高温熔化的铁水从加料口喷溅出来，使现场作业的4名工人当场死亡,另有 14 人被烧伤(其中 4 人重伤)。

41. 2009 年 1 月 17 日,山东省胶州市马店工业园内的青岛华冶铸钢有限公司发生中频电炉钢水喷溅事故,造成 4 人死亡,1 人重伤。直接经济损失约 190 余万元。

42. 2009 年 2 月 26 日,内蒙古自治区包钢西北创业公司建设公司材料工具库发生爆炸,造成 4 人死亡,1 人重伤。直接经济损失 150 万元。

43. 2009 年 3 月 8 日,四川省彭山县彭溪镇斌盛贸易有限责任公司饲料烘干设备炉膛内自行加装的钢管发生爆炸,导致 3 人死亡,5 人受伤。

44. 2009 年 3 月 21 日,河北省首钢京唐钢铁有限公司连铸车间水泵房进行除盐水池防渗漏修护作业时,发生中毒窒息事故,造成 5 人死亡。

45. 2009 年 4 月 24 日,河北省廊坊市金博服装服饰有限责任公司租用的廊坊市双力家私有限公司厂房发生坍塌事故,造成 10 人死亡,8 人重伤,7 人轻伤,直接经济损失 500 余万元。厂房不符合国家建筑质量标准要求,屋架承载能力达到极限状态,是造成屋架坍塌事故的直接原因。

46. 2009 年 5 月 4 日,福建省福州台泥水泥公司在清理制成车间 2 号磨料仓的矿渣储存仓拱结挂料时,矿渣突然坍塌,将正在仓内作业的人员全部掩埋,造成 5 人死亡。

47. 2009 年 5 月 13 日,黑龙江省五常市山河镇一处混凝土搅拌站发生水泥罐倒塌事故,造成 7 人死亡,3 人受伤。

48. 2009 年 6 月 7 日,山东省济南市一家拓展训练中心的攀岩训练设施倒塌,造成 5 人死亡,5 人受伤。

49. 2009 年 9 月 30 日,广东省东莞市虎门镇人民南路虎门金冠大酒楼因储油罐漏油发生爆炸事故,造成 5 人死亡。

50. 2009 年 10 月 7 日,贵州省遵义市仁怀市粮油收储有限公司三合分公司在收储高粱过程中,一座建于 1978 年、砖木结构的仓库一侧山墙突然垮塌,并带动部分屋顶及二楼楼板垮塌,造成 10 人死亡,9 人受伤。

51. 2009 年 10 月 25 日,北京理工大学五教学楼一间实验室的实验仪器厌氧培养箱在调试过程中发生气体爆炸,2 名调试人员、1 名教师和 2 名学生被炸伤。

52. 2009 年 11 月 1 日,湖北省蕲春县漕河镇一理发店发生瓶装液化气泄漏引发的混合气体爆炸事故,造成 6 名顾客、5 名员工受伤,其中一名顾客抢救无效死亡。

★53. 2010 年 1 月 4 日,河北省邯郸市武安市普阳钢铁有限公司二转炉发生煤气泄漏事故，造成21人死亡，3人重伤，6人轻伤。

54. 2010年1月4日，辽宁省大连市大连特殊钢有限责任公司对暂停生产的三电渣炉电极升降室进行抽水作业时，水泵无法正常工作，电工进行维修时窒息晕倒。事故发生后，车间主任、检修站长等人在未采取任何安全防护措施的情况下，盲目下坑施救，先后窒息晕倒。事故共造成8人死亡。

55. 2010年1月13日，浙江省瑞安市罗凤五金厂发生铝粉尘爆炸事故，死亡2人，受伤6人。

56. 2010年2月21日，上海市青浦区华新镇月胜废品收购有限公司一加工车间发生爆燃事故，导致6人死亡，8人受伤。

★57. 2010年2月24日，河北省秦皇岛市抚宁县骊骅淀股份有限公司淀粉四车间发生玉米淀粉粉尘爆炸事故，事故导致21人死亡（当场死亡19人，救治无效死亡2人），47人受伤（其中6人重伤），直接经济损失1773万。

58. 2010年3月16日，甘肃省东兴铝业公司（位于甘肃陇西县境内）铸造车间熔炼炉发生爆炸事故，造成26人受伤（其中5人重伤）。

59. 2010年5月25日下午，福建省晋江市龙湖镇一家拉链厂发生爆炸，造成4人死亡，3人受伤。

60. 2010年6月28日，广东省梅州市皇马水泥有限公司因雷电感应导致窑尾排风机液变故障停转，正在磨料机内作业的6名工人当中2人逃生，4人窒息死亡。

61. 2010年6月29日，广东省深圳市华侨城大峡谷太空迷航娱乐项目部分船舱突然坠落，死亡6人，受伤10人。

62. 2010年8月9日，浙江省杭州体育场路人行道下敷设的电缆发生爆炸，造成多家商店和500多户居民断电。

63. 2010年9月9日，黑龙江省大庆市肇源县皮革工业园发生中毒事故，8人中毒，其中5人死亡。

64. 2010年9月9日，湖北省武钢炼铁总厂烧结分厂五烧结车间的5名工人被吸入电除尘器中不幸身亡。

65. 2010年9月23日，山西省吕梁市孝义市阳泉曲镇运峰铝业有限公司发生蒸汽锅炉爆炸事故，造成9人死亡，4人受伤。

66. 2010年10月13日，黑龙江省哈尔滨市大唐群力供热公司的3名员工在进入供热管线进行检查作业时被热水灼烫死亡。

67. 2010年11月10日，安徽省马鞍山市万能达发电有限公司一炉检修现场发生工人坠落煤粉仓事故，造成3名检修人员死亡。在救援过程中，2名消防战士和 2 名施救人员轻微中毒。

68. 2010 年 12 月 22 日，宁夏回族自治区中宁县天元锰业有限公司发生硫化氢气体中毒事故，致使 3 人死亡，21 人中毒。

69. 2011 年 1 月 4 日，江西省赣州市的一艘重型打捞船在打捞一艘采砂船时发生吊塔坠落事故，造成 5 人死亡，2 人受伤。

70. 2011 年 1 月 18 日，北京市海淀区五棵松污水处理站 2 名工人在污水井下作业时，井底突然发生爆炸燃烧，2 人躲闪不及，全身烧焦，不治身亡。

71. 2011 年 3 月 29 日，北京法耳迈特科技有限公司在为山西晋中市安泰发电厂锅炉设备进行水冷壁节能改造过程中，发生一氧化碳中毒事故，造成 10 人死亡（其中北京法耳迈特公司职工 7 人，电厂职工 3 人），7 人重伤。

72. 2011 年 4 月 1 日，浙江省宏威车业有限公司抛光车间的粉尘回收间发生铝粉尘爆炸事故，死亡 5 人，受伤 1 人。

73. 2011 年 4 月 30 日，四川省眉山市东坡区兴鑫菌业发展有限公司在盐池内进行抽水作业时发生硫化氢中毒事故，死亡 4 人，受伤 2 人。

74. 2011 年 5 月 13 日，福建省福州市连江县江南乡连盛酒厂在清理酒窖时发生一氧化碳中毒事故，死亡 3 人。

75. 2011 年 6 月 1 日，新疆维吾尔自治区乌鲁木齐市新疆源盛科技发展有限公司发生铝液爆炸事故，死亡 6 人，受伤 16 人。

76. 2011 年 6 月 6 日，云南省曲靖市罗平县神赐酱菜厂在清理酱菜池时发生硫化氢中毒事故，死亡 4 人，受伤 2 人。

77. 2011 年 6 月 11 日，江苏省常州市中岳铸造厂在维修冲天炉除尘装置时发生煤气中毒事故，死亡 6 人，受伤 1 人。

78. 2011 年 6 月 17 日，广东省广州市港安船舶清污有限公司，在对停泊在番禺市石楼镇海鸥岛南村浮莲岗水道码头的"南大迪 22"船舶进行清污作业时发生爆炸事故，造成 11 人死亡，1 人受伤。

79. 2011 年 6 月 18 日，江苏省泰兴市江苏维凯科技股份有限公司浸胶车间在玻璃纤维布烘干过程中，由于通风不良，挥发的可燃气体发生爆燃，死亡 8 人，受伤 10 人。

80. 2011 年 7 月 28 日，广西壮族自治区贵港钢铁集团有限公司发生煤气泄漏事故，导致部分民工及附近居民共 114 人入院就诊。

81. 2011 年 8 月 31 日，北京市通州区众鑫昌盛农业科技发展有限公司养殖场沼气池（施工单位为北京海淀洁绿科技发展有限公司）发生沼气中毒事故，造成 5 人死亡。

82. 2011年9月13日，江苏省中储粮收购经销有限公司金湖粮库对熏蒸仓房实施散气作业，派人入仓撤除密封薄膜时，由于防毒面具失效，造成4名入仓作业人员中毒死亡。

83. 2011年9月19日，上海市松江胜强影视基地一摄影棚在拍摄《民国恩仇录》电视剧时发生坍塌事故，造成20人受伤（其中4人重伤）。

84. 2011年10月5日，江苏省南京联合钢铁有限公司炼铁厂5号高炉在进行淘汰停炉施工时，炉中剩余铁水击穿炉壁，发生铁水外溢事故，造成12人死亡，1人受伤。

85. 2011年11月14日，陕西省西安市雁塔区太白路与斜创路交叉处一经营"肉夹馍"的小吃店发生液化石油气泄漏、爆炸事故，造成该店员工、过往行人及在附近公交车站候车人员11人死亡，31人受伤，12间商铺（约1500平方米）及53台车辆不同程度受损。

86. 2011年11月14日，江西省九江市瑞昌市亚东水泥厂粉煤计量站煤仓检修过程中发生密闭空间窒息事故，2名工人在作业现场晕倒，另8人在施救时窒息。事故共造成4人死亡，6人受伤。

87. 2012年2月20日，辽宁省鞍钢重型机械有限责任公司铸钢厂铸造车间，在浇铸一大型铸钢件接近结束时，砂型型腔发生喷爆事故，造成13人死亡，6人重伤，11人轻伤。

88. 2012年3月6日，辽宁省盘锦市一烧烤店液化气钢瓶爆炸，造成4人死亡，22人受伤（其中9人重伤）。

89. 2012年3月23日，中国冶金科工集团有限公司所属上海宝冶集团有限公司承建的宝钢集团有限公司上海梅山钢铁股份有限公司发生煤气中毒事故，造成6人死亡，7人受伤。

90. 2012年4月20日，浙江省宁波市宁海县跃龙电镀厂发生有限作业空间中毒事故，3人死亡。

91. 2012年6月20日，浙江省宁波市湖州市吴兴区一家砂洗厂的7名工人，在清理污水处理池的时候中毒晕倒，造成4人死亡，3人受伤。

92. 2012年7月3日，河北省石家庄市三环锰硅科技有限公司发生高温液态渣铁泄漏事故，造成6人死亡，直接经济损失约483.5万元。

93. 2012年8月5日，浙江省温州市瓯海区郭溪街道郭南村一铝锁抛光加工作坊因抛光机进出的火星引爆车间内粉尘而发生爆炸，造成13人死亡，6人重伤，8人轻伤。厂房建筑和通风吸尘设备不符合安全要求；风流不畅通，容易增加粉尘浓度，导致事故发生。

（五）火灾事故

★1. 2001 年 6 月 5 日，江西省南昌市广播电视发展中心幼儿园小（6）班寝室发生火灾，造成 13 名幼儿死亡，1 名儿童受伤。

2. 2002 年 2 月 18 日，河北省唐山市古冶区开滦建材厂家属区一处非法营业的游戏厅，因放置在木箱内的变压器因长时间通电过热，引燃周围可燃物，引发火灾，死亡 17 人，受伤 1 人。死者大多为十几岁的孩子。

3. 2002 年 3 月 1 日，四川省南充市达亨副食品有限责任公司批发市场因职工搬货时违规在仓库内点燃蜡烛，货物搬运完后未将蜡烛吹灭而引发火灾，造成 19 人死亡，23 人受伤。

4. 2002 年 3 月 23 日，浙江省温州市瓯海区郭溪镇惠盛皮鞋厂发生大火，造成 6 名女工死亡，4 人受伤。

5. 2002 年 4 月 21 日，海南省三亚市阳光购物城发生火灾，造成 7 人死亡，20 人受伤（其中重伤 5 人）。

6. 2002 年 6 月 9 日，云南省寻甸县羊街镇三元庄小学发生火灾，死亡 8 人。

7. 2002 年 6 月 16 日，北京市海淀区学院路 20 号院内的一处名为"蓝极速"的网吧，因刘某（14 岁）故意纵火导致火灾，造成 25 人死亡，12 人受伤。

8. 2002 年 6 月 24 日，广东省廉江市安铺镇小百乐发廊发生火灾，造成 9 人丧生，10 人受伤。

9. 2002 年 11 月 26 日，山东省潍坊市大虞区一居民住宅楼因液化石油气泄漏发生爆炸火灾，造成 9 人死亡，2 人受伤。

10. 2002 年 11 月 28 日，江苏省苏州市西乐器厂宿舍楼发生火灾，造成 8 人死亡。

11. 2003 年 1 月 14 日，福建省福鼎市城关洋中小区一居民楼发生液化气罐爆炸、火灾事故，造成 10 人死亡，1 人重伤，2 人轻伤。

12. 2003 年 2 月 2 日，黑龙江省哈尔滨市道外区天潭酒店因违章使用汽油、员工违章操作，在取暖煤油炉未熄火的状态下加注溶剂油，引发火灾事故，造成 33 人死亡，23 人受伤。教训：酒店未按规定安装火灾自动报警系统、自动喷淋、机械防排烟系统；擅自封闭消防疏散通道；大部分顾客缺乏逃生自救知识。

13. 2003 年 4 月 5 日，山东省青岛市即墨市正大有限公司食品分公司发生火灾，造成 21 人死亡，8 人受伤，烧毁厂房 6135 平方米，机器设备及原材料、成品、半成品等，直接经济损失 3745.8 万元。

14. 2003 年 11 月 3 日，湖南省衡阳市一商住楼因底层经商户用硫黄熏烤

"八角"（食用调味品），致使其燃烧并蔓延整栋大楼。在灭火过程中，大楼的第三、四单元突然坍塌，造成消防官兵20人牺牲，16人受伤。

15. 2003年11月27日，浙江省金华市义乌市稠城街道下骆宅盛泰工艺品仓库发生火灾，造成10人死亡，3人受伤，烧毁（损）建筑3200平方米，直接经济损失260万元。

16. 2004年1月22日，湖北省武汉市商业职工医院住院部大楼发生火灾，造成7人死亡（其中3名产妇、2名新生儿、2名陪伴家属），多人受伤。

★17. 2004年2月15日，吉林省吉林市中百商厦发生火灾，造成54人死亡，70人受伤，直接经济损失426万元。

★18. 2004年2月15日，浙江省海宁市黄湾镇五丰村的一些村民，在一处土庙内燃烧香烛、纸钱引发火灾，造成40人死亡，3人受伤。

19. 2004年7月28日，浙江省温州市平阳县水头镇金山路八十二温州辉煌皮革有限公司发生火灾，造成18人死亡，12人受伤。

20. 2004年12月21日，湖南省常德市鼎城区桥南市场因地下一层电子通讯城9561号门面内一台彩色电视机故障引发火灾，过火建筑面积83276平方米，烧毁3220个门面、3029个摊位、30个仓库，桥南宾馆、商业招待所部分烧损，受灾5200余户。直接损失为18758万元，其中建筑损失3621.8万元，设备损失1471.9万元，商品损失13664.3万元。火灾还造成1名群众死亡，8名消防官兵，15名群众受伤。

21. 2005年3月5日，河南省郑州市二七区敦睦路针织品批发市场仓库发生火灾，造成12人死亡。

22. 2005年6月10日，广东省汕头市潮南区华南宾馆发生火灾，造成31人死亡，3人重伤，23人轻伤。事故的直接原因是宾馆二楼包厢顶部电线短路引燃可燃物所致。该宾馆自1996年开业，营业10年间未经消防设计审核验收，违反消防法规，擅自改变使用性质，存在着通道狭窄且弯曲，安全出口不足，建筑消防设施欠缺，大量使用可燃材料装修等重大安全隐患。

23. 2005年10月10日，山东省威海市环翠区金莹家电大楼发生火灾，死亡10人。

24. 2005年10月25日，福建省福州市台江区广达路世纪新华都酒店突发大火，5名旅客从着火的10楼窗户跳下逃生，3人当场身亡，2人摔成重伤。

★25. 2005年12月15日，吉林省辽源市中心医院电工室起火，导致医院1至3层发生火灾，造成40人死亡，94人受伤。

26. 2005年12月18日，湖南省新化县立新桥街国泰家电超市发生大火，超市全部烧毁，直接经济损失超过 1000 万元。

27. 2005 年 12 月 25 日，广东省中山市坦洲镇文康路檀岛西餐厅发生火灾，造成 26 人死亡，7 人重伤，4 人轻伤。

28. 2006 年 5 月 19 日，广东省汕头市潮阳区谷饶镇新陂村创辉织造有限公司衣加工车间厂房东侧发生火灾，造成 13 人死亡，1 人重伤。

29. 2006 年 8 月 10 日，云南省昆明市官渡区小板桥镇鸣泉村委会陈旗营村一沙发坐垫加工作坊发生火灾，造成 10 人死亡（8 名农民工、2 名儿童），2 人受伤。

30. 2006 年 9 月 14 日，浙江省湖州市吴兴区织里镇织里中路 50 号福音大厦发生火灾，造成 15 人死亡，5 人重伤。

31. 2006 年 10 月 21 日，浙江省湖州市吴兴区织里镇安康西路 137 号一无照个体童装加工点发生火灾，过火面积约 600 平方米，造成 8 人死亡，3 人受伤。

32. 2007 年 1 月 26 日，广东省东莞市大岭山镇杨屋村一无证废旧塑料回收加工家庭小作坊发生火灾，造成 13 人死亡，5 人受伤。

33. 2007 年 2 月 4 日，浙江省台州市黄岩区东城街道绿汀路 224 号失火导致火灾，造成 17 人死亡，多人受伤。

34. 2007 年 2 月 11 日，广东省深圳市龙岗区坪地街道洋华高科技厂（生产电子线路板）发生火灾，造成 10 人死亡，1 人重伤，8 人轻伤。

35. 2007 年 5 月 26 日，辽宁省朝阳市双塔区百姓楼饭店总店发生火灾，造成 11 人死亡，15 人重伤，1 人轻伤。

36. 2007 年 9 月 25 日，江西省抚州市本色精英会所（迪厅酒吧）发生火灾，造成 12 人死亡，6 人轻伤。

37. 2007 年 10 月 21 日，福建省莆田市秀屿区笏石镇北铺街道飞达鞋面加工作坊发生火灾，造成 37 人死亡，1 人重伤，19 人轻伤。

38. 2007 年 12 月 12 日，浙江省温州市鹿城区人民西路 69 号温富大厦发生火灾，造成 21 人死亡，1 人重伤。

39. 2007 年 12 月 12 日，广东省东莞市樟木头镇名典咖啡语茶厅发生火灾，造成 10 人死亡，1 人重伤，8 人轻伤。

40. 2008 年 1 月 2 日，新疆维吾尔自治区乌鲁木齐市钱塘江路德汇批发市场发生火灾，大火从一楼烧到十二楼，并蔓延至与之毗邻的德汇大酒店，造成 5 人死亡，直接经济损失 3 亿元。

41. 2008 年 2 月 15 日，浙江省义乌市义亭镇重阳路成帅酒店发生火灾，造成 11 人死亡，2 人重伤，2 人轻伤。

42. 2008 年 2 月 27 日，广东省深圳市南山区龙飞再生物资回收公司废品收购站仓库发生火灾，造成 15 人死亡，3 人轻伤。

★43. 2008 年 9 月 20 日，广东省深圳市龙岗区舞王俱乐部（无证照经营场所）发生火灾，造成 44 人死亡，58 人受伤（其中 8 人重伤）。

44. 2008 年 11 月 14 日，上海商学院徐汇校区学生宿舍楼发生火灾，4 名女生为逃生从六楼宿舍阳台跳下，当场死亡。

45. 2008 年 11 月 22 日，山西省吕梁市离石区金田商务大厦发生火灾，造成 8 人死亡，17 人受伤。

46. 2008 年 12 月 3 日，浙江省温州市鹿城区宽心老年公寓发生火灾事故，造成 7 人死亡。

47. 2008 年 12 月 4 日，山东省青岛市城阳区佳元迈克食品集团有限公司集体宿舍发生火灾，造成 11 人死亡，10 人受伤。

48. 2009 年 1 月 31 日，福建省福州市长乐县一些男女青年在拉丁酒吧开生日聚会，在桌面上燃放烟花，引燃天花板酿成火灾，造成 15 人死亡，20 人受伤。

49. 2009 年 2 月 5 日，湖北省武汉市硚口区汉正街批发市场源祥大楼塑料玩具和工艺品市场发生火灾，过火面积达 2000 余平方米，波及 200 多商户及居民，53 家商铺烧毁，死亡 1 人，受伤住院 15 人，直接经济损失约 800 万元。

★50. 2009 年 2 月 9 日，中央电视台新址北配楼发生火灾，造成 1 名消防人员死亡，7 人受伤，直接经济损失 16383 万元。

51. 2009 年 5 月 21 日，广东省汕头市潮阳市谷饶镇上堡居委会五片一五层楼家庭纺织作坊（无证无照非法加工文胸及耳机护套）发生火灾，事故发生时作坊内有 40 多人，其中 13 人死亡，4 人重伤。

52. 2009 年 9 月 6 日，吉林省通化市梅河口市中心农贸蔬菜批发市场发生火灾，造成 11 人死亡，2 人重伤，2 人轻伤。

53. 2009 年 12 月 13 日，山西省大同市云中商城服装大世界发生火灾，经营户商品财产损失 1096.7 万元，建筑物损失 705.1 万元，设备、设施损失 162.4 万元，总计为 1964.2 万元。

54. 2010 年 1 月 6 日，浙江省瑞安市塘下镇场桥办事处五方村一民房发生火灾，死亡 9 人。

55. 2010 年 7 月 19 日，新疆维吾尔自治区乌鲁木齐市新市区河北路仁居三巷的一栋三层居民自建房（地上两层、地下一层）发生火灾，造成 12 人死亡，17 人受伤。

56. 2010 年 8 月 28 日，辽宁省沈阳市铁西区辽中路兴华南街万达广场一售楼处发生火灾，造成 12 人死亡，6 人重伤。

57. 2010 年 10 月 26 日，浙江省绍兴市马山镇世纪街越中新天地小区的一个理发店发生火灾，造成 5 人死亡，1 人受伤。

58. 2010 年 11 月 5 日，吉林省吉林市船营区商业大厦发生火灾，造成 19 人死亡，24 人受伤。

59. 2010 年 11 月 5 日，广东省汕头市澄海区美园新区 45 号的一栋出租楼房发生火灾，造成 5 人死亡，4 人重伤。

★60. 2010 年 11 月 15 日，上海市静安区胶州路 728 号一幢 28 层高的居民住宅楼在维修时发生火灾，造成 58 人死亡，16 人重伤，55 人轻伤。

61. 2010 年 12 月 5 日，四川省甘孜州道孚县发生草原火灾，在扑灭大火、处理余火时突起大风，导致火灾加剧，致使 22 人死亡（15 名战士、5 名群众、2 名林业职工）。

62. 2010 年 12 月 13 日，浙江省衢州市区马站底 16 幢 C 座的一处棋牌室发生火灾，造成 9 人死亡，2 人受伤。

63. 2011 年 1 月 13 日，湖南省长沙市岳麓区高叶塘西娜湾宾馆发生火灾，造成 10 人死亡，4 人受伤。

64. 2011 年 1 月 13 日，广东省东莞市一处临街五金店铺发生火灾，造成 8 人死亡，1 人受伤。

65. 2011 年 1 月 17 日，湖北省武汉市汉正街康宏实业公司服装厂发生火灾，过火面积 900 平方米，造成 14 人死亡，4 人受伤。

66. 2011 年 2 月 3 日，辽宁省沈阳市和平区青年大街 390 号皇朝万鑫国际大厦 B 座 11 层 1109 房间南侧室外平台处，因燃放烟花引燃铺设在外平台地面的塑料草坪，并引燃外墙装饰及保温材料导致重大火灾，过火面积 10839 平方米，直接经济损失 9384.4 万元。

67. 2011 年 4 月 25 日，北京市大兴县旧宫镇南小街一服装厂停放在服装加工房内的电动三轮车充电时电线短路引燃附近可燃物引起火灾，造成 18 人死亡，13 人重伤，11 人轻伤。

68. 2011 年 5 月 1 日，吉林省通化市东昌区如家快捷酒店一楼 COCO 酒吧着火，火势蔓延至楼上的南波万歌厅和酒店房间，致使住宿客人及救援人员 11 人死亡，8 人受伤（其中 2 人重伤），45 人轻微伤。南波万歌厅、如家快捷酒店财物损失 180 余万元。

69. 2011 年 7 月 12 日，湖北省武汉市东神轿车有限公司一出租仓库发生火灾，过火面积约 3450 平方米，造成 15 人死亡。

70. 2011 年 8 月 23 日，广东省佛山市三水区盛丰陶瓷有限公司新厂综合大楼发生火灾，过火面积 3250 平方米，造成 15 人死亡，1 人重伤。

71. 2012 年 6 月 30 日，天津市蓟县莱德商厦发生火灾，造成 10 人死亡，16 人受伤。

72. 2012 年 10 月 10 日，中铁建十八局集团承建的王家河引汉济渭工程建设工地（陕西省西安市周至县 108 国道 38 千米皇草坡段）职工宿舍发生火灾，造成 13 人死亡，24 人受伤。

73. 2012 年 11 月 23 日，山西省寿阳县城博大西街喜洋洋火锅店发生液化石油气泄漏爆炸事故，并引发大火，造成 14 人死亡，47 人受伤（其中 17 人重伤）。

（六）交通运输事故

1. 2001 年 1 月 6 日，江苏省盐城市射阳县海运公司"苏射 18"轮发生水上交通事故，死亡 11 人。

2. 2001 年 1 月 8 日，云南省楚雄州武定县东坡镇一拖拉机发生交通事故，造成 15 人死亡。

3. 2001 年 1 月 16 日，云南省思茅地区澜沧县打岗村一机动船发生翻沉事故，死亡 12 人。

4. 2001 年 1 月 27 日，云南省文山州麻栗坡县一客货混装车发生交通事故，造成 10 人死亡。

5. 2001 年 1 月 29 日，从重庆合川市小河乡开往合川大和镇的"渝合川客 00110"私营客船，因超载和驾驶不当，在行至太和镇境内蓑衣滩处时触礁翻沉，船上 84 名驾、乘人员全部落水。经有关部门组织抢救，38 人被救起，其余 46 人死亡。

6. 2001 年 1 月 30 日，贵州省六盘水市盘县松河乡朝阳村二组村民夏某驾驶一辆大货车，载 74 人从鸡场坪乡本歹村驶往松河乡的朝阳村，行至刘（官）洒（基）线 32 千米+16.6 米下坡处时，向左翻下 13.2 米深的石山沟中，造成 34 人死亡，39 人受伤，车辆严重损坏。

7. 2001 年 1 月 31 日，福建省南平市浦城县连塘镇洪山村一农用车，非法载客 13 人（其中 6 男、7 女），在距莲塘镇约 10 千米处的水库岸边便道上失控，冲出左侧路面坠入水库，造成 10 人死亡。

8. 2001 年 2 月 2 日，贵州省铜仁地区松桃县一辆中型客车发生交通事故，死亡10人。

9. 2001年2月13日，云南省临沧地区凤庆县一辆客运汽车发生交通事故，死亡15人。

10. 2001年2月17日，海南省临高县一艘油船发生水上交通事故，死亡10人。

11. 2001年3月5日，山西省晋中地区灵石县集广煤矿自备汽车发生交通事故，死亡13人。

12. 2001年3月5日，江苏省盐城市大丰县万盈乡一辆货车发生交通事故，造成10人死亡。

13. 2001年3月12日，重庆市巫山县大溪乡一小型客运船发生翻沉事故，死亡24人。

14. 2001年3月12日，甘肃省陇南地区文县碧口镇一辆客车发生交通事故，造成21人死亡。

15. 2001年3月15日，浙江省宁波市镇海区的一艘货船发生水上交通事故，死亡12人。

16. 2001年3月17日，云南省临沧地区凤庆县一客车发生交通事故，造成14人死亡。

17. 2001年3月21日，贵州省一辆客运汽车在四川省泸州市合江县境内发生交通事故，造成10人死亡。

18. 2001年4月4日，四川省凉山州金阳县德溪乡瓜子地村一货车，非法搭乘24人，因操作不当偏离正常行驶车道，翻于150米深的悬崖下，死亡16人，受伤4人（其中重伤3人）。

19. 2001年4月7日，广西壮族自治区柳州地区融水县汽车客运站一辆号牌为"桂G-30677"的卧铺大客车在由融水县城开往杆洞乡的途中坠入贝江河中，造成17人死亡，6人重伤，42人轻伤。

20. 2001年4月9日，广东省海丰县一辆中型客车在开往广州途中，行驶至深汕高速公路惠东县境内时突然起火燃烧，造成车上25人死亡。

21. 2001年4月18日，江苏省南京市凯发航运公司"四通888"船发生水上交通事故，造成11人死亡。

22. 2001年4月20日，湖南省常德市桥南汽车运输公司客车发生交通事故，造成23人死亡。

23. 2001年4月24日，云南省临沧地区凤庆县一客车发生交通事故，造成17人死亡。

24. 2001 年 5 月 8 日，陕西省安康市旬阳县城关镇一中型客车发生交通事故，造成 14 人死亡。

25. 2001 年 6 月 8 日，广西壮族自治区钦州市长途汽车客运总站一辆客车发生交通事故，造成 29 人死亡。

26. 2001 年 6 月 23 日，浙江省一艘编号为"浙虞 36"的个体运输船发生水上交通事故，造成 12 人死亡。

27. 2001 年 6 月 30 日，贵州省黔西南州贞丰县一辆大客车发生交通事故，造成 29 人死亡。

28. 2001 年 7 月 13 日，由成都开往达川的 29008 次货物列车，在运行至达成线营山至小桥区间时，因其所运载的石油钻井设备部件超出列车车厢边沿，致使信号灯、电线杆等铁路行车设施被打坏，导致 22 人死亡（其中行人 1 名，在桥上坐卧乘凉的村民 21 人），15 人受伤（其中 2 人重伤），货物和铁路沿线工务、电务设备损坏等直接经济损失 34.61 万元。调查认定这是一起由于托运人伪报货物品名、违规装载，承运人违章受理并违章放行而导致的重大责任事故。

29. 2001 年 7 月 26 日，四川省巴中市平昌县一辆个体王牌农用客车发生交通事故，造成 10 人死亡。

30. 2001 年 8 月 5 日，新疆维吾尔自治区喀什地区泽普县亚斯墩林场一辆汽车发生交通事故，死亡 12 人。

31. 2001 年 8 月 10 日，新疆维吾尔自治区旅客运输公司一辆双层卧铺大客车在从乌鲁木齐开往喀什的途中坠入河中，死亡 35 人。

32. 2001 年 8 月 11 日，内蒙古自治区呼伦贝尔盟新巴尔虎右旗境内发生铁路路外事故，造成 15 人死亡。

33. 2001 年 8 月 23 日，甘肃省陇南地区运输公司第六分公司一辆号牌为牌号为"甘 K-04800"的卧铺客车，从甘肃省徽县开往西安市，车上共 50 人。21 时 50 分，行至 316 国道 2372 千米+120 米处（陕西省凤县草店乡灵官峡），在道路一侧有停靠车辆的情况下，由于超速行驶，处置不当，车辆驶出路外，坠落到深 32.5 米的崖下，死亡 32 人，受伤 18 人。

34. 2001 年 8 月 29 日，四川省乐山市一艘农用船发生翻沉事故，造成 11 人死亡。

35. 2001 年 8 月 30 日，四川省甘孜州甘孜县一辆号牌为"川 V-00688"的农用车发生交通事故，造成 19 人死亡。

36. 2001 年 9 月 2 日，湖南省邵阳市隆回县汽车运输公司一辆客车发生交通事故，造成 12 人死亡。

37. 2001 年 9 月 3 日，黑龙江省大兴安岭林区小杨汽镇一辆号牌为"黑P00009"的东风 140 货车，搭乘 24 人，从松岭林业局南瓮河施业区采集榛子归来，途中翻车，死亡 13 人，受伤 3 人。

38. 2001 年 9 月 21 日，贵州省黔东南州凯里汽车运输总公司一辆双层卧铺大客车，在从广东驶往贵州途中，因疲劳驾驶和急弯路违章超速行驶，在广西壮族自治区桂林市龙胜县境内冲出路面坠入水库，造成 36 人死亡（包括驾驶员谭某）。

39. 2001 年 9 月 23 日，四川省阿坝藏族自治州茂汶县一辆载客 18 人的汽车发生交通事故，造成 12 人死亡。

40. 2001 年 10 月 2 日，西藏自治区昌都县柴堆乡一辆号牌为"藏 BA0581"的东风 5 吨货车，载 16 人（含驾驶员），在日通乡妥昌公路段一陡坡处，翻下39 米深的山崖，造成 13 人死亡，3 人轻伤，车辆完全报废。

41. 2001 年 10 月 3 日，广西壮族自治区梧州市南宁北大客运中心一客车发生交通事故，造成 20 人死亡。

42. 2001 年 10 月 18 日，广西壮族自治区河池地区天峨县八腊乡一辆号牌为"桂 M-40108"的中型客车，由八腊乡驶往天峨县城，中途翻下 60 米高山坡，坠入 2.9 米深的红水河中，乘客死亡 16 人，重伤 14 人，轻伤 15 人。

43. 2001 年 10 月 25 日，浙江省金华市磐安县磐安盛达汽车运输公司一辆汽车发生交通事故，死亡 12 人。

44. 2001 年 10 月 28 日，山东省龙口海运公司所属船舶"惠通"轮从旅顺开往龙口途中发生爆炸并起火，造成 34 人死亡。

45. 2001 年 11 月 14 日，天津市长途客运公司第四分公司一辆双层卧铺大客车发生交通事故，造成 13 人死亡。

46. 2001 年 11 月 20 日，浙江省温州市永嘉县溪口乡永坦村一辆农用车发生交通事故，造成 12 人死亡。

47. 2001 年 11 月 29 日，重庆市云阳县南溪运输公司车辆发生交通事故，死亡 14 人。

48. 2001 年 11 月 30 日，安徽省亳州市谯城区安溜集镇吴老家渡口的一艘钢质客渡船因严重超载、村民非法操作发生翻沉事故，船上 44 人全部落水，其中23 人溺亡（其中未满 12 岁的儿童 8 人）。

49. 2001 年 12 月 6 日，青海省西宁市汽车运输集团有限公司一公司车辆发生交通事故，造成 13 人死亡。

50. 2001 年 12 月 20 日，广东省阳江市江城区一农用船发生翻沉事故，造成

18 人死亡。

51. 2001 年 12 月 28 日，重庆市彭水县一辆卧铺大客车发生交通事故，造成 10 人死亡。

52. 2002 年 1 月 1 日，云南省玉溪市澄江县一辆小客车发生交通事故，造成 16 人死亡。

53. 2002 年 1 月 12 日，四川省攀枝花市盐边县红民乡一辆号牌为"川 D-01451"的农用车发生交通事故，死亡 11 人。

54. 2002 年 2 月 7 日，广西壮族自治区河池地区都安县保安乡上镇村一辆号牌为"桂 A11-T1095"的报废中型客车发生交通事故，死亡 10 人。

55. 2002 年 2 月 21 日，贵州省黔南州惠水县一辆中型客车发生交通事故，死亡 10 人。

56. 2002 年 2 月 22 日，江苏省南通市启东县一辆号牌为"苏 F-U0068"的大货车发生交通事故，造成 15 人死亡。

57. 2002 年 3 月 14 日，河北省邯郸高等农业专科学校的一辆载有 40 余名教职员工的客车，在行驶途中与一辆货车相撞，造成 15 人死亡，24 人重伤。

58. 2002 年 3 月 15 日，湖北省一辆号牌为"鄂 Q-20739"的中型客车在恩施州利川市境内发生交通事故，造成 22 人死亡。

59. 2002 年 3 月 18 日，重庆市巫山县客运站一辆号牌为"渝 A-R0211"的客车，行至巫渣路 63 千米+300 米处，坠入 150 米崖下，死亡 13 人，受伤 7 人。

60. 2002 年 3 月 27 日，江苏省南京市江宁县一条农用船发生翻沉事故，死亡 14 人。

61. 2002 年 4 月 1 日，四川省成都市长途汽车运输公司旅游车队一辆号牌为"川 A14168"的大客车，行驶至国道 318 线 3009 千米+900 米处，翻于距路面高 145 米的公路坎下，造成 10 人死亡，8 人受伤（其中 7 人重伤）。

62. 2002 年 4 月 4 日，广东省潮州市湘桥区凤凰镇一辆农用车发生交通事故，造成 15 人死亡。

63. 2002 年 4 月 11 日，河北省一辆号牌为"冀 F-03992"的大货车在湖南省汨罗市境内发生交通事故，造成 29 人死亡。

★64. 2002 年 4 月 15 日，中国国际航空公司 CA129 航班一架波音 767-200ER 型客机在韩国釜山金海国际机场北部山区坠毁，造成 129 人死亡。

★65. 2002 年 5 月 7 日，北方航空公司 CJ6136 航班在由北京返回大连途中，坠毁在大连海域，机上 103 名乘客、9 名机组人员全部罹难。

66. 2002 年 5 月 28 日，四川省达州运输（集团）有限公司汽车一辆车牌为

"川 S08952"的峨眉牌大客车，从平昌县麻石开往万源市途中，在魏罗路 3 千米+300 米处翻于 40 米高岩下，造成 16 人死亡，4 人受伤。

67. 2002 年 6 月 8 日，四川省阿坝藏族自治州马尔康县第二汽车运输公司一辆车牌号为"川 U09325"的旅行小客车（准载 19 人，实载 26 人），从马尔康县城出发驶往龙尔甲乡，行至炉霍公路 88 千米+800 米处时坠入 19 米深的梭磨河中，造成 23 人死亡（其中 11 人失踪），3 人受伤。

68. 2002 年 6 月 20 日，内蒙古自治区伊克昭盟准格尔旗境内一辆中型客车发生交通事故，造成 10 人死亡。

69. 2002 年 7 月 3 日，重庆市彭水县长滩乡一辆中型客车发生交通事故，造成 10 人死亡。

70. 2002 年 7 月 30 日，河南省南阳市宛运总公司五分公司一辆号牌为"豫 R-02461"的中型客车在南阳市境内发生交通事故，造成 10 人死亡。

71. 2002 年 7 月，重庆市一辆号牌为"渝 A-V0263"中型客车在重庆酉阳县境内发生事故，造成 10 人死亡。

72. 2002 年 8 月 2 日，四川省合江县白米乡境内一艘横渡客船在准备停靠老渡口码头时，与一艘货船相撞发生翻沉，船上 40 人全部落水，其中 25 人溺亡。

73. 2002 年 8 月 5 日，西藏自治区天河运务有限公司车辆在林芝县境内发生交通事故，造成 23 人死亡。

74. 2002 年 8 月 10 日，海南省一辆号牌为"琼 G-34229"的客货混载大货车在琼山县境内发生交通事故，造成 11 人死亡。

75. 2002 年 8 月 15 日，重庆市汽车运输集团有限责任公司黔江分公司 27 车队车辆在黔江县境内发生交通事故，造成 12 人死亡。

76. 2002 年 8 月 20 日，重庆市彭水县一辆山花牌中型客车发生交通事故，造成 25 人死亡。

77. 2002 年 8 月 24 日，一辆卧铺大客车在甘肃省平凉地区泾县境内发生交通事故，造成 15 人死亡。

78. 2002 年 8 月 27 日，吉林省宇通运输有限公司一辆号牌为"吉 H-71471"的中型客车在延边州珲春市境内发生交通事故，造成 12 人死亡。

79. 2002 年 9 月 1 日，贵州省遵义市绥阳县一辆双排座小货车（载客 27 人）发生交通事故，造成 23 人死亡，6 人受伤。

80. 2002 年 9 月 4 日，重庆市一辆双层卧铺大客车在湖北省仙桃市境内发生交通事故，造成 10 人死亡。

81. 2002 年 9 月 22 日，陕西省一辆大货车在商洛地区商州市发生交通事故，造成 11 人死亡。

82. 2002 年 10 月 25 日，江苏省一辆东风牌大货车在安徽省巢湖市庐江县境内发生交通事故，造成 11 人死亡。

83. 2002 年 11 月 8 日，重庆市巫溪县一辆双排座农用车发生交通事故，造成 13 人死亡。

84. 2002 年 12 月 18 日，由重庆港郭家沱码头驶往宜昌茅坪港的"宜盛"汽车滚装船，航行至长江重庆长寿观音滩水域（长江上游航道里程约 582 千米处）时，由于驾驶人员疏忽瞭望，盲目操纵船舶，临危避让处置措施不当，导致其船艏跳板左前角与由长寿小岩子码头至下码头的客渡船"长运 1 号"驾驶室右侧发生碰撞，致"长运 1 号"客渡船向左倾覆，船上 47 人全部落水，其中获救生还 7 人，死亡（失踪）40 人。直接经济损失 430 多万元。

85. 2003 年 1 月 5 日，云南省迪庆交通集团一辆号牌为"云 R-05103"的中型客车，由维西县开往德钦县途中，在中甸县境内德维线 61 千米+491 米处翻入澜沧江，造成 26 人死亡，1 人重伤。

86. 2003 年 1 月 13 日，陕西省平安运输公司一辆中型客车，在张南路（土路）3 千米+200 米处，坠入 62 米深的沟底，造成 11 人死亡，4 人重伤，14 人轻伤。

87. 2003 年 1 月 18 日，甘肃省天水市秦安县一辆大客车（核载 48 人，实载 44 人），由秦安驶往兰州途中，在天谗公路 71 千米+500 米处与一辆新疆大货车相撞，导致大客车起火燃烧，大货车翻入路外坡下，造成 13 人死亡，17 人重伤，17 人轻伤。

88. 2003 年 1 月 25 日，安徽省一辆号牌为"皖 H-80599"的大客车（核定准载 55 人，实载 4 人），在省道 318 线芜湖市南陵县境内，与池州市一辆号牌为"皖 R-01352"的中型客车（核定准载 19 人，实载 19 人）迎面相撞，造成 10 人死亡，1 人重伤，8 人轻伤。

89. 2003 年 1 月 26 日，广西壮族自治区凌云县一辆号牌为"桂 L-90259"的农用车（载 35 人），在区道 20342 线凌云县东和乡白马村路段翻下山坡，造成 19 人死亡，1 人重伤，15 人轻伤。

90. 2003 年 1 月 28 日，吉林省吉林客运公司一辆号牌为"吉 B-12887"的黄海牌大客车（核定准载 40 人，实载 50 人），从大连开往四平途中，当行驶至沈（阳）四（平）高速公路铁岭段 156 千米处时，与吉林省一辆大货车相刮，造成 17 人死亡，33 人受伤。

91. 2003 年 1 月 29 日，上海市疏浚打捞公司所属的一艘工程船航行至东沟江面附近水域时，与一艘不知名的船舶碰撞后沉没，造成 6 人死亡（失踪）。

92. 2003 年 1 月 30 日，浙江省宁波市宁海县双峰乡一辆中型客车从双峰乡开往县城途中，经王坛水库时发生翻车事故，造成 11 人死亡，16 人受伤。

93. 2003 年 2 月 5 日，宁夏回族自治区一辆号牌为"宁 D-02966"的大客车（核定准载 40 人，实载 64 人），由固原开往银川途中，在吴忠市同心县河西镇石坝桥（101 线 200 千米+300 米）处，冲下 7.8 米深的桥底，造成 17 人死亡，10 人重伤，37 人轻伤。

94. 2003 年 2 月 10 日，广东省广州市一辆号牌为"粤 A-8T246"的面包车搭载 13 名乘客，行驶至省道 244 线韶关市始兴县深渡乡冷水迳路段时，由于车速过快，冲出弯道右侧，翻入 10 米深的河中，造成 12 人死亡，2 人轻伤。

95. 2003 年 3 月 5 日，重庆市万州区客运公司一辆号牌为"渝 A-F0023"的大客车（核定准载 50 人，实载 53 人），由万州驶往深圳途中，在湖北省利川市境内国道 318 线 1607 千米+950 米处翻入路边 30 多米深沟，造成 16 人死亡，4 人重伤，33 人轻伤。

96. 2003 年 3 月 7 日，安徽省安庆市桐城县范岗镇一辆号牌为"皖 H-11361"的大客车（核定准载 34 人，实载 18 人）从新店开往安庆，途径桐城县境内卅新路（县道）4 千米+100 米处时翻入路边水塘中，造成 11 人死亡，4 人受伤。

97. 2003 年 3 月 16 日，云南省红河州泸西县永宁乡一辆号牌为"云 D-02228"的 130 型农用车，在集市装满化肥后，搭载 42 名赶集村民返回途中发生翻车事故，造成 22 人死亡，20 人受伤。

98. 2003 年 3 月 17 日，山东省菏泽市交通集团八公司一辆号牌为"鲁 R-60898"的大客车（核定准载 33 人，实载 43 人），与天津塘沽区天津外运二公司一辆号牌为"津 A-15267"的拉集装箱大货车相撞，造成 12 人死亡，5 人重伤，26 人轻伤。

99. 2003 年 3 月 22 日，贵州省黔西南州望谟县一辆号牌为"贵 E-90424"的中型客车，由望谟县城开往罗定途中，在省道 312 线 301 千米+450 米处，翻入 44 米深的公路坎下，造成 17 人死亡，11 人重伤，10 人轻伤。

100. 2003 年 3 月 22 日，四川省成都市汽车运输总公司一辆中型客车（核定准载 29 人，实载 24 人），在甘孜州雅江县境内国道 318 线东巴段 102 千米处，翻入近 70 米的路坎下，造成 14 人死亡，9 人重伤，1 人轻伤。

101. 2003 年 3 月 30 日，青海省果洛州玛沁县一辆号牌为"青 E-Q1060F15D20"的康明斯大货车，载有甘肃省积石山县 43 名民工以及所携行李、面粉、蔬菜等物,从玛沁县大武镇行驶至雪山乡九队的乡村道路时,发生翻车事故,造成 14 人死亡,7 人重伤,7 人轻伤。

102. 2003 年 3 月 30 日,湖南省张家界市慈利县一辆号牌为 "湘 G-00788" 的大货车,在阳河镇集贸市场因刹车失灵依次与一辆 "面包" 车、手扶拖拉机和教练车相撞,然后撞向路边一座民房,由于事发时正值赶集行人高峰,造成 12 人死亡,8 人重伤,17 人轻伤。

103. 2003 年 4 月 18 日,黑龙江省伊春市一辆金龙牌大客车由伊春开往哈尔滨途中,在哈伊公路 78 千米处,与停在路边维修的一辆解放牌卡车相撞,大客车翻入路边的沟内,造成 10 人死亡,6 人重伤,21 人轻伤。

104. 2003 年 4 月 20 日,云南省迪庆藏族自治州德钦县一辆号牌为 "云 R-00124" 的双排座带挂车的吉普车(载客 17 人),行驶至距德钦县羊拉乡政府约 15 千米处翻下山崖,造成 10 人死亡,2 人重伤,5 人轻伤。

105. 2003 年 4 月 25 日,湖南省怀化市辰溪县田湾镇一辆双排座农用车(无牌照)载 26 人去赶集,当行驶至该镇枫香塘村狗眼桥地段时,因刹车失灵,翻入 50 米深山沟中,造成 16 人死亡,2 人重伤,8 人轻伤。

106. 2003 年 4 月 28 日,广东省潮州市潮安区凤凰镇一辆号牌为 "粤 U-90243" 的农用车载 31 名采茶工去茶园采茶,途径饶平县新塘镇时,由于山路坡陡弯急、车速过快,导致失稳发生翻车,造成 20 人死亡,8 人重伤,3 人轻伤。

107. 2003 年 5 月 1 日,重庆市彭水县郁山镇一机动船从该镇驶往联合乡,当行至关木盖处时,翻入郁江河中,造成 8 人死亡,3 人失踪。

108. 2003 年 5 月 2 日,上海市一辆中型公交车上,一市民随身携带的装有过氧乙酸消毒剂的瓶子爆裂,造成 15 名乘客灼伤。

109. 2003 年 5 月 8 日,贵州省毕节地区织金县矿产综合经营部一辆号牌为 "贵 F-0033" 的大货车从织金县驶往纳雍县,在以那镇至纳雍县城 23 千米+200 米处,冲向赶场的人群,造成 13 人死亡,10 人受伤。

110. 2003 年 6 月 6 日,广东省河源市同发二公司一辆号牌为 "粤 P-01522" 的大客车在开往深圳途中,在东源县仙塘镇古云路段一转弯处,因超载(核定乘坐 47 人,实际乘坐 77 人),以及驾驶员李某在限速路段违章超速行驶、在紧急状态下采取的处置措施不当,翻落 15.6 米山坡,然后坠落东江。事故造成 32 人死亡,6 人受伤。

111. 2003 年 6 月 6 日,四川省遂宁市交通运输集团六分公司一辆号牌为 "川 J-23387" 的中型客车(核定准载 10 人,实载 11 人),从射洪县大桥汽车站开往该县仁和镇途中，至涪江大桥时翻入涪江中，造成 10 人死亡。

112. 2003 年 6 月 7 日，贵州省剑河县南寨乡一条木船载南寨中学 57 名学生沿清水江驶往（上行）剑河县城，当行驶至清水江猴子滩段时，机舱油管突然着火，致使主机失灵，木船触礁翻沉，船上人员全部落水，造成 15 人死亡和失踪。

113. 2003 年 6 月 12 日，天津市一辆号牌为"津 A-63670"的客车（载 21 人），在河北省石家庄市石太高速公路石家庄方向 341 千米处坠入护栏外 40 米深沟中，造成 12 人死亡，8 人重伤，1 人轻伤。

114. 2003 年 6 月 17 日，广东省珠海市一辆号牌为"粤 C-J0378"的卧铺大客车，由广东开往广西桂平方向，行驶至南梧公路 346 千米+800 米处时，与对向正常行驶的"桂 D30116"中巴客车相撞。中巴车乘客 18 人当场死亡；中巴车被撞飞的车厢盖，又将追随其后的车牌号为"DT8647"摩托车上的 1 名驾驶员砸中身亡；"粤 C-J0378"大客车上的 1 名伤员在送往医院途中死亡。事故共造成 20 人死亡，15 人受伤（其中 4 人重伤）。

115. 2003 年 6 月 17 日，云南省红河州弥勒县汽车联运公司一辆号牌为"云 G-07695"的东风牌运煤大货车，由米勒驶往开远方向，当行驶至国道 326 线 1290 千米+600 米处时，与相向行驶的红河交通运输集团公司一辆依维柯客车（载客 14 人）相撞，造成 12 人死亡，1 人重伤，1 人轻伤。

★116. 2003 年 6 月 19 日，重庆市三峡轮船股份有限公司一艘编号为"涪州 10"的客轮，在重庆市涪陵区搬针沱水域，与上行的涪陵江龙船务有限公司所属"江龙 806"货轮发生碰撞，客轮翻沉，造成 52 人死亡。

117. 2003 年 6 月 22 日，南京盛鑫 658 货轮运载 210 吨钢材从上海开往广州途中，在浙江省温州市苍南县附近海域（东经 120 度 46 分，北纬 27 度 17 分）沉没，船上 13 人落水，其中 2 人获救，11 人死亡（失踪。）

118. 2003 年 7 月 9 日，重庆市巫山县汽车运输公司一辆号牌为"渝 A-R0211"的大客车（核定准载 22 人，实载 24 人），从巫山县城开往庙宇镇，行至巫奉公路 43 千米处，翻下约 70 米深的崖下，造成 11 人死亡，13 人轻伤。

119. 2003 年 7 月 14 日，福建省汽车运输总公司建瓯分公司一辆号牌为"闽 H-Y2049"的大客车，从建瓯开往石狮途中翻下 100 多米高的悬崖，造成 14 人死亡，6 人受伤。

120. 2003 年 7 月 19 日，贵州省毕节地区织金县运输公司一辆号牌为"贵 F-50772"的宇通牌大客车（核定准载 37 人，实载 44 人），从贵阳开往织金县途中，在 005 县道 33 千米+150 米处翻下深 54.4 米的沟中，造成 23 人死亡，7 人重伤，6 人轻伤。

121. 2003 年 7 月 20 日，四川省汽车运输公司乐山分公司一辆号牌为"川 L-17024"的中型客车，从乐山开往雅安途中，当行至洪雅县罗坝省道 305 线 245 千米+800 米处时，车辆驶出路面，坠入青衣江中，造成 20 人死亡。

122. 2003 年 7 月 24 日，陕西省安远县运输服务有限责任公司一辆号牌为"陕 A-36620"的半挂货车（核定准载 8 吨），由西安行驶至国道 312 线甘肃平凉市泾川县罗汉洞下坡时，同方向行驶的甘肃省电力公司号牌为"甘 N-00363"的大客车（核定准载 47 人，实载 47 人）追尾，将大客车推向路边水沟，造成 12 人死亡，18 人重伤，20 人轻伤。

123. 2003 年 8 月 7 日，湖南省湘西土家族苗族自治州一辆号牌为"湘 U-60803"的牡丹牌柴油中型客车，在龙山县苗儿滩镇茅坪至岩冲公路 25 千米+300 米处翻入 110 米深坎，造成 10 人死亡，1 人受伤。

124. 2003 年 8 月 18 日，山东省日照市一辆号牌为"鲁 L-08356"的解放牌大货车（核定准载 5 吨，实载钢管 20 吨），在甘肃省武威市天祝县安远镇境内，沿 312 国道由东向西行驶，行至鞘岭下坡路段，与相向行驶的甘肃省运输公司一辆号牌为"甘 A-22918"的沃尔沃大客车相撞，造成 11 人死亡，4 人重伤，10 人轻伤。

125. 2003 年 8 月 22 日，陕西省延安市汽车运输总公司一公司一辆号牌为"陕 J-08796"的汉中牌客车（核定准载 29 人，实载 32 人），行驶至安塞县西河口境内宜定线 181 千米+98 米处，与迎面驶来的车辆会车时驶出路面，坠入公路右侧约 13 米深的小河沟中，造成 24 人死亡，8 人受伤。

126. 2003 年 8 月 28 日，陕西省宝鸡市第三汽车运输公司客运部一辆号牌为"陕 C-05861"的宇通牌大客车（核定准载 29 人，实载 37 人），由西安驶往扶风县途中，行至西宝北线扶风县城关镇东坡一转弯处，翻入 20 米深的土崖下，造成 27 人死亡，10 人受伤。

127. 2003 年 9 月 8 日，云南省一辆号牌为"云 R-01585"的大货车（载 26 人），从盐井驶往西藏自治区昌都地区芒康，行驶至芒康县角龙坝沟附近国道 214 线 1845 千米+739 米处，滑翻入角龙坝沟，造成 16 人死亡，9 人死亡。

128. 2003 年 9 月 8 日，湖南省张家界市一辆号牌为"湘 G-01751"的捷达小轿车在慈利县境内 306 省道 398 千米+150 米处，与一辆号牌为"湘 J-20972"的中型客车（载客 15 人）相撞，致使客车翻入路边约 70 米深的悬崖下，造成 17 人死亡，2 人重伤。

129. 2003 年 9 月 11 日，贵州省遵义市一辆号牌为"贵 C-35580"的大客车

（核定准载 27 人，实载 36 人），在遵义市桐梓县大河镇境内 210 国道 2057 千米+900 米处坠入 10 米深的悬崖下，造成 14 人死亡，5 人重伤，17 人轻伤。

130. 2003 年 9 月 13 日，山东省一辆号牌为"鲁 E-10230"的中型客车在滨州市滨北镇境内省道 316 线 76 千米+680 米处与一辆货车相撞，致使两车翻入路边沟中，造成 14 人死亡，4 人重伤，15 人轻伤。

131. 2003 年 9 月 28 日，山东省莱州永安客运公司一辆号牌为"鲁 F-R4366"的大客车（核定准载 25 人，实载 36 人）沿济青高速公路由西向东行驶至淄博市淄川区境内时，因雨天路滑，车辆失控，发生翻车事故，造成 10 人死亡，2 人重伤。

132. 2003 年 10 月 2 日，浙江省舟山市永和海运有限公司所属船舶"顺达二"轮，自京唐港驶往上海途中，由于遇大风在渤海中部海域沉没，船上 29 人全部落水死亡（失踪）。

133. 2003 年 10 月 11 日，福建省厦门市华源胜船务有限公司所属"华源胜18"轮，从福州开往天津途中，在渤海湾西部遇大风倾覆沉没，船上 17 名船员中除 2 人获救外，其余 15 人失踪。

134. 2003 年 10 月 26 日，安徽省蚌埠市汽车运输总公司第三分公司一辆号牌为"皖 N-12970"的江淮牌中型客车（核定准载 30 人，实载 20 人），在省道101 线 201 千米+200 米处（固镇县唐南乡马圩村境内）超越一辆自卸货车时，与相向行驶的一辆号牌为"皖 C-61547"的长安牌面包车（载 10 人）相撞，造成面包车内 10 人死亡，中型客车内 1 人重伤。

135. 2003 年 10 月 27 日，渤海钻井总公司钻井二公司 50622 钻井队 18 名职工乘坐福田牌普通农用车（社会个体车辆），在从山东省东营市胜利油田河口区滩海探井井台返回井队驻地途中坠入海中，造成 17 人死亡，2 人失踪。

136. 2003 年 12 月 8 日，西藏自治区一辆号牌为"藏 A-A1994"的日产大客车（核定准载 41 人，实载 64 人），由拉萨驶往日喀则地区，在距尼木大桥以西20 千米处的仁布县卡吾乡境内翻车，造成 15 人死亡，42 人受伤。

137. 2003 年 12 月 19 日，福建省汽车运输总公司南平分公司一辆号牌为"闽H-Y0295"的客车（核定准载 24 人，实载 33 人），从南平开往松溪途中，在 205国道环城路段翻入 20 米深的山沟，造成 12 人死亡，2 人重伤，19 人轻伤。

138. 2003 年 12 月 21 日，广东省清远市连州市星子镇周家带村的一无牌农用运输车（拖拉机），运载一些村民、学生和一些物资前往星子镇赶集，因违章载人、超速行驶、制动失效，在当地县道 X394 线 30 千米+500 米处下坡左转弯时，发生翻车事故，造成 32 人死亡，6 人受伤。

139. 2004 年 1 月 7 日，重庆市秀山县溶溪镇一辆号牌为"渝 A-U0619"的中型客车（核定准载 16 人，实载 26 人），从秀山县城返回溶溪镇途中发生翻车事故，造成 11 人死亡，4 人重伤，11 人轻伤。

140. 2004 年 1 月 11 日，四川省甘孜藏族自治州康定县康定运输公司 53 队一辆号牌为"川 V-02532"的大客车（核定准载 42 人，实载 51 人），由甘孜州色达县开往成都途中，在国道 317 线 163 千米+200 米处翻入 5.9 米深的路基下，造成 16 人死亡，31 人受伤。

141. 2004 年 1 月 13 日，广西壮族自治区河池地区都安县一辆号牌为"桂 M-3138"的客车（核定准载 22 人，实载 26 人），行驶至五竹乡家茶村步鸡路段时因会车操作不当，翻入 100 多米深的山沟，造成 15 人死亡，2 人重伤，9 人轻伤。

142. 2004 年 1 月 14 日，江西省新余市分宜县汽车运输公司一辆号牌为"赣 K-30992"的大客车（核定准载 37 人，实载 37 人），由南昌驶往新余途中，在南（昌）樟（树）公路 31 千米+300 米（药湖桥路段）处撞断护栏，翻入药湖大桥桥下，造成 16 人死亡，2 人重伤，19 人轻伤。

143. 2004 年 1 月 14 日，湖南省湘西土家族苗族自治州保靖县隆头乡利福村一辆中型客车，因雨天路滑，翻入 100 多米深的路坎之下，造成 11 人死亡，5 人受伤。

144. 2004 年 1 月 15 日，湖北省神农架区林区松柏镇一个体司机驾驶的一辆金杯客车（牌为鄂 P-01460），由林区沿省道白茨线向保康方向行驶，当行驶至省道白茨线 57 千米+900 米处时，由于雨雾天气和超速行驶，车辆翻入左侧 70 米深的湖中，造成 11 人死亡，1 人受伤。

145. 2004 年 1 月 17 日，浙江省杭州市淳安县一辆号牌为"浙 A-70519"的大客车（核定准载 41 人，实载 48 人）由杭州开往淳安县汾口镇，途径淳安县大野乡胡家村对面公路时，翻入落差 30 米深的千岛湖水库支流，造成 12 人死亡，1 人失踪，35 人受伤。

146. 2004 年 1 月 18 日，贵州省铜仁地区石阡县下河坝镇一辆号牌为"贵 D-80734"的农用车发生翻车事故，造成 12 人死亡，4 人受伤。

147. 2004 年 1 月 18 日，广西壮族自治区贵港市港北区一辆号牌为"桂 N-03357"的救护车，在南梧二级公路港北区庆丰镇路段与一辆相向行驶的大客车（贵 F-00968）相撞，造成 11 人死亡，1 人重伤，3 人轻伤。

148. 2004 年 1 月 20 日，四川省南充市当代运业集团公司一辆号牌为"川-R15928"的北方牌大客车（核定准载 47 人，实载 56 人），由成都往南充方向行驶，当行至成南高速公路 138 千米处时，冲出护栏外，仰翻在桂花大桥斜坡上，造成 11 人死亡，8 人重伤，38 人轻伤。

149. 2004 年 1 月 22 日，山西省临汾市侯马市运输公司一辆号牌为"晋 L-20311"的中型客车（核定准载 19 人，实载 28 人），从侯马开往长治市途中，在高平市西山过境公路谷口路段发生翻车事故，造成 14 人死亡，4 人受伤。

150. 2004 年 1 月 26 日，云南省文山州丘北县腻脚乡村民刁克仕驾驶一辆农用车搭载 80 人去参加"采花节"①，当行驶至丘北县八道哨乡七江公路二道桥沟路段时发生翻车事故，造成 27 人死亡，53 人受伤。

151. 2004 年 1 月 27 日，四川省巴中市平昌县四川省运输公司 47 队一辆号牌为"川 Y-12345"的中型客车（核定准载 29 人，实载 31 人），由巴中开往达州途中，在平昌县境内老虎桥（省道 202 线 276 千米+600 米）处，翻下 110 米深的山崖，造成 11 人死亡，2 人重伤，17 人轻伤。

152. 2004 年 1 月 28 日，贵州省黔南交通运输公司罗定分公司一辆号牌为"贵 J-60195"的中型客车搭载 22 人，由罗定边阳镇开往罗定县城途中，发生翻车事故，造成 10 人死亡，2 人重伤，10 人轻伤。

153. 2004 年 1 月 28 日，黑龙江省哈尔滨市龙运集团哈同公司一辆号牌为"黑 A-21037"的金龙牌客车，在前往佳木斯途中，当行驶至方正县二蚂蚁桥附近超越因肇事停在路边的货车时，与对面驶来的中型客车相撞，造成 10 人死亡，23 人受伤。

154. 2004 年 2 月 5 日，贵州省黔东南州施秉县一辆号牌为"贵 H-10923"的时风牌农用车搭载 18 人在凯施公路 6 千米处翻下 100 多米的深谷，造成 18 人死亡。

155. 2004 年 2 月 8 日，广东省揭阳市辉龙客货交运公司一辆号牌为"粤 V-00449"的大客车由惠州开往广州，当行驶至惠州市博罗县境内广惠高速公路 72 千米+900 米处时，大客车越过道路中心绿化隔离带（无隔离护栏），与相向行驶的揭阳市客货交运公司大客车（牌为粤 V-00268）相撞，造成 13 人死亡，3 人重伤，15 人轻伤。

156. 2004 年 2 月 10 日，陕西省商洛地区丹凤县寺坪镇一村民驾驶一辆时风牌三轮农用车载 22 名民工前往丹凤县城，行至丹寺公路 4 千米处，翻下 30 多米深的沟中，造成 19 人死亡，1 人重伤，3 人轻伤。

157. 2004 年 2 月 10 日，上海市一艘荷兰籍集装箱船（"华商"轮）从上海

---

① 采花节：又称"采花山"，是我国云南文山地区苗族传统节日，每年农历正月初三至初六举行。

港出港，在长兴岛附近与浙江省江山海运公司的一艘货轮发生碰撞翻沉，船上11人，1人获救，10人死亡（失踪）。

158. 2004年2月11日，山西高速客运公司一辆号牌为"晋A-05244"的大客车（载客18人）由长治驶往太原，行至武乡县境内权店208国道895千米+700米处时，与长治远东责任公司"晋D-60549"大货车迎面相撞，两车翻入路边沟中，造成12人死亡，8人受伤。

159. 2004年2月17日，西藏自治区林芝天长运务有限公司一辆号牌为"藏G-A2999"的宇通牌双层卧铺车（核定准载33人，实载44人，其中4个小孩），在四川省甘孜州理塘县境内国道318线3117千米+950米弯道处，与相向驶来的东风牌大货车（川A-40865）擦剐后，翻下公路右侧53米深的山坡下，造成10人死亡，5人重伤，29人轻伤。

160. 2004年2月18日，一辆号牌为"鄂D-04278"的大货车，在云南省曲靖市境内嵩待高速公路待补收费站，因刹车失灵，撞坏收费站横杆后与前面一辆卧铺大客车（云A-33678）相撞，致使大客车又与前面一辆货车相撞，导致大客车翻下路基，造成15人死亡，6人重伤，13人轻伤。

161. 2004年2月24日，山东省淄博市环球客运公司一辆号牌为"鲁C-42658"的大客车，载客29人沿省道333线由西向东行驶至宁阳县堽城镇东1千米处时，与淄博市淄川区磁村一辆斯太尔半挂货车（鲁C-25842）迎面相撞，造成11人死亡，1人重伤，19人轻伤。

162. 2004年2月26日，贵州省一辆号牌为"贵E-10249"的中型客车（核定准载30人，实载32人），在安顺地区关岭县境内国道320线2254千米+138米处，与贵阳客运公司一辆号牌为"贵A-01123"的大客车相撞，中型客车倾覆，造成10人死亡，22人受伤。

163. 2004年2月29日，一辆号牌为"川Y-03919"的大客车（核定准载45人，实载47人），从四川省巴中市平昌县开往深圳途中，在重庆市万州区长滩镇境内发生翻车事故，造成12人死亡，35人送医院救治（其中9人伤情严重）。

164. 2004年3月13日，陕西省宝鸡市渭滨区马营镇一辆号牌为"陕C-08830"的康明斯牌大货车，搭载14名在外作业的工人返回马营镇途中，在宝鸡市陈仓区境内麟留公路116千米+600米处，撞到电线杆上，造成11人死亡，4人轻伤。

165. 2004年3月31日，四川省自贡市自流井区一辆10路公共汽车在沙湾滨江路翻入河中，造成15人死亡，5人重伤，34人轻伤。

166. 2004年4月4日，江苏省南京市油运公司所属"长江63003"拖轮，拖着四艘驳船从南京至九江途中，在芜湖港附近水域与一艘安徽马鞍山环宇轮船有限公司"环宇8"轮相撞，致使"环宇8"轮沉没，船上13名船员全部落水，造成1人死亡，9人失踪。

167. 2004年4月5日，贵州省遵义市正安县一辆号牌为"贵C-32037"的中型客车，行驶至该县格林镇九道拐处（下坡），与另一辆号牌为"贵C-4410"的中型客车相撞后相继翻下深160米左右的悬崖下，造成28人死亡，4人受伤。

168. 2004年5月6日，山西省一辆号牌为"晋E-15845"的大客车，由河南省济源市王屋山景区驶往小浪底景区，在大峪镇寺朗腰村路段右转弯时，与8辆车先后发生碰撞，造成12人死亡，39人受伤。

169. 2004年5月12日，浙江省一辆号牌为"浙A-74502"的大客车载客33人从杭州开往江苏省昆山市，在乍浦—嘉兴—苏州高速公路嘉兴境内7桥地段，大客车冲出护栏，翻下10米高的桥下，造成23人死亡，10人受伤。

170. 2004年5月24日，四川省达州万源市一辆号牌为"川S-26314"的中型客车（核定准载19人，实载29人），从万源市城区开往该市黄钟镇，当行驶至210国道9千米处时，翻下垂高约40米的悬崖，造成23人死亡，6人受伤。

171. 2004年5月24日，江西省抚州市汽车运输公司一辆依维柯中型客车（载客17人），沿320国道由东行驶至余江县境内713千米处时，与相向行驶的一辆东风牌货车碰撞，造成11人死亡，6人受伤。

172. 2004年6月11日，北京市天狮集团沈阳分公司宽甸专卖店租用的一辆号牌为"辽F-71803"的金刚牌大客车（载32人）到沈阳参加表彰会，从沈阳返回宽甸途中，在铁长线258千米+900米处，掉入丹东市凤城县矮阳镇艾阳城村大桥下，造成18人死亡，6人重伤，8人轻伤。

173. 2004年6月16日，江西省宜春市汽车运输公司一辆中型客车（核定准载19人，实载29人），在分宜县境内乡村公路上与一辆汽车会车时翻入河中，造成21人死亡。

174. 2004年6月17日，重庆市所属的江津市供电有限公司一辆号牌为"重庆A-19603"的农用车，载29名工人，从江津市柏林镇三岔路口开往四面山方向，在距三岔路口15千米处翻下悬崖，造成16人死亡，12人重伤，2人轻伤。

175. 2004年6月19日，湖南省常德市石门县维新镇冷峰垭村一辆号牌为"湘J-GB032"的农用车载客35人到磨市镇田家溪村吃喜酒，返回途中在花子洞村道翻入路侧15米深的沟中，11人死亡，25人受伤。

★176. 2004年6月22日，河南省济源市小浪底库区明珠岛旅游开发有限公司所属的"明珠岛二"旅游船，在黄河小浪底大坝上游30千米处沉没，造成42

人死亡（失踪）。

177.2004 年 6 月 26 日，广西壮族自治区一辆号牌为"桂 M-80507"的大客车（核定准载 39 人，实载 56 人），从河池地区都安县板岭乡驶往宜州市，刚从都安县板岭乡出发不久，车辆发生故障，方向失控，翻入江中，造成 21 人死亡，1 人重伤，14 人轻伤。

178.2004 年 8 月 4 日，河北省阜平县一辆号牌为"冀 F-65902"的拖挂大货车，在河北省衡水市武强县境内 302 省道 138 千米处，与路边两辆农用三轮车相撞，造成 21 人死亡，1 人重伤，3 人轻伤。

179.2004 年 8 月 7 日，广西壮族自治区河池地区都安县一辆号牌为"桂 M-80696"的中型客车（载客 19 人），在开往该县拉烈乡途中 34 千米处翻车，造成 11 人死亡，6 人重伤，2 人轻伤。

180.2004 年 8 月 12 日，湖北省一辆号牌为"鄂 F-00891"的大客车，行至京珠高速公路韶关市境内梅花段 19 千米+848 米处时，与一辆号牌为"豫 N-A1908"的大货车碰撞。在处理碰撞事故过程中，一辆号牌为"湘 K-01384"的牵引车在快车道行驶到事故现场时发现前方有情况，往右打方向时与慢车道上行驶的一辆号牌为"陕 E-21482"的大货车剐碰，车辆碰撞防护栏并撞向已转移到草地上的乘客和一名在现场负责疏散旅客工作的交警，造成 18 人死亡，21 人受伤。

181.2004 年 8 月 23 日，福建省连江县宏顺运输公司一辆号牌为"闽 A-Z2078"的中型客车（核定准载 26 人，实载 27 人），途径连江县黄岐岭路段 55 千米+180 米处时翻入山沟中，造成 16 人死亡，11 人受伤。

182.2004 年 9 月 19 日，陕西省榆林市佳县一辆挂着"晋 H-67058"牌的依维柯客车与一辆号牌为"晋 H-07188"的大货车，在山西省忻州市忻府区境内国道 108 线 542 千米处发生追尾事故，造成 10 人死亡，1 人重伤，8 人轻伤。

183.2004 年 9 月 23 日，山西省临猗县角杯乡张郭村、潘集村等村庄的村民在乘渡船去黄河对岸滩涂地摘棉花的途中，发生翻船事故，造成 49 人死亡（失踪）。幸存者说，船上乘坐 65 人，离开岸不久柴油机就没油，船主贾宗义在给船加油时，船被浪击中，在靠岸抛锚时没有抛住，大浪撞击船体造成船舱进水，船随即沉入河底，包括船主在内的大多数人被水流冲走。严重超载和操作不当，是造成这起沉船事故的直接原因。

184.2004 年 9 月 25 日，重庆市石柱县三星乡五斗村一辆号牌为"渝 A-X1086"的川江牌中型客车，从石柱县城桥墩头场开往三树村，当行驶到三树线路 16 千米+250 米处强行通过龙河上一座漫水桥时，客车被洪水冲走，造成 50

人死亡（失踪）。

★185. 2004年9月27日，四川省南充市蓬安县一艘编号为"蓬安客29"的客船（核定准载80人，实载135人），在从嘉陵江万和乡史家码头驶往金溪途中翻沉，造成66人死亡。违章超载是造成事故的直接原因，同时事故也暴露出基本建设施工，特别是金溪电站围堰的施工管理上存在的问题；以及安全隐患治理、水路交通安全监管等方面的问题。

186. 2004年9月30日，江苏省一辆号牌为"苏C-G1808"的解放牌大货车，行驶至安徽省涂州市定远县境内合徐高速公路97千米+800米处时，车辆失控冲过中间隔离带，撞上正常行驶的一辆号牌为"皖S-12088"的金龙牌大客车，造成22人死亡，44人受伤。

187. 2004年10月3日，甘肃省武威市天祝县一辆农用车在华藏寺以西5千米处，与陕西省一辆拖挂车相撞，造成12人死亡，3人重伤。

188. 2004年10月4日，西藏自治区阿里地区措勤县一辆号牌为"藏B-3703"的东风牌大货车（载客32人），当行驶至拉狮公路达维乡境内时，发生交通事故，造成10人死亡，4人重伤，10人轻伤。

189. 2004年10月10日，重庆市中国旅行社一辆号牌为"渝A-92666"的大客车，行驶至四川省绵阳市境内S205线147千米弯道处时，坠入涪江中，造成25人死亡，22人受伤。

190. 2004年10月12日，云南省迪庆州德钦县燕门乡谷扎村委会在尼通村民小组举办民间斗牛比赛活动，春多乐村一村民无证驾驶一辆南骏牌农用货车，搭载观看比赛的村民返回村子，行至德维公路（德钦-维西）K65+100米处，因操作处置不当，驶离路面坠入澜沧江中，造成27人死亡（其中4人失踪），13人受伤（其中2人重伤）。

191. 2004年10月22日，山东省临沂市苍山县磨山镇宋庄村一辆变型拖拉机运输车到枣庄市周庄水泥厂运输水泥途中，当行驶至苍山县下村乡一下坡路段时，因车辆制动失灵，撞向正在赶集的人群，造成11人死亡，5人受伤。

192. 2004年11月4日，中国中旅集团河南洛阳中国旅行社一辆号牌为"豫C-60593"的依维柯中型客车（核定准载17人，实载17人），在山东省日照市境内自西向东行驶，当行驶至日东高速18千米处时，因雾大能见度低，与前车发生追尾，紧随其后的车辆随即与之相撞，造成20人死亡，5人受伤。

193. 2004年11月8日，浙江省一辆号牌为"浙A-31676"的大货车在上海市奉贤县境内A30高速公路近沿钱公路东400米施工路段处，因雾大能见度低，与一辆号牌为"沪A-C8512"的货车（车上乘载绿化施工工人21人）迎面相撞，造成 10 人死亡，5 人重伤，11 人轻伤。

194. 2004 年 11 月 15 日，贵州省一辆号牌为"贵 H-A0397"的大客车（核定准载 28 人，实载 18 人），从凯里开往榕江方向，行驶至黔南州三都县境内 321 国道杨勇关处时，翻下约 30 米的路坎，造成 11 人死亡，7 人受伤。

195. 2004 年 11 月 25 日，浙江省杭湖锡线航道湖州菱湖大桥下游航段，"浙湖州货 0482"号船与"皖灵璧挂 0505"号船发生碰撞，致使"皖灵璧挂 0505"号船沉没，随船人员 6 人全部落水，其中 3 人死亡。

196. 2004 年 11 月 26 日，四川省凉山州美姑县一辆号牌为"川 W-21030"的中型客车载客 23 人，从美姑县城开往乃拖乡，当行至省道 103 线 459 千米+900 米处时，与相向行驶的一辆号牌为"川 W-15769"的车辆相撞，坠下深 21.3 米的美姑河中，造成 11 人死亡（失踪），1 人重伤，13 人轻伤。

★197. 2004 年 11 月 21 日，东方航空公司云南分公司一架飞往上海的客机，在从包头起飞时坠毁，造成 55 人（其中 47 名乘客、6 名机组人员和 2 名地面人员）死亡。

198. 2004 年 11 月 27 日，四川省巴中运输公司一辆号牌为"川 Y-69999"的宇通牌大客车（核定准载 53 人，实载 72 人），由四川巴中开往上海途中，行至陕西省西安市周至县境内 108 国道距周至县城 40 千米处时，因道路结冰，车辆侧滑翻下路外河床，造成 26 人死亡，13 人重伤，33 人轻伤。

199. 2004 年 12 月 5 日，广西壮族自治区一辆号牌为"桂 D-10116"的农用汽车（载客 24 人），行驶至贺州市昭平县境内巩桥至黄姚路段 2 千米处时，翻下 5 米深的山沟水中，造成 16 人死亡，8 人轻伤。

200. 2004 年 12 月 6 日，河北省承德市双桥区一辆号牌为"冀 H-R0265"的亚星牌大客车（核定准载 30 人，实载 45 人），行驶至承德市滦平县火斗山乡兴隆庄村四道梁路段时，因刹车失灵，翻入 60 米深的沟中，造成 15 人死亡，11 人重伤，16 轻伤。

201. 2004 年 12 月 7 日，西藏自治区拉萨市城关区一辆号牌为"藏 A-A8954"的自卸货车，拉着货物和人员，由多白乡开往昂仁县途中，在国道 219 线 3.78 千米下陡坡处，司机空挡滑行，急转弯时操作不当翻车，造成 10 人死亡，4 人重伤，7 人轻伤。

202. 2004 年 12 月 17 日，陕西省安康市紫阳县向阳镇瓦房街渡口发生沉船事故，一艘满载向阳镇中学学生的渡船，因超载、船体锈蚀渗漏严重和船工临危操作不当而翻沉，造成 10 名学生死亡，25 名学生落水受伤。

203. 2004 年 12 月 23 日，广东省东莞市汽车运输有限公司一辆号牌为"粤

S-3307"的大客车（核定准载 51 人，实载 57 人），行驶至湖北省孝感市境内 107 国道 1194 千米八一大桥时，因路面结冰，车速过快，导致车辆发生侧滑，撞断大桥西侧护栏后坠入河中，造成 13 人死亡，4 人重伤，39 人轻伤。肇事司机逃逸。

204. 2005 年 1 月 3 日，西藏自治区一辆号牌为"藏 A-B0244"的康明斯牌大货车从拉萨运送 95 名到西藏朝拜后返回四川甘孜、阿坝等地的信教群众，当行驶至青海省玉树州玉治公路 80 千米处（玉树县降宝镇以西 10 千米处的阔拉山）时，发生翻车事故，造成 56 人死亡，26 人重伤，13 人轻伤。

205. 2005 年 1 月 5 日，山西省运城市新万通运业有限公司芮城分公司所属号牌为"晋 M-21596"的卧铺客车，从河南洛阳载客 25 人行至山西平陆县境内平风线 9 千米处弯道时，因车辆制动气压偏低，导致制动失灵，发生翻车事故，造成 12 人死亡，12 人重伤。

206. 2005 年 1 月 6 日，福建省莆田市莆田县一辆号牌为"闽 A-52759"的集装箱货车，行驶至福建同三高速公路莆田路段 339 千米处时，因爆胎导致车辆失控，冲过高速路中间护栏驶入对向车道，与迎面驶来的一辆号牌为"闽 F-Y1329"的大客车（载 45 人）相撞，造成 29 人死亡，18 人重伤。

207. 2005 年 1 月 23 日，广东省开（平）阳（江）高速公路恩平市大槐镇路段发生 13 辆车连环相撞事故，造成 24 人死亡，10 人重伤，20 人轻伤。

208. 2005 年 2 月 18 日，陕西省一辆号牌为"陕 K-06084"的个体运营中型客车（核定准载 17 人，实载 19 人），在行驶至榆林市子洲县境内 307 国道周硷路段 907 千米+93.7 米处时，翻入路南 17.5 米深的河槽，造成 13 人死亡，6 人受伤。

209. 2005 年 2 月 18 日，海南省临高县一艘编号为"琼临高 10021"的轮船在洋浦港西北 32 海里附近（北纬 20 度 4 分，东经 108 度 46 分）海域沉没，船上 12 人死亡（失踪）。

210. 2005 年 2 月 22 日，浙江省嘉兴市善通运输集团有限公司所属号牌为"浙 F-A3855"的金龙牌大客车（核定准载 47 人，实载 51 人），由安徽省霍邱开往浙江嘉善，当行驶至 312 国道江苏省浦口段 1 千米+500 米处时，车辆突然起火，造成 17 人死亡，5 人轻伤。

211. 2005 年 2 月 24 日，河南省开封运输公司所属一辆号牌为"豫 B-10636"的大客车（载客 34 人），行驶至山东省聊城市东昌府区省道 316 线 353 千米+950 米处时，与前方临时停车的一辆货车发生追尾事故，造成 16 人死亡，18 人受伤。

212. 2005 年 2 月 25 日，一辆号牌为"甘 E-07201"的大客车（核定准载 45 人，实载 50 人），行驶至广东省韶关市新丰县境内 105 国道梅坑镇大岭路段时，发生翻车事故，造成 16 人死亡，9 人重伤，24 人轻伤。

213. 2005 年 2 月 25 日，甘肃省天水市清水县公路运输服务中心一辆大客车（核定准载 30 人，实载 32 人），在天巉公路行驶途中，与兰州益民汽车服务公司的半挂货车追尾相撞，造成 11 人死亡，21 人受伤。

214. 2005 年 3 月 7 日，江西省九江市星子县人寿保险公司组织单位 44 名营销人员乘坐星子县公交公司一辆号牌为"赣 G-25665"的中型客车（核定准载 15 人）去参加"三八"妇女节登山活动，返回途中在距县城 15 千米处的白露镇太乙村附近翻下山坡，造成 22 人死亡。

215. 2005 年 3 月 8 日，山东省临沂市经济开发区徐村一辆号牌为"鲁 Q-12046"的车辆，在接送小神童幼儿园儿童途中发生火灾，造成 12 人死亡，5 人重伤。

216. 2005 年 3 月 17 日，浙江省衢州市汽车运输集团有限公司一辆号牌为"浙 H-00517"的卧铺客车（核定准载 32 人），从深圳返回衢州途中，在江西省上饶市境内沪瑞高速公路梨温段 48 千米+785 米处，与一辆号牌为"赣 A-24929"的运送爆炸物品的大货车发生追尾，导致货车上的黑火药发生爆炸，致使货车、客车被炸毁，并炸塌路边民房，造成 31 人死亡。

217. 2005 年 3 月 21 日，西藏自治区一辆号牌为"藏 GA-2012"的东风自卸车（载客 30 人）在灵芝县境内喇嘛岭路 1 千米+300 米处发生翻车事故，造成 10 人死亡，21 人受伤。

★218. 2005 年 3 月 29 日，山东省济宁市科迪化学危险品货物运输中心所属一辆罐车，行驶至京沪高速江苏省淮安路段时发生撞车、泄漏事故，造成 29 人中毒死亡，350 多人中毒住院抢救。

219. 2005 年 4 月 10 日，江西省南昌亚细亚旅行社组织的江西建工集团老干部旅游团一行 34 人，乘坐一辆号牌为"赣 A13935"的大客车（核定准载 35 人）从长沙返回南昌，驶至昌樟（南昌—樟树）高速公路 96 千米+979 米处时发生翻车事故，造成 10 人死亡，5 人重伤，19 人轻伤。

220. 2005 年 4 月 12 日，四川省阿坝藏族自治州卧龙行政区境内，一辆号牌为"川 U08378"的中型客车（核定准载 38 人，实载 39 人），从小金县向成都方向行驶，当行驶至 S303 线映（秀）小（金）路 90 千米附近时坠入公路坎下，造成 26 人死亡，12 人受伤。

221. 2005 年 4 月 19 日，重庆市一辆号牌为"渝 H-00182"的大客车（核定准载 35 人，实载 33 人），因在隧道内超过中心黄实线违法超车；驶出隧道后驾驶员采取措施不当，在黔江县沙坝乡境内沙湾特大桥处车辆侧滑失控，翻下 70 余米高的桥下，造成 27 人死亡，4 人重伤。

222. 2005 年 5 月 2 日，云南省大理州交通运输集团有限公司一辆号牌为"云 L-07843"的卧铺客车，在楚雄州南华县境内楚（雄）大（理）公路 17 千米+300 米并道路段处，与一辆号牌为"陕 E-18031"的大货车迎面相撞后翻车，造成 11 人死亡，3 人重伤，26 人轻伤。

223. 2005 年 5 月 12 日，广东省一辆号牌为"粤 K-P3476"的面包车（核定准载 11 人，实载 15 人），在 S155 线河源市东源县蓝口镇乐村路段 180 千米+100 米处翻下 26 米深的山沟并起火，造成 11 人死亡，2 人重伤，2 人轻伤。

224. 2005 年 5 月 16 日，青海省海东地区湟中县汉东村一村民组织 24 人前往西藏采金，他们乘坐的号牌为"青 A-C1955"的双桥康明斯车，在西藏自治区那曲地区尼玛县境内发生翻车事故，造成 17 人死亡。

225. 2005 年 5 月 16 日，江西省上饶市婺源县一辆号牌为"赣 E-59296"的中型客车，从婺源经古恒乡驶往小岚村，途中在通源观村口经过一座正在施工的桥梁时翻入河中，造成 11 人死亡，1 人失踪，1 人重伤。

226. 2005 年 5 月 19 日，云南省大理白族自治州一辆号牌为"云 L-12858"的依维柯客车，在从昆明驶往剑川途中，与一辆号牌为"云 L-15210"的大货车相撞，造成 11 人死亡，2 人受伤。

227. 2005 年 5 月 25 日，吉林省松原市扶余县一辆四轮农用车载客 21 人参加庙会返回途中，在该县蔡家沟境内发生翻车事故，车辆掉入 10 米深的沟中，造成 12 人死亡，7 人重伤。

228. 2005 年 6 月 22 日，黑龙江省黑河市两艘农用船载 33 人开往江心岛种地，途中翻沉，船上人员全部落水，其中 15 人死亡（失踪）。

229. 2005 年 7 月 9 日，河北省一辆号牌为"冀 F-65291"的解放牌货车在保定市满城县境内西环路与保涞公路交界处闯入禁行路（中山路），与一辆号牌为"冀 F-B2075"的中型客车相撞，造成 10 人死亡，8 人受伤。

230. 2005 年 7 月 16 日，重庆市一辆号牌为"渝 A-N1029"的卧铺大客车（载客 52 人），在湖北省恩施市白坪乡张家槽村境内 318 国道 1528 千米+30 米处翻下 90 余米的陡坡，造成 17 人死亡，9 人重伤，29 人轻伤。

231. 2005 年 7 月 17 日，重庆市长寿潜水龙商贸公司一辆号牌为"渝 B-47288"的双排座轻型解放牌货车（核定准载 6 人，实载 15 人），在巫山县境内江南巫官路距县城 5 千米处翻下 100 米的陡坡，造成 10 人死亡，5 人受伤。

232. 2005 年 7 月 23 日，广西壮族自治区梧州市金晖汽车运输有限公司一辆号牌为"桂 D-04551"的大客车（核定准载 37 人，实载 14 人），从梧州开往南宁途中，当行至西江大桥岔河桥上时，因避让一自行车而撞上右边护栏后坠入西江中，造成 12 人死亡，2 人失踪。

233. 2005 年 7 月 31 日，西安开往长春的 K127 次旅客列车，在长春至大连的长大线新城子至新台子站之间与一列货物列车发生追尾，乘客 6 人死亡，30 人受伤。

234. 2005 年 8 月 10 日，黑龙江省一辆号牌为"黑 J-00050"的客车，在双鸭山市集贤县境内哈同公路 174 千米处与一辆停在路边的大货车（牌为"黑 R-34078"）发生追尾事故，造成 11 人死亡，19 人受伤。

235. 2005 年 8 月 23 日，广东省深圳市宝安区一辆号牌为"粤 B-58307"的中型客车（空载），在龙华街道油松树村汇龙百货门前失控后冲向人行道，造成 19 人死亡，8 人重伤，8 人轻伤。

236. 2005 年 8 月 24 日，云南省一辆号牌为"云 A-44111"的大客车（核定准载 47 人，实载 49 人），在湖北省利川市境内 318 国道 1675 千米+500 米处翻下 150 米高悬崖，造成 14 人死亡，3 人重伤，32 人轻伤。

237. 2005 年 8 月 27 日，山西省太原宝通达运输公司一辆号牌为"晋 A-89284"的依维柯客车（核定准载 17 人，实载 23 人），从太原开往五台山途中，当行驶至忻州市五台县境内台忻线 49 千米+800 米处时坠入路边 7.8 米深的沟中，造成 11 人死亡，12 人轻伤。

238. 2005 年 8 月 30 日，重庆市三峡库区运输总公司所属一辆号牌为"渝 A-F1224"的金龙牌大客车（核定准载 49 人，实载 67 人），由广东省深圳驶往重庆途中，当行驶至湖南省长沙市境内绕城高速公路 60 千米+500 米处时，与一辆逆向行驶的两轮摩托车相撞后翻车，造成 17 人死亡，5 人重伤，19 人轻伤。

239. 2005 年 9 月 12 日，云南省红河州弥勒县朋普镇新车村沈岗寨村民李红文停放在家中的一辆装载 1 吨硝酸铵的解放牌货车发生爆炸事故，造成 13 人死亡，2 人重伤，43 人轻伤。

240. 2005 年 10 月 4 日，甘肃省陇南地区六运公司一辆号牌为"甘 K-04883"的客车（核定准载 29 人，实载 42 人），由成县化垭乡开往县城途中，在成康路 3 千米处翻下约 53 米深的山崖，造成 15 人死亡，10 人重伤，17 人轻伤。

241. 2005 年 10 月 4 日，广西壮族自治区施程汽车运输公司一辆号牌为"桂 L-B0923"的中型客车（核定准载 19 人，实载 40 人），从百色市乐业县开往田林县途中，在田林县利周乡境内县道 749 线 29 千米+100 米处，不慎冲下约 100 米深的沟中，造成 12 人死亡，28 人受伤。

242. 2005 年 10 月 8 日，浙江省温州市永嘉县永嘉长运公司一辆号牌为"浙 C-B2321"的大客车（载 36 人），从南京开往永嘉途中，当行驶至浙江湖州开发区九九桥处时，与一辆出租车相撞后翻入河中，造成 22 人死亡，14 人受伤。

243. 2005 年 10 月 19 日，云南省保山市隆阳区潞江汽车服务公司一辆号牌为"云 M-23751"的中型客车（核定准载 19 人，实载 18 人），在国道 320 线 3421 千米+960 米处下坡时，因刹车失灵翻于坡下，造成 12 人死亡，3 人重伤，3 人轻伤。

244. 2005 年 10 月 24 日，江西省抚州市临川区展坪乡展坪村 21 名村民乘坐展坪水库机帆船去山上摘油茶籽，在返回途中发生翻船事故，造成 10 人死亡。

245. 2005 年 10 月 26 日，陕西省渭南市合阳县一辆号牌为"陕西 E-63924"的农用车（载 23 人），在前往黄河滩拾棉花途中，因车超速行驶，翻入沟内，造成 14 人死亡，6 人重伤，3 人轻伤。

246. 2005 年 10 月 29 日，四川省泸州运输公司一辆号牌为"川 E-10099"的卧铺客车（核定准载 43 人，实载 55 人），从泸州驶往厦门途中，在贵州省毕节地区大方县核桃乡境内广成线 1522 千米+400 米处发生翻车事故，造成 12 人死亡，5 人重伤，35 人轻伤。

247. 2005 年 11 月 5 日，安徽省合肥客运公司一辆号牌为"皖 A-53898"的金龙牌大客车（核定准载 49 人，实载 48 人），在宁合高速公路江苏南京浦口段行驶时，与一辆小轿车发生追尾事故，导致大客车侧翻，造成 14 人死亡，7 人受伤。

248. 2005 年 11 月 8 日，辽宁省大连市普兰店区顺达海运公司所属一艘编号为"辽普运 777"的船舶，在大连长海县海洋岛码头卸货时发生翻沉，造成 19 人死亡。

249. 2005 年 11 月 14 日，浙江省宁波市北仑先锋船务有限公司所属的"先锋海 1"轮（载船员 15 人），由天津驶往上海途中，在 32-59.2N/122-29.3E 处（长江口东北约 80 海里）发出请求救助的报警。事故发生后，海上搜救中心立即协调过往船舶前往出事水域救助。经搜救，救起一名船员，打捞出 3 具尸体，另外 11 人失踪。

★250. 2005 年 11 月 14 日，山西省长治市黎城县白龙运输有限公司一辆大货车，在汾（阳）屯（留）线 119 千米处驶入早操学生队伍，造成 21 人死亡（其中 20 名学生，1 名教师），18 人受伤。

251. 2005 年 11 月 15 日，贵州省一辆号牌为"贵 F-71136"的中型客车（核定准载 17 人，实载 20 人），从毕节地区威宁县城向哲觉方向行驶，当行至哲觉镇公平村境内 326 国道 852 千米+700 米处时，翻于路旁沟中，造成 17 人死亡，3 人重伤。

252. 2005 年 11 月 19 日，湖南省一辆号牌为"湘 N-52177"的中型客车（核定准载 16 人，实载 27 人），在怀化市溆浦县坪头村凉水井路段发生翻车事故，造成 11 人死亡，3 人重伤，13 人轻伤。

253. 2005 年 11 月 22 日，上海市永正海运有限公司所属"安津"轮（杂货船，总吨位为 312 吨，船上有 22 名船员），在胡志明市以东 180 海里处遇险，导致 13 人失踪。

254. 2005 年 12 月 4 日，内蒙古自治区一辆号牌为"蒙 B-21344"的运输电石的大货车，在北京市昌平县境内八达岭高速公路进京方向 49 千米处，因制动失灵，追撞前方同向行驶的北京市长途汽车有限公司大客车，致使两车翻入道路左侧山沟中并起火，造成 24 人死亡，1 人重伤，8 人轻伤。

255. 2005 年 12 月 6 日，内蒙古自治区哲里木盟通辽市一辆号牌为"蒙 G-16428"的金龙牌大客车（核定准载 35 人，实载 37 人），由通辽扎鲁特旗开往科尔沁区途中，当行至 304 国道 689 千米+500 米处时，与一辆大货车相撞，造成 14 人死亡，22 人受伤。

256. 2005 年 12 月 12 日，青海省一辆号牌为"青 A-14902"的大货车，在海东地区化隆县扎巴镇阿岱全藏桥附近，与一辆号牌为"青 A-28262"的中型客车相撞，造成 11 人死亡，5 人重伤，3 人轻伤。

257. 2005 年 12 月 19 日，辽宁省一辆号牌为"辽 P-41215"的大货车，在河北省保定市望都县境内京石高速公路 177 千米+950 米处，与一辆号牌为"冀 H-N0576"的东风牌大货车发生追尾事故，导致"冀 H-N0576"大货车撞开中间护栏冲入对向快车道内，与一辆由北向南正常行驶的大客车（牌为"冀 D-45371"）迎面相撞，造成 17 人死亡，3 人受伤。

258. 2005 年 12 月 21 日，浙江省台州温岭市铭扬海运有限公司所属"铭扬少洲 178"轮（船上有船员 14 人，装载陶土 270 吨），从广州汕头开往山东莱州途中，因遇大风在龙口港抛锚避风，在紧急进港过程中发生险情，船只沉没，造成 13 人失踪。

259. 2005 年 12 月 24 日，内蒙古自治区临河市运通公司一辆号牌为"蒙 L-07963"的大客车（核定准载 29 人，实载 36 人），由临河市开往鄂尔多斯市杭锦旗古日格朗图镇，当进入杭锦旗境内 5 千米处，客车经过黄河冰面时冰层破裂，导致客车沉入水中，造成 28 人死亡。

260. 2005 年 12 月 25 日，长江港务局所属"湘航 3605"船，在湖北省荆州石首市长江石首段 64 过桥标处，与石首市船运公司所属"鄂荆州渡 5002"船相撞，导致"鄂荆州渡 5002"船翻船，3 名船员及 10 名乘客全部落水，造成 11 人死亡（失踪）。

261. 2006 年 1 月 9 日，青海省一辆号牌为"青 A-C0098"的康明斯牌货车在海东地区化隆县阿塞至群科路段行驶途中，因轮胎爆裂失控，与一辆号牌为"青 B-09151"的中型客车（核定准载 19 人，实载 13 人）迎面相撞，造成 12 人死亡，3 人重伤。

262. 2006 年 1 月 13 日，河南省南阳市新野县新甸铺镇魏湾村一艘民用非营运船只私自在白河河道载客（包括船主共载 26 人），当船行驶至河南省与湖北省交界处时，发生翻沉事故，造成 12 人死亡（失踪）。

263. 2006 年 2 月 3 日，广东省一辆号牌为"粤 A-QU271"的长安牌中型客车（核定准载 5 人，实载 11 人），沿京珠高速公路由北向南行驶途中，在清远市英德路段（南行 194 千米+300 米处）发生追尾事故，造成中型客车上 10 人死亡，1 人受伤。

264. 2006 年 2 月 4 日，福建省汽车运输总公司客运二公司所属"闽 A-Y1829"客车（核定准载 24 人，实载 24 人），在 306 省道泉州市永春县坑仔口镇境内清溪大桥路段行驶中，车辆冲出桥面栏杆，坠入 31 米高的桥下，造成 10 人死亡，2 人重伤，12 人轻伤。

265. 2006 年 2 月 11 日，云南省红河州河口县莲花滩乡一辆农用车（载 34 人）发生翻车事故，造成 19 人死亡，14 重伤，1 人轻伤。

266. 2006 年 2 月 20 日，贵州省铜仁地区汽车运输总司思南分公司一辆号牌为"贵 D-30241"的大客车（核定准载 49 人，实载 51 人），在思南县 536 县道行驶途中，当行驶至东华镇境内 26 千米处时，车辆驶离路面翻下右侧 29 米的斜坡，造成 10 人死亡，2 人重伤，34 人轻伤。

267. 2006 年 2 月 21 日，湖北省荆州市"鄂荆州货 3888"船，在河北省曹妃甸附近进行挖沙作业后驶往天津途中失去联系，船上 10 人死亡（失踪）。

268. 2006 年 2 月 24 日，四川省泸州市泸运业有限公司一辆号牌为"川 E-15729"的大客车（核定准载 50 人），在贵州省贵阳市贵新公路 14 千米处发生事故，翻下 20 余米深山沟中，造成 23 人死亡，4 人重伤，20 人轻伤。

269. 2006 年 3 月 1 日，四川省开元运业有限公司一辆号牌为"川 J-31882"的大客车（核定准载 39 人，实载 42 人，其中小孩 3 人），行驶至广西壮族自治区南宁市境内南梧高速公路 3 千米+77 米处时，前部发动机起火，造成 16 人死亡，2 人重伤，8 人轻伤。

270. 2006 年 3 月 10 日，湖北省恩施州巴东县水布垭镇村民包租一辆号牌为"鄂 Q-75158"的长安牌客货两用车，当行驶至水布垭境内长水公路高岩地段时，翻下 110 米高的悬崖，车上 13 人全部死亡。

271. 2006 年 3 月 15 日，四川省广安市岳池县西溪镇一艘编号为"酉自挂001"的农用船，搭载 40 人由西溪镇农贸市场码头开往刘家坝村，当船行驶至距码头约 200 米处时，发生翻沉事故，造成 28 人死亡。

272. 2006 年 3 月 16 日，广东省广州市新穗巴士有限公司 864 路公交车"粤A47068"车辆与"粤 A64612"重型自卸货车相撞，造成公交车上 6 名乘客死亡，20 人受伤。

273. 2006 年 3 月 25 日，福建省泉州市汽车运输总公司石狮分公司一辆号牌为"闽 C-Y9367"的金龙牌大客车（核定准载 53 人，实载 53 人），在湖北省宜昌市境内汉宜高速公路行驶途中，当行驶至枝江段 235 千米+950 米处时，与一辆同向行驶的牌为"鄂 F-16291"的大货车发生追尾事故，造成 12 人死亡，4人重伤，37 人轻伤。

274. 2006 年 3 月 28 日，云南省昭通市交通运输集团公司巧家县分公司一辆号牌为"云 C-05594"的中型客车（核定准载 29 人，实载 31 人），由巧家县小河村驶往巧家县县城途中，当车行至段家河沟时，翻下约 400 米的沟中，造成28 人死亡，3 人受伤。

275. 2006 年 3 月 30 日，云南省大理州鹤庆县一辆号牌为"云 L-54238"的中型客车（核定准载 19 人，实载 16 人），在中江至金河电站公路行驶途中发生翻车事故，造成 12 人死亡，4 人受伤。

276. 2006 年 4 月 2 日，云南省楚雄州永仁县一辆号牌为"云 E-23680"的中型客车（核定准载 19 人，实载 31 人），在他回线（他普里至回头湾）行驶途中，当车行至 45 千米+800 米急转弯路段时，翻下 99 米高的山坡，造成 10 人死亡，21 人受伤。

277. 2006 年 4 月 5 日，陕西省榆林市长运有限公司一辆号牌为"陕 K-09960"的宇通牌客车（核定准载 29 人，实载 22 人），由靖边县驶往绥德县途中，当车行至靖边县乔沟湾乡境内 307 省道 1001 千米+800 米下坡转弯处时，车辆坠入 40 多米深的沟中，造成 10 人死亡，3 人重伤，9 人轻伤。

278. 2006 年 4 月 7 日，广西壮族自治区南宁市白马公交公司 11 路线一辆号牌为"桂-18459"的公共汽车空车返回停车场途中，在南北公路与一辆号牌为

"桂-42823"的中型客车（核定准载 6 人，实载 14 人）相撞，造成"桂-42823"中型客车上 11 人死亡，3 人受伤。

279. 2006 年 4 月 8 日，在浙江省台州市附近海域，中国籍"金海鲲"轮与伯利兹籍"HARVEST"轮发生碰撞，"HARVEST"轮沉没，船上 20 名船员全部遇难，其中 19 人为中国人。

280. 2006 年 4 月 10 日，安徽省宿州市粮食运输公司的一辆号牌为"皖 L-01848"的重型厢式货车，由山东驶往新疆途中，在甘肃省天巉公路 18 千米+600 米处，先后碰撞相向而行的天水市麦积山区客运公司一辆号牌为"甘 E-04317"的大客车和兰州运输集团公司第一分公司的"甘-22665"大客车前部，造成 28 人死亡，5 人重伤，13 人受伤。

281. 2006 年 4 月 11 日，湖南省邵阳市绥宁县一辆中型客车（核定准载 17 人，实载 44 人），由瓦屋乡驶往长铺途中，在岩湾村一转弯处翻下 19 米深的沟中，造成 12 人死亡，5 人重伤，27 人轻伤。

282. 2006 年 4 月 11 日，青岛开往广州东的 T159 次列车行至广铁集团管内京九下行线林寨站至东水站之间时，与正在停靠的武昌开往汕头的 1017 次列车相撞，两位铁路职工当场死亡，18 位旅客受重伤。

283. 2006 年 4 月 11 日，青海省海南州客运公司一辆号牌为"青 E-01867"的宇通牌客车（核定准载 29 人，实载 24 人），由西宁市驶往海南州同德县途中，在省道 101 线 203 千米+76 米急转弯处翻下 30 米深沟，造成 15 人死亡，1 人重伤，8 人轻伤。

284. 2006 年 4 月 21 日，西藏自治区兴运运务有限公司一辆号牌为"藏 A-A9335"的客车（核定准载 30 人，实载 24 人），由山南地区返回拉萨途中，当行驶至拉萨市境内国道 318 线 4670 千米+77 米处时，翻下道路右侧的拉萨河中，造成 15 人死亡，6 人受伤。

285. 2006 年 4 月 25 日，云南省曲靖市沾益县德泽乡南村刘选红驾驶的号牌为"云 D-34035"的农用车，由小米嘎村驶往德泽乡途中，当车行至距德泽乡政府约 3 千米处时，翻下 26 米深的沟中，造成 10 人死亡，5 人重伤。

286. 2006 年 5 月 6 日，西藏自治区昌都地区客运公司一辆号牌为"藏 B-A6077"的客车（核定准载 36 人，实载 10 人），行驶至国道 318 线 3487 千米+300 米下坡拐弯处时，翻下悬崖，造成 10 人死亡。

287. 2006 年 5 月 7 日，云南省德宏州盈江县芒允乡拉丙村一辆号牌为"云 N-74065"的手扶拖拉机搭载 11 人前往那邦村参加宴会，当车行至芒那线 79 千米+100 米处时，翻下垂高 16.6 米的桥下，造成 10 人死亡，1 人受伤。

288. 2006 年 5 月 10 日，四川省凉山州西昌客运中心 19 队所属一辆号牌为"川 W-19104"的中型客车（核定准载 19 人，实载 14 人），在 107 省道冕宁县境内行驶途中，当行驶至 475 千米+20 米处时，由于驾驶员在驾驶过程中用手机打电话，导致车辆撞断公路桥右侧护栏，坠入大桥水库灌区一期工程渠内，造成 12 人死亡，2 人受伤。

289. 2006 年 5 月 21 日，新疆维吾尔自治区喀什地区英吉沙县一辆号牌为"新 Q-11317"的宇通牌客车（核定准载 29 人，实载 33 人），从喀什开往莎车县途中，当车行驶至疏勒县洪巴什桥时，坠入伽师河中，造成 15 人死亡。

290. 2006 年 6 月 5 日，云南省红河州交通运输集团公司一辆号牌为"云 G-Y0292"的中型客车（核定准载 19 人，实载 20 人，包括 1 名幼儿），从蒙自驶往文山途中，在文山州文山县境内省道 210 线蚂蟥塘路段 65 千米+600 米处，与文山县马塘镇黄龙坝汽车运输公司一辆号牌为"云 H-06141"的东风牌大货车迎面相撞，造成 11 人死亡，1 人重伤，11 人轻伤。

291. 2006 年 6 月 23 日，重庆市万州区一辆号牌为"渝 A-F1604"的中型客车，从万州城区开往地保乡途中，在白土镇谭家村附近翻入 70 米深的悬崖下，造成 14 人死亡，4 人重伤，4 人轻伤。

292. 2006 年 6 月 23 日，湖北省咸宁市运输集团公司天城公司所属一辆号牌为"鄂 L-40783"的客车（核定准载 32 人，实载 20 人），从咸宁市崇阳县桂花泉镇开往三山村途中，翻入 20 米深的山沟中，造成 12 人死亡，4 人重伤，4 人轻伤。

293. 2006 年 7 月 9 日，福建省南平市邵武市三嘉汽车运输有限公司所属一辆满载人造板、号牌为"闽 H-11382"和"闽 H-1501 挂"的大货车，在大竹路段与武夷交通运输有限公司光泽分公司一辆号牌为"闽 H-Y2036"的中型客车发生正面碰刚，致使货车上的人造板侧向滑落后撞击客车，造成客车上 15 人死亡，3 人重伤，9 人轻伤。

294. 2006 年 7 月 11 日，云南省交通运输集团公司宣威公司一辆号牌为"云 D-18899"的客车（核定准载 30 人，实载 31 人），在 324 国道曲靖市陆良县境内大莫古路段行驶途中，行至 2541 千米+500 米处时，与昆明交通运输集团公司一辆号牌为"云 A-37501"的依维柯牌中型客车（核定准载 24 人，实载 24 人）迎面相撞，造成 21 人死亡，2 人重伤，32 人轻伤。

295. 2006 年 7 月 11 日，宁夏回族自治区塞外风情旅行社一辆号牌为"宁 A-16727"的旅游包车（核定准载 35 人），搭载 30 名河南省郑州市第 57 中学教师旅游团成员行驶途中，在中宁县余丁乡金沙村铁路无人看守道口与火车相撞，造成 14 人死亡，3 人重伤，13 人轻伤。

296. 2006 年 7 月 14 日，福建省宁德市福鼎汽车运输公司一辆号牌为"闽 J-8181"的大客车（核定准载 44 人，实载 28 人），从福鼎开往福州途中，当行驶至同三高速 A 道 67 千米处（宁德市霞浦县三沙路段）时发生侧翻，坠入 6 米深的边坡，造成 10 人死亡，1 人重伤，17 人轻伤。

297. 2006 年 8 月 9 日，云南省昭通市交通运输集团公司巧家分公司一辆号牌为"云 C-06166"的大客车（核定准载 35 人，实载 33 人，其中有 29 名学生），由巧家驶往昭通途中，当行至巧家县包谷脑天生桥处时，翻入牛栏江中，造成 12 人死亡，12 人失踪。

298. 2006 年 8 月 26 日，河南省一辆号牌为"豫 N-A2893"的大客车（核定准载 47 人，实载 51 人），在京珠高速公路行驶途中，当行驶至广东省韶关路段 75 千米+100 米处时，与一辆号牌为"湘 L-90715"的大货车发生追尾事故，造成大客车上乘客 17 人死亡，1 人重伤，33 人轻伤。

299. 2006 年 8 月 28 日，宁夏回族自治区吴忠市客运公司一辆号牌为"宁 C-13699"的大客车（核定准载 39 人，实载 21 人），在 211 国道行驶途中，当行驶至盐池县境内 118 千米处时，与宁夏天豹客运公司一辆号牌为"宁 C-12461"的大客车（核定准载 35 人，实载 32 人）发生撞车事故，造成 13 人死亡，2 人重伤，32 人轻伤。

300. 2006 年 9 月 20 日，辽宁省一辆号牌为"辽 H-02181"的大货车（核定准载 12 吨，实载 18 吨），在内蒙古自治区兴安盟科右前旗境内省际大通道行驶途中，当行驶至 337 千米+700 米处时，与同向行驶的一辆四轮农用车（载 14 人）发生追尾碰撞后，又与一辆停在路边的两轮摩托车（载 2 人）发生追尾，造成 12 人死亡，4 人受伤。

301. 2006 年 10 月 1 日，重庆市沙坪坝区 711 路公交线一辆号牌为"渝 B-41067"的公交车在嘉陵江石门大桥引桥上翻车坠落桥下，造成 30 人死亡，11 人重伤，10 人轻伤，直接经济损失 739 万元。事故直接原因：驾驶人吕某在限速 40 千米/小时路段和雨天路面湿滑条件下，驾驶大客车进入嘉陵江石门大桥南引桥右转弯时，未降低行驶速度，车辆后轮出现向左侧滑，因处置不当，车辆冲上人行道，撞坏护栏坠落引桥下。

302. 2006 年 10 月 5 日，新疆维吾尔自治区一辆号牌为"新 N-20099"的大货车，在阿克苏地区库车县 314 国道行驶途中，当行驶至 761 千米处时，与一辆号牌为"新 N-11895"的客车（核定准载 36 人，实载 24 人）发生追尾事故，造成客车上 10 人死亡，3 人重伤。

303. 2006 年 11 月 21 日，重庆市永川市易泰公司一辆号牌为"渝 C-42266"的客车（核定准载 19 人，实载 17 人），在经过永川市大峰公路收费站前 1.2 千米处时发生翻车事故，造成 12 人死亡，1 人重伤，4 人轻伤。

304. 2006 年 11 月 26 日，新疆维吾尔自治区巴音郭楞蒙古族自治州若羌县阿尔金山自然保护区依吞布拉克镇西偏南 300 千米处一卡车（搭载 24 人）发生翻车事故，造成 20 人死亡，3 人受伤。

305. 2006 年 12 月 16 日，内蒙古自治区哲里木盟通辽市一辆号牌为"蒙 G-27302"的大客车（核定准载 57 人，实载 49 人），在 304 国道通辽市境内由南向北行驶途中，当行驶至 657 千米+400 米处时，因下小雪能见度低，与对向行驶的一辆号牌为"蒙 G-27016"的大客车（核定准载 47 人，实载 24 人）相撞，造成 13 人死亡，4 人重伤，18 人轻伤。

306. 2006 年 12 月 28 日，云南省曲靖市宣威县回民运输公司一辆中型客车（核定准载 19 人，实载 21 人），在石乐线行驶途中，当行驶至 22 千米处时，撞到 3 名路面施工人员后侧翻下 90 多米高的悬崖下，造成 17 人死亡，7 人受伤。

307. 2007 年 2 月 3 日，贵州省遵义市大刚旅游客运公司一辆号牌为"贵 C-31080"的大客车，在广西壮族自治区河池地区都安县境内国道 050 线 3082 千米处，由于占道行驶，与相向驶来的一辆号牌为"渝 B-88881"的重庆旅游汽车有限公司大客车发生碰撞，造成 13 人死亡，5 人重伤，47 人轻伤。

308. 2007 年 2 月 7 日，一辆号牌为"鄂 Q-62790"的北汽福田双排座汽车（核定准载 5 人，实载 32 人），在湖北省恩施州鹤峰县太平乡境内桑（植）鹤（峰）公路 5 千米+500 米处发生翻车事故，造成 16 人死亡，4 人重伤，12 人轻伤。

309. 2007 年 2 月 28 日，由乌鲁木齐开往阿克苏的 5807 次列行至南疆铁路珍珠泉站至红山渠站之间时，因瞬间大风造成列车脱轨，致使 3 名旅客死亡，34 人受伤。

310. 2007 年 3 月 4 日，四川省绵阳市富临运营有限责任公司高客分公司所属一辆号牌为"川 B-06602"的大客车（核定准载 30 人，实载 30 人），由四川开往上海途中，在陕西省宝鸡市凤县黄牛铺镇境内省道 212 线包里村路段发生翻车事故，车辆翻入右侧 30 米深沟内，造成 11 人死亡，11 人重伤，8 人轻伤。

311. 2007 年 3 月 15 日，陕西省西安市友谊旅游汽车公司所属一辆号牌为"陕 A-A6568"的金龙牌大客车（核定准载 33 人，实载 36 人），由四川泸州返回西安途中，在陕西省汉中市汉台区境内 316 国道 2195 千米+420 米处坠入褒河水库中，造成 25 人死亡，11 人受伤。

312. 2007 年 3 月 15 日，云南省楚雄州楚雄交通运输集团公司所属一辆号牌为"云 E-19697"的中型客车（核定准载 19 人，实载 27 人），在该州牟定县安益乡大平地村境内发生翻车事故，车辆翻下 100 多米高的山下，造成 14 人死亡，13 人受伤。

313. 2007 年 4 月 13 日，河南省商丘市虞城县一辆号牌为"豫 P-A8383"的宇通牌大客车（核定准载 55 人，实载 55 人），在距虞城县县城 40 千米处，由于车辆前轮胎爆裂，发生翻车事故，造成 11 人死亡，1 人重伤，17 人轻伤。

314. 2007 年 4 月 23 日，重庆市渝运（集团）的一辆号牌为"渝 B-64487"的中型客车，在行驶到北碚区水土镇亍洞子处时，侧翻于公路高坎下，造成 26 人死亡，2 人重伤，4 人轻伤。

315. 2007 年 5 月 4 日，河北省一辆号牌为"冀 B-G5084"的重型厢式货车从云南省临沧市永德县驶往重庆途中，在云县境内祥临公路 183 千米+870 米处，与同向行驶的一辆轻型货车发生追尾，并与迎面驶来的一辆客车发生碰撞，造成 16 人死亡，30 人受伤。

316. 2007 年 5 月 7 日，一辆号牌为"云 C-11121"的大客车（核定准载 44 人，实载 43 人），在贵州省毕节地区黔西县境内贵毕公路 83 千米+100 米处坠入岩下，造成 18 人死亡，25 人受伤。

317. 2007 年 5 月 20 日，辽宁省本溪市恒仁县雅河乡一辆五征牌农用三轮车载 24 名村民上山采野菜，在返回途中，行至普乐堡镇瓦房村牛毛大山风力发电站待建乡村土路 5.4 千米处时，由于刹车失灵，发生翻车事故，造成 20 人死亡，4 人受伤。

318. 2007 年 5 月 23 日，湖北省荆门市液化气销售公司一辆号牌为"鄂 H-15438"的油罐车，由湖南省华容往岳阳方向行驶，在岳阳市境内省道 S306 线 125 千米处，与岳阳巴陵客运公司一辆号牌为"湘 F-05750"的大客车（核定准载 35 人，实载 24 人）相撞，两车翻入路边水渠，造成 10 人死亡，17 人受伤。

319. 2007 年 5 月 25 日，四川蜀通运业有限责任公司汉源分公司一辆号牌为"川 T-70930"的大客车（核定准载 29 人，实载 23 人），从雅安市石棉县开往汉源九襄途中，当行至石棉县境内国道 108 线 2545 千米+700 米处时，因高崖崩塌，将该车砸至路边的坡下，造成 10 人死亡，13 人受伤。

320. 2007 年 6 月 3 日，云南省红河州个旧市一无证司机开一辆号牌为"云 G-02989"的东风牌大货车非法搭载 72 名村民到卡房镇赶集，当车行至卡房火把冲至扯土白乡村道路大石洞附近时翻下道路左侧 10 米高的田里，造成 13 人死亡，5 人重伤，50 人轻伤。

321. 2007 年 6 月 12 日，安徽省一辆号牌为"皖 Q-04961"的解放牌大货车，在巢湖市境内省道 S105 线 46 千米+700 米处，与一辆号牌为"皖 Q-11262"的中型客车相撞，造成 11 人死亡，5 人受伤。

★322. 2007 年 6 月 15 日，广东佛山一艘编号为"南桂机 035"的运沙船偏离主航道航行，撞击广东九江大桥，导致桥面坍塌，8 人死亡。

323. 2007 年 7 月 4 日，贵州省六盘水市水城县一辆号牌为"贵 F-61064"的中型客车（核定准载 19 人，实载 18 人），从纳雍开往水城途中，当行至省道 307 线 225 千米+300 米处时，翻坠入公路左侧深约 80 米的沟中，造成 12 人死亡，1 人重伤，7 人轻伤。

324. 2007 年 7 月 13 日，西藏自治区一辆号牌为"藏 A-B2490"的金龙牌大客车（核定准载 35 人，实载 29 人），从拉萨开往日喀则地区途中，当行驶至拉萨市曲水县境内国道 318 线 4736 千米+109 米处时，因超速行驶，车辆翻入雅鲁藏布江中，造成 16 人死亡，5 人重伤，8 人轻伤。

325. 2007 年 7 月 15 日，贵州省黔西南州册亨县一辆中型客车（核定准载 19 人，实载 20 人），在国道 324 线 2126 千米+200 米处发生翻车事故，造成 12 人死亡，8 人受伤。

326. 2007 年 7 月 16 日，江西省一辆号牌为"赣 E-79373"的中型客车，在上饶市余干县杨埠乡河埠渡口上渡船过渡口时，滑入信江中，造成 10 人死亡。

327. 2007 年 7 月 24 日，广西壮族自治区南宁市永康运输公司一辆号牌为"桂 A-53572"的大货车，在梧州市岑溪市岑罗二级公路筋竹路段与一辆号牌为"贵 C-07478"的金龙牌大客车迎面相撞，并刮到一辆行驶中的两轮摩托车，造成 14 人死亡（其中客车上乘客 12 人，大货车上 2 人），11 人重伤，10 人轻伤。

328. 2007 年 8 月 10 日，浙江省一辆号牌为"浙 C-D5233"的中型客车（核定准载 19 人，实载 23 人），从温州市泰顺县驶往苍南途中，在泰顺境内省道 58 线彭溪水库附近与一辆大货车发生剐蹭后冲出路面，坠入落差近 10 米的水库中，造成 16 人死亡。

329. 2007 年 8 月 17 日，吉林省梅河口市客运公司一辆号牌为"吉 E-36663"的大客车在该县黑山头镇黑山头村境内黑（河）大（连）公路行驶中，与梅河口市储运公司一辆牌"吉 E-13600"的槽罐车相撞起火，造成 15 人死亡，13 人受伤。

330. 2007 年 8 月 25 日，湖北省武汉市长航集装箱陆运有限公司一辆号牌为"鄂 A-N2536"的大货车，由孝感沿 107 国道驶往武汉途中，在武汉东西湖区境内 1201 千米+900 米处撞倒路边隔离墩，驶入对向车道，与武汉顺畅公路客运公司一辆号牌为"鄂 A-8G661"的大客车（核定准载 33 人，实载 47 人）相撞，致使两车同时坠入路边鱼塘，造成大客车上乘客 23 人死亡，22 人受伤。

331. 2007 年 9 月 13 日，四川省甘孜州赫德钨锡矿一辆号牌为"川 V-15310"的货车（载 31 人），在距康定县城 200 余千米的贡嘎山乡下程子村境内发生翻车事故，车辆翻入下程子河中，造成 21 人死亡，1 人重伤，5 人轻伤。

332. 2007 年 9 月 16 日，宁夏回族自治区中宁县喊叫水乡一辆无牌小四轮拖拉机非法搭载 23 名村民，沿石泉村由南向北行驶途中，与一辆由北向南行驶的无牌农用车相撞，两车同时翻下路面，造成小四轮拖拉机上 11 人死亡，8 人重伤，4 人轻伤。

333. 2007 年 10 月 1 日，湖南省常德市桃源县观音寺镇一村民家举办婚宴，宴会结束后，户主驾驶自家农用车送参加婚宴的亲戚回家，当行至板溪村鱼儿坡组地段时，因操作不当，发生翻车事故，造成 12 人死亡，7 人轻伤。

334. 2007 年 10 月 23 日，黑龙江省哈尔滨市呼兰县孟家乡双发村 19 名村民乘坐一艘"三无"农用船准备渡过呼兰河去收庄稼，由于严重超载，船在河中心翻沉，造成 8 人死亡，2 人失踪。

335. 2007 年 10 月 26 日，浙江省绍兴市上虞县舜达汽车运输公司一辆号牌为"浙 D-W2615"的中型客车（核定准载 19 人，实载 34 人），途经北悬线丰惠镇境内 140 千米处时，因避让前方一摩托车，车辆驶出路面，翻入 2.9 米深的水塘，造成 11 人死亡，23 人轻伤。

336. 2007 年 10 月 28 日，上海应海船务有限公司所属"申海 1"轮船（船长 108 米，总吨位 2960 吨），装载 480 吨钢材由辽宁省营口市鲅鱼圈驶往上海途中，在大连市旅顺口区海域发生沉船事故，船上 16 名船员全部落水，其中 2 人死亡，14 人失踪。

337. 2007 年 11 月 7 日，河南省一辆号牌为"豫 N-A5828"的大客车（核定准载 55 人，实载 49 人），在山东省菏泽市定陶县城北外环交叉路口处，与一辆号牌为"冀 E-51795"的油罐车（运输食用油，当时为空车）相撞，造成 12 人死亡，4 人重伤，35 人轻伤。

338. 2008 年 1 月 7 日，广西壮族自治区一辆号牌为"桂 A-18716"的大客车（核定准载 39 人，实载 52 人），在广东省湛江市渝湛高速公路行驶途中，当行驶至遂溪县洋清路段 52 千米+700 米处时，与同向行驶的一辆油罐车（空车）发生追尾碰撞后失控冲过中间隔离带，与对向驶来的一辆号牌为"粤 C-50821"的大客车（载 19 人）发生碰撞，造成 12 人死亡，10 人重伤，5 人轻伤。

339. 2008 年 1 月 9 日，云南省文山州交通集团公司一辆号牌为"云 H-

12448"的中型客车（核定准载 19 人，实载 20 人），由马关驶往红河州河口县途中，当行至距茶南线 113 千米+500 米处时，向右侧翻于约 200 米的山坡下，造成 14 人死亡，6 人重伤。

340. 2008 年 1 月 11 日，上海市崇明县长兴岛一艘钢制小船非法搭载 24 人驶往吴淞口，当航行至 63 灯浮下游时，与一艘因雾抛锚的"皖芜湖货 60237"轮相撞，造成 11 人失踪。

341. 2008 年 1 月 20 日，安徽省一辆号牌为"皖 A-00945"的大客车（核定准载 51 人，实载 71 人），由苏州开往阜阳途中，当行驶至安徽省明光市境内 104 国道 985 千米处时，车辆向右侧翻入深 6 米的沟内，造成 11 人死亡，4 人重伤，47 人轻伤。

342. 2008 年 1 月 23 日，从北京开往青岛的动车组 D59 次列车在运行至胶济线安丘至昌邑区间时，将正在进行复线施工的多名工人卷入车底，造成 18 人死亡，9 人受伤。事故发生地点计划于当日 22 时至次日 1 时 30 分进行线路拨接作业。按施工方案，当日 21 时起施工范围内列车限速每小时 45 千米运行。但中铁建十六局部分施工人员提前于 20 时 40 分左右擅自进入作业区线路，导致事故发生。

343. 2008 年 1 月 29 日，重庆市一辆号牌为"渝 M-089137"的大客车（核定准载 51 人，实载 40 人），由四川资中开往广东深圳途中，在贵州省遵义县境内贵遵高速公路 99 千米处，因路面凝冻有点滑，车辆翻下垂直高度为 40 多米的坎下，造成 25 人死亡，10 人重伤，4 人轻伤。

344. 2008 年 1 月 30 日，辽宁省锦州市锦州程宇海运公司所属"锦泰顺"轮（载 17 人、5000 吨矿砂），由山东日照驶往江苏南通途中，当航行至 31-02N/122-37E 处（长江口 3 锚地）时，与大连国际航运公司"锦源油 9"轮发生碰撞，造成 16 人死亡（失踪）。

345. 2008 年 2 月 4 日，昆明铁路局管内沪昆线小鸡街站 3 道停放的 47 辆重车发生溜逸事故，在宣威站牵出线处脱轨后冲塌民房，造成民房内 4 人死亡（其中 2 失踪），2 人受伤。35 辆货车脱轨，中断沪昆线（单线）8 小时 24 分。

346. 2008 年 2 月 12 日，贵州省一辆号牌为"贵 C-09318"的大客车（核定准载 35 人，实载 37 人），由赤水开往遵义途中，在仁怀县境内省道 208 线 109 千米处失控撞断护栏，坠入垂高 58.24 米的赤水河中，造成 24 人死亡，2 人重伤，11 人轻伤。

347. 2008 年 2 月 18 日，湖南省郴州市苏仙区境内京珠高速公路由南向北方向耒宜段 471 千米处，一辆号牌为"粤 B-62331"的大客车与一辆号牌为"鄂

D-42497"的大客车追尾相撞。随后一辆号牌为"湘 H-91199"的卧铺大客车与正在排队等待的号牌为"豫 R-16273"的罐车（装载纯苯）追尾相撞后起火爆炸，并引燃前方的"粤 B-62331"大客车和"豫 R-16273"罐车。事故造成 17 人死亡（其中 2 人失踪），18 人受伤。直接经济损失 610.2 万元，

348. 2008 年 2 月 22 日，浙江省瑞安市兴龙船务公司所属"浙瑞机 118"轮航行至苍南沿海百亩礁以北水域遇大风浪沉没，造成 5 名船员死亡（失踪）。

349. 2008 年 3 月 7 日，一辆号牌为"豫 N-96761"的五菱牌面包车（核定准载 8 人，实载 14 人），在河北省沧州市黄骅市境内津汕高速昌桥出口至 205 国道连接线与官周线交叉口处，与一辆号牌为"冀 O-00076"的半挂货车相撞，造成 10 人死亡，4 人受伤。

350. 2008 年 3 月 8 日，黑龙江省牡丹江市宁安县镜泊乡镜泊村村民张某等 9 人（均为张的亲属），乘坐一辆吉普车，在湖面上行驶至距十家庄 45 米处时，冰面开裂，吉普车坠入湖中，仅张某一人逃生，其他 9 人溺亡。

351. 2008 年 3 月 23 日，云南省临沧地区凤庆县三岔河镇一台号牌为"云 09-25223"的拖拉机，从山头田村搭载 48 名赶集群众驶往三岔河镇，当行至雅雪线（雅琅河至雪山）1 千米+950 米处连续拐弯路段时，翻入道路右侧 12 米深的沟中，造成 13 人死亡，4 人重伤，31 人轻伤。

352. 2008 年 3 月 27 日，一辆号牌为"粤 S-66648"的大客车，由广西壮族自治区荔浦开往柳州途中，在鹿寨县境内国道 323 线 958 千米处，与一辆小客车发生碰撞，造成 10 人死亡，2 人重伤，两车严重损坏。

353. 2008 年 3 月 28 日，重庆市开州汽车客运有限责任公司一辆号牌为"渝 A-N0818"的卧铺客车，从深圳开往重庆开县途中，当行驶至湖南省张家界市桑植县境内省道 S305 线 158 千米+100 米处时，与一辆号牌为"湘 G-42230"的面包车相撞，致使卧铺车翻入 10 多米高的坎下后坠入贺龙水库中，造成卧铺车上 13 人溺亡，2 人重伤，6 人轻伤；面包车上 2 人轻伤。直接经济损失 204.5 万元。

354. 2008 年 4 月 10 日，青海省海西州乌兰县一辆号牌为"青 H-54306"的大客车（核定准载 34 人，实载 42 人），由西宁开往格尔木途中，当行驶至乌兰县茶卡镇境内国道 109 线 2267 千米+750 米处时，与两辆同向行驶的拖拉机发生追尾相撞后，又与一辆对向行驶的油罐车迎面相撞，造成 11 人死亡，10 人重伤。

355. 2008 年 4 月 26 日，湖北省武汉市一辆载有武汉大学网络教育学院电子商务系大三学生的旅游包车，在孝感市双峰山景区坠下悬崖，造成 6 人死亡，多

人受伤。

★356. 2008 年 4 月 28 日，由北京开往青岛的 T195 次列车（编组 17 辆）在运行到山东省淄博市境内胶济铁路周村站至王村站之间时发生脱轨事故，造成 72 人死亡，416 人受伤，其中 70 人重伤。

357. 2008 年 5 月 12 日，湖南省常德市黑麋峰抽水蓄能电站的一辆无牌照东风牌自卸货车，在收工时违法搭载多名施工人员，行至距下水库入口 5 千米 + 400 米路段，由于刹车失效，加上驾驶员任某处置不当，造成货车翻车，致使 8 人死亡，13 人受伤。事后驾驶员任某投水自杀。

358. 2008 年 5 月 15 日，贵州省黔南州贵定县一辆号牌为"贵 09-20437"的农用车（搭载 43 人），行驶至云雾镇破长河大桥时，翻入破长河中，造成 29 人死亡，2 人重伤，13 人轻伤。

359. 2008 年 6 月 3 日，北京冀东广龙物流有限责任公司朔州分公司一辆号牌为"晋 F-03210"的重型大货车，在山西省朔州市平鲁区境内省道董元线（董半川村至元子河村）36 千米处超车时，与朔州汽车运输有限责任公司一辆号牌为"晋 F-08004"的中型客车相撞，造成客车上 22 人死亡，2 人受伤，货车上 1 名司机受伤。

360. 2008 年 6 月 7 日，陕西省安康市紫阳县一艘编号为"陕紫阳货 0090"的运沙船，在紫阳县城关镇双台村附近的汉江水面，与一艘编号为"陕紫阳客 0114"的客运船（核定准载 32 人，实载 14 人）相撞，造成 10 人死亡。

361. 2008 年 6 月 28 日，辽宁省大连市国丰船务有限公司所属散装货船"浩平"轮，由营口港驶往江苏江阴途中，在连云港东偏南 225 海里（33-11.5N/122-48.8E）海域突遇大风，导致船舶沉没，船上 14 人全部落水，经抢救，4 人生还，10 人死亡（失踪）。

362. 2008 年 6 月 28 日，河南省周口市大广高速扶沟段 242 千米处，一辆车牌号为"蒙 E34183"的载有 16 吨二硫化碳的罐车发生泄漏燃烧事故，造成大广高速周口段被关闭 52 小时，周边 8500 多名群众被紧急疏散，直接经济损失约 200 万元。

363. 2008 年 6 月 29 日，江苏省淮安市一辆号牌为"苏 H-BH371"的五菱牌面包车，在 311 省道金湖县戴楼镇境内，与一辆号牌为"苏 N-J669"的农用车相撞，造成 11 人死亡，1 人重伤。

364. 2008 年 7 月 16 日，云南省一辆号牌为"云 G-Y2265"的中型客车（核定准载 19 人，实载 21 人），从元阳驶往个旧途中，当行驶至个旧市境内个（旧）元（阳）线 42 千米处时，因驾驶员超速驾驶并违规打手机，导致车辆失控撞击道路右侧防护墩后翻入红河中，造成 13 人死亡和失踪，6 人受伤。

365. 2008 年 7 月 17 日，山西省一辆号牌为"晋 A-49187"的大客车，在吕梁市汾阳市境内青（岛）银（川）高速公路 684 千米处发生爆胎事故，造成 14 人死亡，27 人受伤。

366. 2008 年 8 月 12 日，新疆维吾尔自治区克孜勒州阿合奇县恒安客运有限公司一辆号牌为"新 P-02215"的客车（核定准载 29 人，实载 30 人），在阿图什市与阿合奇县交界处发生翻车事故，造成 25 人死亡（其中学生 14 人）。

367. 2008 年 8 月 15 日，河南省三门峡市渑池县一辆号牌为"豫 M-81353"的中型客车（核定准载 19 人，实载 35 人），当行驶至渑池县仰韶乡郭家坑时，车辆失控，翻入 260 米深的山谷，造成 15 人死亡，12 人重伤，8 人轻伤。

368. 2008 年 8 月 19 日，山西省介休市绵山风景区开发公司一辆号牌为"晋 K-13322"的客车，在吕梁市孝义市孝石线 3 千米处与一辆大货车相撞，造成 12 人死亡，20 人受伤。

369. 2008 年 8 月 26 日，江苏省南京华孚巴士公司一辆号牌为"苏 A-22705"的大客车，沿宁通高速公路由南京驶往大丰，当行至扬州市邗江区境内稻河大桥时，因爆胎撞断大桥护栏后掉到桥下河边，造成 11 人死亡，36 人受伤。

370. 2008 年 9 月 4 日，一辆由福建省莆田开往浙江省义乌的卧铺客车（核定准载 44 人，实载 46 人），在浙江省丽水市境内金丽温高速公路行驶途中，当行驶至丽水与丽水西出口之间俞庄隧道口处时，撞到隧道口，造成 10 人死亡，6 人重伤，30 人轻伤。

371. 2008 年 9 月 13 日，四川省巴中市巴中运输（集团）有限公司一辆号牌为"川 Y-08668"的宇通牌大客车，载客 51 人，从巴中市出发前往浙江省宁波市，驶至省道 S101 线 525 千米+700 米处（巴中市南江县桃园镇卫家坝林场附近）时，撞击左侧波形护栏，坠入 100 多米深的悬崖下溪沟中，车上 51 人全部遇难。直接经济损失 1447 余万元。造成事故的主要原因：驾驶员违法超速驾驶，在限速 20 千米/小时的路段，实际行驶速度为实际 44 千米/小时；驾驶员操作不当，左转弯角度过小，导致车辆冲出公路、坠落悬崖。

372. 2008 年 10 月 24 日，贵州省毕节运输公司一辆中型客车（核定准载 28 人，实载 23 人），由贵阳驶往威宁，当行驶至六盘水市水城县境内水黄公路 75 千米+900 米处时，冲坏波形护栏，翻下约 57 米深的沟中，造成 11 人死亡，4 人重伤，8 人轻伤。

373. 2008 年 10 月 29 日，一辆号牌为"渝 H-01268"的中型客车（核定准载 14 人，实载 17 人），在江西省吉安市泰和县老营盘镇境内 319 国道行驶途中，当行驶至 616 千米+900 米处时，车辆冲出路面，撞上山体，造成 14 人死亡，3 人重伤。

374. 2008 年 11 月 14 日，西藏自治区那曲地区发达客运公司一辆号牌为"藏 E-A5228"的大客车（核定准载 37 人，实载 47 人），由巴青县开往那曲途中，在索县境内 25 千米处翻下悬崖，造成 18 人死亡，17 人重伤，12 人轻伤。

375. 2008 年 11 月 15 日，黑龙江省农垦百通运输公司一辆号牌为"黑 R-10319"的金龙牌大客车（核定准载 51 人，实载 56 人），沿同三公路由西向东行驶，当行驶至哈尔滨市依兰县境内 294 千米处时，因路面结冰，车辆侧翻到路基下，造成 11 人死亡，3 人重伤，7 人轻伤。

376. 2008 年 12 月 2 日，新疆维吾尔自治区阿克苏地区库车县一辆号牌为"新 Q-13645"的半挂货车，在 314 国道由东向西行驶，当行驶至 762 千米处时，与一辆由西向东行驶的"新 P-Q2879"卧铺客车（载客 31 人）发生撞车事故，造成 22 人死亡，9 人重伤，3 人轻伤。

377. 2008 年 12 月 18 日，黑龙江省嫩江县一辆号牌为"黑 N-41115"的客运班车（核载 39 人，实载 37 人），沿省道 S208 线由北向南行驶至嫩多公路 51 千米+800 米处时，与对向行驶的一辆号牌为"临冀 C-04879"的大型翻斗车相撞，造成 15 人死亡，7 人重伤，15 人轻伤。

378. 2008 年 12 月 19 日，江西省南昌县黄马乡岭前村一村民租用一艘无证个体船运送附近村民到三江镇采挖荸荠，返回途中突然翻船，船上 37 人全部落水，经抢救 22 人获救，15 人溺亡。

379. 2009 年 1 月 2 日，内蒙古自治区赤峰市克什克腾旗一辆小型专用作业车，沿国道 303 线由西向东行至赤峰市克什克腾旗境内 1126 千米+150 米处时，与相向行驶的一辆小客车发生碰撞，造成 7 人死亡，7 人受伤。

380. 2009 年 1 月 5 日，贵州省铜仁地区沿河县一辆号牌为"贵 D-A0005"的卧铺客车（核定准载 44 人，实载 44 人），由广州驶往沿河县途中，当行至沿河县谯家镇凤凰山 540 县道 58 千米+750 米处时翻下 112 米的斜坡，造成 15 人死亡，27 人受伤。

381. 2009 年 1 月 6 日，一辆号牌为"云 R-20565"的双排农用车（载 21 人），在西藏自治区灵芝地区察隅县察瓦龙乡境内往西贡方向行驶途中，当行驶至距乡政府 5 千米处时，翻下 50 米高的山崖，造成 12 人死亡，9 人受伤。

382. 2009 年 2 月 12 日，山西省忻州市河曲县阳方口汽车运输有限公司一辆号牌为"晋 H-11938"的客车（核定准载 31 人，实载 26 人），在韩河线行驶途中，当行驶至曹家坪村路段（22千米+800米处）时，冲出路面翻入公路右侧20米深的沟中，造成10人死亡，16人受伤。

383. 2009年2月13日，山东省德州市德城区一辆号牌为"鲁N-16925"的金杯牌面包车（核定准载11人，实载12人），沿省道S314线由东向西行驶途中，当行驶至51千米+228米处时，与两辆由西向东行驶的厢式货车相撞，造成10人死亡，3人受伤。

384. 2009年2月22日，贵州省都匀汽车运输公司一辆号牌为"贵J-02462"的大客车（核定准载49人，实载51人，其中小孩2人），由贵州省平塘县开往广东东莞途中，行至广西壮族自治区钦州市境内南北高速公路120千米+600米处时侧翻，造成12人死亡，6人重伤，32人轻伤。

385. 2009年2月24日，广东省汕尾市陆河县螺溪镇各安村到墓地扫墓的18名村民，乘坐一辆车牌为"粤B-S8665"的货车，行驶至县道X004线螺溪镇各安村葵头嶂嶂下路段时突然发生侧翻，造成9人死亡，9人受伤。

386. 2009年3月3日，贵州省黔东南州剑河县革东镇清水江旅游航运开发有限公司一艘编号为"黔东南客0181"的客船（核定准载18人），搭载43人沿清水江逆流航行到柳川镇赶集，航行至柳川镇九龙滩水域时触礁翻船，造成10人死亡。

387. 2009年3月18日，云南省昭通市永善县一辆号牌为"云C-22729"的双排座轻型货车（载12人及花椒苗），在毛大线行驶途中，当行至大兴镇河口村干田时发生翻车事故，车辆从公路左侧翻下80米深的峡谷坠入金沙江中，车上12人全部死亡。

388. 2009年3月19日，黑龙江省哈尔滨市尚志市万通客运有限公司一辆号牌为"黑L-49970"的金龙牌大客车（核定准载42人，实载46人），在行驶途中撞上一辆货车的尾部，造成19人死亡，6人重伤，21人轻伤。

389. 2009年3月27日，江西省宜春市丰城市一辆号牌为"赣D-61885"的客车（核定准载33人，实载34人），在沪昆高速公路行驶途中，当行驶至丰城境内757千米+713米处时，与对向行驶的两辆重型半挂车相撞，造成客车上22人死亡，9人受伤。

390. 2009年3月27日，福建省一辆号牌为"闽C-Y9537"的大客车（核定准载45人，实载25人），从江西万年县往福建石狮行驶途中，行至福建省南平市境内长（春）深（圳）高速公路2898千米处时，因超速行驶，车辆失控冲毁右侧防护栏后翻下13米深的沟中，造成17人死亡，8人受伤。

391. 2009年4月11日，山东省淄博市张店区铝城第二中学师生赴沂蒙山区进行革命传统教育乘坐的客车，途经沂水县沂水镇后庞家庄处时因路面湿滑坠入沟内翻车，造成5人死亡，2人重伤，37人轻伤。

392. 2009年4月25日，云南省旅游公司一辆号牌为"云A-L1117"的金龙牌大客车（核定准载38人，实载36人），沿昆楚高速公路从楚雄返回昆明途中，当行驶至126千米+600米处时，被后方驶来的一辆号牌为"湘N-07345"大货车追尾相撞，导致客车翻下深约60米的山地，造成21人死亡，1人重伤，19人轻伤。

393. 2009年5月1日，湖北省襄樊市运鑫实业有限公司一辆号牌为"鄂F-A1968"的大客车，从襄樊开往随州，行至316国道1393千米+900米路段时发生交通事故，造成7人死亡，47人受伤（其中4人重伤）。

394. 2009年5月11日，云南省怒江州泸水县一辆号牌为"云M-09827"的东风牌大货车，从洛木卓乡驶往缅甸茶河拉木材，当行驶至俄嘎林区便道3千米+750米处时，与对向驶来的一辆号牌为"云Q-10182"的三轮摩托车（载10人）发生碰撞，导致三轮摩托车翻下320米高的悬崖，造成10人死亡。

395. 2009年5月14日，湖南常德海达船务公司所属"海达8"散货轮，在辽宁省葫芦岛市绥中县团山港1.4海里处翻沉，造成12人死亡（失踪）。

396. 2009年6月2日，长荆铁路湖北京山至天门区间的铁路、公路交叉道口发生撞车事故。一辆无牌照柳州五十铃双排座汽车因违章抢行，与正在通过的宜昌至武昌的K8086次火车相撞，造成汽车乘员9人死亡，4人重伤，5人轻伤。

397. 2009年6月5日，四川省成都市公交集团北星分公司一辆公交车在运营途中发生燃烧事故，造成27人死亡，72人受伤（其中32人伤势较重）。

398. 2009年6月16日，江西省一辆号牌为"赣03-61616"的农用车，在宜春市袁州区境内320国道1012千米+916米处（湖田乡王华路段），与一辆号牌为"赣J-32773"的面包车（核定准载7人，实载11人）相撞，造成10人死亡，3人受伤。

399. 2009年6月29日，由长沙开往深圳的K9017次列车与由铜仁开往深圳西的K9063次列车在湖南郴州火车站内发生侧面冲撞事故，造成3人死亡，60余人受伤。

400. 2009年6月29日，河南省郑州市鑫顺利旅游汽车服务有限公司一辆车牌为"豫A-D8255"的卧铺客车，在山东日（照）东（明）高速公路泗水县出口西约两千米处，与一辆货车追尾，造成8人当场身亡，12人重伤，20人轻伤。

401. 2009年7月29日，凌晨4时，由湖北省襄樊开往广东省湛江的1473次旅客列车运行至焦柳线广西境内古砦至寨隆间，因连日持续强降雨造成山体崩塌掩埋线路，导致列车机车及机后 1-4 位车辆脱轨，造成 4 名旅客死亡，71 名旅客受伤，焦柳线中断行车，事发时车上共有旅客 1400 多人。经过 18 个小时左右的紧急抢险疏通，因客运列车脱轨而中断的焦柳线恢复通车。

402. 2009 年 8 月 1 日，山东省烟台市海阳县一辆斯太尔牌大货车（无牌），在烟风路 99 千米+300 米处（海阳县五间屋村大桥北），与一辆号牌为"鲁 F-A3137"的中型客车相撞，造成客车上 11 人全部死亡。

403. 2009 年 8 月 16 日，安徽省阜阳市安东物流有限公司一辆号牌为"皖 K-C1139"的厢式货车，在太和县境内沿省道 308 线由东向西行驶，当行至旧县镇路段 166 千米+979 米处时，因占道行驶，与对向行驶的一辆号牌为"皖 K-ST111"的微型客车（核定准载 7 人，实载 13 人）相撞，造成 11 人死亡，3 人受伤。

404. 2009 年 9 月 2 日，山东省临沂市南山区金兰物流城 F3 区 111-113 运恒物流有限公司配送站一辆号牌为"鲁 Q-Z0075"的货车，在卸货过程中，混装货物发生爆燃，引起现场油漆、底色漆等燃烧，造成 18 人死亡，10 人受伤。

405. 2009 年 9 月 7 日，安徽省铜陵市铜陵县老洲村一村民驾驶一艘个体木质船搭载 40 人在长江航行，当航行至老洲乡成德村境内无人洲长江下游航道 531 千米处时，木船沉没。经抢救 20 人生还，20 人死亡（失踪）。

406. 2009 年 9 月 16 日，西藏自治区拉萨市当雄县乌玛乡一村民（无驾驶证）驾驶一辆号牌为"鄂 C-60020"的东风牌自卸车，从纳木错湖搭载 16 名为盖房子采石的村民返回途中，当行至当那公路 14 千米+800 米处时，因车辆机械故障撞在路边护栏上，车上人员被甩出车外，造成 10 人死亡，6 人受伤。

407. 2009 年 9 月 19 日，河南省周口市畅通运输有限公司所属的一辆号牌为"豫 P-C5222/豫 P-N583 挂"的半挂车，在江西省吉安市遂川县境内大（庆）广（州）高速公路行驶途中，当行驶至 2967 千米+500 米处下坡路段时，先后撞上正在道路右侧行驶的搭载 27 名公路养护工的重型自卸货车、两辆重型半挂车和一辆小汽车，造成 16 人死亡，13 人受伤。

408. 2009 年 10 月 2 日，湖南省永州市祁阳县驰兴汽车运输有限公司一辆号牌为"湘 M-2003"的大客车（核定准载 30 人，实载 71 人），在行至祁阳县大江林场黄沙村地段时（属急转弯陡坡路段，坡度约 20%），车辆冲出路面坠入深约 4 米深的沟底，造成 17 人死亡，7 人重伤，47 人轻伤。

409. 2009 年 10 月 28 日，浙江省衢州市一辆号牌为"浙 H-D0916"的中型客车（核定准载 16 人，实载 28 人），在送葬后返回途中，当经江山市四都镇五家岭村道塘自然村路段时，因车辆超载、上坡转弯时操作不当，导致车辆向后滑移溜车，翻入落差 100 多米的山脚，造成 16 人死亡，12 人受伤。

410. 2009 年 11 月 5 日，河北省唐山市滦县诚信运输有限公司一辆号牌为"冀 B-E8911"的解放牌重型自卸货车（核定准载 15.6 吨，实载 84.8 吨铁矿精粉），沿 262 省道曹迁公路自北向南行驶途中，当行驶至滦县杨柳庄镇东赵庄子村下坡路段时，与前方同向行驶的一辆号牌为"冀 B-B4341"的自卸低速载货汽车（核定准载 1.7 吨，实载 10 吨）追尾相撞后向右侧翻出路外，将路边送葬的人群压埋车下，造成 19 人死亡，1 人重伤，12 人轻伤。

411. 2009 年 11 月 12 日，山东省威海市烟台海景旅游客运有限公司一辆号牌为"鲁 F-09551"的客车（核定准载 35 人，实载 22 人），在烟威公路自西向东行驶途中，当行至威海段双岛跨海大桥处时，超过中心隔离护栏与桥面北侧防护栏相撞后坠入海中，造成 13 人死亡（失踪）。

412. 2009 年 11 月 28 日，黑龙江省大庆市肇源县一辆号牌为"黑 B-67102"的中型客车（核定准载 19 人，实载 17 人）在行驶途中发生自燃事故，造成 10 人死亡，1 人被烧伤。

413. 2009 年 11 月 29 日，广东省河源市和平县青州镇赴连平县忠信镇参加喜宴的一些村民，包租河源市连平县五洲汽车运输公司一辆车牌为"粤 P-U0001"的大客车（核载 22 人，实载 33 人），返回途中坠入约 50 米深的山沟，造成 10 人死亡，21 人受伤（其中 5 人重伤）。

414. 2009 年 11 月 30 日，山西省金佳通旅游汽车服务有限公司所属一辆号牌为"晋 A-53772"的大客车（核定准载 55 人，实载 55 人），在阳泉市郊区境内 207 国道西南峪路段行驶途中，当行至 918 千米下坡转弯处时，翻下路边 30 米深的沟中，造成 14 人死亡，14 人重伤，26 人轻伤。

415. 2009 年 11 月 30 日，甘肃省陇南地区徽县一辆号牌为"甘 K-09189"的客车（核定准载 25 人，实载 22 人）沿国道 316 线从成县驶往徽县途中，与对向行驶的一辆号牌为"甘 K-12609"的半挂车相撞，造成 10 人死亡，3 人重伤，9 人轻伤。

416. 2009 年 12 月 29 日，河南省商丘市交通运输集团有限公司一辆号牌为"豫 N-07595"的客车，由山东省临沂驶往河南商丘，在行驶至山东省济宁市开发区崇文大道与王黄路交叉口时，与一辆号牌为"鲁 H-25657/鲁 H-S667 挂"的个体运输货车相撞，造成 16 人死亡，9 人重伤，2 人轻伤。

417. 2010 年 2 月 8 日，江苏省张家港市一艘名为"鹏翔 9"的货轮（船上有船员 14 人），在长江张家港段 54 浮标附近水域与"金泰 618"轮发生碰撞后沉没，船上 14 人全部落水，其中 2 人获救，12 人死亡（失踪）。

418. 2010年2月10日，陕西省汉中市汽车运输总公司一辆号牌为"陕F-16093"的客车（核载33人，实载33人），在甘肃省陇南地区武都县甘泉镇双沟村境内国道205线125千米处，因雨雪天路面湿滑，车辆驶出路外翻入沟中，造成10人死亡，3人重伤，20人轻伤。

419. 2010年2月17日，一辆号牌为"川L-31604"的小型车（核定准载7人，实载17人），在四川省雅安市汉源县坭美乡与甘洛县两河乡交界处，碰撞公路左侧山体后，坠入路外70多米高的山崖下，造成10人死亡，7人受伤。

420. 2010年2月28日，河南省新密市道路运输总公司一辆号牌为"豫A-88090"的中型客车（核定准载27人，实载20人），在郑密公路行驶至候寨大桥路段时，因雨雪天气路面湿滑，车辆失控撞断右侧护栏，坠入垂直深度约40米的尖岗水库，造成19人死亡。

421. 2010年3月6日，西藏自治区山南地区桑日县一辆号牌为"藏A-B5375"的东风牌翻斗车，搭载贡嘎县甲竹镇1组34名村民到桑耶寺和丹萨梯寺朝拜，在返回途中，汽车沿江北公路由桑日县丹萨梯寺向贡嘎方向行驶，当行至一下坡路段时，因车速过快，制动系统失灵，车辆撞到路边山坡上，造成26人死亡，1人重伤，8人轻伤。

422. 2010年3月10日，贵州省贵阳奥龙汽车运输有限公司一辆号牌为"贵A-35977"的依维柯中型客车（核定准载18人，实载19人），由贵阳驶往龙里县途中，当行至油小线城市快速道兴业路口处时，车辆翻下右侧58米高的斜坡，造成13人死亡，6人受伤。

423. 2010年3月13日，江西省赣州市智信客运有限公司定南分公司一辆号牌为"赣B-66656"的大客车（核定准载55人，实载57人），从江西定南县开往广东深圳途中，在广东省惠州市惠城区行金龙大道九龙村路段处，因超越前方行驶的摩托车时碰撞道路右侧护栏后侧翻于路面，造成15人死亡，1人重伤，7人轻伤。

424. 2010年3月14日，山西省大同市大同中港旅游公司一辆号牌为"晋B-36085"的大客车（核定准载42人，实载30人），由内蒙古集宁市开往太原途中，因降雪路滑，在二广高速公路大同环城高速西北路段7千米+600米处，车辆侧翻到公路护栏外，造成11人死亡，3人重伤，11人轻伤。

425. 2010年3月16日，江苏省南通市一辆车牌为"苏F-25533"的大客车（载46名乘客），从南通开往山东苍山，行至沿海高速公路江苏大丰段287千米+298米处时，从高速公路东侧翻入路基下，致使5人当场死亡，4人经送医院抢救无效死亡，11人受重伤。

426. 2010 年 3 月 27 日，一艘河南籍"豫信货 2699"内河船，从山东长岛开往天津途中，在河北省黄骅港以东 37 海里水域沉没，船上 10 人全部死亡（失踪）。

427. 2010 年 4 月 1 日，云南省一辆号牌为"云 A-R1088"的大客车（核定准载 42 人，实载 41 人），在昆明市石林县境内国道 326 线行驶途中，当行至 1177 千米+700 米处时，与一辆号牌为"云 G-Y1150"的依维柯牌中型客车相撞，造成 10 人死亡，1 人重伤，9 人轻伤。

428. 2010 年 4 月 6 日，广东省汕头市粤东高级技工学校一辆号牌为"粤 D-01361"的校车，在汕头市濠江区南滨路粤东跳水馆附近路段，与一辆散装水泥罐车和一辆小轿车发生连环碰撞事故，造成 10 人死亡，9 人重伤，17 人轻伤。

429. 2010 年 4 月 18 日，一辆号牌为"皖 R-59060"的大客车，在江西省吉安市境内樟吉高速公路由北向南行驶途中，当行至 84 千米处时，与一辆小轿车发生碰撞，致使大客车冲出右侧护栏，翻于路外，造成 10 人死亡，24 人受伤。

430. 2010 年 4 月 20 日，云南省丽江市宁蒗彝族自治县沙某无证驾驶一辆号牌为"云 P-02372"的 130 货车（搭载 23 人），行驶至华坪县永兴乡境内乡村便道时，车辆翻下一百余米深的山崖，造成 14 人死亡，1 人重伤。

431. 2010 年 4 月 21 日，湖北省恩施州巴东县清水江水布垭库区顾家坪码头"清江 8"滚装船（属非法造船，未经批准非法从事营运），超载航行至一非法临时停靠点，在所载车辆下船过程中，由于现场船务人员指挥失当，致使船体重心偏移后翻覆水中，造成 15 人死亡。

432. 2010 年 5 月 23 日，一辆号牌为"蒙 F-18597"的解放牌重型半挂货车，在辽宁省阜新市彰武县境内长深高速公路彰武服务区掉头后由服务区入口逆向驶入长深高速公路 306 千米+200 米处，与由西向东驶来的天津长途汽车公司一辆号牌为"津 A-B2626"大型卧铺客车正面相撞起火，造成 33 人死亡，24 人重伤。

433. 2010 年 5 月 23 日，黑龙江省一辆号牌为"黑 M-15826"的宇通牌大客车（载 29 人），在绥化市庆安县勤劳镇呼兰河渡口上船时坠入河中，造成 19 人死亡。

434. 2010 年 5 月 24 日，一辆号牌为"粤 B-C0607"的大客车（核定准载 55 人，实载 55 人），在广西壮族自治区河池市境内国道 050 线行驶途中，当行至 3009 千米处时，因跨越中心线，与一辆号牌为"桂 M-A3308"的大客车（载 28 人）相撞，造成 12 人死亡，1 人重伤，21 人受伤。

435. 2010 年 6 月 17 日，四川省自贡市龙城建设有限公司租用的一辆号牌为

"川 M-65838"的长安牌微型厢式货车（核定准载 5 人，实载 10 人），在甘孜州稻城县境内行驶途中，当行驶至香格里拉到蒙自乡之间香格里拉镇 9 千米+700 米处时，翻于路外岩下，造成 10 人死亡。

436. 2010 年 6 月 26 日，宁夏回族自治区固原地区海原县一辆号牌为"宁 E-13195"的中型客车（核定准载 19 人），搭载 42 人为关桥乡马湾四队一村民送葬，行驶途中在海源县境内静海公路（省道 202 线）162 千米+700 米处发生侧翻，造成 11 人死亡，31 人重伤。

437. 2010 年 6 月 29 日，一辆号牌为"辽 B-6U477"的丰田海狮牌面包车（核定准载 12 人，实载 10 人），在辽宁省大连市普兰店市境内 202 国道湾新区石河路段行驶途中，因违规超车超速行驶，逆行后与一辆大型翻斗货车相撞，造成 10 人死亡。

438. 2010 年 7 月 4 日，江苏省无锡市雪丰钢铁公司一接送夜班员工的通勤车，在无锡市内环高架惠山隧道由南向北隧道中段突然起火，车上乘员共 45 人，其中 24 人当场死亡，19 人不同程度受伤。

439. 2010 年 7 月 15 日，四川省眉山市一辆中型客车在洪雅县柳江镇洪吴路坠入约 200 米深的悬崖下，造成 15 人死亡，1 人受伤。

440. 2010 年 7 月 18 日，四川省阿坝藏族自治州岷江运业有限公司一辆号牌为"川U-17766"的大客车，由阿坝藏族自治州马尔康驶往成都途中，在甘孜州丹巴县巴底乡省道 S211 线 109 千米+300 米处坠入大金川河中，造成 26 人死亡（失踪）。

441. 2010 年 7 月 31 日，四川省达州市宣汉县汽车运输公司一辆号牌为"川 S-50781"的宇通牌客车（核定准载 30 人，实载 22 人），从宣汉县城驶往樊哙镇途中，当行至宣南路 4 千米+500 米处时，车辆撞到护栏后侧翻于道路左侧 8.5 米高的崖下，造成 13 人死亡，3 人重伤，6 人轻伤。

442. 2010 年 8 月 1 日，广东省一辆号牌为"粤 H-N1135"的商务车（核定准载 11 人，实载 13 人），在肇庆市广宁县境内省道 S263 线行驶途中，当行至 151 千米+200 米处时，先后与同向行驶的一辆小客车和一辆重型半挂牵引车相撞，造成 11 人死亡，1 人重伤。

443. 2010 年 8 月 2 日，江西省赣州市一辆号牌为"赣 B-70481"的大货车，在全南县陂头镇正河村龟形路段与一辆号牌为"赣 B-4N436"的非法载客农用三轮摩托车（载客 18 人）发生碰撞，造成农用三轮摩托车上 10 人死亡，1 人重伤，7 人轻伤。

444. 2010 年 8 月 5 日，新疆维吾尔自治区喀什地区计生委所属一辆号牌为

"新 Q-22260"的中型客车，行驶至疏勒县境内塔孜洪到巴合齐路段（乡村公路）5.5千米处时，与两辆同向行驶的三轮电动车追尾，造成10人死亡，20人受伤。

445. 2010年8月7日，四川省成都环卫设备维修厂一辆号牌为"川 A-U1341"的中型客车（核定准载19人，实载16人），在眉山市洪雅县柳江镇境内洪吴路行驶途中，坠下200米高的山崖，造成15人死亡，1人受伤。

446. 2010年8月19日，宝成铁路德阳至广汉间石亭江大桥下行线因特大洪灾严重毁损，导致西安-昆明的K165次旅客列车第14、15节车厢坠入江中，所幸列车工作人员会同铁路防洪人员、铁路警察、地方政府抢险救援人员及当地群众，迅速组织1300多名旅客撤往安全地带，未造成伤亡。

★447. 2010年8月24日，河南航空有限公司一架 E190 机型 B3130 飞机，执行哈尔滨至伊春定期客运航班任务时，在黑龙江省伊春市林都机场进近着陆过程中坠毁，造成机上44人死亡，52人受伤。

448. 2010年8月24日，一辆号牌为"浙 K-2086"的大货车（核定准载30吨，实载35吨），行驶至福建省宁德市寿宁县犀溪乡仙峰村下坡处时，因车辆超载并超速行驶处置不当，撞上路边行人并冲入一座民房，造成10人死亡，2人受伤。

449. 2010年8月31日，浙江省舟山虾峙门航道下栏山附近水域发生两船相撞事故。空载的法国籍油轮"FLANDRE"轮与中国舟山籍干货船"桦驰8"轮发生碰撞，"桦驰8"轮当场沉没，船上7人全部落水，其中6人死亡（失踪）。

450. 2010年9月3日，山东省青岛华旅运输有限公司一辆号牌为"鲁 B-G3231"的卧铺客车（核定准载37人，实载51人），在吉林省长春市绕城高速公路146千米+50米处行驶中，因爆胎后驶向相向车道，与一辆半挂货车正面相撞后起火燃烧，又与一辆小轿车追尾相撞，造成17人死亡，9人重伤，28人轻伤。

451. 2010年9月3日，黑龙江省一辆号牌为"黑 D-59300"的大货车，在佳木斯市平安村境内与一辆号牌为"黑 D-59K58"的小客车正面相撞，造成小客车内10人死亡。

452. 2010年9月14日，湖北省十堰市一辆高速行驶的重型卡车冲进马路旁的公交站，造成3人死亡，3人受伤。

453. 2010年9月16日，新疆维吾尔自治区泰运运输有限责任公司布尔津分公司所属的一辆号牌为"新 H-07709"的宇通牌客车（核载33人、实载17人），由阿勒泰市前往禾木景区，行至省道232线48千米+878米处时，驶下路基，坠入66米深的山谷中，造成11人死亡，6人重伤。

454. 2010 年 9 月 30 日，天津市一艘编号为"惠盈 168"的货船（总吨位 2970 吨，实载 4450 吨陶土），在福建省福州市平潭县澳前镇附近海域（北纬 28 度 26 分、东经 119 度 49 分）抛锚避风时沉没，船上共有 15 名船员，其中 4 人获救，11 人死亡（失踪）。

455. 2010 年 10 月 2 日，一辆号牌为"黑 A-U6657"的沙漠王牌越野车（核定准载 8 人，实载 10 人），在西藏自治区林芝地区林芝县米瑞乡增巴村至林县丹娘乡松巴村路段行驶途中，因操作不当，坠入雅鲁藏布江中，造成 10 人死亡（失踪）。

456. 2010 年 10 月 9 日，江苏省南京市一辆号牌为"苏 A-92092"的重型水泥罐车（核定准载 27 吨，实载 78 吨），在浦口区宁合高速公路南京往合肥方向 454 千米+100 米处，与一辆号牌为"鄂 C-50515"的大客车（核定准载 47 人，实载 55 人）追尾相撞，造成大客车上 17 人死亡，6 人重伤，17 人轻伤。

457. 2010 年 10 月 16 日，青海省一辆号牌为"青 H-55860"的大客车（核定准载 43 人，实载 44 人），由民和驶往格尔木途中，在海西州都兰县境内 109 国道 2518 千米+500 米处（乌兰山附近）发生翻车事故，造成 10 人死亡，34 人受伤。

458. 2010 年 10 月 28 日，辽宁省营口市大石桥宏图运输有限公司一辆号牌为"辽 H-78577"的大货车（核定准载 31.8 吨，实载 60.8 吨），在内蒙古自治区乌兰察布境内 G6 高速公路行驶途中，当行驶至 338 千米+300 米处时，因刹车失灵，与在应急道内等待前方事故处置的车辆追尾碰撞后侧翻，车身和煤炭压在一辆公路养护车（载 7 人）和一辆小客车上，造成 11 人死亡，1 人重伤，3 人轻伤。

459. 2010 年 11 月 1 日，西藏自治区一辆号牌为"藏 G-A2993"的客车（核定准载 37 人，实载 15 人），从四川成都驶往西藏林芝察隅县途中，在昌都地区境内国道 318 线 3714 千米+50 米处，由于疲劳驾驶发生翻车事故，造成 13 人死亡，2 人轻伤。

460. 2010 年 11 月 3 日，辽宁省长兴岛西北海域一艘非法运沙船（船籍港武汉，总吨位 3742 吨）发生翻扣，船上有船员 14 人，其中 3 人获救，11 人失踪。

461. 2010 年 11 月 8 日，山东省一辆号牌为"鲁 E-06698"的大货车（核定准载 19 吨，实载 94.8 吨），在淄博市恒台县境内 205 国道恒台与博兴交界处南端与一辆号牌为"鲁 C-02712"的小型客车（载 21 人）相撞，造成 13 人死亡，2 人重伤，6 人轻伤。

462. 2010 年 11 月 11 日，山东省一辆号牌为"鲁 J-62755"的大货车（核定准载 20 吨，实载 40 吨），在聊城市莘县境内省道 S333 线 271 千米+100 米处与一辆号牌为"鲁 T-9V538"的机动三轮车（载 22 人）相撞，造成 16 人死亡，6 人重伤。三轮车驾驶员酒后逆向行驶是造成事故的主要原因。

463. 2010 年 11 月 27 日，云南省红河州红交运输集团开远分公司一辆号牌为"云 G-Y0889"的客车（核定准载 36 人，实载 35 人），由开远市开往普洱市途中，当行至石屏县境内国道 G323 线 2255 千米+21 米处下坡时，车辆失去控制冲出路面翻下山坡，造成 10 人死亡，24 人受伤。

464. 2010 年 12 月 5 日，河南省洛阳市洛宁县邮政局局长谷某酒后驾车，撞死 5 名青少年。

465. 2010 年 12 月 27 日，湖南省衡阳市衡南县松江镇一辆号牌为"湘 D-2U692"的三轮载货摩托车，搭载 20 名小学生去松江镇因果村学校上学，当行至因果桥路段时，因大雾视线不良，加上严重超载而使三轮摩托车失控，坠入河中，造成 14 名学生死亡，6 名学生受伤。

466. 2010 年 12 月 29 日，新疆维吾尔自治区阿勒泰市福海县福海水产有限公司冬季捕捞队一辆汽车掉入吉力湖冰面之下，车上 17 名冬捕队员中有 9 人死亡。

467. 2011 年 1 月 11 日，河南省平顶山市客运公司一辆号牌为"豫 D-34401"的宇通牌大客车（核定准载 35 人，实载 43 人），在许昌市襄城县境内许平高速公路下行 163 千米处，与一辆因交通事故停在路中的小客车追尾碰撞后翻下路基，造成 16 人死亡，23 人受伤。直接经济损失 795 万元。

468. 2011 年 1 月 29 日，宁夏回族自治区固原市西吉县祥龙农村客运有限公司一辆号牌为"宁 D-06895"的中型客车（核定准载 19 人，实载 37 人），由西吉县城驶往红耀乡途中，由于路面积雪结冰，在下坡拐弯时处置不当，发生侧翻，造成 11 人死亡，9 人重伤，17 人轻伤。

469. 2011 年 2 月 4 日，福建省南平市邵武运输公司一辆号牌为"闽 H-Y1151"的中型客车（核定准载 19 人，实载 21 人），从永安沿 316 国道开往邵武途中，当行至邵武市拿口路段 316 国道 296 千米+550 米处时，为避让一辆摩托车，翻入富屯溪千岭电站水库中，造成 12 人死亡，9 人受伤。

470. 2011 年 2 月 7 日，湖北省恩施州利川市一辆号牌为"鄂 Q-2Q311"的正三轮农用摩托车（载 19 人），在忠路镇老屋基至小河通村水泥路寒坡岭段行驶途中发生翻车事故，造成 10 人死亡，4 人重伤，5 人轻伤。

471. 2011 年 3 月 11 日，西藏自治区阿里地区藏羚羊旅运有限公司一辆号牌为"藏 F-A2130"的大客车（核定准载 43 人，实载 43 人），在新疆维吾尔自治区喀什地区叶城县境内国道 219 线行驶途中，当行驶至 226 千米＋215 米一连续下坡拐弯处时，冲出路基坠入 126 米深的山谷中，造成 16 人死亡，7 人重伤，19 人轻伤。

472. 2011 年 3 月 12 日，吉林省一辆号牌为"吉 B-90477"的加长货车（载 37 立方米木材），在白山市抚松县万良镇境内鹤大公路 889 千米＋200 米一长下坡处，与抚松县松江河通达客运有限公司所属一辆号牌为"吉 F-42372"的大客车（核定准载 34 人，实载 45 人）发生追尾，导致大客车坠入万良河，造成大客车上 21 人死亡，1 人重伤，20 人轻伤；大货车上 3 人轻伤。

473. 2011 年 3 月 14 日，西藏自治区林芝地区天长客运公司一辆号牌为"藏 G-A3109"的双层卧铺客车（核定准载 42 人，实载 45 人），由成都开往林芝途中，在昌都地区八宿县境内国道 318 线 3721 千米＋800 米急弯处发生翻车事故，造成 16 人死亡，7 人重伤，22 人轻伤。

474. 2011 年 3 月 16 日，陕西省榆林市一辆号牌为"陕 K-79136"的大型半挂货车，在山西省临汾市尧都区境内国道 108 线 896 千米（尧庙大韩村口十字交叉路口）处，与临汾运输公司一辆大客车（载 31 人）相撞，造成客车上 12 人死亡，6 人重伤，10 人轻伤。

475. 2011 年 3 月 24 日，在兰新线乌鲁木齐至二宫间 K1886＋550 米处，一辆公交车突然失去控制，冲破铁路防护栅栏和林带，冲入路垫，落入线路内方，与正在行驶的 7553 次市郊旅客列车相撞。造成 3 人死亡，85 人受伤。

476. 2011 年 6 月 4 日，广东省梅县县委宣传部一辆号牌为"粤 M-K1259"的小轿车，在惠州市境内长深高速公路惠州段 3580 千米处因爆胎失控碰撞中间护栏，被随后同向驶来的宁夏盐池县心业运输公司的一辆号牌为"宁 C-25268/宁 A-9537 挂"的大型牵引车追尾碰撞，导致牵引车冲过中间隔离带，与对向驶来的广州第二公共汽车公司一辆号牌为"粤 A-G1932"的大客车（载 30 人）发生碰撞，造成 11 人死亡，4 人重伤，17 人轻伤。

477. 2011 年 6 月 30 日，陕西省山阳县福（州）银（川）高速公路上一辆西安开往湖北十堰的客车发生侧翻事故，乘客当中有 7 人当场死亡，20 人受伤（其中 6 人重伤）。

478. 2011 年 7 月 2 日，河南省郑州市翔宇汽车服务有限公司一辆号牌为"豫 A-L3639"的大型卧铺旅游客车（核载 32 人、实载 31 人），从内蒙古鄂尔多斯开往河南开封，当行至太长高速 827 千米＋200 米处一转弯下坡路段时，车辆失控撞断右侧护栏后，翻入路外沟内，造成 9 人死亡，22 人受伤。

479. 2011 年 7 月 2 日，河南省鸿运旅游汽车公司一辆号牌为"豫 A-L6358"

的大型旅游客车（核载 47 人、实载 35 人），从山西省忻州市宁武县开往忻府区，当行至忻武旅游公路 40 千米处一转弯下坡路段时，翻入路外沟内，造成 7人死亡，27 人受伤。

480. 2011 年 7 月 4 日，湖北省武汉市海龙旅游客运有限公司一辆号牌为"鄂 A-B3892"的大客车（核定准载 55 人，实载 52 人），在仙桃市境内随岳高速公路行驶途中，由于在毛嘴镇珠矶村路段（229 千米+300 米处）应急道违规停车下客，被一辆货车追尾，导致两车翻入路侧排水沟并起火，造成 26 人死亡，29 人受伤。

★481. 2011 年 7 月 22 日，山东省威海市交通运输集团一辆号牌为"鲁 K-08596"的宇通牌卧铺客车（核定准载 35 人，实载 47 人），由威海开往长沙途中，在京港高速公路河南省信阳市境内 938 千米处，车辆后部突然起火并迅速燃烧，造成 41 人死亡，6 人受伤，直接经济损失 2342.06 万元。

★482. 2011 年 7 月 23 日，由杭州开往福州的 D3115 次列车，在甬温铁路浙江省温州市鹿城区双屿路段，被随后驶来的 D301 次列车追尾，致使 D3115 次列车 4 节车厢从高架桥上掉落，造成 40 人死亡，172 人受伤。

483. 2011 年 8 月 6 日，河南省周口市通顺汽车运输有限公司一辆号牌为"豫 P-E8977/豫 P-5171 挂"的重型半挂车，在江西省上饶市信州区境内沪昆高速公路 503 千米处，与一辆号牌为"豫 P-C-5389/豫 P-N728 挂"的重型半挂车发生追尾后冲入对向车道，相继与"浙 C-YB192"小型普通客车和"豫 P-E6765"重型特殊结构货车、"赣 D-C3581/赣 D-5935 挂"重型半挂车发生碰撞。连环撞车事故共造成 17 人死亡，2 人重伤。直接经济损失 700 余万元。

484. 2011 年 8 月 28 日，河北省一辆号牌为"冀 C-03865"的依维柯牌中型客车（核定准载 17 人，实载 34 人），在张家口市尚义县境内 401 县道三义店村北路段处，与停在前方路右侧的一辆半挂货车发生追尾，造成 18 人死亡，2 人重伤，14 人轻伤。

485. 2011 年 9 月 9 日，湖南省邵阳县一艘编号为"湘邵县 0018"的个体渡船（核定准载 14 人，实载 50 人，其中 41 人为唐田镇中学学生），在唐田市镇芙黄河（资江支流）向荣村地段航渡时，因挂断挖沙船锚固钢丝绳，导致渡船侧翻，船上 50 人全部落水，其中 38 人获救，12 人死亡（其中学生 9 人）。

486. 2011 年 9 月 14 日，上海市北奥客运有限公司一辆号牌为"沪 A-G6427"的大客车（核定准载 47 人，实载 24 人，上海英业达有限公司租赁为员工班车），沿上海市外环路行驶途中，当行至浦东新区龙东大道出口北约 500 米处时，车头左侧撞击停放于左侧第一车道内的一辆小客车尾部后又与道路右侧水泥隔离墩相碰后发生侧翻，造成 11 人死亡，13 人受伤。

487. 2011 年 10 月 1 日，湖北省荆州市九州旅游汽车有限公司一辆号牌为"鄂 D-14566"的客车（核定准载 35 人，实载 35 人），由荆州驶往神农架途中，当行至宜昌市兴山县峡口镇境内 312 省道 129 千米+650 米处时，车辆冲出防护栏坠入三峡库区中，造成 16 人死亡，3 人重伤，16 人轻伤。

488. 2011 年 10 月 7 日，唐山市交通运输集团公司的一辆号牌为"冀 B-99998"的大客车（核定准载 55 人，实载 55 人），在天津市境内滨保高速 60 千米+500 米处与一辆小轿车发生追尾后侧翻，造成 35 人死亡，19 人受伤。

489. 2011 年 10 月 7 日，河南省驻马店市汽车运输总公司所属货运第七分公司一辆号牌为"豫 Q-A8629"的重型半挂货车，在南阳市社旗县境内省道 333 线桥头段吴庄村东 200 米处，与一辆号牌为"豫 R-6Q265"的面包车（核定准载 7 人，实载 11 人）相向碰撞，造成车上 11 人全部死亡。

490. 2011 年 10 月 11 日，湖北省荆州市恒信旅游有限公司一辆号牌为"鄂 D-08102"的大客车（核定准载 55 人，实载 49 人），由湖南省张家界驶往凤凰县城途中，在湘西自治州永顺县境内省道 306 线清坪镇龙观村路段超车时翻入 10 多米高的坎下，造成 11 人死亡，36 人受伤。

491. 2011 年 10 月 23 日，新疆维吾尔自治区一辆号牌为"新 R-04882"的中型客车（载 21 人），在和田地区墨玉县境内 315 国道 2522 千米+326 米处，与一辆同向行驶的无牌三轮车（载 14 人）相撞，造成三轮车上 12 人死亡，2 人受伤。

492. 2011 年 11 月 16 日，甘肃省庆阳市正宁县榆林镇幼儿园的一辆接送车，在行驶途中与对面驶来的翻斗车相撞，造成 21 人死亡（其中 17 名幼儿），11 人重伤，32 人轻伤。

493. 2011 年 11 月 23 日，四川省甘孜州雅江县一辆无牌低速载货农用车（载 19 人），在恶古乡境内发生翻车事故，造成 17 人死亡，1 人重伤，1 人轻伤。

494. 2011 年 11 月 29 日，海南省汽车运输集团有限公司定安分公司一辆号牌为"琼 C-32691"的中型客车（核定准载 15 人，实载 23 人），从五指山市驶往定安县途中，当行至海榆中线 195 千米+750 米处时，因超速并占道行驶，与一辆大货车正面相撞，造成 13 人死亡，2 人重伤，9 人轻伤。

495. 2011 年 12 月 6 日，西藏自治区昌都地区蓝天运务有限公司一辆号牌为"藏 B-A9186"的客车（核定准载 30 人，实载 17 人），由昌都镇开往面达乡途中，当行至距嘎玛乡 4 千米（距昌都县城 110 千米）处时，车辆翻入扎曲河中，造成 15 人死亡，2 人受伤。

496. 2011 年 12 月 12 日，江苏省徐州市丰县首羡镇中心小学租用的一辆客车，在运送学生途中发生翻车，造成 15 人死亡，11 人受伤。

497. 2011 年 12 月 31 日，贵州省一辆号牌为"贵 J-D3573"的面包车（核定准载 8 人，实载 13 人），在黔东南州榕江县境内距新华乡政府 7 千米处坠下约 200 米高的山谷，造成 10 人死亡，2 人重伤。

498. 2012 年 1 月 3 日，河南省周口路路发汽车运输有限公司一辆号牌为"豫 P-Y0210/豫 P-F534 挂"的重型半挂牵引车，在沪昆高速公路湖南省怀化市境内怀新段 1431 千米+700 处，冲破隔离带护栏，与对向车道行驶的石家庄鑫源旅游汽车有限公司一辆号牌为"冀 A-61231"的大客车（载 43 人）正面相撞，造成 13 人死亡，9 人重伤，32 人轻伤。

499. 2012 年 1 月 4 日，安徽省黄山市凯鸿旅游客运有限公司一辆号牌为"皖 J-06318"的客车（核定准载 53 人，实载 57 人），行至兰海高速公路 1765 千米+500 米处时，越过中间隔离带驶入对向车道，撞击护栏后翻下 8.8 米高的路坎，造成 18 人死亡，3 人重伤，36 人轻伤。

500. 2012 年 2 月 2 日，湖北省监利县三洲水运公司所属的"三洲 666"运砂船（核载 1500 吨、实载 1450 吨，载 17 人），装载砂石经洞庭湖水域由湖南省岳阳市运往湖北省武汉市，当该船锚泊于洞庭湖芦苇场小山塘水域避风时，突然发生侧翻，船上 17 人全部落水，其中 6 人被当地渔民救起，11 人死亡（失踪）。

501. 2012 年 2 月 18 日，贵州省遵义市顺达交通运输集团道真华通运输有限公司一辆号牌为"贵 C-86286"的中型客车（核定准载 19 人，实载 35 人），在 207 省道驶离公路左侧，翻入公路坎下，造成 13 人死亡，4 人重伤，18 人轻伤。

502. 2012 年 2 月 18 日，广西壮族自治区北海华洋海运有限责任公司所属"鑫源顺 6"货轮（核定准载 5065 吨，实载 4557 吨陶土），从广东茂名驶往山东潍坊途中，当航行至福建省泉州湾至湄洲湾海域时，机舱进水导致船体沉没，造成 10 人死亡。

503. 2012 年 2 月 25 日，河南省三门峡市汽车运输有限责任公司旅游分公司一辆号牌为"豫 M-08666"的金龙牌大客车（核定准载 35 人，实载 34 人），在国道 207 线 1319 千米+950 米处，坠入约 45 米深的悬崖下，造成 15 人死亡，14 人重伤，5 人轻伤。

504. 2012 年 3 月 11 日，广西壮族自治区贵港市桂平市锐丰船务有限责任公司所属"锐丰 329"货船，在羊栏滩白沙洲尾水域，与"石咀客渡 035"渡船（核定准载 30 人，实载 50 人）发生碰撞，导致渡船沉没，造成 20 人死亡。

505. 2012 年 3 月 13 日，四川省九寨运业公司一辆号牌为"川 U-20777"的客车（核定准载 37 人，实载 21 人），行至国道 317 线 295 千米+100 米处时，冲出路面坠入道路外侧山沟，造成 15 人死亡，6 人受伤。

506. 2012 年 4 月 7 日，辽宁省大连市保税区一辆号牌为"辽 B-2279W"中型客车（核定准载 27 人，实载 25 人），在保税区境内夏金线行驶途中，当行至夏金线 1 千米+400 米处时，因超速行驶驶出路外，坠入道路右侧深 20 米的沟中，造成 14 人死亡，11 人受伤。

507. 2012 年 4 月 12 日，安徽省萧县龙城镇一辆号牌为"皖 L-60670"的客车（核定准载 29 人，实载 24 人），在宿州市境内国道 311 线行驶途中，至 58 千米+950 米处时，越过道路中央分割线，与对向行驶的一辆号牌为"豫 N-60023"的大货车迎面相撞，造成 24 人死亡，2 人受伤。

508. 2012 年 4 月 22 日，上海市南汇益流汽车出租服务公司一辆号牌为"沪 B-L1290"的大客车（核定准载 37 人，实载 33 人），行驶至常合高速公路（S38 线）1 千米处时，冲过中间隔离护栏驶入对向车道，与常熟实盈光学科技有限公司一辆大货车相撞，造成 14 人死亡，20 人受伤。

509. 2012 年 4 月 23 日，河南省漯河市锦程运输公司一辆号牌为"豫 L-A8979"的大货车，在省道 220 线行驶途中，当行至 132 千米+500 米处时，驶入对向车道，与漯河宏运汽车运输集团有限公司一辆号牌为"豫 L-52929"的客车（载 23 人）相撞，造成 13 人死亡，4 人重伤，8 人轻伤。

510. 2012 年 4 月 28 日，云南省临沧市交通运输集团公司一辆号牌为"云 S-8156"的中型客车，行驶至羊耿线 25 千米+30 米处下坡右转弯时，因驾驶员操作不当，车辆向左滑出路面，翻下 200 多米的深沟内，造成 11 人死亡，6 人重伤，3 人轻伤。

511. 2012 年 4 月 30 日，宁夏回族自治区同心县城乡建筑工程公司一辆号牌为"宁 C-25628"的依维柯牌中型客车（核定准载 17 人，实载 23 人），行驶至王团镇罗家湾村省道 S101 线 225 千米+750 米处时突然爆胎，车辆越过中心黄线驶入对向车道，与对向驶来的一辆大货车正面相撞，造成 18 人死亡，3 人重伤，3 人轻伤。

512. 2012 年 5 月 19 日，山东省一辆号牌为"鲁 C-KA068"的个人小客车（核定准载 8 人，实载 12 人），在潍坊市潍城区宝通街拥军路路口西侧 500 米处，与一辆无牌自卸货车发生追尾事故，造成客车上 10 人死亡，1 人重伤，1 人轻伤。

513. 2012 年 5 月 27 日，湖南省湘西自治州辰溪县一艘编号为"湘辰溪客 0085"的个人所有客船（核定准载 30 人，实载 25 人），在泸溪县境内沿沅江自浦市开往辰溪途中，撞上一艘违规停泊的货船，导致客船沉没，造成 11 人死亡。

514. 2012 年 6 月 3 日，江苏省盐城市深海高速公路 1013 千米至 1017 千米区间，接连发生 7 起多车尾随相撞交通事故，共造成 11 人死亡，19 人受伤。

515. 2012 年 6 月 9 日，安徽省亳州市蒙城县境内宁洛高速阜蚌段下行线 272 千米+600 米至 273 千米+370 米区间，接连发生 9 起多车尾随相撞交通事故，共造成 11 人死亡，59 人受伤。

516. 2012 年 6 月 16 日，西藏自治区林芝地区客运公司一辆号牌为"藏 G-A5120"的依维柯牌中型客车（载 13 人），行驶至国道 318 线通麦大桥至八一镇方向 1 千米+500 米一陡坡处时，被前方一辆从坡上滑下的丰田旅游车（藏 D-L0121）顶下 50 米深的悬崖下的帕隆藏布河中，造成 10 人死亡。

517. 2012 年 6 月 20 日，福建省厦门市舫阳汽车运输有限公司一辆号牌为"闽 D-Y5719"的大客车（核定准载 45 人，实载 45 人），行驶至距沈海高速公路 A 道 1908 千米处高架桥上时，撞破右侧护栏坠落桥下，造成 17 人死亡，28 人受伤。

518. 2012 年 6 月 29 日，湖南省株洲市茶陵县盛兴物流有限公司一辆号牌为"湘 D-83393/湘 B3425 挂"的重型半挂式油罐车，在广州萝岗区境内沿江高速公路行驶途中，当行至开创大道与广园快速交汇处时，被一辆中型货车（湘 L-66215）追尾碰撞，导致油罐车内溶剂油泄漏并流入高架桥下货物堆场，引起爆燃，造成 20 人死亡，16 人重伤，15 人轻伤。

519. 2012 年 7 月 24 日，福建省宁德市寿宁县境内，一辆号牌为"闽 J-52530"的三轮摩托车（载 22 人）从山坑村开往南阳镇途中发生翻车事故，造成 14 人死亡，8 人受伤。

520. 2012 年 7 月 30 日，山东省淄博市临淄区宏达路中段，一辆危化品罐车与一辆轿车相撞，发生危化品泄露爆炸事故，4 人当场死亡。

521. 2012 年 8 月 3 日，大秦铁路卢龙北站至后营站间的迷雾河铁路大桥上发生路外伤亡事故，为抄近路越过铁路护网、正在桥上行走的河北省抚宁县七家寨村一村等地村民 9 人被列车撞死，4 人被撞伤。

522. 2012 年 8 月 16 日，安徽省马鞍山市马和汽车轮渡有限公司一艘编号为"马和渡 104"的渡船（核定准载 14 辆车，实载 8 辆汽车、2 辆电动车、22 人），由马鞍山开往和县途中，在长江水域马和汽渡段沉没，造成 15 人死亡。

523. 2012 年 8 月 20 日，重庆市方固汽车运输有限公司一辆号牌为"渝 B-N7976"的重型自卸货车（核定准载 15.9 吨，实载 37 吨），从清平镇驶往北碚区途中，当行至 110 省道杨柳坝干河沟路段时，与对向行驶的一辆小型客车

（载 13 人）相撞，造成 12 人死亡，1 人受伤。

524. 2012 年 8 月 24 日，黑龙江省哈尔滨市西部松花江干流上的阳明滩大桥发生坍塌事故，四辆载重货车冲下桥体，死亡 3 人，受伤 5 人。该桥投资 18.82 亿元，于 2011 年 11 月 6 日建成通车。

525. 2012 年 8 月 26 日，内蒙古自治区呼和浩特市运输集团公司一辆号牌为"蒙 A-K1475"的宇通牌大客车，因疲劳驾驶而未采取安全措施，在陕西省延安市包茂高速安塞段 484 千米+95 米处，与一辆装载甲醇、违法低速行驶的重型半挂货车追尾相撞，导致甲醇泄漏起火并引燃客车，造成 36 人死亡，1 人重伤，2 人轻伤。直接经济损失 3160.6 万元。

526. 2012 年 8 月 26 日，四川省达州市达县捷顺物流有限公司一辆号牌为"临时/川 A-68225"的面包车（核定准载 7 人，实载 12 人），从成都驶往重庆途中，在沪蓉高速公路 1714 千米+400 米处，与因爆胎而停在应急道内换胎的大货车追尾相撞，造成 12 人死亡。

527. 2012 年 8 月 31 日，河南省灵宝市宝通汽车客运有限责任公司一辆号牌为"豫 M-15260"的客车（核定准载 29 人，实载 27 人），在连霍高速南半幅 784 千米处，因路面湿滑车速过快，司机操作不当，导致翻车事故，造成 11 人死亡，1 人重伤，13 人轻伤。

528. 2012 年 9 月 15 日，甘肃省东运集团一辆号牌为"甘 L-08859"的大客车（载 17 人），在行至宁夏境内 312 国道 1865 千米处时，与一辆大货车剐撞后侧翻，坠入 100 多米深的山沟，造成 11 人死亡，6 人受伤。

529. 2012 年 10 月 5 日，湖南省益阳市沅江市一艘个人所有农用船，搭载 22 人到南洞庭湖游玩过程中，在石矶湖大堤外河琼湖水域，与一艘运沙船相撞，导致农用船翻沉，船上 22 人全部落水，造成 12 人死亡。

530. 2012 年 10 月 7 日，山东省商河县长途汽车运输公司一辆号牌为"鲁 A-96925"的大客车，自东向西沿青银高速公路行驶，当行驶至 228 千米+530 米处时，与一辆小轿车刮擦后穿越中间护栏驶入对向车道，与济南旅顺旅游汽车公司一辆号牌为"鲁 A-18526"的大客车（载 53 人）发生碰撞，导致"鲁 A-18526"大客车翻车，造成 14 人死亡，8 人重伤，34 人轻伤。

531. 2012 年 11 月 10 日，新疆维吾尔自治区天正旅游客运有限责任公司所属一辆号牌为"新 D-07608"的大客车（核定准载 35 人，实载 47 人），沿通营公路由南向北行驶至前高公路 4 千米处（奎屯市境内）时，与一辆号牌为"新 D-05580"的中型客车（载 14 人）相撞，造成 11 人死亡，10 人重伤，29 人轻伤。

532. 2012 年 12 月 9 日，河南省商丘运输集团公司第七分公司一辆号牌为"豫 N-A3768"的中型客车（核定准载 30 人，实载 34 人），在民权县南华大道路段行驶时，与一辆突然转弯的两轮电动车相撞后，撞上路边杨树后侧翻于路边池塘中，造成 12 人死亡，22 人受伤，直接经济损失 700 余万元。

533. 2012 年 12 月 24 日，江西省鹰潭市贵溪县春蕾幼儿园一辆号牌为"赣 L-P2689"的面包车（核定准载 7 人，实载 17 人），在滨江镇洪塘村合盘石童家村路段发生翻车事故，造成 11 名幼儿死亡，6 人受伤。车辆接载幼儿严重超员，陷入填满砂石的凹坑后驾驶员操作不当，使之冲入水塘。

534. 2012 年 12 月 28 日，广西壮族自治区一辆号牌为"桂 M-95899"的小型客车（核定准载 9 人，实载 20 人），在河池市大化县境内县道 X898 线 68 千米+200 米处翻下山谷，造成 11 人死亡，9 人受伤。

（七）渔业船舶事故

1. 2001 年 3 月 14 日，辽宁省大连市瓦房店市长兴岛海域一渔船翻沉，死亡 11 人。

2. 2001 年 5 月 3 日，辽宁省大连渔轮公司渔机工业公司"辽渔一号"冷藏舱发生燃烧事故，造成正在冷藏舱作业的 10 名临时工全部死亡。

3. 2001 年 10 月 8 日，广西壮族自治区北海市北海海洋渔业公司一艘渔船发生水上交通事故，死亡 11 人。

4. 2001 年 10 月 21 日，海南省一艘编号为"琼洋浦 24002"的渔船发生水上交通事故，死亡 16 人。

5. 2002 年 10 月 21 日，浙江省舟山市岱山县一条编号为"浙岱鱼 11539"的渔船发生水上交通事故，造成 14 人死亡。

6. 2002 年 12 月 21 日，江苏省南通市启东市一条编号为"苏启鱼 02122"的钢质渔船在启东市水域发生水上交通事故，造成 11 人死亡。

7. 2003 年 1 月 27 日，广东省惠州市一艘编号为"粤惠阳 16104"的渔船在大亚湾三门岛附近发生海难沉没，失踪 15 人。

8. 2003 年 3 月 8 日，海南省三亚市碉楼镇抱才村一艘编号为"琼临高 12148"的渔船在广东省上川岛海域作业时，被一艘不明船籍的钢质船撞沉，船上 14 人落水，其中 4 人被救生还，10 人死亡（失踪）。

9. 2003 年 3 月 15 日，福建省连江县黄岐镇一艘编号为"闽连渔 1873"的渔船在平潭县以东 17.6 海里处作业时，与上海新海天航运公司"恒春海"轮在雾中相撞，致使"闽连渔 1873"渔船沉没，船上 12 人全部落水，其中 1 人获救，

11 人失踪。

10. 2003 年 3 月 28 日，福建省福州市长乐县文岭镇阜山村一艘编号为"闽长渔 F550"的渔船，在从长乐阜山码头出海收购海产品时，连同船上 10 名船员失踪。

11. 2003 年 4 月 20 日，福建省泉州市石狮市永宁镇梅林村一艘编号为"闽狮渔 3972"的渔船，在出海捕鱼时与岸上失去联系，船上 14 名船员死亡（失踪）。

12. 2003 年 10 月 19 日，海南省渔业总公司所属渔船"南渔 214"，在距三亚港西南 35 海里处失踪，船上人员除 1 人获救外，其余 11 人失踪。

13. 2003 年 10 月 28 日，浙江省舟山市岱山县一艘编号为"浙岱 11373"的渔船，在上海海域 163 海区 2 小区锚泊时，船舶进水沉没，船上 14 名船员除 4 人获救外，其余 10 人死亡（失踪）。

14. 2004 年 1 月 27 日，福建省漳州市东山县一艘编号为"闽东 2371"的渔船，在从大澳渔港前往渔场从事鱼笼诱捕作业时失去联系，船上共有 10 名船员，其中 1 人死亡，9 人失踪。

15. 2004 年 2 月 3 日，福建省漳州市东山县一艘编号为"闽东渔 1515"的渔船，在兄弟屿西北 6 海里处（23-35N/117-34E）作业时遭遇大风袭击沉没，船上 11 人全部落水，经抢救，1 人生还，6 人死亡，4 人失踪。

16. 2004 年 9 月 10 日，浙江省岱山县一艘编号为"浙岱渔 02220"的流网渔船在舟山海域（北纬 124 度 25 分、东经 29 度 24 分）被一艘不明船籍的货轮撞沉，船上 14 人全部落水，其中 1 人获救，13 人死亡（失踪）。

17. 2004 年 10 月 1 日，浙江省宁波市象山县一艘编号为"浙象渔 48038"的渔船出海捕鱼途中，在 32-04N/124-51E 处，与安提瓜籍船舶"安大略"轮发生碰撞沉没，船上 13 名船员全部落水。经全力抢救，3 人获救，10 人失踪。

18. 2005 年 1 月 25 日，广东省湛江市雷州市一艘编号为"雷州 06313"的渔船，在南海北部湾北纬 18 度 18 分、东经 108 度 19 分海域（518 海区）因船体漏水沉没，造成 11 人死亡（失踪）。

19. 2005 年 2 月 25 日，浙江省岱山县一艘编号为"浙岱渔 02317"的渔船，在济州岛西南 95 千米（北纬 32 度 56 分、东经 125 度 18 分）海域被一艘韩国籍货轮（BROTHER JOY）撞沉，船上共有 12 名船员，其中 2 人获救，10 人死亡（失踪）。

20. 2005 年 3 月 6 日，浙江省台州市温岭市一艘编号为"浙岭渔 9416"的渔船在温岭石塘以东约 45 海里海域失踪，船上有 10 名船员失踪。

21. 2005 年 5 月 12 日，江苏省南通市海安县老坝港镇时代公司一艘渔船在出海捕鱼返回途中，于江苏东海面（东经 121 度、北纬 32 度海域）遭遇大风浪，致使渔船发生倾斜，船舱进水。当时船上有 40 人，有 13 人未能及时撤出，不幸身亡。

22. 2005 年 7 月 18 日，辽宁省瓦房店市一艘编号为"辽瓦渔 2588"的渔船，在北纬 39 度 46 分、东经 129 度 35 分海域（朝鲜海域）进行拖网作业时，因船员操作不当，导致船舶倾覆，船上 15 人全部落水，其中 2 人生还，1 人死亡，12 人失踪。

23. 2005 年 12 月 7 日，浙江省宁波市象山县一艘编号为"浙象渔运 079"的渔船（载船员 20 人），在 27-20N/120-45E（台山列岛以北 20 海里）处作业时，船体进水沉没。经抢救，4 人获救，16 人死亡（失踪）。

24. 2006 年 1 月 6 日，海南省儋州市一艘编号为"琼儋州 00903"的渔船，在东方市偏南 30 海里海域捕鱼作业时失去联系，船上有 12 人，其中 1 人死亡，11 人失踪。

25. 2006 年 1 月 12 日，巴拿马籍杂货船"江胜"轮和中国籍渔船"闽福鼎渔 2319"，在浙江沿海北纬 27 度 17 分、东经 120 度 51 分处雾航时发生碰撞。造成"闽福鼎渔 2319"船倾覆沉没，4 名渔民死亡（失踪）。

26. 2006 年 1 月 15 日，江苏省南通市海门市一艘编号为"苏海门渔 01905"的渔船，在东经 123 度 37 分、北纬 32 度 50 分海域作业时与岸台失去联系，船上 10 人死亡（失踪）。

27. 2007 年 10 月 3 日，辽宁省丹东市一艘编号为"辽丹渔 25579"的渔船（载 11 人），在位于大东港以东 40 海里处，被一艘大连东展物流有限公司所属货轮"东展彩艺 5"（总吨位为 839 吨，从连云港驶往大东港）撞沉，造成渔船上人员 11 人死亡（失踪）。

28. 2007 年 11 月 11 日，浙江省一艘编号为"浙临渔 2261"的渔船，在长江口 3 锚地（30-55N/122-31E）与巴拿马籍货船"兴亚迪拜"轮发生碰撞，造成渔船沉没，渔船上 11 名渔民死亡。

29. 2007 年 11 月 21 日，山东省烟台市长岛县一艘编号为"鲁长渔 926"的渔业运输船，由蓬莱军港装运蔬菜等生活用品驶往长岛途中，在蓬莱港以西 2 海里处翻沉，造成 15 人死亡，1 人失踪。

30. 2007 年 12 月 6 日，浙江省台州市温岭市石塘镇渔业协会所属一艘编号为"浙岭渔 281"的渔船，返航时在北纬 31 度 55 分、东经 123 度 25 分海区进水沉没，当时船上共有 20 人，其中 4 人获救，16 人死亡（失踪）。

31. 2007 年 12 月 15 日，浙江省奉化市一艘编号为"浙奉渔 11017"的渔船，在舟山岛东偏北约 90 海里处（30-24N/123-59E）与一艘利比里亚籍化学品运输船"台塑 10"（台湾台塑海运公司所属）发生碰撞，造成渔船上 20 人全部落水，经抢救，1 人生还，19 人失踪。

32. 2008 年 2 月 3 日，福建远洋渔业集团公司"福远渔 628"渔船出海捕鱼返回途中，在印尼海域（南纬 5 度 20 分、东经 134 度 27 分）突遇大风浪，折断的主桅杆击穿船舱甲板，致使船舱进水沉没，船上有 17 名船员，其中 5 人获救，12 人失踪。

33. 2008 年 4 月 11 日，山东省威海市荣成县俚岛海洋科技股份有限公司所属"鲁荣渔 2177"渔船，在浙江省椒江正东 300 海里海域与一艘不明国籍货轮迎面相撞后沉没，船上有 18 人，其中 2 人获救，16 人死亡（失踪）。

34. 2008 年 4 月 11 日，浙江省舟山市岱山县一艘编号为"浙岱渔 11524"的渔船，在长江口以东 80 海里（32-00N/123-20E）海域与一艘巴拿马籍"和德"轮发生碰撞，致使渔船沉没，船上 14 人全部落水，10 人死亡（失踪）。

35. 2008 年 4 月 15 日，山东省一艘编号为"鲁昌渔 5166"的钢质渔船，在长江口北角正东 125 海里（北纬 31 度 42 分、东经 124 度 20 分）海域航行时，被一货轮撞沉，造成 11 人死亡（失踪）。

36. 2008 年 5 月 11 日，辽宁省丹东市东港市"辽东运 396"轮（渔船），自海州湾飞鸭岛水域返回东港途中，船舶侧倾进水后沉没，造成 11 人死亡（失踪）。

37. 2008 年 11 月 19 日，浙江省舟山市岱山县一艘编号为"浙渔岱 04650"的渔船，从舟山市嵊泗县驶往 178 海区作业，行驶至长江口花岛山东 30 海里（北纬 30 度 58 分、东经 123 度 17 分）海域时失去联系，船上 11 人死亡（失踪）。

38. 2009 年 4 月 11 日，浙江省舟山市岱山县一艘编号为"浙岱渔 03767"的渔船，在 15 海区 9 小区（北纬 32 度 37 分、东经 123 度 51 分）附近海域作业时，被一艘不明国籍轮船撞沉，船上 12 人全部落水，其中 2 人被救生还，10 人失踪。

39. 2009 年 12 月 8 日，江苏省盐城市一艘编号为"苏射渔 03909"的渔船在启东外海北纬 32 度 20 分、东经 122 度 20 分海域失去联系，船上 10 人死亡（失踪）。

40. 2010 年 1 月 9 日，福建省石狮市一艘编号为"闽狮渔 3785"的渔船，在莆田市南日岛东南海域北纬 25 度 5.3 分、东经 119 度 48 分处，与一艘天津货船"大新华营口"发生碰撞后沉没，船上 14 人全部落水，其中 12 人死亡（失踪）。

41. 2010 年 1 月 11 日，江苏省灌云县一艘编号为"苏灌渔 11515"的渔船在北纬 33 度 49 分、东经 120 度 30 分海域搁浅后，船主私自组织人员上船卸载渔货时遇险，造成船上 11 人死亡（失踪）。

42. 2010 年 1 月 20 日，福建省漳州市东山县铜陵镇一艘编号为"闽东渔 2619"的钢质笼壶渔船，在广东省汕头附近海域（北纬 23 度 28 分、东经 117 度 42 分），与一艘巴拿马籍货船"CURITIBA"轮发生碰撞后沉没，船上 12 人落水死亡（失踪）。

43. 2011 年 1 月 3 日，山东省日照市一艘渔船在江苏省射阳县以东 190 海里处（北纬 34 度 7 分，东经 124 度 2 分）被一艘不明国籍货轮撞沉，渔船上的 11 人中仅 1 人获救，10 人死亡（失踪）。

44. 2011 年 2 月 28 日，浙江省台州市一艘编号为"浙路渔 2403"的渔船回港途经东矶岛附近海域（北纬 28 度 43.7 分、东经 121 度 56.2 分）时，因大雾能见度低，不慎触礁沉没，造成 7 人死亡，4 人失踪。

45. 2011 年 3 月 6 日，浙江省台州市温岭市一艘编号为"浙岭渔运 135"的渔船前往渔场捕鱼途中，在 211 海区（北纬 28 度 10 分、东经 122 度 14 分），被英国籍集装箱船"HONGKONG"撞沉，船上 11 人失踪。

46. 2011 年 4 月 30 日，辽宁省葫芦岛市一艘编号为"辽葫渔 35457"的渔船，在山东省龙须岛外 3.5 海里水域发生倾覆事故，造成 10 人死亡。

47. 2011 年 11 月 21 日，江苏省南通市启东县一艘编号为"苏启渔 02559"的渔船，在吕四港外海与一艘浙江货船"浙嵊 97316"相撞后沉没，船上 10 人死亡（失踪）。

48. 2011 年 12 月 1 日，江苏省南通市海安县一艘编号为"苏海安渔 00202"的渔船，在海安以东海域（北纬 32 度 58 分、东经 122 度 13 分）倾覆，船上 11 人死亡（失踪）。

49. 2012 年 2 月 2 日，广东省阳江市阳西县籍"粤阳西 96196"渔船（船上共有 14 名船员）航行至广东省汕尾市海域时，船体向左侧倾斜并翻沉，14 名船员全部落水，其中 4 人被编队作业渔船救起，10 人死亡（失踪）。

50. 2012 年 11 月 28 日，辽宁省大连市金州区一艘编号为"辽大金渔养 81388"的养渔船，在杏树屯猴石港外养殖区（北纬 39 度 18 分、东经 122 度 15 分）作业时翻沉，造成 16 人死亡。

（八）其他事故

1. 2001 年 3 月 15 日，黑龙江省哈尔滨市道里区工厂街发生因用户煤气阀门开启造成的煤气中毒事故，18人中毒，其中9人死亡。

2. 2001年3月16日，河北省石家庄棉纺三厂宿舍、市建一公司宿舍等处发生爆炸，造成108人死亡，13人受伤（其中重伤5人)①。

★3. 2001年4月8日，陕西省渭南市华阴市在举办华山传统庙会时发生踩踏事故，造成17人死亡，6人受伤。

★4. 2001年5月1日，重庆市武隆县县城港口镇江北西段发生滑坡事故，致使一幢9层楼房被摧毁掩埋，造成79人死亡，4人受伤。

5. 2001年6月3日，江苏省南京市大厂区两只用作广告的大氢气球发生爆炸事故，3名中学生被爆炸后的火焰烧伤。

6. 2001年10月3日，四川省凉山州会理县大路沟水库发生垮坝事故，死亡和失踪26人，洪水冲毁770亩良田。

7. 2001年11月12日，江苏省如东县长沙镇"肉饼沙"滩涂发生涌潮（俗称怪潮），造成到滩涂从事紫菜生产作业的10名农渔民溺亡。

8. 2002年1月1日，黑龙江省大庆市萨尔图区友谊大街一处洗浴中心发生压力管道（天然气管线）泄漏、爆炸事故，造成6人死亡，2人重伤，4人轻伤。

9. 2002年9月23日，内蒙古自治区乌兰察布盟丰镇市第二中学发生踩踏事故，造成21名学生窒息死亡，43名学生受伤。9月23日是学校安排的新学期第一个补课晚自习，延长学生正常放学时间50分钟。19时补课下课，在没有任何照明也没有教师员工现场管理引导的情况下，1500多名学生从教学楼的东西两个楼道口蜂拥下楼。在西出口楼梯接近一楼的台阶处，楼梯护栏承受不住众多学生的拥挤，突然向外垮塌，走在前面的学生被摔出楼梯。由于后面的学生看不清，仍然纷纷往前拥挤，酿成踩踏事故。

10. 2002年10月30日，重庆市酉阳县钟多中学下晚自习时发生踩踏事故，造成5人死亡，1人重伤。

11. 2003年1月5日，陕西省宝鸡县虢镇初级中学学生在放学下楼时，一名学生不慎踩空，撞到前边同学，后继学生发生拥挤踩踏，造成3名学生死亡，6名学生重伤。

12. 2003年1月23日，湖北省通山县黄沙铺镇一豆腐作坊发生土锅炉爆炸事故，造成3人死亡，1人重伤，1人轻伤。

---

① 石家庄棉纺三厂爆炸系罪犯靳如超所为。该犯从河北省鹿泉市石井乡石井村第一采石厂及其他非法制造炸药场点购买了雷管、炸药、导火索等物品，于3月16日凌晨实施了爆炸犯罪行为。

13. 2003 年 9 月 7 日，浙江省慈溪市中医院在对病人进行医用氧舱治疗过程中，发生医用氧舱燃烧爆炸事故，造成正在接受治疗的 2 名病人重伤，经抢救无效死亡。

14. 2003 年 12 月 3 日，上海市虹口区天宝路 313 号怡泉浴室锅炉发生爆炸，将一、二层之间楼板洞穿，立柱断裂，相邻女浴室隔墙和天花板坍塌，事故造成 7 人死亡，7 人重伤。

15. 2003 年 12 月 11 日，河北省邯郸市成安县商城镇中学学生放学时，因停电，在楼梯间发生学生拥挤踩踏事故，造成 5 名学生死亡，4 名学生重伤，7 名学生轻伤。

★16. 2004 年 2 月 5 日，北京市密云县迎春灯展发生踩踏事故，造成 37 人死亡，24 人受伤。

17. 2004 年 5 月 29 日，四川省泸州市纳溪区安富城区丙灵路 17 幢居民楼一层发生压力管道爆炸事故，造成 5 人死亡，1 人重伤，34 人轻伤，直接经济损失 150 万元。

18. 2004 年 8 月 10 日，河南省济源市克井镇后沟河村一民办幼儿园发生房屋坍塌事故，两间幼儿教室房顶整体坍塌，当时有 39 名幼儿正在教室唱歌，其中 2 名幼儿死亡，28 名幼儿受伤住院观察治疗。

★19. 2005 年 6 月 10 日，黑龙江省牡丹江市宁安市沙兰镇中心小学教室遭到暴雨、洪水和泥石流袭击，造成 91 人死亡（其中学生 87 人，村民 4 人），25 人受伤住院治疗（其中 17 名学生）。

20. 2005 年 7 月 30 日，云南省红河州元阳县在县城举办传统火把节活动时，一堵贴着宣传海报的墙突然倒塌，造成 11 人死亡，9 人重伤，8 人轻伤。

21. 2005 年 10 月 25 日，四川省巴中市通江县广纳镇小学晚自习下课，有学生怪叫"鬼来"，引起学生恐慌，争相往楼下奔跑，楼道没有灯光，许多学生被挤倒，酿成踩踏事故，造成 8 人死亡，27 人受伤。

22. 2006 年 1 月 1 日，安徽省休宁县齐云山镇龙源村辛田村民组发生红薯窖二氧化碳和沼气窒息事故，4 名村民相继于红薯窖内窒息死亡。

23. 2006 年 11 月 18 日，江西省都昌县土塘中学因学生拥挤酿成踩踏事件，致使 6 名学生死亡，90 余名学生受伤住院。

24. 2007 年 3 月 12 日，辽宁省大连市世贸大厦电梯因超载（该电梯核定承载量为 1350 公斤，允许载乘 20 人，实际载乘 26 人）发生突然下滑事故（俗称"蹲底"），造成 19 人受伤，其中 5 人伤势严重，主要为脊柱、关节损伤和腰椎骨折。

25. 2007 年 3 月 30 日，四川省成都市锦江区东光街东光小区发生雨棚圈梁垮塌事故，造成 1 人死亡，1 人重伤，22 人轻伤。

26. 2007 年 4 月 15 日，江苏省如东县长沙镇海上养殖场 21 人乘 3 辆拖拉机下海从事紫菜生产护场，因遭遇突然涨潮滞留海上，造成 19 人死亡。

27. 2007 年 11 月 10 日，重庆市沙坪坝区家乐福超市在组织 10 周年店庆促销活动中，其东门入口处因有人滑倒而引发踩踏事故，造成 3 人死亡，31 人受伤（其中 7 人重伤）。

28. 2008 年 1 月 17 日，吉林省吉林市龙东小区 22 栋一单元四层楼 8 号住户发生民用天然气爆炸，造成 3 人死亡，4 人受伤。

29. 2008 年 3 月 14 日，重庆市渝北区回兴镇发生天然气泄漏爆炸事故，造成 3 人死亡，5 人重伤，5 人轻伤。

30. 2008 年 4 月 8 日，电视剧《我的团长我的团》剧组在拍摄战争场面时，西影厂烟火师郭某因意外爆炸身亡。4 月 20 日在拍摄全剧重头戏——南天门战役时，廊桥突然坍塌，造成 38 人受伤，其中 7 人重伤。

31. 2009 年 5 月 17 日，湖南省株洲市红旗路高架桥发生坍塌事故，现场 24 辆车被损毁，造成 9 人死亡，16 人受伤，直接经济损失 968.6 万元。

32. 2009 年 6 月 10 日，四川省万源市长坝乡清水溪村一座村建村管的索桥发生侧翻，正在桥上通行的某建筑公司 14 名工人坠于桥下，其中 2 人因伤势过重死亡。

33. 2009 年 6 月 29 日，黑龙江省铁力市铁力西大桥垮塌，造成 21 人落水，其中 4 人死亡，4 人重伤，8 辆汽车坠入河中。

34. 2009 年 7 月 15 日，津晋高速公路港塘收费站外匝道桥坍塌，5 辆载货车坠落，造成 6 人死亡，4 人受伤。

35. 2009 年 10 月 14 日，广西壮族自治区荔浦县境内发生热气球燃烧坠毁事故，造成 4 人死亡，3 人受伤。4 名死者和其中 1 名伤者为荷兰籍游客，另 2 名伤者是中国驾驶员。

36. 2009 年 10 月，四川省通江县广纳镇中心小学发生学生踩踏事故，造成 8 名学生死亡，27 名学生受伤（其中 7 人重伤）。

37. 2009 年 12 月 7 日，湖南省湘乡市育才中学（私立）发生踩踏事故，造成 8 人死亡，26 人受伤。

38. 2010 年 2 月 14 日，四川省洪雅县柳江镇红星村一铁索桥意外垮塌，造成 28 人受伤，其中 7 人伤势较重。

39. 2010 年 2 月 20 日，山东省青州市益都街道陈店村村民在清理一眼机井时发生爆炸，造成 4 人死亡，4 人受伤。

40. 2010 年 7 月 24 日，位于河南省栾川县潭头镇汤营村的汤营大桥因上游山洪暴发而整体垮塌，桥上众多滞留人员不幸落入水中，死亡 53 人，14 人失踪。

41. 2010 年 10 月 12 日，贵州省黔西南布依族苗族自治州安龙县龙山中学围墙部分墙体倒塌，造成 1 名教师、4 名学生死亡，3 名教师、5 名学生、1 名儿童受伤。

42. 2010 年 10 月 21 日，广西壮族自治区柳江县洛满镇洛满中心小学一栋两层综合楼的二楼走道栏杆发生坍塌，造成 27 名学生受伤（其中 4 人重伤）。

43. 2010 年 11 月 29 日，新疆维吾尔自治区阿克苏市第五小学课间操期间学生下楼时发生踩踏事故，致使 41 名学生受伤，其中重伤 7 人，轻伤 34 人。

44. 2011 年 3 月 25 日，江苏省无锡市动物园园内翻山电梯骤停，60 多名春游学生从电梯上摔倒、受伤。

45. 2011 年 4 月 12 日，北京市朝阳区和平街 12 区 3 号楼一户居民家中的煤气管道爆炸，造成该楼 5 单元的 6 户房屋整体坍塌、4 单元和 6 单元局部房屋严重受损，楼内 5 名居民和 1 名过路人员死亡，1 人受伤。

46. 2011 年 7 月 5 日，北京地铁 4 号线动物园站 A 出口自动扶梯发生逆行事故，造成 1 名男孩死亡，3 人重伤，27 人轻伤。

47. 2012 年 8 月 10 日，浙江省舟山群岛岱山县长涂镇沈家坑水库发生溃坝事故，造成 11 人死亡，27 人受伤。

48. 2012 年 9 月 27 日，宁夏回族自治区中卫市飞达电力工程有限公司在中卫市沙坡头区长城街与邵桥路交叉口东侧进行地下电缆水平定向钻施工过程中将宁夏深中天然气开发有限公司城市地下燃气管道钻破，致燃气泄漏并引发爆燃，造成 3 人死亡，4 人受伤。

三、典型事故案例分析

（一）陕西省华阴市华山庙会踩踏事故

2001 年 4 月 8 日，陕西省渭南市华阴市在举办华山传统庙会时，在玉泉院南门通往华山主景区的陇海铁路人行涵洞（长 29 米，宽 3 米）内，发生踩踏事故，造成 17 人死亡，6 人受伤。死亡和受伤者多为老人和儿童。

事故直接原因：众多游人形成的十分拥挤的人流，在狭窄的涵洞内形成对流；涵洞内没有照明，自然光线严重不足；涵洞内台阶多，路面不平。某个游人在距北洞口内约 8 米的两块高出地面 6 厘米的混凝土盖板处被绊倒,随之从南向北即从高处向低处走的游人相继扑倒,叠压在一起,造成群死群伤。根据国务院领导的批示,4 月 9 日,国家经贸委副主任石万鹏、国务院副秘书长崔占福率国务院调查组,会同陕西省政府及其相关部门对事故进行调查。

(二) 重庆市武隆县港口镇江北西段滑坡事故

2001 年 5 月 1 日,重庆市武隆县县城港口镇江北西段发生滑坡事故,致使一幢 9 层楼房被摧毁掩埋,造成 79 人死亡,4 人受伤。

这起地质灾害事故的发生,有地质原因,也有较多人为因素。垮塌建筑的项目业主及施工组织者李某,在没有任何勘察资料、没有进行设计的情况下进行坡地切坡施工,护坡治理工程处理不当;武隆县江北新区西段管委会在项目实施过程中,没有履行质量监督管理的职责,将不符合验收条件的工程按合格工程验收;武隆县建委对高切坡治理无有效的监督措施。

(三) 黑龙江省鹤岗矿务局多种经营公司南山公司一井火灾事故

2001 年 5 月 7 日 23 时 45 分,黑龙江省鹤岗矿务局多种经营总公司南山公司一井发生火灾事故,死亡 54 人,直接经济损失 660.2 万元。

南山公司一井位于鹤岗矿务局南山矿井田范围内,为集体所有制企业,由个人承包经营。矿井开拓方式为斜井开拓,由新、老两对斜井组成,老井始建于1990 年 9 月,由南山公司投资,1991 年 9 月投产;新井建于 1998 年 2 月,由个人投资,1998 年 12 月投产,1999 年底两井贯通。矿井设计能力为 6 万吨/年。可采煤层有 3 号、7 号、8 号、9 号煤层,厚度 3~5 米,煤层倾角 15~25 度,煤种为气煤。属低沼气矿井,煤尘具有爆炸危险性,煤层自然发火期 6~12 个月。矿井通风方式为两翼对角压入式通风,总入风量为 2490 立方米/分钟,总回风量为 2480 立方米/分钟。该井采用巷道式非正规采煤方法,以掘代采,共有采掘工作面 7 个,其中 01、03、12、14、16 号为煤巷掘进,11、13 号为岩巷掘进。事故发生时 01、03、12、14、16 号五个工作面有人作业。该井有职工 335 人,分三班作业。事故发生当日 0 时,正值井下交接班时间,当班副井长曹开连从老井入井,0 时 10 分,走到主井车场时发现有烟,意识到井下着火,迅速带领在附近的 18 名本班工人从老副井升井,并立即向矿调度作了汇报。当时井下共有 87人,其中有 33 人陆续升井,其他 54 人遇难身亡。

事故发生后,鹤岗矿务局成立了抢险救灾指挥部,积极组织了抢救。根据国务院领导指示,成立由国家安全生产监督管理局(国家煤矿安监局)局长张宝明任组长的国务院调查组，对事故进行查处。

事故直接原因：由于井下+132 米标高平巷入风段 38 号密闭内火区长期漏风，造成火区范围扩大，加之此平巷见煤段长期处于氧化状态，致使+132 米标高平巷入风段见煤处煤炭自然发火，并引燃巷道木支架发生火灾。

事故间接原因：（1）矿井"一通三防"工作不落实，疏于对防灭火的管理，井下+132 米标高平巷 38 号密闭内火区长期漏风，平巷见煤段长期处于氧化状态，没有采取及时有效的防自然发火的措施，致使平巷内煤层自然发火，并引发矿井火灾。（2）鹤岗矿务局安全生产责任制不落实。原煤炭工业部和国家煤炭工业局都有明确规定，国有大矿办的小井的安全生产管理必须由大矿统一负责，矿务局局长是大矿办小井的安全生产第一责任人，但鹤岗矿务局在大矿办小井的安全管理上没有明确各级干部和业务处室职责分工，对大矿办小井的安全管理失控。（3）鹤岗矿务局多种经营总公司对其下属小井的安全管理不到位，并降低标准，以包代管，将小井转包给个人，致使该小井违章生产，在被责令停产整顿后又擅自开工，埋下了事故隐患。（4）矿井不具备安全生产基本条件。采用非正规采煤方法，采区通风系统不合理；火区密闭不严，导致长期漏风；工作面单出口，发生事故时人员无法安全撤出；矿井无备用主要通风机，单回路供电，未铺设完整的灌浆灭火供水管路，工人未携带自救器。

（四）广西壮族自治区北海市合浦县恒大石膏矿冒顶事故

2001 年 5 月 18 日 3 时 30 分，广西壮族自治区合浦县恒大石膏矿发生重大冒顶事故，造成 29 人死亡，直接经济损失 456 万元。

恒大石膏矿位于合浦县星岛湖乡大岭头石膏矿区北段，于 1994 年 11 月开工建设，1998 年 4 月投产，生产能力为 30 万吨/年，由广西来宾县莆田石膏矿投资（实为陈宇棠个人投资 3000 万元）兴建，1998—2000 年分别生产石膏矿 7 万吨、8 万吨和 9 万吨。该矿区地质情况复杂，主要受断层和软岩以及地下含水层影响。矿区内一条大的断裂破碎带经过矿区东北部，数条次级断裂分布于矿区中部。矿层受多条断裂带切割，距上覆含水层最近距离为 10 米。矿层顶板为钙质泥岩，底板为砂质泥岩，均具有强烈的吸水软化特点。矿井原计划采用竖井加斜井开拓方式，由于在施工井筒时需使用冷冻法穿过含水层，投资太大，加上石膏矿价格大跌，矿方在建成竖井后没有继续建斜井。因此该矿实际采用中央单一竖井两翼多水平开拓方式。水平之间采用下山联通。由于只有 1 个竖井，矿井未能形成正规通风系统，仅利用局部通风机通过风筒沿竖井将井下污风排出地面。采矿方法为前进式房柱法。发生冒顶范围为北翼采空区。该矿曾于 1999 年 9 月 1

日至 2001 年 4 月 21 日发生过 4 次冒顶事故，造成 5 人死亡。

事故发生当日 2 时多，在二水平大巷打炮眼的矿工听到 210 下山附近有响声，3 时 30 分又发出轰轰响声，随后有一股较大的风吹出，电灯熄灭，巷道有些晃动。该炮工打电话到三水平叫信号工滕德山通知矿工撤退，但无人接电话，之后他们就撤到地面。后来滕德山自己打电话到井口后也撤出地面。地面当班领导接到通知后立即到井下了解情况。此时井下已停电，北面二水平、三水平塌方的响声不断，无法进入工作面。凌晨 5 时，矿方清点人员时发现，当班 96 名矿工中位于三水平北翼工作面的 29 名矿工被困，生死不明，矿方随即向合浦县有关部门作了汇报，并向钦州矿务局求援。合浦县政府有关人员和钦州矿务局救护队很快赶到现场。经过 17 天全力抢救，最后终因井下情况复杂，土质松散，塌方面积大，施救困难，未能救出被困人员。鉴于被困人员已无生还希望的实际情况，6 月 3 日停止了抢救工作。

这是一起由于企业忽视安全生产，严重违反矿山安全规程，有关部门监督管理不到位而发生的重大责任事故。导致这次事故的直接原因是主要巷道保安矿柱明显偏小又不进行整体有效支护，加之矿房矿柱留设不规则，随着采空面积不断增加，形成局部应力集中。在围岩遇水而强度降低情况下，首先在局部应力集中处发生冒顶，之后出现连锁反应，导致北翼采区大面积顶板冒落，通往三水平北翼作业区的所有通道垮塌、堵死。其间接原因：（1）矿主忽视安全生产，急功近利，在矿井不具备基本安全生产条件的情况下，心存侥幸，冒险蛮干。该矿所有巷道都是在软岩中开掘，但矿主为节省投资不对巷道进行有效支护。在近 2 年已发生多起冒顶事故的情况下，矿主仍不认真研究防范措施加大巷道支护投入。同时，该矿又采取独眼井开采方法，致使事故发生后因通风不良和无法保证抢险人员安全而严重影响事故的及时抢救。（2）该矿违反基本建设程序，技术管理混乱。没有进行正规的初步设计；在主体工程未建成的情况下擅自投入大规模生产；没有编制采掘作业规程和顶板控制制度；主要巷道保安矿柱留设过小；没有编制矿井灾害预防处理计划。（3）矿井现场安全管理不到位，缺乏有效的安全监督检查。该矿虽设有安全管理机构，但井下缺乏专门的安全管理人员，井下安全监督管理工作基本由值班长和带班人员代替，难以发现重大事故隐患。（4）政府有关部门把关不严、监管不力。在该矿未经严格的可行性研究，也未作初步设计的情况下批准开办此项目，颁发各种证照。在发现该矿未达到基本安全生产条件就投入大规模生产时不及时制止。特别是在该矿发生多起冒顶事故后仍没有采取果断的关停措施。（5）合浦县政府对安全生产工作领导不力，对外来投资企业安全管理经验严重不足，管理不到位。

（五）江西省南昌市广播电视发展中心幼儿园火灾事故

2001年6月5日，江西省南昌市广播电视发展中心幼儿园小（6）班发生火灾事故，造成13名3~4岁的幼儿死亡（其中男7名、女6名），1名儿童受伤。烧毁、烧损壁挂式空调2台、儿童睡床29张和床上用品，过火面积43.2平方米。

事故发生当日21时许，该幼儿园小（6）班幼儿就寝。21时10分，班主任杨慧珍（女，26岁）点燃3盘蚊香（浙江省诸暨市王家井日用化工厂生产的"夏灵牌微烟"特种蚊香），分别放置在床铺之间南北向3条走道的地板上。随后杨慧珍上三楼教师寝室睡觉。杨慧珍在临走时，告诉当晚值班的保育员吴枝英（女，25岁）"点了蚊香，注意一下"。23时10分许，幼儿园保教主任倪惠琛（女，53岁，当晚值班领导）和值班保健医生厥韵韵（女，56岁）巡察到小（6）班时，发现该班点了蚊香。当时倪惠琛问厥韵韵"点蚊香对幼儿有何影响"，厥韵韵回答"对幼儿呼吸道有影响"。倪惠琛便要吴枝英将寝室窗户打开，保持空气流通。吴枝英回答"窗户已经打开了"。随后倪、厥二人离去。23时30分许，小（6）班保育员吴枝英离开小（6）班寝室到卫生间洗澡、洗衣服等，而后在学习活动室给幼儿的毛巾编号，约有45分钟未到寝室巡察。5日0时15分左右，吴枝英在活动室听到寝室内"噼叭"响，随即进入幼儿寝室，发现16号床龚骏杰的棉被和14号罗文康床上枕头起火，吴枝英随即将龚骏杰抱出寝室，并到小（6）班外呼救，然后又从小（6）班寝室内救出3名学生。此时，寝室内的烟火已很大，随后赶来的驻广播电视局武警中队官兵和幼儿园工作人员用脸盆到盥洗室装水灭火，同时使用室内消火栓出水扑救，但火势强烈，伤亡已经造成。烧毁、烧损壁挂式空调2台、儿童睡床29张和床上用品，过火面积43.2平方米。

事故原因分析：（1）火灾的直接原因，为小（6）班16号床边过道上点燃的蚊香引燃搭落在床架上的棉被所致。（2）该园消防安全管理制度不健全，没有制订灭火应急方案，没有建立教职员工安全培训制度，没有确定各部门的消防安全责任人。（3）部分教师和保育员上岗前未经过培训，缺乏相应的消防安全知识和灭火自救技能。

责任追究：司法机关以重大责任事故罪、玩忽职守罪，依法追究了该幼儿园小（6）班班主任、保育员，幼儿园保教主任，江西省广播电视发展中心主任兼幼儿园园长等人的法律责任。

（六）陕西省榆林市横山县党岔镇马房村炸药爆炸事故

2001年7月16日，陕西省榆林市横山县党岔镇马房村一户村民非法藏匿的

30 余吨炸药发生爆炸，造成 80 人死亡，98 人受伤。爆炸现场形成一个直径 33 米，深 7 米的锅底形大坑。经公安部门调查确认，这是一起报复行凶案件。地方安全监管和火工品管理不严，对这次爆炸的发生有着不可推卸的责任。

（七）沪东中华造船（集团）有限公司龙门起重机倒塌事故

2001 年 7 月 17 日 8 时许，在沪东中华造船（集团）有限公司船坞工地，由上海电力建筑工程公司等单位承担安装的 600 吨×170 米龙门起重机在吊装主梁过程中发生倒塌事故，造成 36 人死亡，3 人受伤。

2000 年 9 月，沪东造船厂与上海电力建筑工程公司（简称电建公司）、上海建设机器人工程技术研究中心（简称机器人中心）、上海东新科技发展有限公司签订 600 吨×170 米龙门起重机结构吊装合同书。2001 年 4 月，负责吊装的电建公司通过一个叫陈春平的包工头与上海大力神建筑工程有限公司（简称大力神公司）以包清工的承包方式签订劳务合同。该合同虽然以大力神公司名义签约，但实际上此项业务由陈春平承包，陈春平招用了 25 名现场操作工人参加吊装工程。

2001 年 4 月 19 日，电建公司及大力神公司施工人员进入沪东厂开始进行龙门起重机结构吊装工程，至 6 月 16 日完成了刚性腿整体吊装竖立工作。2001 年 7 月 12 日，机器人中心进行主梁预提升，通过 60%～100% 负荷分步加载测试后，确认主梁质量良好，塔架应力小于允许应力。2001 年 7 月 13 日，机器人中心将主梁提升离开地面，然后分阶段逐步提升，至 7 月 16 日 19 时，主梁被提升至 47.6 米高度。因此时主梁上小车与刚性腿内侧缆风绳相碰，阻碍了提升。电建公司施工现场指挥张海平考虑天色已晚，决定停止作业，并给起重班长陈忠林留下书面工作安排，明确 17 日早上放松刚性腿内侧缆风绳，为机器人中心 8 时正式提升主梁做好准备。

事故发生当日 7 时，施工人员按张海平的布置，通过陆侧（远离黄浦江一侧）和江侧（靠近黄浦江一侧）卷扬机先后调整刚性腿的两对内、外两侧缆风绳，现场测量员通过经纬仪监测刚性腿顶部的基准靶标志，并通过对讲机指挥两侧卷扬机操作工进行放缆作业（据陈述，调整时，控制靶位标志内外允许摆动 20 毫米）。放缆时，先放松陆侧内缆风绳，当刚性腿出现外偏时，通过调松陆侧外缆风绳减小外侧拉力进行修偏，直至恢复至原状态。通过 10 余次放松及调整后，陆侧内缆风绳处于完全松弛状态。此后，又使用相同方法，和相近的次数，将江侧内缆风绳放松调整为完全松弛状态，约 7 时 55 分，当地面人员正要通知上面工作人员推移江侧内缆风绳时，测量员发现基准标志逐渐外移，并逸出经纬仪观察范围，同时还有现场人员也发现刚性腿不断地在向外侧倾斜，直到刚性腿倾覆，主梁被拉动横向平移并坠落，另一端的塔架也随之倾倒。事故造成36人死亡，2人重伤，1人轻伤。死亡人员中，电建公司4人，机器人中心9人（其中有副教授1人，博士后2人，在职博士1人），沪东厂23人。事故造成经济损失约1亿元，其中直接经济损失8000多万元。

事故原因：（1）刚性腿在缆风绳调整过程中受力失衡是事故的直接原因。事故调查组认定造成这起事故的直接原因是：在吊装主梁过程中，由于违规指挥、操作，在未采取任何安全保障措施情况下，放松了内侧缆风绳，致使刚性腿向外侧倾倒，并依次拉动主梁、塔架向同一侧倾坠、垮塌。（2）施工作业中违规指挥是事故的主要原因。电建公司第三分公司施工现场指挥张海平在发生主梁上小车碰到缆风绳需要更改施工方案时，违反吊装工程方案中关于"在施工过程中，任何人不得随意改变施工方案的作业要求。如有特殊情况进行调整必须通过一定的程序以保证整个施工过程安全"的规定。未按程序编制修改书面作业指令和逐级报批，在未采取任何安全保障措施的情况下，下令放松刚性腿内侧的两根缆风绳，导致事故发生。（3）吊装工程方案不完善、审批把关不严是事故的重要原因。由电建公司第三分公司编制、电建公司批复的吊装工程方案中提供的施工阶段结构倾覆稳定验算资料不规范、不齐全；对沪东厂600吨龙门起重机刚性腿的设计特点，特别是刚性腿顶部外倾710毫米后的结构稳定性没有予以充分的重视；对主梁提升到47.6米时，主梁上小车碰刚性腿内侧缆风绳这一可以预见的问题未予考虑，对此情况下如何保持刚性腿稳定的这一关键施工过程更无定量的控制要求和操作要领。吊装工程方案及作业指导书编制后，虽经规定程序进行了审核和批准，但有关人员及单位均未发现存在的上述问题，使得吊装工程方案和作业指导书在重要环节上失去了指导作用。（4）施工现场组织协调不力。在吊装工程中，施工现场甲、乙、丙三方立体交叉作业，但没有及时形成统一、有效的组织协调机构对现场进行严格管理。在主梁提升前7月10日仓促成立的"600吨龙门起重机提升组织体系"，由于机构职责不明、分工不清，并没有起到施工现场总体的调度及协调作用，致使施工各方不能相互有效沟通。乙方在决定更改施工方案，决定放松缆风绳后，未正式告知现场施工各方采取相应的安全措施；甲方也未明确将7月17日的作业具体情况告知乙方。导致沪东厂23名在刚性腿内作业的职工死亡。（5）安全措施不具体、不落实。6月28日由工程各方参加的"确保主梁、柔性腿吊装安全"专题安全工作会议，在制定有关安全措施时没有针对吊装施工的具体情况由各方进行充分研究并提出全面、系统的安全措施，有关安全要求中既没有对各单位在现场必要人员作出明确规定，也没有关于现场人员如何进行统一协调管理的条款。施工各方均未制定相应程序及指定具体人员对会上提出的有关规定进行具体落实。例如，为吊装工程制定的工作牌制度就基本没有落实。

责任追究：起重机结构吊装施工现场由上海电力建筑工程公司担负指挥和施工现场指挥。在发生主梁上小车碰到缆风绳情况时，未按程序编制修改书面作业指令和执行逐级报批程序，违章指挥导致事故发生。对负有直接责任的该公司3名相关人员，由司法机关依法追究其刑事责任。对其他12名负有管理、领导责任的人员，分别给予开除公职、行政撤职、行政降级、行政记过、行政警告等处分。

吸取事故教训，改进安全生产工作措施：（1）工程施工必须坚持科学的态度，严格按照规章制度办事，坚决杜绝有章不循、违章指挥、凭经验办事和侥幸心理。此次事故的主要原因是现场施工违规指挥所致，而施工单位在制定、审批吊装方案和实施过程中都未对沪东厂600吨龙门起重机刚性腿的设计特点给予充分的重视，只凭以往在大吨位门吊施工中曾采用过的放松缆风绳的"经验"处理这次缆风绳的干涉问题。对未采取任何安全保障措施就完全放松刚性腿内侧缆风绳的做法，现场有关人员均未提出异议，致使电建公司现场指挥人员的违规指挥得不到及时纠正。此次事故的教训证明，安全规章制度是长期实践经验的总结，是用鲜血和生命换来的，在实际工作中，必须进一步完善安全生产的规章制度，并坚决贯彻执行，以改变那种纪律松弛、管理不严、有章不循的情况。不按科学态度和规定的程序办事，有法不依、有章不循，想当然、凭经验、靠侥幸是安全生产的大敌。今后在进行起重吊装等危险性较大的工程施工时，应当明确禁止其他与吊装工程无关的交叉作业，无关人员不得进入现场，以确保施工安全。（2）必须落实建设项目各方的安全责任，强化建设工程中外来施工队伍和劳动力的管理。这次事故的最大教训是"以包代管"。为此，在工程的承包中，要坚决杜绝以包代管、包而不管的现象。首先是严格市场的准入制度，对承包单位必须进行严格的资质审查。在多单位承包的工程中，发包单位应当对安全生产工作进行统一协调管理。在工程合同的有关内容中必须对业主及施工各方的安全责任做出明确的规定，并建立相应的管理和制约机制，以保证其在实际中得到落实。同时，在社会主义市场经济条件下，由于多种经济成分共同发展，出现利益主体多元化、劳动用工多样化趋势。特别是在建设工程中目前大量使用外来劳动力，增加了安全管理的难度。为此，一定要重视对外来施工队伍及临时用工的安全管理和培训教育，必须坚持严格的审批程序；必须坚持先培训后上岗的制度，对特种作业人员要严格培训考核、发证，做到持证上岗。此外，中央管理企业在进行重大施工之前，应主动向所在地安全生产监督管理机构备案，各级安全生产监督管理机构应当加强监督检查。（3）要重视和规范高等院校参加工程施工时的安全管理，使产、学、研相结合走上健康发展的轨道。在高等院校科技成果向产业化转移过程中，高等院校以多种形式参加工程项目技术咨询、服务或直接承接工程的现象越来越多。但从这次调查发现的问题来看，高等院校教职员工介入工程时一般都存在工程管理及现场施工管理经验不足，不能全面掌握有关安全规定，施工风险意识、自我保护意识差等问题，而一旦发生事故，善后处理难度最大，极易成为引发社会不稳定的因素。有关部门应加强对高等院校所属单位承接工程的资质审核，在安全管理方面加强培训；高等院校要对参加工程的单位加强领导，加强安全方面的培训和管理，要求其按照有关工程管理及安全生产的法规和规章制订完善的安全规章制度，并实行严格管理，以确保施工安全。

（八）广西壮族自治区南丹县龙泉矿冶总厂拉甲坡锡矿透水事故

2001 年 7 月 17 日 3 时 40 分，广西壮族自治区南丹县龙泉矿冶总厂所属拉甲坡矿 9 号井 -166 米平巷 3 号作业面发生透水事故，淹及拉甲坡矿 3 个工作面以及与其相邻的龙山矿 2 个工作面、田角锌矿 1 个工作面，造成 81 人死亡（其中拉甲坡矿 59 人、龙山矿 19 人、田角锌矿 3 人），直接经济损失 8000 余万元。

拉甲坡矿位于广西壮族自治区南丹县大厂镇境内大厂矿区，是一个以承包详查工程的名义，非法开采的矿井。该矿井由龙泉矿冶总厂于 1991 年 11 月投资兴建，原为龙山矿（属龙泉矿冶总厂直接管理）的配套井，用于通风、出矿和下料，后与龙山矿分别管理，发生透水事故时有职工 3594 人。

7 月 16 日，龙山矿、拉甲坡矿和田角锌矿共安排 500 多人下井作业。17 日凌晨 3 时多，拉甲坡矿 9 号井实施两次爆破后，-166 米平巷的 3 号作业面与恒源矿最底部 -167 米平巷的隔水岩体产生脆性破坏，大量高压水从恒源矿涌出，发生透水，淹及拉甲坡矿 3 个工作面、龙山矿 2 个工作面、田角锌矿 1 个工作面，造成重大伤亡。

事故发生后，矿主与河池地区行署和南丹县的一些官员相互勾结，隐瞒事故、封锁消息达半月之久。事发当天早 7 时左右，龙泉矿冶总厂总经理黎东明得知矿井发生事故后，立即指示有关人员准备现金 350 万元，并把赔偿金数额由生死合同确定的每人 2 万元提高到每人 5 万元。当晚，南丹县委书记万瑞忠、县长唐毓盛、县委副书记莫壮龙及副县长韦学光从黎东明等人汇报中得知了拉甲坡矿井下死亡 40 多人的情况，但没有采取措施进行抢救。7 月 18 日下午，唐毓盛用电话催促莫壮龙要尽快找到黎东明。莫壮龙、韦学光于当日 19 时与黎东明在车河镇桥头会面，黎东明报告说：这次事故死了 70 多人，已安排人和资金了，家属提什么要求都满足他们，不会牵连上级领导，就不上报了。韦学光说："这事如果上报，你们企业的人肯定挨劳改，我们也挨调动和降职。上面的事我们摆平，下面的事你摆平。"当日20时左右，在唐毓盛的建议下，万瑞忠决定在自己的办公室召开万瑞忠、唐毓盛、莫壮龙、韦学光碰头会。莫壮龙汇报了白天的事情后说："企业不报告，由企业处理，现场绝对看不出什么问题。"韦学光说："出事的巷道淹水很深，尸体浮不上来。"经过一番议论，最后订立攻守同盟，万瑞忠说："企业没有正式报告，由企业处理，我们可以不理，以后万一有事企业自己负责，由黎东明负责，这事只限于我们4个领导知道，不要扩散。"7月19日上午，莫壮龙、韦学光、赵桂华（自治区驻大厂矿业秩序整顿领导小组副组长）等人接到有关发生事故的情况反映后，专门安排人员进行假"调查"，并要求以笔录和按手印的形式确定没有发生重大透水事故。7月26日、27日，万瑞忠、唐毓盛接到河池地委、行署领导追问是否发生重大事故的电话，没有如实报告。7月28日凌晨1时，唐毓盛还签发了给地区行署的"没有事实证明有伤亡事故"的明传电报。7月28日10时，地委书记莫振汉、专员晏支华等4人到南丹县调查。唐毓盛在汇报时，只说龙山矿失踪1人。莫振汉、晏支华对此没有重视，并在讲话中肯定了南丹的工作。7月31日8时20分，唐毓盛再次签发明传电报，称："5月20日开始我县所有的矿山企业均停业整顿，没有人员在井下作业，所谓'造成重大人员伤亡事故'的传闻没有事实依据。"根据自治区领导的指示，地区公安局派便衣前往南丹查证。17时50分，莫振汉、晏支华、刘继胜、蒋明红、韦芳清听取了公安局局长秦济权有关公安暗访的情况汇报。证实拉甲坡矿发生透水事故并死了人。在会上莫振汉强调"没有发现发生事故的迹象，也没有人报告发生了事故"。晚上，莫振汉、晏支华、刘继胜获知拉甲坡矿尚有24人没有出来。8月1日，广西壮族自治区党委书记曹伯纯一行到南丹调查此事时，地区及县领导汇报时一致表示：没有发生死亡事故，其中晏支华说："方方面面反映的情况来看，目前都没有反映出了这么大的事。到目前为止，没有任何人向我们报告这件事。"23时，莫振汉向曹伯纯汇报了公安局调查证实的情况。万瑞忠、唐毓盛把大量的会议记录、笔记等相关资料销毁，直到8月6日，被"双规"后，才逐步交代了与黎东明等人恶意串通、瞒案不报的问题。

从7月17日事故发生至7月31日的半个月时间里，南丹县委、县政府及企业只顾蓄意隐瞒事故真相，一直没有采取任何救援措施，直到8月1日，河池地委、行署按照自治区领导的要求，才组织龙山、拉甲坡矿开始抽水，随后恒源、田角、果园、精诚、华星等矿先后投入排水工作。

此次事故被新闻媒体披露后，党中央、国务院领导指示"一定要把事故事实真相查个水落石出"。8 月 3 日，以国家经贸委主任李荣融为组长的中央工作组赴广西南丹进行调查。8 月 6 日，副总理吴邦国主持会议，成立事故调查组。调查认定此次事故是一起由于非法开采国家保护性资源，以采代探，乱采滥挖，长期管理不力而造成的重大责任事故。

事故直接原因：非法开采，乱采滥挖，违章爆破引发透水，是导致这次事故的直接原因。5 月 23 日，恒源矿及其连通的拉甲坡矿 9 号井 1、2 号工作面标高 -110 米以下采空巷道均被水淹，并与采空区积水相连通。恒源矿最底部 -167 米平巷顶板与拉甲坡 9 号井 -166 米平巷 3 号工作面之间的隔水岩体最薄处仅为 0.3 米，在 57 米的水头压力作用下已处于极限平衡状态。7 月 17 日 3 时多，拉甲坡矿 9 号井两次实施爆破，使隔水岩体产生脆性破坏，形成一个长径 3.5 米、短径 1.2 米的椭圆形透水口，高压水急速涌入与此相通的几个井下作业区，导致特大透水事故发生。

事故间接原因：（1）以采代探、滥采乱挖，矿业秩序混乱。1996—2001 年，获取探矿权的南丹县政府所办南丹县富源矿业探采有限责任公司和广西有色地质勘查局 215 队与无地质勘查资格的龙泉矿冶总厂等 21 家采矿企业签订了一系列关于 105 号矿体详查工程承包合同，承包探矿，实际是非法采矿。全县 263 个矿井中绝大部分为非法矿井。这些非法矿井为争抢国家资源，不顾基本的安全生产条件，没有必要的防水措施，相互贯通，从而致使一矿透水 7 矿被淹。（2）官商勾结，以矿养黑，以黑护矿，无视矿工生命安全。长期以来，以黎东明为首的一伙非法矿主，用金钱铺路，腐蚀拉拢政府官员。南丹县一些领导贪污腐败，与矿主相互勾结，通过官办的南丹县富源矿业探采有限责任公司，一方面为矿主进行有组织的以采代探，非法采矿创造条件，另一方面大肆谋取非法利益，而对此，河池地委、行署置若罔闻。由于得到当地政府、权力机关某些人的支持庇护，一些非法矿历经数次整顿却长期存在。有的矿主非法成立"护矿队"，为其抢夺、盗采国家资源和隐瞒事故、草菅人命等违法犯罪活动充当打手。在这次瞒报"7·17"事故中，黎东明等人采取暴力、威胁等手段，阻止知情人向外界透露实情，阻挠记者调查、采访。（3）河池地区、南丹县长期以来忽视安全生产，有关部门疏于执法、滥用职权。南丹县内的所有民营矿都不具备基本安全生产条件，作业环境非常恶劣，伤亡事故频繁发生，而有关领导却熟视无睹，长期瞒报、少报事故。据调查组在当地火葬场调查时发现，南丹县 2000 年矿山企业因工死亡 259 人，而县里只上报死亡 57 人；2001 年 1—7 月份死亡 264 人，县里统计数字只有 94 人。在工商管理、爆破器材使用和电力管理等方面，有关行政执法部门严重失职渎职，尤其是自治区矿山整顿工作组年初就进驻大厂矿区，不但非法开采的矿没有减少，反而增加了 16 个。国土资源部违反有关规定向南丹县富源矿业探采有限责任公司核发探矿权人证，为该公司进行有组织的非法采矿提供了便利条件。

责任追究：纪检、监察、检察和公安机关共审查、处理有关责任人 128 名，其中省部级干部 1 人，厅局级干部 9 人，处级干部 19 人，科级及科级以下干部 35 人；涉及矿主及其他人员 64 人。其中南丹县委书记万瑞忠、县长唐毓盛、副书记莫壮龙、罗绍章及副县长韦学光因滥用职权、受贿被逮捕，并由广西南宁市中级人民法院于 2002 年 6 月 5 日依法对 4 名被告人作出一审判决：县委书记万瑞忠被判处死刑，县长唐毓盛被判处有期徒刑 29 年，县委副书记莫壮龙被判处有期徒刑 11 年，副县长韦学光被判处有期徒刑 14 年。南丹龙泉矿冶总厂总经理黎东明被判处有期徒刑 20 年。河池地委书记，行署专员和一名副专员被撤职；负有分管责任的广西壮族自治区一名副主席受到行政记过处分。

（九）江苏省徐州市贾汪镇岗子村五副井瓦斯煤尘爆炸事故

2001 年 7 月 22 日 9 时 10 分左右，江苏省徐州市贾汪区贾汪镇岗子村五副井发生瓦斯煤尘爆炸事故，造成 92 人死亡，直接经济损失 538.22 万元。

岗子村五副井于 2000 年 2 月投入生产，生产能力 3 万吨/年，实际年产量约 4 万吨。有职工 350 人左右。该井是岗子村村委会在未取得地方主管部门批准的情况下，擅自以建五井风井的名义按主提升井建设的，从开工到投产直至事故发生时，从未取得任何有效合法证件，但得到地方政府及有关部门默许认可的非法生产矿井，而且是独眼井生产。该井采用立井单水平开拓，共有 12 个采掘工作面。采用巷道式采煤方法，人工装煤，人力推车运煤，立井双罐笼提升。在井筒内安设了硬质风筒，抽出式通风，主要通风机排风量 178 立方米/分钟，向韩桥煤矿采空区漏风量 180 立方米/分钟。矿井绝对瓦斯涌出量 2.95 立方米/分钟，相对瓦斯涌出量 4.84 立方米/（吨·日），属低瓦斯矿井。煤尘爆炸指数为 46%。

事故发生后，总理朱镕基当即作出批示，成立了以国家煤矿安全监察局副局长赵铁锤为组长的事故调查组。经现场勘察分析，认定这起事故发生在 1701 回采工作面，是一起瓦斯煤尘爆炸事故。其理由：（1）从现场的破坏状况看，爆炸的威力很大。在巷道支架上发现有明显的煤尘爆炸结焦物，调查组委托中国矿业大学安全技术及工程实验室对井下结焦物的样品进行化验，化验结果证实煤尘参与了爆炸。（2）该矿煤种为气肥煤，煤尘的爆炸指数为 46%，具有很强的爆炸危险性。（3）瓦斯积聚原因：该矿井为独眼井，在井筒内安设直径为 0.7 米的铁风筒，主要通风机抽出式通风，风量只有 178 立方米/分钟。事故发生前，主要通风机一直未开，因该矿井下巷道与相邻的徐州矿务集团公司韩桥煤矿的采空区连通，矿井通风主要靠徐州矿务集团公司韩桥矿采空区漏风，据韩桥矿测定，实际漏风量为 180 立方米/分钟左右。韩桥煤矿韩桥井为低瓦斯矿井，绝对瓦斯涌出量为 2.95 立方米/分钟。发生事故的矿井井下共有 12 个采掘工作面，井下又有多处盲巷，通风系统复杂。因此，该井采掘工作面基本处于微风甚至无风状态。1701 工作面虽然与东巷和 280 回风巷相通，但由于该工作面是巷道式采煤，巷深 10~12 米，局部通风机经常停开，造成瓦斯积聚；新开采的巷道又经常与采空区贯通，造成采空区瓦斯涌向回采工作面。因此，1701 工作面具备瓦斯积聚的条件。（4）从 1701 工作面现场的情况分析，工作面在爆破。且当班没有使用发爆器爆破，采用明火爆破。这次爆炸的火源是工人违章爆破产生的火焰。

事故直接原因：由于该矿采用独眼井开采，主要通风机未开，井下采掘工作面处于微风甚至无风状态，造成工作面瓦斯积聚；不按规定洒水防尘，工作面和巷道煤尘很大，煤尘又具有很强的爆炸性；爆破产生的火源引起瓦斯爆炸，煤尘参与爆炸。

事故间接原因：（1）地方政府没有认真贯彻执行国务院关于乡镇煤矿治理整顿和安全生产的一系列规定和要求，辖区内采矿秩序相当混乱，将本应按国务院有关规定予以关闭的五副井纳入日常管理，收取税费，客观上使之合法化；对有关职能部门包庇、纵容五副井非法建井、生产的行为失察，在某种程度上充当了非法小煤矿的保护伞。（2）地方政府有关职能部门存在着失职、渎职行为。煤炭部门违规为五井变更煤炭生产许可证；地矿部门对五井超层越界、五副井非法开采行为熟视无睹，不予制止；劳动部门对五副井大量女工从事井下作业行为失察。公安部门明知五副井为非法矿井，违规允许以五井的名义购买炸药。致使五副井能够长期存在并非法组织生产。（3）矿主庄金才明知五副井没有取得有效合法证件，长期冒用五井的相关证照非法组织生产，违章指挥、冒险蛮干、要钱不要命；为使五副井合法化，弄虚作假，行贿办证；违反《劳动法》非法雇佣大量女工从事井下劳动，导致 23 名女工在事故中遇难。（4）五副井不具备最基本的安全生产条件，非法独眼井开采。严重违反《煤矿安全规程》和《小煤矿安全规程》，无基本通风、防尘、排水系统；明火爆破；采用落后的巷道式采煤；电器设备失爆严重。（5）工人安全知识水平和自我保护意识差，井下违章作业、冒险作业现象比较普遍。

责任追究：追责 37 人（死亡和自杀免于追责者 2 人）。司法机关依法追究刑事责任 15 人；给予党纪政纪处分的 22 人（留党察看 1 人，开除党籍 1 人，取消预备党员资格 1 人，党内职务和行政职务双撤 2 人，行政撤职 14 人，撤销党内职务 1 人，行政降级 1 人，行政记大过 1 人）。

（十）国航 CA129 航班客机在韩国釜山坠毁事故

2002 年 4 月 15 日，中国国际航空公司 CA129 航班一架波音 767-200ER 型客机在韩国釜山金海国际机场北部山区坠毁，造成 129 人死亡。

2005 年 5 月公布的韩国官方事故调查报告认为这次空难的成因：当航机重飞并转往金海机场 18R 跑道的时候，机组人员并没有按照中国国际航空的运作及训练指引，没有注意该航机着陆的最低适合天气，以及在再次进场的时候，并没有留意进场失败的应对方式；机组人员并没有适当管理机舱内的人员，导致机组人员对航机重飞转往 18R 跑道降落的事情没有保持救援现场警觉，最终导致飞机偏离预定航向，并使飞机转向的时间被延迟；当机组人员在转往 18R 跑道的时候没能目视发现 18R 跑道，但是他们并没有立即取消进场，此举直接导致飞机撞山；撞山前 5 秒，副机长建议机长再次爬升飞机，机长并没有做出回应，副机长也没有自行取消进场。中国则认为除以上因素之外，恶劣的天气及航空交通管制人员处理不当也是事故原因。中国方面的调查称韩国釜山机场对此次事故有不可逃避的责任：当时在釜山金海机场的见习塔台管制员没有持有韩国建设交通部颁发的执业执照，对波音 767 的特性并不十分了解，并且错误的要求飞机下降到 213.5 米的高度，而正确的高度应该是 335.5 米；釜山金海国际机场方面并没有告知机组人员机场当时的天气情况，129 班机出事之前的其他 8 个航班都因为恶劣天气而转向其他机场降落；当时机场的雷达和助航灯光系统都有问题。

（十一）北方航空公司 CJ6136 航班大连空难事故

2002 年 5 月 7 日 20 时 37 分，北方航空公司一架 MD82、B2138 号飞机执行 CJ6136 次航班任务，在由北京返回大连途中，坠毁在大连海域，机上 103 名乘客、9 名机组人员全部罹难。

飞机在距离大连机场东侧约 20 千米处，机长报告塔台地面指挥机舱内起火。21 时 24 分，飞机与空管部门失去联络，并在雷达显示屏上消失。5 分钟后，辽宁省大连市"甘渔 0998"号渔船通过 12395 电话向大连海上搜救中心报告，称傅家庄上空有一民航客机失火。随后飞机坠落在北纬 38.95105 度海底，机尾坠落在北纬 38.95215 度海面。坠机地点距离大连周子水国际机场 20 千米，距离大连市区约 3 千米，距离大连石油七厂仅 1 千米。机长和机组人员危急时刻所做出的处置，使飞机撞向海湾，避免了给地面上造成更严重的生命财产损失。

2002 年 12 月 7 日，新华社发布消息称"通过调查，并经周密核实，认定空难是一起由于乘客张丕林纵火造成的破坏事件"。张丕林生于 1965 年，1983 年就读于南京大学物理系。大学毕业后到大连工作，两年后下海经商，生意经营惨淡。事发当日，他乘机从北京返回大连，并在购买机票时购买了 7 份航空旅客人身意外伤亡保险。

事故责任追究和吸取事故教训，加强安全防范措施。空难调查小组成员、国家安全监管局安全监管二司负责人就此指出：机场安检人员对这次空难负有责任，"他（张某，下同）上飞机怎么把这汽油带上去了呢？这五个大可乐瓶怎么就带上飞机了呢，汽油味和可乐味肯定能分出来。他还带了一个大剪子……这个通道的安全安检人员干什么呢"；"造成这么大的事故，就是因为安检人员这么一个岗位的人没有认真检查"。该安检人员被开除公职，北方航空公司的相关负责人也受到党纪政纪处分。

（十二）黑龙江省鸡西矿业集团城子河煤矿瓦斯爆炸事故

2002 年 6 月 20 日 9 时 45 分，黑龙江省鸡西矿业集团有限责任公司城子河煤矿西二采区发生瓦斯爆炸事故，造成 124 人死亡（其中包括鸡西矿业集团公司总经理赵文林和城子河煤矿矿长赵永金、党委书记张继存等），24 人受伤，直接经济损失 984.8 万元。

城子河煤矿于 1938 年建井，核定生产能力为 160 万吨/年。矿井开拓方式为立井开拓，抽出式分区通风。全矿共有 4 个采区，有 3 个采煤工作面、17 个掘进工作面。发生事故的西二采区是城子河煤矿的主要采区，开采 3B 层和 24 号层、25 号层煤。6 月 20 日 8 时 30 分，鸡西矿业集团公司总经理赵文林和城子河煤矿矿长赵永金、党委书记张继存及有关人员下井对城子河煤矿进行质量标准化达标验收。在对西二采区检查验收过程中，部分人员已经检查完毕正在坐车返回，总经理赵文林、矿长赵永金、书记张继存及有关处室人员、随行的电视台记者等人在对 145 综采工作面检查时，于 9 时 45 分发生了瓦斯爆炸事故。事故波及西二采区两个采煤工作面、四个掘进工作面，摧毁 21 道通风设施，破坏了西二采区通风系统，造成重大伤亡。

事故直接原因：西二采区排水巷局部通风机停开，停风造成瓦斯积聚达到爆炸浓度，工人启动联锁开关送电时，由于潜水泵插销开关虚插失爆，产生电火花引起瓦斯爆炸，局部煤尘参与了爆炸。

事故间接原因：（1）没有正确处理好安全与生产的关系，对安全监察机构和安全大检查中提出的问题不认真整改。2002 年 1 月至 6 月，国务院安全生产大检查组、黑龙江煤矿安全监察机构在对城子河煤矿检查中，曾发现事故隐患

59 条，下达停产整顿执法文书 9 份，但城子河煤矿既没有停产整顿，也没有对隐患进行整改。（2）矿井用工管理混乱，安全培训不到位。该矿大量使用外包工从事井下采掘作业，但没有将外包工纳入矿井正规安全生产管理，以包代管。外包队入井即无正式的用工合同，也没有经过正规安全培训，又无有效的安全管理制度，井下作业各自为政、无统一的安全监督管理。全矿 500 名特种作业人员经过三级培训的只有 156 人，持证上岗率仅为 31.2%，特别是全矿 94 名瓦斯检查员中，只有 34 人是经过培训的，其余 60 人属无证上岗。（3）"一通三防"管理和技术管理混乱。该矿瓦斯绝对涌出量为 41.75 立方米/分钟，采掘工作面回风瓦斯经常超限，按《煤矿安全规程》第 145 条规定应该进行瓦斯抽放，而该矿并没有进行瓦斯抽放；重点瓦斯掘进面（全煤巷道）密闭启封复用后没有重新制定并落实可靠的通风安全措施；瓦斯检查员不严格执行瓦斯检查制度，不在现场交接班；矿井安全监测系统控制室无专人值班，瓦斯监控管理、调试、检修不到位，随意甩掉断电控制，监测失控；没有严格执行局部通风机管理制度，风-电、瓦斯-电闭锁形同虚设；矿井通风设施和隔爆设施不完善，没有按照《煤矿安全规程》第 155 条的规定配备齐采区之间、煤层之间的隔爆设施，灾区现场勘察发现 3B 层生产系统原有 4 处临时通风设施质量不合格，3B 层和 24 号、25 号层之间石门没安设隔爆设施。（4）井下事故区域接送电管理混乱。外包队作业停电、送电无报告，无审批，外包队无专职电工，不懂供电知识的临时工经常随意接电，随意停送电，风-电闭锁，瓦斯-电闭锁随意短接或甩掉。（5）自救器和便携式瓦斯报警仪配备不齐全。灾区内两个采煤队、三个掘进队及外包作业人员均没佩戴自救器，班组长没带便携式瓦斯报警仪，造成人员伤亡扩大。

事故教训：（1）发生事故的西二采区 3B 层全煤上山 240 米停工巷（下部 80 米积水）于 2001 年 10 月开始施工，2002 年 2 月封闭，5 月 24 日启封，通风排瓦斯并回撤设备，事故前在停工状态实供风量 160 立方米/分钟，回风瓦斯浓度 0.7%，绝对瓦斯涌出量 1.12 立方米/分钟。这仍然是一处不容忽视的重点面和高瓦斯源。如能及早发现并及时报警采取有效补救治理措施，这起事故或许还是可以避免的。但井下瓦斯监控系统没起作用，断电报警仪器没起作用，安全、瓦检"岗、网、哨"均没起作用，监测执机员和井下瓦检员没向矿调度和矿领导报告，错过了补救时机。（2）发生事故的停工巷道不存在爆破火源、机械碰撞、岩石冒落摩擦火花和其他吸烟火源。排水巷爆源中心潜水泵插销开关处于虚接失爆状态，供风局部通风机和潜水泵动力开关联锁断开并且瓦斯-电闭锁没接。在这种情况下，工人启动联锁开关，经水泵开关送电，必然要产生引爆电弧火花。假如此水泵供电已实现瓦斯与电闭锁，虽然煤巷内瓦斯积聚超限，但水泵插销开关送不上电，其实这次事故也可以避免。假如已经知道风-电、瓦斯-电"两闭锁"都不起作用，但送电前先检查瓦斯，只要瓦斯浓度不超 1% 再送电，悲剧也不会发生。又假如误送电的工人是一名懂电懂风的专业人员，送电前先检查瓦斯，瓦斯浓度 3% 以上，请救护队排放，3% 以下由井区领导指挥排放瓦斯；2% 以下瓦检员先送风排瓦斯，待瓦斯浓度降至 1% 以下再送电，这起矿难也不会发生。（3）事故发生地点的 3B 层煤属于有煤尘爆炸性煤层，事故后救护队和专家组现场勘查发现：在 145 采煤工作面上巷口、超前单体支柱、工作面上部综采支架、下巷腰巷入口等多处有典型的堆角状高温过火煤尘结焦。证明煤尘不但参与了爆炸，而且增加爆炸破坏威力。爆炸时有煤尘飞扬参与爆炸，爆炸前必然综合防尘存在死角和积尘隐患。反映出日常井下防尘薄弱，综采支柱上、皮带运输巷道有煤尘沉积，防尘监管不严，对煤尘浓度超标没有检测制度，对防尘措施效果没有评价手段。（4）外包队的入井合同只是矿领导的口头协议，外包工队进入发生事故的采区与本矿采掘队混合作业，没有实行统一管理。外包队入井承包工作面，通风、供电、检修、考勤无统一安全监管。井下随意停送电、随意停风、随意甩掉"三双两闭锁"，造成瓦斯积聚，又不能及早彻底处理。（5）发生事故的 3B 层和事故波及的 24 号层之间 180 米，煤层间石门内没安设隔爆设施；145 综采工作面附近存在 4 道临时通风设施，特别是入井人员全部没有佩戴自救器，班组长和电钳工没有佩戴便携式瓦斯报警器，导致没能及时发现瓦斯超限和事故发生后伤亡扩大。（6）瓦斯爆炸发生后，由于西二采区整个通风系统和通风设施均已破坏，604 掘进队 5 名工人和一名瓦检员听到一声闷响，接着大量飞灰和黑烟滚滚涌来。面对突发的灾难惊慌失措的工人都想冒险逃生，但瓦检员张殿福制止了他们，并引导他们向工作面里部撤退、关闭矿灯、采取自救待援措施。等待 30 分钟后，全风压系统逐渐恢复，604 掘进巷道内，爆炸黑烟逐渐稀少，瓦检员带领工人用湿毛巾捂嘴快速撤出灾区，创造了险中逃生的成功范例。假如当时没有瓦检员引导外包工人撤回工作面自救，暂避一氧化碳高峰，而是顶着黑烟往外瞎跑，那么面对一氧化碳浓度高达 $3500 \times 10^{-6} \sim 4000 \times 10^{-6}$ 的灾区环境，都会中途中毒。

吸取事故教训，改进煤矿安全生产措施：（1）把高瓦斯煤层、重点瓦斯工作面的瓦斯防治列为安全工作重中之重。抓住"先抽后采，监测监控，以风定产"这三大治本环节，实现综合治理瓦斯措施配套。（2）依靠科技进步，完善防治装备。高突矿井必须上齐瓦斯监控系统，采掘工作面瓦斯和局部通风机、风门开关的监测探头覆盖面要达到 100%；低沼气矿井采掘工作面断电仪投用率要达到 100%；井下监测断电仪器和探头完好率要达到 100%；井下测风、测尘、瓦检、安监仪器和自救防护器具投入率也要达到100%，各采区各煤层都要摸索出瓦斯涌出规律，制定并落实完善的针对性措施。（3）确保主、局部通风机经常运转，实现采掘风量充足。井下在用局部通风机要实现专用电源供电，并备有转换电源，井下采煤必须全风压通风；掘进局部通风机供风必须实行风-电和瓦斯-电闭锁，并推广风-电自动延时闭锁装置和局部通风机停风远距离监视技术，凡主要通风机随意停风造成瓦斯积聚要按事故追查处理。（4）严细独头盲巷管理，消灭瓦斯超限积聚。采掘施工不允许留下不封闭独头盲巷。掘进巷道停工封闭和启封复用都必须严格执行规程规定，独头盲巷启封复用必须先探查瓦斯、后排放瓦斯、恢复通风系统，原为重点瓦斯工作面，必须仍按重点工作面严加监管。（5）严格通风安全培训，提高职工技术素质。（6）没经安全培训的矿外承包队不允许入井施工作业。

（十三）山西省繁峙县沙河镇义兴寨金矿区王全全探矿井炸药爆炸事故

2002年6月22日14时30分，山西省繁峙县义兴寨金矿区0号矿脉王全全井发生火灾爆炸事故，造成38人死亡，直接经济损失约1000万元。

义兴寨金矿区位于繁峙县沙河镇义兴寨，矿区面积5.1318平方千米。该矿区内的义兴寨金矿为山西省属国有企业，是一座采、选、冶联合的黄金矿山企业。矿区共有12个矿脉群，0号矿脉位于义兴寨金矿设计采区之外东部约500米处的孙涧沟。多年来，义兴寨金矿区采矿秩序混乱，私挖滥采现象未得到有效治理。2001年一些当地农民开始在0号矿脉私自采矿。地方国土资源等部门多次进行治理整顿，但效果不佳。特别是在繁峙县县长王彦平、县委副书记刘计良等人的默许和支持下，殷三等矿主于2002年3月23日与义兴寨金矿签订了《委托探矿管理孙涧沟0号脉的协议》（实际上义兴寨金矿无权签此委托协议，因0号矿脉在义兴寨金矿矿界之外）。在签订协议前，在0号脉非法开采的井口已达20多个，为使所有井口"合法"化，2002年4月25日，义兴寨金矿批准了殷三新开25个井口的申请，使0号脉的非法探矿井实际达到33个。

王全全井是上述33个非法探矿井之一。股东包括石新泉、王全全等人。该井位于0号脉上部，没有与义兴寨金矿井下巷道连通，实质是独立于义兴寨金矿开采系统的生产矿井。王全全井由主井和副井组成，自然通风，采用竖井加多段盲立井的开拓方式，主提升采用绞车提升，井下采用编织袋装矿，人工运输。开拓中段达5个之多，第六中段正在掘进，未形成水平巷道。每个中段高度为30~70米不等。2002年6月19日左右，王全全井的主井掘进到位，并于6月21日晚与副井在三部打透贯通。由于技术水平低，主井井底低于副井的三部平巷1.5

米左右。因此事故前几天，王全全井基本停止了提矿，全力组织力量完善三部运输巷道，但井下采矿并未停止。事故当天主要作业地点是三部、四部和五部。2002 年 6 月 22 日 9 时许，股东石新泉从繁峙县民爆公司沙河炸药库购买岩石乳化炸药 150 箱（3.6 吨），组织工人将其中的 93 箱存放在副井一部平巷炸药库，并违反规定将炸药库放不下的炸药放置到二部、三部平巷。13 时 30 分左右，矿井二部平巷绞车工座位的编织袋等物着火，14 时 30 分左右，在一部平巷内的炸药库和盲一立井井口向下 26 米处相继发生爆炸，燃烧、爆炸产生的大量一氧化碳等有毒有害气体导致 38 名矿工中毒窒息死亡。

事故发生后，矿主既不认真施救，又不保护事故现场，而是将矿井所有资料销毁、威胁、遣散矿工，填埋毁坏副井，采取焚尸、藏尸等恶劣手段，并串通繁峙县委、县政府有关人员，用现金、金元宝等收买记者，隐瞒事故真相。事故发生当晚，矿主殷三、杨海龙、杨治兴、王建勇等商量并统一了"2 人死亡、4 人受伤"的口径，并确定由王建勇负责做繁峙县县长王彦平的工作，杨海龙负责做其他县领导的工作，殷三负责应付领导、记者的调查和遣散民工，杨学兵负责转移、藏匿尸体及与死难矿工家属私了。与此同时，殷三、杨学兵还指使其他矿井的 10 名民工冒充逃生工人，向繁峙县调查人员作伪证。当晚 23 时，矿主将遇难矿工尸体进行转移、掩埋。23 日凌晨，矿主杨学兵召集王全全井工人开会，恐吓工人和家属不得说出事情真相，并当即遣散了民工和家属。24 日，杨学兵组织 10 余名工人用钢管、编织袋将副井口盖住。26 日，刘锋、舒仕林等人纠集 20 余人填埋副井，破坏现场。27 日下午，矿主杨海龙授意王建勇专门给县长王彦平打电话做工作，要求不要把事情搞大。

繁峙县委、县政府在组织事故调查时，轻信矿主报告，并于 6 月 22 日事故发生当晚 21 时左右按"2 死 4 伤"口径向忻州市委、市政府报告了事故伤亡情况。23 日，县卫生局局长阎珍发现伤亡人数超过"2 死 4 伤"后，即请示县领导，县长王彦平、副县长王俊生让其按"2 死 4 伤"的口径向上级报告，未报告真实情况。6 月 25 日，山西省经贸委负责人到繁峙县向县长王彦平等人通报国家安全生产监督管理局转来关于事故死亡 8 人的举报情况，要求核实。但王彦平等人未根据举报的重要线索，按上级要求进行深入调查，也未将有关情况如实上报。28 日，繁峙县公安局在已知事故死亡人数超过 2 人的情况下，根据副县长王俊生的要求，仍按"2 死 4 伤"出具了关于事故伤亡情况的材料。

6 月 23 日晚，繁峙县委书记王建华得知新华社山西分社记者要来采访后，通知他人筹集现金，并请忻州市委宣传部副部长胡有恒来繁峙协调接待记者。6 月 24 日晨，王建华送给新华社山西分社记者安小虎和鄯宝红各 2 万元。同日县委副书记刘计良按照王建华的要求，从矿主杨治新处索要 8 个金元宝（单个价值约 2400 元）交给胡有恒，胡有恒送给新华社山西分社等新闻单位共 5 名记者各 1 个，自己占有 3 个。6 月 25 日后，矿主杨治新等人向《山西经济日报》《山西法制报》《山西生活晨报》等媒体的 7 名记者送现金 45000 元。

根据群众举报和国务院领导指示，国务院有关部门与山西省政府成立联合调查组，经过 15 个昼夜的挖掘、清理，被不法矿主填死的副井井口疏通，38 具尸体全部核实确认。

事故直接原因：井下作业人员违章用照明白炽灯泡集中取暖，时间长达 18 小时，使易燃的编织袋等物品局部升温过热，造成灯泡炸裂引起着火，引燃井下大量使用的编织袋及聚乙烯风管、水管，火势迅速蔓延，引起其他巷道存放的炸药和井下炸药库燃烧，导致炸药爆炸。在爆炸冲击波作用下，风流逆转，燃烧、爆炸产生的大量高温、有毒、有害气体进入三部平巷等处，造成井下大量人员中毒窒息死亡。

事故间接原因：（1）违反规定，违章指挥，应急处置措施不力。矿主违反有关规定将大量雷管、炸药存放于井下硐室、巷道，致使发生火灾后引起爆炸。在井下着火长达一小时的情况下，矿主没有采取快速有效的处理措施，未组织作业人员撤离，致使井下作业人员因无法躲避、无自救器具而大量中毒窒息死亡。事故发生后，矿主没有制止地面矿工在无任何救护设备的条件下入井抢救，使死亡人数增加。（2）采矿秩序混乱，乱采滥挖现象严重。2001 年以来，繁峙县委、县政府采取了错误的黄金开采政策，特别是县长王彦平、县委副书记刘计良等少数党政领导及义兴寨金矿负责人接受贿赂，以所谓"疏堵结合"为名，支持、怂恿义兴寨金矿将部分采矿权非法承包给不具备任何资质的个体矿主；繁峙县黄金开发服务领导组和县黄金开发服务中心所印发文件中的一些内容违反了《矿产资源法》等法律法规的规定，使非法采矿行为"合法"化，在面积不到 1 平方千米的孙涧沟范围内就有非法矿井 33 个，不少矿井互相连通，埋下事故隐患。（3）主管部门管理失控，企业内部管理混乱。山西省冶金行业办（黄金管理局）对义兴寨金矿管理职责不清，监管不力，未能及时发现和制止该矿违法转让部分采矿权的行为。义兴寨金矿内部管理混乱，与不具备任何资质的殷三等人签订委托探矿协议，从中牟利；而且作为安全生产责任单位，从未派专业技术人员对探矿井进行安全管理和技术指导。对探矿井负有行业管理责任的繁峙县黄金开发服务中心，只收费不管理，安全工作流于形式。（4）王全全井以采代探，不具备基本的安全生产条件。王全全井名为探矿，实为采矿，内部又是层层承包，管理混乱，且生产系统不完善，技术水平低，采矿设备落后，生产过程中既没有设计图纸，也没有施工方案，隐患严重。（5）民爆器材购买、储存、使用管理混乱。繁峙县公安局根据县政府有关领导批示，凭县安全监管局的证明，向非法矿井发放可直接购买炸药、雷管的多页购买凭证，县民爆公司炸药库保管员在没有任何手续的情况下一次就卖给王全全井150箱炸药。井下炸药库根本不符合存放民爆器材的基本条件，而且公安局在批准供货前既没有对井下炸药库进行检查，也没有对爆破工的资质进行核查。

责任追究：司法机关以重大责任事故罪、非法买卖爆炸物罪和毁灭证据、包庇罪等，依法追究了矿主殷三、王全全等39人的刑事责任。其中石新泉犯非法买卖爆炸物品罪，判处死刑，剥夺政治权利终身；殷三犯行贿罪，判处有期徒刑8年，犯重大劳动安全事故罪，判处有期徒刑7年，决定执行有期徒刑14年；王建勇犯行贿罪，判处有期徒刑8年；舒仕兵犯危险物品肇事罪，判处有期徒刑7年；杨海龙犯行贿罪，判处有期徒刑5年；王全全犯危险物品肇事罪，判处有期徒刑5年。繁峙县县长王彦平，副县长王俊生等21名地方党政干部受到党纪政纪处分，有的还被追究刑事责任。

（十四）山西省孝义市驿马镇孟南庄煤矿瓦斯煤尘爆炸事故

2003年3月22日12时50分，山西省孝义市驿马镇孟南庄煤矿发生瓦斯煤尘爆炸事故，造成72人死亡，4人受伤，多处巷道冒顶，大部分巷道支护、通风设施和机电设备被毁坏，直接经济损失1036万元。

孟南庄煤矿位于山西省孝义市驿马乡孟南庄村，始建于1995年，于1997年12月投产，矿井设计生产能力为6万吨/年。矿井开拓方式为竖井开拓，主井为提升运输、出煤井，副井为进料、排水井，另外设有回风井。在3号煤层中布置运输大巷。采煤方法为短壁式炮采，金属摩擦支柱支护，刮板输送机运输。通风方式为中央并列抽出式，矿井总进风量为1520立方米/分钟，总回风量为1960立方米/分钟，属高瓦斯矿井，瓦斯绝对涌出量为1.24立方米/分钟，相对涌出量为10.4立方米/吨，煤尘具有爆炸性。

22日12时50分，该矿发生瓦斯煤尘爆炸事故，14时2分，孝义市救护队接到事故召请电话，立即出动25名救护队员，于15时到达事故矿井。吕梁市矿山救护队和汾矿集团救护大队先后赶来参加救援。救护人员克服重重困难、交替连续作业、地毯式进行搜救，截至25日所有能到达的地方都进行了搜索，抢救遇险人员1名，发现遇难人员63名。

事故原因分析：（1）瓦斯积聚是造成矿井瓦斯爆炸的原因之一。①通风系统不合理是造成瓦斯积聚的根本原因。北区有2131回采工作面、北一、北二、北五、北六、北七和北八掘进头，属一条龙大串联通风，严重违反了《煤矿安全规程》第 114 条 "采、掘工作面应实行独立通风，同一采区、同一煤层上下相连的两个同一风路中的采煤工作面、采煤工作面与其相连的掘进工作面、相邻的两个掘进工作面，布置独立通风有困难时，在制定措施后可采用串联通风，但串联通风不得超过 1 次" 的规定。②"U 型" 通风，最易使工作面上隅角积聚瓦斯。北采区 2131 回采工作面进、回风巷之间没有任何通风设施，采用 "U 型" 通风，致使回采工作面处于微风状态，工作面落煤、煤壁和采空区丢煤不断涌出的瓦斯，不能及时排放，造成 2131 回采工作面上隅角瓦斯积聚，此外，北一、北二掘进工作面的回风又直接进入进风大巷中，部分进入回采工作面进风流中，更加加剧了 2131 回采工作面上隅角的瓦斯积聚。③通风设施亏欠是造成瓦斯积聚的又一原因。井下所有采、掘工作面都应实行独立通风，而要实行独立通风必须利用通风设施来调整，孟南庄煤矿由于技术管理上的混乱，应该设置风桥、风门的地点都没有设置，造成回采工作面风流短路，有效风量不足，不能及时清洗回采工作面涌出的瓦斯，甚至上一个工作面的污浊风流又进入下一个工作面，导致了回采工作面上隅角瓦斯积聚。④采空区顶板控制差，不能及时放顶是造成采空区瓦斯积聚的主要原因。孟南庄煤矿 2131 回采工作面机尾部分约有 30 米宽的顶板坚硬，平时回柱后不容易垮落，造成采空区大面积空顶，致使瓦斯有了积存的空间而形成了瓦斯积聚。（2）现场管理混乱、职工安全意识差是造成瓦斯爆炸的根本原因。①井下大部分电器设备失爆，电缆悬挂混乱，到处是 "鸡爪子""羊尾巴"，井下供电又不稳定，经常有停送电现象，井下随时都可能产生电火花，一旦火花附近有瓦斯积聚，就会造成瓦斯爆炸。②井口验身把关不严，工人有带烟火入井现象，一旦抽烟随时可能点燃瓦斯，这次瓦斯爆炸就是因为井下职工抽烟点火引起的。③孟庄煤矿井下虽然安装了瓦斯监测系统，但瓦斯探头安装位置不合理，地面又无人监测，监测系统根本起不到应有的作用。④井下职工大部分是临时外包工，没有经专门的培训就入井干活，安全意识淡薄，瓦斯检查员素质差，不能按《煤矿安全规程》要求，对井下各采掘工作面进行瓦斯检查，不能及时发现井下瓦斯积聚和气体超限现象；管理人员没有 "一通三防" 意识，对井下存在的 "一通三防" 隐患视而不见，多方面原因导致了井下瓦斯爆炸。（3）矿井没有防尘洒水系统是事故扩大的原因。井下没有防尘洒水系统，造成井下到处是煤尘堆积，瓦斯爆炸巨大的冲击波引起煤尘飞扬，而煤尘具有爆炸性，导致煤尘参与爆炸，致使全矿井遭到破坏。

应吸取的事故教训和采取的防范措施：（1）采用合理完整的通风系统，杜绝不合理的串联通风。（2）加强通风设施的管理，杜绝通风设施亏欠现象。

（3）矿井建立完善的防尘洒水系统，杜绝煤尘堆积和飞扬。（4）严格遵守瓦斯管理制度和瓦斯巡回检查制度，杜绝空班、漏检和假检现象，严格按规定次数检查瓦斯。（5）加强爆破时的瓦斯检查，严格执行"一炮三检"和"三人连锁爆破"制度，决不能图省事嫌麻烦而一次检查，多次爆破；加强高冒区、盲巷和机电设备附近的瓦斯检查。（6）加强电器设备的管理，杜绝"鸡爪子""羊尾巴"等失爆现象。（7）建立健全监测监控系统，并按《煤矿安全规程》有关规定设置探头，调校报警、断电浓度，充分发挥先进设备的作用；及时处理局部瓦斯积聚现象。（8）佩戴自救器，并能熟练使用。（9）提高职工的安全意识和综合素质。

（十五）安徽省淮北矿业集团公司芦岭煤矿瓦斯爆炸事故

2003年5月13日16时3分，安徽省淮北矿业集团公司芦岭煤矿Ⅱ104采区发生瓦斯爆炸事故，造成86人死亡，28人受伤，直接经济损失1940.63万元。

导致这次事故的直接原因：Ⅱ1046采煤工作面遇到断层，留设断层煤柱后工作面跳采，断层煤柱前的采空区基本顶来压垮落，导致采空区内凝聚的高浓度瓦斯被挤压，通过Ⅱ1046采空区和Ⅱ1048风巷之间的隔离煤柱上的多个孔洞冲入Ⅱ1048风巷，造成瓦斯积聚形成爆炸性混合气体；电钳工拆卸Ⅱ1048风巷控制刮板输送机电磁启动器（QCZ-120型），打开了接线腔上盖板，在基本顶来压过程中，冒落物（煤及矸石）落入接线腔内，使处于敞开状态的电磁启动器接线盒内的电源接线端子短路放电产生火花，引起瓦斯爆炸，在爆炸过程中Ⅱ1046采煤工作面局部煤尘参与了爆炸。其间接原因：（1）没有认真吸取2002年4月7日发生的煤与瓦斯突出事故（死亡13人）教训，对事故调查中提出的整改措施不落实，没有正确处理好安全与生产、安全与效益、安全与稳定的关系，重生产，轻安全，致使再次发生事故。（2）机电管理混乱，责任制不落实。该矿对机电管理的五个单位业务范围和工作职责划分不清，机电设备检修工作不能统一协调和统一指挥，不能确保事故隐患的及时整改；没有认真执行淮北矿业集团公司和芦岭煤矿井下机电设备检修停送电申请审批制度；机电人员管理不到位，掘进机电队小队长应属掘进机电队管理，但实际工作中却由基建四区安排工作，一定程度上脱离了掘进机电队的统一管理；机电技术管理有漏洞，供电系统图与井下设备安装的位置、型号不一致；自救器使用管理有漏洞，不能保证正常使用。（3）技术管理薄弱。通风系统不规范、不合理，通风设施多，致使抗灾能力差；隔爆设施不完善，防尘工作不到位，造成了事故扩大；作业规程编制不完善，审批、执行不严格；沿空送巷的安全技术措施不完善、不落实；Ⅱ1048风巷、切眼未按作业规程进行"四位一体"（即危险性预测、防突措施、效果检验、安全防护等综合防治措施）防突管理，没有建立压风自救系统和避难硐室；采掘接替安排不合理。（4）安全管理不到位，安全责任制不落实。机电设备检修、拆除没有制定有针对性的安全措施，事故当班现场有三个单位在施工，通风区监测工在调校瓦斯传感器，掘进机电队在拆除开关，基建四区在拆除刮板输送机，多单位交叉作业没有统一指挥；没有严格执行《煤矿安全规程》和作业规程，没有用煤电钻打探放水孔，探放水孔封堵不符合要求。（5）对职工的安全培训不到位，致使职工安全意识不强，特别是机电工人没有基本的安全知识和自我防护意识，违章作业现象时有发生。

责任追究：安徽省经贸委煤炭工业管理办公室主任计承法，受到行政记大过处分；淮北矿业集团公司董事长、总经理、党委副书记宋从恕，受到撤职处分；副董事长兼副总经理赵奇等5名集团公司干部，受到行政记大过处分；芦岭煤矿矿长孙家斌受到开除留用2年处分；副矿长袁前进、王汉民、马典安等15名干部，分别受到开除留用、撤职、记大过、降级等处分。

吸取事故教训，改进煤矿安全生产措施（对事故的反思）：（1）基本顶久不冒落，应引起高度重视。事故工作面里段由于煤柱的存在，基本顶坚硬，未出现明显矿压显现，给人造成矿压不大的假象，实际是基本顶久不冒落。随着采空面积的扩大，形成突然来压，往往造成强烈冲击，极易引发恶性事故。（2）小煤柱送巷时，必须高度关注采空区矿压、瓦斯、水、火等活动，对保护层开采，或为了减少巷道掘进时的矿山压力影响，小煤柱送巷是有利的。但此时极易引发采空区瓦斯、水的卸入以及矸石串入，采空区漏风引起煤炭自然发火等事故，尤其在采空区矿压显现不充分时。因此，采用这种工艺，应及时监测控制相关灾害的隐患。（3）必须加强信息监测和智能分析技术的研究，实现瓦斯灾害预警和应急控制引起瓦斯灾害的因素很多，靠常规技术难以完全有效控制。瓦斯正常涌出时，由于可能出现局部通风量减少、风流方向改变等现象，造成瓦斯局部积聚，引发瓦斯事故；瓦斯异常涌出时，往往是因为不能事先了解瓦斯赋存条件、矿压显现条件、构造分布等，使得不能事先掌握瓦斯异常涌出的动向，也就难以制定相应的紧急处置措施，导致事故的发生。因此，研究超前掌握相关信息的手段以及相关信息变化可能导致结果的预测技术、控制异常现象产生的措施，实现对瓦斯灾害的预警和应急控制是非常必要的。（4）尽快研制高反应速度的监控系统和传感器瓦斯异常涌出和瓦斯突出时极易在极短时间造成高浓度瓦斯积聚，现有传感器和监控系统无法满足及时反映、及时控制断电的要求。因此，应尽快研发快速反应和控制的传感器和监控系统技术。（5）必须高度重视通风系统的可靠性以及抗灾能力的研究，通风系统的可靠性评价以及抗灾能力的评估一直没有得到有效重视，因而在技术研究领域没有取得实质性的有效成果，在管理领域也缺乏强制性措施。使得事故发生时波及很大范围，造成群死群伤现象。因此，通风系统的可靠性以及抗灾能力的研究必须引起高度重视。（6）技术标准的研究明显落后于生产和技术的发展。很多操作没有相应的技术标准来规范，应引起重视。

（十六）重庆三峡轮船股份有限公司"涪州 10 号"客货轮碰撞翻沉事故

2003 年 6 月 19 日 7 时 57 分，重庆三峡轮船股份有限公司所属"涪州 10 号"客货轮与涪陵江龙船务有限公司所属"江龙 806 号"货轮，在重庆市涪陵区长江搬针沱水域发生碰撞。"涪州 10 号"轮当即翻沉，船上人员全部落水，其中 52 人死亡（失踪）。

事故发生当日 6 时 30 分，"涪州 10 号"轮由重庆市长寿区卫东码头发航向下游方向行驶。约 7 时 47 分，停靠蔺市码头后，载客 60 人，继续下驶。开航时实际在船船员 5 人，低于最低安全配员 8 人的要求。其中少了 1 名轮机员，低于最低安全持证船员配员标准。开航时码头附近江面有中雾。同日 5 时 23 分，"江龙 806 号"货轮从观音沱发航空载向上游方向行驶。约 7 时 52 分，"涪州 10 号"与"涪港 812"轮使用甚高频电话通话后会船。此时江面有浓雾，能见距离不足150 米。但是，本应按内河避碰规则停航的"涪州 10 号"，仍然在主航道南侧占用上水航道采用双中车（1000 转/分钟）冒雾下驶。同时在同一航段航行中的"江龙 806 号"货轮也遇到能见距离不足 150 米的浓雾，尽管当时已经从甚高频电话中听到"涪州 10 号"动向，并在 7 时 53 分从雷达观察到"涪州 10 号"沿上水航道航行。但在鸣放声号未听见应答，随后又用甚高频电话喊"下水船往北边去一点"，再也未听见回答的情况下，"江龙 806 号"货轮未注意到随时可能出现的危险，继续采用常快车（880 转/分钟）用雷达助航冒雾上驶。接近 7时 57 分，"涪州 10 号"突然从雾中看见"江龙 806 号"货轮的船首正对本船船首驶来时，两船船首相距已经仅约 100 米，船长刘万忠立即用右舵转向，车速未减。几乎同时，"江龙 806 号"货轮也在浓雾中看见"涪州 10 号"轮在本船正前方偏右处向右转向，船长吴正勇即采取急倒车，双主机熄火，使船舶失去操纵性能，两船已无法避免碰撞。7 时 57 分许，"江龙 806 号"货轮的船首左前部与"涪州 10 号"轮左舷驾驶室附近碰撞。"涪州 10 号"轮当即向右翻倾，船底朝天从"江龙 806 号"的右舷擦过后沉入江中。

事故原因：（1）两船冒险航行。在航行中突遇浓雾后，未按规定停驶，仍然冒雾航行。（2）两船未保持正规瞭望。突遇浓雾后，没有保持正规瞭望，虽使用雷达助航，但未能仔细观察，未能正确监听和使用甚高频电话，以至当发现来船时已构成紧迫局面。（3）两船未采用安全航速。在突遇浓雾后，仍以较快航速行驶，以致在发生紧迫局面时，没有充分余地进行有效避让。（4）两船未按规定鸣放声响信号。在突遇浓雾的情况下，没按规定鸣放雾号，以至来船不能及早察觉本船动态。（5）"涪州 10 号"轮在对周围环境和来船动态不明的情况下，占据了"江龙806 号"的航道，以致构成紧迫局面。（6）两船临危应急措施不当。

事故责任划分：根据事故双方过失程度，重庆三峡轮船股份有限公司所属"涪州 10 号"轮负主要责任，涪陵江龙船务有限公司所属"江龙 806 号"货轮负次要责任。

吸取事故教训，改进航运安全措施：（1）各地政府和交通主管部门要切实抓好《安全生产法》和《内河交通安全管理条例》的贯彻实施，航运企业一定要树立"安全第一"的思想，严格按照《安全生产法》的要求建立、健全和落实安全管理责任制，完善安全管理机制。（2）船舶公司要加强对船员遵纪守法、安全生产和职业道德的教育。教育船员严格履行岗位职责，尤其是客船船员，要把保障人的生命安全始终放在第一位。（3）船舶公司要完善和落实船员管理规章制度，加强对船员安全意识和技术、技能和培训及教育。对船员的教育要不留死角，不仅要教育技术船员，也要加强对一般船员的教育。教育船员牢固树立"安全第一、预防为主"的思想，加强船员的技术水平教育，航行中不得抢航，尤其要提高紧急情况下的应急应变能力。（4）推动建立危险品生产、煤矿、建筑、交通运输等重点行业的安全风险评估机制，并制定相应的防治措施和救援预案。（5）进一步加强重点行业的安全监督管理队伍建设，加大监管力度。

（十七）河北省辛集市王庄镇郭西烟花爆竹厂火药爆炸事故

2003 年 7 月 28 日 18 时 8 分，河北省辛集市郭西烟花爆竹厂发生爆炸事故，造成 35 人死亡，2 人失踪，103 人受伤，直接经济损失 456.49 万元。

郭西烟花爆竹厂位于辛集市王口镇郭西村东北约 2.5 千米处，1984 年建厂，1985 年 3 月申领营业执照，当时为乡办集体企业。2001 年 7 月，由杨义兴、贾根才和梁伟建合伙购买该厂，经辛集市工商局重新注册登记为合伙企业。后三位合伙人以股份的形式私自出售、出租工房，出资人实为 41 人。该厂占地面积112 亩，有 3 处生产工房共 108 间，从业人员 315 人，主要生产礼花弹、双响、长杆、圆盘类组合烟花等产品。主要原料中镁铝合金粉、高氯酸钾在潮湿高温环境中易发生化学反应，自燃爆炸。该厂A类工区（高危险区）有装药工房20间，C类工区无药工房15排160间。大体分为三部分：厂区东半部为原料库区，西半部的南侧为生产区、北侧为生活区。事发当天在厂职工169人。

2003年7月28日，天气晴朗（气温最高35.7摄氏度，地表最高温度41.9摄氏度，空气最大湿度96%，这种环境极易引起含镁铝合金粉的烟火药自燃爆炸），该厂晾晒了当天生产的及因往日雨天未能正常晾晒的礼花弹及其他产品和药物。18时8分，该厂C类工区截纸车间南侧和包装车间北侧违规晾晒的礼花弹及药物首先发生自燃并引起爆炸，致使厂区内其他违规晾晒和存放的成品、半成品烟花爆竹及药物连锁爆炸燃烧，持续时间达10余小时，造成35人死亡，2人失踪，103人受伤，直接经济损失456.49万元。

事故发生后，附近居民立即报警。接到报警，河北省委、省人民政府及石家庄、辛集市委、市人民政府高度重视，成立了以副省长付双建为组长的现场救援指挥部。经过10多个小时的奋力抢救，于7月29日凌晨，将爆炸引起的大火扑灭。同时，将抢救出来的受伤人员分送8家医院紧急救治。

事故直接原因：事发当天，该厂在高温高潮的天气条件下，违规在截纸车间南侧和包装车间北侧之间的空地上晾晒礼花弹及药物，致其自燃、爆炸，随之引发厂区内尤其是禁止动药生产的C类工区违规晾晒和存放的大量成品、半成品烟花爆竹连锁爆炸，造成人员大量伤亡和财产损失。

事故间接原因：（1）郭西烟花爆竹厂内部管理混乱。该厂实际参与经营的出资人是41人，但上报工商登记及年检换照一直瞒报为3人。没有统一有序的生产经营，而是层层转售，各自为战，除黑火药统一由杨义兴联系购买外，各个出资人独立招工，独自组织生产，独自销售，相互之间随意租、借工房，实为41个个体经营户共用一套合法证照的松散联合体。而且场内安全机构、安全管理制度不健全，安全责任不落实，管理十分混乱。（2）郭西烟花爆竹厂严重违规生产。该厂违反《烟花爆竹工厂设计安全规范》和《烟花爆竹劳动安全技术规程》的有关规定，擅自改变厂内原有工房的用途，将杂品库改为成品中转库，在杂品库、纸库、制筒、截纸、糊盒等车间存放了大量礼花弹等烟花爆竹成品、半成品和原料药物。同时，在按规范设计的晾晒场以外违规大量晾晒烟花爆竹成品、半成品及原料药物；违规在C类工区进行动药生产；违反2003年7月8日河北省中小企业局《关于做好暑期烟花爆竹安全生产工作的通知》要求，进行高温动药生产。（3）郭西烟花爆竹厂躲避监督检查。2003年7月18日，该厂为躲避河北省中小企业局、公安厅委托石家庄市乡镇企业局、公安局开展的年度考核验收（换发安全生产许可证的依据），不仅在检查期间暂停生产，而且将违规存放在厂内的大量成品、半成品转移他处，事后再运回原处堆放，因而通过了考核验收。（4）王口镇、辛集市及石家庄市人民政府有关部门对该厂日常安全检查不严格，监管不到位；对违规生产、超量存放成品的重大事故隐患和暑期动药生产失察，对考核验收把关不严；对该厂管理混乱的问题治理不力。（5）辛集市人民政府对安全生产工作重视不够，对烟花爆竹安全专项整治工作领导不力，对有关部门履行安全监管职责情况监督检查不严，工作落实不到位。

责任追究：河北省辛集市人民法院对郭西烟花爆竹厂"7·28"特大烟花爆炸事故5名责任人作出一审判决。郭西烟花爆竹厂副厂长耿建伟、刘运田，安检员梁维建、杨恒波犯危险物品肇事罪分别被判处6年有期徒刑，副厂长贾根才犯危险物品肇事罪被判处5年有期徒刑。厂长杨义兴已在事故中死亡，免于追究责任。一批政府行政人员也受到处理：王口镇政府派驻郭西烟花爆竹厂安全检查员胡藏根被司法机关以玩忽职守罪判处有期徒刑5年，开除公职。副镇长兼镇纪委副书记王志涛，给予行政撤职、撤销党内职务处分。镇长李桐锁给予行政降级、党内严重警告处分。镇党委书记刘建辉、党委委员于涛，给予党内严重警告处分。辛集市经贸局副局长兼乡镇企业局局长陈忠勋，给予行政记过处分。市经贸局局长刘存良给予行政警告处分。王口镇派出所所长孙计仓，给予行政撤职、撤销党内职务处分。市公安局治安大队副大队长王占鳌，给予行政降级党内严重警告处分；治安大队大队长刘彦朝，给予行政记大过处分、党内警告处分；市公安局副局长张孟波给予行政记大过、党内警告处分。市安全生产监督稽查大队二中队中队长王健，给予行政撤职处分，并按党章有关规定作出相应处理。辛集市安全生产监督管理局副局长刘双海，给予行政记大过、党内警告处分。副局长朱春元、局长马小广，给予行政记过处分。副市长张书凯给予行政记大过和党内警告处分。辛集市市长张连钢、石家庄市公安局危爆物品管理处副处长武勇进、石家庄市乡镇企业局副局长刘国明，给予行政记过处分。同时，责成石家庄市人民政府向河北省人民政府作出深刻检查。

（十八）江西省丰城矿务局建新煤矿瓦斯爆炸事故

2003年11月14日11时44分，江西省丰城矿务局建新煤矿1010采煤工作面发生瓦斯爆炸事故，造成51人死亡（其中2人因重伤抢救无效分别于事故后第8天和第15天死亡），5人轻伤，直接经济损失362万元。

建新煤矿始建于1958年，1963年12月投产，1997年核定生产能力为75万吨/年。采用斜井多水平开拓，发生事故时开采第四水平（-600米水平），共布置3个采区、3个采煤工作面、5个煤巷掘进工作面和3个开拓掘进工作面。矿井采用中央分列与两翼对角混合抽出式通风，总进风量 8600 立方米/分钟，总排风量 8800 立方米/分钟。矿井绝对瓦斯涌出量为 52 立方米/分钟，相对瓦斯涌出量为 38.7 立方米/吨，属煤与瓦斯突出矿井，1980 年至此次事故发生时止已发生煤与瓦斯突出 58 次，最大突出煤量 1003 吨。煤层有自然发火倾向，自然发火期为 2~4 个月。煤尘有爆炸危险性。矿井设有永久瓦斯抽放系统和安全监控系统，未装备一氧化碳传感器。1010 工作面进风（运输）顺槽在掘进过程中曾两次发生煤与瓦斯突出，形成的突出孔洞分别编号为 1 号孔洞和 2 号孔洞。此次事故发生在 2 号突出孔洞密闭内。

事故直接原因：1010 工作面进风（运输）顺槽 2 号突出孔洞进行密闭前没有清理完余煤，密闭没有按照设计施工，密闭不严；没有采取有效的防止煤炭自燃的措施，煤炭自燃引起孔洞内积聚的瓦斯爆炸。

事故间接原因：（1）对突出孔洞的现场管理不符合《煤矿安全规程》和丰城矿务局制定的有关规定。2 号孔洞治理措施没有得到落实，突出浮煤没有清理干净。没有按设计要求砌筑密闭，施工质量不合格；灌注凝胶量严重不足，没有达到防止孔洞内浮煤自燃的要求。（2）安全管理制度不落实。在 2003 年 9 月 12 日丰城矿务局"一通三反"专业会议提出要对 2 号孔洞进一步采取技术措施后，矿务局、矿安全管理部门都没有进行检查、落实和督办；没有严格执行密闭检查报告制度和通风日报制度；防灭火措施不到位，在突出孔洞一氧化碳浓度急剧升高后，没有采取有效的技术措施。（3）安全生产责任制不落实，安全意识淡薄。从负责密闭检测、孔洞治理和通风设施施工的工作人员到矿、矿务局有关技术、管理人员，都忽视突出孔洞存在的重大事故隐患。

责任追究：上级机关给予丰城矿务局局长万火金、丰城矿务局安监局安全处处长钟才桂、建新煤矿矿长张发元行政撤职处分；给予建新煤矿副矿长周筱龄行政撤职处分，并建议给予党内严重警告处分；给予建新煤矿总工程师甘宗滔、副总工程师冯武华行政撤职处分。江西省煤炭集团公司、丰城矿务局以及建新煤矿等单位其他 14 名对事故负有责任的有关人员也分别受到相应的处分。

（十九）中石油西南油气田分公司川东北气矿罗家 16H 井井喷事故

2003 年 12 月 23 日，位于重庆市开县高桥镇晓阳村的中国石油天然气集团公司西南油气田分公司川东北气矿罗家 16H 井发生井喷事故，造成 243 人死亡（其中钻井队职工 2 人，井场周围居民 241 人，均为硫化氢中毒死亡），2142 人受伤害住院治疗，9 万余人被紧急疏散安置，直接经济损失 9262.71 万元。

罗家 16H 井为罗家寨气田的开发井，由川东钻探公司 12 队承钻，该公司是四川石油管理局下属的专业化钻井公司。罗家 16H 井目的层是三叠系飞仙关段鲕粒溶孔性白云岩，气藏天然气高含硫，中含二氧化碳，其中甲烷 82.14%，硫化氢 9.02%，二氧化碳 6.79%。

事故发生当日 2 时 52 分，罗家 16H 井钻至井深 4049.68 米时，因为需更换钻具，经过 35 分钟的泥浆循环后，开始起钻。当日 12 时，起钻至井深 1948.84 米。此时，因顶驱滑轨偏移，致使挂卡困难，于是停止起钻，开始检修顶驱。16 时 20 分检修顶驱完毕，继续起钻。21 时 55 分，起钻至井深 209.31 米，录井员发现录井仪显示泥浆密度、电导、出口温度、烃类组分出现异常，泥浆总体积上涨，溢流 1.1 立方米。录井员随即向司钻报告发生了井涌。司钻接到报告后，立即发出井喷警报，并停止起钻，下放钻具，准备抢接顶驱关旋塞。21 时 57 分，当钻具下放 10 余米时，大量泥浆强烈喷出井外，将转盘的两块大方瓦冲飞，致使钻具无支撑点而无法对接，故停止下放钻具，抢接顶驱关旋塞未成功。21 时 59 分，采取关球形和半闭防喷器的措施，但喷势未减，突然一声闷响，顶驱下部起火。作业人员使用灭火器灭火，但由于粉末喷不到着火部位而失败。随后关全闭防喷器，将钻杆压扁，从挤扁的钻杆内喷出的泥浆将顶驱火熄灭。此后，作业人员试图上提顶驱拦断钻杆，也未成功。于是，开通反循环压井通道，启动泥浆泵，向井筒环空内泵注重泥浆，由于没有关闭与井筒环空连接的放喷管线阀门，重泥浆由放喷管线喷出，内喷仍在继续。22 时 4 分，井喷完全失控，井场硫化氢气味很浓。22 时 30 分，井队人员开始撤离现场，疏散井场周边群众，随后拨打 110、120、119，并向当地政府通报情况。23 时 20 分，钻井队派人返回井场，关闭了泥浆泵、柴油机、发电机，随后全部撤离井场，并设立了警戒线。24 日 12 时 30 分，执行搜救任务路过井场的川钻 12 队人员发现井口停喷，气体从放喷管线喷出。14 时，经派人核实，确认井口已经停喷，随即由钻井二公司组织点火，15 时 55 分，1 号、3 号放喷管点火成功，险情得到控制。27 日 9 时 36 分正式开始压井，11 时压井成功。从 23 日 21 时 57 分井喷开始，井喷失控过程持续约 85 小时。

事故直接原因：（1）起钻前泥浆循环时间严重不足。（2）在起钻过程中，没有按规定灌注泥浆，且在长时间检修顶驱后，没有下钻充分循环，排出气侵泥浆，就直接起钻。（3）未能及时发现溢流征兆。井喷失控的直接原因：在钻柱中没有安装回压阀，致使起钻发生井喷时钻杆内无法控制，使井喷演变为井喷失控。事故扩大的直接原因：井喷失控后，未能及时采取放喷管线点火措施，以致大量含有高浓度硫化氢的天然气喷出扩散，导致人员伤亡扩大。

事故间接原因：（1）现场管理不严，违章指挥。有关技术人员违反钻井作业的相关规程和《罗家 16H 井钻开油气层现场办公要求》，在本趟钻具组合下放时，违章指挥卸掉回压阀，井队负责人和钻井工程监督发现后没有制止、纠正。没有安排专人观察泥浆灌入量和出口变化；录井工严重失职，没有及时发现灌注泥浆量不足的异常情况，且发现后没有通知钻井人员，也不向值班领导汇报；录井队负责人未按规定接班，对连续起钻 9 柱未灌满泥浆的异常情况不掌握。（2）安全责任制不落实，监督检查不到位。四川石油管理局及其下属单位没有针对基层作业单位多且分散的特点，建立有效的安全管理机制；没有依法在井队配备专职安全管理人员；没有及时向井队派出井控技术监督；对川钻 12 队落实井控责任制等规章制度情况监督检查不力。川东钻探公司没有将其与川东北气矿签订的《安全生产合同》下发钻井二公司、川钻 12 队贯彻落实。川东北气矿及其派驻罗家 16H 井的钻井工程监督人员未切实履行安全监督职责。（3）事故应急预案不完善，抢险措施不力。罗家 16H 井开钻前，四川石油管理局及其下属有关单位没有按照法律法规的要求，组织制定有效的包括罗家 16H 井井场周围居民防硫化氢中毒措施的事故应急预案，井队未按规定进行防喷演习，也未对井场周边群众进行必要的安全知识宣传教育。事故发生后，四川石油管理局没有及时报告中石油集团。有关单位负责人对硫化氢气体弥漫的危害性没有引起高度重视，抢险救灾指令不明确；未按规定安排专人在安全防护措施下监视井口喷势，未及时采取放喷管线点火措施。（4）设计不符合标准要求，审查把关不严。罗家 16H 井钻井地质设计没有按照《含硫油气田安全钻井法》《钻井井控技术规程》等有关行业标准的规定，在设计书上标明井场周围 2 千米以内的居民住宅、学校、厂矿等；有关人员在审查、批准钻井地质设计时，把关不严。（5）安全教育和职工安全培训工作抓得不实，要求不严，不到位，职工安全意识淡薄。有关单位对井队职工操作技能差，技术素质低。一些干部职工对井控工作不重视，存在严重麻痹和侥幸心理，对于高含硫、高产天然气水平井存在的风险及可能出现的严重情况，思想认识不足，没有采取针对性的防范措施。此外，事故发生在夜晚，群众居住分散，交通通信条件差；当地为山区低洼地势，空气流通不畅也是导致大量人员伤亡的客观因素。

责任追究：鉴于这起事故人员伤亡和损失惨重，国务院决定给予中石油集团分管质量安全工作的副总经理任传俊行政记大过处分，同意接受马富才辞去中石油集团总经理职务的请求。事故直接责任人和主要责任人，除了在事故中死亡的罗某之外，均被依法追究刑事责任。对事故发生或事故危害扩大负有主要领导责任、重要领导责任、主要责任和重要责任的人员，分别给予党纪政纪处分。

（二十）辽宁省铁岭市昌图县双庙子镇安全环保彩光声响有限责任公司（烟花爆竹厂）爆炸事故

2003 年 12 月 30 日 9 时 57 分，位于辽宁省铁岭市昌图县双庙子镇的昌图安全环保彩光声响有限责任公司（烟花爆竹厂）发生爆炸事故，造成 42 人死亡，其中 33 人当场死亡，3 人送医院抢救无效死亡，6 人失踪；32 人受伤。爆炸造成直接经济损失达 577 万元。

昌图安全环保彩光声响有限责任公司于 2003 年 5 月在昌图县工商局登记注册，当年 7 月开工建设，10 月竣工。公司法定代表人陈浩然（真名陈继诚），系江西省九江市都昌县大沙乡南垅村人。1996 年 3 月至 1999 年 12 月间，陈继诚用本名和化名陈振东先后 10 次从银行及其他金融机构贷款 259 万元，后为逃避银行追贷，陈继诚化名陈浩然并办理假身份证，于 2001 年初逃往东北。2002 年 5 月，陈继成化名陈浩然，在辽宁省抚顺市顺城区非法办厂制造安全彩光声响鞭炮，因证照不全，被当地公安机关依法取缔。后陈继诚到吉林省四平市，开设了私营的四平市华美彩光声响有限责任公司，继续非法从事彩光声响鞭炮的生产和销售。因无公安机关颁发的爆炸物品安全生产许可证，于 2002 年 12 月中旬停产。为继续从事鞭炮生产，并享受昌图县的招商引资政策，陈继诚通过他人结识了当地人尤涛。陈继诚以彩光声响鞭炮安全环保、无炸药火药、不爆炸，投资 1000 万元可创产值 5000 万元，实现利税 1800 万元的谎言，骗取了昌图县有关部门及领导的信任与支持。他又持伪造的巨额资金证明，利用当地政府有关人员不懂鞭炮生产技术又急于发展经济的心理，骗得昌图县人民政府招商引资的优惠政策，并批准其在昌图县双庙子镇建厂。2003 年 12 月 30 日，陈继成、尤涛在未取得公安机关颁发的安全生产许可证，也未对厂房进行竣工验收，更没有对工人进行严格培训的情况下，组织人员进行生产，导致了这场悲剧的发生。爆炸发生后，陈继诚外逃，第二日被当地警方在吉林省境内抓获。

事故直接原因：昌图安全环保彩光声响有限责任公司工人在混药间混合药物时，药物粉尘达到爆炸极限，非防爆电器设备产生电火花，引起药物粉尘爆燃，并连续引爆了造粒、烘干车间及仓库内存放的药物和原料等，造成特大事故。

事故间接原因：（1）该公司无视国家有关烟花爆竹安全法律、法规和标准要求，违规设计、建设、储存和生产。①以欺骗方式和不正当手段，用所谓"安全、环保"型产品和假身份、学历，虚假投资和注册资金等，骗取有关方面的信任，违规立项。②厂址选择不符合安全要求，生产厂房和配套设施不规范。其厂址位于 102 国道东侧，北侧与加油站距离仅有 21 米，生产车间与仓库距离

16 米、与锅炉房距离不足 10.7 米，安全距离严重不足；粉碎、配药、混药、造粒、烘干等危险工序在同一建筑物内，组装、包装工序设在办公楼内；电气设备采用非防爆型，易产生粉尘的混料间也无通风除尘设施。③在未取得"爆炸物品安全生产许可证"以及消防等手续尚未批准的情况下，非法进行生产。④严重违反《烟花爆竹劳动安全技术规程》，未制定各项管理规章制度和操作规程，从业人员也未经岗前培训，作业场所严重超员，在混药车间有 11 名工人同时作业（按规定不得超过 3 人）。⑤各工序的滞留药量严重超标，在混药间一次搅拌药量达 25 千克（按规定不得超过 5 千克），造粒间存放药物最多时竟达 1000 多千克（按规定不得超过 5 千克）。(2) 当地政府有关部门人员不依法行政，审批把关不严，甚至帮助企业主弄虚作假。昌图县招商局、双庙子镇有关人员，在招商引资考察中未能发现陈继诚及四平彩光公司的虚假情况。昌图县招商局局长王福财和双庙子镇党委书记罗武受利益、虚荣的驱动，合谋为陈继诚虚报项目投资总额。昌图县工商局违规发放企业法人营业执照，致使该公司顺利地从银行贷款购买原材料进行非法生产。(3) 双庙子镇和昌图县两级党委、政府主要负责人安全生产意识淡薄。不能正确处理发展经济与安全生产的关系，没有正确树立科学的发展观和正确的政绩观，急功近利，违规决策。特别是在招商引资过程中，工作盲目，失职失察，对申报引进项目缺乏科学的态度，审查把关不严。(4) 铁岭市、昌图县政府有关部门监管不力。

责任追究：辽宁省铁岭市中级人民法院一审宣判昌图安全环保彩光声响有限责任公司董事长陈继诚犯非法制造爆炸物品罪，判处死刑；犯贷款诈骗罪，判处有期徒刑 15 年，决定执行死刑，并处罚金 50 万元。昌图安全环保彩光声响有限责任公司总经理尤涛犯非法制造爆炸物品罪，判处有期徒刑 7 年。上级有关部门对铁岭市副市长、昌图县委书记、县长等 22 名相关责任人员给予相应的党纪和行政处分。

（二十一）北京市密云县迎春灯展踩踏事故

2004 年 2 月 5 日，北京市密云县迎春灯展发生踩踏事故，造成 37 人死亡，24 人受伤。

当日为密云县密虹公园举办的第二届迎春灯展的第六天。19 时 45 分，因某个观灯游人在公园内的彩虹桥（亦称"云虹桥"）桥上跌倒，引起身后游人拥挤，造成大量游人被踩踏致死或踩伤。

事故直接原因：灯展安全保卫方案没有落实，负责云虹桥安全保卫的值勤人员没有到岗，现场缺乏对人流的疏导控制。未按规定派出警力到云虹桥两端对游人进行疏导、控制，致使云虹桥上人流密度过大，秩序混乱，导致事故发生。

事故间接原因：（1）担任重点部位云虹桥保卫工作的密云县城关派出所没有履行安全保卫职责，有关人员擅自压缩值勤人员、推迟上岗时间，工作失职渎职。（2）灯展主办单位、承办单位安全保卫方案不落实，有关部门职责落实不到位。（3）灯展活动安全保卫小组没有要求负有安全工作责任的成员单位制订细化的安全保卫方案或防范措施；没有设立现场指挥协调机构监督检查各部门工作落实情况。

责任追究：密云县委书记夏强对事故发生负有重要领导责任，给予党内警告处分。密云县委副书记、密云县县长张文，作为安全工作第一责任人，对事故发生负有重要领导责任。市委同意张文引咎辞去县长职务，同时免去其县委副书记、常委、委员职务。密云县委副书记陈晓红，对事故发生负有主要领导责任，给予撤销党内职务处分。密云县副县长王春林，对事故发生负有重要领导责任，给予行政记大过、党内警告处分。对事故中涉嫌玩忽职守犯罪的2名直接责任人员移交司法机关处理。其他8名事故责任人也分别受到党纪、政纪处分。

吸取事故教训，改进人员密集场所安全工作措施：密云县迎春灯展踩踏事故暴露出的问题：安全意识不牢固，一些领导干部没有将"安全第一、预防为主"的思想真正落实到工作中；工作作风不扎实，安全措施不到位，检查监督流于形式；城市应急体系不够健全，防范和处置各类重大突发事件的能力不足。公共安全教育与培训工作比较薄弱，群众缺乏安全防范和紧急避险常识。为此北京市委、市政府要求坚持"安全第一、预防为主"方针，加强对人员密集公共场所的安全监督管理。深入开展安全教育培训和指导工作。重点在生产经营单位、教育机构、社区开展公共安全宣传教育。加强对危险行业从业人员安全方面的专业培训和对党政机关、企事业单位的安全法规教育。要加快建立城市统一的应急指挥系统，完善各类突发事件应急预案，加快建设城市应急体系。要切实解决预案落实和执行不到位问题，提高防范和处置各类重大突发事件的能力。

（二十二）吉林省吉林市中百商厦火灾事故

2004年2月15日11时许，吉林省吉林市中百商厦发生特大火灾，造成54人死亡，70人受伤，过火建筑面积2040平方米，直接经济损失426万余元。

中百商厦为国有商业企业，1995年投入使用，建筑面积4328平方米，耐火等级为二级。商厦一层（含回廊）经营五金、百货，二层经营服装、布匹，三层为浴池，四层为舞厅和台球厅，由146家个体商户承租经营。

事故直接原因：经国务院调查组技术专家组勘察确定，起火点在三楼简易仓库，库内堆放有大量纸箱，还有木柜、液化气罐等易燃易爆物品。2月15日9时许，仓库管理人员临时雇用的于洪新，在向库房送包装纸板时，将嘴上叼着的香烟丢落在地然后离开，烟头引燃地面上的纸屑纸板等可燃物。11时左右，附近锅炉工发现该仓库冒烟，商厦人员开始自行救火。从发现仓库冒烟到报警，相隔时间长达二三十分钟，贻误最佳灭火时机，导致多人伤亡。

事故间接原因：（1）中百商厦消防安全工作存在差距。①没有按照《消防法》规定和《机关、团体、企业、事业单位消防安全管理规定》（公安部令第61号）要求，认真落实自身消防安全责任制，消防安全法律责任主体意识不强，没有依法履行消防安全管理职责。火灾发生后，没有及时报警，也没有在第一时间组织人员疏散。②没有认真履行《消防法》第十四条明确的组织防火检查、及时消除火灾隐患等消防安全职责。对于当地公安消防部门查出的违章搭建仓房等火灾隐患，没有按要求拆除。③没有按照《消防法》有关规定，认真组织开展对从业人员的消防安全宣传教育和培训，员工消防法制观念淡薄，消防安全意识较差，缺乏防火、灭火常识和自防自救基本技能，致使符合规范标准的消防设施配备没有充分发挥作用。④虽有灭火和应急疏散预案，但没按《消防法》规定组织开展灭火和应急疏散演练。（2）公安消防部门督促整改不到位。该商厦和其仓房相通的10扇窗户有4扇尚未封堵，当地公安消防部门进行复查时，因仓库内货物遮挡没能发现，检查不细；对依法履行消防安全监督职责、落实消防安全责任制等检查指导不力；当地公安消防部门文书档案资料管理不规范，基础工作薄弱。

事故教训：（1）推进全社会牢固树立消防安全责任主体意识的工作力度不够。没有广泛深入和扎实有效地开展《消防法》《吉林省消防条例》和《机关、团体、企业、事业单位消防安全管理规定》的宣传贯彻工作，致使有些消防安全管理责任在有些地方不明晰、不落实。（2）整合社会资源不够，推进消防工作社会化力度不大。公安机关"单打独斗"多，组织发动和依靠调动各方面力量齐抓共管少；开展宣传教育活动的形式多，解决实际问题的有效措施少；注重总结和推广本地经验多，学习国内外先进的理念和管理办法少。（3）没有建立和完善长效动态监督管理的工作机制，缺乏严、细、实的工作作风，执法监督不到位，隐患整改不及时不彻底。消防监督中，抓重点工作用的精力较多，解决薄弱环节的力度不够；抓面上宣传、检查较多，解决隐性问题的力度不够；抓阶段性工作的精力投入较多，抓长远规划不够；静态的被动管理较多，动态的跟踪服务不够。（4）在改善消防设施和装备上缺乏主动性和紧迫感。一些地方消防基础设施陈旧落后、数量不足，消防员防护装备严重短缺，消防特勤装备缺乏。

责任追究：当年 4 月 17 日，吉林省委办公厅、省政府办公厅通报称，吉林省委同意刚占标引咎辞去吉林市市长等职务的请求。吉林市副市长蔡玉和对事故发生负有重要领导责任，给予党内警告和行政记大过处分。市商委主任刘文彬对事故发生负有重要领导责任，给予党内严重警告和行政降级处分；副主任杨开宝给予撤销党内职务和行政撤职处分。其他 9 名负有管理、领导责任的人员也分别受到党纪、政纪处分。司法机关以涉嫌失火罪、消防责任事故罪、重大责任事故罪，分别追究了吉林市中百商厦总经理刘文建等 5 人的刑事责任。

（二十三）浙江省海宁市黄湾镇村民土庙烧香拜神引发的火灾事故

2004 年 2 月 15 日，浙江省海宁市黄湾镇五丰村的一些村民，聚集在一处自发搭建的土庙内，从事烧香拜神的封建迷信活动，燃烧的香烛、纸钱（冥币）引发火灾，造成 40 人死亡，3 人受伤。

事故当日 8 时 30 分，海宁市黄湾镇五丰村 50 多位妇女，主要是老年妇女，聚集在一个非法搭建的大约 60 平方米的草棚内，在一位陈姓神汉的主持下，从事一种谓之"普堂忏"的祭拜迷信活动（在当地老年妇女中流行的一种迷信活动，崇拜者认为通过这种活动可以"来世转运"）。14 时 15 分，不慎失火，引燃草棚。祭拜者慌乱中涌向南边小门，草棚坍塌燃烧，大多数人逃避不及，被烟雾熏倒，窒息身亡。接到报警，当地消防官兵和公安民警立即赶赴现场扑救，于 14 时 45 分扑灭火灾。

发生火灾的草棚搭在当地一座土庙的旧址上。2000 年以来，该迷信场所已经三建三拆。2003 年 5 月，经当地农民周和珍等 3 名妇女发起，重新搭建起草棚，供陈姓神汉主持"普堂忏"迷信活动。"普堂忏"从 2000 年起到本次事故前，在当地已经进行过六七次迷信活动。

事故直接原因：焚烧锡纸叠成的"元宝"不慎引起火灾。迷信人员到简易草棚内进行"普堂忏"活动，在草棚门口外焚烧锡纸叠成的"元宝"，因未熄灭的锡纸"元宝"被风吹到草棚西南角，引燃草棚起火成灾。

事故查处和责任追究：事故发生后，浙江省委、省政府成立事故调查处理领导小组。海宁市紧急对本区域内小庙小庵进行全面排查清理，对存在的消防安全隐患进行地毯式检查。摸排出来的非法庙宇全部拆除、取缔或者封停。公安机关对非法进行迷信活动的周某、陈某实施刑事拘留，对卢某等实施监视治疗，并依法追究上述人员的刑事责任。浙江省委、省政府对这次事故中负有责任的海宁市委、市政府相关负责人员，进行严肃处理（给予海宁市委书记冯水华党内警告处分；同意张仁贵引咎辞去海宁市委副书记和海宁市市长职务）。对黄湾镇、五丰村相关责任人作出严肃处理：给予海宁市黄湾镇党委书记宋新华撤销党内职务处分，依法罢免其镇人大主席职务；给予海宁市黄湾镇党委副书记、镇长许林海撤销党内职务处分，依法罢免其镇长职务；给予海宁市黄湾镇五丰村党支部书记平建华党内留党察看一年的处分；给予海宁市黄湾镇五丰村村委会主任祝福金党内留党察看一年的处分，依法罢免其村民委员会主任职务。

事故反思：事故暴露出当地领导和管理部门在工作中存在的薄弱环节和问题。一是在整治迷信活动场所中，重视阶段性专项清理，而忽视经常性管理；二是社会管理、精神文明和综合治理等工作责任制落实不到位；三是农村基层文化阵地建设相对滞后。要深刻吸取这次事故的教训，切实加强农村精神文明建设，加强农村公共安全管理体系建设，加强农村基层组织建设，大力弘扬求真务实精神，狠抓各项工作落实，确保国家和人民生命财产安全，确保社会稳定。

（二十四）重庆市天原化工总厂氯冷凝器泄漏事故

2004 年 4 月 15 日 21 时，重庆市天原化工总厂氯氢分厂 1 号氯冷凝器列管腐蚀穿孔，造成含铵的盐水泄漏到液氯系统，生成大量三氯化氮。4 月 16 日凌晨发生排污罐爆炸。1 时 33 分全厂停车；2 时 15 分左右排完盐水的 1 号盐水泵在停止状态下发生粉碎性爆炸。16 日 17 时 57 分，在抢险过程中突然听到连续 2 声爆响，经查是 5 号、6 号液氯储罐内的三氯化氮发生爆炸，使两个罐体破裂解体，并将地面炸出 1 个长 9 米、宽 4 米、深 2 米的坑。以坑为中心半径 200 米范围内的地面与建筑物上散落着大量爆炸碎片。事故造成 9 人死亡，3 人受伤，直接经济损失 277 万元。

事故发生后，温家宝、黄菊、华建敏等国务院领导及时作出指示。4 月 17 日晚上，国家安全监管局副局长孙华山带领相关人员和从北京、上海紧急召集的 5 位氯碱专家，赶赴现场指导抢险救灾。经专家反复论证，于 18 日 10 时，以军用坦克向残余的储气罐发射穿甲弹，将所有液氯贮罐与汽化器中的余氯和三氯化氮（NCl_3）引爆处理后，才彻底消除危险源。4 月 16 日和 18 日，先后组织两次大规模的疏散，紧急疏散群众 15 万多人。

经调查分析确认，事故爆炸直接因素的关系链是：氯冷凝器列管腐蚀穿孔→盐水泄漏进入液氯系统→氯气与盐水中的铵反应生成三氯化氮→三氯化氮富集达到爆炸浓度→启动事故氯处理装置因震动引爆三氯化氮。

事故直接原因：（1）设备腐蚀穿孔导致盐水泄漏，是造成三氯化氮形成和富集的原因。根据重庆大学的技术鉴定和专家分析，造成氯气泄漏和含铵盐水流失的原因是 1 号氯冷凝器列管腐蚀穿孔。列管腐蚀穿孔的原因：①氯气、液氯、氯化钙冷却盐水对氯气冷凝器存在的腐蚀作用；②列管内氯气中的水分对碳钢的腐蚀；③列管外盐水中由于离子电位差对管材产生电化学腐蚀和点腐蚀；④列管和管板焊接处的应力腐蚀；⑤使用时间较长，并未进行耐压试验，对腐蚀现象未能在明显腐蚀和穿孔前及时发现。1992 年和 2004 年 1 月该液氯冷冻岗位的氨蒸发系统曾发生过泄漏，造成氨进入盐水，生成了含高浓度铵的氯化钙盐水。1 号氯冷凝器列管腐蚀穿孔，导致含高浓度铵的氯化钙盐水进入液氯系统，生成并大量富集极具危险的三氯化氮，演变成 16 日的三氯化氮大爆炸。（2）三氯化氮富集达到爆炸浓度和启动事故氯处理装置造成振动引起三氯化氮爆炸。调查证实，厂方现场处理人员未经指挥部同意，为加快氯气处理速度，在对三氯化氮富集爆炸危险性认识不足情况下，急于求成，判断失误，凭借以前操作处理经验，自行启动了事故氯处理装置，对 4 号、5 号、6 号液氯储罐（计量槽）及 1 号、2 号、3 号气化器进行抽吸处理。在抽吸过程中，事故氯处理装置水封处的三氯化氮与空气接触并振动，首先发生爆炸，爆炸形成的巨大能量通过管道传递到液氯储罐，搅动和振动了液氯储罐中的三氯化氮，导致了液氯储罐内的三氯化氮爆炸。

事故间接原因：（1）该厂压力容器设备管理混乱，技术档案资料不全。两台氯液气分离器未见任何技术资料和检验报告。发生事故的冷凝器 1996 年 3 月投入使用，2001 年 1 月才进行首次检验，但未进行耐压试验，也没有近两年的维修、保养和检查记录，致使设备腐蚀现象未能及早发现。（2）安全生产责任制落实不到位。2004 年 2 月 12 日，集团公司与该厂签订了安全生产责任书，但该厂未能将目标责任分解到厂属各相关单位。（3）安全生产整改监督检查不力。该厂早先发生氯化氢泄漏事故后，市委、市政府作出批示。重庆化医控股集团公司与该厂虽然采取了一些措施，但未能认真从管理上查找原因、总结经验教训。在责任追究上，以经济处罚代替行政处分，有关责任人员未能深刻吸取事故教训。另外，整改措施不到位，监督检查力度不够，以致存在的事故隐患未能有效的整改。

（二十五）河南省济源市小浪底库区"明珠岛二号"旅游船翻沉事故

2004 年 6 月 22 日，河南省济源市小浪底库区明珠岛旅游开发有限公司所属的"明珠岛二号"旅游船（核定准载 64 人，实载 69 人），航行至黄河小浪底大坝上游 30 千米处，突遇狂风暴雨，致使该船瞬间沉没（沉船位置水深 40 米）。船上 69 人（其中开封市兴化精细化工厂职工 65 人，导游 3 人，驾驶员 1 人）全部落水，经抢救 27 人生还。事故造成 42 人死亡（失踪）。

事故发生后，国务院安委会组成了由国家安全生产监督管理局、监察部、交通部、水利部、国家旅游局、全国总工会和河南省政府有关部门人员参加的联合调查组。调查表明，这是一起严重的责任事故。

导致事故的主要原因和存在的主要问题：（1）没有贯彻执行"禁航通知"。根据小浪底水库调水调沙工作需要，河南省黄河小浪底风景区管理委员会办公室发出了《关于小浪底水库调水调沙期间旅游工作有关问题的通知》，要求6月15日至7月10日之间全面禁止水上旅游活动，严禁旅游船只在库区内航行。该通知下达到济源市之后，济源市政府分管领导批示转发济源市的旅游和交通行政主管部门组织落实，济源市主要领导还在调水调沙期间到小浪底水库检查安全生产工作，但是都没有发现有什么严重问题。负责行业安全管理的济源市旅游行业管理部门在接到济源市政府转发的"禁航通知"后，只是转发给了济源市小浪底风景管理局，却没有传达给直接组织旅游接待活动的各个旅行社，也没有作出停止水上旅游活动的相应工作部署，造成在禁航期间济源市的旅行社等旅游企业一直开展小浪底水库水上旅游活动。在这种情况下，小浪底明珠岛旅行社有限公司就在禁航期间仍然向客户介绍水上旅游项目和活动内容，违反规定接待组团进行水上游览，而济源市小浪底风景管理局也同样没有贯彻执行"禁航通知"，所以"禁航期间"组织接待水上旅游的活动一直在进行。（2）济源市交通航运安全管理混乱。济源市港航管理局下并存着履行行政执法职能的"港航管理处"和实际是企业职能的"济源市交通航运中心"，没有划清政府行政执法监督职能和企业经营管理职能，导致了行政执法部门在利益驱动下不能严格执法。济源市港航管理局在接到"禁航通知"之后，不但没有履行对下属部门和单位的监督管理职责，其主要负责人还采取了"灵活掌握"的变通手法，致使港航管理处没有执行"禁航通知"，没有履行水上安全监督管理职责，没有查禁禁航期间违规出航的船舶，使"明珠岛二号"能在不办理港监签证的情况下出航。而作为济源市旅游船舶集中挂靠经营管理单位的交通航运中心，则根本没有执行"禁航通知"，仍然出售水上旅游船票，安排游船出航，使得"禁航期间"一直有多艘游船在水库库区做游览航行。并且该中心忽视游船安全管理，"明珠岛二号"在不办理港监签证，船员配备不足的情况下，搭载超员乘客违规出航。（3）小浪底明珠岛旅游开发有限公司所属"明珠岛二号"旅游船违规出航，遇到风雨时处置不当，驾驶员双车加全速同时大量向右打舵，并且没有回舵，操作产生的力矩加上风雨吹打船舶右舷形成的合力导致船舶向左倾覆。（4）水上事故应急救援体系不健全。当"明珠岛二号"于19时54分倾覆时，在其附近的"明珠岛一号"船上人员和游客用手机向有关部门求援，但当地港航部门的报警联络不通，只得拨打 110 报警。有组织的救援船舶在事发后将近一个小时才赶到现场。其间于 20 时 34 分倾覆漂浮的船体沉没，使第一次爬上船体的落水人员再次落水，其中 5 人死亡。若非在 20 时 14 分一条自发赶来的渔船救走 17 名负伤和女性落水人员，此次事故的死亡人数还可能增多。（5）库区水面航行缺少必要的安全保障条件。小浪底水库水上游览航线没有航行气象情况通报体系和船用甚高频通信系统，库区水面航行船舶无法得知前方航路情况，不能及时了解天气变化情况，无法预先采取安全措施。（6）违规造船。调查表明，"明珠岛二号"游船是 2004 年 4 月建造的钢质旅游客船，额定载客 58 人，最低配备船员 3 人。该船在"明珠岛一号"图纸基础上作了根本性的设计改动，整个船体宽度、线形和上部结构都发生了变化，按照有关规定，应该报请省级主管部门审批。但是，济源市港航局的业务主管人员没有履行规定程序，而是自行批准按照未经审批的设计图纸，违规开工滩涂造船。

责任追究：事故发生后，济源市人民检察院以涉嫌重大责任事故罪依法对造成翻船事故的 4 名责任人提起公诉。经法院审理，判处小浪底明珠岛旅行社有限公司法定代表人张宗敏有期徒刑 3 年，缓刑 3 年；旅行社有限公司经理刘三喜被判处有期徒刑 6 年；职工刘东武被判处有期徒刑 5 年；船员李小会被判处有期徒刑 3 年。随后，司法机关依法追究了卫某（济源市交通局副局长兼任济源市小浪底风景管理局局长）、韩某（济源市港航管理局副局长）、牛某（济源市港航管理局副局长兼交通航运中心经理）、张某（济源市港航管理局桐树岭港监站负责人）的刑事责任。

（二十六）四川省蓬安县"蓬安客 29"客船翻沉事故

2004 年 9 月 27 日，四川省南充市蓬安县一艘编号为"蓬安客 29"的客船（核定准载 80 人，实载 135 人），在从嘉陵江万和乡史家码头驶往金溪途中，在李子坝水域翻沉，造成 66 人死亡。

事故发生当日清晨，满载乘客的"蓬客 29"客轮从蓬安县万和乡史家坝村顺嘉陵江开往该县金溪镇。7 时 30 分许，客轮在驶至金溪航电枢纽大坝垄口时，江流湍急，渡船触礁，船身在江面打横。船舱很快开始进水。船上一片慌乱，许多人开始抢救生衣，人们纷纷向船头船尾挤去。乘客慌乱的无组织的自救行为，导致船身倾斜速度加快。大约 3 分钟后，渡船开始下沉，并被急流推向下游，在垄坝附近船翻转成底朝天，最后被江水吞没。132 名乘客和 3 名船员全部落入江中。事故发生后，当地政府立即组织船只施救，69 人获救生还，66 人溺水死亡。

事故主要原因：（1）企业安全意识淡薄。金溪电站二期围堰施工进入主航道影响嘉陵江通航环境，特别是在 9 月 26 日至 27 日晨对主航道侵占严重，使水流态势发生急剧变化。作为经营企业的事故船舶严重超载，导致事故发生、死亡人数扩大。（2）监管监察不力。航道监管部门未对因施工致使通航条件恶化的航道实行封航，让超载的船舶仍然发航。（3）驾驶人员安全意识淡薄。船员在超员情况下冒险航行，临危处置不当。（4）乘客安全意识淡薄，在超载情况下仍乘船。（5）安全生产法律法规执行不严。水电建设施工未严格执行"三同时"规定（安全设施与主体工程同时设计、施工、投产使用）。

　　9 月 29 日国务院安委会发出通报，要求各地认真落实水上交通安全管理责任制，依法加大监管力度。认真贯彻实施《内河交通安全管理条例》和相关法律法规，进一步加强"四客一危"和乡镇船舶安全监管工作。加大现场监督检查力度，严禁无证营运、驾驶和超载航行。对非法载客的"三无"船舶、农用船要坚决打击，并依法予以拆解。要积极开展对农民群众的水上交通安全教育，普及水上交通安全知识，增强水上交通安全意识。加强对水上运输企业、运输工具的安全检查。对安全问题严重的船舶公司和渡运码头，要认真进行整改，切实消除事故隐患。

（二十七）广西壮族自治区浦北县白石水镇长岭烟花爆竹厂爆炸事故

　　2004 年 10 月 4 日 15 时 40 分左右，广西壮族自治区钦州市浦北县白石水镇长岭烟花爆竹厂效果车间发生爆炸事故，造成 37 人死亡，8 人重伤，44 人轻伤。炸毁和烧毁生产车间 7 间、办公楼 1 幢。

　　长岭烟花爆竹厂属镇办企业，已承包给个人，法人代表马某。厂区布局按照审批的施工图纸进行施工，有关证照齐全，主要生产玩具型烟花和组合烟花，2003 年产值为 500 万元，纳税为 100 万元。工厂员工大约 100 人。该厂在事故发生前曾进行扩建，是按照审批的图纸进行施工的。该厂的爆炸物品生产许可证、贮藏证、运销证、营业执照等证照都齐全，生产玩具型烟花和组合型烟花，产品绝大部分销往国外。

　　第一爆炸点为该厂的 6 号工房，工人在装药时发生爆炸。飞出的火炮点燃了东边的包装车间等工房，同时点燃了远处的办公楼和职工宿舍。爆炸和燃烧使厂区大部分建筑被摧毁，几个主要车间被夷为平地。由于正值上班时间，人员伤亡严重。事故发生后该厂的工人和附近的村民进行了自救和互救，并送部分受伤者前往镇卫生院。到 18 时，消防官兵赶到现场将火势初步控制住。

　　事故主要原因：严重违规违章，超人员、超药量生产和储存，擅自改变工房用途。为了赶制一批出口烟花，长岭烟花炮竹厂要求 100 多名工人国庆节期间加班工作。6号工房按照设计应该是半成品车间，不应该存放带药产品。但是长岭烟花炮竹厂违规改变了6号工房的用途，加重了事故所造成的生命财产损失。

吸取事故教训、加强烟花爆竹安全生产措施：国家安全监管局对此事故发出紧急通报，要求各地举一反三，查隐患，堵漏洞，加大烟花爆竹安全监管力度，深入细致地开展烟花爆竹安全生产专项整治工作，开展安全检查，严格控制生产企业操作现场工作人员数量、药量、成品和半成品数量，严禁各类工房超员、仓库和临时库房超量储存；广西安全生产委员会下发了《关于对全区烟花爆竹和打火机生产企业进行清理整顿的紧急通知》及《关于烟花爆竹和打火机生产企业暂时停止生产的紧急通知》。钦州市政府作出对全市烟花爆竹、打火机企业进行停业整顿的部署；对所有烟花爆竹企业，由政府安全监察部门派驻安全生产监督员，做到"盯死看牢"，保证其严格依法、按章生产，避免类似事故重复发生。

（二十八）河南省郑州煤业集团公司大平煤矿煤与瓦斯突出事故

2004年10月20日，河南省郑州煤业集团公司大平煤矿石门揭煤时发生煤与瓦斯突出，后又发生瓦斯爆炸事故，造成148人死亡，35人受伤（重伤5人），直接经济损失3935.7万元。

事故发生后，国务委员华建敏带领有关部门负责人员组成的国务院工作组赶赴事故现场，指导抢救、善后处理和事故调查工作，并看望了受伤人员、慰问了参加抢救的工作人员。经国务院同意，成立以国家安全监管局（国家煤矿安监局）局长王显政为组长的事故调查领导小组、以国家安全监管局（国家煤矿安监局）副局长赵铁锤为组长的事故调查组，赵铁锤带领有关人员深入井下开展调查，查清了事故发生的经过、原因、性质，提出了对事故有关责任人员的处理建议。

事故当班，大平煤矿井下共有442人作业。当日22时9分12秒，21岩石下山回风瓦斯传感器记录的瓦斯浓度突然增加。矿调度室于22时30分接到13121工作面瓦斯检查员汇报，13121工作面下付巷瓦斯超限，浓度达6%；22时45分接西风井主扇司机汇报，西风井风机掉闸停风；22时47分接到井下中央变电所机电工汇报，听到一声巨响，西大巷有烟。随后，矿调度室主任向郑煤集团公司调度室汇报发生了事故，并通知大平煤矿救护队进行抢险救灾。

事故直接原因：（1）煤与瓦斯突出的直接原因。该矿21轨道下山岩石掘进工作面突出地点处在一个落差约10米的逆断层的破碎带内，该处标高为-282米，垂深达到了612米，该地点的地层垂直应力达到15兆帕左右；推算突出地点附近煤层的瓦斯压力将达到 2 兆帕以上；1 号煤层煤质非常松软，煤的坚固性系数 f 为 0.12，瓦斯放散初速度 ΔP 为 31，煤的破坏类型为Ⅳ、Ⅴ类煤；在这样高的地应力、瓦斯压力和构造应力的条件下，21 号轨道下山岩石掘进工作面附近的二 1 煤层具备了发生特大型煤与瓦斯突出的条件；21 号轨道下山岩石掘进工作面按设计沿距二 1 煤层底板 16 米的 L7/L8 灰岩掘进，但在 10 月 20 日揭穿了一个落差约 10 米的逆断层，这个逆断层有利于瓦斯的储存，使该区域煤层的瓦斯压力进一步增大，爆破使掘进工作面突然进入断层破碎带，在高地应力和高瓦斯压力的共同作用下突破断层破碎带岩柱，发生了延期性特大型煤与瓦斯突出。（2）瓦斯爆炸的直接原因。该矿 21 岩石下山掘进工作面突出的瓦斯逆流进入西大巷进风流中，造成西大巷与 11 轨道石门交汇处的瓦斯浓度达到爆炸界限，由架线电机车取电弓与架线产生电火花引起瓦斯爆炸。

　　事故间接原因：（1）煤与瓦斯突出的间接原因。该矿为高瓦斯矿井，21 岩石下山掘进工作面进入到矿井深部，对矿井开采深度增加可能带来的瓦斯等级升高没有引起足够重视；瓦斯地质预报工作不到位，没有及时预测到 21 岩石下山掘进工作面遇到的逆断层破碎带；煤与瓦斯突出是一种复杂的矿井瓦斯动力现象，我们对各种地质及开采条件下煤与瓦斯突出发生的规律还没有完全掌握。（2）瓦斯爆炸的间接原因。矿井局部通风设施管理混乱，11 轨道石门风门两道反向风门没起作用，加大了煤与瓦斯突出后的瓦斯逆流，高浓度瓦斯进入西大巷新鲜风流中，达到爆炸界限是事故扩大的原因；调度指挥人员对瓦斯突出事故应急处置不当，没有按照事故应急预案要求，对瓦斯突出事故地点及波及区域实施停电措施，发生瓦斯爆炸事故，造成事故扩大；安全管理存在漏洞；爆炸火源是架线式电机车产生的火花，《煤矿安全规程》没有禁止高瓦斯矿井在进风大巷使用架线式电机车。

　　吸取事故教训，改进煤矿安全生产措施：（1）大平煤矿应定为煤与瓦斯突出矿井，按突出矿井进行管理。严格执行《煤矿安全规程》和《防治煤与瓦斯突出实施细则》有关防治煤与瓦斯突出的规定，采取"四位一体"综合防突措施。在突出煤层顶、底板掘进岩巷时必须定期验证地质资料，及时掌握施工动态和围岩变化情况，防止误穿突出煤层或接近煤层的地质破碎带。（2）要加强通风设施管理，严禁在回风巷道设置控风设施、堆积物料，确保工作面回风畅通。要加强风门质量与管理，在需要使用的主要进、回风巷道的联络巷内必须设置 2 道联锁的正向风门和 2 道反向风门，并保持正常开关。（3）矿井安全监控系统调度和矿井生产系统调度应联合办公，使生产系统调度能够及时处理安全监控系统反映的重大安全隐患，防止安全事故发生。（4）要提高干部、职工素质，特别是生产调度、指挥生产人员应提高应对突发事件的处置能力，使其能够按照事故应急预案和事故实际情况及时正确处理各种突发事件，避免事故发生。（5）对其他发生过煤与瓦斯动力现象的矿井，要尽快向指定授权的鉴定单位提出突出矿井鉴定工作，避免类似事故再次发生。（6）加强瓦斯等级鉴定和管理工作。所有发生过"瓦斯动力现象"的煤矿没有申请鉴定或虽经鉴定，但鉴定结果为高瓦斯的矿井，要认真开展突出煤层的鉴定核定工作；煤炭行业管理部门要认真把关，准确定性；鉴定机构要实事求是，科学论证；煤矿安全监察机构要依法监察，对发生过"瓦斯动力现象"但未进行突出鉴定的矿井，和鉴定为突出矿井未按突出矿井管理的矿井，实施停产整顿。（7）高瓦斯矿井开拓深部水平的井巷第一次揭穿或接近各煤层时，必须探清和掌握煤层赋存和地质构造情况、测定煤层瓦斯压力、瓦斯含量及其他与突出危险与突出危险性相关的参数。采取措施预防可能的突出。（8）高瓦斯矿井应使用矿用防爆特殊型蓄电池电机机车或矿用防爆柴油机车。

（二十九）河北省沙河市白塔镇李生文铁矿火灾事故

2004年11月20日8时10分左右，河北省沙河市綦村矿区李生文联办铁矿一矿（简称李生文矿）井下发生火灾事故，事故波及相邻互通的4处铁矿井，造成70人死亡，直接经济损失604.75万元。

綦村矿区位于河北省沙河市白塔镇的章村、綦村和西郝庄三个村庄交界处，距沙河市17千米，距邢台市40千米。矿区南端的4个小矿，利用原国有矿山企业西郝庄矿的遗留坑道越界开采，造成5个铁矿的坑道相互贯通。发生事故的李生文联办一矿采用竖井—平巷—盲竖井开拓方式，空场法采矿，自然通风，设计生产能力为1万吨/年，实际年产铁矿石2万吨左右，法定代表人为李生文。2004年4月李生文将该矿承包给王洪军经营，王洪军聘请元玉柱担任矿长。发生事故时该矿有职工59人。受李生文矿火灾事故影响的其他4个矿分别是沙河市西郝庄岭南铁矿、沙河市白塔镇第二铁矿、沙河市章村李生文联办铁矿、河北金山矿业有限公司西郝庄铁矿（租赁给邢台金鼎矿业有限公司开采）。

事故发生当日4时许，李生文矿一平巷盲竖井的罐笼在提升矿石时发生卡罐故障，罐底被撞开，罐笼内约1吨的矿石掉落井底，罐笼被卡在离井口2~3米的位置。当班绞车工张善贵随即上井向值班矿长元月平和维修工陈红亮报告。陈红亮和元月平先后下井进行检查和维修。陈红亮在没有采取任何防护措施的情况下，3次使用电焊对罐笼角、井筒护架进行切割和焊接作业，至8时左右结束，元月平和陈红亮先后上井返回地面。8时10分左右，绞车工张善贵在绞车房发现提升罐笼的钢丝绳晃动，于是前往井口观察，发现盲竖井内起火，随即关掉绞车房内向下送电的闸刀开关并上井向元月平和陈红亮汇报。其后张善贵与陈红亮一起下井，到达一平巷时烟雾已经很大，他们只能前行几十米，此处离事故盲井还有500多米，能见度不足1米。他们遂返回地面向元月平汇报。9时30分左右，元月平给生产矿长元玉柱打电话报告，9时50分左右元玉柱到达井口，打119报警，并向政府有关部门报告，当地政府和上级部门积极组织了抢救。事故抢险指挥部共调集河北、河南、山西3省11个单位22个救护队的241名救护队员参加井下被困矿工的搜救工作，共抢救出52人，死亡70人。事故当班下井人员分布及伤亡情况：李生文矿入井人员10人，9人死亡；岭南矿入井9人，2人死亡；白塔二矿入井18人，16人死亡；李生文联办矿入井14人，3人死亡；西郝庄矿入井231人（其中主井160人、副井71人），死亡40人。

事故直接原因：李生文矿维修工在盲1井的井筒内违章使用电焊，焊割下的高温金属残块渣掉落在井壁充填护帮的荆笆上，造成长时间阴燃，最后引燃井筒周围的荆笆及木支护等可燃物，引发井下火灾。

造成事故扩大的原因：（1）非法越界开采。经现场勘测，5个矿井都存在越界开采的现象。各矿的越界开采直接造成了矿矿相通和井下巷道错综复杂，风流紊乱，导致一个矿井发生事故、多个矿井严重受灾。事发矿井即李生文矿在此次事故中死亡9人，而因违法越界开采受波及的其他4个事故矿死亡61人。（2）井下没有安全出口。岭南矿和李生文联办矿均只有一个竖井可以通达地面；李生文矿和白塔二矿虽为主、副井开拓，但主井与副井仅在一平巷相连，对一平巷以下的作业区而言，仍然只有一个可以通达地面出口直接相连的通道；西郝庄矿分为主、副井两个系统，主井系统有主斜井和红旗1号井两个直达地面的出口，但副井系统在-145米通风巷被一道密闭墙与主井系统隔开，只有副斜井一个直达地面的出口。而且上述矿井的竖井均没有按规定设置能够行人的设施，发生事故的提升机不能使用后，井下遇险人员无法从仅有的一个通道逃生，进一步扩大了受灾范围。（3）没有独立完善的矿井通风系统。5个矿山都没有独立的通风系统，由于矿与矿之间井下由废弃老巷道及未经处理的采空区相连接，甚至各矿之间的平巷直接相连，加之所有的矿山均采用自然通风的方式，形成了整个矿区井下风路的大循环，导致相连各矿均受到事故矿井火灾烟气的污染。矿山采用的自然通风方式完全失去了对风流的控制能力。事故发生后，受火灾及高温烟气的影响，风流发生变化，大量一氧化碳等有害气体通过未知的采空区、废弃老巷道向各矿蔓延。由于5个矿山都没有最基本的逃生通道，导致70名井下被困人员中毒身亡。（4）事故初期自救措施不当。事故发生后，部分矿山在火灾初期的自救措施失当，客观上也造成了事故灾害的加剧。火灾初期，西郝庄矿发现主、斜井口冒烟后，在副斜井口安装了风机并投入运行（约 12 时）。该风机在副斜井口向下压风，从而使得 +75 米处的烟气被迫下行，烟气被压至 −25 米水平，增加了工人从斜井口逃生的困难；在李生文矿一平巷十字交叉口后，用棉被设置了密闭，由于此密闭阻碍了李生文矿盲 1 井中烟气向竖井口流动的通道，迫使该盲井的烟气下行，进而加大了向其余各矿扩散的烟气量，使灾害进一步加大；在白塔矿一平巷交叉口前安装了风机，向内压风，此措施进一步增加了烟气向李生文矿和白塔二矿竖井排烟的困难，使大量的烟气下行、扩散，使各矿的影响进一步加剧。

事故间接原因：（1）企业安全生产管理混乱，违法违规开采。5 个矿山安全生产责任不明确，安全管理制度不健全，安全管理混乱。5 个矿山都长期违法越界开采，造成各矿井巷道贯通，风流紊乱，导致李生文矿起火后波及相邻矿井。5 个矿山都没有按要求设置安全出口，没有制定事故应急救援预案，缺乏必要的应急救援措施。（2）沙河市有关部门没有认真履行监管职责。沙河市冶金行业办公室，对冶金矿山安全生产日常监管不力，在非煤矿山安全生产专项整治工作中没有认真履行职责。（3）白塔镇、沙河市两级人民政府对非煤矿山安全生产工作重视不够，对有关部门的非煤矿山安全生产监管工作领导不力、辖区内非煤矿山开采秩序混乱问题失察，对非煤矿山安全生产专项整治工作组织领导不力。（4）邢台市国土资源局、安全监管局对沙河市国土资源局、安全监管局履行职责情况检查指导不力。

责任追究：发生事故的各个铁矿的矿长、法人代表等被依法追究刑事责任。涉案的沙河市安监局综合股股长史某、安监局安监股股长刘某以及沙河市冶金工业局安监科科长刘某、沙河市国土资源局执法监察大队副队长郭某以玩忽职守罪被追究刑事责任。相关人员受到了党纪政纪处分。

（三十）中国东方航空云南公司 CRJ-200 机型 B-3072 号飞机在包头机场附近坠毁事故

2004 年 11 月 21 日，中国东方航空云南公司 CRJ-200 机型 B-3072 号飞机执行包头飞往上海的 MU5210 航班任务，在包头机场附近坠毁，造成 55 人（其中 47 名乘客、6 名机组人员和 2 名地面人员）遇难，直接经济损失 1.8 亿元。

事故原因：事故调查组通过对 CRJ-200 机型飞机进行气动性能、机翼污染物、机组操作和处置等分析，认为本次事故的原因是飞机起飞过程中，由于机翼污染使机翼失速临界迎角减小。当飞机刚刚离地后，在没有出现警告的情况下飞机失速，飞行员未能从失速状态中改出，直至飞机坠毁。飞机在包头机场过夜时存在结霜的天气条件，机翼污染物最大可能是霜；飞机起飞前没有进行除霜（冰）。东航公司对这起事故的发生负有一定的领导和管理责任，东航云南公司在日常安全管理中存在薄弱环节。

　　责任追究：给予 12 名事故责任人相应的党纪、行政处分。其中：中国东方航空云南公司昆明维修基地电器工程师洪某，对事故发生负有主要责任，给予行政降级处分；中国东方航空云南公司飞行五部经理徐某，对事故发生负有主要责任，给予行政撤职、留党察看一年处分；中国东方航空云南公司飞机部总经理殷某，对事故发生负有主要责任，给予行政撤职、党内严重警告处分；中国东方航空云南公司飞机技术管理部部长仲某，对事故发生负有主要责任，给予行政降级、党内严重警告处分；中国东方航空云南公司副总经理段某，对事故发生负有重要领导责任，给予行政记过处分；中国东方航空云南公司副总经理张某，对事故发生负有主要领导责任，给予行政降级、党内严重警告处分。

（三十一）　陕西省铜川矿务局陈家山煤矿瓦斯爆炸事故

　　2004 年 11 月 28 日 7 时 6 分，陕西省铜川矿务局陈家山煤矿发生瓦斯爆炸事故，造成 166 人死亡，5 人重伤，36 人轻伤，直接经济损失 4165.9 万元。

　　陈家山煤矿位于铜川市耀州区北约 40 千米处，为焦坪矿区西部边缘井田，走向长 5.5 千米，倾斜宽 3.7 千米，面积 20.4 平方千米，可采储量 1.5 亿吨，矿井设计能力为 150 万吨/年，服务年限约 70 年。1970 年 2 月建矿，1979 年 6 月一期工程投产，1982 年 12 月二期工程投产，1997 年核定矿井生产能力 150 万吨/年。2004 年 1 月至 11 月 28 日已生产原煤 214.4 万吨。该矿属高瓦斯矿井，煤层有自然发火危险，发火期一般为 3~6 个月，最短 24 天，属容易自燃煤层。煤尘爆炸指数为 35.42%，有爆炸危险。矿井设有 3 套独立的瓦斯抽放系统。矿井采用灌浆、气雾阻化、堵漏风、注氮气、注凝胶等综合防灭火措施，建有灌浆系统、阻化剂系统、注氮系统和凝胶防灭火工艺系统。矿井安装有监控系统和束管监测系统。矿井采用平硐与斜井开拓方式，走向长壁综合机械化低位放顶煤采煤方法，全部垮落法控制顶板。掘进采用综合机械化掘进和炮掘。采用多井筒进风、边界抽出式通风方式。采掘生产集中在四采区，采区内布置有 1 个回采工作面、3 个综掘工作面、1 个炮掘工作面和 1 个回撤工作面。

　　2004 年 11 月 23 日 10 时 30 分左右，回顺采空区侧放顶爆破后不久，在上隅角采空区发生瓦斯爆燃，83~89 号液压支架后溜槽处发现明火，并伴随大量青烟。经矿救护队员采用干粉灭火器将明火扑灭。随后，工作面采取了洒水等措施降温。24日12时10分上隅角再次发生瓦斯爆燃，且工作面烟雾很大，随后发现53号液压支架的尾梁下部着火，经采用泡沫灭火器和洒水等措施将明火扑灭。在彻底扑灭了23日、24日先后发生的两次瓦斯爆燃引起的井下明火之后，从24日开始，井下工作面加快推进速度，不放顶煤，同时在灌浆巷灌浆、注凝胶，在工作面支架间喷洒阻化剂，在联络巷利用抽放钻孔向采空区注水，并由一个救护小队现场进行监护。到28日，工作面共向前推进了27米。

11月28日事故当班，在四采区共有293人作业。7时10分，井下四泵房安检员韩朝云向调度室汇报听到爆炸声、巷道烟雾大，随之安子沟抽放泵站电话汇报，安子沟风井防爆门被摧毁，有黑烟冒出。事故发生后，铜川矿务局、陈家山煤矿迅即成立事故抢险救灾指挥部，并在井下设立抢救基地。在局、矿救护队和省内下石节、广阳、崔家沟、蒲白、蹬合、韩城矿务局等矿山救护队的积极救援下，先后救出伤员45人。但终因有毒有害气体浓度大、温度高等原因，救护队一直无法进入415采煤工作面、416掘进工作面。后决定封闭415工作面，以注氮方式进行灭火。在灭火过程中井下又发生4次爆炸。

事故直接原因：位于415工作面顶部的1号联络巷与高位巷连接处，2004年11月24日8点班封闭后，造成1号联络巷为盲巷，并形成瓦斯积聚，积聚的瓦斯通过1号联络巷与运输顺槽连接的交叉口及周围裂隙不断涌入工作面下隅角液压支架尾梁后侧区域，由于1号支架处冒顶增大了该处顶部裂隙，进一步增加了瓦斯涌出量，使该区域瓦斯积聚并达到爆炸界限；在下隅角靠采空区侧进行强制放顶时，违章爆破产生明火引爆瓦斯。

事故间接原因：（1）采区和工作面巷道布置不合理，安全管理不到位。陈家山煤矿为高瓦斯矿井，开采的煤层为易自燃煤层，综放工作面布置高位巷作为专用排瓦斯巷，违反《煤矿安全规程》第137条第七款的规定，四采区二水平大巷存在同一条巷道一段为进风，一段为回风的严重安全隐患；火工品管理混乱，并违反作业规程的规定在下隅角靠采空区侧进行强制放顶爆破；瓦斯治理"十二字方针（即先抽后采、以风定产、监测监控）"不落实，特别是在2004年11月22日发生火灾后，没有加强瓦斯抽放的措施，抽放浓度一直维持在15%～20%，高位巷里段瓦斯浓度一直处于爆炸范围内。（2）矿井安全技术措施不到位。2004年11月23日、24日415工作面相继发生瓦斯爆燃，虽然采取了一系列灭火措施，但在实施中管理不严密，特别是当工作面推进到接近于1号联络巷附近时，采取的措施不当。11月24日封闭1号联络巷后，没有采取相应的安全措施解决1号联络巷内瓦斯积聚，以及工作面推进过程中随着顶板的垮落1号联络巷内积聚的瓦斯通过交叉点巷道和裂隙涌入下隅角的问题。没有吸取11月23

日上隅角爆破强制放顶引起瓦斯爆燃事故的教训，没有采取措施解决上、下隅角空顶大、易积聚瓦斯的隐患。（3）陈家山矿超能力生产，造成采掘接替严重失调。陈家山矿设计能力为 150 万吨/年，1997 年核定矿井生产能力为 150 万吨/年，至事故前 2004 年实际出煤 214.4 万吨；采掘生产集中在四采区，采区内布置有 1 个回采工作面、3 个综掘工作面、1 个炮掘工作面、1 个回撤工作面和一个打钻点，还有维修巷道、注浆等工程，415 工作面发生瓦斯爆燃后，在没有彻底消除隐患前，既没有减少 415 工作面区域作业人员，也未停止其他区域的作业，并在 11 月 24 日研究决定恢复生产作业，造成事故扩大。（4）铜川矿务局对"安全第一、预防为主"的方针没有认真贯彻落实。该局片面地强调经济效益，所属煤矿普遍存在超能力生产问题；陈家山煤矿设计能力为 150 万吨/年，2004 年铜川矿务局给陈家山煤矿下达了 165 万吨的生产计划，随后又下达了增产计划，要求达到 220 万吨的年生产能力，并制定了鼓励政策；11 月 23 日、24 日陈家山煤矿 415 工作面发生瓦斯爆燃后，不向陕西煤业集团有限责任公司报告，矿务局派出驻矿工作组指导防灭火工作，但组织领导不力，在没有彻底消除隐患前、未能确保安全的情况下，与矿领导共同组织研究决定恢复生产作业，冒险组织生产，造成事故扩大；明知陈家山煤矿使用高位巷作为专用排瓦斯巷违反《煤矿安全规程》，却对此进行了审批。（5）陕西煤业集团有限责任公司没有严格落实"安全第一，预防为主"的方针，对铜川矿务局业务指导不力；对铜川矿务局重效益、轻安全和超能力生产及 2004 年 11 月 23 日、24 日陈家山煤矿 415 工作面发生爆燃后不向集团公司报告等问题负有管理责任；对集团公司有关职能部门管理不严格，对职能部门没有认真履行职责的问题失察。（6）陕西省煤炭工业局未能正确处理安全与生产的关系，对煤炭行业安全生产工作重视不够，未能认真研究解决本省国有煤矿存在的超能力生产问题，对国有煤矿安全生产的指导、督促、协调不力，对 2004 年与铜川矿务局签订的安全生产目标责任书，督促、检查落实不够。（7）陕西煤矿安全监察局铜川监察分局履行职责不到位。

责任追究：有关部门和地方政府共对陕西省人民政府原副省长等 24 位相关责任人进行处理。其中移送司法机关处理 3 人、给予党纪、行政处分 21 人。

应从中吸取的教训和采取的防范措施：（1）陈家山煤矿在 2001 年 4 月、2004 年 11 月发生两次一次死亡 30 人以上特别重大瓦斯爆炸事故，暴露出该矿在安全生产管理上存在严重缺陷。该矿应采取更加严格的措施和制度，加强矿井安全生产管理，加强职工安全生产知识培训，提高职工安全生产意识，杜绝违章作业。（2）陈家山煤矿属易自燃煤层，按照《煤矿安全规程》，必须立即停止采用专用排瓦斯巷排放瓦斯。该矿在采用低位放顶煤开采方法时，要进一步完善工作面上、下隅角落顶煤的安全技术措施，杜绝在工作面上、下隅角爆破落顶煤；合理布置工作面，研究制定适合本矿煤层开采条件的煤炭开采技术措施。（3）铜川矿务局要严格按照矿井核定的生产能力合理安排生产计划；要加强事故隐患的排查、督促整改和上报、通报制度；加强对本矿区煤炭开采的安全技术、瓦斯抽放技术研究，加强对下属各煤矿企业的安全生产技术指导工作。（4）陕西煤业集团有限责任公司要进一步完善安全生产管理制度，加强对各下属煤矿企业的安全生产管理工作，联合相关煤矿科研机构加强对所属各煤矿存在的技术难题进行联合攻关，特别是针对铜川矿区存在的瓦斯抽放效果不佳的问题，加强技术研究，解决陈家山煤矿及其他煤矿的瓦斯抽放问题。（5）鉴于本次事故中玻璃钢瓦斯抽放管路的爆炸导致灾害扩大的教训，煤炭行业管理部门应组织有关企业和科研单位进一步开展玻璃钢瓦斯抽放管抗破坏性研究，建议类似煤、油、气共生的高瓦斯矿井谨慎使用玻璃钢抽放管。

（三十二）辽宁省阜新矿业集团公司孙家湾煤矿海州立井瓦斯爆炸事故

2005年2月14日15时1分，辽宁省阜新矿业（集团）有限责任公司孙家湾煤矿海州立井发生瓦斯爆炸事故，造成214人死亡，30人受伤，直接经济损失4968.9万元。

孙家湾煤矿海州立井位于辽宁阜新市南10千米，隶属于阜矿集团，原为五龙矿东风井，于2000年5月由辽宁省煤矿工业管理局批准成立海州立井。2003年4月阜矿集团决定，海州立井和孙家湾斜井合并，合并后矿井名称为阜矿集团孙家湾煤矿海州立井。

事故发生当日15时10分，海州立井242采区采煤工程师宁海涛从井下打电话向矿调度汇报：在242采区上山有一股烟逆风流过来。矿值班调度接电话后，打电话询问井下运输调度，调度员说"满大巷都是烟。"由此得知井下发生了事故。当班入井574人，事故后升井330人，214人不幸遇难，另有30人受伤。救援工作持续了一周，直到21日23时55分，事故抢险救护人员在3316回风道冒顶处发现最后一名遇难矿工，抢险救灾工作结束。

事故发生后，总书记胡锦涛、总理温家宝作出批示。国务委员华建敏率国务院工作组抵达事故现场，指导抢险救灾。2月15日，经国务院同意，成立由国家安全监管局（国家煤矿安监局）局长王显政为组长的国务院事故调查领导小组。2月22日，国务院派出以监察部部长李至伦为组长的事故责任处理小组赶赴现场，指导事故调查处理工作，并聘请7名专家组成专家组协助事故调查。最高人民检察院也派员参与了事故调查工作。

事故直接原因：冲击地压造成 3316 风道外段大量瓦斯异常涌出，3316 风道里段掘进工作面局部停风造成瓦斯积聚，浓度达到爆炸界限；工人违章带电检修临时配电点照明信号综合保护装置，产生电火花引起瓦斯爆炸。

事故间接原因：（1）改扩建工程和生产技术管理混乱，超能力组织生产、采掘接替严重失调。（2）机电管理混乱，外包工队特殊工种长期违规无证上岗，违章带电检修电气设备。（3）劳动组织管理混乱，缺乏统一、有效的安全管理制度，以包代管；安全管理混乱，基本无人佩戴自救器和便携甲烷监测仪、生产值班人员擅离工作岗位、瓦斯监控值班人员及有关负责人在瓦斯监控系统报警后长达 11 分钟时间内没有按规定实施停电撤人措施、没有严格执行有关定期做好冲击地压的预测预报工作、对重大事故隐患监督管理不严。（4）重生产、轻安全，片面追求经济效益，忽视安全生产管理，在孙家湾煤矿改扩建工程尚未竣工的情况下，向该矿下达超能力生产计划，且没有及时组织落实有关部门下达的限期整改指令。（5）辽宁省煤炭工业局未认真落实党的安全生产方针，未能正确履行工作职责，对阜矿集团公司的安全生产工作管理不力、对孙家湾煤矿海州立井改扩建工程疏于管理、对海州立井 2005 年超能力组织生产行为监管不力、没有认真落实。（6）辽宁省政府领导 2003 年 5 月对辽宁煤矿安全监察局《关于阜新矿业集团公司安全情况的报告》所作出的批示、对阜矿集团公司存在的重大事故隐患未能有效组织检查整改。（7）辽宁煤矿安全监察局辽西分局（原阜新办事处）对孙家湾煤矿监察执法不到位，对海州立井 331 采区无设计、没有采区专用回风巷、采区未形成完整的通风系统和该矿擅自修改设计增加 3315 皮带道和 3316 风道之间的联络巷、未形成独立的通风系统等事故隐患督促整改不到位。

责任追究：责成辽宁省政府向国务院作出书面检查；责成辽宁煤矿安全监察局按照国家有关法律、法规及辽宁省有关地方法规，对阜矿集团公司作出经济处罚。给予辽宁省政府副省长刘国强行政记大过处分，给予阜矿集团公司董事长、总经理梁金发等 12 人行政撤职处分。对这起事故负有主要责任的孙家湾煤矿矿长宋加木等 4 人移送司法机关处理。给予其他 29 名事故责任人相应的党纪和行政处分。在这次事故中共处理处级干部 15 名，副厅级以上干部 7 名。

（三十三）山西省朔州市平鲁区细水煤矿瓦斯爆炸事故

2005 年 3 月 19 日，山西省朔州市平鲁区细水煤矿发生瓦斯爆炸事故，爆炸波及邻近的康家窑煤矿，造成两处煤矿共 72 人死亡，直接经济损失 2021.5

万元。

调查结果表明，爆源点位于 302 盘区东翼工作面第 4 号、5 号采煤仓内。由于细水煤矿通风设施质量低劣，风流短路，且细水煤矿和康家窑煤矿贯通后，聚有高浓度瓦斯的第 4 号、5 号采煤仓刚好位于细水煤矿和康家窑煤矿的角联风路上，裸露爆破产生火花引发瓦斯爆炸。

瓦斯来源于 302 盘区东翼工作面第 4 号采煤仓内顶部及第 4 号、5 号煤仓的采空区，第 7 号、8 号采煤仓以及北回风巷内积存的瓦斯加剧了爆炸威力。具体分析如下：（1）2004 年矿井瓦斯等级鉴定，细水煤矿绝对瓦斯涌出量为 0.09 立方米/分钟，相对瓦斯涌出量为 0.37 立方米/吨，说明矿井煤层内含有瓦斯。（2）井下通风设施质量差，漏风，风流短路严重，局部通风机部分拉循环风，部分不运转，造成个别煤仓长期处于微风、无风或乏风供给状态，从而形成瓦斯积聚；（3）细水煤矿与康家窑煤矿打通未进行永久密闭，只采取爆破落顶煤自由封堵措施，封堵不严形成两个矿井之间的主要通风机对 302 盘区东翼工作面角联对拉，即所认定的"爆源点"工作面处风量、风向不稳定。根据现场勘察，只有 302 盘区东翼工作面第 4 号、5 号采煤仓内破坏严重，设备损坏及移位严重，3 位遇难人员重度烧伤，肢体毁损，其余地点破坏程度一般，死者都属一氧化碳中毒死亡。故认定爆源点就是位于 302 盘区东翼工作面第 4 号、5 号采煤仓内。

引爆火源确定：爆源位于 302 盘区东翼工作面第 4 号、5 号采煤仓内，根据有关记录、现场勘察、质询有关人员，排除摩擦火花、自燃火源、电火花、吸烟等因素。该矿井下爆破从不使用炮泥充填，而是直接裸露爆破，火药引爆后必然从炮眼中喷出火焰，引发瓦斯爆炸。

灾害波及范围分析：由于采用房柱式采煤方法，采后形成宽为 8~9 米，高为 8~10 米的空间，302 盘区东翼工作面第 5 号仓顶煤冒落后与北回风巷贯通，第 4 号仓掘进 50 米后又与第 5 号仓贯通，且回采后两个仓的采空区与北回风巷形成畅通的大范围的贯通通道，为爆波的传播创造了有利条件。此外，北回风巷内无任何阻碍爆炸传播的设施，是爆炸波迅速传播的有利通道。101 主运输大巷由于采用无腿棚支护，支护强度低，所以破坏程度相对严重。因此，第 4 号仓和第 5 号仓采空区爆炸波迅速通过采空区空间、北回风巷向 302 盘区运输顺槽、回风顺槽、101 主运输大巷、矿井总回风巷和与康家窑连通的巷道传播，波及细水煤矿及相邻的康家窑煤矿全井。

事故直接原因和间接原因：综上所述，细水煤矿矿井有效风量不足，风流短路，造成 302 东翼采区工作面长期处于无风或微风状态，瓦斯大量积聚并达到爆炸界限，工人违章爆破引起瓦斯爆炸，是造成事故的直接原因。该矿在停产整顿期间，私自购买炸药违法生产，以包代管，"一通三防"管理混乱；白堂乡、平鲁区和朔州市政府及有关职能部门对该矿监管不力，是造成事故的间接原因。

2005 年 12 月 23 日，国家安全监管总局与监察部联合公布了包括细水煤矿瓦斯爆炸在内的 6 起煤矿特别重大事故的调查处理结果。指出这 6 起事故充分暴露出一些煤矿贯彻执行安全生产方针政策、法律法规不认真、不负责；一些地方对整顿关闭不具备安全生产条件和非法煤矿态度不坚决、工作不得力；一些安全监管监察机构和行业管理部门工作不落实、不到位。具体反映在：（1）抗拒执法，非法生产。细水煤矿等拒不执行安全监管监察部门下达的停产整顿指令，违法生产，酿成事故。（2）超能力、超强度、超定员组织生产。（3）管理混乱，规章制度形同虚设。（4）有关部门监管不力。细水煤矿是被责令停产整顿矿井，但对其违法生产行为，多个检查组到该矿检查均未发现，驻矿安监员失职渎职。管理部门未能制止其违法生产、越界开采，对该矿私自购买炸药的违法行为也失察。（5）事故背后存在腐败问题，一些基层干部充当保护伞。

（三十四） 山东省济宁市化学危险品运输车辆肇事泄漏事故

2005 年 3 月 29 日，山东济宁远达石化有限公司驾驶员兼押运员康兆永和王刚，受公司安排，驾驶一辆号牌为"鲁 H00099"的槽罐车（核载 15 吨），从山东临沂沂州化工有限公司拖运 40.44 吨液氯到南京。当日 18 时 40 分左右，行驶到京沪高速公路沂淮段 103 千米+525 米处时（江苏淮安境内），与相向正常行驶的山东临沂一辆号牌为"鲁 Q08477"半挂车正面相撞，罐车与半挂车侧翻在道路上。半挂车将侧翻的罐车顶部阀门撞脱，导致罐内液氯泄漏。"鲁 Q08477"半挂车驾驶员死亡。"鲁 H00099"罐车驾驶员康兆永、王刚下车后发现槽罐内的液氯正在气化外泄，害怕中毒，立即向逆风方向逃窜，迅速越过高速公路西边护网逃至麦田内。18 时 44 分，王刚打通 110 报警电话，报称一辆拉危险品液氯的车子在高速公路淮阴北收费站南边 15 千米处翻了。但是没有进一步讲明液氯的数量和危害性、可能造成的严重后果以及与对面车辆相撞等情况。之后，康兆永、王刚两人潜伏在麦田里观看到警车、救护车、消防车赶来抢险，但一直没有露面，没有向警方说明情况和参与救助。液氯大面积泄漏，致使公路两旁 3 个乡镇436 名村民和抢救人员中毒住院治疗，门诊留治人员 1560 人（其中重症患者 17人）。另有 5000 多户、10500 多名村民紧急疏散转移，大量家畜（家禽）、农作物死亡和损失。事故共造成 29 人死亡，直接经济损失 1700 余万元。京沪高速公路宿迁至宝应段关闭 20 小时。在事故救援过程中有 36 名消防官兵中毒。

事故直接原因："鲁 H00099"重型罐车严重超载，使用不符合法定安全标准的报废轮胎，导致左前轮所用的报废轮胎突然爆裂，车辆失控，撞断中间隔离栏并冲入对面车道，"鲁Q08477"半挂车紧急避让未能成功，造成两车相撞和危化品泄漏事故。经公安部交通科学研究所鉴定，肇事槽罐车左右前轮以及第二、三轴左后轮的6个轮胎均存在超标准磨损和裂纹，属于报废胎。因此，该车存在严重的安全隐患，发生爆胎现象具有必然性。

事故间接原因：（1）危险化学品运输企业对运输车辆和从业人员疏于安全管理。济宁市某化学危险货物运输中心对挂靠的这辆危险化学品运输车疏于安全管理，未能及时纠正车主使用报废轮胎和车辆超载行为；该车所运载液氯的生产和销售单位山东沂州某水泥集团化工公司被有关部门证实没有生产许可证，也是这起事故的间接原因。（2）押运员无证上岗。专业人员在检查过程中还发现该车押运员王刚没有相应的工作资质，没有参加相关的培训和考核，不具备押运危险化学品的资质，也不具备危险化学品运输知识和相应的应急处置能力。这是事故发生乃至伤亡损失扩大的另一个重要间接原因。

责任追究：事故直接责任人"鲁H00099"的重型罐式半挂车司机康兆永、王刚驾驶不符合安全标准的车辆超载运输，不尽押运职责，违反保障危险物品运输安全的法定职责，犯危险物品肇事罪，分别被判处有期徒刑6年零6个月。此外，司法机关又依法追究了涉案的山东省临沂市沂州化工有限公司（液氯销售单位）朱某、刘某，肇事车车主马某及该车所在的山东省济宁市远达石化有限公司车队队长张某，肇事车挂靠的山东省济宁市科迪化危险货物运输中心安全科科长郜某等人的刑事责任。

（三十五）河北省承德市暖儿河煤矿瓦斯爆炸事故

2005年5月19日，河北省承德市暖儿河煤矿发生瓦斯爆炸事故，当时井下有85人作业，其中50人死亡，17人受伤（其中重伤6人），直接经济损失4458万元。

暖儿河煤矿于1982年12月建矿，1987年5月开始正式投产，属于承德市煤炭局的直属煤矿。2004年初改制为民营企业，更名为承德暖儿河矿业有限公司，有员工539人。该矿采用平硐—暗斜井开拓，中央边界式通风，矿井瓦斯等级为高瓦斯，设计年生产能力为21万吨。2004年生产原煤近9万吨。事发时有生产采区一个，准备采区一个。生产采区为南二采区，布置有一个采煤工作面（513采煤工作面）和3个掘进工作面（514中运巷、下运巷及516回风巷）。该矿曾于2004年12月申报安全生产许可证，但因为企业改制后采矿许可证未完成变更（原暖儿河煤矿采矿许可证及生产许可证有效期到2005年12月31日），未取得煤矿安全生产许可证。

事故直接原因：该矿 513 采煤工作面通风系统混乱，风量严重不足，下采面溜煤道被大块煤矸堵塞，造成瓦斯积聚达到爆炸界限，工人违章爆破产生明火，引起瓦斯爆炸。

事故间接原因：该矿无视政府监管，拒不执行有关监管部门和安全监察机构下达的停产指令，违规超能力组织生产，安全管理混乱，违章指挥，违章作业现象严重。由于煤价上涨，该矿从 5 月 1 日到事故发生前，每天都在努力增加产量。从 5 月 16—19 日，发生爆炸的地点瓦斯浓度一直超标。而在 5 月 19 日爆炸前的半个小时，最后一次测量到的瓦斯浓度达到了 1.74%，最大值更是达到 4.20%，超标 3 倍。但矿上继续冒险生产，没有及时从井下撤出人员。承德市、承德县和兴隆县政府及有关职能部门对暖儿河矿业有限公司监管不力，未能发现该矿存在的超能力组织生产、瓦斯经常超限等重大事故隐患，对东发煤矿 1 号井长期越界开采的问题失察。

责任追究：移交司法机关处理 4 人，给予行政撤职处分 2 人，给予其他 16 名责任人员相应的党纪、政纪处分。其中暖矿公司总经理郑宝章、东发煤矿 1 号井投资人王连怀，被依法追究刑事责任；吊销暖矿公司有关责任人员的矿长资格证及矿长安全资格证，5 年内不得担任任何煤矿的法定代表人或者矿长职务。给予承德市政府副市长韩志远行政记过处分。另外，依据《安全生产法》有关规定，由河北省人民政府责成有关部门对暖矿公司行政罚款 2808 万元。由河北省人民政府具体处理该矿关闭事宜。

（三十六）黑龙江省牡丹江市宁安市沙兰镇中心小学遭洪水袭击事故

2005 年 6 月 10 日，黑龙江省牡丹江市宁安市沙兰镇中心小学遭洪水袭击[①]，造成 91 人死亡（其中学生 87 人，村民 4 人），25 人受伤住院治疗（其中 17 名学生）。

事故发生当日，宁安市沙兰镇西北部沙兰河上游急降 40 分钟暴雨，平均降雨量达 120 毫米，最大降雨量 200 毫米，形成 200 年一遇的特大山洪，沿着沙兰河奔腾而下。洪峰最高时水位达 2 米左右。14 时 30 分左右，洪峰到达沙兰镇，洪水溢出河槽。镇中心小学的一侧临近河道，校舍位于地势较低的坡下。汹涌而

---

①　此次事故被地方政府认定为强降雨造成的泥石流袭击所导致。2005 年 6 月 14 日救援指挥部公布了查勘结果：约两个小时内，沙兰河上游的和胜村降雨达 150 毫米，王家村 200 毫米，鸡蛋石沟村推测为 150~200 毫米之间。黑龙江省水文局的报告称"这是一场二百年一遇的洪水"。

来的洪水冲毁学校围墙，冲破教室玻璃，直接冲进了教室。当时中心小学的352名从一年级到六年级的学生正在上课。当有学生发现洪水从坡上袭来后，学校领导和老师立刻组织撤离，但为时已晚。洪峰将352名学生和31名全校教师围困，整个学校一片汪洋。一、二年级许多年龄较小的学生被淹致死。

洪水还造成沙兰镇104户324间民房倒塌，384户1152间房屋损坏，982户4164人紧急转移安置。

6月12日，国务委员陈至立赴沙兰镇，转达总书记胡锦涛、总理温家宝对遇难家属的慰问。事故发生后，500多名部队官兵、民兵紧急开赴现场，投入抢险中，对救灾区域反复进行拉网式排查。民政部门紧急调集数百顶帐篷，2600套被褥及食品等物资运往沙兰镇。

6月14日，洪灾救援指挥部新闻发言人、牡丹江市委秘书长王同堂公布了这次事故的三条客观原因：（1）"降雨强度大，历时短，降雨集中，雨洪成灾快"。（2）沙兰镇小学建在全镇最低洼的地方，并且紧邻沙兰河。"洪水到来，这里首当其冲被淹"。事后现场勘查，大部分教室过水上线都在2米左右，已接近屋顶。（3）洪水袭来时学生正在教室上课，面对这样的洪水，孩子的自救显得极其无力，"而学校当时只有三十一位老师，教室里一位老师同时要救三四十名学生，在几分钟内水就涨过头顶的情况下，结果自然可以想象"。

事故原因：新华社、《南方周末》等媒体对这起由自然灾害引发的事故灾难进行了跟踪深入报道。有事实表明，基层政府对学生和校园安全重视不够，没有建立健全应对恶劣天气、自然灾害的预警预报机制和值班值守、应急处置制度，是导致事故发生的主要原因。2005年入夏之后，黑龙江省内发生局地暴雨并导致洪水肆虐的事例。事故之前的十来天里，北安、五市、孙吴和逊克山区都先后出现了局地暴雨，导致一些地方农田淹没，桥涵道路毁坏、房屋进水及牲畜溺毙。但这些信息并没有引起沙兰镇以及宁安市政府的警觉。记者关于这次事故的报道指出：6月6日的暴雨是从上游开始的，依次为和胜村—王家村—鸡蛋石沟村—沙兰镇。报道说："按河道算，和胜村距离沙兰镇有20千米，村民们事后推测，洪水的到来至少花了2个小时。即便是对小学生来说，这也是一段充足的逃生时间。"而且和胜村的支部书记、村主任和王家村的支部书记都曾向镇政府和镇派出所打了报警电话。王家村的支部书记反复打电话进行报警和催促。但没能引起镇领导的重视，也没有采取必要的应急处置措施，一些基层干部的麻木不仁、麻痹大意，直接导致悲剧发生。

学校领导安全意识薄弱，老师和学生安全常识欠缺，在发生事故灾难时难以自救互救，也是这次事故伤亡惨重的重要原因。距洪水来临前半小时，曾有家长担心暴雨引发洪灾，到学校接孩子回家，并要求老师结束上课、提前让所有学生放学，但遭到拒绝。学生死亡较多的班级，其特点除了学生年龄较小、难以有效自救之外，一个共同点就是老师在紧急情况下过于慌乱，失去主张，手足无措或者举措不当。反之则能有效避免或减少伤亡。四年级2班老师姜秀萍是学校第一位做出正确反应的老师。学校进水、教室地面积水刚刚没过脚面时，姜秀萍让孩子们尽快逃生。全班学生飞快冲出教室，脱离险境。面对不断涌入教室的洪水，三年级2班老师李荣让学生们垒起桌椅，上窗台，砸碎玻璃，坐到最高的窗框上，并安慰孩子们说，"别哭，别吵吵，水一会儿就下去了"。由于自救有方，该班22个孩子生存下来20个。五年级2班老师王占宏和赶来救援的两位家长打碎玻璃，把孩子一个一个递到房顶，通过互救互援，该班基本避免了死亡。四年级一班老师沙宪晶看到外面水大难以逃生，就让孩子们返回教室，有的爬上窗，有的则抱着桌子、椅子尽力浮在水上，这样也救了一些孩子。年仅7岁的一年级女生刘雨新在洪水淹没教室后，抓住暖气片，爬上窗台，在抵着下颌的洪水中保持站姿一个小时之久，终于获救。

吸取事故教训，防止此类事故再次发生的措施：事故发生后总理温家宝作出批示，要求各地雨季须特别重视学生的安全工作，预防洪水和泥石流灾害，对校舍特别是危房进行安全检查，对学生进行安全教育，学校要加强对安全工作的组织领导，建立值班制度。6月11日教育部向全国各地发出紧急通知，就进一步加强汛期学校安全工作，特别是预防洪水和泥石流灾害、开展校舍危房安全检查、加强学生安全教育等工作作出部署。教育部要求凡有安全隐患的学校，要立即转移到安全地方上课，必要时要采取停课等紧急措施，确保师生的生命安全。

（三十七）新疆维吾尔自治区阜康市神龙有限责任公司煤矿瓦斯爆炸事故

2005年7月11日2时30分，新疆维吾尔自治区昌吉回族自治州阜康市神龙有限责任公司煤矿发生瓦斯爆炸事故，造成83人死亡（其中2人下落不明），4人受伤。

该矿为民营股份制企业。矿井为片盘斜井开拓，设计生产能力年产3万吨，正在进行年产能力为9万吨的技术改造，事故发生前改造工程尚未竣工、验收。该矿为高瓦斯矿井，片盘西翼同时布置了4个掘进工作面、1个综采放顶煤回采工作面。没有取得安全生产许可证。

事故直接原因：发生事故的2106工作面上顺槽西钻探巷局部通风机停风，导致该巷瓦斯积聚并达到爆炸界限；由于该巷没有风-电、瓦斯-电闭锁，钻机开关接线腔失爆，恢复送电后，钻机开关接线产生电火花，引起积聚的瓦斯爆炸。

事故间接原因：（1）严重超能力超强度生产。该矿设计年产3万吨，2005年上半年生产原煤约18万吨。由于严重超能力超强度开采，导致井下采掘工作面瓦斯量增大，矿井通风能力不足；该矿"拼人力"多头进行采掘活动，由于井下同时作业人员多，发生事故后造成大量人员伤亡。（2）矿井瓦斯监测监控系统使用管理混乱，形同虚设。该矿虽然安设了监测系统，但井下瓦斯超限时，不能有效断电，起不到监控作用，也没有采取整改措施。事故发生前较长时间井下采掘工作面瓦斯严重超限，但没有切断工作面电源和采取撤人措施。（3）矿井技术改造工程施工组织不合理，边改造边生产，导致矿井通风系统不合理。造成主要回风巷道一段作为进风、一段作为回风，以及回采工作面实行下行风供风方式等严重隐患。（4）该矿产权多次转让，业主不认真履行安全生产责任，一味追求产量，追逐高额利润，无视安全生产，管理混乱。

责任追究：司法机关追究法律责任者14人；上级机关给予行政撤职处分者5人，给予其他相应的党纪、政纪处分者10人。其中，对涉嫌重大劳动安全事故罪的神龙煤矿董事长姜金鹏、涉嫌玩忽职守罪和受贿罪的阜康市副市长刘小龙依法追究刑事责任；给予自治区经贸委副主任张宏伟行政记过处分；给予昌吉州人民政府州长马明成行政警告处分。根据《煤炭法》等法律法规，对神龙煤矿罚款4521万元；吊销神龙煤矿所有证照和所有司法机关已采取措施人员从事煤矿生产作业的有关资格证照，并由阜康市人民政府依法对该矿实施关闭。

吸取事故教训，改进煤矿安全措施：（1）严格落实"五整顿、四关闭"的各项要求，要切实加大工作力度，实施部门联合执法，责任到人，确保整顿、关闭到位。（2）严禁矿井超能力生产。各地对矿井是否超能力生产要认真检查，监督煤矿按照核准的能力组织生产，凡发现煤矿有超能力生产行为的，要责令其立即停产整顿，并依法严惩。核定煤矿生产能力必须严格标准，坚决杜绝弄虚作假，严防走过场。（3）技改和扩建矿井必须按照"三同时"要求，严格按照程序进行审查，不得边改造边生产，工程尚未竣工验收不得组织生产。各级地方政府和相关部门要加大对技改和改扩建矿井的监管力度，对违反技术改造有关规定的矿井，要立即责令进行整改。（4）加强矿井监测监控系统的管理。要在规定期限内建立健全监测监控系统和管理制度。各煤矿企业要加强人员培训和系统维护工作，确保监测监控系统的可靠运行，瓦斯超限必须能够及时报警、断电，并及时采取措施，确保安全生产。（5）加强对改制矿井的安全监管。明确改制矿井的产权关系和有关部门的安全监管责任，督促落实企业的安全生产主体责任。

（三十八）广东省梅州市兴宁市大兴煤矿透水事故

2005 年 8 月 7 日，广东省梅州市兴宁市大兴煤矿井下发生透水事故，造成 121 人死亡。

大兴煤矿原为地方国有煤矿，设计能力年产 3 万吨（2005 年上半年采煤 5 万吨），1999 年破产改制为民营股份制企业。由于开采 30 年，该矿上部老采空区存在大量积水。改制后经有关部门设计留设条带隔水煤柱，对深部煤层进行开采。2005 年 7 月 14 日梅州市罗岗镇福胜煤矿透水事故发生后，广东省政府决定煤矿停产整顿，但该矿没有执行。事故发生时井下作业人员达 127 人，严重超能力、超强度、超定员生产。

事故直接原因：大兴煤矿主井东翼四煤 -400 米石门以东 150 米附近由于煤层倾角大（75 度左右）、厚度大（3~4 米），小断层发育，煤质松散易塌落，-290 米水平以下在生产过程中煤层均发生过严重抽冒，在此情况下，大量出煤，超强度开采，致使 -290 米水平至 -180 米水平防水安全煤柱抽冒导通了 -180 米水平至 +262 米水平的水淹区，造成上部水淹区的积水大量溃入大兴煤矿，导致事故的发生。

事故间接原因：该矿证照不全，违法生产，严重超能力超强度开采，在防水煤柱托梁发生大规模抽冒后不采取措施，组织工人冒险大量出煤；事故发生前该矿井下出现漏水透水征兆，但没有引起重视，继续冒险作业。事故发生后，矿主不报告，与主要责任人一起逃匿。兴宁市、梅州市、广东省有关部门没有依法查处该矿无采矿许可证生产和无营业执照经营问题，并违规为其办理煤炭生产许可证、安全生产许可证以及爆炸物品使用许可证和爆炸物品存储许可证；黄槐镇政府未能发现和制止该矿擅自组织生产的问题，兴宁市和梅州市政府不仅没有督促有关部门对大兴等非法煤矿依法取缔，而且放宽验收标准，致使该矿应关闭而未关闭。另外，这起事故的背后还存在兴宁市公安局主要负责人保护身为人民警察的曾云高从事非法经营煤矿活动、兴宁市党政机关多名干部在曾云高开办的企业中投资入股、个别工作人员收受贿赂等诸多违纪违法问题。

责任追究：依法追究刑事责任 39 人，给予行政撤职或撤销党内职务处分 12 人，给予其他 13 名责任人员相应的党纪、政纪处分。其中，司法机关以涉嫌重大责任事故罪和非法采矿罪追究了兴宁市大径里煤炭有限公司董事长曾云高，以涉嫌玩忽职守罪和受贿罪追究了广东省安全监管局副局长胡建昌刑事责任；上级机关给予梅州市常务副市长蔡小驹、兴宁市市长曾祥海行政撤职处分，给予梅州市市长何正拔行政降级、党内严重警告处分，给予广东省副省长游宁丰行政记大过处分。责成广东省人民政府向国务院作出深刻检查。按照《矿产资源法》有关规定，对大兴煤矿给予经济处罚 7967 万元。由广东省人民政府有关部门吊销大兴煤矿所有证照，依法予以关闭。

（三十九）河北省邢台县会宁镇尚汪庄康立石膏矿坍塌事故

2005 年 11 月 6 日 19 时 36 分，河北省邢台县尚汪庄石膏矿区的康立石膏矿、林旺石膏矿、太行石膏矿发生特别重大坍塌事故，造成 37 人死亡（其中 4 人失踪），40 人受伤，直接经济损失 774 万元。

康立石膏矿为个体经营，年生产能力 5 万吨。林旺石膏矿为集体企业，年生产能力 9 万吨。太行石膏矿隶属于邢台矿业有限责任公司邢台煤矿。三个矿都未申请安全生产许可证。

事故当日 19 时 36 分，尚汪庄石膏矿区发生采空区大面积冒落引起地表坍塌，形成一个长轴约 300 米，短轴约 200 米，面积约 5.3 万平方米的近似椭圆形的塌陷区，以及 24.5 万平方米的移动区。康立、林旺、太行三个石膏矿井下 48 名作业人员被困，地面 88 间房屋倒塌，29 名矿工和家属被困，矿山地面设施严重受损。经当地政府及有关部门积极组织抢救，救出井下生还者 28 人，救出地面生还者 12 人，其他人员不幸遇难。

事故直接原因：尚汪庄石膏矿区开采已十多年，积累了大量未经处理的采空区，形成大面积顶板冒落的隐患；矿房超宽、超高开挖，导致矿柱尺寸普遍偏小；无序开采，在无隔离矿柱的康立石膏矿和林旺石膏矿交界部位，形成薄弱地带，受采动影响和蠕变作用的破坏，从而诱发了大面积采空区顶板冒落、地表塌陷事故。地面建筑物建在地下开采的影响范围（地表陷落带和移动带）内，是造成事故扩大的原因。

事故间接原因：（1）采矿权设置不合理，在不足 0.6 平方千米的范围内设立了五个矿，开采影响范围重叠。（2）设计不规范，内容缺失。未明确竖井保安矿柱的范围，尤其是康立石膏矿和林旺石膏矿之间无隔离矿柱。（3）违规、越界开采。（4）企业安全管理混乱，安全责任制不落实。（5）有关部门未认真履行监管职责。（6）邢台县政府对非煤矿山安全生产专项整治工作领导不力，对有关职能部门履行职责督促检查不到位。尚汪庄石膏矿区曾两次发生过大面积顶板冒落和地面坍塌事故，未引起重视。

责任追究：康立石膏矿安全副矿长尚敬秋已在事故中死亡，不再追究责任。邢台市桥东区车站新村党支部书记、康立矿法定代表人张某，林旺矿法定代表人纪某、矿长张某，太行矿法定代表人、矿长尚某，邢台县安监局局长赵某，邢台县国土资源局副局长赵某等 14 名事故直接责任人移送司法机关处理。给予邢台县会宁镇镇长马某、党委书记李某，邢台县国土资源局局长路某，邢台县县长田某，邢台市国土资源局局长杨某，邢台市副市长戴某等人党纪政纪处分。

（四十）中国石油天然气集团公司吉林石化分公司双苯厂硝基苯精馏塔爆炸事故

2005 年 11 月 13 日，中国石油天然气集团公司吉林石化分公司双苯厂的硝基苯精馏塔发生爆炸，造成 8 人死亡，60 人受伤（其中 1 人重伤），直接经济损失 6908 万元。事故还造成约 100 吨苯类物质流入松花江，致使江水严重污染，沿岸数百万居民的生活受到影响。

事故直接原因：硝基苯精制岗位操作人员违反操作规程，在停止粗硝基苯进料后，未关闭预热器蒸气阀门，导致预热器内物料汽化；恢复硝基苯精制单元生产时，再次违反操作规程，先打开了预热器蒸气阀门加热，后启动粗硝基苯进料泵进料，引起进入预热器的物料突沸并发生剧烈振动，使预热器及管线的法兰松动、密封失效，空气吸入系统，由于摩擦、静电等原因，导致硝基苯精馏塔发生爆炸，并引发其他装置、设施连续爆炸。

由于双苯厂没有制定和采取事故状态下防止受污染的"清净下水"流入松花江的措施，爆炸事故发生后，苯类污染物流入松花江，硝基苯超标 28.08 倍。整个污水团长度约 80 千米，以每小时约 2 千米的速度向下游移动，受污染的松花江水流过的江面总长度为 1000 多千米。11 月 24 日 5 时许到达哈尔滨市四方台取水口。26 日凌晨，污染高峰基本流过哈尔滨市区江段，完全通过哈尔滨市需要 40 小时左右。污染物总量约 100 吨。

吸取事故教训，改进安全生产措施：（1）加强一线操作人员培训，解决员工的素质不高的问题。通过有针对性的培训，全面提高员工的应知应会以及分析问题和解决问题的能力。（2）组织开展装置的安全评价。此次事故从技术层面来说，在国内同类装置是罕见的，因此要组织专家对公司所有装置进行专项评价和分析，重点对危险性较大的炼化装置进行危险分析，分析装置存在的危险性，制定可操作的风险消减措施。（3）推广使用先进、成熟的生产新技术、新工艺，在消化吸收的基础上加以运用，要不断改进完善安全监测报警系统和自保连锁系统，提高装置的安全可靠性。（4）对工艺操作规程修改完善，规范员工的操作行为。针对这起事故，进一步修改补充完善工艺规程和岗位操作法。（5）加强安全生产技术的研究，解决影响安全生产的技术难题。开展与该事故有关的反应机理、事故形成规律及防范技术的研究工作。加强同科研机构的合作，从理论上、技术上开展该事故爆炸机理研究，从而吸取事故教训，建立有效的防范措施，从而实现本质安全。（6）做好隐患的排查，解决制约安全稳定生产的难题。对易燃、易爆、有毒介质的密封和安全监控系统，适当提高设计标准，提高装置的安全可靠性。（7）加大安全生产监督管理力度，强化现场的监督、检查与考核，真正形成横向到边、纵向到底的安全监督组织网络。

事故发生后，国家安全监管总局和国家环保总局联合作出规定，要求已建成投产的化工企业要完善事故状态下防范环境污染的措施，在建化工项目的设计方案要考虑事故状态下"清净下水"的收集、处置措施。对已经通过安全评价和环境影响评价审查的，评价机构要对项目的事故状态下"清净下水"的收集、处置措施进行专项安全补充评价和环境影响风险补充评价，组织审查的机构要对评价报告进行再审查，确保评价报告明确这项具体措施。

（四十一）山西省长治市黎城县大货车碾压早操学生事故

2005年11月14日5时55分，山西省长治市黎城县白龙运输有限公司所属一辆号牌为"晋D-13513"的带挂东风牌大货车，在长治市沁源县境内省道汾（阳）屯（留）线119千米处，驶入沁源县第二中学（郭道镇中学）初三年级121班正在公路上早操跑步的学生队伍当中，17名学生和1名教师被当场撞死。在送往沁阳县第二人民医院抢救过程中，又有3名学生因抢救无效死亡。事故共造成21人死亡，18人受伤。

2005年11月13日（事故发生前一日）晚，山西省黎城县白龙运输有限公司司机李孝波驾驶东风重型普通挂车，空载由黎城县到沁源县山西马军峪煤焦股份有限公司拉煤。次日5时55分，李孝波驾车由东向西行至汾屯线路段时，沁源县二中初二、初三年级13个班级的学生在学校的组织下正在该路段出早操。该校教师姜华曾用手电向李孝波示警，但李孝波未采取任何刹车、减速、避让措施，汽车冲入学生早操队伍，碰撞碾轧早操师生后，驶入北侧路外，撞倒公路北侧8棵行道树，在北侧行道树和明源焦化厂围墙之间运行了32.6米后，又撞倒7棵行道树驶入公路，头西南尾东北停在汾屯公路上。

事故原因：驾驶员连续8小时疲劳驾驶，对示警信号反应不敏感，车辆高速行车，没有及时采取刹车、减速、避让措施，是造成事故的直接原因；沁源县二中学校体育场地太小，只能允许一个年级的学生进行体育锻炼，其他年级的学生须到公路上跑操，酿成不安全因素，是导致事故发生的间接原因。

责任追究：司法机关以危险方法危害公共安全罪追究了黎城县白龙运输有限公司司机李孝波的刑事责任。

吸取事故教训，防止同类事故再次发生的措施：因学校体育场地狭小或没有体育场地，学生只能在校外公路等场合跑操的现象，不仅沁源二中一家，在山西省各地学校甚至在省城太原也同样存在。为此山西省教育厅发出通知，要求各级各类学校开展安全隐患大排查，切实解决这方面的问题。

（四十二）黑龙江省龙煤集团七台河分公司东风煤矿煤尘爆炸事故

2005 年 11 月 27 日 21 时 22 分，黑龙江省龙煤矿业集团有限责任公司七台河分公司东风煤矿发生煤尘爆炸事故，死亡 171 人（其中地面工人 2 名），受伤 48 人，直接经济损失 4293.1 万元。

东风煤矿于 1956 年建井，经过改造，1972 年生产能力达到 21 万吨/年，属国有重点煤矿，事故发生前核定生产能力 50 万吨/年，共有 3 个生产采区、6 个采煤工作面、16 个掘进工作面。该矿为高瓦斯矿井，煤尘具有较强爆炸性。

事故直接原因：违规爆破处理主煤仓堵塞，导致煤仓给煤机垮落，煤仓内的煤炭突然倾出，产生大量煤尘，造成巷道煤尘飞扬，达到爆炸界限；爆破火焰引起煤尘爆炸。

事故间接原因：在当年 12 月 5 日召开的全国安全生产视频会议上，国家安全监管总局局长李毅中指出东风煤矿存在的严重问题：（1）对党和国家安全生产政策法令置若罔闻。《国务院关于预防煤矿生产安全事故的特别规定》和国办《紧急通知》两个重要文件，已经下发快三个月了，各种媒体广为宣传，包括小煤矿、小矿主都知道，而作为国有大矿的黑龙江煤业集团七台河分公司东风矿的矿长和总工程师，竟能充耳不闻，全然不知，更谈不上贯彻执行。这样一个不称职的矿长，竟被评为"优秀矿长"。这样的人占据着国有煤炭企业领导岗位，是矿工的灾难。（2）对存在的安全隐患心中无数。由于对安全生产没有真正重视起来，一些国有矿长、党委书记，以及负责生产安全的人员，不了解、不掌握本单位的安全隐患，安全工作存在很大的盲目性、随意性。在国家煤矿安监局组织的专家技术会诊中，曾提出东风煤矿的两大隐患，一是"剃头"下山，以掘代采；二是该矿为高瓦斯矿井，煤尘具有强爆炸性。"11·27"事故发生后，该矿领导在汇报时列举了 4 条隐患，就是没有瓦斯和煤尘防治。（3）矿井生产缺乏科学合理的安排布局，采掘关系紧张，违规组织生产。东风矿片面追求产量，造成接替紧张，下山采区没有形成系统就组织生产。这样一个年产 50 万吨的矿井，共布置了 3 个采区、6 个采煤工作面和 16 个掘进头，超强度、超定员组织生产。（4）劳动组织管理十分混乱，违章现象严重。东风矿四个井口入井，职工考勤、下井登记、检身和矿灯发放等环节上管理混乱。井下人员过多，造成事故损失巨大。事故发生后,井下人数迟迟查不清楚。最先上报考勤人数 254 人,井下作业人数 221 人,考勤、检身、发矿灯数字对不起来,事故抢险救援指挥部布置开展拉网式排查。在市政府的组织下,动用了公安力量,三天后发现井下又增加 20 人。开始汇报时说井下没有农民工,后查证有 80 个农民工和临时工,有的有名无人,有的则冒名顶替,劳动组织管理严重混乱。(5)煤矿负责人下井带班制度不落实。2 月 23 日召开的国务院第 81 次常务会议,明确要求建立煤矿负责人和经营管理人员下井带班制度。国务院办公厅也已经转发了发展改革委、安全监管总局《关于煤矿负责人和经营管理人员下井带班的指导意见》,而东风矿还仅仅停留在值班制度上,事故当班矿级领导没有下井带班。这些都是造成事故发生的重要原因。

责任追究:2006 年 7 月 19 日,总理温家宝主持召开国务院常务会议,听取了事故调查组关于黑龙江龙煤矿业集团东风煤矿"11·27"特别重大事故调查情况的汇报,严肃处理了相关责任人。为严肃党纪、政纪,对国家和人民负责,经国务院常务会议研究,同意对东风煤矿矿长马金光、七台河公司调度室主任杨俊生等 11 人移送司法机关追究刑事责任;同意对龙煤矿业集团有限责任公司总经理侯仁等 21 人给予相应的党纪、政纪处分;决定给予黑龙江省副省长刘海生行政记过处分,责成黑龙江省政府向国务院作出深刻检查。

吸取事故教训,改进煤矿安全生产措施:事故发生后,国务院通知要求各地切实加强国有大矿的安全管理,认真排查和治理隐患,落实瓦斯治理和安全管理的各项措施,杜绝超能力、超强度、超定员组织生产,防止同类事故的再次发生。黑龙江省召开省长办公会议,提出采取超常规措施,做到八个"坚决落实到位";坚决把安全发展的思想落实到位;把各级领导安全生产责任制落实到位,建立严格的包保责任体系;把安全隐患排查和治理落实到位,集中精力打好瓦斯和煤尘治理"两个战役";把企业安全生产主体责任落实到位,严禁超强度、超定员生产;把依法监管、严肃法纪落实到位;把应对公共突发事件的各项措施落实到位,提高应急管理和应急处置能力;把整顿煤矿企业领导班子和干部作风落实到位。

(四十三) 河南省洛阳市新安县寺沟煤矿透水事故

2005 年 12 月 2 日 23 时 40 分,河南省洛阳市新安县寺沟煤矿发生透水事故,造成 42 人死亡,直接经济损失 972.6 万元。事发后矿长李建伟、法人代表靳成松等主要管理人员逃匿,给抢险救援带来极大不便。

寺沟煤矿位于新安县城以北 15 千米的石寺镇石寺村,1984 年建井,1986 年投产，集体所有制企业。地质储量 35 万吨，可采储量 24.6 万吨。设计能力为 3 万吨/年，核定生产能力 6 万吨/年，2004 年产量为 1.2 万吨。2005 年 4 月河南省煤炭铝土矿资源整合领导小组办公室下发文件，将寺沟煤矿列为资源整合矿井，与贾沟东井矿、石寺新煤矿、渠里东煤矿进行资源整合，整合后名称为镕玮煤矿。2005 年 11 月 15 日，河南省国土资源厅向镕玮煤矿核发了采矿许可证，有效期至 2006 年 11 月，矿区范围包括贾沟东井矿、石寺新煤矿、寺沟煤矿和渠里东煤矿原采矿许可证的划定矿区范围，同时将四煤矿原有的采矿许可证注销。镕玮煤矿的煤炭生产许可证、企业法人营业执照等尚在申办变更之中。矿井采用双斜井单水平开拓方式，中央并列抽出式通风方式。

事故直接原因：（1）寺沟煤矿 08 采掘煤巷非法进入矿井边界煤柱，在接近已关闭的桥北煤矿（1998 年关闭）老空积水区采煤，造成煤柱突然垮落，桥北煤矿老空区积水体和与其存在密切水力联系的松散孔隙地下水及青河地表水迅速溃入井下，导致事故发生。（2）寺沟煤矿违反《煤矿安全规程》和《煤矿防治水工作条例》的相关规定，在矿井水文地质资料不清，存在老空积水等重大水害隐患的情况下，既不进行水害分析预报，不执行"有疑必探"，也不编制 08 采掘煤巷探放水设计和探放水安全措施，违反规定用煤电钻代替专用探水钻进行探水，达不到探放水的要求和效果。（3）安全隐患辨识和处置不力。在发现 08 采掘煤巷"下掉煤潮湿且软"等透水征兆时，误判断为"煤潮湿发软是由于煤层直接顶板水渗透到煤中所致，可能无事"，既不撤出受水威胁区域人员，也不采取有关处置措施，仍然冒险组织生产。

事故间接原因：寺沟煤矿违法生产并严重超能力生产，非法越界开采，在存在老空积水等重大水害隐患下，仍然违规冒险组织生产；新安县煤炭工业局对寺沟煤矿探放水措施不落实、督促检查不到位；县公安局对该矿火工品的月审批量超过核准的供应量，为该矿违法违规生产提供了条件；县国土资源局对该矿资源开采状况监督管理不到位；石寺镇和新安县政府对所属职能部门履行职责情况督促检查不到位，对寺沟煤矿长期违法违规生产制止不力；洛阳市煤炭工业局对煤矿资源整合工作指导不力，对整合矿井监督管理不到位。

责任追究：新安县煤炭局副局长王某，新安县石寺镇党委委员高某，寺沟煤矿安全副矿长靳某、安全监督员贾某，新安县政府驻石寺镇寺沟煤矿安全督察员马某等直接责任人因犯玩忽职守罪、重大责任事故罪，分别被判处有期徒刑 4 年和 6 年不等。新安县石寺镇煤管站站长林某因犯玩忽职守罪等，被依法判处有期徒刑 10 年。河南省有关部门依法没收寺沟煤矿自 2005 年 6 月至事故发生前的非法所得 1128.92 万元，并处 5 倍罚款 5644.6 万元，合计 6773.52 万元。新安县人民政府对寺沟煤矿依法关闭。

吸取事故教训，改进煤矿安全生产措施：（1）对镕玮煤矿的水害威胁进行论证。根据论证结论，作出对镕玮煤矿是否保留的决定，并组织实施。（2）加强矿井资源整合工作。在资源整合期间严禁组织生产。矿井资源整合要坚持先关闭后整合的原则。资源整合期间，地方政府要加强日常监督管理，派出得力人员驻矿监管，严防被整合矿井在整合期间违法组织生产。（3）高度重视水害防治工作。煤矿企业要认真编制矿区防治水规划、年度计划并负责组织实施，制定水害防治应急预案，建立水害预测预报制度。矿井有突水征兆时，立即撤出井下所有人员，以防矿井水突然溃出酿成水害事故。（4）加强煤矿安全培训，提高安全管理水平和自我保安能力，增强安全防范意识。（5）加大水害防治的监管监察力度。凡矿井水文地质资料不清的，企业没有配备地质或水文地质专业技术人员、探放水设备和队伍的，没有建立水害隐患排查制度、水害防范措施不落实的，要责令企业停产整顿，限期整改不合格的，立即关闭。

（四十四）河北省唐山市开平区恒源实业公司（刘官屯煤矿）瓦斯煤尘爆炸事故

2005 年 12 月 7 日，河北省唐山市开平区恒源实业公司（原称刘官屯煤矿）发生瓦斯煤尘爆炸事故，造成 108 人死亡，29 人受伤，直接经济损失 4870.67 万元。

刘官屯煤矿位于唐山市开平区境内，为基建矿井。该矿原属地方国有煤矿，设计生产能力 30 万吨/年。2005 年 7 月 11 日，该矿转变成民营企业，企业名称改为唐山恒源实业有限公司。该矿采用伪造、变造国家机关"唐山市国有资产管理委员会"公文、证件、印章的手段变更了"采矿许可证"，工商营业执照没有注册登记，矿长资格证、煤矿企业主要负责人安全资格证在煤矿转制后，没有变更证照上的矿井名称、企业性质等。矿井开拓方式为立井开拓。矿井通风方式为中央并列式，通风方法为抽出式，使用局部通风机进行局部通风。事故发生前，井下主要有 10 个作业点。未建立综合防尘系统。各采掘工作面、转载点均未安装喷雾洒水装置，巷道未进行定期冲洗和清扫，井下未设置隔爆棚和风流净化设施，未开展煤层注水工作。矿井装备了安全监控系统和瓦斯断电仪，但安装调试完后，瓦斯传感器、断电仪从未调校过。

事故直接原因：该矿 1193（下）工作面开切眼遇到断层，煤层垮落，引起瓦斯涌出量突然增加；9 号煤层总回风巷三、四联络巷间风门打开，风流短路，造成开切眼瓦斯积聚；在开切眼下部用绞车回柱作业时，产生摩擦火花引爆瓦斯，煤尘参与爆炸。

事故间接原因：（1）刘官屯煤矿无视国家法律法规，拒不执行停工指令，管理混乱，违规建设、非法生产。①违规建设。该矿私自找没有设计资质的单位修改设计，将矿井设计年生产能力30万吨改为15万吨。在《安全专篇》未经批复的情况下，擅自施工；河北煤矿安全监察局冀东分局于2005年7月18日向该矿下达了停止施工的通知，但该矿拒不执行，继续施工。②非法生产。该矿在基建阶段，在未竣工验收的情况下，1193落垛工作面进行生产，1193（下）工作面已经贯通开始回柱作业，从2005年3月至11月累计出煤63300吨。存在非法生产行为。③"一通三防"管理混乱。采掘及通风系统布置不合理，无综合防尘系统，电气设备失爆存在重大隐患，瓦斯检查等特种作业人员严重不足；在没有形成贯穿整个采区的通风系统情况下，在同一采区同一煤层中布置了7个掘进工作面和一个采煤工作面，造成重大安全生产隐患。④劳动组织管理混乱，违法承包作业。无资质的承包队伍在井下施工，对各施工队伍没有进行统一监管。（2）有关职能部门履行职责不到位。①开平区煤矿安全监督局于2005年5月23日接到唐山市政府办公厅〔2005〕93号文《关于将唐山嘉顺煤矿有限公司、刘官屯煤矿划归所在区政府管理的通知》后，对刘官屯煤矿未认真履行监管职责。2005年6月至11月24日，多次组织或参与对刘官屯煤矿进行检查，均未发现该矿违规建设、非法生产、"一通三防"和劳动组织管理混乱等问题。②唐山市安全生产监督管理局履行监管职责不到位。2005年11月24日，在组织对刘官屯煤矿安全生产检查中，未发现其违规建设、非法生产、"一通三防"和劳动组织管理混乱等问题。③河北煤矿安全监察局冀东监察分局履行煤矿监察职责不到位，对该矿违规建设、非法生产监察不力。2005年3月28日、5月24日两次到该矿检查，明知其《安全专篇》未经审批，也未按有关规定责令停止施工。2005年7月18日，虽因该矿无《安全专篇》依法下达停止施工监察指令，但未跟踪落实。对拒不执行停工指令行为，未根据有关规定向当地政府通报情况和报请国土资源部门依法吊销其"采矿许可证"。（3）开平区、唐山市政府贯彻落实国务院有关煤矿停产整顿的要求不力。①开平区人民政府于2005年5月23日接到唐山市政府办公厅〔2005〕93号文《关于将唐山嘉顺煤矿有限公司、刘官屯煤矿划归所在区政府管理的通知》后，未按国务院有关文件要求落实对该矿安全监管工作、督促有关职能部门依法履行职责；对刘官屯煤矿违规建设、非法生产、"一通三防"和劳动组织管理混乱等问题失察。②唐山市人民政府贯彻落实煤矿安全生产方针政策不力；督促有关职能部门依法履行煤矿安全生产监管职责不到位。

责任追究：司法机关以涉嫌伪造国家公文罪、重大事故责任罪、劳动安全事故罪，依法追究了刘官屯煤矿技术科技术员尚某、瓦斯检查员郑某和李某、煤矿安全员兼调度员周某、保卫科科长吕某、通风科科长刘某、生产副矿长兼调度室主任李某、技术副矿长兼安全科科长李某、矿长尚某和刘官屯煤矿矿主（实际控制人）朱某等人的刑事责任；以玩忽职守等罪名依法追究了开平区煤矿安全监督局安全科科长李某、开平区煤矿安全监督局副局长荆某、河北煤矿安全监察局冀东监察分局局长张某、副局长白某和综合科科长张某等6人的刑事责任。上级机关对负有管理领导责任的唐山市政协主席（原市长）张某某、副市长张某、唐山市安全生产监督管理局局长张某、副局长董某和煤矿安全协调处副处长张某，开平区委书记王某、区长卢某和副区长刘某，开平区煤矿安全监督局局长谷某、副局长姚某、生产技术科科长董某等人予以党纪政纪处分。鉴于这次事故发生在基建矿，有关法规和规程对基建矿监管主体未作明确规定，对省级领导的责任追究与生产矿发生事故有不同之处。对河北省人民政府副省长付双建免于处分、作出深刻检查。责成河北省人民政府向国务院作出检查。

对事故责任单位的行政处罚：唐山市恒源实业有限公司非法开采煤炭63300吨，销售煤炭41000吨，违法所得948.6万元。根据《矿产资源法》第39条、《煤炭法》第67条和《国务院关于预防煤矿生产安全事故的特别规定》第5条的规定，河北省人民政府有关部门依法没收唐山市恒源实业有限公司非法所得948.6万元，并处非法所得3倍罚款2845.8万元，共计3794.4万元。依法吊销其有关证照，依法实施关闭。

吸取事故教训，改进安全生产措施：（1）切实加强对煤矿的监管。严厉打击证照不全进行生产和拒不执行煤矿安全监管、监察指令等煤矿非法、违法开采行为。以基建名义进行生产的矿井，要立即责令停止生产，拒不停止生产的，要依法予以关闭。（2）明确对基建矿井的监管职责，加强煤矿证照管理。加强对"采矿许可证"等证照换发、年检工作的管理，严肃查处利用伪造文件、虚假证明等手段骗取有关证照的违法行为。严禁证照过期或证照不全的煤矿进行生产或作业。（3）根据事故中反映出来的问题，尽快修订《煤矿安全监察条例》和《煤矿建设项目安全设施监察规定》，进一步加强对基建煤矿安全监管监察工作。

（四十五）吉林省辽源市中心医院火灾事故

2005年12月15日，吉林省辽源市中心医院电工室起火引发火灾事故，住院楼、门诊楼等三个楼房过火，烧毁建筑面积5714平方米，造成40人死亡，94人受伤（其中43人重伤，因跳楼摔为重伤者24人），直接经济损失821万余元。

是中华人民共和国成立以来全国卫生系统生命财产损失最严重的一起火灾。

事故发生当日16时10分，辽源市中心医院突然停电。值班的电工班班长张某来到二楼的配电室，在未查明停电原因的情况下强行送电，之后离开配电室。16时30分许，配电箱发出"砰砰"声，并产生电弧和烟雾。张某返回时发现配电室已起火，他未采取扑救措施，而是跑到院外去拉变电器刀闸开关，再返回二楼时火势已经蔓延开来。张某在自行扑救无效的情况下，于16时57分才打电话报警，前后历时近30分钟，延误了扑救初起火灾、控制火势的最佳时机。消防队到达现场时，已形成大量人员被困、群死群伤事故难以避免的严峻局面。

事故直接原因：电工班长张某在强送电后，未观察配电设施有无异常就离开了现场，未能及时断开配电设施；没按规程规定定期校验配电设施，在配电线路有故障时，配电设施未能立即跳闸而出现配电设施烧毁；医院有关部门在火灾初起时，没有及时识别报警，错过了最佳抢救时机；医院内消防设施都是电动的，断电后，无法正常启动使用；医院这个特定的环境，病人弱势群体在灾难面前的无能为力，扩大了事故伤亡人员。事故调查组对配电室改造工程及相关材料采购、使用情况进行了追查。2005年5月至7月，辽源市龙山区纺织电气安装队根据合同负责施工建设辽源市中心医院的配电改造工程。由于该安装队在施工中使用相关企业、个人生产销售的不合格电缆，并违规敷设，医院有关人员未认真履行监管职责，从而留下重大事故隐患。

事故间接原因：（1）公共场所的电力值班不应该是单人值班。（2）配电室的选址有严重问题，贴邻于医院建筑物的外墙建造。（3）应对突发事件的应急机制不健全，光会救助别人，不知道如何救助自己，疏忽应急管理。（4）该医院安全主体责任不清。对存在的重大安全隐患，管理不得力。（5）安全意识不强，缺乏安全教育。（6）消防疏散通道不畅通。医院的8个安全出口有一些被锁和封堵。其中两个上锁、安装铁栅栏一个，改做小卖部的一个。这也造成一些被困人员无法及时脱离危险。

责任追究：司法机关对生产、销售不合格电缆、违规施工操作，未认真履行监管职责的13名责任人提起公诉，并依法追究其刑事责任。

吸取事故教训，加强安全防范的措施。事故发生后卫生部发出通知，要求各级卫生行政部门立即对辖区内所有医疗卫生机构和所属医学院校的安全防火情况，开展一次全面、深入、彻底的检查。对检查出的隐患要加强督查，限期整改。要求各级各类医疗卫生机构落实安全生产责任制，对由于责任制落实不到位，造成火灾事故、重大案件、医疗事故等而导致人员伤亡的单位，要依法严肃追究有关领导的责任。同时依照国家相关的法律法规，研究制定并进一步完善各类应急处置预案。针对可能出现的各种突发灾害事故和重大安全生产事故，进一步明确并严格执行相关工作预案，并加强培训和演练，一旦发生突发紧急事件，要及时报告并协助有关方面依法妥善处置，有效防止事态扩大和蔓延。

（四十六）四川省都汶高速公路董家山隧道瓦斯爆炸事故

2005年12月22日14时40分，四川省都江堰至汶川高速公路董家山右线隧道施工中（由中铁一局四公司负责施工）发生瓦斯爆炸事故，造成44人死亡，11人受伤，直接经济损失2035万元。

董家山隧道左线全长4090米，右线全长4060米，事故发生时右线隧道完成开挖1487米、衬砌1419米。

事故直接原因：由于掌子面处塌方，瓦斯异常涌出，致使模板台车附近瓦斯浓度达到爆炸界限，模板台车配电箱附近悬挂的三芯插头短路产生火花引起瓦斯爆炸。

事故间接原因：（1）施工企业中铁四局四公司违规将劳务分包给无资质的作业队。施工中安全管理混乱；通风管理不善，右洞掌子面拱顶瓦斯浓度经常超限；部分瓦检员无证上岗，检查质量、次数不符合规定等。（2）监理单位铁科院（北京）工程咨询有限公司未正确履行职责，关键岗位人员无证上岗。（3）项目法人四川都汶公路有限责任公司对施工单位违规分包、现场管理混乱等问题未能加以纠正，对施工中出现的瓦斯隐患未采取有效措施。（4）设计单位四川省交通厅公路规划勘察设计研究院，对涉及施工安全的瓦斯异常涌出认识不足，防范措施不到位。

责任追究：司法机关对负有事故直接责任的中铁一局四公司都汶公路C合同项目经理部董家山隧道工区负责人、工区瓦斯检查员右线隧道瓦斯检查小组组长、工区专职安全员，四公司都汶公路C合同项目经理部经理、总工程师、副总工程师、项目经理部经理等6人依法追究其刑事责任。上级机关对负有管理领导责任的中铁一局集团有限公司副总经理，四公司总经理，铁路科学研究院（北京）工程咨询有限公司总经理，四川都汶公路有限责任公司总经理，四川高速公路建设开发总公司副总经理，四川省交通厅公路水运质量监督站副站长等17人，给予相应的党纪、政纪处分。

吸取事故教训，改进安全生产的措施：（1）瓦斯隧道必须严格按照设计文件、合同所指定采用的技术规范和相关安全规定，作出施工组织安排，制定各项安全规章制度，对瓦检、通风、防爆、防燃的措施要细化具体、严格规范，施工要做到作业规范化、标准化。（2）瓦斯隧道的施工一定要及时喷锚加强初期支护、衬砌紧跟、尽快封闭围岩，最大限度地降低瓦斯逸出，超前做到加固措施到位，避免坍方。（3）一定要注意低瓦斯隧道施工可能出现高瓦斯段，加强观察和检测，防止瓦斯异常涌出和突出可能造成的灾害发生。施工中一旦发现瓦斯逸出出现异常或与设计不符，应积极采取必要措施保证安全，同时向监理、设计、业主报告提出修改设计的意见，重新制定措施，并报业主批准后实施。（4）瓦斯隧道施工必须加强管理，严格执行煤矿瓦斯防爆规定，在非衬砌地段必须采用防爆、大功率通风和瓦斯自动检测报警等措施。（5）瓦斯隧道施工必须制定防爆措施方案，除了要由建设、设计、监理三方签字确认外，还需请有关专家论证，做到万无一失。（6）隧道施工必须制定瓦斯突出抢险救援应急预案，一旦发生突发事件，可能造成人员伤害时，要做到临危不乱、各负其责，全方位做好现场施救工作，最大限度降低影响和损失。

（四十七）河南省林州市临淇镇梨林花炮有限公司仓库爆炸事故

2006年1月29日（春节）14时15分，河南省安阳市林州市临淇镇梨林花炮有限公司的成品、半成品库房发生爆炸，导致附近的老君庙等房屋倒塌，事故造成36人死亡（其中16人当场死亡，在清理现场和受伤人员救治过程中又有20人死亡），48人受伤（其中8人重伤）。

事故直接原因：有人把燃烧的鞭炮从窗户扔进库房，引起库房内存放的大量烟花爆竹成品和半产品发生爆炸。

事故间接原因：该企业严重违反国家有关烟花爆竹安全管理的法律法规，在安全管理方面存在着安全距离不够、超药量存放、没有执行值班巡检等重大隐患和严重漏洞；也暴露出地方政府和相关部门安全监管不认真、不负责，烟花爆竹安全评价许可把关不严等问题。

责任追究：林州市安全生产监督管理局副局长韩清德、工商局企业科科长崔中明、副科长李霖等6名责任人，因工作严重不负责任，玩忽职守，被司法机关依法追究刑事责任。

吸取事故教训，改进烟花爆竹安全监管措施：事故发生次日，国务院安委会办公室发出通知，要求各级地方政府、各有关部门严格执行有关烟花爆竹燃放的规定，严禁在易燃易爆物品生产、储存单位燃放；加强检查巡查，坚决制止和禁止违法兜售、燃放烟花爆竹的行为；从事烟花爆竹生产、储运、销售活动的单位必须安排专人每天24小时值班检查，值班人员既要检查本单位生产、储存场所情况，又要严密巡查厂区、仓库、店铺周围的群众性活动情况，防止可能对本单位安全造成的影响；立即组织开展对烟花爆竹的联合执法检查，重点加强对生产车间、仓储设施，特别是药物、成品、半成品等爆炸性物品存放的安全检查和治安保卫，对超能力储存、超范围经营、销售非法产品等违法行为，要责令改正，依法处罚；将烟花爆竹安全管理工作，与人员密集场所、易燃易爆单位、耐火等级低的密集建筑区、风景名胜区、旅游娱乐场所和大型公共活动以及消防、燃气等方面的安全工作结合起来，开展公共安全联合执法检查；针对农历正月期间农闲人员较多、人口流动较大的特点，要着重加强对烟花爆竹生产经营单位周边的日常安全管理，杜绝闲杂人员接近和进入危险物品生产、储存区域；提高群众安全燃放烟花爆竹的意识。

（四十八）山西省大同市左云县张家场乡新井煤矿透水事故

2006年5月18日19时36分，山西省大同市左云县张家场乡新井煤矿发生特别重大透水事故，造成56人死亡，直接经济损失5312万元。事故发生后，新井煤矿承包人李付元和张家场乡有关领导干部蓄意瞒报井下被困人数，转移死者家属，销毁资料，抽逃资金。

事故直接原因：新井煤矿在多条巷道透水征兆十分明显的情况下，未采取有效措施，仍违法在采空区附近组织生产，冒险作业，由于受爆破震裂松动、水压浸泡以及采掘活动带来的矿山压力变化影响，破坏了采空积水区有限的安全煤柱，导致事故发生。

事故间接原因：（1）新井煤矿严重违法违规。该矿严重超能力、超强度和超定员生产。核定生产能力年产9万吨，2005年实际产煤约70万吨，2006年仅从三月初至事故发生前，两个半月产煤15万吨，每班下井人数少则200多人，多则400人，超出规定人数10多倍。劳动组织和现场管理混乱，井下采掘工程层层转包多达五个层次。全矿有466辆柴油三轮车在井下分班运煤，井下还有电焊机。没有给工人配备防护用品，自救器严重缺失，矿工的矿灯自己购置、自己充电。事故发生后隐瞒不报，主要管理人员生产副矿长、当班调度员和包工头逃匿，矿主谎报、隐瞒井下被困人数，转移被困人员家属，破坏调度室出勤牌，抽逃和转移账户资金，转移、销毁财务和销售台账，删除计算机数据资料，企图为事故调查设置障碍。甚至在被刑拘后提审时，矿主仍弄虚作假，编造谎言。（2）政府有关职能部门对新井煤矿安全生产监管不力。县、乡煤炭工业管理部门不认真履行职责，对新井煤矿长期超能力超定员生产、超层越界开采、安全管理混乱等严重安全隐患监管不力。有的工作人员玩忽职守，甚至收受贿赂；山西煤矿安全监察局大同分局未认真履行职责，对新井煤矿隐患监察不到位，对新井矿申办"安全生产许可证"材料虚假问题失察；大同市、左云县、张家场乡国土资源部门未认真履行职责，对新井煤矿长期超层越界开采问题查处不力；左云县公安机关违规审批火工品；左云县供电公司违规为新井煤矿多次增容。（3）有关地方党委、政府未认真履行职责。张家场乡党委、政府，主要负责人玩忽职守，对新井煤矿停产后复产验收流于形式，对其长期存在的问题听之任之，甚至提供"保护"；大同市政府对煤矿安全生产重视不够，安全生产责任制不落实，对有关工作人员不履行职责情况失察。

责任追究：涉嫌重大责任事故罪、玩忽职守罪等，移送司法机关处理的共48人。其中涉嫌重大责任事故罪及参与瞒报事故的16人，涉嫌滥用职权罪的人员18人，涉嫌经济犯罪的人员7人。除了事故直接责任人被追究刑事责任之外，张家场乡党委书记常某、乡长刘某、乡人大副主席陈某，左云县国土资源局副局长刘某、监察科科长边某、张家场乡国土资源所副所长李某，左云县安全生产管理局、左云县煤炭工业管理局工会主席兼人劳科长张某等，分别被判处有期徒刑。山西省安全监管局副处长胡某、副处级干部冯某，山西煤矿安全监察局大同分局干部苗某等涉嫌受贿，被依法追究刑事责任。对大同市副市长王某，大同市国土资源局副局长孟某，山西煤矿安监局大同分局副局长李某，大同市煤炭工业局局长段某，左云县公安局政委姚某，左云县国土资源局局长陆某，左云县煤炭工业局局长宋某等负有管理、领导责任的有关人员，也分别予以党纪政纪处分。国家煤矿安全监察部门决定没收新井煤矿违法所得13534.25万元，并予以依法关闭；吊销大同恒安安全评价有限责任公司相关资质证书，并按有关规定予以处罚；吊销参与评价人员的相关资质。

（四十九）山西省晋中市灵石县蔺家庄煤矿爆炸事故

2006年7月15日，山西省晋中市灵石县蔺家庄煤矿发生爆炸事故，造成53人死亡。

蔺家庄煤矿属私营煤矿，该矿已被当地政府列入资源整合的煤矿，2005年12月31日被注销安全生产许可证，暂扣了采矿许可证和煤炭生产许可证，明令其停止生产。2006年5月份晋中市有关部门同意该井检修、维护，但仍然不能生产。

事故发生的原因：与蔺家庄煤矿相邻相通的兰家堂非法小矿井被依法关闭取缔后，晋中市夏门煤矿在炸毁过程中，没有制定具体实施方案，没有告知社会，没有制定作业程序和安全技术措施，违章作业、直接裸露爆破，引起煤尘爆炸，波及与之相通的蔺家庄煤矿。当时蔺家庄矿正值井下交接班，导致人员严重伤亡。

兰家堂小矿井的责任：被关闭取缔的兰家堂小矿井，是当地一村民在夏门煤矿井田范围内私开的小矿，曾多次被当地政府取缔。该非法小矿矿主明知其井下与蔺家庄煤矿相通，但未向政府报告，也没告知周边邻近的煤矿，致使夏门煤矿在对该小矿井炸毁作业时造成蔺家庄煤矿人员伤亡。

夏门煤矿的责任：夏门煤矿对井田内已由政府明令关闭但没有达到关闭标准的非法私开小矿井实施彻底炸毁，是经政府授权的具体行动，但在进行炸毁的处置过程中由于工作不认真、不负责、不到位等引发了伤亡事故。这起事故，也暴露出当地政府及监管监察、行业管理等有关部门在打击取缔非法小煤矿工作中存在漏洞，对违法生产行为监管不力等问题。

蔺家庄煤矿的责任：蔺家庄煤矿从 2006 年 3 月开始，在未经批准复工的情况下强行组织工人违规入井作业，同时井下巷道与附近私开矿打通，直到事故发生时仍未采取封堵等防范措施。安全管理和劳动组织管理混乱，事故发生时井下人数高达 64 人，造成伤亡扩大。

责任追究：灵石县安监局人员阴书铭、段纯镇安全生产监督管理站人员何亚明、刘勇，对蔺家庄煤矿等负有直接监管责任，但对煤矿存在的违法生产行为和安全生产隐患只是单纯地下达书面决定和指令，并未按有关规定采取相应措施，放任存在安全隐患的煤矿长期进行违法生产，造成事故发生，因此被依法追究刑事责任。

吸取事故教训，改进煤矿安全生产措施：（1）做实做细关闭取缔非法和不具备安全生产条件的煤矿过程中的炸毁取缔工作。继续坚定不移地打好煤矿整顿关闭攻坚战，关闭取缔工作要切实到位。细化煤矿关闭工作实施办法，对炸毁取缔等工作进行规范。要认真负责地制定炸毁取缔的具体实施方案、程序和安全技术保障措施，搞清井下情况，聘请有资质的爆破人员和队伍承担爆破作业。在进行炸毁取缔时，政府要统一领导，要告知周边村镇，各有关部门要协调行动，严格作业规程，防止发生意外。（2）规范煤炭资源整合，必须先关闭后整合，加强监管。对县级以上地方人民政府确定纳入资源整合范围的矿井，要通过联合执法，责令并监督其停止一切生产活动，注销安全生产许可证，暂扣采矿许可证、煤炭生产许可证和工商营业执照；供电部门限制供电，公安部门注销火工品购买、使用等证照，并监督煤矿企业妥善处理剩余火工品。县级以上地方人民政府要向纳入资源整合范围的矿井派驻监督人员，专人盯守，严防借整合之名拖延或逃避关闭，严防整合期间违法生产，严防边施工边生产。拒不执行的，应取消其整合资格，立即彻底关闭。（3）进一步加大煤矿安全监管监察力度。结合日常监管和定期监察、专项监察、重点监察，严防已关闭的煤矿死灰复燃，对辖区内煤矿重大事故隐患排查整改情况进行核查。凡发现有《国务院关于预防煤矿生产安全事故的特别规定》所列十五种重大隐患之一的，一律责令限期停产整顿，逾期未整改或整改不合格的，一律提请地方政府予以关闭；发现超层越界开采的，要及时移送国土资源管理部门查处，性质严重的要提请地方政府依法予以关闭。（4）强力推进煤矿"两个攻坚战"。坚决关闭不具备安全生产条件、破坏资源和环境的煤矿，淘汰落后的不符合产业政策的小煤矿，坚决打击取缔非法等矿点。

（五十）江苏省射阳县氟源化工公司爆炸事故

2006年7月28日8时45分，江苏省盐城市射阳县盐城氟源化工有限公司临海分公司1号厂房（2400平方米，钢框架结构）发生爆炸事故，死亡22人，受伤29人，其中3人重伤。

射阳县盐城氟源化工有限公司是2002年盐城氟都化工有限公司（1998年成立）与德国CCI公司（贸易公司，股比31%）成立的中外合资企业。2005年7月，根据当地政府统一规划，合资公司将氟化工生产线搬迁至射阳县临海化工集中区，拟成立盐城氟源化工有限公司临海分公司，总投资2500万元。主要产品是2，4-二氯氟苯（生产能力4000吨/年）。发生事故的1号生产厂房（投资约800万元）由硝化工段、氟化工段和氯化工段三部分组成。硝化工段是在原料氟苯中加入混酸二次硝化生成2，4-二硝基氟苯；氟化工段是在外购的2，4-二硝基氯苯原料中加入氟化钾，置换反应生成2，4-二硝基氟苯；氯化工段是在氯化反应塔中加入上述两个工段生产的2，4-二硝基氟苯，在一定温度下通入氯气反应生成最终产品2，4-二氯氟苯。

2006年7月27日15时10分，首次向氯化反应塔塔釜投料。17时20分通入导热油加热升温；19时10分，塔釜温度上升到130摄氏度，此时开始向氯化反应塔塔釜通氯气；20时15分，操作工发现氯化反应塔塔顶冷凝器没有冷却水，于是停止向釜内通氯气，关闭导热油阀门。28日4时20分，在冷凝器仍然没有冷却水的情况下，又开始通氯气，并开导热油阀门继续加热升温；7时，停止加热，塔釜温度为220摄氏度，塔顶温度为43摄氏度；8时40分，氯化反应塔发生爆炸。据估算，氯化反应塔物料的爆炸当量相当于406千克梯恩梯（TNT），爆炸半径约为30米，造成1号厂房全部倒塌。

事故直接原因：在氯化反应塔冷凝器无冷却水、塔顶没有产品流出的情况下没有立即停车，而是错误地继续加热升温，使物料（2，4-二硝基氟苯）长时间处于高温状态并最终导致其分解爆炸，是本次事故发生的直接原因。

事故间接原因：（1）该项目没有执行安全生产相关法律法规，在新建企业未经设立批准（正在后补设立批准手续）、生产工艺未经科学论证、建设项目未经设计审查和安全验收的情况下，擅自低标准进行项目建设并组织试生产，而且违法试生产五个月后仍未取得项目设立批准。（2）该企业违章指挥，违规操作，现场管理混乱，边施工、边试生产，埋下了事故隐患。现场人员过多，也是扩大人员伤亡的重要原因。

吸取事故教训，防范此类事故的措施：（1）立即开展违规危险化学品建设项目的排查整顿工作。各地安全监管部门要在政府的领导组织下，会同有关部门重点检查新建、改建、扩建危险化学品生产项目是否符合建设项目"三同时"要求，是否有合法合规的项目审批、安全核准、设计审查手续，是否进行了竣工验收，是否取得了安全生产许可证。对不符合建设项目"三同时"要求的建设项目要立即停止，依照有关法规进行处罚并限期补办有关手续；对于非法建设和严重违法的项目，要坚决依法关闭或取消。（2）严格控制化工行业固定资产投资，严格化工企业的安全准入。各级地方政府及其相关部门要切实履行安全监管责任，科学制定化工行业发展规划，把好危险化学品新建、改建、扩建项目和招商引资项目的各类批准关、设计审查关和竣工验收关。化工行业是高危行业，要严格执行技术标准和设计规范，决不能降低安全技术标准，坚决防止盲目投资、盲目发展。已经合法批准并经复查后的建设项目要切实加强建设施工、竣工验收、投料试车的安全监管工作。（3）切实落实企业安全生产主体责任，深入开展中小化工企业的安全标准化活动。各类危险化学品生产企业要自觉遵守国家法律法规，保证安全投入，认真排查隐患并及时整改。加强对开停车、检维修和新产品试生产的安全技术管理，制定并严格实施科学的作业方案和规程，加强人员培训，确保安全生产。要按照国家安全监管总局、国家环保总局的要求，在2006年9月30日前，完成事故状态下地面"清净下水"不得排放的技术措施。各地安全监管部门要积极组织企业，结合实际有重点地开展安全标准化活动，督促企业完善规章制度，加强班组建设和岗位培训，规范现场安全管理。

（五十一）山西省大同煤矿集团轩岗煤电公司焦家寨煤矿瓦斯爆炸事故

2006年11月5日11时38分，山西省同煤集团轩岗煤电公司焦家寨煤矿发生瓦斯爆炸事故，造成47人死亡，2人受伤，直接经济损失1213.03万元。

事故发生后，国家安全监管总局局长李毅中、国家煤矿安全监察局局长赵铁锤、山西省政府主要负责人员等迅速赶赴事故现场，指导事故抢救和善后工作。赵铁锤带领有关人员深入井下指导抢救和开展事故调查工作。

焦家寨煤矿位于山西省忻州市原平市轩岗镇。该矿于 1958 年 7 月建井。1966 年 10 月投产，原设计生产能力为 60 万吨/年，经 1993 年改、扩建，矿井设计生产能力达 150 万吨/年，2005 年矿井核定生产能力为 150 万吨/年。该矿证照齐全有效，属合法生产矿井。全矿职工人数 2478 人。

事故发生当日早班，全矿共有 393 名工人入井作业。发生事故的 511 采区共有 130 人作业。9 时许，该采区 51108 进风掘进工作面停电停风，9 时 5 分恢复送电送风；9 时 25 分，51108 进风掘进工作面第二次停电停风，9 时 33 分再次恢复送电送风；11 时 5 分，51108 进风掘进工作面第三次停电停风。掘进队队长高继成安排机电维修工王治光到 1060 配电点送电，王治光开启 51108 工作面动力电开关后，紧接着就听到爆炸声。事故发生后在 511 采区作业的 130 人中有 81 人自行安全升井，2 名受伤者经救援脱险，其他人遇难身亡。

事故直接原因：该矿 51108 进风掘进巷内的局部通风机无计划停电停风造成瓦斯积聚，并达到爆炸界限；在未采取排放瓦斯措施的情况下，违章送电、送风；距巷口 630 米处的动力电缆两通接线盒失爆产生火花，引爆瓦斯。

事故间接原因：焦家寨煤矿未严格执行国家有关安全生产的法律法规，安全管理混乱，突出表现在机电管理、送风和瓦斯管理混乱。未严格执行停送电制度，机电设备失爆现象严重；51108 掘进工作面瓦斯经常超限报警，虽进行了治理但一直未彻底消除隐患，工作面停电、停风后，工人经常不撤离，且在未按规定排放瓦斯情况下重新送电；事发当天，51108 进风掘进工作面曾三次停电，通风调度、生产调度和有关值班领导等均没有采取措施将作业人员撤至安全地带。此外，该矿存在超能力生产状况。轩岗煤电公司对国家有关煤矿安全生产的法律法规贯彻落实不力，安全生产责任制落实不到位，对焦家寨煤矿通风瓦斯管理混乱、机电管理混乱、超能力生产等问题督促检查不力。

责任追究：焦家寨煤矿通风调度员张某和郭某、掘进二队机电维修工王某被依法追究刑事责任。焦家寨煤矿矿长、党委书记、总工程师，轩煤公司董事长（总经理）、副总经理、机电处处长等 19 人受到党纪政纪处分。山西省政府有关部门按规定暂扣焦家寨煤矿的采矿许可证、煤炭生产许可证等有关证照，山西煤矿安全监察局暂扣焦家寨煤矿的安全生产许可证。由山西省人民政府有关部门和同煤集团负责监督焦家寨煤矿停产整顿，限期整改。

（五十二）山西省晋中市灵石县王禹乡南山煤矿井下炸药库炸药燃烧事故

2006 年 11 月 12 日 19 时 40 分，山西省晋中市灵石县王禹乡南山煤矿井下发生炸药燃烧事故，造成 34 人死亡，直接经济损失 727 万元。

南山煤矿是民营企业,核定生产能力9万吨/年。属低瓦斯矿井,煤层有自然发火倾向,煤尘具有爆炸性。该矿开采范围超出批准的矿界和层位,采用落后的巷道式采煤方法,以掘代采。井下用非防爆机动三轮车运输。2006年2月至10月,共生产销售原煤23万吨,属严重超能力生产。

事故直接原因:井下爆炸品材料库违规存放5.2吨化学性质不稳定、易自燃的含有氯酸盐的铵油炸药,由于库内积水潮湿、通风不良,加剧了炸药中氯酸盐与硝酸铵分解放热反应,热量不断积聚导致炸药自燃,并引起库内煤炭和木支护材料燃烧。

事故间接原因:(1)南山煤矿违法、违规购买和储存炸药。超层越界开采,主井建在国土资源管理部门批准的井田范围之外352.3米,与批准的设计方案主井坐标点相差506.4米,且开采未经许可的2号煤层下方的煤层。在安全生产许可证、煤炭生产许可证和企业法人营业执照的原煤开采期限到期,未办理证照延期手续且被有关部门暂扣的情况下违法组织生产,层层转包,以包代管,超能力、超定员生产。违法组织生产,安全管理混乱。未设立安全机构和配备专职安全员,未依法对工人进行安全培训,无下井人员考勤记录,没有建立隐患排查、治理和报告制度。技术管理混乱,图纸、资料不能反映井下真实情况,没有专职爆破员,井下爆破器材领用管理混乱,违规在井下使用非防爆机动三轮车,没有给下井工人配备自救器。事故发生后没有依法依规向当地政府及安全生产监管监察部门报告。(2)王禹乡工商行政管理所对南山煤矿非法行为打击不力,灵石县工商行政管理局对王禹乡工商行政管理所有关人员未认真履行职责的问题失察。(3)灵石县王禹乡党委和乡人民政府主要领导对煤矿专项整治工作组织领导不力,对南山煤矿长期存在的违法生产、界外建井、超层越界开采、井下私藏炸药等违法违规问题严重失察。(4)灵石县、晋中市煤炭工业局(安全监管局)对南山煤矿长期违法生产、井下私藏炸药、违规使用非防爆机动三轮车等重大安全隐患问题严重失察,有关人员在验收南山煤矿技改工程过程中把关不严。(5)灵石县国土资源局没有发现该矿长期存在的违法界外建井、超层越界开采问题,晋中市国土资源局对南山煤矿长期存在的违法界外建井、超层越界开采等问题失察。(6)灵石县公安局没有按规定限量审批南山煤矿爆破器材,没有及时发现南山煤矿非法购买、使用非矿用爆破器材问题。(7)灵石县、晋中市人民政府未能及时发现相关部门及人员的失职、渎职行为,未能发现南山煤矿长期存在的界外建井、超层越界开采,违法组织生产、私购炸药等违法违规问题。

责任追究:司法机关以重大责任事故罪,追究了南山煤矿法定代表人耿某、实际承包人耿某、矿长丁某、总包工头陈某、包工头吴某、火工品采购员王某6

人的刑事责任，以玩忽职守罪追究了灵石县煤炭工业局（安全生产监督管理局）驻南山煤矿安全特派员郭某，灵石县王禹乡安全生产监督管理站站长王某，灵石县王禹乡党委副书记闫某，灵石县煤炭工业局（安全生产监督管理局）安全监察大队第四分队队长李某等10人的刑事责任。上级机关对负有管理、领导责任的灵石县国土资源局交口资源所所长张某，灵石县公安局王禹乡派出所所长杨某，灵石县王禹乡党委书记杜某、乡长孙某，灵石县煤炭工业局（安全生产监督管理局）安全监察大队队长赵某等25人，分别予以党纪政纪处分。

（五十三）辽宁省铁岭市清河区清河特殊钢有限责任公司炼钢车间钢水包整体脱落事故

2007年4月18日，辽宁省铁岭市清河特殊钢有限责任公司炼钢车间发生钢水包整体脱落事故。当日7时45分，该公司生产车间的钢水包在平移到铸锭台车上方时，突然整体脱落，洒出的钢水冲进炼钢车间办公室，灼死灼伤正在办公室交接班的人员。造成32人死亡，6人受伤（其中5人重伤）。

该企业是以民营资本为主的股份制企业，职工471人，生产规模年产14万吨。主要产品包括轴承钢、合金钢、模具钢、易切钢、不锈钢等100多个钢号的锻造用钢锭。

事故直接原因：炼钢车间吊运钢水包的起重机主钩在下降作业时，控制回路中的一个联锁常闭辅助触点锈蚀断开，致使驱动电动机失电；电气系统设计缺陷，制动器未能自动抱闸，导致钢水包失控下坠；制动器制动力矩严重不足，未能有效阻止钢水包继续失控下坠，钢水包撞击浇注台车后落地倾覆，钢水涌向被错误选定为班前会地点的工具间。

事故间接原因：（1）清河特殊钢有限公司的炼钢车间无正规工艺设计，未按要求选用冶金铸造专用起重机，违规在真空炉平台下方修建工具间，起重机安全管理混乱，起重机司机无特种作业人员操作证，车间作业现场混乱，制定的应急预案操作性不强。（2）铁岭开原市起重机器修造厂不具备生产80吨通用桥式起重机的资质，超许可范围生产。（3）铁岭市特种设备监督检验所未按规定进行检验，便出具监督、验收检验合格报告。（4）安全评价单位辽宁省石油化工规划设计院在事故起重机等特种设备技术资料不全、冶炼生产线及辅助设施存在重大安全隐患的情况下，出具了安全现状基本符合国家有关规范、标准和规定要求的结论。（5）铁岭市质量技术监督局清河分局未认真履行特种设备监察职责，安全监管不力。（6）清河区安监局监管不力。（7）当地政府对安全生产工作重视不够，对存在的问题失察。

责任追究：负责设备、维修和车间安全生产工作的企管部副部长兼炼钢车间副主任关大明在事故中死亡，不再追究责任。司法机关依法追究了该企业炼钢车间主任李某某等6人的刑事责任。给予党纪、政纪处分22人。清河特殊钢有限公司董事长、总经理、党委书记、清河区区长助理、辽宁省人大代表高某，对事故发生负有主要责任，撤销区长助理职务，依法罢免辽宁省人大代表资格；清河特殊钢有限公司综合部、公司安委会主任、公司党委副书记、清河区人大代表牟某某，对事故发生负有主要责任，依法罢免其清河区人大代表资格。铁岭市清河区安监局局长、清河区分管副区长、常务副区长、区长，以及铁岭市特种设备监督检验所所长、铁岭市质量技术监督局副局长和局长、铁岭市安全生产监督管理局副局长和局长、铁岭市副市长等，均受到追究和处理。国务院责成辽宁省政府作出深刻检查。

吸取事故教训，改进安全生产措施：（1）进一步加大安全监管力度。认真组织开展冶金行业专项整治，全面排查治理隐患；深入重点企业进行安全检查。对中介机构进行清理整顿。（2）全面开展事故隐患大排查，坚决打好事故隐患排查治理攻坚战。（3）加大安全教育培训力度，使企业负责人承担起安全生产第一责任人的责任。（4）加强安全监察机构队伍建设，进一步完善监管体系。（5）加大事故查处力度。

（五十四）广东省佛山市九江大桥被"南桂机035"运沙船撞塌事故

2007年6月15日，广东佛山一艘编号为"南桂机035"的运沙船偏离主航道航行，撞击九江大桥，导致桥面坍塌，8人死亡。

当年6月20日，九江大桥船撞桥梁事故技术鉴定组召开新闻发布会，公布了该事故的鉴定结果。专家组由全国知名桥梁专家、设计大师、工程师等10位专家任组员。鉴定认为，九江大桥工程质量等级为优良，船撞桥事故发生前结构处于安全状态。而其防撞击的能力也是没问题的，是由于"南桂机035"的撞击力大于承受力才造成的坍塌。

事故直接原因：经调查认定，这次事故是作为船长的石桂德驾驶"南桂机035"船，撞到大桥桥墩所导致。事故发生当日4时许，石桂德驾驶"南桂机035"船装载河沙自佛山高明顺流开往顺德。开船时江面有轻雾。5时许，当船距九江大桥约1100米时，江面上有浓雾，能见度急剧下降。作为船长的石桂德没有按照规定加强瞭望、选择安全地点抛锚以及采取安全航速等措施，在无法确认船首前方所见白灯是否为主航道灯的情况下，仍然冒险航行。当"南桂机035"船接近九江大桥时，石桂德因该船与桥前约80米的一个航标发生擦碰而意识到本船已严重偏离主航道，但仍没有采取停航等有效措施，反而试图将船头调至九江大桥桥墩间通行，轻信可以避免船只与大桥桥墩触碰。5 时 10 分左右，船因偏离航道以及石桂德对航道灯判断的严重失误，致使该船头与九江大桥 23 号桥墩发生触碰，导致九江大桥 23 号、24 号、25 号三个桥墩倒塌，并引发所承载桥面坍塌，1675.2 米的九江大桥坍塌 200 米，使得正在桥上行驶的四辆汽车落入江中损毁，车内 6 人以及 2 名大桥施工人员落水后死亡，造成经济损失约 4500 万元。

责任追究：2011 年 11 月广州市海珠区法院一审以交通肇事罪判处肇事船长石桂德有期徒刑 6 年，石桂德不服判决提起上诉。2013 年 9 月 16 日，广州市中级人民法院宣判，维持一审法院判决。

（五十五）湖南省凤凰县堤溪沱江大桥垮塌事故

2007 年 8 月 13 日 16 时 45 分左右，湖南省凤凰县正在建设的堤溪沱江大桥发生特别重大坍塌事故，造成 64 人死亡，4 人重伤，18 人轻伤，直接经济损失 3974.7 万元。

堤溪沱江大桥工程是湖南省凤凰县至贵州省铜仁大兴机场凤大公路工程建设项目中一个重要的控制性工程。大桥全长 328.45 米，桥面宽度 13 米，设 3%纵坡，桥型为 4 孔 65 米跨径等截面悬链线空腹式无铰拱桥。大桥桥墩高 33 米，且为连拱石拱桥。2003 年 6 月，湖南省交通厅批准了凤大公路工程项目初步设计，并于同年 12 月批复了凤大公路项目开工报告。2004 年 3 月 12 日，堤溪沱江大桥开工建设，计划工期 16 个月。事故发生时，大桥腹拱圈、侧墙的砌筑及拱上填料已基本完工，拆架工作接近尾声，计划于 2007 年 8 月底完成大桥建设所有工程，9 月 20 日竣工通车，为湘西自治州 50 周年庆典献礼。

大桥建设单位为湘西自治州凤大公路建设有限责任公司（简称凤大公司），隶属于湘西自治州人民政府，为国有独资公司；设计和地质勘查单位为华罡设计院，为全民所有制单位，隶属长沙理工大学，该院具有公路行业甲级"工程设计证书"、甲级"工程咨询资格证书"和甲级"工程勘察证书"；施工单位为湖南路桥建设集团公司（简称路桥公司），系国有独资大型企业，下辖 28 个分（子）公司、参股公司（单位），具有建设部颁发的"公路工程施工总承包特级、公路路基工程专业承包一级、公路路面工程专业承包一级、桥梁工程专业承包一级、公路交通工程专业承包交通安全设施""建筑企业资质证书"，2006 年 7 月取得"安全生产许可证"，该公司实行三级管理体制，二级机构道路七公司负责堤溪沱江大桥的具体施工任务；监理单位为湖南省金衢交通咨询监理有限公司，系由 45 位自然人股东持股的有限责任公司，具有公路工程甲级监理资质。

2007 年 8 月 13 日，堤溪沱江大桥施工现场有 7 支施工队、152 名施工人员正在进行 1、2、3 号孔主拱圈支架拆除和桥面砌石、填平等作业。施工过程中，随着拱上荷载的不断增加，1 号孔拱圈受力较大的多个断面逐渐接近和达到极限强度，出现开裂、掉渣，接着掉下石块。在最先达到完全破坏状态的 0 号桥台侧 2 号腹拱下方的主拱断面裂缝不断张大下沉，下沉量最大的断面右侧拱段（靠 1 号墩侧）带着 2 号横墙向 0 号台侧倾倒，通过 2 号腹拱挤压 1 号腹拱，因 1 号腹拱为三铰拱，承受挤压能力最低而迅速破坏下塌。受连拱效应影响，整个大桥迅速向 0 号台方向坍塌，坍塌过程持续了大约 30 秒。

事故直接原因：由于大桥主拱圈砌筑材料未满足规范和设计要求，拱桥上部构造施工工序不合理，主拱圈砌筑质量差，降低了拱圈砌体的整体性和强度，随着拱上施工荷载的不断增加，造成 1 号孔主拱圈靠近 0 号桥台一侧 3～4 米宽范围内，即 2 号腹拱下的拱脚区段砌体强度达到破坏极限而坍塌，受连拱效应影响，整个大桥迅速坍塌。（1）大桥土拱圈砌筑材料未能满足设计和规范要求。①未按照"60 号块石、形状大致方正"的设计要求控制拱石规格，实际多采用重 50～200 千克且未经加工的毛石，坍塌残留拱圈断面呈现较多片石。②主拱圈砌体未完全按"20 号小石子混凝土砌筑 60 号块石"的要求施工，部分砌体采用了水泥砂浆。经现场取样测试，主拱圈大部分砌体小石子混凝土强度低于设计规范要求值，其中 1 号孔 1～2 号横墙之间主拱圈砌体小石子混凝土平均强度不足 5 兆帕，与设计指定 20 号小石子混凝土强度相差甚远。③经现场取样检测，机制砂含泥量较高，最大值达 16.8%，超过了不大于 5% 的要求。碎石含泥量为 2.6%，超过了不大于 2% 的标准。④现场抽检的吉首市大力建材有限公司生产的普通硅酸盐水泥（等级 32.5），其烧失量在 5.22%～5.98% 之间，不能满足不大于 5.0% 的标准要求。（2）砌筑工艺不符合规范规定。①设计要求主拱圈砌筑程序为"二环、三带、六段"，施工更改为"三环、五带、六段"，实际施工按"田"字形或分割为更多条块的方式无序砌筑，导致砌体整体性差。②主拱圈、横墙、腹拱、侧墙连续施工，并在主拱圈未完全达到设计强度即进行落架施工作业，造成砌体缺乏最低要求的养护期，拱圈提前承受拱上荷载，降低了砌体的整体性和强度。③拱圈砌体强度尚在发展中，弹性模量较低，腹拱侧墙及填料等加载不均衡、不对称，导致拱圈变形及受力不匀。④各环在不同温度无序合龙，造成拱圈内产生附加的永久温度应力，也削弱了拱圈强度。（3）拱圈砌筑质量差。砌缝宽度极不均匀，最大处超过 10 厘米（设计要求不大于 5 厘米）。部分砌筑不密实，未进行分层振捣。砌体存在空洞（大的空洞达 15 厘米以上），下雨或洒水养护时桥下漏水现象较普遍。主拱圈施工不符合设计或规范要求的达13项，其中，0号台拱脚处大约4米多宽范围内的砌体质量最差。

事故间接原因：（1）施工单位路桥公司道路七公司凤大公路堤溪沱江大桥项目经理部，擅自变更原主拱圈施工方案，现场管理混乱，违规乱用料石，主拱圈施工不符合规范要求，在主拱圈未达到设计强度的情况下就开始落架施工作业。（2）建设单位凤大公司项目管理混乱，对发现的施工质量不符合规范、施工材料不符合要求等问题，未认真督促施工单位整改，未经设计单位同意擅自与施工单位变更原主拱圈设计施工方案，盲目倒排工期赶进度，越权指挥，甚至要求监理不要上桥检查。（3）工程监理单位湖南省金衢交通咨询监理有限公司，未能制止施工单位擅自变更原主拱圈施工方案，对发现的主拱圈施工质量问题督促整改不力，在主拱圈砌筑完成但强度资料尚未测出的情况下即签字验收合格。（4）设计和地质勘察单位华罡设计院，违规将勘察项目分包给个人，地质勘察设计深度不够，现场服务和设计交底不到位。（5）湖南省、湘西州交通质量监督部门对大桥工程的质量监管严重失职。（6）湘西自治州、凤凰县两级政府及湖南省有关部门对工程建设立项审批、招投标、质量和安全生产等方面的工作监管不力。州政府要求盲目赶工期，向"州庆"50周年献礼。

责任追究：司法机关对建设单位工程部长、施工单位项目经理、标段承包人等24名责任人依法追究了刑事责任；地方党委、政府对施工单位董事长、建设单位负责人、监理单位总工程师等33名责任人给予了相应的党纪、政纪处分；建设、施工、监理等单位分别受到罚款、吊销安全生产许可证、暂扣工程监理证书等行政处罚；国务院责成湖南省人民政府向国务院作出深刻检查。

（五十六）山东省新汶矿业集团华源矿业有限公司矿井水灾事故

2007年8月17日14时30分，山东省新泰市华源矿业有限公司（属新汶矿业集团）矿井发生水灾，造成华源煤矿及相邻煤矿181人死亡。

从当月15日夜间开始，山东新汶地区突降暴雨。8月16日至18日，降雨量达262.3毫米。水库溢洪，河水暴涨。流域内东周、金斗2个水库超过警戒水位加大排洪，以及祝富、重兴、熬山东3个水库满库溢洪；加之平阳河、东周河、东干渠、西都冲沟的水流，分别从北、东、南三个方位汇入柴汶河，水量猛增，流量达到1800立方米/秒。多处水流汇合后水势猛，流量大，直接冲刷河堤，河水猛涨，漫过河岸，冲刷剥蚀，掏空基础，很快冲开约65米的决口，并以约900立方米/秒的流量冲入落差约5米的岸外沙场区域。通过煤矿用于井下水砂充填的废弃砂井，以50立方米/秒的流量溃入新矿集团华源有限公司矿井下，致使井下 4 个生产水平和所有排水泵全部被淹。

事故发生后，山东省政府组成调查组进行了调查，认定这是"一起由于自然灾害引发的特别重大事故灾难"。

事故直接原因：溃口处位于新泰市东都镇西都村，正好是平阳河和柴汶河两条河流的交汇处，而且是一个不规则的弯道，洪水到这里对河坝的冲击力量特别大。而仅距溃口处 260 多米的地方是一个废弃的砂井，形成一个低洼地带，从柴汶河溢出的洪水进入低洼地带，河坝两面受到浸泡，在积水浸泡和洪水冲击双重因素影响下最终造成河坝溃口。由于决口水流量大、流速快，巨大冲刷力造成约 4.4 万平方米的冲刷区，穿透地层形成了 3 个溃水通道：第一个是在冲刷区的西南端形成一锅底形、直径约 50 米、深度 10 余米的塌陷坑，其坑底明显见到地层断裂下陷；第二个是在冲刷区南端形成了一个直径为 80 米、深 6~8 米的塌陷区，该区域从 2001 年到 2005 年曾做过回填处理，但没能抗住洪水的冲刷剥离，在该塌陷区中间有一直径为 5 米的塌陷坑洞；第三个是水流在通过废弃沙井井筒周围受阻，形成强大涡流，将沙井井筒剥离近 12 米深，形成约 60 米长、30 米宽、10 米深的塌陷坑。据测算，溃入井下的洪水约 1260 万立方米、沙石约 30 万立方米。华源煤矿井下 172 人受困死亡；相邻的新泰市名公煤矿 9 人被困矿井下，最终死亡。

事故间接原因：（1）企业安全生产主体责任不落实。在隐患排查治理中，对沙坑、沙井存在的重大隐患所导致的严重后果估计不足，采取措施力度不够，一些隐患没有得到根除。虽然采取了封堵回填措施，但是没能经得住决口溃水的冲击。接到险情汇报后，对溃水淹井灾害认识不足，未及时下达停产撤人命令，延误人员撤离时机，致使部分有望逃生人员未能及时撤离。（2）有关地方和单位对防范自然灾害引发的事故灾难重视不够，存在薄弱环节。预报、预警和预防机制不够健全，应对暴雨的方案措施不够明确具体；水库在暴雨前没有适当腾出库容，暴雨突降时，水库超过警戒水位，既要保水库泄洪，又要防止下游泛滥，处于两难。防洪设施不够牢靠，河堤、河岸不稳固，承载能力低。（3）矿产资源管理存在漏洞。溃水通道除废弃沙井周围外，还有煤层乱采滥挖形成的老空区，防水岩层遭到破坏，给矿井安全埋下重大隐患。当地非法采沙导致沙坑面积不断扩大，形成低洼。（4）国有矿破产改制后的煤矿企业安全管理弱化。华源公司是 2004 年由原国有重点煤矿新汶矿业集团张庄矿经破产改制成为民营股份制企业的。改制后安全生产监管主体责任不清，新汶矿业集团代管责任不明确，实际监管缺失，安全基础设施不完善，劳动组织管理缺乏标准，年产能力 78 万吨的矿井，事故当班下井多达 756 人。

责任追究：山东省委省政府依法依纪追究了 26 名责任人员的责任。山东华源矿业有限公司董事长和名公煤矿矿长等 6 名责任人，被移交司法机关追究刑事责任；其他 20 名有关责任人，分别给予党纪、政纪处分和行政处罚。

吸取事故教训，改进煤矿安全生产措施：8 月 18 日国家安全监管总局发出紧急通知，要求各地认真吸取新汶矿业集团华源公司洪水淹井事故教训，要立即对水害隐患进行一次全面排查，特别是要查清塌陷区、废弃井口等与矿井的联通情况，并针对矿井受水库、河流等威胁情况，采取修筑堤坝、开挖沟渠等截流、疏导措施；填实废弃井口及井田内采煤塌陷区；煤系露头等部位有漏水现象的要做好基底防漏加固处理，防止地表水倒灌井下。要加强与气象、防汛等部门的联系，密切注意雨季天气形势，加强汛情水害预测预报，对存在洪水淹井隐患的矿井，在大雨、暴雨期间要停工撤人，在停雨之后确认隐患已消除才能恢复生产。同时，要加强对井下排水设备的检修、维护，确保矿井排水系统完好可靠，严防淹井造成人员伤亡事故的发生。进一步完善水害事故应急抢险救援预案。要配备满足抢险救灾需要的各种排水设备、物资和队伍，加强水害事故抢险的演练，确保抢险救灾工作能够及时到位，努力减少煤矿水害事故的损失。

（五十七）山东省滨州市山东魏桥创业集团铝母线铸造分厂铝液外溢爆炸事故

2007 年 8 月 19 日，位于山东省滨州市邹平县境内的山东魏桥创业集团下属的铝母线铸造分厂发生铝液外溢爆炸重大事故，造成 16 人死亡，59 人受伤（其中 13 人重伤），直接经济损失 665 万元。

事故当日 16 时，魏桥创业集团所属铝母线铸造分厂生产乙班接班生产，首先由 1 号 40 吨混合炉向 1 号铝母线铸造机供铝液生产铝母线，因铝母线铸造机的结晶器漏铝，岗位工人堵住混合炉炉眼后停止铸造工作。19 时左右，混合炉向 2 号普通铝锭铸造机供铝液生产普通铝锭，至 19 时 45 分左右，混合炉的炉眼铝液流量异常增大、出现跑铝，铝液溢出流槽流到地面，部分铝液进入 1 号普通铝锭铸造机分配器南侧的循环冷却水回水坑内，熔融铝液与水发生反应形成大量水蒸气，体积急剧膨胀，在一个相对密闭的空间中，能量大量聚集无法释放，约 20 时 10 分发生剧烈爆炸。1 号普通铝锭铸造机头部由西向东向上翻折。原铸造机头部下方地面形成 9 米×7 米×1.9 米的爆炸冲击坑。事故造成 16 人死亡，59 人受伤（其中 13 人重伤），厂房东区 8 跨顶盖板全部塌落，中间 5 跨的钢屋架完全严重扭曲变形且倒塌，南北两侧墙体全部倒塌，东侧办公室门窗全部损毁。

事故直接原因：当班生产时，1 号混合炉放铝口炉眼砖内套（材质为碳化硅）缺失，导致炉眼变大、铝液失控后，大量熔融铝液溢出溜槽，流入 1 号普通铝锭铸造机分配器南侧的循环冷却水回水坑，在相对密闭空间内，熔融铝液遇水产生大量蒸汽，压力急剧升高，能量聚集发生爆炸。

事故间接原因：（1）设计图纸存在重大缺陷。铸造机循环水回水系统设计违反了排水而不存水的原则。该厂铸造车间回水管铺设角度过小，静态时管内余水达到管径的三分之一，回水坑内水深约 0.92 米，循环水运行时回水坑内水深约 1.28 米，常规设计应不大于 0.2 米。上述情况的存在造成铝液流出后与大量冷却水接触发生爆炸。（2）作业现场布局不合理。将 1 号铸造机北侧和 2 号铸造机南侧的回水坑坑面用 30 厘米混凝土浇筑封死，导致大量铝液与水接触后产生的水蒸气无法释放，压力急剧升高，能量大量聚集发生爆炸；厂房东区原设计为三条 16 吨普通铝锭铸造机生产线，现场实际安装了两条 16 吨普通铝锭铸造机生产线和两条铝母线铸造机生产线。现场通道变窄，事故发生时影响现场人员撤离。（3）现场应急处置不当。该厂应急预案第二条第五款规定："如炉眼砖发生漏铝，在短时间处理不好，应及时撤离现场"。而当班人员发现漏铝后，20 分钟左右未处理好，当班人员不但未撤离，反而有更多人员进入，是扩大事故伤亡的重要原因。

责任追究：山东省有关方面依法依纪对 19 名责任人实施了责任追究。2 名责任人移送司法机关追究刑事责任（另有 3 人已在事故中死亡，不再追究）。对 14 名有关责任人分别给予党纪、政纪处分和行政处罚。

防范同类事故再次发生的措施：（1）加强安全管理。要由有设计资质的单位进行建设项目设计，按规定履行立项申请、审批、审查等各项程序；严格按设计图纸组织施工，严格执行设计变更程序。切实完善各项安全管理制度和作业规程。（2）开展安全生产大检查。要检查熔融金属重包的吊具、内衬是否完整，各类冶金炉是否存在带病运行，有毒有害、易燃易爆气体的生产、运输、储存和使用等环节防泄漏、防爆炸措施的落实情况，尤其要检查熔融金属与水、油、汽等物质的隔离防爆措施落实情况。发现重大隐患要限期进行整改。（3）落实安全生产主体责任。加大安全生产投入、危险源监控和隐患治理，加强安全管理机构建设和人员培训，加强作业现场的安全管理，健全岗位安全操作规程。对关键设备、设施的安全管理，要落实操作规程、安全制度、安全职责，定期检测检验和维护保养，及时排查整改隐患。（4）完善应急救援预案。对生产过程中可能出现的漏炉、熔融金属重包倾覆、压力容器爆炸、有毒有害气体泄漏等重大险情或事故，要制定切实有效的应急救援预案。要加强应急救援预案的培训和演练，定期开展实战演习，确保应急状态下各项应急处置工作开展有序。要结合生产的具体实际，定期对预案进行补充和完善，确保预案的实效性。（5）强化安全监管工作。安全监管部门对本辖区的冶金、有色金属企业要摸清底数，掌握其安全生产状况，明确本地区重点监管的企业，做到分类监管和安全督查。重点检查企业安全投入、危险源监控、隐患整改、关键岗位责任制、主要设备设施安全维护、建设项目安全设施"三同时"等情况。督促企业排查冶金炉、锅炉等关键部位和事故易发多发工序，并及时消除事故隐患，防止和遏制重特大事故的发生。

（五十八）湖北省巴东县宜万铁路高阳寨隧道硐口岩石垮塌事故

2007年11月20日8时44分，中铁隧道集团二处有限公司施工的宜万铁路木龙河段高阳寨隧道硐口（位于湖北省恩施州巴东县野三关镇境内318国道1405千米处）发生岩石垮塌事故，造成正在进行危岩处理加固作业的施工人员1人死亡，2人失踪，并将当时路过该路段的利川市利达客运公司一辆号牌为"鄂Q-20684"的卧铺客车被垮塌的岩石砸中掩埋，造成车上32人死亡，1人受伤。事故共造成35人死亡，1人受伤，直接经济损失1498.7万元。

事故发生的工地由中铁隧道集团二公司负责施工，铁道第四勘察设计院设计，四川铁科建设监理公司监理，建设单位为武汉铁路局宜万铁路建设总指挥部。

事故直接原因：系隧道洞口边坡岩体在长期表生地质作用下，受施工爆破动力作用，致使边坡岩石沿原生节理面与母岩分离，在其自身重力作用下失稳向坡外滑出，岩体瞬间向下崩塌解体。

事故间接原因：施工企业安全生产责任不落实，勘察设计单位的勘察设计工作不到位，监理单位对施工现场疏于监管，建设单位对工程项目安全监控不力。

责任追究：包括中铁隧道集团副总经理、铁道第四勘察设计院原分管副院长、武汉铁路局宜万铁路建设总指挥长等在内的26名责任人员，分别受到党纪政纪处分。

吸取事故教训，加强铁路施工安全措施：（1）加强铁路施工安全管理。对一些高风险、特殊地质条件下的工程建设项目进行安全评估和论证，提出并落实有针对性的防范措施，对涉及交通运输安全的高风险工程，要逐步推行风险评估，加强重点监控。加强对铁路施工安全的属地监管，督促建设工程各方落实安全生产责任。（2）开展安全检查和隐患排查，对重点工程尤其是风险大、地质条件特殊的工程要逐一核查。加强对高风险隧道和高危工地施工安全的监管，建立并落实相应的包保责任制，确保现场一线人员对施工安全起到有效的控制作用。（3）设计单位要抓紧对在建工程的安全设计进行复查。对地质状况进行深入复查，确保把地质勘察工作做到位。尤其是对存在突水突泥、溶腔溶洞、滑坡、沉陷、岩崩、高陡边坡等危险地段，以及靠近既有铁路、公路、住宅、工厂、油气管线和其他重要公共设施的地段，要运用综合勘察手段，强化勘察、查明地况、弄清疑点、提早处理、不留后患。（4）施工企业的主要负责人、现场指挥长要对高风险、重点工地的安全方案、安全措施亲自组织研究论证。发现重大安全问题，应按规定及时提请建设各方进行会勘，制定工程技术措施方案，确保施工安全。要规范作业，严格按照设计要求施作到位，严禁擅自改变设计施工方法或者简化工艺流程。（5）监理单位要认真履行安全监理职责。（6）加强铁路高风险隧道施工安全应急管理工作。建立健全施工安全监测、预警和指挥系统，提高应对事故灾难的能力。

（五十九）山西省洪洞县瑞之源煤业有限公司瓦斯爆炸事故

2007年12月5日23时7分，山西省临汾市洪洞县瑞之源煤业有限公司（原洪洞县新窑煤矿）发生特别重大瓦斯爆炸事故，造成105人死亡，18人受伤（其中4人重伤），直接经济损失4275万元。

瑞之源煤业有限公司位于山西省临汾市洪洞县左木乡红光村，核定生产能力21万吨/年，原为左家沟乡办煤矿，2004年改制为私营企业。事故发生前"六证"齐全，均在有效期内，采矿许可证批准开采2号、3号煤层，实际开采2号煤层，并超层违法盗采9号煤层。2号和9号煤层平均厚度2米。矿井采用斜井、平硐混合开拓方式，主井为斜井，副井、回风井为平硐。通风方式为中央并列抽出式通风，矿井总进风量为1444立方米/分钟，总排风量为1533立方米/分钟。2号煤层瓦斯绝对涌出量为1.81立方米/分钟，相对涌出量3.91立方米/吨，为低瓦斯矿井；煤尘具有爆炸性，为易自燃煤层。9号煤层未进行瓦斯等级、煤尘爆炸性及煤层自燃倾向性鉴定。采煤方法为壁式炮采。该矿在2号煤仓和9号煤仓的底部做了一暗立井绕道，形成了2号煤层和9号煤层间的联络巷，担负9号煤层开采系统的行人、进风。有关部门来检查时，矿方用钢板和煤渣掩盖。2号煤层生产系统布置有一个回采工作面，2个掘进工作面。9号煤层采用非正规开采方法，事故当班有10个以掘代采工作面，均为爆破落煤；另布置有2个掘进工作面。矿井2号煤层生产区域安装了KJ70型安全监控系统，防尘洒水与防火系统管路共用。9号煤层未建立安全监控系统和防尘洒水、防火系统。事故当班井下有作业人员128人，其中2号煤层有作业人员73人；9号煤层有作业人员55人。

事故当日23时7分，正在矿调度室值班的任天会听到爆炸声，立即通过副矿长秦三顺向矿长高建民作了汇报，矿井主要通风机停止运行，高建民立即开车从矿部赶到井口（大约5分钟），到检身房询问有关情况后，又到主要通风机房送电，由于井下爆炸，主要通风机无法运行，高建民返回调度室组织自救。矿方在长达6小时13分钟的时间内，未按照规定及时上报事故情况，盲目组织人员（37人）下井抢救，致使其中15人遇难。在自救过程中，为抢救在2号煤层作业的唐元平队24人，在未将2号煤层其他人员撤出的情况下，盲目打开2号煤层与9号煤层之间的联络密闭，导致2号煤层风流短路，造成次生事故，扩大了事故死亡人数。这次事故共造成105人死亡，其中，发生事故的9号煤层52人死亡，2号煤层53人死亡（包括15名参加抢救人员）。

事故直接原因：该矿非法盗采的9号煤层以掘代采作业点（40米巷道）无风作业，造成瓦斯积聚，达到爆炸浓度界限；由于违章爆破产生火焰，引爆瓦斯；煤尘参与爆炸。

事故间接原因：（1）瑞之源煤业有限公司长期超层越界非法盗采9号煤层，超能力、超定员组织生产，安全生产管理混乱，盲目施救，迟报事故。①超层越界非法盗采9号煤层。采矿许可证只批准开采2号和3号煤层，但该矿非法在9号煤层布置一套系统，采取做假密闭、暗道等手段，长达2年时间违法盗采国家煤炭资源。②迟报事故，盲目施救。事故发生后，未按规定及时上报，迟报6个多小时，贻误了抢救时机；盲目组织施救，打开2号与9号煤层之间的联络密闭，扩大了死亡人数。③严重超能力、超定员组织生产。该矿生产能力核定每年21万吨，在停产整顿期间，2006年生产原煤60多万吨，2007年生产原煤22万多吨。按规定该矿每班井下作业人员不得超过61人，但事故发生时当班井下作业人员多达128人。④安全生产管理混乱。该矿盗采9号煤层时，多头采煤，无风、微风作业，没有合理的通风系统，没有安装瓦斯监测监控系统，该矿违规大量使用非防爆机动三轮车，不使用防爆接线盒连接电缆；该矿层层转包，以包代管；培训制度不落实，没有严格的下井登记制度。（2）煤炭工业管理部门对煤矿企业安全生产工作监督管理不力，对瑞之源煤业有限公司安全管理混乱，超能力、超定员组织生产的问题失察，对严重超层越界盗采9号煤层的违法行为失察。①洪洞县煤炭工业局（安全生产监督管理局）未正确履行职责，没有对瑞之源煤业有限公司改扩建工程组织竣工初验；对该矿借巷道维护之名违规组织盗采行为失察；对该矿严重超层越界、超能力、超定员非法组织生产并在井下违规使用非防爆机动三轮车等重大安全隐患排查、监管不力。②临汾市煤炭工业局对煤矿安全生产工作监管不力，未按照规定对瑞之源煤业有限公司矿井改扩建工程认真组织竣工验收；对该矿长期超层越界盗采9号煤层违法行为失察；对该矿安全生产管理混乱、超能力、超定员组织生产、井下违规使用非防爆机动三轮车等重大安全隐患等问题失察。③山西省煤炭工业局对煤矿安全生产工作监管不力，未能认真督促、检查下级煤炭工业管理部门开展煤炭安全生产管理工作，对县、市煤炭工业局的工作指导不力；煤矿专项整治工作存在薄弱环节。（3）国土资源管理部门监管矿产资源开发利用和保护工作不力，对瑞之源煤业有限公司严重超层越界盗采9号煤层的违法行为失察。①洪洞县国土资源局未正确履行职责，在该矿未如实填报违法开采行为、未按时足额缴纳采矿权价款、局资源管理服务中心未认真进行块段开采考核的情况下，同意该矿年检工作合格；在该矿未提供采矿权价款和资源补偿费足额缴纳证明的情况下，上报同意转让采矿权和换发证照的审核意见；对瑞之源煤业有限公司严重超层越界盗采9号煤层的违法行为失察。②临汾市国土资源局对煤炭资源管理工作监管不力，督促、检查下级部门查处超层越界行为、审查年检材料、审核采矿权转让和监督储量块段开采等工作不力；对县国土资源局业务指导工作不到位；在瑞之源煤业有限公司未提供采矿权价款和资源补偿费足额缴纳证明的情况下，上报同意转让采矿权和换发证照的审核意见；对该矿长期存在严重超层越界盗采9号煤层的违法行为失察。③山西省国土资源厅对煤炭资源开发管理和保护工作监管不力，对下级国土资源管理部门履行矿产资源监管工作不到位的情况督促检查不力，在洪洞县瑞之源煤业有限公司未提供采矿权价款和资源补偿费足额缴纳证明的情况下，违规同意转让采矿权和换发采矿许可证。（4）劳动保障部门监管煤矿企业劳动用工工作不力，对瑞之源煤业有限公司未按照核定人员数量进行全员签订劳动合同和参加就业培训的问题督促整改不到位；对该矿存在严重超定员非法用工的问题失察。（5）洪洞县公安机关监管煤矿企业使用火工品工作不力，对瑞之源煤业有限公司火工品供应量的审核把关不严，对该矿私自购买、使用民用爆炸物品的违法行为失察。（6）煤矿安全监察机构对煤矿安全生产工作监察不力，对该矿特种作业人员未持证上岗的问题督促、检查不到位，对该矿长期存在严重超层越界、超能力、超定员组织生产的违法行为失察。（7）洪洞县、临汾市人民政府贯彻落实国家安全生产方针政策和《国务院关于预防煤矿生产安全事故的特别规定》（简称《特别规定》）等法律法规工作不力，对煤炭工业管理、国土资源监管等职能部门的工作督促、检查不到位，组织开展煤矿企业安全生产隐患排查专项行动不到位，隐患排查不彻底。

责任追究：对山西临汾市市长、煤矿安全监察局临汾分局局长等77位相关责任人进行了责任追究。其中移送司法机关处理39人，给予党纪、政纪处分38人。

吸取事故教训，改进煤矿安全工作的措施：（1）严厉查处超层越界等非法盗采行为，规范采矿秩序。进一步健全政府统一领导、有关部门共同参与的联合执法机制，制订具体的制度和办法，明确有关部门的职责，依法做好煤炭资源开发和保护工作，严厉打击私挖乱采、超层越界、已关闭矿井死灰复燃等非法、违法开采行为。对已关闭矿井和列入资源整合矿井要派专人盯守，并加大巡回检查力度。对发现有超层越界、弄虚作假、逃避监管等非法违法行为的矿井，要依法取缔关闭，没收非法所得，并严肃追究矿主和有关人员的责任。（2）煤矿企业要突出抓好"一通三防"管理。要认真组织制定并落实"一通三防"专项措施，通风系统必须合理、稳定，通风设施必须完善、可靠；严禁巷道式采煤、以掘代采、多头作业，坚决杜绝无风、微风作业，一旦发现井下作业地点无计划停风或瓦斯超限，必须立即停止作业、撤出人员采取措施处理；严格执行瓦斯检查制度，加强对采掘工作面的瓦斯检查；必须按规定的地点和数量安装瓦斯监测监控装置，并确保系统正常工作。（3）有关部门要切实加强对煤矿劳动组织的监管。督促煤矿认真落实煤矿劳动定员管理的有关规定，严格控制井下作业人数，立即纠正劳动组织管理方面的混乱问题。对多水平、多采区同时生产的矿井，必须按规定严格控制采掘工作面个数，达不到劳动定员要求的矿井要坚决压产减人。合理安排作业工序，严禁交叉作业。除带班人员和要害岗位、特殊工种人员需现场交接班外，严禁其他人员在采掘作业现场交接班。严禁在井下使用非矿用机电设备和非防爆机动三轮车。（4）要吸取"12·5"事故教训，进一步加强煤矿隐患排查工作。严格排查、检查煤矿通风系统是否合理，通风设施是否完善、可靠，是否有无风、微风作业，矿井安全监测监控系统运行是否正常等，及时发现和查处违章指挥、违章作业和违反操作规程的行为。对重大安全隐患要实施"挂牌"督办，对整改措施不落实、违法违规组织生产的，要依法严厉惩处。要继续深化煤矿隐患排查治理，进行全方位的隐患排查，对检查出的各类隐患，要在规定时间内全面整改到位，通过验收合格后才可恢复生产，逾期未能通过的要按《特别规定》坚决关闭；对在验收过程中走过场，致使存在重大事故隐患矿井通过验收的，要按照《特别规定》对有关责任人员进行严肃处理。

（六十）胶济铁路 T195 次列车脱轨事故

2008 年 4 月 28 日 4 时 41 分，由北京开往青岛的下行 T195 次旅客列车（编组 17 辆），行至胶济铁路周村站至王村站间 K289+940 米处脱线，第 9 至 17 位机车脱轨，尾部车辆侵入上行线，与上行线烟台开往徐州的 5034 次列车发生碰撞，致使 5034 次列车机车及机车后第 1 至 5 位车辆脱轨。造成 72 人死亡，416

人受伤（其中 70 人重伤），中断行车 21 小时 22 分钟，直接经济损失 4192.5
万元。

事故发生后，中共中央总书记胡锦涛、国务院总理温家宝分别作出批示，国务院副总理张德江到现场指导救援善后工作。

事故直接原因：T195 次列车在限速每小时 80 千米的弯道线路上以每小时
131 千米的速度超速行驶所致。

事故间接原因：事故暴露出济南铁路局安全生产认识不到位、领导不到位、责任不到位、隐患排查治理不到位和监督管理不到位的严重问题；反映了基层安全意识薄弱，现场管理存在严重漏洞。一是用文件代替限速调度指令；二是漏发临时限速指令，从而造成事发列车在限速 80 千米/小时的路段上实际时速达到了
131 千米，每小时超速 51 千米、60%。济南铁路局 2008 年 4 月 23 日印发了《关于实行胶济线施工调整列车运行图的通知》，其中含对该路段限速 80 千米/小时的内容。这一重要文件距离实施时间 28 日 0 时仅有 4 天，却在局网上发布。对外局及相关单位以普通信件的方式传递，而且把北京机务段作为了抄送单位。这一文件发布后，在没有确认有关单位是否收到的情况下，2008 年 4 月 26 日济南局又发布了一个调度命令，取消了多处限速命令，其中包括事故发生段。济南局列车调度员在接到有关列车司机反映现场临时限速与运行监控器数据不符时，
2008 年 4 月 28 日 4 时 2 分济南局补发了该段限速每小时 80 千米的调度命令，但该命令没有发给 T195 次机车乘务员，漏发了调度命令。而王村站值班员对最新临时限速命令未与 T195 次司机进行确认，也未认真执行车机联控。与此同时，机车乘务员没有认真瞭望，失去了防止事故的最后时机。

责任追究：2009 年 5 月 26 日，国务院对此次安全事故的调查处理报告作出批复，共 37 名事故责任人受到追究。济南铁路局常务副局长、局党委常委郭吉光等 6 名事故责任人被依法追究刑事责任，另外 31 名相关责任人受到处分，给予时任济南铁路局局长陈功行政撤职、撤销党内职务处分，给予时任济南铁路局党委书记柴铁民撤销党内职务处分，给予铁道部副部长胡亚东记大过处分，给予铁道部部长刘志军记过处分，原济南铁路局领导班子主要成员免职。2009 年 5 月 7 日，造成此次事故的 6 名相关责任人，在济南铁路运输法院受审。2009 年
12 月 3 日法院作出宣判：原北京机务段机车司机李振江、原王村站助理值班员崔和光、原王村站值班员张法胜、原济南铁路局调度所列车调度员蒲晓军、原济南铁路局调度所施工调度员郑日成、原济南铁路局副局长郭吉光身为铁路职工，违反铁路规章制度，导致发生特别重大交通事故，后果特别严重，均构成铁路运营安全事故罪。法院根据各被告人在事故中的责任，判处李振江有期徒刑 4 年 6

个月；判处崔和光有期徒刑 4 年；判处张法胜有期徒刑 3 年 6 个月；判处蒲晓军有期徒刑 3 年，缓刑 5 年；判处郑日成有期徒刑 3 年；判处郭吉光有期徒刑 3 年，缓刑 3 年。

（六十一）河北省张家口市蔚县李家洼煤矿新井炸药燃烧事故

2008 年 7 月 14 日 9 时 30 分，河北省张家口市蔚县李家洼煤矿新井发生炸药燃烧事故，造成 35 人死亡（其中 1 人失踪），直接经济损失 1924.38 万元。事发后矿主隐瞒不报，转移尸体、破坏现场、销毁证据，同时收买记者，拉拢基层党政干部和国家工作人员组织或参与瞒报。调查认定：这是一起非法盗采国家资源、造成重大人员伤亡、恶意瞒报的责任事故。

李家洼煤矿新井无任何审批手续，无任何证照，非法建设、非法生产，盗采国家煤炭资源。该井由矿主承包给重庆籍包工队。2004 年底开始非法建设，采用立井独眼井开拓，井深 260 米，巷道式采煤；无正规通风系统；自上而下开采 9、6、5 号三层煤；低瓦斯矿井；煤层自然发火期 2~4 个月，为易自燃煤层；立井提升采用双滚筒绞车，井下违规使用骡子车运输。出事后该矿没有联系专业救护队，而是组织松西煤矿二井等矿的非专业救护人员下井救援，又造成 1 名抢救人员死亡。

事故直接原因：井下违规存放非法购买的炸药，在潮湿、不通风的环境下热分解，形成自燃；燃烧产生大量一氧化碳、氮氧化合物等有毒有害气体，由于独眼井开采，通风混乱，导致井下作业的矿工中毒窒息死亡。

事故间接原因：（1）不法矿主在未经任何审批、没有任何证照情况下，开凿独眼井，长期非法盗采国家矿产资源。非法购买、储存和使用爆炸物品。伪造协议，行贿有关部门负责人，逃避矿井关闭。（2）蔚县、南留庄镇政府及有关部门明知该井属非法矿井，但在长达 3 年半的时间内，未依法对其进行查处和关闭。蔚县公安机关打击非法爆炸物品犯罪不力。蔚县供电分公司明知该井属非法矿井，却从 2004 年 11 月起擅自为其长期供电。（3）张家口市国土资源局未采取有效措施，督促蔚县政府取缔关闭该井。张家口市安监局虽对该井非法生产问题作出了处罚，并函告蔚县政府对其依法关闭，但未督促落实。（4）蔚县、南留庄镇党委、政府及市、县监管部门负责人与矿主搞权钱交易，致使监管失控。蔚县县委书记涉嫌严重经济违纪违法；张家口市安监局局长，蔚县县长、主管副县长及相关部门有关人员，在事故发生前多次收受过矿主送的钱物，有的在当地煤矿投资入股；张家口市国土资源局副局长收受贿赂、滥用职权，利用市政府副秘书长工作失察、轻率表态的机会，以市整顿办名义下发文件，把监管、关闭该井的责任主体由蔚县政府改为开滦蔚州矿业公司，导致这个非法矿井逃避了关闭。

事故发生后，矿主曾秘密安排有关人员转移遇难者尸体至山西省广灵县和河北省阳原县处理。之后，为封堵遇难者家属之口，分别以31.5万~100万元不等的金额，跟遇难者家属私下协商进行高额赔偿，总金额为1583.18万元。为进一步隐瞒事故真相，矿主派人遣散矿工，拆除设备，破坏现场，封堵井口，推倒房屋，销毁技术资料和各类账本；虚构《财产转让协议》，将该井所有产权转让给刘献银，企图一旦事情败露后，将责任推卸到刘献银身上。县、镇党政主要负责人及部分工作人员组织或参与瞒报事故。事故发生当天，蔚县南留庄镇主管副镇长、镇长、镇党委书记，蔚县煤炭局局长、主管副县长、县长、县委书记，张家口市安监局局长等人均从不同渠道得知该井发生事故，但未采取任何措施，也未向上级报告。之后，县委书记召开内部会议要求"不能把事捅出去"，同时安排县委宣传部门牵头、南留庄镇配合、矿主出钱收买记者、封锁消息。县长指使主管副县长派人通知矿主尽快处理事故，销毁证据，主管副县长还与矿主见面密谋具体瞒报事宜。组织所谓的调查组，搞假调查，作假笔录，写假材料，用以欺骗上级。安排人员蓄意误导上级核查，贿赂核查人员。张家口市安监局局长收受矿主贿赂，明知发生事故却不报告、不按政府分管负责人要求组织核查。事故后陆续有36家媒体单位，39批次、100多名记者来采访，要求了解报道事故情况。经调查，在蔚县、南留庄镇主要负责人和一些工作人员的授意或组织下，矿主拿出260多万元收买记者。

责任追究：司法机关以非法采矿罪、重大劳动安全事故罪、隐瞒不报安全事故罪、非法买卖储存爆炸物品罪、行贿罪和受贿、玩忽职守、滥用职权犯罪，依法追究了李家洼煤矿开采有限公司法定代表人、公司股东，蔚县李家洼煤矿新井生产承包人、开采承包人，蔚县南留庄镇东寨村党支部书记，张家口市安监局局长，河北煤矿安监局张家口监察分局副局长，张家口市国土资源局副局长，张家口市委宣传部副部长，蔚县县委书记、县长、分管副县长，蔚县煤炭工业安全管理局局长、副局长，蔚县国土资源局局长、国土资源局纪检组长，蔚县公安局治安大队大队长，蔚县南留庄镇党委书记、镇长、分管副镇长兼镇煤管办常务副主任，蔚县公安局南留派出所所长、教导员，蔚县供电分公司经理、副经理、用电科科长、供电所所长、阳原县殡仪馆馆长等48人的刑事责任。上级机关依据相关规定，给予负有领导、管理责任的张家口市政府分管副市长、市政府副秘书长，张家口市国土资源局局长兼市整顿办主任，蔚县县委副书记、宣传部部长、宣传部新闻科科长，蔚县政法委书记兼蔚县公安局局长，河北煤矿安监局张家口监察分局事故调查室副主任、二室主任等 18 人党纪政纪处分。最高人民检察院移交河北省检察院查处新闻媒体 6 家。涉及记者 11 人，冒充记者诈骗 1 人。11 名记者中，10 人涉嫌犯罪，1 人构成违纪，分别予以查处追究。

吸取事故教训，加强煤矿安全监管，坚决打击非法生产和瞒报事故行为的措施：（1）严厉打击非法生产和盗采国家资源的行为。强化政府统一领导、有关部门参与的联合执法机制，加大执法力度，明确职责，落实责任。推进安全生产领域反腐败斗争，坚决打掉非法生产背后的保护伞和黑后台。（2）加大对民用爆炸物品和煤矿供用电的监管力度。加大对私制炸药以及非法买卖、运输、储存、使用火工品的查堵收缴力度，严厉打击非法倒卖炸药的行为。（3）坚决依法惩处瞒报事故、责任人逃匿行为。（4）继续加大煤矿整顿关闭工作力度。（5）强化煤矿事故应急救援工作。煤矿发生事故后，要立即报告，并组织专业救护队进行救援。按规定为矿井入井人员配备自救器，并加强自救培训。

（六十二）山西省娄烦县太钢集团尖山铁矿排土场垮塌事故

2008 年 8 月 1 日 1 时左右，山西省太原市娄烦县境内的太原钢铁（集团）有限公司矿业分公司尖山铁矿发生特别重大排土场垮塌事故，位于尖山铁矿南排土场下面的娄烦县马家庄乡寺沟旧村 18 个院落（房屋及窑洞 93 间）被埋，被埋房屋中居住本村及外来人员 101 人，其中 45 人死亡，1 人受伤，直接经济损失 3080.23 万元。

当年 9 月 17 日，国务院领导在"有博客刊登举报信反映 8 月 1 日山西娄烦县山体滑坡事故瞒报死亡人数"的上报材料上作出批示。按照国务院领导的要求，国务院调查组对这起事故进行核查，最终确认这是一起责任事故，事故暴露出尖山铁矿及其上级公司安全生产主体责任不落实，违规建设，违法生产，有关部门安全生产监管职责不落实，对矿区违规扒渣捡矿活动清理不彻底，对违反"三同时"规定失察等问题。

事故原因：（1）排土场边坡不稳定，明显处于失稳状态。1632 平台 2006 年2 月投入使用，初期排土量较小，以后排土量逐渐增大，已排土石 1073.6 万吨，排弃的物料为剥离的黄土和碎石混合的散体，大约 80% 为黄土，其余为碎石，由于排弃物料的强度低，边坡高度和台阶坡面角较大，边坡稳定性差。2008 年 4月份以来，1632 平台多次发生裂缝和局部下沉、塌陷，并呈上升趋势，6 月至 7月下旬，1632 平台持续不稳定、下沉、塌陷，并多次出现大面积塌陷、整体塌方、局部滑坡等情况，边坡已明显处于失稳状态，最终发生大面积垮塌。（2）不利的地形条件。产生移动的黄土山梁位于 1632 平台坡脚的东南部，北、东、南三面为沟谷，形成较为孤立的山梁。随着 1632 平台排土线逐渐向东南推进，与黄土山梁之间的沟谷被排弃的物料掩埋，排弃的物料和黄土山梁上部北侧山坡接触后，排土场产生的侧向压力传递至黄土山梁上部北侧的山坡，并随着排土线向东南推进，逐步增大了排土场散体对黄土山梁的侧向压力。（3）排土场地基承载力低。排土场地基为第四纪地层，岩性为黄土、粉土、粉质黏土和碎石，黄土结构松散，裂隙发育，具湿陷性，地基承载力低，抗滑能力弱，在上覆废土、石的压力作用下容易产生变形，当上覆载荷超过黄土的抗滑能力时极易失稳。（4）降水影响边坡稳定性。根据当地气象资料，2008 年 6—7 月降水较大，降水渗入地下的量相对较大。排土场为裸露的散体，其下部地基为黄土，结构松散，裂隙发育；在黄土山梁和排土场之间的沟谷已被排弃的废料填埋，使从上部散体中入渗的地下水在原沟底渗流缓慢。以上因素使降水更容易渗入地下，增加地层的含水量，使抗剪强度降低，降低了排土场及黄土山梁稳定性。（5）扒渣捡矿降低边坡稳定性。《金属非金属矿山排土场安全生产规则》（AQ 2005—2005）规定：严禁在排土场作业区或排土场边坡面捡矿石和其他石材。《金属非金属矿山安全规程》（GB 16423—2006）规定：任何人均不应在排土场作业区或排土场危险区内从事捡矿石、捡石材和其他活动；未经设计或技术论证，任何单位不应在排土场内回采低品位矿石和石材；排土场底层应排弃大块岩石，并形成渗流通道。但 1632 平台下部扒渣捡矿活动没有得到根治，依然存在扒渣捡矿现象，黄土山梁上部还有两个干选厂。因排土场下部的废石被扒捡后，降低了排土场底层地下水的渗流速度，削弱了排土场坡脚物料的抗滑能力，从而降低了排土场边坡的稳定性。

人员伤亡原因：（1）寺沟旧村在南排土场二期第一次征地范围内，虽然大部分村民从旧村搬到新村，但寺沟旧村房屋一直没有拆除，仍有部分村民和外来人员居住在寺沟旧村。（2）由于黄土山梁滑体移动距离长，寺沟旧村居民房屋距离黄土山梁坡脚仅 50 米，移动的黄土山梁下部推垮并掩埋了寺沟旧村的部分民房，造成大量人员伤亡。

事故间接原因：太钢尖山铁矿对安全生产工作不重视，安全责任不落实；4月份发现裂隙之后，采取措施不力；隐患排查治理不认真、走过场；当地政府及相关部门安全监管不力，没有督促企业整改重大隐患、撤离排土场坡脚下的群众。

责任追究：37 名事故责任人受到责任追究。其中尖山铁矿矿长兼党委书记阎确娃、山西省娄烦县人大常委会副主任范建良等 13 名事故责任人被移送司法机关依法追究刑事责任；给予太钢集团董事长李晓波、太钢集团总经理胡玉亭、尖山铁矿筑排作业区主管侯效伟、山西省娄烦县时任县委书记魏民、娄烦县县长张秀武、太原市煤炭局副局长席金生等24名事故责任人党纪、政纪处分。依法对尖山铁矿处以500万元罚款。

吸取事故教训，改进安全生产工作措施：（1）排土场位置选定后，应进行专门的工程地质、水文地质勘探，进行地形测绘，分析确定保证安全的排土参数。（2）必须按照《金属非金属矿山排土场安全生产规则》和《金属非金属矿山安全规程》进行排土场的设计和管理，确保其安全运营，防止发生排土场滑坡和泥石流。（3）加强排土场安全管理。清理排土场作业区和排土场边坡面扒渣捡矿石违规行为；排土场坡脚与矿体开采点和其他构筑物之间应有一定的安全距离，在安全距离内严禁建设与排土场安全设施无关的其他建构筑物；建立完善排土场监测系统，加强排土场监测工作。（4）加强排土场安全隐患排查与整改，对检查中发现的重大隐患，必须立即采取措施进行整改，并向安全生产监管部门报告。（5）发生事故的1632平台排弃的物料主要不是废石，80%是剥离的黄土，这是比较特殊的情况，滑坡后的安息角小，滑动距离长，其危害范围较大。今后在矿山设计与生产管理中对类似情况要引起更多的关注。

（六十三）广西壮族自治区河池市广维化工公司维尼纶厂有机车间爆炸事故

2008年8月26日6时40分，广西壮族自治区广西维尼纶集团有限责任公司所属的广维化工股份有限公司有机厂发生爆炸事故，造成21人死亡，59人受伤，厂区附近3千米范围18个村庄及公司员工、家属共11500人被疏散。事故造成直接经济损失约7586万元。

广维有机厂采用电石乙炔法生产聚乙烯醇。主要生产单元为罐区、合成、蒸馏、聚合、醇解、回收、包装等。该厂于1980年10月建成投产，经多次技改扩建，聚乙烯醇年产能力由1万吨增至3万吨，醋酸乙烯年产能力达6万吨。该厂的原料、中间产品、成品、副产物主要有乙炔、醋酸、醋酸乙烯、乙醛等，均属易燃易爆化学品。

事故当日夜班，广维有机厂在岗员工49人。0—6时，生产正常。CC-601A、B、C、E反应液储罐接班时液位分别为41、50、48、46立方米。6时，罐区发现上述4台反应液储罐液位整体下降，即报告调度。6时40分，罐区西部发生首爆。喷出物形成白雾状的蒸气云，随风向北侧的合成、蒸馏工段和其他区域扩散。6时44分，合成工段与罐区附近发生强烈爆炸，合成、蒸馏、醇解、聚合等工段的部分建筑物和设备、管道被爆炸冲击波震坏，大量物料泄漏继发多次大爆炸，并燃起大火，罐区的储罐、输送管道也相继发生爆炸燃烧。罐区及各工段泄漏物料部分流入下水道，导致厂区下水道、污水收集池和总排水口等处爆燃。爆炸事故几乎造成所有的储罐毁损，其中 CC-602B 的罐顶炸飞至南侧 90 米处的地磅房，将其砸倒。爆炸冲击波还将停放在南大门外的 9 辆卡车的车头压扁。此外，罐区内的所有料泵烧坏，工艺管道 90% 烧毁，电缆、电气开关全毁。

事故直接原因：基于爆炸事故波及范围广、过火面积大、破坏惨重，当班操作记录及主要设备、装置等关键物证被烧毁或损坏，罐区 2 名当班操作工及其他可能了解当时现场情况的当班人员遇难，事故调查取证艰难。经过深入分析，比较接近一致的意见是：该厂储存合成工段醋酸和乙炔合成反应液的 CC-601 系列储罐液位整体出现下降，导致罐内形成负压并吸入空气，与罐内气相物质（90%为乙炔）混合、形成爆炸性混合气体，并从液位计钢丝绳孔溢出，被钢丝绳与滑轮升降活动产生的静电火花引爆，随后罐内物料流出，蒸发成大量可燃爆蒸气云随风扩散，遇火源发生波及全厂的大爆炸和火灾。

事故间接原因：（1）CC-601A～E 储存反应液的 5 台 100 立方米储罐并联使用。若 1 台发生事故，将殃及其余 4 台，导致泄漏量增加，事故后果扩大。（2）罐区、罐组平面布置及安全设施，不符合现行标准、规范的要求。①罐组内的储罐为 3 排（规范标准：不应超过 2 排）。②料泵设置在防火堤内（规范标准：应设置在防火堤外，且满足相应防火间距）。③罐区无可燃气体检测报警设施（规范标准：应在可能泄漏甲类气体、液体场所内设置）。④防火堤排水口未设置隔断阀（规范标准：污水和雨水、出堤排出口均应安装隔离阀）。（3）设备安全管理混乱。①当年 4—5 月大修期间，扩建需要而更换罐区至精馏工段 2 台反应液泵，未同时更换进出管。采用大小头与原管连接。流量增加，扬程上升会带来流速增加，静电危害加剧，企业对这一安全隐患认识不足，也没有采取相应对策。②罐区原设置的泡沫灭火系统，1982 年后因缺乏维护已无法使用，1999 年擅自将其拆除。③罐区操作规程无储罐物料温度控制要求，液位控制指标不明确。④CC-601 系列罐尾气冷凝器的凝液，从距底板 6.65 米高的管口直接泄入罐内，冲击液面产生静电点火源，企业对其危险性缺乏认识。

事故教训和改进措施：（1）隐患排查治理，必须动态坚持。（2）安全防范设施，必须完好齐全。（3）安全生产投入，必须舍得使用。（4）贯彻国家安全生产方针政策和上级安全生产指示指令，必须落实行动。

（六十四）山西省襄汾县新塔矿业有限公司新塔矿区尾矿库溃坝事故

2008 年 9 月 8 日 7 时 58 分左右，山西省临汾市襄汾县新塔矿业有限公司

（简称新塔公司）尾矿库突发溃坝事故，尾矿库内大量的尾矿废渣与积水一泻而下，掩埋了下游的农村集贸市场和部分民房，以及矿区派出所、矿区电影院等，正在赶集的村民等人被突如其来的泥石流活活埋葬。将新塔矿业公司办公楼、变电站及矿区医院部分房屋冲毁。事发后航拍、测绘结果表明，该尾矿库泄容总量达 26 万立方米，流经长度 2.5 千米，最大宽度 350 米，尾矿淹没土地总面积 35.91 公顷，尾矿所经之处，墙倒屋塌。事故共造成 281 人死亡（其中 4 人失踪），33 人受伤，直接经济损失 9619.2 万元。

发生事故的尾矿库坝高约 20 米，库容 18 万立方米，其坐落的山体与地面落差近 100 米。溃坝的泄容量 26.8 万立方米，过泥面积 30.2 公顷。下游 500 米左右的矿区办公楼（三层）被泥石流向前推移 10 多米，原有 24 个固定摊点的集贸市场全部被泥石流淹没，部分民居被冲毁。该尾矿库原属临汾钢铁公司塔儿山铁矿，建于 20 世纪 80 年代，1992 年停止使用。2005 年塔儿山铁矿产权公开拍卖给新塔矿业有限公司。1992 年，尾矿库被封闭，先后采取碎石填平、黄土覆盖坝顶、植树绿化、库区上方建设排洪明渠等闭库处理措施。新塔矿业公司购得铁矿产权后，擅自在旧库上挖库排尾，从矿井中抽出来的水排入尾矿库，造成尾矿库大面积液化，坝体失稳；加上放松安全管理，疏于防范，导致溃坝事故发生。事故发生后，地方政府曾经上报说"因暴雨后的泥石流引发"这次事故。但经查证：2008 年 9 月 7 日 8 时到 8 日 8 时，襄汾县降水量 1.5 毫米，气象学界定 10 毫米降水量为小雨。在此前的 8 月 29 日至 9 月 6 日的 9 天时间里，襄汾县境内未有降雨。

事故直接原因：新塔公司非法违规建设、生产，致使尾矿堆积坝坡过陡。同时，采用库内铺设塑料防水膜防止尾矿水下渗和黄土贴坡阻挡坝内水外渗等错误做法，导致坝体发生局部渗透破坏，引起处于极限状态的坝体失去平衡、整体滑动，造成溃坝。

事故间接原因：（1）新塔公司无视国家法律法规，非法违规建设尾矿库并长期非法生产，安全生产管理混乱。①非法违规建设尾矿库。在未经尾矿库重新启用设计论证、有关部门审批，也未办理用地手续、未由有资质单位施工等情况下，擅自在已闭库的尾矿库上再筑坝建设并排放尾矿。未取得尾矿库"安全生产许可证"、未进行环境影响评价，就大量进行排放生产。②长期非法采矿选矿。新塔公司一直在相关证照不全的情况下非法开采铁矿石，非法购买、使用民爆物品。2007 年 9 月以来，新塔公司在未取得相关证照、未办理相关手续情况下，非法进行选矿生产。③长期超范围经营，违法生产销售。新塔公司注册的经营范围为经销铁矿石，但实际从事铁矿石开采、选矿作业、矿产品销售。④企业内部安全生产管理混乱。新塔公司安全管理规章制度严重缺失，日常安全管理流于形式，安全生产隐患排查工作不落实，采矿作业基本处于无制度、无管理的失控状态，安全生产隐患严重。尾矿库毫无任何监测、监控措施，也不进行安全检查和评价，冒险蛮干贴坡，尾矿库在事故发生前已为危库。⑤无视和对抗政府有关部门的监管。2007年7月至事故发生前，当地政府及有关部门多次向新塔公司下达执法文书，要求停止一切非法生产活动。但直至事故发生，该公司未停止非法生产，并在公安部门查获其非法使用民爆物品后，围攻、打伤民警，堵住派出所大门，切断水电气，砸坏办公设施。（2）地方各级政府有关部门不依法履行职责，对新塔公司长期非法采矿、非法建设尾矿库和非法生产运营等问题监管不力，少数工作人员失职渎职、玩忽职守。①山西省、临汾市、襄汾县安全监管部门对新塔公司尾矿库未取得"安全生产许可证"长期非法运行行为未采取有效措施予以打击；省、市、县安全监管部门开展的安全生产隐患排查和安全生产百日督查工作流于形式，没有对该尾矿库采取取缔关闭措施；襄汾县安全监管局没有落实山西省安全生产百日督查组提出的尾矿库立即停产的要求，并向临汾市安委会做出虚假报告；山西省安全监管局在"回头看"期间，未按照要求督查省安全生产百日督查组查出的重大安全隐患整改情况，致使该尾矿库在事故发生前一直在非法生产。②山西省、临汾市、襄汾县国土资源部门对新塔公司未取得"土地使用证"、未办理用地手续就占用国有土地问题，未依法进行监管检查；市、县国土资源部门对该公司占用国有土地非法建设尾矿库行为监管不力；县国土资源部门多次检查发现新塔公司非法采矿行为，未采取有力措施予以打击；市国土资源部门擅自放宽"采矿许可证"到期办理延续的条件；市、县国土资源部门在新塔公司"采矿许可证"逾期9个月后，仍违规为其办理"采矿许可证"延续手续，县国土资源部门还为该公司出具虚假证明。③临汾市、襄汾县环保部门对新塔公司未进行环境影响评价非法建设运行尾矿库行为执法不严，未督促予以整改；县环保部门对新塔公司违法排污行为没有依法处理；市、县环保部门组织环境安全隐患排查治理工作不力，对新塔公司尾矿库存在的重大环境安全隐患失察。④临汾市、东城区、襄汾县公安机关对新塔公司长期非法购买、运输、储存和使用民爆物品的行为打击不力；对新塔公司民爆物品日常监管乏力，2008年1月至8月期间，襄汾县公安机关对该公司民爆物品监管工作基本处于失控状态；襄汾县公安机关有关负责人保护和纵容该公司的违法行为。⑤临汾市、襄汾县供电单位未落实市、县政府对新塔公司的停电要求；未按规定对新塔公司矿区停供电情况进行检查。⑥临汾市、襄汾县工商行政管理部门对新塔公司长期超范围经营问题失察，日常检查和定期检查流于形式，2007年5月至2008年7月未对该公司进行年检和巡查。⑦临汾市、襄汾县水利部门违规审核和批准新塔公司取水许可申请；对新塔公司用于非法生产的取水行为监管不力。⑧临汾市、襄汾县劳动和社会保障部门对新塔公司劳动用工情况检查不力；对该公司长期非法用工以及未进行劳动用工备案、不签订劳动合同、不缴纳工伤保险等问题没有采取措施加以解决。（3）地方各级政府贯彻执行国家安全生产方针政策和法律法规不力，未依法履行职责，有关领导干部存在失职渎职、玩忽职守问题。陶寺乡政府明知新塔公司无"安全生产许可证"，"采矿许可证"已过期，仍长期进行非法建设、生产和经营，未采取有效措施予以依法打击；在重点行业和领域开展安全生产隐患排查治理和安全生产百日督查专项行动流于形式，对新塔公司存在的重大安全隐患未采取有效处置措施。襄汾县政府明知新塔公司无"安全生产许可证"，"采矿许可证"已过期，但仍然进行非法建设、生产、经营，未组织和督促有关部门采取有效措施予以取缔关闭；组织开展安全生产隐患排查治理和安全生产百日督查专项行动工作不力，对新塔公司存在的重大安全隐患没有督促有关部门和企业及时进行治理。尤其是收到临汾市安委会有关该尾矿库安全生产隐患整改督办令后，没有按照有关规定进行落实。临汾市政府贯彻执行国家安全生产法律法规和政策不力，对新塔公司长期存在的非法建设、生产、经营行为打击不力；组织开展安全生产隐患排查治理和安全生产百日督查专项行动工作不扎实，对新塔公司尾矿库存在的重大安全隐患，未督促有关职能部门和襄汾县政府跟踪检查落实情况，彻底进行治理。山西省政府贯彻执行国家安全生产法律法规、政策不到位，督促指导有关职能部门和地方政府履行职责不力，对市、县存在的重大安全隐患未及时有效治理的情况失察。

责任追究：当年9月12日对襄汾溃坝事故负有责任的山西省襄汾县新塔矿业公司董事长，矿业公司选矿厂厂长、副厂长等人，因涉嫌重大劳动安全事故罪被检察机关批准逮捕；9月14日山西省省长孟学农引咎辞职，副省长张建民被免职；9月24日因在此次事故中涉嫌谎报事故原因、瞒报死亡人数，涉嫌滥用职权、玩忽职守，襄汾县原县委书记亢海银、县长李学俊、副县长韩保全被刑事拘留。经过侦察甄别，最终起诉到法院的涉"9·8"溃坝重大责任事故及相关职务犯罪应负刑事责任的被告人共计58名，其中副厅级干部4人，处级干部13人，处级以下干部17人，其他人员24人。

吸取事故教训，改进尾矿库安全管理措施：（1）加大对非法建设、生产、经营行为的打击力度。严厉打击非法采矿和非法违规建设运行尾矿库行为。（2）加强尾矿库建设项目管理。严格遵守国家有关法律法规、规程标准，所有尾矿库建设项目必须按规定履行项目论证、工程勘查、可行性研究、环境影响评价、安全预评价、设计审查、验收评价等程序，按照设计进行施工，依法履行竣工验收手续。特别是对于下游有重要设施、人员密集场所的尾矿库，必须进行严格的安全论证，在保证安全的前提下建设使用。（3）严格尾矿库准入条件。应严格尾矿库的立项、土地使用审批、许可证发放等手续，严把尾矿库安全、环保设施"三同时"审查和验收关。对未按照设计规定超量储存尾矿、未经批准擅自加高扩容的，有关部门要吊销相关证照，停止生产并落实闭库措施。（4）加强尾矿库安全运行管理。按照《尾矿库安全技术规程》要求进行筑坝和尾矿排放，控制坝坡比和浸润线埋深，完善排洪排渗设施，确保干滩长度和调洪库容满足要求；加强尾矿库的日常排放管理，制定严格的排放计划，实施均匀放矿；落实隐患排查治理各项制度，加大隐患排查治理力度，及时消除事故隐患；加强对尾矿库的日常监控，制定尾矿库应急救援预案，定期开展应急演练，建立有效的应急反应联动机制。（5）强化在用尾矿库安全监管。加大安全检查和隐患排查治理力度，从严查处尾矿库建设和生产经营过程中的违法违规行为。对存在重大隐患、不具备安全生产条件的，责令停产整顿，限期整改。（6）加强对废弃或停止使用尾矿库的管理。全面摸清已经废弃、停止使用和已闭库尾矿库的基本状况，健全基础档案。对于达到设计库容或决定停止使用的尾矿库，应按照规定依法履行闭库程序，落实闭库管理责任。对于违法违规从事尾矿库再利用和重新启用的行为，应坚决予以制止并取缔。（7）加强对政府职能部门的督促检查。采取联合执法、跟踪督导、年度考核等有效措施，不断提高各有关部门的履职能力，切实落实政府安全监管责任，促进企业安全生产主体责任的落实。（8）加强有关尾矿库建设、运行、闭库监管等方面的政策研究，尽快落实尾矿库重大隐患整改专项资金。

（六十五）广东省深圳市龙岗区舞王俱乐部火灾事故

2008年9月20日，广东省深圳市龙岗区舞王俱乐部（无证照经营场所）发生火灾，造成44人死亡，58人受伤（其中8人重伤），直接经济损失1589万元。

舞王俱乐部于2007年9月8日开业，无营业执照，无文化经营许可证，消防验收不合格，属于无牌无照擅自经营。舞王俱乐部的窗户采用隔音材料，最外面一层是钢化玻璃，里面是隔板，最后一层是厚达10厘米的隔音泡沫。墙体也大量使用这种隔音泡沫或者消音板，天花吊顶用的都是塑胶材料，不能阻燃防火。还有，舞王俱乐部本来还有一处楼梯，但后来被改装成电梯，减少了消防安全通道。从硬件设施上看，舞王俱乐部根本不符合消防安全要求。

事故直接原因：该俱乐部员工王某在演艺大厅表演节目时，使用自制道具手枪发射烟花弹，引燃天花板聚氨酯泡沫塑料所致。

造成严重伤亡的主要原因：（1）场内人员高度聚集。发生火灾当晚正好是星期六，正是人们进入娱乐场所消费的高峰时段。舞王俱乐部是当地最火的俱乐部之一，着火大厅面积700多平方米，大厅内聚集了近500人。火灾发生时舞台正进入表演高潮时刻，高度聚集的人员不可能在短时间内散开。（2）火势发展迅猛。在舞台表演过程中，演员使用道具枪15秒后有观众发现起火，30秒后火势迅猛蔓延，浓烟迅速笼罩整个大厅，1分钟后全场断电，许多进入该场所消费的人员还没反应过来，就已被困在黑暗和有毒烟雾的包围之中。（3）烟雾浓、毒性大。舞王俱乐部采用了大量吸声海绵装修，海绵属于聚氨酯合成材料，燃点低、发烟大，燃烧产物毒性强。聚氨酯属于易燃材料，燃烧时产生大量的一氧化碳、二氧化碳、氰化氢、甲醛等，给火场被困人员造成了致命的灾难，也给消防救援人员设置了严重的障碍。（4）组织疏散混乱。火灾发生后，人群极度恐慌，现场又缺乏有组织的疏散引导，加上俱乐部大厅吧台桌椅设置密集，几百人同时涌向主出入口正门方向逃生，以至互相踩踏，造成死伤。

事故发生后，遵照国务院领导的指示，国家安全监管总局副局长赵铁锤（负责总局全面工作）带领有关人员前往，协助指导地方政府做好事故救援和善后工作。随后成立了以国家安全监管总局副局长梁嘉琨为组长，监察部、公安部、全国总工会等部门相关负责人为副组长的国务院调查组。经调查认定：这是一起由于无证非法营业，有关部门职责不到位、安全隐患专项排查不彻底，消防和易燃易爆物品监管不力而导致的责任事故。60名事故责任人受到责任追究。其中舞王俱乐部董事长、深圳市龙岗区公安分局副局长等35名事故责任人被移交司法机关依法追究刑事责任；给予深圳市分管副市长、龙岗区区长、分管副区长、龙岗街道办事处主任等25名事故责任人党纪、政纪处分。依法取缔舞王俱乐部。

事故教训：（1）不能在人员密集、封闭娱乐场所内大量使用易燃有毒的海绵吸音材料。（2）不能在室内使用自制道具手枪发射烟花弹。（3）要注意防止火灾发生初期组织疏散混乱的情况。事故给人们的启示：该俱乐部作为公众聚集场所，缺少最起码的消防设施，建筑、装修隐患重重，无牌无照，擅自经营一年多。在有关地方势力的保护下，这些公共场所的隐患问题无人敢问。这也表明突发事件的预防并非一个简单的观念转变问题，有时会涉及方方面面的利益协调，要健全完善相关政策，落实安全监管责任。社会公众公共安全意识的薄弱和自救逃生技能的欠缺，也是一个不容忽视的问题。火灾发生后，舞王俱乐部内的公众在狭长的过道上相互拥挤、踩踏，伤亡惨重。因此应加强对社会公众的公共安全教育，防止在紧急状态下次生灾难的发生。作为社会公众，也必须加强安全防范意识，如注意观察周围环境特点，查看逃生、疏散路线等。

（六十六）浙江省杭州市地铁1号线湘湖站施工工地塌陷事故

2008年11月15日15时15分，正在施工的浙江省杭州市地铁1号线湘湖站北2基坑现场发生大面积坍塌事故，造成21人死亡，4人重伤，20人轻伤，直接经济损失4961万元。

杭州地铁1号线湘湖站至滨康路站区间（19号盾构）工程，位于浙江省杭州市萧山区风情大道与乐园路、湘西路交叉口东北角。参与项目建设及管理的单位为中国中铁股份有限公司所属中铁四局集团第六工程有限公司、安徽中铁四局设计研究院、浙江大合建设工程检测有限公司、浙江省地矿勘察院、北京城建设计研究总院有限责任公司、上海同济工程项目管理咨询有限公司、杭州地铁集团有限公司。事故当日下午，北2基坑第1施工段下二层侧墙、柱进行钢筋施工，安排钢筋工20人，木工15人作业；第2施工段已具备浇筑垫层保护层混凝土条件；第3施工段进行基坑人工清底，安排杂工10人作业，浇筑垫层混凝土的人员正准备下基坑作业；第4施工段7人在进行接地装置施工，其中，2名技术人员在现场检查指导；第5施工段开挖第五层土方，2名司机分别驾驶2台小型挖掘机在基坑内作业。

11月15日15时15分，杭州地铁1号线湘湖车站北2基坑西侧风情大道路面下沉致使基坑基底失稳，导致西侧连续墙断裂，基坑坍塌，倒塌长度约75米。东侧河水及西侧风情大道下的污水、自来水管破裂后的大量流水立即涌进基坑，积水深达9米。事发当日，造成3人死亡，18人失踪，24人受伤。

事故发生后，党中央、国务院领导高度重视并作出重要批示，要求抓紧搜救失踪人员，全力以赴抢救受伤人员，妥善做好事故善后，查明事故原因，严肃追究事故责任。同时，要加强城建地质勘查工作，防止再次发生塌陷事故。国务院安委会办公室副主任、国家安全监管总局副局长、国家煤矿安监局局长赵铁锤率相关人员赶赴事故现场，传达中央领导重要批示精神，指导事故抢险救援工作。

国家安全监管总局、住房和城乡建设部成立了事故调查指导小组，形成了《杭州地铁湘湖站"11·15"基坑坍塌事故技术分析报告》以及《岩土工程勘察调查分析》等9项专项调查分析报告。在此基础上，又专门组织国内相关权威专家，对《杭州地铁湘湖站"11·15"基坑坍塌事故技术分析报告》进行了评审。

经调查，杭州地铁湘湖站北2基坑坍塌，是由于参与项目建设及管理的中国中铁股份有限公司所属中铁四局集团第六工程有限公司、安徽中铁四局设计研究院、浙江大合建设工程检测有限公司、浙江省地矿勘察院、北京城建设计研究总院有限责任公司、上海同济工程项目管理咨询有限公司、杭州地铁集团有限公司等有关方面工作中存在一些严重缺陷和问题，没有得到应有重视和积极防范整改，多方面因素综合作用最终导致了事故的发生，是一起重大责任事故。

事故直接原因：施工单位（中铁四局集团第六工程有限公司）违规施工、冒险作业、基坑严重超挖；支撑体系存在严重缺陷且钢管支撑架设不及时；垫层未及时浇筑。监测单位（安徽中铁四局设计研究院以浙江大合建设工程检测有限公司名义，实为挂靠）施工监测失效，施工单位没有采取有效补救措施。

责任追究：公安、检察机关依法对涉嫌犯罪的10名事故责任人进行了追究，分别为杭州地铁湘湖站项目部常务副经理梅小峰、杭州地铁湘湖站项目部总工程师曹七一、湘湖站项目部质检部长卢光伟、监测单位湘湖经理部监测人员洪祥、监测单位湘湖经理部负责人侯学、中铁四局集团第六工程有限公司副总经理兼杭州地铁湘湖站项目部经理方继涛、项目总监代表蒋志浩、杭州地铁集团有限公司驻湘湖站代表金建平、杭州市建筑质量监督总站副站长余建民、杭州市建筑质量监督总站科长包振毅。经浙江省政府研究并报监察部、国家安全监管总局、国务院国资委同意，杭州市监察局对事故发生负有责任的5名人员给予政纪处分。依据《安全生产法》和《生产安全事故报告和调查处理条例》等法律法规规定，由浙江省安全生产监管部门和建设主管部门对相关责任单位及责任人给予行政处罚。责令中国中铁股份有限公司向其上级主管部门作出深刻检查；责令杭州市政府向浙江省委、省政府作出深刻检查。

（六十七）河北省遵化市港陆钢铁有限公司煤气泄漏事故

2008年12月24日9时左右，河北省遵化市港陆钢铁有限公司2号高炉重力除尘器泄爆板发生崩裂和煤气泄漏事故，导致44人煤气中毒，其中17人死亡，27人受伤。

该厂事故发生前4个班的作业日志表明，炉顶温度波动较大（最高610摄氏度，最低109摄氏度），炉顶压力维持在54~68千帕之间。24日零点班，该炉曾多次发生滑尺（轻微崩料），至事故发生时，炉内发生严重崩料，带有冰雪的料柱与炉缸高温燃气团产生较强的化学反应，气流反冲，沿下降管进入除尘器内，造成除尘器内瞬时超压，导致泄爆板破裂，大量煤气溢出（煤气浓度45%～60%）。因除尘器位于高炉炉前平台北侧，时季风北向，大量煤气漂移至高炉作业区域，作业区没有安装监测报警系统，导致高炉平台作业人员煤气中毒。事故发生后，该厂采取的救援措施不当，当班的其他作业人员贸然进入此区域施救，造成事故扩大。

事故直接原因：在高炉工况较差的情况下，加入了含有冰雪的落地料，导致崩料时出现爆燃，除尘器瞬时超压，泄爆板破裂，造成大量煤气泄漏。

事故间接原因：该厂生产工艺落后，设备陈旧，作业现场缺乏必要的煤气监测报警设施，没有及时发现煤气泄漏，盲目施救导致事故扩大。隐患排查治理不认真。事故发生前，炉顶温度波动已经较大，多次出现滑尺现象，但没有进行有效治理，仍然进行生产，导致事故发生。

吸取事故教训，改进冶金企业安全生产措施：国家安全监管总局当年12月28日通报指出，2008年10月以来，冶金行业冶炼加工企业连续发生三起较大以上煤气中毒事故。形势非常严峻，必须引起高度警觉。（1）认真开展安全生产监督检查工作。将冶金企业安全生产工作列入安全生产监督检查的重点内容之一，督促企业着力做好重要设备设施停产检修、生产与基建技改同时作业时段的安全组织管理、安全措施落实和复产检查验收工作。要组织专业技术人员，对工艺落后、设备陈旧的冶金企业进行拉网式检查，确保检查不走过场，不留死角。（2）督促冶金企业落实安全生产主体责任。建立健全安全生产责任制，制定和修改完善符合现行法律法规及标准要求的安全生产管理制度、岗位操作规程和技术规程。（3）完善应急救援预案，提高事故防控能力。冶金企业危险、有害因素多，属于风险性较大行业，要制定完善重点部位和关键工艺环节的应急救援预案，并定期组织演练，配足防护面具，提高应对各类事故的处置能力；进一步做好危险源辨识工作，加强对煤气管网、煤气柜、制氧等危险源（点）的监控，特别要加强对在用时间长、即将报废又对安全生产影响较大的重要设备、关键设施的检修维护工作。（4）严肃查处事故，严格按照"四不放过"的原则和"实事求是、依法依规、注重实效"的三条基本要求，查清事故原因，对不依法履行安全生产责任、存在隐患不及时采取治理措施的相关责任单位和人员，要严肃处理和追究责任，总结事故经验教训，提出防范措施并加强监督检查，防范同类事故的再次发生。

（六十八）中央电视台新址北配楼火灾事故

2009年2月9日20时15分，在建的中央电视台新址园区文化中心发生火灾事故，在救援过程中造成 1 名消防队员牺牲，7 人受伤，直接经济损失 1.64 亿元。

　　中央电视台新址园区位于北京市朝阳区光华路 36 号，东连居民区，南临光华路，西靠东三环中路，北接朝阳路。事故发生当日为元宵节，当晚 20 时，央视新址举办焰火燃放活动。礼花弹在空中炸开后的焰火燃烧的星体（温度可达 1200～1500 摄氏度）高度明显高于文化中心建筑主体高度，且在空中呈弧线落至文化中心主体建筑门式造型顶部。20 时 15 分许，门式造型顶部呈冒烟至初起明火形体。20 时 27 分，北京市公安局消防局 119 指挥中心接到火警报警，先后共调集 27 个消防中队、85 辆消防车、595 名消防官兵前往进行扑救。至次日 2 时许，大火被彻底扑灭。火灾扑救过程中，共抢救疏散现场及周边群众 800 余人，造成 1 名消防队员牺牲，8 人因吸入高温烟气导致呼吸道吸入性损伤。此次火灾作为超高层建筑火灾案例，其独特的燃烧方式完全不同于一般建筑火灾"由内向外、自下而上"的规律，在我国尚属首例，国外也鲜见。主要有以下四个特征：外立面自上而下燃烧，火势蔓延迅速；火灾整体持续时间较长，具体区域燃烧时间较短；外部烧损严重，内部烧损较轻；制约灭火因素较多，扑救难度大。

　　事故直接原因：央视新址办违反烟花爆竹安全管理规定，未经有关部门许可，在施工工地内违法组织大型礼花焰火燃放活动，在安全距离明显不足的情况下，礼花弹爆炸后的高温星体落入文化中心主体建筑顶部擦窗机检修孔内，引燃检修通道内壁裸露的易燃材料引发火灾。

　　事故间接原因：（1）央视新址办违法组织燃放烟花爆竹。《烟花爆竹安全管理条例》（国务院令第 455 号）和《北京市烟花爆竹安全管理规定》明确规定，施工工地内禁止燃放烟花爆竹，未经许可禁止燃放礼花弹等 A 级烟花爆竹。但央视新址办无视上述规定，在施工工地内违法组织燃放包含礼花弹在内的烟花爆竹。根据其燃放礼花弹的规格和数量，已属于 C 级焰火晚会燃放规模。且央视新址办曾于 2007 年、2008 年元宵节连续两年在办公区内违规组织燃放烟花爆竹。①强令要求施工单位配合燃放活动。央视新址办利用业主地位，要求施工单位提供脚手架、梯子等燃放工具，并配合烟花公司搭设燃放架。在施工单位提出不能打开围挡门以免影响施工的情况下，仍强令施工单位配合。②无视执法人员劝阻，执意燃放烟花爆竹。燃放开始后，许多司机停车观看，造成东三环中路严重堵车。交警到达燃放现场进行劝阻，要求立即停止燃放，但央视新址办以无法停止燃放、即将燃放完毕为由，拒绝听从劝阻。③安全生产管理工作混乱。央视新址办制定的有关安全生产制度形同虚设，不仅将沙鹏、刘发国等与施工无关人员带进施工现场，还协调施工单位允许载有烟花爆竹的车辆进入并存放在现场。对施工现场负有安全生产监督管理职责的央视新址办（央视国金公司）负责人及有关工作人员对组织燃放活动不仅未予以制止，也未报告，一些人员还积极协调配合、提供帮助。④中央电视台对央视新址办工作管理松弛。中央电视台对央视新址办无视国家有关法规，在2009年元宵节违法组织燃放烟花爆竹，引起特别重大火灾事故的问题失察；没有发现央视新址办2007年、2008年元宵节连续两年在办公区内违规燃放烟花的行为；对新址建设工程质量和安全生产管理方面存在的严重问题督促检查不力，对文化中心幕墙工程中使用不合格保温板的问题失察；对央视新址办负责人及有关工作人员不正确履行职责和失职渎职行为教育、管理、监督不力。（2）有关施工单位违规配合建设单位违法燃放烟花爆竹，在文化中心幕墙工作中使用大量不合格保温板。①中建公司新址主楼项目部明知央视新址办2009年元宵节违法燃放烟花爆竹，未予劝告、制止，也未及时向政府有关部门报告；项目部未严格落实门卫制度，应央视新址办要求擅自批准载有烟花爆竹的车辆进入施工现场，在新址主楼施工区域内为央视新址办燃放烟花爆竹提供场地和帮助。中建公司对新址主楼项目部的安全生产工作督促、检查不力。②北京城建文化中心项目部明知央视新址办2009年元宵节违法燃放烟花爆竹，未予劝告、制止，也未及时向政府有关部门报告。项目部明知第二批保温板被抽查为不合格产品后，未有效督促中山盛兴公司文化中心项目部对第一批已使用保温板的燃烧性能进行进一步检测，以确保达到合同规定的可燃（B2）级。③北京城建对文化中心项目部未制止、报告建设单位违法燃放烟花爆竹活动的问题失察；对中山盛兴公司违规使用不合格保温板承担连带责任。文化中心幕墙工程使用大量不合格的易燃级材料，导致燃烧范围迅速扩大，给之后的控制、救援、扑救带来极大的困难。（3）监理单位对违法燃放烟花爆竹和违规采购、使用不合格保温板的问题监理不力。①远达监理公司对违法燃放烟花爆竹问题巡查不力。该公司项目现场监理对中建公司新址主楼项目部在施工区域内，为央视新址办2009年元宵节燃放烟花爆竹搭设燃放支架等问题巡查不力。②京精大房监理公司对违规采购、使用不合格保温板问题监理缺失。该公司项目现场监理部工作失职，对进场材料验收把关不严，未审查出第三批材料报验单上的数量和实际数量不一致；未发现幕墙工程违规使用天匠公司无标识、无合格证、无出厂检测报告的不合格保温板问题；在明知第二批保温板被检查为不合格产品后，未有效督促对第一批已使用保温板的燃烧性能进行进一步检测，以确保达到合同规定的可燃（B2）级。（4）有关单位对非法销售、运输、储存和燃放烟花爆竹的问题失察。①三湘公司在未与央视新址办签订烟花爆竹燃放合同、未取得运输许可证的情况下，销售烟花爆竹产品至央视新址施工工地进行燃放；应央视新址办的要求在施工工地内违法燃放烟花爆竹。②湖南省浏阳市三和物流公司违规承运烟花爆竹至河北省永清县。湖南省浏阳市有关部门未认真落实有关规定，对所属企业非法销售、运输、储存烟花爆竹问题失察。河北省永清县供销社鞭炮日杂经营处在 C 级烟花爆竹仓库内违规存放 A 级烟花爆竹；长期将烟花爆竹仓库的库房交给刘发国储存烟花爆竹。河北省永清县有关部门未认真落实有关规定，对所属企业非法销售、运输、储存烟花爆竹问题失察。（5）相关监管部门贯彻落实国家安全生产等法律法规不到位。对非法销售、运输、储存和燃放烟花爆竹，以及文化中心幕墙工程中使用不合格保温板的问题监管不力。北京市公安局内部单位保卫局未能严格落实《北京市 2009 年度烟花爆竹安全管理工作意见》，指导、督促央视新址工地内部治安保卫工作不到位，对央视新址办在施工工地内违法组织燃放烟花爆竹活动失察。北京市质量技术监督稽查大队对央视新址工程不合格保温板的问题监督检查不力，在不合格保温板已被转移的情况下，仍违规办理现场续封和解封手续。北京市建设工程安全质量监督总站在得知央视新址工程不合格保温板进场后，未采取有效措施进行查处，对施工单位继续大量使用不合格保温板的问题失察。

吸取事故教训，改进安全工作措施：（1）加强烟花爆竹燃放安全管理工作，焰火燃放活动主办单位对于限制燃放品种，必须相应的申报程序，委托具有相应资质的单位按照燃放规范进行，杜绝违法违规燃放行为。（2）进一步加强建设工程施工现场安全管理，中央电视台及其新台址建设工程的建设、施工、监理等各单位必须严格遵守国家有关施工现场消防安全管理的相关法律、法规、标准，建立健全并落实各项消防安全管理制度，认真落实消防安全责任制。（3）抓紧完善和宣传贯彻建筑节能保温系统防火技术标准。鉴于近年来节能保温新材料和新技术在我国广泛应用，要进一步完善有关安全技术标准，规定不同材料构成的节能保温系统的应用范围，以及采用易燃材料构成的节能保温系统的防火构造措施，以解决建设节能保温系统的防火安全问题。（4）切实做好新址主楼幕墙工程中保温材料防火措施的论证和落实，设计、建设、施工、监理等单位应认真核实材料的具体使用部位及用途，依据有关消防法规、标准对使用安全性进行判定，如存在不符合防火要求的情况必须彻底整改。在工程消防验收中对保温材料的使用依法进行严格核查。（5）进一步加强消防装备建设，调整消防站布局，进一步加大消防装备建设投入，增设扑救高层建筑外部火灾的装备，增强城市超高建筑火灾的扑救和应急救援能力，以适应北京城市建筑发展趋势的需要。

（六十九）山西省焦煤集团西山煤电公司屯兰煤矿瓦斯爆炸事故

2009 年 2 月 22 日 2 时 17 分，山西省焦煤集团西山煤电公司屯兰煤矿井下南四盘区 12403 工作面发生瓦斯爆炸事故，当时在井下的矿工有 436 人，共造成 74 人死亡，114 人受伤（其中重伤 5 人），直接经济损失 2386.94 万元。

屯兰矿是山西焦煤西山煤电集团有限责任公司所属的现代化的特大型矿井，地处山西省古交市以南 6 千米处，井田面积 73.33 平方千米，工业储量 10.28 亿吨，可采储量 6.28 亿吨。原设计年生产能力 400 万吨，2005 年技术改造后核定年生产能力 500 万吨，配有相应生产能力的现代化选煤厂。属高瓦斯矿井，瓦斯绝对涌出量为 256 立方米/分钟。该矿还安装了瓦斯监测系统，爆炸发生前系统显示完全正常。一些专家因此对该瓦斯监测系统的安全性产生怀疑。

事故发生在南四盘区 12403 综采工作面区域，该工作面开采 2 号、3 号煤层，煤层厚度 4.26 米，采用综合机械化采煤方法，一次采全高，工作面绝对瓦斯涌出量 37.77 立方米/分钟，瓦斯抽放率 44.13%。采用"二进一回"（皮带巷、轨道巷进风，尾巷回风）的通风方式。在 1 号联络巷安装有两部 2×30 千瓦局部通风机和 4 台风机开关向工作面尾巷 14 号联络巷密闭施工点供风，在 1 号联络巷靠尾巷侧约 6 米处设一料石密闭墙，密闭墙上设有一个调节风窗。事故波及该矿整个南四采区，该采区 12403 工作面区域破坏严重，瓦斯抽放管路多处断裂，3 根支柱倒向工作面，车辆翻倒，皮带卷翻，14 道密闭墙被摧毁，8 座风桥被摧垮，10 道风门被损坏。

事故直接原因：12403 采煤工作面 1 号联络巷微风或无风，局部瓦斯积聚，达到爆炸浓度界限；引爆瓦斯的火源是 12403 工作面 1 号联络巷内风机开关内爆炸生成物冲出壳外，引爆壳外瓦斯。爆炸破坏瓦斯抽放管路，管路内瓦斯参与爆炸并沿瓦斯抽放管路传爆。当年 3 月 14 日，山西省煤炭工业局负责人在山西焦煤召开的吸取屯兰矿"2·22"特大瓦斯爆炸事故沉痛教训会议上，归纳了引发事故的 3 条原因："屯兰矿这样一个高瓦斯矿井，12403 工作面 1 号联络巷共 37 米长，有 25 米左右处于微风，导致瓦斯积聚，这是其一；局部通风机和开关按规程设计应该在轨道下安装，结果安放在了 1 号联络巷下，风机位置不对，这是其二；瓦斯检查是在风机的吸风口进行的，没有检查到开关和电器附近，没有在 25 米瓦斯积聚的地方检查，这是其三。"

事故间接原因：事故暴露出该矿通风管理不到位，瓦斯治理不彻底，现场管理不严格，安全措施不落实等问题。

责任追究：41 名事故责任人受到追究，其中 6 名直接责任人被移送司法机关追究刑事责任，包括屯兰矿矿长尹根成、总工程师张文昌等。此外35名相关责任人受到党纪、政纪处分。原西山煤电集团公司董事、总经理张能虎被撤职、并被撤销党内职务；山西焦煤集团董事、西山煤电集团公司董事长李建胜被行政降级、并给予党内严重警告处分；山西焦煤集团董事长、党委书记白培中被给予行政记大过处分。

吸取事故教训，改进煤矿安全工作的措施：（1）观念彻底更新，理念根本转变，坚决树立"瓦斯不治，矿无宁日""瓦斯治理是企业生存和发展，生命工程与和谐工程""多抽一方瓦斯，多保一分平安""抽采瓦斯就是解放生产力，治理瓦斯就是发展生产力"等先进理念；瓦斯超限即是命令，瓦斯超限就是最大的隐患，瓦斯超限就是事故。（2）建立健全双巷间横贯、角联巷道、高冒区等薄弱地点通风和瓦斯管理制度，消除盲区，消灭盲点。（3）提高局部通风管理标准，严把局部通风机"五专一化一切换"关［专项设计，专项措施，专人安（移）装，专人验收，专人管理；局部通风机采用"定置化"管理；推行局部通风机"单双日切换"］。（4）简化、优化通风系统，提高矿井抗灾能力。简化、优化通风系统，矿每季度、子公司每半年、山西焦煤每年进行一次矿井通风系统安全可靠性评价；最大限度地减少矿井通风设施数量，强化并提高通风设施质量和强度。（5）提高标准，严格瓦斯浓度掌控。

（七十）重庆市武隆县铁矿乡鸡尾山矿区崩塌事故

2009年6月5日3时，重庆市武隆县铁矿乡鸡尾山矿区发生山体崩塌事故，滑体总量超过600万立方米，导致山对面的共和采矿场正在作业的工人，以及12户居民和一些路人被掩埋，死亡（失踪）79人。

武隆县铁矿乡位于武隆县境西南，距县城70余千米，境内矿产资源丰富，有铁矿、铝土矿、煤、石棉矿、大理石矿等，铁矿乡因此而得名。发生事故的铁矿以前叫三联铁矿，日产铁矿石100吨左右，原为国有企业。1998年转制，由私人承包。2001年和2005年分别发生两次塌方事故。

山体初次崩滑约150万立方米。崩滑后的山石泥土高速往下斜冲，形成600余米长的巨大滑体，冲移过程中引发了更大的滑坡，构成滑坡体总量超过600万立方米。从山的一端到另外一端，就像气垫船滑行一样快，把相对的两座山基本上合并起来，填满了两山之间数十米深、200余米宽的深沟。遇难者包括在垮塌体冲击带居住的村民12户21人，中国移动通信公司基站架线工2人，采矿工45人（其中井下作业27人、地面作业18人），过路农民3人、教师1人等。

事故发生后，总书记胡锦涛、总理温家宝作出批示，要求千方百计做好抢救工作，防止次生灾害发生。副总理张德江代表党中央、国务院赶到事故现场指导抢救工作。重庆市委书记薄某、副市长兼公安局局长王某到现场组织救援和善后。

据相关媒体揭露①，当地铁矿已有 80 多年的开采历史。1950 年为重庆钢铁厂的下属铁矿，1969 年归属重庆市涪陵钢铁厂，再后来称国营三联采矿场，直到 2001 年停产。由于开采时间较长，早在 1998 年就形成危岩，裂缝最大裂口宽 2 米，最小裂口宽 0.5 米。1999 年最大裂口 2.2 米。2001 年 5 月新增两条裂缝，一条 500 米，最大裂口宽 0.72 米；另一条长 200 米，最大裂口宽 0.99 米，并有多处纵向裂缝，说明岩缝在下沉裂变。2001 年 6 月经地质专家鉴定，认为危岩正处于发育期，极易发生塌崩灾害。武隆县政府因此作出决定：搬迁处于危岩下方的铁矿乡政府和群众。随后铁矿乡铁匠沟采矿场和其他个体采矿场全部撤出，并注销采矿资格。但居民搬迁并不顺利，因为当时需要搬迁的居民家庭超过 30 户，武隆县政府拨款用于农户搬迁的金额却只有 2 万元，每户搬迁补偿不到 1000 元，因此最终按要求搬走的人并不多。2002 年在其他企业注销、居民被要求搬迁的情况下，铁矿乡幸福村的舒某竟然获得了铁矿采矿权，并与人合伙成立了共和采矿场。该矿场的合法性一直受到当地居民的质疑，对矿场在环境方面所造成的污染也有意见。该矿所在地的红宝村多次与舒某交涉，要求其对过度开采造成的环境污染等负责。2005 年红宝村 20 多户村民联合上告，最后矿方赔偿补贴 24 万元息事宁人。媒体在调查中发现，事实上舒某当时并没有组建新的采矿公司，而是借用了涪陵三联吊装运输公司共和铁矿的"壳"，成为该矿法定代表人。2006 年 11 月 21 日，也就是涪陵三联吊装运输公司共和铁矿被注销前 6 天，舒某成立了个人独资企业武隆县共和铁矿场。这两个矿场经营的是同一个矿井，也就是该次山体垮塌被埋的矿井。舒某为获取最大经济利益，甚至不惜开采保安矿柱。到当年 4 月 27 日舒某名下的共和铁矿场的采矿许可证已到期，之后即处在无证生产或证照不全进行生产的非法状态。山体滑坡前十几天，原来源源不断流出的河水突然中断，有村民发现山体有很大的裂缝，许多迹象表明事故即将来临。6 月 4 日也就是事故发生的前一天，铁矿乡政府发出通告："最近我乡红宝村鸡尾山危岩出现险情，严重威胁着过往车辆和行人安全，为彻底消除该隐患，乡政府决定对九矿公路进行强制交通管制，实行部分路段封闭，禁止通行"。但危岩之下的共和铁矿还在继续生产。大量事实表明，正是种种人为因素，最终导致了这场巨大灾祸的发生。

---

① 见《凤凰财经》2009 年 6 月 15 日报道。

（七十一）　河南省平顶山市新华区四矿瓦斯爆炸事故

2009 年 9 月 8 日 0 时 55 分，河南省平顶山市新华区四矿发生特别重大瓦斯爆炸事故，死亡 76 人，受伤 14 人，直接经济损失 3986.4 万元。

该矿属新华区全民所有制企业，核定生产能力 6 万吨/年。2003 年整体转让方式改制为私营企业（证照未变更，仍为地方国有煤矿）。立井开拓，共有三个立井，分别为主井、副井、风井。事故前共有 1 个采煤工作面和 6 个掘进工作面。2007 年 6 月该矿曾发生过煤与瓦斯突出事故，但仍按低瓦斯矿井管理。2008 年 11 月 15 日河南省政府要求全省范围内年产 30 万吨及以下矿井进行停工停产整顿，2009 年 3 月河南省安全生产领导小组明确新华区四矿为停工整顿煤矿。2009 年 4 月 23 日新华区政府批准新华区四矿进行整顿。但该矿却借"入井整改隐患"名义违法生产，新华区政府及其相关职能部门在多次检查中未予制止。

事故直接原因：新华区四矿违法违规开采己组煤层，其 201 机巷顶板冒落导致局部通风机停风后，造成 201 掘进工作面内积聚大量高浓度瓦斯；违章排放瓦斯过程中致使瓦斯浓度达到爆炸界限；巷道内破损的煤电钻电缆短路产生高温火源引起瓦斯爆炸。

事故间接原因：（1）该矿违法组织施工和生产，超层越界盗采资源，不执行瓦斯检查制度，制作假报表、假图纸，弄虚作假、应付检查，安全生产管理混乱。（2）河南省、平顶山市、新华区煤炭行业管理部门对该矿擅自变更技改设计方案、边技改边违法生产的行为制止不力，使该矿在不符合验收条件的情况下通过复产验收。（3）河南省、平顶山市、新华区国土资源管理部门没有对该矿超层越界开采行为予以制止，未按规定对其开采活动进行实测和检查。（4）平顶山市、新华区安全监管部门对该矿在停工停产整顿期间违法施工、违法生产的问题失察。（5）平顶山市公安局新华分局在该矿停工停产整顿期间，违规批准供应火工品。（6）平顶山市、新华区、焦店镇党委、政府对该矿在停工停产整顿期间违法施工、违法生产的问题监督检查不力。（7）河南煤矿安全监察局豫南监察分局对该矿在停工停产整顿期间违法施工和生产的问题失察。

责任追究：责成平顶山市政府依法关闭新华区四矿、依法没收该矿非法生产所得，河南省有关部门和河南煤矿安监局依法吊销该矿及有关责任人的所有证照。鉴于平顶山市委书记赵顷霖、市长李恩东、副市长李俊峰、平顶山市安监局监管一科科长李海鹏、河南煤矿安监局豫南监察分局局长王佳英等 5 人对事故负有领导责任，分别予以党纪政纪处分。43 人移送司法机关追究刑事责任。2010

年 11 月 16 日平顶山市中级人民法院就"新华四矿致 76 人死矿难案"作出判决。其中原新华四矿矿长李新军判处死刑，缓期两年执行；分管技术副矿长韩二军判处死刑，缓期两年执行；安全副矿长侯民判处无期徒刑；生产副矿长邓树军判处有期徒刑 15 年。

（七十二）黑龙江省龙煤集团鹤岗分公司新兴煤矿瓦斯爆炸事故

2009 年 11 月 21 日 1 时 37 分，黑龙江省龙煤矿业集团股份有限公司鹤岗分公司新兴煤矿三水平南二石门 15 号煤层探煤巷发生煤（岩）与瓦斯突出，突出的瓦斯逆流至二水平，2 时 19 分发生瓦斯爆炸事故，造成 108 人死亡，133 人受伤（其中重伤 6 人），直接经济损失 5614.65 万元。

龙煤股份公司隶属于黑龙江省龙煤矿业控股集团有限责任公司，成立于 2009 年 4 月，下辖鸡西、鹤岗、双鸭山、七台河 4 个分公司。鹤岗分公司由原鹤岗矿务局改制重组而成。新兴煤矿始采于 1917 年，2007 年核定生产能力 145 万吨/年。该矿采用列压入式通风，1993 年以来，矿井瓦斯等级鉴定（核准）结果为高瓦斯矿井，安装有移动瓦斯抽放系统和安全监测监控系统。该矿采用斜井开拓，分三个水平开采。事故前二、三水平同时生产，共有 8 个采区。发生煤（岩）与瓦斯突出的区域为三水平南二石门后组 15 号煤层探煤巷（113 工作面），采用钻眼爆破法破岩二次成巷工艺，利用局部通风机通风。发生事故时，该工作面没有按措施要求打超前钻，违章组织施工。

事故发生后，国务院副总理张德江带领有关部门负责人赶到事故现场，指导抢险救援。成立由国家安全监管总局局长骆琳为组长，黑龙江省省长栗战书、监察部副部长郝明金、国家安全监管总局副局长（国家煤矿安监局局长）赵铁锤、全国总工会副主席张鸣起、黑龙江省副省长王玉普等为副组长的国务院黑龙江龙煤集团鹤岗分公司新兴煤矿"11·21"特别重大瓦斯爆炸事故调查组。

事故直接原因：该矿为高瓦斯矿井，在地质构造复杂的三水平南二石门 15 号煤层探煤巷，爆破作业诱发煤（岩）与瓦斯突出；突出的瓦斯逆流进入二段钢带机巷，在二水平南大巷与新鲜风流汇合，然后进入二水平卸载巷附近区域，达到瓦斯爆炸界限，卸载巷电机车架线并线夹接头产生电火花引起瓦斯爆炸。

事故间接原因：新兴煤矿及其上级单位鹤岗分公司、龙煤股份公司不执行政府有关部门多次下达的停产指令，违法生产，生产管理混乱，安全生产责任制落实不到位；黑龙江省煤炭生产安全管理局安全监管责任落实不到位，在向新兴煤矿下达停产整改指令后，未督促企业整改落实到位；黑龙江煤矿安全监察局及鹤滨监察分局在多次向新兴煤矿下达停产整改指令后，未认真督促企业整改落实。

责任追究：12 名涉嫌犯罪的事故责任人被移送司法机关依法追究刑事责任，28 名相关人员受到党纪、行政处分。责成黑龙江省人民政府向国务院作出深刻检查。由黑龙江煤矿安监局依法对龙煤股份公司处以 400 万元罚款。

吸取事故教训，改进煤矿安全生产措施：（1）认真落实安全生产主体责任，进一步贯彻落实《国务院关于进一步加强企业安全生产工作的通知》精神，认真落实领导干部带班下井制度，认真排查治理安全生产隐患。（2）全面推进瓦斯治理工作，健全完善"通风可靠、抽采达标、监控有效、管理到位"的瓦斯综合治理工作体系。（3）加强煤矿技术和基础管理，强化以班组为核心的现场安全管理，大力推进井下安全避险"六大系统"建设①。（4）加大安全生产执法力度，进一步建立健全联合执法机制，严厉打击非法违法生产经营建设行为，严肃查处事故。

（七十三）河北省邯郸市普阳钢铁公司煤气泄漏事故

2010 年 1 月 4 日 10 时 50 分，位于邯郸武安市西南约 45 千米山区的河北普阳钢铁有限公司发生重大煤气中毒事故，造成 21 人死亡，9 人受伤，直接经济损失 980 万元。1 月 5 日 9 时，河北普阳钢铁有限公司（简称普阳公司）以"7 人死亡，9 人受伤"上报，瞒报死亡人数。

发生事故的普阳公司南坪炼钢分厂有 2 座 120 吨转炉，其中 1 号转炉及配套的 1 号、2 号风机系统于 2009 年 6 月正式投入使用，2 号转炉正在砌炉，3 号风机系统正处于安装调试阶段。3 号风机管道由三叶公司负责施工、安装。2009 年 12 月 23 日，三叶公司为工程结算，向普阳公司南坪炼钢分厂提出割除 3 号风机与 2 号风机煤气入柜总管间的盲板，将 3 号风机煤气管道和原煤气管道连通。2010 年 1 月 3 日 8—13 时，为完成炼钢车间 1 号天车钢丝绳更换和割除盲板作业，1 号转炉停产。8 时 30 分左右，南坪炼钢分厂运转工段长王用生电话通知三叶公司现场负责人刘建华，在 1 号转炉停产期间可以进行盲板割除作业。约 10 时 30 分，在盲板切割出约 500 毫米×500 毫米的方孔后，发生 2 人死亡事故，三叶公司施工人员随即停工。事故现场处置后，南坪炼钢分厂副厂长武保成安排当班维修工封焊 3 号风机入柜煤气管道上的人孔，王用生安排当班风机房操作工李康给 3 号风机管道 U 型水封进行注水，李康见溢流口流出水后，关闭上水阀门。

---

① 井下安全避险"六大系统"即安装监测监控系统、井下人员定位系统、紧急避险系统、压风自救系统、供水施救系统和通信联络系统。

1月3日13时左右，1号转炉重新开炉生产。1月4日上午，在1号转炉生产的同时，2号转炉进行砌炉作业。约10时50分，炉内砌砖的田会平与在2号转炉操作砌炉提升机的郭志杰通话，要求炉外的刘菲按尺寸切砖，郭志杰让刘菲到提升机小平台来取炉砖尺寸，刘菲刚到提升机口突然晕倒，郭志杰与小平台上一起工作的刘亚军、田杰用手去拉刘菲但未拉动，郭志杰感到头晕，同时意识到刘菲可能是煤气中毒，马上用手捂住自己的鼻子并向身边的另外两人喊："有煤气，赶快离开"，并边跑边用对讲机报告调度。炼钢分厂当班调度王彦兵从对讲机里听到后，通知普阳公司副总经理石金根并立即组织救援。此时，副总经理张连所向郭恩元报告南坪钢厂发生了事故，郭恩元在其办公室电话指挥总经理助理石跃强等人，从各分厂向事故现场调集防毒面具组织自救。约14时抢险结束，30名煤气中毒人员分别送至武安市医院、武安仁慈医院和涉县第一医院。送至武安市医院12名中毒人员，其中6名住院治疗，1名经抢救无效死亡，被送到医院太平间，5人已死亡，未入医院，随即被转移。送至武安仁慈医院16名中毒人员，其中3名经检查后送重症监护室治疗，6名经检查确认死亡后送到医院太平间，7名已死亡被转移。送至涉县第一医院2名中毒人员，2人送到医院时已死亡。

事故直接原因：在2号转炉煤气回收系统不具备使用条件的情况下，割除煤气管道中的盲板，U型水封未按图纸施工，存在设备隐患，U型水封排水阀门封闭不严，水封失效，且没有采取U型水封与其他隔断装置并用的可靠措施，导致此次事故的发生。

事故间接原因：（1）普阳公司违章作业、违规建设。违反《工业金属管道工程施工及验收规范》和《建设工程质量管理条例》的规定，在工程交接验收前，未对建设项目进行检查，没有确认工程质量是否符合施工图和国标规定，而且在未对项目进行验收的情况下，同意三叶公司将3号风机煤气管道与主管道隔断的盲板割通，将未经验收的水封投入使用。未按《建设工程项目管理规范》实施管理，与项目施工单位责权不明，项目的实施过程未完全处于受控状态。安全生产规章制度不健全，落实不到位，培训不完善，技术和操作人员安全技能低，业务知识差，指挥系统有较大的随意性。在该次煤气管道连通中，口头下达指令，人员机械执行操作指令，在U型水封补水后，未对煤气回收系统中存在的危险、有害因素进行分析和确认。普阳公司南坪炼钢分厂120吨转炉炼钢项目符合国家钢铁产业发展政策规定的准入标准，但不具备项目立项的前置条件，企业未经申报、立项违规建设。（2）三叶公司未按设计要求施工、违规作业。3号风机煤气管道施工完毕后，三叶公司违反《工业企业煤气安全规程》有关规定，没有对U型水封的管道、阀门、排水器等设备进行试验和检查；没有向普阳公司提交竣工说明书、竣工图以及验收申请，没有确认水封是否达到设计要求，没按图纸要求安装补水管路和逆止阀。未按《建设工程项目管理规范》实施管理，与项目建设单位责权不明，项目的实施过程未完全处于受控状态。（3）武安市政府有关部门、阳邑镇政府对普阳公司安全生产监管不力，履职不到位。阳邑镇政府未认真落实国家有关安全生产法律法规，对普阳公司安全生产工作监管不力，对普阳钢铁公司"1·4"事故瞒报没有及时发现。武安市政府有关部门：国土资源部门对普阳公司南坪钢厂违法占地行为制止不力；环保部门对普阳公司未经环评建设的项目，虽然下达了停止生产、罚款、补办相关环评手续等处理决定，但对企业逾期未停产，未按照有关规定向人民法院申请强制执行；发展和改革部门对普阳钢铁公司未经立项建设的项目，未按照国家发展改革委《企业投资项目核准暂行办法》（第19号令）的规定，会同有关部门对未申报擅自开工的项目予以制止，对企业投资项目监管不力；工业促进部门对"三定"方案的职责履行不到位；安全生产监督管理部门对普阳公司安全生产监管不力，对普阳钢铁公司"1·4"事故瞒报没有及时发现。这是一起企业违反项目建设有关规定开工建设，施工单位和企业未按相关安全管理规定施工、投运管理不到位而引发的重大生产安全责任事故。

责任追究：（1）对事故发生单位有关人员的处理。普阳公司移送司法机关、党纪处分和经济处罚的计15人，其中普阳公司法定代表人、董事长兼总经理、公司党委书记郭恩元，因涉嫌重大责任事故罪，依据《全国人民代表大会和地方各级人民代表大会代表法》规定，罢免其省、邯郸市和武安市三级人大代表资格，依据《刑法》第134条的规定，因涉嫌重大责任事故罪追究其刑事责任。（2）对事故发生单位的行政处罚。对普阳公司瞒报"1·4"事故行政处罚，根据《生产安全事故报告和调查处理条例》第36条第1项、第37条第3项规定，分别处以170万元、150万元，共计320万元的罚款；此外，该公司2009年至2010年1月3日期间共发生4起事故，死亡6人，全部瞒报，根据《生产安全事故报告和调查处理条例》第36条第1项、第37条第1项规定，对4起瞒报的事故分别处以110万元、15万元，共计500万元的罚款。对三叶公司也作出相应的行政处罚。（3）给予党政纪处分或组织处理的责任人员共13人，其中包括给予武安市政府副秘书长、武安市安全生产监督管理局局长行政记大过处分；给予武安市政府负责安全生产工作的副市长行政记过处分。

吸取事故教训，改进安全生产的措施：加强建设工程项目"三同时"管理；建立重大危险源监控机制，冶金企业要严格执行《工业企业煤气安全规程》《炼铁安全规程》和《炼钢安全规程》等标准规范，建全企业危险源和危险点台账，完善安全报警系统（如危险气体监测、报警及远程监控等），并对其进行有效监控。尤其要加强煤气生产、储存、输送、使用环节的安全管理，在煤气设施施工或检修作业前，绘制煤气管网图，制订文字性方案，采取可靠隔断措施；制定相关专业管理制度。冶金企业要根据国家有关规范，结合企业自身特点，制定相关专业的管理制度，加强交叉作业过程中的安全管理，制定并严格执行交叉作业方案，完善安全设备使用维护、生产操作等规程；提高应对突发事件的能力；加强对从业人员的安全教育和培训；严把项目准入关；进一步加强事故报告工作，加大对瞒报行为的责任追究力度，有效杜绝事故瞒报、迟报问题。

（七十四）河北抚宁县骊骅淀粉股份有限公司玉米淀粉粉尘爆炸事故

2010年2月24日15时58分，河北省秦皇岛市抚宁县骊骅淀粉股份有限公司（简称骊骅公司）淀粉四车间发生淀粉粉尘爆炸事故。事故发生时，现场共有107人。事故导致21人死亡（当场死亡19人，救治无效死亡2人），47人受伤（其中6人重伤），直接经济损失1773万元。

骊骅公司是农业产业化国家重点龙头企业，中国淀粉糖行业前20强企业、中国食品行业百强企业，是全国淀粉及淀粉糖行业中综合生产能力最大、经济效益最好的重点骨干企业之一。该公司总资产10亿元，有员工3330人。主要以玉米为原料进行深加工，加工能力为100万吨/年。公司主副产品广泛应用于医药、食品、化工、纺织、造纸、禽畜养殖等多个行业。事故厂房2000年建成，原设计功能为仓库。2008年将部分仓库改建为包装间。

2月23日20时至24日8时，淀粉四车间6号振动筛工作不正常、下料慢，怀疑筛网堵塞。24日凌晨，淀粉四车间工人曾进行了清理。24日9时，淀粉二车间派人清理三层平台和振动筛淀粉。11时左右恢复生产。11时40分左右，5号、6号振动筛再次堵塞。13时30分左右，淀粉二车间开始维修振动筛。同时，应淀粉二车间要求，淀粉四车间派4名工人到批号间与配电室房顶帮助清理淀粉。15时58分左右，5号振动筛修理完成，开始清理和维修6号振动筛，此时发生了爆炸事故。爆炸导致淀粉四车间的包装间北墙和仓库南、北、东三面围墙倒塌。仓库西端的房顶坍塌（约占仓库房顶三分之一）。淀粉四车间干燥车间和南侧毗邻糖三库房部分玻璃窗被震碎，窗框移位。四车间部分生产设备严重受损。厂房北侧两辆集装箱车和厂房南部的一辆集装箱车被砸毁。

事故直接原因：爆炸的点燃源为铁质工具与铁质构件或装置的机械撞击与摩擦所产生的火花。现场勘察和询问表明，作业人员在维修振动筛和清理淀粉过程中使用了铁质工具，包括铁质扳手、铁质钳子、铁锹和铁畚箕等。这些工具在使用中，发生撞击和摩擦时，可产生点燃玉米淀粉粉尘云的能量。在进行三层平台清理作业过程中产生粉尘云，局部粉尘云的浓度达到爆炸界限；维修振动筛和清理平台淀粉时，使用铁质工具，产生机械撞击和摩擦火花引起粉尘爆炸。包装间、仓库设备和地面淀粉积尘严重，是导致强烈的"二次爆炸"的直接原因。

事故间接原因：（1）生产管理不善。当5号、6号振动筛出现堵料故障时，没及时采取停止送料措施，造成振动筛处及其附近平台大量淀粉泄漏堆积。（2）未认真执行粉尘防爆安全国家标准。企业在安全生产管理中，未根据行业特点及存在的固有危险，贯彻执行《粮食加工、储运系统粉尘防爆安全规程》（GB 17440）、《粉尘防爆安全规程》（GB 15577）、《爆炸和火灾危险环境电力装置设计规范》（GB 50058）和《建筑设计防火规范》（GB 50016）等国家标准要求。（3）企业管理人员、技术人员和作业人员粉尘防爆知识欠缺，对粉尘爆炸危害认识不足。作业人员安全技能低，在淀粉清理和设备维修作业中违规操作。（4）事故厂房2000年建成，原设计功能为仓库。2008年公司将仓库西段北侧的24米×12米的区域改造为淀粉生产包装车间，改变了原仓库的性质，改造项目的设计对粉尘防爆考虑不完善，防火防爆措施、管理没有相应跟进。

事故教训：（1）防爆知识差。如果使用不产生火花的工具进行清理和维修作业，这次事故是可能避免的。（2）生产管理不善。如果现场不积累如此多的淀粉，这次事故也是可能避免的。（3）企业安全意识差。如果在现场进行这种严重违章作业时，企业领导、车间领导或在场作业人员有一人认识到可能产生的严重后果，阻止作业，这次事故也是可能避免的。（4）逃生知识缺乏。如果在场人员逃生意识更高一些、逃生技能更强一些，采取更恰当的逃生路线和逃生方法，死伤人员可能会少一些。（5）生产组织混乱。如果生产组织更科学严谨，减少现场工作人员，本次事故的伤亡有可能减少。（6）改造工程不规范。如果改造工程严格执行国家现行有关标准、规范和规定，重视粉尘防爆安全，后果如此严重的粉尘爆炸事故是可能避免的。（7）应加强对粉尘防爆标准的制定、宣贯和执行情况监督。

（七十五）山西华晋焦煤王家岭煤矿透水事故

2010年3月28日，华晋焦煤有限责任公司王家岭矿在基建施工中发生透水事故，井下153人受困。中共中央总书记胡锦涛、国务院总理温家宝迅即作出批示，要求全力以赴、排水救人。国务院副总理张德江到事故现场指导抢险救灾。国家安全监管总局、国家煤矿安监局和山西省迅速组织力量投入抢险。经八天八夜的全力抢救，被困人员中115人生还，38人在这次事故中死亡。事故直接经济损失 4937.29 万元。

王家岭矿地处山西省运城市河津市、临汾市乡宁县境内，为基建矿井，设计生产能力 600 万吨/年。该矿采用平硐—斜井开拓方式，设计分 2 个水平开采，按高瓦斯矿井设计。设计首采工作面为 20101 和 20102 两个综采工作面。该矿区范围内小窑开采历史悠久，事故发生前该矿井田内及相邻共有小煤矿 18 个。于2007 年 1 月 16 日开工。到事故发生之日，矿井一期工程已完成 98.3%；二期工程已完成 55%；三期工程的 20101、20102 采煤工作面等巷道已完成 23.1%，剩余工程量 9302 米。发生事故的首采工作面 20101 回风巷，于 2009 年 11 月 10 日开工，截至事故发生时已掘进 797.8 米。曾经采用直流电法、瑞雷波物探方法进行井下超前探水。

建设项目组织管理情况：（1）建设单位：华晋焦煤有限责任公司，由中国中煤能源集团有限公司和山西焦煤集团有限责任公司合资组建，各占 50% 股份。下设王家岭矿区建设指挥部负责建设工作。（2）施工单位：发生事故的王家岭矿碟子沟项目井巷工程由中煤能源集团下属的中煤建设集团有限公司第一建设公司第六十三工程处施工。（3）监理单位：北京康迪建设监理咨询有限公司，为中煤建设集团的全资子公司。具有房屋建筑工程监理甲级、矿山工程监理甲级资质。（4）设计单位：中煤西安设计公司，隶属于中煤建设集团，具有甲级设计资质。（5）井下物探项目单位：西安研究院，隶属于中国煤炭科工集团，资质等级为甲级。

事故直接原因：该矿 20101 回风巷掘进工作面附近小煤窑老空区积水情况未探明，且在发现透水征兆后未及时采取撤出井下作业人员等果断措施，掘进作业导致老空区积水透出，造成 +583.168 米标高以下的巷道被淹和人员伤亡。

事故间接原因：地质勘探程度不够，水文地质条件不清，未查明老窑采空区位置和范围、积水情况；水患排查治理不力，发现透水征兆后未采取有效措施；施工组织不合理，赶工期、抢进度；未对职工进行全员安全培训，对部分新到矿的职工未进行培训就安排上岗作业，部分特殊工种人员无证上岗。

责任追究：因涉嫌重大责任事故罪，移送司法机关追究刑事责任的 9 人，即建设指挥部工程技术部部长贾某、指挥部工程技术部地测和防治水工作组组长吴某，中煤一建六十三处副处长兼碟子沟项目部经理姜某、副经理张某、生产副经理曹某、安监站站长常某、地质水文负责人邹某，西安研究院电法勘探技术研究所职工（王家岭矿井巷工程二、三期巷道井下电法与瑞利波勘探项目现场技术负责人）王某，康迪监理公司王家岭矿项目监理处碟子沟项目监理部总监代表葛某。上级机关对负有管理领导责任的中煤一建六十三处碟子沟项目部党支部书记张某、六十三处处长周某、安监处处长王某、总工程师吕某、中煤一建总经理葛某、十处处长李某、安监局局长徐某、总工程师蒲某，康迪监理公司王家岭矿项目总监理刘某等30人，分别予以党纪政纪处分。此外，山西煤矿安全监察局依法对华晋焦煤公司处以罚款225万元，对中煤一建公司处以罚款210万元。责成山西省人民政府向国务院作出深刻书面检查，中煤能源集团公司向国务院国资委作出深刻书面检查。

（七十六）河南省伊川县国民煤业公司煤与瓦斯突出事故

2010年3月31日19时20分，河南省洛阳市伊川县国民煤业有限公司（简称国民煤业公司）井下21煤工作面回风巷施工过程中瓦斯突出，瓦斯逆风流从副井口涌出，遇火在地面发生爆炸。造成50人死亡，2人重伤，24人轻伤。

国民煤业公司位于河南省洛阳市伊川县半坡乡白窑村，2006年由半坡乡原白窑六矿和白窑十矿整合而成，属技术改造矿井，民营企业，法定代表人为王国政，矿长为李来申。事故发生时，该矿设计方案尚未批复，没有取得安全生产许可证和煤炭生产许可证。该矿设计生产能力15万吨/年，为煤与瓦斯突出矿井。矿井采用斜井开拓，单一水平开采，有三条井筒，主斜井采用强力带式输送机运煤，副斜井采用单钩串车提矸、下料。矿井通风方式为中央并列式，抽出式通风，主、副斜井进风，回风井回风。事故地点为二1煤1102工作面回风巷掘进工作面。该矿无视政府监管，长期非法违法组织生产。2008年11月15日，河南省政府要求全省范围内年产30万吨及以下矿井全部进行停工停产整顿，在停工停产整顿期间，所有矿井只允许通风、排水，每班入井人数不得超过5人，严禁从事任何形式的维修、作业活动。2009年4月7日，伊川县政府批准国民煤业公司进行隐患整改，要求当年11月底前完成整改工作并申请验收。2009年5月1日，该矿曾发生一起煤与瓦斯突出事故，死亡2人，并瞒报，被责令再次停工整顿。但该矿无视政府法令，擅自组织施工和生产，特别是自2010年3月，法定代表人王国政决定组织人员下井非法生产。事故发生前，在掘进过程中已发现瓦斯压力增大，工作面打钻时出现了瓦斯异常、煤炮、喷孔和卡钻等现象，但该矿未采取措施仍冒险安排工人在该工作面施工瓦斯排放钻孔。事故当班共安排112人入井作业，分布在11个作业地点（其中：采煤面2个，掘进面4个，维修点5个），从事采煤、掘进和维修。

事故发生后，由于矿长和伊川县政府派驻的驻矿安监员逃逸，地面存放有关下井人员资料的矿灯房被完全损毁，加之企业用工混乱，下井人数由包工头确定，企业没有统一的人员调度安排，没有花名册、工资册、职工档案、劳动合同等原因，严重影响了人员核查工作进度。

事故直接原因：该矿违法在二1煤1102回风巷工作面掘进，由于区域和局部综合防突措施不落实，在施工瓦斯排放钻孔时诱发煤与瓦斯突出；突出的瓦斯逆流至副斜井井口，遇明火发生爆炸，并引起瓦斯燃烧。

事故间接原因：（1）国民煤业公司违法组织施工和生产，综合防突措施不落实，安全生产管理混乱。（2）洛阳市煤炭工业局、安全生产监督管理局和伊川县煤炭工业局、安全生产监督管理局对该矿违法施工和生产的问题失察。（3）洛阳市国土资源局和伊川县国土资源局在该矿存在井筒越界的情况下上报审查同意意见，对该矿未按照技改设计方案将越界井筒调整回界内的问题失察。（4）伊川县公安局违规同意向国民煤业公司超量供应火工品，对该矿非法购买、使用火工品的问题失察。（5）伊川县电业局未按要求向有关部门报送国民煤业公司日用电情况。（6）半坡乡党委、乡政府对国民煤业公司监督检查流于形式，对乡政府分管领导和包矿、驻矿人员不认真履行职责的行为督促检查不到位，对该矿在停工整顿期间违法施工和生产的问题失察。（7）伊川县委、县政府贯彻落实河南省有关煤矿安全生产工作的要求不力，对有关部门和半坡乡党委、乡政府未认真履行职责的问题督促检查不到位。（8）洛阳市政府对伊川县及市级有关部门未认真履行职责的问题督促检查不到位。（9）河南煤矿安监局豫西监察分局在对国民煤业公司开展重点监察工作中，对该矿在停工整顿期间违法组织施工和生产的问题失察。事故还暴露出许多腐败问题。

责任追究：事故发生后，洛阳市委、市政府决定免去伊川县县长吴立刚、主管安全的副县长金纯超、半坡乡乡长郭明杰、半坡乡主管安全工作的副科级干部姜伟峰的职务。国务院事故调查组依照有关规定，提出了对77名事故责任人的处理意见。其中45名涉嫌犯罪的事故责任人被移送司法机关依法追究刑事责任，32名相关人员受到党纪、行政处分，同时责成河南省人民政府向国务院作出深刻检查。

吸取事故教训，改进煤矿安全生产措施：（1）持续严厉打击非法违法生产经营建设行为。（2）强化重组整合技改矿井管理。加大资源整合和兼并重组工作力度，按照安全质量标准化的要求，坚持高起点、高标准整合改造小煤矿，加强整合技改矿井的监督管理，对未履行相关手续的，一律不允许开工建设；对进入整合技改程序的，要严格按照设计施工，未经审批不得变更设计内容；严禁边技改边生产。（3）加强煤矿防突工作。明确防突责任，建立健全防突专业机构，制定防突技术方案和措施，强化区域防突工作，做到不掘突出头、不采突出面。（4）针对辖区煤矿安全生产突出问题和薄弱环节，加强联合执法，加大对重组整合技改矿井等建设项目的执法力度。对瞒报事故和事故后逃匿者，要依法从严从重处理。

（七十七） 河南省平顶山市卫东区兴东二矿井下火药爆炸事故

2010年6月21日1时40分许，河南省平顶山市卫东区兴东二矿井下发生炸药爆炸事故。事故发生时井下有作业人员75人，其中26人获救升井，49人死亡，26人受伤（其中9人重伤），直接经济损失1803万元。

兴东二矿于1996年11月筹建，采用两立井开拓方式，设计生产能力3万吨/年。1998年10月修改设计为三立井开拓方式，设计生产能力为6万吨/年。2000年10月工程完成，生产能力6万吨/年。2008年2月，被列入河南省"独立块段小煤矿，可以进行技改"的范围；8月，平顶山市煤炭工业局批复该矿技术改造初步设计，设计生产能力为9万吨/年。2009年3月底，主井落底；12月，井底车场、中央变电所、泵房、主要进回风巷完工。截至事故前，主井、副井大巷尚未贯通。

事故直接原因：该矿井下1号炸药存放点存放的非法私制硝铵炸药自燃后，引燃炸药存放点内木料及附近巷道内的塑料网、木支护材料、电缆等，产生高温气流和大量的一氧化碳等有毒有害气体，导致井下作业人员灼伤和中毒窒息伤亡。

事故间接原因：（1）非法违法组织生产。该矿已被河南省人民政府确定为关闭矿井，而且采矿许可证等证照已经过期，地方政府已责令其停产，并采取了断电措施。但该矿拒不执行停产指令，私自接通电源，继续违法组织生产。（2）违法违规私存炸药。该矿按规定本不应购置使用炸药，但该矿在井下违规储存炸药量高达2吨多，且存储在不具备储存火工品条件的巷道中。存储点无独立回风系统，致使发生爆炸后大量有毒有害气体扩散到井下其他巷道，导致现场作业人员中毒窒息死亡，造成事故扩大。（3）停产关闭措施不力。矿井停产、关闭工作不到位，政府及有关部门对已确定关闭的矿井，没有采取坚决果断措施，按照有关标准规定立即实施关闭并关实关死，要求其停产也没有真正停下来。（4）驻矿监管人员严重失职。地方政府驻矿、包矿人员玩忽职守，没有查处、制止该矿非法违法组织生产和违规购买、储存、使用炸药的违法行为。

责任追究：移送司法机关追究刑事责任34人，主要有：兴东二矿主井矿长刘某，主井总包工头程某，兴东二矿非法购买炸药的中间人郭某，兴东二矿主井投资人李某，兴东二矿名义矿长黄某，兴东二矿主井安全副矿长李某，以及卫东区地矿局副局长张某，卫东区委常委、统战部部长、区包矿领导余某，卫东区总工会主席、区包矿领导赵某，卫东区地矿局局长岳某等人。给予党纪、行政处分的32人，其中包括平顶山市人民政府市长李恩东予以降级、党内严重警告处分，平顶山市委书记赵顷霖予以党内严重警告处分，河南煤矿安监局豫南监察分局局长王佳英予以行政记大过处分。

吸取事故教训，防范同类事故再次发生的措施：（1）严厉打击非法违法生产行为。对有非法违法生产经营的单位，要严肃处罚，及时向社会公示曝光，该关闭的要依法关闭。充分利用行政、经济和法律手段，加大对非法违法生产行为相关责任的追究力度，依法严肃处理，构成犯罪的，要移交司法机关依法追究刑事责任。对弄虚作假、拒不执行停产指令、无证或证照不全非法开采的矿井要坚决依法及时予以关闭。（2）加强煤矿爆炸物品安全管理。煤矿要建立爆炸物品购买、储存、运输、使用各环节的安全管理制度和岗位责任制，并严格落实。严禁煤矿私自非法购买、使用爆炸物品。对整合关闭、停产整顿的矿井，要彻底查清其爆炸物品的来源及流向，严防矿主转移、藏匿爆炸物品引发祸端。对收缴的爆炸物品，要及时、全部予以安全销毁。（3）深入开展煤矿建设项目安全监察专项行动，完善小煤矿关闭措施，大力推进煤矿整顿关闭工作制度化、常态化。对不具备安全生产条件、不符合产业政策的煤矿，坚决依法实施关闭。对纳入关闭的矿井要坚决关死，对纳入整合的矿井要坚决管住。（4）严格落实煤矿安全生产主体责任。把安全生产制度、措施真正落实到每个班组、每个岗位。（5）强化煤矿安全监管监察。对整合技改、停产整顿和拟关闭的矿井，要加大监管检查执法力度。

（七十八）中石油大连石化公司大孤山新港码头的输油管线起火爆炸事故

2010年7月16日，中石油大连石化公司位于大连大孤山新港码头的一条输油管线发生起火爆炸事故。大火持续燃烧15个小时。1名作业人员失踪，消防战士张良在救火中牺牲。约有1500吨原油泄入海洋，受污染海域约430平方千米，其中重度污染海域约为12平方千米。直接经济损失约2.23亿元，救援费用8500万元，清理海洋环境污染费用超过11亿元。

2010年7月15日，新加坡太平洋油轮公司所属利比里亚籍"宇宙宝石"号30万吨级VLCC油轮在大连新港向国际储运公司原油罐区卸送中石油控股的中油燃料油股份有限公司委托中国联合石油有限责任公司进口的委内瑞拉祖阿塔原油15.3万吨，卸载入中国联合石油有限责任公司租赁的国际储运公司原油罐区304、401、403号罐。由于该原油硫化氢（H_2S）含量较高，中油燃料油股份有限公司委托天津辉盛达石化技术有限公司（简称辉盛达公司）负责加入原油脱硫剂作业。辉盛达公司委托上海祥诚商品检验技术服务有限公司大连分公司在国际储运公司原油罐区输油管道上进行现场作业。所添加的"HD-硫化氢脱除剂"原油脱硫剂由辉盛达公司生产。卸油作业于7月15日15时30分开始，在两条输油管道同时进行。7月15日20时，油轮开始用2号输油管线向国际储运公司的原油罐区卸送，祥诚公司作业人员开始通过原油罐区内一套内径90厘米输油管道上的排空阀向输油管道内注入脱硫剂。加剂过程中由于输油管内压力高，加注软管多处出现超压鼓泡，连接处脱落造成脱硫剂泄漏等情况，致使加注作业多次中断共计约4个小时，以致未能按计划在17小时卸油作业中加入全部的脱硫剂。7月16日13时，油轮进行原油洗舱集油作业，停止向岸上卸油并关闭船岸间控制阀。此时，中石油大连石化公司石油储运公司生产调度通知上海祥诚大连分公司经理"船上停止卸油了"，但注入脱硫剂的作业没有停止，又继续加入了22.6吨脱硫剂。18时，在注入了全部的88立方米脱硫剂后，现场作业人员用消防泵房（位于103号油罐东侧）内的消防水对脱硫剂管路和泵进行冲洗，冲洗液0.1吨直接经加剂口注入该输油管线。18时2分，靠近脱硫剂注入部位的输油管道突然发生爆炸，引发火灾，造成部分输油管道、附近储罐阀门、输油泵房和电力系统损坏和大量原油泄漏。事故导致储罐阀门无法及时关闭，火灾不断扩大。原油顺地下管沟流淌，形成地面流淌火，火势蔓延。

事故直接原因：油轮已暂停卸油作业的情况下，负责作业的公司违规继续向输油管道中注入含有强氧化剂的原油脱硫剂，造成输油管道内发生化学爆炸。

天津辉盛达石化技术有限公司的"HD-硫化氢脱除剂"由北京化工大学工业催化剂教研室某教师设计，配方为异丙醇10%、乙醇4.9%，双氧水85%，对苯二酚0.1%。双氧水含过氧化氢的浓度为50.73%，密度1.13。双氧水是主要的活性组分，其他组分起助溶和稳定作用。工作原理为原油中的硫化氢与过氧化氢反应，生成硫单质和水。7月16日18时前脱硫剂全部加入后，又使用消防泵房内的消防水（600千克）冲洗加剂泵和管路，冲洗液0.1吨注入了输油管道。由于消防水长期不用，存在铁锈，铁锈中的亚铁离子是过氧化氢分解的强催化剂。第一次爆炸发生在消防桥下2号输油管U型管东侧立管距地面1.4米处，为过氧化氢正反馈分解后产生的氧气、水蒸气的压力超过2号管壁10.3毫米的耐压极限3.98兆帕而发生物理爆炸。U型管东侧的水平输油管，由于油气外泄，空气涌入，随即发生了闪爆。输油管道破裂后，大量原油外泄，在火场的高温环境下，原油中的轻组分逸出并与空气混合达到了爆炸极限发生爆炸。如此重复。因此，火场上爆炸一阵接一阵，火焰高达50米。

事故间接原因：事故单位对所加入原油脱硫剂的安全可靠性没有进行科学论

证；原油脱硫剂的加入方法没有正规设计，没有对加注作业进行风险辨识，没有制定安全作业规程；原油接卸过程中安全管理存在漏洞。电力系统在事故中被损坏，应急和消防设施失效，罐区阀门无法关闭；港区内原油等危险化学品大型贮罐集中布置，是造成事故险象环生的重要因素。

责任追究：2013年8月，大连市中级人民法院对"7·16"特大事故案一审宣判，13名被告人因重大事故责任罪被判刑。其中：上海祥诚公司石化部经理戴某明知本公司不具备相关资质，违规承担加注硫化氢脱除剂业务，对现场工作人员违反安全管理规定的行为未加制止，判刑5年。天津辉盛达公司董事长张某甲在脱硫化氢试剂未经过安全生产监督管理部门审批的情况下，承担原油除硫处理业务，判刑4年。天津辉盛达公司总经理张某乙在硫化氢脱除剂没有得到相关许可的情况下，决定将该试剂投入生产并使用，判刑3年6个月。大连中石油国际储运公司运营管理部经理刘某没有对加注作业进行安全评价和风险评估，违规选定加注口。大连石化分公司的石油储运公司生产安全员张某丙没有到现场履行安全员职责，违反了安全生产管理制度，犯罪情节轻微，免予刑事处罚。

（七十九）江苏省南京市地下丙烯管道爆燃事故

2010年7月28日10时11分左右，江苏省扬州市鸿运建设配套工程有限公司在江苏省南京市栖霞区迈皋桥街道万寿村15号的原南京塑料四厂旧址的平整拆迁土地过程中，挖掘机挖穿了地下丙烯管道，丙烯泄漏后遇到明火发生爆燃。事故造成22人死亡，120人住院治疗，其中14人重伤。周边近2平方千米范围内的3000多户居民住房及部分商店玻璃、门窗不同程度破碎，建筑物外立面受损，少数钢架大棚坍塌。

这次事故中被挖掘机挖穿的地下丙烯管道于2002年投入使用，途径原南京塑料四厂旧址，管道直径159毫米，输送压力2.2兆帕，输送距离约5千米，用于金陵石化公司码头向南京金陵塑胶化工有限公司（该公司由江苏金浦集团控股）输送原料丙烯。该管道目前属于江苏金浦集团所有。事故发生时，该管道处于停输状态，管道内充满丙烯。原南京塑料四厂已于2005年停产，所在地块正由栖霞区迈皋桥街道办事处进行商业开发利用。鸿运公司议标后对该地块进行场地平整。7月28日9时30分左右，鸿运公司用的小型挖掘机械进行作业时挖穿了丙烯管道，造成大量液态丙烯泄漏。现场人员在撤离的同时并报警。10时11分左右，泄漏的丙烯遇到附近餐馆明火引起大面积爆燃。

事故发生的主要原因：施工安全管理缺失，鸿运公司组织的施工队伍盲目施工，挖穿地下丙烯管道，造成管道内存有的液态丙烯泄漏，泄漏的丙烯蒸发扩散后，遇到明火引发大范围空间爆炸，同时在管道泄漏点引发大火。

国务院安委会随后发布的通报指出：这起事故是继辽宁省大连中石油国际储运有限公司"7·16"输油管道爆炸火灾事故后，半个月内再次发生涉及危险化学品管道的重大生产安全事故，必须引起各地区、各有关部门和单位的高度重视和警觉。为切实加强涉及化学品输送管道的安全管理，全面加强危险化学品安全生产工作，现提出如下要求：（1）加强城镇地面开挖施工的安全管理。在组织项目施工前，要认真查阅有关资料，全面摸清项目涉及区域地下管道的分布和走向，制定可靠的保护措施。凡是涉及地下管道的施工项目，开始前施工项目管理单位要召集管道业主、施工和现场安全管理等有关单位，召开安全施工协调会，对安全施工作业职责分工提出明确要求。施工单位要严格按照安全施工要求进行作业，严禁在不明情况下，进行地面开挖作业。管道业主单位要对地下管道情况进行现场交底，并作出明确的标识，必要时在作业现场安排专人监护。规划、建设部门要建立和完善城镇地下管网档案资料，进行城镇规划时要加强对已有地下管道的保护和避让，确保地下化学品管道的安全。（2）切实加强化学品输送管道的安全生产工作。要按照《石油天然气管道保护法》的各项规定，及时清理管道保护范围内的违章建筑，严防管道占压。管道业主单位要对石油、天然气管道定期进行检测，加强日常巡线，发现隐患及时处置，确保石油、天然气管道及其附属设施的安全运行。有关企业要立即对所有的化学品输送管道进行一次全面的检查，完善化学品管道标志和警示标识，健全有关资料档案，要落实管理责任，对化学品管道定期检测、检查，发现问题和隐患及时处理。（3）切实加强高温雷雨季节危险化学品安全管理工作。以防泄漏、防火灾爆炸为重点，有针对性地持续开展隐患排查，强化夏季"四防"工作（防雷、防汛、防倒塌、防泄漏爆炸）。（4）切实提高危险化学品事故应急处置能力。健全和完善应急预案。建立健全重大危险源档案，加强对重大危险源的监控和管理。

（八十）黑龙江省伊春市华利实业公司烟花爆竹爆炸事故

2010年8月16日9时47分，黑龙江省伊春市华利实业有限公司（简称华利公司）发生特别重大烟花爆竹爆炸事故，造成37人死亡（其中3人失踪），152人受伤，直接经济损失6818.40万元。

华利公司成立于1994年6月15日，属于股份制公司，法定代表人金朝相，注册资金500万元，固定资产300万元。于2005年12月委托煤炭科学研究总院抚顺分院进行了安全评价；2006年3月15日取得了黑龙江省安全监管局颁发的安全生产许可证；2009 年 5 月 13 日换取了安全生产许可证，许可生产范围为 C 级烟花、爆竹类，有效期为 2009 年 3 月 15 日至 2012 年 3 月 14 日。华利公司还持有黑龙江省公安厅颁发的 C 级烟花爆竹燃放许可证。按照黑龙江省安全监管局的要求，烟花爆竹生产企业每年开工前应向省安全监管局申请复产验收。2010 年 4 月，华利公司在未申请复产验收的情况下，开始违规组织生产。6 月 11 日，黑龙江省安全监管局在对华利公司检查中，暂扣了该公司的安全生产许可证。

2010 年 8 月 16 日 9 时 47 分，华利公司工人在礼花弹装药工房进行礼花弹生产作业时引发爆炸，随后引起装药间和两个中转间的开包药、效果件、半成品爆炸，爆炸冲击波、抛射物体、燃烧星体又引起厂区其他部位陆续发生 9 次爆炸。爆炸冲击波、抛射物体、燃烧星体又引起厂区其他部位陆续爆炸和相邻泰桦公司等木制品企业着火。

事故直接原因：华利公司礼花弹合球工在生产礼花弹，进行合球挤压、敲实礼花弹球体时，操作不慎引发爆炸，随后引起装药间和两个中转间的开包药、效果件和半成品爆炸。

事故间接原因：（1）华利公司安全生产管理混乱，严重违法违规进行烟花爆竹市场经营活动，存在超许可范围生产礼花弹和 B 级以上组合烟花、超人员和超药量生产、企业内外部安全距离不够、擅自扩大生产区域并新建大量工（库）房、随意改变工房设计用途、生产工艺布置和建筑结构不符合国家标准等多项违法违规行为。（2）伊春市及乌马河区政府贯彻执行国家安全生产方针政策和法律法规不到位，黑龙江省、伊春市及乌马河区有关部门未认真履行安全监管职责，对华利公司长期存在的违法违规生产等问题监管不力，部分政府机关工作人员失职渎职。

责任追究：司法机关以违法制造爆炸物品罪、玩忽职守罪等，依法追究华利公司董事长兼总经理、副经理、烟花车间主任兼技术指导，以及伊春市安全监管局副调研员、危化科科长、伊春市乌马河区安全监管局局长、安全监管局科员等人刑事责任。

吸取事故教训，改进烟花爆竹安全监管措施：（1）提高对烟花爆竹安全生产工作重要性的认识，切实加强组织领导，进一步强化企业主体责任、部门监管责任和属地管理责任。（2）加强部门间信息沟通和协调配合，完善烟花爆竹企业安全监管制度，明确职责分工，做到安全监管工作无缝对接。（3）严格烟花爆竹生产经营安全许可审查。对企业的工厂布局、内外部安全距离、防护屏障、建筑结构、防火等级等不符合标准规范要求的，坚决不得予以许可。严格礼花弹的生产准入条件，严格监管产品流向和燃放活动。（4）切实落实企业安全生产主体责任。烟花爆竹企业要切实规范生产经营行为，加强企业内部日常检查，强化现场管理。（5）运用现代化技术手段强化烟花爆竹企业安全监管。（6）加强烟花爆竹安全评价等安全生产中介机构的管理。

（八十一）河南航空公司 B3130 客机伊春林都机场着陆坠毁事故

2010 年 8 月 24 日 21 时 38 分，河南航空有限公司一架 E190 机型 B3130 飞机，执行哈尔滨至伊春定期客运航班任务时，在黑龙江省伊春市林都机场进近着陆过程中坠毁。机上 44 人死亡，52 人受伤。直接经济损失 30891 万元。

事故发生后，总书记胡锦涛、总理温家宝批示要求全力抢救受伤人员，妥善处理善后，查明事故原因，举一反三，立即在全民航系统深入开展安全大检查，消除隐患，确保航空安全。副总理张德江即率交通运输部、国家安全监管总局、公安部、卫生部、民航局等有关部门负责人连夜赶赴事故现场，指导抢险救援、善后处理和事故调查工作。

事故直接原因：（1）机长违反河南航空《飞行运行总手册》的有关规定，在低于公司最低运行标准（根据河南航空有关规定，机长首次执行伊春机场飞行任务时能见度最低标准为 3600 米，事发前伊春机场管制员向飞行机组通报的能见度为 2800 米）的情况下，仍然实施进近。（2）飞行机组违反民航局《大型飞机公共航空运输承运人运行合格审定规则》的有关规定，在飞机进入辐射雾，未看见机场跑道、没有建立着陆所必需的目视参考的情况下，仍然穿越最低下降高度实施着陆。（3）飞行机组在飞机撞地前出现无线电高度语音提示，且未看见机场跑道的情况下，仍未采取复飞措施，继续盲目实施着陆，导致飞机撞地。

事故间接原因：（1）河南航空安全管理薄弱。飞行技术管理问题突出。飞行机组调配不合理，成员之间协调配合不好。采用替代方式进行乘务员应急培训，没有修改训练大纲并向民航河南监管局申报，违反了民航局《客舱训练设备和设施标准》和《关于合格证持有人使用非所属训练机构乘务员训练有关问题》等相关规定，影响了乘务员应急训练质量，难以保障乘务员的应急处置能力。（2）深圳航空对河南航空投入不足、管理不力。（3）有关民航管理机构监管不到位。民航河南监管局违反民航中南地区管理局相关规定，在河南航空未取得哈尔滨至伊春航线经营许可的情况下，审定同意该航线的运行许可，不了解、不掌握该航线的具体运行情况；对河南航空安全管理薄弱、安全投入不足、飞行技术管理薄弱等问题督促解决不到位。民航中南地区管理局对河南航空主运行基地变更补充运行合格审定把关不严。民航东北地区管理局在审批河南航空哈尔滨至伊春航线经营许可时，批复电报落款日期在前、领导签发日期在后，且未按规定告知民航黑龙江监管局等相关民航管理机构，向河南航空颁发哈尔滨至伊春"国内航线经营许可登记证"程序不规范。（4）民航中南地区空中交通管理局安全管理存在漏洞。

责任追究：经调查认定，河南航空有限公司黑龙江伊春"8·24"特别重大飞机坠毁事故是一起责任事故。对有关责任人员的处理：河南航空 E190 机型机长齐某某，未履行《民用航空法》关于机长法定职责的有关规定，违规操纵飞机低于最低运行标准实施进近，在飞机进入辐射雾，未看见机场跑道、没有建立着陆所必需的目视参考的情况下，穿越最低下降高度实施着陆，在撞地前出现无线电高度语音提示，且未看见机场跑道的情况下，仍未采取复飞措施，继续实施着陆，导致飞机撞地，对事故的发生负有直接责任；飞机撞地后，没有组织指挥旅客撤离，没有救助受伤人员，而是擅自撤离飞机。依法吊销其飞行驾驶员执照，给予开除公职、开除党籍的处分，依法追究其刑事责任。河南航空 E190 机型副驾驶朱某某，在最后进近阶段报错飞机高度/位置信息，在不能看见跑道的情况下飞机穿越最低下降高度并继续下降时，没有提醒机长保持最低下降高度平飞或复飞，对事故的发生负有直接责任。鉴于其已在事故中死亡，建议不再进行责任追究。其他 15 名负有相关责任的人员（包括河南航空运行控制中心经理、飞行技术管理部经理、飞行部经理、安全监察标准部经理、客舱部经理、总飞行师、副总经理、总经理，深圳航空副总裁兼河南航空董事长，深圳航空总裁，民航河南监管局飞标处处长，民航河南监管局副局长，民航中南地区管理局副局长，民航中南地区管理局飞标处处长，民航东北地区管理局运输管理处副处长，民航东北地区管理局局长等），都分别受到了追究和处理。

吸取事故教训，改进民航安全措施：（1）切实落实航空企业安全生产主体责任。河南航空作为具有运行合格证的独立承运人，要结合公司战略重组，充实注册资本，完善公司治理，加大安全生产投入，加强安全管理，确保公司安全运行。（2）加强飞行人员管理和机组资源管理。河南航空及各航空企业要按照有关法律法规和民航规章要求，严格执行机长放飞标准，切实加强对飞行人员法律法规和规章标准的教育，强化飞行人员安全责任意识，增强严格执行规章、标准和操作程序的自觉性，树立严谨细致的飞行作风；要进一步加强飞行技术管理，严格执行技术检查标准，严密实施日常飞行技术监控，针对技术检查和飞行运行中发现的问题，及时制定有效的改进措施，强化针对性训练，提高飞行操作水平；要加强机组资源管理，从机组搭配派遣开始实施控制，综合考虑机组人员技术能力及性格特点等因素，合理搭配机组力量，提高机组协调配合能力。（3）提高客舱乘务员应急处置能力。高度重视客舱乘务员应急处置能力的培养和提高。

要严格按照民航规章的要求配置客舱乘务员人数，严格按照民航规章和航空公司《客舱乘务员训练大纲》组织实施乘务员培训，完善培训教材，改进培训方法，确保培训机构设施设备及教员符合航空公司培训大纲的要求，切实保证乘务员的应急处置能力。（4）加大对航空企业安全生产的行政监管力度。（5）健全法规标准，完善管理制度，提高管理效能。进一步明确和细化对航空企业的经营许可和安全审定相关工作程序和专业规范，制定、完善相关规章制度，规范民航管理机构之间有关航线运行、经营许可的信息传递，加强安全监管队伍建设，充实安全监管力量，提高行业管理和安全监管的科学性和有效性。

（八十二）上海市静安区胶州路 728 居民住宅楼维修火灾事故

2010 年 11 月 15 日，上海市静安区胶州路 728 号公寓大楼在维修时因企业违规作业引发火灾事故，造成 58 人死亡，71 人受伤（其中 16 人重伤），建筑物过火面积 12000 平方米，直接经济损失 1.58 亿元。

该公寓大楼所在的胶州路教师公寓小区于 2010 年 9 月 24 日开始实施节能综合改造项目施工，建设单位为上海市静安区建设和交通委员会，总承包单位为上海市静安区建设总公司，设计单位为上海静安置业设计有限公司，监理单位为上海市静安建设工程监理有限公司。施工内容主要包括外立面搭设脚手架、外墙喷涂聚氨酯硬泡体保温材料、更换外窗等。上海市静安区建设总公司承接该工程后，将工程转包给其子公司上海佳艺建筑装饰工程公司，佳艺公司又将工程拆分成建筑保温、窗户改建、脚手架搭建、拆除窗户、外墙整修和门厅粉刷、线管整理等，分包给 7 家施工单位。其中上海亮迪化工科技有限公司出借资质给个体人员张利分包外墙保温工程，上海迪姆物业管理有限公司出借资质给个体人员支上邦和沈建丰合伙分包脚手架搭建工程。支上邦和沈建丰合伙借用迪姆公司资质承接脚手架搭建工程后，又进行了内部分工，其中支上邦负责胶州路 728 号公寓大楼的脚手架搭建，同时支上邦与沈建丰又将胶州路教师公寓小区三栋大楼脚手架搭建的电焊作业分包给个体人员沈建新。

事故直接原因：在胶州路 728 号公寓大楼节能综合改造项目施工过程中，施工人员违规在 10 层电梯前室北窗外进行电焊作业，电焊溅落的金属熔融物引燃下方 9 层位置脚手架防护平台上堆积的聚氨酯保温材料碎块、碎屑引发火灾。

事故间接原因：（1）建设单位、投标企业、招标代理机构相互串通、虚假招标和转包、违法分包。（2）工程项目施工组织管理混乱。（3）设计企业、监理机构工作失职。（4）上海市、静安区两级建设主管部门对工程项目监督管理缺失。（5）静安区公安消防机构对工程项目监督检查不到位。（6）静安区政府对工程项目组织实施工作领导不力。

责任追究：依照有关规定，司法机关和上级有关部门对 54 名事故责任人作出严肃处理，其中 26 名责任人被移送司法机关依法追究刑事责任，28 名责任人受到党纪、政纪处分。由上海市安全生产监督管理局对事故相关单位按法律规定的上限给予经济处罚。国务院在关于事故调查报告的批复中，责成上海市人民政府和市长韩正分别向国务院作出深刻检查。

吸取事故教训，防范火灾事故的措施：（1）进一步加大工程建设领域突出问题专项治理力度。严禁越权审批和未批先建的行为。坚决查处工程建设领域违纪违法案件，深挖细查事故背后的腐败问题。（2）进一步严格落实建设工程施工现场消防安全责任制。加强对动火作业的审批和监管，严把进场材料的质量关，进一步规范对进场材料的抽样复验程序，制定切实可行的初期火灾扑救及人员疏散预案，定期组织消防演练，保障施工现场消防安全。施工单位要在施工组织设计中编制消防安全技术措施和专项施工方案，并由专职安全管理人员进行现场监督，施工现场配备必要的消防设施和灭火器材，电焊、气焊、电工等特种作业人员必须持证上岗。（3）进一步加强建设工程及施工现场的监督管理。严厉查处将工程肢解发包、非法转包、违法分包以及降低施工质量和安全要求的行为，要将消防安全列入施工现场安全监督检查的重要内容，督促企业做好防火工作。将施工期间有人员居住、经营或办公的建筑改、扩建工程，特别是规模较大、易发生人员群死群伤的建筑工程，纳入重点消防监管的范围，加强监督检查，对于消防安全责任制不落实、不满足消防安全条件的要依法督促整改。（4）进一步完善建筑节能保温系统防火技术标准及施工安全措施。研究完善有关建筑节能保温系统防火技术标准，规定不同材料构成的节能保温系统的应用范围以及采用可燃材料构成的节能保温系统的防火构造措施，以从根本上解决建筑节能保温系统的防火安全问题。（5）进一步深入开展消防安全宣传教育培训。（6）进一步加强消防装备建设。按照《城市消防站建设标准》的要求，增置扑救高层建筑外部火灾的装备，增强城市高层建筑及超高层建筑的扑救和应急救援能力。

（八十三）山东省威海市交通运输集团公司卧铺客车在京珠高速公路河南信阳境内燃烧事故

2011 年 7 月 22 日 3 时 43 分，山东省威海市交通运输集团一辆号牌为"鲁K-08596"的宇通牌卧铺客车，由威海开往长沙途中，在京珠高速公路 938 千米处的河南省信阳市境内，车辆后部突然起火并迅速燃烧，造成 41 人死亡，6 人受伤，直接经济损失 2342.06 万元。

　　"鲁 K08596"卧铺客车核载 35 人，发生事故时实载 47 人。2007 年 4 月 26 日在山东省威海市交警支队办理注册登记，机动车所有人为山东省威海市交通运输集团有限公司，车辆使用性质为公路客运，检验有效期至 2012 年 4 月。道路客运班线经营行政许可决定书编号为"鲁运客班〔2008〕K001 号"，批准的运营线路为烟威高速、烟青高速、潍莱高速、青银高速、京福高速、沪瑞高速、京珠高速，沿途无停靠站点。

　　2011 年 7 月 21 日 10 时 7 分，事故客车从威海交运集团客运二分公司停车场出发前往湖南省长沙市，班线全长共计 1773 千米，至事故发生时已行驶 1254 千米，用时 17 小时 40 分钟。车辆发车前报班时，车上只有驾驶员孙常芹、邹建洲和实际管理者李刚等 3 人，且驾驶员邹建洲提供的"客运班车驾驶员即时驾驶证明"显示不是本车驾驶员，不符合单程 800 千米以上线路配备 3 名驾驶员的公司规定。因此，汽车站报班员要求车辆完备相关手续后再报班。但是，该车此后并未按照公司规定采取相关措施，也未再报班就直接出发了。10 时 17 分，驾驶员孙常芹将车开到位于威海火车站北 100 米处的威海市长峰基础公司院内，装载 10 箱偶氮二异庚腈和其他乘车人员。11 时 12 分，该车行至威海汽车站安检补票签章处附近停车上客，后经烟威高速离开威海，并沿烟威高速、204 国道、潍莱高速、青银高速、济广高速、日南高速、京珠高速路线方向行驶。17 时 40 分，该车行驶至青银高速和临淄至齐都公路立交桥时，装载另外 5 箱偶氮二异庚腈。车辆行驶过程中，在沿途多地上下旅客、装卸货物，在山东省邹平县境内开始超员，最后一次上客是在山东省菏泽市。23 时 27 分，事故客车从日南高速公路豫鲁收费站进入河南省境内。7 月 22 日 3 时 10 分，事故客车在京珠高速公路确山服务区停车，车辆换由邹建洲驾驶。3 时 43 分，当事故客车（实载 47 人）行驶至京珠高速公路河南省信阳市境内 938 千米+115 米处时，突然发生爆燃，客车继续前行 145 米至京珠高速公路 938 千米+260 米处，与道路中央隔离护栏剐蹭碰撞后停车。

　　事故直接原因："鲁 K08596"大型卧铺客车违规运输 15 箱共 300 千克危险化学品偶氮二异庚腈并堆放在客车舱后部，偶氮二异庚腈在挤压、摩擦、发动机放热等综合因素作用下受热分解并发生爆燃。

　　事故间接原因：（1）威海交运集团及其客运二分公司、威海汽车站客运安全管理混乱。①威海交运集团客运二分公司安全生产工作以包代管，与事故车辆承包人签订的《营运客车承包经营合同》中含有"途中上客由乙方（承包人）自售自收"的条款，默许事故车辆长期违规站外经营；未研究解决公司行车路单发放制度和车辆请假管理制度不健全等问题；未排查治理事故车辆长期不进站报班发车、不按规定班次线路行驶以及违规站外上客、人员超载、违规载货等安全隐患。②威海汽车站安全管理责任不落实，未认真核实事故车辆长期请假脱班的情况；发现事故车辆报班手续不全时，未按规定扣留该车进站证；发现事故车辆未按时到达发车位时，未按规定核实原因。③威海交运集团未认真开展客运管理和安全隐患排查治理纠正工作；未纠正《营运客车承包经营合同》中的违规条款；未发现和治理解决事故车辆长期不进站报班发车、不按规定班次线路行驶、违规站外上客、人员超载、违规载货等安全隐患和问题。（2）威海市交通运输管理部门组织开展客运市场管理和监督检查工作不到位。①威海市道路运输管理处指导和监督客运行业管理工作不到位，对威海交运集团长期存在客运班车不进站报班发车、不按规定班次线路行驶、违规站外上客载货等安全隐患监管不到位。②威海市交通运输局组织开展道路运输安全管理工作不到位，对威海市道路运输管理处履行职责的情况监督检查不到位。（3）佳泽公司和汇昌公司危险化学品安全管理混乱。佳泽公司和汇昌公司未认真执行危险化学品安全生产管理制度，多次违规运输危险化学品；销售的偶氮二异庚腈没有化学品安全技术说明书，产品外包装也未按规定加贴或者拴挂化学品安全标签，不符合危险化学品包装标识的要求。（4）淄博市安全监管部门组织开展危险化学品安全生产监督检查工作不到位。临淄区安全监管局指导和监督危险化学品安全生产工作不力，未发现和解决佳泽公司生产、汇昌公司销售的偶氮二异庚腈存在不具备化学品安全技术说明书和安全标签等安全隐患问题；淄博市安全监管局指导和监督危险化学品安全生产工作不到位，对临淄区安全监管局履行职责的情况监督检查不到位。（5）淄博市质量技术监督管理部门组织开展危险化学品产品质量监督检查工作不到位。淄博市质量技术监督局临淄分局组织开展危险化学品产品质量监督检查工作不到位，未发现和解决佳泽公司生产、汇昌公司销售的偶氮二异庚腈存在产品包装不符合相关标准规范的隐患问题；组织开展危险化学品产品质量监督检查工作不得力，对临淄分局履行职责的情况监督检查不到位。（6）山东省公安厅交警总队高速公路交警支队青州大队、河南省开封市公安局交警支队高速公路交警支队组织开展高速公路交通安全执法工作不到位。山东省公安厅交警总队高速公路交警支队青州大队组织开展高速公路交通安全执法工作不到位，未发现和解决事故车辆在青银高速公路青州段违法停车装载偶氮二异庚腈的问题。河南省开封市公安局交警支队高速公路交警支队组织开展高速公路交通安全执法工作不到位，在豫鲁收费站交通安全服务站开展客运车辆检查时存在漏检事故车辆的问题。（7）淄博市临淄区人民政府及其辛店街道办事处贯彻落实国家有关危险化学品安全管理的法律法规不到位，对有关监管部门履行职责的情况督促检查不到位。

责任追究：司法机关以涉嫌危险物品肇事罪依法追究了汇昌公司和佳泽公司控股股东（实际控制人）杨某、佳泽公司法定代表人王某、威海交运集团客运二分公司"鲁 K08596"卧铺客车承包人王某、卧铺客车驾驶人邹某，以及威海交运集团客运二分公司经理刘某、副经理赵某、安全科长李某等人的刑事责任。上级机关对负有管理、领导责任的威海交运集团客运二分公司副经理姜某、运务科科长丛某，威海交运集团威海汽车站站长谷某、副站长周某、客运办主任刘某，威海交运集团董事长刘某、总经理于某、副总经理梁某、安全总监兼安全机务处处长周某，威海市道路运输管理处驻威海汽车站客运管理办公室主任孙某，威海市道路运输管理处副处长刘某、客运管理科副科长（主持工作）王某，威海市交通运输局局长连某、副局长祝某，淄博市临淄区辛店街道办事处安监站站长于某、二中队队长潘某，淄博市临淄区安全监管局局长郑某、副局长王某、安全生产监察支队支队长高某，淄博市质量技术监督局临淄分局局长曾某、副局长王某、稽查队队长刁某，淄博市临淄区副区长许某，山东省公安厅交警总队高速公路交警支队青州大队大队长高某，河南省开封市公安局交警支队高速公路交警支队二大队大队长商某等，予以党纪政纪处分。

事故防范和整改措施：（1）落实道路客运企业安全生产主体责任。配备安全检查人员，认真履行"三关一监督"工作职责，严查无证经营、不进站经营、不按班线行驶等扰乱客运市场经营秩序的行为。对不具备安全运营条件、安全管理混乱、存在重大安全隐患的客运企业，要依法责令停业整顿。（2）加强客运班线集中、交通事故多发等路段的巡逻管控，严查客运车辆超员、超速、疲劳驾驶、不按规定车道行驶、违法超车等交通违法行为，落实客运车辆交通违法信息抄告和转递制度。（3）加强危险化学品的安全管理。落实《危险化学品安全管理条例》加强危险化学品在生产、储存、使用、经营、运输等各个环节的安全监管。（4）加强对企业从业人员的安全培训教育。加强对企业从业人员的技能培训，组织从业人员参加专项安全学习和岗位培训，落实从业人员资格准入制度，提高从业人员的整体素质和水平。要以客货运驾驶人、危险化学品运输驾驶人为重点，建立交通安全信息手机短信发布平台，及时通报重特大道路交通事故，警示安全隐患，发布提示、服务信息，提高驾驶人的安全意识。（5）进一步积极研究推行提升道路客运安全的政策标准。研究和修订道路客运安全相关政策标准，提高营运车辆准入安全门槛，增加客运车辆尤其是卧铺客车的安全配置要求，逐步淘汰安全性能低的道路客运车型。同时，要严格客运线路审批和监管，加强客运班线途经道路安全适应性的评估，合理确定营运线路、车型和时段，严格控制 1000 千米以上的长途客运班线；进一步加强对卧铺客车的安全监管，研究卧铺客车强制安装车载视频装置等措施。此外，有关部门和单位应开展法律政策研究，督促运输企业严格执行《劳动法》等有关规定，从源头上解决疲劳驾驶问题。

（八十四）甬温铁路 D3115 次与 D301 次动车组列车追尾事故

2011 年 7 月 23 日 20 时 30 分 5 秒，由北京南站开往福州站的 D301 次列车与杭州站开往福州南站的 D3115 次列车在甬温线浙江省温州市境内发生追尾事故。D3115 次列车第 15、16 位车辆脱轨，D301 次列车第 1 至 5 位车辆脱轨（其中第2、3 位车辆坠落瓯江特大桥下，第 4 位车辆悬空，第 1 位车辆除走行部之外车头及车体散落桥下；第 1 位车辆走行部压在 D3115 次列车第 16 位车辆前半部，第 5 位车辆部分压在 D3115 次列车第 16 位车辆后半部），动车组车辆报废 7 辆、大破 2 辆、中破 5 辆、轻微小破 15 辆，事故路段接触网塌网损坏、中断上下行线行车 32 小时 35 分。事故造成 40 人死亡，其中旅客 37 人、司乘人员 3 人（男性 25 人、女性 15 人；当场死亡 25 人、送医院途中死亡 13 人、医治无效死亡 2人）；172 人受伤，其中旅客 169 人、司乘人员 3 人（男性 94 人、女性 78 人）。直接经济损失 19371.65 万元。

事故发生后，总书记胡锦涛、总理温家宝等中央领导作出指示。副总理张德江率有关方面负责人紧急赶赴事故现场，指导抢险救援、伤员救治、善后处理和事故调查工作。国务院第 165 次、第 167 次常务会议专题研究事故调查处理和铁路安全工作。7 月 25 日成立了国务院"7·23"甬温线特别重大铁路交通事故调查组，8 月 10 日国务院第 167 次常务会议决定对事故调查组进行充实和加强。

经调查认定，这是一起因列控中心设备存在严重设计缺陷、上道使用审查把关不严、雷击导致设备故障后应急处置不力等因素造成的责任事故。

事故直接原因：通号集团所属通号设计院在 LKD2-T1 型列控中心设备研发中管理混乱，通号集团作为甬温线通信信号集成总承包商履行职责不力，致使为甬温线温州南站提供的 LKD2-T1 型列控中心设备存在严重设计缺陷和重大安全隐患。铁道部在 LKD2-T1 型列控中心设备招投标、技术审查、上道使用等方面违规操作、把关不严，致使其在温州南站上道使用。当温州南站列控中心采集驱动单元采集电路电源回路中保险管 F2 遭雷击熔断后，采集数据不再更新，错误地控制轨道电路发码及信号显示，使行车处于不安全状态。雷击也造成 5829AG 轨道电路发送器与列控中心通信故障。使从永嘉站出发驶向温州南站的 D3115 次列车超速防护系统自动制动，在 5829AG 区段内停车。由于轨道电路发码异常，导致其三次转目视行车模式起车受阻，7 分 40 秒后才转为目视行车模式以低于 20 千米/小时的速度向温州南站缓慢行驶，未能及时驶出 5829 闭塞分区。因温州南站列控中心未能采集到前行 D3115 次列车在 5829AG 区段的占用状态信息，使温州南站列控中心管辖的 5829 闭塞分区及后续两个闭塞分区防护信号错误地显示绿灯，向 D301 次列车发送无车占用码，导致 D301 次列车驶向 D3115 次列车并发生追尾。上海铁路局有关作业人员安全意识不强，在设备故障发生后，未认真正确地履行职责，故障处置工作不得力，未能起到可能避免事故发生或减轻事故损失的作用。

事故间接原因（事故暴露出各有关方面存在的问题）：（1）通号集团及其下属单位在列控产品研发和质量管理上存在严重问题。该集团所属通号设计院研发的 LKD2-T1 型列控中心设备设计存在严重缺陷，设备故障后未导向安全。通号集团履行合武线、甬温线通信信号集成总承包商职责不力，未按照职责要求提供安全可靠的列控中心设备。未认真贯彻执行国家关于产品质量方面的法律法规和规章、制度、标准；对通号设计院的科研质量管理工作监管不到位。通号设计院决定研发 LKD1-T 型列控中心设备升级平台不慎重，对列控中心设备研发设计审查不严，未能发现设备存在的严重设计缺陷和重大安全隐患。通号设计院列控所草率研发 LKD2-T1 型列控中心设备，列控中心设备研发工作管理混乱，违反程序开展 LKD2-T1 型列控中心设备研发工作。未对列控中心设备特别是 PIO 板开展全面评审，也未进行单板故障测试，未能查出列控中心设备在故障情况下不能实现导向安全的严重设计缺陷。（2）铁道部及其相关司局（机构）在设备招投标、技术审查、上道使用上存在问题。铁道部执行基本建设程序不规范、不认真，在铁路建设中抢工期、赶进度，片面追求工程建设速度，对安全重视不够，事故应急预案和应急机制不完善；铁路客运专线系统集成工作管理不力，规章制度和标准不健全。运输局客运专线技术部对合宁、合武、甬温铁路客运专线列控中心设备招标投标工作审查把关不严，跟踪督促合肥站列控中心设备设计比选工作不力。运输局基础部信号新产品上道使用管理存在漏洞，对 LKD2-T1 型列控中心设备上道审查把关不严，违规同意合武线全线改用 LKD2-T1 型列控中心设备。科学技术司未制定明确规范的技术审查规定，对 LKD2-T1 型列控中心设备进行了无依据、不规范的技术预审，违规同意 LKD2-T1 型列控中心设备在合宁、合武线试验和上道使用。会同运输局基础部、客运专线技术部印发文件，同意 LKD2-T1 型列控中心设备"在合宁、合武客运专线工程现场试验和上道使用的过程中，不断完善系统功能"，客观上对仅通过技术预审查的 LKD2-T1 型列控中心设备在甬温铁路上道使用提供了依据。（3）上海铁路局及其下属单位在安全和作业管理及故障处置上存在问题。上海铁路局安全生产责任制不落实，安全基础管理薄弱，执行应急管理规章制度、作业标准不严不细，对职工安全教育培训不力；相关单位（部门）安全管理不力，对职工履行岗位职责和遵章守规情况监督检查不到位；相关作业人员安全意识不强，在设备故障发生后，没有及时采取有效措施，未能起到可能避免事故发生或减轻事故损失的作用；上海铁路局有关负责人在事故抢险救援中指挥不妥当、处置不周全。调度所行车管理、应急处置不力，值班负责人对有可能影响行车安全的突发情况处置不及时、处置措施不得力，对列车调度员没有及时提醒 D301 次列车司机的问题监控检查不力。宁波车务段温州南站职工岗位责任制不落实，行车组织管理存在薄弱环节。杭州电务段温州车间和瓯海工区安全基础管理薄弱，组织开展职工安全教育培训不力。温州南线路工区有关人员未按照《铁路客运专线技术管理办法（试行）》相关规定，向列车调度员申请上道检查的调度命令，擅自打开防护网通道门上道检查作业。

责任追究：通号集团总经理、通号股份董事长马骋对事故的发生负有主要领导责任，因病去世，免于追究。铁道部原部长、党组书记刘志军，擅自将甬温铁路项目批复的设计标准由 200 千米/小时提高到 250 千米/小时，片面追求铁路工程建设速度而忽视安全管理，盲目确定开通时间，压缩建设工期，致使甬温铁路的质量安全检测、验收、评定、评估等工作中产生一系列违规操作和不规范行为，对事故的发生负有主要领导责任，鉴于其涉嫌严重经济问题，另案一并处理。铁道部原副总工程师、运输局局长张曙光，作为时任铁道部客运专线系统集成办公室副主任、技术系统集成项目组组长和运输局局长，对系统集成办公室和运输局工作领导不力，对事故发生负有主要领导责任，鉴于其涉嫌严重经济问题，另案一并处理。此外，对负有管理领导责任的铁道部副部长陆东福，铁道部科学技术司司长季学胜，广州铁路（集团）公司董事长徐啸明，铁道部总工程师何华武，铁道部安全总监兼副总工程师耿志修，京福铁路（安徽）公司总经理、党工委书记兼上海铁路局副局长张骥翼，铁道部运输局基础部副主任刘朝英和覃燕等 51 人，分别予以党纪政纪处分。其他直接责任人由司法机关依法追究刑事责任。

吸取事故教训，改进铁路安全措施：（1）深入贯彻落实科学发展观，牢固树立以人为本、安全发展的理念。（2）切实加强高铁技术设备制造企业研发工作的管理。切实做到产品设计、研发、生产、测试、检验、调试等过程严谨，审查和测试调试精心严密，缺陷和安全隐患解决及时到位，产品技术性能安全可靠。（3）健全完善高铁安全运行的规章制度和标准。认真研究制定提出新技术、新产品、新设备、新系统的技术标准和各项规章、制度。认真把握高铁建设和运营中的客观规律，吸取事故教训，总结成功做法和经验，并将其提炼上升固化为规章、制度、标准并严格遵循，确保在设备安全性能得到充分检验验证前，适当提高安全冗余度。（4）强化高铁技术设备研发管理。适应信息化条件下高新技术、装备在高铁应用的系统性、复杂性、特殊性的要求，会同有关部门，在建立完善、科学、持续、开放的高铁技术自主创新系统，集结和整合相关资源，集中力量大力开展高铁安全基础理论研究、重大安全科研项目攻关、推广先进适用技术的基础上，大力加强对高铁技术设备研发的监督管理。（5）切实严把高铁技术设备安全准入关。铁道部要会同有关部门进一步严格规范高铁技术设备的安全准入条件和程序，严格执行高铁技术设备生产的安全许可制度，全面提高高铁技术设备质量，凡涉及高铁列车运行安全的技术设备特别是新技术、新设备、新产品、新系统均应通过充分的检验测试和试运行考验再正式推广使用。（6）切实强化高铁运输安全管理和职工教育培训。（7）加强铁路安全生产应急管理。深入研究、进一步改进现有高速铁路信号系统的技术标准与体系结构，加强设备故障情况下的安全防护及冗余措施，充分利用现代科学技术，研究设计高铁设备故障自动监测分析系统，提升对设备故障条件下的应急处置能力，正确、及时、果断地处置列车运行过程中出现的非正常情况。充分利用相关雷电监测系统，认真统计分析高铁沿线历史雷击数据，立项并全面研究高铁系统包括站点的强电、弱电设备及接触网系统的防雷保护，有针对性地开展防雷风险评估，进一步修订和完善提升高铁对雷电的设防标准，切实提高高铁的雷电防护能力，并要做好防震、防泥石流、防山体滑坡、防洪等工作。（8）加强高铁规划布局和统筹发展工作。

（八十五）　四川省攀枝花市西区正金工贸有限责任公司肖家湾煤矿瓦斯爆炸事故

2012年8月29日17时38分，四川省攀枝花市西区正金工贸有限责任公司（简称正金公司）肖家湾煤矿发生特别重大瓦斯爆炸事故，造成48人死亡，54人受伤（其中17人重伤），直接经济损失4980万元。

肖家湾煤矿属攀枝花市西区大宝鼎街道办事处管辖，为资源整合矿井，设计年生产能力为9万吨，采用平硐开拓方式，分为主平硐、辅助平硐和回风井。该矿为低瓦斯矿井，煤层不易自燃，煤尘无爆炸危险性。自2011年至发生事故前，该矿在验收批准的开采区域仅生产煤炭1.43万吨，而在非法违法区域的产煤量达21.14万吨。事故发生时，该矿在批准开采区域外的主平硐+1277米标高以下和辅助平硐+1327米标高以下的17个煤层中共布置41个非法采掘作业点。4个采煤队在该区域内采用非正规采煤方法，以掘代采、乱采滥挖。经查，非法违法开采区域有9个煤层不在采矿许可证批准的煤层范围内，在平面范围内巷道越界257米。为了隐瞒非法违法开采区域的情况，该矿逃避政府及有关部门检查，采取伪造报表、记录等原始资料和在井下巷道打密闭的方式对付检查。该矿非法违法开采区域的巷道实际情况仅由测量人员和正金公司总经理掌握，没有绘制图纸。在有关部门检查前，如果预先接到通知，就安排各采煤队提前对所采区域共9处巷道进行密闭；如果面临突然检查，就利用检查人员在地面看图纸资料和做下井准备的间隙，由矿长或副矿长通知各采煤队分别对所采区域的巷道进行突击密闭。该矿采取活动式伪装密闭，伪装外表与巷道形式、形状一致，隐瞒非法违法生产真相，蓄意逃避监管。该矿没有一张能反映井下真实情况的图纸，如"迷宫"般地乱采滥挖，冒险蛮干。

事故直接原因：肖家湾煤矿非法违法开采区域的10号煤层提升下山采掘作业点和+1220米平巷下部8号、9号煤层部分采掘作业点无风微风作业，瓦斯积聚达到爆炸浓度；10号煤层提升下山采掘作业点提升绞车信号装置失爆，操作时产生电火花、引爆瓦斯；在爆炸冲击波高温作用下，+1220米平巷下部8号和9号煤层部分采掘作业点积聚的瓦斯发生二次爆炸，造成事故扩大。

肖家湾煤矿存在的问题：（1）非法违法组织生产，超层越界非法采矿。该矿在批复区域外组织4个采煤队乱采滥挖、超层越界非法采矿，非法采煤量达21.14万吨，且采用突击临时封闭巷道的办法，隐瞒非法开采区域的真相，逃避政府及有关部门的监管。（2）超能力、超定员、超强度生产。该矿在非法违法区域布置多煤层、多头面同时作业，矿井设计生产能力9万吨/年，而2011年实际产量为14.17万吨，2012年3—7月为8.4万吨；矿井设计定员为274人，而事故发生时共有职工753人，其中从事采掘作业的职工共计661人。（3）非法违法区域通风管理混乱。没有形成稳定可靠的通风系统，采用局部通风机供风，经常发生停电停风现象，并存在一台风机向多头面供风的问题；采掘作业点之间形成大串联，存在循环风，还与周边矿井联通，造成风量不足，部分采掘作业点无风微风作业；没有安装瓦斯监控传感器，在瓦斯超限时不能报警、断电，且瓦斯检查制度不落实。（4）技术管理缺失。该矿技术资料缺乏，+1277米标高以下非法违法区域无开采设计、无作业规程、无安全技术措施，且没有与实际开采情况相符的图纸。（5）现场管理混乱。发生事故后难以核清井下实际人数；不执行矿领导带班下井制度，事故当班没有矿领导入井带班。

地方安全生产监督管理部门存在的问题：（1）攀枝花市西区安全生产监督

管理局履行安全监管和煤炭行业管理职责不力，开展打击煤矿非法违法生产经营建设行为工作流于形式，对肖家湾煤矿监督检查走过场。（2）攀枝花市安全生产监督管理局履行煤矿安全生产监督管理和煤炭行业管理职责不到位，组织开展煤矿"打非治违"和日常监督检查工作不力。

国土资源管理部门存在的问题：（1）攀枝花市国土资源局西区国土资源所未组织开展对辖区内煤矿井下违法问题的监督工作，未发现肖家湾煤矿长期存在的超层越界非法采矿行为。（2）攀枝花市国土资源局西区分局开展矿产资源开发利用和保护工作不力，未发现2011年以来肖家湾煤矿长期存在超层越界非法采矿的问题。（3）攀枝花市国土资源局未正确履行矿产资源监督管理职能，组织开展矿产资源领域"打非治违"工作不力，对辖区内煤矿存在的超层越界非法采矿问题失察；对本局有关处室和西区国土资源分局矿产资源监管工作督促、检查不到位。

地方公安机关存在的问题：攀枝花市公安局西区分局及分局治安大队、宝鼎派出所未正确履行民用爆炸物品安全管理职能，对肖家湾煤矿申请的火工品数量审查把关不严。宝鼎派出所未督促该矿建立爆破员爆破工作日志制度。攀枝花市公安局西区分局指导治安大队和宝鼎派出所开展民用爆炸物品安全管理工作不到位。事故发生后，攀枝花市公安局西区分局对被控制对象兰明才看管不严，致其跳楼自杀，严重影响了事故调查工作。

地方党委、政府存在的问题：（1）大宝鼎街道党工委和办事处贯彻落实上级党委、政府关于煤矿安全生产工作的部署和要求不力。（2）攀枝花市西区区委、区政府组织开展煤矿"打非治违"工作不深入，多次组织检查均未发现肖家湾煤矿长期在批复区域外非法违法生产、非法采矿等问题。（3）攀枝花市政府贯彻落实国家有关煤矿安全生产法律法规不到位，对所辖西区政府及市政府有关职能部门煤矿安全生产监管工作督促指导不到位。

煤矿安全监察机构存在的问题：四川煤矿安全监察局攀西监察分局开展辖区内煤矿安全监察工作不力，在检查肖家湾煤矿时，未认真核查该矿实际生产状况，未发现其长期在批复区域外非法违法生产、非法采矿和超能力、超定员、超强度生产等问题。

责任追究：攀枝花市正金公司实际控制人兰某自杀身亡，不再追究其责任。司法机关以涉嫌重大责任事故罪、非法采矿罪等，依法追究了正金公司法定代表人、正金公司总经理、工程师、副经理和肖家湾煤矿矿长、安全副矿长、技术副矿长、生产副矿长、机电副矿长、一队队长、二队队长、三队队长、四队队长、煤矿安监组、通风队队长、运输队队长等16人的刑事责任；以滥用职权、玩忽职守等罪，依法追究了攀枝花市西区大宝鼎街道办事处驻肖家湾煤矿安监员、办事处安全生产监督管理办公室负责人，办事处副主任和主任、安委会主任，攀枝花市仁和区太平乡煤管所副所长、区环卫局局长、区安全生产监督管理局副局长和局长、攀枝花市国土资源执法监察支队西区国土资源执法监察大队队长、国土资源局西区分局副局长和局长、攀枝花市西区人民法院副院长、攀枝花市安全生产监督管理局监督管理三处处长等 15 人的刑事责任。依据有关规定，给予攀枝花市西区安全生产监督管理局煤矿监督管理科科长、执法大队大队长，攀枝花市安全生产监督管理局局长、副局长，攀枝花市国土资源局副局长、局长，攀枝花市民政局局长，攀枝花市西区政府副区长、市公安局西区分局局长，攀枝花市西区区长、区委书记，攀枝花市政府副市长，四川煤矿安全监察局攀西监察分局副局长兼总工程师等 33 人分别予以党纪政纪处分。

吸取事故教训，改进煤矿安全措施：（1）严厉打击非法违法生产建设行为。强化地方各级政府特别是县、乡两级政府的"打非治违"责任。非法违法生产的煤矿，一经查实，必须采取有力措施予以查处，直至吊销证照，提请地方政府依法关闭。（2）切实加大执法力度和提高执法效果。采取明察暗访、突击检查等方式，防止煤矿弄虚作假、逃避检查；建立完善举报制度，鼓励群众举报煤矿非法违法生产行为和存在的严重隐患，重奖举报人员；加强对驻矿安监员管理，完善驻矿安监员的管理体制、机制、制度，充分发挥驻矿安监员在煤矿安全生产监管中应有的作用。对不负责任、知情不报甚至失职渎职的人员要严肃处理。（3）严格落实煤矿安全生产主体责任。（4）全面提升煤矿办矿水平。四川省要结合本省煤矿数量多、规模小、灾害严重、基础薄弱的实际，按照"十二五"期间淘汰落后产能计划抓好落实，下决心关闭不符合安全生产条件和产业政策的小煤矿，提升煤矿安全生产保障能力。（5）切实加强煤炭行业管理和煤矿安全监管监察工作。

第七章　中共十八大后的新阶段新时代
（2013—2018）

一、概况

党的十八大开创了中国特色社会主义事业新时代，也使安全生产步入依法加强、持续改进的发展阶段。随着"安全发展"战略的贯彻实施，以人为本、生命至上的思想理念和党的安全生产方针政策深入人心；随着安全生产法律、法规、标准的建立健全和执法力度的加大，企业生产、政府安全监管等各方面行为逐步纳入法治轨道；随着产业结构调整优化、科学技术发展进步和安全投入的大幅度增加，煤矿等高危行业安全生产基础得到改善。党的十八大之后呈现事故总量持续下降、安全生产形势逐年趋稳趋好的态势。"十二五"期间（2011—2015年）全国事故死亡年均减少 2700 人，年均下降幅度 5.16%。2016 年以来事故下降幅度进一步加大，重特大事故进一步得到遏制。

2013 年　全国发生各类事故 309303 起，死亡 69453 人，与上年相比减少27685 起、2530 人，分别下降 8.2% 和 3.5%。其中重大事故 47 起，死亡 624 人，同比减少 10 起、211 人，分别下降 17.5% 和 25.3%；特别重大事故 4 起，死亡252 人，同比增加 2 起、168 人。金属与非金属矿山等行业领域，以及山东、吉林、贵州、四川、黑龙江、湖北、安徽等省（区、市）重特大事故上升。发生煤矿事故 608 起，死亡 1086 人，百万吨死亡率 0.288。发生道路交通事故198394 起，死亡 58539 人，万车死亡率 2.30。全国亿元国内生产总值生产安全事故死亡率 0.124，比上年下降 12.7%；工矿商贸企业就业人员 10 万人生产安全事故死亡率 1.52，下降 7.3%。

本年度发生一次死亡 30 人以上特别重大事故 6 起，死亡 427 人，受伤 247人。其中死亡百人以上事故 1 起，即吉林省德惠市宝源丰禽业公司火灾死亡 121人，受伤 76 人。此外发生了中石化山东青岛公司黄岛输油管线泄漏爆炸事故，死亡 62 人，受伤 132 人。

2014 年　发生各类事故 305688 起，死亡 68076 人，与上年相比减少 3615

起、1377 人，分别下降 1.2% 和 2.0%。其中重大事故 38 起，死亡 523 人，同比减少 9 起、101 人，分别下降 19.1% 和 16.2%；特别重大事故 4 起，死亡 235 人，同比起数持平，人数减少 17 人，降幅 6.7%。天津、内蒙古、上海、福建、江西、湖北、广西、海南、青海、宁夏等省（自治区、市）没有发生重特大事故。全国发生煤矿事故 520 起，死亡 946 人，百万吨死亡率 0.255。发生道路交通事故 196812 起，死亡 58523 人，万车死亡率 2.22。亿元国内生产总值生产安全事故死亡率 0.107，比上年下降 13.7%；工矿商贸企业就业人员 10 万人生产安全事故死亡率 1.328，下降 12.6%。

本年度发生一次死亡 30 人以上特别重大事故 5 起，死亡 324 人，受伤 169 人。其中死亡百人以上事故 1 起，即江苏昆山中荣金属制品有限公司粉尘爆炸事故，死亡 146 人（其中包括事故报告期后死亡的 49 人），重伤 95 人。此外发生了上海黄浦外滩踩踏事故，死亡 36 人，受伤 49 人。

2015 年 全国各类事故为 281576 起，死亡 66182 人，与上年相比减少 24112 起、1894 人，分别下降 7.9% 和 2.8%。其中重大事故 34 起，死亡 479 人，同比减少 4 起、44 人，分别下降 10.5% 和 8.4%；特别重大事故 4 起，死亡 289 人，同比起数持平，人数增加 54 人，上升 23%。特别是天津港 "8·12" 火灾爆炸事故、深圳渣土受纳场 "12·20" 滑坡事故等，暴露出一些地方和单位在安全生产方面存在的严重隐患和巨大差距。发生煤矿事故 352 起，死亡 598 人，百万吨死亡率 0.162。发生道路交通事故 187781 起，死亡 58022 人，万车死亡率 2.08。非煤矿山、化工和危化品、烟花爆竹、道路交通、建筑施工、生产经营性火灾、水上交通、铁路交通及冶金机械等行业领域事故实现 "双下降"。全国亿元国内生产总值生产安全事故死亡率 0.098，比上年下降 8.4%；工矿商贸企业就业人员 10 万人生产安全事故死亡率 1.07，下降 19.4%。2015 年安全生产事故总量以及其他预期指标的实施情况，标志着 "十二五" 时期安全生产取得了较好成绩①。

本年度发生一次死亡 30 人以上特别重大事故 5 起，死亡 766 人，受伤 832

---

① 国务院办公厅印发的《安全生产 "十三五" 规划》表明："十二五" 期间全国生产安全事故总量连续 5 年下降，2015 年各类事故起数和死亡人数较 2010 年分别下降 22.5% 和 16.8%，其中重特大事故起数和死亡人数分别下降 55.3% 和 46.6%。国家安全监管总局、国家煤矿安监局印发《煤矿安全生产 "十三五" 规划》表明：2015 年与 2010 年相比，煤炭产量由 32.4 亿吨上升至 37.5 亿吨；事故起数及死亡人数分别由 1403 起、2433 人减少至 352 起、598 人，分别下降 74.9% 和 75.4%；重特大事故起数及死亡人数分别由 24 起、532 人减少至 5 起、85 人，分别下降 79.2% 和 84%；煤矿百万吨死亡率由 0.749 下降至 0.162，下降 78.4%。

人。其中死亡百人以上事故 2 起：①重庆"东方之星"号客轮翻沉死亡 442 人；②天津滨海瑞海公司危险品仓库火灾爆炸死亡 173 人，受伤 798 人（其中重伤 58 人）。伤亡严重、社会影响恶劣的事故为：广东深圳光明新区恒泰裕工业园纳土场滑坡，死亡 77 人，受伤 17 人（其中重伤 3 人）。

2016 年　全国发生各类事故 63205 起，死亡 43062 人，按照可比口径比上年减少 3902 起、1698 人，分别下降 5.8% 和 3.8%。其中重大事故 28 起，死亡 397 人，同比减少 6 起、82 人，分别下降 17.6% 和 17.1%；特别重大事故 4 起，死亡 173 人，同比起数持平，人数减少 116 人，下降 40.1%。发生煤矿事故 249 起，死亡 526 人，百万吨死亡率 0.156。发生道路交通运输事故 51055 起，死亡 31496 人，万车死亡率 2.10。化工、工贸、铁路运输、航空运输未发生重特大事故，农业机械未发生较大以上事故，民航保持连续 6 年安全飞行记录。全国亿元国内生产总值生产安全事故死亡率 0.058，按可比口径比上年下降 10.8%；工矿商贸企业就业人员 10 万人生产安全事故死亡率 1.702，按可比口径下降 2.3%。

本年度发生一次死亡 30 人以上特别重大事故 5 起，死亡 209 人，受伤 36 人。

2017 年　全国发生事故 5.3 万起，死亡 37852 人，同比下降 16.2% 和 12.1%。其中较大事故 613 起，死亡 2332 人，同比下降 18.2% 和 18.3%；重特大事故 25 起，死亡 342 人，同比减少 7 起、228 人，分别下降 21.9% 和 40%（特别重大事故 1 起，同比减少 3 起，为 2001 年国家安全监管监察体制改革以来历史最少）。煤矿发生事故 219 起，死亡 375 人，同比分别下降 12% 和 28.7%；百万吨死亡率 0.106，同比下降 32.1%。工矿商贸企业就业人员 10 万人生产安全事故死亡率 1.639，比上年下降 3.7%；道路交通事故万车死亡人数 2.10 人，与上年持平；32 个省级统计单位中，有 28 个事故起数和死亡人数"双下降"，吉林、上海、安徽、福建、湖北、广西、海南、重庆、四川、西藏、甘肃、青海、宁夏、新疆、新疆生产建设兵团 15 个单位未发生重特大事故。

本年度发生一次死亡 30 人以上特别重大事故 1 起，死亡 36 人，受伤 13 人。

2018 年　全国安全生产形势持续稳定向好。全国共发生各类事故 51373 起，死亡 34046 人，分别下降 3.1% 和 10.1%；发生较大事故 539 起，死亡 2134 人，分别下降 12.1% 和 8.5%；发生重大事故 18 起，死亡 229 人，分别下降 25.0% 和 25.2%；发生直接经济损失超过 1 亿元的特别重大事故 1 起（无人员伤亡）。全年亿元国内生产总值生产安全事故死亡率 0.038，同比下降 17.4%；工矿商贸企业就业人员 10 万人生产安全事故死亡率 1.547，同比减少 0.092 人，下降 5.6%；煤矿百万吨死亡人数（率）0.093，同比减少 0.013，下降 12.3%；道路交通事故万车死亡人数（率）1.93，同比减少 0.013，下降 6.3%。全国安全生产实现事故总量、较大事故、重特大事故"三个继续下降",实现近20年最好水平。这是中华人民共和国成立以来首个未发生死亡30人以上特别重大事故的年度。

二、重点行业领域事故简述

(一)矿山事故

1. 2013年1月14日,吉林省桦甸市老金厂金矿股份有限公司发生井下火灾事故,造成10人死亡,29人受伤,直接经济损失929万元。

2. 2013年1月18日,贵州省六盘水市盘江精煤股份有限公司金佳煤矿发生煤与瓦斯突出事故,造成13人死亡,3人受伤。

3. 2013年1月29日,黑龙江省牡丹江市东宁县永盛煤矿有3名工人下井维护水泵时发生一氧化碳中毒,另有17人在下井抢救过程中也发生中毒,事故共造成12人死亡,8人受伤。

4. 2013年2月28日,河北省冀中能源张家口矿业集团艾家沟煤矿井下发生火灾事故,造成13人死亡,直接经济损失1425.08万元。

5. 2013年3月11日,黑龙江省龙煤集团鹤岗分公司振兴煤矿发生透水事故,造成18人死亡。

6. 2013年3月12日,贵州省六盘水市水城县贵州玉马能源开发有限公司马场煤矿发生煤与瓦斯突出事故,造成25人死亡,22人受伤,直接经济损失2909万元。

★7. 2013年3月29日,吉林省吉煤集团通化矿业集团公司八宝煤业公司井下-416区在打密闭时发生瓦斯爆炸事故,造成36人死亡(企业瞒报遇难人数7人,经群众举报后核实),16人受伤。4月1日再次发生瓦斯爆炸,致使15名矿山救护人员和2名管理人员丧生。两次爆炸共造成53人死亡,重伤3人,轻伤13人,直接经济损失6695.4万元。

★8. 2013年3月29日,位于西藏自治区拉萨市的中国黄金集团甲玛矿区发生大面积山体滑坡,造成66人死亡,17人失踪。

9. 2013年4月20日,吉林省延边朝鲜族自治州和龙市庆兴煤业公司井下发生瓦斯爆炸事故,造成18人死亡,12人重伤。

10. 2013年5月10日,贵州省安顺市平坝县大山煤矿发生瓦斯爆炸事故,造成12人死亡,2人受伤。

11. 2013年5月11日,四川省泸州市泸县桃子沟煤矿因违法违规组织生产,其 3111 采煤工作面 6 支巷采煤作业点区域处于无风微风状态，瓦斯积聚达到爆炸浓度；爆破后，残药燃烧，引爆积聚瓦斯。事故造成 28 人死亡，10 人重伤，8 人轻伤。

12. 2013 年 5 月 23 日，山东省济南市章丘市埠东黏土矿盗采已关闭的原埠村镇一煤矿煤炭时发生透水事故，造成 10 人死亡。

13. 2013 年 6 月 2 日，湖南省邵阳市邵东县周官桥乡司马冲煤矿发生瓦斯爆炸事故，造成 10 人死亡，3 人重伤，直接经济损失 737.1 万元。

14. 2013 年 6 月 23 日，内蒙古自治区呼伦贝尔市新巴尔虎右旗荣达矿业有限责任公司甲乌拉铅锌矿三采区二系统副井发生火灾，造成 7 人死亡。

15. 2013 年 7 月 23 日，陕西省渭南市澄城县硫黄矿因非法盗采煤炭资源引发井下火灾事故，造成 10 人死亡，9 人受伤。

16. 2013 年 7 月 24 日，湖南省娄底市新化县共升矿业有限公司（由原共升煤矿变更成立）发生煤与瓦斯突出事故，突出煤矸 285 吨，涌出瓦斯 2.5 万立方米，造成 8 人死亡，3 人轻伤，直接经济损失 950.2 万元。事故报告存在迟报、谎报、瞒报行为。

17. 2013 年 9 月 18 日，山西省吕梁市汾阳市汾煤集团正升煤业公司煤矿东翼回风巷发生水害事故，造成 10 人死亡。

18. 2013 年 9 月 29 日，江西省宜春市丰城矿务局曲江公司煤矿 603 东顺槽运输港发生煤与瓦斯突出事故，造成 11 人死亡。

19. 2013 年 10 月 11 日，贵州省黔南州惠水县长田乡大冲煤矿发生透水事故，造成 7 人死亡，直接经济损失 1273 万元。

20. 2013 年 12 月 13 日，新疆维吾尔自治区昌吉州呼图壁县白杨沟煤矿发生瓦斯爆炸事故，造成 22 人死亡。

21. 2014 年 3 月 21 日，河南省平煤神马集团长虹矿业公司发生煤与瓦斯突出事故，造成 13 人死亡。

22. 2014 年 4 月 7 日，云南省曲靖市麒麟区黎明实业有限公司下海子煤矿发生重大透水事故，造成 21 人死亡，1 人下落不明。

23. 2014 年 4 月 21 日，云南省曲靖市富源县红土田煤矿发生瓦斯爆炸事故，造成 14 人死亡。

24. 2014 年 5 月 14 日，中煤陕西榆林能源化工有限公司大海则煤矿（基建矿井）发生溜灰管坠落事故，造成 13 人死亡，16 人受伤。

25. 2014 年 5 月 25 日，贵州省六盘水市玉舍煤业有限公司玉舍西井发生煤与瓦斯突出事故，造成 8 人死亡，1 人受伤，直接经济损失 1048.8 万元。

26. 2014年6月3日，重庆市能源投资集团南桐矿业公司砚石台煤矿4406南二段柔性掩护支架采煤工作面上隅角附近发生瓦斯爆炸事故，造成22人死亡，7人受伤，直接经济损失1654.59万元。事故的直接原因是采煤工作面采空区漏风、大面积空顶，积聚大量瓦斯导致爆炸。

27. 2014年6月11日，贵州省六盘水市六枝特区贵州华隆煤业有限公司新华分公司（六枝工矿集团控股、基建矿井）发生煤与瓦斯突出事故，突出煤（岩）量约1010吨，瓦斯涌出量约12万立方米，造成10人死亡，直接经济损失1634万元。

28. 2014年6月15日，湖南省怀化市辰溪县双木湾煤矿发生透水事故，造成9人死亡。

29. 2014年7月5日，新疆建设兵团农六师大黄山豫新煤业有限责任公司煤矿发生瓦斯爆炸事故，造成17人死亡。

30. 2014年7月5日，黑龙江省鹤岗市兴成煤矿发生顶板事故，造成8人死亡。矿主隐瞒不报，经群众举报后被查实、追责。

31. 2014年7月11日，江西省鸣山矿业有限责任公司（原国有重点煤矿）发生瓦斯爆炸事故，造成3人死亡，1人受伤。该矿自行救援后对事故采区进行封闭，并谎报发生一氧化碳中毒事故，死亡2人。经群众举报后被查实、追责。

32. 2014年8月11日，中石油集团长城钻探工程公司西部钻井有限公司代管的陕西省靖边县天通实业有限责任公司长城40609钻井队，在长庆油田第六采油厂安平179井作业过程中发生井场闪爆燃烧事故，造成井架烧毁、钻具报废及部分设施损毁，直接经济损失约300万元。

33. 2014年8月14日，黑龙江省鸡西市城子河区安之顺煤矿发生透水事故，造成16人死亡。

34. 2014年8月19日，安徽省淮南市谢家集区东方煤矿发生瓦斯爆炸事故，造成27人死亡，1人受伤，直接经济损失4511.05万元。事故直接原因：该矿井下区域煤层瓦斯含量高，没有进行瓦斯抽采；采用国家明令淘汰的"以掘代采"的采煤方法；通风能力不足，局部通风机循环风；瓦斯积聚。违章爆破产生的火源，引起瓦斯爆炸。

35. 2014年10月5日，贵州省毕节地区黔西县永贵能源公司新田煤矿发生煤与瓦斯突出事故，突出煤岩量约2500吨，瓦斯量约22万立方米，造成10人死亡，4人受伤，直接经济损失1935万元。

36. 2014年10月24日，新疆维吾尔自治区乌鲁木齐市米东区新疆东方金盛工贸有限责任公司米泉沙沟煤矿采空区大面积冒顶，导致有毒有害气体溢出，发生井下作业人员中毒窒息事故，造成 16 人死亡，11 人受伤。

37. 2014 年 11 月 26 日，辽宁省阜新矿业集团恒大煤业有限公司煤矿发生瓦斯爆炸事故，造成 28 人死亡，50 人受伤。

38. 2014 年 11 月 27 日，贵州省六盘水市盘县松林煤矿发生瓦斯爆炸事故，造成 10 人死亡。

39. 2014 年 12 月 14 日，黑龙江省鸡西市鸡东县加澳煤炭销售有限公司兴运煤矿发生瓦斯爆炸事故，造成 10 人死亡。

40. 2015 年 4 月 19 日，大同煤矿集团有限责任公司姜家湾煤矿发生透水事故，事故当班井下共有作业人员 247 人，其中 223 人安全升井，3 人被救护人员救出生还，21 人死亡，直接经济损失 1724 万元。

41. 2015 年 4 月 25 日，云南省昆明市东川金水矿业公司落雪铜矿发生炮烟中毒事故，造成 9 人死亡，3 人重伤，9 人轻伤。

42. 2015 年 7 月 25 日，云南省德宏州梁河县光坪锡矿第三采选厂发生重大坍塌涉险事故，积水混合碎石形成泥石流堵塞平硐约 120 米，正在平硐作业的 11 人被困井下长达 43 个小时后获救。

43. 2015 年 8 月 11 日，贵州省黔西南州普安县楼下镇贵州丰联矿业有限公司政忠煤矿发生煤与瓦斯突出事故，造成 13 人死亡，5 人受伤，直接经济损失 2980.6 万元。

44. 2015 年 10 月 9 日，江西省上饶县永吉煤矿发生瓦斯爆炸事故，造成 10 人死亡。

45. 2015 年 11 月 20 日，黑龙江省龙煤集团鸡西矿业公司杏花煤矿井下发生火灾，造成 22 人死亡。事故的直接原因是：皮带道皮带着火，有毒有害气体沿风流进入采煤工作面，造成作业人员中毒窒息死亡。

46. 2015 年 12 月 16 日，黑龙江省鹤岗市向阳煤矿发生瓦斯爆炸事故，造成 19 人死亡。

47. 2015 年 12 月 17 日，辽宁省朝阳市连山钼业集团兴利矿业有限公司在井巷钢棚支护施工过程中，作业人员在电焊作业时引燃木背板，产生的一氧化碳等有毒有害气体经风井与副井之间的旧巷和冒落的老空区形成的漏风通道进入副井，造成 17 人死亡，17 人受伤（包括随后下井的 3 名救护队员），直接经济损失 2199 万元。

48. 2015 年 12 月 25 日，山东省临沂市平邑县保太镇境万庄石膏矿区发生采空区坍塌事故，井下作业的 29 名矿工被困。经全力救援，有 15 人获救（其中 4 人通过大直径钻孔获救），另有 14 人死亡。直接经济损失 4133.9 万元。

49. 2016 年 1 月 6 日，陕西省榆林市神木县乾安煤矿在露天开采区南部违法井工盗采边界煤柱时违规爆破引起煤尘爆炸事故。爆炸产生的一氧化碳等有毒有害气体沿巷道涌入相邻矿井刘家峁煤矿违法生产区域（该矿在未经批准的煤层区域组织生产）。刘家峁煤矿当班有 49 名矿工在井下作业，其中 11 人死亡。

50. 2016 年 3 月 6 日，吉林省吉煤集团通化矿业（集团）有限责任公司松树镇煤矿+100 东一采区 4112 运输巷掘进工作面发生煤与瓦斯突出事故，造成 12 人死亡，1 人受伤，直接经济损失 1286 万元。

51. 2016 年 3 月 23 日，山西省同煤集团同生公司安平煤矿爆破放顶后引起采空区大面积垮落，形成爆破冲击波，造成 20 人死亡，1 人受伤。

52. 2016 年 4 月 3 日，新疆维吾尔自治区喀什地区莎车县天利煤矿发生冒顶事故，死亡 10 人。

53. 2016 年 4 月 25 日，陕西省铜川市照金矿业有限公司发生重大水害事故，造成 11 人死亡，直接经济损失 1838 万元。

54. 2016 年 6 月 14 日，四川省宜宾市兴文县石海镇环远煤业有限责任公司发生瓦斯中毒事故，死亡 4 人，直接经济损失 1158 万元。

55. 2016 年 7 月 4 日，辽宁省本溪市溪湖区彩北地区一个非法盗采的小煤矿发生火灾，造成 12 人死亡。

56. 2016 年 8 月 16 日，甘肃省嘉峪关市酒泉钢铁集团宏兴钢铁股份有限公司西沟石灰石矿发生火灾，12 人死亡（其中 3 人因施救不当致死）。

57. 2016 年 9 月 27 日，宁夏回族自治区石嘴山市大武口区宁夏林利煤炭公司煤矿三井发生瓦斯爆炸事故，造成 20 人死亡。

58. 2016 年 10 月 31 日，重庆市永川区金山沟煤业有限责任公司发生特别重大瓦斯爆炸事故，造成 33 人死亡，1 人受伤，直接经济损失 3682 万元。该矿在超层越界违法开采区域采用国家明令禁止的"巷道式采煤"工艺，不能形成全风压通风系统，使用一台局部通风机违规同时向多个作业地点供风，风量不足造成瓦斯积聚；违章"裸眼"（即没有填充炮泥形成密闭的炮眼）爆破产生火焰，引发瓦斯爆炸，煤尘参与了爆炸。

59. 2016 年 11 月 29 日，黑龙江省七台河市景有煤矿发生瓦斯爆炸事故，造成 22 人死亡。

60. 2016 年 12 月 3 日，内蒙古自治区赤峰市元宝区宝马矿业公司煤矿发生瓦斯爆炸事故，造成 32 人死亡，20 人受伤，直接经济损失 4399 万元。该矿违规开采工作面因停电停风造成瓦斯积聚，违规恢复供电通风后，排放的高浓度瓦斯进入另一工作面，遇正在违规电焊所产生的火花引发爆炸。

61. 2016 年 12 月 5 日，湖北省恩施州巴东县辛家店煤矿边角煤采区 +617 采煤工作面中部距下出口 52 米处，发生煤与瓦斯突出事故，造成 11 人被煤炭掩埋窒息死亡，直接经济损失 1531 万元。

62. 2017 年 1 月 17 日，中煤集团公司担水沟煤业有限公司（位于山西省朔州市）发生顶板事故，造成 10 人死亡。

63. 2017 年 2 月 14 日，湖南省娄底市涟源市祖保煤矿暗主斜井超负荷串车提煤时发生跑车事故，并引发井筒内煤尘爆炸，造成 10 人死亡。

64. 2017 年 3 月 9 日，黑龙江省龙煤集团双鸭山矿业公司东荣二矿副立井发生电缆着火、罐笼坠落事故，造成 17 名矿工死亡。

65. 2017 年 3 月 24 日，中国黄金集团河南秦岭黄金矿业公司杨寨峪矿区井下发生中毒窒息事故，造成 9 人死亡，2 人受伤；并造成与该矿相邻的灵宝金源控股有限公司 1208 矿井 2 人死亡，4 人受伤。

66. 2017 年 5 月 7 日，湖南省株洲市攸县吉林桥煤矿（吉林桥矿业公司）发生中毒窒息事故，造成 18 人死亡，37 人受伤。

67. 2017 年 8 月 11 日，山西省晋能集团山西煤炭运销集团和顺吕鑫煤业有限公司发生边坡滑坡事故，造成 9 人死亡（失踪），1 人受伤。事故后该矿曾经蓄意瞒报。

68. 2017 年 9 月 13 日，黑龙江省鸡东县裕晨煤矿发生瓦斯爆炸事故，造成 10 人死亡，8 人受伤，直接经济损失 1031.53 万元。

69. 2017 年 11 月 6 日，中国五矿集团公司邯邢矿业有限公司西石门铁矿井下发生中毒事故，导致 9 人中毒，其中 8 人抢救无效死亡。

70. 2017 年 11 月 11 日，辽宁省沈阳焦煤股份有限公司红阳三矿发生冲击地压事故，造成 10 人死亡。

71. 2018 年 1 月 20 日，山西省临汾市乡宁县双鹤乡马村 5 名村民私自进入一处废弃的小煤矿，中毒身亡。

72. 2018 年 6 月 5 日，辽宁省本溪市本溪龙新矿业有限公司思山岭铁矿的措施井施工现场，运送炸药车辆在井口发生爆炸，死亡 11 人，受伤 9 人。

73. 2018 年 8 月 6 日，贵州省六盘水市盘州市梓木戛煤矿发生煤与瓦斯突出事故，造成 13 人死亡。

★74. 2018 年 10 月 20 日，山东能源龙矿集团龙郓煤业有限公司发生冲击地压事故，该矿当班下井 334 人，事故发生后多名职工被困井下，其中 21 人死亡，4 人受伤。

（二）化工、民用爆炸物品及烟花爆竹事故

1. 2013 年 1 月 18 日，河北省石家庄市行唐县上碑镇杨村，一村民住宅发生烟花爆竹爆炸事故，造成 5 人死亡，11 人受伤。

2. 2013 年 3 月 11 日，云南省曲靖市国营云南包装厂四分厂乳化炸药生产线制药工序在合成过程中发生爆炸，3 名当班工人死亡。

3. 2013 年 3 月 27 日，湖南省长沙市浏阳市大瑶镇枫林村泉塘组村民刘祯建非法运输烟花爆竹引线，不慎爆炸，造成 4 人死亡。

4. 2013 年 4 月 10 日，湖北省咸宁市崇阳县金利爆竹制造有限公司，爆竹生产 68 号、69 号、70 号工房，因 69 号工房作业人员操作不慎导致爆炸，并引起其他工房药物殉爆，造成 4 人死亡。

★5. 2013 年 5 月 20 日，位于山东省章丘市的保利民爆济南科技有限公司乳化震源药柱生产车间发生爆炸事故，造成 33 人死亡，19 人受伤，直接经济损失 6600 余万元。

6. 2013 年 6 月 2 日，中国石油天然气股份有限公司大连石化分公司在罐区检修过程中发生闪爆事故（爆炸起火），造成 4 人死亡，直接经济损失约 697 万元。

7. 2013 年 6 月 11 日，江苏省苏州燃气集团有限责任公司液化气经销分公司横山贮罐场生活区综合办公楼发生液化石油气爆炸事故，造成 12 人死亡，9 人受伤，直接经济损失 1833 万元。

8. 2013 年 6 月 21 日，江西省抚州市金山出口烟花制造有限公司因强雷电引发药物和成品总仓库、药物中转库相继发生爆炸，造成 3 人死亡，45 人受伤（其中 6 人重伤），全厂工（库）房严重损毁。

9. 2013 年 7 月 9 日，湖南省湘西州龙山县一飞烟花爆竹有限公司彭南金等 3 名工人到药物生产线生产作业，邹同章等 4 名装药工到装药房生产作业，由于装药过程中操作不当，发生爆炸，导致 3 人死亡，1 人轻伤，10 栋工房不同程度损毁。

10. 2013 年 9 月 14 日，辽宁省抚顺市顺特化工有限公司发生燃爆事故，造成 5 人死亡。

11. 2013 年 9 月 28 日，湖南省常德市临澧县官亭乡赵家花炮厂机械装药、封口工房因机械故障引发一起火药爆炸事故，造成 3 人死亡，2 人受伤。

12. 2013 年 10 月 2 日，河南省驻马店市平舆县十字路口乡王关庙村一无人居住民宅，该民宅院内发生烟花爆竹爆炸事故，造成 3 人死亡。

13. 2013 年 10 月 8 日，山东省博兴县诚力供气有限公司焦化装置生产过程中发生煤气爆炸事故，造成 10 人死亡，33 人受伤。

14. 2013 年 10 月 14 日，湖南省长沙市浏阳市建海出口烟花制造有限公司礼花弹组装线发生爆炸事故，造成 4 人死亡，1 人受伤，部分工房设施及周边民房受损。

15. 2013 年 11 月 1 日，广西壮族自治区梧州市岑溪市三堡镇炮竹厂在设备维修过程中，由于违章操作，发生火药爆炸事故，造成 12 人死亡，11 人重伤，5 人轻伤。3 栋工房全部炸毁，1 栋工房重度破坏。

16. 2013 年 11 月 20 日，陕西省渭南市蒲城县一非法储存烟火爆竹药剂的废弃厂房发生爆炸，造成 2 人死亡，3 人下落不明，5 人受伤。

17. 2013 年 11 月 21 日，广西壮族自治区北海市合浦县石康镇红碑城村一果园内"私炮"点发生炮竹燃爆事件，造成 3 人死亡。

★18. 2013 年 11 月 22 日，位于山东省青岛经济技术开发区的中国石油化工股份有限公司管道储运分公司东黄输油管道原油泄漏，发生爆炸事故，造成 62 人死亡，136 人受伤。

19. 2013 年 12 月 26 日，广东省梅州市兴宁市新圩镇船添村因私藏烟花爆竹发生爆炸，造成 6 人死亡，3 人受伤。

20. 2013 年 12 月 27 日，湖南省安乡县下渔口镇竹林鞭炮厂 15 号封口饼中转工房发生大烟花爆炸事故，导致 4 人死亡。

21. 2013 年 12 月 28 日，湖南省常德市澧县杨家坊乡燕涝村发生非法制造烟花爆竹造成的火药爆炸事故，6 人当场死亡，一栋废弃房屋倒塌，周边数栋房屋不同程度受损。

22. 2014 年 1 月 23 日，广西壮族自治区南宁市宾阳县宾州镇国太村委寨岭村发生一起爆竹爆炸事故，造成 4 人死亡。

23. 2014 年 3 月 3 日，广东省东莞市莞城街道旗峰路 162 号中侨大厦 B 座 M 层中国石油化工股份有限公司广东东莞石油分公司员工饭堂因煤气泄漏引起爆炸，造成 5 人死亡，28 人受伤。

24. 2014 年 3 月 7 日，河北省唐山市开滦（集团）化工有限公司乳化炸药生产车间发生重大爆炸事故，造成 13 人死亡，直接经济损失 1526.53 万元。事故的直接原因是：装药机叶片泵内存有死角，结构设计不合理，容错能力低、风险大，存在固有缺陷；装药机转子与转子下端面和泵底上端面之间的物料摩擦、转子上下端面与泵体端面之间金属摩擦产生的热积累，导致物料中的析晶含油硝铵发生热分解，最终导致爆炸。

25. 2014 年 4 月 16 日，江苏省南通市如皋市东陈镇双马化工有限公司硬脂酸造粒塔正常生产过程中，维修工人在造粒塔底锥形料仓外加装气体振荡器及补焊雾化水管支撑架时，发生硬脂酸粉尘爆炸事故，造成 8 人死亡，9 人受伤。

26. 2014 年 4 月 22 日，山东省威海市文登市东方礼花有限公司生产作业区发生爆炸事故，致使 7 人死亡，1 人受伤。

27. 2014 年 5 月 24 日，安徽省芜湖市无为县严桥镇瑞松烟花有限公司原料中转库突然起火，该企业负责人发现火情后立即带人救火，造成 3 人死亡。

28. 2014 年 9 月 22 日，湖南省株洲醴陵市浦口南阳出口炮炮厂发生爆炸事故，造成 14 人死亡，45 人受伤，直接经济损失 1669.86 万元。

29. 2014 年 9 月 23 日，湖南省新晃县鲁湘钡业有限责任公司硝酸钡包装车间在检修雷蒙机的过程中发生爆燃事故，造成 6 人死亡。

30. 2014 年 10 月 6 日，贵州省遵义市湄潭县湄江镇兰江村村民汪某与其女朋友陈某雇佣当地村民，在该村一闲置老房子处非法生产爆竹时发生爆炸，造成 7 人死亡。

31. 2014 年 10 月 28 日，江西省萍乡市湘东区金鱼出口鞭炮厂发生火药爆炸事故，造成 3 人死亡。

32. 2014 年 11 月 6 日，辽宁省朝阳市北票市五间房镇刘家沟村村民于某，租用该村闲置厂房非法生产烟花爆竹发生爆炸，造成 7 人死亡。

33. 2014 年 12 月 7 日，河南省安阳市城乡一体化示范区高庄镇朱家营村村民朱某在其住宅内非法生产烟花爆竹发生爆炸，造成其家庭成员 6 人死亡，1 人受伤。

34. 2014 年 12 月 18 日，湖南省邵阳市武冈市安乐乡东庄村村民熊国生夫妇在武冈市晏田乡蕉林村 4 组村民周维国家中非法组织生产爆竹过程中发生火药爆炸事故，导致 4 人死亡，1 人受伤。

35. 2014 年 12 月 20 日，湖南省邵阳市双清区石桥乡马安村一栋三层民房的二楼一间存放有烟花爆竹的房内发生燃爆事故，造成 5 人死亡。

36. 2015 年 2 月 19 日，浙江省金华市永康市象珠镇清渭街文雄烟花爆竹零售点发生爆炸事故，造成 5 人死亡，3 人受伤。

37. 2015 年 2 月 19 日，湖北省枝江经济开发区姚家港化工园内的宜昌富升化工有限公司硝基复合肥建设项目在试生产过程中发生燃爆事故，造成 5 人死亡，2 人受伤。

38. 2015 年 3 月 4 日，云南省昆明市官渡区东盟联丰农贸中心福萍食用酒精销售部，从一辆罐式危险化学品运输车（载 26.1 吨食用酒精，酒精乙醇含量为

95.4%）倒灌过程中发生燃烧爆炸事故，造成 12 人死亡。

39. 2015 年 3 月 18 日，山东省滨州市沾化区山东海明化工有限公司双氧水装置氢化塔发生爆炸事故，造成 4 人死亡，2 人受伤。

40. 2015 年 4 月 6 日，福建省漳州市古雷港经济开发区腾龙芳烃（漳州）有限公司二甲苯装置发生爆炸火灾事故，造成 6 人受伤（其中 5 人被冲击波震碎的玻璃刮伤），另有 13 名周边群众陆续到医院检查留院观察，直接经济损失 9457万元。

41. 2015 年 5 月 16 日，山西省晋城市阳城县瑞兴化工有限公司发生中毒事故，造成 8 人死亡，6 人受伤。

42. 2015 年 6 月 17 日，江西省萍乡市上栗县鸡冠山正大花炮厂发生火药爆炸事故，造成 4 人死亡。

43. 2015 年 7 月 12 日，河北省宁晋县东汪镇东汪一村一处设在原河北沙龙制衣有限公司水洗车间内的非法生产烟花爆竹的作坊发生爆炸事故，造成 22 人死亡，23 人受伤（其中重伤 2 人，轻伤 21 人），直接经济损失 885 万元。爆炸造成中心现场厂房完全坍塌，现场 3 辆用于非法生产的车辆被烧（炸）毁，周边 25 家企业、25 户门店、59 家住户不同程度受损。导致这次事故的直接原因是非法生产作业过程中因摩擦、撞击导致爆炸。

44. 2015 年 7 月 16 日，山东省日照市的山东石油大学科技石化有限公司的一座液化烃球罐在倒罐作业时泄漏爆炸，罐区周边 1 千米范围内居民房屋门窗被震坏，在事故救援过程中 7 辆消防车被毁，2 名消防队员受轻伤，直接经济损失2812 万元。

★45. 2015 年 8 月 12 日，天津市滨海新区瑞海国际物流有限公司危险品仓库发生火灾爆炸事故，造成 173 人死亡（其中 8 人失踪），798 人受伤（其中 58人重伤），直接经济损失 68.66 亿元。

46. 2015 年 8 月 26 日，湖北省武汉市江夏区拓创产业园 E 栋第 5 层湖北鹰达行化工产品有限公司租赁厂房内发生爆炸燃烧事故，造成 5 人死亡。

47. 2015 年 8 月 31 日，山东省东营市利津县山东滨源化学有限公司，新建的年产 2 万吨改性型胶粘新材料联产项目二胺车间混二硝基苯装置在投料试车过程中发生重大爆炸事故，造成 13 人死亡，25 人受伤，直接经济损失 4326 万元。车间负责人违章指挥，安排操作人员违规向地面排放硝化再分离器内含有混二硝基苯的物料，混二硝基苯在硫酸、硝酸以及硝酸分解出的二氧化氮等强氧化剂存在的条件下，自高处排向一楼水泥地面，在冲击力作用下起火燃烧，火焰炙烤附近的硝化机、预洗机等设备，使其中含有二硝基苯的物料温度升高，引发爆炸，是造成本次事故发生的直接原因。

48. 2015 年 9 月 1 日，甘肃省陇南市武都区马街镇沙坪沟的陇南吉庆烟花爆竹有限公司马街礼炮厂中转库房发生爆炸，造成 3 人死亡，23 人受伤。

49. 2015 年 11 月 27 日，黑龙江省鹤岗市旭祥禾友化工有限公司发生中毒事故，造成租用该公司设备进行乙嘧酚工业化试验的安达市胜益化工有限公司 3 名员工死亡。

50. 2015 年 11 月 28 日，河北省邯郸市龙港化工有限公司发生液氨泄漏事故，造成 3 人死亡，4 人受伤。

51. 2015 年 12 月 28 日，河南省焦作市武陟县西陶镇石荆村一闲置厂房内村民准备非法制造双响炮时发生爆炸，造成 3 人死亡，5 人受伤。

52. 2016 年 1 月 14 日，河南省开封市通许县长智镇西芦氏村通安烟花爆竹有限公司发生爆炸事故，造成 10 人死亡，5 人重伤，2 人轻伤。

53. 2016 年 1 月 20 日，江西省上饶广丰区广丰县鸿盛花炮制造有限公司发生爆炸事故，造成 3 人死亡。

54. 2016 年 2 月 5 日，贵州省贵安新区在山沟里组织集中销毁已关闭烟花爆竹厂剩余原料时，发生意外爆炸，造成 22 人死亡，24 人受伤。

55. 2016 年 4 月 9 日，河北省承德市兴隆县天利海香精香料有限公司化二车间 4 号水解反应釜着火，造成 4 人死亡，3 人烧伤，直接经济损失约 500 万元。

56. 2016 年 4 月 22 日，江苏省德桥仓储有限公司储罐区 2 号交换站发生燃烧事故，1 名消防战士在灭火中牺牲，直接经济损失 2532.14 万元。

57. 2016 年 5 月 17 日，湖南省长沙市浏阳市荷花出口烟花厂发生爆炸事故，造成 5 人死亡，1 人受伤。事发后企业主要负责人指使其亲属转移死亡人员尸体，瞒报事故死亡人数。

58. 2016 年 7 月 24 日，江苏省靖江市华鑫船舶修理有限公司在油船检维修作业时发生油气爆炸事故，造成 3 人死亡，1 人受伤。

59. 2016 年 9 月 20 日，湖南省郴州市宜章县一六镇栏杆岭村一家养鸡场内非法生产硝纸的作坊发生爆炸事故，导致 6 人死亡。

60. 2016 年 10 月 24 日，陕西省府谷县新民镇打井塔郝某等人雇用工人在租住房内制造炸药，引发大火并发生爆炸，造成 14 人死亡（其中儿童 2 人），106 人受伤（其中重伤 11 人）。

61. 2016 年 11 月 19 日，湖北省衡水天润化工科技有限公司在与南京隆信化工有限公司合作实验生产噻唑烷过程中发生甲硫醇等有毒气体外泄事故，造成 3 人中毒死亡，2 人受伤。

62. 2016 年 12 月 24 日，河北省唐山市丰润区白官屯镇燕子河村一非法生产烟花爆竹窝点发生爆炸，造成 8 人死亡，16 人受伤（其中 1 人重伤），直接经济损失 557 万元。

63. 2016 年 12 月 24 日，山东省德州市德城区黄河涯镇九龙庙村村民在出租房内非法生产烟花爆竹，酿成爆炸事故，死亡 5 人。

64. 2016 年 12 月 26 日，河北省唐山市丰润区白官屯镇陈赵庄村南还乡河老河套内东侧空地发生因掩埋藏匿非法生产的烟花爆竹引发的爆炸事故，造成 5 人死亡。

65. 2017 年 1 月 24 日，江西省赣州市兴国县江西三美化工有限公司在新进原料发烟硫酸卸入贮罐过程中发生中毒事故，造成 2 人死亡，49 人入院治疗（其中重症 8 人）。

66. 2017 年 1 月 24 日，湖南省岳阳市经济技术开发区中南大市场岳阳市久盛烟花爆竹有限公司发生烟花爆竹事故，造成 6 人死亡。

67. 2017 年 2 月 17 日，吉林省松原市松原石化有限公司江南厂区，在汽柴油改质联合装置酸性水罐动火作业过程中发生闪爆事故，造成 3 人死亡。

68. 2017 年 4 月 2 日，安徽省安庆市大观经济开发区万华油品有限公司发生爆燃事故，造成 5 人死亡，3 人受伤。

69. 2017 年 4 月 6 日，重庆市亚特高级润滑油有限公司在清罐作业过程中发生爆炸事故，造成 3 人死亡。

70. 2017 年 4 月 28 日，河南省济源市豫港（济源）焦化集团有限公司机械化氨水澄清槽动火作业时发生爆炸，造成 4 人死亡。

71. 2017 年 5 月 13 日，河北省沧州市利兴特种橡胶股份有限公司发生氯气泄漏事故，造成 2 人死亡，25 人入院治疗，周边群众 1000 余人被紧急疏散。

72. 2017 年 5 月 16 日，湖南省常德市临澧县民泰黑火药有限责任公司妙音分公司发生爆炸事故，造成 5 人死亡，1 人受伤。

73. 2017 年 6 月 5 日，山东省临沂市临港经济开发区的金誉石化有限公司装卸区内一辆运输石油液化气的罐车，在卸车作业过程中发生液化气泄漏爆炸着火事故，造成 10 人死亡，9 人受伤，厂区内 15 辆危险货物运输罐车、1 个液化气球罐和 2 个拱顶罐毁坏、6 个球罐过火、部分管廊坍塌，生产装置、化验室、控制室、过磅房、办公楼以及周边企业、建构筑物和社会车辆不同程度损坏。

74. 2017 年 6 月 24 日，陕西省渭南市富平县，富平县祥乐花炮厂分包转包生产线，违法生产超标爆竹过程中发生爆炸，造成 4 人死亡。

75. 2017 年 7 月 2 日，位于贵州省黔西南州晴隆县的中石油输气管道发生泄漏引发燃烧爆炸，事故造成 8 人死亡，35 人受伤（其中危重 4 人、重伤 8 人、轻伤 23 人）。

76. 2017 年 7 月 26 日，湖北省宜化集团有限责任公司所属的新疆宜化化工有限公司（位于新疆维吾尔自治区昌吉州准东经济技术开发区）合成氨装置煤气气化炉发生燃爆事故，造成 2 人死亡，17 人重伤（均为烧伤），13 人轻伤。

77. 2017 年 8 月 26 日，江西省新余市万载县荣兴烟花鞭炮制造有限公司发生爆炸事故，死亡 3 人，受伤 1 人。

78. 2017 年 9 月 22 日，江西省萍乡市上栗县凤林出口花炮厂发生爆炸事故，造成 7 人死亡。

79. 2017 年 11 月 30 日，中国石油天然气股份有限公司乌鲁木齐石化分公司炼油厂在换热器检修作业中发生事故，造成 5 人死亡，16 人受伤。

80. 2017 年 12 月 9 日，江苏省连云港市聚鑫生物科技有限公司年产 3000 吨间二氯苯装置发生爆炸事故，造成 10 人死亡，1 人受伤，间二氯苯装置与其东侧相邻的 3-苯甲酸装置整体坍塌，部分厂房坍塌。

81. 2017 年 12 月 12 日，山东省烟台市开发区的烟台鑫广绿环公司危险废物处理中心，工人在卸料取样过程中，被溢出的有毒气体熏倒，造成 5 人死亡。

82. 2017 年 12 月 19 日，山东省潍坊市日科化学股份有限公司年产 1.5 万吨塑料改性剂（AMB）生产装置发生爆燃事故，造成 7 人死亡，4 人受伤。

83. 2018 年 2 月 3 日，山东省临沭县经济开发区金山化工有限公司在停产检修过程中发生爆燃事故，造成 4 人死亡，2 人重伤，4 人轻伤。

84. 2018 年 2 月 15 日，云南省玉溪市通海县秀山街道的一处烟花爆竹零售点发生燃爆事故，造成 4 人死亡，5 人受伤（其中 2 人重伤）。

85. 2018 年 2 月 19 日，山东省枣庄市市中区解放北路一家杂货店（非法经营烟花爆竹点）发生燃爆事故，造成 3 人死亡。

86. 2018 年 3 月 1 日，河北省唐山市华熠实业股份有限公司（化工企业）苯加氢车间在检修污水罐时，罐内残存可燃气体着火，造成 4 人死亡，1 人受伤。事故发生后，该公司未如实向地方政府有关部门报告，谎称事故造成 3 人受伤。

87. 2018 年 3 月 23 日，甘肃省白银市靖远晖泽化工有限公司发生电石塌料喷火事故，造成 5 人死亡，2 人受伤。

88. 2018 年 4 月 19 日，天津市博爱制药有限公司提取车间（位于西青区精武镇永红工业区荣华道 4 号）发生爆炸事故，造成 3 人死亡，2 人重伤，直接经济损失 1740.8 万元。

89. 2018 年 5 月 12 日，上海市赛科石化公司在拆除浮箱过程中，由于作业人员使用非防爆工具导致发生闪爆事故，造成6人死亡。

90. 2018年7月25日，江西省上饶广丰区俊马花炮制造有限公司在拆除废旧工房过程中发生爆炸，造成4人死亡。

91. 2018年11月26日，山东省临沂沂南县发生非法生产烟花爆竹事故，造成4人死亡。

★92. 2018年11月28日，中国化工集团所属的河北盛华化工有限公司（位于河北省张家口市桥东区大仓盖镇）发生爆燃事故，造成24人死亡（其中1人医治无效死亡），21人受伤。

（三）建筑施工事故

1. 2013年3月21日，安徽省桐城市盛源财富广场建设工程在浇筑主楼混凝土过程中，模板支撑系统失稳坍塌，造成8人死亡，6人受伤。

2. 2013年7月1日，江西省南昌市西湖区朝阳大桥强电线缆迁改工程施工工地电力工井内发生中毒窒息事故，造成3人死亡。

3. 2013年7月4日，上海市浦东新区两港大道2999号临港产业基地汽车零部件物流中心在建仓库在进行钢结构施工时发生坍塌事故，造成5人死亡，2人重伤。

4. 2013年10月12日，中交路桥建设有限公司在重庆市丰都县丰都长江二桥4墩围堰施工过程中发生坍塌事故，造成11人死亡，2人受伤。

5. 2013年11月20日，湖北省襄阳市南漳县金南漳国际大酒店新都汇酒店及附属商业用房建筑工地发生高大模板支撑系统坍塌事故，造成7人死亡，5人受伤，直接经济损失约550万元。

6. 2013年12月26日，河北省辛集市钢信水泥有限公司钢渣微粉及输送车间在浇筑二层梁板时发生坍塌，造成5人死亡，1人重伤，8人轻伤，直接经济损失约560万元。

7. 2014年1月7日，北京市通州区新华大街京杭广场1号住宅商业楼施工现场，B区6层B2段卸料平台吊环螺栓发生断裂，造成平台侧翻，致使在平台上码放物料的2名工人随物料一同坠落至1号楼南侧基坑内，将正在基坑内进行清理作业的3名工人砸伤致死。事故造成5人死亡。

8. 2014年5月3日，广东省茂名市高州市深镇镇良坪村委会坑口村发生在建石拱桥坍塌事故，数十名施工人员从十几米高的桥面坠落，造成11人死亡，16人受伤。

9. 2014年5月3日，安徽省池州市东至县望东长江大桥南连接线龙头岭隧道施工工地现场发生坍塌，造成 6 人死亡，2 人受伤，直接经济损失约 800 万元。

10. 2014 年 5 月 11 日，山东省青岛市经济技术开发区辛安街道松花江路 30 号（山东省再生资源公司青岛分公司）的一堵挡土墙倒塌，造成 18 人死亡，3 人受伤，直接经济损失 1523.37 万元。强降雨和大量积水造成挡土墙主动土压力和挡土墙后的静水压力急剧增加，并超过挡土墙极限承载能力，导致挡土墙倒塌，压倒靠近的简易板房，是事故发生的直接原因。

11. 2014 年 6 月 18 日，陕西省榆林市定边县砖井镇西关村移民搬迁点建筑工地发生触电事故，造成 3 人死亡，1 人受伤。

12. 2014 年 10 月 29 日，中铁大桥局承建的汝郴高速公路赤石特大桥 19A 标 6 号桥墩左幅塔顶焊割作业失火，导致大桥 9 根斜拉索断裂，断索侧桥面下沉，大桥受损，直接经济损失约 1058.57 万元。

13. 2014 年 11 月 7 日，安徽省淮南市平圩第三发电有限公司 2×1000 兆瓦燃煤机组工程项目施工工地发生坍塌事故，造成 7 人死亡，7 人受伤，直接经济损失近 1000 万元。

14. 2014 年 12 月 29 日，北京市海淀区清华大学附属中学 A 栋体育馆等建设工程（由北京建工集团一建工程建设有限公司承建）在进行地下室底板钢筋施工作业时，上层钢筋突然坍塌，将进行绑扎作业的人员挤压在上下钢筋之间，塌落面积大约在 2000 平方米，造成 10 人死亡，4 人受伤。

15. 2015 年 4 月 11 日，河北省石家庄市新乐市金地国际市场 A 区 13 号商业楼在浇筑混凝土过程中发生模板支撑系统坍塌事故，造成 5 人死亡，4 人受伤，直接经济损失约 480 万元。

16. 2015 年 5 月 9 日，山东省临沂市兰陵县鲁城镇的兰陵顺天运输有限公司，在驻地院内修建挡土墙施工过程中发生坍塌事故，造成 10 人死亡，3 人受伤，直接经济损失 721.5 万元。

17. 2015 年 6 月 7 日，广东省东莞市深粮物流有限公司粮食仓储及码头配套工程（甘肃省第二安装工程公司承建）发生高处坠落事故，死亡 4 人，直接经济损失 450 万元。

18. 2015 年 6 月 8 日，河南省邓州市花洲街道办事处大东关居委会一组一村民在对住房进行外粉作业时，吊篮一侧固定钢丝绳脱落，吊篮在空中倾斜，造成 3 人死亡。

19. 2015 年 6 月 16 日，天津市西青区卫津南路 168 号的盛世丽水洗浴会馆发生楼板坍塌事故，造成 6 人死亡，6 人受伤，直接经济损失约 486 万元。

20. 2015 年 10 月 30 日，河南省漯河市舞阳县北舞渡镇一民房在改造施工过程中发生坍塌事故，造成 17 人死亡，9 人重伤，14 人轻伤。

21. 2015 年 12 月 26 日，安徽省淮北市烈山区宋疃镇境内亿阳管业淮北通力水泥预制构件有限公司在深基坑施工时发生坍塌事故，造成 5 人死亡，直接经济损失约 398 万元。

22. 2016 年 1 月 30 日，河北省唐山市丰润区金域名邸项目 4 号地块施工工地在混凝土浇筑作业时，模板支撑体系坍塌，造成 5 人死亡，直接经济损失 684.5 万元。

23. 2016 年 4 月 2 日，山东省青岛市市北区李村河、张村河下游综合整治工程调蓄池通水调试期间发生硫化氢中毒事故，造成 3 人死亡，1 人重伤。

24. 2016 年 5 月 8 日，福建省泰宁县池潭水电厂扩建工程项目工地被泥石流冲毁，造成 36 人死亡（失踪）。

25. 2016 年 6 月 5 日，山东省淄博市桓台县马桥镇山东天源热电有限公司电厂在对一关停锅炉烟囱实施定向拆除过程中发生坍塌事故，造成 3 人死亡。

26. 2016 年 6 月 18 日，四川省宜宾市成贵铁路工程大土地隧道项目部分房屋被滑坡山体埋压，造成 7 人死亡。

27. 2016 年 6 月 22 日，中国铝业有限公司河南分公司氧化铝厂（厂址郑州市上街区）在实施氧化铝节能减排升级改造建设项目四沉降系统搬迁工程拆除作业过程中，4 槽体顶盖发生坍塌事故，施工人员随顶盖坠落，造成 13 人死亡。

28. 2016 年 7 月 9 日，河北省武安市广耀铸业有限公司混铁炉在环保除尘项目施工中，5 名工人氮气窒息死亡。

29. 2016 年 7 月 15 日，山东省龙口市徐福街道东海园区金域蓝湾小区施工现场发生施工升降机坠落事故，造成 8 人死亡。

30. 2016 年 7 月 29 日，中铁隧道集团二处有限公司承建的重庆轨道交通五号线 5108 标巴山站配线段钻爆区间在绑扎钢筋过程中发生坍塌事故，造成 3 人死亡，1 人重伤，直接经济损失 668.6 万元。

31. 2016 年 8 月 1 日，贵州省遵义市新蒲新区三渡镇平丰村五星村民组一在建水窖发生垮塌，造成 8 人死亡，1 人受伤。

32. 2016 年 10 月 11 日，浙江省温州市鹿城区双屿街道中央涂村中央街 4 间农民自建房突发倒塌事故，造成 22 人死亡。

33. 2016 年 10 月 15 日，江苏省南通市顺业酒业有限公司在清理储酒池过程中发生窒息事故，造成 3 人死亡。

34. 2016 年 11 月 8 日，山东省淄博市嘉周热力有限公司在技改工程管道施工时发生爆炸事故，造成 5 人死亡，6 人受伤，直接经济损失约 1000 万元。

★35. 2016 年 11 月 24 日，江西省宜春市丰城电厂三期建设项目冷却塔施工平台发生坍塌事故，造成 73 人死亡，2 人受伤，直接经济损失 10197.2 万元。

36. 2017 年 3 月 25 日，广东省广州市第七资源热力电厂施工现场发生作业平台坍塌事故，造成 9 人死亡，2 人受伤。

37. 2017 年 5 月 2 日，中铁建十五局集团公司施工的贵州省毕节市成贵铁路七扇岩隧道发生瓦斯爆炸事故，造成 12 人死亡，12 人受伤。

38. 2017 年 7 月 4 日，吉林省松原市宁江区繁华路在进行道路改造工程施工过程中钻透燃气管道造成燃气泄漏，燃气公司在抢修时发生爆炸，波及邻近医院的医护人员和患者，造成 5 人死亡，89 人住院治疗，其中 14 人重伤。

39. 2017 年 7 月 11 日，广东省普宁市普宁大道南山路段一辆正在路边施工的大型吊车侧翻，吊臂砸中路过一辆小型客车，造成 7 人死亡，3 人受伤。

40. 2017 年 7 月 22 日，广东省广州市海珠区中交集团南方总部基地 B 区项目建筑工地发生塔吊坍塌事故，造成 7 人死亡，2 人重伤，直接经济损失 847.73 万元。

41. 2017 年 8 月 1 日，江苏省徐州市长业建设集团有限公司在中梁地产集团徐州旭鑫置业有限公司怡景嘉园建筑工地拆除临时楼房平台时发生坍塌事故，造成 5 人死亡，1 人受伤，直接经济损失约 900 万元。

42. 2018 年 1 月 5 日，云南省文山州麻栗坡县麻栗镇南油村委会李家山村民小组一在建高压输电线塔在施工过程中发生坍塌，致 4 名施工人员死亡。

43. 2018 年 1 月 21 日，安徽省阜阳市太和县河西李小洼安置区 12 楼工程一部施工升降机在拆除时发生坠落，造成 3 名施工人员死亡。

44. 2018 年 2 月 7 日，广东省佛山市城市轨道交通 2 号线一期工程（由中国交通建设集团第二航务工程局负责施工）发生透水并引发坍塌事故，造成 12 人死亡，8 人受伤。

45. 2018 年 2 月 8 日，广西壮族自治区河池市金城江区锦逸时代楼盘施工现场发生吊塔垮塌事故，造成 3 名工人死亡，1 人受伤。

（四）其他工贸企业事故

1. 2013 年 1 月 16 日，四川省成都市青白江区攀钢集团成都钢钒有限公司炼铁厂竖炉车间发生中毒事故，造成 4 人死亡，2 人受伤。

2. 2013 年 3 月 1 日，辽宁省朝阳市建平县鸿燊商贸有限公司发生硫酸储罐爆炸事故，造成 7 人死亡，2 人受伤，直接经济损失 1210 万元。

3. 2013 年 4 月 1 日，江西省新余钢铁集团有限公司第一炼钢厂 2 号转炉发生爆炸事故，造成 4 人死亡，28 人受伤。

4. 2013 年 4 月 23 日，安徽省马鞍山市当涂经济开发区安徽久福新型墙体材料有限公司第 14 号蒸压釜发生爆炸，造成 5 人死亡，7 人受伤。

5. 2013 年 7 月 22 日，云南省玉溪仙福钢铁集团有限公司在清理主渣沟时发生干渣池爆炸事故，造成 3 人死亡。

6. 2013 年 7 月 30 日，河北省廊坊市文安县新钢钢铁有限公司制氧厂发生燃爆事故，造成 7 人死亡，1 人受伤，直接经济损失 1290 万元。

7. 2013 年 8 月 31 日，上海市宝山区丰翔路 1258 上海翁牌冷藏实业有限公司发生液氨泄漏事故，造成 16 人死亡，7 人重伤。

8. 2013 年 10 月 30 日，河北省承德市承钢正桥开发有限公司黄杖子钙灰厂发生火灾事故①，导致正在皮带廊选灰平台上作业的 7 名工人死亡，直接经济损失 490 余万元。

9. 2013 年 11 月 11 日，新疆维吾尔自治区八一钢铁公司所属的钢结构有限公司（为宝钢集团新疆八一钢铁有限公司金属制品有限公司下属的全资子公司）在进行气割作业时发生爆炸事故，造成 6 人死亡，6 人受伤。

10. 2013 年 12 月 5 日，上海市环城再生能源有限公司江桥生活垃圾焚烧厂渗滤液调节池发生爆炸并引发坍塌，造成 3 人死亡，3 人重伤，1 人轻伤。

11. 2014 年 1 月 6 日，山西省太钢不锈钢股份有限公司发生中毒窒息事故，造成 4 人死亡，1 人重伤，1 人轻伤。

12. 2014 年 3 月 23 日，云南省玉溪市玉昆钢铁集团有限公司高速线材厂在处理加热炉煤气阀站盲板阀故障时发生煤气中毒事故，造成 2 人死亡，17 人受伤。

13. 2014 年 3 月 28 日，江苏省南京百总机电设备安装有限公司在清理风机内杂物的作业中发生窒息事故，死亡 3 人。

14. 2014 年 3 月 28 日，广西壮族自治区盛隆冶金有限公司因进入风机清理杂物的施工人员未检测及采取有效防护措施，致使其坠入风机底部并发生窒息事故；其他员工盲目施救造成损失扩大。事故共造成 3 人死亡。

★15. 2014 年 8 月 2 日，江苏省苏州市昆山经济技术开发区中荣金属制品有限公司（台商独资企业）抛光二车间（即 4 厂房）发生铝粉尘爆炸事故，当天造成 75 人死亡，185 人受伤。后陆续有人死亡，在事故发生后 30 日报告期内，

---

① 河北省事故调查组发布的事故调查报告把此次事故称为"生产经营性火灾事故"。

共有 97 人死亡，163 人受伤。事故报告期后，又有 49 人经抢救医治无效死亡。总共造成 146 人死亡，95 人重伤，直接经济损失 3.51 亿元。

16. 2014 年 9 月 19 日，福建省厦门市湖里区福园公寓"家乡瓦罐"煨汤馆发生燃气泄漏爆炸事故，造成 5 人死亡，18 人受伤，直接经济损失 890 余万元。

17. 2014 年 11 月 25 日，福建省厦门市思明区美湖路 29 号味味川菜馆发生液化石油气泄漏爆炸事故，造成 4 人死亡，3 人受伤，4 间商铺不同程度受损。

18. 2014 年 12 月 31 日，广东省佛山市顺德区广东富华工程机械制造有限公司车轴装配车间发生重大爆炸事故，造成 18 人死亡，32 人受伤，直接经济损失 3786 万元。

19. 2015 年 1 月 2 日，湖南省郴州市新高建筑有限公司承建的湖南柿竹园有色金属有限责任公司柴山钼铋钨多金属矿技改工程工业广场机修房，在屋面浇筑混凝土时发生坍塌事故，导致 6 人死亡，5 人受伤，直接经济损失 788.7 万元。

20. 2015 年 1 月 14 日，云南省红河自治州金珂糖业公司制炼车间的一名工人在清洗糖浆箱时中毒晕倒，其他人相继进入糖浆箱施救，事故造成 4 人死亡，2 人中度中毒、6 人轻度中毒。

21. 2015 年 1 月 31 日，内蒙古自治区呼伦贝尔市根河市金河兴安人造板有限公司发生粉尘爆炸事故，引发火灾，造成 6 人死亡，3 人受伤，生产车间厂房严重损毁。

22. 2015 年 3 月 14 日，河南省巩义牡丹焊接材料有限公司发生容器爆炸事故，造成 3 人死亡，2 人受伤。

23. 2015 年 3 月 18 日，海南省儋州市蔚林橡胶公司组织进行橡胶废水池清洗作业，一名员工在废水池中作业时晕倒，其他人下池相救时中毒，共造成 3 人死亡。

24. 2015 年 4 月 2 日，河南省济源市中原特钢股份有限公司发生中毒窒息事故，造成 3 人死亡，3 人受伤。

25. 2015 年 5 月 19 日，山东省青岛市市南区绍兴三路颐荷商务酒店有限公司发生液化气爆炸事故，造成 3 人死亡，17 人受伤，直接经济损失约 665 万元。

26. 2015 年 5 月 31 日，河南省扶沟县瑞明皮革制品有限公司污水处理站调节池充气管道检修过程中发生中毒窒息事故，造成 4 人死亡，9 人受伤。

27. 2015 年 6 月 9 日，辽宁省大连市金州新区城市污水管网滨海 2 号提升泵站发生中毒事故，造成 4 人死亡。

28. 2015 年 7 月 4 日，浙江省台州温岭市大溪镇佛陇村捷宁鞋材有限公司发生厂房因楼屋面荷载过大，钢结构承载力不足，致使房屋结构体系失稳造成厂房坍塌，造成 14 人死亡，33 人受伤。

29. 2015 年 7 月 16 日，江西省南昌市西湖区中山桥至海关桥路段下水道疏浚工程，3 名作业人员在进入下水道进行检查时，遇降雨，水位上涨，被困溺亡。

30. 2015 年 8 月 4 日，安徽省亳州市经济开发区汤王大道与养生大道交口，市政污水管道疏通作业过程中发生中毒事故，造成 4 人死亡，1 人重伤。

31. 2015 年 8 月 28 日，湖南省常德市安乡县大鲸港镇众鑫纸业有限责任公司一名工人在清理浆纸池内废料时中毒晕倒在池中，其他人见状急忙进入池内施救，相继中毒。事故共造成 8 人死亡，1 人重伤。

32. 2015 年 8 月 31 日，山西省运城市河津市华鑫源钢铁有限责任公司在进行高炉检修时发生残留煤气中毒事故，造成 4 人死亡，4 人受伤。

33. 2015 年 9 月 2 日，首钢股份公司迁安钢铁公司（位于河北省迁安市）热轧作业部 2160 热轧卷板生产线在粗除鳞渣沟清理作业时发生淹溺事故，造成 7 人死亡。

34. 2015 年 9 月 25 日，河南省睢县城市污水处理厂发生中毒窒息事故，造成 4 人死亡。

★35. 2015 年 10 月 10 日，安徽省芜湖市镜湖区淳良里社区杨家巷"砂锅大王"小吃店发生瓶装液化石油气泄漏燃烧爆炸事故，造成 17 人死亡，直接经济损失约 1528 万元。

36. 2015 年 10 月 14 日，河北省枣强县紫裘皮草有限公司在清理预曝调节池过程中发生中毒窒息事故，造成 3 人死亡，1 人受伤。

37. 2015 年 11 月 29 日，山东省滨州市邹平县青龙山工业园区内的山东富凯不锈钢有限公司发生煤气中毒事故，造成 10 人死亡，7 人受伤。

38. 2015 年 12 月 10 日，云南省曲靖市越州镇天源实业有限公司在清理葡萄酿酒发酵柜过程中发生中毒窒息事故，死亡 4 人。

39. 2015 年 12 月 16 日，福建省龙岩市新罗区龙岩市阿古餐饮有限公司城市桂冠分店厨房发生爆燃事故，造成 8 人死亡，4 人受伤，直接经济损失约 772 万元。

40. 2015 年 12 月 19 日，天津市荣程集团唐山特种钢有限公司炼铁厂白灰作业区进口煤气管道排水器击穿造成煤气泄漏，死亡 3 人。

41. 2015 年 12 月 25 日，山东省青岛市即墨市的九盛纸制品公司（位于即墨市大信镇，为非法烧纸作坊）发生急性硫化氢中毒事故，造成 4 人死亡，1 人受伤。

42. 2016 年 1 月 11 日，贵州省铜仁市玉屏县人民医院物业服务公司洗衣房熨烫车间蒸汽管道发生爆裂事故，造成 4 人死亡，2 人受伤。

43. 2016 年 1 月 17 日，湖南省宁远县工业园区内的新美雅陶瓷有限公司煤气站在风冷器检修时发生煤气爆炸事故，造成 3 人死亡，3 人受伤。

★44. 2016 年 4 月 13 日，位于广东省东莞市麻涌镇大盛村的中交第四航务工程局有限公司第一工程有限公司东莞东江口预制构件厂一台通用门式起重机因大风倾覆，压塌轨道终端附近的部分住人集装箱组合房，造成 18 人死亡，33 人受伤，直接经济损失 1861 万元。

45. 2016 年 4 月 29 日，广东省深圳市光明新区精艺星五金加工厂发生铝粉尘爆炸事故，造成 4 人死亡，6 人受伤（其中 5 人严重烧伤）。

46. 2016 年 5 月 21 日，河南省郑州市高新技术开发区一家精密设备厂发生爆炸起火，并引燃相邻的服装厂，事故造成 6 人死亡，7 人受伤。

47. 2016 年 5 月 31 日，河南省安阳县水冶镇盛鑫铁合金经销处发生疑似雷蒙磨粉尘爆炸，造成 4 人死亡，3 人受伤。

48. 2016 年 6 月 4 日，河北省肃宁县宋占峰水泥制品厂在吊装水泥预制板过程中，发生触电事故，造成 3 人死亡。

49. 2016 年 6 月 21 日，湖北省沧州市泊头市益和冶金机械有限公司发生灼烫事故，造成 5 人死亡，2 人受伤，直接经济损失 500 余万元。

50. 2016 年 7 月 9 日，宁夏回族自治区中卫市宁夏正旺农牧科技有限公司生物发酵车间，1 名工人在清洗饲料发酵罐时晕倒在罐内。现场另外 3 名工人进入罐中抢救，相继晕倒。事故造成 4 人死亡。

51. 2016 年 7 月 9 日，河北省武安市广耀铸业有限公司 600 吨混铁炉除尘器升级改造过程中发生氮气窒息事故，造成 5 人死亡。

52. 2016 年 7 月 23 日，中储备粮故城直属库兴粮分库墙体粉刷作业时发生触电事故，造成 3 人死亡，1 人受伤。

53. 2016 年 7 月 23 日，北京市延庆区北京八达岭野生动物世界有限公司发生动物伤人事故，一只东北虎撕咬游客，造成 1 死 1 伤。

54. 2016 年 8 月 11 日，湖北宜昌市当阳市马店矸石发电有限责任公司热电联产项目在试生产过程中，2 号锅炉高压主蒸汽管道上的"一体焊接式长径喷嘴"（企业命名的产品名称，是一种差压式流量计）裂爆，导致高压蒸汽管道裂爆，造成 22 人死亡，4 人重伤，直接经济损失约 2313 万元。

55. 2016 年 9 月 23 日，北京市丰台区长辛店镇园博园南路与园博园西二路交叉路口东北侧电力井内发生中毒和窒息事故，造成现场作业人员 3 人死亡，2

人受伤。

56. 2017 年 3 月 20 日，云南省文山州砚山县宏鑫金属再生有限公司发生钢水灼烫事故，造成 5 人死亡，2 人受伤。

57. 2017 年 5 月 29 日，江苏省扬州市邗江区杨庙镇的污水泵站发生中毒窒息事故，造成 3 人死亡（其中 1 人由于施救不当导致），1 人受伤。

58. 2017 年 6 月 8 日，江苏省南京市鼓楼区江苏路 30 号江苏康达妇幼保健服务有限公司厨房发生液化石油气泄漏爆燃事故，造成 3 人当场死亡，7 人受伤。

59. 2017 年 9 月 29 日，北京市环能科技股份有限公司在进行顺义区花马沟排污口应急超磁水体净化站组合池体作业时发生中毒窒息事故，造成 3 人死亡。

60. 2017 年 10 月 13 日，重庆市长寿区鸿盛物流有限公司在洗车场清洗罐车过程中发生中毒和窒息事故，造成 3 人死亡。

61. 2017 年 11 月 4 日，河南省郑州市中牟县水利施工总队在贾鲁河 1 号闸附近进行水上作业时发生溺水事故，造成 3 人死亡。

62. 2017 年 12 月 23 日，浙江省嘉兴市南湖区新丰镇富欣热电厂锅炉操作间发生蒸汽管道爆裂事故，造成 4 人死亡，5 人受伤。

63. 2018 年 1 月 15 日，湖南省湘西自治州凤凰县廖家桥镇镇竿阿牛食品有限责任公司在组织人员清理化粪池过程中发生中毒事故，救援不当造成 4 人死亡，1 人受伤。

64. 2018 年 1 月 31 日，贵州省首钢水城钢铁（集团）有限责任公司在对余热发电 9 号锅炉检修作业中发生煤气中毒事故，造成 9 人死亡，2 人受伤。

65. 2018 年 2 月 5 日，广东省韶关市韶钢公司松山炼铁厂在 7 号高炉余压发电检修作业完成后引送煤气开启盲板阀过程中，发生煤气泄漏中毒事故，造成 18 人中毒，其中 8 人死亡。

66. 2018 年 7 月 12 日，四川省宜宾市江安县阳春工业园区宜宾恒达科技有限公司在设备调试过程中发生燃爆事故，造成 19 人死亡，12 人受伤。该企业存在违法施工建设问题，两次被相关部门处罚，在安全设施设计评价和消防手续不齐备的情况下进入调试生产阶段。

67. 2018 年 10 月 19 日，贵州省黔东南州镇远县舞阳镇西秀电冶厂发生喷炉灼烫事故，造成 4 人死亡，1 人受伤。

（五）火灾事故

1. 2013 年 1 月 1 日，浙江省杭州市萧山区瓜沥镇空港新城永成机械有限公司发生火灾，过火面积 6000 余平方米。3 名消防官兵在灭火过程中牺牲。

2. 2013 年 4 月 14 日，湖北省襄阳市樊城区一景城市花园酒店二楼迅驰星空网络会所发生火灾，殃及酒店客房，造成 14 人死亡，24 人重伤，23 人轻伤。

3. 2013 年 5 月 31 日，中国储备粮管理总公司黑龙江分公司林甸直属库发生火灾，造成 80 个粮囤、揽堆过火，直接经济损失 307.9 万元。

★4. 2013 年 6 月 3 日，吉林省长春市德惠市宝源丰禽业有限公司发生火灾爆炸事故，造成 121 人死亡，76 人受伤，17234 平方米主厂房及生产设备被损毁，直接经济损失 1.82 亿元。

5. 2013 年 8 月 30 日，浙江省嘉兴市独山港镇平湖申平塑胶有限公司厂房发生火灾，造成 8 人死亡，5 人受伤，1536 平方米厂房及厂房内生产设备被损毁，直接经济损失 1000 万元。

6. 2013 年 11 月 19 日，北京市朝阳区小武基村市场汽配仓库因员工违章使用"热得快"引发火灾，造成 12 人死亡，4 人受伤。

7. 2013 年 12 月 11 日，广东省深圳市南山区荣健农产品批发市场，因空调压缩机电线短路引发火灾事故，过火面积 1290 平方米，造成 16 人死亡，5 人受伤，直接经济损失 1781.2 万元。

8. 2014 年 1 月 10 日，河北省霸州市胜芳镇西格玛酒店发生火灾，造成 5 人死亡。

9. 2014 年 1 月 11 日，云南省迪庆藏族自治州香格里拉县建唐镇独克宗古城发生火灾，共烧毁房屋 343 栋，文物建筑损毁面积为 2220 平方米，造成 203 户居民和 276 户商户受灾，转移群众 2600 余人，直接经济损失 8984 万元。

10. 2014 年 1 月 14 日，浙江省台州温岭城北街道杨家渭村大东鞋业有限公司电气线路故障，引燃周围鞋盒等可燃物引发火灾，过火面积约 800 平方米。事故造成 16 人死亡，17 人受伤。

11. 2014 年 3 月 26 日，广东省揭阳市普宁市军埠镇一非法生产内衣的家庭作坊发生火灾，造成 12 人死亡，5 人受伤。

12. 2014 年 4 月 4 日，天津市北辰区宜兴埠镇正大同创印刷有限公司真空镀膜车间发生火灾，造成 5 人死亡，2 人受伤。

13. 2014 年 11 月 16 日，山东省潍坊市寿光县化龙镇龙源食品有限公司因制冷系统供电线路敷设不规范、系统超负荷运转、线路老化，冷风机供电线路接头处过热短路，引燃墙面聚氨酯泡沫保温材料，引发火灾，造成 18 人死亡，13 人受伤，4000 平方米主厂房及主厂房内生产设备被损毁，直接经济损失 2666 万元。

14. 2014 年 11 月 19 日，广东省东莞市凤岗镇今明阳电池科技有限公司发生火灾，过火面积约 200 平方米，造成 5 人死亡，直接经济损失 975 万元。

15. 2014 年 11 月 29 日，湖南省长沙市芙蓉区三湘南湖大市场实业总公司家电城发生火灾事故，约 1.8 万平方米面积过火，直接经济损失 2496.9 万元。

16. 2014 年 12 月 15 日，河南省新乡市长垣县皇冠 KTV 歌厅，因吧台内使用的硅晶电热膜对流式电暖器，近距离高温烘烤具有易燃易爆危险性的罐装空气清新剂，导致空气清新剂爆炸燃烧引发火灾，造成 11 人死亡，24 人受伤。

17. 2014 年 12 月 26 日，安徽省阜阳市颍州区王店镇十二里庙村张奎床辅材加工点发生火灾，造成 5 人死亡，6 人受伤。

18. 2015 年 1 月 2 日，黑龙江省哈尔滨市道外区太古头道街的北方南勋陶瓷大市场三层仓库起火，该仓库存放物品为日用品，大火持续 20 多个小时。当日 21 时，持续 9 个多小时的大火导致仓库所在的居民楼突然坍塌，将正在灭火的数名消防队员压在里面，其中 5 名消防队员牺牲，14 人受伤，直接经济损失 5913.8 万元。

19. 2015 年 1 月 3 日，云南省大理白族自治州巍山县南诏镇拱辰楼发生火灾，过火面积约 300 平方米，600 多年的历史古迹全部被烧毁。

20. 2015 年 2 月 5 日，广东省惠州市惠东县平山街道办惠东大道义乌商品城四楼仓库着火，过火面积 3800 平方米，造成 17 人死亡，9 人受伤（其中 1 人重伤）。火灾是由于一名 9 岁男孩在商场四楼的一处店铺前，用打火机玩火，引起货品燃烧并蔓延酿成。

21. 2015 年 4 月 17 日，浙江省苍南县钱库镇城南社区金处村钱东路发生火灾，过火面积约 500 平方米，造成 5 人死亡，2 人重伤，直接经济损失 455 万元。

★22. 2015 年 5 月 25 日，河南省平顶山市鲁山县康乐园老年公寓（民营）发生火灾，造成 39 人死亡，6 人受伤。

23. 2015 年 6 月 25 日，河南省郑州市金水区西关虎屯新区 4 号楼 2 单元 1 层楼梯间接线箱内电气线路单相接地短路、起火，楼梯间内放置的电动自行车、自行车、座椅等被引燃后产生大量高温有毒烟气，沿楼梯向上蔓延。7 层集体宿舍居住人员有 15 人中毒窒息死亡，2 人受伤，直接经济损失 996.8 万元。

24. 2015 年 8 月 8 日，安徽省合肥市经开区合肥众美电器有限公司发生火灾，过火面积约 800 平方米，造成 5 人死亡，16 人受伤，直接经济损失约 900 万元。

25. 2016 年 2 月 15 日，辽宁省四平市梨树县郭家店镇晨辉社区（鼎旺小区）太平洋洗浴中心发生火灾，造成 5 人死亡。

26. 2016 年 3 月 28 日，安徽省阜阳市太和县城关镇团结路社区曹园小区内一处居民住宅发生火灾，造成 6 人死亡，直接经济损失约 495 万元。

27. 2016 年 6 月 22 日，河北省邢台市威县中华大街和记永和餐饮等 3 家临街门店发生火灾，过火建筑面积 1319 平方米，造成 4 人死亡。

28. 2016 年 8 月 14 日，广东省东莞市大朗镇巷头社区一出租屋（局部工商登记为东莞大朗宏贸针织时装厂）因电线短路引燃周围可燃物造成火灾，过火面积约 150 平方米，致使 9 人死亡，2 人重伤，直接经济损失 865 万元。

29. 2016 年 8 月 29 日，广东省深圳市宝安区一出租屋因电动车充电引发火灾，造成 7 人死亡（其中 2 人因逃生踩踏及不慎坠楼死亡），4 人受伤。

30. 2017 年 1 月 4 日，吉林省通化市辉南县聚德康安老院因墙壁电源插座与充气气垫插头接触故障引燃周围可燃物，引发火灾事故，过火面积约 28.44 平方米，造成 7 人死亡，直接经济损失 213.452 万元。事故发生后国务委员王勇作出批示要求认真查处。

31. 2017 年 2 月 5 日，浙江省台州市天台县足馨堂足浴中心发生火灾，造成 18 人死亡，18 人受伤。火灾起因是汗蒸房内电热膜导电部分引燃周围可燃物进而引发大火，加之其内部装修多采用易燃材料，致使火势蔓延。

32. 2017 年 2 月 25 日，江西省南昌市海航白金汇酒店"唱天下 KTV"歌厅因改建装修施工人员在进行金属切割作业时产生的高温金属熔渣溅落在工作平台下方，引燃废弃沙发造成火灾。死亡 10 人，受伤 13 人。

33. 2017 年 7 月 16 日，江苏省常熟市虞山镇漕泾 2 区 74 幢发生火灾，造成 22 人死亡，3 人轻伤。

34. 2017 年 9 月 25 日，浙江省玉环市玉城街道小水埠村一民房起火，造成 9 人死亡，4 人受伤。

★35. 2017 年 11 月 18 日，北京市大兴区西红门镇新建二村新康东路 8 号的一处集储存、生产、居住功能为一体的"三合一"场所发生火灾，造成外地来京务工者 19 人死亡，8 人受伤。

36. 2017 年 12 月 1 日，天津市河西区友谊路君谊大厦 1 号楼泰禾"金尊府"项目发生火灾事故，过火面积约 300 平方米，造成 10 人死亡，5 人受伤，直接经济损失 2516.6 万元。

37. 2017 年 12 月 9 日，广东省海丰县公平镇日兴社区的一处小商铺发生火灾，造成 8 人死亡。

38. 2017 年 12 月 10 日，河北省邯郸市永年区大北汪镇金海岸洗浴中心桑拿房发生火灾，造成 6 人死亡。

39. 2017 年 12 月 13 日，北京市朝阳区十八里店乡白墙子村一村民自建房发生火灾，造成 5 人死亡，8 人受伤。

40. 2018 年 2 月 17 日，广东省清远市清城区石角镇碧桂园假日半岛住宅小区的一垃圾清运收集点发生火灾，造成 9 人死亡，1 人受伤。

41. 2018 年 8 月 25 日，黑龙江省哈尔滨市松北区太阳岛北龙温泉休闲酒店发生火灾，造成 21 人死亡，22 人受伤。

42. 2018 年 10 月 28 日，天津市滨海区中外运久凌储运公司润滑油仓库发生火灾，直接经济损失约 7000 万元。

（六）交通运输事故

1. 2013 年 1 月 28 日，黑龙江省黑河铁路集团有限责任公司 40296 次货运列车，在北黑线（北安至黑河）襄河车站内一平交道口处与五大连池市客运有限责任公司一辆号牌为"黑 N-21198"的大客车相撞，造成 10 人死亡，37 人受伤。

★2. 2013 年 2 月 1 日，河北省石家庄市开发区凯达运输有限公司一辆号牌为"冀 A-70380"的货车，在河南三门峡境内义昌大桥（连霍高速 741 千米+900 米）上发生爆炸，造成 13 人死亡，11 人受伤，直接经济损失 7632 万元。

3. 2013 年 2 月 1 日，河北省衡水运输集团有限公司一辆号牌为"冀 T-23171"的大客车（核定准载 47 人，实载 54 人），在甘肃省庆阳市宁县境内宁（县）五（里墩）公路 2 千米+200 米处下坡转弯路段时，从 29 米深的山坡冲下，导致车辆起火燃烧，造成 18 人死亡，5 人重伤，27 人轻伤。

4. 2013 年 2 月 1 日，四川省泸州市古蔺县畅通运输有限公司一辆号牌为"川 E-44303"的大客车（核定准载 30 人，实载 30 人），在古蔺县境内省道 309 线 29 千米+100 米处上坡拐弯路段时，侧翻至公路右侧 82 米深的山崖下，造成 11 人死亡，18 人受伤。

5. 2013 年 2 月 2 日，贵州省黔东南州运发汽车运输有限公司一辆号牌为"贵 H-A2008"的中型客车（核定准载 19 人，实载 34 人），在黔东南州从江县境内四银公路 5 千米+800 米处，翻下右侧 80 米深的山谷内，造成 12 人死亡，22 人受伤。

6. 2013 年 2 月 6 日，云南省昆明市倘甸两区管委会乌蒙乡下基噜村一辆号牌为"云 A-G956Q"的昌河牌微型面包车（核定准载 6 人，实载 15 人），在乌蒙乡境内翻下 75 米深山坡下，造成 12 人死亡，3 人受伤。

7. 2013 年 2 月 19 日，湖北省恩施州交通运输集团昌瑞客运公司一辆号牌为

"鄂 Q-01466"的中型客车，在恩施州建始县境内红二公路 66 千米+700 米处发生翻车事故，造成 10 人死亡，9 人受伤。

8. 2013 年 3 月 12 日，湖北省恩施自治州交通运输集团鹤峰县益通汽车运输有限公司一辆号牌为"鄂 Q-69888"的双层卧铺客车，在经过荆州长江大桥（二广高速 1765 千米+200 米处）时，为避让一辆逆向行驶的摩托车，不慎坠入桥下 15 米深的江滩，造成 14 人死亡，8 人重伤。直接经济损失 1002.93 万元。

9. 2013 年 3 月 18 日，云南省楚雄州汽车运输公司一辆号牌为"云 E-10598"的大客车（核定准载 30 人，实载 29 人），在云南省保山市境内大保高速公路 113 千米+200 米处，侧翻下右侧山沟中，造成 15 人死亡，6 人重伤，8 人轻伤。

10. 2013 年 3 月 18 日，天津光阳海运有限公司所属"光阳新港"轮，由天津驶往浙江台州途中，在山东省龙口港正北约 40 海里处颠覆，造成 14 人死亡。

11. 2013 年 3 月 22 日，江西省鹰潭市顺驰物流有限公司一辆号牌为"赣 L-38239"的重型半挂货车，在福建省漳州市境内厦蓉高速公路 109 千米+524 米处，先后与前方一辆小客车、一辆卧铺大客车、一辆大货车发生碰撞，导致大客车破裂解体，造成 12 人死亡，7 重伤，27 人轻伤。

12. 2013 年 6 月 18 日，新疆维吾尔自治区安吉达国际旅客运输公司一辆号牌为"新 A-89385"的大客车（核定准载 36 人，实载 36 人）在昌吉州昌吉市境内距庙尔沟乡政府 10 千米处，侧翻坠入 32 米深沟，造成 15 人死亡，11 人重伤，10 人轻伤。

13. 2013 年 6 月 23 日，江西省南丰县太和镇下洋村居民陈某雇请南丰县桔圣汽车贸易物流配送公司一辆半挂大货车，在南丰县傅坊乡与福建省建宁县交界处发生侧翻，造成 16 人死亡，2 人重伤，8 人轻伤。

14. 2013 年 7 月 23 日，江西省抚州市南丰县太和镇陈某雇请南丰县桔圣汽车贸易物流配送有限公司的一辆半挂大货车（车牌号为"赣 F43073""赣 F2392挂"，核载 32 吨）载 28 人，赴福建省建宁县里心镇采摘收购黄花梨，返回时行至甘家隘 33 千米+190 米急拐弯处，车辆发生侧翻，导致 16 人死亡（其中当场死亡 15 人，送医院途中死亡 1 人），10 人受伤（其中 1 人重伤）。

15. 2013 年 8 月 9 日，上海瑞锦旅游客运有限公司所属一辆号牌为"沪 B-67525"的大客车，在安徽省合肥市境内合淮阜高速公路吴山道口北与一辆大货车（皖 S-55940）相撞，造成 10 人死亡，9 人受伤。

16. 2013 年 8 月 11 日，云南省曲靖市一辆号牌为"云 D-V5586"的面包车在罗平县境内发生翻车事故，造成 11 人死亡，4 人重伤。

17. 2013 年 8 月 12 日，河南省周口市金像汽车运输有限公司一辆号牌为"豫 P-P6696"的大货车，在信阳市光山县境内 312 国道 768 千米+260 米处，与一辆中型客车（牌为豫 S-A0905）相撞，造成 11 人死亡，12 人受伤，直接经济损失 1260 万元。

18. 2013 年 8 月 26 日，安徽省宿州市通达运输有限公司砀山分公司一辆号牌为"皖 L-58126"的货车，在砀山县境内 310 国道 305 千米路段与一辆中型客车（苏 C-P8660）相撞，造成 10 人死亡，2 人重伤，3 人轻伤，直接经济损失约 800 万元。

19. 2013 年 9 月 15 日，四川省达州市四川达运集团渠县通林分公司一辆号牌为"川 S-31500"的客车（核定准载 24 人，实载 27 人），行驶至渠县境内 167 县道一"T"形路口时，与达州市亚通运业有限公司一辆货车（川 S-37789）相撞，造成 21 人死亡，3 人重伤，4 人轻伤。

20. 2013 年 9 月 24 日，安徽省亳州市利辛县齐力物流有限公司一辆号牌为"皖 S-73712"的重型半挂牵引车，在利辛县境内延陵大道与富强北路交叉口处，与阜阳市长途汽车租赁服务有限公司一辆大客车（皖 K-G5551）相撞，造成 10 人死亡，4 人重伤，24 人轻伤。

21. 2013 年 11 月 24 日，浙江省兴龙舟海运集团有限公司所属"兴龙舟 65"散装船，在山东省烟台市长山水道东南部水域遇大风倾斜沉没，造成 12 人死亡。

22. 2013 年 11 月 25 日，天津紫海顺航运有限公司所属"紫海顺"货轮，在山东青岛市石岛东南约 18 海里水域，由于受大风影响，船舱进水沉没，造成 14 人死亡。

23. 2014 年 1 月 15 日，云南省昆明市禄劝县新槽村王某驾驶的"云 AT816U"小型普通客车，载乘 12 人，驶至上龙厂村附近积雪结冰路段上坡转弯时，车辆驶出路面，翻坠入道路右侧 81 米深的山崖，造成 12 人死亡。

★24. 2014 年 3 月 1 日，位于山西省晋城市泽州县的晋济高速公路山西晋城段岩后隧道内，两辆运输甲醇的铰接列车追尾相撞，甲醇泄漏起火燃烧，造成 40 人死亡，12 人受伤，42 辆车烧毁，直接经济损失 8197 万元。

25. 2014 年 3 月 3 日，上海市青竹连发汽车租赁公司一辆大客车在甘肃省甘南州合作市境内 213 国道 256 千米+200 米处发生侧翻，造成 10 人死亡，35 人受伤。

26. 2014 年 3 月 5 日，吉林省吉林市富康木业公司租用的吉林平安客运公司一辆通勤车在运送职工上班途中起火燃烧，造成 10 人死亡，19 人受伤。

27. 2014 年 3 月 6 日，四川省南充市南充汽车运输公司仪陇分公司一辆客车在仪陇县杨桥镇境内五一桥发生坠桥事故（撞断桥上护栏坠入湖中），造成 11 人死亡，1 人受伤。

28. 2014 年 3 月 25 日，四川省泸州市长龙集团有限责任公司一辆大客车，在重庆市黔江区境内包茂高速公路 1863 千米+200 米处发生侧翻，并致使后来车辆相继追尾，造成 16 人死亡，54 人受伤。

29. 2014 年 5 月 5 日，一艘河北籍货船在广东省珠海市珠江口水域北纬 22 度 8 分，东经 114 度 13 分处，与一艘马绍尔籍集装箱船发生碰撞，造成 10 人死亡。

30. 2014 年 5 月 25 日，新疆维吾尔自治区一辆车牌为"新 B-C8425"的轻型货车搭载 41 名民工沿昌吉州五家渠境内甘莫公路由南向北行驶，另一车牌为"新 A-A7719"的重型货车（空车未载货）也在该路段同向行驶，"新 AA7719"重型货车在 85 千米处超越"新 B-C8425"轻型货车时发生刮碰，致两车侧翻入路基林带中，造成 11 人死亡，31 人受伤。

31. 2014 年 7 月 10 日，湖南省湘潭市雨湖区响塘乡金桥村乐乐旺幼儿园一辆号牌为"湘 C-G5210"的校车，在送幼儿回家途径与湘潭市交界的长沙市岳麓区干子村时，翻入水库中，造成 11 人死亡（包括 8 名幼儿和 3 位成人）。直接经济损失 657 万余元。校车超载（核载 8 人，实载 11 人），在临水、窄路、弯道和下坡机耕道上违法超速（限速每小时 20 千米，实际时速达到 32 千米）和不按照审核线路行驶，违反安全驾驶操作规范，导致事故发生。

★32. 2014 年 7 月 19 日，湖南省沪昆高速湖南境内邵怀段一辆装载乙醇的轻型货车，与一辆大型普通客车发生追尾碰撞事故，当场造成 54 人死亡，6 人受伤（其中 4 人因伤势过重医治无效死亡）。直接经济损失 5300 余万元。

★33. 2014 年 8 月 9 日，西藏自治区拉萨市一辆号牌为"藏 A-L1869"的旅游大客车在尼木县境内 318 国道 4740 千米至 4741 千米路段与一辆号牌为"藏 A-X9272"的越野车发生碰撞，造成 44 人死亡，11 人受伤。

34. 2014 年 8 月 18 日，西藏自治区拉萨市一辆号牌为"藏 A-L1612"的旅游大客车在 318 国道西藏工布江达县加兴乡路段，坠入路边的尼洋河中，造成 16 人死亡，29 人轻伤。

35. 2014 年 8 月 26 日，新疆维吾尔自治区四平商贸有限公司一辆大客车在甘肃省酒泉市瓜州县境内 G30 高速公路 2616 千米+300 米处冲入对向车道，与一辆重型半挂货车相撞，造成 15 人死亡，35 人受伤。

36. 2014 年 9 月 6 日，甘肃省庆阳福明园林绿化有限公司下属施工队的一辆自卸三轮汽车，行驶到环城至城东塬通村公路 0 千米+450 米处下坡向右急弯路段时侧翻，造成 11 人死亡，3 人受伤。

37. 2014 年 11 月 19 日，山东省烟台金进建材有限公司一辆重型自卸货车，沿烟台蓬莱新机场路由南向北行驶至蓬莱市潮水镇刘家庄村路段时，与蓬莱市潮水镇潮水四村幼儿园雇用的一辆小型面包车（核定准载 8 人，实载 15 人）相遇。重型自卸货车在向左打方向避让时，导致车辆重心发生偏移向右倾翻，砸压在小型面包车上，重型自卸货车所载沙土将小型面包车掩埋，致使面包车司机和 11 名儿童死亡，其他 3 名儿童受伤。

38. 2014 年 12 月 13 日，一辆号牌为"赣 D-D1830/赣 B76815"的大货车（装载木条），在广东省河源市境内粤赣高速公路行驶途中，行至 30 千米+250 米处时侧翻，致其后方紧跟的一辆小轿车、一辆面包车、一辆装载钢筋的大货车连续追尾，造成 12 人死亡，3 人受伤。

39. 2015 年 1 月 15 日，安徽省蚌埠神舟机械有限公司制造的一艘新拖船在江苏省张家港境内长江福北水道试航时发生自沉事故，造成 22 人死亡（其中 8 名外籍人员）。该轮在没有报备情况下擅自试航，在进行全回转试验时，因操作不当造成船舶瞬间倾覆沉没。

40. 2015 年 1 月 16 日，山东省烟台龙口市石良镇发生车辆连环追尾相撞事故，造成 12 人死亡（8 人被烧身亡，4 人跳车坠桥死亡），6 人受伤。

41. 2015 年 2 月 4 日，广东省河源市一辆号牌为"粤 P-N0435"的面包车（核定准载 11 人，实载 13 人），从龙川开往兴宁途中，当行驶至梅州市兴宁市叶塘镇上下径村县道 X002 线 16 千米+100 米处时，由于下坡急转弯失控，车辆侧翻于路旁水沟，造成 11 人死亡，2 人受伤。

42. 2015 年 2 月 24 日，新疆维吾尔自治区喀什地区巴楚县尚未正式通车的施工路段发生客车爆胎侧翻事故，造成 22 人死亡，38 人受伤（其中 4 人重伤）。

43. 2015 年 3 月 1 日，广东省深圳宝安机场 T3 航站楼高架桥发生重大交通事故，一辆"粤 B-A495Q"红色奔驰车撞到多名行人，造成 9 人死亡。

44. 2015 年 3 月 2 日，河南省一私人演出团队为赴安阳市林州市临洪镇演出，雇用宋某无证驾驶号牌为"豫 A-L9139"的大型普通客车，沿 226 省道由卫辉向林州方向行驶至 45 千米+700 米处弯道时翻下山坡，造成 20 人死亡，13 人受伤。

45. 2015 年 3 月 7 日，贵州省黔西南州兴仁县生态农业开发有限公司一辆号牌为"贵 E-M7201"的轻型自卸货车（载 29 名民工），在该县精品水果现代示范区便道上因刹车失灵发生侧翻，造成 11 人死亡，19 人受伤。

46. 2015 年 4 月 4 日，贵州省毕节市汽车运输公司织金县分公司一辆号牌为

"贵 F-06818"的中型客车（核定准载 19 人，实载 24 人），在纳雍县境内老坝乡果几盖至老凹坝街上村路段（307 省道 170 千米+100 米）处坠下山崖，造成 21 人死亡，3 人受伤。

47. 2015 年 4 月 4 日，甘肃省临夏州康乐县鸣鹿乡 17 名群众乘坐一辆无牌无证农用三轮车，在虎关乡吴坪村亥姆寺山上植树造林后返回途中，行驶至一村道下坡转弯处时，失控冲出路面，翻坠于 30 米高的坡下，造成 12 人死亡，4 人重伤，1 人轻伤。农用车驾驶人属于无证驾驶。

48. 2015 年 5 月 2 日，一辆号牌为"津 R-J5133"的面包车（核定准载 7人，实载 12 人），在天津市滨海新区境内津岐公路 48 千米+900 米处，与一辆号牌为"冀 J-B1171"的重型自卸货车（空车，载 1 人）相撞，造成 10 人死亡，3人受伤。

49. 2015 年 5 月 15 日，陕西省西安市依诺相伴生活馆租赁一辆号牌为"陕B-23938"的个人所有大客车（核定准载 47 人），乘载 46 名客户去咸阳市淳化县游览，在从淳化县仲山森林公园返回西安途中，当行驶至淳化县境内淳卜路 1千米+450 米处下坡转弯路段时，车辆失控由道路右侧冲出路面，越过路外侧绿化台并向右侧翻滑下落差 32 米的山崖，车头右前侧撞击地面，头下尾上、右侧车身后部斜靠在崖壁上，造成 35 人死亡，11 人受伤。

★50. 2015 年 6 月 1 日，重庆东方轮船公司的客轮"东方之星"在长江中游湖北监利水域翻沉，死亡（失踪）442 人。

51. 2015 年 6 月 10 日，西藏自治区拉萨圣地旅游汽车有限公司一辆号牌为"藏 A-L0240"的客车，在山南地区贡嘎县境内省道 307 线 23 千米+300 米处，强行超越两辆装载砂石的重型货车并违法占道行驶，与对向驶来的藏 AR0117 轻型普通客车发生侧面刮擦并连续撞断 3 块警示墩后坠入陡崖，造成 11 人死亡，8人受伤。

52. 2015 年 6 月 26 日，安徽省马鞍山市天马旅游客运有限公司一辆号牌为"皖 E-02457"的大客车（核定准载 35 人，实载 36 人，含 2 名儿童），在芜湖市境内芜马高速公路上行线行驶途中，当行驶至 69 千米+270 米处时，与一辆货车（赣 BC4035）相撞，造成 13 人死亡，25 人不同程度受伤，直接经济损失1100 万元。

53. 2015 年 7 月 1 日，吉林省延边州安顺旅游客运有限公司一辆号牌为"吉H-02222"的旅游大客车，由集安市前往丹东市途中，当行驶至集（安）丹（东）公路 51 千米+860 米弯道处外岔沟大桥时，因驾驶员操作不当，致使客车撞毁大桥护栏后，翻坠到 7 米深的河沟内，造成 11 人死亡（其中 10 名韩国游客），17 人受伤。

54. 2015 年 9 月 11 日，江西省南昌市一辆号牌为"赣 A-C7197"的大客车由郑州驶往南昌途中，在河南省信阳市新县境内大广高速公路 2300 千米+400 米西半幅处，由于前方一辆号牌为"豫 N-18289"的半挂货车装载的酒糟洒落，造成路面湿滑而导致大客车发生侧翻。随之又有一辆号牌为"皖-KG8675"的半挂货车与大客车追尾相撞。事故共造成 12 人死亡，19 人受伤，直接经济损失895 万元。

55. 2015 年 9 月 25 日，广西壮族自治区柳州市一辆号牌为"桂 B-36177/赣E-3651 挂"的重型半挂货车，驶至沪昆高速 1075 千米+423 米路段时，从行车道向左冲向中央隔离护栏，与同向快速车道行驶的"湘 B-6RC98"轻型厢式货车发生碰撞后，同时冲过中央隔离护栏，又与对向行驶的"湘 E-96959"大客车和"湘 E-96555"小轿车先后相撞，随后半挂货车和大客车起火燃烧。事故共造成 21 人死亡，11 人受伤，直接经济损失 1800 余万元。

56. 2016 年 4 月 29 日，贵州省黔西南州兴义市一辆载有砖石的农用车在途经该市泥凼镇十三村小石林处时，因刹车失灵侧翻，坠落到路下村活动室房梁上，造成活动室内 14 人死亡。

57. 2016 年 6 月 4 日，四川省广元市轮船公司"川广元客 1008"号轮船（自命名"双龙号"）从白龙湖小三峡景区开往盐井溪码头，当航行至张家嘴水域时突遇强烈阵风翻沉，造成 15 人死亡。

58. 2016 年 6 月 7 日，国家海洋局东海分局一架飞机在执行飞行任务返航途中坠毁，4 名机组人员遇难。

59. 2016 年 6 月 26 日，湖南省衡阳骏达旅游集团一辆号牌为"湘 D-94396"的旅游大客车（核定准载 55 人，实载 57 人），在郴州市宜章县境内宜凤高速公路行驶途中，当行至东溪大桥路段 33 千米+856 米处时，车辆失控先后与道路中央混凝土护栏发生一次刮擦和三次碰撞，然后油箱漏油起火，车上人员未能及时疏散逃生，造成 35 人死亡，13 人受伤。导致这次事故的直接原因是，驾驶人刘大辉疲劳驾驶造成车辆失控，与道路中央护栏发生多次碰撞，导致车辆油箱破损、柴油泄漏，右前轮向外侧倾倒，轮毂上的螺栓、螺母与地面持续摩擦产生高温，引起泄漏柴油和车辆起火。

60. 2016 年 6 月 29 日，河南省登封市大金店初中八一班的 7 名学生，夜里聚会喝酒后骑三轮车回家，在 207 国道顾家河路段被大货车撞倒，随之又遭拉沙车碾压，造成 5 人死亡，2 人受伤。

61. 2016 年 7 月 1 日，河北省邢台市一辆长途卧铺客车（载 30 人），从邢台驶往辽宁沈阳途中，在天津市宝坻区境内津蓟高速公路下行 24 千米+300 米处（尔王庄镇小高庄路段），因爆胎失控撞坏高速隔离护栏，坠入高速桥下闫东渠内（水面距离桥面约 5 米，渠宽 20 米，水深约 3 米），造成 26 人死亡，4 人受伤。右前轮因载荷过重而爆胎，是事故发生的直接原因。

62. 2016 年 7 月 20 日，民航华东管理局一架幸福通航（B-10FW）水上飞机在执飞"上海金山—浙江舟山"航线起飞过程中发生撞桥事故，导致 5 人遇难，5 人受伤。

63. 2016 年 8 月 11 日，山东省淄博市博山区省道 S236 线（博沂路）与北山路"T"形路口，一辆号牌为"山东 N-90876"的拖拉机变型运输车，沿北山路由西向东行驶途中，先后冲撞沿博沂路由北向南正常行驶的一辆非机动车（电动自行车）和三辆机动车（公共汽车、电动汽车、采血车），造成 11 人死亡（其中 8 人当场死亡，3 人送医院抢救无效先后死亡），21 人受伤，直接经济损失 650 余万元。

64. 2016 年 8 月 20 日，贵州省安顺市紫云县一辆号牌为"贵 G-BC002"的大客车（核定准载 39 人，实载 39 人），在紫云县境内 209 省道 220 千米+300 米处发生翻车事故，车辆坠入 6.2 米深的路沟中，造成 11 人死亡，2 人重伤，26 人轻伤。

65. 2016 年 8 月 22 日，云南省一辆号牌为"云 F-50684"的重型非载货专项作业车，从昆明开往蒙自大屯途中，与一辆号牌为"云 G-G6328"的小货车（载 12 人）相撞，造成小货车上驾乘人员 10 人死亡，2 人受伤，直接经济损失约 350 万元。

66. 2016 年 8 月 28 日，广西壮族自治区南宁市一辆号牌为"桂 A-93638"的大客车（核定准载 47 人，实载 42 人），在南宁市兴宁区境内广昆高速公路行驶途中，当行至那莫大桥附近路段（590 千米处）时，车辆失控翻至路外斜坡，造成 11 人死亡，4 人重伤，27 人轻伤。

67. 2016 年 9 月 24 日，内蒙古自治区呼伦贝尔盟牙克石市境内 G10 公路（绥满高速公路）1049 千米处，一辆带挂货车因躲避公路上突然出现的马匹，穿过隔离带冲入对侧车道，与一辆大客车相撞，造成 12 人死亡，4 人重伤，21 人轻伤。

68. 2016 年 10 月 13 日，山东省梁山县一辆号牌为"鲁 H-BV575"的半挂牵引货车，在枣庄市峄城区峨山镇境内 S352 省道 65 千米+748 米处，与一辆农用三轮车（共载 11 人）相撞，造成三轮车上 9 人当场死亡，2 人抢救无效死亡。

69. 2016 年 11 月 6 日，山东省淄博市淄川区西河镇薛家峪村的荒山造林工地一辆装载树苗的轻型货车发生溜坡事故，造成 6 人死亡，6 人受伤，直接经济损失 700 万元。

70. 2016 年 11 月 15 日，云南省昭通市境内一辆江淮瑞风小型商务车，在行至永善县莲锋镇毛大公路和平村路段时发生侧翻，翻下路旁 500 米深山沟，造成 10 人死亡。

71. 2016 年 12 月 2 日，湖北省一辆号牌为"鄂 A-181K9"的面包车（搭载 20 人），从鄂州开往武汉途中，在鄂州市葛店开发区严家湖闸站附近（锦绣香江与长山一看守所之间）葛庙路栈咀大转弯处冲进路边水塘，造成 18 人死亡，2 人受伤。

72. 2017 年 3 月 2 日，四川省一辆号牌为"川 L-50862"的重型罐式货车（限载 13.9 吨，实载 47.9 吨），在行驶至云南省临沧市 G214 国道 2545 千米+900 米处时，因严重超载、制动失灵，车辆失控冲向左侧并发生侧翻，与对向行驶的临沧交通运输集团公司的一辆号牌为"云 S-18558"的大客车发生刮碰，造成 10 人死亡，38 人受伤。

73. 2017 年 3 月 14 日，山东省潍坊青州市邵庄镇一辆客车冲入路边集市人群，造成 9 人死亡，14 人受伤。

74. 2017 年 4 月 3 日，湖南省郴州市雄大西南园林建设有限公司一辆号牌为"湘 L-FJ866"的轻型货车（准乘 2 人，核载 1.495 吨），载着在郴州市苏仙区王仙岭景区内进行绿化的工人返回住处（实际乘载 33 人，其中驾驶室内超员乘坐 3 人、货厢内违法乘坐 30 人），当车辆沿王仙岭景区内部道路行驶至一处急弯陡坡路段时，失控坠至道路外侧下方的沥青路面，造成 12 人死亡，21 人受伤。

75. 2017 年 4 月 10 日，广西壮族自治区必应物流有限公司一辆号牌为"桂 N-69587/桂 N-A022 挂"的重型半挂货车（核载 40 吨，实载 29 吨），行驶至南宁市绕城高速公路 26 千米+500 米处时，失控冲过中央隔离带驶入对向车道，与对向两辆正常行驶的货车发生碰撞。事故造成 10 人死亡，1 人受伤。

76. 2017 年 4 月 17 日，贵州省贵阳市开阳县黔顺汽车客货运输有限公司一辆号牌为"贵 A-55321"的中型客车（核载 19 人，实载 23 人），由开阳县开往瓮安县，当行驶至省道 S305 线 342 千米+47 米洛旺河大桥时，因违法超车、操作不当导致车辆失控，坠落桥下垂直落差 9.7 米的斜坡，翻滚落入洛旺河中。事故造成 17 人死亡，6 人受伤。

77. 2017 年 4 月 29 日，黑龙江省讷河市运输有限责任公司一辆号牌为"黑 B-N5595"的大客车（个人所有，属违规挂靠经营），在行至呼伦贝尔市阿荣旗辖区 111 国道 1544 千米+185 米处时，与一辆轿车相撞。大客车冲下路基并翻车，车内 12 人死亡，10 人受伤。

78. 2017 年 5 月 9 日，山东省威海市中世韩国国际学校幼儿园一租用车辆到威海高新区接幼儿园学生上学，行经环翠区陶家夼隧道时，发生交通事故并导致车辆起火。造成 1 名幼儿老师、1 名司机和 11 名儿童（5 名韩国籍，6 名中国籍）共计 13 人遇难。

79. 2017 年 5 月 15 日，江西省鹰潭信江物流有限公司一辆号牌为"赣 L-56223"的货车，在鹰潭市境内 206 国道 1568 千米处，与鹰潭市公交公司一辆号牌为"赣 L-39621"的公交车相撞，造成 12 人死亡，16 人重伤，21 人轻伤。

80. 2017 年 5 月 23 日，内蒙古自治区阿拉善盟弘鼎运输有限责任公司一辆号牌为"蒙 M-22001/蒙 M-7876 挂"的槽罐车（运输氯酸钠），在河北省张石高速公路 302 千米+400 米处（来源段浮图峪 5 隧道内）发生交通事故，导致罐车爆炸，并引燃前后 5 辆运煤车燃烧，造成 15 人死亡，3 人重度烧伤，16 人轻微伤，直接经济损失 4200 多万元。

81. 2017 年 7 月 6 日，广东省惠州市一辆号牌为"粤 V-V1351"的大客车，在广河高速龙门永汉禾岭头隧道口往广东河源方向约 100 米处发生翻车，造成 19 名乘客死亡，30 名乘客受伤（其中 21 人伤势严重）。

82. 2017 年 7 月 21 日，河北省张家口市一辆号牌为"冀 G-C4701"的中型客车，在蔚县黄梅乡小枣碾村附近的 109 国道 219 千米+330 米处，与山西省大同市一辆号牌为"晋 B-93047/晋 B-FL18 挂"的重型半挂牵引车相撞，造成 11 人死亡，9 人受伤，直接经济损失 1047.5 万元。

★83. 2017 年 8 月 10 日，河南省洛阳市交通运输公司一辆号牌为"豫 C-88858"的大客车，从四川成都返回河南洛阳，驶至陕西安康境内秦岭一隧道南口（1164 千米+930 米）时，撞至隧道口外右侧山体护墙上，车辆严重变形损毁，造成 36 人死亡，13 人受伤。

84. 2017 年 9 月 26 日，河南省新乡市京港澳高速 581 千米+100 米处东半幅，一辆悬挂"京 A-BL827"牌照的运输车冲过中央护栏进入西半幅，与西半幅行驶的三辆载客小汽车发生碰撞，事故造成 12 人死亡，1 人重伤，10 人轻伤，直接经济损失 1043.5 万元。

85. 2017 年 11 月 15 日，安徽省阜阳市"滁新高速"（滁州至新蔡）下行线 191 千米至 194 千米路段发生连环交通事故，造成 18 人死亡，21 人受伤。

86. 2017 年 12 月 21 日，云南省富源县后所镇庆云村一辆号牌为"云 D-0C939"的微型客车坠入水塘，车上 6 人全部死亡。

87. 2018 年 1 月 2 日，山东省烟台市乐通轮驳有限公司所属"长平"号轮船在上海吴淞口 8 号锚地内与江苏省泰州市长鑫运输有限公司所属"鑫138"号轮船发生碰撞，造成 10 人死亡。

88. 2018 年 2 月 10 日，湖北省黄石市阳新县省道 S316 枫林镇路段，一辆江西牌照的中型客车（核载 7 人，实载 11 人）与一辆湖北牌照的重型半挂货车迎面相撞，造成 10 人死亡，1 人受伤。

89. 2018 年 2 月 20 日，江西省赣州市瑞金市一辆号牌为"赣 B44296"的中型客车（核载 19 人，实载 31 人），途经宁都县对坊乡葛藤村昌厦公路路段时发生侧翻，造成 9 人当场遇难，2 人经抢救无效死亡，20 人受伤。

90. 2018 年 2 月 26 日，湖南省常德市汉寿县顺源祥航运有限公司一艘编号为"湘汉寿货 1898"的自卸驳运砂船在经开区新兴咀水域翻沉，造成 5 人死亡。

91. 2018 年 6 月 29 日，湖南省衡阳市衡东县境内一辆号牌为"豫 Q52298"的大型客车由南往北行驶至京港澳高速衡东段 1602 千米处时，冲过中央隔离带，与相向行驶的号牌为"豫 CS6852"的重型半挂牵引车相撞，造成大客车上 18 人死亡，14 人受伤。

92. 2018 年 7 月 15 日，江苏省全强海运有限公司所属"顺强 2"号轮船载卷钢 3000 吨，由南京开往广州途中，在上海吴淞口水域 64 号灯浮附近与广西壮族自治区钦州港威龙船务有限公司所属的"永安"号轮船相撞，致使"顺强 2"号轮船瞬间沉没，船上 13 人落水，其中 3 人获救，10 人死亡（失踪）。

★93. 2018 年 10 月 28 日，重庆市 22 路公交线路的一辆客车在行驶到万州区长江二桥时坠入江中，造成司机、乘客 15 人遇难（其中 2 人失踪）。

94. 2018 年 11 月 3 日，甘肃省兰州市境内兰海高速兰临段，一辆半挂货车因连续下坡、刹车失灵导致车辆失控，在距离兰州南收费站 50 米处与多车相撞，造成 15 人死亡，44 人受伤，31 车受损。

95. 2018 年 11 月 13 日，陕西省西安市灞桥区纺渭路一辆面包车与一辆水泥罐车相撞，造成 10 人死亡，2 人受伤。

（七）渔业船舶事故

1. 2013 年 9 月 29 日，广东省台山籍的 5 艘渔船因受台风影响在海南西沙珊瑚岛海域遇险，其中 2 艘渔船沉没，47 人失踪；1 艘渔船失去联系，船上有 28 人。得知消息后，习近平总书记要求广东、海南两省抓紧组织有关方面力量，全力搜救失踪人员和解救被困人员；李克强总理要求有关地方和部门密切配合，救助遇险船舶，同时要确保搜救人员安全。

2. 2014 年 8 月 1 日，宿松县千岭乡龙湖圩水域一艘自用船舶（是指用于农业生产、日常生活的非营业性船舶）发生侧翻事故，造成5人死亡。

3. 2014年10月24日，浙江省舟山市嵊泗县一艘编号为"浙嵊渔05885"的渔船在长江口灯船以东80海里（北纬30度49分、东经123度57分）处，被一艘香港籍货轮撞沉，造成13人死亡。

4. 2015年1月22日，河北省沧州市任丘县一艘编号为"冀任渔00791"的渔船在东海北纬32度55分、东经124度25分海域被一艘不明国籍船舶撞沉，船上13人全部落水，其中3人获救，10人死亡（失踪）。

5. 2015年4月28日，浙江省台州市三门县鑫达渔业服务公司一艘编号为"浙三渔00046"的渔船（实载15人），在江苏昌泗渔场海域失联，船上15人失踪。

6. 2015年7月14日，浙江省台州市三门县一艘编号为"浙三渔00011"的渔船，在宁波象山北纬29度13分、东经122度32分海域（石浦港以东26海里处）被一艘利比里亚籍集装箱船"FSSANAGA"轮撞沉，船上船员全部落水，14人死亡（失踪）。

7. 2016年2月27日，山东省青岛市胶州市一艘编号为"鲁胶渔60968"的渔船在北纬35度35.8分、东经120度57.5分附近海域，与安徽新日江海轮船运输有限公司"新日6"货船相撞后沉没，造成渔船上10人死亡（失踪）。

8. 2016年3月23日，河北省秦皇岛市昌黎县编号为"冀昌渔02530"的钢质渔船，在距乐亭县中心渔港东南约15海里（东经119度23分、北纬39度8分）海域失去联系，船上11人失踪。

9. 2016年4月19日，辽宁省营口市所属一艘编号为"辽营渔35167"的渔船，在山东威海海域失去联系，船上9人失踪。

10. 2016年4月21日，广东省汕尾市陆丰市海洋经济发展公司所属一艘编号为"粤陆渔29921"的渔船，在北纬22度21分、东经115度50分海域失去联系，船上9人失踪。

11. 2016年5月4日，辽宁省大连市瓦房店市一艘编号为"辽瓦渔75099"的渔船，在北纬39度31分、东经123度50分附近海域失去联系，船上10人失踪。

12. 2016年5月7日，辽宁省大连市普兰店市所属"辽普渔25200"渔船，在北纬38度45分、东经123度48分附近海域失去联系，船上6人死亡（失踪）。

13. 2016年5月7日，辽宁省大连市庄河市所属一艘编号为"辽庄渔65142"的渔船，在东经123度23分、北纬38度31分附近海域被人发现翻扣于海面，船上8人死亡（失踪）。

14. 2016 年 5 月 7 日，山东省威海市荣成市所属一艘编号为"鲁荣渔 58398"的渔船，在浙江宁波市以东 100 海里海域，与马耳他籍货轮"卡特琳娜"相撞后翻扣，造成 19 人死亡（失踪）。

15. 2016 年 5 月 12 日，浙江省舟山市岱山县一艘编号为"浙岱渔 11307"的渔船，在北纬 31 度 26 分、东经 122 度 46 分附近海域沉没，造成 17 人死亡。

16. 2016 年 12 月 20 日，福建省泉州市石狮市一艘编号为"闽狮渔 07878"的渔船在漳州古雷半岛附近海域被一艘香港籍集装箱船"中外运厦门"轮撞沉，渔船上 14 人落水，其中 3 人获救，11 人死亡（失踪）。

17. 2017 年 3 月 19 日，浙江省舟山市嵊泗县"浙嵊渔 05807 船"在 176 海区（舟山市岱山县衢山岛附近海域）倾覆，船上 11 人当中有 6 人溺亡（失踪）。

18. 2018 年 4 月 14 日，辽宁省营口市"辽营渔 25242"号渔船在山东威海海域沉没，造成 10 人死亡。

19. 2018 年 7 月 15 日，江苏籍干货船"顺强 2"轮航行至上海吴淞口 64 号灯浮附近水域时与广西籍干货船"永安轮"发生碰撞，导致"顺强 2"轮沉没，船上 13 人全部落水，其中 3 人被"永安轮"救起，事故造成 6 人死亡，4 人失踪。事故直接原因为船员疏于瞭望，未有效执行避碰规则导致两船相撞。事故发生后，上海市组织 17 艘各类船舶和 1 架专业救助直升机在事故附近水域开展搜救。

（八）其他事故

1. 2013 年 2 月 27 日，湖北省老河口市薛集镇秦集小学开学第一天发生踩踏事故，造成 4 名学生死亡，10 名学生受伤。

2. 2013 年 4 月 4 日，四川省彭山县保胜乡连桥村第五村民组发生沼气中毒事故，村民高某在清理自家沼气池时中毒晕倒，随后下池救援者也相继中毒倒下，事故共造成 5 人死亡。

3. 2014 年 1 月 5 日，宁夏回族自治区固原市西吉县北大寺举行已故宗教人士忌日纪念活动，在为信教群众散发油香（油饼）过程中，由于相互拥挤，发生踩踏事故，造成 14 人死亡，10 人受伤。

4. 2014 年 9 月 26 日，云南省昆明市明通小学发生踩踏事故，造成 6 人死亡，26 人受伤（其中 2 人重伤）。

5. 2014 年 12 月 13 日，河北省廊坊市永清县刘街春蕾幼儿园发生校舍坍塌事故，造成 3 名儿童死亡。

★6. 2014 年 12 月 31 日，上海市黄浦区外滩发生踩踏事故，导致 36 人死亡，

49 人受伤。

★7. 2015 年 12 月 20 日，广东省深圳市光明新区恒泰裕工业园红坳建筑渣土受纳场发生滑坡事故，造成 77 人死亡（失踪），3 人重伤，14 人轻伤。

8. 2016 年 5 月 28 日，广东省台山市凤凰峡景区部分参加漂流活动的游客被山洪冲走，事故造成 8 人死亡，10 人受伤。

9. 2016 年 6 月 14 日，河南省林州市任村镇天桥渠渡槽北渠墙发生坍塌，砸中一辆正在经过的面包车，造成 6 人死亡，2 人受伤。

10. 2016 年 7 月 23 日，北京市延庆区北京八达岭野生动物世界有限公司发生动物伤人事故，所饲养的一只东北虎咬死、咬伤各 1 人。

11. 2016 年 8 月 21 日，江西省九江市修水县义宁镇姜家渡一座桥梁突然垮塌，造成正在桥上行驶的一辆摩托车和一辆小面包车坠入河中，死亡 3 人，受伤 2 人。

12. 2016 年 10 月 1 日，四川省蓬溪县红海景区内高空钢索演出发生意外，造成 4 名演职人员落水，其中 3 人死亡。

13. 2017 年 3 月 22 日，河南省濮阳县第三实验小学在课间学生上厕所时发生踩踏事故，造成 1 人死亡，22 人受伤（其中 5 人重伤）。

14. 2017 年 3 月 25 日，内蒙古自治区包头市土右旗沟门镇北只图村向阳小区一栋居民楼发生爆炸，造成 5 人死亡，26 人受伤。

15. 2017 年 5 月 13 日，广东省潮州市饶平县新圩镇南山村村民王某在自家猪舍化粪池抽取池液浇果园时发生中毒窒息事故，死亡 6 人（其中 5 人死于盲目施救）。

16. 2017 年 8 月 21 日，广西壮族自治区梧州市南渡镇高垌电站附近有人乘用卡伦桶改装成的浮具，私自到一个名叫"水过洲"的渡口电鱼，由于浮具入水侧翻，造成 9 人全部落水，其中 5 人死亡。

17. 2017 年 9 月 24 日，湖南省永州市宁远县水市镇杨家山村一养猪场化粪池坍塌，造成 3 人死亡。

18. 2017 年 10 月 15 日，湖北省宜昌市夷陵区三峡人家风景区发生山石坠落事故，造成 3 人死亡。

19. 2018 年 4 月 21 日，广西壮族自治区桂林市的两艘龙舟在桃花江竞渡演练，经拦堰时失控翻覆，57 人落水，其中 40 人获救，17 人死亡。

20. 2018 年 12 月 26 日，北京交通大学东校区土建学院市政与环境工程实验室内进行垃圾渗滤液污水处理科研实验时发生爆炸，造成 3 名参与实验的学生死亡。

三、典型事故案例

（一）河南省三门峡义昌大桥被车载烟花爆竹炸毁事故

2013 年 2 月 1 日 8 时 57 分，河北省石家庄市开发区凯达运输有限公司一辆号牌为 "冀 A-70380" 的货车，由陕西渭南装载约 1 吨装药量的烟花爆竹运往河北，当行至河南三门峡境内义昌大桥上时，车上违法装载、运输的烟火药剂爆炸物和烟花爆竹发生爆炸，导致桥面坍塌，多辆途经此处的车辆坠落，造成 13 人死亡，11 人受伤，直接经济损失 7632 万元。

义昌大桥位于连霍高速洛阳至三门峡段，桥梁中心桩号为 741 千米+880 米。义昌大桥为东西走向，全长 208.04 米，分南北两半幅，中间间隔 0.9 米。桥面上路宽 11 米，桥面南北边缘是高 0.9 米的钢筋混凝土护栏，护栏厚 0.5 米。桥下共有 4 排桥墩，每排桥墩 4 根柱子，每两个一组分别支撑南北桥体。该桥设计时速 100 千米/小时，设计荷载为汽车-超 20 级、挂车-120。2001 年 12 月 14 日，河南省交通基本建设质量检测监督站对洛三高速进行工程质量鉴定，鉴定该工程质量等级为优良。2004 年 1 月 13 日由交通部组织的洛三灵（洛三高速与三灵高速一起验收）专家委员会对洛三灵高速进行竣工验收，项目工程质量为优良。大桥运营期间，每两年对义昌大桥进行桥梁定期检查，2011 年 10 月检查评定结果为桥梁技术状况等级二类即良好。

炸桥事故发生后，有关方面委托河南省公路工程试验检测中心有限公司、河南省交院工程检测加固有限公司对义昌大桥未坍塌的北半幅桥梁进行了荷载试验与结构验算，荷载试验结果表明：跨中最大正弯矩加载试验时，实测挠度均小于理论值，挠度校验系数（校验系数指实测挠度与理论挠度的比值，该值小于 1 说明桥梁实体质量好于设计目标要求，该值大于 1 则说明桥梁达不到设计要求）介于 0.21~0.50 之间，表明 40 米 T 梁试验跨的变形能够满足汽车-超 20 级设计荷载通行的要求。跨中最大正弯矩加载时，实测的主梁相对残余挠度均在 10% 以下，表明 40 米 T 梁试验跨桥处于弹性工作状态。40 米 T 梁桥跨的自振频率实测值比相应的理论值大，表明该桥具有较好的动力特性，竖向动刚度满足设计要求，表明桥梁整体承载能力满足设计要求。

爆炸引起大桥南半幅由西向东第 2 排至第 4 排桥墩之间的桥面整体坠落于桥下地面，坍塌桥面长 80 米。第三排两根桥墩断裂坍塌，倒于南侧地面。桥面北半幅南侧钢砼护栏上有一爆炸形成的缺口，上部长 7.7 米，下部长 6.7 米，缺口西侧边缘距断桥西断面 3.4 米。与此缺口对应的南半幅坍塌桥面处，塌落的桥面及大梁西段部分被炸碎，形成一个明显破碎严重的区域，东西长9.4米、南北宽6.8米。爆炸冲击波致义马市常村镇河口村的9个村民小组、常村镇南河村的一个村民小组，以及毛沟十字路口、朝阳路办事处和义马市二中等周围村庄和单位部分建筑物主体、玻璃不同程度损坏。现场西侧800米处河口村娄坡组村民房屋有裂缝，现场东南2.5千米处南岭村部分住宅窗户玻璃碎裂，现场周边5千米左右范围内能感觉到冲击波作用。

事故车辆"冀A70380"货车所载货物系从陕西省蒲城县宏盛花炮制造有限公司装载的烟火药剂爆炸物（土地雷）和烟花爆竹（开天雷）。经核实，土地雷和开天雷均不属于《烟花爆竹安全与质量标准》的规定的产品，属非法产品。两种货物总重量约12365千克，超载6440千克，超载108%；装药量共计约1085.2千克。其中：土地雷外包装物为塑料编织袋，共装载350袋，每袋重约28千克，总重约9800千克。每袋内装土地雷20发，单发装药量约118克，总装药量约826千克。开天雷为纸箱包装，共270箱，包装箱上的生产厂家是河北阜城礼花制品有限公司，牌子是美神牌（系假冒注册商标生产）。每箱重约9.5千克，总重约2565千克。每箱内装开天雷20个。单发装药量48克，总装药量259.2千克。

事故直接原因：石某某、李某某等人使用不具有危险货物运输资质的冀A70380号货车，不按照规定进行装载，长途运输违法生产的烟火药剂爆炸物（土地雷）和烟花爆竹（开天雷），途中紧急刹车，导致车厢内爆炸物发生撞击、摩擦引发爆炸。

桥梁坍塌原因分析：（1）爆炸对大桥破坏的计算分析。根据烟花爆竹装药量及义昌大桥相关资料，运用《抗偶然爆炸结构设计手册（TM5-1300）》和《常规武器防护设计原理（TM5-855-1）》的计算方法和爆炸毁伤数值模拟通用软件，计算给出了烟花爆炸产生的破片及冲击波对车厢底部桥梁的破坏参数，结果表明：不考虑汽车残片对桥梁的破坏作用，计算的车厢板下面峰值压力分布，可以发现车厢底板处桥面的最高峰值压力为165.23兆帕，车厢宽度边缘处为101.87兆帕，车厢两端为60.75兆帕，车厢四角处为36.96兆帕，爆炸导致货车底部3根T型梁发生冲切破坏，其余2根梁也受到一定程度的损失，桥梁发生严重破坏。此外，不考虑破片作用，单纯考虑装药爆炸时，也会造成车厢底部桥梁的冲切破坏。考虑破片和爆炸冲击波作用下，局部破坏更严重。计算得到的冲切破坏区与现场破坏现象相吻合。（2）倒塌过程。经过对现场坠落桥梁结构（构件）残留部分相对位置分析，桥梁倒塌机理过程为：运送爆炸物车辆由西向东行驶至义昌大桥第3孔桥时发生爆炸；南半幅坍塌桥面处，塌落的桥面及大梁西段部分被炸碎，形成一个明显破碎严重的区域，长 9.4 米、宽 6.8 米，即北侧 3 片 T 型梁被炸断；被炸断的 3 片 T 型梁残存部分（长约 30.6 米）一端失去支撑，随之坠落；坠落过程中，由于自身重力和爆炸力作用，将南半幅 2 号墩北立柱撞断；北立柱断裂后，2 号墩失去平衡，由于第 2 孔上部构造和第 3 孔未炸断的上部结构质量作用，2 号墩盖梁北端向下倾斜，南立柱被压弯（向南弯），倾斜到一定程度，南立柱断裂；第 2 孔上部结构和第 3 孔剩余上部结构随之坠落。至此，南半幅 2 号桥墩倒塌，造成第 2 孔、第 3 孔上部结构共 80 米桥面全部坠落。

　　事故间接原因：（1）河北省石家庄开发区凯达运输有限公司（简称凯达公司）及有关人员未落实安全生产主体责任，对所属车辆实行挂靠经营，疏于管理，不按规定对所属车辆驾驶员进行安全教育及运输行业相关法律法规的培训，无危险货物道路运输资质、使用普通货运车辆从事危险货物运输。（2）陕西省蒲城县宏盛花炮制造有限公司（简称宏盛公司）违法包给无资质人员生产经营，超标准、超范围违法生产，大量使用不具备从业资格的人员从事危险工序作业，假冒注册商标，违法装载、运输烟火药剂爆炸物和烟花爆竹。（3）陕西省蒲城县小郭货运部、虎子货运部违反《道路危险货物运输管理规定》，为不具有危险货物运输资质的企业和车辆联系介绍运输危险货物，用百货名义替代危险物品填写运输合同。（4）河北省石家庄市运输管理处作为道路运输管理部门，对凯达公司落实安全生产主体责任监督不力，对年度信誉考核中发现的问题没有跟踪落实到位。（5）陕西省蒲城县桥陵镇政府作为宏盛公司安全生产属地监管单位，未能有效落实国家安全生产法律法规，《陕西省安全生产条例》第三条、第四十六条关于安全生产属地管理职责的有关规定和《蒲城县政府关于进一步明确政府相关部门安全生产监管职责的意见》的规定，履行安全生产监督管理职责不到位，对安全生产领域非法生产、非法经营等行为监管不力，对宏盛公司存在的事故隐患未及时排查治理。（6）陕西省蒲城县安全生产监督管理局（烟花爆竹管理局）作为烟花爆竹企业生产安全的监管部门，未按照《烟花爆竹安全管理条例》《陕西省安全生产条例》《蒲城县政府关于进一步明确政府相关部门安全生产监管职责的意见》等有关规定有效查处非法生产、及时排除事故隐患，对宏盛公司违法承包转包，超标准、超范围违法生产，大量使用不具备从业资格的人员从事危险工序作业等违法行为监督检查不到位，打击不力。（7）陕西省蒲城县公安局作为烟花爆竹等危险品公共安全和运输安全的监管部门，未能有效落实国家安全生产法律法规及国务院《烟花爆竹安全管理条例》《陕西省安全生产条例》《蒲城县政府关于进一步明确政府相关部门安全生产监管职责的意见》等有关规定，对辖区烟花爆竹运输的监管存在较大漏洞，致使对宏盛公司和"冀A70380"事故车辆违法运输烟花爆竹、超载运输等行为失察，对宏盛公司的违法生产行为打击不力。（8）陕西省蒲城县交通运输局作为道路交通运输管理部门，未能有效落实《陕西省道路货物运输服务管理实施细则》的相关规定，对县域内蒲城县小郭货运部和蒲城县虎子货运部日常监管不到位。（9）陕西省蒲城县工商行政管理局作为企业注册登记管理部门，未严格执行《公司法》《公司注册资本登记管理规定》和省工商局关于放宽出资年限的规定，对宏盛公司年检资料审核不严，违规许可其营业执照年检，对该公司超标准、超范围生产和假冒注册商标等违法行为检查不到位。（10）陕西省蒲城县质量技术监督局作为烟花爆竹质量监督检验部门，对宏盛公司超出该公司"安全生产许可证"许可范围、违反《烟花爆竹安全与质量》规定，超标准、超规格违法生产烟火药剂爆炸物（土地雷）行为检查不到位。（11）陕西省蒲城县政府负责全县的安全生产工作，未有效履行法律、法规、规章和国务院、省政府规定的安全监管职责，对烟花爆竹管理部门履行监管职责情况督促不到位，对重大事故隐患治理工作组织不到位，致使辖区内企业宏盛公司违法生产、经营、运输烟花爆竹等行为没有得到有效制止，安全隐患未能及时排除。

责任追究：石某某、李某某在事故中死亡，不再追究刑事责任。司法机关以非法制造爆炸物罪、非法运输爆炸物罪对陕西省蒲城县宏盛花炮制造有限公司经理张某某等22人作出刑事责任追究；上级有关部门对河北省石家庄运输管理处货运管理科科员、副科长，石家庄市海事局局长兼市运输管理处副处长，蒲城县质量技术监督局稽查队第三中队队长，蒲城县工商行政管理局注册分局局长，蒲城县交通运输局道路运输管理所支部书记，蒲城县交通运输局副局长和局长，蒲城县公安局副局长兼交通管理大队大队长，蒲城县公安局副政委，蒲城县安监局副局长兼安全生产监察大队副大队长，蒲城县桥陵镇镇长，蒲城县副县长等23人予以党纪政纪处分。

吸取事故教训，改进安全工作措施：（1）加强货运企业和货运市场安全监管，督促落实企业安全主体责任。（2）加强烟花爆竹企业安全监管，严格查处非法违法生产行为。对转包、证照不齐全、不具备安全生产条件的企业，要依法责令停止生产。（3）加强路面管控，严查非法违法运输行为。运输车辆必须符合国家规定，按公安机关批准的运输路线行驶，实行专车运输，严禁超装超载和中途随意停靠。依法严格查处非法违法运输行为。（4）加强烟花爆竹产品质量安全，认真落实部门监管职责。完善质量检测检验制度，加大质量监控和对伪劣违禁产品的查禁力度，依法严格查禁伪劣和违禁产品。

（二）吉林省吉煤集团通化矿业集团公司八宝煤业公司瓦斯爆炸事故

2013年3月29日，吉林省吉煤集团通化矿业集团公司八宝煤业公司（简称八宝煤矿）井下-416区在打密闭时发生瓦斯爆炸事故，造成36人死亡（企业瞒报遇难人数7人，经群众举报后核实），16人受伤。4月1日该企业违反吉林省政府禁止人员下井作业的指令，擅自违规安排人员入井施工密闭，再次发生瓦斯爆炸事故，致使15名矿山救护人员和2名管理人员丧生。两次爆炸共造成53人死亡，重伤3人，轻伤13人，直接经济损失6695.4万元。

事故直接原因：该矿忽视防灭火管理工作，措施严重不落实，-416东水采工作面上区段采空区漏风，煤炭自然发火，引起采空区瓦斯爆炸，爆炸产生的冲击波和大量有毒有害气体造成人员伤亡。

事故间接原因：（1）企业安全生产主体责任不落实，严重违章指挥、违规作业。①八宝煤矿对井下采空区的防灭火措施不落实，管理不得力。一是采空区相通。该矿-416采区急倾斜煤层的区段煤柱预留不合理，开采后即垮落，不能起到有效隔离采空区的作用，导致上下区段采空区相通，向上部的老采空区漏风。二是密闭漏风。由于巷道压力大，造成-250石门密闭出现裂隙，导致漏风。三是防灭火措施不落实。没有采取灌浆措施，仅在封闭采空区后注过一次氮气，没有根据采空区内气体变化情况再及时补充注氮，导致注氮效果无法满足防火要求。四是未设置防火门。该矿违反《煤矿安全规程》规定，没有在-416采区预先设置防火门。②八宝煤矿及通化矿业集团公司在连续3次发生瓦斯爆炸的情况下，违规施工密闭。一是违反规程规定进行应急处置。第一次瓦斯爆炸后，该矿在安全隐患未消除的情况下仍冒险组织生产作业；第二次瓦斯爆炸后，该矿才向通化矿业集团公司报告。二是处置方案错误，违规施工密闭。通化矿业集团公司未制定科学安全的封闭方案，而是以少影响生产为前提，尽量缩小封闭区域，在危险区域内施工密闭，且在没有充分准备施工材料的情况下，安排大量人员同时施工5处密闭，延长了作业时间，致使人员长时间滞留危险区。三是施工组织混乱。该矿施工组织混乱无序，未向作业人员告知作业场所的危险性。四是强令工人冒险作业。第三次瓦斯爆炸后，部分工人已经逃离危险区，但现场指挥人员不仅没有采取措施撤人，而且强令工人返回危险区域继续作业，并从地面再次调人入井参加作业。③通化矿业集团公司违抗吉林省人民政府关于严禁一切人员下井作业的指令，擅自决定并组织人员下井冒险作业，再次造成重大人员伤亡事故。④吉煤集团对通化矿业集团公司的安全管理不力。未认真检查通化矿业集团公司和八宝煤矿的"一通三防"工作，对该矿未严格执行采空区防灭火技术措施的安全隐患失察，不认真落实防灭火措施，导致了事故的发生；违规申请提高八宝煤矿的生产能力。（2）地方政府的安全生产监管责任不落实，相关部门未认真履行对八宝煤矿的安全生产监管职责。①白山市安全生产监督管理局落实省属煤矿安全监管工作不得力，对八宝煤矿未严格执行采空区防灭火技术措施等安全隐患失察。②白山市国土资源局组织开展矿产资源开发利用和保护工作不得力，未依法处理八宝煤矿越界开采的违法问题，并违规通过该矿采矿许可证的年检。③白山市人民政府贯彻落实国家有关煤矿安全生产法律法规不到位，未认真督促检查白山市安全生产监督管理局等部门履行省属煤矿安全监管职责的情况。④吉林省安全生产监督管理局组织开展省属煤矿安全监管工作不到位，将省属煤矿下放市（地）一级监管后，未认真指导和监督检查白山市安全生产监督管理局履行监管职责的情况，且对吉煤集团的安全生产工作监督检查不到位。⑤吉林省能源局违规开展矿井生产能力核定工作，未认真执行关于煤矿建设项目安全管理的规定和煤矿生产能力核定标准，违规同意八宝煤矿生产能力由180万吨/年提高至300万吨/年。⑥吉林省人民政府对煤矿安全生产工作重视不够，对省政府相关部门履行监督职责督促检查不到位。对吉煤集团盲目扩能的要求未科学论证。（3）煤矿安全监察机构安全监察工作不到位。吉林煤矿安全监察局及其白山监察分局组织开展煤矿安全监察工作不到位，对白山市安全生产监督管理局履行省属煤矿安全监管职责的情况监督检查不到位，对吉煤集团及八宝煤矿的安全监察工作不到位。

责任追究：八宝煤矿生产指挥中心副主任王某、副主任吕某、生产指挥中心主任王某、八宝煤矿常务副经理兼总工程师李某、吉煤集团通化矿业集团公司驻八宝煤矿安监处处长王某、通化矿业集团公司总经理助理兼通风部部长陈某、通化矿业集团公司总工程师宁某等7人，因在事故中死亡、免予追究。司法机关以涉嫌不报、谎报安全事故罪、重大责任事故罪和玩忽职守罪，依法追究了负责办理瞒报死亡人员火化手续的中间人张某，吉林省白山市江源区人民医院太平间承包业主陈某、殡仪馆火化工陈某，江源区人民医院医生林某，吉煤集团通化矿业集团公司八宝煤矿总经理韩某、副经理刘某和王某、副总工程师孙某，通化矿业集团公司总经理赵某、副总经理王某和王某某，白山市安全生产监督管理局煤炭行业管理办公室主任张某，吉林省白山市安全生产监督管理局副局长李某，吉林煤矿安全监察局白山监察分局副局长徐某、监察一室主任王某等16人的刑事责任。上级机关对负有管理和领导责任的吉煤集团通化矿业集团公司八宝煤矿通风队长孟某、通风科科长王某和副科长陆某、抽采科科长周某、生产技术科科长余某、安全科科长王某、充填开采区党总支书记张某，八宝煤矿工会副主席王某，八宝煤矿党委书记沈某，吉煤集团通化矿业集团公司通风部副部长祁某，通化矿业集团公司驻八宝煤矿安监处安监站安监员闫某，通化矿业集团公司安全监管部副部长白某、王某和陈某，通化矿业集团公司生产技术部主任工程师吕某，通化矿业集团公司生产技术部部长管某，吉煤集团通化矿业集团公司总经理赵某、党委书记徐某、常务副总经理王某、副总经理李某，吉煤集团董事长袁某、总经理贾某、党委书记张某、副总经理徐某、副总经理兼总工程师李某、副总工程师兼安全监管部部长赵某、通风部副部长杨某、生产技术部部长宋某和主任工程师邱某，白山市公安局刑警支队支队长金某和副局长丁某，白山市国土资源局局长邓某、副局长郑某、调研员纪某、矿产资源管理科科长吕某、执法监察支队副支队长（主持工作）王某，吉林省能源局副局长李某、煤炭处处长杨某和调研员生某，吉林省能源局副局长李某，白山市安全生产监督管理局局长黄某、煤矿安全监管科科长李某，吉林省安全生产监督管理局局长金某、副局长丁某、煤矿安全监管一处处长杨某，吉林煤矿安全监察局副局长惠某、安全监察一处处长李某、白山监察分局局长栾某，白山市市长彭某、副市长王某，吉林省副省长谷某等50人，分别予以党纪政纪处分。责成吉林省人民政府向国务院作出深刻检查。

吸取事故教训，加强安全生产措施：（1）牢固树立和落实科学发展观，坚守安全生产红线。（2）落实煤矿企业安全生产主体责任，严格禁止违章指挥、违章作业行为。（3）要切实履行好政府及相关部门的安全监管监察职责。坚持"谁主管、谁负责""谁发证、谁负责"和管行业必须管安全的原则。（4）加强煤矿瓦斯治理和防灭火管理。瓦斯治理要做到"先抽后采、抽采达标"，严禁瓦斯超限作业。在开采容易自燃煤层和自燃煤层时，必须制定和落实灌浆、注惰气等综合防灭火措施，必须在作业规程中明确注惰气时间、注惰气量和防灭火效果检验手段，连续监测采空区气体成分变化，发现问题、及时处理，确保不发生煤炭自然发火。（5）要切实规范和强化应急管理，提高事故应急处置能力。深刻吸取八宝煤矿处置井下火区时违规施工密闭、强令工人冒险作业、现场应急组织混乱等沉痛教训，建立健全煤层自然发火的应急管理规章制度，加强应急队伍建设，加大应急投入，配备必要的应急物资、装备和设施，制定和完善应急预案，一旦发现险情或发生事故，要严格按照有关规程、规范和应急预案，以安全可靠的原则进行应急处置，安全有力有效地组织施救，严禁违章指挥、严禁冒险作业、严禁盲目施救。（6）要扎实开展彻底的安全生产大检查，及时消除各类隐患，解决存在的问题，堵塞安全漏洞。

（三）中国黄金集团西藏甲玛矿区山体滑坡事故

2013 年 3 月 29 日 6 时，西藏自治区拉萨市墨竹工卡县扎西岗乡斯布村普朗沟泽日山发生山体滑坡灾害，滑坡面积约长达 3 千米，塌方量约 200 万立方米，由于滑坡灾害事出突然，而且发生在凌晨，致使距滑坡源头约 2 千米处的中国黄金集团西藏华泰龙矿业公司甲玛矿区（海拔 4600 米，距拉萨市约 110 千米、墨竹工卡县城 33 千米）4 家施工单位居住帐篷被掩埋，造成 66 人死亡，17 人失踪，11 台施工机械被掩埋。

灾害发生后，中共中央总书记习近平、国务院总理李克强批示，要求全力救援，尽最大努力抢救被困人员，防止次生灾害，并抓紧核实被困人数，查明滑坡原因，做好各项善后工作。西藏自治区党委、政府获悉灾害情况后，及时启动应急预案，西藏自治区、拉萨市、墨竹工卡县主要领导立即赶赴现场，组织西藏军区和武警西藏总队，武警水电和交通部队、公安、消防、医务等救援人员 4000 余名，调集各种车辆和大型装备 400 余台、搜救犬 255 条、雷达生命探测仪 30 台参与现场搜救。

关于此次灾害的成因，根据有关专家分析：（1）滑坡位于普朗沟源头，地形陡峻，坡度达 42~45 度，呈 "V" 形狭长沟谷，滑坡源头到堆积区长约 1980 米。滑坡后缘高程 5359 米，前缘高程 4535 米，高差 824 米。（2）区内地质条件复杂，推覆构造、滑覆构造发育，新构造活动强烈。出露地层主要有多期形成的火成岩、沉积岩，岩石蚀变强烈，岩体破碎。表层第四系主要为块碎石层，被当地群众称为 "泽日山"（意即 "碎石山"）。（3）2012 年 11 月至 2013 年 2 月期间，气候极度干燥。3 月以来，连续多次降雪，雪水渗透，降低斜坡体稳定性。（4）滑坡的启动过程系后缘残坡积体失稳滑动，推动前缘松散堆积体，形成整体滑动。上述 4 条成因最终导致了特大灾害的发生。

防范措施：（1）加强对滑坡灾害的监测预警，在滑坡源头、搜救现场设立警戒标志；对滑坡后缘不稳定斜坡加以防范，避免再次发生地质灾害；对抢险搜救区进行整理，消除次生灾害隐患。（2）高度重视全面排查居民区、工程建设区、工矿企业、旅游区和临时人员居住地等厂址的地质安全，加强监测预警，落实防灾预案和责任制，严防地质灾害造成群死群伤。

针对此次山体滑坡灾害造成中央企业中国黄金公司工人重大伤亡和财产损失的惨痛教训，国务院国资委下发紧急通知，要求各级企业主要负责人要牢固树立安全生产意识，将 "要安全的效益，不要带血的利润" 的理念贯彻到生产经营全过程，真正把安全生产工作摆在重要位置，切实履行好安全生产第一责任人的责任。各级企业主要负责人要按照"一岗双责"的要求，督促各部门、各企业建立健全覆盖全员、全过程、全方位的安全生产责任体系，切实保障责任体系的无缝链接和有效运行。认真贯彻执行《中央企业安全生产禁令》，将禁令作为每一个管理者、每一个员工必须遵守的红线，对违反禁令的企业和人员，要严格追究责任，决不姑息。针对墨竹工卡事故，国资委希望中央企业深刻吸取教训，找出原因，举一反三，制定切实有效的事故防范措施，并坚决落实到位，堵住安全生产管理漏洞，完善安全生产管理体系，优化安全管理流程，坚决杜绝同类事故重复发生。

（四）　山东省章丘市保利民爆济南科技有限公司炸药爆炸事故

2013 年 5 月 20 日 10 时 51 分许，位于山东省章丘市的保利民爆济南科技有限公司乳化震源药柱生产车间发生爆炸事故，造成 33 人死亡（其中车间工人 30 人，车间外施工人员 3 人），19 人受伤（其中车间工人 4 人，车间外施工人员 9 人，其他区域受伤 6 人），直接经济损失 6600 余万元。

保利民爆集团下属保利民爆济南科技有限公司始建于 1958 年，前身为济南四五六厂，2000 年 8 月企业改制为济南四五六有限责任公司，济南市国资委持有 66.67% 的股权，其余 33.33% 为职工股权。2011 年 1 月经国务院批准，国务院国资委将原新时代集团民爆业务划转保利集团。2011 年 3 月，新时代民爆（济南）科技产业有限公司更名为保利民爆济南科技有限公司。该公司于 2010 年 9 月获得工业和信息化部颁发的民用爆破物品生产许可证，其位于山东省章丘市曹范镇的新厂区搬迁工业炸药生产线分两期进行建设。一期工程包括年产 15000 吨胶状乳化炸药生产线和年产 12000 吨膨化硝铵炸药生产线，2010 年 7 月通过验收并投产；二期工程包括年产 6500 吨震源药柱生产线、年产 5000 吨现场混装工业炸药生产系统、炸药库和硝铵库等，2010 年 7 月开工建设，2012 年 9 月通过验收。

事故发生当日，甲班上早班（6 时至 15 时 30 分）。5 时 30 分，配料工开始配料；6 时 10 分，班前准备完毕且相关设备正常后，开启 1、2 号装药机，开始生产直径 60 毫米的不带起爆件震源药柱；8 时整开启 4 号装药机，同时生产直径 70 毫米的 2 号岩石乳化炸药。随后，陆续有技术员、检验员等 6 名相关人员进入车间内工作。9 时 43—46 分，甲班组长和加料员一起先后从储物间抬了三包废药（经调查核实为该班 5 月 18 日的剩余废药）放在敏化机的西侧；9 时 52 分至 10 时 47 分，加料员分 7 次向敏化工序的搅拌机内加入 36 铲废药；10 时 51 分，该工房突然发生爆炸。爆炸时 502 工房总药量为 3.7 吨，参与爆炸药量约

2.4 吨，折算成 TNT 炸药当量约 1.8 吨。爆炸造成 502 工房生产线及设备粉碎性破坏，建筑物大部分整体坍塌，周围建筑物破坏范围约为 265 米。

事故直接原因：震源药柱废药在回收复用过程中混入了起爆件中的太安，提高了危险感度。太安在 4 号装药机内受到强力摩擦、挤压、撞击，瞬间发生爆炸，引爆了 4 号装药机内乳化炸药，从而殉爆了 502 工房内其他部位炸药。

事故间接原因：（1）保利民爆济南公司法制和安全意识极其淡薄，安全管理混乱且长期违法违规组织生产。①违规改变生产工艺。违反《民用爆炸物品生产、销售企业安全管理规程》（GB 28263—2012）的有关规定，未经论证鉴定、有关单位评价咨询、主管部门备案或批准，擅自在乳化型震源药柱中加装太安起爆件，埋下了安全隐患；起爆件保管、领用、使用、登记和回收管理混乱，使起爆件中的太安混入震源药柱废药；采用回收不合格震源药柱中主装药再利用的生产方式，致使震源药柱起爆件中的太安炸药混入废药后，进入乳化炸药制药环节。②违法增加生产品种、超员超量生产。违反《民用爆破器材工程设计安全规范》（GB 50089—2007）、《民用爆炸物品生产、销售企业安全管理规程》（GB 28263—2012）、《民用爆炸物品安全管理条例》（国务院令第 466 号）等有关规定，擅自将震源药柱压盖（加装含太安炸药的起爆件）、热合、拧螺旋套、装箱、封箱工序移入 502 工房；擅自增加生产二号岩石乳化炸药品种并增开 1 台装药机和擅自增加生产线操作工；擅自提高产量，该公司 2012 年实际生产震源药柱 12937 吨，超过许可能力近一倍。2013 年 1—4 月已生产 4554 吨，严重超产。事故发生时，502 工房现场人员总数达 34 人，工房总药量为 3.7 吨，远超最大允许定员 14 人、定量 2.5 吨。③违规进行设备维修和基建施工。按照有关规定，炸药在线生产时不能进行设备维修，但 502 工房在生产作业的同时，对工房内膜热合机进行维修。事故发生时，工房外侧安全距离范围内违规进行包装工房连廊基建施工。④弄虚作假规避监管。在有关部门验收考核和到现场检查时弄虚作假，撤人撤设备，形成合法生产假象，验收检查后继续违规生产；在向行业主管部门报送实际产量过程中弄虚作假、编造数据，欺瞒行业主管部门，逃避监管；未按照要求及时连接视频监控系统并上传工房生产作业的实时监控影像。（2）保利集团、保利化工公司、保利民爆集团对安全生产工作不重视，对保利民爆济南公司安全生产监督管理不力。2012 年以来保利民爆集团和保利集团多次到保利民爆济南公司进行安全生产等工作检查，没有发现并纠正其存在的违法违规生产和内部安全管理混乱问题；对保利民爆济南公司未及时与上级公司连接视频监控系统督促整改不力；组织下属企业开展"打非治违"和隐患排查治理工作不认真、不扎实、不得力。（3）地方民爆行业主管部门工作不扎实，安全监管不得力。

①章丘市经济和信息化局负责本行政区域内的国防科技工业管理工作，承担保利民爆济南公司有关证照、年检的审核把关和报送工作。履行行业安全生产监督管理职责不认真、不得力。2012年以来多次组织或参与对保利民爆济南公司的安全生产检查，未能发现和查处该公司长期存在的违法违规生产问题；工作不负责任，对该公司新增3500吨出口产能审批把关不严；对该公司长期存在违法违规生产和内部安全管理混乱问题失察。②济南市经信委履行行业安全生产监督管理职责不得力。开展安全生产监督检查不认真、不深入、不严格。③山东省国防科工办对该公司新增3500吨产能出口情况监管不力；对该公司长期存在违法违规生产和内部安全管理混乱问题失察。（4）地方政府对民爆行业安全生产工作监管不到位，"打非治违"工作不彻底。①章丘市政府对保利民爆济南公司长期存在的违法违规生产和内部安全管理混乱问题失察。②济南市政府督促指导本地区民爆行业主管部门履行安全监管职责不到位，对保利民爆济南公司长期存在的违法违规生产和内部安全管理混乱问题失察。③山东省政府组织开展"打非治违"工作不深入、不彻底，督促指导本地区民爆行业主管部门履行安全监管职责不到位。

责任追究：司法机关以重大责任事故罪、玩忽职守罪，依法追究保利民爆济南公司董事长、保利民爆集团副总经理、保利化工公司副总经理和济南市经信委副主任、经信委材料产业处处长、章丘市经信局安全科科长等人的刑事责任；上级机关对有关责任人员予以党纪政纪处分。

吸取事故教训，加强民爆行业安全生产工作措施：（1）牢固树立和落实科学发展观，坚守安全生产红线。（2）切实落实安全生产主体责任，进一步强化企业内部的安全管控。建立健全并严格落实以法定代表人负责制为核心的各级安全生产责任制，直至延伸到现场、车间、班组、岗位。及时发现和治理安全隐患，防患于未然。提高员工的法制意识、安全意识和安全操作技能。（3）不断健全完善民爆行业安全管理法规制度，着力提高制度执行力。修订和完善民爆行业管理法规和规程，健全各类民爆生产专用设备设施、产品质量安全管理制度规程，特别是要制定和健全震源药柱、起爆件等小品种工业炸药产品及元件生产、废药复用的保管、领用、使用、登记等相关制度规程；要针对事故暴露出的问题，对起爆件中的装药作出明确规定，制定和完善震源药柱产品及起爆件（含太安或梯恩梯炸药）生产过程的安全管控制度措施，完善废旧药物回用与销毁处理工序的操作规程和技术措施要求，明令对可能混入敏感物质或金属砂石等异物造成其安全特性发生变化的废药，一律按废品进行销毁处理，不得回用。（4）认真搞好安全生产大检查，深入开展"打非治违"工作。（5）大力推动民爆行业科技进步，提高企业本质安全水平。重点解决震源药柱等民爆产品小品种自动化水平低、危险岗位现场操作人员多等问题，提升民爆行业危险生产工艺安全技术水平，逐步实现远程遥控、人机隔离操作。严格督促企业在危险生产工房出入口设置安装智能化门禁系统，做到人员出入自动记录、超员自动报警，严格管控危险场所在线人员；要严格督促企业按要求设置和完善危险工房生产线视频监控系统，做到所有民爆产品（包括小品种等）生产工艺流程和危险工房全覆盖，乳化炸药装药机的实时运行技术参数应自动上传生产线监控系统或设置运行数据后台存储备份，消除监控盲区，提高生产线安全监控自动化、信息化水平。

（6）切实落实政府及有关部门的安全监管责任，全面加强对民爆企业的安全监管。

（五）吉林省长春市德惠市宝源丰禽业有限公司 "6·3" 火灾爆炸事故

2013年6月3日，吉林省长春市德惠市宝源丰禽业有限公司（简称宝源丰公司）发生火灾爆炸事故，造成121人死亡，76人受伤，17234平方米主厂房及生产设备被损毁，直接经济损失1.82亿元。

宝源丰禽业有限公司属个人独资企业，位于德惠市米沙子镇，生产经营范围包括肉鸡屠宰、分割、速冻、加工及销售，有员工430人，年生产肉鸡36000吨，年均销售收入约3亿元。

事故发生当日5时20—50分，宝源丰公司员工陆续进厂工作（受运输和天气温度的影响，该企业通常于早6时上班）。6时10分左右，该厂一车间女更衣室及附近区域上部出现烟、火，主厂房南侧中间部位上层窗户冒出黑色浓烟。部分较早发现火情人员进行了初期扑救，但火势未得到有效控制。火势逐渐在吊顶内由南向北蔓延，同时向下蔓延到整个附属区，并由附属区向北面的主车间、速冻车间和冷库方向蔓延。燃烧产生的高温导致主厂房西北部的1号冷库和1号螺旋速冻机的液氨输送和氨气回收管线发生物理爆炸，致使该区域上方屋顶卷开，大量氨气泄漏，介入了燃烧，火势蔓延至主厂房的其余区域，共造成121人死亡，76人受伤（其中15人为重伤），17234平方米主厂房及主厂房内生产设备被损毁，直接经济损失1.82亿元。

造成事故的直接原因：该公司主厂房一车间女更衣室西面和毗连的二车间配电室的上部电气线路短路，引燃周围可燃物。当火势蔓延到氨设备和氨管道区域，燃烧产生的高温导致氨设备和氨管道发生物理爆炸，大量氨气泄漏，介入了燃烧。

火势迅速蔓延的主要原因：（1）主厂房内大量使用聚氨酯泡沫保温材料和

聚苯乙烯夹芯板（聚氨酯泡沫燃点低、燃烧速度极快，聚苯乙烯夹芯板燃烧的滴落物具有引燃性）。（2）一车间女更衣室等附属区房间内的衣柜、衣物、办公用具等可燃物较多，且与人员密集的主车间用聚苯乙烯夹芯板分隔。（3）吊顶内的空间大部分连通，火灾发生后，火势迅速蔓延。（4）当火势蔓延到氨设备和氨管道区域，燃烧产生的高温导致氨设备和氨管道发生物理爆炸，大量氨气泄漏，介入了燃烧。

造成重大人员伤亡的主要原因：（1）起火后火势迅速蔓延，聚氨酯泡沫塑料、聚苯乙烯泡沫塑料等材料大面积燃烧，产生高温有毒烟气，同时伴有泄漏的氨气等毒害物质。（2）主厂房内逃生通道复杂，且南部主通道西侧安全出口和二车间西侧直通室外的安全出口被锁闭，火灾发生时人员无法及时逃生。（3）主厂房内没有报警装置，部分人员对火灾知情晚，加之最先发现起火的人员没有来得及通知二车间等区域的人员疏散，使一些人丧失了最佳逃生时机。（4）宝源丰公司未对员工进行安全培训，未组织应急疏散演练，员工缺乏逃生自救互救知识和能力。

事故间接原因：（1）宝源丰公司安全生产主体责任不落实。①企业出资人即法定代表人根本没有"以人为本、安全第一"的意识，严重违反党的安全生产方针和安全生产法律法规，重生产、重产值、重利益，要钱不要安全，为了企业和自己的利益而无视员工生命。②企业厂房建设过程中，为了达到少花钱的目的，未按照原设计施工，违规将保温材料由不燃的岩棉换成易燃的聚氨酯泡沫，导致起火后火势迅速蔓延，产生大量有毒气体，造成大量人员伤亡。③企业从未组织开展过安全宣传教育，从未对员工进行安全知识培训，企业管理人员、从业人员缺乏消防安全常识和扑救初期火灾的能力；虽然制定了事故应急预案，但从未组织开展过应急演练；违规将南部主通道西侧的安全出口和二车间西侧外墙设置的直通室外的安全出口锁闭，使火灾发生后大量人员无法逃生。④企业没有建立健全、更没有落实安全生产责任制，虽然制定了一些内部管理制度、安全操作规程，主要是为了应付检查和档案建设需要，没有公布、执行和落实；总经理、厂长、车间班组长不知道有规章制度，更谈不上执行；管理人员招聘后仅在会议上宣布，没有文件任命，日常管理属于随机安排；投产以来没有组织开展过全厂性的安全检查。⑤未逐级明确安全管理责任，没有逐级签订包括消防在内的安全责任书，企业法定代表人、总经理、综合办公室主任及车间、班组负责人都不知道自己的安全职责和责任。⑥企业违规安装布设电气设备及线路，主厂房内电缆明敷，二车间的电线未使用桥架、槽盒，也未穿安全防护管，埋下重大事故隐患。⑦未按照有关规定对重大危险源进行监控，未对存在的重大隐患进行排查整改消除。尤其是 2010 年发生多起火灾事故后，没有认真吸取教训，加强消防安全工作和彻底整改存在的事故隐患。（2）公安消防部门履行消防监督管理职责不力。米沙子镇派出所对劳动密集型生产加工企业等人员密集场所监督检查不力。尤其是对 2010 年宝源丰公司多次发生的火灾事故没有认真严肃地查处。事故发生后，与企业有关人员共同对消防检查记录进行作假。德惠市公安消防大队违规将宝源丰公司申请消防设计审核作为备案抽查项目，在没有进行消防设计审核、消防验收的前提下，违法出具《建设工程消防验收合格意见书》。德惠市公安局督促指导开展辖区内劳动密集型生产加工企业火灾隐患排查治理工作不力，对米沙子镇派出所消防安全监督管理工作疏于监管。长春市公安消防支队对德惠市公安消防大队失职问题失察。长春市公安局督促指导德惠市开展劳动密集型生产加工企业火灾隐患排查治理工作不得力。吉林省公安消防总队宣传贯彻《消防法》等法律法规不到位。（3）建设部门在工程项目建设中监管严重缺失。米沙子镇建设分局监管人员放松安全质量监管甚至根本不监管；对宝源丰公司项目工程建设各方责任主体资格审查不严，未能发现和解决该公司项目建设设计、施工、监理挂靠或借用资质等问题；在工程建设中，未能发现并查处宝源丰公司擅自更改建筑设计、更换阻燃材料等问题。德惠市建设工程质量监督站未能发现和纠正宝源丰公司项目建设设计、施工、监理单位挂靠或借用资质等问题。德惠市住建局对宝源丰公司项目工程建设招投标及工程验收等重点环节监督把关不严。（4）安全监管部门履行安全生产综合监管职责不到位。米沙子镇安监站工作人员未对宝源丰公司特殊岗位操作人员资质和工作情况进行检查，未认真督促企业和镇消防部门对消防安全隐患进行深入排查治理。德惠市安监局未对该公司特种作业人员持证上岗情况进行检查和查处，对重大危险源监控工作监管不力。吉林省、长春市安监局开展防火专项行动和隐患排查治理工作不认真。（5）地方政府安全生产监管职责落实不力。米沙子镇人民政府重经济增速、重财政收入、重招商引资，对宝源丰公司建设片面强调"特事特办、多开绿灯"，要"政绩"而忽视安全生产。德惠市人民政府片面地追求 GDP 增长，安全生产大排查大整改不深入、不全面、不彻底，未能发现和解决宝源丰公司存在的重大安全隐患问题，基层安全生产和质量监督管理工作不落实。长春市人民政府对安全生产"打非治违"和隐患排查治理工作要求不严、抓得不实。吉林省人民政府贯彻落实国家安全生产法律法规、政策规定、工作部署要求和督促指导有关地区、部门认真履行职责、做好安全生产工作不到位。

　　责任追究：对在事故中死亡的宝源丰公司工厂厂长蒋某、工厂动力部主任周某，免予追究责任。司法机关以重大事故责任罪、玩忽职守罪、滥用职权罪等，依法追究了宝源丰公司董事长贾某、总经理张某、综合办公室主任姚某、公司保卫科长冷某，长春市消防支队净月消防大队大队长吕某，长春市消防支队榆树大队参谋刘某（原德惠市公安消防大队副大队长），德惠市公安消防大队防火参谋兰某和高某，德惠市公安局米沙子镇派出所所长赵某和干警孙某、冯某，德惠市米沙子镇建设分局局长宋某，德惠市建设工程质量监督站副站长刘某，德惠市米沙子镇经贸办主任兼安监站站长李某，德惠市米沙子镇镇长刘某，以及承担宝源丰公司厂房建设施工的长春建工集团吉兴管理公司的有关人员的刑事责任。上级机关对负有管理、领导责任的吉林省人民政府副省长兼省公安厅厅长黄某，长春市市长姜某、副市长李某，德惠市委书记张某、市长刘某、副市长（公安局局长）王某某和王某，德惠市米沙子镇党委书记、米沙子工业集中区党工委书记、米沙子工业集中区管委会主任裴某，米沙子镇副镇长王某，德惠市安监局局长范某、副局长陈某、危险化学品监督管理科科长宋某，德惠市经济局副局长（原德惠市住建局副局长）刘某，德惠市建设工程质量监督站站长邹某，吉林省公安消防总队总队长李某、副总队长刘某，长春市公安消防支队支队长王某、政委赵某、副中队长赵某、防火处长宋某，德惠市公安消防大队大队长王某，德惠市米沙子镇派出所副所长滕某予以党纪政纪处分。

吸取事故教训，改进安全生产的措施：（1）牢固树立和落实科学发展观。（2）强化企业安全生产主体责任。坚决克服重生产、重扩张、重速度、重效益、轻质量、轻安全的思想。（3）强化以消防安全标准化建设为重点的消防安全工作。研究改善劳动密集型企业的消防安全条件，在建筑设计施工时应充分考虑消防安全需求，努力提高设防等级，并加强"三同时"审查、把关与验收，保证做到包括消防设施在内的安全设施"三同时"。严格限制劳动密集型企业的生产加工车间中易燃、可燃保温材料的使用，保证建筑材料的防火性能；要合理设置疏散通道和安全出口，完善应急标志标识和报警系统。（4）强化使用氨制冷系统企业的安全监督管理。使用氨制冷系统的企业和用氨单位全体员工了解掌握氨的理化特性，并针对其危害性制定相应的安全操作规程。（5）强化工程项目建设的安全质量监管工作。（6）强化政府及其相关部门的安全监管责任。

（六）山东省青岛经济技术开发区中国石油化工股份有限公司管道储运分公司东黄输油管道原油泄漏爆炸事故

2013年11月22日，位于山东省青岛经济技术开发区的中国石油化工股份有限公司管道储运分公司东黄输油管道原油泄漏，发生爆炸事故。爆炸造成秦皇岛路桥涵以北至入海口、以南沿斋堂岛街至刘公岛路排水暗渠的预制混凝土盖板大部分被炸开，与刘公岛路排水暗渠西南端相连接的长兴岛街、唐岛路、舟山岛街排水暗渠的现浇混凝土盖板拱起、开裂和局部炸开，波及范围全长 5000 余米。爆炸产生的冲击波及飞溅物造成现场抢修人员、过往行人、周边单位和社区人员，以及青岛丽东化工有限公司厂区内排水暗渠上方临时工棚及附近作业人员，共 62 人死亡，136 人受伤。爆炸还造成周边多处建筑物不同程度损坏，多台车辆及设备损毁，多条供水、供电、供暖、供气管线受损。泄漏的原油通过排水暗渠进入附近海域，造成胶州湾局部污染。

事故发生后，习近平总书记专程到青岛看望、慰问伤员和遇难者家属，听取汇报，并发表重要讲话。李克强总理作出批示，要求全力搜救失踪、受伤人员，深入排查控制危险源，妥善做好各项善后工作。王勇国务委员带领相关部门负责人赶赴现场，组织指挥抢险救援。

事故直接原因：输油管道与排水暗渠交汇处管道腐蚀减薄、管道破裂、原油泄漏，流入排水暗渠及反冲到路面。原油泄漏后，现场处置人员采用液压破碎锤在暗渠盖板上打孔破碎，产生撞击火花，引发暗渠内油气爆炸。

通过现场勘验、物证检测、调查询问、查阅资料，并经综合分析认定：由于与排水暗渠交叉段的输油管道所处区域土壤盐碱和地下水氯化物含量高，同时排水暗渠内随着潮汐变化海水倒灌，输油管道长期处于干湿交替的海水及盐雾腐蚀环境，加之管道受到道路承重和振动等因素影响，导致管道加速腐蚀减薄、破裂，造成原油泄漏。泄漏点位于秦皇岛路桥涵东侧墙体外 15 厘米，处于管道正下部位置。经计算认定，原油泄漏量约 2000 吨。泄漏原油部分反冲出路面，大部分从穿越处直接进入排水暗渠。泄漏原油挥发的油气与排水暗渠空间内的空气形成易燃易爆的混合气体，并在相对密闭的排水暗渠内积聚。由于原油泄漏到发生爆炸达 8 个多小时，受海水倒灌影响，泄漏原油及其混合气体在排水暗渠内蔓延、扩散、积聚，最终造成大范围连续爆炸。

事故间接原因：（1）中石化集团公司及下属企业安全生产主体责任不落实，隐患排查治理不彻底，现场应急处置措施不当。中石化集团公司和中石化股份公司安全生产责任落实不到位。安全生产责任体系不健全，相关部门的管道保护和安全生产职责划分不清、责任不明；对下属企业隐患排查治理和应急预案执行工作督促指导不力，对管道安全运行跟踪分析不到位；安全生产大检查存在死角、盲区，特别是在全国集中开展的安全生产大检查中，隐患排查工作不深入、不细致，未发现事故段管道安全隐患，也未对事故段管道采取任何保护措施；中石化管道分公司对潍坊输油处、青岛站安全生产工作疏于管理。组织东黄输油管道隐患排查治理不到位，未对事故段管道防腐层大修等问题及时跟进，也未采取其他措施及时消除安全隐患；对一线员工安全和应急教育不够，培训针对性不强；对应急救援处置工作重视不够，未督促指导潍坊输油处、青岛站按照预案要求开展应急处置工作；潍坊输油处对管道隐患排查整治不彻底，未能及时消除重大安全隐患。2009年、2011年、2013年先后3次对东黄输油管道外防腐层及局部管体进行检测，均未能发现事故段管道严重腐蚀等重大隐患，导致隐患得不到及时、彻底整改；从2011年起安排实施东黄输油管道外防腐层大修，截至2013年10月仍未对包括事故泄漏点所在的15千米管道进行大修；对管道泄漏突发事件的应急预案缺乏演练，应急救援人员对自己的职责和应对措施不熟悉；青岛站对管道疏于管理，管道保护工作不力。制定的管道抢维修制度、安全操作规程针对性、操作性不强，部分员工缺乏安全操作技能培训；管道巡护制度不健全，巡线人员专业知识不够；没有对开发区在事故段管道先后进行排水明渠和桥涵、明渠加盖板、道路拓宽和翻修等建设工程提出管道保护的要求，没有根据管道所处环境变化提出保护措施；事故应急救援不力，现场处置措施不当。青岛站、潍坊输油处、中石化管道分公司对泄漏原油数量未按应急预案要求进行研判，对事故风险评估出现严重错误，没有及时下达启动应急预案的指令；未按要求及时全面报告泄漏量、泄漏油品等信息，存在漏报问题；现场处置人员没有对泄漏区域实施有效警戒和围挡；抢修现场未进行可燃气体检测，盲目动用非防爆设备进行作业，严重违规违章。（2）青岛市政府及开发区管委会贯彻落实国家安全生产法律法规不力。督促指导青岛市、开发区两级管道保护工作主管部门和安全监管部门履行管道保护职责和安全生产监管职责不到位，对长期存在的重大安全隐患排查整改不力；组织开展安全生产大检查不彻底，没有把输油管道作为监督检查的重点，没有按照"全覆盖、零容忍、严执法、重实效"的要求，对事故涉及企业深入检查；黄岛街道办事处对青岛丽东化工有限公司长期在厂区内排水暗渠上违章搭建临时工棚问题失察，导致事故伤亡扩大。（3）管道保护工作主管部门履行职责不力，安全隐患排查治理不深入。山东省油区工作办公室已经认识到东黄输油管道存在安全隐患，但督促企业治理不力，督促落实应急预案不到位；组织安全生产大检查不到位，督促青岛市油区工作办公室开展监督检查工作不力；青岛市经济和信息化委员会、油区工作办公室对管道保护的监督检查不彻底、有盲区，2013年开展了6次管道保护的专项整治检查，但都没有发现秦皇岛路道路施工对管道安全的影响；对管道改建计划跟踪督促不力，督促企业落实应急预案不到位；开发区安监局作为管道保护工作的牵头部门，组织有关部门开展管道保护工作不力，督促企业整治东黄输油管道安全隐患不力；安全生产大检查走过场，未发现秦皇岛路道路施工对管道安全的影响。（4）开发区规划、市政部门履行职责不到位，事故发生地段规划建设混乱。开发区控制性规划不合理，规划审批工作把关不严。开发区规划分局对青岛信泰物流有限公司项目规划方案审批把关不严，未对市政排水设施纳入该项目规划建设及明渠改为暗渠等问题进行认真核实，导致市政排水设施继续划入厂区规划，明渠改暗渠工程未能作为单独市政工程进行报批。事故发生区域危险化学品企业、油气管道与居民区、学校等近距离或交叉布置，造成严重安全隐患；管道与排水暗渠交叉工程设计不合理。管道在排水暗渠内悬空架设，存在原油泄漏进入排水暗渠的风险，且不利于日常维护和抢维修；管道处于海水倒灌能够到达的区域，腐蚀加剧；开发区行政执法局（市政公用局）对青岛信泰物流有限公司厂区明渠改暗渠审批把关不严，以"绿化方案审批"形式违规同意设置盖板，将明渠改为暗渠；实施的秦皇岛路综合整治工程，未与管道企业沟通协商，未按要求计算对管道安全的影响，未对管道采取保护措施，加剧管体腐蚀、损坏；未发现青岛丽东化工有限公司长期在厂区内排水暗渠上违章搭建临时工棚的问题。（5）青岛市及开发区管委会相关部门对事故风险研判失误，导致应急响应不力。青岛市经济和信息化委员会、油区工作办公室对原油泄漏事故发展趋势研判不足，指挥协调现场应急救援不力；开发区管委会未能充分认识原油泄漏的严重程度，根据企业报告情况将事故级别定为一般突发事件，导致现场指挥协调和应急救援不力，对原油泄漏的发展趋势研判不足；未及时提升应急预案响应级别，未及时采取警戒和封路措施，未及时通知和疏散群众，也未能发现和制止企业现场应急处置人员违规违章操作等问题；开发区应急办未严格执行生产安全事故报告制度，压制、拖延事故信息报告，谎报开发区分管领导参与事故现场救援指挥等信息；开发区安监局未及时将青岛丽东化工有限公司报告的厂区内明渠发现原油等情况向政府和有关部门通报，也未采取有效措施。

责任追究：司法机关以涉嫌重大责任事故罪，依法追究中石化管道分公司运销处处长、安全环保监察处处长、运销处副处长、中石化潍坊输油处处长、副处长、保卫（反打）科科长、安全环保监察科副科长、青岛站副站长、安全助理工程师，青岛市黄岛区委办、开发区工委管委办公室副主任兼应急办主任，开发区应急管理办公室（区长公开电话办公室、总值班室）副主任，开发区安监局副局长、副局长兼石化区分局局长和副局长、危化品处负责人兼监察大队负责人等15人的刑事责任。上级机关对负有管理、领导责任的中石化集团公司董事长、总经理、副总经理、安全总监、生产经营管理部主任和副主任、生产经营管理部国内原油处处长，中石化股份公司炼油事业部主任和副主任、安监局局长和副局长，青岛市委常委、开发区党工委书记和副书记，青岛市政府副秘书长，青岛开发区管委会副主任，黄岛区薛家岛街道、辛安街道党工委书记和办事处主任，山东省油区工作办公室主任、副主任、综合管理处处长，青岛市经济和信息化委员会主任、副主任，青岛市油区工作办公室主任、调研员，开发区安监局局长，黄岛区城市建设局局长，开发区行政执法局（市政公用局）副局长，青岛市规划局黄岛分局副局长、规划管理处处长，开发区国有资产管理处处长、公用事业管理中心主任、行政执法监察大队大队长等 47 人，分别予以党纪政纪处分。责成山东省政府、中石化集团公司向国务院作出深刻检查，并抄送国家安全监管总局和监察部；责成青岛市政府向山东省政府作出深刻检查。

改进安全生产工作措施：（1）坚持科学发展安全发展，牢牢坚守安全生产红线。（2）切实落实企业主体责任，深入开展隐患排查治理。按照《国务院安委会关于开展油气输送管线等安全专项排查整治的紧急通知》要求，认真开展在役油气管道，特别是老旧油气管道检测检验与隐患治理，对与居民区、工厂、学校等人员密集区和铁路、公路、隧道、市政地下管网及设施安全距离不足，或穿（跨）越安全防护措施不符合国家法律法规、标准规范要求的，要落实整改措施、责任、资金、时限和预案，限期更新、改造或者停止使用。国务院安委会将于 2014 年 3 月组织抽查，对不认真开展自查自纠，存在严重隐患的企业，要依法依规严肃查处问责。（3）加大政府监督管理力度，保障油气管道安全运行。组织排查油气管道的重大外部安全隐患。按照后建服从先建的原则，加大油气管道占压清理力度。采取"不发通知、不打招呼、不听汇报、不用陪同和接待，直奔基层、直插现场"的方式，对油气管道、城市管网开展暗查暗访，深查隐蔽致灾隐患及其整改情况。（4）科学规划合理调整布局，提升城市安全保障能力。对产业结构和区域功能进行合理规划、调整，对不符合安全生产和环境保护要求的，要立即制定整治方案，尽快组织实施。（5）完善油气管道应急管理，全面提高应急处置水平。（6）加快安全保障技术研究，健全完善安全标准规范。开展油气管道长周期运行、泄漏检测报警、泄漏处置和应急技术研究，提高安全保障能力。

（七）晋济高速山西晋城段岩后隧道运输甲醇车辆相撞燃烧事故

2014 年 3 月 1 日 14 时 45 分许，位于山西省晋城市泽州县的晋济高速公路山西晋城段岩后隧道内，两辆运输甲醇的铰接列车追尾相撞，致使前车甲醇泄漏起火燃烧，隧道内滞留的另外两辆危险化学品运输车和 31 辆煤炭运输车等车辆被引燃引爆，造成 40 人死亡，12 人受伤和 42 辆汽车被烧毁，直接经济损失 8197 万元。

事故发生当日 14 时 43 分许，由汤天才驾驶、冯国强押运的"豫 HC2923/豫 H085J 挂"铰接列车，装载 29.66 吨甲醇运往洛阳，在沿晋济高速公路由北向南行驶至岩后隧道右洞入口以北约 100 米处时，发现右侧车道上有运煤车辆排队等候，遂从右侧车道变道至左侧车道进入岩后隧道，行驶了 40 余米后，停在"皖 BTZ110"轻型厢式货车后。14 时 45 分许，由李建云驾驶、牛冲押运的"晋 E23504/晋 E2932 挂"铰接列车，装载 29.14 吨甲醇运往河南省博爱县，在沿晋济高速公路由北向南行驶至岩后隧道右洞入口以北约 100 米处时，看到右侧车道上有运煤车辆排队缓慢通行，但左侧车道内至隧道口前没有车辆，遂从右侧车道变至左侧车道。驶入岩后隧道后，突然发现前方 5~6 米处停有前车。李建云虽采取紧急制动措施，但仍与前车追尾。碰撞致使后车前部与前车尾部铰合在一起，造成前车尾部的防撞设施及卸料管断裂、甲醇泄漏，后车前脸损坏。

两车追尾碰撞后，前车押运员冯国强从右侧车门下车，由车前部绕到车身左侧尾部观察，发现甲醇泄漏。为关闭主卸料管根部球阀，冯国强要求汤天才向前移动车辆。该车向前移动 1.18 米后停住，汤天才下车走到车身左侧罐体中部时，冯国强发现地面泄漏的甲醇起火燃烧。甲醇形成流淌火迅速引燃了两辆事故车辆（后车罐体没有泄漏燃烧）和附近的 4 辆运煤车、货车及面包车，由于事发时受气象和地势影响，隧道内气流由北向南，且隧道南高北低，高差达 17.3 米，形成"烟囱效应"，甲醇和车辆燃烧产生的高温有毒烟气迅速向隧道内南出口蔓延。经专家计算，第一起火点着火后，8 分钟后烟气即可充满整个隧道；起火后 10 分钟，距离第一起火点 184 米的 5 辆运煤车起火燃烧，形成第二起火点；随后距离第二起火点 40 米的其他车辆也开始燃烧。17 时 5 分许，距离南出口约 100 米的 1 辆装载二甲醚的"鲁 RH0900/鲁 RC877 挂"铰接列车罐体受热超压爆炸解体。事故导致滞留隧道内的 42 辆车辆全部烧毁，隧道受损严重。

发现着火后，后车驾驶员李建云、押运员牛冲从隧道北口跑出，前车驾驶员汤天才、押运员冯国强跑向隧道南口，并警示前方的"皖 BTZ110""皖 BTZ016"驾乘人员后方起火。当时隧道内共有 87 人，部分人员在发现烟、火后驾车或弃车逃生，48 人成功逃出（其中 1 人因伤势过重经抢救无效死亡）。

事故直接原因："晋 E23504/晋 E2932 挂"铰接列车在隧道内追尾"豫 HC2923/豫 H085J 挂"铰接列车，造成前车甲醇泄漏，后车发生电气短路，引燃周围可燃物，进而引燃泄漏的甲醇。两车追尾的原因在于，"晋 E23504/晋 E2932 挂"铰接列车在进入隧道后，驾驶员未及时发现停在前方的"豫 HC2932/豫 H085J 挂"铰接列车，距前车仅五六米时才采取制动措施；"晋 E23504"牵引车准牵引总质量（37.6 吨），小于"晋 E2932 挂"罐式半挂车的整备质量与运输甲醇质量之和（38.34吨），存在超载行为，影响刹车制动。经认定，"晋E23504/晋E2932挂"铰接列车驾驶员李建云负全部责任。

车辆起火燃烧的原因：追尾造成"豫H085J挂"半挂车的罐体下方主卸料管与罐体焊缝处撕裂，该罐体未按标准规定安装紧急切断阀，造成甲醇泄漏；"晋E23504"车发动机舱内高压油泵向后位移，启动机正极多股铜芯线绝缘层破损，导线与输油泵输油管管头空心螺栓发生电气短路，引燃该导线绝缘层及周围可燃物，进而引燃泄漏的甲醇。

事故间接原因：（1）山西省晋城市福安达物流有限公司安全生产主体责任不落实。企业法定代表人不能有效履行安全生产第一责任人责任；企业应急预案编制和应急演练不符合规定要求；企业没有按照设计充装介质、《第115批公告》批准及"机动车辆整车出厂合格证"记载的介质要求进行充装；从业人员安全培训教育制度不落实，驾驶员和押运员习惯性违章操作，罐体底部卸料管根部球阀长期处于开启状态。另外，肇事车辆在行车记录仪于2014年1月3日发生故障后，仍然继续从事运营活动，违反了《国务院关于加强道路交通安全工作的意见》的有关规定。（2）河南省焦作市孟州市汽车运输有限责任公司危险货物运输安全生产的主体责任落实不到位。（3）晋济高速公路煤焦管理站违规设置指挥岗加重了车辆拥堵。（4）湖北东特车辆制造有限公司、河北昌骅专用汽车有限公司生产销售不合格产品。（5）山西省晋城市、泽州县政府及其交通运输管理部门对危险货物道路运输安全监管不力。（6）河南省焦作市交通运输管理部门和孟州市政府及其交通运输管理部门对危险货物道路运输安全监管不到位。（7）山西省高速公路管理部门对高速公路管理和拥堵信息处置不到位。（8）山西省公安高速交警部门履行道路交通安全监管责任不到位。（9）山西省锅炉压力容器监督检验研究院、河南省正拓罐车检测服务有限公司违规出具检验报告。

责任追究：司法机关以玩忽职守罪，依法追究了山西省晋城市道路运输管理局副局长、货运科科长，晋城市泽州县道路运输管理所客货运场管理办公室主任、山西省高速交警三支队八大队大队长、晋城高速公路有限责任公司副总经理、山西省高速公路管理局晋城路政大队大队长、晋城高速公路信息监控中心值班班长、山西省锅炉压力容器监督检验研究院罐检站副站长、晋城市福安达物流有限公司肇事车辆驾驶员和肇事车辆随车押运员、福安达物流有限公司法定代表人、河南省焦作市道路运输管理局副局长和货运管理科科长、河南省焦作市质量技术监督局计量科科长、河南省孟州市交通运输局局长、河南省正拓罐车检测服务有限公司总经理、河南省孟州市汽车运输有限责任公司肇事车辆驾驶员和随车押运员等 33 人的刑事责任。上级机关对负有领导管理责任的山西省晋城市委副书记、市长，晋城市副市长，山西省高速公路管理局党委副书记、局长，泽州县常务副县长，晋城市交通运输局局长等 33 人予以党纪政纪处分。山西省公安厅交警总队高速公路三支队八大队秩序中队中队长侯某于 3 月 21 日坠桥自杀身亡，免于追究其责任。

深刻吸取事故教训，加强危险化学品道路运输安全防范措施：（1）牢固树立科学发展、安全发展理念，始终坚守"发展决不能以牺牲人的生命为代价"这条红线。（2）大力推动危险货物道路运输企业落实安全生产主体责任。坚决杜绝"包而不管、挂而不管、以包代管、以挂代管"的情况发生。（3）切实加大危险货物道路运输安全监管力度。对存在重大安全隐患以及有挂靠问题的危险货物运输企业，要依法限期整改，情节严重的要责令停业整顿。研究道路运输危险货物车辆警示标志标识的设置，完善相关标准，提高防护等级，督促相关汽车生产厂商在危险货物运输车辆罐体上喷涂符合国家强制性标准要求的警示标志标识。采取"不发通知、不打招呼、不听汇报、不用陪同和接待，直奔基层、直插现场"的方式，对危险货物运输安全开展暗查暗访。（4）要全面排查整治在用危险货物运输车辆加装紧急切断装置。（5）进一步加强公路隧道安全管理。完善隧道硬件设施，增设和完善灯光照明、防撞护栏、紧急避险车道和限速、禁止超车交通警示标识和逃生指示标识等隧道安全基础设施，严控车辆进入隧道时的速度。（6）进一步加强公路隧道和危险货物运输应急管理。完善危险货物道路运输事故应急预案和各类公路隧道事故应急处置方案；强化应急响应和处置工作，建立责任明晰、运转高效的应急联动机制。（7）要加强安全保障技术研究和健全完善安全标准规范工作。

（八）沪昆高速湖南境内邵怀段装载乙醇货车追尾碰撞、泄漏燃烧事故

2014 年 7 月 19 日 2 时 57 分，湖南省邵阳市境内沪昆高速公路 1309 千米+33 米处，一辆自东向西行驶运载乙醇的车牌为"湘 A3ZT46"的轻型货车，与前方停车排队等候的一辆号牌为"闽 BY2508"的大型普通客车发生追尾碰撞，轻型货车运载的乙醇瞬间大量泄漏起火燃烧，致使大客车、轻型货车等 5 辆车被烧毁，当场造成 54 人死亡，6 人受伤（其中 4 人因伤势过重医治无效死亡），直接经济损失 5300 余万元。

事故直接原因：由于"湘 A3ZT46"轻型货车追尾"闽 BY2508"大客车，致使轻型货车所运载乙醇泄漏燃烧所致。（1）车辆追尾碰撞的原因：刘斌驾驶严重超载的轻型货车，未按操作规范安全驾驶，忽视交警的现场示警，未注意观

察和及时发现停在前方排队等候的大客车，未采取制动措施，致使轻型货车以每小时 85 千米的速度撞上大客车，其违法行为是导致车辆追尾碰撞的主要原因。贾安奎驾驶大客车未按交通标志指示在规定车道通行，遇前方车辆停车排队等候时，作为本车道最末车辆未按规定开启危险报警闪光灯，其违法行为是导致车辆追尾碰撞的次要原因。（2）起火燃烧和造成大量人员伤亡的原因：轻型货车高速撞上前方停车排队等候的大客车尾部，车厢内装载乙醇的聚丙烯材质罐体受到剧烈冲击，导致焊缝大面积开裂，乙醇瞬间大量泄漏并迅速向大客车底部和周边弥漫，轻型货车车头右前部由于碰撞变形造成电线短路产生火花，引燃泄漏的乙醇，火焰迅速沿地面向大客车底部和周围蔓延将大客车包围。经调查和现场勘验，事故路段由东向西下坡坡度 0.5%，事发时段风速 2.5 米/秒，风向为东北风，经专家计算，火焰从轻型货车车头处蔓延至大客车车头，将大客车包围所需时间不足 7 秒钟，最终仅有 6 人从大客车内逃出，其中 2 人下车后被烧身亡，4 人被严重烧伤（烧伤面积均在 90% 以上），轻型货车上 2 人死亡，小型越野车和重型厢式货车各 1 人受伤。

事故间接原因：（1）长沙大承化工有限公司、长沙市新鸿胜化工原料有限公司违法运输和充装乙醇。化工公司违反《危险化学品安全管理条例》规定，从 2013 年 3 月以来一直使用非法改装的无危险货物道路运输许可证的肇事轻型货车运输乙醇。长沙市新鸿胜化工原料有限公司违反《危险化学品安全管理条例》规定，安全管理制度不落实，未查验承运危险货物的车辆及驾驶员和押运员的资质，多次为肇事轻型货车充装乙醇。（2）莆田公司安全生产主体责任落实不到位。莆田公司对承包经营车辆管理不严格，对事故大客车在实际运营中存在的站外发车、不按规定路线行驶、凌晨 2—5 时未停车休息等多种违规行为未能及时发现和制止。开展道路运输车辆动态监控工作不到位，未能运用车辆动态监控系统对车辆进行有效管理。（3）长沙市胜风汽车销售有限公司和北汽福田汽车股份有限公司诸城奥铃汽车厂违规出售汽车二类底盘和出具车辆合格证。长沙市胜风汽车销售有限公司不具备二类底盘销售资格，超范围经营出售车辆二类底盘，并违规提供整车合格证。北汽福田汽车股份有限公司诸城奥铃汽车厂向经销商提供货车二类底盘后，在对整车状态未确认的情况下违规出具整车合格证。（4）长沙市芙蓉区安顺货柜加工厂、振兴塑料厂非法从事车辆改装和罐体加装。长沙市芙蓉区安顺货柜加工厂无汽车改装资质，违规为本事故中肇事的轻型货车进行了加装货厢、更换钢板弹簧等改装。长沙市芙蓉区振兴塑料厂明知周添有意使用塑料罐体运输乙醇的情况下，为轻型货车制作和加装了聚丙烯材质的方形罐体。（5）长沙市翔龙城西机动车辆检测有限公司和湖南长沙汽车检测站有限公司对机动车安全技术性能检验工作不规范、管理不严格。长沙市翔龙城西机动车辆检测有限公司对肇事轻型货车进行机动车注册登记前的安全技术性能检验中，外观查验员无检验资格；未保存"机动车安全技术检验记录单（人工检验部分）"；检验报告中底盘动态检验、车辆底盘检查无检验员签字、无送检人签字；检验报告中车辆的转向轴悬架形式标为"独立悬架"，与车辆实际特征不符。湖南长沙汽车检测站有限公司为肇事的轻型货车进行机动车年度检验前的安全技术性能检验中，未发现和督促纠正整车质量5.873吨大于最大设计总质量4.495吨的问题；检验报告上的批准人不具有授权签字人资格且无"送检人签字"。(6) 湖南省交通运输部门履行道路货物运输安全监管职责不得力，福建省莆田市交通运输部门履行道路客运企业安全监管职责不到位。(7) 湖南省公安交警部门履行事故处置、路面执法管控、机动车检验审核等职责不力。(8) 湖南省安全监管部门履行危险化学品经营企业安全监管职责不到位。(9) 湖南省质监部门履行机动车检测企业行政许可、日常监管职责不到位，山东省潍坊市质监部门对车辆生产环节质量把关不严。(10) 长沙市工商部门对企业超范围经营等问题监管不严。(11) 有关地方组织开展安全生产工作不到位。长沙市芙蓉区委对本级政府及相关部门落实安全生产监管责任督促指导不力。长沙县委对本级政府及相关部门落实安全生产监管责任督促指导不力。长沙市政府组织开展安全生产"打非治违"工作不力，未有效督促有关部门落实"管行业必须管安全、管业务必须管安全、管生产经营必须管安全"的总体要求。莆田市城厢区政府贯彻落实国家道路客运安全相关法律法规不到位，对有关部门道路客运安全监管督促指导不力。

责任追究：经国务院事故调查组调查认定，沪昆高速湖南邵阳段"7·19"特别重大道路交通危化品爆燃事故是一起生产安全责任事故。依据其建议，对长沙市委副书记、市长胡衡华等78人分别予以党纪政纪处分；依法追究长沙大承化工有限公司法定代表人周添等35名直接责任人的刑事责任。

吸取事故教训，改进道路运输安全措施：(1) 进一步强化安全生产红线意识。坚持"管行业必须管安全、管业务必须管安全、管生产经营必须管安全"，推动实现责任体系"三级五覆盖"。(2) 加大道路危险货物运输"打非治违"工作力度。加强对危险化学品运输车辆的检查和对无资质车辆运载危险货物行为的排查，依法查处危险化学品运输车辆不符合安全条件、超载、超速和不按规定路线行驶等违法行为。(3) 进一步加大道路客运安全监管力度。对存在挂靠经营或变相挂靠经营的客运车辆进行彻底清理。对清理后仍然不符合规定经营方式的客运车辆，要取消其经营资格，禁止新增进入客运市场的车辆实行挂靠经营。

（4）加强对车辆改装拼装和加装罐体行为的监管。严厉打击车辆非法改装拼装和非法加装罐体行为。坚决取缔未经批准擅自进行机动车改装的非法企业；依法查处机动车生产、销售企业违规销售车辆二类底盘等行为。禁止使用移动罐体（罐式集装箱除外）从事危险货物运输，全面清理查处罐体不合格、罐体与危险货物运输车不匹配的安全隐患。（5）加大危险化学品安全生产综合治理力度。推动危险化学品经营企业进入危险化学品集中市场进行经营，加快实现专门储存、统一配送、集中销售的危险化学品经营模式。（6）进一步加强道路交通和危险货物运输应急管理，提高应急处置能力和水平。

（九）江苏省昆山经济技术开发区中荣金属制品有限公司铝粉尘爆炸事故

2014年8月2日7时34分，江苏省苏州市昆山市昆山经济技术开发区中荣金属制品有限公司（台商独资企业，简称中荣公司）抛光二车间（即4号厂房）发生特别重大铝粉尘爆炸事故，当天造成75人死亡，185人受伤。事故发生后30日报告期内（依照《生产安全事故报告和调查处理条例》规定），共有97人死亡，163人受伤。事故报告期后，经全力抢救医治无效陆续死亡49人。总共造成146人死亡，95人重伤，直接经济损失3.51亿元。

事故发生后，中共中央总书记习近平、国务院总理李克强作出指示，要求全力做好伤员救治，做好遇难者亲属的安抚工作；查明事故原因，追究责任人责任，吸取血的教训，强化安全生产责任制。

中荣公司成立于1998年8月，是由台湾中允工业股份有限公司通过子公司英属维京银鹰国际有限公司在昆山开发区投资设立的台商独资企业，主要从事汽车零配件等五金件金属表面处理加工，主要生产工序是轮毂打磨、抛光、电镀等，设计年生产能力50万件，2013年主营业务收入1.65亿元。

事故发生当日7时，事故车间员工开始上班。7时10分，除尘风机开启，员工开始作业。7时34分，1号除尘器发生爆炸。爆炸冲击波沿除尘管道向车间传播，扬起的除尘系统内和车间集聚的铝粉尘发生系列爆炸，事故车间及其生产设备被损毁，职工伤亡严重。

导致这次事故的直接原因：事故车间除尘系统较长时间未按规定清理，铝粉尘集聚；除尘系统风机开启后，打磨过程产生的高温颗粒在集尘桶上方形成粉尘云；一除尘器集尘桶锈蚀破损，桶内铝粉受潮，发生氧化放热反应，达到粉尘云的引燃温度，引发除尘系统及车间的系列爆炸。因没有泄爆装置，爆炸产生的高温气体和燃烧物瞬间经除尘管道从各吸尘口喷出，导致全车间所有工位操作人员直接受到爆炸冲击，造成群死群伤。

由于一系列违法违规行为，整个环境具备了粉尘爆炸的"五要素"（可燃粉尘、粉尘云、引火源、助燃物、空间受限）引发爆炸。（1）可燃粉尘。事故车间抛光轮毂产生的抛光铝粉，主要成分为88.3%的铝和10.2%的硅，抛光铝粉的粒径中位值为19微米，经实验测试，该粉尘为爆炸性粉尘，粉尘云引燃温度为500摄氏度。事故车间、除尘系统未按规定清理，铝粉尘沉积。（2）粉尘云。除尘系统风机启动后，每套除尘系统负责的4条生产线共48个工位抛光粉尘通过一条管道进入除尘器内，由滤袋捕集落入到集尘桶内，在除尘器灰斗和集尘桶上部空间形成爆炸性粉尘云。（3）引火源。集尘桶内超细的抛光铝粉，在抛光过程中具有一定的初始温度，比表面积大，吸湿受潮，与水及铁锈发生放热反应。除尘风机开启后，在集尘桶上方形成一定的负压，加速了桶内铝粉的放热反应，温度升高达到粉尘云引燃温度。①铝粉沉积：1号除尘器集尘桶未及时清理，估算沉积铝粉约20千克。②吸湿受潮：事发前两天当地连续降雨，平均气温31摄氏度，最高气温34摄氏度，空气湿度最高达到97%；1号除尘器集尘桶底部锈蚀破损，桶内铝粉吸湿受潮。③反应放热：根据现场条件，利用化学反应热力学理论，模拟计算集尘桶内抛光铝粉与水发生的放热反应，在抛光铝粉呈絮状堆积、散热条件差的条件下，可使集尘桶内的铝粉表层温度达到粉尘云引燃温度500摄氏度。桶底锈蚀产生的氧化铁和铝粉在前期放热反应触发下，可发生"铝热反应"，释放大量热量使体系的温度进一步增加。（4）助燃物。在除尘器风机作用下，大量新鲜空气进入除尘器内，支持了爆炸发生。（5）空间受限。除尘器本体为倒锥体钢壳结构，内部是有限空间，容积约8立方米。

事故间接原因：中荣公司无视国家法律，违法违规组织项目建设和生产；苏州市、昆山市和昆山开发区对安全生产重视不够，安全监管责任不落实，对中荣公司违反国家安全生产法律法规、长期存在安全隐患治理不力等问题失察；负有安全生产监督管理责任的有关部门未认真履行职责，审批把关不严、监督检查不到位、专项治理工作不深入、不落实；江苏省淮安市建筑设计研究院、南京工业大学、江苏莱博环境检测技术有限公司和昆山菱正机电环保设备有限公司等单位，违法违规进行建筑设计、安全评价、粉尘检测、除尘系统改造。昆山开发区经济发展和环境保护局（下设安全生产科）履行安全生产监管职责不到位，安全培训把关不严，专项检查不落实。昆山市安全监察局对铝镁制品机加工企业安全生产专项治理工作不深入、不彻底，未按照江苏省相关要求对本地区存在铝镁粉尘爆炸危险的工贸企业进行调查并摸清基本情况，未对各区（镇）铝镁制品机加工企业统计情况进行核实，致使中荣公司未被列入铝镁制品机加工厂企业名单、未按要求开展专项治理。江苏省安监局督促指导苏州市、昆山市铝镁制品机加工企业安全生产专项治理工作不到位，没有按照要求督促、指导冶金等工商贸行业企业全面开展粉尘爆炸隐患排查治理工作。

责任追究：司法机关以重大劳动安全事故罪、玩忽职守罪等，依法追究了中荣公司董事长（台商）、经理（台商），昆山开发区管委会副主任（安委会主任）、经济发展和环境保护局副局长（安委会副主任），昆山市安监局副局长、职业安全健康监督管理科科长，昆山开发区经济发展和环境保护局安全生产科科长，昆山市安全生产监察大队副大队长，昆山市公安消防大队大队长、参谋、民警，昆山市环境保护局副局长、环境监察大队大队长、综合管理科科长、环境监察大队二中队中队长和副中队长等人的刑事责任。上级机关对负有领导和管理责任的江苏省分管安全生产工作的副省长，苏州市市长、副市长，昆山市委书记、市长、副市长，昆山开发区管委会主任、副主任，江苏省安监局局长、副局长、安全监管一处处长，苏州市安监局局长、副局长、安全监管二处处长，昆山市安监局局长、安全生产监察大队大队长，昆山开发区经济发展和环境保护局局长，苏州市消防支队副支队长，昆山市公安局副局长、消防大队大队长和副大队长等33人，分别予以党纪政纪处分。

吸取事故教训，防范同类事故措施：（1）严格落实企业主体责任，加强现场安全管理。各类粉尘爆炸危险企业不分内外资、不分所有制、不分中央地方、不分规模大小，必须遵守国家法律法规，把保护职工的生命安全与健康放在首位，坚决不能以牺牲职工的生命和健康为代价换取经济效益。（2）加大政府监管力度，强化开发区安全监管。理顺开发区安全监管体制，建立健全安全监管机构，加强基层执法力量，严防安全监管"盲区"。（3）落实部门监管职责，严格行政许可审批。把好准入和监督关。准确掌握存在粉尘爆炸危险企业的底数和情况，落实专项治理和检查。（4）强化粉尘防爆专项整治。对存在粉尘爆炸危险的企业进行全面排查，摸清企业基本情况，建立基础台账，将粉尘防爆有关标准和规定宣贯到每个企业。（5）加强粉尘爆炸机理研究，完善安全标准规范。

（十）西藏自治区拉萨市旅游大客车坠崖事故

2014年8月9日14时37分许，西藏自治区拉萨市圣地旅游汽车有限公司（简称圣地公司）一辆号牌为"藏AL1869"的旅游大客车，载50人，沿318国道由日喀则驶往拉萨。驶至拉萨市尼木县境内318国道4740千米+237米处左转弯下坡路段时，与一辆对向驶来、违法越过道路中心线的号牌为"藏AX9272"的越野车正面相撞，"藏AL1869"大客车随后向右前方与路侧波型梁护栏刮擦并撞断护栏后，仰翻坠落至 11 米深的山崖，客车顶部坠地受挤压后严重变形，导致车内 42 人死亡，8 人受伤。"藏 AX9272"越野车在撞击后逆时针旋转 180 度并回到原车道，与随后同向驶来的一辆号牌为"渝 FC2027"的轻型普通货车刮撞，"藏 AX9272"越野车内 2 人死亡，2 人受伤，"渝 FC2027"轻型普通货车内 1 人受伤。事故共造成 44 人死亡，11 人受伤，直接经济损失 3900 余万元。

旅游活动由飞翔旅行社（该旅行社 2013 年 5 月经西藏自治区旅游局许可）组织。该旅游团 46 名游客来自北京、黑龙江、上海、浙江、安徽、山东、湖北等地，由内地 13 家旅行社联手组团，西藏飞翔旅行社负责本地旅游接待。8 月 5 日，飞翔旅行社与圣地公司车辆的承包人周某联系，由其承包经营的"藏 AL1869"大客车承担本次任务。该团行程安排为 8 月 5 日抵达拉萨，12 日离开拉萨返程，其间参观游览卡定沟、尼洋阁、羊湖、扎什伦布寺、布达拉宫、大昭寺、纳木错等景点。8 月 9 日的行程安排是从日喀则参观扎什伦布寺后返回拉萨。事发当天该团按计划行程参观。

事故直接原因：（1）"藏 AL1869"大客车制动性能不合格、超速行驶。经调查，大客车右后轮制动性能不符合《汽车维护、检测、诊断技术规范》（GB/T 18344—2001）的要求，存在严重安全隐患。该车在从日喀则返回拉萨的途中，长时间超速行驶，在下坡限速 40 千米/小时的路段超速 60% 以上，导致与"藏 AX9272"越野车相撞后，车身左前部严重变形，车辆无法转向，最终翻坠下山崖。（2）"藏 AL1869"大客车在会车时未安全驾驶，未采取处置措施。"藏 AX9272"越野车在发生事故前 4.6 秒内行驶了 73 米，按照"藏 AL1869"大客车事故发生前行驶速度计算，4.6 秒行驶了 82~93 米，两车相距 150 米以上，而且视线良好，大客车完全可以发现越野车违法占道并可采取减速、鸣喇叭等措施避免发生事故，但大客车既未减速，也未警示，更未停车或者避让，直接导致事故的发生。（3）"藏 AX9272"越野车超速行驶、违法占道。经证人证言、现场勘查和检验鉴定，确认在事故发生前该车靠道路中心线行驶，在上坡限速 40 千米/小时的路段，超速 20% 以上，在与对向大客车会车前，违法越过道路中心线占道行驶，导致两车相撞，大客车失控坠崖。综上所述，"藏 AX9272"越野车在上坡路段超速行驶，在会车时违法占道是导致事故的重要原因。"藏 AL1869"大客车安全性能不符合国家标准，存在严重安全隐患，在下坡路段严重超速行驶，会车时发现对方车辆违法占道未采取减速、警示、停车或者避让等措施，也是导致事故的原因。

事故间接原因：（1）事故相关企业存在的问题。安全管理规章制度缺失，安全责任制不落实，长期利用未办理租赁手续的车辆非法营运；圣地公司安全管理混乱，未按规定设立安全管理机构和配备专职安全管理人员，违规承包租赁车辆、车辆未经例检即签发路单、驾驶人安全培训教育制度缺失，对车辆违规超速行为未实施有效的动态监控，处罚规定不落实，对"藏 AL1869"大客车动态监控终端不在线的问题没有及时提醒当班驾驶人。西藏旅游股份有限公司未设立安全生产管理机构，无安全生产专（兼）职人员，对下属圣地公司安全生产工作监督管理不力。（2）拉萨市运输管理局对本行政区域内道路运输企业源头安全监督管理不到位，对汽车租赁企业许可年审时把关不严，整治汽车租赁非法营运行为不力，未组织开展上级部署的整治汽车租赁企业非法营运行为专项行动，对圣地公司违规承包租赁、车辆例检制度形同虚设、驾驶人安全培训教育制度缺失等安全管理混乱问题失察。拉萨市交通运输局对拉萨市运输管理局工作指导和督促不到位，对其没有认真履行道路运输企业源头安全监督管理职责的情况失察，对其未组织开展上级部署的整治汽车租赁企业非法营运行为专项行动没有及时发现并督促落实。（3）拉萨市、尼木县公安交通管理部门存在的问题。尼木县交警大队对所辖 318 国道事故发生路段车辆超速和违法占道巡查管控不力。拉萨市交警支队对全市道路交通客运安全防范工作监控不到位，对尼木县交警大队履行道路交通安全监管职责督促指导不力。（4）拉萨市、尼木县人民政府存在的问题。尼木县政府履行道路交通安全监管职责不到位，对公安交通管理部门路面执法监管及旅游客车超速违法行为整治督促指导不力。拉萨市政府对交通运输企业属地安全管理不到位，督促指导市交通运输管理部门落实汽车租赁企业和旅游客运企业源头安全监管职责工作不力。

责任追究：白某（"藏 AX9272"越野车驾驶人）涉嫌犯罪，鉴于在事故中死亡，免于追究。司法机关以重大责任事故罪，依法追究了"藏 AL1869"大客车驾驶人董某，圣地公司副总经理杨某、公司当班 GPS 监控室主管刘某和专职监控人员尼某，"藏 AL1869"大客车实际承包人方某和周某等的刑事责任。上级机关对拉萨市常务副市长斯朗尼玛（分管拉萨市交通运输局），尼木县委政法委书记、公安局局长吴昌军，拉萨市交通运输局局长贡扎曲旺，拉萨市公安局交警支队副支队长边巴旺堆，拉萨市道路运输管理局局长宋世良等 15 名负有管理和领导责任的人员，分别予以党纪政纪处分。

吸取事故教训，改进西藏道路交通安全措施：（1）用最坚决的态度坚守安全发展红线。（2）严格落实汽车租赁企业和客运企业安全生产主体责任。（3）严肃查处非法租赁汽车行为。（4）切实加强旅游客运企业源头管理。落实驾驶员培训教育制度、车辆例检制度和派车制度，强化对客运车辆和驾驶人的安全管理，对"以包代管""包而不管"一律停运整改，杜绝新增进入客运市场的车辆实行租赁、承包、挂靠经营。（5）加大路面执法巡查力度。（6）大力实施生命防护工程。在急弯陡坡、临江临崖、事故多发的危险路段尽快加装和完善安全防护设施。（7）全面提高道路交通安全监管水平。

（十一）上海市黄浦区外滩踩踏事故

2014年12月31日23时35分许，上海外滩陈毅广场因跨年灯光秀活动引发拥挤踩踏事故，致36人死亡，49人受伤。

从2011年起，黄浦区政府、上海市旅游局和上海广播电视台连续三年在外滩风景区举办新年倒计时活动。2014年12月9日黄浦区政府第76次常务会议决定，2015年新年倒计时活动在"外滩源"举行，具体由黄浦区旅游局承办。事发当晚20时起，外滩风景区人员进多出少，大量市民游客涌向外滩观景平台，呈现人员逐步聚集态势。事发当晚外滩风景区的人员流量：20—21时约12万人，21—22时约16万人，最多时约31万人。22时37分，外滩陈毅广场东南角北侧人行通道阶梯处的单向通行警戒带被冲破以后，现场值勤民警竭力维持秩序，仍有大量市民游客逆行涌上观景平台。23时23—33分，上下人流不断对冲后在阶梯中间形成僵持，继而形成"浪涌"。23时35分，僵持人流向下的压力陡增，造成阶梯底部有人失衡跌倒，继而引发多人摔倒、叠压，致使拥挤踩踏事件发生。

事故发生后，习近平总书记作出重要指示，要求上海市全力以赴救治伤员，做好各项善后工作，抓紧调查事件原因，深刻吸取教训。李克强总理也就伤员救治和加强安全管理作出批示。

事故原因：（1）宣传不足。上海外滩跨年灯光秀是备受游客追捧的群众性活动。2013年外滩的4D灯光秀就吸引了数十万人参与。2014年12月31日晚上的跨年灯光秀分为两个部分，一个是在陈毅广场观景台对面的10秒倒计时灯光，另一个是在"外滩源"的5D大型灯光表演。两者间距离为500米。出于缓解交通压力，其主要的表演活动设在了"外滩源"。对于这一活动场地的改变，虽然各大媒体之前都有报道，然而传播不足，很多人并不知道。并且，"外滩源"和"外滩"一字之差，很多游客并不知道区别在哪里。当晚大多数的游客还是像往年一样来到外滩的陈毅广场。前去外滩的群众不断增多，相应的交通管制、现场管理措施却没有及时调整。（2）无交通管制措施。往年举办灯光秀活动时，交通管制措施极为严格，外滩附近的中山东一路、北京东路、四川中路等周边区域的路段禁止一切车辆通行，黄浦江东金线轮渡双向停航，黄浦江人行观光隧道关闭。前来观看的游客需要经四道管控"防线"才能到活动核心区——外滩观景平台。这些"防线"会由武警、公安、协警以及志愿者共同组成，人流过马路时也会有开关闸措施。而事发当晚，往年的这些交通限行措施均被取消。（3）安保力量严重不足。武警在外滩投入的兵力少于往年。警方存在对人流量预估严重不足的情况。23时30分发现客流异常增多时，虽然紧急组织了500名警力参与疏导人流，但迟迟未能及时进入核心拥挤区域。随后采取强行进入的方式，所用时间比正常时间要多，未能及时阻止悲剧的发生。（4）现场缺乏有效管控。上海外滩的观景平台地形狭长，陈毅广场的台阶结构也不利于人群流动。而环境预防的不足，导致外滩地区人员稠密到无法立足，找不到一个可以疏散的区域，警力的配置受限于庞大客流，加大了人流疏散的难度。事故发生时，广场台阶低处忽然有人被挤倒，附近人们一边试图拉起他们一边大声呼喊："不要再挤了！"可惜的是这点声音都被淹没在楼梯上不断涌下来的人群的嘈杂声中。于是，更多的人被层层涌来的人浪压倒，酿成悲剧。

责任追究：2015年1月6日，上海市委副书记、市长杨雄在上海市十四届人大常委会第十八次会议上通报了这次事故。杨雄表示：虽然事件原因还有待调查确认，但事件造成的后果非常严重，令人十分痛心，教训极其深刻、极其惨痛。痛定思痛，我们必须吸取血的教训，对这起事件进行深刻反思。2015年1月21日，上海市公布事故调查报告，认定这是一起对群众性活动预防准备不足、现场管理不力、应对处置不当而引发的拥挤踩踏并造成重大伤亡和严重后果的公共安全责任事件。黄浦区政府和相关部门对这起事件负有不可推卸的责任。根据调查报告的建议，上海市委、市政府对包括黄浦区委书记周伟、黄浦区区长彭崧在内的11名党政干部进行了处分。

吸取事故教训，改进安全工作措施：（1）把安全作为不能触碰、不能逾越的高压线和红线、底线，按照"党政同责、一岗双责、齐抓共管"的要求，健全安全责任体系。（2）加强对大人流场所和活动的安全管理。按照国务院《大型群众性活动安全管理条例》，对大型群众性活动严格依法审批，切实落实相应监管和防范措施。对照国家旅游局日前下发的《景区最大承载量核定导则》，各景区抓紧核算游客最大承载量，制定游客流量控制预案。（3）加强监测预警，提升突发事件防范能力。健全"谁主管、谁监测，谁预警、谁发布"的预警管理机制，针对不同突发事件，完善预警标准和响应措施。进一步加强重点环节、重点领域和重要时段的现场情况监测，结合大规模人员聚集、大流量交通等情况变化，加强分析研判，及时发现苗头性、趋势性问题，及时启动相关应急预案，采取限流、划定区域、单向通行等交通管控措施，重点加强台阶、扶梯、连接通道等特定区域的人员流动管理。（4）加强应急联动，强化应急处置能力。规范应急联动体制机制和响应程序，强化指挥协同，提升应急联动处置效能。（5）加强宣教培训，提升全社会公共安全意识和能力。依托传统媒体和新媒体，开展公共安全知识普及。推进公共安全宣传教育工作"进社区（乡村）、进企业、进学校"，推动市民参与应急演练和宣传教育，共同树立忧患意识，增强安全防范知识，提高突发事件应对能力。

（十二）河南省平顶山市鲁山县康乐园老年公寓火灾事故

2015年5月25日，河南省平顶山市鲁山县康乐园老年公寓发生火灾，造成39人死亡，6人受伤。火灾发生在19时许，大火燃烧了1个多小时后被扑灭。过火面积745.8平方米，直接经济损失2064.5万元。

康乐园老年公寓为民办养老院，经县民政局批准于2010年成立，占地面积30亩，建筑面积600平方米，可容纳130人入住养老。该公寓共分4个区，2个"自理区"、1个"半自理区"、1个"不能自理区"，可容纳老人150名，法人代表为鲁山县董周乡沈庄村人范花枝。

事故直接原因：该公寓不能自理区西北角房间西墙及其对应吊顶内，给电视机供电的电器线路接触不良发热，高温引燃周围的电线绝缘层、聚苯乙烯泡沫、吊顶木龙骨等易燃可燃材料，造成火灾。而造成火势迅速蔓延和重大人员伤亡的主要原因是建筑物大量使用聚苯乙烯夹芯彩钢板（聚苯乙烯夹芯材料燃烧的滴落物具有引燃性），且吊顶空间整体贯通，加剧火势迅速蔓延并猛烈燃烧，导致整体建筑短时间内垮塌损毁；不能自理区老人无自主活动能力，无法及时自救而造成重大人员伤亡。

事故间接原因：康乐园老年公寓违规建设运营，管理不规范，安全隐患长期存在；地方民政部门违规审批许可，行业监管不到位；地方公安消防部门落实消防法规政策不到位，消防监管不力；地方国土、规划、建设部门执法监督工作不力，履行职责不到位；地方政府安全生产属地责任落实不到位。

国务院事故调查组建议，对平顶山市市长、河南省民政厅厅长、鲁山县委书记以及河南省公安消防总队防火监督部部长等27名地方党委、政府及有关部门工作人员给予相应党纪、政纪处分；责成河南省政府向国务院作出深刻检查；责成平顶山市委向河南省委作出深刻检查，河南省纪委对平顶山市委主要负责人进行诫勉谈话，河南省政府主要负责人约谈平顶山市政府主要负责人。康乐园老年公寓法人代表范花枝等6人因重大责任事故罪被依法追究刑事责任。

（十三）重庆东方轮船公司客轮"东方之星"倾覆事故①

2015 年 6 月 1 日 21 时 32 分，由南京开往重庆的重庆东方轮船公司所属"东方之星"号客轮，航行至湖北省荆州市监利县长江大马洲水道（长江中游航道里程 300.8 千米处）时翻沉，造成 442 人死亡（事发时船上共有 454 人，经搜救 12 人生还，442 具遇难者遗体全部找到）。

事故发生后，习近平总书记立即作出重要指示，要求国务院即派工作组赶赴现场指导搜救工作。李克强总理立即批示交通运输部等有关方面迅速调集一切可以调集的力量，争分夺秒抓紧搜救人员，把伤亡人数降到最低程度，同时及时救治获救人员。6 月 2 日凌晨，李克强总理率马凯副总理、杨晶国务委员以及有关部门负责人紧急赶赴事故现场指挥救援和应急处置工作。6 月 4 日，习近平总书记、李克强总理先后主持召开中央政治局常务委员会会议和国务院常务会议，强调要组织各方面专家，深入调查分析，坚持以事实为依据，不放过一丝疑点，彻底查明事件原因，以高度负责精神全面加强安全生产管理。国务院批准成立了以国家安全监管总局局长杨栋梁为组长的调查组。

经过深入细致调查，认定"东方之星"轮翻沉是一起由突发罕见的强对流天气（飑线伴有下击暴流）带来的强风暴雨袭击导致的特别重大灾难性事故。轮船航行至长江中游大马洲水道时突遇飑线天气系统，该系统伴有下击暴流、短时强降雨等局地性、突发性强对流天气。受下击暴流袭击，风雨强度陡增，瞬时极大风力达 12~13 级，1 小时降雨量达 94.4 毫米。船长虽采取了稳船抗风措施，但在强风暴雨作用下，船舶持续后退，船舶处于失控状态，船艉向右下风偏转，风舷角和风压倾侧力矩逐步增大（船舶最大风压倾侧力矩达到船舶极限抗风能力的 2 倍以上），船舶倾斜进水并在一分多钟内倾覆。

调查结果表明："东方之星"轮抗风压倾覆能力不足以抵抗所遭遇的极端恶劣天气。该轮建成后，历经三次改建、改造和技术变更，风压稳性衡准数逐次下降，虽然符合规范要求，但经试验和计算，该轮遭遇 21.5 米/秒（9 级）以上横风时，或在 32 米/秒瞬时风（11 级以上），风舷角大于 21.1 度、小于 156.6 度时就会倾覆。事发时该轮所处的环境及其态势正在此危险范围内。船长及当班大副对极端恶劣天气及其风险认知不足，在紧急状态下应对不力。船长在船舶失控倾覆过程中，未向外发出求救信息并向全船发出警报。

事故暴露出的日常管理问题：调查组在对事故从严、延伸调查中，也检查出

---

① 也有文件和资料将这次事故称作"事件"。

相关企业、行业管理部门、地方党委政府及有关部门在日常管理和监督检查中存在以下主要问题：（1）重庆东方轮船公司管理制度不健全、执行不到位。违规擅自对"东方之星"轮的压载舱、调载舱进行变更，未向万州区船舶检验机构申请检验；安全培训考核工作弄虚作假，对客船船员在恶劣天气情况下应对操作培训缺失，对船长、大副等高级船员的培训不实，新聘转岗人员的考核流于形式；日常安全检查不认真，对船舶机舱门等相关设施未按规定设置风雨密关闭装置、床铺未固定等问题排查治理不到位；船舶日常维护保养管理工作混乱；未建立船舶监控管理制度、配备专职的监控人员，监控平台形同虚设，对所属客轮未有效实施动态跟踪监控，未能及时发现"东方之星"轮翻沉。（2）重庆市有关管理部门及地方党委政府监督管理不到位。重庆市港口航务管理局（重庆市船舶检验局）、万州区港口航务管理局（万州船舶检验局）未严格按照要求进行船舶检验，未发现重庆东方轮船公司违规擅自对船舶压载舱和调载舱进行变更，机舱门等相关设施未按规定设置风雨密关闭装置、床铺未固定等问题；对船舶检验机构日常管理不规范，对验船师管理不到位；对公司水路运输许可证初审把关不严，对公司存在的安全生产管理制度不健全、执行不到位、船员培训考核不落实等问题监督检查不力。万州区交通委对万州区港口航务管理局安全监督管理工作指导和监督不到位；万州区国资委未认真落实"一岗双责"，对公司未严格开展安全监督检查，对公司存在的培训考核弄虚作假、安全管理制度不健全等问题督促检查不到位。万州区委区政府对万州区交通委等相关部门的安全生产督促检查不到位，对辖区水上交通安全工作指导不力。（3）交通运输部长江航务管理局和长江海事局及下属海事机构对长江干线航运安全监管执法不到位。长江航务管理局未有效落实航运行政主管部门职责，办理水路运输许可证工作制度不健全，审查发放水路运输证照把关不严；长江海事局、重庆海事局、万州海事处对重庆东方轮船公司安全管理体系审核把关不严，未认真履行对航运企业日常安全监管职责，日常检查中未发现企业和船舶存在的安全隐患和管理漏洞等问题。岳阳海事局未严格落实交通运输部、长江海事局对客轮跟踪监控的要求，未建立跟踪监控制度，值班监控人员未认真履行职责，对辖区内"东方之星"轮实施跟踪监控不力，未及时掌握客轮动态和发现客轮翻沉。

　　责任追究：事故调查组提出了对有关人员和单位的处理建议。建议对船长张顺文给予吊销船长适任证书、解除劳动合同处分，由司法机关对其是否涉嫌犯罪进一步调查；鉴于当班大副刘先禄在事故中死亡，建议免于处理。建议对检查出的在日常管理和监督检查中存在问题负有责任的 43 名有关人员给予党纪、政纪处分，包括企业 7 人，行业管理部门、地方党委政府及有关部门 36 人，其中，副省级干部 1 人，厅局级干部 8 人，县处级干部 14 人。责成重庆市政府按照有关规定对重庆东方轮船公司进行停业整顿。

吸取事故教训，改进航运安全措施：（1）进一步严格恶劣天气条件下长江旅游客船禁限航措施。船舶航行途中下行能见度不足 1500 米或上行能见度不足 1000 米时，船舶必须尽快择地抛锚停航。（2）提高内河客船抗风能力等安全性能，严格船舶检验技术规范要求，完善船舶设计、建造和改造的质量控制体制机制。（3）进一步加强长江航运恶劣天气风险预警能力建设。（4）加强内河航运安全信息化动态监管和应急救援能力建设。（5）深入开展长江航运安全专项整治。（6）严格落实企业主体责任，全面加强长江旅游客运公司安全管理。（7）加大内河船员安全技能培训力度，提高安全操作能力和应对突发事件的能力。

（十四）天津港瑞海公司危险品仓库火灾爆炸事故

2015 年 8 月 12 日，天津市滨海新区瑞海国际物流有限公司（简称瑞海公司）危险品仓库发生火灾爆炸事故，造成 165 人死亡（其中公安消防人员 110 人，事故企业、周边企业员工和周边居民 55 人），8 人失踪（其中消防人员 5 人，周边企业员工、天津港消防人员家属 3 人），798 人受伤（伤情重及较重者 58 人）；304 幢建筑物（其中办公楼宇、厂房及仓库等单位建筑 73 幢，居民 1 类住宅 91 幢、2 类住宅 129 幢、居民公寓 11 幢）、12428 辆商品汽车、7533 个集装箱受损。直接经济损失 68.66 亿元。

事故发生当日 22 时 51 分 46 秒，位于天津市滨海新区吉运二道 95 号的瑞海公司危险品仓库运抵区最先起火，23 时 34 分 6 秒发生第一次爆炸，23 时 34 分 37 秒发生第二次更剧烈的爆炸。事故现场形成 6 处大火点及数十个小火点，8 月 14 日 16 时 40 分，现场明火被扑灭。

事故现场按受损程度，分为事故中心区、爆炸冲击波波及区。事故中心区为此次事故中受损最严重区域，该区域东至跃进路、西至海滨高速、南至顺安仓储有限公司、北至吉运三道，面积约为 54 万平方米。两次爆炸分别形成一个直径 15 米、深 1.1 米的月牙形小爆坑和一个直径 97 米、深 2.7 米的圆形大爆坑。以大爆坑为爆炸中心，150 米范围内的建筑被摧毁，东侧的瑞海公司综合楼和南侧的中联建通公司办公楼只剩下钢筋混凝土框架；堆场内大量普通集装箱和罐式集装箱被掀翻、解体、炸飞，形成由南至北的 3 座巨大堆垛，一个罐式集装箱被抛进中联建通公司办公楼 4 层房间内，多个集装箱被抛到该建筑楼顶；参与救援的消防车、警车和位于爆炸中心南侧的吉运一道和北侧吉运三道附近的顺安仓储有限公司、安邦国际贸易有限公司储存的 7641 辆商品汽车和现场灭火的 30 辆消防车在事故中全部损毁，邻近中心区的贵龙实业、新东物流、港湾物流等公司的 4787 辆汽车受损。

爆炸冲击波波及区分为严重受损区、中度受损区。严重受损区是指建筑结构、外墙、吊顶受损的区域，受损建筑部分主体承重构件（柱、梁、楼板）的钢筋外露，失去承重能力，不再满足安全使用条件。中度受损区是指建筑幕墙及门、窗受损的区域，受损建筑局部幕墙及部分门、窗变形、破裂。

严重受损区在不同方向距爆炸中心最远距离为东 3 千米（亚实履带天津有限公司），西 3.6 千米（联通公司办公楼），南 2.5 千米（天津振华国际货运有限公司），北 2.8 千米（天津丰田通商钢业公司）。中度受损区在不同方向距爆炸中心最远距离为东 3.42 千米（国际物流验放中心二场），西 5.4 千米（中国检验检疫集团办公楼），南 5 千米（天津港物流大厦），北 5.4 千米（天津海运职业学院）。受地形地貌、建筑位置和结构等因素影响，同等距离范围内的建筑受损程度并不一致。爆炸冲击波波及区以外的部分建筑，虽没有受到爆炸冲击波直接作用，但由于爆炸产生地面震动，造成建筑物接近地面部位的门、窗玻璃受损，东侧最远达 8.5 千米（东疆港宾馆），西侧最远达 8.3 千米（正德里居民楼），南侧最远达 8 千米（和丽苑居民小区），北侧最远达 13.3 千米（海滨大道永定新河收费站）。

通过调查询问事发当晚现场作业员工、调取分析位于瑞海公司北侧的环发讯通公司的监控视频、提取对比现场痕迹物证、分析集装箱毁坏和位移特征，认定事故最初起火部位为瑞海公司危险品仓库运抵区南侧集装箱区的中部。

起火原因分析认定：（1）排除人为破坏因素、雷击因素和来自集装箱外部引火源。公安部派员指导天津市公安机关对全市重点人员和各种矛盾的情况以及瑞海公司员工、外协单位人员情况进行了全面排查，对事发时在现场的所有人员逐人定时定位，结合事故现场勘查和相关视频资料分析等工作，可以排除恐怖犯罪、刑事犯罪等人为破坏因素。现场勘验表明，起火部位无电气设备，电缆为直埋敷设且完好，附近的灯塔、视频监控设施在起火时还正常工作，可以排除电气线路及设备因素引发火灾的可能。同时，运抵区为物理隔离的封闭区域，起火当天气象资料显示无雷电天气，监控视频及证人证言证实起火时运抵区内无车辆作业，可以排除遗留火种、雷击、车辆起火等外部因素。（2）筛查最初着火物质。事故调查组通过调取天津海关 H2010 通关管理系统数据等，查明事发当日瑞海公司危险品仓库运抵区储存的危险货物包括第 2、3、4、5、6、8 类及无危险性分类数据的物质，共 72 种。对上述物质采用理化性质分析、实验验证、视频比对、现场物证分析等方法，逐类逐种进行了筛查：第 2 类气体 2 种，均为不燃气体；第 3 类易燃液体 10 种，均无自燃或自热特性，且其中着火可能性最高的一甲基三氯硅烷燃烧时火焰较小，与监控视频中猛烈燃烧的特征不符；第 5 类氧化性物质 5 种，均无自燃或自热特性；第 6 类毒性物质 12 种、第 8 类腐蚀性物质 8 种、无危险性分类数据物质 27 种，均无自燃或自热特性；第 4 类易燃固体、易于自燃的物质、遇水放出易燃气体的物质 8 种，除硝化棉外，均不自燃或自热。实验表明，在硝化棉燃烧过程中伴有固体颗粒燃烧物飘落，同时产生大量气体，形成向上的热浮力。经与事故现场监控视频比对，事故最初的燃烧火焰特征与硝化棉的燃烧火焰特征相吻合。同时查明，事发当天运抵区内共有硝化棉及硝基漆片 32.97 吨。因此，认定最初着火物质为硝化棉。（3）认定起火原因。硝化棉（$C_{12}H_{16}N_4O_{18}$）为白色或微黄色棉絮状物，易燃且具有爆炸性，化学稳定性较差，常温下能缓慢分解并放热，超过 40 摄氏度时会加速分解，放出的热量如不能及时散失，会造成硝化棉温升加剧，达到 180 摄氏度时能发生自燃。硝化棉通常加乙醇或水作湿润剂，一旦湿润剂散失，极易引发火灾。实验表明，去除湿润剂的干硝化棉在 40 摄氏度时发生放热反应，达到 174 摄氏度时发生剧烈失控反应及质量损失，自燃并释放大量热量。如果在绝热条件下进行实验，去除湿润剂的硝化棉在 35 摄氏度时即发生放热反应，达到 150 摄氏度时即发生剧烈的分解燃烧。经对向瑞海公司供应硝化棉的河北三木纤维素有限公司、衡水新东方化工有限公司调查，企业采取的工艺为：先制成硝化棉水棉（含水 30%）作为半成品库存，再根据客户的需要，将湿润剂改为乙醇，制成硝化棉酒棉，之后采用人工包装的方式，将硝化棉装入塑料袋内，塑料袋不采用热塑封口，用包装绳扎口后装入纸筒内。据瑞海公司员工反映，在装卸作业中存在野蛮操作问题，在硝化棉装箱过程中曾出现包装破损、硝化棉散落的情况。对样品硝化棉酒棉湿润剂挥发性进行的分析测试表明：如果包装密封性不好，在一定温度下湿润剂会挥发散失，且随着温度升高而加快；如果包装破损，在 50 摄氏度下 2 个小时乙醇湿润剂会全部挥发散失。事发当天最高气温达 36 摄氏度，实验证实，在气温为 35 摄氏度时集装箱内温度可达 65 摄氏度以上。以上几种因素耦合作用引起硝化棉湿润剂散失，出现局部干燥，在高温环境作用下，加速分解反应，产生大量热量，由于集装箱散热条件差，致使热量不断积聚，硝化棉温度持续升高，达到其自燃温度，发生自燃。

爆炸过程分析：集装箱内硝化棉局部自燃后，引起周围硝化棉燃烧，放出大量气体，箱内温度、压力升高，致使集装箱破损，大量硝化棉散落到箱外，形成大面积燃烧，其他集装箱（罐）内的精萘、硫化钠、糠醇、三氯氢硅、一甲基三氯硅烷、甲酸等多种危险化学品相继被引燃并介入燃烧，火焰蔓延到邻近的硝酸铵（在常温下稳定，但在高温、高压和有还原剂存在的情况下会发生爆炸；在110摄氏度开始分解，230摄氏度以上时分解加速，400摄氏度以上时剧烈分解、发生爆炸）集装箱。随着温度持续升高，硝酸铵分解速度不断加快，达到其爆炸温度（实验证明，硝化棉燃烧半小时后达到1000摄氏度以上，大大超过硝酸铵的分解温度）。23时34分6秒，发生了第一次爆炸。距第一次爆炸点西北方向约20米处，有多个装有硝酸铵、硝酸钾、硝酸钙、甲醇钠、金属镁、金属钙、硅钙、硫化钠等氧化剂、易燃固体和腐蚀品的集装箱。受到南侧集装箱火焰蔓延作用以及第一次爆炸冲击波影响，23时34分37秒发生了第二次更剧烈的爆炸。据爆炸和地震专家分析，在大火持续燃烧和两次剧烈爆炸的作用下，现场危险化学品爆炸的次数可能是多次，但造成现实危害后果的主要是两次大的爆炸。经爆炸科学与技术国家重点实验室模拟计算得出，第一次爆炸的能量约为15吨TNT当量，第二次爆炸的能量约为430吨TNT当量。考虑期间还发生多次小规模的爆炸，确定本次事故中爆炸总能量约为450吨TNT当量。

最终认定事故直接原因是，瑞海公司危险品仓库运抵区南侧集装箱内的硝化棉由于湿润剂散失出现局部干燥，在高温（天气）等因素的作用下加速分解放热，积热自燃，引起相邻集装箱内的硝化棉和其他危险化学品长时间大面积燃烧，导致堆放于运抵区的硝酸铵等危险化学品发生爆炸。

事故发生后，习近平总书记两次作出批示，并主持召开中央政治局常委会会议，对事故抢险救援和应急处置作出部署、提出明确要求。李克强总理率有关负责人亲临事故现场指导救援处置工作，主持召开国务院常务会议进行研究部署。经国务院批准，成立由公安部、安全监管总局、监察部、交通运输部、环境保护部、全国总工会和天津市等有关方面组成的国务院天津港"8·12"瑞海公司危险品仓库特别重大火灾爆炸事故调查组，邀请最高人民检察院派员参加，并聘请爆炸、消防、刑侦、化工、环保等方面专家参与调查工作。

调查认定，瑞海公司严重违反有关法律法规，是造成事故发生的主体责任单位。该公司无视安全生产主体责任，严重违反天津市城市总体规划和滨海新区控制性详细规划，违法建设危险货物堆场，违法经营、违规储存危险货物，安全管理极其混乱，安全隐患长期存在。同时认定，有关地方党委、政府和部门存在有法不依、执法不严、监管不力、履职不到位等问题。天津交通、港口、海关、安监、规划和国土、市场和质检、海事、公安以及滨海新区环保、行政审批等部门单位，未认真贯彻落实有关法律法规，未认真履行职责，违法违规进行行政许可和项目审查，日常监管严重缺失；有些负责人和工作人员贪赃枉法、滥用职权。

天津市委、市政府和滨海新区区委、区政府未全面贯彻落实有关法律法规，对有关部门、单位违反城市规划行为和在安全生产管理方面存在的问题失察失管。交通运输部作为港口危险货物监管主管部门，未依照法定职责对港口危险货物安全管理督促检查，对天津交通运输系统工作指导不到位。海关总署督促指导天津海关工作不到位。有关中介及技术服务机构弄虚作假，违法违规进行安全审查、评价和验收等。

事故调查组对123名责任人员提出了处理意见。对74名责任人员给予党纪政纪处分，其中省部级5人，厅局级22人，县处级22人，科级及以下25人；对其他48名责任人员，建议由天津市纪委及相关部门予以诫勉谈话或批评教育；1名责任人员在调查处理期间病故，不再给予处分。要求依法吊销瑞海公司有关证照并处罚款，企业相关主要负责人终身不得担任本行业生产经营单位的负责人；对中滨海盛安全评价公司、天津市化工设计院等中介和技术服务机构给予没收违法所得、罚款、撤销资质等行政处罚。同时，对天津市委、市政府进行通报批评并责成天津市委、市政府向党中央、国务院作出深刻检查；责成交通运输部向国务院作出深刻检查。

司法机关对24名相关企业人员（其中瑞海公司13人，中介和技术服务机构11人）、25名行政监察对象（其中正厅级2人，副厅级7人，处级16人，包括交通运输部门9人，海关系统5人，天津港集团公司5人，安全监管部门4人，规划部门2人）立案侦查并依法追究责任。

针对事故暴露出的问题，调查组提出了10个方面的防范措施和建议，即坚持安全第一的方针，把安全生产工作摆在更加突出的位置；推动生产经营单位落实安全生产主体责任，任何企业均不得违法违规变更经营资质；进一步理顺港口安全管理体制，明确相关部门安全监管职责；完善规章制度，着力提高危险化学品安全监管法治化水平；建立健全危险化学品安全监管体制机制，完善法律法规和标准体系；建立全国统一的监管信息平台，加强危险化学品监控监管；严格执行城市总体规划，严格安全准入条件；大力加强应急救援力量建设和特殊器材装备配备，提升生产安全事故应急处置能力；严格安全评价、环境影响评价等中介机构的监管，规范其从业行为；集中开展危险化学品安全专项整治行动，消除各类安全隐患。

（十五）安徽省芜湖市"砂锅大王"小吃店液化石油气泄漏燃烧爆炸事故

2015年10月10日11时44分许，安徽省芜湖市镜湖区"砂锅大王"小吃店发生瓶装液化石油气泄漏燃烧爆炸事故，造成17人死亡，直接经济损失约

1528.7万元。

该小吃店位于芜湖市镜湖区淳良里社区杨家巷,所在建筑物共七层,一层为沿街门面,二层以上为住宅,该店位于建筑物一层最西侧04号门面房,层高4.5米,建筑面积33.19平方米,门前自行搭建临时店面。2015年8月初,经营者张保平、刁山翠夫妇以8万6千元(包含半年房租,月租金5000元,租期至2016年3月)租下此店,该店于8月18日营业,无营业执照,主要经营铁板炒饭、砂锅、烤肉等。

事故发生当日10时许,"砂锅大王"店主张保平在更换店内给东侧铁板烧灶具供气的钢瓶时,减压阀和钢瓶瓶阀未可靠连接。11时40分许,其妻刁山翠准备使用铁板烧灶具,打开钢瓶角阀后液化气泄漏,泄漏的液化气与空气混合,形成的爆炸性混合气体遇邻近砂锅灶明火,导致钢瓶角阀与减压阀连接处(泄漏点)燃烧。张保平在处置过程中操作不当,致使钢瓶倾倒、减压阀与角阀脱落,大量液化气喷出,瞬间引发大火,倾倒的钢瓶在高温作用下爆炸。

调查认定:这起事故是因经营者张保平操作不当、应急处置不当,相关企业安全生产主体责任不落实,相关政府及其有关部门监管不到位而造成的一起重大生产安全责任事故。(1)"砂锅大王"小吃店安全生产主体责任不落实,安全意识淡薄,对钢瓶操作及应急处置不当。(2)芜湖百江能源实业有限公司沿河路配送中心落实企业安全生产主体责任不到位,未依规定指导液化石油气用户安全用气;对钢瓶管理不严,对超期钢瓶未进行报废处理。(3)芜湖百江能源实业有限公司落实企业安全生产主体责任不到位,对超出使用期限的钢瓶进行违法充装。(4)芜湖市镜湖区人民政府及有关部门安全生产工作落实不到位。(5)芜湖市有关部门落实专项治理行动不力,对燃气供应企业存在违法违规供气行为监管不力,对事故发生负有重要管理责任。

责任追究:"砂锅大王"小吃店店主张某。安全意识淡薄,使用超出期限的钢瓶,存在重大安全隐患。同时在钢瓶使用过程中操作不当,致使液化气发生泄漏;应急处置不当,引发燃爆,对事故发生负有直接责任,涉嫌犯罪,依法追究其刑事责任。执法部门依据《特种设备安全法》第85条第二项规定,对未依法指导液化石油气用户安全用气,对钢瓶管理不严,超期钢瓶未进行报废处理,对事故发生负有重要责任的芜湖百江能源实业有限公司,处以19.9万元罚款;对其董事长、总经理、安全部经理、配送中心店长予以行政处罚。上级机关同时对负有监督管理责任的芜湖市镜湖区有关部门及滨江公共服务中心相关人员(15人)、芜湖市镜湖区人民政府相关人员(3人)、芜湖市市直有关部门相关人员(15人)分别予以党纪政纪处分。

整改措施：（1）认真落实安全监管责任。针对事故暴露出的问题，深入组织开展燃气行业专项排查整顿，严厉打击燃气行业非法违法经营活动。（2）严格履行部门监管职责。住建、公安、消防、质监、工商、安全监管等部门要联合开展隐患排查治理行动，严厉打击非法充装、储存、经营燃气及液化石油气行为，加强对燃气使用环节的安全检查，切实履行部门监管职责。（3）加强液化石油气经营使用各环节的安全管理。不得充装和使用报废、超期未检的钢瓶，不得改装气瓶或者将报废钢瓶翻新后使用；不得私自倒装和处理钢瓶内的残液。液化石油气充装单位应按照有关规定建立健全液化气充装和钢瓶安全管理制度、操作规程，建立用户和气瓶充装档案，向用户提供合格气瓶并对气瓶充装安全负责；对不符合安全要求的气瓶，按规定予以报废处理，杜绝过期、不合格钢瓶流入市场。燃气经营者应指导燃气用户安全用气，并对燃气设施定期进行安全检查。（4）加大城镇燃气及液化石油气钢瓶安全科普力度。通过广播电视公益广告、报纸杂志等媒体渠道及政府网站、燃气经营单位平台，加大对燃气、液化石油气使用者及学生的宣传教育，并加强学生燃气安全知识及自救逃生能力培训，提高全社会安全用气能力。

（十六）广东省深圳市光明新区红坳建筑渣土受纳场滑坡事故

2015年12月20日，广东省深圳市光明新区红坳建筑渣土受纳场发生滑坡事故，造成77人死亡（其中4人下落不明），3人重伤，14人轻伤，33栋建筑物（厂房24栋、宿舍楼3栋、私宅6栋）被损毁、掩埋，90家企业生产经营受影响，涉及员工4630人。直接经济损失88112.23万元（其中人身伤亡后支出的费用16166.58万元，救援和善后处理费用20802.83万元，财产损失价值51142.82万元）。

红坳渣土受纳场位于深圳市光明新区光明街道红坳村南侧的大眼山北坡。所处位置原为采石场，经多年开采形成"凹坑"并存有积水约9万立方米。滑坡前总堆填量约583万立方米，主要由建设工程渣土组成，掺有生活垃圾约0.73万立方米。事故发生当日6时许，受纳场顶部作业平台出现裂缝。9时许，裂缝越来越大，遂停止填土。深圳市公安局提供的德吉程厂路口监控视频显示，11时28分29秒，受纳场渣土开始滑动，随后呈扇形状向前滑移700多米，停止并形成堆积。滑坡物源区与滑坡堆积区最大高程差126米，最大堆积厚度约为28米。滑坡体推倒并掩埋了其途经的红坳村柳溪、德吉程工业园内33栋建筑物，造成重大人员伤亡。

事故发生后，习近平总书记立即要求广东省、深圳市迅速组织力量开展抢险救援，第一时间抢救被困人员，尽全力减少人员伤亡，做好伤员救治、伤亡人员家属安抚等善后工作。12月24日，习近平总书记在中央政治局常委会会议上再次强调，血的教训警示我们，公共安全绝非小事，必须坚定不移保障安全发展，狠抓安全生产责任制落实。李克强总理在事故发生当天三次作出批示，提出要求。12月21日，王勇国务委员率有关部门负责人紧急赶赴现场指导应急救援、善后处理和事故调查工作。12月25日，国务院批准成立了由国家安全监管总局局长杨焕宁任组长的事故调查组，同时邀请最高人民检察院派员并聘请规划设计、环境监测、岩土力学、固体废弃物和法律等方面专家参与事故调查工作。

调查认定，这次滑坡事故是一起特别重大生产安全责任事故。其直接原因是，红坳受纳场没有建设有效的导排水系统，受纳场内积水未能导出排泄，致使堆填的渣土含水过饱和，形成底部软弱滑动带；严重超量超高堆填加载，下滑推力逐渐增大、稳定性降低，导致渣土失稳滑出，体积庞大的高势能滑坡体形成了巨大的冲击力，加之事发前险情处置错误，造成重大人员伤亡和财产损失。

有关责任单位存在的主要问题和事故的主要教训：（1）涉事企业无视法律法规，建设运营管理极其混乱。绿威公司（受纳场建设运营服务的中标公司）在中标红坳受纳场运营项目后，明知益相龙公司（受纳场运营公司）不具备渣土受纳场运营资质，仍将受纳场违法转包给后者。益相龙公司又私自将实际运营权转包给同样不具备渣土受纳场运营资质的林敏武、王明斌等人，以项目顶替债务，违规层层转包，造成责任主体缺失；受纳场建设运营过程中没有按照有关规定进行规划、建设和运营管理；没有设置有效导排水系统，没有排除受纳场原有积水，违规作业，严重超量超高堆填加载。涉事企业一味追求经济效益，无视安全风险，安全管理极其混乱。没有对员工开展安全生产教育培训，没有设立专兼职安全生产管理机构和配备相应安全管理人员，没有编制应急预案并开展应急处置演练。事发当日现场管理人员发现受纳场堆积体多处裂缝后，违章指挥员工采用填土方式错误处理。情况危急后未及时报警或报告有关部门，致使受纳场下游企业和附近人员错失了紧急避险时机。（2）地方政府未依法行政，安全发展理念不牢固。深圳作为一座快速发展起来的特大型城市，人、财、物大量聚集、高速流动，城市公共安全和安全生产矛盾突出，社会管理工作与经济发展不相适应，尤其是在城市管理、安全生产管理中没有建立完善的风险辨识和防控机制，对城市建设中出现的安全风险认识不足。深圳市政府在推进城市建设过程中，没有牢固树立"发展绝不能以牺牲人的生命为代价"的理念，缺乏依法行政的意识，未能正确处理安全与发展、改革与法治的关系，注重规模效率，忽视法治安全，在前期深圳市规划和国土资源委员会光明管理局提出不同意见的情况下，仍在市长办公会议纪要中强调特事特办，违法违规推动余泥渣土受纳场建设，教训深刻。光明新区党工委、管委会违法违规实施余泥渣土临时受纳管理和推动红坳受纳场建设运营，在深圳市《建筑废弃物运输和处置管理办法》施行后仍执行与之相冲突的《光明新区余泥渣土临时受纳管理办法（试行）》；对所属部门未依法依规开展渣土受纳场建设审批许可和日常监管的问题失察失管。对群众举报的事故隐患未认真核查并督促整改，对所属部门查办群众举报的事故隐患工作中存在的问题失察失处，致使红坳受纳场的重大事故隐患得以长期存在并继续加重，最终酿成事故。（3）有关部门违法违规审批，日常监管缺失。深圳市光明新区城市管理局在红坳受纳场建设项目未依法取得有关部门批准的情况下核发临时受纳许可，明知该受纳场层层转包、违法经营，没有依法履行监管职能。光明新区城市建设局未按规定督促红坳受纳场依法办理建设工程施工许可证、水土保持方案和环境影响评价审批手续，未查处其未批先建的行为。深圳市城市管理局未发现并查处红坳受纳场超量超高受纳的问题。深圳市住房和建设局未按规定履行建设执法监督指导职责，未有效监督指导光明新区管委会依法查处红坳受纳场无建设工程施工许可证违规建设问题。深圳市规划国土部门违法违规实施用地许可，对违法用地行为未依法查处。深圳市水务局未对红坳受纳场落实水土保持方案情况进行有效监管。以上政府部门，未严格履行审批、监管的法定职责，未认真落实"管行业必须管安全"的要求，有法不依、执法不严、违规许可、监管缺失。一些国家工作人员滥用职权、玩忽职守，甚至权钱交易、贪赃枉法，致使红坳受纳场得以长期违法违规建设运营。（4）建筑垃圾处理需进一步规范，中介服务机构违法违规。随着我国城镇化快速发展，建筑垃圾大量产生。一些城市通过回填、调配使用，基本实现建筑垃圾产生和消纳总体平衡，但在一些建设速度快、地下工程多的城市，消纳场地匮乏，建筑垃圾围城的问题逐步显现，现行的管理制度和标准规范难以适应管理需求，尤其是对于安全风险相对较高的余泥渣土受纳场缺乏具体要求。华玺公司在明知红坳受纳场已经建设运营的情况下，未经任何设计、计算、校核，直接套改益相龙公司提供的图纸并伪造出图时间，从中牟利。瀚润达公司明知红坳受纳场未批已建，仍依据事故企业提供的无效设计图纸为其编制水土保持方案。（5）漠视隐患查处举报，整改情况弄虚作假。红坳受纳场存在的重大事故隐患被群众举报后，负责查处的光明新区城市管理局等部门，对现场核实的事故隐患问题未督促整改，仅要求暂时停工，并协调有关部门为事故企业补办水土保持和环境评价手续。弄虚作假回复举报群众和上级部门，谎称事故企业"手续齐全，施工规范"，谎报"打消了信访人的疑虑，加强了对该受纳场的监管"。深圳市、光明新区政府对群众举报的事故隐患重视不够，对负责查处部门存在的问题失察失管。事故企业没有落实隐患排查治理的主体责任，没有整改受纳场存在的事故隐患。在红坳受纳场疑似违法建设图斑被发现并要求核查后，光明新区光明办事处规划国土监察中队弄虚作假，谎报卫星遥感监测图片为"伪变化"图斑，没有及时查处红坳受纳场的违法违规问题。红坳受纳场事故隐患错失整改机会，酿成大祸。

责任追究：事故发生后公安机关对 34 名相关企业和中介机构人员依法立案侦查并采取刑事强制措施，检察机关对 19 名涉嫌职务犯罪人员立案侦查并采取刑事强制措施，随后以上 53 人均依法受到了刑事责任追究。根据事故调查组的建议，对 57 名负有管理和领导责任的人员作出了处理。其中对 49 名责任人予以党纪政纪处分（厅局级 11 人、县处级 27 人、科级及以下 11 人；撤职和撤销党内职务 10 人、降级 13 人、降低岗位等级 2 人、记大过及以下处分 21 人、单独给予党内严重警告 3 人）；对 2 名责任人员进行通报批评；对其他 6 名责任人员由纪律检查机关进行诫勉谈话。此外 1 名责任人员在事故调查处理期间坠楼自杀身亡，不再追究其责任。事故调查组同时建议对 2 家事故企业和 1 家中介技术服务机构的违法违规行为分别给予行政处罚，对其他 4 家中介技术服务机构存在的问题由深圳市政府负责处理。责成广东省政府和深圳市委、市政府作出深刻检查。

事故防范措施：（1）牢固树立安全发展理念，健全并落实"党政同责、一岗双责、失职追责"安全生产责任制。加强对余泥渣土受纳场等建设项目的安全风险辨识、分析和评估，把好规划、建设、运营等关口，从源头上杜绝和防范安全风险。全面开展城市风险点、危险源的普查工作，整合各类信息资源，健全完善城市隐患、风险数据库，为城市安全决策提供可靠的信息支持。（2）严格落实安全生产主体责任，夯实安全生产基础。（3）加强城市安全管理，强化风险管控意识。建立风险等级防控工作机制，加强事中、事后监管，及时发现安全风险和隐患，不断完善风险跟踪、监测、预警、处置工作机制。（4）增强依法行政意识，不断提高城市管理水平。（5）加强城市建筑垃圾受纳场管理，建立健全标准规范和管理制度。针对此次滑坡事故成因机理，梳理现行建筑垃圾建设运营标准规范，建立健全渣土受纳场相关技术标准体系，完善建筑垃圾全过程管理制度，指导规范渣土受纳场规划、设计、建设和运营等工作，确保渣土受纳场安全运行。（6）加强应急管理工作，全面提升应急管理能力。完善应急预案，加强应急演练，推动事故应对工作由"救灾响应型"向"防灾准备型"转变。实现事故风险感知、分析、服务、指挥、监察"五位一体"，做到早发现、早报告、早研判、早处置、早解决。（7）加强中介服务机构监管，规范中介技术服务行为。（8）加强事故隐患排查治理和举报查处工作，切实做到全过程闭环管理，确保隐患整改效果并接受社会监督。

（十七）广东省东莞市东江口预制构件厂起重机倾覆事故

2016年4月13日5时38分许，位于广东省东莞市麻涌镇大盛村的中交第四航务工程局有限公司第一工程有限公司东莞东江口预制构件厂一台通用门式起重机发生倾覆，压塌轨道终端附近的部分住人集装箱组合房，造成18人死亡，33人受伤，直接经济损失1861万元。

发生事故起重机由秦皇岛北戴河通联路桥机械有限公司生产，额定起重量30吨，跨度24米，起升高度25米，自重54.5吨。发生事故时驾驶人员为新侨公司劳务工冯小松（未经国家规定的安全培训、未取得质监部门颁发的"特种设备作业人员证"，持伪造的"特种设备作业人员证"上岗）。4月11日冯小松操作该起重机进行钢筋吊运作业，工作完成后将事故起重机停放在3号生产线离轨道事故端116米处，停机后没有将夹轨器放下并夹紧轨道。至事故发生前，事故起重机没有作业。4月13日2时起，广东省受到一条长约500千米的飑线影响，出现了阵风11级以上强对流天气。5时38分许，飑线弓状回波顶突袭事发地，风力迅速增大。在风力作用下，起重机沿轨道向生活区集装箱组合房方向移动并逐渐加速，速度超过可倾覆的临界速度，到达轨道终端时，撞击止挡出轨遇到阻碍，整机向前倾覆。倾覆后的起重机压塌部分集装箱组合房，造成居住在集装箱组合房内的人员重大伤亡。

事故直接原因：（1）起重机遭遇到特定方向的强对流天气突袭。（2）起重机夹轨器处于非工作状态。（3）起重机受风力作用，移动速度逐渐加大，最后由于速度快、惯性大，撞击止挡出轨遇阻碍倾覆。（4）住人集装箱组合房处于起重机倾覆影响范围内。

事故间接原因：（1）新侨公司特种设备使用管理不到位。新侨公司作为事故起重机实际使用单位，特种设备安全使用管理严重不到位。未建立且未落实特种设备岗位责任、隐患治理、应急救援以及吊装作业安全管理制度。日常检查不到位、隐患排查治理不到位，未发现特种设备作业人员长期存在的违章作业行为。特种设备现场管理混乱，未安排专门人员进行现场安全管理，现场指挥人员配备严重不足。对灾害性天气防范工作认识不足，未采取有效防控措施，未对施工现场及周边环境开展隐患排查，未发现事故起重机夹轨器处于非工作状态，未能及时采取措施消除隐患，对事故发生负有责任。（2）东江口预制构件厂安全生产主体责任不落实。东江口预制构件厂违法组织建设集装箱组合房，选址未进行安全评估，未保持安全距离，未进行有效隔离或采取其他有效防范措施，存在安全隐患。对灾害性天气防范工作认识不足，面对恶劣天气，未组织采取有效防控措施，未对施工现场及周边环境开展隐患排查，未发现事故起重机夹轨器未处于工作状态，未能及时采取措施消除隐患，对事故发生负有责任。（3）四航局一公司对东江口预制构件厂安全生产工作疏于管理，安全生产责任制落实不到位，组织安全生产大检查、隐患排查治理不到位，未能发现下属单位特种设备安全管理严重缺失、发包项目安全生产"以包代管"等未落实安全生产法律法规问题。（4）中交四航局安全生产责任制落实不到位。（5）东莞市质量技术监督局对事故发生单位特种设备安全监管不力，对其长期存在的特种设备作业人员习惯性违章和不具备操作资格上岗作业等问题失察，对事故发生单位的特种设备违法行为查处不力；对该市特种设备兼职安全监察员队伍指导不到位。（6）东莞市麻涌镇经济科技信息局（质量技术监督工作站）自2015年以来从未对事故发生单位进行检查，未能发现事故发生单位存在的未建立健全特种设备岗位责任等安全管理制度、特种设备安全技术档案缺失以及特种设备作业人员习惯性违章和不具备操作资格上岗作业等问题。（7）东莞市城市综合管理局麻涌分局未按照上级检查规范执行监督检查，对辖区企业内部监督检查履职不到位，未将事故发生单位纳入日常监督检查范围，未发现事故发生单位存在违法建设集装箱组合房的问题，存在监管真空地带，在履行职责方面存在缺失。

责任追究：经调查认定，东莞东江口预制构件厂"4·13"起重机倾覆重大事故是一起因强对流天气突袭而引发的重大责任事故。司法机关以重大责任事故罪，依法追究事故起重机最后使用人冯某，新侨公司派遣在东江口预制构件厂的主管梁某，东江口预制构件厂厂长谭某和机电部副部长成某的刑事责任。上级机关对中交四航局安全总监兼安全管理部经理侯某、四航局一公司总经理卢某和副总经理徐某等9名企业负责人，以及东莞市质量技术监督局特种机电设备安全监察科科长黄某、副科长祁某和陈某，麻涌镇经信局副局长兼麻涌镇质监站站长莫某，涌镇经信局执法室主任兼麻涌镇质监站副站长萧某，东莞市城市综合管理局麻涌分局局长张某和副局长周某等人，分别予以党纪政纪处分。

事故教训：（1）安全风险意识淡薄。东江口预制构件厂和新侨公司对灾害性天气防范工作认识不足，措施不落实，没有在灾害性天气来临前进行安全检查。（2）特种设备管理混乱。事故起重机登记使用单位东江口预制构件厂没有履行特种设备安全管理职责，实际使用单位新侨公司特种设备安全使用管理不落实，未建立特种设备岗位责任等安全管理制度，长期存在特种设备作业人员习惯性违章和不具备操作资格上岗作业等问题，企业组织的安全检查流于形式。

（3）未对临建宿舍选址进行安全评估。东江口预制构件厂将住人集装箱组合房设置在起重机倾覆影响范围内，未与作业区保持足够的安全距离，未进行有效隔离或采取其他有效防范措施，加重了事故的损害后果。（4）安全生产"以包代管"问题突出。东江口预制构件厂对外包工程的安全管理不落实，对外包队伍的安全生产情况监督检查不到位。（5）上级单位安全管理不到位。中交四航局及四航局一公司对其下属企业落实安全生产法律法规的情况检查督促不到位，对事故企业东江口预制构件厂长期存在的安全管理混乱问题失察、失管。（6）相关职能部门监管缺位。质监部门未能发现事故发生单位长期存在的特种设备作业人员习惯性违章和不具备操作资格上岗作业等问题，城市综合管理部门未能及时发现事故发生单位厂区内存在的违法建设集装箱组合房行为，致使东江口预制构件厂成为政府部门日常安全检查巡查的真空地带。

改进安全工作措施：（1）严格落实起重机安全管理各项制度。做好灾害性天气来临前的隐患排查工作，清理起重机作业影响范围内人员密集场所，确保起重机夹轨器等抗风防滑装置齐全、有效并处于工作状态。（2）规范施工现场临时建设行为。各类工程建设单位要加强施工现场集装箱组合房、装配式活动房等临建房屋（宿舍、办公用房、食堂、厕所等）的安全管理，办公、生活区的选址应当符合安全要求，将施工现场的办公、生活区与作业区分开设置，并保持安全距离。（3）加强灾害性天气安全防范。强化并落实灾害性天气可能诱发事故的风险评估和预警，加大气象灾害防御知识宣传普及力度，提高防灾减灾意识。密切关注并接收当地气象台站发布的灾害性天气警报和气象灾害预警信号，及时转移、撤离现场作业人员，尽力减少事故灾害损失。（4）加强外包工程安全管理。发包单位要加强外包工程及外包队伍的安全管理，强化过程管控，将分包商和协作队伍纳入企业管理体系，杜绝以包代管、以罚代管和违法分包、层层转包现象。（5）加强中央驻粤企业安全生产工作。落实安全生产主体责任，规范生产经营行为，强化现场安全管理，主动接受地方政府及有关部门的监督和指导。

（十八）江西省宜春市丰城电厂三期建设项目冷却塔施工平台坍塌事故

2016年11月24日，江西省宜春市丰城电厂三期建设项目冷却塔施工平台发生坍塌事故，导致73人死亡（其中70名筒壁作业人员、3名设备操作人员），2名在7号冷却塔底部作业的工人受伤，7号冷却塔部分已完工工程受损。直接经济损失为10197.2万元。

江西丰城发电厂三期扩建工程建设规模为2×1000兆瓦发电机组，总投资额为76.7亿元，属江西省电力建设重点工程。其中建筑和安装部分主要包括7号、

8 号机组建筑安装工程，电厂成套设备以外的辅助设施建筑安装工程，7 号、8 号冷却塔和烟囱工程等，共分为 A、B、C、D 标段。事发 7 号冷却塔属于江西丰城发电厂三期扩建工程 D 标段，是三期扩建工程中两座逆流式双曲线自然通风冷却塔其中一座，采用钢筋混凝土结构。筒壁工程施工采用悬挂式脚手架翻模工艺，以三层模架（模板和悬挂式脚手架）为一个循环单元循环向上翻转施工，第 1~3 节（自下而上排序）筒壁施工完成后，第 4 节筒壁施工使用第 1 节的模架，随后，第 5 节筒壁使用第 2 节筒壁的模架，以此类推，依次循环向上施工。脚手架悬挂在模板上，铺板后形成施工平台，筒壁模板安拆、钢筋绑扎、混凝土浇筑均在施工平台及下挂的吊篮上进行。模架自身及施工荷载由浇筑好的混凝土筒壁承担。

事故发生当日 6 时许，混凝土班组、钢筋班组先后完成第 52 节混凝土浇筑和第 53 节钢筋绑扎作业，离开作业面。5 个木工班组共 70 人先后上施工平台，分布在筒壁四周施工平台上拆除第 50 节模板并安装第 53 节模板。此外与施工平台连接的平桥上有 2 名平桥操作人员和 1 名施工升降机操作人员，在 7 号冷却塔底部中央竖井、水池底板处有 19 名工人正在作业。7 时 33 分，7 号冷却塔第 50~52 节筒壁混凝土从后期浇筑完成部位（西偏南 15~16 度，距平桥前桥端部偏南弧线距离约 28 米处）开始坍塌，沿圆周方向向两侧连续倾塌坠落，施工平台及平桥上的作业人员随同筒壁混凝土及模架体系一起坠落，在筒壁坍塌过程中，平桥晃动、倾斜后整体向东倒塌，事故持续时间 24 秒。

事故发生后，习近平总书记、李克强总理作出重要指示，要求组织力量做好救援救治、善后处置等工作，尽快查明原因，深刻吸取教训，严肃追究责任。国务院批准成立了由国家安全监管总局牵头负责的事故调查组，并聘请建筑施工、结构工程、建筑材料、工程机械等方面专家参与调查。

事故直接原因：施工单位在 7 号冷却塔第 50 节筒壁混凝土强度不足的情况下，违规拆除第 50 节模板，致使第 50 节筒壁混凝土失去模板支护，不足以承受上部荷载，从底部最薄弱处开始坍塌，造成第 50 节及以上筒壁混凝土和模架体系连续倾塌坠落。坠落物冲击与筒壁内侧连接的平桥附着拉索，导致平桥也整体倒塌。

有关责任单位存在的问题：（1）河北亿能公司。作为施工单位，亿能公司主要问题是安全生产管理机制不健全，对项目部管理不力，现场施工管理混乱，拆模等关键工序管理失控，对筒壁工程混凝土同条件养护试块强度检测管理缺失，大部分筒节混凝土未经试压即拆模。（2）魏县奉信劳务公司。出事冷却塔劳务单位魏县奉信劳务公司违规出借资质，以内部承包及授权委托的形式，允许社会自然人以公司名义与河北亿能公司签订承包合同。仅收取管理费，未对社会自然人组织的劳务作业队伍进行实际管理。未按规定与劳务作业人员签订劳动合同。劳务作业队伍仅配备无资质的兼职安全员，凭经验、按习惯施工，长期违章作业。（3）丰城鼎力建材公司。出事冷却塔混凝土供应单位丰城鼎力建材公司在2016年4月无工商许可、无预拌混凝土专业承包资质、未通过环境保护等部门验收批复、尚未获得设立批复的情况下违规向丰城发电厂三期扩建工程项目供应商品混凝土。生产经理不具备混凝土生产的相关知识和经验，内部试验室人员配备不符合规定要求。生产关键环节把控不严，未严格按照混凝土配合比添加外加剂，无浇筑申请单即供应混凝土。（4）中南电力设计院。管理层安全生产意识薄弱，安全生产管理机制不健全，对分包施工单位缺乏有效管控，项目现场管理制度流于形式，部分管理人员无证上岗，不履行岗位职责。（5）中电工程集团。作为中南电力设计院的上级公司，对总承包项目的安全风险重视不够，未建立健全与总承包项目发展规模相匹配的制度。（6）中国能源建设集团（股份）有限公司。作为中电工程集团的上级公司，对总承包项目的安全风险重视不够，未建立健全与总承包项目发展规模相匹配的制度。（7）上海斯耐迪公司。监理单位上海斯耐迪公司对项目监理部的人员配置不满足监理合同要求，未发现和纠正现场监理工作严重失职等问题，对拆模工序等风险控制点失管失控，现场监理工作严重失职。（8）国家核电技术有限公司。作为上海斯耐迪公司的上级公司，对火电、新能源等电力建设的总承包、制造、监理等业务安全生产工作重视不够，对安全质量工作中存在的问题督促检查不力。（9）丰城三期发电厂。未经论证压缩冷却塔工期。法定建设单位丰城三期发电厂要求工程总承包单位大幅度压缩7号冷却塔工期后，未按规定对工期调整的安全影响进行论证和评估。在其主导开展的"大干100天"活动中，针对7号冷却塔筒壁施工进度加快、施工人员大量增加等情况，未加强督促检查，未督促监理、总承包及施工单位采取相应措施。项目安全质量监督管理工作不力。项目建设组织管理混乱。（10）江西赣能股份公司。作为丰城三期发电厂的上级单位，未履行对丰城发电厂三期扩建工程项目设计、质量控制、进度控制等工作的监督和协调职责，对建设项目的安全管理监督不力。（11）江西投资集团。作为江西赣能股份的上级单位，成立的丰城发电厂三期扩建工程建设领导小组和工程建设指挥部对工程的管理权限划分不明确。对丰城发电厂三期扩建工程安全管理督促检查不力。（12）电力工程质量监督总站。违规接受质量监督注册申请。违规组建丰城发电厂三期扩建工程项目站，未依法履行质量监督职责，对项目站质量监督工作失察。（13）国家能源局华中监管局。其所属的江西业务办公室履行工作职责不力。对监管职责认识存在偏差。未按规定履行监督检查职责。（14）国家能源局电力安全监管司。履行监督职责存在薄弱环节。（15）丰城市工业和信息化委员会。违规批复设立混凝土搅拌站。对丰城鼎力建材公司监督不力。（16）丰城市政府。违反规定，在丰城鼎力建材公司不具备规定条件、丰城市工业和信息化委员会未履行相应程序的情况下，违规干预、越权同意丰城市工业和信息化委员会批复设立丰城鼎力建材公司搅拌站。

责任追究：事故发生后公安机关依法对 15 人立案侦查并采取了刑事强制措施（涉嫌重大责任事故罪 13 人，涉嫌生产、销售伪劣产品罪 2 人），检察机关依法对 16 人立案侦查并采取了刑事强制措施（涉嫌玩忽职守罪 10 人，涉嫌贪污罪 3 人，涉嫌玩忽职守罪、受贿罪 1 人，涉嫌滥用职权罪 1 人，涉嫌行贿罪 1人），上述 31 人均依法受到刑事责任追究。事故调查组在对 12 个涉责单位的 48名责任人员调查材料慎重研究的基础上，依据有关规定，提出了对 38 名责任人员给予党纪政纪处分的建议。

吸取事故教训，改进安全生产措施：（1）增强安全生产红线意识，进一步强化建筑施工安全工作。（2）完善电力建设安全监管机制，落实安全监管责任。督促工程建设、勘察设计、总承包、施工、监理等参建单位严格遵守法律法规要求，严格履行项目开工、质量安全监督、工程备案等手续。研究完善现行电力工程质量监督工作机制，加强对全国电力工程质量监督的归口管理，强化对电力质监总站的指导和监督检查，协调解决工作中存在的突出问题，防范电力质监机构职能弱化及履职不到位的现象。（3）进一步健全法规制度，明确工程总承包模式中各方主体的安全职责。按照工程总承包企业对工程总承包项目的质量和安全全面负责，依照合同约定对建设单位负责，分包企业按照分包合同的约定对工程总承包企业负责的原则，进一步明确工程总承包模式下建设、总承包、分包施工等各方参建单位在工程质量安全、进度控制等方面的职责。（4）规范建设管理和施工现场监理，切实发挥监理管控作用。各建设单位要认真执行工程定额工期，严禁在未经过科学评估和论证的情况下压缩工期，要保证安全生产投入，提供法规规定和合同约定的安全生产条件。各监理单位要完善相关监理制度，强化对派驻项目现场的监理人员特别是总监理工程师的考核和管理。（5）夯实企业安全生产基础，提高工程总承包安全管理水平。（6）全面推行安全风险分级管控制度，强化施工现场隐患排查治理。（7）加大安全科技创新及应用力度，提升施工安全本质水平。要强化科技创新，加大科技研发和推广力度，利用现代信息化和高新技术，改造和转型升级企业，加快推进施工机械设备的更新换代，加快先进建造设备、智能设备、安全监控装置的研发、制造和推广应用，逐步淘汰、限制使用落后技术、工艺和设备，提高施工现场科技化、机械化水平，减少大量人工危险作业，从根本上减少传统登高爬下和手工作业方式带来的事故风险。

（十九）京昆高速公路秦岭1号隧道南口客车冲撞硐口端墙事故

2017年8月10日14时1分，河南省洛阳交通运输集团有限公司号牌为"豫C88858"的大型普通客车，从四川省成都市城北客运中心出发返回河南省洛阳市途中，行驶至陕西省安康市境内京昆高速公路秦岭1号隧道南口1164千米+867米处时，正面冲撞隧道硐口端墙，导致车辆前部严重损毁变形、座椅脱落挤压，造成36人死亡，13人受伤。

"豫C88858"大客车核载51人，事发时实载49人。经营范围为省际班车客运、县际包车客运、市际包车客运、省际包车客运，核发机关为洛阳市道路运输管理局，固定班线为洛阳至太原。该车由聂电周、崔乐民等10人合伙出资购买，以洛阳交运集团的名义办理车辆登记手续和营运资质并进行统一管理，实际由聂电周与洛阳交运集团通过签订承包合同的方式经营。洛阳至成都客运班线全长为1100余千米，途经路线是连霍高速公路、京昆高速公路，班车类别为直达，中间无停靠站点，来回一个趟次大约需要2天时间。事发前，经营该客运班线的车辆有两辆，一辆为四川省汽车运输成都公司所属的"川AE06U"大型卧铺客车，另一辆为洛阳交运集团所属的"豫C91863"大型卧铺客车，两车均由聂电周、崔乐民等人承包经营。8月9日"川AE0611"卧铺客车因故障停在洛阳不能继续出行，由"豫C88858"大客车临时顶替发往成都。事故发生当日14时1分，驾驶人冯公浩驾驶"豫C88858"大客车从成都市城北客运中心载客返回洛阳，行驶途中，于21时1分车辆换由王百明（51岁）驾驶，23时30分，当该车行驶至秦岭1号隧道南口1164千米+867米处时，正面冲撞隧道硐口端墙，导致车辆前部严重损毁变形、座椅脱落挤压，造成36人死亡，13人受伤，驾驶人王百明在事故中身亡。

事故直接原因：事故车辆驾驶人王百明行经事故地点时超速行驶、疲劳驾驶，致使车辆向道路右侧偏离，正面冲撞秦岭1号隧道硐口端墙。（1）驾驶人疲劳驾驶。经查，自8月9日12时至事故发生时，王百明没有落地休息，事发前已在夜间连续驾车达2小时29分。且7月3日至8月9日的38天时间里，王百明只休息了一个趟次（2天），其余时间均在执行"川AE0611"卧铺客车成都往返洛阳的长途班线运输任务，长期跟车出行导致休息不充分。此外，发生碰撞前驾驶人未采取转向、制动等任何安全措施，显示王百明处于严重疲劳状态。（2）车辆超速行驶。经鉴定，事故发生前车速为80~86千米/小时，高于事发路段限速（大车为60千米/小时），超过限定车速33%~43%。

事故间接原因：（1）事故现场路面视认效果不良。经查，事发当晚事发地点所在桥梁右侧的5个单臂路灯均未开启，加速车道与货车道之间分界线局部磨损（约40米），宽度不满足要求（实际宽度为20厘米）。在夜间车辆高速运行的情况下，驾驶人对现场路面的视认情况受到一定影响。（2）车辆座椅受冲击脱落。经对同型号车辆座椅强度进行静态加载试验表明，当拉力超过7000牛顿时（等效车速约为50千米/小时），座椅即会整体脱落。此次事故中大客车冲撞时速超过80千米/小时，导致车内座椅除最后一排外全部脱落并叠加在一起，乘客基本被挤压在座椅中间。（3）有关企业安全生产主体责任不落实。洛阳交运集团和四川汽运成都公司道路客运源头安全生产管理缺失，没有严格执行顶班车管理、驾驶人休息、车辆动态监控等制度，违法违规问题突出；洛阳锦远汽车站和成都城北客运中心在车辆例检、报班发车、出站检查等环节把关不严，导致事故车辆违规发车运营。陕西高速集团未认真组织开展事发路段的道路养护和安全隐患排查整治工作。（4）地方交通运输、公安交管等部门安全监管不到位。洛阳市、成都市交通运输部门未严格加强道路客运企业及客运站的安全监督检查，对相关企业存在的安全隐患问题督促整改不力；洛阳市公安交管部门对运输企业动态监控系统记录的交通违法信息未及时全面查处；事故车辆沿途相关交通运输部门对站外上客等违法行为查处不力，公安交管部门对超速违法行为查处不力；陕西省公路部门对事发路段安全隐患排查整改不到位的问题审核把关不严。（5）洛阳市政府落实道路运输安全领导责任不到位，没有有效督促指导洛阳市交通运输部门依法履行道路运输安全监管职责。

责任追究：调查组根据事故原因调查和事故责任认定，依据有关法律法规和党纪政纪规定，提出了对有关责任人和责任单位的处理意见。事故发生后司法机关对28人立案侦查（其中公安机关以涉嫌重大责任事故罪立案侦查15人，检察机关以涉嫌玩忽职守罪立案侦查13人）。对检察和公安机关已立案侦查的中共党员或行政监察对象，具备条件的及时按照管理权限作出党纪政纪处分决定，暂不具备作出党纪处分条件且已被依法逮捕的中共党员，由有管辖权限的党组织及时中止其表决权、选举权和被选举权等党员权利。根据调查事实，依据《中国共产党纪律处分条例》第二十九、三十八条，《行政机关公务员处分条例》第二十条，《事业单位工作人员处分暂行规定》第十七条等规定，对14个涉责单位的32名责任人员（河南省13人、陕西省10人、四川省9人）给予党纪政纪处分。在32名责任人员中，给予行政记过13人，行政记大过9人，行政降级6人，降低岗位等级1人；行政撤职处分1人，党内严重警告处分1人。同时建议对事故有关企业及主要负责人的违法违规行为给予行政处罚，并对相关企业责任人员给予内部问责处理。鉴于河南省对事故发生负有主要责任，陕西省境内5年发生3起特别重大道路交通事故，为此调查组建议责成河南省、陕西省政府向国务院作出深刻检查。

（二十）北京市大兴区西红门镇新建二村建筑火灾事故

2017年11月18日18时9分，北京市大兴区西红门镇新建二村新康东路8号的一幢建筑发生火灾，事故造成19人死亡，8人受伤。

发生事故的建筑为砖混结构（彩钢板顶），占地面积6150平方米，建筑面积19558.58平方米，分为地上和地下两部分。地上部分二层、局部三层，整体呈"回"字形结构。外围建筑一层为底商，二层西侧和北侧为聚福缘公寓（共103个房间）。地下部分共一层，为在建中型冷库。该建筑是典型的集生产经营、仓储、住人等于一体的"三合一""多合一"建筑。

事故直接原因：冷库制冷设备调试过程中，覆盖在聚氨酯保温材料内为冷库压缩冷凝机组供电的铝芯电缆电气故障造成短路，引燃周围可燃物；可燃物燃烧产生的一氧化碳等有毒有害烟气蔓延导致人员伤亡。因起火的3号冷间敷设的铝芯电缆无标识，连接和敷设不规范；电缆未采取可靠的防火措施，被覆盖在聚氨酯材料内，安全载流量不能满足负载功率的要求；电缆与断路器不匹配，发生电气故障时断路器未有效动作，综合因素引发3号冷间内南墙中部电缆电气故障造成短路，高温引燃周围可燃物，形成的燃烧不断扩大并向上蔓延，导致上方并行敷设的铜芯电缆相继发生电气故障短路。

火灾蔓延扩大原因：在冷库建设过程中，采用不符合标准的聚氨酯材料（B3级，易燃材料）作为内绝热层；冷库内可燃物燃烧产生的一氧化碳，聚氨酯材料释放出的五甲基二乙烯三胺、N，N-二环己基甲胺等，制冷剂含有的1，1-二氟乙烷等，均可能参与3号冷间内的燃烧和爆燃。爆燃产生的动能将3号冷间东门冲开，烟气在蔓延过程中又多次爆燃，加速了烟气从敞开楼梯等途径蔓延至地上建筑内，燃烧产生的一氧化碳等有毒有害烟气导致人员死伤；未按照建筑防火设计和冷库建设相关标准要求在民用建筑内建设冷库；冷库楼梯间与穿堂之间未设置乙级防火门；地下冷库与地上建筑之间未采取防火分隔措施，未分别独立设置安全出口和疏散楼梯，导致有毒有害烟气由地下冷库向地上建筑迅速蔓延；地上二层的聚福缘公寓窗外设置有影响逃生和灭火救援的障碍物。

事故间接原因：（1）违法建设、违规施工、违规出租，安全隐患长期存在。承包人在未取得有关部门审批许可的情况下，持续多年实施违法建设。相关公司在无设计的情况下，在违法建筑内违规建造冷库；将违法建筑用于出租，且未与承租单位签订专门的安全生产管理协议；未按照消防技术标准对事发建筑进行防火防烟分区，未对住宅部分与非住宅部分分别设置独立的安全出口和疏散楼梯；未按照国家标准、行业标准在事发建筑内设置消防控制室、室内消火栓系统、自动喷水灭火系统和排烟设施；未落实消防安全责任制，未制定消防安全操作规程、灭火和应急疏散预案；未对承租单位定期进行安全检查；冷库建设过程中违规使用不合标准的旧铝芯电缆，安装不匹配的断路器；未对3号冷间南墙上电缆采取可靠的防火措施。（2）在冷库保温材料喷涂过程中，违反冷库安全规程相关要求，违规施工作业，将未穿管保护的电气线路直接喷涂于聚氨酯保温材料内部，未采取可靠的防火措施；擅自降低施工标准，使用不符合标准的建筑保温材料。（3）相关装饰公司将违法建筑用于出租；未落实消防安全责任制，未制定消防安全操作规程以及灭火和应急疏散预案；从事房屋集中出租经营，未建立相应的管理制度，日常消防管理和人口流动登记管理缺失；未对公寓管理员进行安全教育和培训。

政府监管方面存在的问题：镇政府落实属地安全监管责任不力，对违法建设、消防安全、流动人口、出租房屋管理等问题监管不力。新建二村党支部、村委会对拆违控违、消防安全、流动人口和出租房屋管理不到位。西红门镇党委、镇政府履行消防安全监督检查职责不到位，对辖区内违法建设、流动人口、出租房屋管理等问题监管不力。大兴区政府落实属地安全监管责任不力，对消防安全工作、出租房屋和流动人口管理不到位，对全区大量存在的违法建设问题失管失察。北京市公安局大兴分局金星派出所未认真履行辖区内消防工作监督管理职责，长期以来对事发建筑消防安全监督检查不到位。大兴区公安消防支队对辖区内消防安全和消防安全隐患排查工作监督、指导不力。北京市公安局大兴分局对事故发生地消防安全工作领导不力，对所辖派出所履行消防安全管理职责的情况监管不到位。工商部门对辖区内非法经营行为查处不力。

责任追究：司法机关以重大责任事故罪，依法追究了康特木业公司（事发建筑及其土地的承包人）实际控制人樊某，众义乐公司（负责冷库设备供应和安装、调试）主要负责人杨某等25人的刑事责任。北京市、大兴区两级纪检监察机关对负有管理、领导责任的大兴区副区长、区防火委主任杜某等18人，分别予以党纪政纪处分。北京市安全监管局给予北京康特木业有限公司（聚福缘公寓出租单位）等3家涉事企业960万元的行政罚款。

吸取事故教训，改进安全工作措施：（1）严格落实属地监管责任。加强对镇、村两级安全工作的领导，严格落实部门监管责任，督促企业落实主体责任，强化城市安全防范措施落实。加强对城乡接合部地区的违法建设、违规施工、非法经营、违规出租等问题的研究，制定切实可行的解决措施并有效落实。（2）坚决查处违法建设行为。严厉打击城乡接合部乡村违法建设行为，建立打击违法建设的联动机制和信息共享机制，对于发现的违法建设行为做到零容忍、快处理，对于不按照相关标准施工、擅自降低安全标准要求的，要予以严厉打击。（3）狠抓消防安全隐患排查治理。严厉打击不符合安全条件的集生产、储存、居住为一体的"三合一""多合一"场所，重点对公寓群租房、非法运营冷库开展专项整治。（4）加强流动人口和出租房屋管理。（5）严格查处非法违法经营行为。

（二十一）山东能源龙矿集团龙郓煤业有限公司冲击地压事故

2018年10月20日23时，山东能源龙矿集团龙郓煤业有限公司发生冲击地压事故①，造成21人死亡，4人受伤。

龙郓煤业的前身郓城煤矿位于山东省菏泽市郓城县潘渡乡李楼村，于2006年9月底开工建设，设计生产能力为240万吨/年。2016年6月郓城煤矿移交给山东能源龙矿集团，随后龙矿集团完成了办公楼等地面工程建设，通过环保、消防等单项工程的竣工验收，并于2017年底对郓城煤矿进行公司制改革，更名为山东龙郓煤业有限公司。

事故发生当日23时，该矿1303泄水巷掘进工作面附近发生冲击地压事故，造成约100米范围内巷道出现不同程度破坏。当班下井334人，险情发生后312人升井，22人被困井下。事故发生后，应急管理部、国家煤矿安监局和山东省全力组织开展救援，组成了由18名专家、178名专业救护队员、700多名井下抢险队员、180名医护人员组成的救援队伍，搜救井下被困人员。29日15时30分，最后一名井下被困人员的遗体升井。历时9天的搜救工作结束，22名被困人员中，1人生还，21人遇难。

事故直接原因：事故发生区域，煤层埋藏深度达1027~1067米，煤岩体承受的自重应力高；受采掘、地质构造以及巷道临近贯通等因素影响，事故发生区域的地应力更加集中；采用的防治冲击地压措施没有有效消除冲击危险，事故发生当班，在掘进、施工卸压钻孔扰动和附近断层带滑移的影响下，诱发冲击地压事故。

---

① 冲击地压事故：在煤矿开采过程中，井巷和采场周围煤、岩体在一定高应力条件下释放，因此产生的煤岩体突然破坏、垮落或抛出现象，导致人员伤亡的事故类别。

事故间接原因：当年 11 月 18 日，国务院安委会办公室对山东省菏泽市政府及相关部门和煤矿企业进行了安全生产约谈。有关负责人在约谈中指出：这起事故是 2018 年以来全国煤矿发生的第二起重大事故，损失惨重，教训深刻。初步分析，该矿在冲击地压防治、巷道顶板离层监测、冲击地压监测预警、冲击地压危险区域劳动组织、安全防护、现场管理等方面存在问题。同时，也反映出当地政府和企业安全生产红线意识不强，安全风险防控、重大灾害治理、巷道布置和支护等工作有差距。

责任追究：根据调查事实，依据有关规定，山东省有关部门给予 24 名责任人员党纪政纪处分。其中，对时任龙郓煤业总经理给予行政撤职、撤销党内职务处分，且终身不得担任本行业生产经营单位的主要负责人；对时任龙郓煤业总工程师和分管采掘副总经理给予行政撤职、撤销党内职务处分；对时任龙郓煤业党委书记给予撤销党内职务处分。对事故有关企业及其主要负责人给予行政处罚。

吸取事故教训，改进煤矿安全措施：山东省委办公厅、省政府办公厅发文要求受冲击地压威胁的煤矿立即停止生产，对采掘作业地点逐一进行冲击危险性分析，采取有效措施消除冲击地压威胁，经市级煤炭行业管理部门验收后方可恢复生产。山东煤矿安全监察局发出通报，要求深入开展煤矿安全风险分级管控和隐患排查治理工作，认真查找安全生产工作中的漏洞和薄弱环节，切实解决想不到、管不到、治理不到的问题；切实提高对冲击地压危害性的认识，强化冲击地压防治，受冲击地压威胁的煤矿要采取优化开拓布局、降低开采强度、合理采掘顺序等有效措施；各有关矿业集团公司要合理确定受冲击地压威胁煤矿的产量指标和开采强度，确保安全生产。

（二十二）重庆市 22 路公交车坠江事故

2018 年 10 月 28 日 10 时 8 分，重庆市 22 路公交线路的一辆客车在行驶到万州区长江二桥时坠入江中，造成司机、乘客 15 人遇难（其中 2 人失踪）。

22 路公交是重庆市万州汽车运输（集团）有限责任公司公交分公司运营的一条环线，线路开通至 2018 年 10 月已有 6 年。全线 36 个站点，运行一圈需60～90 分钟不等。事发前 22 路配有公交车 20 辆，驾驶员 40 名。

事故原因：事故发生后，重庆市公安机关先后调取监控录像 2300 余小时、行车记录仪录像 220 余个片段，排查事发前后过往车辆 160 余车次，调查走访现场目击证人、现场周边车辆驾乘人员、涉事车辆先期下车乘客、公交公司相关人员及涉事人员关系人 132 人。随后重庆警方发布关于事故的调查结果称：事故当日上午，乘客刘某（女）换乘 22 路公交车后，发现自己坐过站，要求司机再某停车，冉某并未停车。随后双方争执逐步升级。当公共汽车行驶至长江二桥之上时，刘某持手机砸向冉某，冉某放开方向盘，用右手格挡刘某的攻击；刘某再次用手机打冉某，与冉某抓扯，导致车辆失控，越过中心线，撞击对向正常行驶的小轿车，冲上路沿，撞断护栏，坠入江中。

吸取事故教训，改进公交安全措施：重庆市万州公交分公司对22路所有驾驶员开展了"一对一"谈心，在每月例行的安全教育中强化了对乘客抢夺方向盘等危害公共安全行为的处置培训；组织开展了"公交驾驶员应急、突发事件处置及职业素质教育"专项培训，聘请三峡学院心理学教师对应急、突发事件产生的原因、处置流程和措施、安防技能知识、职业心理疏导和职业素质教育等进行了细致讲解。万州公交分公司241名公交车驾驶员分两批全部参加了培训。在万州公交分公司11月9日召开的季度安全生产委员会扩大会议上，公司领导要求立即开展驾驶员安全从业补课教育，切实做好驾乘矛盾的处理化解和驾驶员的人性化管理工作，确保"与乘客发生争执，必须立即停车，不商量"要求到位；"骂不还口、打不还手"执行到位。先后购置一批装有安全门的公交车。新车驾驶室左侧没有车门，驾驶员只能通过安全门进出驾驶室；安全门分为上下两个部分，上半部分为有色合金横向栏杆，下半部分为透明钢化玻璃，驾驶员进入驾驶室后会立即将安全门关闭并上锁。安全门既能最大限度防止乘客对驾驶员的干扰，又不遮挡驾驶员视线，同时乘客也能隔着栏杆观察到驾驶员有无异常状况。除了安全门，万运公司还将在公交车上安装安全主动防御系统。该系统能够自动检测车辆行驶异常状态，如车道偏离、车道保持能力下降、前向碰撞、低速碰撞、车距检测与警告、急加速、急刹车、高速过弯、侧翻等都会及时预警，并运用高动态彩色相机进行高清录像。包括22路在内的多条线路的公交车上，都在显著位置贴上了"干扰驾驶涉嫌犯罪"的提示语。万州长江二桥桥面也已安装隔离栏和高过人行道的水马隔离墩，防止车辆越线行驶或冲上人行道。

当年12月13日，国务院安全生产委员会办公室召开道路交通安全专题视频会议，要求各地区、各有关部门深刻吸取重庆万州"10·28"公交车坠江事件教训，认真贯彻落实《国务院安委会关于加强公交车行驶安全和桥梁防护工作的意见》，进一步加强公交车行驶安全和桥梁防护工作。强调提高老旧桥梁和防护栏安全防护标准，编制升级改造技术方案和技术指南，综合考虑桥梁结构安全、运行状况、防撞标准、改造条件，科学合理制定防护设施设置方案。统一规范公交车驾驶区域安全防护隔离设施安装标准，公交车全部加装、限期整改，新出厂公交车要按新标准安装；加强公交车安全运行保障，健全完善公交车驾驶区域安全防护隔离设施标准，组织对在用公交车驾驶区域安全防护隔离设施进行安装改造。在重点线路公交车上配备乘务管理人员（安全员），加强安全防范。对驾驶员开展心理和行为干预培训演练，提高驾驶员安全应对处置突发情况的技能素质；运用多种方式，加强对《刑法》《治安管理处罚法》中关于公共安全相关条款的宣传和警示告诫，曝光一批典型案件，引导社会公众自觉增强安全意识和规则意识。加大违法惩处力度，对以袭击殴打驾驶员等方式干扰安全驾驶的犯罪行为，明确适用刑法的具体规定，严格侦办查处。同时完善奖励机制，鼓励乘客劝导和举报干扰公交车正常行驶的违法行为，对见义勇为的先进个人要予以大力表彰褒奖和宣传报道。

（二十三）中国化工集团河北盛华化工公司（张家口）氯乙烯泄漏燃爆事故

2018年11月28日0时40分55秒，位于河北张家口望山循环经济示范园区的中国化工集团河北盛华化工有限公司（简称盛华化工公司）氯乙烯泄漏扩散至厂外区域，遇火源发生爆燃，造成24人死亡（其中1人医治无效死亡），21人受伤，38辆大货车和12辆小型车损毁，直接经济损失4148.8606万元。

事故直接原因：盛华化工公司违反《气柜维护检修规程》（SHS 01036—2004）第2.1条和《盛华化工公司低压湿式气柜维护检修规程》的规定，聚氯乙烯车间的1号氯乙烯气柜长期未按规定检修，事发前氯乙烯气柜卡顿、倾斜，开始泄漏，压缩机入口压力降低，操作人员没有及时发现气柜卡顿，仍然按照常规操作方式调大压缩机回流，进入气柜的气量加大，加之调大过快，氯乙烯冲破环形水封泄漏，向厂区外扩散，遇火源发生爆燃。

事故间接原因：（1）中国化工集团有限公司违反《安全生产法》第二十一条和《中央企业安全生产监督管理暂行办法》（国务院国有资产监督管理委员会令第21号）第七条的规定，未设置负责安全生产监督管理工作的独立职能部门，对下属企业长期存在的安全生产问题管理指导不力。新材料公司未设置负责安全生产监督管理工作的独立职能部门，对下属盛华化工公司主要负责人及部分重要部门负责人长期不在盛华化工公司，安全生产管理混乱、隐患排查治理不到位、安全管理缺失等问题失察失管。（2）盛华化工公司安全管理混乱，安全生产主体责任落实不到位。①违反《安全生产法》第二十二条的规定，主要负责人及重要部门负责人长期不在公司，劳动纪律涣散，员工在上班时间玩手机、脱岗、睡岗现象普遍存在，不能对生产装置实施有效监控；工艺管理形同虚设，操作规程过于简单，没有详细的操作步骤和调控要求，不具有操作性；操作记录流于形式，装置参数记录简单；设备设施管理缺失，违反《气柜维护检修规程》（SHS 01036—2004）第2.1条和《盛华化工公司低压湿式气柜维护检修规程》

的规定，气柜应1~2年中修，5~6年大修，至事故发生，投用6年未检修；违反《危险化学品重大危险源监督管理暂行规定》（安全监管总局令第40号）第十三条第（一）项④的规定，安全仪表管理不规范，中控室经常关闭可燃、有毒气体报警声音，对各项报警习以为常，无法及时应对。②安全投入不足。违反《安全生产法》第二十条的规定，安全专项资金不能保证专款专用，检修需用的材料不能及时到位，腐蚀、渗漏的装置不能及时维修；安全防护装置、检测仪器、联锁装置等购置和维护资金得不到保障。③教育培训不到位。违反《安全生产法》第二十五条第一款的规定，安全教育培训走过场，生产操作技能培训不深入，部分操作人员岗位技能差，不了解工艺指标设定的意义，不清楚岗位安全风险，处理异常情况能力差。④风险管控能力不足。违反《河北省安全生产条例》第十九条的规定，对高风险装置设施重视不够，风险管控措施不足，多数人员不了解氯乙烯气柜泄漏的应急救援预案，对环境改变带来的安全风险认识不够，意识淡薄，管控能力差。⑤应急处置能力差。违反《生产安全事故应急预案管理办法》（安全监管总局令第88号）第十二、三十条的规定，应急预案形同虚设，应急演练流于形式，操作人员对装置异常工况处置不当，泄漏发生后，企业应对不及时、不科学，没有相应的应急响应能力。⑥生产组织机构设置不合理。盛华化工公司撤销了专门的生产技术部门、设备管理部门，相关管理职责不明确，职能弱化，专业技术管理差。⑦隐患排查治理不到位。违反《安全生产法》第三十八条第一款规定，未认真落实隐患排查治理制度，工作开展不到位、不彻底，同类型、重复性隐患长期存在，"大排查、大整治"攻坚行动落实不到位，致使上述问题不能及时发现并消除。（3）政府相关部门层面。①张家口市安监局贯彻落实上级文件部署要求不到位。2017年以来上级有关部门下发危险化学品领域安全隐患排查治理相关文件16份，张家口市安监局贯彻落实上级文件要求流于形式，存在以文件落实文件的问题，疏于对盛华化工公司的有效监管。疏于管理，日常监督检查不深不细，监督检查频次低。对盛华化工公司安全生产风险分级管控和隐患排查治理体系建设、应急救援体系建设、安全生产大排查大整治、安全教育培训等工作不深入、不扎实等问题监管失察。对本单位队伍建设重视不够，监管能力、工作作风弱化，不能有效履行安全生产监管职责。②张家口市公安局交警支队宣化二大队。未正确履职尽责，对310省道盛华化工公司所在路段路面交通秩序管控不到位，勤务安排不合理，对车辆长期违规停车情况失察，致使事发路段长期违规停车问题未得到及时解决。③非法停车场涉及的部门。对2014年10月原宣化县国土资源局移送的张世元承包的集体用地改变用途、非法修建停车场申请强制执行一案，原宣化区人民法院未依法采取强制执行措施，导致非法停车场存在四年之久，事故造成停车场内 3 人死亡，7 辆大货车、5 辆小型车损毁。④张家口市交通运输局。在对张小线养护改造工程路线方案组织论证、设计和评审中，未考虑盛华化工公司重大危险源（氯乙烯气柜、球罐）对该路段构成的安全风险，致使该路段的安全风险不可控。（4）地方党委、政府层面。张家口市委、市政府对上级安全生产工作的部署和要求贯彻落实不到位，对有关部门落实安全生产监管责任组织领导不力。

责任追究：司法机关依法追究了盛华化工公司董事长（法定代表人）江某、总经理颜某、副总经理柴某等 12 名事故直接责任人的法律责任。上级机关对负有领导、管理责任的中国化工集团有限公司副总经理胡某、安全副总监刘某等 15 名企业人员；对未能认真履行监管责任的张家口市常务副市长郭某，张家口市安监局局长范某、调研员李某等 7 人，张家口市公安局交警支队宣化二大队大队长李某和副大队长裴某，非法停车场涉及的部门原宣化县法院行政庭庭长李某、副庭长赵某，张家口市交通运输局总工程师办公室主任白某等，予以党纪政纪处分。

吸取事故教训，改进安全生产措施：当年 11 月 20 日国务院安委会下发通报，要求各地深刻吸取事故教训，深入排查管控危险化学品安全风险，针对氯乙烯、液化天然气、液化石油气等涉及易燃易爆有毒有害的危险化学品，爆炸下限低，一旦泄漏造成事故、后果严重的特点，对重要装置、重点部位强化危险与可操作性分析（HAZOP），及时发现装置、设施存在的系统性风险，制定有效应对措施；对化工企业、危险化学品单位靠近边界的危险化学品储存场所、危险部位及重大危险源，再次认真开展全面隐患排查，风险不能达到可接受标准的，要立即采取有效措施防控风险、消除隐患，确保把化工企业、危险化学品单位风险防控化解在内部；全面实施、强化化工过程安全管理，制定完善装置操作规程，开展针对性培训，确保操作人员掌握生产过程中存在的安全风险和岗位技能。要加大监督检查力度，推进岗位员工操作标准化、规范化，严禁违章操作、随意调整工艺参数、严防超指标运行，及时有效处置异常状况；要科学规划建设危险化学品及原材料运输车辆专用停车场，加大危险化学品安全知识宣传教育，提高司机和押运员的安全意识，严禁在危险货物车辆附近生火取暖等危险行为。

附录 1 中华人民共和国成立以来发生的
751 起一次死亡 30 人及以上事故年表

序号	日期	事故发生地点、单位	事故类型	死亡人数	受伤人数	备注
一、中华人民共和国成立初期和社会主义改造时期（1950—1957）						
1	1950 年 2 月 25 日	河北保定曲阳县灵山镇红土岭煤矿	瓦斯爆炸	33	不详	
2	1950 年 2 月 27 日	河南宜洛煤矿老李沟井	瓦斯爆炸	189	53（重伤 29 人）	
3*	1950 年 3 月 6 日	重庆民生公司民勤号轮船	爆炸	143	不详	
4	1950 年 4 月 20 日	辽东大连兴隆轮船公司"新安"客货轮	相撞翻沉	70	不详	
5	1950 年 6 月 14 日	北京辅华矿药制造厂	爆炸燃烧	42	366（重伤 166 人）	
6	1950 年 6 月 15 日	四川万县奉节县第二煤矿（福泰煤矿）	瓦斯爆炸	35	9（重伤 1 人）	
7	1950 年 7 月 7 日	辽东抚顺矿务局自营铁路	车辆相撞	31	不详	
8	1950 年 8 月 7 日	辽东抚顺新屯电车站	撞车	31	55（重伤 36 人）	
9	1950 年 8 月 25 日	湖北武汉汉口任冬街	火灾爆炸	32	25	
10	1950 年 9 月 5 日	四川资中城关	渡船翻沉	38		
11	1950 年 11 月 26 日	黑龙江鸡西滴道煤矿四井	矿井火灾	31	不详	
12	1951 年 2 月 20 日	河北唐山解放路天桥	踩踏	32	27	
13	1951 年 4 月 23 日	福建泉州安溪县驻军	渡船翻沉	37		
14	1952 年 1 月 25 日	辽东沈阳火车站	摔落踩踏	43	28	

（续）

序号	日期	事故发生地点、单位	事故类型	死亡人数	受伤人数	备注
15	1952 年 3 月 22 日	安徽六安县花庵乡周家渡口	渡船翻沉	30		
16	1952 年 9 月	四川绵阳任和义渡口	渡船翻沉	48		
17	1952 年 10 月 11 日	四川乐山峨边县共和乡万漩渡口	渡船翻沉	77		
18	1953 年 3 月 29 日	辽东丹东凤上铁路线上行 652 次混合列车	脱轨翻车	37	29（重伤 18 人）	
19	1953 年 3 月 29 日	四川涪陵搬运公司	渡船翻沉	30		
20	1953 年 8 月 4 日	辽宁抚顺矿务局老虎台煤矿	塌陷透水	52	不详	
21	1954 年 5 月 7 日	湖南浏阳城关鞭炮厂	火药爆炸	35	不详	
22	1954 年 7 月 28 日	河北张家口下花园煤矿一矿	瓦斯爆炸	38	156（重伤 8 人）	
23	1954 年 12 月 6 日	内蒙古包头大发窑煤矿	瓦斯煤尘爆炸	104	2（均为重伤）	
24	1955 年 1 月 16 日	长江航运局口岸办事处驻常阴沙代办站	渡船翻沉	32		
25	1955 年 7 月 6 日	江西上饶乐平县镇泽桥区杨家乡	渡船翻沉	46		
26	1955 年 7 月 18 日	广西柳州"金山"客轮	翻沉	34		
27	1955 年 8 月 8 日	山西太原万柏林区 734 工厂	洪水袭击	83	不详	
28	1956 年 6 月 20 日	河南鹤壁矿务局一矿	透水	34		
29	1956 年 8 月 22 日	陕西汉中沔县马营渡口	渡船翻沉	54		
30	1956 年 9 月 18 日	四川西昌米易县草场乡转马路渡口	渡船翻沉	40		
31	1956 年 10 月 26 日	江西上饶贵溪县鹰厦铁路斗笠山路段	隧道塌方	30	不详	
32	1957 年 2 月 4 日	湖北武汉汉口车站待发的 64 次直快列车	火灾	30	9	

序号	日期	事故发生地点、单位	事故类型	死亡人数	受伤人数	备注
33*	1957年4月26日	湖北内河航运局"蕲州"号客轮	沉船	128	56（重伤26人）	
34	1957年6月3日	内蒙古杨圪楞煤矿四井	瓦斯爆炸	32	不详	
35	1957年6月26日	河北天津地区武清县黄庄	渡船翻沉	32		
36	1957年6月29日	四川喜得桃源政府	山洪袭击	84	27	
37	1957年夏	贵州铜仁县锂矿一辆大货车	翻车	31	不详	
38	1957年10月28日	湖北鄂州长江轮船公司	客轮爆炸、翻沉	100余人	100余人	
39	1957年11月7日	广东广州越秀山体育场	踩踏	33	57（重伤16人）	

二、"大跃进"和国民经济调整时期（1958—1965）

序号	日期	事故发生地点、单位	事故类型	死亡人数	受伤人数	备注
40	1958年1月5日	辽宁本溪钢铁公司	汽车翻沉	43		
41	1958年2月24日	四川中梁山煤矿工程公司南工区	煤与瓦斯突出	33		
42*	1958年3月20日	云南蒙自县供销社火药工厂	爆炸	101	252（重伤88人）	
43	1958年5月5日	陕西绥德地区子洲县老君殿小学	坍塌	30	不详	均为小学生
44	1958年6月3日	甘肃陇南地区文县运输站运送炸药车辆	爆炸	63	不详	
45	1958年6月17日	山东泰安县刘庄水库	山洪袭击工地	62	150	
46	1958年8月	陕西汉中地区洋县智果村	渡船翻沉	42		
47	1958年9月6日	湖南岳阳县木帆社	渡船翻沉	47		
48	1958年10月23日	湖南双峰县洲上煤矿	瓦斯爆炸	30	36（重伤22人）	
49	1958年11月7日	江苏徐州矿务局大黄山矿一井	瓦斯爆炸	43	26（均为重伤）	

（续）

序号	日期	事故发生地点、单位	事故类型	死亡人数	受伤人数	备注
50	1958 年 12 月 9 日	安徽合肥市花良亭工程局	火灾	50	44（重伤 7 人）	
51	1958 年 12 月 12 日	陕西安康县吉公公社安兰公路工地	爆炸	32	6	
52	1959 年 1 月 12 日	山东烟台市第一炼铁厂	火灾	48	9	
53	1959 年 1 月 13 日	四川江津临时工棚	火灾	40	13	
54	1959 年 1 月 17 日	四川西昌热水河硫磺厂响水河工区	火灾	55	21（重伤 15 人）	
55	1959 年 1 月 20 日	湖北丹江口水利工程工地工棚	火灾	34		
56*	1959 年 1 月 31 日	四川涪陵市大溪河水电处女民工宿舍	火灾	101	15（重伤 4 人）	
57	1959 年 2 月 15 日	四川盐源县龙塘水库工地	火灾	198	90	
58	1959 年 2 月 26 日	安徽安庆地区华阳河农场	火灾	47	不详	
59*	1959 年 3 月 29 日	湖北荆门漳河水库工地	桥梁垮塌民工落水	159	62（重伤 44 人）	
60	1959 年 3 月 30 日	湖北建筑工程局第二工程公司	建筑倒塌	43	13	
61	1959 年 4 月 10 日	四川重庆市东林煤矿	煤与瓦斯突出	82	6（重伤 3 人）	
62	1959 年 5 月 31 日	四川乐山地区吉祥煤矿	瓦斯爆炸	66	8	
63	1959 年 5 月 31 日	四川万县地区忠县第一煤矿	瓦斯爆炸	42	3（重伤 1 人）	
64	1959 年 6 月 2 日	河南义马矿务局义马煤矿义丰井	矿井火灾	82	52（中毒）	
65	1959 年 6 月 12 日	广东乐昌县龙胫钨矿	山体滑坡矿区掩埋	169	不详	企业预警预防、应急管理工作不到位
66	1959 年 6 月 19 日	甘肃靖远县磁窑煤矿第一采区	瓦斯煤尘爆炸	37	10（重伤 6 人）	

（续）

序号	日期	事故发生地点、单位	事故类型	死亡人数	受伤人数	备注
67	1959 年 7 月 22 日	四川南充地区广安县高顶山煤矿一井	瓦斯爆炸	57	3（均为重伤）	
68	1959 年 7 月 23 日	贵州都匀县陆家寨煤矿	瓦斯爆炸	51	12（重伤 4 人）	
69	1959 年 8 月 4 日	河南洛阳地区梨园煤矿胡沟井	瓦斯煤尘爆炸	91	25（重伤 9 人）	
70	1959 年 9 月 9 日	山东枣庄矿务局山家林煤矿二井	透水	45		
71	1959 年 10 月 10 日	内蒙古包头矿务局白狐沟煤矿	瓦斯爆炸	46	8	
72	1959 年 12 月 23 日	四川温江地区崇庆县万家煤矿方店子井	瓦斯爆炸	89	68（重伤 9 人）	
73	1959 年 12 月 25 日	江西九江地区柘林水电站工地	火灾	39	124（重伤 37 人）	
74	1959 年 12 月 28 日	湖北蒲圻陆水水库工地	火灾	58	18	1 人失踪
75	1960 年 1 月 2 日	河南卢氏齐河大队的省十二劳改队	火灾	77	41（重伤 15 人）	
76	1960 年 1 月 4 日	湖南桃源黄石水库工地	火灾	44	34（重伤 15 人）	
77	1960 年 1 月 5 日	贵州铜仁县大兴机场工地	火灾	173	42（重伤 8 人）	
78	1960 年 1 月 11 日	河南南召四棵树公社水库工地	火灾	49	23	
79	1960 年 1 月 12 日	湖北黄冈地区富水工程工地	火灾	63	不详	
80	1960 年 1 月 14 日	陕西咸阳地区乾县小何水库	塌方	40	13（重伤 4 人）	
81	1960 年 1 月 17 日	江西丰城矿务局坪湖煤矿	瓦斯爆炸	47	27	
82	1960 年 1 月 21 日	北京至上海第 21 次旅客列车津浦铁路山东长清境内	火灾	42	78	

（续）

序号	日期	事故发生地点、单位	事故类型	死亡人数	受伤人数	备注
83	1960 年 1 月 28 日	湖南邵阳市新东煤矿	瓦斯爆炸	44	不详	
84	1960 年 2 月 7 日	湖南城步金紫江水库工地	火灾	64	33	
85	1960 年 3 月 31 日	广东潮阳县田心公社华林渔业大队浅海作业小船	渡船翻沉	64	108（重伤 34 人）	
86	1960 年 4 月 7 日	黑龙江牡丹江牡佳线 203 次旅客列车	火灾	45	10	
87	1960 年 4 月 17 日	贵州六枝煤矿	瓦斯爆炸	38	不详	
88	1960 年 5 月 2 日	山东临沂地区平邑县煤矿	矿井火灾	32	不详	
89	1960 年 5 月 7 日	内蒙古包头矿务局五当沟煤矿	瓦斯爆炸	33	75（重伤 24 人）	
90	1960 年 5 月 9 日	山西大同矿务局老白洞煤矿	煤尘爆炸	684	228（均为重伤）	
91	1960 年 5 月 14 日	四川江津地区同华煤矿	煤与瓦斯突出	125	16	现重庆松藻煤矿
92	1960 年 5 月 24 日	四川内江地区资中煤矿	瓦斯爆炸	47	4（均为重伤）	
93	1960 年 6 月 16 日	山西汾西地区两渡煤矿河溪沟井	瓦斯爆炸	38	3（重伤 2 人）	
94	1960 年 6 月 25 日	广东曲江煤矿格项立井	瓦斯爆炸	36	不详	
95	1960 年 6 月 26 日	四川云阳县牛湾砣铁厂	暴雨袭击工厂	34	不详	
96	1960 年 7 月 14 日	山东牛邑峻山煤矿	火灾	31		
97	1960 年 7 月 17 日	四川天府煤矿一井	瓦斯爆炸	32	11	
98	1960 年 8 月 17 日	山东临沂地区客运公司	翻车	38	不详	
99	1960 年 8 月 20 日	广东广州加禾煤矿二斜井	透水和瓦斯爆炸	34	不详	
100	1960 年 8 月 20 日	四川宜宾地区高县符江镇渡口	渡船翻沉	43		
101 *	1960 年 10 月 1 日	江西景德镇"盲流"人员安置房	火灾	146	61	

（续）

序号	日期	事故发生地点、单位	事故类型	死亡人数	受伤人数	备注
102	1960 年 11 月 8 日	陕西铜川矿务局第三煤矿	矿井火灾	31	不详	李家塔煤矿
103	1960 年 11 月 28 日	河南平顶山矿务局五矿	瓦斯煤尘爆炸	187	36（其中9人重伤）	龙山庙矿
104	1960 年 11 月 28 日	黑龙江鸡西矿务局城子河煤矿	煤尘爆炸	33	不详	
105	1960 年 12 月 15 日	四川中梁山煤矿南井	瓦斯爆炸	124	50（重伤2人）	
106	1960 年 12 月 28 日	湖北蒲圻水库工地工棚	火灾	57		
107	1960 年 12 月 30 日	上海开往南京 232 次旅客列车在江苏常州湾城	列车火灾	35	31	
108	1961 年 2 月 13 日	河北承德钢铁公司所属大庙铁矿	火灾	48		
109	1961 年 3 月 4 日	辽宁北票矿务局台吉二坑	瓦斯爆炸	35	15（重伤2人）	
110	1961 年 3 月 6 日	湖南水力发电工程局柘溪水力发电站水库	滑坡塌方	64	24	
111	1961 年 3 月 16 日	辽宁抚顺矿务局胜利煤矿	矿井火灾	110	31（重伤6人）	
112	1961 年 3 月 23 日	江西九江地区武宁县水上公社客轮	翻沉	40		
113	1961 年 4 月 3 日	四川广元地区竹园坝钢铁厂	火灾	94	45（重伤31人）	失踪 1 人
114	1961 年 4 月 18 日	四川南充地区西充县广安高顶山煤矿	危岩垮塌	82	3（均为重伤）	
115*	1961 年 7 月 13 日	重庆水上交运公司 "411" 客轮	翻沉	122	5	
116	1961 年 7 月	青海西宁平安区东沟煤矿	淹井	40		
117	1961 年 8 月 13 日	四川自贡地区荣县顺河煤矿	淹井	43		
118	1961 年 8 月 20 日	四川宜宾符江渡口	渡船翻沉	43		
119	1961 年 9 月 11 日	江西上饶地区贵溪县潭湾乡	渡船翻沉	35		

（续）

序号	日期	事故发生地点、单位	事故类型	死亡人数	受伤人数	备注
120	1961年9月20日	黑龙江鸡西矿务局滴道煤矿	煤尘爆炸	53	不详	
121	1961年10月17日	河北开滦矿务局赵各庄矿	瓦斯爆炸	34	不详	
122	1961年11月15日	四川荣山煤矿	炸药燃烧	37	11	
123	1962年2月9日	河南鹤壁矿务局四矿	瓦斯爆炸	49	42	梁峪煤矿
124	1962年2月26日	陕西铜川矿务局第一煤矿	矿井火灾	31	不详	史家河煤矿
125	1962年3月14日	吉林通化矿务局八道江煤矿	瓦斯与煤尘爆炸	70	13（重伤11人）	
126	1962年4月13日	四川松藻煤矿	瓦斯爆炸	38	102（重伤18人）	
127	1962年4月26日	浙江温州"永机8号"渡轮	火灾	56	16	4人失踪
128	1962年5月4日	四川新津县花桥乡广滩渡口	渡船翻沉	34	不详	
129	1962年6月21日	辽宁抚顺矿务局龙凤矿	瓦斯爆炸	40	12（重伤3人）	
130	1962年8月1日	黑龙江双鸭山矿务局岭东煤矿	瓦斯爆炸	34	4	
131	1962年8月19日	福建永定石竹公社田洋大队南镇楼	火灾	34	6（重伤4人）	
132	1962年9月26日	云南云锡公司新冠选矿厂火谷都尾矿库	溃坝	171	92	
133	1962年12月8日	江苏南通汽车运输公司客车	爆炸	44	32	
134	1963年2月8日	江西南昌市郊朱港劳改农场	火灾	31	17（均为重伤）	
135	1963年4月16日	山东临朐县七贤公社	爆炸	61	43	
136	1963年10月13日	四川五通桥解放公社长江大队	渡船翻沉	32		
137	1964年4月5日	浙江黄岩县长潭水库游船	翻船	116		死亡人员中99人为中学生

（续）

序号	日期	事故发生地点、单位	事故类型	死亡人数	受伤人数	备注
138	1964 年 5 月 8 日	河北承德地区平泉县松树台煤矿	瓦斯爆炸	37	不详	
139	1964 年 7 月 20 日	甘肃兰州炼油厂 21 栋家属宿舍	泥石流袭击	53	不详	
140	1964 年 8 月 27 日	辽宁铁岭地区开原县八宝公社汽船	翻沉	36		
141	1964 年 9 月 26 日	陕西绥德县河底公社界首村	渡船翻沉	35		
142	1965 年 1 月 8 日	新疆兵团农二师塔里木二场	火灾	172	10	开大会
143	1965 年 5 月 2 日	河南南阳地区淅川县土集区镇河口	渡船翻沉	33		
144	1965 年 8 月 1 日	江苏常州戚墅堰区运河	桥梁断坍	84	345	

三、"文化大革命"时期（1966—1976）

序号	日期	事故发生地点、单位	事故类型	死亡人数	受伤人数	备注
145	1966 年 11 月 10 日	江西萍乡芦溪花炮厂	爆炸	86	8（重伤 3 人）	
146	1966 年 11 月 22 日	四川资阳地区安岳县元坝公社六大队小学	坍塌	35	111	均为小学生
147	1966 年 12 月 7 日	山西交城县火山煤矿	瓦斯爆炸	36	不详	
148	1967 年 1 月 12 日	贵州六枝特区大用煤矿平硐	瓦斯突出	98	不详	
149	1967 年 2 月 20 日	广东广州第三油库码头附近江面	火灾	34	80	
150	1967 年 5 月 6 日	重庆公用轮渡公司 108 号轮	翻沉	131		
151	1967 年 5 月 28 日	甘肃兰州市阿干镇煤矿职工住宅	洪水袭击	38	不详	
152	1967 年 9 月 9 日	黑龙江大庆龙凤炼油厂	爆炸	46	58	
153	1967 年 12 月 15 日	吉林辽源矿务局太信煤矿	瓦斯煤尘爆炸	32	12	

（续）

序号	日期	事故发生地点、单位	事故类型	死亡人数	受伤人数	备注
154	1968年2月23日	湖南涟邵矿务局洪山殿煤矿	瓦斯突出	31	不详	
155	1968年7月12日	河北峰峰矿务局单渠河二坑	瓦斯煤尘爆炸	51	5（均为重伤）	
156	1968年8月20日	湖南邵阳地区隆回县文革煤矿	瓦斯突出	31	9（均为重伤）	
157	1968年8月	西南铁路工程局第五工程处施工成昆铁路沙木拉打隧道	坍塌	87	不详	
158*	1968年9月2日	陕西华阴县岳庙剧院庆祝县革委成立演出	火灾坍塌	135	52	
159	1968年9月	山西晋中地区左权县石头闸水库	渡船翻沉	31		
160	1968年10月24日	山东新汶矿务局华丰煤矿	煤尘爆炸	108	72	
161	1968年12月25日	山西忻州地区阳方口煤矿	瓦斯煤尘爆炸	66	不详	
162	1968年12月27日	新疆农垦局阜北农场煤矿	瓦斯煤尘爆炸	31	不详	
163	1969年1月10日	吉林吉林市交通公司105无轨电车	坠江	40	86（重伤17人）	
164	1969年4月4日	山东新汶矿务局潘西矿	煤尘爆炸	115	108	
165	1969年4月25日	四川德阳地区广汉县公园广场	踩踏	47	49（重伤6人）	
166	1969年6月19日	河北唐山狼尾沟煤矿	矿井火灾	62	不详	
167	1969年7月22日	中铁二局驻凉山工程队和汽车修配厂	泥石流袭击	80		
168	1969年7月23日	河北唐山新兴煤矿	矿井火灾	64	不详	
169*	1969年8月16日	四川泸州"201"轮所带两驳船	翻沉	273		660余人落水

序号	日期	事故发生地点、单位	事故类型	死亡人数	受伤人数	备注
170	1969年10月22日	湖南邵阳地区新邵县运输公司一艘客船	翻沉	37		
171	1969年11月27日	河南洛阳地区宜阳机械厂（军工厂）地雷车间	爆炸	59	43（重伤4人）	
172	1969年12月	安徽萧县符夹铁路萧县段	列车火灾	57		
173	1970年2月23日	福建南平地区建瓯县川石公社川石大队	渡船翻沉	32		
174	1970年4月11日	浙江临海县大石区	渡船翻沉	47		
175	1970年4月23日	四川云阳新华大队副业船	翻沉	38		
176	1970年5月26日	中铁二局在凉山盐井沟工地	泥石流袭击	104		
177	1970年6月3日	辽宁红透山铜矿红坑口	爆炸	47	76	
178	1970年6月25日	陕西安康地区紫阳县凉水井公路	塌方	31	不详	
179	1970年8月25日	湖南邵东县檀山铺公社张林风大队古林峰煤矿	瓦斯爆炸	66	6	
180	1970年9月5日	广州铁路局海南三黄线（三亚至黄流）第413客货列车	脱轨翻车	39	36（重伤20人）	
181	1970年9月7日	上海铁路局由上海开往重庆的第23次旅客列车	颠覆	37	132（重伤29人）	
182	1970年9月8日	江西赣州章江水泵站黄金渡口	渡船翻沉	37		
183	1970年9月17日	山东青岛市第一体育场	踩踏	37	135	
184	1970年9月22日	云南曲靖地区羊场煤矿	瓦斯爆炸	32	52（重伤3人）	
185	1971年2月19日	四川绵阳地区三台县人民渠七期工程	爆炸	37	74	

（续）

序号	日期	事故发生地点、单位	事故类型	死亡人数	受伤人数	备注
186	1971 年 4 月 24 日	山东日照青峰岭水库谢家庄渡口	渡船翻沉	40		
187	1971 年 7 月 16 日	贵州黔东南地区湘黔线清溪工段	爆炸	81	256（重伤 130 人）	
188	1971 年 8 月 20 日	四川绵阳地区平武县南坝公社旧州渡口	渡船翻沉	37		
189	1971 年 9 月 5 日	广州铁路局三（亚）黄（流）线第 413 次混合列车	翻车	39	32	
190	1971 年 10 月 30 日	陕西渭南地区富平县剧场	踩踏	37	15	
191	1972 年 5 月 5 日	内蒙古生产建设兵团四十三团驻地草原	火灾	69	24（重伤 13 人）	
192	1972 年 6 月 27 日	广东交通厅工程处第二工程队承建的龙川县彭坑大桥	倒塌	64	20	
193	1972 年 7 月 1 日	湖北襄樊市引丹工程清泉沟隧洞	江水倒灌淹溺	62		
194	1972 年 7 月 29 日	云南东川矿务局因民铜矿一坑	炸药燃烧	41	118	
195	1972 年 9 月 9 日	陕西绥德县韭园沟公社石家沟小学	山体滑坡掩埋教室	51	不详	
196	1972 年 10 月 3 日	贵州劳改局所属的翁安煤矿	瓦斯爆炸	45	不详	
197	1972 年 11 月 5 日	福建漳州地区漳浦县佛昙公社岱嵩大队	渡船翻沉	32		
198	1972 年 11 月 7 日	广东茂名市高州县马贵公社厚元小学	洪水袭击校舍	64	不详	
199	1972 年 11 月 20 日	四川酉阳三教寺"老岩"	垮塌	30		
200	1972 年 11 月 30 日	甘肃天祝煤矿一平硐	瓦斯爆炸	42	56（重伤 6 人）	

（续）

序号	日期	事故发生地点、单位	事故类型	死亡人数	受伤人数	备注
201	1973年3月4日	甘肃靖远矿务局大水头煤矿	瓦斯爆炸	47	不详	
202	1973年3月19日	吉林辽源矿务局太信煤矿四井	瓦斯与煤尘爆炸	53	32（重伤4人）	
203	1973年4月21日	江西九江市汽车运输公司	坠谷	39	48（重伤46人）	
204	1973年6月23日	江苏徐州矿务局夹河矿	煤尘爆炸	50	17（重伤10人）	
205	1973年7月25日	四川德阳地区中江县凯江公社和平渡口	渡船翻沉	43		
206	1973年7月	山西忻县铁果门渡口	渡船翻沉	37		
207	1973年9月6日	广西柳州航运分局所属"桂民204"客货班期航船	翻沉	71		222人落水
208	1973年11月13日	陕西子长县南家咀煤矿	瓦斯煤尘爆炸	50	30（重伤1人）	
209	1973年11月23日	湖南浏阳县牛石公社出口花炮厂	爆炸	53	37（重伤32人）	
210	1974年1月6日	河北保定地区曲阳县党城公社东风二井	瓦斯爆炸	37	不详	
211	1974年6月29日	江西交通局"赣忠"客轮	翻沉	93		
212	1974年7月16日	浙江三门盐场一艘机动船	翻沉	30		
213	1975年4月27日	湖北马鞍山煤矿	火灾	35	12（均为重伤）	
214	1975年5月11日	陕西铜川焦坪煤矿前卫斜井	瓦斯煤尘爆炸	101	15	
215	1975年5月26日	河南安阳矿务局岗子窑煤矿	瓦斯爆炸	37	29（重伤17人）	
216	1975年6月25日	湖北恩施市城关镇第三小学	山体滑坡掩埋教室	31	7	均为学生

（续）

序号	日期	事故发生地点、单位	事故类型	死亡人数	受伤人数	备注
217	1975 年 8 月 4 日	广东航运局两艘客轮	相撞翻沉	437		904 人落水
218	1975 年 8 月 4 日	河南焦作矿务局演马庄煤矿	瓦斯爆炸	43	55（重伤 11 人）	
219	1975 年 9 月 7 日	新疆乌鲁木齐铁路局职工临时宿舍	山洪袭击	36		
220	1975 年 10 月 11 日	陕西安康地区汉阴县汉阳坪渡口	渡船翻沉	30		
221	1975 年 10 月 17 日	四川绵阳地区射洪县新民乡	渡船翻沉	33		
222	1975 年 11 月 25 日	辽宁辽阳兰家区安平公社姑嫂城大队俱乐部	火灾	126	75（均为重伤）	
223	1976 年 1 月 20 日	民航广州管理局第六飞行大队安-24 型 492 飞机	坠机	42		
224	1976 年 2 月 7 日	陕西咸阳地区三原县俱乐部舞台	爆炸火灾	88	60	
225	1976 年 2 月 17 日	广东普宁县下架公社	渡船翻沉	33		
226	1976 年 2 月 22 日	新疆兵团农六师石河子南山煤矿	瓦斯爆炸	65	19（均为重伤）	
227	1976 年 4 月 25 日	安徽巢湖地区无为县新沟公社新沟大队	渡船翻沉	36		
228	1976 年 5 月 1 日	河南许昌烟火晚会	踩踏	33	26	
229	1976 年 5 月 27 日	江西兴国园岭林场"园岭二"护林巡逻船	翻沉	51		
230	1976 年 8 月 11 日	吉林通化矿务局苇塘煤矿	瓦斯煤尘爆炸	50	26（重伤 6 人）	
231	1976 年 8 月 13 日	河南郑州新密矿务局王庄煤矿	矿井火灾	93	33	
232	1976 年 8 月 20 日	四川什邡红星煤矿	泥石流袭击	110		
233	1976 年 9 月 4 日	甘肃靖远县碱水煤矿	瓦斯爆炸	43	不详	

（续）

序号	日期	事故发生地点、单位	事故类型	死亡人数	受伤人数	备注
234	1976 年 10 月 18 日	西安铁路局宝鸡分局 111 次货运列车	脱轨、爆炸	75	14（重伤 9 人）	
235	1976 年 11 月 13 日	河南平顶山矿务局六矿	瓦斯煤尘爆炸	75	14（重伤 4 人）	
236	1976 年 11 月 26 日	辽宁杨家杖子矿务局（钼矿）岭前矿	火药爆炸	44	不详	

四、拨乱反正和改革开放初期（1977—1986）

序号	日期	事故发生地点、单位	事故类型	死亡人数	受伤人数	备注
237	1977 年 2 月 13 日	四川金堂县白果公社红旗渡口	渡船翻沉	37		
238	1977 年 2 月 14 日	广东汕头地区航运局"汕红 05"号客轮	爆炸翻沉	43	4	失踪 6 人
239	1977 年 2 月 18 日	新疆兵团 61 团俱乐部放电影	火灾	694	161（重伤 111 人）	多为中小学生和儿童
240	1977 年 2 月 24 日	江西丰城矿务局坪湖煤矿	瓦斯爆炸	114	6（均为重伤）	
241	1977 年 3 月 29 日	安徽蚌埠烟厂主厂房（二层）	倒塌	32	56（重伤 14 人）	
242	1977 年 4 月 14 日	辽宁抚顺矿务局老虎台煤矿	瓦斯爆炸	83	35（重伤 7 人）	
243	1977 年 4 月 22 日	辽宁桓仁县浑江水库林场木制拖轮	翻沉	93		
244	1977 年 5 月 14 日	长江航运局芜湖分局"东方红 339"客轮与"长江 2405"轮	相撞翻沉	78		
245	1977 年 6 月 5 日	北京门头沟区斋堂公社北京卫戍区一师火村煤矿	瓦斯爆炸	30	不详	
246	1977 年 8 月 4 日	广西梧州交通公司	渡船翻沉	34	不详	
247	1977 年 9 月 19 日	江苏运河航运公司江苏（客）804 轮附拖 3241 客驳	列车火灾	47	不详	

（续）

序号	日期	事故发生地点、单位	事故类型	死亡人数	受伤人数	备注
248	1977 年 12 月 19 日	吉林辽源矿务局梅河口煤矿	溃水溃沙	64	92（重伤 34 人）	
249	1978 年 1 月 24 日	辽宁盖县盖东风鞭炮厂	爆炸	107	65	2000 家民房受损
250	1978 年 1 月 24 日	河北邢台地区临城县岗头煤矿	瓦斯爆炸	45	10（重伤 4 人）	
251	1978 年 1 月 31 日	福建古田县车队大客车	冲撞山崖	33	14（均为重伤）	
252	1978 年 2 月 7 日	江苏扬州地区邗江县新坝运输站 1605 渡船	翻沉	92		
253	1978 年 2 月 15 日	吉林舒兰矿务局东富煤矿	矿井火灾	68	6	
254	1978 年 4 月 11 日	山东临沂地区朱里煤矿	煤尘爆炸	31	9（重伤 1 人）	
255	1978 年 5 月 24 日	甘肃窑街矿务局三矿	煤与二氧化碳突出	90	86（重伤 23 人）	
256	1978 年 9 月 30 日	新疆乌鲁木齐市东山煤矿三分矿	瓦斯爆炸	30	17（重伤 11 人）	
257	1978 年 12 月 16 日	87 次列车与 368 次列车	相撞颠覆	106	218（重伤 47 人）	
258	1979 年 3 月 28 日	河南南阳柴油机厂	爆炸	44	37（重伤 13 人）	
259	1979 年 5 月 19 日	辽宁桓仁县二棚甸子公社横道川大队小学	渡船翻沉	33		均为学生
260	1979 年 6 月 5 日	云南曲靖陆东煤矿	瓦斯爆炸	68	2（均为重伤）	
261	1979 年 6 月 30 日	山东枣庄矿务局柴里矿	瓦斯爆炸	39	不详	
262	1979 年 9 月 1 日	浙江宁波"姚航 12"客轮	翻沉	49		
263	1979 年 9 月 2 日	贵州赤水县元厚场沙坨渡口	渡船翻沉	53		
264	1979 年 9 月 7 日	浙江温州电化厂	爆炸	59	1179（中毒）	

附录1　中华人民共和国成立以来发生的751起一次死亡30人及以上事故年表

（续）

序号	日期	事故发生地点、单位	事故类型	死亡人数	受伤人数	备注
265	1979年9月19日	江苏运河航运公司"江苏804"客轮	列车火灾	47	32	
266	1979年11月23日	吉林通化矿务局松树镇煤矿	瓦斯燃爆	52	16（重伤7人）	
267	1979年11月25日	石油部海洋石油勘探局"渤海二"钻井船	翻沉	72		
268	1979年12月1日	黑龙江七台河东风公社富强大队俱乐部	爆炸	86	222（重伤35人）	
269	1979年12月18日	吉林吉林市煤气公司液化石油气厂	爆炸火灾	36	54（重伤46人）	
270	1980年2月27日	广东海运局"曙光401"号客轮	翻沉	301		
271	1980年3月26日	新疆昌吉州农垦局大黄山煤矿	瓦斯爆炸	32	16（均为重伤）	
272	1980年4月6日	四川乐山犍为县东风煤矿	透水	57	不详	
273	1980年4月20日	四川乐山眉山县王家渡	渡船翻沉	71		
274	1980年6月3日	湖北宜昌盐池河磷矿	山体崩塌掩埋矿区	285	不详	预警、应急等安全管理不到位
275	1980年6月8日	山西临汾洪洞县三交河煤矿	瓦斯爆炸中毒	30	不详	
276	1980年6月21日	辽宁阜新矿务局清河门煤矿	瓦斯爆炸	34	1（重伤）	
277	1980年8月19日	四川江津后河渡口	渡船翻沉	30		
278	1980年8月26日	四川宜宾"屏航4号"客轮	翻沉	176		301人落水
279	1980年11月25日	湖南湘西湘运公司五四车队客车	列车火灾	31	58	
280	1980年11月26日	广西梧州"桂民302"客船	翻沉	100		

（续）

序号	日期	事故发生地点、单位	事故类型	死亡人数	受伤人数	备注
281	1980年12月8日	江苏徐州矿务局韩桥矿夏桥井	煤尘爆炸	55	4（均为重伤）	
282	1981年2月8日	内蒙古乌达矿务局三矿	矿井火灾	35	2（均为重伤）	
283	1981年2月27日	贵州金沙县新化煤矿	瓦斯爆炸	35	不详	
284	1981年3月19日	河北承德地区兴隆矿务局汪庄煤矿	瓦斯爆炸	46	36（重伤11人）	
285	1981年6月24日	福建厦门市厦禾路公共汽车	爆炸	40	84	
286	1981年7月9日	442次列车成昆路利子依达桥	桥梁冲毁列车坠河	240	146	成昆铁路中断运行半个月
287	1981年12月24日	河南平顶山矿务局五矿	瓦斯爆炸	134	31（重伤8人）	
288	1982年3月9日	福建福鼎县制药厂冰片车间	火灾	65	35（均为重伤）	
289	1982年4月26日	中国民航3303航班	坠机	112	不详	
290	1982年6月15日	湖南衡阳衡南泉溪公司猪鬃厂	倒塌	44	20	
291	1982年6月20日	江西景德镇"12-72019"公共汽车	坠河	34	3	均为学生
292	1982年8月3日	宁夏汝箕沟矿区	洪水	33	不详	
293	1982年9月25日	四川甘孜州九龙县车队大货车	坠河	47	7	
294	1982年12月4日	广东海南行政区万泉河水运公司"海三"客轮	翻沉	37		
295	1982年12月21日	四川射洪汽车联运公司大客车	坠河	30		
296	1983年1月25日	四川会东铅锌矿（劳改矿）	早爆	57	19	

（续）

序号	日期	事故发生地点、单位	事故类型	死亡人数	受伤人数	备注
297	1983 年 3 月 1 日	广东海运局"红星 312"客轮	翻沉	148		
298	1983 年 3 月 6 日	河南鹤壁大河涧公社许家沟煤矿	矿井火灾	47	不详	
299	1983 年 3 月 20 日	贵州水城矿务局木冲沟煤矿	瓦斯煤尘爆炸	84	19	死伤含救护队员 7 人
300	1983 年 5 月 3 日	山东济南章丘县黄河乡西王常大队黄河渡口木帆船	渡船翻沉	34		
301	1983 年 7 月 31 日	四川雅安地区汉源县小堡公社宰骡河渡口	渡船翻沉	70		
302	1983 年 8 月 5 日	辽宁抚顺新宾县大四平公社马架子大队煤矿	瓦斯爆炸	34	不详	
303	1983 年 11 月 21 日	河南鹤壁石林公社二矿	瓦斯爆炸	45	4（重伤 1 人）	
304	1984 年 2 月 2 日	广东肇庆遂溪县城舞狮舞龙游行	宣传栏倒塌	56	54（重伤 50 人）	
305*	1984 年 2 月 14 日	贵州湄潭城关元宵晚会	踩踏	102	52	多为小学生
306	1984 年 3 月 17 日	福建宁德地区福鼎县"13-75142"大客车	翻车	39	8	
307	1984 年 5 月 27 日	云南东川因民铜矿	泥石流袭击	123	34	
308	1984 年 6 月 25 日	广西南宁横县南乡镇机动渡船	翻沉	45		
309	1985 年 1 月 18 日	中国民航上海管理局第五飞行大队安-24 型 434 飞机	着陆失事	38		
310	1985 年 2 月 10 日	山西西山矿务局杜儿坪煤矿	瓦斯爆炸	48	8	
311	1985 年 3 月 27 日	广东江门市航运公司"红星 283"客轮	翻沉	83		
312	1985 年 4 月 7 日	山东枣庄薛城区兴仁乡煤矿	爆炸	63	3	

（续）

序号	日期	事故发生地点、单位	事故类型	死亡人数	受伤人数	备注
313	1985 年 4 月 14 日	河南焦作博爱县青天河水库	渡船翻沉	113		多为中学生
314	1985 年 4 月 20 日	山西太原北郊区小井峪花炮厂	爆炸	83	69	
315	1985 年 5 月 11 日	山西太原古交工矿区	洪水	63	不详	
316	1985 年 5 月 13 日	东北内蒙古煤炭工业联合公司沈阳矿务局林盛煤矿	瓦斯爆炸	36	14（重伤 13 人）	
317	1985 年 6 月 24 日	湖南常德县港二口乡客船	翻沉	33		
318	1985 年 7 月 12 日	广东梅田矿务局三矿	岩石与瓦斯突出	56	11	
319	1985 年 7 月 18 日	广西桂林漓江游船	翻沉	32		
320	1985 年 8 月 10 日	四川攀枝花公交公司大客车	坠崖	30	63	
321	1985 年 8 月 18 日	黑龙江哈尔滨太阳岛游艇	翻沉	171		238 人落水
322	1985 年 8 月 25 日	湖南东坡有色金属矿尾矿库	溃坝	49	不详	
323	1985 年 9 月 20 日	四川南充地区李家沟煤矿	透水	61	3（重伤 2 人）	救助方案不科学，伤亡者均为救灾人员
324	1985 年 10 月 6 日	黑龙江鸡西矿务局城子河煤矿	瓦斯爆炸	36	不详	
325	1985 年 12 月 24 日	广西百色地区天生桥水电站库	塌方	48	7	
326	1986 年 2 月 15 日	吉林黄泥河林业局森林铁路 202 次列车	爆炸	32	32	
327	1986 年 2 月 23 日	河南许昌地区禹县鸿畅乡张庄煤矿	瓦斯爆炸	32	20	
328	1986 年 2 月 23 日	浙江金华婺州公园元宵灯会	踩踏	35	33	

（续）

序号	日期	事故发生地点、单位	事故类型	死亡人数	受伤人数	备注
329	1986 年 3 月 14 日	陕西铜川金锁乡背塔村一矿	瓦斯爆炸	31	3（重伤 2 人）	
330	1986 年 3 月 28 日	云南安宁青龙区	山林火灾	56	3	均为扑救军民
331	1986 年 4 月 11 日	山东德州地区第二运输公司大客车与货车	撞击爆炸	35	17	
332	1986 年 4 月 20 日	内蒙古呼伦贝尔盟库都尔林业局	火灾	52	24（均为重伤）	均为救火人员
333	1986 年 5 月 31 日	四川重庆北培汽车运输公司大客车	坠崖	48	10（均为重伤）	
334	1986 年 6 月 2 日	江西丰城县上塘镇柘里矿区	灌水中毒	45	不详	
335	1986 年 6 月 16 日	交通部广州海运局"德堡"货轮	翻沉	33		
336	1986 年 6 月 30 日	河北邢台地区临城县岗头煤矿	瓦斯爆炸	79	4	
337	1986 年 9 月 1 日	贵州六盘水六枝特区纳福乡煤矿	瓦斯爆炸	31	2（均为重伤）	

五、向社会主义市场经济体制转变时期（1987—2000）

序号	日期	事故发生地点、单位	事故类型	死亡人数	受伤人数	备注
338	1987 年 1 月 22 日	安徽芜湖机动客船	翻沉	34		
339	1987 年 1 月 25 日	浙江椒江黄礁乡道头金村农用木质渡船	翻沉	97		
340	1987 年 1 月 29 日	贵州毕节地区纳雍县过狮河水库工作船	翻沉	59		
341	1987 年 3 月 11 日	山东泰安郎乡载有 4 吨汽油东风牌油罐车	翻车燃爆	48	不详	
342	1987 年 3 月 15 日	黑龙江哈尔滨亚麻纺织厂	粉尘爆炸	58	177（重伤 65 人）	
343	1987 年 3 月 15 日	内蒙古呼伦贝尔盟陈旗、牙克石市和额右旗境内	森林火灾	52	24	

（续）

序号	日期	事故发生地点、单位	事故类型	死亡人数	受伤人数	备注
344	1987 年 3 月 27 日	四川南充南部县搬运公司解放牌大客车	坠河	37	14	
345	1987 年 3 月 28 日	云南安宁青龙区	山林火灾	56	3	
346	1987 年 4 月 20 日	内蒙古大兴安岭林区	森林火灾	52	24（均为重伤）	均为救援人员
347	1987 年 5 月 8 日	湖北武汉长江轮船公司"长江 22033"推轮与江苏省南通市轮船运输公司"江苏 0130"客轮	碰撞翻沉	98		
348	1987 年 5 月 26 日	江苏徐州地区沛县运输公司一大客车	坠河	35	30	
349	1987 年 6 月 24 日	辽宁新宾马架子煤矿	瓦斯煤尘爆炸	37	14	
350	1987 年 7 月 10 日	四川凉山昭觉县解放沟区拉青乡水电站工地	泥石流袭击	36	10	
351	1987 年 8 月 3 日	内蒙古赤峰宁城县客运公司一大客车	山洪翻车	38	27（重伤 2 人）	
352	1987 年 9 月 14 日	湖南益阳沅江县新建县建委办公楼	坍塌	40	1（重伤）	
353	1987 年 10 月 11 日	陕西延安地区汽车运输公司一解放牌大客车	超载坠崖	37	41（重伤 24 人）	
354	1987 年 12 月 9 日	安徽淮南矿务局潘集一矿	瓦斯爆炸	45	10（重伤 2 人）	
355	1987 年 12 月 10 日	上海陆家嘴轮渡站	踩踏	66	22（重伤 2 人）	
356	1987 年 12 月 22 日	四川重庆永川汽车运输公司一大客车	坠崖	30	34（重伤 10 人）	
357	1988 年 1 月 7 日	广州开往西安的 272 次旅客列车	列车火灾	34	30	
358	1988 年 1 月 18 日	民航西南公司伊尔 18 型客机	坠机	108		

序号	日期	事故发生地点、单位	事故类型	死亡人数	受伤人数	备注
359	1988 年 1 月 24 日	昆明开往上海第 80 次特快旅客列车	颠覆	88	202（重伤 62 人）	
360	1988 年 3 月 7 日	河南三门峡卢氏县饮食服务公司一大客车	坠坡	42	29	
361	1988 年 4 月 30 日	山西交城县个体承包一东风牌大客车	翻车	31	40（重伤 22 人）	死亡人数中学生 24 人
362	1988 年 5 月 6 日	贵州水城市中山区二塘乡与毕节地区威宁县猴场镇联办煤矿	瓦斯爆炸	46	5（重伤 2 人）	
363	1988 年 5 月 29 日	山西霍县矿务局圣佛煤矿	瓦斯爆炸	50	不详	
364	1988 年 6 月 18 日	山西太原市古交区古交镇铁磨沟煤矿	瓦斯爆炸	40	不详	
365	1988 年 7 月 17 日	云南富源县营上镇半坡煤矿杉树边井	瓦斯爆炸	35	9（2 人重伤）	
366	1988 年 7 月 21 日	四川重庆轮船公司乐山分公司“川运 24”客轮	翻沉	166		
367	1988 年 7 月 25 日	长江航运公司“云航 24”号小型客轮与万县港务局“万港 802”拖轮	相撞翻沉	77		99 人落水
368	1988 年 8 月 5 日	甘肃陇南地区两当县西坡煤矿	瓦斯爆炸	45	4	
369	1988 年 10 月 7 日	山西地方航空公司一伊尔-14P 旅游观光飞机	坠毁	44		
370	1988 年 10 月 12 日	陕西咸阳运输公司一解放牌大客车	翻车起火	43	39	
371	1988 年 11 月 26 日	黑龙江鸡西矿务局平岗煤矿	瓦斯爆炸	45	23	
372	1988 年 12 月 14 日	海南琼中县牛路岭水电站一渡船	翻沉	63		死亡人员中小学生 55 人

（续）

序号	日期	事故发生地点、单位	事故类型	死亡人数	受伤人数	备注
373	1988年12月23日	辽宁丹东开往北京298次直快列车与辽宁大洼县运输公司的一大客车	相撞	46	54	
374	1988年12月30日	山东枣庄峰城区曹庄乡煤矿	瓦斯煤尘爆炸	33	2	
375	1989年2月22日	湖北公安县班竹挡镇装卸运输公司一客车	坠江	42		
376	1989年5月25日	青海格尔木可可西里地区	暴雪	42		
377	1989年5月29日	湖南常德汉寿县周文庙乡芦苇场一机帆船	翻沉	55		
378	1989年6月3日	江西宜春地区万载县高村乡新坪林场一大客车	超载坠河	36	20（重伤9人）	
379	1989年6月20日	山西阳泉自来水公司犹脑山配水厂蓄水池	坍塌	39	61	
380	1989年8月12日	广西自天峨县六排镇云榜村一木质小机船与贵州黔西南州盘乡轮船公司"黔丰"船	相撞翻沉	38		
381	1989年8月15日	民航华东管理局江西省局一安-24型客机	坠河	34	4	
382	1989年10月20日	江西乐平矿务局鸣山煤矿	瓦斯爆炸	36	4（均为重伤）	
383	1989年10月23日	浙江瑞安平阳坑镇一无证运输船	翻沉	39		
384	1989年10月30日	四川达县地区邻水县汽车队一大客车	溜滑翻车	38	39（重伤12人）	
385	1989年11月25日	江西丰城粮食局董家粮油加工厂一东风牌货车	翻车	36	30	
386	1989年12月26日	山西忻州地区宁武县阳方口煤矿	瓦斯爆炸	53		

序号	日期	事故发生地点、单位	事故类型	死亡人数	受伤人数	备注
387	1990 年 1 月 9 日	湖南运输公司 166 车队一大客车	坠坎	34	16（重伤 2 人）	
388	1990 年 1 月 10 日	西藏山南地区一辆载人货车	坠江	34		
389	1990 年 1 月 24 日	安徽池州客渡船、南京长江油运公司油轮	相撞翻船	112		
390	1990 年 2 月 13 日	四川攀枝花公共汽车公司一大客车	翻车	31	60（重伤 11 人）	
391	1990 年 2 月 16 日	辽宁大连重型机器厂计量处四楼会议室	屋盖塌落	42	179（重伤 46 人）	
392	1990 年 3 月 2 日	福建福清县海口镇附近海面轮船	翻沉	35		
393	1990 年 3 月 21 日	云南永善县桧溪乡机木船	翻船	104		137 人落水
394	1990 年 4 月 6 日	四川乐山地区犍为县岷东乡和下渡乡联办的东风煤矿	透水	57	不详	
395	1990 年 4 月 15 日	黑龙江七台河矿务局桃山煤矿	瓦斯爆炸	33	11（均为重伤）	
396	1990 年 5 月 8 日	黑龙江鸡西矿务局小恒山煤矿	矿井火灾	80	23	
397	1990 年 5 月 31 日	四川凉山州益门县煤矿	山洪泥石流袭击	32	28（均为重伤）	
398	1990 年 7 月 2 日	新疆客运公司七队一大客车	侧翻起火	38	13	
399	1990 年 7 月 13 日	山东新汶矿务局潘西煤矿	瓦斯爆炸	48	10（均为重伤）	
400	1990 年 8 月 7 日	湖南怀化辰溪县板桥乡中新村岩洞煤矿	透水	57	不详	
401	1990 年 10 月 2 日	广州白云机场两架客机	相撞爆炸	128	不详	

（续）

序号	日期	事故发生地点、单位	事故类型	死亡人数	受伤人数	备注
402	1990 年 10 月 23 日	福建福清县一辆载汽油的油罐车	翻车起火	31	22	
403	1990 年 12 月 1 日	贵州铜仁马漾公路在建鱼梁滩脚大桥	垮塌	37	31	
404	1991 年 1 月 2 日	黑龙江鸡西鸡东县保合煤矿	瓦斯爆炸	53	12	
405	1991 年 3 月 7 日	湖南湘潭县列家桥煤矿	煤尘爆炸	35	1（重伤）	
406	1991 年 3 月 24 日	湖南耒阳白沙矿务局红卫煤矿	煤与瓦斯突出	30	10（重伤 1 人）	
407	1991 年 4 月 21 日	山西洪洞县三交河煤矿	瓦斯爆炸	147	6（重伤 2 人）	
408	1991 年 5 月 17 日	河北平山县西北坡纪念馆一游船	翻沉	57		
409	1991 年 5 月 18 日	山西怀仁县农工商联合公司窑子头煤矿	瓦斯爆炸	42	不详	
410	1991 年 5 月 30 日	广东东莞石排镇盆岭村个体户兴业制衣厂	火灾	72	47	
411	1991 年 7 月 19 日	吉林泉阳林业局客运站一大客车	翻车	51	2	
412	1991 年 8 月 9 日	四川自贡富顺县赵化区毛桥乡中坝煤矿	透水	42	5	
413	1991 年 9 月 3 日	江西鹰潭贵溪县农药厂货车	甲胺泄漏	43	595（中毒）	
414	1991 年 9 月 24 日	山西太原迎泽公园灯展	踩踏	105	108	
415	1991 年 10 月 30 日	贵州黔南都匀个体运输服务处一中型客车	相撞	59	4（重伤 3 人）	
416	1992 年 1 月 4 日	河南开封化肥厂合成氨分厂铜洗工段	爆炸	44		
417	1992 年 1 月 16 日	四川黔江地区彭水县汽车运输公司一大客车	翻车	43	29	

（续）

序号	日期	事故发生地点、单位	事故类型	死亡人数	受伤人数	备注
418	1992 年 3 月 13 日	江苏徐州铜山县岗子村煤矿	煤尘爆炸	30	21	
419	1992 年 3 月 20 日	山西吕梁地区孝义市兑镇镇偏城煤矿新井、偏店煤矿（两矿相互贯通）	爆炸	65	31	
420	1992 年 4 月 24 日	山西大同上深涧乡解放军总参防化部与上深涧乡联办的碾盘沟煤矿	瓦斯爆炸	40	不详	
421	1992 年 6 月 13 日	山西柳林县石西乡后河底村与陕西绥德县枣林坪乡西河驿村之间一无证无照船舶	翻沉	48	不详	
422	1992 年 6 月 17 日	湖南辰溪县方田乡龙宴湾煤矿	瓦斯爆炸	43	不详	
423	1992 年 7 月 31 日	通用航空公司南京至厦门航班	坠机	107	19	
424	1992 年 8 月 29 日	江西花鼓山煤矿	瓦斯爆炸	46	不详	
425	1992 年 9 月 6 日	湖南辰溪县方田乡梦角湾煤矿	地下熔岩突水	33	不详	
426	1992 年 11 月 5 日	山西盂县土塔乡的解放军空军指挥学院与土塔乡联办的神益沟军地联营煤矿	老空水透水	51	不详	
427	1992 年 11 月 24 日	南方航空公司广州至桂林航班	坠机	141		
428	1992 年 12 月 7 日	山西大同青磁窑煤矿	瓦斯爆炸	36	不详	
429	1993 年 1 月 15 日	安徽肥东县一个体经营中型客车	翻入水塘	30		
430	1993 年 1 月 20 日	安徽淮南矿务局潘一煤矿	瓦斯煤尘爆炸	39	13	
431	1993 年 1 月 31 日	内蒙古赤峰开往辽宁大连 77 次特快列车与辽宁新民县新民镇大客车	相撞	65	29（重伤 4 人）	

（续）

序号	日期	事故发生地点、单位	事故类型	死亡人数	受伤人数	备注
432	1993 年 2 月 14 日	河北唐山东矿区林西百货大楼	火灾	82	55	
433	1993 年 2 月 19 日	贵州仁怀县一大客车与遵义一大客车	相撞坠坝	32	38	
434	1993 年 4 月 9 日	四川马尔康县一大客车	坠河	37	17	
435	1993 年 4 月 13 日	广东湛江一改装游艇	超载翻沉	40		
436	1993 年 4 月 30 日	第 044 次货物列车与辽宁大石桥市客运公司一大客车	相撞	35	36（重伤 7 人）	均为学生
437	1993 年 5 月 8 日	河南平顶山矿务局十一矿	瓦斯爆炸	39	10	
438	1993 年 7 月 10 日	北京开往成都 163 次旅客列车与 2011 次货车	追尾	40	48（重伤 9 人）	
439	1993 年 7 月 21 日	云南红河州红河县汽车队一大客车	翻下山涧	32	17	
440	1993 年 7 月 23 日	西北航空公司甘肃分公司一客机	冲入水塘	56	56	
441	1993 年 8 月 5 日	山东临沂罗庄镇龙山煤矿	透水	59	不详	
442	1993 年 8 月 9 日	贵州劳改局遵义煤矿	中毒	48	不详	
443	1993 年 10 月 11 日	黑龙江鸡东县保合煤矿	瓦斯煤尘爆炸	70	不详	
444	1993 年 10 月 18 日	江苏徐州煤炭公司大刘庄煤矿	煤尘爆炸	40	不详	
445	1993 年 11 月 15 日	河南平顶山宝丰县娘娘山煤矿	瓦斯爆炸	49	不详	
446	1993 年 11 月 19 日	广东深圳葵涌镇港商独资致丽工艺制品厂	火灾	84	45（重伤 20 人）	
447	1993 年 11 月 26 日	湖南南岭化工厂	爆炸	60	32（重伤 19 人）	
448	1993 年 12 月 13 日	福建福州马尾经济技术开发区内台商独资高福纺织有限公司	火灾	61	7	

（续）

序号	日期	事故发生地点、单位	事故类型	死亡人数	受伤人数	备注
449	1993 年 12 月 30 日	山西吕梁地区柳林县柳林镇庙湾煤矿	瓦斯爆炸	40	不详	
450	1994 年 1 月 9 日	浙江温州平阳县平瑞运输公司一大客车	坠江	45		
451	1994 年 1 月 24 日	黑龙江鸡西矿务局二道河子煤矿多种经营公司小井	瓦斯爆炸	99	3（均为重伤）	
452	1994 年 1 月 27 日	湖南怀化地区辰溪县板桥乡花桥村煤矿	瓦斯爆炸	36	不详	
453	1994 年 2 月 1 日	四川重庆轮船公司乐山分公司一轮船与重庆长江轮船公司一拖轮	相撞翻沉	72		
454	1994 年 2 月 2 日	贵州黔东南州凯里汽车运输公司一大客车	坠崖	36	29	
455	1994 年 2 月 3 日	江西赣州冶金地质勘探一个体承包大客车	坠沟起火	38	33	
456	1994 年 2 月 15 日	湖南衡阳车站	踩踏	44	43（均为重伤）	
457	1994 年 2 月 23 日	广西南平县南镇个体一大客车	坠河	34	21	
458	1994 年 4 月 5 日	浙江缙云县壶镇中心小学水库登船春游	翻沉	43		均为学生
459	1994 年 4 月 9 日	四川马尔康县一大客车	翻车	37	17	
460	1994 年 4 月 20 日	黑龙江七台河哈尔滨药厂联办煤矿	瓦斯爆炸	35	不详	
461	1994 年 4 月 22 日	贵州贵阳汽车运输公司一大客车	坠坡	31	30	
462	1994 年 5 月 1 日	江西丰城矿务局坪湖煤矿	瓦斯爆炸	41	不详	
463	1994 年 5 月 21 日	四川宜宾地区高县腾龙乡磨盘田煤矿	瓦斯爆炸	36	不详	
464	1994 年 6 月 6 日	西北航空西安至广州航班	坠机	160	不详	

（续）

序号	日期	事故发生地点、单位	事故类型	死亡人数	受伤人数	备注
465	1994年6月16日	广东珠海前山镇裕新染织厂	火灾	93	156（重伤48人）	
466	1994年7月9日	湖北五峰县客运公司的一长途客车在长江古老背渡口	坠江	50	不详	
467	1994年7月12日	湖北大冶新冶铜矿龙角山尾矿坝	溃坝	30	不详	
468	1994年7月23日	四川松潘县汽车队一大客车	坠坡	36	27（重伤15人）	
469	1994年7月28日	云南昭通经贸总公司客运旅游服务公司一大客车	坠沟	50	20	
470	1994年7月30日	贵州威宁县东凤镇拱桥村与威宁县公安局联办煤矿	瓦斯爆炸	30	不详	
471	1994年7月31日	贵州六盘水水城县联运车队一大客车	坠谷	51	30	
472	1994年8月2日	广西河池市环江自治县上朝镇北山铅锌矿区	仓库爆炸	82	132	
473	1994年8月8日	新疆第五运输公司一大客车	坠沟	31	35	
474	1994年8月26日	贵州盘县特区乐民镇威箐煤矿	透水	34		
475	1994年9月12日	四川万县顺丰汽车运输公司一大客车	坠崖	55	46	
476	1994年9月17日	黑龙江鹤岗矿务局南山煤矿	瓦斯爆炸	56	10	
477	1994年10月2日	广东从化县天湖旅游区一铁索桥	断裂	38	不详	
478	1994年11月13日	吉林辽源矿务局太信矿	煤尘爆炸	79	129	
479	1994年11月27日	辽宁阜新评剧团艺苑歌舞厅	火灾	233	20（重伤4人）	

（续）

序号	日期	事故发生地点、单位	事故类型	死亡人数	受伤人数	备注
480	1994 年 12 月 8 日	新疆克拉玛依市友谊馆	火灾	325	132（重伤 68 人）	汇报演出，多为中小学生
481	1995 年 3 月 13 日	云南曲靖地区富源县竹园乡糯米村旧屋基煤矿	瓦斯爆炸	32	12	
482	1995 年 3 月 13 日	辽宁鞍山繁荣商场	火灾	35	18	
483	1995 年 3 月 26 日	河南平顶山新华区焦店乡三矿	瓦斯爆炸	41	不详	
484	1995 年 4 月 24 日	新疆乌鲁木齐水产蛋禽副食品公司凤凰时装城装修工地	火灾	52	6	
485	1995 年 5 月 6 日	山西临汾地区襄汾县古城煤矿	瓦斯爆炸	35	不详	
486	1995 年 6 月 23 日	安徽淮南矿务局谢一煤矿	瓦斯爆炸	76	49	
487	1995 年 10 月 23 日	黑龙江哈尔滨依兰煤矿	透水	41	不详	
488	1995 年 11 月 13 日	四川江津轮船总公司客轮"江津 6"与贵州省赤水轮船公司货轮	相撞翻沉	42	不详	
489	1995 年 12 月 31 日	贵州盘江矿务局老屋基矿	瓦斯爆炸	65	24	
490	1996 年 1 月 31 日	湖南邵阳一处非法炸药作坊	爆炸	134	405	
491	1996 年 2 月 9 日	浙江三门县航运公司木质客船	翻沉	66		
492	1996 年 3 月 11 日	四川南充蓬安县航运公司一短途客船	碰撞翻沉	90		
493	1996 年 5 月 21 日	河南平顶山矿务局十矿	瓦斯爆炸	84	68	
494	1996 年 6 月 26 日	河北峰峰矿务局黄沙矿	瓦斯爆炸	35	不详	
495	1996 年 6 月 29 日	四川内江简阳市禾丰镇永兴花炮厂	爆炸	39	49（重伤 9 人）	

（续）

序号	日期	事故发生地点、单位	事故类型	死亡人数	受伤人数	备注
496	1996 年 7 月 17 日	广东深圳罗湖区宝安南路端溪酒店	火灾	30	13（重伤 2 人）	
497	1996 年 8 月 3 日	河南洛阳嵩县祈雨沟金矿	垮塌	36	不详	
498	1996 年 8 月 4 日	山西西山矿务局官地矿	矿井火灾	33	不详	
499	1996 年 8 月 9 日	中原油田河南濮阳至汤阴输油管道	泄露燃烧	40	57	
500	1996 年 10 月 19 日	陕西铜川省司法局所属的崔家沟煤矿	瓦斯爆炸	50	16	
501	1996 年 10 月 19 日	黑龙江鹤岗矿务局兴安煤矿	瓦斯爆炸	34	6（均为重伤）	
502	1996 年 11 月 17 日	黑龙江哈尔滨铁路局与鸡东县二运公司联办交运联营煤矿	瓦斯爆炸	30	不详	
503	1996 年 11 月 27 日	山西大同新荣区郭家窑乡东村煤矿	瓦斯爆炸	114	不详	
504	1996 年 11 月 27 日	上海黄浦广西南路 44 弄余庆里 6 号居民楼	火灾	36	19	
505	1996 年 12 月 2 日	山西吕梁地区柳林县陈家湾煤矿	瓦斯爆炸	44	不详	
506	1996 年 12 月 2 日	河南平顶山焦店关西庄煤矿	瓦斯爆炸	32	不详	
507	1996 年 12 月 2 日	贵州贵阳市政公司在公路扩建工地	山体滑坡	38	15	
508	1996 年 12 月 20 日	广东韶关公路局工程公司公路大桥施工	坍塌	32	14（均为重伤）	
509	1997 年 1 月 3 日	四川资中县归德镇一个体机渡轮	碰撞翻沉	43		
510	1997 年 1 月 5 日	黑龙江哈尔滨长林子打火机厂	爆炸	93	1	

序号	日期	事故发生地点、单位	事故类型	死亡人数	受伤人数	备注
511	1997 年 1 月 25 日	河南义马矿务局耿村煤矿	瓦斯爆炸	31	不详	
512	1997 年 1 月 29 日	湖南长沙燕山酒店	火灾	40	89（重伤 27 人）	
513	1997 年 2 月 13 日	广西宜州一个体经营大客车	列车火灾	40	6	
514	1997 年 2 月 23 日	湖南娄底汽车运输总公司新化分公司一大客车	坠江	42	7	
515	1997 年 3 月 4 日	河南平顶山鲁山县梁洼镇南街村红土坡煤矿	瓦斯煤尘爆炸	89	9	
516	1997 年 3 月 25 日	福建莆田县新光电子有限公司宿舍楼	倒塌	32	78	
517	1997 年 4 月 4 日	贵州沿河县淇滩镇一个体船	翻沉	49	不详	
518	1997 年 4 月 11 日	山西太原北郊区西铭乡煤矿	瓦斯爆炸	45	不详	
519	1997 年 4 月 29 日	324 次旅客列车与 818 次旅客列车	追尾相撞	126	230（重伤 48 人）	
520	1997 年 5 月 2 日	山东莱芜钢城区九龙实业公司南下冶煤矿	瓦斯爆炸	31	不详	
521	1997 年 5 月 8 日	中国南方航空公司深圳公司一客机	降落失事	35	9（均为重伤）	
522	1997 年 5 月 19 日	内蒙古乌海南海区巴音陶亥乡通达煤矿	瓦斯爆炸	30	不详	
523	1997 年 5 月 28 日	辽宁抚顺矿务局龙凤煤矿	瓦斯爆炸	69	18	
524	1997 年 6 月 19 日	贵州遵义地区仁怀一个体大客车	坠坡	32	26	
525	1997 年 7 月 5 日	陕西延安地区黄陵县苍村乡德源煤矿	瓦斯爆炸	32	不详	

（续）

序号	日期	事故发生地点、单位	事故类型	死亡人数	受伤人数	备注
526	1997 年 7 月 8 日	重庆万县汽车运输总公司二分公司一大客车	坠江	33		
527	1997 年 7 月 12 日	江西乐平矿务局集体承包井桥头大丘煤矿	瓦斯爆炸	40	不详	
528	1997 年 7 月 12 日	浙江常山县城南小区楼房	倒塌	36	3	
529	1997 年 8 月 29 日	广西都安瑶族百旺乡一大客车	坠崖	36	24（重伤 5 人）	
530	1997 年 9 月 21 日	福建晋江陈埭镇横坂村裕华鞋厂	火灾	32	4	均为外地务工人员
531	1997 年 10 月 12 日	云南东川一个体户经营中型客车	坠崖	42	5（重伤 4 人）	
532	1997 年 10 月 13 日	河北邯郸沙果园煤矿二坑	瓦斯爆炸	33	不详	
533	1997 年 10 月 25 日	河南平顶山西区张庄煤炭公司杨应信煤矿	瓦斯爆炸	32	不详	
534	1997 年 10 月 29 日	广东汕头两英镇洪口峯水库	渡船翻沉	30	不详	
535	1997 年 11 月 4 日	贵州盘江矿务局月亮田煤矿	瓦斯爆炸	43	不详	
536	1997 年 11 月 8 日	四川南川南坪镇高寿桥煤矿	瓦斯爆炸	40	不详	
537	1997 年 11 月 13 日	安徽淮南矿务局潘三矿	瓦斯爆炸	88	13（重伤 2 人）	
538	1997 年 11 月 23 日	陕西咸阳旬邑县留石村煤矿	瓦斯爆炸	46	不详	
539	1997 年 11 月 27 日	安徽淮南矿务局谢二矿	瓦斯爆炸	45	12（重伤 4 人）	
540	1997 年 11 月 27 日	陕西铜川矿务局焦平煤矿	瓦斯爆炸	30	不详	
541	1997 年 12 月 4 日	河北邢台临城县冀辉煤矿	瓦斯爆炸	37	不详	

序号	日期	事故发生地点、单位	事故类型	死亡人数	受伤人数	备注
542	1997 年 12 月 10 日	河南平顶山石龙区五七（集团）公司大井	瓦斯爆炸	79	不详	
543	1997 年 12 月 11 日	黑龙江哈尔滨汇丰大酒店	火灾	31	24	
544	1997 年 12 月 31 日	贵州六盘水钟山区中山一矿	瓦斯爆炸	30		
545	1998 年 1 月 24 日	辽宁阜新矿务局王营煤矿	瓦斯爆炸	78	7	
546	1998 年 1 月 24 日	河北唐山新军屯镇集贸市场烟花爆竹摊点	爆炸	42	46（重伤 11 人）	
547	1998 年 2 月 7 日	中远集团青岛远洋运输公司"翡翠海"轮	翻沉	30		
548	1998 年 2 月 11 日	湖南湘阴县一大客车	坠江	63		
549	1998 年 4 月 6 日	河南平顶山石龙区沙石岭煤矿	瓦斯爆炸	62	4	
550	1998 年 7 月 9 日	重庆江津羊石镇中坝村一个体客货机动船	翻沉	69		
551	1998 年 7 月 12 日	四川江安县一客渡船	翻沉	94		
552	1998 年 8 月 27 日	福建三明汽车运输总公司一中型客车	坠涧	38	3	
553	1998 年 9 月 30 日	福建浦城县南浦客运车队一中型客车	坠河	33	8	
554	1998 年 10 月 15 日	黑龙江鹤岗乡镇企业局东兴煤矿	瓦斯爆炸	46	不详	
555	1998 年 10 月 19 日	贵州毕节地区金沙县新化乡区办二煤矿	瓦斯爆炸	36	不详	
556	1998 年 10 月 25 日	广西合山市和忻城县两个互相贯通小煤矿	透水	36	不详	
557	1998 年 11 月 21 日	山西临汾县河底乡西沟煤矿	瓦斯爆炸	47	不详	

（续）

序号	日期	事故发生地点、单位	事故类型	死亡人数	受伤人数	备注
558	1998 年 11 月 23 日	陕西旬邑县留石村煤矿	瓦斯爆炸	46	10	
559	1998 年 11 月 29 日	云南宣威来宾煤矿	瓦斯爆炸	42	18	
560	1998 年 12 月 12 日	河南平顶山宝丰县大营镇一矿	瓦斯爆炸	66	10	
561	1998 年 12 月 12 日	浙江长广煤炭工业集团公司六矿	瓦斯爆炸	33	9（重伤 8 人）	
562	1999 年 1 月 4 日	重庆綦江綦河上的人行桥梁	桥梁垮塌	40	14	
563	1999 年 1 月 16 日	贵州毕节赫章妈姑乡肖家煤矿	瓦斯爆炸	36	10	
564	1999 年 2 月 12 日	重庆公交公司一公共汽车	翻车	30	25	
565	1999 年 2 月 14 日	黑龙江七台河矿业精煤公司新建煤矿	瓦斯爆炸	48	7	
566	1999 年 2 月 24 日	民航西南航空公司成都飞往温州一客机	坠毁	61	不详	
567	1999 年 3 月 2 日	甘肃天水北道区吊坝子金矿	炸药爆炸	31	35	
568	1999 年 3 月 7 日	河北邯郸磁县观台镇个体煤矿	透水	32	不详	
569	1999 年 3 月 28 日	河北邢台临城县橙底联办煤矿	透水	40	不详	
570	1999 年 4 月 2 日	河南平顶山东高皇乡魏寨村鸿土沟煤矿	瓦斯爆炸	30	不详	
571	1999 年 5 月 5 日	浙江衢州常山县芙蓉乡中学部分生搭乘一中型客车	翻入水库	32	16	死亡人数中学生 29 人
572	1999 年 5 月 10 日	陕西铜川矿务局玉华煤矿	瓦斯爆炸	42	10	
573	1999 年 7 月 18 日	四川阿坝第一汽车运输公司客运公司一客车	翻车	33	4	

序号	日期	事故发生地点、单位	事故类型	死亡人数	受伤人数	备注
574	1999 年 8 月 24 日	河南平顶山韩庄矿务局二矿	瓦斯爆炸	55	5（均为重伤）	
575	1999 年 11 月 18 日	广西梧州一客车	坠河	31	23	
576	1999 年 11 月 24 日	山东航运客滚船"大舜"轮	倾覆翻沉	282	不详	
577	1999 年 11 月 25 日	河北磁县冀南煤焦联营总公司煤矿	瓦斯爆炸	33	3	
578	2000 年 3 月 11 日	江西萍乡上栗县东源乡花炮厂	爆炸	33	12	
579	2000 年 3 月 29 日	河南焦作山阳区解放中路东风菜市场录像厅	火灾	74	2	
580	2000 年 4 月 15 日	山西临汾地区古县永乐乡煤矿	瓦斯爆炸	43	1	
581	2000 年 4 月 22 日	中国粮油进出口公司山东省青岛青州分公司肉鸡加工车间	火灾	38	20	
582	2000 年 6 月 11 日	贵州德江县桶井乡乌江村一个人经营渡船	翻沉	41	32	
583	2000 年 6 月 22 日	四川合江县"榕建"号客船	翻船	130		
584	2000 年 6 月 30 日	广东江门土特产进出口公司高级烟花厂	爆炸	37	121（重伤 12 人）	
585	2000 年 7 月 7 日	广西柳州一公共汽车在壶东大桥	坠江	79		
586	2000 年 9 月 5 日	山西大同永定庄矿	瓦斯爆炸	31	16	
587	2000 年 9 月 8 日	解放军新疆部队一辆运送待报废弹药卡车	爆炸	73	240	
588	2000 年 9 月 27 日	贵州水城矿务局木冲沟煤矿	瓦斯爆炸	162	37（重伤 14 人）	

（续）

序号	日期	事故发生地点、单位	事故类型	死亡人数	受伤人数	备注
589	2000 年 10 月 13 日	河北邯郸沙果园煤矿二坑	瓦斯爆炸	33	不详	
590	2000 年 11 月 5 日	吉林辽源矿务局西安煤矿小井	瓦斯爆炸	31	不详	
591	2000 年 11 月 25 日	内蒙古呼伦贝尔煤业集团大雁煤业公司二矿	瓦斯爆炸	51	12（重伤 2 人）	
592	2000 年 11 月 27 日	陕西铜川矿务局水红井	瓦斯爆炸	30		
593	2000 年 12 月 3 日	山西运城地区河津市天龙煤矿	瓦斯爆炸	48	21（重伤 2 人）	
594	2000 年 12 月 25 日	河南洛阳东都商厦歌舞厅	火灾	309	7 人	

六、工业化快速发展和经济增长方式加快转变阶段（2001—2012）

序号	日期	事故发生地点、单位	事故类型	死亡人数	受伤人数	备注
595	2001 年 1 月 29 日	从重庆合川市小河乡开往合川大和镇的"渝合川客00110"私营客船	翻沉	46	不详	
596	2001 年 1 月 30 日	贵州省六盘水一村民驾驶大货车	翻车	34	39	
597	2001 年 2 月 5 日	黑龙江鸡西平安煤矿	瓦斯爆炸	37	不详	
598	2001 年 3 月 1 日	黑龙江农垦总局鹤岗新华农场煤矿	瓦斯爆炸	32		
599	2001 年 3 月 16 日	河北石家棉纺三厂宿舍、市建一公司宿舍	爆炸	108	13（重伤 5 人）	
600	2001 年 4 月 6 日	陕西铜川矿务局陈家山煤矿	瓦斯爆炸	38	16（重伤 7 人）	
601	2001 年 4 月 21 日	陕西韩城矿务局下峪口煤矿	瓦斯爆炸	48	1（重伤）	
602	2001 年 5 月 1 日	重庆武隆县城港口镇江北西段楼房	滑坡	79	4	
603	2001 年 5 月 7 日	黑龙江鹤岗矿务局	矿井火灾	54	不详	
604	2001 年 5 月 18 日	四川宜宾南溪监狱青龙嘴煤矿	透水	39	不详	

（续）

序号	日期	事故发生地点、单位	事故类型	死亡人数	受伤人数	备注
605	2001 年 7 月 16 日	陕西榆林横山县党岔镇马房村	炸药爆炸	80	98	
606	2001 年 7 月 17 日	广西南丹龙泉矿冶总厂下属的拉甲坡锡矿	透水	81	不详	
607	2001 年 7 月 17 日	中国船舶工业总公司沪东中华造船（集团）有限公司	倒塌	36	3（均为重伤）	同济大学机械学院 5 位教师和 2 名博士后研究生死亡
608	2001 年 7 月 22 日	江苏徐州贾汪镇岗子村五副井（无证非法小煤矿）	瓦斯爆炸	92		
609	2001 年 8 月 10 日	新疆旅客运输公司一辆双层卧铺大客车	坠河	35		
610	2001 年 8 月 23 日	甘肃陇南运输公司一辆双层卧铺大客车	坠江	32	18	
611	2001 年 9 月 21 日	贵州黔东南州一辆双层卧铺大客车	坠河	36		
612	2001 年 10 月 28 日	山东龙口海运公司船舶	爆炸	34		
613	2001 年 11 月 15 日	山西吕梁地区交城县天宁镇坡底煤矿	瓦斯爆炸	33	不详	
614	2002 年 4 月 15 日	国航 CA129 航班，韩国釜山	坠机	129		
615	2002 年 5 月 7 日	北方航空公司 CJ6136 航班北京—大连航班	坠机	112		调查认定为张某纵火。但安全管理漏洞也是空难重要原因
616	2002 年 6 月 20 日	黑龙江鸡西矿业集团城子河煤矿	瓦斯爆炸	124	24	
617	2002 年 6 月 22 日	山西忻州地区繁峙县沙河镇义兴寨金矿	炸药爆炸	38	不详	

（续）

序号	日期	事故发生地点、单位	事故类型	死亡人数	受伤人数	备注
618	2002 年 7 月 4 日	吉林白山市江源县富强煤矿	瓦斯爆炸	39		
619	2002 年 7 月 8 日	黑龙江鹤岗兴山区鼎盛煤矿	瓦斯爆炸	44		
620	2002 年 9 月 3 日	湖南娄底双峰县秋湖煤矿	瓦斯突出	39		
621	2002 年 10 月 23 日	山西吕梁地区中阳县朱家店煤矿	瓦斯爆炸	44	不详	
622	2002 年 10 月 29 日	广西南宁二塘煤矿	矿井火灾	30	不详	
623	2002 年 11 月 10 日	山西晋中灵石县两渡镇太西煤矿	瓦斯爆炸	37	不详	
624	2002 年 12 月 2 日	山西临汾尧都区一平坦乡阳泉沟煤矿	瓦斯爆炸	30	5	
625	2002 年 12 月 6 日	吉林白城市洮南万宝煤矿	矿井火灾	30	不详	直接经济损失 219.9 万元
626	2002 年 12 月 18 日	"宜盛"汽车滚装船与"长运 1"客渡船碰撞	倾覆翻船	40		
627	2003 年 1 月 11 日	黑龙江哈尔滨方正县宝兴煤矿	瓦斯爆炸	34	不详	
628	2003 年 2 月 2 日	黑龙江哈尔滨天潭酒店	火灾	33	23	
629	2003 年 2 月 24 日	贵州水城矿务局木冲沟煤矿	瓦斯爆炸	39	18（重伤 4 人）	
630	2003 年 3 月 22 日	山西吕梁地区孝义市驿马镇孟南庄煤矿	瓦斯爆炸	72		
631	2003 年 5 月 1 日	贵州黔东南州三穗至凯里高速公路平溪大桥工地	山体滑坡	35	1	
632	2003 年 5 月 13 日	安徽淮北矿业集团公司芦岭煤矿	瓦斯爆炸	86	28	直接经济损失 1940.63 万元
633	2003 年 6 月 6 日	广东河源同发二公司一辆大客车	坠江	32	6	

序号	日期	事故发生地点、单位	事故类型	死亡人数	受伤人数	备注
634	2003 年 6 月 19 日	重庆涪陵区搬针沱水域	翻沉	52		
635	2003 年 7 月 26 日	山东枣庄滕州区木石煤矿	透水	35		
636	2003 年 7 月 28 日	河北石家庄烟花爆竹厂	爆炸	37	103	
637	2003 年 8 月 11 日	山西大同左云县杏儿沟煤矿	瓦斯爆炸	43	不详	
638	2003 年 11 月 14 日	江西丰城矿务局建新煤矿	瓦斯爆炸	51	5	
639	2003 年 12 月 21 日	广东清远一无牌农用运输车	翻车	32	6	
640	2003 年 12 月 23 日	中石油川东北 16H 井	井喷	243	2142	9 万余人紧急疏散
641	2003 年 12 月 30 日	辽宁铁岭烟花爆竹厂	爆炸	42	32	
642	2004 年 2 月 5 日	北京密云迎春灯展	踩踏	37	24	
643	2004 年 2 月 15 日	吉林中百商厦	火灾	54	70	
644	2004 年 2 月 15 日	浙江海宁黄湾镇五丰村一处土庙	火灾	40	3	
645	2004 年 2 月 23 日	黑龙江鸡西煤业集团穆棱公司百兴煤矿	瓦斯爆炸	37		
646	2004 年 4 月 30 日	山西临汾地区梁家河煤矿	瓦斯爆炸	36	13	
647	2004 年 5 月 18 日	山西吕梁地区交口县双池镇蔡家沟煤矿	瓦斯爆炸	33		在井下硐室焊接修理三轮车，由电焊弧引发
648	2004 年 6 月 22 日	河南济源小浪底库区明珠岛旅游开发有限公司旅游船	沉没	42		
649	2004 年 9 月 23 日	山西临猗村渡船	翻沉	49		
650	2004 年 9 月 25 日	重庆石柱一辆中型客车过桥	洪水	50		
651	2004 年 9 月 27 日	四川南充一艘客船	沉船	66		
652	2004 年 10 月 4 日	广西钦州长岭烟花爆竹厂	爆炸	37	52（重伤 8 人）	

（续）

序号	日期	事故发生地点、单位	事故类型	死亡人数	受伤人数	备注
653	2004 年 10 月 20 日	河南郑州矿务局大平煤矿	瓦斯爆炸	148	35（重伤 5 人）	
654	2004 年 11 月 11 日	河南平顶山鲁山县新生煤矿	瓦斯爆炸	34	5（重伤 1 人）	
655	2004 年 11 月 20 日	河北邢台沙河白塔镇李生文铁矿	矿井火灾	70		
656	2004 年 11 月 21 日	东方航空公司云南分公司一架飞往上海的客机	坠机	55		
657	2004 年 11 月 28 日	陕西铜川矿务局陈家山煤矿	瓦斯爆炸	166	41（重伤 5 人）	
658	2004 年 12 月 9 日	山西阳泉盂县南娄镇大贤三坑（镇办煤矿）	瓦斯爆炸	33		
659	2004 年 12 月 12 日	贵州铜仁地区思南县许家坝镇天池煤矿	透水	36		
660	2005 年 1 月 3 日	西藏一辆大货车行至青海玉树	翻车	56	39（重伤 26 人）	
661	2005 年 2 月 14 日	辽宁阜新孙家湾煤矿海州井	瓦斯爆炸	214	30	
662	2005 年 3 月 17 日	江西上饶境内沪瑞高速公路追尾	火药爆炸	31		
663	2005 年 3 月 19 日	山西朔州平鲁区细水煤矿	瓦斯爆炸	72		直接经济损失 2021.5 万元
664	2005 年 4 月 24 日	吉林蛟河腾达煤矿	透水	30	不详	
665	2005 年 5 月 19 日	河北承德暖儿河煤矿	瓦斯爆炸	50	17（重伤 6 人）	
666	2005 年 6 月 10 日	广东汕头潮南区华南宾馆	火灾	31	26（重伤 3 人）	
667	2005 年 6 月 10 日	黑龙江牡丹江沙兰镇中心小学	洪水	91	25	

序号	日期	事故发生地点、单位	事故类型	死亡人数	受伤人数	备注
668	2005 年 7 月 11 日	新疆昌吉阜康神龙有限责任公司煤矿	瓦斯爆炸	83	4	
669	2005 年 8 月 7 日	广东兴宁市大兴煤矿	透水	121		
670	2005 年 10 月 3 日	河南鹤壁煤业集团二矿	瓦斯爆炸	34	19（重伤 1 人）	
671	2005 年 11 月 6 日	河北邢台会宁镇尚汪庄康立石膏矿	坍塌	37	34	
672	2005 年 11 月 27 日	黑龙江龙煤集团七台河东风煤矿	煤尘爆炸	171	48	
673	2005 年 12 月 2 日	河南洛阳新安县石寺镇寺沟煤矿	透水	42		
674	2005 年 12 月 7 日	河北唐山刘官屯煤矿	瓦斯煤尘爆炸	108	29	
675	2005 年 12 月 15 日	吉林辽源中心医院	火灾	40	94	
676	2005 年 12 月 22 日	四川都江堰都汶高速公路董家山隧道	瓦斯爆炸	44	11	
677	2006 年 1 月 29 日	河南安阳梨林花炮有限公司	爆炸	36	48（重伤 8 人）	
678	2006 年 4 月 10 日	山西大同煤矿集团轩岗煤电公司职工医院	爆炸	34	19	
679	2006 年 4 月 29 日	陕西延安子长县瓦窑堡煤矿	瓦斯爆炸	32		
680	2006 年 5 月 18 日	山西大同左云县张家场乡新井煤矿	透水	56		
681	2006 年 6 月 28 日	辽宁阜新矿业集团五龙煤矿	瓦斯爆炸	32	31	
682	2006 年 7 月 7 日	山西忻州一座民宅	炸药爆炸	49	30	
683	2006 年 7 月 15 日	山西晋中灵石县蔺家庄煤矿	爆炸	53		
684	2006 年 10 月 1 日	嘉陵江石门大桥引桥	翻车坠桥	30	21（重伤 11 人）	

（续）

序号	日期	事故发生地点、单位	事故类型	死亡人数	受伤人数	备注
685	2006 年 11 月 5 日	山西大同煤矿集团轩岗煤电公司焦家寨煤矿	瓦斯爆炸	47	2	
686	2006 年 11 月 12 日	山西晋中灵石县王禹乡南山煤矿	炸药燃烧	34		
687	2006 年 11 月 25 日	云南曲靖昌源煤矿	瓦斯爆炸	32	28（重伤 2 人）	
688	2007 年 4 月 16 日	河南平顶山宝丰县王庄煤矿	煤尘爆炸	31	15	抢救过程中发生二次爆炸，造成 15 名救护队员受重伤
689	2007 年 4 月 18 日	辽宁铁岭清河特殊钢有限责任公司	钢水包整体脱落	32	6（重伤 5 人）	
690	2007 年 8 月 13 日	湖南凤凰县堤溪沱江大桥施工工地	垮塌	64	22（重伤 4 人）	
691	2007 年 8 月 17 日	山东新汶集团华源矿业	透水	181	29	洪水灌入矿井。但企业灾害预警预防、安全管理也存在缺陷
692	2007 年 10 月 21 日	福建莆田飞达鞋面加工作坊	火灾	37	20（重伤 1 人）	
693	2007 年 11 月 8 日	贵州毕节纳雍县阳长镇群力煤矿	瓦斯突出	35		
694	2007 年 11 月 20 日	中国隧道集团二处有限公司施工的湖北恩施州巴东县宜万铁路木龙河段高阳寨隧道	垮塌	35	1	
695	2007 年 12 月 4 日	河北张家口蔚县黑石沟煤炭开采有限责任公司	瓦斯爆炸	36		

（续）

序号	日期	事故发生地点、单位	事故类型	死亡人数	受伤人数	备注
696	2007 年 12 月 5 日	山西临汾洪洞县左木乡瑞之源煤业有限公司	瓦斯爆炸	105	18（重伤 4 人）	
697	2008 年 4 月 28 日	北京开往青岛的 T195 次列车	脱轨	72	416（重伤 70 人）	
698	2008 年 6 月 13 日	山西吕梁孝义安信煤业有限公司	火药爆炸	36		其中 1 人失踪
699	2008 年 7 月 14 日	河北张家口蔚县李家洼煤矿	炸药爆炸	35		其中 1 人失踪
700	2008 年 7 月 21 日	广西百色右江矿务局那读煤矿	透水	36		
701	2008 年 8 月 1 日	山西太原钢铁集团公司尖山铁矿	垮塌	45	1	
702	2008 年 9 月 8 日	山西襄汾新塔矿业尾矿库	溃坝	281	33	
703	2008 年 9 月 13 日	四川巴中巴运集团公司一辆大客车	坠崖	51		
704	2008 年 9 月 20 日	黑龙江鹤岗富华煤矿	矿井火灾	31		
705	2008 年 9 月 20 日	广东深圳一无证照经营场所	火灾	44	58（重伤 8 人）	
706	2008 年 9 月 21 日	河南郑州广贤工贸有限公司新丰二矿	瓦斯突出	37	7	直接经济损失 1766 余万元
707	2009 年 2 月 22 日	山西焦煤集团西山煤电公司屯兰煤矿	瓦斯爆炸	74	114（重伤 5 人）	
708	2009 年 5 月 30 日	重庆松藻煤电公司同华煤矿	瓦斯突出	30	77	
709	2009 年 6 月 5 日	重庆武隆县铁矿乡鸡尾山矿区	滑坡	79		
710	2009 年 9 月 8 日	河南平顶山新华区四矿	瓦斯爆炸	76	14	直接经济损失 3986.4 万元

（续）

序号	日期	事故发生地点、单位	事故类型	死亡人数	受伤人数	备注
711	2009 年 11 月 21 日	黑龙江龙煤集团鹤岗新兴矿	瓦斯爆炸	108	65（重伤 6 人）	
712	2010 年 1 月 5 日	湖南湘潭立胜煤矿	矿井火灾	34		
713	2010 年 3 月 1 日	神华集团内蒙古乌海公司骆驼山煤矿	透水	32		
714	2010 年 3 月 28 日	山西临汾王家岭煤矿	透水	38		
715	2010 年 3 月 31 日	河南洛阳伊川县国民煤业公司	瓦斯突出	50	26（重伤 2 人）	
716	2010 年 5 月 23 日	辽宁阜新彰武县境内长深高速公路	撞车	33	24	
717	2010 年 6 月 21 日	河南平顶山卫东区兴东二矿	火药爆炸	49	26	
718	2010 年 7 月 24 日	河南栾川潭头镇汤营村的汤营大桥	山洪	67	不详	
719	2010 年 8 月 16 日	黑龙江伊春华利实业公司	爆炸	37	152	
720	2010 年 8 月 24 日	河南航空有限公司一架 E190 机型 B3130 飞机	坠机	44	52	
721	2010 年 11 月 15 日	上海静安一幢居民住宅楼	火灾	58	71（重伤 16 人）	
722	2011 年 7 月 22 日	山东威海交通运输集团一辆客车	起火	41	6	
723	2011 年 7 月 23 日	杭州开往福州的 D3115 次列车	追尾	40	172	
724	2011 年 10 月 7 日	天津境内滨保高速	侧翻	35	19	
725	2011 年 10 月 16 日	河南中平能化集团平禹煤电公司四矿	瓦斯突出	37	4	
726	2011 年 11 月 10 日	云南曲靖师宗县私庄煤矿	瓦斯突出	43		
727	2012 年 6 月 28 日	四川凉山三峡公司白鹤滩电站	泥石流袭击	40	不详	

序号	日期	事故发生地点、单位	事故类型	死亡人数	受伤人数	备注
728	2012 年 8 月 26 日	陕西延安包茂高速	追尾起火	36	3（重伤 1 人）	
729	2012 年 8 月 29 日	四川攀枝花肖家湾煤矿	瓦斯爆炸	48	54（重伤 17 人）	

七、中共十八大后的新阶段新时代（2013—2018）

序号	日期	事故发生地点、单位	事故类型	死亡人数	受伤人数	备注
730	2013 年 3 月 29 日	吉林吉煤集团通化矿业集团公司八宝煤业公司	瓦斯爆炸	53	16（重伤 3 人）	
731	2013 年 3 月 29 日	西藏拉萨中国黄金集团甲玛矿区	山体滑坡	83	不详	
732	2013 年 5 月 20 日	山东章丘保利民爆济南科技有限公司	爆炸	33	19	直接经济损失 6600 余万元
733	2013 年 6 月 3 日	吉林德惠市宝源丰禽业公司	火灾	121	76	
734	2013 年 9 月 29 日	广东台山籍渔船	沉船	75		
735	2013 年 11 月 22 日	中石化山东青岛公司黄岛输油管线	泄漏爆炸	62	136	
736	2014 年 3 月 1 日	山西晋城泽州县的晋济高速公路	相撞起火	40	12	同时造成 42 辆车烧毁。直接经济损失 8197 万元
737	2014 年 7 月 19 日	湖南沪昆高速湖南境内邵怀段	追尾	58	2	
738	2014 年 8 月 2 日	江苏昆山中荣金属制品有限公司	粉尘爆炸	146	95（均为重伤）	直接经济损失 3.51 亿元
739	2014 年 8 月 9 日	尼木县境内 318 国道 4740 千米至 4741 千米路段	撞车	44	11	
740	2014 年 12 月 31 日	上海黄浦外滩	踩踏	36	49	
741	2015 年 5 月 15 日	陕西西安一辆个人大客车	侧翻坠崖	35	11	

（续）

序号	日期	事故发生地点、单位	事故类型	死亡人数	受伤人数	备注
742	2015 年 5 月 25 日	河南平顶山鲁山康乐园老年公寓	火灾	39	6	
743	2015 年 6 月 1 日	重庆"东方之星"号客轮	翻船	442		强风暴袭击,同时存在应急处置和操作失误问题
744	2015 年 8 月 12 日	天津滨海瑞海公司危险品仓库	火灾爆炸	173	798（其中重伤58）	直接损失68.66 亿元
745	2015 年 12 月 20 日	广东深圳光明新区恒泰裕工业园	滑坡	77	17（重伤3 人）	
746	2016 年 5 月 8 日	福建泰宁池潭水电厂扩建工程项目	泥石流袭击	36		
747	2016 年 6 月 26 日	郴州宜章境内宜凤高速公路	车辆起火	35	13	
748	2016 年 10 月 31 日	重庆永川金山沟煤业有限责任公司	瓦斯爆炸	33	1	直接经济损失 3682 万元
749	2016 年 11 月 24 日	江西宜春丰城电厂三期建设项目	坍塌	73	2	
750	2016 年 12 月 3 日	内蒙古赤峰宝马矿业公司煤矿	瓦斯爆炸	32	20	直接经济损失 4399 万元
751	2017 年 8 月 10 日	河南洛阳交通运输公司一辆大客车	碰撞	36	13	

备注：

1. 本年表依据《事故志》（初稿）编制。

2. 序号右上标注符号＊的一次死亡百人及以上事故，均从地方志书中查出，在以往全国范围（国家安全生产监管部门）的事故统计报表、文件资料等中，没有予以记载或反映。

3. 考虑到水库垮坝、溃决事故成因中自然灾害因素较多，以及损害范围较大，受损害主体不限于企业等特殊性，因此将该类事故区分出去，单独列表。

附录 2　中华人民共和国成立以来发生的 18 起死亡人数超过 30 人的水利设施垮坝溃决事故年表

序号	日期	事故发生地点、单位	事故类型	死亡人数	受伤人数	备注
1	1959 年 5 月 17 日	河南信阳地区固始县白果冲水库	溃坝	616	12	
2	1959 年 5 月 18 日	河南信阳地区商城县铁佛寺水库	溃坝	1092	不详	
3	1959 年 5 月 21 日	广西选金厂桃花山水库	溃坝	67	不详	
4	1959 年 7—8 月	辽宁葫芦岛地区绥中县大风口水库、共青团水库、龙屯水库、八一水库	洪水溃坝	707	不详	
5	1960 年 7 月	山西晋中地区文水县文峪河水库	滑坡垮坝	100	不详	
6	1960 年 8 月 3 日	安徽铜陵县圣冲水库临时溢流坝	洪水溃坝	32		
7	1961 年 10 月 4 日	浙江宁波地区鄞县龙潭水库大坝	洪水溃坝	48	10（均为重伤）	
8	1963 年 8 月 3 日	河北邢台地区的东川口水库	溃坝	500	400	
9	1969 年 7 月 28 日	广东汕头港牛田洋围垦区堤堰	溃决	894	不详	
10	1970 年 9 月 15 日	广东惠州地区揭西县横江水库	垮坝	779	不详	
11	1971 年 6 月 2 日	浙江宁波地区宁海县紫溪公社洞口庙水库	倒塌溃坝	188	不详	
12	1971 年 7 月 31 日	辽宁抚顺县救兵公社虎台水库	溃坝	512	不详	
13	1973 年 4 月 27 日	甘肃平凉地区庄浪县李家咀水库	垮坝	580	不详	

（续）

序号	日期	事故发生地点、单位	事故类型	死亡人数	受伤人数	备注
14	1973 年 5 月 8 日	广东河源地区龙川县罗田水库	垮坝	55	3（均为重伤）	
15	1973 年 8 月 20 日	山东烟台地区海阳县丁家夼水库	垮坝	30	16（均为重伤）	
16	1973 年 8 月 25 日	甘肃平凉地区庄浪县史家沟水库	滑坡坍塌	81	65	
17	1975 年 8 月 8 日	河南驻马店地区板桥水库	溃坝	22564	92096	
18	1993 年 8 月 27 日	青海海南藏族自治州共和县沟后水库	溃坝	328	不详	

附录 3　1953—2018 年工矿企业事故死亡人数趋势图

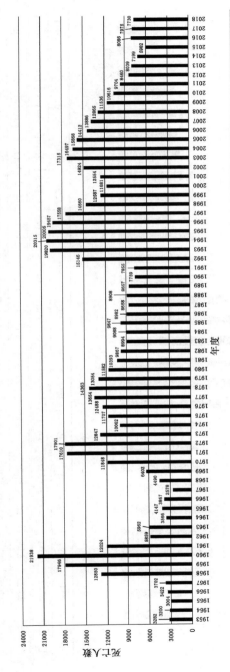

年　度	统计口径和提法
1953—1983	全国工矿企业工伤事故死亡人数
1984—1990	全国县以上工业企业事故死亡人数
1991	全民所有制、大集体企业事故死亡人数

年　度	统计口径和提法
1992—1999	全国企业事故死亡人数
2000—2018	全国工矿商贸事故死亡人数

注：2016 年及以后工矿商贸事故总数上升的主要原因是建筑业发生各类事故 3523 起，死亡 3806 人，同比增加 1956 起，1915 人，分别上升 124.8% 和 101.3%。

附录 4 1990—2018 年全国各类事故死亡人数趋势图

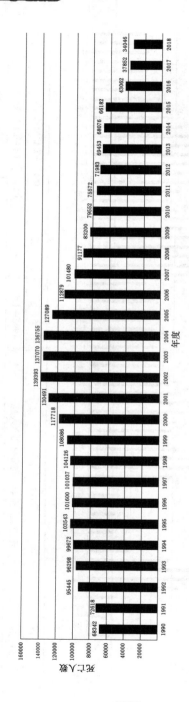

年　度	1990	1991	1992	1993	1994	1995	1996	1997	1998	1999	2000	2001	2002	2003	2004
死亡人数	68342	72618	95445	96298	99672	103543	101600	101037	104126	108086	117718	130491	139393	137070	136755

年　度	2005	2006	2007	2008	2009	2010	2011	2012	2013	2014	2015	2016	2017	2018
死亡人数	127089	112879	101480	91177	83200	79552	75572	71983	69453	68076	66182	43062	37852	34046

注：2016 年及以后全国各类事故死亡人数统计口径有变，不再包括非生产经营性道路交通事故。故 2016 年全国事故总量下降幅度较大。

附录5 应急管理部办公厅关于征求《事故志》（初稿）意见的函

应 急 管 理 部 办 公 厅

部机关各有关司局、消防救援局、森林消防局，煤矿安监局办公室，安全生产应急救援中心，部所属有关事业单位：

为认真剖析、深刻吸取历史上事故教训，近日安全生产协会史志委员会对建国以来重特大生产安全事故，及部分非生产经营性活动、自然灾害所引发的典型事故案例，做了全面系统的收集、整理和剖析，编撰形成了《事故志》（初稿），现印送你们，请结合工作实际提出修改意见，于 4 月 15 日前将有关意见报办公厅（联系人及联系方式：卜鹏学，83933108、13581823099，bupx@chinasafety.gov.cn）。

应急管理部办公厅
2019 年 4 月 1 日

编　纂　始　末

　　编纂一部《事故志》，把中华人民共和国成立以来各行业领域发生的伤亡事故特别是重特大事故和典型事故，全部梳理一遍，以志书的形式记载下来，既有着重要的历史和现实意义，有助于我们铭记那些用鲜血和生命换来的沉痛教训，举一反三、警钟长鸣，更加切实有效地做好事故防范和安全生产工作；也有着保存历史资料，加快构筑健全完善的安全生产史志体系的重要作用。既是推动我国安全生产事业发展进步的需要，也是中国安全生产协会史志委员会、《中国安全生产志》编纂委员会的老同志们应尽的职责使命。

　　为此我们付出了努力。历经将近两年近乎默默无闻的辛勤劳动，克服了这样或那样的困难，总算完成了编撰任务。

　　在本书编写过程中，我们从应急管理部档案馆（安全生产档案馆）、原化工部档案馆、消防档案馆、煤炭史志馆和中央档案馆、国家图书馆等处查阅和获得了大量历史资料。通过购买原著、向地方机构求助支持和进入地方史志数据库等方式，查询和参阅了全国1380多个县区、163个市的地方志书，各省（区市）方志中的劳动志、公安志、交通志、水利志等地方专业志书，以及煤炭、道路交通、铁路、民航、内河航运、建筑施工、消防等行业志书类资料；参阅和借鉴了中华人民共和国成立以来国内出版发行的反映各类事故的图书资料和音像制品等。尽最大可能做到拾漏补遗、罗掘净尽、不留缺憾。

　　本书初稿完成后，应急管理部办公厅下发文件广泛征求各方面的意见。国家煤矿安全监察局、中国地震局、消防救援局和安全生产应急救援中心、统计司等司局对此很重视，认真审阅、严格把关，提出了168条修改和完善意见。这些意见经过审慎研究，绝大部分予以采纳。

　　在本书即将付梓之际，我们既感到了欣慰，同时也感到了某种忐忑与不安。这种忐忑，既有着我们希望自己的劳动能够得到各方面认可的一份私心和期待；也含有我们力争达成本书编撰初衷，使之成为这一领域的权威性、史料性著述的一片诚挚和愿望。所谓不安，即生恐因为年代久远、资料匮乏混乱（一些地方事故资料甚至相互矛盾）等客观原因，以及在编撰过程中我们的疏忽怠倦而出现失误，或丢失遗漏，或以讹传讹，是则前对不起付出鲜血和生命代价的前人，后辜负了希望从事故中吸取教训、借鉴事故教训做好眼下工作的后来者。

由此我们衷心希望在本书出版发行之后，能够继续得到来自各个方面，特别是全国安全生产监管和应急管理系统各级领导、干部职工和其他业内人士的批评斧正。凡是见到、读到、用到本书的人，假如您能从中发现纰漏和问题，并提出您的修改、补充、完善意见，我们将万分感谢。

编 者

2019 年 6 月 10 日

图书在版编目（CIP）数据

中国安全生产志. 事故志：1949.10—2018.12／《中国安全生产志》编纂委员会编. --北京：应急管理出版社，2020

ISBN 978-7-5020-7850-8

Ⅰ.①中… Ⅱ.①中… Ⅲ.①安全生产—概况—中国—1949—2018 ②工伤事故—概况—中国—1949—2018 Ⅳ.①X93 ②X928

中国版本图书馆 CIP 数据核字（2019）第 297205 号

中国安全生产志·事故志（1949.10—2018.12）

编　　者	《中国安全生产志》编纂委员会
责任编辑	尹忠昌
编　　辑	王　晨
责任校对	赵　盼　李新荣
封面设计	罗针盘

出版发行　应急管理出版社（北京市朝阳区芍药居 35 号　100029）
电　　话　010-84657898（总编室）　010-84657880（读者服务部）
网　　址　www.cciph.com.cn
印　　刷　海森印刷（天津）有限公司
经　　销　全国新华书店

开　　本　710mm×1000mm$^1/_{16}$　印张　71　字数　1305 千字
版　　次　2020 年 1 月第 1 版　2020 年 1 月第 1 次印刷
社内编号　20181596　　　　　　定价　280.00 元

ISBN 978-7-5020-7850-8

9 787502 078508 >